개정2판

항공추진엔진

구자예 지음

東明社

항공추진엔진 개정2판

초판 발행 2011년 8월 30일
개정판 발행 2013년 8월 10일
개정2판 발행 2019년 7월 10일
개정2판 3쇄 2024년 7월 31일

지은이 구자예
펴낸이 최국주
펴낸곳 동명사
출판등록 1950년 11월 1일(제1-76호)
주소 (우 10881) 경기도 파주시 회동길 50(문발동)
전화 031-955-7200(대표)~2, 7203(편집부), 7204(물류)
팩스 031-955-7205
전자우편 webmaster@dmsbook.com
홈페이지 www.dmsbook.com

ISBN 978-89-411-8205-4 93550
값 35,000원

개정2판 머리말

항공추진기관은 국제민간항공기구(ICAO)와 미국항공보호청(EPA)등에서 요구하는 유해배출가스규제를 맞추고 고출력, 연비향상, 안전에 관한 사항도 동시에 만족시켜야 한다. 재료 및 가공기술과 함께 전자 기술의 발달로 인해 이전에 아이디어는 있었으나 실현 불가능하였던 그림자 기술이 이제는 실현 가능하게 되었다. 항공추진기관의 신기술로는 개방로터엔진, 경계층유입엔진, 분산추진엔진, 항공기부품 전력화기술, 희박예혼합예증발 연소기술(LPP), 연소제어기술, 바이오연료 등의 대체연료기술 등이 있다. 이러한 새로운 기술의 원리와 기술내용을 개정판에 수정 보완하고, 추가하여 날로 발전하는 항공추진기술의 기초를 다질 수 있게 재구성하였다.

개정판에 기술된 신기술과 추가된 내용으로 항공추진엔진에 보다 흥미를 가지고 기술발전의 밑거름이 되기를 희망해 본다.

2019년 6월

엮은이 씀

머리말

공기흡입식 엔진에 관한 기본 이론을 학습자 입장에서 학습할 수 있도록 하기 위하여 본 책이 만들어졌으며, 여러 문헌들을 참고하여 공기흡입식 엔진을 알기 쉽게 이해할 수 있도록 재구성한 것이다.

고신뢰성, 고효율, 저연료소비율, 저배기가스배출, 저소음의 제트추진엔진이 개발되고 있고 요구조건도 더욱 까다로워 지고 있다. 이를 위해서는 추진엔진 각부품과 재료의 고급화, 제어와 센서 기술의 지능화, 제조공정의 최적화, 혁신적인 엔진구조나 동력시스템의 최적화 등의 기술개발이 요구되고 있다.

제1장에 항공추진엔진 일반과 최근의 항공가스터빈엔진 발전 추세에 대하여 언급하였다. 제2장에서는 항공추진엔진을 이해하기 위한 압축성 유동을 포함하는 열, 유체역학적 관련 이론과 관계식들에 대하여 설명하였다. 제2장은 중요한 몇 가지 항목만 복습한 후 뛰어 넘어가도 되리라 생각된다. 2장을 생략하더라도 3장 이후에 학습에 필요하면 2장으로 돌아와서 기본적인 열, 유체역학 지식을 다시 참고하면 되리라 생각한다.

제3장은 항공추진엔진의 추력, 추진효율, 연료소모율 등의 성능에 대한 기본식들을 유도한 후 터보제트, 터보팬, 터보프롭, 터보샤프트 등 각종 엔진에 대한 이들 식의 응용과 열역학적 성능해석에 대하여 다루었다. 제4장은 항공추진엔진의 흡입구, 연소기, 배기노즐에 대하여 설명하였다. 흡입구에서는 아음속과 초음속 흡입구의 차이, 연소기에서는 램제트와 스크램제트의 연소기에 대하여서도 설명하였고, 배기노즐에서는 가변배기노즐에 대하여서도 설명하였다. 제5장은 축류 압축기 작동원리와 성능, 원심 압축기 작동원리와 서지 등 압축기에서 일어날 수 있는 특성에 대하여 설명하였고 제6장은 축류터빈, 반경터빈에 대하여 작동원리와 성능특징에 대하여 설명하였다. 제7장은 엔진부품 결합(matching) 및 탈설계점 해석에 대하여 설명하였다. 제8장은 항공추진엔진의 배출물과 소음이 어떻게 발생 되고 이에 대한 규제는 무엇이며 대책은 어떻게 되고 있는지에

대하여 설명하였다.

날로 발전하는 공기흡입식 추진엔진에 비하여 너무 뒤처진 내용이 아닐까 염려하고, 또 부족한 것이 많을 것으로 생각되지만 본 책을 통하여 공기흡입식 추진엔진에 대한 기본 이론을 학습하고 실제 엔진에 적용하거나 더욱 심도 있는 주제를 다룰 수 있는 기본지식을 습득하고, 최신의 연구동향도 조망할 수 있기를 바란다.

이 책의 초안 작성에 도움을 준 김건홍, 이성용 군을 비롯하여 질문과 토론으로 책의 적정성을 유지하도록 도움을 준 많은 학생들에게 감사드린다.

2011년 7월

엮은이 씀

차례

제1장 항공용 추진엔진 일반

제2장 열유체 역학 기초 이론

제 1 장 항공용 추진엔진 일반

1.1 엔진의 분류

자연에 존재하는 여러 가지 형태의 에너지를 이용하여 우리 생활에 소비되는 동력을 발생시키는 기계를 총칭하여 원동기(prime mover) 또는 동력장치라 한다. 이중에서 연료에 저장된 화학에너지를 열에너지 형태로 변환하여 작동가스를 팽창시킴으로써 열에너지를 이용하는 장치를 열엔진이라 한다. 열엔진 중에는 내연엔진(internal combustion engine)과 외연엔진(external combustion engine)이 있는데 항공기에 사용되는 왕복엔진과 가스터빈엔진은 내연엔진에 속하게 된다. 이러한 내연엔진의 원리는 연료와 공기의 혼합기 또는 연소가스 자체가 엔진의 작동유체이며 연료의 연소는 엔진 내부에서 일어난다. 엔진은 연소가스의 열에너지를 역학적 에너지로 변화시켜 줌으로써 동력을 얻는다.

열엔진을 에너지 전환 방법에 따라 분류하면 작동가스를 간헐적으로 연소시켜 그 팽창압력에 의해 피스톤을 왕복운동하게 함으로써 축을 회전시키는 피스톤형 왕복엔진과 연료가 흡입공기 또는 자체 산화제와 연소함으로써 그 팽창가스를 노즐을 통해 분출함으로써 추진력을 얻는 분사형 추진엔진이 있다. 또 분사형 추진엔진은 외부공기를 흡입하는 공기 흡입식 엔진(air breathing engine)과 자체에 산화제를 포함하고 있는 로켓엔진으로 분류할 수 있다.

〈표 1-1〉은 항공우주용 추진엔진을 분류하고 각각의 압축 및 연소방법과 특징을 기술하고 있다. 특히 공기 흡입식 엔진(air breathing engine)은 가스터빈 엔진과 압축기와 터빈과 같은 회전부분이 없는 덕트엔진(ducted engine)으로 분류할 수 있다.

가스터빈 엔진은 다시 항공용과 산업용 가스터빈 엔진으로 나눌 수 있다. 항공용 가스터빈은 유입되는 공기의 속도에너지를 압력에너지로 바꾸어 주는 흡입구(inlet 또는 diffuser), 압력을 더욱 높여주는 압축기(compressor), 연료를 연소함으로써 공기에 에너지를 공급하는 연소기(burner)와 연소기를 포함하는 연소실(combustion chamber), 압축기 및 팬(fan)이나 프로펠러(propeller)를 구동하기 위한 터빈(turbine), 그리고 대기로 분출되는 배기가스의 압력에너지를 속도에너지로 전환해 주기 위한 노즐(nozzle)로 구성되어 있다. 이 중에서 압축기, 연소실,

터빈을 가스발생기(gas generator 또는 core)라 한다. 산업용 가스터빈 엔진은 정지 상태에서 운용되고, 터빈의 회전동력을 이용하므로 항공용 가스터빈 엔진과는 달리 흡입구와 노즐이 없이 가스발생기로만 구성되어 있으며 중량이나 용량이 크며 다양한 연료를 사용할 수 있다. 〈그림 1-1〉은 항공용과 산업용 가스터빈 엔진을 보여주고 있다.

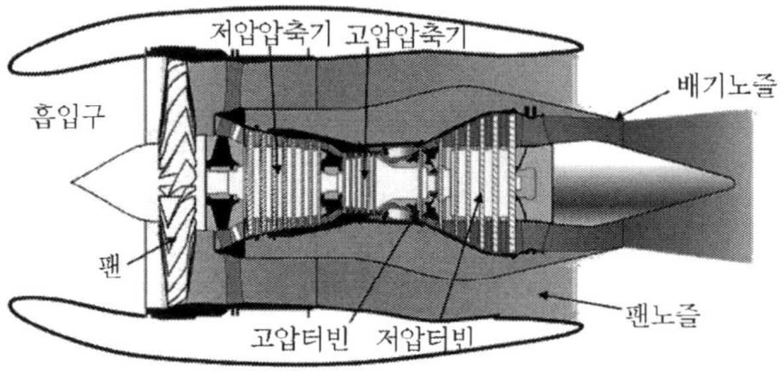

(a) 항공용 가스터빈 엔진(터보팬)

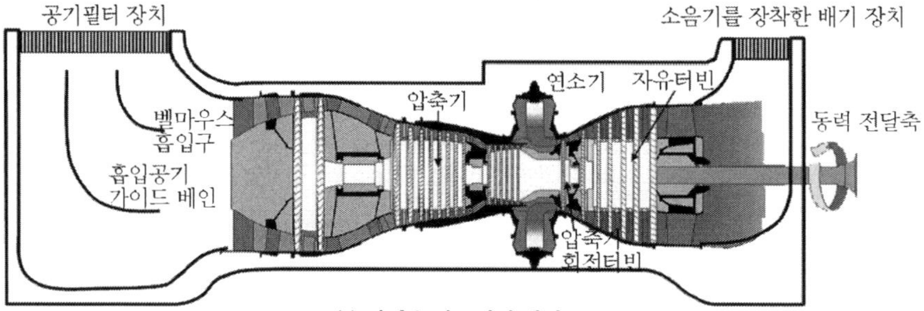

(b) 산업용 가스터빈 엔진

그림 1-1 항공용과 산업용 가스터빈 엔진

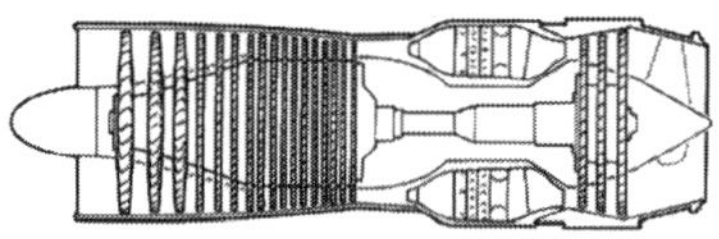

(a) 터보제트

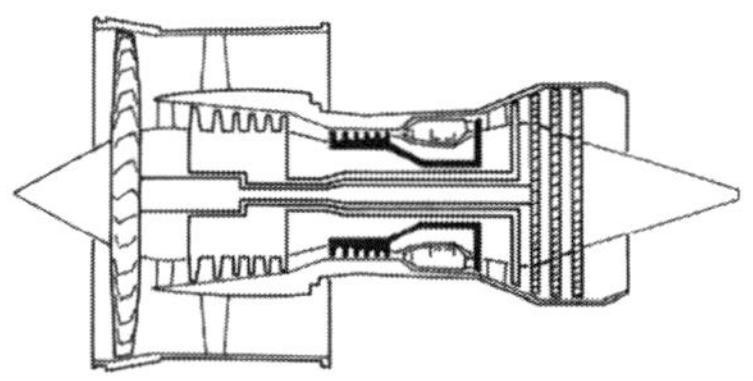

(b) 터보팬

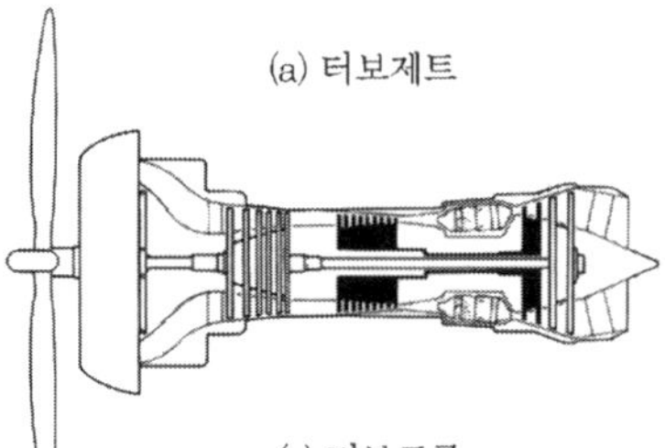

(c) 터보프롭

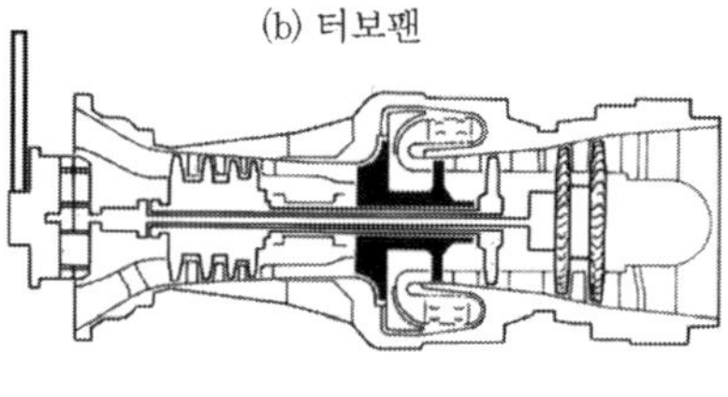

(d) 터보샤프트

그림 1-2 가스터빈 엔진의 종류 (출처 : [1])

표 1-1 추진엔진의 분류

엔진 형식			압축 방법	연소 방법	특 징
공기 흡입식 엔진	가스 터빈 엔진	터보제트	터빈으로 구동되는 압축기의 회전에 의함	연속 연소	배기노즐을 통해 고속의 작동가스분출로 추진력 발생, 아음속 및 초음속에서 운행하나 M 1.2~M 2.5에서 고효율
		터보팬			배기노즐과 팬노즐을 통해 대량의 작동 가스 분출로 추진력이 발생하며 아음속(M0.85정도)에서 작동할 때 추진효율이 높음. 대형 상업용 터보팬 엔진의 바이패스비는 5~6정도, 최신 초고바이패스비는 8~9정도
		터보프롭			프로펠러에 의해 80~90%의 추진력 발생되고 배기노즐을 통한 작동가스에 의해 10~20%의 추진력 발생(고속비행 시 항력증가로 아음속에서 사용)
		터보샤프트			프로펠러에 의해 100% 추진력 발생(헬리콥터 등에 사용)
공기 흡입식 엔진	덕트 엔진	램제트	고속 비행에 의해 발생하는 램압력에 의함	연속 연소	압축기와 터빈이 없음 M1.5~M5의 초음속에서 운항, M 3~4에서 고효율, 아음속 연소 수축-확산노즐 사용
		스크램제트			압축기와 터빈이 없음 M 8~15에서 운용, 초음속 연소 확산노즐 사용
		회전 데토네이션 엔진(RDE)	정적연소과정에 가까운 데토네이션파에 의해 압력상승	연속 연소	회전하는 초음속 연소파에 의한 연소. 추력 10% 증가, 연료소모 25% 감소가능
		펄스제트	램압력과 연소에 의해 발생하는 압력 및 밸브개폐에 의함	간헐 연소	설계가 간단하며 모델 항공기에 주로 사용 펄스데토네이션 엔진(PDE)으로 발전
		펄스 데토네이션 엔진(PDE)			작동은 펄스제트와 유사하나 연소시 데토네이션을 이용. 정지속도에서 아음속을 거쳐 초음속까지 다양한 비행속도에서 사용하며 현재 연구 개발중 열효율향상, 비추력증가, 비연료 소모율 감소 데토네이션 시작이 어렵고 소음증가
로켓엔진		화학식 로켓	연소에 의해 발생하는 압력에 의함	연속 연소	외부공기 필요하지 않고 자체산화제 보유로 공기 없는 영역에서도 작동 가능(액체추진, 고체추진, 혼합형 추진 로켓이 있음)
		전기식 로켓	외부전력으로 추진제 가속에 의함	추진제 가속	추력이 낮고 추진제 소모량이 아주 적어 우주 비행체의 자세제어, 궤도수정, 궤도상 운동 등에 사용

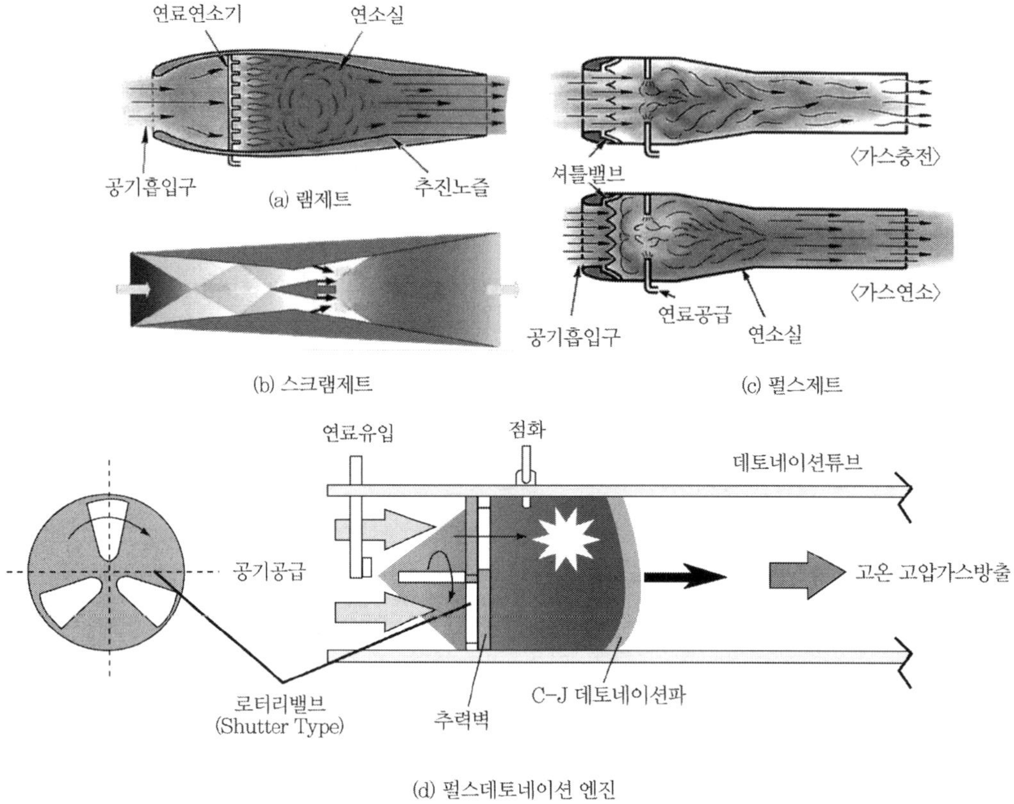

그림 1-3 덕트엔진의 종류 (출처 : [1])

추진엔진은 큰 힘을 내지만 항공기용으로 쓰이기 위해서는 항력을 줄이기 위해서 전면면적이 크지 않아야 하며 최대한 빠른 시간에 공기와 연료를 혼합하여 연소시켜야 한다. 덕트 엔진은 속도가 커서 흡입구에서 충분히 속도에너지를 압력에너지로 바꿀 수 있으므로 압축기가 필요 없고 또 압축기를 회전시키는 터빈도 필요 없다. 로켓 엔진은 자체 산화제를 포함하고 있으므로 대기권 밖에서도 사용 가능하다.

〈그림 1-2〉는 가스터빈 엔진의 여러 가지 종류을 나타내고 **〈그림 1-3〉**과 **〈그림 1-4〉**는 각각 덕트 엔진과 로켓엔진의 여러 가지 종류를 나타내고 있다. 이들 각 엔진은 각각의 엔진에 맞는 비행조건과 그에 따른 추력당 연료소모율이 다르다. **〈그림 1-5〉**는 각종 공기흡입식 추진 엔진의 운용 비행 마하수 또는 비행속도 변화에 따른 운항고도, 추력당 연료소모율과 비추력을 나타내고 있다. 여기서 비추력은 단위연료중량유량당 추력을 의미한다. **〈그림 1-5(a)〉**는 각종 엔진의 비행운항속도에 따른 운항고도를 나타내는 비행영역이다. 비행영역은 양력(실속)한계, 온도한계, 공력한계에 의해 제한된다. 양력한계이상의 영역에서는 압축기블레이드 등의 실속이나 서지로 제한되며 3.3.4절에 자세한 설명이 추가되어 있다. 온도한계는 고속비행시 공력가열에 의한 온도제한이다.

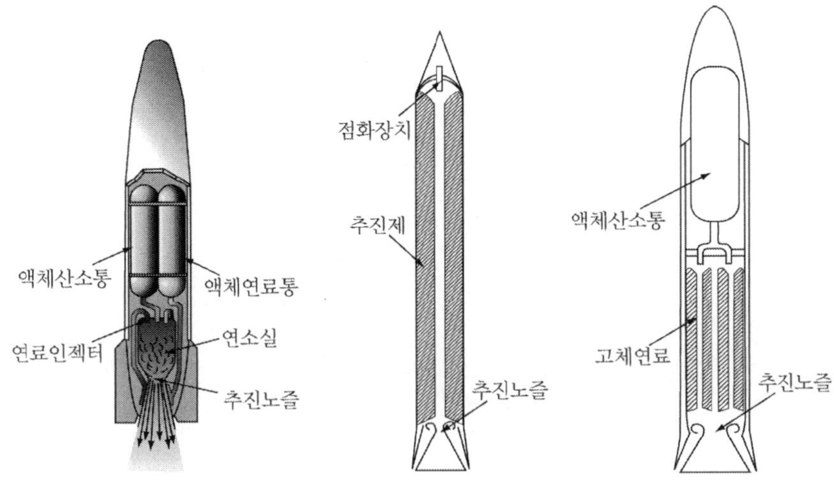

(a) 액체로켓 (b) 고체로켓 (c) 하이브리드로켓

그림 1-4 화학로켓엔진의 종류 (출처 : [1])

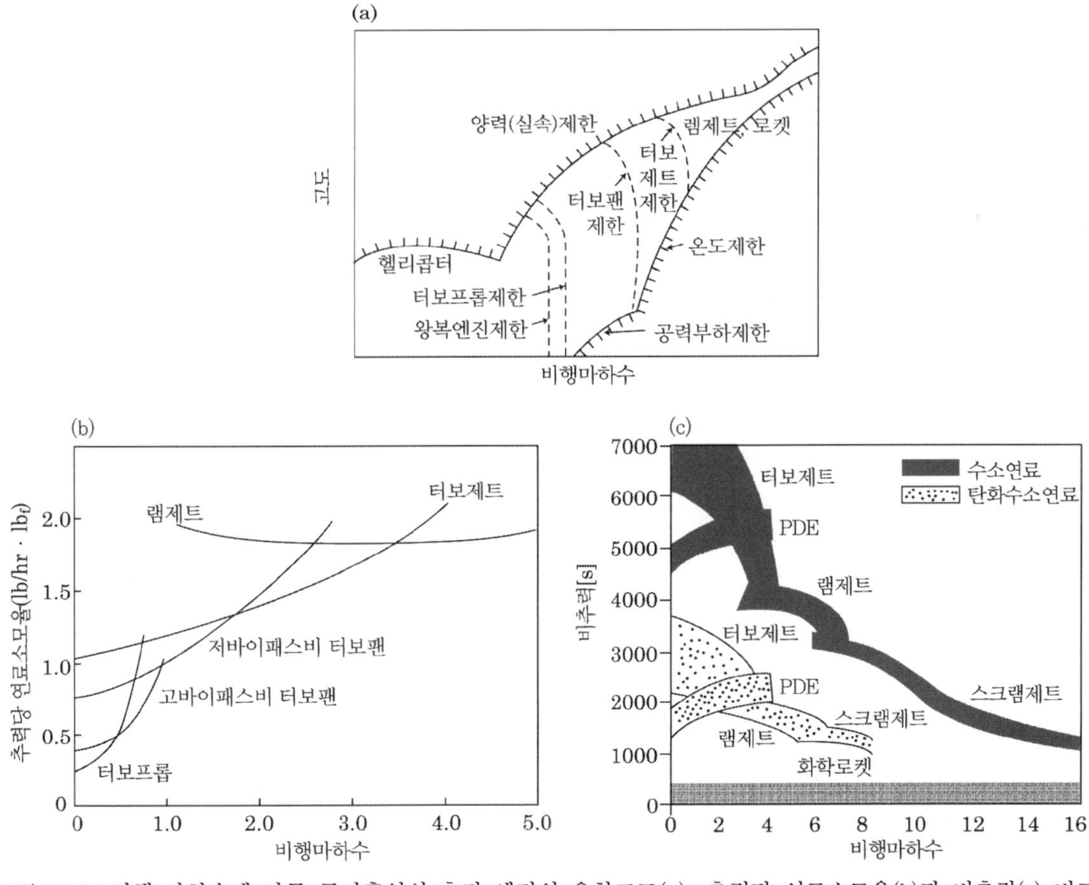

그림 1-5 비행 마하수에 따른 공기흡입식 추진 엔진의 운항고도(a), 추력당 연료소모율(b)과 비추력(c) 비교

공력한계는 저고도 고속비행시 밀도가 커져서 공력부하가 증가하기 때문에 제한되며, 저고도에서는 온도제한보다 공력제한이 더 지배적이다. 각종 비행체는 각각 적합한 비행속도와 고도가 있음을 알 수 있다. 예를 들어 아음속 대형 상용항공기는 고도 약 35,000ft에서 순항비행하며, 초음속 전투기는 고도 약 60,000~80,000ft에서도 순항비행함을 알 수 있다. 터보프롭은 아음속 영역에서 운행되고 공기 흡입식 엔진 중 연료소모율이 가장 낮다. 고바이패스비 터보팬 엔진은 상업용 대형 항공기 엔진으로 사용되며 아음속이나 천음속 이하에서 운행된다. 저바이패스비 터보팬 엔진은 주로 군용으로 사용되며 초음속으로도 운행 될 수 있으나 고바이패스비 터보팬 엔진보다 추력당 연료소모율이 높다. 터보제트 엔진은 M 1.5~4에 적합하며 램제트 엔진은 M 1.5~5에 적합함을 알 수 있다. 펄스테토네이션 엔진(PDE)은 아주 낮은 저속에서 M 4까지의 넓은 속도 범위에서 운용가능하며, 램제트나 스크램제트보다 비추력이 높음을 알 수 있다.

1.2 제트 추진엔진의 원리와 특징

1.2.1 제트 추진엔진의 원리

수도 호스로 물을 뿌릴 때에 호스를 쥔 사람이 뒤로 밀리는 힘을 받는다는 것을 경험을 통해서 알고 있다. 또 높은 압력의 공기를 노즐을 통해서 분사시킬 때도 뒤에서 미는 힘을 느낄 수 있다. 이러한 현상은 물제트와 공기제트가 주위의 공기를 밀어서 생기는 것이 아니고, 이들이 발생하는 힘과 똑같은 크기의 힘이 반대방향으로 작용하기 때문이며 주위 공기의 유무와는 관계없이 반작용 힘이 생긴다. 스케이트를 타고 다른 사람을 밀면 자신도 뒤로 밀린다는 것을 알 수 있고, 총을 쏘면 총신의 반동으로 사수의 어깨가 뒤로 밀린다는 것도 뉴턴의 제 3법칙이라고 알려진 작용과 반작용의 법칙에 의한 현상이다.

비행중인 비행체를 움직이게 하는 원리에도 작용과 반작용의 법칙이 적용된다. 비행체를 움직이게 하는 힘을 추력이라고 하며 추력은 비행체 도관을 지나는 가스에 모멘텀을 주면 도관에서 배출되는 가속된 가스 질량의 반작용에 의하여 생기게 된다. 가스터빈 엔진의 도관을 지나는 가스에 각 부품은 에너지를 주어 모멘텀을 증가시키고 가스는 가속이 되어 배기 노즐을 통해 배출되며 비행체는 반대방향으로 가속되게 된다. 제트추진에서는 엔진으로 들어오는 공기에 가속을 주어 모멘텀 변화를 주면(뉴턴의 제 2법칙) 그에 해당하는 힘이 공기에 주어지고 그 반작용(뉴턴의 제3법칙)이 비행체에 작용한다. 이 힘을 식으로 나타내면 다음과 같이 표현할 수 있다.

$$F = \frac{d}{dt}(mV) \tag{1.1}$$

이 식은 뉴턴의 제 2 법칙으로 모멘텀 변화에 의하여 받는 힘을 나타낸다. 실제로 공기흡입식 제트엔진에서 구해지는 추력을 구해보면 다음과 같이 표현할 수 있다.

$$F = \dot{m}_a[(1+f)V_e - V_a] + (P_e - P_a)A_e \tag{1.2}$$

여기서 하첨자 a는 주위상태(ambient)를 나타내며 e는 출구(exit)를 나타낸다. f는 $f = \dot{m}_f / \dot{m}_a$로서 연료공기비를 나타내며, V_a는 비행체 속도를 나타낸다. 최적으로 설계된 노즐에서는 $P_e \simeq P_a$이며 $1+f \simeq 1$이므로, 근사적인 추력식은 다음과 같이 나타낼 수 있다.

$$F \cong \dot{m}_a(V_e - V_a) \tag{1.3}$$

〈그림 1-6〉은 가스터빈 엔진의 주요부품과 식 (1.2) 또는 식 (1.3)에 의한 추진 원리의 질량흐름과 모멘텀 변화를 나타내고 있다.

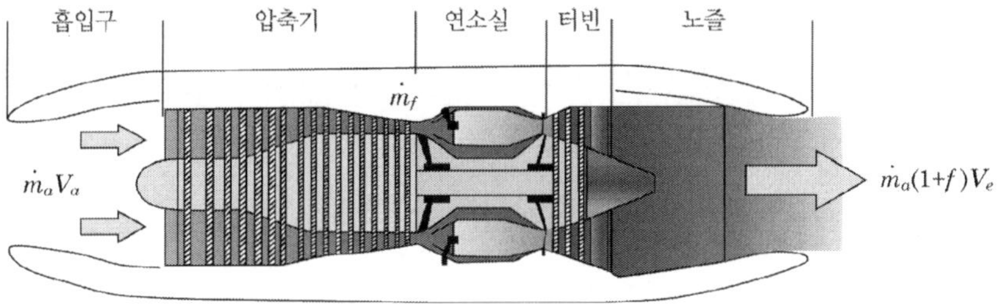

그림 1-6 가스터빈 엔진의 주요부품과 추진원리상의 모멘텀 변화

식 (1.3)에서 볼때 추력을 증가시키는 방법은 $\dot{m}_a$를 크게 하거나 V_e를 크게 하는 두 가지 방법이 있을 수 있다. 터보프롭 엔진의 프로펠러는 프로펠러를 지나는 공기질량의 가속력은 작지만 질량유량을 크게 함으로써 추력을 높이는 역할을 한다. 즉 터보프롭 엔진은 출구속도 V_e는 크지 않지만 공기 질량유량 $\dot{m}_a$를 크게 함으로써 추력을 높일 수 있다. 프로펠러의 공기흐름을 제어하기 위해 덕트를 만들면서 발전된 엔진이 터보팬 엔진이다. 터보팬 엔진은 엔진을 통과하는 대용량의 공기 질량유량을 이용하여 상당부분의 추력을 얻고 있다. 반면에 터보제트 엔진에서는 공기 질량유량은 크지 않지만 출구속도(V_e)를 증가시킴으로써 큰 추력을 얻고 있다.

1.2.2 제트 추진엔진의 특징

가스터빈 엔진은 왕복 엔진과 비교하여 다음과 같은 특징이 있다.

1) 진동이 작고 소형 경량으로 큰 출력을 얻을 수 있다.

가스터빈 엔진은 왕복운동 부분이 없으므로 진동이 작다. 왕복 엔진의 간헐적인 연소와는 달리 가스터빈 엔진은 연속적으로 연소를 하고 터빈 블레이드를 제외하고는 특별히 냉각해야 할 부분이 없는 등 간단한 구조이기 때문에 출력당 중량과 크기가 작고, 같은 중량의 가스터빈 엔진에서는 왕복 엔진의 2~5배 이상의 출력을 얻을 수 있다. 또 압축기와 터빈의 처리가스량에 따라 항공용은 최대 약 40MW, 산업용은 최대 약 230MW의 대출력도 가능하다. 〈표 1-2〉는 각종 엔진의 사용연료와 마력당 또는 추력당 중량을 나타낸다.

구체적인 예로써 21인승 더글라스 DC-3에서 사용된 R-1830 왕복엔진은 중량이 대략 1500 lb_f이고 이륙시 1200 lb_f 제동마력을 내어서 파운드 중량당 마력이 0.8이지만, 19인승 비치 1900D 항공기에 사용되는 캐나다 Pratt & Whitney사의 PT-6 디보프롭 엔진은 중량이 486 lb_f이고 이륙 시 1377 lb_f이고, 파운드 중량당 마력은 2.8이 되며 왕복엔진의 약 3.5배가 됨을 알 수 있다. 또 보잉 747에 사용되는 Pratt & Whitney사 JT9D 엔진은 중량이 약 9000 lb_f이고 비행속도 550 mph에서 56,000 lb_f의 추력을 내며 이것을 추력마력으로 환산하면 82,000 추력마력이 되고 파운드 중량당 마력은 약 9.1이 됨을 알 수 있다.

표 1-2 각종 엔진의 사용연료와 마력당 중량

분류	엔진 명칭	사용연료	출력당 중량(kg/PS)
선박용 엔진	증기 엔진	석탄	80~200
	디젤 엔진	경유(고속용), 중유(저속용)	5~60
	가스터빈 엔진	중유, 경유, 가스	10~15
자동차용 엔진	디젤 엔진	경유	4~9
	가솔린 엔진	가솔린	2~5
항공용 엔진	공랭식 가솔린 엔진	항공용 가솔린	0.45~1.2
	가스터빈 엔진	제트연료(JP)	0.15~0.5 (추력)
	가스터빈 엔진	제트연료(JP)	0.10~0.3 (축출력)

2) 시동이 쉽고 난기 운전이 불필요하다.

엔진 구조가 회전 부분만으로 되어 있고, 주로 회전 베어링이 사용되고 있으므로 한냉시에도 시동이 용이하고 왕복 엔진처럼 시동 후에 워밍업(warming-up)이 거의 필요 없으며 최고 출력까지 가속이 시간이 짧다.

3) 고옥탄가 연료사용이 불필요하고 사용연료의 폭이 넓고 오일소비량이 적다.

왕복 엔진처럼 높은 옥탄 가솔린이 필요 없으므로 연료는 주로 케로신(kerosine)계통을 사용한다. 그리고 연속연소이므로 피스톤 왕복엔진에 비해 요구되는 연료의 성질이 까다롭지 않아 산업용에서는 사용연료의 폭이 다양하다. 또 축이나 베어링 부분이외의 습동부가 적어 윤활유 소비량도 적다.

4) 고속 · 고공 비행이 가능하다.

왕복엔진의 추진효율은 일반적으로 M 0.4~0.5에서 최대가 되고, 0.7 정도에 이르면 현저하게 저하된다. 스파크 점화 왕복 엔진에서 배기터빈 과급을 하게 되면 열효율은 증가하게 되지만, 비행마하수가 증가하면 프로펠러의 추진효율이 저하되기 때문에 전체효율이 떨어져 M 0.7 이상에서는 실용성이 없게 된다. 터보제트 엔진의 경우는 왕복엔진과는 달리 비행속도가 증가하게 되면 전체효율도 함께 증가하게 된다.

또한 왕복엔진은 프로펠러에 동력을 전달시키는 것도 피치의 변경만 가지고는 충분하지 못하고, 전기점화 계통의 절연에도 문제가 있어 고공비행에는 적합하지 못하다.

5) 신뢰성이 높고 정비성이 좋다.

회전기기로 구성되어 있으므로 축이나 베어링 이외의 부분은 습동부가 적어 마모가 작고 보수가 용이하다. 엔진 설계 기술의 향상, 사용 재료의 발달, 제조 기술의 향상으로 엔진 품질 수준이 높으며 비행중에 엔진 정지 고장의 발생이나 엔진 고장 수리가 적다.

원리적으로 구조가 간단하고 정비성을 고려한 설계가 되어 있으므로 엔진 본체 및 보기류의 점검, 교환, 분해 등의 정비 작업을 쉽게 할 수 있다. 그러나 가스터빈 엔진은 연료의 소모량이 많고 소음이 심하며, 이물질(foreign object)의 흡입에 대한 구조적인 취약점이 있다.

1.3 제트 추진엔진의 발달

1928년 당시, 영국 공군사관생도였던 21세의 Frank Whittle은 종래보다 고고도에서 고속으로 비행할 수 있는 새로운 추진 시스템에 관심을 가지게 되었다. 당시로서 가장 빠른 항공기의 속도는 약 150mph 정도였으며 10,000ft가 항공기로서 날 수 있는 가장 높은 고도였다. Whittle은 효율을 증대시키기 위해 미래의 항공기는 보다 더 높게 빠르게 날아야 할 것이라고 판단했다. 동시에 그는 이 전에 논의 되었던 프로펠러의 한계에 대해서도 지적하였다. 그는 로켓은 그 대안이 될 수 없으며 새로운 원동기가 필요하다고 결론지었다. 새로운 원동기란 이른바 덕트처리된 팬을 통해 고속 제트 유동을 만들어 내는 원동기를 의미하였다. 1928년에 Whittle은 팬을 피스톤 엔진으로 돌리려고 노력하였다. 그러나 2~3년간의 고민 끝에 비행을 위한 엔진으로서 만약 연소기가 터빈과 팬 사이에 위치해 있고 터빈으로 배기된 배기가스가 노즐을 통해 고속유동제트를 만들어 낼 수 있다면 터빈으로 팬을 돌릴 수 있다는 원리를 발견하였다. 그러나 그의 아이디어는 전문가들의 회의적인 반응에 부딪혔다. 낮은 효율의 압축기와 낮은 온도에서 구동되는 터빈으로는 Whittle이 제안한 엔진을 구동할 수 없다는 것이었다. 그럼에도 불구하고 1930년 1월 16일, Whittle은 제트 엔진에 대한 특허신청을 하였으며 1933년 승인을 얻어냈다. 1934년 영국공군은 그에게 기계공학 공부를 할 수 있도록 케임브리지 대학으로 보냈다. 특허를 유지하기 위한 5파운드조차도 낼 수 없을 정도를 경제적 어려움이 있었지만 그는 공부를 계속하였고, 상용 개발을 위한 돈을 대어줄 사람들을 만날 수 있었다. 그 결과 1936년 3월, Power Jets라는 회사를 설립하였으며 그는 남은 공부를 끝내는 동안 새로운 엔진을 만드는 작업에 착수하였다. 많은 기술적, 물질적, 제도적인 어려움 속에서도 1939년 6월 30일, 그는 16,000 rpm의 속도로 20분 동안 엔진을 가동할 수 있었으며 결국 자신의 생각이 타당하였다는 것을 증명하였다. 1941년 5월 15일에는 Whittle 엔진(터보제트엔진 W-1)으로 가동된 영국 최초의 제트 항공기인 Gloster Meteor E28/39 실험 항공기가 Cranwell에서 Lincoinshire를 첫 비행하는데 성공하였다. 그 후 1942년에 GE사는 W-1 터보제트엔진 기술을 도입한 1-A를 XP-59A 실험항공기에 2대 탑재하고 비행에 성공하였다.

영국에서 Whittle이 제트 엔진을 개발한 이 시기에 독일에서도 비슷한 연구를 진행하였다. 1933년 괴팅겐 대학에서 항공역학 논문을 준비하던 박사과정의 23살 Hans Von Ohain이 그 주인공이다. 그는 당시 항공기에 장착되었던 무거운 엔진의 진동문제와 소음문제에 대해서 문제 삼았으며 보다 향상된 엔진이 필요하다는 결론을 얻기에 이르렀다. Whittle의 연구내용은 전혀 몰랐지만 몇가지 기본적인 추론을 통하여 하나의 축(shaft)에서 함께 회전하는 압축기와 터빈의 개념을 생각해내었다. 1934년까지 그의 자동차 수리공이었던 Max Hahn의 도움으로 Von Ohain은 개인 부담으로 그의 초기 기기 설계에 착수하였다. 초기의 시험에서 연소기가 종종결함을 보였다. 하지만 1936년 4월 항공기 제작자인 Ernst Heinkel이 Von Ohain과 Hahn을 그의 회사로 데리고 와서 그들에게 엄청난 자료를 제공하였다. 연소 문제를 더욱 쉽게 하기 위해, 그들은 첫 엔진 시작제품에 수소를 분사하였으며 1937년 9월, 성공적으로 구동시킬 수 있었다. 이로 인해 1938년 8월 27일 Heinkel He 178 세계 최초의 제트 항공 시험기가 성공적인 비행을 하기까지 엔진 개발은 더욱 속도를 더하였다. 이로서 독일과 영국은 제트 항공기 시대를 열었던 것이다. **〈표 1-3〉**과 **〈그림 1-7〉**은 Frank Whittle이 개발한 엔진의 특징과 그 엔진을 사용한 비행기를 보여주고 있다.

표 1-3 Frank Whittle이 개발한 엔진의 특징

1) 중량 : 850 lb(3.8 kN)
2) 흡입공기 질량유량 : 25 lb/s
3) 연료소모율 : 200 gal/hr(1300 lb/hr)
4) 추력 : 1000 lb_f
5) 추력당 연료소모율 : 1.3 lb/hr/lb
6) 비행기 중량 : 3,700 lb (1,678 kg)
7) 날개길이 : 29 ft(8.84 m)
8) 비행기 동체 길이 : 25 ft 4 in(7.73 m)
9) 최고속도 : 545 km/h(340 mph)
10) 원심식 압축기를 사용
11) 고온의 배기가스를 견디기 위해 스테인레스강으로 제작

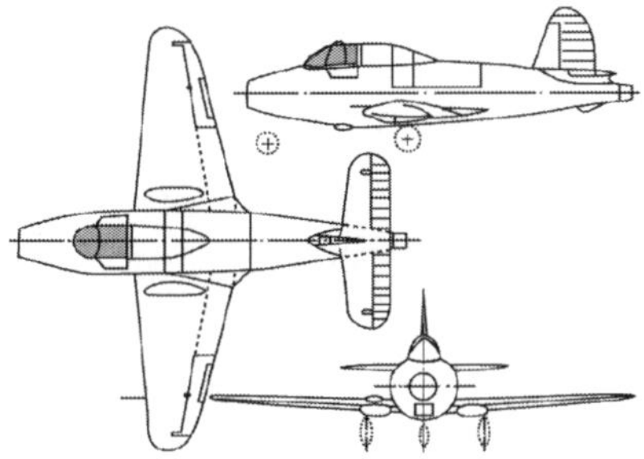

(a) Gloster E28/39 비행기

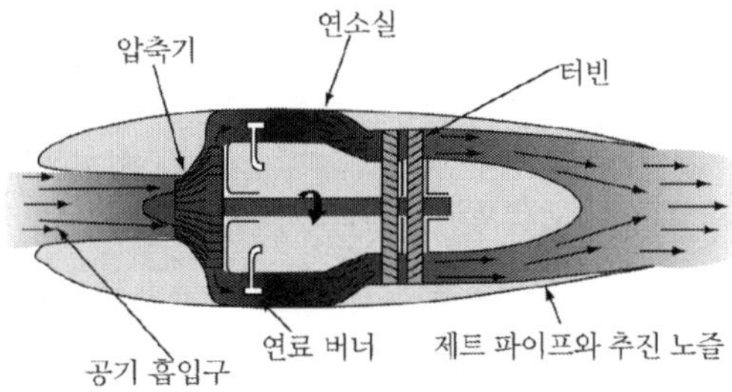

(b) W-1 터보제트 엔진

그림 1-7 Frank Whittle이 개발한 엔진과 채용 비행기 (출처 : [1])

1945년에는 영국 Rolls-Royce사 Trent형 터보프롭 엔진을 장착한 Gloster Meteor기가 첫 비행하였으며, 가스터빈이 민간 항공 최초로 도입된 것은 1952년 영국의 De Havilland사의 Ghost 터보제트 엔진 4대를 장착한 Comet I형 제트여객기였다. 세계 최초의 민간 터보프롭 항공기는 1953년 Rolls-Royce사 Dart형 터보프롭을 장착한 영국의 Vickers Viscount형 항공기였으며 여객 수송용으로도 취항항기도 하였다. 세계최초의 터보샤프트 헬리콥터는 1957년 Turbomeca사의 Artouste 터보샤프트 엔진을 장착한 프랑스의 Sud 항공사가 제조한 Alouette II 헬리콥터였다. 많은 여행객을 본격적으로 실어 나르기 시작한 것은 1958년 10월 26일 미국 Pratt & Whitney사의 JT3C 터보제트 엔진을 장착한 B707 제트항공기였으며, 그 후 1960년에는 JT3D 엔진을 장착한 DC-8 제트항공기가 취항하였다. 초기의 B707과 DC-8에 사용된 엔진은 저바이패스비 터보팬엔진이었다. B737과 DC-8기에 사용된 JT8D 엔진도 저바이패스비 터보팬 엔진을 장착하였다. 1970년대에 이르러서 JT9D, CF6, RB11과 같은 바이패스비 4~6인 고바이패스비 터보팬 엔진을 개발할 수 있어 B747, DC-10기와 같은 대형 상업용 항공기에 장착하여 대량운송의 시대를 맞이할 수 있었다. 고바이패스비 터보팬 엔진은 아음속 상태에서

효율이 매우 좋으며 더 많은 공기를 흡입하기 위해 더욱 큰 팬직경을 가진다. B747-400, B737-800/900, A300-600 계열 등 민간 항공기에 사용되는 PW 400 계열이나 CFM56 계열, 그리고 최신 기종인 B777항공기의 PW 4090과 GE 90 엔진은 추력의 70% 정도 이상을 팬 블레이드에서 생산한다. 이들 고바이패스비 터보팬 엔진을 사용함으로써 추진효율을 증대시키고 비약적인 출력의 증대를 이루었으며 고아음속 순항으로 연료소모율을 대폭적으로 감소시켰고 또 고바이패스비 터보팬 엔진은 평균 배기가스 분출속도를 줄임으로써 엔진소음도 크게 감소시켰으며 엔진의 신뢰성과 정비기술의 개선도 이룰 수 있었다. 추력당 연료소모율의 대폭적인 감소는 고바이패스비 터보팬 엔진의 채용과 함께 압축기, 터빈, 연소기 등 각 구성요소부품의 효율향상, 내열합금재료와 냉각 기술의 발달로 터빈 입구온도를 높일 수 있어 열효율을 증대시킬 수 있었기 때문이다. 1960년대 초기 터보팬 엔진 개발로부터 2000년도의 터보팬 엔진 개발까지 터빈입구온도는 900℃에서 약 1,400℃, 압축기 압력비는 13에서 약 45정도, 바이패스비는 1.0에서 약 8정도, 추력당 연료소모율은 0.8에서 약 0.4정도, 열효율은 25%에서 45%정도로 향상되었고, 또한 엔진의 추력은 18,000 lb_f에서 70,000 lb_f로 증가하였다. 세계 최초의 초음속여객기는 Olympus 593 터보제트 엔진을 채택한 Concorde가 1976년에 취항하였으나 2000년도에 이륙중 사고를 계기로 소음문제 등으로 2003년 운행을 중단하였다. 2007년에 상업비행을 시작한 A380에는 롤스로이스사의 Trent 900엔진이나 GE와 PW의 합작사인 EA(Engine Alliance)의 GP7200엔진이 장착되며, 이 엔진들은 바이패스비 8.5~8.9의 초고바이패스비를 채택하고 있으며 최대허용추력은 80,000 lb_f까지 증가하였으며, 배기가스 방출량이 적은 엔진이다. GE사는 GEnx, 롤스로이스사는 Trent 1000엔진을 개발하여 바이패스비를 10 이상으로 높이려는 노력을 하고 있다.

1.4 제트 추진엔진의 종류

1.4.1 가스터빈 엔진

가스터빈 엔진은 터보제트, 터보팬, 터보프롭, 터보샤프트의 크게 4가지 종류로 분류된다. 가스터빈 엔진의 특징은 흡입구에서 충분히 속도에너지를 압력에너지로 변환시키지 못하므로 압축기와 터빈이 있어 흡입된 공기를 충분히 압축할 수 있는 것이다. 〈표 1-4〉와 〈표 1-5〉는 각종 가스터빈 엔진의 제원과 성능을 나타내고 있다.

표 1-4 여러 가지 터보제트 엔진과 터보팬 엔진의 주요 제원

엔진명칭	제작사	형식	압축기		터빈 단수	바이 패스비	이륙최대성능			치수		무게 (kg)	채용기체
			단수	압력비			추력 (kN)	연료 소모율 (kg/N·s) $\times 10^{-6}$	공기 질량 유량 (kg/s)	직경 (mm)	길이 (mm)		
J79-IHI-17	IHI/GE	TJ-1	17	13.5	3	-	79.6	55.8	77.1	992	5301	1740	F-4EJ
J85-GE-21	GE	TJ-1	9	8.3	2	-	22.2	60.3	24.0	533	2858	310	F-5E
Olympus 593	BR, SNECMA	TJ-2	7+7	15.5	1+1	-	173.0	33.8	186	1206	3810	3386	Concode
Atar 9K50	SNECMA	TJ-1	9	6.15	2	-	70.6	55.5	71.6	1020	5944	1566	F-1
J402-CA-400	TELEDYNE CAE	TJ-1	1+C	5.8	1	-	29.4	34.0	4.35	318	748	45.36	Harpoon
M53-P2	SNECMA	TF-1	8(3)		2	0.4	95.2	26.1					mirage 2000
F100-IHI-100	IHI/PWA	TF-2	(3)+10	24	2+2	0.63	103.9	56.1	103.4	1181	4860	1390	F-15J
PW1128	PWA	TF-2	(3)+10	27.7	2+2	0.65	121.9	58.6	112.5	1181	4851	1463	F-15,16
F101-GE-102	GE	TF-2	(2)+9	11	1+2	0.85~1	136.8		159	1397	4597	1996	B-1B
F110	GE	TF-2	(3)+9	30	1+2	0.87	129.0	56.9	122.5	1270	4597	1724	F-14,15,16
TF30-P-414	PWA	TF-2	9(3)+7	18.6	1+3	1.1	93	78.75		1293	5987	1905	F-14A
F414-GE-400	GE	TF-2	(3)+7	30	2	0.4	97.9		77.1	890	3910	1110	F/A-18E/F
F119-PW-100	PW	TF-2	3+6	26.8	2	0.3	156			1200	5160	1800	F-22 Raptor
F135-PW-100	PW	TF-2	3+6	28.0	2		190			1170	5590	1701	F-35
F404-GE-400	GE	TF-2	(3)+7	25	1+1	0.34	71.2		63.5	880	4030	908	F/A-18A
TF40-IHI-801A	IHI/RR,TM	TF-2	(2)+5	11	1+1	0.85	32.5	57.8	23.6	760	2900	740	F-1. T-2
CF6-80A	GE	TF-2	4(1)+14	28	2+4	4.7	213.1	9.74	651	2195	3988	3826	B767, A310
JT9D-7R4E	PWA	TF-2	5(1)+11	24.3	2+4	5.0	222.4	18.2	733	2464	3901	4039	B747, A300
RB211-535C	RR	TF-3	(1)+6+6	21.1	1+1+3	4.5	166			1877	3010	3309	B757
JT8D-217	PWA	TF-2	(1)+6	18.6	1+3	1.70	92.75	20.9	217	1250	3911	2010	DC-9, B727
PW2037	PWA	TF-2	5(1)+12	30	2+5	5.8	167.2		541	2159	3396	3028	B757
XF3-30	IHI	TF-2	(2)+5	11	1+2	0.9	16.28	19.8	34			340	XT-4
TF34-GE-100	GE	TF-2	(1)+14	21	2+4	6.2	40.3	10.5	153	1259	2540	653	A-10A
F402-RB-406	PWA/RR	TF-2	(3)+8	14	2+2	1.4	97.86		196	1220	3480	1492	AV-8B
PW4000	PWA	TF-2	(1)+15	29	2+4	4.9	280	64	780	2540	4867	4140	B747
PW4084	PWA	TF-2	(1)+6+11	34.2	2+7	6.4	386			2844.8	4869.2		Boing 777
GE90-115B	GE	TF-2	(1)+3+7	42	6+2	8.4	512.9			3429	7290	8283	B777-200LR, 300ER
Trent 900	RR	TF-3	(1)+8+6	39	1+1+5	8.7	340		1245	2946	4547	6437	A380
GP7200	EA	TF-2	(1)+5+9	43.9	2+6	8.7	311			3160	4750	6712	A380
PW-100	PWA	TF-2		28		0.56	43			1168.4	5588		F-135
CFM 56-5C	CFM Int.	TF-2		31.5		6.6	137.6						A340, B737
GEnx	GE	TF-2	(1)+4+10	43	7+2	9.0	319			2822	4692	5816	B787,B747-8
LEAP	CFM International	TF-2	(1)+3+10		2+5	9							A320neo, B737MAX, C919
GE9X	GE	TF-2	(1)+3+11	60		10	470			3400			B777X
Trent 1000	RR					10~11	308						B787

* TJ : Turbojet, TF : Turbofan, -숫자 : 스풀개수, ( ) : 팬의 단수

표 1-5 여러 가지 터보프롭 엔진과 터보샤프트 엔진의 주요 제원

엔진명칭	제작사	형식	압축기 단수	터빈 단수	상당 축출력 (kW)	연료소모율 (kg/kJ) $\times 10^{-6}$	엔진 회전수 (rpm)	무게 (kg)	채용기체
Astazou XV3A	Turbomeca	TP	2A+1C	3	861	85	43000	205	YS-11
DArt RDA10	Rolls Royce	TP	2C	3	2166	108	11700	680	Tu-114
Kuznetsov NK-12MV	USSR	TP	14A	5	8227	81	9250	2348	Shorts
PT6-45A	P & WC	TP	3A+1C	2+2	876	95	1700	192	330
PW150A	P & WC	TP	1A+1C	1+1			1020	704	Q400
T56-A-14	Allison	TP	14A	4	3661	85	1021	854	P-3C
250-C30	Allison	TS	1C	2+2	485	100	6016	107	
Gem 4	Rolls Royce	TS	4A+1C	1+1+2	735	86	6000	156	Lynx
Makila	Turbomeca	TS	3A+1C	2+2	1324	81	23840	205	
T53-L-703	Avco Lycoming	TS	5A+1C	4+2	1044	98	6300	249	AH-1S
T55-L-712	Avco Lycoming	TS	7A+1C	2+2	2796	90	14410	341	CH-47D
T58-GE-16	General Electric	TS	10A	2+2	1320	90	19500	201	CH-46E
T700-GE-401	General Electric	TS	5A+1C	2+2	1260	78	20900	194	SH-60B

* TP : Turboprop, TS : Turboshaft, A : 축류식 압축기, C : 원심식 압축기, 터빈단수 : 고압터빈개수+저압터빈개수+출력터빈개수

터보제트 엔진은 배기가스를 고속으로 분출함으로써 출력의 100%를 얻는다. 그렇기 때문에 비행속도가 빠를수록 추진 효율이 좋으며 초음속(M 1.2~3.0) 범위 및 고고도에서 우수한 성능을 나타낸다. 하지만 아음속(M 0.6~0.9) 범위에서는 연료 소모율이 높고 배기 소음도 매우 커서 효율이 높지 못하다. 또한 후기연소기(afterburner)를 사용함으로써 초음속 비행이 가능하기 때문에 상업용 항공기보다는 군용 항공기에 널리 사용되고 있다. **〈그림 1-8〉**은 단일 스풀(one-spool)과 2중 스풀(two-spool) 터보제트엔진 및 2중 스풀과 3중 스풀의 터보팬엔진을 나타내고 있다. 2중 스풀 터보제트 엔진에서 고압 압축기는 고압 터빈에, 저압 압축기는 저압 터빈에 연결된다.

이중 스풀엔진에서 LPC, HPC, HPT, LPT의 순서를 통해 유동가스는 지나게 되며, LPC와 LPT, HPC와 HPT이 같은 축으로 연결되어 회전한다. **〈표 1-4〉**의 엔진 형식 뒤에 숫자는 스풀(축) 갯수를 나타내며 대부분 터보팬 엔진은 2축 엔진이며 3축엔진은 롤스로이스사의 RB211와 Trent 900 엔진에서 채택되고 있다.

터보팬 엔진은 터보제트 엔진과 달리 배기가스를 고속으로 분출하기보다는 터빈의 힘을 축출하여 압축기 전방의 큰 팬을 회전시킴으로써 대량의 공기를 분출하여 큰 추력을 얻을 수 있다.

터보팬 엔진은 바이패스비(bypass ratio)가 높아질수록 아음속에서의 추진효율이 향상되고 연료 소모율이 개선되며 배기 소음도 크게 감소한다. 그러나 바이패스비가 증가하면 엔진직경이 증가하고 무게도 증가한다. 또 큰 직경의 선단은 속도가 빨라지므로 팬 속도를 줄일 수 있는 기어박스가 필요하다. 터보팬은 배기흐름의 종류에 따라 고바이패스비의 분리형 배기 흐름 터보팬(separated exhaust stream turbofan)과 저바이패스비의 혼합형 배기 흐름 터보팬(mixed exhaust stream turbofan)으로 나누어진다. **〈그림 1-9〉**는 분리형 배기 흐름 터보팬과 혼합형 배기 흐름 터보팬을 나타내고 있다. 터보팬 엔진의 특징으로는 이 · 착륙 거리의 단축, 추력 증가, 중량 감소, 아음속에서의 높은 추진 효율, 경제성 향상, 소음 감소, 날씨 변화에 대한 적응이 양호하여 상업용 여객기 및 수송용 항공기에 많이 사용된다. 군용 터보팬 엔진은 초음속비행과 넓은 영역에서의 비행이 요구되기 때문에 저바이패스비의 터보팬엔진에 후기연소기를 장착하여 사용하기도 한다.

터보프롭 엔진은 터보팬 엔진에서의 팬 대신 큰 직경의 프로펠러를 구동하여 대량의 공기를 분출함으로써 추력을 얻고 있다. 터보프롭 엔진에서 엔진 총 추력의 약 80~90%는 프로펠러가 밀어내는 공기의 반작용에 의해 나머지 약 10~20%는 배기가스의 배출에 의해 추력을 얻는다. 터보팬 엔진과는 달리 팬을 지난 공기의 흐름을 제어할 수 있는 덕트가 없지만 왕복엔진의 저속 저고도 특성과 제트 엔진의 고속 고고도 특성의 장점을 살려 중속 · 중고도 비행에서 큰 효율을 얻을 수 있다. 터보프롭이나 터보샤프트 엔진은 배기가스속도가 크지 않아도 되므로 원심식 압축기를 사용하기도 한다. **〈그림 1-10〉**은 축류식 압축기와 원심식 압축기를 사용한 터보프롭 엔진을 나타내고 있다.

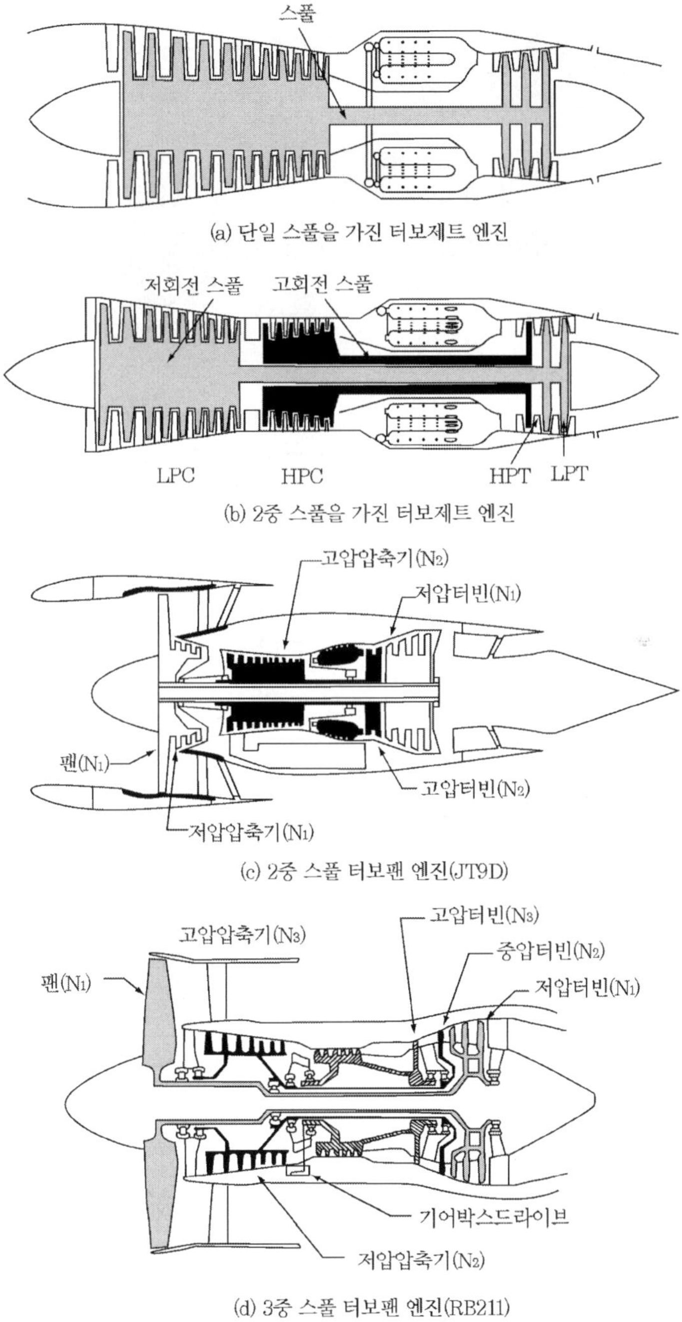

(a) 단일 스풀을 가진 터보제트 엔진

(b) 2중 스풀을 가진 터보제트 엔진

(c) 2중 스풀 터보팬 엔진(JT9D)

(d) 3중 스풀 터보팬 엔진(RB211)

그림 1-8 단일 스풀과 2중 스풀 터보제트 엔진의 예, 2중 스풀 및 3중 스풀 터보팬 엔진의 예

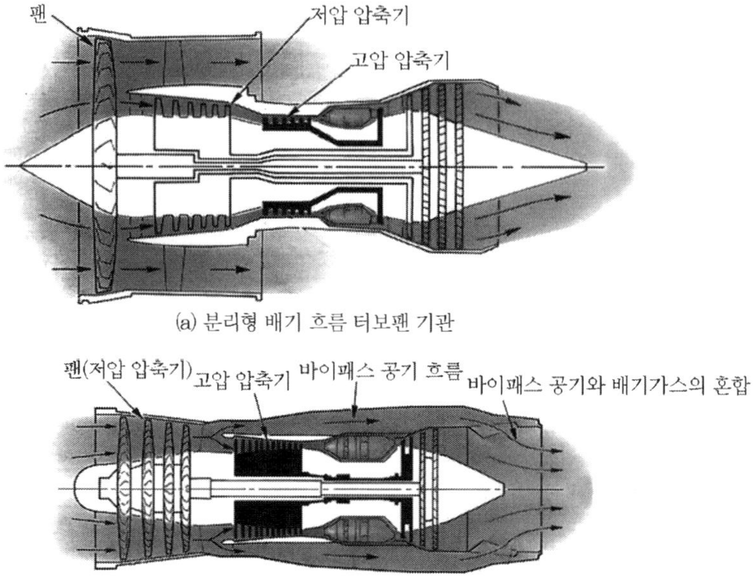

(a) 분리형 배기 흐름 터보팬 기관

(b) 혼합형 배기 흐름 터보팬 기관

그림 1-9 배기흐름의 종류에 따른 터보팬 엔진의 종류(출처 : [1])

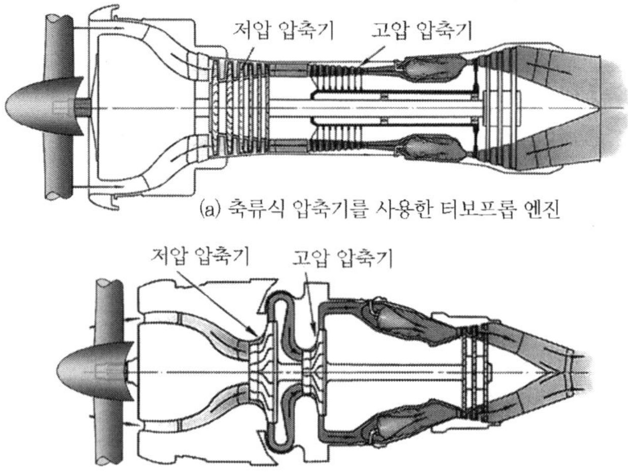

(a) 축류식 압축기를 사용한 터보프롭 엔진

(b) 원심식 압축기를 사용한 터보프롭 엔진

그림 1-10 축류식과 원심식 압축기를 사용한 터보프롭 엔진의 비교 (출처 : [1])

터보샤프트 엔진의 출력은 100% 프로펠러에 의해 발생된다. 프로펠러 블레이드는 프리터빈(free turbine : 압축기를 구동시키지 않는 출력 전용 터빈)축에 의해 감속 장치를 거쳐 구동된다. 터보샤프트 엔진은 주로 헬리콥터용으로 사용되고 있다. **〈그림 1-11〉**은 터보샤프트 엔진의 전방 공기 흡입방식과 후방 공기 흡입방식을 보여주고 있다.

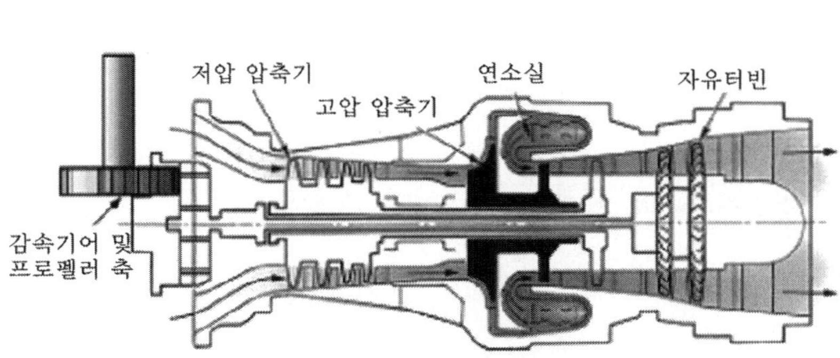

(a)전방 흡입식 터보샤프트 엔진

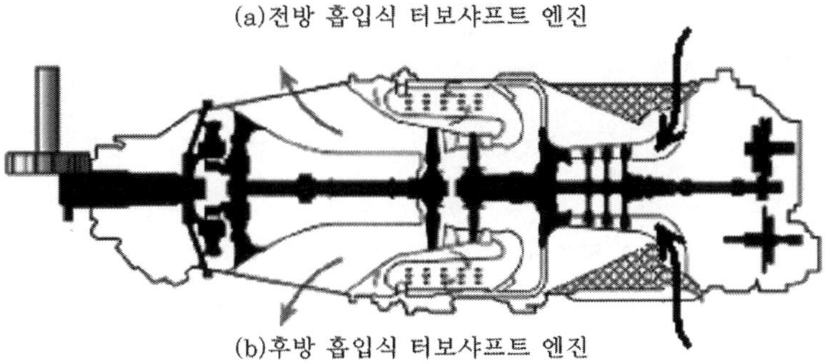

(b)후방 흡입식 터보샤프트 엔진

그림 1-11 공기 흡입방식에 따른 터보샤프트 엔진의 분류(출처 : [1])

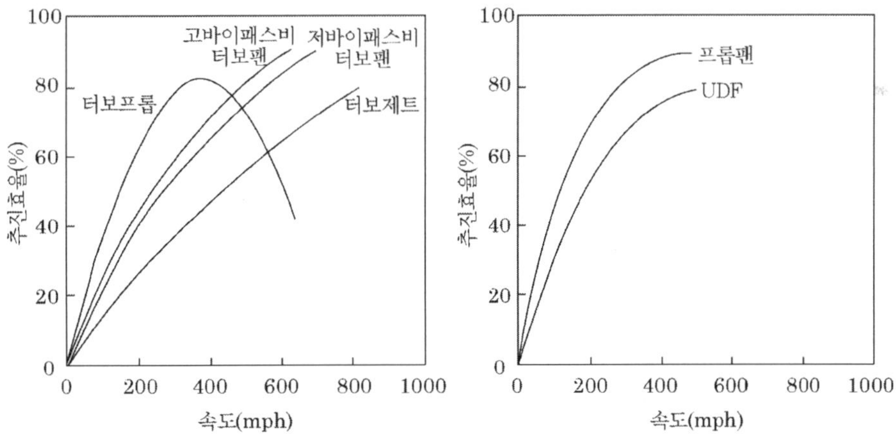

그림 1-12 비행속도에 따른 각 엔진의 추진효율

〈그림 1-12〉는 비행속도에 따른 추진 효율을 나타내고 있다. 가스터빈 엔진의 추진효율은 $\dot{m}_a V_a / F$가 클수록 높다. 터보프롭 엔진은 터보제트나 터보팬 엔진보다 추력당 흡입공기량이 많으므로 추진효율이 높다. 따라서 터보프롭 엔진은 저속용에 적합하고 순수 터보제트 엔진은 고속용으로 적합하다. 터보프롭 엔진은 비행속도가 약 375 mph를 초과하면 블레이드 팁의 실속으로 인해 프로펠러 효율은 급격히 감소한다. 이러한 특성 때문에 순수 터보제트 엔진보다는 터보프롭 엔진과 터보팬 엔진을 조합하여 덕트가 있는 프롭팬(propfan, ducted fan) 엔진이나 덕트가 없는

UDF(unducted Fan) 엔진으로 발전하게 된다. 프롭팬이나 UDF 엔진은 자유터빈을 이용하여 직접적으로 프로펠러를 회전시켜 추진을 얻는 엔진이다. 이 때 프로펠러의 팁 실속을 방지하기 위해서 프로펠러에 후퇴각을 주고 시위도 훨씬 크게 한다. 프롭팬이나 UDF 엔진의 기본적인 형태는 터보팬 엔진과 동일하나 후퇴각 있는 프로펠러와 감속기어를 사용하고 있다.

1.4.2 덕트 엔진

덕트 엔진(ducted engine)에는 램제트(ramjet) 엔진, 스크램제트(SCRamjet) 엔진, 펄스제트(pulsejet) 엔진이 있다. 덕트 엔진은 가스터빈 엔진과 달리 기계적으로 회전하는 압축기와 터빈이 존재하지 않는다. 그 이유는 M 3 이상의 초음속에서 작동하므로 흡입구에서 속도에너지를 압력에너지로 충분히 변환시켜 엔진을 효율적으로 작용시켜 주기 때문이다. 흡입 공기는 공기 흡입구에서 확산 작용에 의해 속도 에너지가 압력 에너지로 변환되어 연소실 내에서 연속 연소에 의해 가열되고 배기 노즐로부터 가속 분출되어 추력을 발생시킨다.

램제트 엔진은 기본적으로 정지 상태에서는 공기 흡입구의 압력 상승이 없기 때문에 작동이 불가능하며, 작동이 가능하려면 적어도 비행 속도가 M 1.0 이상이 되어야 한다. 램제트 엔진은 확산형의 흡입구와 연소실, 수축형 혹은 수축-확산형의 노즐로 구성되어 있다. 램제트 엔진은 화염의 전파속도 한계로 연소실에서 아음속 연소를 하기 때문에 흡입구에서 연소실 입구까지는 아음속으로 만들어 줘야 한다. 램제트 유동을 초음속에서 아음속으로 감속시키면 압력손실이 과다하고 온도 상승으로 인하여 벽면재질과 열해리 문제가 일어난다. 램제트 엔진의 공기 흡입구에서 압력상승 가능한 속도와 초음속 흡입유동에서 연소실 유동의 아음속으로의 감속을 생각하면 램제트 엔진은 M 1.5~5.0이 적당한 범위이다. 램제트 엔진은 M 6 이상에는 효율이 떨어진다. 그러나 스크램제트 엔진은 초음속으로 연소가 가능하므로 일반 램제트 엔진과 달리 M 5~6 이상에서도 효율이 높다. 스크램제트 엔진은 적어도 M 15까지 운행할 수 있다. 현재에는 미사일이나 무인 표적 항공기용 엔진으로 일부에서 연구되고 있는 정도이나 앞으로는 초음속 항공기용 엔진으로 발전할 것으로 기대되고 있다.

펄스제트 엔진은 램제트의 일종이지만 연속연소를 하는 램제트 엔진과는 달리 간헐연소를 하는 것이 특징이다. 펄스제트가 비행 시 램 압력이 셔터밸브(shutter valve)의 스프링 힘보다 커지면 셔터가 열려서 램공기가 엔진으로 들어오고, 흡입된 공기가 확산부에서 압력이 높아지면, 셔터밸브가 다시 닫힌다. 셔터밸브가 닫힌 상태에서 압력이 높아진 공기에 연료가 분사되어 연소한 후 노즐로 분사가스가 배출되어 추력이 발생한다. 셔터밸브가 닫혀있어 압력이 앞쪽으로 전달되지 않으며 연소가 끝나고 연소가스가 분사배출 되면 엔진내부 압력이 떨어지므로 램압력에 의해 다시 셔터밸브가 열려 새로운 공기는 연소실로 유입된다. 펄스제트 엔진은 램제트 엔진과는 달리 정지 상태에서의 운전이 가능하며 M 0.5 전후의 비행 속도를 얻기 위한 엔진으로는 구조가 가장 간단한 편이다. 개폐해야 하는 셔터밸브의 내구성이 문제될 수 있으며 연료 소모율이 나쁘고 소음과 진동이 큰 단점이 있다. 현재에는 무인 표적 항공기나 헬리콥터의 로터 블레이드 끝 엔진으로 극히 일부에서 실험적으로 사용되고 있고 펄스디토네이션(PDE) 엔진으로 발전하고 있다.

1.4.3 로켓 엔진

러시아 수학자 치올코프스키(K.E. Tsiolkowski)는 '반작용 추진 장치에 의한 우주탐험'이란 논문에서 로켓 비행체는 추진제를 가속 배출시킬 때 작용과 반작용에 따라 공기가 없는 상태에서도 비행할 수 있음을 밝혔다. 로켓 엔진은 공기흡입식 추진 엔진이 아니다. 로켓 엔진은 크게 화학식 로켓 엔진과 전기식 로켓 엔진으로 나뉜다. 화학식 로켓엔진은 산화제인 공기를 흡입시키는 공기흡입식 제트 엔진과 달리 연료와 연료의 연소에 필요한 산화제를 동시에 가지고 있어 연소실에서 혼합시켜 연소시킨다. 따라서 공기가 없는 대기권 밖에서도 작동할 수 있다. 하지만 단위 추력당 연료 소비량이 과다하여 엔진의 작동 시간이 길지 못하다. 연료와 산화제 혼합체인 추진제의 종류에 따라 액체 로켓 엔진과 고체 로켓 엔진으로 크게 나뉜다. 액체 로켓은 고체 로켓에 비해 발생 추력이 크고, 출력의 제어가 용이하므로 주로 우주왕복선이나 위성 발사 로켓 등의 대형 로켓에 쓰인다. 또 고체 로켓은 구조가 간단하고 취급이 용이하다는 점에서 미사일과 같은 중소형 로켓에 사용되고 있다. 하지만 한번 점화하면 추력제어가 불가능한 단점이 있다. 하이브리드 로켓은 고체 로켓의 추력제어가 불가능한 단점을 보완하기 위해 고체 연료와 액체 산화제를 사용하여 액체 산화제를 제어함으로써 추력을 제어할 수 있다. 전기식 로켓 엔진은 엔진외부에서 발생 공급하는 전력을 이용하여 추진제를 가속시키는 시스템으로 추력이 낮고 추진제 소모량이 아주 적어 우주 비행체의 자세제어, 궤도수정, 궤도상 운동 등에 사용된다. 근래에는 대형이며 구조적으로 극히 약한 우주 구조물에 작은 가속을 이용해서 장시간 안전하게 저고도 지구궤도로부터 지상 정지궤도로 운반하고 조립하는 임무가 연구 중이다.

1.4.4 최근에 사용되고 있는 항공용 제트엔진의 주요 제원과 성능

〈그림 1-13(a)〉는 1950년부터 최근까지의 민간 항공 추진 엔진과 이를 탑재하고 있는 비행체의 발전 추세를 나타내고 있다. 최근 엔진의 개발 추세는 초고바이패스비 엔진으로 추력당 연료소비율

이 낮고 유해배출가스가 적은 엔진을 개발하고 있다.

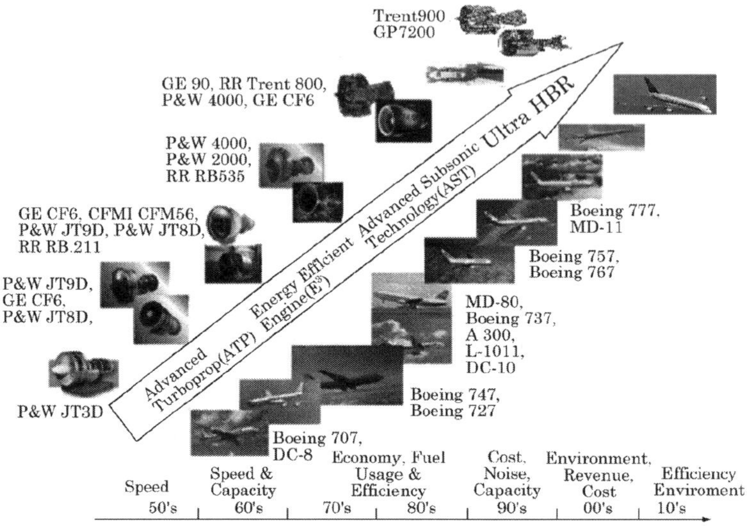

그림 1-13(a) 항공 추진제트엔진과 비행체의 발전 추세 [18]

〈그림 1-13(b)〉와 〈그림 1-13(c)〉는 각각 보잉 계열 항공기와 에어버스 계열 항공기의 연도별 엔진 변천사와 추력의 정도를 나타내고 있다.

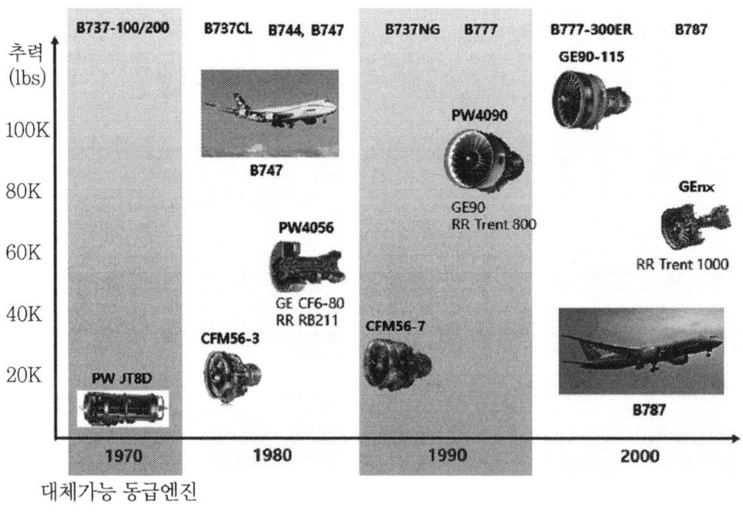

그림 1-13(b) 보잉 계열 항공기와 장착된 엔진

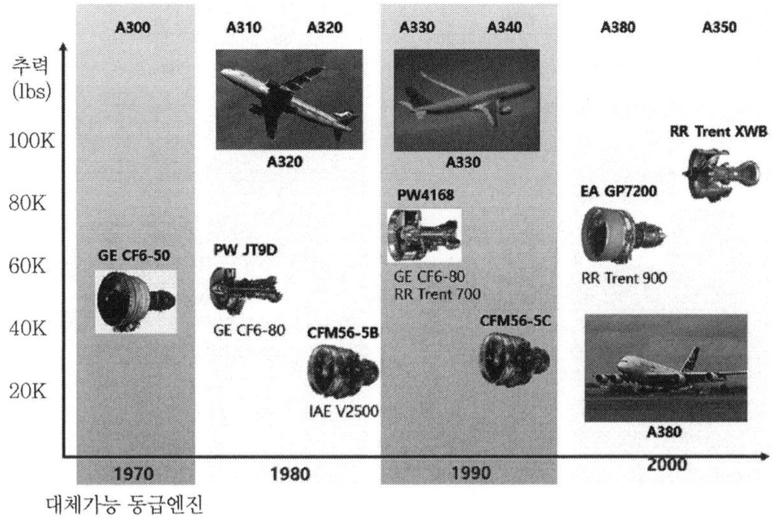

그림 1-13(c) 에어버스 계열 항공기와 장착된 엔진

〈그림 1-13(d)〉는 최근까지의 군용 항공기와 엔진개발 추세를 나타내고 있다. 한국의 KF-X에 장착될 엔진은 해군용 F-18에 탑재되었던 엔진과 비슷한 모델인 GE의 F414-GE-400엔진이다.

그림 1-13(d) 최근까지의 군용 항공기와 엔진개발 추세

1) F-22 Raptor에 장착된 F119-PW-100

F-22 랩터는 F-15를 대체하여 보잉사와 록히트 마틴사가 제작한 미국 공군의 고기동 스텔스 전투기이며, 2대의 F119-PW-100 엔진을 장착하고 있다. 참고로 스텔스 기능이 로우급인 F-35 라이트닝은 F-16을 대체하여 국제공조로 생산되며 1대의 F135-PW-100 엔진이 장착된

다. F35A는 일반활주로 이착륙용이고, F35B는 미 해병대용으로 수직 이착륙기 기능이 추가되어 있다.

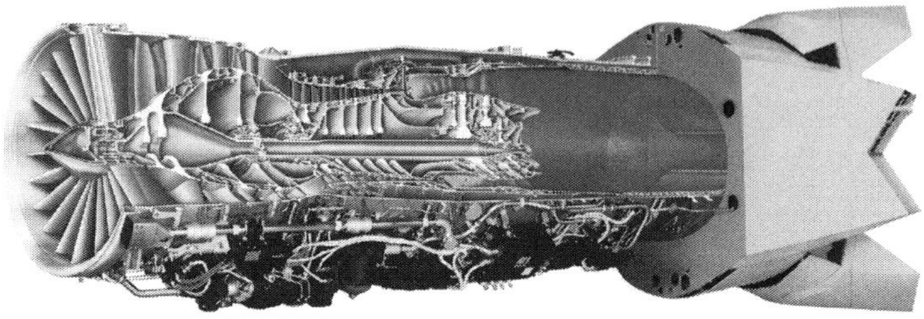

그림 1-14 F119-PW-100 저바이패스비 터보팬 엔진 (출처 : [2])

〈그림 1-14〉에 나타낸 엔진은 Pratt & Whitney사에 개발한 엔진으로 2개의 스풀을 가지고 있으며 0.2의 저바이패스비와 후기연소기를 채용하고 있는 터보팬 엔진이다. 저압 압축기는 3단의 팬을 가지고 있고 고압 압축기는 6단의 축류식 압축기를 가지고 있다. 연소기는 에뉼러 타입이고 터빈은 이중 스풀로 시계방향으로 회전하며 한개의 단은 고압터빈이고 나머지 한개의 단은 저압터빈이다. 후기연소기가 가능하고 이를 위해 가변 확산 노즐이 있다. 각 엔진당 추력은 후기연소기를 사용할 경우 최대 40,000 lb까지 낼 수 있으며 후기연소기를 사용하지 않을 경우 35,000 lb 정도이다. F119-PW-100엔진은 후기연소기 미사용으로도 효율적인 초음속 작동이 무게는 3,750 lb이고 중량 대 추력비는 10.5이다. 공기 질량유량은 200 lb/sec이고 압력비는 30 정도이다. 또한 터빈 입구 온도는 2,800 °F이고 추력당 연료소모율은 보통은 0.7 lb/hr · lb이고 후기연소기 사용시 2.0 lb/hr · lb이다.

2) B747에 장착된 CF6-80C2

그림 1-15 CF6-80C2 고바이패스비 터보팬 엔진(출처 : [5])

〈그림 1-15〉에 나타낸 엔진은 General Electric사에서 개발한 엔진으로 2개의 스풀을 가지고 있으며 5~5.31의 고바이패스비를 채용하고 있는 터보팬 엔진이다. 팬은 1단의 93 inch짜리 큰

팬이 있으며 압축기로는 3단의 저압 압축기와 14단의 고압 압축기가 있다. 연소기는 에뉼러 타입이며 터빈은 2단의 고압 터빈과 5단의 저압 압축기가 있다. 길이는 168 inch이며 무게는 9,480~9,860 lb이다. 추력은 52,500~63,500 lb이다. 압력비는 27.1~31.8이고 추력당 연료 소모율은 0.307~0.344 lb/hr · lb이다. 터빈 입구 온도는 2400 °F 정도이며 흡입 공기 질량유량은 1770 lb/sec 정도이다. 이 엔진은 A300-600/R/F, A310-200/300, B767-200/200ER, B767-300/300ER, B767-400ER, B767 AWACS, B767 Tanker, B747-300, B747-400/400ER, MD-11, CX Japanese Transport 등에서 사용 중이다.

3) B747에 장착된 PW4000 계열

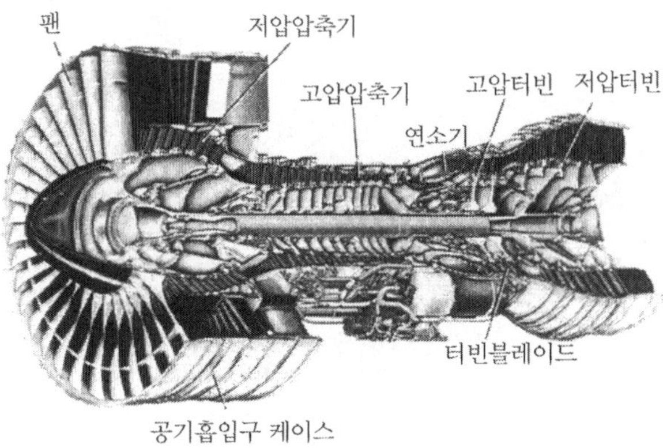

(a)

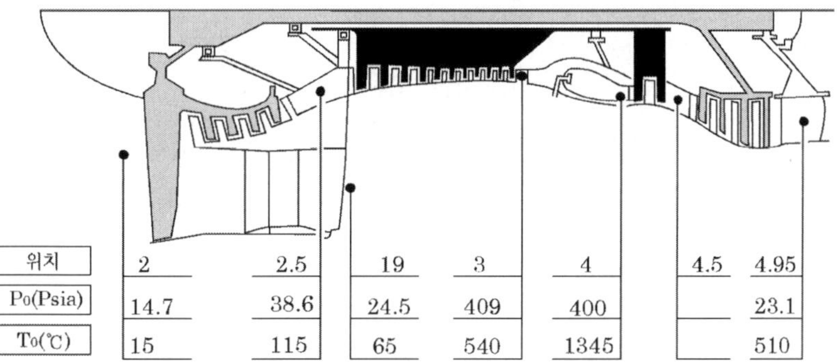

위치	2	2.5	19	3	4	4.5	4.95
P_0(Psia)	14.7	38.6	24.5	409	400		23.1
T_0(℃)	15	115	65	540	1345		510

엔진모델 PW4056 작동한계

N1	97.5 %	3506 rpm		N1 RED LINE	111.4 %	4012 rpm
N2	99 %	9800 rpm		*NOTE; N1* @ 100%=	3600	rpm
$\dot{m}_f$	19,500	pph		N2 RED LINE	105.5 %	10450 rpm
EGT	510	℃		*NOTE; N2* @ 100%=	9900	rpm
EPR	1.57	THRUST 56,000 LB.		EGT RED LINE	MAX CONT-640 T/O(5 MIN MAX)-650	℃

(b)

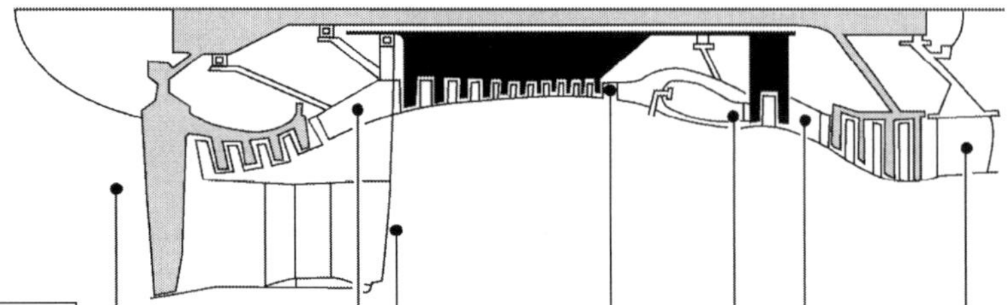

위치	2	2.5	14	3	4	4.5	4.95
Po(Psia)	5.3	14	9	140	130	30	7.2
To(℃)	-26	59	14	410	1020	620	350

엔진모델 PW4056

N1 86 % 3100 rpm
N2 88 % 8700 rpm
$\dot{m}_f$ 5300 pph
EGT 350 ℃
EPR 1.36 THRUST 9000 LB.

작동한계

N1 RED LINE 111.4 % 4012 rpm
NOTE; N1 @ 100%= 3600 rpm
N2 RED LINE 104.0% 10,300rpm(52,000Fnt)
105.5% 10,450rpm(≥56,000Fnt)
NOTE; N2 @ 100%= 9900 rpm
EGT RED LINE 615℃(52,000Fnt)
MAXIMUM CONTINUOUS 625℃(≥56,000Fnt)

그림 1-16 PW4056 고바이패스비 터보팬 엔진과 이륙시 성능 지표(a) 및 순항시 성능 지표(b) (출처:[2])

PW4000 계열 엔진은 민간 항공기용으로 미국의 Pratt & Whitney 사에서 개발한 고바이패스비를 가진 터보팬 엔진이다. 연료효율과 부분품의 내구성과 신뢰성을 극대화하기 위해 구조, 공기역학 그리고 재료 분야에 많은 최신 기술이 적용되었으면 JT9D 엔진의 후속 모델로 개발되었다. 1982년 12월 개발에 착수하여 1984년 4월에 시운전에 성공하였으며, 이듬해인 1985년 8월에 첫 번째 시험비행에 성공하였다. 또한 1986년 7월 미연방항공청(FAA)에 의해 형식승인을 받았고, 1987년 6월부터 운항이 시작되었다. 이 엔진은 B747-400, B767-200/300, MD-11, A300-600, A310-300 등 다양한 항공기에 장착되어 전 세계 많은 나라에서 운용하고 있다.

이 엔진의 팬은 1단이며, 직경이 94 인치로서 대형 엔진이라고 할 수 있으며, 두 개의 독립된 로터 시스템을 사용하고 2축의 축류 압축기를 채용한 터보팬 엔진으로 최대추력이 52,000~62,000 파운드에 이르며 약 5.0:1정도의 고바이패스비 터보팬 엔진이다.

〈그림 1-16(a)〉의 각종 성능지표는 PW-4056엔진의 해면고도에서 이륙시 각 부품위치에서 전온도, 전압력, 압축기 회전수, 연료질량유량, EGT, EPR 등을 나타내고 있다. **〈그림 1-16(b)〉**의 각종 성능지표는 동일 엔진의 고도 35,000ft에서 순항시 각 부품위치에서 전온도, 전압력, 압축기 회전수, 연료질량유량, EGT, EPR 등을 나타내고 있다.

압축기는 저압축기 5단과 고압축기 11단으로 구성되며, 전체 압력비는 28~32:1의 값을 가진다. 저압압축기 회전수(N_1)는 3,500~3,700rpm이고, 고압압축기의 회전수(N_2)는 9,500~9,900 rpm이다. 연소실에는 24개의 연료노즐이 있으며, 연료소모량은 17,000~22,000pph(lb/hr) 정도이다. 추력당연료 소모율은 0.34lb/hr/lb이다. 터빈은 2단 고압터빈(HPT), 4단 저압터빈(LPT)으로 이루어져 있으며, 배기가스온도는 최대 출력시 470~520℃ 범위를 나타낸다. 이륙시 작동한계값이 N_1은 4,012rpm이고(114.4%), N_2는 10,450rpm(105.5%)이고 이륙시 작동한계값이 EGT는 5분간 최대 650℃이다.

고도 35,000ft에서 순항시에는 N_1은 약 85%, N_2는 약 88%, 연료질량유량은 5,300pph, EGT 350℃, EPR 1.36, 추력 9,000lb, EGT 620℃ 정도이다.

4) Boing 777-200ER에 장착된 GE90-115B

그림 1-17 GE90-115B 터보팬 엔진 (출처 : [5])

〈그림 1-17〉에 나타낸 엔진은 GE Aircraft Engines사에서 개발한 엔진으로 형식은 두개의 터보 샤프트가 장착된 터보팬 엔진이다. 길이는 287 in (7,290 mm), 직경은 전체 135in(3,429mm), 팬 128in(3,251mm), 무게는 18,260lb(8,283kg)에 달한다. 구성요소로는 압축기(1개의 팬, 4단 저압 압축기, 9단 고압 압축기), 터빈(6단 저압 터빈 및 2단 고압 터빈)이 있으며, 엔진의 성능으로는 추력이 115,300 lbf(512.9kN)에 달하며, 압력비 42 : 1, 추력 대 무게 비 6.3 : 1을 가진다.

5) B787에 장착된 GEnx

그림 1-18 Boeing B787-8에 장착된 GEnx-1B70 터보팬 엔진

〈그림 1-18〉에 나타낸 엔진은 General Electric 사에서 GE90엔진을 기반으로 개발한 엔진으로 이중 스풀을 가지고 있고, 8.8~9.3의 초고바이패스비를 채용하고 있는 터보팬 엔진이다. 2.82 m의 직경의 직경을 갖는 1개의 팬을 가지고 있고, 압축기는 4단의 저압압축기와 10단의 고압압축기로 이루어져있다. 엔진의 압력비는 약 43.8~53.3:1의 값을 가지며, TSFC는 전작인 GE90에 비해 15% 감소한 약 0.036 kg/N · h이다. 연소기는 TAPS(Twin Annular Pre-Swirl) 형식의 에뉼러 타입을 채용함으로써 NOx, 이산화탄소 발생을 절감하였다. 터빈으로는 2단의 저압터빈과 7단의 고압터빈으로 구성된다. 엔진의 길이는 4.69m 정도이고 무게는 6147kg이다. 추력은 237-310kN 정도이고, 흡입 공기질량유량은 1040-1154kg/s 이고, 이륙 시 무게 대비 추력 비는 5.15이다. 엔진의 주요 특징으로는 완전통합 전자제어장치 (Full Authority Digital Electronics Control, FADEC) III 적용으로 결빙 후 셧다운 문제를 해결하였다. B787, B747-8 등의 상업용 항공기에 사용된다.

6) A380에 장착된 Trent900

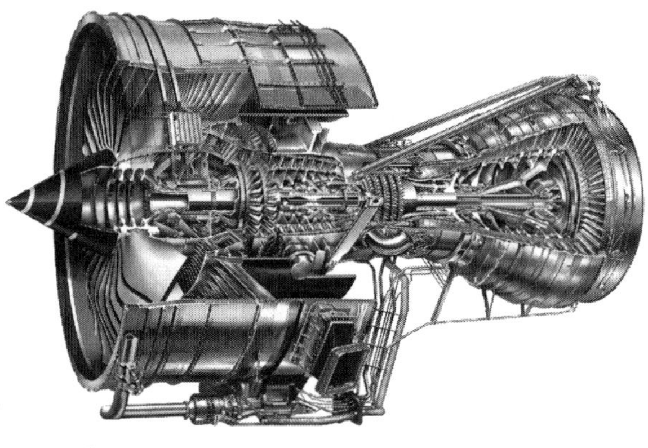

그림 1-19 Trent900 초고바이패스비 터보팬 엔진 (출처 : [4])

〈그림 1-19〉에 나타낸 엔진은 Rolls-Royce사에서 개발한 엔진으로 3개의 스풀을 가지고 있으며 8.5~8.7의 초고바이패스비를 채용하고 있는 터보팬 엔진이다. 팬은 1단의 116 inch짜리 큰 팬이 있으며 압축기로는 8단의 중간 압축기와 6단의 고압 압축기가 있다. 연소기는 에뉼러 타입이며 터빈은 1단의 고압 터빈과 1단의 중간 터빈, 5단의 저압 터빈이 있다. 길이는 179 inch이며 무게는 14,190 lb이다. 추력은 70,000~76,500 lb이며 최대 허용 추력은 80,000 lb이다. 압력비는 37~39이다. 흡입 공기 질량유량은 2,655~2,745 lb/sec이다. 이 엔진은 추력은 크나 추력 1 lb 당 배기가스 방출량이 가장 적어 효율이 좋은 엔진으로 인정받고 있다.

7) A380에 장착된 GP7200

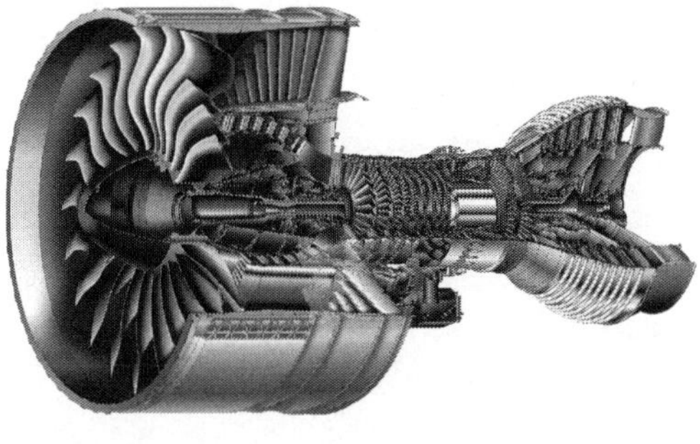

그림 1-20 GP7200 초고바이패스비 터보팬 엔진 (출처 : [3])

A380 항공기에는 GP7200 계열 엔진이 양쪽 날개에 2개씩 총 4개가 장착되어 있다. **〈그림 1-20〉**에 나타낸 엔진은 GE Aircraft Engines사와 Pratt & Whitney사의 합작 회사인 Engine Alliance에서 PW4090과 GE90의 장점을 결합하여 개발한 엔진으로 2개의 스풀을 가지고 있으며 8.7의 초고바이패스비를 채용하고 있는 터보팬 엔진이다. 엔진코어는 GE 90-110B/115B를 근간으로 하며, 팬과 저압시스템은 PW사 제품을 근간으로 하고 있다. 팬은 1단의 직경 116 inch의 큰 팬이 있으며 압축기로는 5단의 저압 압축기와 9단의 고압 압축기가 있다. 연소기는 에뉼러 타입이며 터빈은 2개의 고압 터빈과 6개의 저압 터빈이 있다. 엔진 최대 직경은 124 inch이고 길이는 187 inch이다. 이륙 시 추력은 86 °F 기준으로 GP7270은 70,000lb, GP7277은 77,000lb이며 순항시 추력은 고도 35,000 ft에서 M 0.85 기준으로 GP7270은 12,633lb, GP7277은 13,700lb이다. 이 엔진은 높은 연비와 고추력, 저소음 그리고 낮은 배기가스 배출량 등의 장점이 있다.

8) Q400에 장착된 PW150A

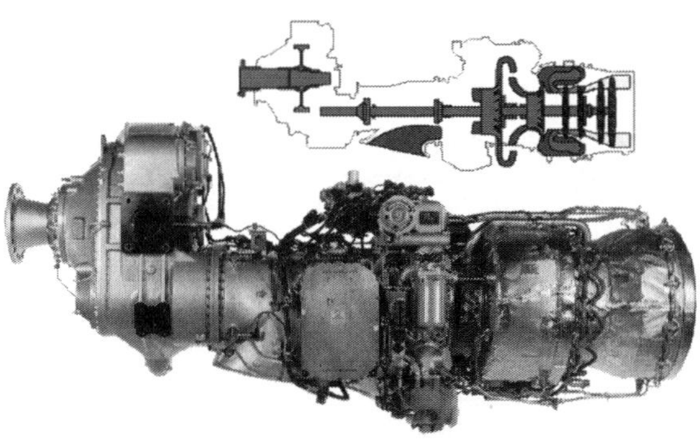

그림 1-21 PW150A 터보프롭 엔진 (출처 : [2])

〈그림 1-21〉에 나타낸 엔진은 Pratt & Whitney(Canada)사에서 개발한 엔진으로 2개의 스풀을 가지고 있으며 30~70인승의 중소형 항공기에 사용되는 터보프롭 엔진이다. 압축기는 원심식 1단의 저압 압축기와 1단의 고압 압축기가 있다. 연소기는 역류형 에뉼러 타입이며 터빈은 1단의 축류형 터빈과 1단의 축류형 파워터빈(자유터빈)이 있다. 길이는 95.4 inch이며 무게는 1,522 lb이다. 출력은 4,573 shp이며 압력비는 약 18이다.

9) AH-64에 장착된 T700

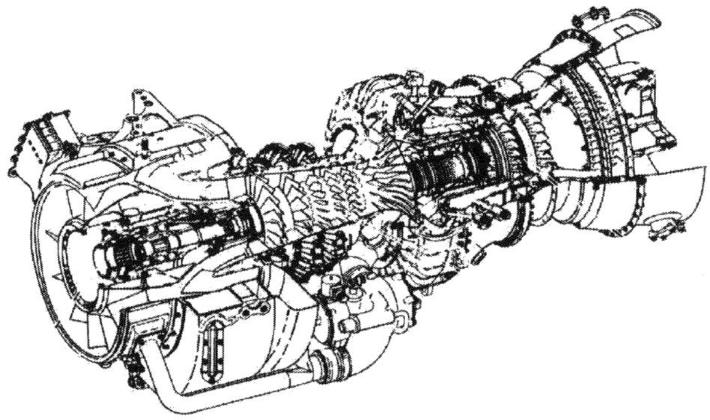

그림 1-22 T700 터보샤프트 엔진 (출처 : [5])

〈그림 1-22〉에 나타낸 엔진은 General Electric사에서 개발한 엔진으로 2개의 스풀을 가지고 있으며 헬리콥터에 사용되는 터보샤프트 엔진이다. 흡입구에는 스크린이 장착되어 있으며 후방 흡입식을 채택하고 있으며 압축기는 축류식 5단과 원심식 1단으로 구성되어 있다. 연소기는 에뉼러 타입이며 터빈은 2단의 축류형 압축기 회전 터빈과 2단의 축류형 파워터빈(자유터빈)이 있다. 길이는 47 inch이며 무게는 440 lb이다. 출력은 1,700 shp이며 그때 압력비는 약 17이다. 비연료 소모율은 0.465 lb/hr/hp이며 흡입 공기 질량유량은 10 lb/sec이다.

1.5 제트 추진엔진의 발전추세와 최근 개발 동향

1.5.1 제트 추진엔진의 발전 추세

1970년에 들어오면서 항공기가 대형화, 고중량화 되면서 고출력의 엔진이 요구되었다. 하지만 유가의 상승으로 상업화의 목적에 부합하기 위해 팬 직경을 크게하여 바이패스비를 증가시키게 되었다. JT9D, CF6, RP11 등의 대형 고바이패스비(5~6) 터보팬 엔진이 실용화되었고 최근에는 A-380기에 초고바이패스비(8~9)의 Trent900, GP7200 터보팬 엔진이 채택되고 있다. 더불어 터보팬 엔진의 발전은 비약적인 출력의 증대, 고아음속 순항시의 연료 소모율의 대폭적인 감소, 엔진 소음의 현저한 감소, 엔진 신뢰성과 정비성의 눈부신 개선을 가져왔다. **〈그림 1-23〉**은 제트 엔진의 발달 추이를 보여주고 있다.

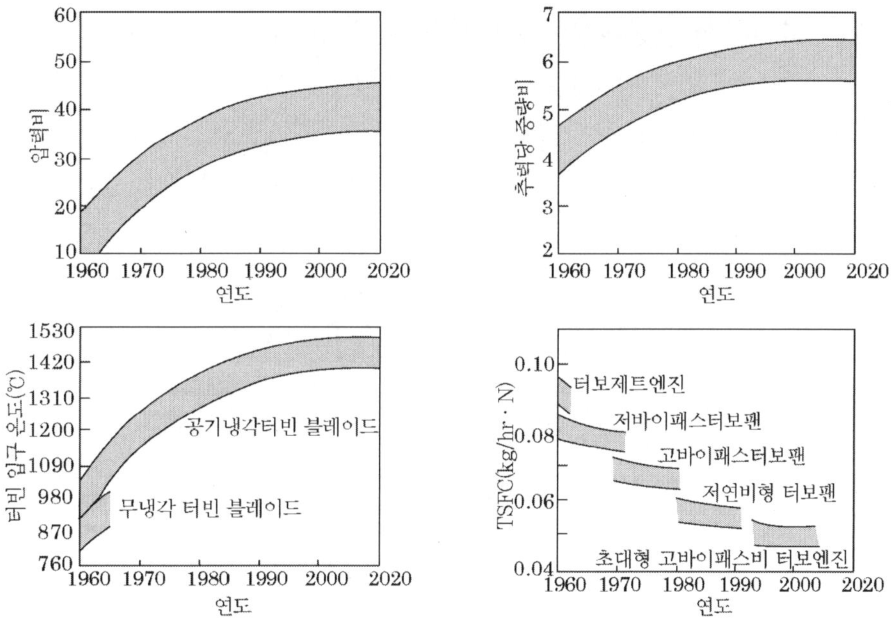

그림 1-23 제트엔진의 발달 추세

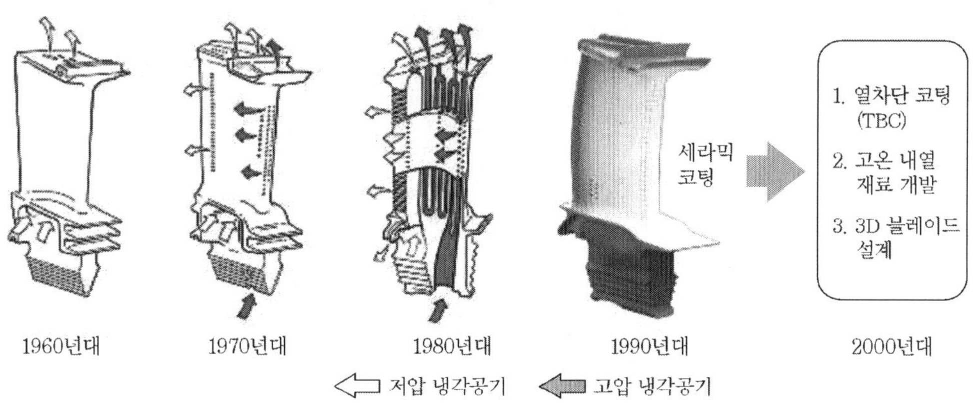

그림 1-24 터빈 냉각 기술의 진보 (출처 : [1], [21])

연료 소모율의 대폭적인 감소는 설계 · 제조 기술의 진보에 의한 각 구성 요소 효율의 향상과 내열 함금 및 터빈(블레이드 및 베인 냉각) 기술의 진보에 의한 터빈 입구 온도의 상승과 그것에 적합한 고압력비의 사용 등에 의한 열효율의 향상, 바이패스비의 증가에 의한 추진 효율의 향상에 의해 달성된 것이다. 바이패스비의 증가는 배기가스의 분출속도 감소와 함께 제트 소음의 대폭적 감소를 가져오고 아울러 팬 소음의 감소 설계나 소음 흡수 재료의 사용 등에 의해 엔진 소음이 대폭으로 개선되고 있다. 더욱이 엔진의 설계, 제조기술, 재료의 진보나 디지털 전자식 제어 기술의 도입에 의해 엔진의 고성능화나 경량화와 함께 내구성과 신뢰성의 향상이 달성되었다. **〈그림 1-24〉**는 터빈 냉각 기술의 진보를 보여주고 있다. 1960년대에는 단순히 저압 냉각공기를 터빈 블레이드 내부를 통과함으로써 냉각을 하였고 1970년대에는 터빈 블레이드에 작은 구멍을 뚫어 냉각공기를 분출시킴으로써 냉각을 하였다. 1980년대에는 냉각효과를 증대시키기 위해서 여러의 유동로를 만들었고 1990년대에는 열응력에 견디기 위해서 세라믹 코팅을 하였다.

초음속 엔진은 고성능이 요구되므로 현재 사용되는 재료에 비해 고온강도가 우수하면서도 경량의 재료가 필요하다. 고온 소재 기술에는 고온 강도 증가를 위한 일방향 및 단결정 구조 기술, 분말야금 기술을 포함한 정밀 단조 기술, 온도와 산화부식으로부터 소재를 보호하기 위한 열 차단 코팅 기술, 부품의 일체화를 통한 물성 향상과 단가 감소를 위한 초내열 합금 접합기술(용접, 브레이징, 확산접합 등), 그리고 고온, 고응력 하에서 복잡한 운전 이력을 고려하여 기술의 신뢰성과 제품의 수명을 평가하는 기술 들이 포함된다[9]. 경량 재료로는 알루미늄, 티타늄, 마그네슘 합금등이 주로 사용되었으나 근래에는 Ti, Al과 같은 금속간 화합물의 이용이 증가되는 추세이며, 마그네슘과 알루미늄은 주조, 티타늄은 분말 야금공정을 통해서 제작된다. 초음속 엔진용 고온 재료로서는 금속 및 세라믹을 기지로 한 복합재료와 금속간 화합물 기지 복합재료(matrix composites)가 유력하다. 복합재료는 기지 재료의 종류에 따라 폴리머 기지 복합재료, 금속 기지 복합재료, 그리고 세라믹 기지 복합재료 등으로 크게 분류되며, 최근에는 금속간 화합물 기지 복합재료와 탄소 기지에 탄소 강화재를 적용하는 탄소 기지 복합재료도 새로이 개발, 적용되고 있다. 터빈 입구 온도가 1700K 정도 요구되고 엔진의 무게 대비 추력이 높은 고성능의 초음속 터보제트 엔진 개발을 위해서는 초내열합금 재료보다 고온강도가 우수하고 경량인 고온 재료의 개발이 필요하다. 이를 위해 최근에 주목되고 있는 핵심소재로는 아직 일부 제조 공정의 어려움, 연성과 인성 부족 그리고 낮은 산화저항성 등의 문제점이 있지만 기존 초내열합금의 고온 특성을 약100～200℃ 정도 능가하는 세라믹 기지 복합재료(ceramic matrix composites; CMC)가 있다. 세라믹 기지 복합재료는 기지재료로 세라믹을 사용하며, 탄화규소/탄화규소(SiC/SiC)나 탄소/탄화규소(C/SiC) 등이 여기에 속한다. 탄소 기지 복합재료는 탄소가 기지인 복합재료이다.

초음속 터보제트 엔진 개발 방향은 단축 터보제트 엔진을 기본형식으로 축류형 압축기, 고성능

연소기, 축류형 터빈 및 플러그형 배기노즐로 구성된 방안을 고려할 수 있다. 압축기의 경우 4단의 축류 압축기가 일반적이나 목표성능을 달성하기 위해서는 1단 블레이드 팁에서 1.3~1.4의 상대 마하수가 요구된다. 소형 제트엔진에는 회전 분사방식인 슬링거(slinger)연소기를 사용하면 연소기 길이 및 크기를 작게 할 수 있다. 한편 블레이드의 단수를 줄이고 성능을 향상시키기 위한 노력이 필요하다. 터빈 블레이드는 고온의 입구 조건으로 인해 냉각블레이드를 적용할 경우 무게가 증가되고 퍼 트리(fir tree) 형상 등의 블레이드 디스크 연결부가 필요하다. 이로 인해 림 부위의 무게 증가는 디스크 무게를 증가시키게 되어 결국 엔진무게가 증가되고 형상이 복잡하게 된다. 따라서 단순한 구조 및 경량화를 위해 세라믹 복합재료의 터빈 로터를 개발하는 것이 바람직하다. 초음속 엔진 개발을 위해서는 연소기 및 터빈 등에 고온 세라믹 기지 복합재 등의 적용이 예상되므로 이러한 복합재 부품 개발을 위해서는 설계 및 해석용 소재 물성 데이터 확보 시험, 기본 형상 설계 및 해석, 복합재 개발과 내구성능 평가 시험이 이루어져야 한다. 윤활은 경량, 단순화가 우선적으로 고려되어야 하므로 별도의 윤활시스템이 없는 연료 윤활 방식이 적합한 것으로 생각된다. C/SiC 복합재료를 개발하기 위해서는 고온산화 환경 및 급격한 온도변화 조건에서 탄소재료를 보호할 수 있는 내산화 코팅기술, 탄소섬유와 SiC 기지의 결합력을 조절시켜 균열(crack)발생을 억제시킬 수 있는 코팅기술 및 강도특성을 향상시키기 위한 밀도화 공정기술이 필요하다. 또 이 기술에는 섬유와 기지의 열팽창계수 및 열전도도의 조절과 복잡한 형상의 부품을 제조하기 위한 준정형(near net shape) 프리폼 기술 등이 요구된다.

최근에는 오존층을 파괴할 우려가 있는 질소산화물질(NOx)에 대한 환경규제의 강화와 엔진의 효율 증대 및 CO, HC 등 유해 배기가스를 줄이려고 노력하고 있다. 이를 위해 연소기를 다단으로 구성하여 저속시나 아이들시에는 파일럿 연소기에서만 연소하고 고속시에는 주 연소기도 함께 연료를 연소함으로써 유해 배기가스를 줄이고 있다. 연소기내의 당량비가 이론 혼합비 부근이면 화염 안정성이 좋고 연소효율이 높지만, 화염온도가 높아 NOx 발생이 많게 된다. NOx 저감을 위해서는 희박연소방법을 사용하거나 농후연소방법을 생각할 수 있다. 희박연소방법으로는 희박/예혼합/예증발(lean premixed prevaporized; LPP), 부분기화 급속혼합(partial evaporation and rapid mixing; PERM), 직접연료분사(lean direct injection; LDI)의 3가지 방법이 있고, 과농연소방법으로는 농후연소/급속냉각/희박연소(rich-burn/quick-quench/lean-burn; RQL)이 있다. 희박/예혼합/예증발 연소(LPP 연소기)는 연료와 공기를 미리 완전히 혼합하여 얻은 균일한 혼합기체를 주연소영역에 공급하고, 당량비를 희박가연한계에 가깝게 유지시킨다. 이에 따라 저온의 균일한 연소온도를 유지할 수 있고 NOx의 발생을 줄일 수 있다. LPP연소기는 희박운전영역에서는 연소불안정성 우려가 있으며, LPP연소기는 고온영역운전시 예혼합영역에서 자연발화나 역화(flash-back)의 우려가 있기 때문에 상대적으로 낮은 전압력비(예: 전압력비25이하)에 적합한 기술이다. 부분기화 급속혼합(PERM연소기)은 스월러의 기술을 최대한 활용하여 내부 도관내에서 연료가 부분적으로 기화하고 연소기에서 빠른 혼합이 이루어지도록 하며 화염의 위치를 최적화하여 NOx를 줄이는 방안으로 전압력비 20~35정도에서 사용되는 것이 적절하다. 희박직접분사연소기(LDI연소기)는 LPP와 유사하나 예혼합관이 없이 연소기에 직접연료와 공기가 분사된다. LDI연소기에서는 단계 연료방식을 사용하거나 여러 개의 분사기를 이용하여 직접연소실로 분사하며, 역화와 자연발화의 우려를 감소시키면서 희박연소를 시키는 방식이며 질소산화물을 감소시킬 수 있는 방안이다. LDI연소기는 연료-공기가 예혼합이 되지 않으므로 연료의 미립화, 연료와 공기의 빠른 혼합과 균일한 혼합이 중요하며, 스월러의 설계가 중요하기 때문에 여러 가지 방안이 연구되고 있다. LDI연소기는 상대적으로 높은 전압력비(예 30~50)에도 사용가능한 기술이다.

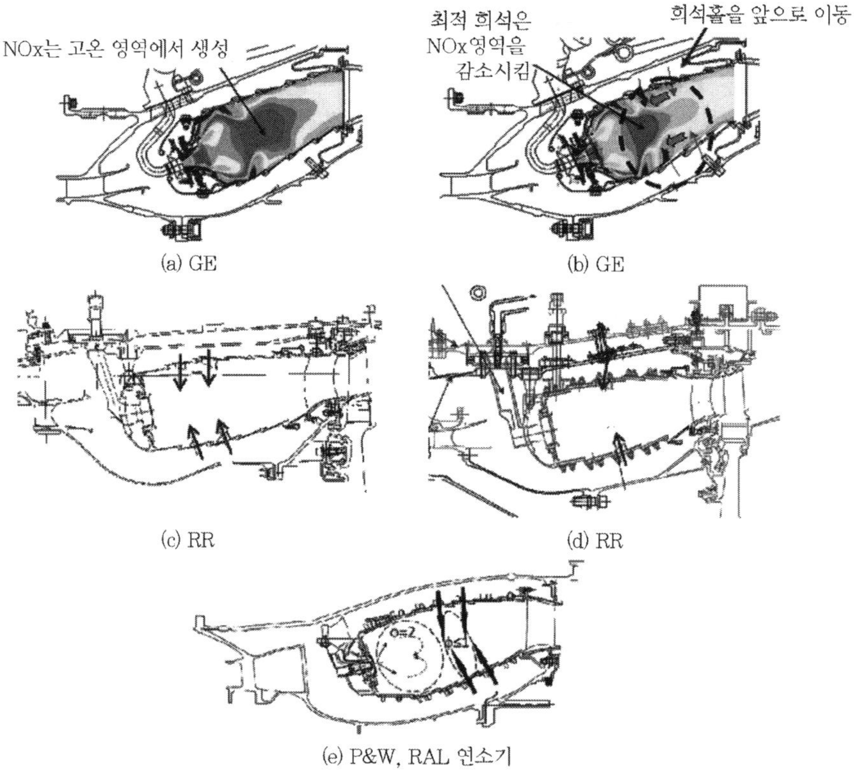

그림 1-25 GE, RR, P&W사의 저공해 연소기의 예

〈그림 1-25〉의 (a), (b)는 GE의 저공해 연소기, (c), (d)는 RR의 저공해 연소기, 저공해 연소기 (e)는 P&W의 RQL연소기를 나타내고 있다[20].

농후연소/급냉각/희박연소(RQL연소기)는 당량비 1.2~1.6의 과농한 주연소영역에서 연소된 가스에 공기 제트를 이용하여 급냉각한 후 희박영역으로 보내는 방식으로, 고온영역을 거치지 않으므로 NO_X 배출이 적다.

촉매 연소기는 일반적인 희박가연한계보다 더 희박한 영역에서 연료의 산화가 발생하도록 하기 위해 연료/공기 혼합기를 촉매 반응기에서 산화시키는 방식이다.

또 엔진을 기체에 장착한 상태로 점검이나 모듈(module) 단위의 분해 교환 등이 가능한 구조의 사용에 의해 정비성도 눈부시게 개선되고 있다. 또 최근에는 대형 터보팬 엔진뿐만 아니라, 이들의 혁신적인 기술을 엔진 각 구성 요소에 포함시킨 고성능의 중 · 소형 가스터빈 엔진이 개발되고 있다.

1.5.2 최근 개발 동향

현재 많은 나라에서 저연비, 저공해, 디지털 전자식 엔진 제어의 적용, 고신뢰성 및 낮은 정비 비용이 요구되는 차세대 항공용 가스터빈 엔진을 개발하고 있다.

제3장의 식〈3.50(c)〉에서 설명되듯이 추진효율은 팬제트 배기속도(V_{eF})가 느릴수록 크게 된다. 팬직경을 크게 할수록(바이패스비가 클수록) 팬제트 배기속도가 느리게 된다. 아음속 영역에서는 터보팬 엔진의 바이패스비를 높일수록 추진효율이 향상되므로 연료 소모율이 감소한다. 초고바이패스비(very high bypass ratio; VHBR)는 바이패스비(BPR)가 약 8～11에 해당되며 GE90, RR Trent1000, PW1000 등의 엔진이 이에 해당된다. 또 BPR 약 10~20 정도의 극고바이패스비(ultra high bypass ratio; UHBR) 터보팬 엔진이 생각되어지고 있고 같은 크기의 고바이패스비(4~8) 터보팬 엔진과 비교하여 연료 소모율이 10~15% 정도 절감할 것으로 기대되고 있다. 나셀의 무게와 항력을 줄이기 위해 터보팬엔진의 나셀을 제거하여 바이패스비의 증가를 시킬 수 있는 개방형로터엔진 형태로 진화하고 있다. 로터를 외부에 개방한 개방형로터엔진(open rotor)은 프롭팬(propfan)엔진 이라 부르기도 하고 또는 무 덕트팬(unducted fan)엔진 이라 부르며 1980년대 고바이패스비엔진 대비 약 20～30%의 연료소모율을 절감할 수 있다. 이 때문에 개방형 로터엔진은 녹색엔진(green engine)의 하나라고 생각할 수 있다. 개방형로터엔진은 로터수가 많기 때문에 소음이 많이 발생하는 단점이 있으나 연료소비절감 때문에 다시 관심의 대상이 되고 있다[13]. 터보프롭 엔진의 고속화와 터보팬 엔진의 고효율화를 동시에 추구한 첨단 터보프롭 엔진(advanced turboprop; ATP)이 개발되고 있다. 첨단 터보프롭 엔진의 하나인 후방장착 무덕트팬(프롭팬) 엔진에서는 프로펠러가 M 0.7~0.85 정도에서도 실속이 일어나지 않게 프로펠러에 후퇴각을 주고 서로 반대 방향으로 회전하는 2개의 프로펠러를 사용하여 프로펠러를 고속회전 가능하게 하였다. 또 첨단 터보프롭인 무덕트팬 엔진은 프로펠러에 의해 터보팬 엔진의 바이패스비를 매우 높게 설정한 것으로 터보팬 엔진보다 추진효율이 높아진다. 첨단 터보프롭 엔진은 바이패스비가 약 40~50정도로 일반 고바이패스비 터보팬 엔진과 비교하여 약 20~30% 연료 절

감이 가능하게 되어 있다. **〈그림 1-26〉**은 터보팬의 바이패스비 증가에 따른 팬압력비와 연료 소모율의 관계를 보여주고 있다. 통상의 직접구동 터보팬의 팬압력비는 약 1.6정도이지만 기어장착 터보팬의 팬은 직경을 크게 할 수 있고 팬제트배기속도를 낮출 수 있어 팬압력비를 약 1.3정도로 낮게 할 수 있다. **〈그림 1-27〉**은 P&W사의 극고바이패스비 터보팬엔진과 후방장착 무덕트팬(프롭팬) 엔진을 보여주고 있다. **〈그림 1-27(b)〉**에서 자유터빈에 의해 구동되는 2개의 무덕트 팬이 서로 반대 방향으로 회전하면 첫 프로펠러 후류가 다음 프로펠러에 의해 상쇄되면서 전체 후류는 축방향으로 배출되므로 후류 회전에 의한 손실을 줄일 수 있다.

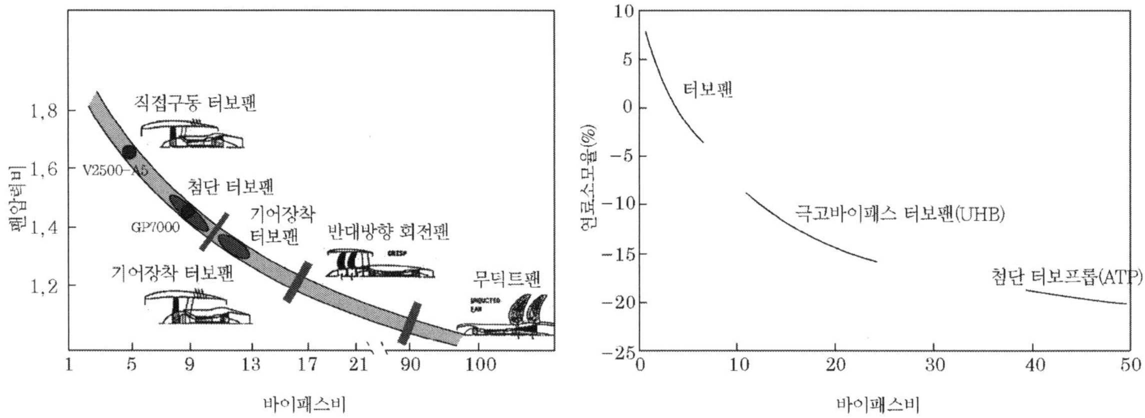

그림 1-26 터보팬 엔진의 바이패스비 증가에 따른 팬압력비와 연료소모율의 관계

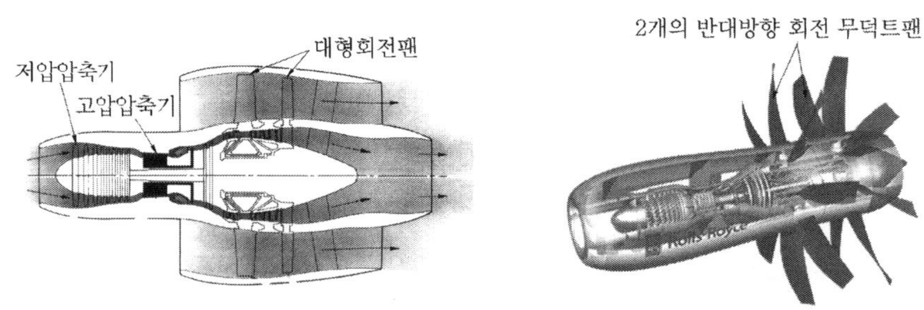

(a) 초고바이패스비 터보팬 엔진 (b) 후방장착 무덕트팬(프롭팬)엔진

그림 1-27 극고바이패스비(UHB) 터보팬 엔진과 후방장착 무덕트팬(프롭팬) 엔진 (출처 : [1])

터보팬엔진의 소음은 바이패스비(BPR)을 높이거나, 팬 선단속도를 줄여서 감소시킬 수 있다. 통상의 엔진에서 바이패스비를 증가시키고 팬 선단속도를 낮추기 위해서는 저압압축기와 터빈이 연결된 저속스풀의 회전속도를 줄여야 한다. 저속스풀 회전속도를 낮추게 되면 동일압축과 터빈일을 내기 위해서는 압축기와 터빈의 단수가 증가하여야 하고, 압축기와 터빈의 단 수가 증가하면 요구되는 축 토크가 증대되므로 저압스풀의 축 직경이 커져야 하고 길이가 길어지며 축 직경이

커지고 길이가 늘어나면 항력과 무게가 증가하고 설치의 제한을 받는 단점이 있다. 바이패스비가 커지면 동일축상에 있는 팬이나 터빈은 같은 속도로 회전하기 때문에 팬선단속도를 낮추기가 쉽지 않다. 터빈은 공기역학적 설계 때문에 빠르게 회전하여야 하지만 동일축상의 바이패스비가 큰 팬은 (예를 들어 바이패스비가 12~14보다 클 경우) 직경이 크기 때문에 구조강도 및 공기역학적인 설계상의 제약으로 회전속도를 크게 높일 수는 없다. 이러한 단점을 해결하기 위해서는 기어박스를 사용하여 팬과 저속스풀을 분리하여 다른 회전속도로 회전하게 하면 된다. 저속스풀을 최적설계사양 그대로 고속 회전시키면 단수를 늘리지 않아도 된다. 이때 기어감속을 통해 팬의 회전 속도를 줄이고 팬 선단속도를 낮추어서 소음도 낮출 수 있다. 기어를 사용하여 팬과 저속스풀의 회전속도를 분리하고 각각 최적속도가 되게 하는 엔진을 기어장착 터보팬(geared turbofan engine; GTF)엔진이라 한다. **〈그림 1-28〉**은 기어장착 터보팬엔진의 개념도를 나타내고 있다. 기어장착 터보팬은 높은 바이패스비 채택으로 추진효율을 향상시킬 수 있어 연료소비율을 약 10% 줄일 수 있으며 CO_2저감을 이룰 수 있고, 기어장착으로 낮은 팬속도로 소음도 줄일 수 있다. 또 저압터빈을 고속으로 그대로 유지시킬 수 있어 길이 단축효과도 꽤할 수 있다. 기어장착 터보엔진이 적용되어 개발되고 있는 엔진은 PW1000G, Prince Induction사의 DGEN엔진 등이 있다[16].

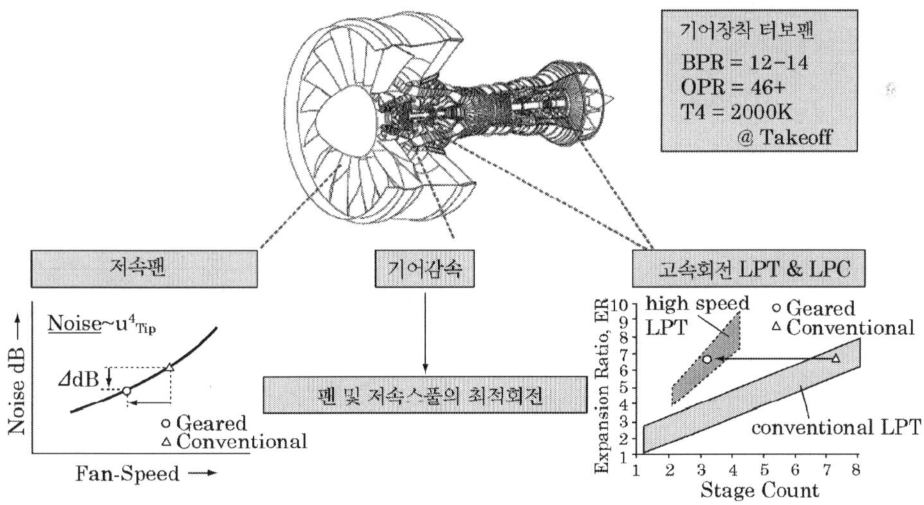

그림 1-28 기어장착 터보팬(GTF)엔진 개념도 [16]

유럽공동체(EU)가 추진하는 친환경프로젝트인 VITAL프로그램에서는 연료소모율을 줄여 CO_2를 저감하고 소음을 줄이기 위한 노력을 하고 있다. 유럽공동체의 다른 프로젝트인 신 항공엔진 핵심(New Aero Engine Core; NEWAC)연구에서는 혁신적인 엔진 개념을 적용하여 열효율 향상 노력을 기울이고 있다. 가스터빈 사이클의 열효율은 전압력비와 터빈입구온도가 커질수록 증가하지만 전압력비와 터빈입구 온도는 재료의 허용최대온도와 온도에 따라 증가하는 NOx에 의해 제한 받는다.

연소기의 최고 온도를 증가 시키지 않고 엔진전체의 열유동 관리를 최적으로 유지함으로써 열효율을 향상시킬 수 있다. NEWAC의 연구는 다음과 같다.

ⅰ)낮은 전압력비에서 LPP연소기를 사용하여 중간 냉각-배기 열 회수하는 항공엔진 (Inter cooled Recuperative Core Aero Engine; IRA)

ⅱ)높은 전압력비에서 3축으로 팬을 직접 구동하고 LDI연소기를 사용하여 중간 냉각하는 항공엔진 (Inter cooled Core Aero Engine; ICA)

ⅲ)기어 터보팬(GTF)엔진에서 PERM연소기를 사용하면서 코어 요소들을 능동제어하는 항공엔진 (Active Core Aero Engine; ACA)

ⅳ)반대 회전하는 터보팬(CRTF)엔진에서 PERM연소기나 LDI연소기를 사용하여 코어유동을 정밀 제어하는 항공엔진(Flow controlled Core Aero Engine; FCA)

〈그림 1-29〉는 NEWAC 연구의 4가지를 나타내고 있다[17].

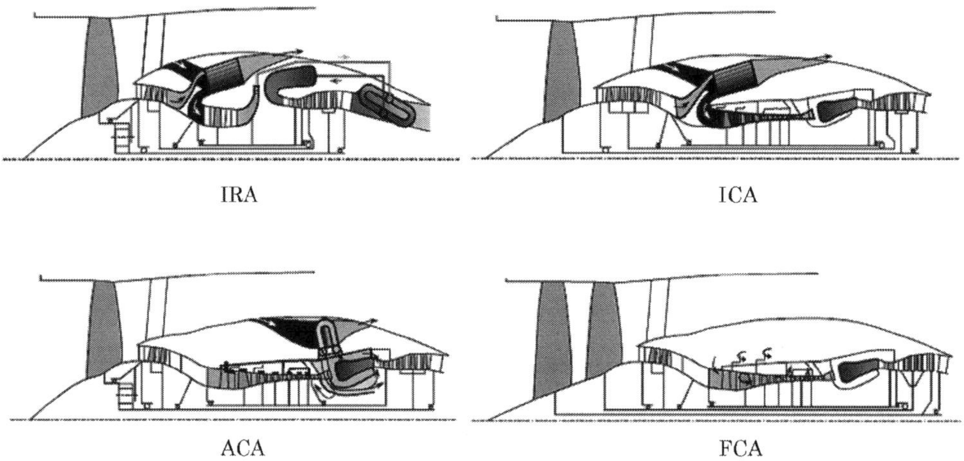

그림 1-29 신항공엔진 핵심(NEWAC) 연구의 예 [17]

중간냉각(intercooling)을 하면 같은 설계 전압력비에 요구되는 압축기 일이 작아지고 결국 가스터빈은 더 많은 일을 하게 되는 효과가 있다. 대기온도는 우리가 인위적으로 변화시킬 수 없기 때문에 저압 압축기에 중간냉각기를 설치하는 것이 아니고, 고압압축기로 들어가기 전의 공기를 바이패스유동으로 중간 냉각시킨다. 또 중간 냉각 엔진에서는 주어진 터빈 입구온도에서 화염 온도를 낮출 수 있으므로 NOx 배출도 줄일 수 있다. 배기가스의 폐열을 회수하여 연소기로 들어가는 공기에 이용하면 연료소비율을 줄일 수 있다. 항공엔진의 많은 다른 운용조건에서 운전되고 있다. 능동냉각시스템을 사용하면 고압압축기 터빈 냉각을 각종 운전조건에 맞게 최적운용할 수 있는 냉각공기를 공급할 수 있다. 고압압축기에서 팁 간극을 능동제어(Active Clealance Control; ACC)하거나 서지를 능동제어(Active Surge Control; ASC)함으로써 압축기효율을 높일 수 있다. 또 반대 회전하는 터보팬엔진의 각 압축기를 모듈화하고 각 모듈에서의 유동을 제어하여 전체 효율을 최대로 할 수 있게 유동을 제어하는 방법도 연구되고 있다.

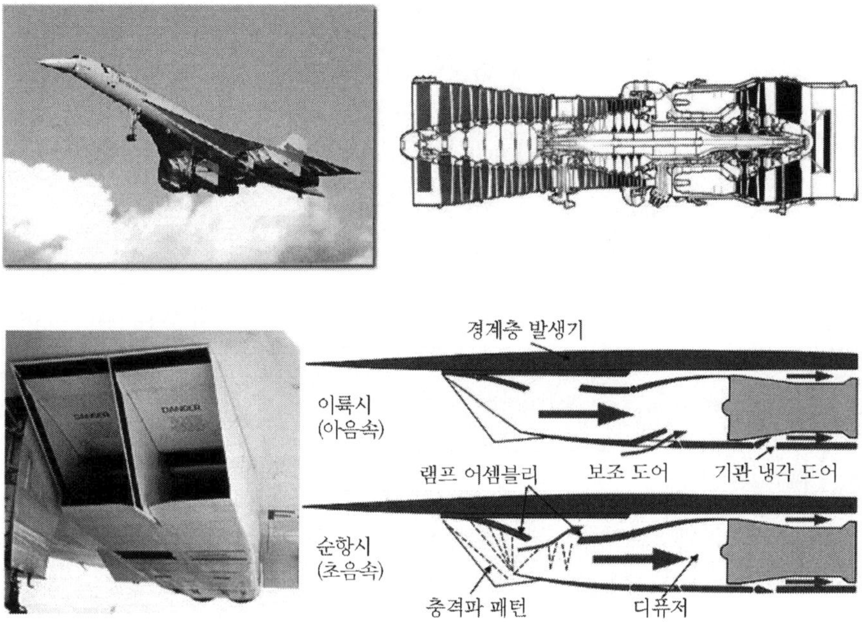

그림 1-30 콩코드 비행체 및 엔진과 가변 흡입구 초음속 엔진

선진국에서는 초음속 비행체에 대한 핵심기술 개발 및 시험평가 연구를 위해 막대한 연구비를 투입하여 지속적으로 수행하고 있다. 이러한 연구에는 추진엔진 구성품의 성능 극대화, 경량화 및 고성능 재료개발에 초점이 맞추어지고 있다. 특히 각종 복합소재가 적용된 터보제트 엔진을 초음속 비행체의 추진엔진으로 활용하고자 하는 연구가 범국가적인 과제 또는 국제협력을 통한 장기과제로 추진되고 있다[10]. 램제트 엔진은 M 1.5~5 범위에서 스크램제트 엔진은 M 5 이상에서 주로 이용되고 있으며 M 1.5~3.0 범위에서 운용되는 초음속 비행체에 적용 가능한 추진엔진으로는 단위 흡입 공기량당 비출력이 큰 램제트 엔진과 비연료소모율이 낮은 터보제트 엔진 등을 고려할 수 있다.

초음속 여객기나 극초음속 여객기용 엔진으로 초음속 또는 극초음속 비행이 가능하도록 충분한 추력을 낼 수 있는 엔진이 요구되며 동시에 아음속에서 초음속 순항시에 연비가 낮고, 이 · 착륙시 공항 소음이 낮으며 오존층을 파괴할 우려가 있는 유해 오염 물질의 배출이 적은 엔진이 요구된다. 이전의 초음속 항공기용 엔진은 단순히 흡입구 형상을 초음속이 가능하도록 만들어 초음속기에 장착하여 사용하였기 때문에 연료 소모율이 크고 소음이 커서 상업용 항공기에 장착하기에는 문제가 많았고 군용 항공기에만 적합하였다. 가변 흡입구 설치 등 기술의 발달로 민간 상업용 항공기에도 초음속 엔진이 적용되었으며 **〈그림 1-30〉**은 콩코드 비행체와 콩코드 항공기에 장착된 Olympus 593 엔진의 작동원리를 나타내고 있다. 비행속도 M2의 콩코드기는 고도 약 17000m에서 순항 비행하며 뉴욕과 런던을 2시간 53분에 비행할 수 있었다. 1969년부터 2003년까지 27년간만 운행되고 정비 등의 이유로 운행이 정지 되었다[14]. 콩코드 이후 차세대 초음속 항공기로 최근에는 EADS(유럽항공방위우주산업)이 지상 32km에서 M4.0까지 비행할 수 있는 제스트(ZEHST)를 연구 개발하고 있다[21].

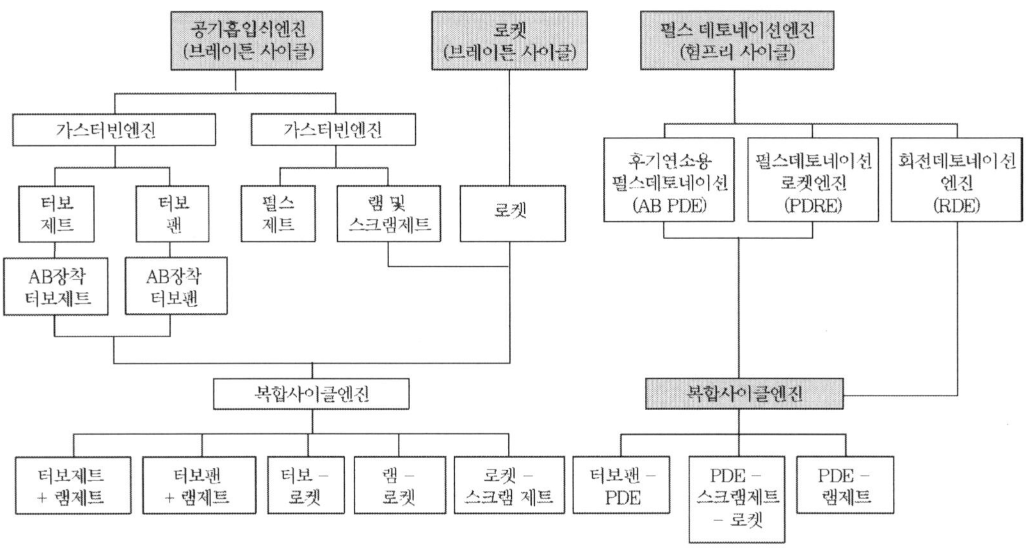

그림 1-31 각종 복합사이클 계통도

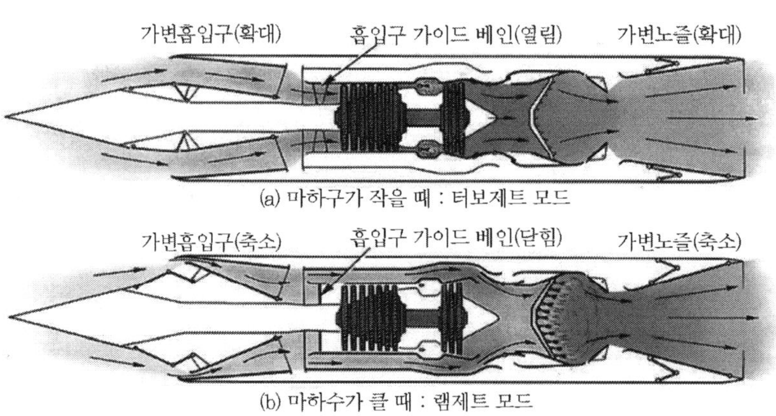

(a) 마하구가 작을 때 : 터보제트 모드

(b) 마하수가 클 때 : 램제트 모드

그림 1-32 터빈기반 복합사이클(TBCC) 터보램제트 엔진 (출처 : [1])

군용 항공기는 고공을 아음속을 거쳐 초음속으로 순항하면서 스텔스성(stealth)이 요구되기 때문에 가변사이클을 갖는 엔진이 개발되고 있다. 아음속과 초음속에서 모두 연비를 개선된 복합사이클 개념이 생겨나서 아음속에서는 효율적인 터보팬으로 작동하고, 초음속에서는 효율적인 터보제트 엔진으로 그리고 M 3 이상에서 효율적인 램제트엔진 또는 로켓엔진을 혼합하여 이착륙 상태로부터 극초음속 비행상태 까지 전속도 범위에서 작동하도록 하는 터빈기반 복합사이클엔진(Turbine Based Combined Cycle engine; TBCC)이 개발되고 있다[11]. **〈그림 1-31〉**은 공기흡입식엔진, 로켓, 펄스데토네이션 엔진, 회전데토네이션 엔진으로부터 분화한 각종 엔진을 나타내며 이들의 가능하고 다양한 복합사이클엔진 계통도를 나타내고 있다. **〈그림 1-32〉**는 공기흡입식엔진, 로켓, 펄스데토네이션엔진, 회전데토네이션 엔진으로부터 분화한 각종 엔진을 나타내며 이들의 가능한, 다양한 복합사이클 엔진 계통도를 나타내고 있다. 최근에는 가스터빈의 주 연소기를 회전데토네이션 연소기로 대체한 복합엔진을 개발하여 사용하면 추진력은 10%정도까지 증가시키고 연료소모율은 25%정도까지 감소시킬 수 있음이 제안되고 있다[23-25]. **〈그림 1-32〉**는 가변사이클을 사용하는 터보램제트(turbo-ramjet)의 형상이다. 터보램제트 엔진은 엔진 전방에 가변흡입구, 후방에 가변노즐 및 후기 연소 제트 파이프가 있는 덕트로 구성되어 있다. 이륙과 가속시에 이 엔진은 일반 터보제트 엔진의 방식과 같이 작동하고 비행속도가 M3에 근접하면 후기연소기는 작동이 멈춘다. 비행속도가 M3을 초과하면 터보제트는 작동이 정지되며 흡입공기는 가이드 베인에 의하여 압축기를 통하지 않고 직접 후기연소 제트파이프에 보내어져 램제트 방식으로 작동한다. 터보램제트 엔진은 고속이 요구되는 비행체에 적합하며 램제트 방식으로 작동할 때 높은 마하수의 순항상태를 유지할 수 있다.

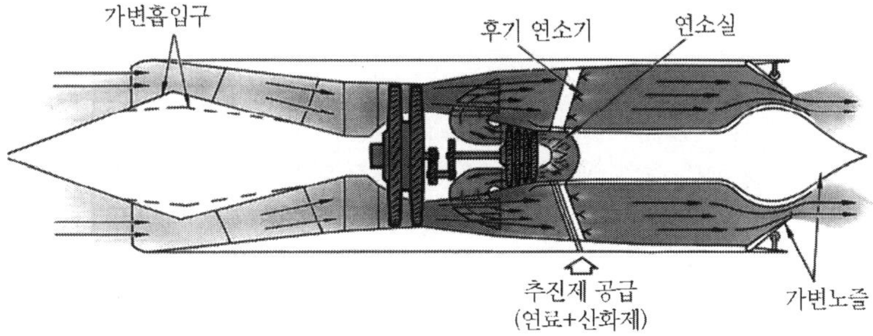

그림 1-33 터빈기반 복합사이클(TBCC) 터보로켓 엔진 (출처 : [1])

TBCC의 다른 형태로 터보 로켓엔진을 생각할 수 있다. 또한 공기가 대단히 희박한 고도에서는 램제트가 작동 되지 않으므로 터보제트 엔진과 로켓 엔진을 혼합하여 터보램제트 대용으로 **〈그림 1-33〉**과 같은 터보로켓(turbo-rocket) 엔진을 생각할 수 있다. 터보램제트 엔진과는 달리 터보

로켓엔진에서는 연소에 필요한 산화제(산소)를 연료와 함께 자체 공급하게 된다. 터보로켓 엔진은 다단 터빈에 의해 구동되는 저압 압축기가 있다. 터빈의 구동력은 로켓식 연소실 안에서 케로신과 액체산소의 연소로부터 얻어진다. 연소 가스온도는 3,500℃에 달하므로 가스가 터빈에 들어가기 전에 냉각목적으로 연소실에 부가적인 연료를 분사한다. 이러한 농후 혼합가스는 압축기로부터의 공기와 희석되고, 과잉연료는 후기연소 계통에서 연소된다. 터보로켓 엔진은 터보램제트 엔진보다 작고 경량이지만 연료소모율이 높다. 터보로켓 엔진은 고속 및 고고도 성능, 짧은 체공시간, 급가속 등이 요구되는 요격기나 우주선 발사체 등에 적합하다.

기존의 로켓 추진엔진에서는 로켓자체의 무게로 인해 탑재할 수 있는 화물(paylode)의 양이 작으며 추진체를 재사용하는 것이 불가능하다. 이러한 문제점을 해결하기 위한 한 가지 방법으로는 로켓 추진체의 무게를 줄이는 것인데 액체추진제 로켓의 경우 산소를 탑재하는 대신에 산소를 대기 중에서 취하게 하면 추진체의 무게를 현저히 줄일 수 있어 더 많은 화물을 실을 수 있다. 이 방법을 위해 로켓과 공기유입이 혼합된 형식의 로켓기반 복합사이클엔진(Rocket-based Combined Cycle; RBCC)추진 방식이 제안 연구되고 있다[12].

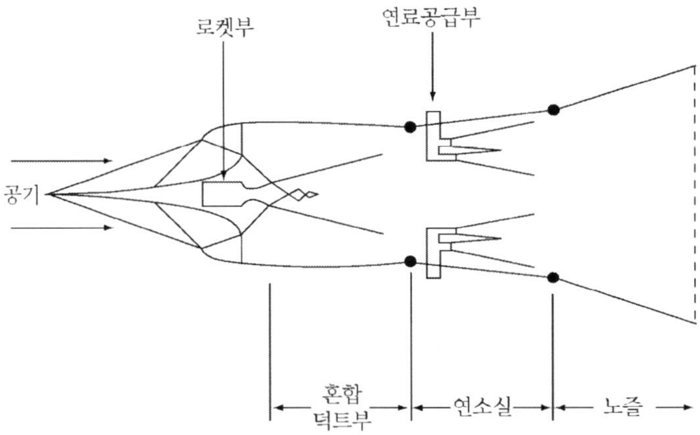

그림 1-34 로켓 기반 복합사이클(RBCC) 로켓-램제트-스크램제트 엔진 개념도 [12]

〈그림 1-34〉는 로켓기반 복합사이클 엔진의 개념도를 나타낸다.

램제트나 스크램제트를 사용하는 추진 엔진은 정지 상태에서 초음속에 이르기까지 가속시켜주는 별도의 장치가 필요하다. RBCC엔진은 가속을 위해서 로켓엔진을 사용하며 가속후에는 램제트나 스크램제트를 사용하는 램제트/스크램제트의 복합적인 기능을 갖도록 설계된다.

RBCC엔진의 첫 번째 작동모드는 로켓출력모드이며 M3.5의 초음속까지 작동된다. 그 다음 모드는 M7까지의 램제트 모드이며 이 모드에서는 로켓엔진이 정지되고 유입되는 고속 공기는 램 압축되는 램제트 모드이다. 그 이후 세 번째 모드는 M7부터 M12까지의 모드이며 연소가 초음속에서 이루어지는 스크램제트 모드이다. 스크램제트 모드에서는 비추력이 약 2000sec 이상이며, 램제트 모드에 존재하던 노즐 목에서의 열초킹이 생기지 않기 때문에 확대노즐이 사용된다. 마지막 네 번째 모드는 M12에서 M15까지의 모드이며 공기흡입구를 닫고 단지 로켓만을 재 작동시켜서 우주 비행체를 원하는 우주궤도에 진입시킨다.

〈그림 1-35〉는 앞에서 설명한 로켓기반 복합사이클(RBCC) 로켓-램제트-스크램제트 엔진의 비행스케쥴, 비행, 비추력을 나타낸다[19].

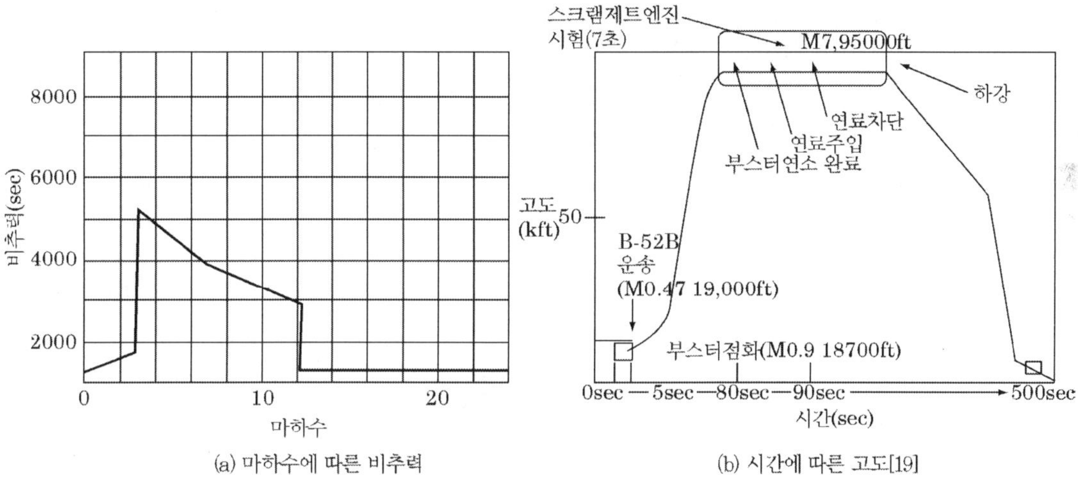

(a) 마하수에 따른 비추력 (b) 시간에 따른 고도[19]

그림 1-35 로켓기반 복합사이클(RBCC) 로켓-램제트-스크램제트 엔진의 비행스케쥴, 비행, 비추력

2040년 취항을 목표로 제트엔진-램제트-로켓엔진의 조합체인 무공해 초음속 항공기인 ZEHST(Zero Emission Hypersonic Transportation)를 개발하고 있다고 EADS사가 발표하였다[22]. 제스트의 비행은 3개의 추진장치로 이루어진다. 이륙과 착륙시에는 바이오연료를 사용하는 일반 터보제트나 터보팬엔진을 사용하며, 대기권 밖에서 수소와 산소를 사용하는 로켓엔진으로 초고속 비행하여 M2.5까지 가속한 후, 그 이후 고도 23km 이상에서는 M4정도로 비행하는 수소연료 램제트엔진을 사용한다. 도착지에 근접해서는 아음속까지 글라이딩 하강한 후 다시 바이오연료를 사용하는 터보엔진으로 착륙한다[22].

2013년 5월 1일에는 미공군과 보잉사가 태평양상공에서 X-51A의 비행시험을 하였다. X-51A는 B-52H폭격기 날개아래에 장착되어 이륙된 후 15,000m 고도에서 B-52H와 분리된 후 고체추진체로 M4.8속도까지 내며 상승비행하고, 고도 18,000m에서 로켓추진체 분리된 후 스트램 제트엔진모드로 최대 M5.1의 비행속도로 비행하였다.

1.5.3 항공용 추진엔진의 미래

1) 개방로터 엔진

개방로터 엔진(Open rotor engine) 또는 프롭팬 엔진(Propfan engine)은 터보프롭과 터보팬의 두 가지 개념을 모두 포함하고 있으며, 터보프롭의 높은 연비와 터보팬의 높은 성능을 결합하기 위해 제안되었다. 프롭팬은 일반적으로 **〈그림 1-36〉**과 같이 짧고 큰 비틀림각을 가지는 다수의 블레이드로 설계되며, 무덕트팬(Unducted fan) 또는 초고바이패스 터보팬으로도 불린다. 일반적인 터보팬 엔진에서 바이패스 비를 증가시키면 엔진 효율이 증가하지만, 나셀 증가에 의해 무게와 항력이 증가하여 결국 바이패스비 개선효과를 감소시키는 결과를 가져온다. 따라서 엔진의 나셀을 제거한다면 초고바이패스비가 가능하며 이러한 개념으로 프로팬 엔진이 1975년 Carl Rohrbach와 Bruce Metzge에 의해 최초로 제안되었다. 개방로터 엔진은 **〈그림 1-37〉**에 보인 바와 같이 일반적인 터보팬 엔진에 비해 약 35% 향상된 연료소모율 달성이 가능하나 추진효율의 향상을 위한 서로 반대방향으로 회전하는 블레이드의 소음감소가 주요 이슈로 남아있다.

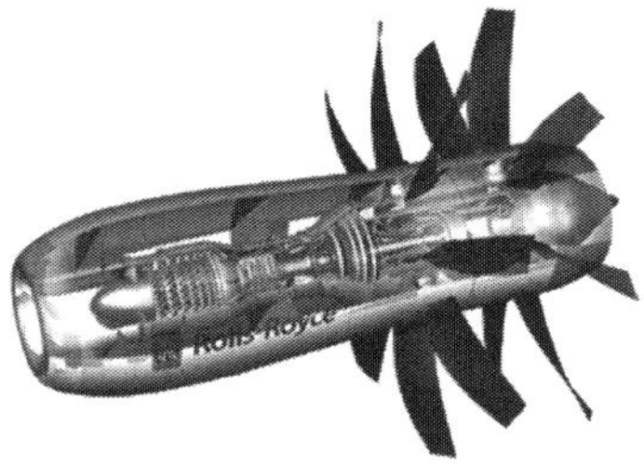

그림 1-36 프롭팬 엔진

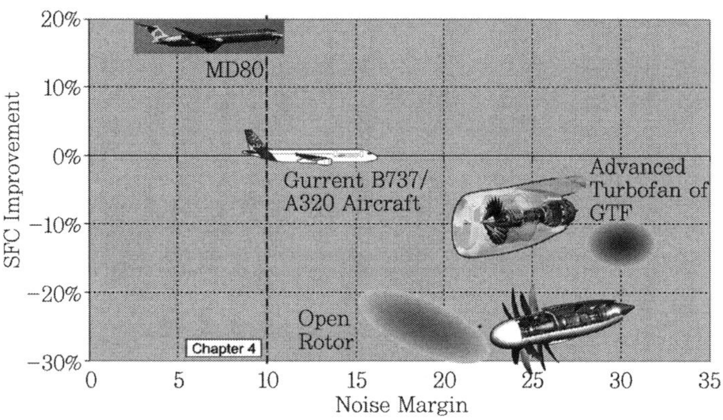

그림 1-37 Open Rotor 엔진의 연료소모율 및 노이즈

2) 경계층 유입 엔진

경계층 유입(Boundary Layer Ingestion; BLI)은 **〈그림 1-38〉**과 같이 동체를 따라 흐르는 저속의 경계층 유동을 엔진으로 유입시키는 기술이다. 경계층 유입 엔진은 저속의 경계층 유동을 이용함으로써 엔진의 부하를 낮추고 동체 표면의 저항을 감소시켜 연료소모율을 낮출 수 있다. **〈그림 1-39〉**와 같이 순모멘텀(Net Momentum)이 동일하게 0인 경우를 가정하면, BLI 엔진 항공기는 일반 항공기에 비해 낮은 와류와 엔진제트의 운동에너지를 가질 수 있다. 이는 동일한

조건의 비행에서 일반 항공기보다 더 낮은 출력이 요구되고, 낮은 출력은 연료소모율을 감소시킬 수 있다. 개념은 비교적 단순하지만 경계층 유동이 왜곡되어 팬의 성능에 영향을 주기 때문에 팬에 유입되는 스월유동을 균일화하는 유입구와 내구성이 강한 팬의 설계가 필요하다. 미국에서는 NASA의 N+3 프로그램을 통해 BLI 엔진을 사용하는 D8 항공기를 개발 중이다. D8 항공기는 보잉 737-800 대비 연료소모율 71 %, 소음 60 %, LTO NOx 87 % 감소가 가능할 것으로 예상된다.

그림 1-38 BLI 엔진의 유동흐름

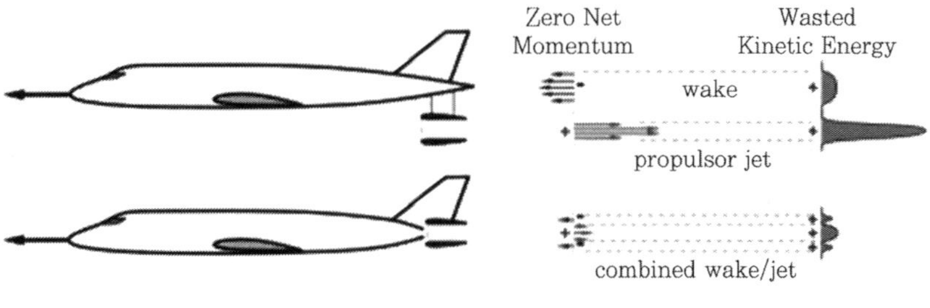

그림 1-39 BLI 엔진 항공기의 에너지 소모

3) 항공기 전력화

최근 배터리 에너지 밀도 증가에 따라 항공기에 사용되던 기존의 기계적, 유압 및 공압 구동품을 전력기기로 대체하고 있으며 **〈그림 1-40〉**은 전력화 경향성을 나타내고 있다. A320 및 보잉 747이 비행제어를 전력화(Electrification)한 이후로 모든 비행프로그램에서 전력화가 증가하고 있다. 2000년대 초 고전력 전기 시스템이 A380에 처음 도입되었으며, 전통적인 세가지 유압시스템 중 하나를 100% 전력화하고 역추력장치 또한 전력화되었다. 보잉 787 드림라이너는 공압 및 브레이크 시스템이 전기구동 방식으로 변경되었다.

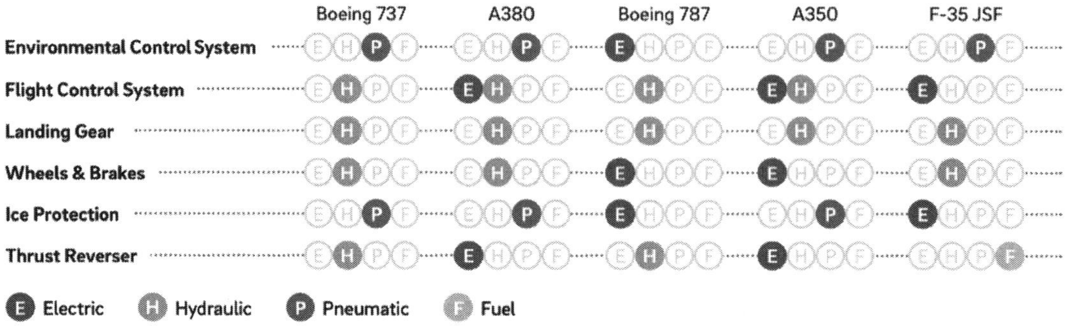

그림 1-40 최신 항공기의 전력화 경향

4) 분산추진

분산추진(Distributed Propulsion) 기술은 다수의 소형 엔진을 배치하여 추력을 발생시키는 기술로써 다양한 항공기 형상과 엔진조합이 고려되고 있다. 최종적 목표는 배터리를 이용한 완전한 분산 전기추진(Distributed Electric Propulsion)이며, 중간단계의 분산추진 기술로써 다수의 소형 터보제트 또는 개방 로터엔진을 이용한 방식, 전기발생을 위한 별도의 소형 터보 제너레이터와 다수의 전기팬을 이용한 복합추진 방식 등이 개발 중이다. 분산추진은 추력 및 열효율의 분산 최적화가 가능하고 유효 바이패스비를 향상시킬 수 있으며 항공기 설계 시 유연성을 높이면서 무게 및 저항을 감소시킬 수 있다. 또한 초전도 자석을 이용한 초전도 터빈 전기 엔진, 극저온 냉매를 이용한 베인 냉각 등의 기술도 고려되고 있다. 〈그림 1-41〉은 초전도 터빈기술이 적용된 분산추진 장치의 예를 나타내고 있다.

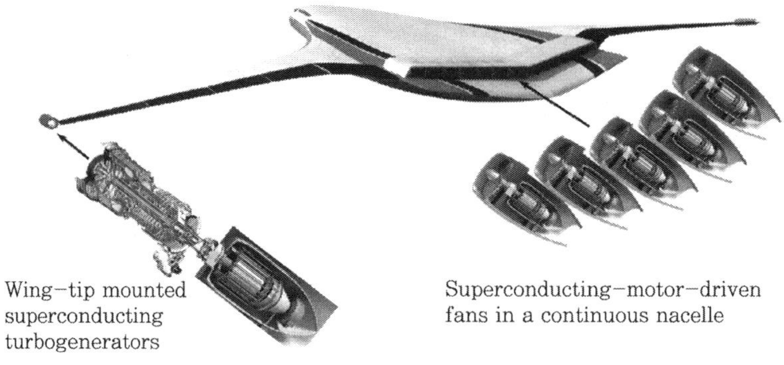

그림 1-41 초전도 터빈기술이 적용된 터보제너레이터 및 다수의 전기팬 방식의 예

5) 초음속 항공기

상업용 초음속 여객기의 시초는 1976년 비행이 시작된 콩코드(Concorde)이며 마하 2의 속도로 운행되었다. 콩코드는 일반 여객기보다 연료 소비가 약 4배 정도 많이 사용되었으며, 음속돌파 시에는 소닉붐(sonic boom)의 폐해가 있었다. 최근 들어 다시 초음속 항공기에 대한 관심이 커지고 있으며, 에어버스의 모회사인 유럽의 우주항공전문업체 EADS사는 2050년 승객 50~100명을 태우고 마하 4(약 4800 km/h)의 속도로 운행가능한 초음속 제트여객기 ZHEST(Zero Emission Hypersonic Transportation)를 개발 중에 있다. 제트엔진-램제트-로켓엔진의 조합체인 무공해 초음속 항공기이며 대기권 밖인 상공 32km 이상에서 운행을 목표로 하여 소음문제를 해결하고자 하였다. 고도 약 30km는 일반 여객기의 비행고도의 약 3배에 해당되며, 이 고도에서는 창밖으로 곡선인 지구의 지표면을 관찰할 수 있고 윗부분은 검은 우주를 함께 볼 수 있다. 이/착륙시에는 바이오 연료를 이용한 터보제트나 터보팬엔진을 사용하며, 대기권 밖에서는 수소와 산소를 사용하는 로켓엔진으로 M2.5정도로 가속한 후, 고도 23km이상에서는 M4 정도로 비행하는 수소연료 램제트엔진을 사용하는 것으로 개발하고 있다. 2015년 에어버스 인더스트리에서는 마하 4.5의 제트엔진 기술특허를 획득했고, 2016년 미/호주 합동 연구팀은 마하 7.5의 극초음속 비행기술에 대한 시험을 성공하였다. 보잉도 2020년대에 상업용 극초음속 항공기의 개발을 목표로 연구 중이다. 〈그림 1-42〉는 각국의 초음속 여객기 개발 예를 나타내고 있다.

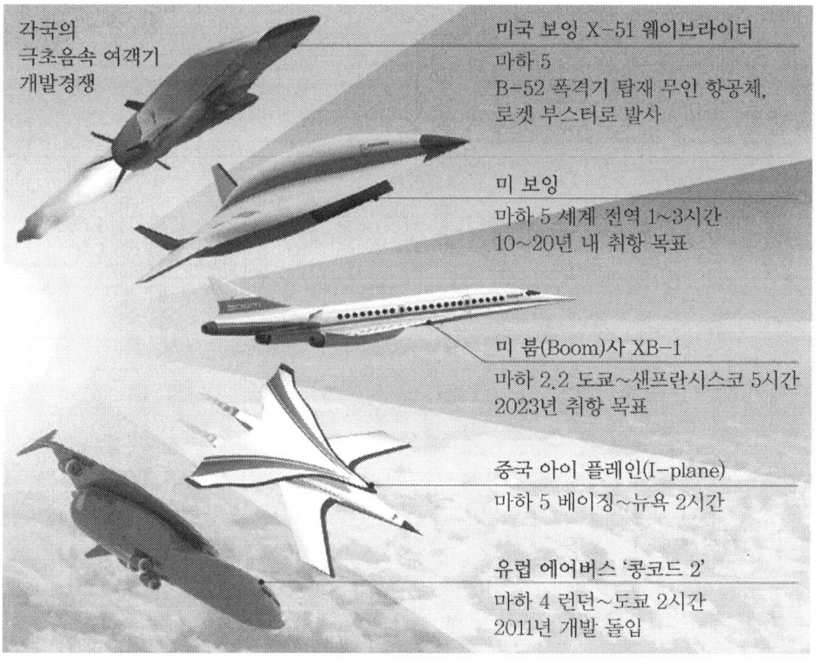

그림 1-42 각국의 극초음속 여객기 개발 예

연습문제

01_ 〈그림 1-16〉은 해면고도에서 PW4056 엔진의 이륙시 성능데이터를 나타내고 있다. 이 엔진이 고도 35,000ft에서 순항할 때 P_{02}=5.3psia, T_{02}=−26℃이라면 각 위치에서의 전온도와 전압력을 조사하라.

02_ 제스트[ZEHST] 엔진에 사용되는 엔진과 비행고도에 따른 비행스케줄을 설명하고, 제스트 엔진의 특징, 개발전략과 전망을 설명하라.

03_ 롤스로이스사 Trent 1000, GE사 GE_{nx} 등 친환경/고효율 엔진의 특징과 구조를 조사하고 이들 엔진의 주요설계개념에 대하여 설명하라.

참고문헌

[1] Rolls-Royce, The Jet Engine, Rolls-Royce plc, England, 2005.
[2] Pratt & Whitney's Web site : http://www.pw.utc.com
[3] Engine Alliance's Web site : http://www.enginealliance.com
[4] Rolls-Royce's Web site : http://www.rolls-royce.com
[5] GE's Web Site : http://www.geae.com
[6] J. D.Mattingly, *Element of Gas Turbine Propulsion*, McGrewHill, 1996
[7] D.R. Ballal and J.Zelina, "Progress in Aero Engine Technology (1939-2003)", AIAA 2003-4412
[8] M.J. Benzakein, "Propulsion Strategy for the 21th Century : A Vision into the Future," Proceedings of ISABE, Paper 2001-1005
[9] 추진 장치 기술로드 맵, 산업자원부 한국산업기술재단 2002
[10] Anon, "Turbine Engine Technology-A Century of Power for Flight." Turbine Engine Division, Air Force Research Lab, 2002
[11] R.Fernandez, D.Reddy, T.Benson, C.Iek, T.Biesiadny, B.Wendt, "Design Issues for Turbine-based and Rocked-based Combined Cycle Propulsion System Inlets," AIAA 1988-3774, 1988
[12] R.Daines, and C.Segal, "Combined Rocket and Airbreathing Propulsion System for Space-launch Applications," Journal of Propulsion and Power, Vol.14, No.5, pp.605-612, 1998
[13] F.Farassat, M.Dunn, A.Tinetti, and D.Nark, "Open Rotor Noise Prediction Methods at NASA Langley-A Technical Review," AIAA 2009-3133
[14] B.Kott and S.Koff, "Engine Design and Challenges for the High Mach Transport," AIAA 2009-5344
[15] H.C.Mongia, "On Continuous NOx Reduction of Aero-propulsion Engines," AIAA paper 2010-1329
[16] P.Krammer, K.Rued, and J.Truebenbach, "Technology preparation for Green Aero Engines," AIAA 2003-2790
[17] G.Wilfert, J.Sieber, A.Rolt, N.Baker, A.Touyeras, and S.Colantuoni, "New Environmental Friendly Aero Engine Core Concepts," ISABE 2007-1120
[18] A.K.Sehra, and W.Whitlow Jr., "Propulsion and Power for 21st Century Aviation," Progress in Aerospace Sciences, Vol. 40, pp 199-235, 2004
[19] G.B. Northam, E. A. Andrews, and R.W. Guy Jr., "An overview of Hypersonic Propulsion Research at NASA langley Research Center, "/http:/hapb-www.larc.nasa.gov/
[20] H.C. Mongia, "On Continuous NOx Reduction of Aero-propulsion Engines, AIAA 2010-1329
[21] L.K. Bernard, "Gas Turbine Technology Evolution : A Designer's Perpective", Journal of Propulsion and Power, Vol. 20, No.4, pp.577-595, 2004
[22] http://www.eads.com/, June 9, 2011
[23] E.M. Braun, F.K.Lu, and D.R.Wilson, "Airbreathing Rotating Detonation Wave Engine Cycle Analysis," AIAA 2010-7039
[24] F.K.Lu, E.M.Broun, and D.R.Wilson, "Rotating Detation Wave Propulsion: Experimental Challenges, Modeling, and Engine Concepts," AIAA 2011-6043
[25] http://www.nrl.navy.mil/media/news-release/,November2,2012

제 2 장 열유체 역학 기초 이론

추진엔진의 기본원리는 일반적인 에너지방정식과 뉴턴의 운동량 보존의 법칙으로부터 얻어진다. 엔진의 성능 및 설계 인자를 나타내는 추력, 배기가스 속도 등과 엔진 내부 및 배기 가스의 열유동 특성을 이해하기 위한 열유체역학의 기초 이론 및 관계식에 대하여 설명한다.

2.1 단위 및 열역학적 상태량

열, 유체 및 추진엔진과 관련하여 사용되는 물리량인 차원은 길이, 시간, 질량, 힘, 중력 가속도, 열, 온도 등이며 이들 차원에 부여된 임의의 크기를 단위라 하고, 차원을 여러 가지 단위로 정리하면 〈표 2-1〉과 같다.

항공용 가스터빈엔진에서는 영국 공학단위인 피트-파운드 단위계가 아직도 대부분 사용되고 있으나 본 책에서는 편의상 국제표준단위인 SI 단위, 미터공학계 단위, 영국 공학단위를 혼용하여 사용하였다.

표 2-1 단위시스템

차 원 \ 단 위	SI 단위	미터 공학 단위	영국 공학 단위
길 이	m	m	ft
시 간	s	s	sec
힘	N	kg_f	lb_f
질 량	kg	kg	lb_m
온 도	K	$°C$	$°F$
에너지	J	$kcal$	Btu

SI 단위계에서 질량은 kg으로 나타내고, 영국 공학단위에서는 lb_m으로 나타내며 $1lb_m = 0.45359\,kg$이다. SI 단위계에서 길이는 m이고 영국 공학단위계에서는 ft로 나타내며 $1\,ft = 0.3048\,m$이다. SI 단위에서 $1kg$의 질량을 $1m/s^2$로 가속시키는데 필요한 힘을 $1N$이라 한

다. 미터 공학 단위에서 $1kg_f = 9.80665N$이다. 영국 공학단위계에서 $1lb_m$ 질량을 $32.174ft/\sec^2$로 가속시키는데 필요한 힘을 $1lb_f$라 한다. 에너지의 한 형태인 일은 힘과 거리의 곱으로 정의한다. $1N$의 힘으로 $1m$의 거리를 움직이는데 필요한 일을 $1J$이라 한다. 영국 공학단위계에서 에너지는 Btu가 사용되며 68°F인 물 $1lb_m$를 1°F 온도 높이는데 필요한 에너지로 정의되며, 미터 공학 단위에서 에너지는 cal가 사용되며 15℃인 물 $1g$를 1℃ 온도 높이는데 필요한 에너지로 정의된다. $1cal$는 $4.1855J$ 또는 $0.4268kg_f \cdot m$에 해당하며 $1Btu$는 $1055J$과 같다.

열역학적 성질 또는 상태량(property)으로는 온도, 압력, 비체적, 내부에너지, 엔탈피, 엔트로피 등이 있으며 질량의 크기에 관계없는 온도, 압력, 비체적을 강성적 성질(intensive property), 질량의 크기에 따라 변하는 내부에너지, 엔탈피, 엔트로피 등의 종량적 성질(extensive property)이라 한다. Gibbs 상법칙은 $F = C - P + 2$로 주어진다. F는 자유도 즉 독립적으로 변할 수 있는 열역학적 상태량의 수이고 C는 성분의 수, P는 상의 수이다. 예를 들어 1개의 성분이 1개의 상으로 존재할 때 독립적으로 변할 수 있는 열역학 상태량은 2개이다. 앞에서 열거한 여러 가지 상태량 중에서 2개만이 자유로이 변한다. 즉 온도와 압력, 또는 온도와 엔탈피, 등등 어느 2개의 상태량이 정해지면 그 이외의 나머지 상태량은 자동적으로 결정된다. 상태량 사이의 관계식을 나타내는 식을 상태 방정식이라 한다. 온도가 높고 압력이 낮을수록 기체는 이상기체 거동을 하며 이상기체에 적용할 수 있는 상태 방정식은 다음과 같이 주어진다.

$$Pv = RT \tag{2.1}$$

여기서 P는 압력, v는 비체적, R은 기체상수, T는 절대온도이다. $v = \dfrac{V}{m}$이고, $R = \dfrac{R_u}{M}$, $n = \dfrac{m}{M}$이므로 윗식은 다음과 같이 변한다.

$$PV = mRT \quad \text{또는} \quad PV = nR_u T \tag{2.2}$$

여기서 n은 몰수이고 R_u는 일반기체상수이다. 일반기체상수 R_u는 $8.314kJ/kmol \cdot K$ 또는 $1545ft \cdot lb_f/lb_m \cdot R$이다. 공기의 분자량을 $28.9kg/kmol$이라면 공기의 기체상수는 $0.287kJ/kg \cdot K$이 된다. 압력이 임계압력보다 높고 온도가 낮으면 기체는 이상기체 상태방정식을 따르지 않으며 이를 실제 기체라 하며 실체기체에서는 상태방정식이 다음과 같이 된다.

$$Pv = ZRT \tag{2.3}$$

여기서 Z는 압축성인자라 하며 이상기체에서 $Z = 1$이 되고 실제기체에서는 Z는 1보다 크거나 작게되어 1에서 벗어난 값이 된다. 실제기체의 다른 상태방정식을 Van der Waals, Beatti-Bridgemann, Benedict-Webb-Rubin, Redlich-Kwong 등이 특정온도와 특정압력범위에서 맞는 식을 제안하였으며 자세한 내용은 열역학책을 참조하기 바란다.

열역학 상태량 중 압력의 균형상태가 이루어지면 기계적 평형이라 하고 온도의 균형상태가 이루어지면 열적 평형이라 하고, 화학적 조성(성분)의 균형상태가 이루어지면 화학적 평형이라 하고, 각 상의 질량이 균형을 이루면 상평형이라 한다. 두 물체가 제 3의 물체와 열적 평형에 있다면, 이 물체들은 서로 열적 평형에 있다. 이것을 열역학 제 0법칙이라 하며 온도측정의 타당성에 대한 근거가 된다. 이 제 3의 물체를 온도계로 대체함으로써, 제 0법칙은 두 물체가 접촉하고 있지 않다 하더라도 온도 눈금이 같으면 두 물체는 열적평형에 있다는 것을 의미한다. SI 단위계에서 온도는 섭씨(celsius) 눈금을 사용하며 열역학에서는 절대온도 눈금을 사용하며 이를 Kelvin 눈금이라 한다.

$$T(K) = T(℃) + 273.15 \tag{2.4}$$

영국단위계에서 온도는 화씨(Fahrenheit) 눈금을 사용하며 열역학에서는 절대온도 눈금을 사용하며 이를 Rankine 눈금이라 한다.

$$T(R) = T(°F) + 459.67 \tag{2.5}$$

단위 질량을 일정한 체적조건에서 1K 상승 시키는데 필요한 열량을 정적비열이라 하고 c_v로 나타내며 단위질량을 일정한 압력조건에서 1K 상승 시키는데 필요한 열량을 정압비열이라 하고 c_p로 나타내며 다음과 같이 정의된다.

$$c_v = (\frac{\partial u}{\partial T})_v \quad c_p = (\frac{\partial h}{\partial T})_p$$

이상기체상태방정식 Pv=RT를 따르는 기체를 완전기체라 한다. 정적비열에 대한 정압비열의 비를 비열비라 하며 γ로 나타내고 $\gamma = \frac{c_p}{c_v}$가 된다. 완전기체에서 내부에너지 및 엔탈피 변화는 온도만의 함수이고 다음과 같이 나타낼 수 있다.

$$du = c_v dT, dh = c_p dT$$

압력은 단위면적당 힘으로 정의되며 $1N/m^2$을 $1Pa$이라 한다. 압력으로 많이 사용되는 단위는 bar, atm(표준대기압), kg_f/cm^2가 있으며 이들 사이의 관계는 다음과 같다.

$$1\,bar = 10^5\,Pa = 0.1\,MPa = 14.504\,psia = 1.01972\,kg_f/cm^2 = 0.98692\,atm$$

$$1\,atm = 101325\,Pa = 0.101325\,MPa = 1.01325\,bar = 760\,torr$$

$$1\,kg_f/cm^2 = 9.807 \times 10^4\,Pa = 0.9807\,bar = 0.96788\,atm$$

$1\,kg_f/cm^2$은 공업 단위계에서는 $1at$라 하며 $1\,at = 0.9807\,bar = 10mAq$에 해당한다. 대기압을

영국 공학단위계로 환산하면 압력은 $1atm = 14.696\,psi(lb_f/in^2)$이고 $1kg_f/cm^2 = 14.223\,psi$이다. 대기압과 계기압력과의 합을 절대압력($P_{abs} = P_{atm} + P_{gage}$)이라 한다. 열역학 관계식에서 온도와 압력은 절대온도와 절대압력을 사용한다.

국제 민간항공기구(ICAO)에서 자주 사용되는 국제 표준대기(ISA; International Standard Atmosphere)는 평균 해수면 상의 기압이 $1013.25\,hPa$, 지상 기온 15℃, 기온 체감율은 고도 11km까지(대류권)는 -6.5℃$/km$, 11~20km(대류권계면)는 0℃$/km$이며 대류권계면 시작고도는 11km이고, 대류권계면 기온은 -56.5℃, 해면상의 공기밀도는 $1.225\,kg/m^3$, 중력 가속도는 $9.8066\,m/s^2$, 그 밖의 대기의 조성은 고도 8km까지 일정하고, 수증기를 포함하지 않는 건조공기로 구성되어 있다. 부록 표 A-1, 표 A-2에는 고도변화에 따른 공기의 성질이 나타나 있다.

예제 2-1 다음과 같은 정상 상태의 노즐이 있다. 표준 대기상태의 공기가 노즐 입구로 유입되고 있다. 출구에서의 속도가 $V_e = 60\,m/s$ 이고 면적이 $A_e = 0.01\,m^2$ 이라면 입구에서의 속도와 질량 유량을 구하라. 단, 입구와 출구의 면적비 A_i/A_e는 5이며 유체는 비압축성이다.

풀이 연속 방정식으로부터,

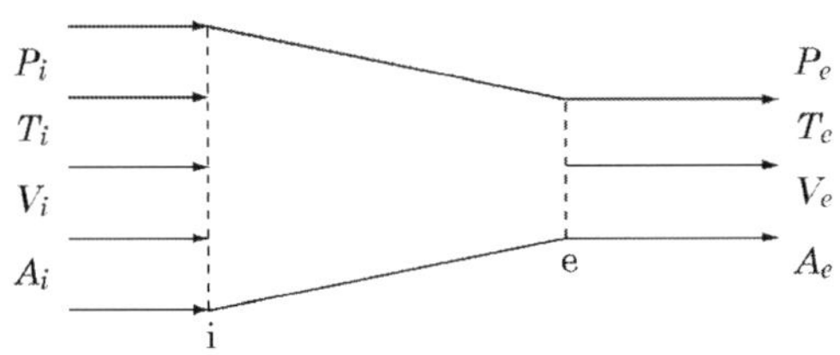

$$\frac{\partial}{\partial t}\int_{CV} \rho dV + \int_{CS} \rho(\vec{V} \cdot \vec{n})dA = 0$$

여기서 정상상태 이므로 제어체적(CV)에 관한 항은 없어지고 제어표면적(CS)에 관한 항만 남게 된다. 따라서 위 식을 정리해 보면

$$\rho_e A_e V_e - \rho_i A_i V_i = 0 \quad \text{또는} \quad \rho_e A_e V_e = \rho_i A_i V_i$$

가 된다. 유체가 비압축성이므로 밀도에 의한 영향은 사라지며 따라서 위 식을 다음과 같이 간단하게 입구에서의 속도에 대한 식으로 나타낼 수 있다.

$$V_i = \frac{A_e}{A_i} V_e$$

위 식에 주어진 값을 대입하면 입구에서의 속도는 다음과 같이 구할 수 있다.

$$V_i = \frac{1}{5}, V_e = 12\ m/s$$

입구에서의 유체는 표준 대기상태의 공기이므로 $P = 101.325\ kPa$, $T = 298\ K$이다. 따라서 입구에서의 밀도는

$$\rho_i = \frac{P_i}{RT_i} = \frac{101,325}{287 \times 298} = 1.185\ kg/m^3$$

위와 같이 구할 수 있다. 따라서 노즐을 지나는 유동의 질량 유량은 다음과 같다.

$$\dot{m} = \rho_i A_i V_i = \rho_i \frac{A_i}{A_e} A_e V_i = 0.711\ kg/s$$

2.2 열유체 역학 기초이론

열유동장의 각 점에서 열 유체 거동에 관한 상세한 정보를 얻기 위해서는 미소제어 표면이나 미소제어 체적에 수송방정식을 적용하여 질량보존법칙, 운동량 보존법칙, 에너지 보존법칙을 미분방정식으로 표시하여야 한다.

2.2.1 연속 방정식(질량 보존의 법칙)

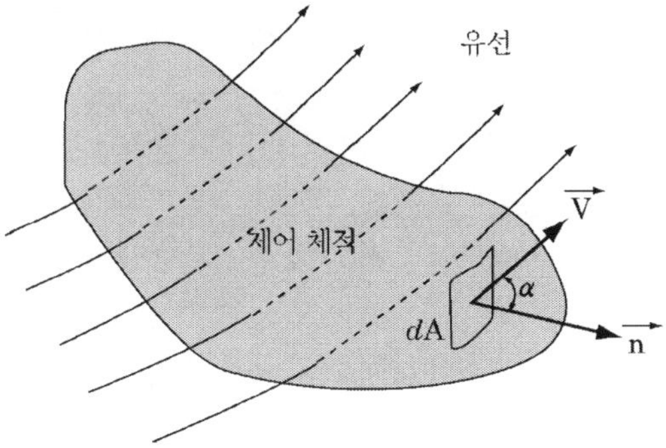

그림 2-1 제어체적을 지나는 유체 유동

〈그림 2-1〉은 제어체적(CV)을 지나는 유동을 나타낸다. 제어표면(CS)을 통해 제어체적 내로 들어가는 유량과 제어체적으로부터 제어표면을 통해 나가는 유량의 차이는 제어체적 내의 질량의 시간에 대한 변화율과 같다는 것이 연속 방정식 또는 질량 보존의 법칙이다.

$$\sum_{inlet}\dot{m} - \sum_{exit}\dot{m} = \frac{d}{dt}(m_{sys}) \qquad (2.6)$$

(CV 안으로의 유입 유량) - (CV 밖으로의 유출 유량) = (CV 내 질량의 시간에 대한 변화율)

적분형 관점에서 제어체적 입구와 출구를 통한 유입, 유출량을 적분형태로 나타내면 다음과 같다.

$$\sum_{inlet}\dot{m} - \sum_{exit}\dot{m} = -\int_{CS}\rho(\vec{V}\cdot\vec{n})dA \qquad (2.7)$$

제어체적 내에서의 시간에 대한 질량 변화율을 적분형태로 나타내면 다음과 같다.

$$\frac{d(m_{sys})}{dt} = \frac{\partial}{\partial t}\int_{CV}\rho dV \qquad (2.8)$$

식 (2.6)은 다음과 같이 표현할 수 있다.

$$\frac{\partial}{\partial t}\int_{CV}\rho dV + \int_{CS}\rho(\vec{V}\cdot\vec{n})dA = 0 \qquad (2.9)$$

2.2.2 운동량 방정식과 유체 임펄스

1. 운동량 방정식

Newton의 제2법칙에 의하면 질량 m인 물체에 F라는 힘이 가해지면 물체의 운동량 $m\vec{V}$의 시간에 대한 변화율은 $\vec{F}$에 비례하며 다음과 같이 나타낼 수 있다.

$$\vec{F} = \frac{D}{Dt}(m\vec{V}) \qquad (2.10)$$

여기서 연산자 $\frac{D}{Dt}$는 입자를 따라 관측한 시간 미분 즉, Lagrange적 시간 미분을 나타내며, 공간미분 즉, Euler적 시간 미분 $\frac{\partial}{\partial t}$와의 관계는 다음과 같이 주어진다.

$$\frac{D}{Dt} = \frac{\partial}{\partial t} + V\frac{\partial}{\partial x}$$

여기서 x는 유체흐름의 방향이고, 미소 길이 dx는 유한의 길이이다.

벡터로 일반화 하면 $\frac{D}{Dt} = \frac{\partial}{\partial t} + \vec{V}\cdot\vec{\nabla}$

따라서 유체의 가속도는 $\frac{DV}{Dt} = \frac{\partial V}{\partial t} + V\frac{\partial V}{\partial x}$가 된다.

위 식의 오른쪽 첫 번째 항 $\frac{\partial V}{\partial t}$는 공간점에서 속도장 자체의 시간변화율이며, 오른쪽 두 번째 항은 유체가 방향x, 속도V로 이동할때 대류되면서 생기는 변화 즉 $\frac{\partial V}{\partial x}\frac{dx}{dt} = V\frac{\partial V}{\partial x}$ 때문에 생기는 항이다. 정상상태라 할지라도 두 번째 항 $V\frac{\partial V}{\partial x}$는 0이 되지 않는다.

제어질량(control mass)에 대하여 적분형으로 나타내면 다음과 같다.

$$\vec{F} = \frac{D}{Dt}\int_{CM} \rho \vec{V} dV \tag{2.11}$$

질량이 시간에 대해서 일정하면 다음과 같다.

$$\vec{F} = m\frac{D\vec{V}}{Dt} \text{ 또는 } \vec{F}dt = md\vec{V} \tag{2.12}$$

$\vec{F}dt$는 임펄스(충격량)이며, $md\vec{V}$는 운동량의 변화를 나타낸다. 즉, 임펄스는 힘과 힘을 가한 시간을 곱한 물리량으로 정의된다. 뉴턴 제 2 법칙을 통해 힘의 합은 운동량의 변화와 같음을 알 수 있다. 제어체적에 작용하는 모든 힘은 제어체적 내외로 출입하는 운동량 플럭스의 순 변화율과 제어체적 내의 운동량의 시간에 대한 변화율의 합과 같으며 이를 수식으로 나타내면 다음과 같다.

$$\sum \vec{F} = \vec{F}_{surface} + \vec{F}_{shaft} + \int \vec{g}\, \rho\, dV \tag{2.13}$$

체적력을 무시하면,

$$\sum \vec{F} = \vec{F}_{surface} + \vec{F}_{shaft} = \frac{\partial}{\partial t}\int_{CV} \rho \vec{V} dV + \int_{CS} \rho \vec{V}(\vec{V} \bullet \vec{n}) dA \tag{2.14}$$

여기서 $\sum \vec{F}$는 제어체적에 작용하는 모든 힘의 합이며 이 힘은 크게 축력(shaft force), 표면력(surface force) 그리고 체적력(body force)로 구분할 수 있다. 표면력은 유체입자나 고체벽면과 같은 물체의 경계에 직접 접촉하여 작용하는 힘을 말하며 수직하게 작용하는 압력과 접선방향으로 작용하는 전단응력의 형태로 나타나는 점성에 의한 힘으로 나눌 수 있다. 체적력은 물리적인 접촉 없이 유체의 체적 전체에 분포되어 작용하는 힘으로 중력 및 자장 등이 있다. 식 (2.14)의 우변의 첫째 항은 제어체적 내의 운동량 합의 시간 변화율이며 두 번째 항은 제어체적을 통한 운동량 플럭스의 정미유출률이다. 미분형 접근을 통해 모멘텀 식을 전개하면 다음과 같은 Cauchy 방정식을 얻을 수 있다.

$$\rho\frac{D\overrightarrow{V}}{Dt} = \rho\vec{g} + \overrightarrow{\nabla}\cdot\sigma_{ij}$$

여기서 σ_{ij}는 응력텐서이다. 정지상태에 있는 유체에서 σ_{ij}는 각 면에 수직하게 작용하는 정수압력이다. 즉, $\sigma_{ij} = -\rho\delta_{ij}$이다. 그러나, 운동하는 유체에서 응력텐서 σ_{ij}는 정수압력 이외에 점성응력텐서 τ_{ij}가 도입된다. 즉, $\sigma_{ij} = -\rho\delta_{ij} + \tau_{ij}$이다. τ_{ij}는 속도구배 $\frac{\partial u_i}{\partial x_j}$ 때문에 생긴다. 유체내에 작용하는 응력은 직접 측정이 어려우므로 Cauchy의 방정식을 그대로 사용하여 유체의 운동을 해석하는 대신에 응력과 속도구배 사이의 관계식을 Navier와 Stokes가 각각 1823년, 1845년에 도출하였으며 이를 Navier-Stokes 방정식이라 한다. Navier-Stokes 방정식은 Newton 유체에 적용된 Newton 제 2법칙이다.

Newton 유체가 운동할 때 만족해야 하는 Navier-Stokes 식은 다음과 같다.

$$\rho\frac{D\overrightarrow{V}}{Dt} = \rho\vec{g} - \overrightarrow{\nabla}P + \frac{\partial}{\partial x_j}\left[\mu\left(\frac{\partial u_i}{\partial x_j} + \frac{\partial u_j}{\partial x_i}\right) + \delta_{ij}\lambda\nabla\overrightarrow{V}\right] \tag{2.15}$$

점성이 일정하다고 가정하고 위 식을 비압축성에 적용하면 다음과 같은 비압축성 Navier-Stokes 식을 얻을 수 있다.

$$\rho\frac{D\overrightarrow{V}}{Dt} = \rho\vec{g} - \overrightarrow{\nabla}P + \mu\nabla^2\overrightarrow{V} \tag{2.16}$$

오일러식은 전단응력이 작용하지 않는 점성이 없는 압축성, 비압축성에 모두 적용할 수 있다. 점성의 영향을 고려하지 않은 비점성의 경우 비압축성 Euler 식을 유도하면

$$\rho\frac{D\overrightarrow{V}}{Dt} = \rho\vec{g} - \overrightarrow{\nabla}P \tag{2.17}$$

즉, $\frac{\partial V}{\partial t} + V\frac{\partial V}{\partial x} = -\frac{1}{\rho}\frac{\partial P}{\partial x} + g\partial z$

일반적으로 유선과 유선 사이에는 밀도가 변할 수 있지만 유선을 따라 밀도가 일정하다고 가정하고 유선을 따라 흐르는 유체의 미소 검사 영역에 대하여 정상선형운동 방정식을 적용하면 다음과 같이 베르누이 방정식(Bernoulli's equation)이 유도된다.

$$\frac{\partial P}{\rho} + V\partial V + gdz = 0 \tag{2.18}$$

즉 $V\frac{\partial V}{\partial x} + \frac{1}{\rho}\frac{\partial P}{\partial x} + g\frac{\partial z}{\partial x} = 0$

베르누이식은 마찰력을 무시할 수 있는 즉, 점성이 없는 정상, 비압축성 유동에서 압력, 속도

및 위치사이의 근사적인 관계식이다.

2. 각운동량 방정식

각운동량 방정식을 살펴보면, 시스템에 작용하는 토크를 다음과 같이 나타낼 수 있다.

$$\sum \overrightarrow{T_R} = \frac{D\overrightarrow{H}}{Dt} \tag{2.19}$$

여기서 $\overrightarrow{H}$은 각운동량(Angular momentum or Moment of momentum)이다. 또한

$$\sum \overrightarrow{T_R} = \vec{r} \times \vec{F}_{surface} + \vec{T}_{shaft} + \int_{CV} \vec{r} \times \vec{g} \rho dV \tag{2.20}$$

이므로 체적력을 무시하면 다음과 같다.

$$\begin{aligned} \sum \overrightarrow{T_R} &= \vec{r} \times \vec{F}_{surface} + \vec{T}_{shaft} \\ &= \int_{CS} \vec{r} \times \vec{V}(\rho \vec{V} \cdot \vec{n}) dA + \frac{d}{dt} \int_{CV} \vec{r} \times \vec{V} \rho dV \end{aligned} \tag{2.21}$$

정상상태 유동이란 공간상의 어느 한 점에서 속도, 밀도 등이 시간에 따라 변화하지 않는 유동을 말한다. 따라서 정상상태 유동에서는 식 (2.14)의 우변에서 첫 번째 부분은 없어지게 되며 이로써 표면 적분만이 존재하며 해석은 훨씬 쉬워지게 된다. 따라서 제어체적 내부의 용량이 아닌 검사체적에 들어오고 나가는 부분만을 고려함으로써 열유체역학적 해석을 할 수 있게 된다.

예제 2-2

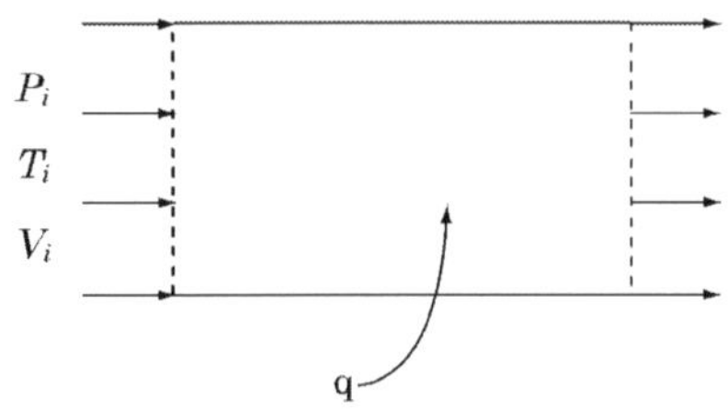

위와 같은 정상 상태 연소기가 있다. 입구에서의 온도가 $T_i = 300\ K$ 이고 압력이 $P_i = 202.65kPa$ 이며 유입 속도는 $V_i = 20\ m/s$ 이다. 출구에서의 온도가 $T_e = 1{,}500\ K$ 라면 연소기에서 발생되는 단위 면적당 추력을 구하라.

풀이 연속 방정식으로부터

$$\rho_i V_i A_i = \rho_e V_e A_e$$

여기서 연소기의 입구와 출구의 단면적은 일정하므로,

$$\rho_i V_i = \rho_e V_e$$

가 된다. 따라서 출구에서의 속도는

$$V_e = \frac{\rho_i}{\rho_e} V_i = \frac{P_i}{P_e}\frac{T_e}{T_i} V_i$$

가 된다. 연소 과정에서 압력은 거의 일정하므로 연소기의 입구와 출구에서의 압력은 일정하다고 가정하면 출구에서의 속도 관계식은 다음과 같이 구할 수 있다.

$$V_e = 5 \times V_i = 100\ m/s$$

모멘텀 방정식으로부터,

$$\vec{F}_{surf} + \vec{F} = \frac{\partial}{\partial t}\int_{CV} \rho \vec{V} dV + \int_{CS} \rho \vec{V} (\vec{V} \cdot \hat{n}) dA$$

여기서 압력이 일정하므로 표면력은 없으며 정상상태이므로 우변의 첫째 항은 무시할 수 있다. 따라서 위 식을 다시 쓰면

$$\vec{F} = \int_{CS} \rho \vec{V} (\vec{V} \cdot \hat{n}) dA$$

따라서 위 식으로부터 추력을 구해보면

$$F = \rho_e V_e^2 A_e - \rho_i V_i^2 A_i$$

여기서 단면적은 일정하므로 $A_e = A_i = A$ 라 두면 단면적당 추력은 다음과 같이 구할 수 있다.

$$\frac{F}{A} = \rho_e V_e^2 - \rho_i V_i^2 = \frac{P_e}{RT_e} V_e^2 - \frac{P_i}{RT_i} V_i^2 = 3.766\ kN/m^2$$

3. 유체 임펄스

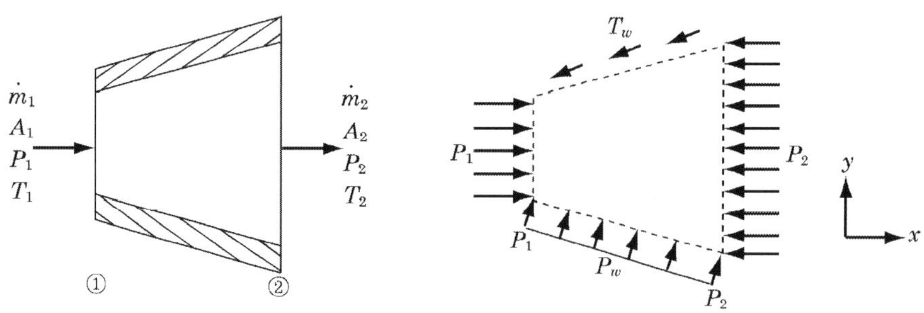

그림 2-2 도관을 흐르는 유동과 제어체적

유체가 **〈그림 2-2〉**와 같은 도관을 지날 때 정상상태 모멘텀 식을 적용하면

$$\sum F = \int_{cs} \rho \vec{V}(\vec{V} \cdot \hat{n}) dA$$

$$\sum F = P_1 A_1 - P_2 A_2 + F_{x,fluid} = \dot{m}_2 V_2 - \dot{m}_1 V_1$$

여기서 $F_{x,fluid}$는 벽에 의해 유체에 작용되는 압력에 의한 힘과 전단 힘의 합이다. 윗 식을 다시 고쳐 쓰면 다음과 같이 된다.

$$P_1 A_1 + \dot{m}_1 V_1 + F_{x,fluid} = P_2 A_2 + \dot{m}_2 V_2$$

유체임펄스(fluid impulse)를 다음과 같이 정의한다. 또 $\dot{m} = \rho A V = \frac{\gamma P A V}{a^2} = \frac{\gamma P A M^2}{a}$ 관계식을 이용한다[1,2].

$$I \equiv PA + \dot{m} V = PA(1 + \gamma M^2)$$

따라서 $F_{x,fluid} = (\dot{m}_2 V_2 + P_2 A_2) - (\dot{m}_1 V_1 + P_1 A_1) = I_2 - I_1$

도관의 벽이 받는 힘 $F_{x,walls}$은 $F_{x,fluid}$와는 반대 방향의 힘이다.

$$F_{x,walls} = -F_{x,fluid} = I_1 - I_2$$

도관의 벽이 받는 힘 $F_{x,walls}(= I_1 - I_2)$이 +부호이면 x방향 힘이 되고, −부호이면 −x방향 힘이 된다.

디퓨저에서는 $I_1 > I_2$ 이므로 도관이 받는 힘은 $-x$방향이 된다. 즉, 공기흡입식 제트엔진에서 공기흡입구는 전진힘을 받는다.

2.2.3 토크와 동력

미소질량 δm이 속도 $\vec{C}$로 움직이고 있을때 뉴턴의 제2법칙 식 (2.10)을 적용하면 다음과 같이 나타낼 수 있다[3].

$$\vec{F} = \delta m \frac{d\vec{C}}{dt} \qquad (2.22)$$

여기서 **〈그림 2-3〉**의 원통좌표계에서, $\vec{F} = \vec{r}\ F_r + \vec{\theta} F_\theta + \vec{z} F_z$이고 $\vec{C} = \vec{r} C_r + \vec{\theta} C_\theta + \vec{z} C_z$이다. 또한 $\vec{r}$, $\vec{\theta}$, $\vec{z}$는 각각 반경방향, 접선방향, 축방향 단위벡터이며, $\vec{C}$는 속도를 의미하고 하첨자

r, θ, z는 각각 반경방향, 접선방향, 축방향을 나타낸다. $\vec{r}$과 $\vec{\theta}$는 시간에 대해 미분하면 0이 아니며, 크기는 일정하더라도 방향이 바뀐다. 실제로 이들의 시간에 대한 미분항은 다음과 같다.

$$\frac{d\vec{r}}{dt} = \vec{\theta}\frac{d\theta}{dt}, \quad \frac{d\vec{\theta}}{dt} = -\vec{r}\frac{d\theta}{dt} \tag{2.23}$$

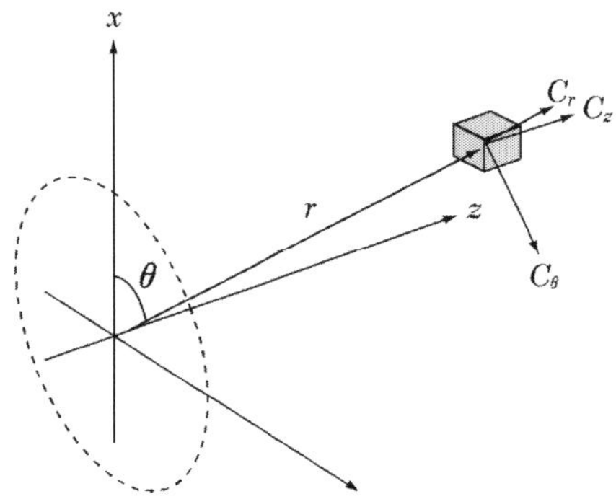

그림 2-3 원통좌표계

따라서 이를 이용하여 힘 벡터를 다시 정리하면 다음과 같다.

$$\vec{F} = F_r\vec{r} + F_\theta\vec{\theta} + F_z\vec{z} = \delta m\frac{d}{dt}(C_r\vec{r} + C_\theta\vec{\theta} + C_z\vec{z})$$

$$= \delta m\left[\left(\vec{r}\frac{dC_r}{dt} + C_r\frac{d\vec{r}}{dt}\right) + \left(\vec{\theta}\frac{dC_\theta}{dt} + C_\theta\frac{d\vec{\theta}}{dt}\right) + \left(\vec{z}\frac{dC_z}{dt} + C_z\frac{d\vec{z}}{dt}\right)\right] \tag{2.24}$$

또한 각 벡터 성분으로 나누어 보면 다음과 같다.

$$F_r = \delta m\left(\frac{dC_r}{dt} - C_\theta\frac{d\theta}{dt}\right), \; F_\theta = \delta m\left(\frac{dC_\theta}{dt} + C_r\frac{d\theta}{dt}\right), \; F_z = \delta m\left(\frac{dC_z}{dt}\right) \tag{2.25}$$

위식의 F_θ식 양변에 r을 곱하면 다음과 같이 쓸 수 있다.

$$rF_\theta = \delta m\left(r\frac{dC_\theta}{dt} + C_r r\frac{d\theta}{dt}\right) \tag{2.26}$$

그런데 $C_r = dr/dt$이고 $C_\theta = r(d\theta/dt)$이므로 위의 식은 다시 다음과 같이 쓸 수 있다.

$$rF_\theta = \delta m\frac{d}{dt}(rC_\theta) \tag{2.27}$$

여기서 rF_θ는 z축에 대해서 입자에 작용하는 토크이며 $\delta m\frac{d}{dt}(rC_\theta)$은 입자의 각운동량의 시간 변화율을 의미한다. 만약 입자에 아무런 토크가 작용하지 않는다면 rC_θ는 상수가 될 것이다. 어떠한 주어진 축에 대해서든 유체의 단위 질량당 각운동량 rC_θ는 속도나 운동에너지처럼 유체의 물성치로 취급될 수 있다.

유동을 다루는 경우 물질의 특정한 부분에 뉴턴의 법칙을 적용하듯이 회전기계의 제어체적에 적용하여 표현하면 다음과 같이 쓸 수 있다.

$$\sum \tau = \frac{d}{dt}\int_{CV} \rho r C_\theta dV + \int_{CS} \rho r C_\theta (\vec{C}\cdot\vec{n})dA \qquad (2.28)$$

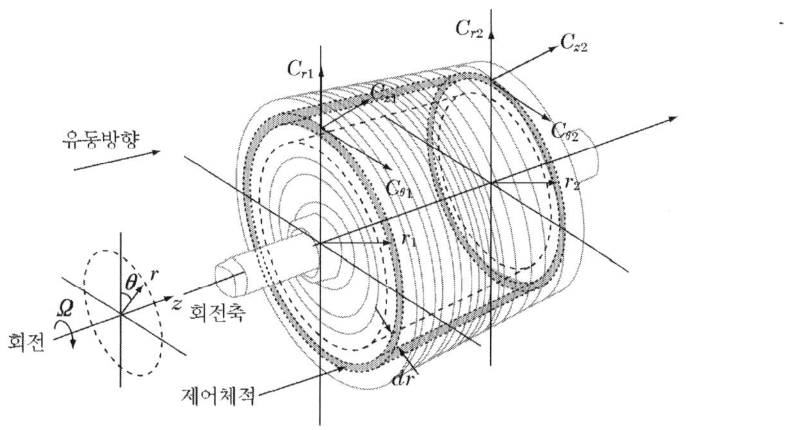

그림 2-4 회전기계의 제어체적

여기서 $\vec{n}$은 제어체적에서 바깥쪽으로 가리키는 단위벡터이다. 위 식의 좌변은 제어체적에 작용하는 총 토크이며 우변의 첫 번째 항은 제어체적에 저장되어 있는 각운동량의 변화율을 나타낸다. 우변의 두 번째 항은 전체 제어체적에 대하여 바깥으로 향하는 각운동량의 유속(flux)을 나타낸다.

회전기계의 로터 내부의 유동은 블레이드의 배열로 인해 비정상상태이며 제어체적에 비해서 비대칭이다. 그러나 회전기계 내부 유동의 높은 주파수로 주기적으로 일어나므로 토크 방정식에서 시간에 관한 항은 고려하지 않는다. 따라서 식 (2.28)은 다음과 같이 나타낼 수 있다.

$$\sum \tau = \iint_{CS} \rho (rC_\theta)(\vec{C}\cdot\vec{n})dA \qquad (2.29)$$

회전기계를 지나는 유동 또한 비대칭이다. 블레이드는 유동에 의해 힘을 받으므로 블레이드와 블레이드 사이에서는 유동의 압력과 속도의 접선방향 변동이 있게 된다. 로터의 상류와 하류에서 이러한 접선방향 변동율은 무시할 수 있다. 로터를 모두 포함하고 있는 **〈그림 2-4〉**의 실린더의 환형 제어체적(반경 r_1과 반경 r_2사이의 환형 제어체적)에서 입구와 출구를 지나는 유동은 정상상태이며 축대칭이라고 가정한다. 때문에 식 (2.29)에서 $\iint_{CS} \rho(\vec{C}\cdot\vec{n})dA = \int d\dot{m}$이므로 다시 정리하면 다음과 같이 나타낼 수 있다.

$$\sum \tau = \int_{CS} r C_\theta d\dot{m} \tag{2.30}$$

유동의 속도 성분은 반경 방향으로 달라질 수 있다. 따라서 먼저 평균 반경 r_1이고 반경 증폭이 dr인 미소면적을 통해 제어체적으로 들어오는 유동의 질량 유량을 생각해 보자. 이러한 유동은 환형(annular)인 원통형 유동관을 형성하며 평균 반지름이 r_2인 면을 통해 제어체적으로부터 빠져나간다. 비정상이며 축대칭이라는 가정때문에 입구와 출구에서의 속도 성분 C_z, C_r, C_θ는 r과 θ에 무관하다는 것을 의미한다.

이러한 제어체적에서 유동의 미소단위 질량당 미소 각운동량의 변화율은 다음과 같다.

$$d\tau = d\dot{m}[(rC_\theta)_2 - (rC_\theta)_1] \tag{2.31}$$

여기서 $d\tau$는 유동의 내부와 외부 표면에 작용하는 토크의 합이다. 또한 적절한 평균을 선택하였을 때 또는 $rC_\theta = \text{일정}$ 인 경우 이를 자유 와류 유동이라 부르며 각 면적에 대해서 다음과 같이 쓸 수 있다.

$$\sum \tau = \dot{m}[(rC_\theta)_2 - (rC_\theta)_1] \tag{2.32}$$

여기서 $\sum \tau$는 제어체적에 작용하는 모든 토크를 의미하며 압축기에서는 이 값이 0보다 크고 터빈에서는 0보다 작다.

회전기계에서 동력은 토크와 각속도의 곱으로 표현되므로 동력은 다음과 같다.

$$Power = \sum \tau \times \Omega = \dot{m}[(r\Omega C_\theta)_2 - (r\Omega C_\theta)_1] \tag{2.33}$$

이때 $r\Omega$는 회전기계의 원주속도를 나타내므로 입구와 출구에서의 원주속도를 $U_1 = r_1\Omega$, $U_2 = r_2\Omega$라 하면 동력식은 다음과 같이 나타낼 수 있다.

$$Power = \dot{m}[(UC_\theta)_2 - (UC_\theta)_1] \tag{2.34}$$

2.2.4 이상기체 상태 방정식

이상기체는 분자 상호간의 간섭이 없는 기체를 말하며 온도가 높고 압력이 낮을수록 기체의 거동은 이상기체에 가깝게 된다. 이상기체 상태 방정식은 압력, 온도, 비체적(밀도)과 관계를 나타내면 다음과 같이 나타낼 수 있다.

$$Pv = RT \tag{2.35}$$

여기서 P, v, R, T는 각각 압력, 비체적, 기체상수, 절대온도이다. Gibbs 상법칙에 의하면 성분과 상이 각각 하나인 기체는 두개의 독립적인 강성적 상태량을 통해 상태를 규정할 수 있으며, 나머지 다른 상태량은 기체상태 방정식을 통해 구할 수 있다. 예를 들면, 온도와 밀도(비체적)를 통해 기체의 어떠한 상태를 규정하면, 이상기체 상태방정식을 통해 압력을 알 수 있다. 이 식에서의 기체 상수(R)는 각 기체의 고유 값이며 다음과 같이 구할 수 있다.

$$R = \frac{R_u}{M} \tag{2.36}$$

여기서 R_u는 표준 기체 상수이며 M은 분자량을 의미한다. 증기와 같이 높은 밀도의 기체나 압력이 높은 상태에서는 이상 기체로 취급되지 않으며, 이상기체 상태방정식이 적용될 수 없으며 Redlich-Kwong 식이나 Peng-Robins와 같은 다른 식들이 적용된다. 이상기체에서는 $c_p - c_v = R$이고 $c_p/c_v = \gamma$이므로 $c_p = R\gamma/(\gamma-1)$, $c_v = R/(\gamma-1)$이 된다. 이상기체 상태 방정식을 다르게 표현하면 다음과 같이 나타낼 수 있다.

$$\begin{aligned} Pv &= RT \\ PV &= mRT \\ PV &= MNRT \\ PV &= NR_u T \end{aligned} \tag{2.37}$$

여기서 P는 압력, v는 비체적, m은 질량, R은 기체상수, M은 분자량, N은 몰수, T는 절대온도를 나타내며 일반기체 상수값 $R_u = 8.3143\, kJ/kmol \cdot Ke \ = 1543.43\, ft \cdot lb_f/lbmol \cdot R$이다.

2.2.5 에너지 보존 방정식(열역학 제1법칙)

열역학 제1법칙은 어떠한 계와 주변과의 일과 열의 상호작용으로서 계의 상태가 바뀌는 것에 관한 법칙이다. 이 법칙을 보다 쉽게 적용하기 위해서 이러한 용어들을 정의 되어야 한다.

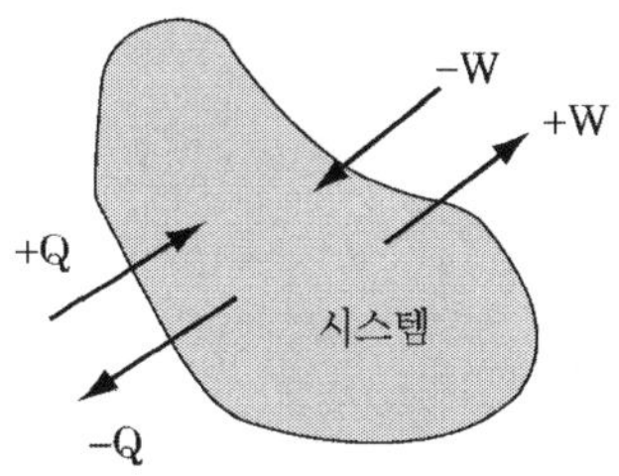

그림 2-5 일과 열의 부호

열(heat)이란 서로 다른 온도를 가진 두 계가 만나게 되면 상호작용이 일어나는데 이러한 상호

작용을 말한다. 보통 수학적인 부호로 낮은 온도계(system)에는 양의 부호를 붙이고 높은 온도계(system)에는 음의 부호를 붙인다. 일반적으로 열은 높은 온도에서 낮은 온도를 가진 계로 전달된다. 따라서 어떠한 계로의 열전달은 양의 부호를 가지며 어떠한 계로부터의 열전달은 음의 부호를 가진다. 열은 전달과 상호작용 등을 통해 존재할 수는 있으나 저장될 수는 없다. 또 열의 이동이 없는 과정을 단열과정이라 한다.

일(work)이란 어떠한 계가 중력장에서 외부에서 계로의 어떠한 영향으로 무게가 증가할 수 있다면 계가 외부로 일을 하였다고 한다. 주위로부터 대류 등에 의해 일을 받았다면, 음의 부호를, 계가 주위에 일을 했다면 양의 부호를 가진다. 일은 열과 같이 시스템간의 상호작용이며 저장할 수 있는 상태량이 아니다.

열역학 제1법칙은 에너지 보존 법칙에 관한 서술이다. 에너지 보존 법칙이란 에너지는 생성되지도, 그리고 파괴되지도 않음을 의미한다. 어떠한 과정 동안 개방 시스템의 전체 에너지의 변화는 시스템으로 들어오는 에너지의 합과 시스템을 나가는 에너지의 합의 차이와 같으며 다음 식으로 나타낼 수 있다.

$$\dot{Q}-\dot{W}+\sum_{inlet}\dot{m}(h+e_k+e_p)-\sum_{exit}\dot{m}(h+e_k+e_p)=\frac{d}{dt}(E_{sys}) \tag{2.38}$$

여기서 h는 단위질량당 엔탈피, e_k는 단위질량당 운동에너지, e_p는 단위질량당 위치에너지를 나타낸다. $\dot{Q}$는 열전달율이며 단위시간, 단위면적당 열전달율을 q''이라 하면 $\dot{Q}=\int_{CS}q''dA$이다. $\dot{W}$는 축력, 체적력의 합에 의한 일률이며 $\dot{W}=\dot{W}_{shaft}+\dot{W}_{BF}$로 나타 낼 수 있다. 또한 체적력은 $\dot{W}_{BF}=-\int_{CV}\vec{x}\cdot\vec{V}dV$로 나타낼 수 있다. 여기서 $\vec{x}$는 유체의 단위체적당 체적력이다.

제어체적의 입·출구를 통한 $\dot{m}(h+e_k+e_p)$의 유입과 유출량을 적분형태로 나타내면 $\sum_{exit}\dot{m}(h+e_k+e_p)-\sum_{inlet}\dot{m}(h+e_k+e_p)=\int_{CS}(h+e_k+e_p)\rho(\vec{V}\cdot\vec{n})dA$이며 제어체적 내에서 에너지의 시간 변화율을 적분 형태로 나타내면 다음과 같다.

$$\frac{d}{dt}(E_{sys})=\frac{d}{dt}\int_{CV}e_0\rho dV \tag{2.39}$$

여기서 $e_0=e+e_k+e_p$이며 식 (2.38)을 다시 나타내면 다음과 같다.

$$\frac{d}{dt}\int_{CV}e_0\rho dV+\int_{CS}(h+e_k+e_p)\rho(\vec{V}\cdot\vec{n})dA=\dot{Q}-\dot{W}_{shaft}-\dot{W}_{vs}-\dot{W}_{BF} \tag{2.40}$$

엔탈피 정의인 $h=e+Pv$ 관계식을 적용하여 위 식을 다음과 같이 나타 낼 수 있다.

$$\frac{d}{dt}\int_{CV} e_0 \rho dV + \int_{CS} (e + e_k + e_p)\rho(\vec{V}\cdot\vec{n})dA$$
$$= \int_{CS} q'' dA - \dot{W}_{shaft} + \int_{CV} \vec{x}\cdot\vec{V}dV - \int P v \rho(\vec{V}\cdot\vec{n})dA \qquad (2.41)$$

$v \cdot \rho = 1$이므로

$$\frac{d}{dt}\int_{CV} e_0 \rho dV + \int_{CS} e\rho(\vec{V}\cdot\vec{n})dA$$
$$= \int_{CS} q'' dA - \dot{W}_{shaft} + \int_{CV} \vec{x}\cdot\vec{V}dV - \int P(\vec{V}\cdot\vec{n})dA \qquad (2.42)$$

예제 2-3 다음 그림과 같은 정상상태 압축기가 있다. 외부와의 열출입은 없으며 $w = 75\ kJ/kg$ 의 축일을 공급받고 있다. 입구에서의 온도가 $T_i = 300\ K$ 라면 출구에서의 온도를 구하라.

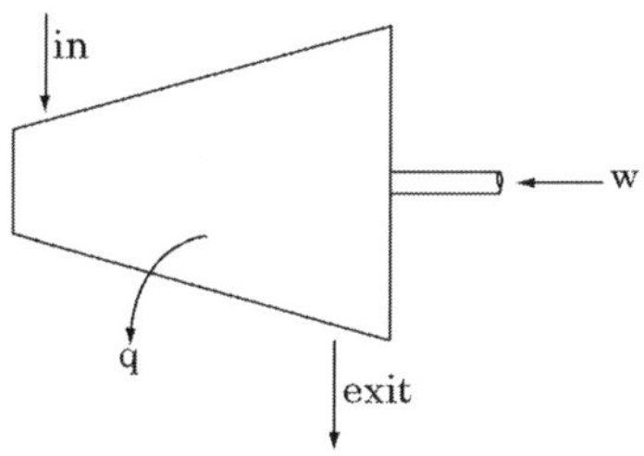

풀이 식 2.38로부터 외부와의 열 출입은 없으며 정상상태라 하였으므로 운동에너지와 위치에너지를 무시하면, 위 식은 다음과 같이 간단히 할 수 있다.

$$-w = h_e - h_i$$

만약 전체 과정에서 비열이 일정하다고 가정하면

$$c_p(T_e - T_i) = -w$$

따라서 위 식으로부터 출구에서의 온도를 구하면,

$$T_e = T_i - \frac{w}{c_p} = 300 - \frac{(-75,000)}{1005} = 374.6\ K$$

2.2.6 상사법칙

연속 방정식[식 (2.9)], 운동량 방정식[식 (2.14)], 에너지 보존식[식 (2.38)]을 일반화하여 다음과 같이 나타낼 수 있다.

$$\frac{d}{dt}(X_{sys}) = \frac{d}{dt}\int_{CV} x\rho dV + \int_{CS} x\rho(\vec{V}\cdot\vec{n})dA \tag{2.43}$$

여기서 x는 $\dfrac{dX}{dm}$이고 $\vec{n}$은 밖으로 향하는 단위벡터이다.

연속 방정식의 경우 $X = m$이라 두면 $x = \dfrac{dm}{dm} = 1$이 되므로 식 (2.43)은 다음과 같이 쓸 수 있다.

$$\frac{dm_{sys}}{dt} = \frac{\partial}{\partial t}\int_{CV}\rho dV + \int_{CS}\rho(\vec{V}\cdot\vec{n})dA = 0 \tag{2.44}$$

운동량 방정식에서는 $X = m\vec{V}$가 되며 따라서 $x = \dfrac{d}{dm}(m\vec{V}) = \vec{V}$가 된다. 이것들을 식 (2.43)에 대입하면 다음과 같은 식을 얻을 수 있으며 이는 운동량 보존법칙을 설명하는 운동량 방정식이 된다.

$$\frac{d}{dt}(m\vec{V})_{sys} = \sum\vec{F} = \frac{\partial}{\partial t}\int_{CV}\rho\vec{V}dV + \int_{CS}\rho\vec{V}(\vec{V}\cdot\vec{n})dA \tag{2.45}$$

식 (2.45)에서 x방향만 고려한다면 위 식은 다음과 같이 고쳐 쓸 수 있다.

$$\sum\vec{F_x} = \frac{\partial}{\partial t}\int_{CV}\vec{V}_x\ \rho dV + \int_{CS}\vec{V}_x\ \rho(\vec{V}\cdot\vec{n})dA \tag{2.46}$$

각운동량을 생각해 보면, $X = \vec{r}\times m\vec{V}$, $x = \dfrac{d}{dm}(m\vec{r}\ \times\vec{V}) = \vec{r}\times\vec{V}$가 되므로 식 (2.43)은 다음과 같이 정리될 수 있다.

$$\sum\vec{T} = \frac{d}{dt}\int_{CV}\vec{r}\times\vec{V}\rho dV + \int_{CS}\vec{r}\times\vec{V}(\rho\vec{V}\cdot\vec{n})dA \tag{2.47}$$

에너지 방정식의 경우 $X = E_0$, $x = \dfrac{dE_0}{dm} = e_0 = e + \dfrac{V^2}{2} + gz$가 되므로 식 (2.43)은 다음과 같이 정리될 수 있다.

$$\frac{dQ}{dt} - \frac{dW}{dt} = \frac{dE_0}{dt} = \frac{d}{dt}\int_{CV}e_0\rho dv + \int_{CS}e_0\rho(\vec{V}\cdot\vec{n})dA \tag{2.48}$$

여기서 $e_0 = e + e_k + e_p$이며 e는 내부 에너지를 의미한다. 참고로 열역학에서는 $e = u + e_k + e_p$로 표시하며 e가 총에너지, u가 내부에너지를 뜻한다.

또한 위 식에서

$$\frac{dW}{dt} = \dot{W} = \dot{W}_{shaft} + \dot{W}_{pressure} + \dot{W}_{viscous} + \dot{W}_{body\ \ force} \tag{2.49}$$

이며 우변의 각 항들은 다음과 같다.

$$d\dot{W}_{\text{Press}} = -(PdA)V_n = -P(-\vec{V} \cdot \vec{n})dA \tag{2.50}$$

$$\dot{W}_{\text{Press}} = \int_{CS} P(\vec{V} \cdot \vec{n})dA = \int_{CS} Pv \cdot \rho(\vec{V} \cdot \vec{n})dA \tag{2.51}$$

$$\dot{W}_{vs} = -\int_{CS} \vec{\tau} \cdot \vec{V}dA \tag{2.52}$$

여기서는 식 (2.49)에서 우변의 마지막 항인 체적력은 무시하였다. 열역학적 상태량의 정의에서 $v\rho = 1$임과 식 (2.49)를 이용하여 식 (2.48)을 정리하면 다시 다음과 같이 나타낼 수 있다.

$$\dot{Q} - \dot{W}_s - \dot{W}_{vs} = \frac{\partial}{\partial t}\int_{CV} e_0 \rho dV + \int_{CS}(e_0 + Pv)\rho(\vec{V} \cdot \vec{n})dA \tag{2.53}$$

또한 엔탈피의 정의에서 $h = e + Pv$이므로

$$\dot{Q} - \dot{W}_{shaft} - \dot{W}_{viscous} = \frac{\partial}{\partial t}\int_{CV} e_0 \rho dV + \int_{CS}(h + e_k + e_p)\rho(\vec{V} \cdot \vec{n})dA \tag{2.54}$$

이와 같이 나타낼 수 있으며 이를 에너지 방정식이라 한다.

2.2.7 열역학 제2법칙

열역학 제1법칙은 에너지의 양에 대한 법칙이며 열역학 2법칙은 에너지의 질에 대한 법칙이다. 열역학 제2법칙은 에너지 변환이 특정한 방향으로만 이루어질 수 있음을 나타낸다. 즉, 시스템과 주위의 총 엔트로피(entropy)가 증가하는 방향으로 변할 수 있다는 법칙이며 엔트로피는 다음과 같이 정의된다.

$$ds = \left.\frac{\delta q}{T}\right)_{rev} \tag{2.55}$$

여기서 δq_{rev}는 가역적으로 전달되는 열량을 나타낸다. 가역 단열과정에서는 엔트로피의 변화가 없는 등엔트로피 과정이지만 시스템의 등엔트로피 과정은 반드시 가역단열과정이 아니다. 외부에서 시스템으로부터 열을 주위로 빼앗아간다면 시스템 내부의 엔트로피는 감소할 수 있으며 이때 시스템은 고립시스템이 아니다. 시스템과 주위를 하나의 고립시스템으로 보면 총 엔트로피는 같거나 증가한다. 시스템에서 열을 빼앗음으로써 시스템 내부의 엔트로피 증가를 상쇄시켜 등엔트로피를 만들 수 있으나 주위는 엔트로피가 증가하고 시스템과 주위의 총 엔트로피는 증가한다. 실제 단열 과정에서 엔트로피는 항상 증가하게 된다.

엔트로피 정의식을 이용하면 매우 유용한 Gibbs 방정식을 얻을 수 있다. 먼저 가역과정에서 일과 열전달량은 다음과 같다.

$$\delta w_{rev} = Pdv,\ \ \delta q_{rev} = Tds \tag{2.56}$$

그러므로 가역과정에서 열역학 제 1법칙을 통해 다음과 같은 Gibbs 방정식을 얻을 수 있다.

$$Tds = du + Pdv \tag{2.57}$$

위의 식들로부터 엔트로피 변화를 다음과 같이 나타낼 수 있다.

$$ds = c_v \frac{dT}{T} + R\frac{dv}{v} \tag{2.58}$$

임의의 상태 1과 2 사이에서 엔트로피 변화는

$$s_2 - s_1 = \int_1^2 c_v \frac{dT}{T} + R\frac{dP}{P} \tag{2.59}$$

정적 비열 c_v가 일정할 때는 다음과 같이 표현할 수 있다.

$$s_2 - s_1 = c_v \ln\frac{T_2}{T_1} + R\ln\frac{v_2}{v_1} \tag{2.60}$$

엔탈피의 정의를 통하여

$$Tds = dh - vdP \tag{2.61}$$

$$ds = c_p \frac{dT}{T} - R\ln\frac{\mathrm{P}_2}{\mathrm{P}_1} \tag{2.62}$$

$$s_2 - s_1 = \int_1^2 c_p \frac{dT}{T} - R\ln\frac{P_2}{P_1} = \int_0^2 c_p \frac{dT}{T} - \int_0^1 c_p \frac{dT}{T} - R\ln\frac{P_2}{P_1} \tag{2.63}$$

$\int_0^T c_p \frac{dT}{T}$는 온도만의 함수이므로 이를 $s_T^{\,0} = f(T) = \int_0^T c_p \frac{dT}{T}$로 정의하면

$$s_2 - s_1 = s_2^0 - s_1^0 - R\ln\frac{P_2}{P_1} \tag{2.64}$$

로 표기할 수 있다. 정압비열 c_p가 일정할 경우에는

$$s_2 - s_1 = c_p \ln\frac{T_2}{T_1} - R\ln\frac{P_2}{P_1} \tag{2.65}$$

로 표기할 수 있다. 등엔트로피 과정에서는 $\Delta s = s_2 - s_1 = 0$이므로 $P/T^{\frac{\gamma}{\gamma-1}} = const$ 또는 $Pv^{\gamma} = const$이다. 이 식들은 가역과정에서 유도된 식이지만 과정에 관계없는 상태량으로만 이루어진 식이므로, 모든 과정에 적용될 수 있다.

예제 2-4 다음과 같은 정상상태의 연소기가 있다. 입구와 출구의 온도비가 $T_e/T_i = 5$라면 이 때 연소기에서의 엔트로피 변화를 구하라.

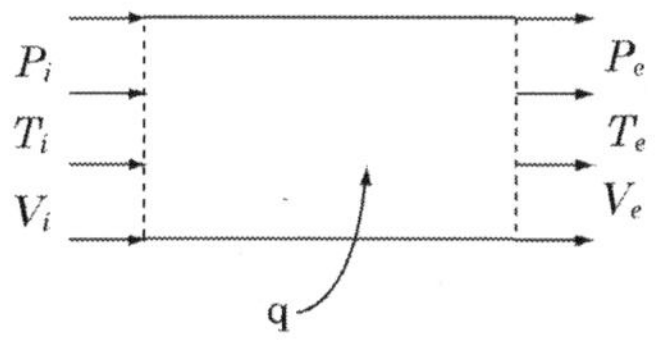

풀이 식 2.65로부터

$$s_e - s_i = c_p \ln\frac{T_e}{T_i} - R\ln\frac{P_e}{P_i}$$

연소기 전후에서의 압력이 일정하다고 가정하면 위 식은 다시

$$s_e - s_i = c_p \ln\frac{T_e}{T_i}$$ 가 된다.

문제 조건으로부터 $T_e/T_i = 5$ 이므로 압축기 전후에서의 엔트로피 증가는

$$s_e - s_i = 1{,}005 \times \ln 5 = 1{,}617\ J/kg\cdot K$$

2.2.8 이상기체의 등엔트로피 관계식

개방형 시스템에 대한 열역학 2법칙을 표현하면 다음과 같다.

$$\dot{S}_{gen} = \left(\frac{ds}{dt}\right)_{total} = \sum_{exit}\dot{m}s - \sum_{inlet}\dot{m}s + \left(\frac{ds}{dt}\right)_{sys} - \sum_{k}\frac{\dot{Q}_k}{T_k} \geq 0 \tag{2.66}$$

이를 적분형으로 표현하면

$$\int_{CS} \frac{\dot{Q}_k}{T_k} dA \leq \frac{d}{dt} \int_{CV} \rho s dV + \int_{CS} s\rho(\vec{V} \cdot \vec{n}) dA \tag{2.67}$$

등엔트로피 과정은 가역단열과정에서의 이상과정으로 자주 거론되는 과정에 속한다. 비열이 일정하다고 가정할 때, 등엔트로피 과정에 대해 다시 쓰면 다음과 같다.

$$Tds = 0 = dh - vdP = c_p dT - vdP \tag{2.68}$$

$$c_p dT = vdP, \quad \frac{\gamma}{\gamma - 1} RdT = \frac{RT}{P} dP \tag{2.69}$$

위 식을 상태 1과 2 사이에서 적분하면 다음과 같은 등엔트로피 관계식을 얻는다.

$$pv^{\gamma} = const \tag{2.70}$$

이를 이상기체 상태 방정식을 이용하면

$$\frac{T_2}{T_1} = \left(\frac{P_2}{P_1}\right)^{\frac{\gamma-1}{\gamma}} = \left(\frac{v_1}{v_2}\right)^{\gamma-1} = \left(\frac{\rho_2}{\rho_1}\right)^{\gamma-1} \tag{2.71}$$

식 (2.64)에서 1상태를 절대온도 $0K$로 두고, 2의 상태를 임의의 온도와 압력 (T, P)라고 하자. 등엔트로피 과정에서는 좌변은 0이되고 따라서,

$$0 = s_T^0 - R \ln \frac{P}{P_0} \tag{2.72}$$

이와 같이 나타낼 수 있다. 위 식에서 압력항을 넘기고 양변을 기체상수로 나누어 주면

$$\left(\frac{s_T^0}{R}\right)_s = \ln \frac{P}{P_0} \tag{2.73}$$

위와 같은 식을 얻을 수 있다. 여기서 상대압력이라는 상태량을 다음과 같이 정의한다.

$$P_r \equiv \left(\frac{P}{P_0}\right)_s \tag{2.74}$$

따라서 상대압력의 정의를 이용하여 식 (2.73)을 다시 쓰면 다음과 같다.

$$P_r = \exp\left(\frac{s_T^0}{R}\right) \tag{2.75}$$

s_T^0의 정의에 의해서 식 (2.73) 좌변의 $\left(s_T^0/R\right)_s = f(T)$로서, 온도만의 함수가 된다. 또한 식 (2.75)에서 상대 압력은 s_T^0만의 함수이며 s_T^0는 다시 온도만의 함수이므로 식 (2.73)의 우변 역시 온도만의 함수이다. 따라서 온도에 따른 상대압력도 표로서 정리할 수 있다.

위 관계를 일반화 해 보면, 식 (2.64)에서 등엔트로피 과정에서는 좌변은 0이 된다. 따라서 압력 항을 넘기고 기체상수를 나누어 준 후 로그를 없앰으로써 다음과 같은 식을 쉽게 유도할 수 있다.

$$\left(\frac{P_2}{P_1}\right)_s = \exp\left(\frac{s_2^0 - s_1^0}{R}\right) = \frac{\exp(s_2^0/R)}{\exp(s_1^0/R)} = \frac{P_{r2}}{P_{r1}} \tag{2.76}$$

여기서 P_r은 아주 큰 값이므로 어떤 큰 상수로 나누어 표로 나타낼 수 있다.

예제 2-5 브레이튼 사이클(Brayton cycle)의 압축과정은 등엔트로피(isentropic) 과정이다. 이 때 압축기 입구에서의 온도가 $T_1 = 300\ K$ 이며 압력 상승비는 $\pi_c = 50$이다. 출구에서의 온도를 구하라.

풀이 등엔트로피 관계식으로부터

$$\frac{T_2}{T_1} = \left(\frac{P_2}{P_1}\right)^{\frac{\gamma-1}{\gamma}}$$

따라서 주어진 조건을 대입하면 입구와 출구에서의 온도 상승비는

$$\frac{T_2}{T_1} = \pi_c^{\frac{\gamma-1}{\gamma}} = 50^{0.4/1.4} = 3.058$$

따라서 출구에서의 온도는

$$T_2 = 3.058 \times T_1 = 917.4\ K$$

2.2.9 혼합기체의 성질

기체 혼합물의 총 몰 수는 각 구성물질의 몰수들의 총 합과 같다. 즉, k개의 각각의 기체에 대해 총 몰수는

$$n_m = n = \sum_{i=1}^{k} n_i \tag{2.77}$$

이와 같이 나타낼 수 있다. 여기서 n의 단위는 몰(mole)로서 $1\ mole = 6.02 \times 10^{23}$개의 입자를 포함하는 물질의 양을 의미한다. 또한 각 구성성분에 대해서 몰분율(mole fraction)을 다음과 같이 정의하여 사용할 수 있다. 각 구성성분에 대해,

$$x_i = \frac{n_i}{n} \tag{2.78}$$

여기서, 몰분율의 총 합은 1이다. 즉,

$$\sum_{i=1}^{k} x_i = 1 \tag{2.79}$$

이와 같이 나타낼 수 있다. 또 각 구성성분의 질량은 그 구성성분의 몰수와 몰질량의 곱과 같다. 즉,

$$m_i = n_i M_i \text{ 또는 } M_i = \frac{m_i}{n_i} \tag{2.80}$$

따라서 총 몰질량은 다음과 같이 나타낼 수 있다.

$$M = \frac{m}{n} = \frac{1}{n}\sum m_i = \frac{1}{n}\sum n_i M_i = \sum \frac{n_i}{n} M_i = \sum x_i M_i \tag{2.81}$$

기체 혼합물의 상태량을 정의하는 법칙 중에 유명한 Dalton의 법칙과 Amagat의 법칙이 있다. Dalton의 법칙은 같은 온도와 체적에서 기체 혼합물의 총 압력은 각 구성성분의 압력의 합과 같다는 법칙으로 다음과 같이 표현할 수 있다.

$$P = \sum_{i=1}^{k} P_i \tag{2.82}$$

여기서 P_i는 $P_i = P_i(T, v)$로서 같은 온도와 체적에서 측정한 구성성분 i의 압력을 의미한다.

또 Amagat의 법칙이라는 것이 있는데 이는 동일한 압력과 온도에서 각 구성성분의 체적의 합은 총 체적과 같다는 법칙이다. 즉,

$$V = \sum_{i=1}^{k} V_i \tag{2.83}$$

여기서 V_i는 각 구성성분의 체적으로서 $V_i = V_i(T, P)$이다.

이상기체에서는 어떠한 구성성분의 몰분율은 부분 압력비와 부분 체적비와 같으며 다음과 같이 나타낼 수 있다.

$$x_i \equiv \frac{n_i}{n} = \frac{P_i}{P} = \frac{V_i}{V} \tag{2.84}$$

예제 2-6 연소 후 등온 과정으로 팽창하는 엔진이 있다. 팽창 초기를 i라 하고 팽창 말기를 f라 할 때 초기와 말기의 압력비가 $P_f/P_i = 0.5$ 라면 팽창 과정에서의 엔트로피 변화를 구하라.

풀이 식 2.65 로부터 등온과정이므로 피스톤의 팽창과정에서의 엔트로피 변화 관계식은 다음과 같이 쓸 수 있다.

$$s_f - s_i = -R\ln\frac{P_f}{P_i} = -\ 287 \times \ln 0.5 = 198.9\ J/kg \cdot K$$

2.2.10 실제 가스의 비열변화 및 연소효율

정압비열(c_p)과 정적비열(c_v) 그리고 비열비(γ)는 가스터빈 사이클 성능을 평가하는데 중요한 열역학적 상태량이다. 이상기체에서 $c_p - c_v = R$ 이고 $\frac{c_p}{c_v} = \gamma$ 이므로 $c_p = \frac{\gamma}{\gamma - 1}R$, $c_v = \frac{1}{\gamma - 1}R$ 이 된다. 이상기체일 때 비열은 온도만의 함수이지만, 실제 기체에서는 비열은 온도와 압력에 따라 변화한다. 압력의 영향은 온도의 영향만큼 그리 크지 않다. 예를 들어 공기나 연소생성물의 경우 압력이 1기압에서 0.01기압으로 감소하면 c_p는 약 4% 증가하고 압력이 1기압에서 100기압으로 증가하면 c_p는 약 1% 증가한다. 공기의 기체상수는 $R_{air} = \frac{\overline{R}}{M} = 0.287\,kJ/kg \cdot K$이다. 연소 가스의 경우는 연료-공기비($f$)에 따라 평균 분자량이 달라지므로 R_{gas}는 연료-공기비에 따라 달라진다. 일정온도에서 연료-공기비(f)가 증가할수록 정압비열은 증가하고 비열비는 감소한다. 일정 연료-공기비(f)에서 온도가 증가할수록 c_p와 c_v는 모두 증가하지만, γ는 감소한다. **〈그림 2-6〉**은 0.1MPa에서 온도변화에 따른 전형적인 연소가스의 정압비열과 비열비의 변화를 보여주고 있다. 압축기의 압축과정에서의 공기의 정압비열(c_{pa})은 보통 1.005kJ/kg · K 이고, 터빈에서 연소가스의 정압비열(c_{pg})은 1.156kJ/kg · K이다. 또, 압축기에서 공기의 비열비 γ_a는 1.4이며 터빈에서 연소가스의 비열비 γ_g는 보통 1.333을 사용한다. 후기 연소기 출구에서의 γ_{AB}는 1.3, 정압비열 c_{pAB}는 1.243kJ/kg · K 정도이며 온도에 따라 다소 달라진다. 1기압에서 온도에 따른 기체의 c_p와 γ의 변화는 다음과 같다. 제3장에서 각종 공기흡입식 엔진의 성능과 각 부품에서의 열역학적 상태량을 구할 때 공기흡입구, 압축기, 연소기, 터빈, 노즐의 각 곳에서의 상태량은 정확하게는 모두 다르지만 편의상 연소기 이전의 압축기까지에서는 공기로 간주하고, 연소기 이후에서는 연소가스로 간주하여, 각각 하첨자 a와 g를 붙여 사용한다. 필요시에는 각 곳에서 상태량을 가정할 수도 있다.

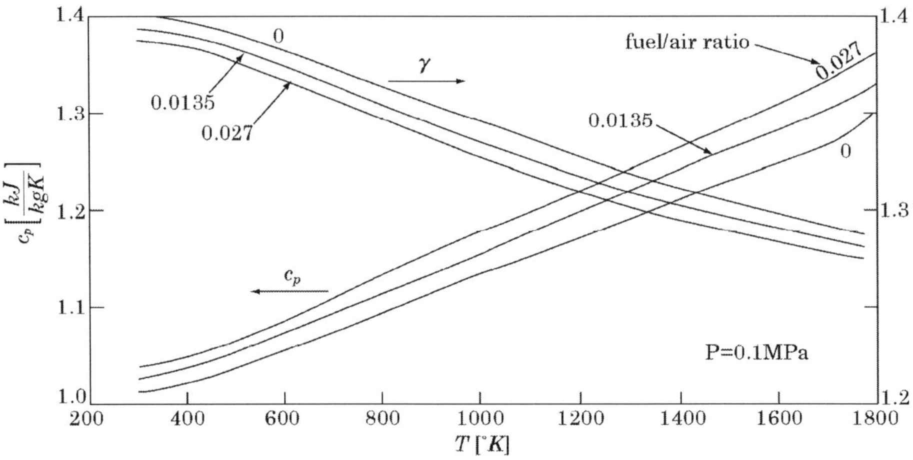

그림 2-6 온도변화에 따른 정압비열과 비열비의 변화

실제 사이클의 성능은 추력당 연료소비율, 즉 단위 추력 및 단위시간당의 연료소모량으로 나타낼 수 있다. 추력당 연료소비율을 얻기 위해서는 연료-공기비(f)가 필요하다. 공기 유량당의 출력을 계산하는 과정에서 연소실 입구온도(T_{03})는 사전에 얻어질 수 있고, 최대 사이클 온도인 연소실 출구온도 또는 터빈입구온도(T_{04})는 설계 제한 사항으로 미리 설정된다. 온도 T_{03}인 단위 질량의 공기와 온도 T_f인 f kg의 연료가 연소기에서 연소한 후 연소기 출구에서는 온도 T_{04}이고 질량은 (1+f) kg인 연소 생성물이 생긴다. 이에 필요한 연료-공기비(f)를 계산하는 과정을 알아보자. 연소과정에서는 일이 없으며, 단열과정으로 가정하면 에너지 식은 다음과 같이 나타낼 수 있다.

$$\sum(m_j h_{04}) - (h_{a03} + f h_f) = 0 \tag{2.85}$$

여기서 하첨자 03은 연소기 입구의 전상태를 나타내며, 하첨자 04는 연소기 출구의 전상태를 나타낸다. m_j는 연료공기비 f일때 공기 단위질량당의 연소생성물 중 화학종 j의 질량이고 h_j는 연소생성물 중 화학종 j의 비엔탈피이다.

기준온도 25℃ (298K)에서 산소와 질소가 주성분으로 이루어진 공기의 반응엔탈피(enthalpy of formation)는 0이며, 연료의 단위 질량당 생성 엔탈피 ΔH_{25}를 이용하면 식 (2.85)는 다음과 같이 전개된다.

$$(1+f)c_{pg}(T_{04}-298) - \left[c_{pa}(T_{03}-298) + f\Delta H_{25} + f c_{pf}(T_f - 298)\right] = 0 \tag{2.86}$$

여기서 c_{pa}는 공기의 정압비열이며 c_{pg}는 온도범위 $298K \sim T_{04}$에 걸친 연소생성물의 평균비열이다. ΔH_{25}는 생성물 H_2O가 기상(氣相)일 때 연료 단위질량당의 생성 엔탈피이다. T_{04}가 이슬점 온도보다 높기 때문에 생성물 중 H_2O는 기체 상태이다. 보통의 연료인 경우 ΔH_{25}는 표로부터 구해지거나 또 다른 방법으로는 반응물의 생성 엔탈피(enthalpy of formation)로 부터 구해진다.

연료온도(T_f)는 보통 기준온도(298K)와 같다고 보기 때문에 위 식의 네 번째 항은 0으로 취급된다. 연료온도가 기준온도보다 조금 높더라도, 연소기 전체에서 연료공기비 f는 0.002정도로 작은 값이고 액체 탄화수소인 경우의 $c_{pf} \doteqdot 2\,kJ/kgK$ 정도이므로 위 식의 세 번째 항은 아주 작다고 간주될 수 있다. 비열의 변화, 연소생성물의 평균비열을 f와 T의 함수로 하여 쉽게 계산할 수 있다. 주어진 T_{03}과 T_{04}로부터 f를 구하여 보기로 하자.

이러한 계산들은 너무 복잡하여 각각의 사이클을 분석하기는 쉽지 않으며 특히, 열해리 현상이 발생 할 경우는 열해리를 통해 CO_2와 H_2O로부터 탄소와 수소가 분리되는 현상에 따라 $f\Delta H_{25}$항이 수정되어야하므로 더욱 복잡해진다. 이 대신에 이들을 차트로 만들어 두면 사용하기에 편리하다.

〈그림 2-7〉는 여러 연소실 입구온도 T_{03}에 대해서 연료-공기비에 따라 그려진 연소온도 상승 $\Delta T = (T_{04} - T_{03})$을 보인 것이며, 이 곡선들은 이 교재의 모든 계산 예들에 적용될 것이다. 자료 계산에 이용된 기준연료는 13.92%의 H, 86.08%의 C, 이론 연료공기비 0.068 및 ΔH_{25}가 $-43{,}400\,kJ/kg$인 가상적인 액체탄화수소이며 이 곡선들은 건공기 중에서 연소되는 케로신에 잘 적용된다[4].

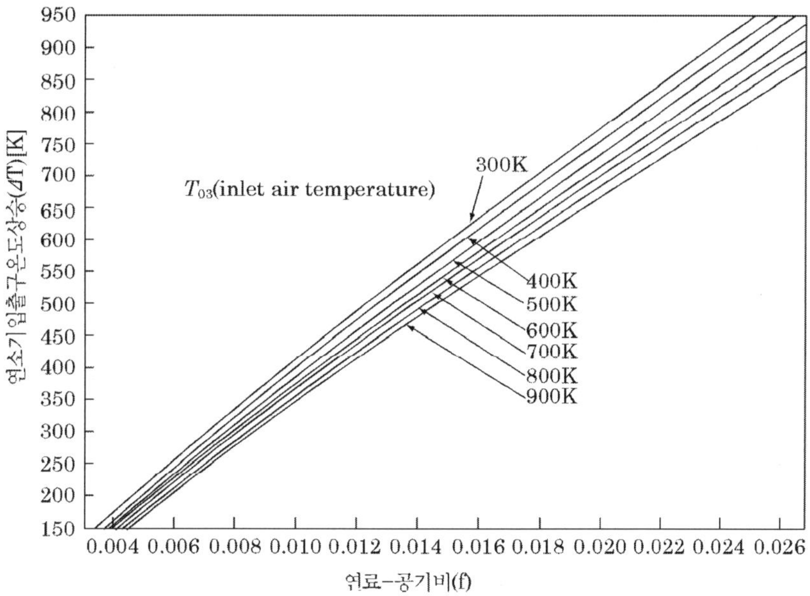

그림 2-7 연료-공기비(f) 변화에 따른 이론 연소 온도상승(출처 : [4])

연소 효율은 이론적으로 이용 가능 연료의 열량 중 실제 연소를 통해 발생한 열량으로 정의 할 수 있다.

연소효율은 식 (2.86)을 사용하여 다음과 같이 나타낼 수 있다.

$$\eta_b = \frac{f \triangle H_{25}}{f Q_R} = \frac{(1+f)c_{pg}(T_{04}-298) - c_{pa}(T_{03}-298) - f c_{pf}(T_f - 298)}{f Q_R}$$

여기서 T_{03}, T_{04}, T_5는 실제에서 측정한 값이며 Q_R 은 단위질량당 연료의 저위발열량이다.

〈그림 2-7〉는 여러 가지 연소실 입구 온도에서 연료-공기비(f)에 따른 이론 연소온도 상승(ΔT)를 나타내고 있다. **〈그림 2-7〉**로부터 연소실 온도를 ΔT만큼 상승시키기 위한 이론 연료-공기비(f)를 구할 수 있다. 가로축은 이론적 연료공기비라는 가정하에 계산된 것이다.

연소손실을 고려하여 연소효율을 다음과 같이 나타낼 수도 있다.

$$\text{연소효율}(\eta_b) = \frac{\Delta T\text{에서의 이론 } f}{\Delta T\text{에서의 실제 } f} \tag{2.87}$$

식 (2.87)을 사용하는 방법은 실제 방출에너지와 이론적 방출에너지와의 비에 기초하는 기본적인 정의의 연소효율과는 같지 않을 수 있다. 그러나 측정에서도 약간의 오차가 있을 수 있고, 실제로 연소는 거의 완전하여 효율이 98~99%에 이르기 때문에 식 (2.87)에 의한 방법을 사용해도 큰 차이는 없을 것이다.

예제 2-7 연소실 입구가 759K이고, 연소실 출구 온도가 1100K일 때 실제 연료-공기비가 0.0096이라면 연소효율을 구하라.

풀이 그림 2-7에서 $\Delta T = 1100 - 759 = 341K$이고 $T_{03} = 759K$ 일 때 이론 연료-공기비는 0.0094이다. 따라서 $\eta_b = \dfrac{0.0094}{0.0096} = 0.98(98\%)$가 된다.

2.2.11 압축성 유체에서의 관계식

1. 압축성유동 일반

엔진 흡입구 내부 및 노즐의 유동은 압축성 효과가 중요하게 영향을 미치는 유동이므로 압축성 유동의 기본적인 사항에 대해 소개한다.

압축성 효과는 마하수의 크기에 의해 결정되는데, 마하수(Mach number)의 정의는 다음과 같다.

$$M = \frac{V}{a} \tag{2.88}$$

여기서 V는 유동의 속도, a는 음속을 의미한다. 음속은 다음과 같이 정의한다.

$$a^2 = \left(\frac{\partial P}{\partial \rho}\right)_s \tag{2.89}$$

여기서 하첨자 s는 엔트로피가 일정하게 취해지는 등엔트로피 과정을 의미한다. 압축성 효과가 정상 유동에 있어서 얼마나 크게 작용하는지 알기 위해서 1차원 연속방정식을 나타내면

$$\nabla \cdot (\rho \overrightarrow{V}) = 0 \tag{2.90}$$

즉,

$$V\frac{\partial \rho}{\partial x} + \rho\frac{\partial V}{\partial x} = 0 \tag{2.91}$$

비압축성의 가정을 적용할 때는 다음 사항이 만족될 때이다.

$$V\frac{\partial \rho}{\partial x} \ll \rho\frac{\partial V}{\partial x} \tag{2.92}$$

또는

$$\frac{\delta \rho}{\rho} \ll \frac{\delta V}{V} \tag{2.93}$$

압력의 변화는 음속의 정의를 통해

$$\delta P \cong a^2 \delta \rho \tag{2.94}$$

오일러 방정식은

$$V\delta V \cong \frac{\delta P}{\rho} \tag{2.95}$$

식 (2.94)식과 식 (2.95)의 조합을 통해

$$\frac{\delta \rho}{\rho} \simeq \frac{V^2}{a^2}\frac{\delta V}{V} \tag{2.96}$$

식 (2.96)을 식 (2.93)의 부등식에 적용하면 비압축성의 경우는 다음 조건이 만족하여야 한다.

$$\frac{V^2}{a^2} = M^2 \ll 1 \tag{2.97}$$

따라서 비압축성 또는 일정한 밀도 가정은 마하수가 약 0.3보다 작을때는 가능하지만, 그보다 더 큰 마하수에서는 허용되지 않으며 이때는 유동을 압축성으로 간주하여야 한다.

유동은 다양한 방법으로 구분될 수 있으며 그 중 한가지 방법은 마하수 M을 기준으로 하여 나누어보는 방법이다.

1) **비압축성 유동** : M〈0.3 인 유동내의 모든 영역, 압력변화에 따른 밀도 변화는 무시 가능하다. 기체는 압축성의 성질을 갖지만, 밀도가 일정하다고 가정될 수 있다.
2) **아음속 유동** : 0.3〈M〈1 일 때, 유동 내에 충격파는 발생하지 않는다.
3) **천음속 유동** : 유동 내 마하수의 범위가 0.8~1.2를 가질 때, 충격파가 발생하고 항력의 급격한 증가를 가져온다. 지배 방정식들이 기본적으로 비선형이고, 유동에 있어서 비점성과 점성의 관점의 분리가 대부분 불가능 하므로 천음속 유동해석은 쉽지 않다.
4) **초음속 유동** : 마하수가 1~3의 범위에 있는 경우에 해당한다. 충격파가 일반적으로 존재하며, 많은 방법에 있어서 전 영역에 있어서 특성 곡선이라 불리는 특정한 방향을 따라 유동 정보가 전파하기 때문에 초음속 유동 해석이 비압축성 유동이나 아음속 유동의 해석보다 쉽다.
5) **극초음속 유동** : 마하수가 3보다 큰 영역에 유동이 있을 때에 해당한다. 매우 큰 유동의 속도는 경계층의 심각한 가열을 가져와서, 분자들의 열해리 및 화학 작용을 일으킬 수도 있다.

2. 음속

비압축성 유동에서 압력의 파동은 강체와 같이 거동하여 압력으로 인해 위치가 변한 질점들이 매질 내에서 동시에 변한다. 즉 압력의 영향 또는 다른 영향이 즉각적으로 매질을 통해서 전달되는 것이다. 이와 달리 압축성 유체에서는 압력의 펄스는 탄성 고체와 같이 거동하며 위치가 변한 질점은 주변 입자들의 밀도를 증가시키고, 압축한다. 탄성 파동 또는 압력 파동과 같은 형태의 교란은 매질을 통해서 이동한다. 교란의 전파 속도는 매질이 단단할수록 더 빠르다. 탄성파의 크기가 매우 작을 때를 음향파(acoustic wave) 또는 음파(sound wave)라고 한다. 음향파는 주어진 매개체의 분자의 진동을 통하여 전달되며, 음파가 전달되는 속도를 음속(acoustic velocity)라 한다. 음속은 단위시간당 분자충돌량에 따라 달라진다. 이제 음속의 표현에 대해 살펴보자.

〈그림 2-8(a)〉는 정지된 유동속도(V=0)에서 속도 a로 왼쪽으로 전파해나가는 미소 압력파를 나타내고 있다. 이 파의 앞의 유동 물성치는 P, T, ρ라 하고, 파가 지나온 뒤를 $P+dP$, $T+dT$, $\rho+d\rho$라고 하자. 압축파는 유체를 전파방향으로 움직이며 팽창파는 유체를 전파방향의 반대방향으로 움직이게 한다.

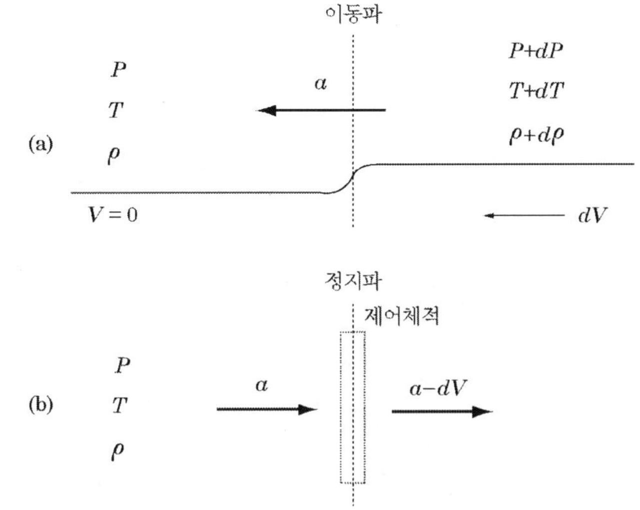

그림 2-8 미소 압력파의 전파

해석의 편의를 위해 **〈그림 2-8(b)〉**와 같이 속도 a와 같이 움직이는 좌표계에서 생각하면 파는 현재 정적이고 유체가 a의 속도로 들어오고 a−dV의 속도로 빠져나가고 있다고 가정할 수 있다. 면적 A의 질량 보존식은

$$A\rho a = A(\rho + d\rho)(a - dV) \tag{2.98}$$

크기가 아주 작음을 가정하기 때문에 2차 미분항을 무시하면

$$dV = a(d\rho/\rho) \tag{2.99}$$

위식에서 $d\rho$가 양수일 때 dV〉0임을 알 수 있으며 밀도변화가 증가하며 움직이는 파의 방향 뒤로 압축이 일어나고 있음을 의미한다.

점성을 무시하고 x방향으로 모멘텀식을 적용하면

$$PA - (P + dP)A = (A\rho a)(a - dV) - (A\rho a)a \tag{2.100}$$

모멘텀식을 단순화하면

$$dP = \rho a dV \tag{2.101}$$

dV를 식 (2.99)과 식 (2.101)를 통해 소거하면

$$a^2 = \frac{dP}{d\rho} \tag{2.102}$$

만일 파의 크기가 미소하다면 파의 진행에서도 거의 등엔트로피 과정이라 가정할 수 있다. 따라서

$$a^2 = \left(\frac{dP}{d\rho}\right)_s \tag{2.103}$$

등엔트로피 과정의 경우 $P/\rho^\gamma = const$이고, $P = \rho RT$이므로 음속은 다음과 같이 나타낼 수 있다.

$$a = \sqrt{\frac{\gamma P}{\rho}} = \sqrt{\gamma RT} = \sqrt{(\gamma - 1)c_p T} = \sqrt{(\gamma - 1)h} \tag{2.104}$$

여기서 h는 $T = 0$일 때 $h = 0$을 기준으로 한 값이다.

3. 정체 상태량

에너지 관계식에서 식 (2.38)로부터 다음과 같이 표현할 수 있다.

$$\dot{Q} - \dot{W} + \sum_{inlet} \dot{m}(h + e_k + e_p) - \sum_{exit} \dot{m}(h + e_k + e_p) = \frac{dE_{sys}}{dt} \tag{2.105}$$

우리가 관찰하고자 하는 대상은 추진엔진으로 유동은 큰 높이 차이를 가지고 형성되지 않으므로 입구와 출구에서의 위치에너지 차 Δe_p는 무시한다. 또한 정상상태 유동이라 가정하였으므로 우변 dE_{sys}/dt 또한 0이 된다. 제어체적의 입구와 출구가 하나씩이라 가정하면 $\sum_{inlet}\dot{m} = \sum_{exit}\dot{m} = \dot{m}$이 되고 이를 식 (2.105)의 양변에 나누어 주고 정리하면 다음과 같다.

$$\frac{\dot{Q}}{\dot{m}} - \frac{\dot{W}}{\dot{m}} + \left(h_i + \frac{V_i^2}{2}\right) - \left(h_e + \frac{V_e^2}{2}\right) = 0 \tag{2.106}$$

여기서 좌변의 $\dot{Q}/\dot{m} = q$, $\dot{W}/\dot{m} = w$이고 각각 단위질량유량당 열전달과 일전달량이다. 위식을 다시 쓰면 다음과 같이 나타낼 수 있다.

$$q - w + \left(h_i + \frac{V_i^2}{2}\right) - \left(h_e + \frac{V_e^2}{2}\right) = 0 \tag{2.107}$$

정체상태란 일이 없을 때 단열적으로 등엔트로피 과정을 통해 속도가 0에 도달할 때의 상태를 말한다. 즉, $q = 0$, $w = 0$가 되므로 식 (2.107)은

$$h_i + \frac{V_i^2}{2} = h_e + \frac{V_e^2}{2} = h + \frac{V^2}{2} = h_0 = c_p T_0 \tag{2.108}$$

여기서 h_0를 정체엔탈피(stagnation enthalpy 또는 total enthalpy)라 하며, T_0를 정체온도라 한다. 유체의 정체 엔탈피는 유체의 엔탈피와 운동 에너지를 합한 엔탈피이다. 어떤 특정한 지점에서 유동의 상태량을 알고 있다고 가정하면, 그 지점에서의 정체 상태량은 유체가 단열과정을 통하여 정지될 때의 상태량이다. 정체 상태량은 하첨자 0을 사용하여 나타낸다. 개방계에서 유동

이 가진 내부에너지(u)와 유동일(Pv)를 함께 나타낼 수 있는 엔탈피 개념은 덕트 유동시스템의 적용에 매우 유익하다. 일반적으로 $h_0 = h_T = h + V^2/2$ 로서 이상적인 공기 흡입구나 노즐 등의 유동처럼 에너지 전달이 없다면 h_0 또는 T_0는 일정하다.

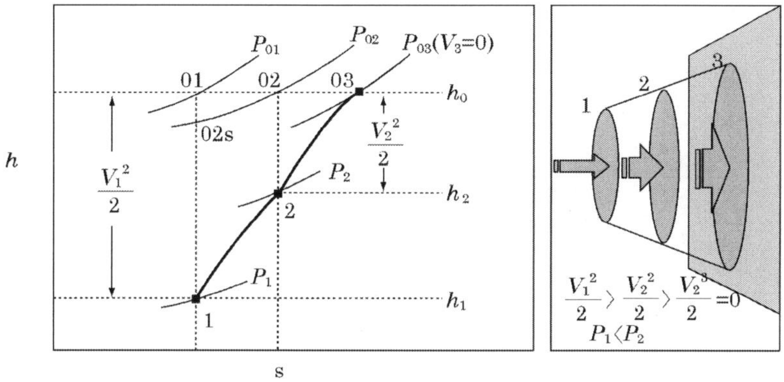

그림 2-9 공기 흡입구 형상에서의 엔탈피와 엔트로피의 관계

〈그림 2-9〉는 공기 흡입구 형상에서 엔탈피와 엔트로피의 관계를 보여주고 있다. 점 01과 점 02 사이에 마찰의 유무에 관계없이 에너지 전달이 일어나지 않는다면 $w=0$, $q=0$가 되므로 총 엔탈피는 일정하다. 즉, $h_{01} = h_{02} = h_{03}$의 관계가 성립하게 된다. 이를 식 (2.108)을 이용하여 표현하면 다음과 같이 나타낼 수 있다.

$$h_{01} = h_1 + \frac{V_1^2}{2} = h_{02} = h_2 + \frac{V_2^2}{2} \tag{2.109}$$

총 엔탈피는 위치에 상관없이 일정하지만 전압력(정체압력)은 1상태가 가장 높으며 3상태에서 가장 낮다. 즉, $P_{01} > P_{02} > P_{03}$의 관계가 성립한다. 여기서 P_{01}에서 P_{02}로 전압력이 감소하는 이유는 예를들면 마찰과 같은 비가역성 때문이며 열로 소산된다. 또 점 03은 V=0인 정지 상태이다.

〈그림 2-10〉은 압축기처럼 외부에서 시스템으로 일의 유입이 있을때 온도와 엔트로피의 관계를 나타내고 있다. 일이 유입되기 때문에($W \neq 0$) 식 (2.108)을 따르지 않는다. 이 경우는 T_{02}가 T_{01}보다 크다.

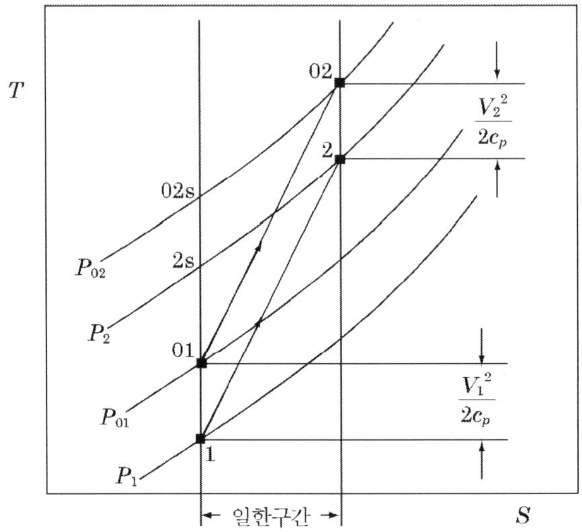

그림 2-10 압축기처럼 일이 유입 때의
온도와 엔트로피의 관계

이상기체에서 $h = c_p T$이므로 전온도 또는 정체온도 T_0를 다음과 같이 나타낼 수 있다.

$$T_0 = T + \frac{V^2}{2c_p} \tag{2.110}$$

T_0 / T의 항으로 바꾸어 쓰면

$$\frac{T_0}{T} = 1 + \frac{V^2}{2c_p T} = 1 + \frac{\gamma - 1}{2} \frac{V^2}{\gamma R T} \tag{2.111}$$

그러므로

$$\frac{T_0}{T} = 1 + \frac{\gamma - 1}{2} M^2 \tag{2.112}$$

이상기체 상태방정식 $Pv = RT$와 $Pv^{\gamma} = \text{const}$로부터 온도비와 압력비, 체적비 간에 다음과 같은 관계식을 얻을 수 있다.

$$\frac{T_2}{T_1} = \left(\frac{P_2}{P_1}\right)^{\frac{\gamma - 1}{\gamma}} = \left(\frac{v_1}{v_2}\right)^{\gamma - 1} \tag{2.113}$$

위의 정체온도에 관계식을 등엔트로피 관계식에 적용하면 정체압력, 정체밀도를 다음과 같이 나타낼 수 있다.

$$\frac{P_0}{P} = \left(\frac{T_0}{T}\right)^{\frac{\gamma}{\gamma-1}} = \left[1 + \frac{\gamma-1}{2}M^2\right]^{\frac{\gamma}{\gamma-1}} \tag{2.114}$$

$$\frac{\rho_0}{\rho} = \left(\frac{T_0}{T}\right)^{\frac{1}{\gamma-1}} = \left[1 + \frac{\gamma-1}{2}M^2\right]^{\frac{1}{\gamma-1}} \tag{2.115}$$

일반적으로 유동장 전영역에서 정체 상태량은 달라질 수 있다. 만일 유동이 단열과정이고 $h + V^2/2$가 일정하다면 h_0, T_0, a_0는 마찰이 있더라도 일정하다. 마찰이 있을 경우 P_0와 ρ_0는 감소할 것이다.

예제 2-8 고속철도인 KTX는 시속 300 km/h의 속도로 주행한다. 이같이 고속으로 주행하는 KTX의 전면에서의 압력과 온도를 구하라. 외부의 온도와 압력은 표준 대기상태로 가정하라. 또 고속으로 주행하는 KTX 주변의 물체가 KTX 쪽으로 빨려 들어가서 사고가 나기도 한다. 그 이유를 설명하라.

풀이 주행중인 KTX를 다음 그림과 같이 간단히 나타낼 수 있다.

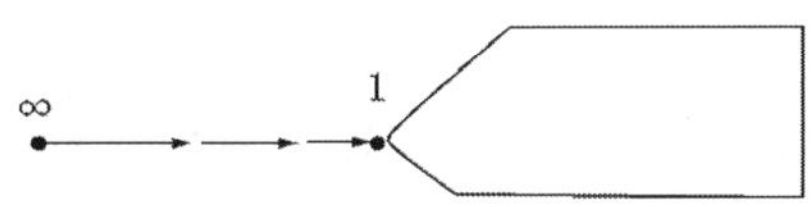

즉, KTX는 정지된 상태에서 무한히 떨어진 지점에서 속도가 $V_\infty = 300\ km/h = 83.33\ m/s$ 인 공기가 KTX의 전면에서 속도가 0이 되도록 감속하는 모델로 생각할 수 있다. 따라서 전면에서의 압력과 온도는 무한히 떨어진 지점에서 유동의 정체점에서의 상태와 같다.

점 1의 상태에서 온도는 식 (2.110)으로부터 다음과 같이 구할 수 있다.

$$T_1 = T_\infty + \frac{V_\infty^2}{2c_p} = 298 + \frac{83.33^2}{2 \times 1{,}005} = 301.5\ K$$

또는 식 (2.112)를 이용하여 다음과 같이 구할 수 있다.

$$\frac{T_1}{T_\infty} = 1 + \frac{\gamma-1}{2}M_\infty^2 = 1 + \frac{1.4-1}{2} \times 0.2408^2 = 1.012$$

따라서

$$T_1 = 1.012 \times T_\infty = 301.5\ K$$

식 (2.114)로부터 압력을 다음과 같이 구할 수 있다.

$$\frac{P_1}{P_\infty}=\left(\frac{T_1}{T_\infty}\right)^{\frac{\gamma}{\gamma-1}}=\left(\frac{301.5}{298}\right)^{\frac{1.4}{0.4}}=1.041$$

따라서 점 1에서의 압력은

$$P_1=1.041\times P_\infty=105.5\ kPa$$

전면의 표면에서 No-slip 조건이 성립한다면 KTX의 속도와 KTX 표면에서의 공기의 유동 속도는 같다. 즉, 다음 그림과 같이 나타낼 수 있다.

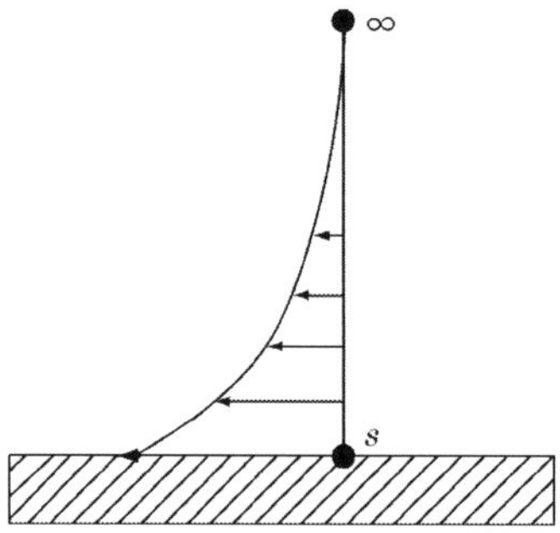

이 때 KTX가 유동에 대해 일을 하지 않으므로 무한히 떨어진 지점과 표면에서의 정체 압력은 동일하다. 따라서 이 경우 무한히 떨어진 위치의 상태가 정체 상태가 되는 것이다. 즉, 표면에서의 온도와 압력은 다음과 같이 구할 수 있다.

$$T_s=T_\infty-\frac{V_s^2}{2c_p}=298-\frac{83.33^2}{2\times 1,005}=294.5\ K$$

그리고

$$P_s=P_\infty\times\left(\frac{T_s}{T_\infty}\right)^{\frac{\gamma}{\gamma-1}}=101.325\times\left(\frac{294.5}{298}\right)^{1.4/0.4}=97.27\ kPa$$

따라서 표면에서의 압력이 외부의 압력보다 더 낮아지므로 외부에서 KTX 표면으로의 압력 구배가 발생하고 이에 따라 고속 이동하는 물체 주위의 유동이 물체 쪽으로 빨려 들어가는 현상이 발생하게 된다.

4. 1차원 등엔트로피 유동 내 면적-속도 관계식

덕트 내의 임의의 단면에서 연속방정식은 다음과 같이 나타낼 수 있다.

$$\rho A V = const \tag{2.116}$$

양변에 로그를 취하고 미분하면

$$\frac{d\rho}{\rho} + \frac{dV}{V} + \frac{dA}{A} = 0 \tag{2.117}$$

만일 밀도가 일정한 비압축성 경우(d$\rho = 0$)에 있어서 연속방정식에서 면적이 줄어들수록 속도가 증가함을 알 수 있다.

유동이 마찰이 없음을 가정한 경우에서의 오일러식은

$$VdV = -\frac{dP}{\rho} = -\frac{dP}{d\rho}\frac{d\rho}{\rho} = -a^2\frac{d\rho}{\rho} \tag{2.118}$$

여기서 등엔트로피 유동에서의 음속 식 $a^2 = \dfrac{dP}{d\rho}$를 사용했다. 오일러 식에서 유동 방향에서 속도의 증가($dV > 0$)는 압력의 강하($dP < 0$)를 수반함을 알 수 있다. 마하수에 대해서 식 (2.118)을 표현하면

$$\frac{d\rho}{\rho} = -M^2\frac{dV}{V} \tag{2.119}$$

이식으로부터 $M \ll 1$일 때, 밀도의 변화율은 속도의 변화율보다 훨씬 더 작음을 알 수 있다. 마하수가 낮을때 연속방정식 식 (2.117)에서 밀도의 변화는 무시될 수 있다. 식 (2.119)는 식 (2.117)에 대입하면

$$\frac{dV}{V} = \frac{-dA/A}{1-M^2} \tag{2.120}$$

위 식에 따라 마하수에 따른 노즐과 디퓨저(공기 흡입구)의 형상을 **〈그림 2-11〉**에 나타내었다.

노즐은 압력에너지를 속도에너지로 바꾸는 장치이고, 디퓨저는 속도에너지를 압력에너지로 바꾸는 장치이다.

위의 관계식은 다음과 같은 압축성 유동에서의 중요한 사실을 알려준다.

1) 아음속 유동에서($M < 1$) 면적의 감소는 유동의 속도를 증가시킨다. 그러므로 속도를 증가시키기 위한 아음속 노즐은 축소 형상을 가져야 하고, 속도를 감소시켜 압력을 증가시키기 위한 아음속 공기 흡입구는 디퓨저 역할을 하여야 하기 때문에 확대형상을 가져야 한다.
2) 초음속 유동에서($M > 1$) 면적이 증가할 때 속도가 증가하는 사실을 알 수 있다. 식 (2.120)에서 $M > 1$일 때 밀도의 감소는 속도의 증가보다 빠르기 때문에 질량유량 $\rho A V$가 일정하게 되기 위해서는 가속하는 유동에서는 면적이 증가해야 한다. 즉 속도를 증가시키는 노즐의

초음속 부분은 확대 형상을 가져야 하며 반대로 초음속 유동에서의 공기 흡입구는 축소 형상을 가져야 한다.

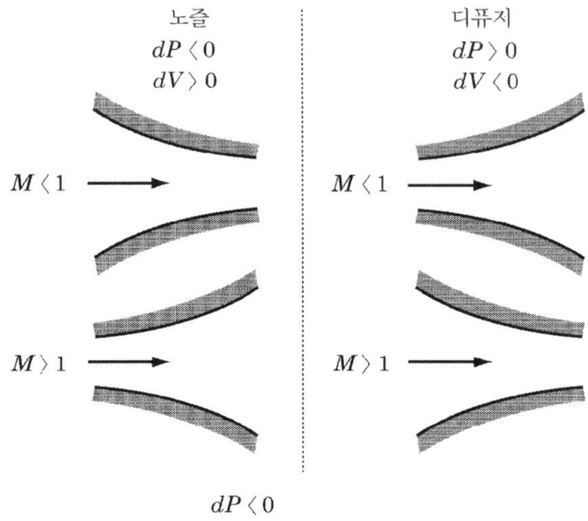

그림 2-11 마하수에 따른 노즐과 디퓨저의 형상

아음속 공기흡입구는 아음속 디퓨저 역할을 하여야 하기 때문에 확대형상이고, 초음속 공기흡입구는 초음속 디퓨저 역할을 하여야 하기 때문에 수축-확산형상이어야 한다. **그림〈2-12〉**는 수축-확산형상의 초음속디퓨저와 초음속 노즐을 나타내고 있다. **그림〈2-12(a)〉**의 초음속 디퓨저에서는 초음속 유입유동이 속도가 감소하여 목에서는 $M = 1$이 되고, 목을 지난 후에는 아음속 디퓨저로 되어 계속 속도가 감소한다.

입구에서 아음속으로 시작하여 초음속 유동을 발생시킬 수 있는 **〈그림 2-12(b)〉**와 같은 노즐을 생각하자. 유동 마하수는 입구 부근에서는 아음속에서부터 시작하여 출구에서 M 1보다 크도록 연속적으로 증가하여야 한다. 유동속도를 증가시키기 위해서 노즐은 아음속 영역에서는 축소되어야 하고, 초음속 영향에서는 확대되어야 한다. 이와 같은 노즐을 수축-확대 노즐이라고 하며 De Laval 노즐이라 불리기도 한다. **〈그림 2-12〉**에서와 같이 마하수는 목에서 1이 되어야 하며, 목부분 면적은 증가하지도, 감소하지도 않으며 변하지 않는다. 이것은 식 (2.120)에서 알 수 있듯이 목에서 마하수가 1일 때만 노즐 목($dA = 0$)에서 dV가 0이 되지 않도록 할 수 있다. 즉 M 1은 노즐 목에서만 발생한다.

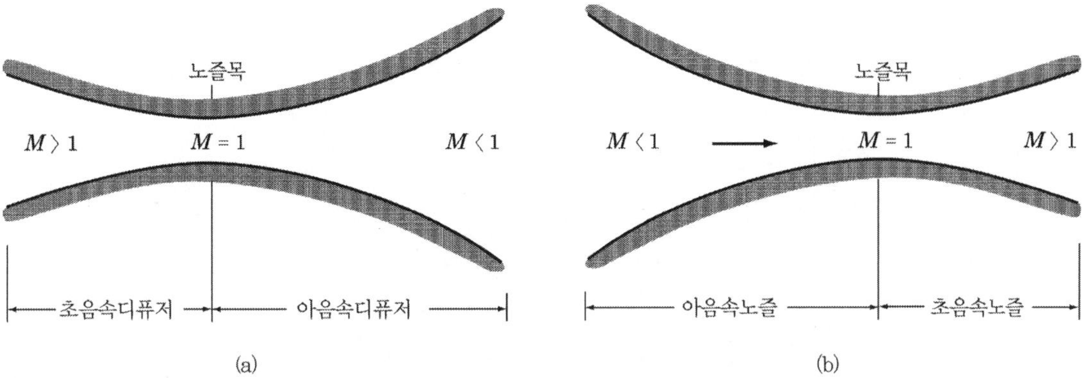

그림 2-12 수축-확산 디퓨저와 노즐의 형상

그러나 노즐 목에서 항상 마하수가 1이 되는 것도 아니다. 식 (2.120)에서 노즐 목에서 $dV = 0$ 일 때 마하수가 1이 아닌 경우를 찾을 수 있다. 예를 들면 수축-확산 노즐에서 전 영역이 아음속 구간에 있을 때, 마하수는 수축 영역에서 증가하다가 확대 영역에서 감소한다. 또 다른 경우는 수축-확대 노즐에서 전 구간에 걸쳐 초음속으로 유동이 흘러들어갈 경우 수축 영역에서 마하수는 감소하고 확대영역에서 마하수는 증가하게 된다. 위의 두 가지 경우 모두 노즐 목에서 마하수는 1이 되지 않는 경우이며 이를 〈그림 2-13〉에 나타내었다.

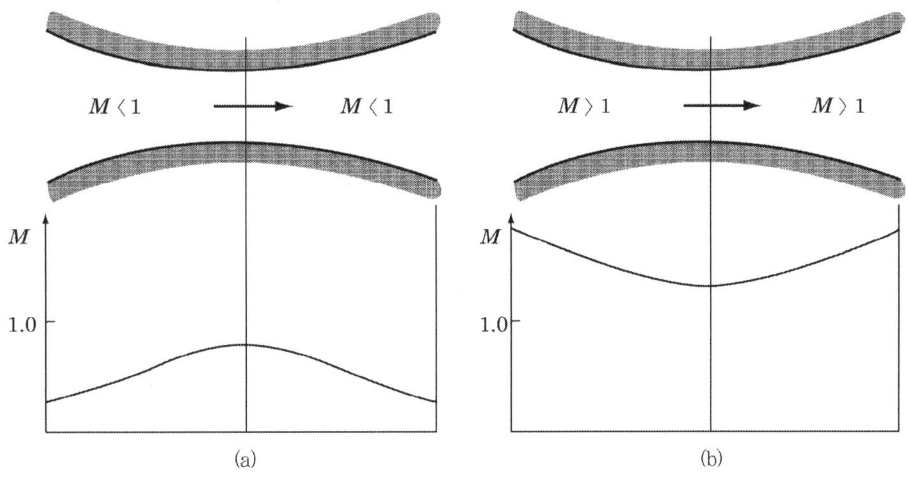

그림 2-13 노즐 목에서 마하수가 1이 되지 않는 경우

5. 배압의 변화에 따른 노즐의 작동상태 변화

노즐은 풍동이나 엔진 배기노즐 형상 등에서 유체를 가속시키는데 사용된다. 노즐을 지나면서

압력강하가 일어나며 출구 압력이 달라질 때의 노즐의 거동에 대해 살펴보기로 한다. 유체는 정체 압력이 P_0로 일정한 저장조로부터 공급되는 것을 가정하며 챔버의 출구에서의 배압 P_b는 달라진다. 만일 유동이 출구 면에서 아음속이라면 노즐 출구에서의 압력 P_e와 배압 P_b가 같아짐을 주목할 필요 있다. 하지만 유동이 만일 초음속이라면 P_e와 P_b가 달라지게 되고 P_e는 P_c가 된다.

(1) 수축 노즐

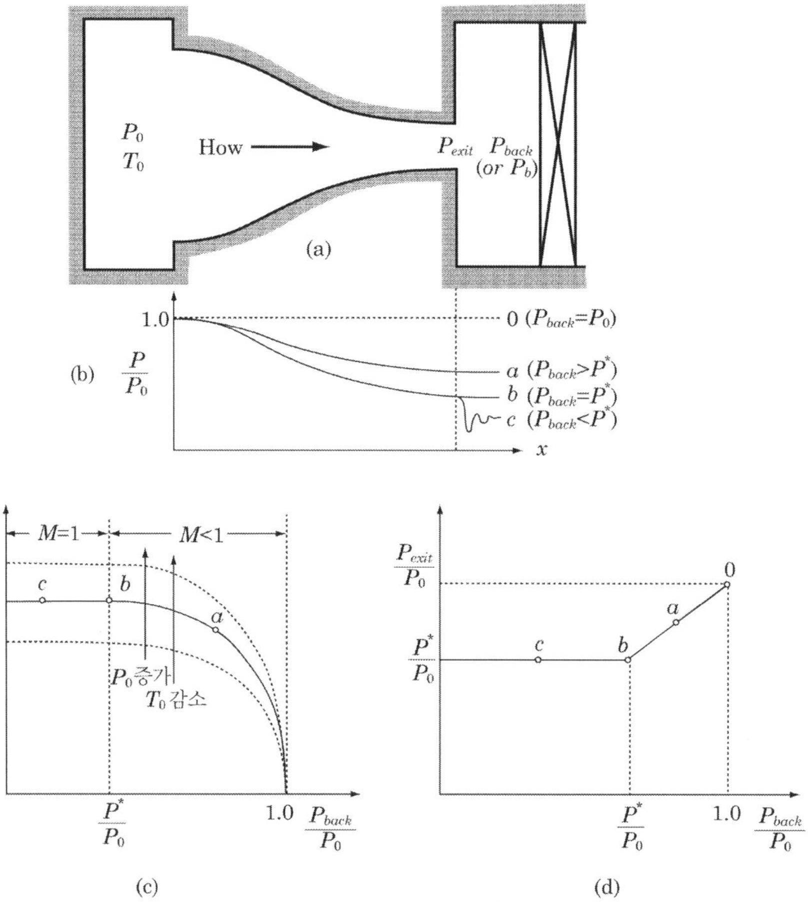

그림 2-14 수축 노즐에서 배압의 변화에 따른 질량유량 및 출구압력변화

〈그림 2-14(a)〉와 같은 수축노즐에서 배압(P_b)은 **〈그림 2-14(b)〉**와 같이 상태 a에서 상태 c로 점점 낮아진다고 가정하자. 상태 a에서는 노즐을 통과하는 유동은 아음속이다. P_b가 낮아짐에 따라 유동 마하수는 점차 증가하고 노즐을 통해 빠져나가는 질량유량도 증가한다. 이러한 상태는 노즐 출구조건이 음속 상태에 도달할 때인 b까지 계속된다. 상태 b의 압력 조건에서는 더 이상 압력비를 낮추더라도 유량이 증가하지 않는다. 이때 b에서의 배압을 임계압력(critical pressure)이라 하고 P^*로 표기한다. 배압 P_b를 P^*보다 더 낮추어도 이것은 노즐 내부 유동에 더 이상 영향을 주지 못한다. 노즐 출구에서 음속이 도달한 이후에는 노즐 출구를 빠져나가는 유동의 속도가 노즐 내부로 들어오는 압력 변화의 전파 속도인 음속보다 빠르기 때문에 P_b의 변화에 대한 정보는 노즐 내부로 전달되지 않는다.

배압을 더 낮추어도 더 이상 질량유량이 변하지 않는 이러한 현상을 초킹(choked)되었다고 한다. 만일 P_b가 c와 같이 더 낮아지더라도 출구압력 P_{exit}는 P^*가 되며 초음속 유동이 노즐 외부에서 발생하게 되고 배출되는 가스의 압력은 일련의 경사 팽창파를 통해 P_b로 수정된다. 임계압력식은 식 (2.126)에 나와 있다. P_b에 따른 P_{exit}는 **〈그림 2-14(d)〉**에 나타나 있다. 즉 $P_b \geq P^*$이면 $P_e = P_b$가 되고 $P_b < P^*$이면 $P_e = P^*$가 된다. 정상유동 조건에서 노즐을 통과하는 질량유량은 다음과 같다.

$$\dot{m} = \rho A V = \left(\frac{P}{RT}\right) A \left(M\sqrt{\gamma RT}\right) = PAM\sqrt{\frac{\gamma}{RT}} \tag{2.121}$$

$T = \dfrac{T_0}{1+\left(\dfrac{\gamma-1}{2}\right)M^2}$, $P = \dfrac{P_0}{\left[1+\left(\dfrac{\gamma-1}{2}\right)M^2\right]^{\frac{\gamma}{\gamma-1}}}$ 을 윗 식에 대입하면

$$\dot{m} = \frac{AMP_0\sqrt{\dfrac{\gamma}{RT_0}}}{\left[1+\left(\dfrac{\gamma-1}{2}\right)M^2\right]^{\frac{\gamma+1}{2(\gamma-1)}}} \tag{2.122}$$

특정 단면적 A와 정체압력 P_0, T_0를 알면 $\dot{m}$을 구할 수 있다. A, P_0, T_0가 일정할 때 최대 유량은 $\dot{m}$을 M으로 미분하면 구할 수 있다. 노즐이 임계 압력보다 낮은 배압으로 작동할 때 임계 상태는 노즐의 최소 단면적 부분에 존재한다. 임계상태가 되는 즉 마하수가 1인 유일한 위치는 노즐의 최소 단면적인 곳(수축노즐인 경우에는 노즐출구임)이므로 수축 노즐을 통한 질량유량은 노즐 최소단 면적 즉, 노즐 출구에서 $M=1$일 때 최대가 되며, 이때 임계 압력비에서의 면적 즉, 노즐 최소 단면적을 A^*라 하면 초킹될 경우 질량유량 즉, 최대 질량유량은 식 (2.122)에 $M=1$을 대입하면 다음과 같이 된다.

$$\dot{m}_{max} = A^* P_0 \sqrt{\frac{\gamma}{RT_0}} \left(\frac{2}{\gamma+1}\right)^{\frac{\gamma+1}{2(\gamma-1)}} \tag{2.123}$$

γ=1.4, R=287N · m/kg · K 일 때 $\dot{m}_{max} = 0.040418\dfrac{P_0 A^*}{\sqrt{T_0}}$가 된다.

γ=1.33, R=461.5N · m/kg · K 일 때 $\dot{m}_{max} = 0.031310\dfrac{P_0 A^*}{\sqrt{T_0}}$가 된다.

<**그림 2-14(c)**>는 여러 입구 상태에 대한 압력비 대 유량을 나타내고 있다. 초기 정체압력 P_0를 증가시키거나 정체온도 T_0를 감소시키면 $\dot{m}$ 곡선은 <**그림 2-14(c)**>처럼 증가하게 된다. P_0를 감소시키거나 T_0를 증가시키면 $\dot{m}$곡선은 감소한다. 후기 연소기 장착엔진에서 노즐 면적이 일정할 경우 후기연소기가 점화되면 노즐 입구 온도가 상당히 증가한다. 즉, T_0가 증가하기 때문에 질량 유량 곡선은 감소하여 엔진의 추력 또한 감소한다. 엔진 추력 감소를 초래하지 않기 위해서는 동일한 유량 곡선상에서 작동하도록 노즐 면적을 증가시켜야한다.

수축노즐 유동의 임계상태보다 배압 P_b가 높은가, 낮은가에 따라 수축노즐을 떠나 분출되는 가스의 모양이 <**그림 2-15**>와 같이 달라진다. <**그림 2-15(a)**>와 같이 배압이 임계압력과 동일하거나 크게 될 때까지는 속도증가율이 비체적 증가율보다 빨라서 수축노즐을 떠나 분출되는 가스모양이 균일하다. 실제 최소 단면적은 수축현상(vena contraction) 때문에 노즐출구로부터 하류쪽으로 약간 떨어진 곳에 위치한다.

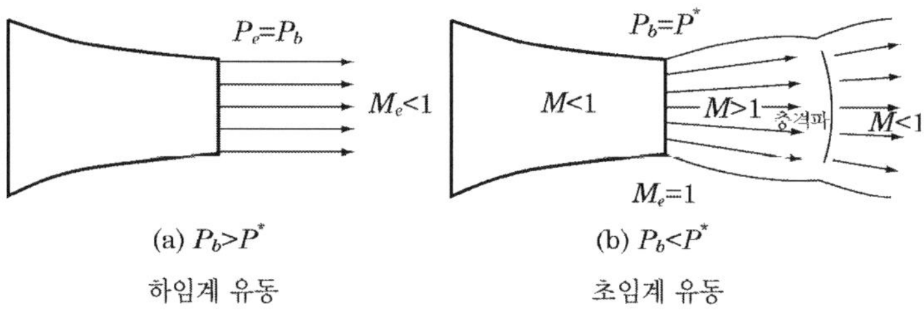

그림 2-15 수축노즐을 떠나 분출되는 가스 모양

그러나 수축노즐을 사용할 경우 <**그림 2-15(b)**>와 같이 배압이 임계압력보다 낮으면 초임계 유동이 되고 급격한 압력감소 때문에 분출가스는 계속 가속 팽창을 하면서 노즐을 나오게 되고, 노즐을 떠난 분출가스는 난류유동이 있게 되며, 분출압력이 주위 대기압 압력으로 떨어지기 위해서는 외부에 충격파가 있게 된다. 배압이 임계 압력보다 아주 작은 경우는 수축노즐 대신 수축-확산노즐을 사용하면 팽창을 더 효율적으로 할 수 있으며 초음속 유동이 가능하다.

예제 2-9 터빈의 노즐(스테이터)은 다음 그림과 같이 노즐출구가 목이 되는 수축노즐 역할을 한다.

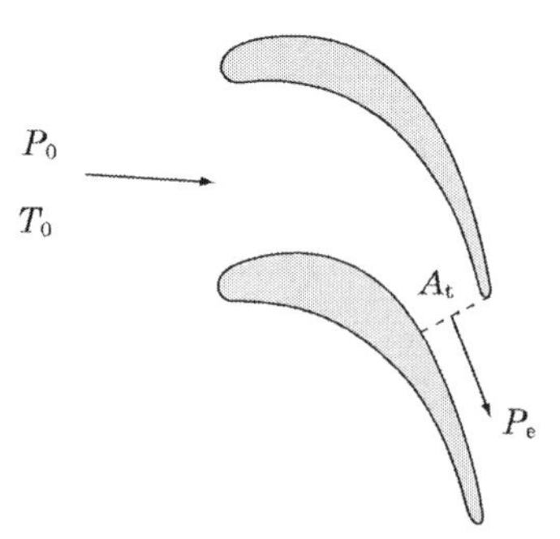

수축노즐 입구의 정체압력과 온도가 각각 $P_0 = 137.9kPa$, $T_0 = 810.9K$이고 노즐출구 목면적이 $A_e = 129.0cm^2$이다. 배기압이 $P_b = 103.4kPa, 68.95kPa, 6.895kPa$일 때, 공기질량유량 $\dot{m}$, 노즐출구 목의 마하수 M_e와 압력 P_e를 구하라. $\gamma = 1.4$이다.

풀이 비열비 $\gamma = 1.4$일 때의 임계 압력비 $(P/P_0)_{cr} = 0.528$이므로

(a) $P_b = 103.4kPa$일 때

$$\frac{P_b}{P_0} - 0.75 > \left(\frac{P}{P_0}\right)_{cr} = 0.528$$

그러므로 초킹이 일어나지 않는다. 따라서

$$P_e = P_b = 103.4kPa$$

식 (2.142)에서 $M_e = \sqrt{\frac{2}{0.4}\left(1.33^{0.286} - 1\right)} = 0.655$

식 (2.122)에서 $\dot{m} = 0.270kg/s$

(b) $P_b = 68.95kPa$일 때

$$\frac{P_b}{P_0} = 0.5 < \left(\frac{P}{P_0}\right)_{cr} = 0.528$$

이므로 초킹이 일어난다. 따라서,

$$P_e = P^* = P_0\left(\frac{2}{\gamma+1}\right)^{\frac{\gamma}{\gamma-1}} = 0.528P_0 = 72.8kPa$$

이며 $M_e = 1.0$이다.

$$\dot{m} = 0.3048kg/s$$

(c) $P_e = 6.895kPa$일 때

여전히 초킹이 일어나므로

$$M_e = 1.0,\ P_e = 72.8kPa,\ \dot{m} = 0.3048kg/s$$

(2) 수축-확산 노즐

수축 노즐은 최소 단면적에서 마하수가 1을 넘지 못하기 때문에 초음속 유동이 발생 할 수 없지만 수축-확산 노즐에서는 배압을 충분히 낮추면 확산부에서 유동이 팽창하여 초음속 유동이 나타날 수 있다. **〈그림 2-16(a)〉**와 같은 수축-확대 노즐의 경우 **〈그림 2-16(b)〉**와 같이 배압이 아음

속 일 때는 완전히 a와 같은 형태로 진행된다. 이 때 배압 P_b가 b상태의 P_b까지 낮아진다면 노즐 목에서는 음속 상태에 도달하게 된다. 배압을 더욱 낮추면 노즐 목 상부 유동의 흐름은 이에 반응하지 않으며 주어진 P_0와 노즐 목 면적에서 질량유량이 더 이상 증가하지 않는 초킹상태에 이르게 된다. 수축 확산 노즐의 경우는 목(throat)에서 음속에 도달한 후 확산부에서 압력이 상승하므로 단순 수축노즐보다 높은 배압에서 초킹이 일어난다. c와 d 상태에서는 확산부 초기에는 유동이 초음속이지만 노즐 내부의 수직 충격파에 의해 배압 P_b로 압력이 수정된다. 충격파는 초음속 유동과 아음속 유동의 불연속성을 메워 주기 위해 발생한다. 물론 충격파를 거친 후의 유동은 아음속이 된다. P_b가 감소함에 따라 충격파의 위치는 하류로 이동하게 된다. 상태 d에서는 수직 충격파가 바로 출구면에 위치하게 된다. 상태 d에서 확산부 전체에 걸쳐서 출구까지의 유동은 초음속이고 P_b의 상태로 압력이 유지된다. 배압이 P_e로 더욱 낮춰지게 되면 노즐 내부에는 어떠한 수직 충격파도 없지만, 노즐 출구 바깥면에서 압축파인 경사 충격파를 통해 P_b로 수정된다. P_e에서는 $P_e < P_b$로 초과팽창이라 한다. $P_b = P_f$가 될 때 경사충격파는 발생되지 않으며 유동이 가속되므로 수축-확대 노즐의 설계조건이 된다. P_g와 같이 배압이 더욱 낮아지면 노즐 출구면 바깥의 경사 팽창파에 의해 배압의 수정이 이루어진다. P_g 상태에서는 $P_e > P_b (= P_g)$이며 부족 팽창이라 한다. 고공을 비행하는 추진기관 배기노즐에 적용할 경우, 배압 P_b는 주위 압력 P_a가 된다.

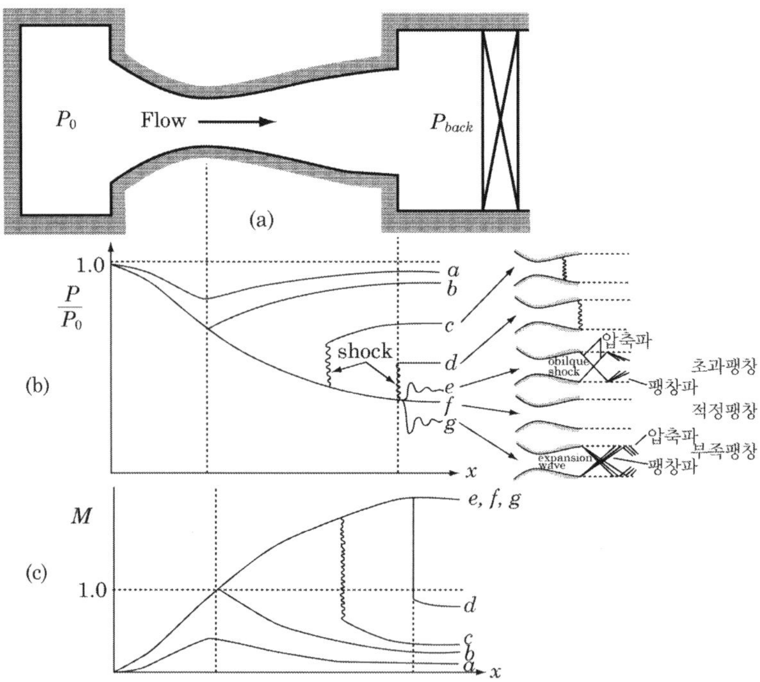

그림 2-16 수축-확산 노즐에서 배압의 변화에 따른 압력 및 속도변화

〈그림 2-17〉은 초과 팽창과 부족 팽창을 나타내는 배기노즐 출구 이후의 팽창파 및 압축파를 다시 그린 도식도와 쉴리렌 사진이다.

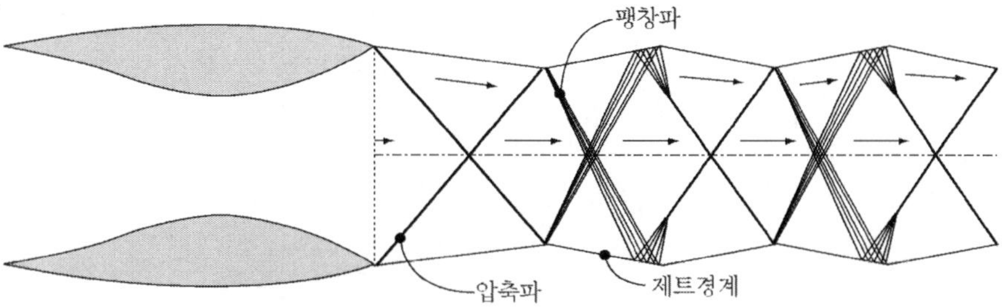

(a) 초과 팽창($P_e < P_b$)

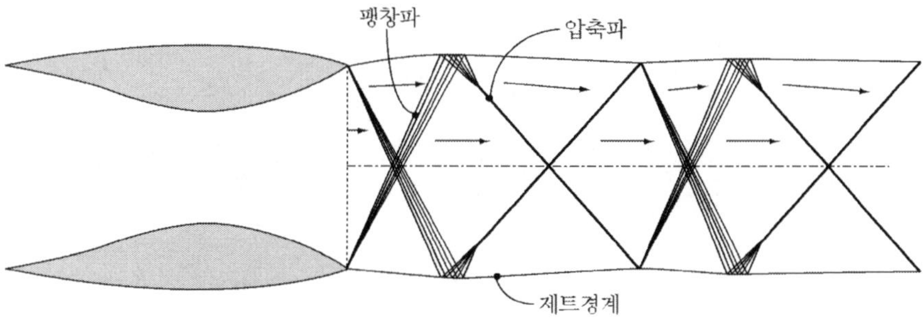

(b) 부족 팽창($P_e > P_b$)

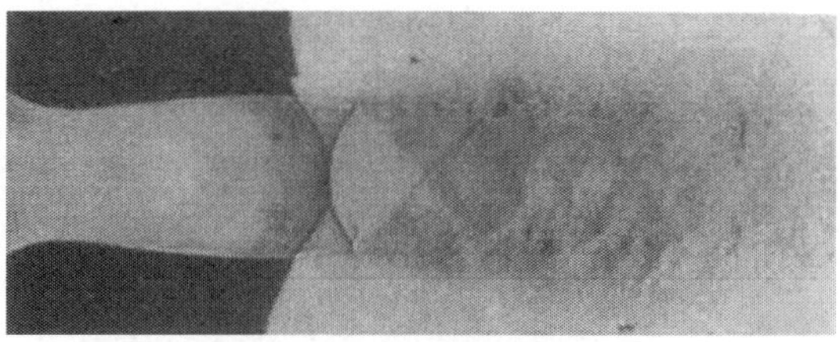

(c) 초과 팽창 쉴리렌 사진

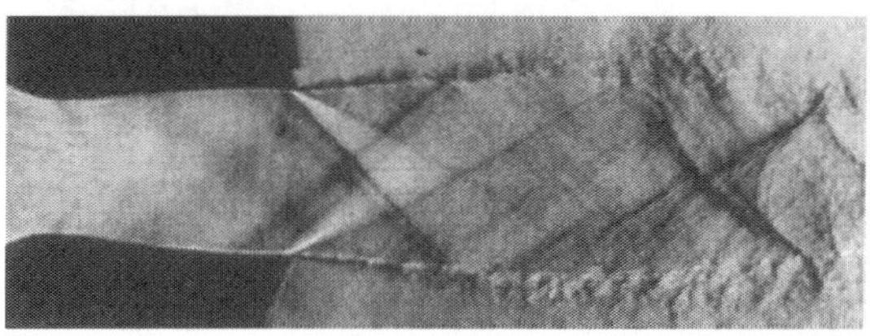

(d) 부족 팽창 쉴리렌 사진

그림 2-17 초과 팽창 및 부족 팽창 도식도와 쉴리렌 사진 [5]

6. 마하 원추(Mach cone)

지금까지 1차원 유동에 대해 고려해보았다. 1차원 유동 내에서 유동의 상태량은 유동의 방향에 따라 변하게 된다. 이 절에서 다차원 파의 움직임에 대해 살펴보기로 하자. 교란을 일으킬 수 있는 점 용출원(point source) 교란이 미소 압력 변화를 음속의 속도로 발생시키고 있다고 생각하자. 만일 점 용출원의 교란이 매질의 음속이 a인 유동장에서 정지해 있다면 음파면은 동심원을 그리게 되며 Δt의 간격 사이에 파면은 **〈그림 2-18(a)〉**와 같이 보일 것이다.

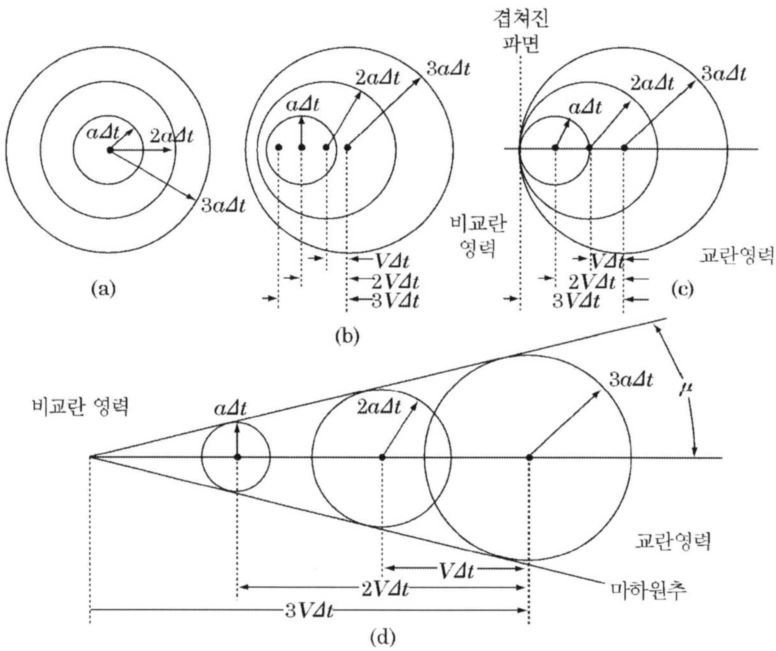

그림 2-18 교란속도 V에 따른 파면의 변화 :
(a) V=0, (b) V〈a, (c) V=a, (d) V〉a

점 용출원이 음속보다 작은 속도 V로 왼쪽으로 움직이고 있다고 하자. **〈그림 2-18(b)〉**를 통해 Δt의 시간 간격에 따른 네 개의 용출원의 위치를 알 수 있다. 1번 점에서 용출원으로부터 파가 $3a\Delta t$의 반경으로 $3\Delta t$의 시간동안 진행되었음을 알 수 있다. 이 때 점 용출원은 1번 점으로부터 4번 점으로 $3V\Delta t$의 거리만큼 이동하였다. 그림은 또한 점 2와 3에서 파가 발생될 때의 파면의 위치를 보여준다. 파면은 V〈a이므로 서로 겹쳐질 수 없다. 점 용출원이 정적인 상태에 있을 경우 파면은 상부 및 하부의 모든 곳으로 전파된다. 아음속으로 움직이고 있는 물체는 전유동장에 영향을 준다. 즉, 물체의 진행에 대한 정보가 유동의 상류 및 하류의 전유동장으로 전파한다.

〈그림 2-18(c)〉와 같이 교란이 음속(V=a)로 진행할 경우 왼쪽 끝단의 파면이 겹치게 되며 교란

의 진행방향과 수직인 이 겹치는 면의 왼쪽은 비교란 영력이 되고 오른쪽은 교란영력이 된다.

교란이 초음속(V>a)으로 **〈그림 2-18(d)〉**와 같이 진행한다고 생각해 보자. 이 경우에는 구형으로 퍼져나가는 파면이 더 빠르게 움직이고 있는 교란을 따라 잡을 수가 없으며 마하원추(Mach cone)이라 부르는 원추형의 접선면을 형성하게 된다. 마하원추 외부에 위치해 있는 관찰자는 어떤 음파도 느끼지 못한다. 그림에서 보여지는 마하원추의 반각을 마하각 μ라 부르며 $\sin\mu = (a\Delta t)/(V\Delta t)$이므로 다음과 같은 관계식이 성립한다.

$$\sin\mu = \frac{1}{M} \tag{2.124}$$

마하원추는 마하수가 작아질수록 뭉툭하고, 마하수가 1일 때 평면파($\mu = 90°$)가 된다. 점 용출원은 고체 물체의 한 부분으로 가정 될 수 있으며 유체를 통해서 움직일 때 압력파를 내보낸다. **〈그림 2-18(d)〉**는 만일 점 용출원이 정적이고 유체가 초음속 V로 물체에 접근 할 때에도 적용될 수 있다. 초음속 유동에서 마하 원추의 바깥에 있는 관찰자는 교란에 의해 발생되는 신호를 전혀 감지 할 수 없으므로 이를 비교란 영역(zone of silence)라 한다. 반대로 마하원추의 내부는 교란의 영향을 느낄 수 있으며 이를 교란 영역(zone of action)이라 한다. 초음속 항공기가 지나간 이후 마하 원추가 도착할 때까지 항공기의 소리를 관찰자가 듣지 못하는 이유는 그때까지는 비교란 영역에 있었기 때문이다.

평면 초음속 유동에서는 유동방향과 $\pm\mu$로 기울어져 있는 두개의 마하선이 있게 된다. 유동정보는 이 마하선을 통해서 전파하며, 지배 미분 방정식의 특성곡선이 된다. 초음속 유동에서의 지배 방정식은 쌍곡선 형이며, 아음속 유동에서의 지배방정식은 타원형이다.

7. 덕트 내부의 1차원 압축성 정상유동 관계식

유체가 음속이 되면 임계 상태가 발생한다. 임계속도는 국부 음속도이며 임계 압력이 나타나는 점의 마하수는 1이다. 덕트 내부유동에서 특별한 경우로 $M=1$일 때 일반적으로 위첨자 *을 붙여서 표시한다. 특히 $M=1$인 조건은 임계 상태에서 수축 노즐의 경우 노즐 출구에서 수축-확대 노즐의 경우 노즐 목에서 발생한다. 임계값들은 다음과 같이 나타내어진다.

$$\frac{T^*}{T_0} = \frac{1}{1+\frac{\gamma-1}{2}} = \frac{2}{\gamma+1} \tag{2.125}$$

$$\frac{P^*}{P_0} = \left(\frac{2}{\gamma+1}\right)^{\frac{\gamma}{\gamma-1}} \tag{2.126}$$

$$\frac{\rho^*}{\rho_0} = \left(\frac{2}{\gamma+1}\right)^{\frac{1}{\gamma-1}} \tag{2.127}$$

$$\frac{a^*}{a_0} = \frac{V^*}{a_0} = \left(\frac{2}{\gamma+1}\right)^{\frac{1}{2}} \tag{2.128}$$

	$\gamma=1.4$	$\gamma=1.33$	$\gamma=1.2$
T^*/T_0	0.833	0.859	0.909
P^*/P_0	0.528	0.542	0.564
ρ^*/ρ_0	0.634	0.630	0.621
a^*/a_0	0.913	0.926	0.953

임계 속도는 음속이 되며 다음과 같이 나타낼 수 있다.

$$V^* = V_a = \sqrt{\gamma R T^*} = \sqrt{\frac{2\gamma R T_0}{\gamma+1}}$$

저속의 유동을 살펴보자. 만약 마하수 M이 1보다 매우 작은 아음속이라면 $M^2 \ll 1$이므로, 식 (2.114)에서 $\rho \simeq \rho_0$가 되어 엄밀히는 아니지만 비압축성으로 밀도를 일정하다고 가정할 수 있게 된다. 이러한 저속의 유동에서 식 (2.114)는 다음 식으로 바꾸어 나타낼 수 있다.

$$\frac{P_0^*}{P} \cong 1 + \frac{\gamma}{2}M^2 = 1 + \frac{V^2}{2RT} = 1 + \frac{\rho V^2}{2P} \quad \text{또는} \quad P_0^* = P + \frac{\rho V^2}{2} \tag{2.129}$$

따라서 저속의 유동에서 식 (2.114)는 등엔트로피의 비압축성 유동에 있어서 적용 가능한 베르누이 방정식으로 나타낼 수 있다. 여기서 P_0^*는 피톳전압력(pitot pressure)이라 한다. 다만 주의할 점은 정체압력 P_0와 비압축성 유동에서 정의되는 피톳전압력 P_0^*는 일반적으로 같지 않다.

정체 압력은 유동이 가역단열과정으로 정지할 때의 압력이며 식 (2.113)에서 압력비와 온도비의 관계로부터 다음과 같이 정체압력을 정체온도의 항으로 정의할 수 있다.

$$P_0 \equiv P\left(\frac{T_0}{T}\right)^{\frac{\gamma}{\gamma-1}} \tag{2.130}$$

식 (2.111)에서 T_0에 대하여 정리한 후 위 식에 대입하면 다음과 같은 관계식을 얻을 수 있다.

$$P_0 = P\left(1 + \frac{\rho V^2}{2P}\frac{\gamma-1}{\gamma}\right)^{\frac{\gamma}{\gamma-1}} \tag{2.131}$$

예를 들어, 고속의 유동에서 음속으로 흐르는 공기($M=1$)의 정체압력과 전압력의 비는 각각 $P_0/P=1.89$, $P_0^*/P=1.7$이다. 따라서, 비압축성 유동공식에서 전압력은 약 11% 낮게 평가된다.

P_0^*는 P_0를 다항식으로 이항전개 할 때의 처음 두 개의 항으로 주어진다. 즉 $P_0^*=P+\left(\frac{\rho V^2}{2}\right)$ 을 $P_0=P\left(\frac{T_0}{T}\right)^{\frac{\gamma}{\gamma-1}}$ 를 변형시킨 식을 다음의 식처럼 이항전개 하여 근접시킬 수 있다.

$$\begin{aligned}P_0 &= P\left(\frac{T_0}{T}\right)^{\frac{\gamma}{\gamma-1}} = P\left(1+\frac{\gamma-1}{2}\frac{V^2}{\gamma RT}\right)^{\frac{\gamma}{\gamma-1}}\\ &= P\left(1+\frac{\rho(\gamma-1)}{2\gamma}\frac{V^2}{P}\right)^{\frac{\gamma}{\gamma-1}}\\ &= P\left(1+\frac{\rho(\gamma-1)}{2\gamma}\frac{V^2}{P}\frac{\gamma}{\gamma-1}+\cdots\right)\\ &= P+\frac{\rho V^2}{2}+\cdots\end{aligned} \tag{2.132}$$

따라서 P_0는 속도가 감소하고 압축성효과가 무시될 경우에 P_0^*로 접근한다.

정체압력의 정의로부터 다음과 같은 식이 성립함을 알 수 있다.

$$\frac{P_{02}}{P_1}=\left(\frac{T_{02}}{T_1}\right)^{\frac{\gamma}{\gamma-1}} \tag{2.133}$$

등엔트로피 관계식으로부터 다음과 같은 관계식이 성립함을 알 수 있다.

$$\frac{P_2}{P_1}=\left(\frac{T_2}{T_1}\right)^{\frac{\gamma}{\gamma-1}} \tag{2.134}$$

등엔트로피 과정에서, 입구 1과 출구 2 사이의 등엔트로피 압축에 대한 식 (2.130)를 적용하여 전압력비를 나타내면

$$\frac{P_{02}}{P_{01}}=\frac{P_{02}}{P_2}\frac{P_2}{P_{01}}=\frac{P_{02}}{P_2}\frac{P_2}{P_1}\frac{P_1}{P_{01}}=\left(\frac{T_{02}}{T_2}\frac{T_2}{T_1}\frac{T_1}{T_{01}}\right)^{\frac{\gamma}{\gamma-1}}=\left(\frac{T_{02}}{T_{01}}\right)^{\frac{\gamma}{\gamma-1}} \tag{2.135}$$

즉 전온도, 전압력항으로 표시된 등엔트로피 과정에서의 1지점과 2지점에서의 다음과 같이 관계식이 성립한다.

$$\frac{P_{02}}{P_{01}}=\left(\frac{T_{02}}{T_{01}}\right)^{\frac{\gamma}{\gamma-1}} \tag{2.136}$$

노즐에서 등엔트로피 유동 기체를 생각해 보자. 등엔트로피 유동에서는 $dQ=0$이므로 기체의 전온도는 일정하다. 임의의 위치에서 속도는 다음과 같다.

$$V=\sqrt{2c_p(T_0-T)}=\sqrt{2c_pT_0\left(1-\frac{T}{T_0}\right)}=\sqrt{2c_pT_0\left[1-\left(\frac{P}{P_0}\right)^{\frac{\gamma-1}{\gamma}}\right]} \tag{2.137}$$

$$=\sqrt{2\left(\frac{\gamma R}{\gamma-1}\right)T_0\left[1-\left(\frac{P}{P_0}\right)^{\frac{\gamma-1}{\gamma}}\right]}$$

가역단열유동에서 마하수는 $M=V/a$이고 음속은 $a=\sqrt{\gamma RT}$이므로 식 (2.112)를 이용하여 속도 V에 관하여 표현하면 다음과 같다.

$$V=M\sqrt{\gamma RT}=M\sqrt{\frac{\gamma RT_0}{1+\frac{\gamma-1}{2}M^2}} \tag{2.138}$$

임계상태(M=1일때)에서의 속도 $V^*=\sqrt{\frac{2\gamma RT_0}{\gamma+1}}$ 이므로, 노즐 내 유속을 임계속도로 무차원화하여 나타내면 다음과 같다.

$$\frac{V}{V^*}=\sqrt{\left(\frac{\gamma+1}{\gamma-1}\right)\left[1-\left(\frac{P}{P_0}\right)^{\frac{\gamma-1}{\gamma}}\right]}$$

무차원 속도를 마하수로 나타내면 다음과 같다.

$$\frac{V}{V^*}=M\sqrt{\frac{\frac{\gamma+1}{2}}{1+\frac{\gamma-1}{2}M^2}}$$

또 단위 면적당 질량 유량은 $\dot{m}/A=\rho V$ 이므로 식 (2.114)를 이용하여 다음과 같이 정리할 수 있다.

$$\frac{\dot{m}}{A}=\frac{P_0}{RT_0}\left(\frac{P}{P_0}\right)^{\frac{1}{\gamma}}\sqrt{2\left(\frac{\gamma}{\gamma-1}R\right)T_0\left[1-\left(\frac{P}{P_0}\right)^{\frac{\gamma-1}{\gamma}}\right]}$$

$$=P_0\sqrt{\frac{2\gamma}{(\gamma-1)RT_0}\left(\frac{P}{P_0}\right)^{\frac{2}{\gamma}}\left[1-\left(\frac{P}{P_0}\right)^{\frac{\gamma-1}{\gamma}}\right]} \tag{2.139}$$

단위면적당 유량을 마하수로 표기하면 다음과 같다.

$$\frac{\dot{m}}{A} = P_0 M \sqrt{\frac{\gamma}{RT_0}} \left(\frac{1}{1 + \frac{\gamma - 1}{2} M^2} \right)^{\frac{\gamma + 1}{2(\gamma - 1)}} \tag{2.140}$$

노즐 목의 상태($A = A_t$)를 기준으로 유량을 구해보면 다음과 같다. 초킹되는 경우 노즐 목에서는 M=1이므로

$$\frac{\dot{m}}{A^*} = P_0 \gamma \frac{\sqrt{\left(\frac{2}{\gamma + 1} \right)^{\frac{\gamma + 1}{\gamma - 1}}}}{\sqrt{\gamma R T_0}}$$

이를 질량유량 매개함수(mass flow parameter : MFP)로 나타내면

$$MFP = \frac{\dot{m} \sqrt{T_0}}{A P_0} = M \sqrt{\frac{\gamma}{R}} \left(\frac{1}{1 + \frac{\gamma - 1}{2} M^2} \right)^{\frac{\gamma + 1}{2(\gamma - 1)}}$$

질량유량 매개함수는 비열비와 마하수만의 함수로 표현되고 있다. 이를 그림으로 나타내면 다음과 같다. M 1일 때 MFP가 최대로 됨을 알 수 있다. 즉, 주어진 전온도와 전압력에서 단위 면적당 최대 유량은 M 1에서 일어남을 알 수 있다.

노즐의 면적을 노즐 목의 면적으로 무차원화시켜 압력의 항으로 나타내면 다음과 같다.

$$\frac{A}{A^*} = \frac{1}{\left(\frac{\gamma + 1}{2} \right)^{\frac{1}{\gamma - 1}} \left(\frac{P}{P_0} \right)^{\frac{1}{\gamma}} \sqrt{\frac{\gamma + 1}{\gamma - 1} \left[1 - \left(\frac{P}{P_0} \right)^{\frac{\gamma - 1}{\gamma}} \right]}} \tag{2.141}$$

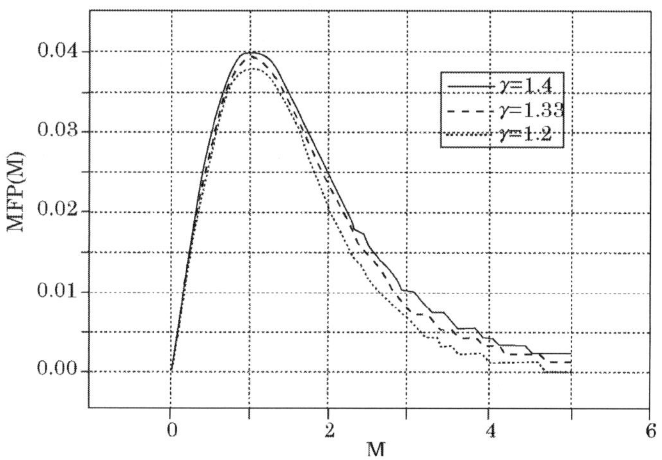

그림 2-19 마하수 변화에 따른 질량유량 매개함수
(r=1.2, 1.33, 1.4인 경우)

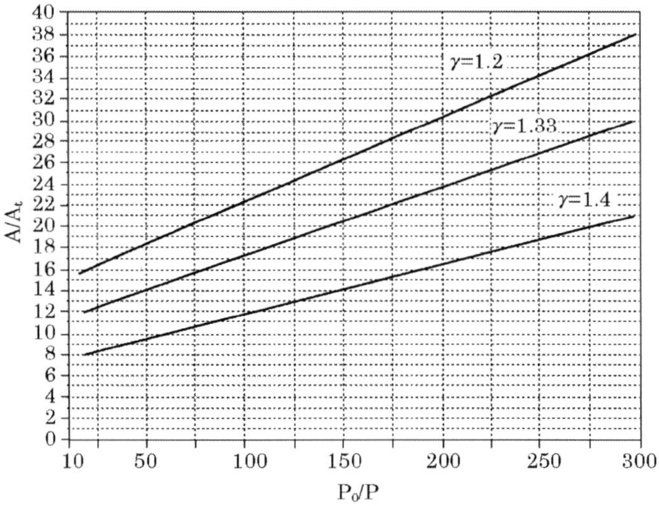

그림 2-20 압력비에 따른 노즐 면적비

〈그림 2-20〉는 여러 가지 비열비 γ 에 대하여 $\dfrac{P_0}{P}$가 변할 때 $\dfrac{A}{A_t}$를 나타내고 있다.

또 식 (2.112)를 마하수에 대하여 정리하고 식 (2.113)을 이용하면 다음과 같다.

$$M=\sqrt{\frac{2}{\gamma-1}\left(\frac{T_0}{T}-1\right)}=\sqrt{\frac{2}{\gamma-1}\left[\left(\frac{P_0}{P}\right)^{\frac{\gamma-1}{\gamma}}-1\right]} \tag{2.142}$$

전온도 및 정온도와의 관계와 전압력 및 정압력과의 관계식으로 나타내면 다음과 같다.

$$T_0=T\left[1+\frac{\gamma-1}{2}M^2\right] \tag{2.143}$$

$$P_0=P\left[1+\frac{\gamma-1}{2}M^2\right]^{\frac{\gamma}{\gamma-1}} \tag{2.144}$$

$T=T_0(\dfrac{P}{P_0})^{\frac{\gamma-1}{\gamma}}$ 및 $T^*=T_0(\dfrac{2}{\gamma+1})$로부터 $\dfrac{T}{T^*}=(\dfrac{\gamma+1}{2})(\dfrac{P}{P_0})^{\frac{\gamma-1}{\gamma}}$ 관계를 얻을 수 있다.

$P_0=P^*(\dfrac{\gamma+1}{2})^{\frac{\gamma}{\gamma-1}}$에서 $\dfrac{P}{P^*}=(\dfrac{P}{P_0})(\dfrac{\gamma+1}{\gamma})^{\frac{\gamma}{\gamma-1}}$ 관계를 얻을 수 있다.

전압력과 정압력의 관계식을 질량 보존의 법칙을 통해 정리하면 임의의 곳 x, y에서 면적과 마하수의 관계식을 나타낼 수 있다.

$$\frac{A_y}{A_x}=\frac{M_x}{M_y}\sqrt{\left[\frac{1+\left(\frac{\gamma-1}{2}\right)M_y^2}{1+\left(\frac{\gamma-1}{2}\right)M_x^2}\right]^{\frac{\gamma+1}{\gamma-1}}} \tag{2.145}$$

임의의 곳 x를 유동이 초킹되는 최소 단면적 또는 노즐 목(throat)라 하면 노즐 목과 임의의 곳에서의 면적과 마하수를 알 수 있다.($A_x = A^*$, $M_x = M^* = 1$, $A_y = A$, $M_y = M$)

$$\frac{A}{A^*}=\frac{1}{M}\sqrt{\left[\frac{1+\left(\frac{\gamma-1}{2}\right)M^2}{\left(\frac{\gamma+1}{2}\right)}\right]^{\frac{\gamma+1}{\gamma-1}}} \tag{2.146}$$

어떠한 등엔트로피 유동이 주어진다면, 즉 γ, R, P_0, T_0, $\dot{m}$ 등이 주어진다면 A^*는 상수가 되며 따라서 식 (2.141)나 식 (2.146)처럼 실제 유동의 단면적 A를 일반화 시킬 수 있다. 식 (2.145)를 나타낸 **〈그림 2-21〉**에서, 주어진 M에서 $\frac{A}{A^*}$는 한 개 값이지만, 주어진 $\frac{A}{A^*}$에서는 2개의 M을 구할 수 있음을 알 수 있다. 2개의 마하수 중 하나는 아음속이며, 다른 하나는 초음속이다. 예를 들어 $\gamma = 1.33$인 경우 $\frac{A}{A^*}$=1.5가 되는 마하수는 M=0.43과 M=1.87이다. 이 값은 식 (2.145)를 Newton-Raphson 방법을 사용하여 수식적으로 구할 수 있다. 식 (2.113), (2.114), (2.115)는 유체의 상태량과 마하수 M사이의 관계를 나타내는 식이며 식 (2.145)는 유동 단면적과 마하수가 어떻게 연관되어 있는지를 나타낸다. 다양한 유동 함수들은 적당한 γ값에서 M의 함수로서 도시화 하거나 표로 만들 수 있으므로 유동 변수를 마하수로 나타내는 것은 매우 편리하다. **〈그림 2-21(a),(b)〉**는 식 (2.112), (2.114), (2.115), (2.145)를 나타낸 것으로 γ값이 1.2와 1.4인 완전 기체의 1차원 등엔트로피 함수를 나타낸다.

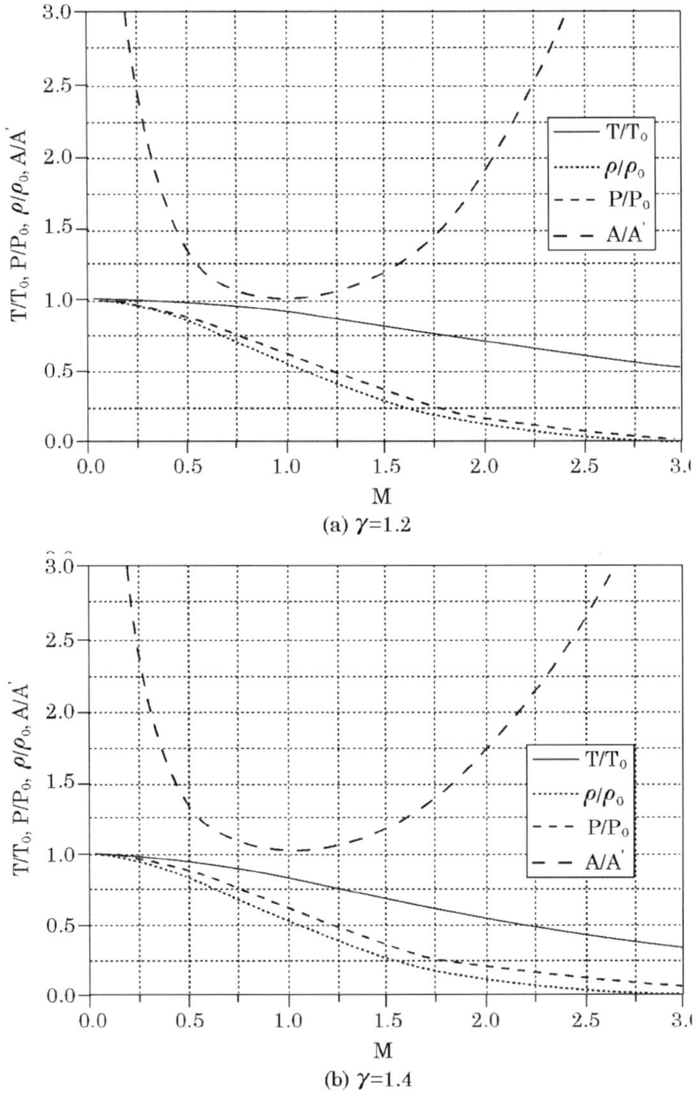

(a) γ=1.2

(b) γ=1.4

그림 2-21 1차원 등엔트로피 유동에서 마하수에 따른 유동변수의 변화 [$(a)\gamma=1.2, (b)\gamma=1.4$]

제트추진 기관의 모멘텀(운동량) 추력은 식 (3.16)에서 연료 소비량을 고려하지 않을 때 $F_m = \dot{m}_a V_e$로 표기된다. 단위 면적당의 모멘텀 추력은 다음과 같이 마하수로 나타낼 수 있다.

$$\frac{F_m}{A} = \frac{\dot{m}}{A} V = \rho V^2 = \rho(Ma)^2 = \rho M^2 \gamma RT = \gamma PM^2 \tag{2.147}$$

단위 면적당 모멘텀 추력을 임계상태의 단위면적당 모멘텀 추력으로 무차원화하면 다음과 같다.

$$\frac{F/A}{F^*/A^*}=\left(\frac{2}{\gamma-1}\right)\left(\frac{\gamma+1}{2}\right)^{\frac{\gamma}{\gamma-1}}\left[\frac{P}{P_0}\left\{\left(\frac{P_0}{P}\right)^{\frac{\gamma-1}{\gamma}}-1\right\}\right] \tag{2.148}$$

〈표 2-2〉는 등엔트로피 유동에서 여러 매개 변수를 압력의 항으로 나타낸 식과 입구조건으로 나타낸 임계값을 요약한 것이며, 〈표 2-3〉은 등엔트로피 유동에서 여러 매개 변수를 마하수의 항으로 나타낸 식을 요약한 것이다.

표 2-2 압력비의 함수로 나타낸 등엔트로피 유동과 입구조건으로 나타낸 임계값

임계상태 대비 임의상태 관계식	입구조건(전온도 및 전압력)으로 나타낸 임계값
$\frac{\dot{m}}{\dot{m}^*}=\frac{P_0}{P_0^*}=\frac{S}{S^*}=\frac{T_0}{T_0^*}=1.0$	–
$\frac{A}{A^*}=\frac{\left(\frac{2}{\gamma+1}\right)^{\frac{1}{\gamma-1}}}{\left(\frac{P}{P_0}\right)^{1/\gamma}\sqrt{\frac{\gamma+1}{\gamma-1}\left[1-\left(\frac{P}{P_0}\right)^{\frac{\gamma-1}{\gamma}}\right]}}$	$\frac{G^*}{A^*}=P_0\sqrt{\frac{\gamma}{RT_t}\left(\frac{2}{\gamma+1}\right)^{\frac{\gamma+1}{\gamma-1}}}$
$\frac{F_m/A}{F_m^*/A^*}=\left(\frac{2}{\gamma-1}\right)\left(\frac{\gamma+1}{2}\right)^{\frac{\gamma}{\gamma-1}}\left[\frac{P}{P_0}\left((\frac{P_0}{P})^{\frac{\gamma-1}{\gamma}}-1\right)\right]$	$\frac{F_m^*}{A^*}=P_0\gamma\left(\frac{2}{\gamma+1}\right)^{\frac{\gamma}{\gamma-1}}$
$M=\frac{M}{M^*}=\sqrt{\frac{2}{\gamma-1}\left[(\frac{P_0}{P})^{\frac{\gamma-1}{\gamma}}-1\right]}$	$M^*=1.0$
$\frac{P}{P^*}=\frac{P}{P_0}\left(\frac{\gamma+1}{2}\right)^{\frac{\gamma}{\gamma-1}}$	$P^*=P_0\left(\frac{2}{\gamma+1}\right)^{\frac{\gamma}{\gamma-1}}$
$\frac{T}{T^*}=\frac{\gamma+1}{2}\left(\frac{P}{P_0}\right)^{\frac{\gamma-1}{\gamma}}$	$T^*=T_0\left(\frac{2}{\gamma+1}\right)$
$\frac{V}{V^*}=\sqrt{\frac{\gamma+1}{\gamma-1}\left[1-\left(\frac{P}{P_0}\right)^{\frac{\gamma-1}{\gamma}}\right]}$	$V^*=\sqrt{\frac{2\gamma RT_0}{\gamma+1}}$
$\frac{v}{v^*}=\left(\frac{P_0}{P}\right)^{1/\gamma}\left(\frac{2}{\gamma+1}\right)^{\frac{1}{\gamma-1}}$	$v^*=\frac{RT_0}{P_0}\left(\frac{\gamma+1}{2}\right)^{\frac{1}{\gamma-1}}$

표 2-3 마하수의 함수로 나타낸 등엔트로피 유동

어느 두지점 1과 2의 관계식	임계상태 대비 임의 상태 관계식
$\frac{\dot{m}_2}{\dot{m}_1}=\frac{P_{01}}{P_{02}}=\frac{S_2}{S_1}=\frac{T_{02}}{T_{01}}=1.0$	$\frac{\dot{m}}{\dot{m}^*}=\frac{P_0}{P_0^*}=\frac{S}{S^*}=\frac{T_0}{T_0^*}=1.0$
$\frac{A_2}{A_1}=\frac{M_1}{M_2}\sqrt{\left(\frac{1+\frac{\gamma-1}{2}M_2^2}{1+\frac{\gamma-1}{2}M_1^2}\right)^{\frac{\gamma+1}{\gamma-1}}}$	$\frac{A}{A^*}=\frac{1}{M}\sqrt{\left(\frac{1+\frac{\gamma-1}{2}M^2}{\frac{\gamma+1}{2}}\right)^{\frac{\gamma+1}{\gamma-1}}}$
$\frac{(F_m/A)_2}{(F_m/A)_1}=\frac{M_2^2}{M_1^2}\left(\frac{1+\frac{\gamma-1}{2}M_1^2}{1+\frac{\gamma-1}{2}M_2^2}\right)^{\frac{\gamma}{\gamma-1}}$	$\frac{(F_m/A)}{(F_m^*/A^*)}=M^2\left(\frac{\frac{\gamma+1}{2}}{1+\frac{\gamma-1}{2}M^2}\right)^{\frac{\gamma}{\gamma-1}}$
$\frac{P_2}{P_1}=\left(\frac{1+\frac{\gamma-1}{2}M_1^2}{1+\frac{\gamma-1}{2}M_2^2}\right)^{\frac{\gamma}{\gamma-1}}$	$\frac{P}{P^*}=\left(\frac{\frac{\gamma+1}{2}}{1+\frac{\gamma-1}{2}M^2}\right)^{\frac{\gamma}{\gamma-1}}$
$\frac{T_2}{T_1}=\left(\frac{V_{a2}}{V_{a1}}\right)^2=\frac{1+\frac{\gamma-1}{2}M_1^2}{1+\frac{\gamma-1}{2}M_2^2}$	$\frac{T}{T^*}=\left(\frac{V_a}{V_a^*}\right)^2=\frac{\frac{\gamma+1}{2}}{1+\frac{\gamma-1}{2}M^2}$
$\frac{V_2}{V_1}=\frac{M_2}{M_1}\sqrt{\frac{1+\frac{\gamma-1}{2}M_1^2}{1+\frac{\gamma-1}{2}M_2^2}}$	$\frac{V}{V^*}=M\sqrt{\frac{\frac{\gamma+1}{2}}{1+\frac{\gamma-1}{2}M^2}}$
$\frac{v_2}{v_1}=\frac{\rho_1}{\rho_2}=\left(\frac{1+\frac{\gamma-1}{2}M_2^2}{1+\frac{\gamma-1}{2}M_1^2}\right)^{\frac{1}{\gamma-1}}$	$\frac{v}{v^*}=\frac{\rho^*}{\rho}=\left(\frac{1+\frac{\gamma-1}{2}M^2}{\frac{\gamma+1}{2}}\right)^{\frac{1}{\gamma-1}}$

비가역성인 경우 열역학 제 2법칙에서 일이 없고 열 출입이 없다면 엔트로피 변화는 0보다 크게 된다. 따라서 정체 압력은 유동이 흘러감에 따라 감소하게 된다. 등엔트로피 과정이 아닌 경우에는 함수 형태가 매우 복잡하게 되며 수치해석적으로 풀게 된다.

〈그림 2-22〉와 같은 덕트 내를 흐르는 단위시간당 질량유량과 물성치가 시간에 따라 변하지 않은 도관 내 완전가스의 정상유동을 생각하자.

이 그림에서 유동 면적이나 축의 구부러짐이 급격하지 않으며, 축에 수직하는 면을 통과하는 유체의 모든 상태량은 일정하며, 단위질량유량당 열전달(dQ), 덕트의 단면표면적(dS), 그리고 단면을 통과하는 상태량의 변화는 일정하고, 마찰효과는 벽에서 전단응력(τ)에 의해 결정된다고 가정하면 덕트 내부유동을 1차원으로 간주할 수 있다.

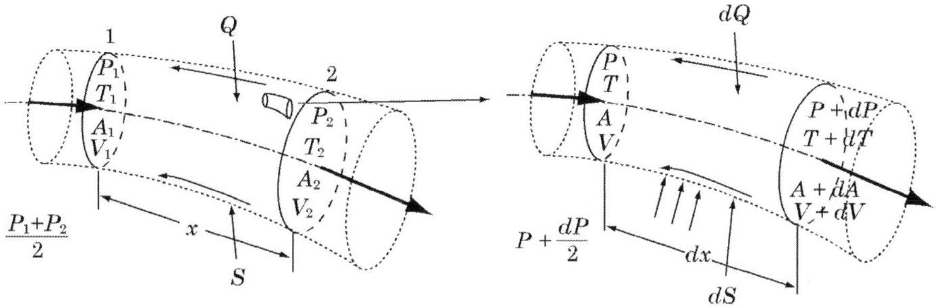

그림 2-22 덕트 내부 1차 유동

이상기체를 다루기 위한 상태 방정식은 다음과 같다.

$$\frac{P}{\rho} = RT \text{ 또는 } \frac{dP}{P} = \frac{d\rho}{\rho} + \frac{dT}{T} \tag{2.149}$$

질량 보존법칙(연속 방정식)은 다음과 같다.

$$\dot{m} = \rho_1 A_1 V_1 = \rho_2 A_2 V_2 \text{ 또는 } \frac{d\rho}{\rho} + \frac{dV}{V} + \frac{dA}{A} = 0 \tag{2.150}$$

운동량 보존의 법칙은 다음과 같다.

$$(\rho_2 V_2^2 A_2 - \rho_1 V_1^2 A_1) + (P_2 A_2 - P_1 A_1) - \frac{1}{2}(P_2 + P_1)(A_2 - A_1) + \tau S = 0 \tag{2.151}$$

$$\text{또는 } \rho A V dV + A dP + \tau dS = 0 \tag{2.152}$$

에너지 보존의 법칙은 다음과 같다.

$$Q = c_p(T_2 - T_1) + \frac{1}{2}(V_2^2 - V_1^2) = c_p(T_{02} - T_{01}) \tag{2.153}$$

$$\text{또는 } dQ = c_p dT + V dV = c_p dT_0 \tag{2.154}$$

식 (2.116)에서 식 (2.146)까지의 미분형 방정식과 음속의 정의 식 (2.104)을 조합하면 다음의 유량 관계식을 얻을 수 있는데, 식 (2.149)과 식 (2.150)에서 $d\rho/\rho$을 소거하면

$$\frac{dV}{V} + \frac{dA}{A} + \frac{dP}{P} - \frac{dT}{T} = 0 \tag{2.155}$$

식 (2.152)와 식 (2.129)로 부터

$$\frac{dP}{P} = -\gamma M^2 \frac{dV}{V} - \frac{\gamma \tau dS}{\rho A a^2} \qquad (2.156)$$

식 (2.153)과 식 (2.129)로 부터

$$\frac{dT}{T} = \frac{dQ}{c_p T} - (\gamma - 1) M^2 \frac{dV}{V} \qquad (2.157)$$

위의 세 식을 조합하면 다음과 같은 식을 얻을 수 있다.

$$(M^2 - 1)\frac{dV}{V} = \frac{dA}{A} - \frac{dQ}{c_p T} - \frac{\gamma \tau dS}{\rho A a^2} \qquad (2.158)$$

식 (2.158)는 유량 면적이 변화거나, 열전달이 있거나 점성마찰이 있을 때 모두 적용할 수 있는 식이다. 열전달이 없고 점성마찰이 없으면 식 (2.158)은 식 (2.120)과 같이 됨을 알 수 있다. 식 (2.158)에서 각 인자를 독립적으로 생각하여 다음의 결과를 얻을 수 있다.

아음속의 경우(M〈1), 덕트의 단면적이 감소하거나 가스로 열전달이 있다면 유동은 가속된다. 반면에 덕트의 단면적이 증가하거나 유동이 차가워지면 유동은 감속된다. 아음속 유동에서 마찰이 있으면 항상 유동을 가속한다.

초음속의 경우(M〉1), 덕트의 단면적이 증가하거나 덕트가 냉각된다면 유동은 가속된다. 반면에 덕트의 단면적이 감소하거나 가열되면 유동은 감속된다. 초음속 유동에서 마찰이 있으면 항상 유동을 감속시킨다.

음속의 경우(M=1), 유체의 속도 V는 국부 음속 a와 같다. 이 조건에서 모든 상태량은 T^*, a^*, A^*, P^*와 같이 *를 붙인다. 식 (2.160)에서 보면 덕트의 목(dA=0)에서 마하수는 1이 될 수 있다. 일정한 유동면적의 덕트에서 열이 가해지면 초음속 유동은 M 1까지 감속하고, 아음속 유동은 M 1까지 속도가 증가한다. 일정한 면적의 충분히 긴 단열 덕트에서 마찰이 있으면 초음속 유동은 M 1까지 감속하거나 아음속 유동은 M 1로 가속된다. 각 상태에서 마하수가 1이 되면, 주어진 입구상태에서 덕트의 질량유량은 최대가 되므로 이러한 상태를 초크되었다고 한다. 일정면적의 덕트에서 열전달 및 마찰은 덕트 내 질량유량을 감소시킨다.

예제 2-10 그림 2-16과 같은 수축-확산 노즐을 고려하자. 입구에서의 마하수는 M_i=0.2이며 노즐 출구는 $M_e = 2.0$이다. 이 노즐의 최적설계를 하려면 (A_i/A_t)와 (A_e/A_t)는 얼마이어야 하며 P_i/P_0와 P_e/P_0를 구하라. $\gamma = 1.4$이다.

풀이 식 (2.114)에서 M_i=0.2를 대입하면 $P_i/P_0 = 0.973$이고 식 (2.146)에 M_i=0.2를 대입

하면 $(A_i/A_t)=2.963$을 얻는다. 또한, 식 (2.114)에서 $M_e=2.0$를 대입하면 $P_i/P_0=0.128$이고 식 (2.146)에서 $(A_e/A_t)=1.687$을 얻는다.

예제 2-11 어떤 제트엔진 출구에서 완전 팽창 조건을 만족하도록 제어하기 위해 목의 단면적이 $0.01\,m^2$인 가변 수축-확산 노즐을 사용하고 있다. 이 제트엔진 장착 항공기가 외부 압력이 $51.12\,kPa$인 환경에서 비행중이다. 노즐 입구에서 전압력이 $P_0=400\,kPa$ 이라면 출구의 단면적을 구하라.

풀이 배압과 전압의 비로부터

$$\frac{P_0}{P_b}=\frac{400}{51.12}=7.825=\left(1+\frac{\gamma-1}{2}M_e^2\right)^{\frac{\gamma}{\gamma-1}}$$

여기서 출구의 마하수를 구하면

$$M_e=2.000$$

위와 같이 구할 수 있다. 유동은 완전 팽창하므로 배압과 출구에서의 압력은 같다. 식 2.146으로부터 목과 출구의 단면적비는

$$\frac{A_e}{A^*}=\frac{1}{2}\sqrt{\left[\frac{1+\frac{1.4-1}{2}2^2}{\frac{1.4+1}{2}}\right]^{2.4/0.4}}=1.6875$$

가 된다. 따라서 출구의 단면적은

$$A_e=1.6876\times A^*=0.01688\,m^2$$ 이 된다.

(1) 열전달이 있는 일정 면적 덕트에서의 마찰 없는 유동(Rayleigh 유동)

단면적이 일정하고 마찰이 없어 전단응력이 0일 경우 유체로의 열전달은 아음속 유동을 M 1까지 가속시키며, 초음속 유동을 M 1까지 감속시킨다. 이러한 이상적인 유동은 Rayleigh 유동이라고 한다. 일정한 면적을 마찰없이 흐름으로서 모멘텀이 일정하고 가열이 있기 때문에 정체 엔탈피는 변한다. 또한 일정한 면적을 갖는 덕트에서는 열전달이 있으면 압력강하가 수반된다.

Rayleigh 유동을 만족하는 식 (2.150), (2.152), (2.154)을 적용하면 다음과 같이 된다.

$$\text{연속의식 : }\frac{d\rho}{\rho}+\frac{dV}{V}=0\ \rightarrow\ \rho_1V_1=\rho_2V_2 \tag{2.159}$$

$$\text{모멘텀식 : }dP=-\rho VdV\ \rightarrow\ P_1+\rho_1V_1^2=P_2+\rho_2V_2^2 \tag{2.160}$$

$$\text{에너지식 : } dq = dh_0 = dh + VdV \;\rightarrow\; q + h_1 + \frac{V_1^2}{2} = h_2 + \frac{V_2^2}{2}$$

$$\text{또는 } q = h_{02} - h_{01} = c_p(T_{02} - T_{01}) \tag{2.161}$$

여기서 $q = \dfrac{\dot{Q}}{\dot{m}}$ 이며 단위질량당 열전달량이다.

Rayleigh 유동에서 정체 엔탈피 h_0와 정체온도 T_0는 변화한다.

$$\text{엔트로피식 : } ds = c_p\frac{dT}{T} - R\frac{dP}{P} \;\rightarrow\; s_2 - s_1 = c_p \ln\frac{T_2}{T_1} - R\ln\frac{P_2}{P_1} \tag{2.162}$$

마찰과 같은 비가역성이 없을때 시스템의 엔트로피는 오직 열전달에 의해서만 변화한다. q가 (+)이면 엔트로피가 증가하고, q가 (−)이면 엔트로피는 감소한다. 이상기체의 상태1과 상태2에서의 관계식은 다음과 같이 된다.

$$\text{상태방정식 : } \frac{P_1}{\rho_1 T_1} = \frac{P_2}{\rho_2 T_2} \tag{2.163}$$

〈그림 2-23〉처럼 유체로 열전달이 될 때 q는 (+)가 되며 출구 2상태는 $M=1$로 향한다. 마찰이 있기 때문에 열전달에 의해 $M=1$이 되는 것은 도달할 수 없는 가상의 상태이다.

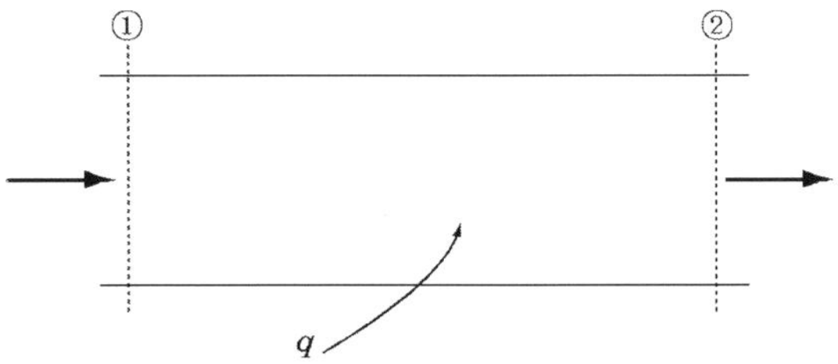

그림 2-23 일정면적을 마찰없이 흐르고 외부에서 열전달이 있는 유동

연속의 식과 모멘텀식은 초기상태 1로부터 임의의 상태(하첨자 없음)까지 적분하면

$$\rho V = \rho_1 V_1 \tag{2.164}$$

$$P - P_1 = -(\rho V)(V - V_1) = (\rho_1 V_1)(V - V_1) = \rho_1 V_1^2 - \rho V^2 \tag{2.165}$$

마하수를 도입하여 식을 변형하면

$$\frac{P}{P_1} = \frac{1+\gamma M_1^2}{1+\gamma M^2} \tag{2.166}$$

식 (2.144)를 사용하면

$$\frac{P_0}{P_{01}}=\left(\frac{1+\gamma M_1^2}{1+\gamma M^2}\right)\left(\frac{1+\dfrac{\gamma-1}{2}M^2}{1+\dfrac{\gamma-1}{2}M_1^2}\right)^{\frac{\gamma}{\gamma-1}} \tag{2.167}$$

위 식은 정체압력변화를 마하수의 변화로 나타 낼 수 있음을 보여준다.

이제 정체온도변화를 마하수의 변화값으로 나타내 보자.

$\dfrac{T}{T_1}=\dfrac{P}{P_1}\dfrac{\rho_1}{\rho}$는 연속의 식에서 $\rho V=\rho_1 V_1$이므로 $\dfrac{T}{T_1}=\dfrac{P}{P_1}\dfrac{V}{V_1}$이 되고 마하수는 $M=V/\sqrt{\gamma RT}$이므로 $\dfrac{T}{T_1}=\left(\dfrac{P}{P_1}\dfrac{M}{M_1}\right)^2$이 되어 식 (2.166)를 이용하면 $\dfrac{T}{T_1}=\left[\dfrac{1+\gamma M_1^2}{1+\gamma M^2}\left(\dfrac{M}{M_1}\right)\right]^2$이 된다. 식 (2.142)을 사용하면

$$\frac{T_0}{T_{01}}=\left[\frac{1+\gamma M_1^2}{1+\gamma M^2}\left(\frac{M}{M_1}\right)\right]^2\left(\frac{1+\dfrac{\gamma-1}{2}M^2}{1+\dfrac{\gamma-1}{2}M_1^2}\right) \tag{2.168}$$

음속조건에서 유체상태량은 항상 계산하기 쉬우므로 $M=1$에 해당하는 임계상태는 압축성 유동에서 편리한 기준점이 될 수 있다. 마찰이 없는 상태에서 열전달에 의해 $M=1$이 될 수 있는 가상의 상태를 위첨자 *을 표기하여 기준으로 하여 임의의 상태를 나타내는 관계식은 다음과 같다.

$$\frac{T}{T^*}=\left(\frac{1+\gamma}{1+\gamma M^2}\right)^2 M^2 \tag{2.169}$$

$$\frac{T_0}{T_0^*}=\frac{(\gamma+1)M^2[2+(\gamma-1)M^2]}{(1+\gamma M^2)^2} \tag{2.170}$$

$$\frac{P}{P^*}=\frac{1+\gamma}{1+\gamma M^2} \tag{2.171}$$

$$\frac{P_0}{P_0^*}=\left(\frac{1+\gamma}{1+\gamma M^2}\right)\left(\frac{2+(\gamma-1)M^2}{\gamma+1}\right)^{\frac{\gamma}{\gamma-1}} \tag{2.172}$$

$$\frac{V^*}{V}=\frac{\rho}{\rho^*}=\frac{1}{M^2}\left(\frac{1+\gamma M^2}{\gamma+1}\right) \tag{2.173}$$

$$\frac{s-s^*}{c_p}=\ln\left[M^2\left(\frac{1+\gamma}{1+\gamma M^2}\right)^{\frac{\gamma+1}{\gamma}}\right] \tag{2.174}$$

가스터빈 부품 중 정체엔탈피 변화는 연소기에서 발생된다. 연속의 식과 운동량식을 하나로 결

합하고 이를 T-s 선도 또는 h-s 선도에 나타낸 것을 Rayleigh 선도라고 하며 **〈그림 2-24〉**에 나타내었다. 즉 질량 Rayleigh선도는 단위 면적당 질량유량, 즉 질량 플럭스(mass flux : $G = \rho v$)와 임펄스 함수(impulse function : $I = PA = \rho A V^2$)가 일정한 선도라고 할 수 있다. **〈그림 2-24〉**의 주어진 입구상태 또는 상류상태에서 열전달 q가 있을 때 물리적으로 가능한 모든 하류 상태를 연결시킨 곡선이 Rayleigh선이다. Rayleigh 선상에 존재하는 모든 상태는 질량, 운동량, 에너지, 상태식을 모두 만족시킨다. 도관으로 열전달이 있을때 엔트로피는 증가하며, 최대 엔트로피는 지점 4에서 일어나며 $M = 1$이 된다. 점 4를 기준으로 상부에 있는 Rayleigh선은 모두 아음속 상태이며, 하부에 있는 모든 상태는 초음속 상태이다. 초기 마하수에 상관없이 가열에 의해 Rayleigh선은 엔트로피가 증가하는 오른쪽으로, 즉 $M = 1$을 향하여 일어난다. 그러나 가열만으로 아음속 유동은 초음속이 될 수 없고, 초음속 유동은 아음속이 될 수 없다. 즉 가열상태에서 4점을 통과하여, 즉 엔트로피가 감소하는 방향으로는 진행할 수 없다. 가열 상태에서 엔트로피가 감소하는 것은 열역학 제 2법칙에 위반되기 때문이다. 냉각의 경우에는 엔트로피가 감소하는 왼쪽으로 향하여 일어난다.

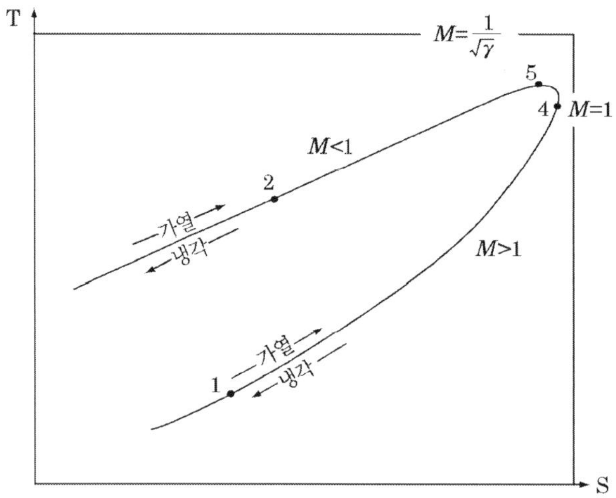

그림 2-24 Rayleigh 유동의 T-s 선도

실제 상태처럼 마찰이 있을때는 열전달에 의한 이 선도의 모양은 약간 수정될 수 있다. 에너지 보존식으로부터 $q = c_p(T_{02} - T_{01})$이므로 아음속과 초음속 모두 가열은 정체온도 T_0를 증가시켜 최대 T_0값은 M=1에서 나타난다. 아음속 유동이 가열될 때 정체온도를 4까지 계속 높여도 최대 정온도는 상태 5에서 일어나며 이때 $M = 1/\sqrt{\gamma}$이다. 상태 5와 상태 4 사이에서 정온도가 떨어지는 이유는 이 영역에서 유체속도가 크게 증가하기 때문이며 $T_0 = T + \dfrac{V^2}{2C_p}$에 따라 정온도가 감소

한다. 아음속 유동에 열을 가하면 $M=1$을 향하여 가속된다. $M=1$이 되었을때 최대 마하수가 되고 열을 계속 가하더라도 초음속으로 가속될 수 없다. 이러한 상태가 되었을때 정체엔탈피는 더 이상 증가하지 않으며 열적으로 초킹(thermal choking)현상이 되었다고 말한다. $M=1$ 이후에도 유동에 열을 계속 가하면 임계상태는 후방으로 이동하며 임계상태에서의 유체밀도는 더 낮아지기 때문에 유동량이 줄어든다. 그 결과 입구상태에도 영향을 미치게 되고 입구속도가 줄어들어 유동은 더 이상 처음의 Rayleigh 선을 따르지 않게 된다. 따라서 주어진 입구사이에 대응하는 임계상태는 유동이 변화하지 않는 정상유동에 전달 가능한 최대 열전달량을 결정하게 된다. 초음속 유동에 열을 가하면 $M=1$을 향하여 감속하게 된다. $\gamma=1.4$인 경우 식 (2.169)으로부터 식 (2.174)을 나타내면 **〈그림 2-25〉**와 같이 된다.

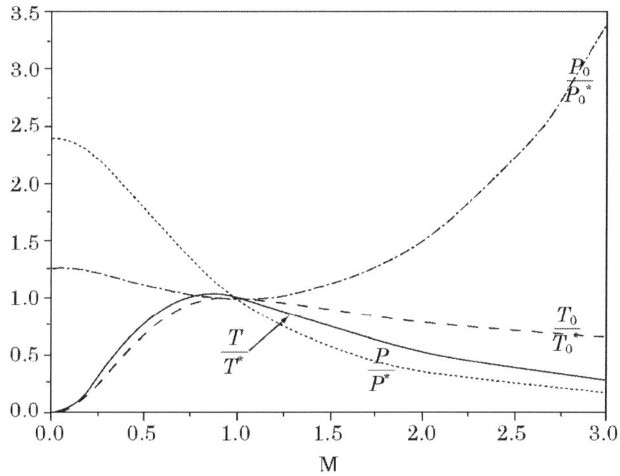

그림 2-25 Rayleigh 유동특성

그림에서 아음속 유동을 가열할 때 정체온도는 증가하며 속도와 마하수도 증가한다. 그러나 압력과 정체 압력은 감소하게 된다. 정온도는 $M_1 < 1/\sqrt{\gamma}$ 까지는 증가하고 $M_1 > 1/\sqrt{\gamma}$에 대해서는 정온도가 감소하게 된다. 초음속 유동에서 가열할 때는 온도, 압력, 정체온도는 각각 증가하지만 마하수, 유속, 정체압력은 각각 감소하게 된다. 가스터빈엔진의 연소기처럼 가열을 하여 T_0를 증가시키면 유동이 아음속이거나 초음속 모두 마하수는 1을 향해 가며,정체압력 P_0는 감소함을 알 수 있다. 덕트에서 마하수가 1에 도달된 후는 정체엔탈피가 더 이상 증가하지 않으며 이때를 열적으로 초크되었다고 한다. 열초킹이 되면(최대열전달) 출구에서 M=1이 되고 이때 $T_{0\,exit} = T_0^*$ 이 된다. 초기상태를 바꾸면 정체엔탈피는 달라진다. 나중에 나오는 식 (2.191)에서 보듯이 에너지가 가해질 때 정체압력은 감소하므로 유동흐름에 연소가 일어 날 때는 아음속이나 초음속 모두 정체압력이 약간 감소 할 수 있다.

예제 2-12 직경 13cm의 관형으로 이루어진 연소기가 있다. 연소기 입구에서는 온도는 530K, 압력은 450kPa, 유속은 80m/s이다. 발열량 42,000kJ/kg의 연료가 공기-연료질량비 40이 되도록 연소기에 공급되어 연소된다. 연소과정은 공기로의 열전달 과정으로 근사시킬 수 있다. 연소실 출구에서의 온도, 압력, 속도, 그리고 마하수를 구하라.

(상태량 : γ=1.4, c_p=1.005kJ/kg · K, R=0.287kJ/kg · K)

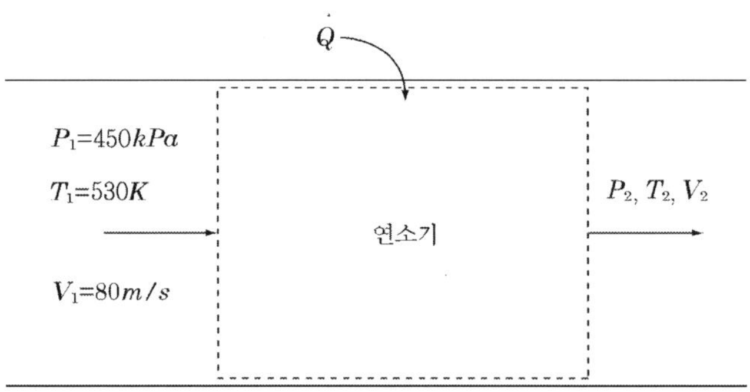

풀이 연소기 입구에서의 공기의 밀도와 질량유량은 각각 다음과 같이 얻어지며,

$$\rho_1 = \frac{P_1}{RT_1} = \frac{450kPa}{(0.287kJ/kg \cdot K)(550K)} = 2.958kg/m^3$$

$$\dot{m}_{air} = \rho_1 A_1 V_1 = (2.958kg/m^3)[\pi(0.13m)^2/4](80m/s) = 3.141kg/s$$

연료의 질량유량과 열전달률은 다음과 같이 나타난다.

$$\dot{m}_{fuel} = \frac{\dot{m}_{air}}{AF} = \frac{3.141kg/s}{40} = 0.0785kg/s$$

$$\dot{Q} = \dot{m}_{fuel} HV = (0.0785kg/s)(42,000kJ/kg) = 3298.5kW$$

$$q = \frac{\dot{Q}}{\dot{m}_{air}} = \frac{3298.5kJ/s}{3.141kg/s} = 1050kJ/kg$$

입구에서의 정체온도와 마하수는 다음과 같이 얻어진다.

$$T_{01} = T_1 + \frac{V_1^2}{2c_p} = 530K + \frac{(80m/s)^2}{2(1.005kJ/kg \cdot K)}\left(\frac{1kJ/kg}{1000m^2/s^2}\right) = 533.2K$$

$$c_1 = \sqrt{\gamma R T_1} = \sqrt{(1.4)(0.287kJ/kg \cdot K)(530K)\left(\frac{1000m^2/s^2}{1kJ/kg}\right)} = 461.5m/s$$

$$M_1 = \frac{V_1}{c_1} = \frac{80m/s}{461.5m/s} = 0.1734$$

에너지방정식 $q = c_p(T_{02} - T_{01})$로부터, 출구에서의 정체온도는 다음과 같이 얻어진다.

$$T_{02} = T_{01} + \frac{q}{c_p} = 533.2K + \frac{1050kJ/kg}{1.005kJ/kg \cdot K} = 1578K$$

정체온도의 최대값 T_0^*는 M=1에서 발생하고, 그 값은 식 (2.170)에서 언어질 수 있다. M_1 =0.1702에서 T_0/T_0^*=0.1291이므로 다음 결과가 언어진다.

$$T_0^* = \frac{T_{01}}{0.1291} = \frac{533.2K}{0.1291} = 4130K$$

출구상태에서의 정체온도비와 그에 상응하는 Mach 수는 다음과 같다.

$$\frac{T_{02}}{T_0^*} = \frac{1578K}{4130K} = 0.3821 \rightarrow M_2 = 0.3191$$

입구와 출구에서의 Mach수에 해당하는 Rayleigh 유동의 함수들은 다음과 같다.

$$M_1 = 0.1734 \rightarrow \frac{T_1}{T^*} = 0.1594 \qquad \frac{P_1}{P^*} = 2.3030 \qquad \frac{V_1}{V^*} = 0.0692$$

$$M_2 = 0.3191 \rightarrow \frac{T_2}{T^*} = 0.4492 \qquad \frac{P_2}{P^*} = 2.1006 \qquad \frac{V_2}{V^*} = 0.2139$$

따라서 출구에서의 온도, 압력, 그리고 속도는 다음과 같이 구해진다.

$$\frac{T_2}{T_1} = \frac{T_2/T^*}{T_1/T^*} = \frac{0.4492}{0.1594} = 2.818 \rightarrow T_2 = 2.818\,T_1 = 2.818(530K) = 1494K$$

$$\frac{P_2}{P_1} = \frac{P_2/P^*}{P_1/P^*} = \frac{2.1006}{2.3030} = 0.9121 \rightarrow P_2 = 0.9121P_1 = 0.9121(450kPa) = 410kPa$$

$$\frac{V_2}{V_1} = \frac{V_2/V^*}{V_1/V^*} = \frac{0.2139}{0.0692} = 3.091 \rightarrow V_2 = 3.091\,V_1 = 3.091(80m/s) = 247m/s$$

기대했던 대로, 가열되는 아음속 Rayleigh 유동에서 온도와 속도는 증가하고 압력은 감소하고 있다.

예제 2-13 마찰이 없고 단면적이 일정한 연소기가 있다. 연소기 입구에서 입구압력은 800kPa 이며 입구온도는 600K이며 입구 마하수는 0.15이다.
연소기 출구에서 온도가 $T_e = 1600\ K$일때 연소기 출구에서의 압력, 마하수, 연소기 전후 엔트로피 변화를 구하라. ($\gamma = 1.4$, $c_p = 1.005 kJ/kg \cdot K$)

풀이 먼저 출구에서의 마하수부터 구해본다. 식 2.169로부터

$$\frac{T_i}{T^*} = \left(\frac{1+\gamma}{1+\gamma M_i^2}\right)^2 M_i^2 = \left(\frac{1+1.4}{1+1.4\times 0.15^2}\right)^2 (0.15^2) = 0.1218$$

가 된다. 여기서 구하고자 하는 값은 출구에서의 마하수이므로 출구와 $M=1$인 점 사이의 온도비를 구해야 한다.

$$\frac{T_e}{T^*} = \frac{T_i}{T^*} \times \frac{T_e}{T_i}$$

이며 출구와 입구의 비 $T_e / T_i = 2.667$으로 문제 조건으로부터 주어졌으므로 위 값을 구할 수 있다. 위 식으로부터

$$\frac{T_e}{T^*} = \left(\frac{1+\gamma}{1+\gamma M_e^2}\right)^2 M_e^2 = 0.1218 \times 2.667 = 0.3248$$

위와 같이 구할 수 있다. 식 (2.169)로부터 정리하면 M_e에 대한 2차 방정식이 구해지므로 다음과 같이 출구에서의 마하수를 구할 수 있다.

$$1.557 M_e^2 - 5.04 M_e + 0.8256 = 0$$

로부터

$$M_e = 0.1704 \text{ 또는 } M_e = 4.105$$

위 연소기는 Rayleigh heating 과정이므로 $M_e = 4.1905$가 될 수 없다. 따라서 연소기 출구에서의 마하수는

$$M_e = 0.1704$$

비슷한 방법으로 출구에서의 압력도 구할 수 있다.

$$P_e = \frac{P_e}{P^*} \times P^*$$

이며 여기서

$$P^* = \frac{P^*}{P_i} \times P_i$$

이므로 이를 위 식에 대입하고 식 2.167을 사용하여 정리하면 다음과 같이 출구에서의 압력을 구할 수 있다.

$$P_e = P^* \times \frac{1+\gamma}{1+\gamma M_e^2} = 2.306 P^*$$

그리고

$$\frac{P_i}{P^*} = \frac{1+\gamma}{1+\gamma M_i^2} = 2.327$$

따라서 연소기 출구에서의 압력은

$$P_e = \frac{2.306}{2.327} \times 800 = 792.8\ kPa$$

엔트로피 변화는 식 2.171을 이용하여 구할 수 있다. 여기서 구하고자 하는 값은 $s_e - s_i$ 이며 이는 다음과 같이 구할 수 있다.

$$s_e - s_i = (s_e - s^*) - (s_i - s^*)$$

식 2.174로부터

$$s_e - s_i = c_p \ln \left[\frac{M_e^2 \left(\frac{1+\gamma M_e^2}{\gamma+1} \right)^{\frac{\gamma+1}{\gamma}}}{M_i^2 \left(\frac{1+\gamma M_i^2}{\gamma+1} \right)^{\frac{\gamma+1}{\gamma}}} \right]$$

다시 위 식을 간단히 하고 값을 대입하면 다음과 같이 연소기 전후 엔트로피 변화를 구할 수 있다.

$$s_e - s_i = c_p \ln \left[\left(\frac{M_e}{M_i} \right)^2 \left(\frac{1+\gamma M_e^2}{1+\gamma M_i^2} \right)^{\frac{\gamma+1}{\gamma}} \right] = 1.116\ kJ/kg \cdot K$$

(2) 마찰이 있고 일정 면적 덕트에서의 단열유동(Fanno 유동)

마찰이 있고 일정 면적 덕트를 단열상태로 흐르는 유동을 Fanno 유동이라 한다. Fanno 유동을 만족하는 식 (2.149), (2.152), (2.155)은 다음과 같이 된다.

$$\text{연속의 식 : } \frac{d\rho}{\rho}+\frac{dV}{V}=0 \tag{2.175}$$

$$\text{모멘텀식 : } \frac{dP}{P}=-\frac{\tau ds}{PA}-\frac{\rho VdV}{P}$$

원주길이를 c, 도관 미소길이를 dx라 하면 $ds=c_r dx$이므로 위 식은

$$\text{모멘텀식 : } \frac{dP}{P}=-\frac{\tau c_r dx}{PA}-\frac{\rho VdV}{P} \tag{2.176}$$

$$\text{에너지식 : } 0=dh+VdV \tag{2.177}$$

$$\text{엔트로피식 : } ds=c_p\frac{dT}{T}-R\frac{dP}{P} \tag{2.178}$$

Fanning의 표면 마찰계수 c_f를 $\tau_w/(\rho V_{avg}^2/2)$으로 정의하고 덕트의 직경은 D 또는 일반적으로 원형이 아니면 $D_H=4A/c$인 수력반경을 사용함으로써 완전가스식과 마하수 정의를 사용하여 식 (2.177), (2.178), (2.179)을 변형하면 다음과 같다.

$$\text{연속의 식 : } \frac{dP}{P}-\frac{dT}{T}+\frac{1}{2}\frac{dV^2}{V^2}=0 \tag{2.179}$$

$$\text{모멘텀식 : } \frac{dP}{P}=-\frac{\gamma M^2}{2}\left(\frac{fdx}{D}\right)-\frac{VdV}{RT} \tag{2.180}$$

$$\text{에너지식 : } 0=\frac{d\tau}{\tau}+\frac{\gamma-1}{\gamma}\frac{VdV}{RT} \tag{2.181}$$

길이 L이고 직경 D인 도관에서 마찰에 의한 압력손실은 다음과 같다.

$$\Delta P_L=f\frac{L}{D_H}\rho\frac{V_{avg}^2}{2} \tag{2.182}$$

여기서 f는 Darcy 마찰계수이고 다음관계가 있다.

$$f=\frac{8\tau_w}{\rho V_{avg}^2}=4c_f \tag{2.183}$$

$M=V/\sqrt{\gamma RT}$이므로

$$\frac{dM^2}{M^2}=\frac{dV}{V}-\frac{dT}{T} \tag{2.184}$$

연속의 식 (2.179)을 위 식에 적용하면 $\frac{dM^2}{M^2}=-2\frac{dP}{P}+\frac{dT}{T}$가 되고 모멘텀식과 에너지식을 결합하면

$$\frac{dP}{P}=-\frac{\gamma M^2}{2}\left(\frac{fdx}{D}\right)-\frac{\gamma}{\gamma-1}\frac{dT}{T} \tag{2.185}$$

식 (2.184)과 식 (2.185)를 결합하면

$$\frac{dM^2}{M^2}=\gamma M^2\left(\frac{fdx}{D}\right)-\frac{\gamma+1}{\gamma-1}\frac{dT}{T} \tag{2.186}$$

일정 전온도식 (2.112)를 적용하면

$$\frac{dM^2}{M^2}=\frac{\gamma M^2\left(1+\frac{\gamma-1}{2}M^2\right)}{1-M^2}\left(\frac{fdx}{D}\right) \tag{2.187}$$

위 식에서 M〈1인 경우 $dM^2>0$이고 M〉1인 경우는 $dM^2<0$이 된다. 즉 마찰은 항상 마하수를 1로 가게 한다. 일정한 마찰계수 c_f인 경우 임의의 마하수 M에서 마하수 1까지 위식을 적분하면

$$f\frac{L^*}{D}=\frac{1-M^2}{\gamma M^2}+\frac{\gamma+1}{2\gamma}\ln\frac{(\gamma+1)M^2}{2\left(1+\frac{\gamma-1}{2}M^2\right)} \tag{2.188}$$

여기서 L^*는 임의의 상태 M=M에서 M=1까지 변하는 덕트의 길이이며 이를 최대길이, 음속길이, 또는 임계길이라 부른다. $M=1$에 도달 할 만큼 덕트길이가 충분하지 않으면 L^*는 **〈그림 2-26〉**과 같이 가상적인 위치에 있게 된다.

또 f는 임의 마하수 M에서 M=1이 되는 사이의 평균 마찰 계수이며 Darcy 마찰계수는 Moody 선도나 Colebrook, Haaland 관계식을 사용하여 근사적으로 다음과 같이 구할 수 있다. [1]

$$\text{Colebrook 식;}\quad \frac{1}{\sqrt{f}}=-2.0\log\left(\frac{\epsilon/D}{3.7}+\frac{2.51}{\mathrm{Re}\sqrt{f}}\right)$$

$$\frac{1}{\sqrt{f}}\approx-1.8\log\left[\frac{6.9}{\mathrm{Re}}+\left(\frac{\epsilon/D}{3.7}\right)^{1.11}\right] \tag{2.189}$$

여기서 ϵ는 조도의 평균 높이, D는 파이프의 직경이고, ϵ/D는 상대조도이다. Colebrook식은 f에 대하여서는 내재적인 식으로 표현되므로 반복계산하여야 한다. Haaland 식은 f에 대해 외재적인 표현이므로 바로 f를 구할 수 있으며 이 값으로 구한 f는 Colebrook식에서 구한 값과 약 2% 정도의 오차만 나타내고 잘 일치한다. 실제적으로 Haaland식으로 초기값을 구하여

Colebrook식에서 반복하여 구하는 방법을 사용한다.

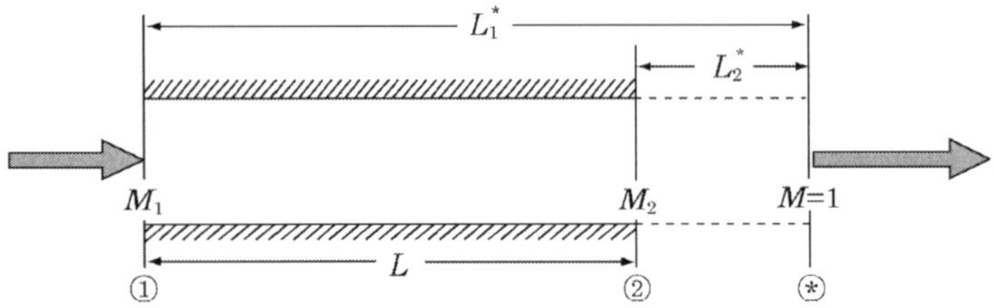

그림 2-26 마찰이 있는 일정면적을 단열상태로 흐르는 유동

〈그림 2-26〉에서 점선 영역은 실제 출구 마하수가 1이 아닐 때 M=1이 되게 하는 가상의 거리를 나타내고 L^*은 마하수 M에서 M=1인 곳까지의 거리를 나타낸다. **〈그림 2-26〉**은 마찰이 있는 일정면적을 단열상태로 흐를 때를 보여주고 있다. 초기 입구조건과 질량유량 $\dot{m}$, $(c_f)_{avg}$가 주어지면 유동을 전달 할 수 있는 최대 덕트의 길이가 존재하게 된다. 이 경우 출구 마하수는 1이고 이 길이를 L^*라 하면 임의의 마하수 M인 입구 1 지점에서 덕트 출구인 임의의 거리 L($L < L^*$)인 곳까지의 거리는 다음과 같이 구할 수 있다.

$$\frac{fL_2^*}{D} = \frac{fL_1^*}{D} - \frac{fL_2{}'}{D} \tag{2.190}$$

일반적으로 마찰 계수 f는 덕트 위치에 따라 다르지만, 전 덕트에 대해 f가 일정하다면 마하수 M_1과 M_2인 두 지점사이의 실제 덕트길이 L은 다음과 같이 구할 수 있다.

$$L = L_1^* - L_2^* \tag{2.191}$$

임의의 상태($M = M$)에서 음속상태($M = 1$)까지의 유동관계식은 다음과 같다.

$$\frac{T}{T^*} = \frac{\gamma+1}{2\left(1+\dfrac{\gamma-1}{2}M^2\right)} \tag{2.192}$$

$$\frac{V^*}{V} = \frac{\rho}{\rho^*} = \frac{1}{M}\left(\frac{2+(\gamma-1)M^2}{\gamma+1}\right)^{\frac{1}{2}} \tag{2.193}$$

$$\frac{P}{P^*} = \frac{1}{M}\left[\frac{\gamma+1}{2\left(1+\dfrac{\gamma-1}{2}M^2\right)}\right]^{\frac{1}{2}} \tag{2.194}$$

$$\frac{P_0}{P_0^*} = \frac{\rho_0}{\rho_0^*} = \frac{1}{M}\left[\frac{2}{\gamma+1}\left(1+\frac{\gamma-1}{2}M^2\right)\right]^{\frac{\gamma+1}{2(\gamma-1)}} \tag{2.195}$$

$$\frac{T_0}{T_0^*} = 1 \text{ (Fanno 유동에서 } T_0\text{=일정)} \tag{2.196}$$

연속의 식과 에너지식을 조합하고 상태방정식을 사용하여 이를 T-s 선도(또는 h-s선도)에 나타낸 것을 Fanno 선도라 하며 이를 **〈그림 2-27〉**에 나타내었고, Fanno 선도는 T_0와 단위면적당 질량플럭스가 동일한 궤적이다.

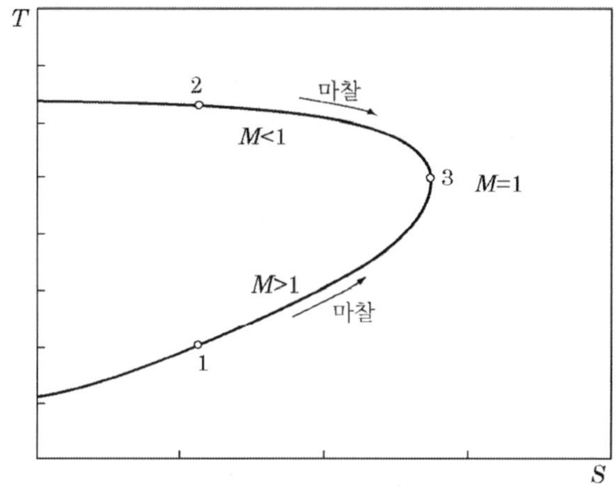

그림 2-27 Fanno 유동의 T-s 선도

아음속유동의 경우 덕트길이를 길게 하면 Fanno유동은 상태 2에서 상태 3 방향으로 이동하며, 초음속 유동의 경우는 덕트길이를 길게하면 Fanno유동은 상태 1에서 상태 3 방향으로 이동한다. 아음속이거나 초음속에서 마찰이 있으면 마하수는 1을 향해 증가한다. 아음속 유동에서 덕트길이를 L^* 보다 더 길게 연장시킨다면, 초음속으로 가속 될 수 있을까? 임계길이보다 더 연장 시키더라도 결코 초음속유동이 될 수 없다. 그 이유는 다음과 같다. 아음속에서 초음속으로 또는 초음속에서 아음속으로 유동이 변할 때는 3을 통과하여 엔트로피가 감소하여야 하는데 이것은 열역학 제2법칙에 위배되기 때문에 상태 3을 통과하여 유동상태가 변할 수가 없다. $M=1$에서 최대엔트로피를 가지며 L^*를 마찰이 있는 경우의 최대길이, 음속길이 또는 임계길이라고 말한다. 덕트길이를 L^* 보다 더 길게 연장시키면 임계상태는 보다 후방으로 이동하게 되고 유량이 감소되며, 이 결과 입구상태의 속도는 줄어들고 질량유량도 줄어들어 최초의 Fanno 선을 더 이상 따르지 않는다.

식 (2.192)부터 식 (2.196)까지를 $\gamma = 1.4$인 경우에 대하여 나타내면 **〈그림 2-28〉**과 같게 된다.

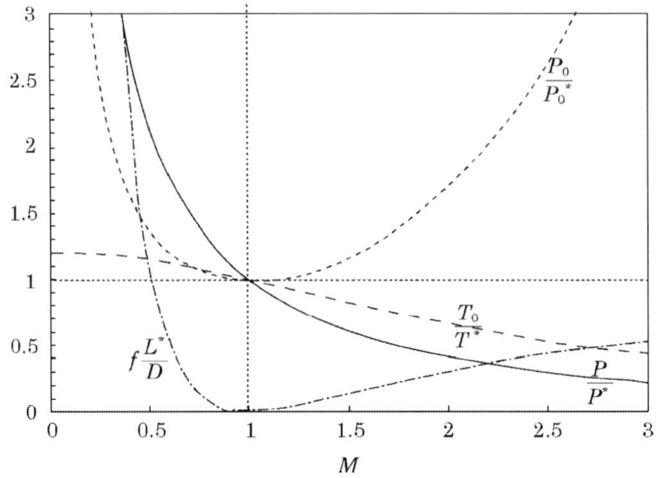

그림 2-28 Fanno 유동특성

마찰의 영향을 고려하면 아음속 유동시 유속과 마하수, 엔트로피는 증가하고 압력, 온도, 정체압력은 감소한다. 초음속 유동에서는 마찰의 영향이 있는 Fanno 유동의 경우 초음속 유동에서는 유속, 마하수, 정체압력은 감소하고 압력, 온도, 엔트로피는 증가한다. 즉 마찰은 아음속이던 초음속이던 정체압력을 감소시킨다.

예제 2-14 마찰이 있고 단열되고 직경이 4cm인 도관입구로 온도 350K, 압력 200kPa, 마하수 0.4인 공기가 공급된다. 만일 덕트 출구에서의 마하수가 1이면, 이때 덕트의 길이와 덕트 출구에서의 온도, 압력, 그리고 속도를 구하시오. 또 덕트의 정체압력손실의 백분율을 구하라. 단 마찰계수는 Colebrook방정식을 따라 구해진다.

(상태량 : γ=1.4, c_p=1.005kJ/kg · K, R=0.287kJ/kg · K, $\nu = 1.58 \times 10^{-5} m^2/s$)

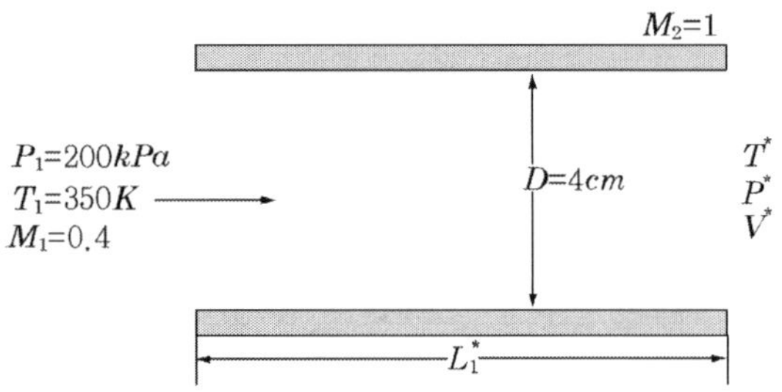

풀이 먼저 입구속도와 입구 Reynolds수를 다음과 같이 결정된다.

$$c_1 = \sqrt{\gamma R T_1} = \sqrt{(1.4)(0.287kJ/kg \cdot K)(350K)\left(\frac{1000m^2/s^2}{1kJ/kg}\right)} = 375m/s$$

$$V_1 = M_1 c_1 = 0.4(375m/s) = 150m/s$$

$$Re_1 = \frac{V_1 D}{\nu} = \frac{(150m/s)(0.04m)}{1.58 \times 10^{-5} m^2/s} = 3.797 \times 10^5$$

마찰계수는 Colebrook 방정식에 의하여 구해진다.

$$\frac{1}{\sqrt{f}} = -2.0\log\left(\frac{\epsilon/D}{3.7} + \frac{2.51}{Re\sqrt{f}}\right) \text{ 에서 } \frac{1}{\sqrt{f}} = -2.0\log\left(\frac{0}{3.7} + \frac{2.51}{3.797 \times 10^5 \sqrt{f}}\right)$$

따라서 다음과 같은 해가 얻어진다.

$$f = 0.0138$$

입구 마하수 0.4에 상응하는 Fanno 유동의 함수들은 다음과 같이 얻어진다.

$$\frac{P_{01}}{P_0^*} = 1.5901 \quad \frac{T_1}{T^*} = 1.1628 \quad \frac{P_1}{P^*} = 2.6958 \quad \frac{V_1}{V^*} = 0.4313 \quad \frac{fL_1^*}{D} = 2.3085$$

여기서 *는 출구에서 나타나는 음속조건이고, 덕트의 길이와 출구에서의 온도, 압력, 그리고 속도는 다음과 같이 구해진다.

$$L_1^* = \frac{2.3085D}{f} = \frac{2.3085(0.04m)}{0.0138} = 6.69$$
$$T^* = \frac{T_1}{1.1628} = \frac{350K}{1.1628} = 301K$$
$$P^* = \frac{P_1}{2.6958} = \frac{200kPa}{2.6958} = 74.2kPa$$
$$V^* = \frac{V_1}{0.4313} = \frac{150m/s}{0.4313} = 348m/s$$

따라서, 주어진 마찰계수에 대하여, 덕트 출구에서 마하수가 M=1에 도달하기 위한 덕트의 길이는 6.69m가 되어야만 한다. 덕트의 마찰에 의하여 생긴 입구정체 압력 P_{01}의 손실비는 다음과 같이 계산된다.

$$\frac{P_{01} - P_0^*}{P_{01}} = 1 - \frac{P_0^*}{P_{01}} = 1 - \frac{1}{1.5901} = 0.371 \quad \text{또는} \quad 37.1\%$$

(3) Rayleigh 선도와 Fanno선도의 조합

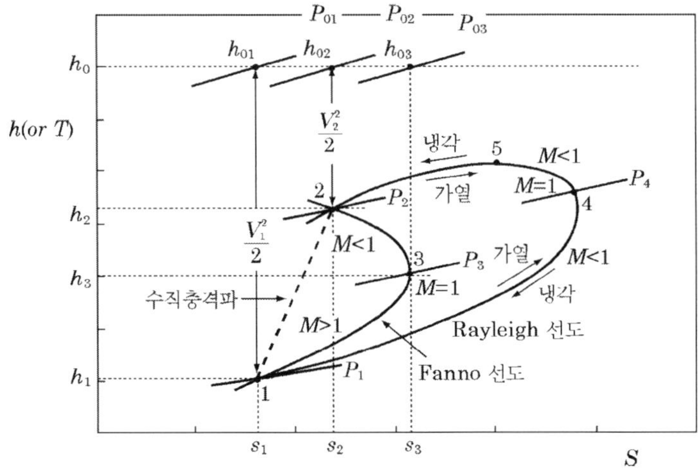

그림 2-29 Fanno 선도, Rayleigh 선도, 수직충격파 선도

Rayleigh 선도와 Fanno 선도를 같이 나타내면 **〈그림 2-29〉**와 같게 된다. 최대 엔트로피는 M=1인 곳에서 일어나며 각선의 위부분 상태는 아음속이고 아랫부분은 초음속이다. Rayleigh 선도와 Fanno 선도는 두점(점 1, 2)에서 교차하는데 이것은 세 개의 보존식이 만족되는 두 상태를 나타낸다. 상태 1은 충격파 전 상태를, 상태 2는 충격파 후의 상태를 나타낸다.

Rayleigh 선도와 Fanno 선도의 온도와 엔트로피의 관계를 살펴보자. 두 선도의 온도와 엔트로피 관계식은 다음과 같다.

Rayleigh유동

$$\frac{s-s_1}{c_p}=\ln\left[\frac{T}{T_1}\right]-\left[\frac{\gamma-1}{\gamma}\right]\ln\left[\frac{(1+\gamma M_1^2)\pm\sqrt{(1+\gamma M_1^2)^2-4\gamma M_1^2(T/T_1)}}{2}\right] \qquad (2.197)$$

Fanno 유동

$$\frac{s-s_1}{c_p}=\ln\left[\left(\frac{T}{T_1}\right)^{\frac{1}{\gamma}}\left(\frac{T_0-T}{T_0-T_1}\right)^{\frac{\gamma-1}{2\gamma}}\right]$$

또는 $$\frac{s-s_1}{c_v}=\ln\left(\frac{T}{T_1}\right)+\left(\frac{\gamma-1}{2}\right)\ln\left(\frac{T_0-T}{T_0-T_1}\right) \qquad (2.198)$$

여기서 T_1은 $s_1=0$일때 온도이다. 그리고 T_0이 주어지면 s와 T사이의 관계를 알 수 있다.

(4) 마찰, 면적 변화, 온도 변화가 있는 덕트에서의 유동

마찰도 있으며 면적이 변화하고, 정체온도도 변화하는 경우에 마하수 및 정체압력 변화는 다음과 같다.

$$\frac{dM}{dx}=\left[\frac{2+(\gamma-1)M^2}{2(1-M^2)}\right]M\left[\left(\frac{1+\gamma M^2}{2}\right)\frac{1}{T_0}\frac{dT_0}{dx}+\left(\frac{1}{2}\gamma M^2\right)\frac{f}{D}\right] \tag{2.199}$$

여기서 f는 Darcy 마찰계수이며 $f=8\tau_w/(\rho V_{avg}^2)$으로 나타낼 수 있고 τ_w는 벽면에서의 전단응력으로 $\tau_w=\mu\frac{dV}{dy}$로 나타낼 수 있다.

정체압력변화를 나타내면

$$\frac{dP_0}{P_0}=-\frac{\gamma M^2}{2}\frac{dT_0}{T_0}-\frac{\gamma M^2}{2}\left(\frac{fdx}{D}\right) \tag{2.200}$$

식 (2.200)에서 마찰에 의해서 전압력이 감소할 뿐만 아니라 온도증가에 의해서도 전압력이 감소함을 알 수 있다.

예제 2-15

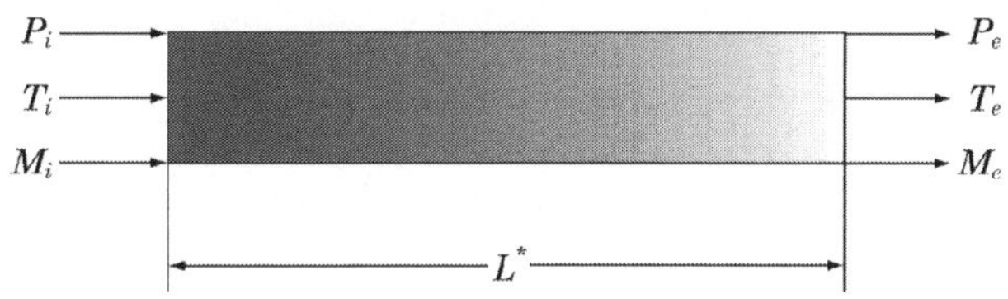

위 그림과 같이 잘 단열된 덕트가 있다. 파이프 내부의 마찰 계수가 $f=0.03$으로 일정하며 지름은 $D=0.15\ m$이다. 입구에서 표준대기조건의 공기가 마하수 $M_i=0.2$의 속도로 유입되고 있다. 출구에서의 유동 마하수가 $M_e=1$이 되기 위한 파이프의 길이 L^*는 얼마인가? 또 같은 조건에서 파이프의 길이가 40% 줄어들면 출구에서의 온도와 압력을 구하라.

풀이 주어진 조건과 식 2.189로부터

$$f\frac{L^*}{D}=\frac{1-M_i^2}{\gamma M_i^2}+\frac{\gamma+1}{2\gamma}ln\frac{(\gamma+1)M_i^2}{2\left(1+\frac{\gamma-1}{2}M_i^2\right)}=14.533$$

따라서 초킹을 위한 파이프의 길이 L^*는

$$L^* = 14.533 \times \frac{D}{f} = 72.67\ m$$

만약 여기서 길이가 40% 줄어들면 파이프의 길이는 $L = 43.60\ m$가 되며 이 때 초킹을 위해 필요한 파이프의 길이는 $L^* = 29.07\ m$가 된다. 문제에서 구하고자 하는 출구 조건은 $L^* = 29.07m$인 경우 이 파이프의 입구조건과 같으므로 다시 식 2.189로부터

$$f\frac{L^*}{D} = \frac{1-M_i^2}{\gamma M_i^2} + \frac{\gamma+1}{2\gamma} ln \frac{(\gamma+1)M_i^2}{2\left(1+\frac{\gamma-1}{2}M_i^2\right)} = 5.813$$

이 된다. 이를 M_i에 대해 풀면 $M_i = 0.2897$가 나온다. 따라서 입구와 출구에서의 관계식으로부터

$$\frac{T_e}{T_i} = \frac{T_e/T^*}{T_i/T^*} = \frac{\left(1+\frac{\gamma-1}{2}M_i^2\right)}{\left(1+\frac{\gamma-1}{2}M_e^2\right)} = 0.9914$$

$$\frac{P_e}{P_i} = \frac{P_e/P^*}{P_i/P^*} = \frac{M_i}{M_e}\left[\frac{1+\frac{\gamma-1}{2}M_i^2}{1+\frac{\gamma-1}{2}M_e^2}\right]^{1/2} = 0.6874$$

위 관계식을 이용하여 파이프의 출구에서의 온도와 압력은 다음과 같이 구할 수 있다.

$$T_e = \frac{T_e}{T_i} \times T_i = 295.4\ K$$
$$P_e = \frac{P_e}{P_i} \times P_i = 69.65\ kPa$$

(5) 충격파

충격파는 초음속이 있는 유동에서의 두께가 아주 작은 불연속면이며 충격파를 통해 압력이 비가역적으로 상승하고 속도가 감소한다. 그러나 충격파는 두께가 아주 작지만, 유체가 충격파를 통과할 때는 충격파 내부에서는 점성응력, 열전달이 생기고 비평형상태가 되고 비가역적 변화가 일어난다. 충격파 내부의 변화 보다는 충격파 전후에 일어나는 변화 즉 **〈그림 2-30〉**의 단면 1과 2의 변화를 알아보자. 유체가 충격파를 통과할 때에 외부의 열의 출입이 없으므로 단열유동이 된다. [6-8]

1) 수직 충격파

〈그림 2-30〉과 같은 유동방향에 수직한 충격파는 유동방향이나 면적의 변화가 없으며 제어체적을 통한 열전달과 일도 없으므로 1차원 연속의식, 모멘텀식, 에너지식이 다음과 같이 성립된다.

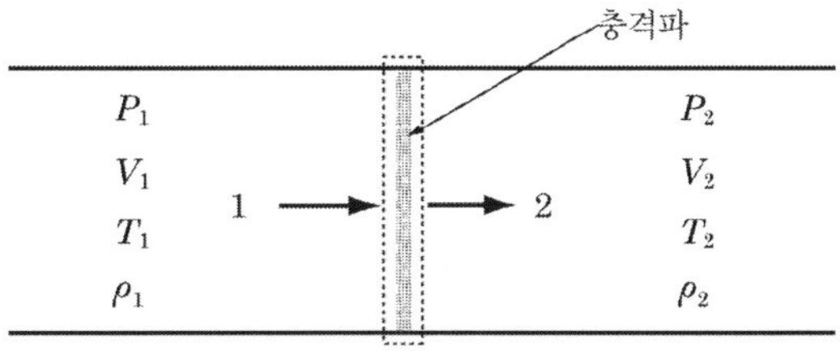

그림 2-30 수직 충격파

$$\text{연속의 식 : } \rho_1 V_1 = \rho_2 V_2 \tag{2.201}$$

$$\text{모멘텀 식 : } P_1 - P_2 = \rho_1 V_1 (V_2 - V_1) \tag{2.202}$$

$$\text{에너지 식 : } T_{01} = T_{02} \tag{2.203}$$

여기서 하첨자 1은 충격파 전, 2는 충격파 후를 나타낸다.

이상기체 상태방정식, 마하수 관계식을 사용하여 위 식을 변형하고 정리하면 충격파 전 후의 온도, 압력, 전압력, 속도, 마하수, 엔트로피 변화식을 다음과 같이 구할 수 있다.

$$T_{01} = T_{02} \tag{2.204}$$

$$M_2^2 = \frac{M_1^2 + \dfrac{2}{\gamma - 1}}{\dfrac{2\gamma}{\gamma - 1} M_1^2 - 1} = \frac{1 + \dfrac{\gamma - 1}{2} M_1^2}{\gamma M_1^2 - \dfrac{\gamma - 1}{2}} \tag{2.205}$$

$$\frac{T_2}{T_1} = \frac{\left(1 + \dfrac{\gamma - 1}{2} M_1^2\right)\left(\dfrac{2\gamma}{\gamma - 1} M_1^2 - 1\right)}{\dfrac{(\gamma + 1)^2}{2(\gamma - 1)} M_1^2} \tag{2.206}$$

$$\frac{P_2}{P_1} = \frac{2\gamma}{\gamma + 1} M_1^2 - \frac{\gamma - 1}{\gamma + 1} = 1 + \frac{2\gamma}{\gamma + 1}\left(M_1^2 - 1\right) \tag{2.207}$$

$$\frac{P_{02}}{P_{01}} = \frac{\left[\left(\dfrac{\gamma + 1}{2} M_1^2\right) \Big/ \left(1 + \dfrac{\gamma - 1}{2} M_1^2\right)\right]^{\frac{\gamma}{\gamma - 1}}}{\left(\dfrac{2\gamma}{\gamma + 1} M_1^2 - \dfrac{\gamma - 1}{\gamma + 1}\right)^{\frac{1}{\gamma - 1}}} \tag{2.208}$$

$$\frac{\rho_2}{\rho_1} = \frac{V_1}{V_2} = \frac{(\gamma + 1) M_1^2}{2 + (\gamma - 1) M_1^2} \tag{2.209}$$

$$\frac{P_{02}}{P_1}=\frac{\left(1+\gamma M_1^2\right)\left[1+M_2^2\left(\frac{\gamma-1}{2}\right)\right]^{\frac{\gamma}{\gamma-1}}}{1+\gamma M_2^2} \tag{2.210}$$

$$\frac{s_2-s_1}{R}=\ln\left\{\left[\frac{(\gamma+1)\mathrm{M}_1^2}{2+(\gamma-1)}\right]^{-\frac{\gamma}{\gamma-1}}\left[\frac{2\gamma}{\gamma+1}\left(\mathrm{M}_1^2-1\right)+1\right]^{\frac{1}{\gamma-1}}\right\} \tag{2.211}$$

수직충격파를 통해서 속도는 초음속에서 아음속으로 변하며 압력 및 온도는 상승하나, 전압력은 감소하며, 전온도는 일정하다. 식 (2.204)~(2.211)를 나타낸 것이 **〈그림 2-31〉**이다.

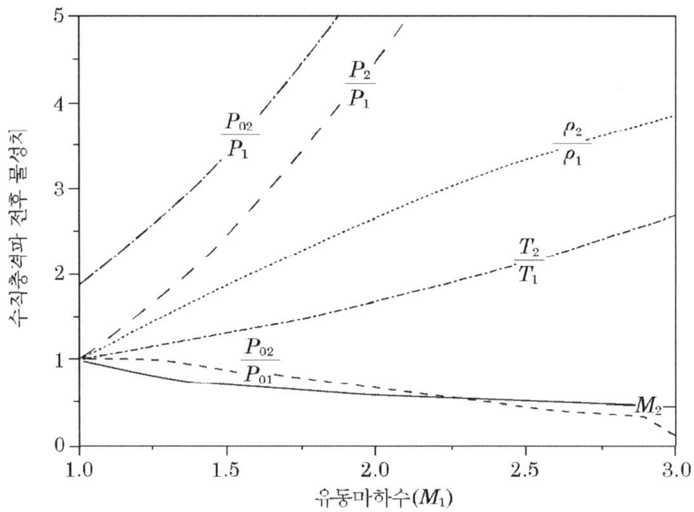

그림 2-31 유동마하수에 따른 수직 충격파 전후 온도, 압력변화

공기 흡입구와 같은 디퓨저 형상의 등엔트로피 효율은 식 (4.2)~(4.6)에 나타내었다.

2) 경사충격파

쐐기모양 위를 초음속 유동이 흐를 때 꺽임각 δ가 어느 정도 이상이면 충격파가 쐐기모양 꼭지점에서 떨어져 발생하며, 꺽임각 δ가 어느정도 이하이면 경사충격파는 쐐기모양의 꼭지점에 붙어서 발생한다.

유동방향에 충격파가 **〈그림 2-32〉**와 같이 기울어진 충격파를 경사충격파(oblique shock)라 한다. 경사충격파 전후의 속도벡터를 충격파에 수직 방향과 접선방향인 두성분으로 나누고, 충격파 주위에 제어체적을 설정하여 해석한다. 경사충격파의 수직성분에 대해서는 수직충격파의 모든 관계식들이 적용 가능하다. 경사충격파에서 접선속도 V_{1t}와 V_{2t}는 동일하다. 제어체적을 통해 들어오고 나가는 질량에 대한 질량보존식으로부터 $\rho_1 V_{1n}=\rho_2 V_{2n}$이 성립한다. 수직성분은 M_{1n} 초음속에서 M_{2n}의 아음속으로 변한다. 그러나 경사충격파를 지난 전체 마하수(M_2)는 반드시 아음속이 되는 것이 아니고 속도가 감소한 초음속이 될 수도 있다. 경사충격파를 지난 마하수 M_2는 접선마하수(M_{1t})는 변하지 않는다는 사실과 수직성분(M_{2n})은 수직충격파로부터 구하여 M_2를 구할 수 있다. [6]

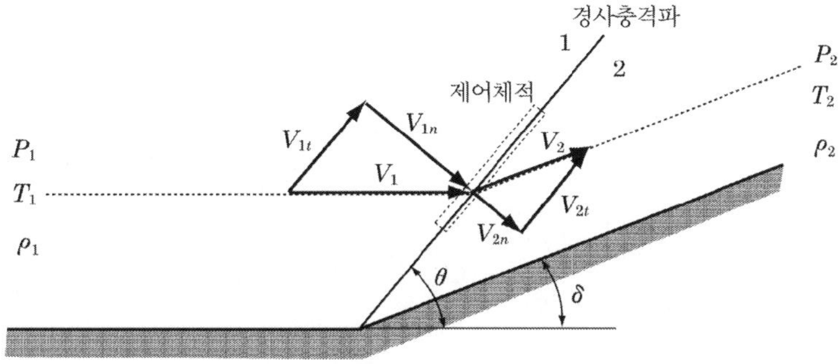

그림 2-32 경사충격파

〈그림 2-32〉에서 θ를 충격파각(shock angle), δ를 쐐기각 또는 꺾임각(deflection angle) 혹은 선회각(turning angle)이라 한다. 경사충격파 전후의 속도 관계식은 다음과 같다.

$$\frac{V_{2n}}{V_{1n}} = \frac{\tan(\theta-\delta)}{\tan\theta} = \frac{2+(\gamma-1)M_{1n}^2}{(\gamma-1)M_{1n}^2} = \frac{2+(\gamma-1)M_{1n}^2 \sin^2\theta}{(\gamma+1)M_{1n}^2 \sin^2\theta} \tag{2.212}$$

삼각함수 관계식을 사용하여 $\delta-\theta-M_1$의 관계식을 구하면 다음과 같다.

$$\cot\theta = \left(\frac{\gamma+1}{2}\frac{M_1^2}{M_1^2 \sin^2\theta - 1} - 1\right)\tan\delta \tag{2.213}$$

상류마하수 M_1과 꺾임각 δ를 알면 충격파각 θ는 반복법으로 구할 수 있다. 이 식에서 주어진 꺾임각 δ에서 충격파각 θ에 대한 2개의 실근을 갖는데 각각을 약한 충격파(쐐기모양 꼭지점에 붙어서 발생함)와 강한 충격파(쐐기모양 꼭지점에서 떨어져 발생함)에 대한 충격파 각이라 하며 **〈그림 2-33〉**에 실선은 약한 충격파의 경우 점선은 강한 충격파의 경우를 나타내고 있다. 식 (2.212)을 근거로 여러 가지 상류 마하수 M_1에 충격파 각 θ, 꺾임각 δ를 **〈그림 2-33〉**에 그려 놓았다.

경사충격파 전후의 압력, 온도, 밀도, 전압력, 엔트로피 변화의 관계식은 다음과 같다[7].

$$\frac{P_2}{P_1} = \frac{2\gamma}{\gamma+1}M_1^2 \sin^2\theta - \frac{\gamma-1}{\gamma+1} \tag{2.214}$$

$$\frac{T_2}{T_1} = \frac{\left[1+\frac{1}{2}(\gamma-1)M_1^2 \sin^2\theta\right]\left[\frac{2\gamma M_1^2 \sin^2\theta}{\gamma-1} - 1\right]}{\left[\frac{(\gamma+1)^2}{2(\gamma-1)}\right]M_1^2 \sin^2\theta} \tag{2.215}$$

$$\frac{\rho_2}{\rho_1}=\frac{V_{1n}}{V_{2n}}=\frac{(\gamma+1)M_1^2\sin^2\theta}{2+(\gamma-1)M_1^2\sin^2\theta} \tag{2.216}$$

$$\frac{P_{02}}{P_{01}}=\left(\frac{\frac{1}{2}(\gamma+1)M_1^2\sin^2\theta}{1+\frac{1}{2}(\gamma-1)M_1^2\sin^2\theta}\right)^{\frac{\gamma}{\gamma-1}}\times\left(\frac{2\gamma}{\gamma+1}M_1^2\sin^2\theta-\frac{\gamma-1}{\gamma+1}\right)^{\frac{1}{1-\gamma}} \tag{2.217}$$

$$\frac{s_2-s_1}{R}=\frac{\gamma}{\gamma-1}\ln\left(\frac{2}{(\gamma+1)M_1^2\sin^2\theta}+\frac{\gamma-1}{\gamma+1}\right)$$
$$+\frac{1}{\gamma-1}\ln\left(\frac{2\gamma}{\gamma+1}M_1^2\sin^2\theta-\frac{\gamma-1}{\gamma+1}\right) \tag{2.218}$$

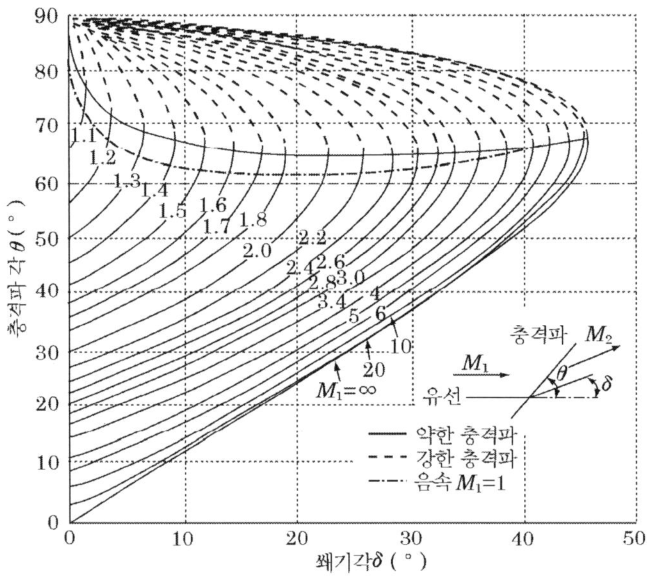

그림 2-33 상류 마하수에 따른 충격파 각도와 꺾임각의 관계

(6) 데토네이션파

데토네이션이란 연소에 의해 만들어진 에너지 방출로 지속되는 충격파이다. 즉, 데토네이션은 충격파에 선도되는 화염전파이다. 가연성의 혼합가스를 관 속에서 연소시키면 어떤 조건에서는 화염전파속도가 급격하게 상승하여 1000<3500m/s까지 도달하여 거기서 발생하는 충격파는 음속을 초과할 때가 있다. 이때에 일어나는 현상을 데토네이션이라고 한다. 데토네이션의 시작(개시)는 혼합기의 점화나 발화와는 근본적으로 다른 현상이다. 데토네이션의 시작에 앞서 강한 충격파가 가스 가운데를 통과하고 그 배후에 급속한 화학반응을 발생시키고, 이 화학반응에 의해 충격파가

보강되고 결국은 데토네이션까지 성장한다. 이 현상을 1차원으로 나타낸 것이 **〈그림 2-37〉**에 설명할 ZND모델이다. 데토네이션파가 발생될 때의 특성들을 알아보기 쉽게 하기 위해서 검사체적을 설정해 보자. **〈그림 2-34〉**는 데토네이션파를 포함하고 있는 검사체적을 보여주고 있다.

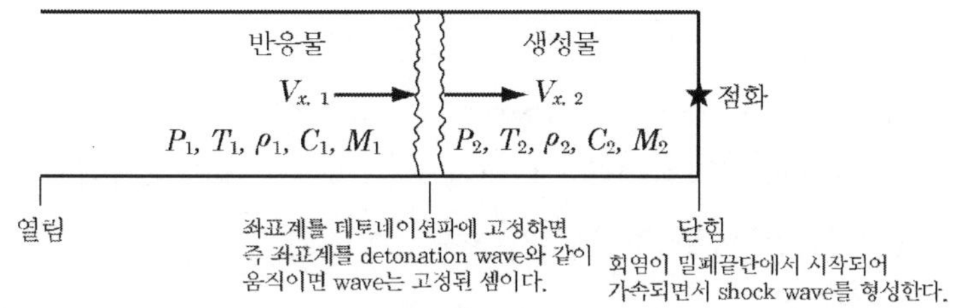

그림 2-34 면적이 균일한 튜브에서의 좌표계가 파에 고정된 1차원적인 데토네이션파

데토네이션은 한쪽 끝은 막히고 다른 한쪽은 뚫린 긴 튜브 안에 있는 연소 가능한 혼합물질의 점화로부터 일어난다. 화염은 닫힌 끝쪽과 화염 사이에서 제한 받고 있는 기연가스의 팽창의 결과로서 혼합체의 확산에 의해 가속된다. 이 가속력이 초음속의 확산과 연소구역의 바로 앞을 충격파의 형태가 되도록 만들게 된다. **〈그림 2-34〉**에서 데토네이션파는 하류에서 상류 방향으로 움직이고 있다. 그러나 데토네이션파에 좌표계를 고정시키게 되면 파는 고정돼서 움직이지 않고 있고 반응물이 $V_{x.1}$의 속도로 들어오고, 연소에 의한 생성물이 $V_{x.2}$의 속도로 나가고 있는 것으로 볼 수 있다. 데토네이션파로 인해서 양쪽으로 갈라져 있는 상류와 하류의 특성들의 차이점들은 대부분 일반 수직충격파로 인해서 양쪽으로 다르게 나타나는 특성들과 거의 비슷하다. 데토네이션파와 수직충격파 사이의 차이점은 수직충격파의 하류속도는 항상 아음속이나 데토네이션파에서 나타나는 속도는 항상 음속의 영역에 있다. **〈표 2-4〉**에서 상류와 하류에서의 수직충격파와 데토네이션파, 디플러그레이션파(연소파)의 마하수비, 속도비, 온도비, 밀도비를 나타내고 있다.

표 2-4 수직충격파, 데토네이션파, 디플러그레이션파 전후의 상태량 비교

특성치	수직충격파 [a]	데토네이션파 [b]	디플러그레이션파 [c]
M_1	5.0	4-8(2000m/s)	0.001(1-100m/s)
M_2	0.42	1.0	0.003
$V_{x.1}/V_{x.2}$	0.2	0.4-0.7	7.5
P_2/P_1	29	13-55	≈1(약간 감소)
T_2/T_1	5.8	8-21	7.5
ρ_2/ρ_1	5.0	1.7-2.6	0.13

수직충격파(경우 a) $\gamma = 1.4$에 근거 하였고 상류의 마하수는 5.0으로 가정하였으며, 데토네이션파(경우 b)는 전형적 값들을 나타내었고, 연소파(경우 c)는 초기온도 $298K$, 1기압에서의 연소에서 측정한 값들을 나타내었다.

위의 표에서 수직충격파와 데토네이션 특성치들의 비율과 수치들의 크기가 비슷함을 알 수 있다. 그러나 앞에서 언급했듯이 데토네이션파에서 $V_{x.2}$는 음속임을 기억하기 바란다. 디플러그레이션파에서는 화염을 가로질러서 일어나는 속도의 증가와 밀도의 감소를 알 수 있다. 이런 것들은 충격파나 데토네이션파와는 반대되는 성질이다. 또 다른 차이점은 디플러그레이션을 가로질러서는 거의 변하지 않는 압력(실제로는 아주 조금씩 감소한다)이다.

실제 데토네이션은 3차원이지만 샤프망(Chapman)과 주게(Jougeut)에 의해 1차원 해석이 시도되었다. 1차원이며, 이상기체 거동을 하며 비열비는 일정하고, 화학반응은 아주 빨리 일어난다고 가정한다. 해석에서 열유입(또는 열방출)은 q로 표기한다. 질량보존, 모멘텀보존, 에너지보존식을 제어체적에 적용하면 다음과 같이 된다.

$$\text{질량보존};\ \dot{m}'' = \rho_1 V_{x,1} = \rho_2 V_{x,2} \tag{2.219}$$

$$\text{모멘텀보존};\ P_1 + \rho_1 V_{x,1}^2 = P_2 + \rho_2 V_{x,2}^2 \tag{2.220}$$

$$\text{에너지보존};\ h_1 + \frac{V_{x,1}^2}{2} = h_2 + \frac{V_{x,2}^2}{2} \tag{2.220a}$$

$h(T) = \sum y h_{f,i} + c_p(T - T_{ref})$를 에너지보존식에 대입하면 (여기서 y는 질량몰분율이다.)

$$c_p T_1 + \frac{V_{x,1}^2}{2} + \left[\sum_{state1} Y_i h_{f,i}^0 - \sum_{state2} Y_i h_{f,i}^0\right] = c_p T_2 + \frac{V_{x,2}^2}{2}$$

여기서 y는 질량분율이다.

그런데 열유입(열방출)

$$q \equiv \sum_{state1} Y_i h_{f,i}^0 - \sum_{state2} Y_i h_{f,i}^0$$

따라서 에너지식은 다음과 같이 된다.

$$c_p T_1 + \frac{V_{x,1}^2}{2} + q \equiv c_p T_2 + \frac{V_{x,2}^2}{2} \tag{2.220b}$$

상태방정식은 다음과 같다.

$$P_1 = \rho_1 R_1 T_1, \quad P_2 = \rho_1 R_2 T_2$$

위의 식 (2.219), (2.220)을 다음과 같이 결합하여 Rayleigh 선도를 구해보자.

질량보존식과 모멘텀보존식을 동시에 풀면

$$\frac{P_2 - P_1}{1/\rho_2 - 1/\rho_2} = -\dot{m}''^2$$

다시 고쳐 쓰면

$$\frac{P_2 - P_1}{v_2 - v_1} = -\dot{m}''^2$$

P_1과 v_1을 알고 있을 때 이 값을 고정하고 또 $P_2 = P$, $v_2 = v$로 두고 P와 $v(1/\rho)$를 축으로 그리면

$$P = av + b$$

아래 **〈그림 2-35〉**와 같이 된다.

여기서 기울기는 $a = -\dot{m}''^2$이고, 절편은 $b = P_1 + \dot{m}''^2 v_1$이다.

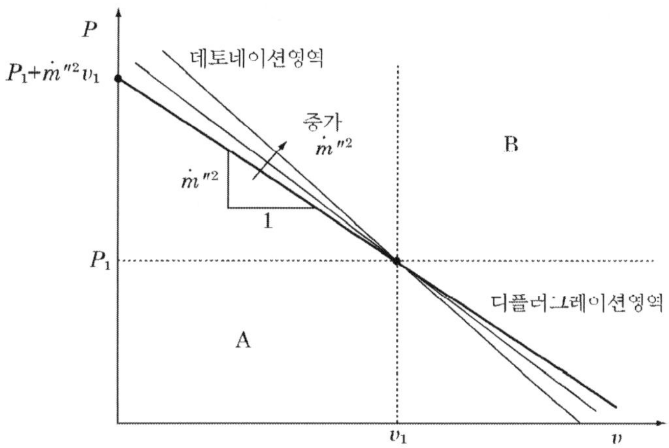

그림 2-35 P_1, v_1을 일정하게 하고(P_1, v_1을 피보팅으로 하여) $\dot{m}''^2$을 변경시킬 때 Rayleigh 선도변화

P_1, v_1을 고정하면(즉 알고 있을 때) 기울기 $-\dot{m}''^2$를 가지는 굵은 선은 $\dot{m}''$, P_1, v_1 상태에서의 Rayleigh 선도이다.

P_1, v_1을 일정하게 하고(P_1, v_1을 pivoting으로 하여) $\dot{m}''^2$을 변경시키면 직선의 기울기는 변한다. $\dot{m}''^2$가 증가하면 기울기가 더욱 경사지고, 아주 커지는 극한에서는 직선은 수직선이 되고, 기울기가 아주 작아지는 극한에서는 직선은 수평선이 된다. 여기서 이 직선은 영역 A, B를 절대 지나지 않는다. 즉, A와 B는 물리적으로 불가능영역이 된다.

랭킨-유고니오 곡선을 구하여 보자.

식 (2.219), (2.220)에다 식 (2.220a)를 추가로 만족시키면

$$\frac{\kappa}{\kappa-1}\left(\frac{P_2}{\rho_2}-\frac{P_1}{\rho_1}\right)-\frac{1}{2}(P_2-P_1)\left(\frac{1}{\rho_1}+\frac{1}{\rho_2}\right)-q=0$$

즉

$$\frac{\kappa}{\kappa-1}(P_2v_2-P_1v_1)-\frac{1}{2}(P_2-P_1)(v_1+v_2)-q=0 \tag{2.221a}$$

q를 안다고 가정하고, P_1과 v_1을 고정시킬 때 (4)식은 $f(P_2, v_2)=0$이 되고 일반화시키면 $f(P, v)=0$이 된다. 식 (2.221)을 일반화하기 위해 $P_2=P$, $v_2=v$두고 다시 정리하면

$$\frac{P}{P_1}=\left(\frac{\kappa+1}{\kappa-1}-\frac{v}{v_1}+\frac{2q}{P_1v_1}\right)/\left(\frac{\kappa+1}{\kappa-1}\frac{v}{v_1}-1\right) \tag{2.221b}$$

이를 나타낸 것이 **<그림 2-36>**이고 이를 랭킨-유고니오 곡선(Rankine-Hugoniot curve)이라 한다. 랭킨-유고니오식은 유속이나 마하수를 포함하지 않고 충격파 전후의 비체적과 압력과 같은 상태량의 관례를 나타내는 식이다.

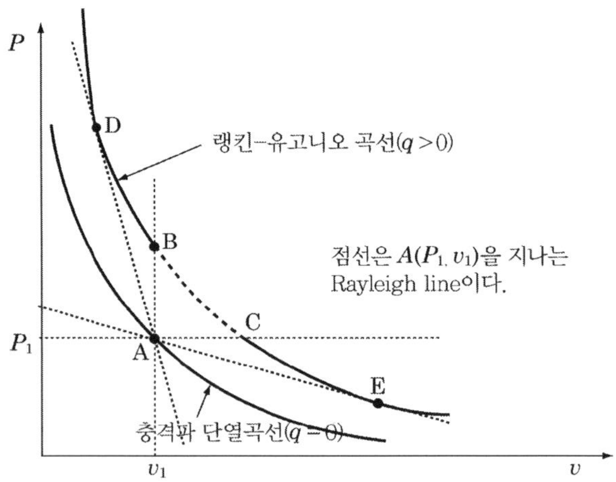

그림 2-36 랭킨-유고니오 곡선

여기서 A점은 좌표(P_1, v_1)을 나타내고 랭킨-유고니오 곡선의 원점이라 하며 파의 상류를 나타낸다.

B점 이상을 랭킨-유고니오곡선 상부라 하며, C점 이하를 랭킨-유고니오 곡선 하부라 한다. 또 B점과 C점은 Rayleigh 선도에서 물리적 불가능 영역이다.

D점은 Rayleigh 선도가 상부 랭킨-유고니오 곡선에 접하는 점이며 이를 상부 Chapman-Jouguet 점 (상부 C-J 점) 또는 C-J 데토네이션 점이라 하고, E점은 Rayleigh 선도가 하부 랭킨-유고

니오 곡선에 접하는 점이며 이를 하부 Chapman-Jouguet 점(하부 C-J 점) 또는 C-J 디플러그레이션 점이라 한다. D 점 이상은 강한 데토네이션이며 실제로 만들기 어렵다. B와 D 사이는 약한 데토네이션 영역이며, 이 영역의 데토네이션을을 만들려 해도 아주 빠른 반응이 필요하다. 실제데토네이션은 3차원이지만 이 영역과 비슷하다.

상부 C-J 점에서 움직이는 데토네이션에 상대적인 기연가스의 속도인 $V_{x,2}$는 음속이다. C 점 이하는 1차원 화염 뒤의 기연가스 상태이다.

랭킨-유고니오 곡선을 요약하면 〈표 2-5〉와 같다.

표 2-5 랭킨-유고니오 곡선 요약

랭킨-유고니오 곡선 구간	특성	기연가스
D 이상	강한 데토네이션	아음속
D ~ B	약한 데토네이션	초음속
B ~ C	불가능	-
C ~ E	약한 디플러그레이션	아음속
E 이하	강한 디플러그레이션	초음속

데토네이션속도를 구해 보자.

$P_2 \gg P_1$ 이라 가정한다.

데토네이션속도, V_D는 미연소 혼합기가 데토네이션파에 들어가는 속도이다.

$$V_D = V_{x,1}$$

상태2는 상부 C-J 점이고 기연가스 속도는 음속이다. 즉 $V_{x,2} = C_2$이다.

연속의 법칙에서

$$\rho_1 V_{x,1} = \rho_2 V_{x,2} = \rho_2 C_2$$

$V_{x,1}$에 대해 풀고 $C_2 = \sqrt{\kappa R_2 T_2}$ 를 적용하면

$$V_{x,1} = \frac{\rho_2}{\rho_1}(\kappa R_2 T_2)^{1/2}$$

윗 식에서 데토네이션속도는 주로 생성물의 함수임을 알 수 있다.

관심은 ρ_2/ρ_1, T_2 등을 상태1이나 알고 있는 값으로 나타내 보자 [10].

그 결과는 다음과 같다.

$$\frac{\rho_2}{\rho_1} = \frac{\kappa + 1}{\kappa} \tag{2.222}$$

$$T_2 = \frac{2\kappa^2}{\kappa+1}\left(T_1 + \frac{q}{c_p}\right) \tag{2.223}$$

$$V_D = V_{x,1} = \left[2(\kappa+1)\kappa R_2\left(T_1 + \frac{q}{c_p}\right)\right]^{1/2} \tag{2.224}$$

비열과 비열비가 각각 다를 때 즉 $c_{p1} \neq c_{p2}$, $\kappa_1 \neq \kappa_2$ 일 때는 다음과 같이 된다.

$$\frac{\rho_2}{\rho_1} = \frac{\kappa_2+1}{\kappa_2} \tag{2.225}$$

$$T_2 = \frac{2\kappa_2^2}{\kappa_2+1}\left(\frac{c_{p,1}}{c_{p,2}}T_1 + \frac{q}{c_{p,2}}\right) \tag{2.226}$$

$$V_D = \left[2(\kappa_2+1)\kappa_2 R_2\left(\frac{c_{p,1}}{c_{p,2}}T_1 + \frac{q}{c_{p,2}}\right)\right]^{1/2} \tag{2.227}$$

실제 데토네이션은 3차원 구조이지만 Zeldovich와 von Neuman 및 Doering은 1차원 모델을 만들었다. 이를 ZND(Zeldovich, von Neuman and Doering) 1-D 모델이라 한다. 데토네이션이 무한히 빨리 일어나지 않는다고 생각하면 초기 충격파의 불연속은 존재하고 화학반응으로부터의 에너지 방출은 약간 후에 일어난다고 가정한다. 또 충격파의 두께는 분자평균거리의 크기 정도이며 이 영역에서 반응이 일어나지 않고, 반응영역은 충격파 다음에 있으며 두께도 약간 크다. 이를 나타내면 〈그림 2-37〉과 같다.

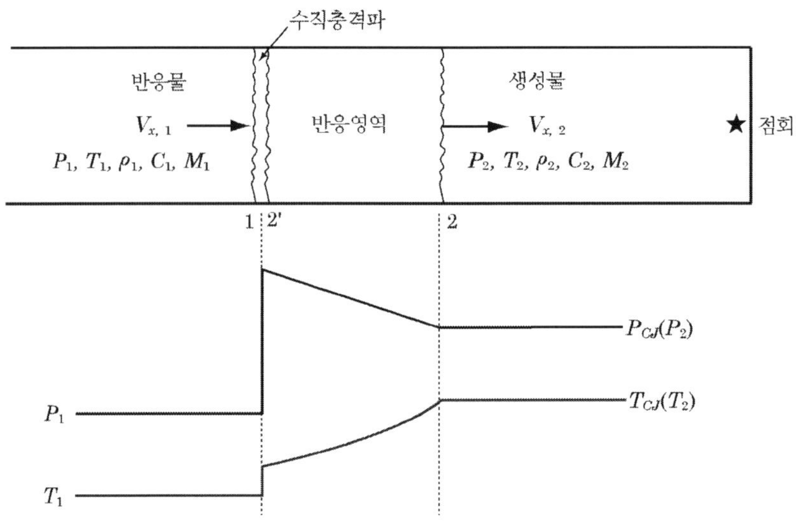

그림 2-37 좌표계가 파에 고정된 ZND(Zeldovich, von Neuman and Doering) 1-D 모델

2.3 경계층의 흐름

점성유동에서 점성에 의해 직접 영향을 받는 것은 미미하지만 경계층은 유동 전체에 영향을 크게 미칠 수 있다. **〈그림 2-38〉**에서 보듯이 압축기의 블레이드나 아음속 공기흡입구, 그리고 수축-확산 노즐과 같이 역구배 압력(adverse pressure gradient) 조건하에서는 경계층 박리가 일어나기 쉽다. 즉 유동방향으로 압력 상승이 과도하면 경계층 박리가 일어날 수 있다. 이런 박리 현상은 원래 설계된 유로의 단면적을 작게 하고 정체 흐름의 축적으로 압력을 상승시켜 압축기 블레이드 경우에는 스톨(stall)현상을 일으켜 궁극적으로 서지(surge)의 원인이 될 수 있고 공기흡입구에서는 흡입공기 유량을 감소시킬 수 있다.

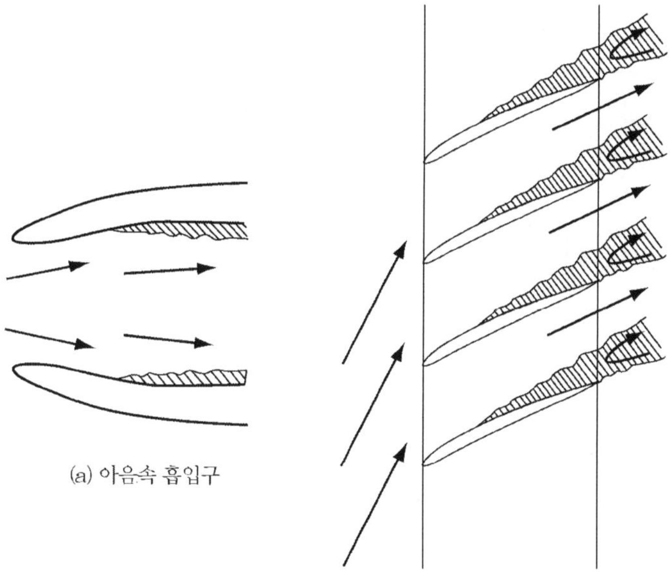

(a) 아음속 흡입구

(b) 압축기 케스케이드

그림 2-38 가스터빈 엔진에서 경계층 박리가 일어나기 쉬운 곳

레이놀즈수가 아주 큰 경우, 무차원화한 Navier-Stokes 방정식에서 표시되는 것처럼 점성력은 관성력에 비해서 극히 작고 일반적으로 무시할 수 있어서 외부유동을 다룰 경우 비점성 유동으로 취급하기도 한다. **〈그림 2-39(a)〉**와 같이 점성유동에서는 물체표면에서는 No-slip조건에 의해 유속은 0이고, 물체표면에서 어느 정도 떨어진 곳에서는 유동속도는 자유흐름속도와 같게 되고 그 사이 유동은 속도변화가 있는 층이 있다. 이와 같이 점성의 영향에 의한 속도변화가 있는 영역을 경계층(boundary layer)라 한다.

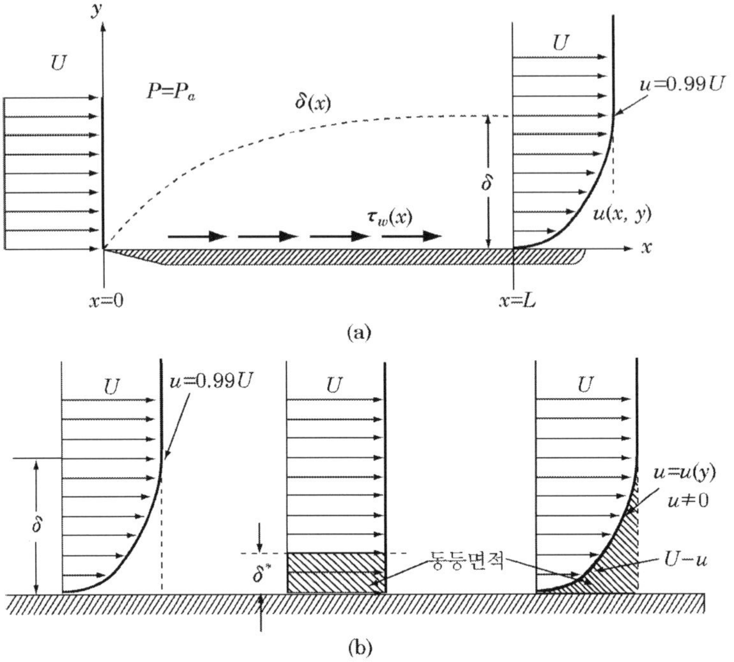

그림 2-39 경계층 두께와 배제 두께

경계층 내의 속도 u는 물체표면에서의 거리 y가 커질수록 커지고 자유흐름의 속도에 점차 접근한다. 따라서 경계층의 두께 δ를 정확하게 구하는 것이 곤란하므로 통상 자유흐름의 속도 U의 99%의 속도를 지닌 점의 물체표면으로부터의 거리 $\delta_{0.99}$로서 정의한다. 그러나 실제로 속도분포 측정치에서 $\delta_{0.99}$를 구하는 경우, $y=\delta_{0.99}$부근의 속도기울기 $\partial u/\partial y$가 극히 작기 때문에 $\delta_{0.99}$도 정확하게 구하는 것은 어렵다. 그래서 경계층내의 속도 분포를 사용해서 명확하게 구할 수 있는 다음에 표시하는 두께가 사용된다.

U의 99%의 크기를 갖는 속도가 분포된 위치들을 연결한 선을 경계층 두께(boundary thickness)라 한다. 점성 유동의 경우 유체가 물체 표면을 따라서 흘러갈 때 점성 효과로 인해서 물체 표면에 발달된 경계층 때문에 같은 질량의 유체가 흘러가기 위해서는 흐름의 높이 방향으로 두께가 증가해야 하는데 이런 두께 증가의 효과를 의미하는 것을 배제 두께(displacement thickness) δ^*라 한다. **〈그림 2-39(b)〉**처럼 배제 두께는 점성효과로 인해 감속된 속도만큼의 높이와 같게 된다. 이런 이유로 x축 방향으로 그려지는 유선이 물체 표면으로부터 점차 멀어지게 된다.

$$\delta^* = \frac{1}{U}\int_0^{\infty}(U-u)dy$$

점성효과로 인한 운동량 손실을 나타내는 두께로서 항력의 크기를 산출하는데 사용하는 운동량 두께(momentum thickness) θ가 있다.

$$\theta = \frac{1}{U^2}\int_0^{\infty} u(U-u)dy$$

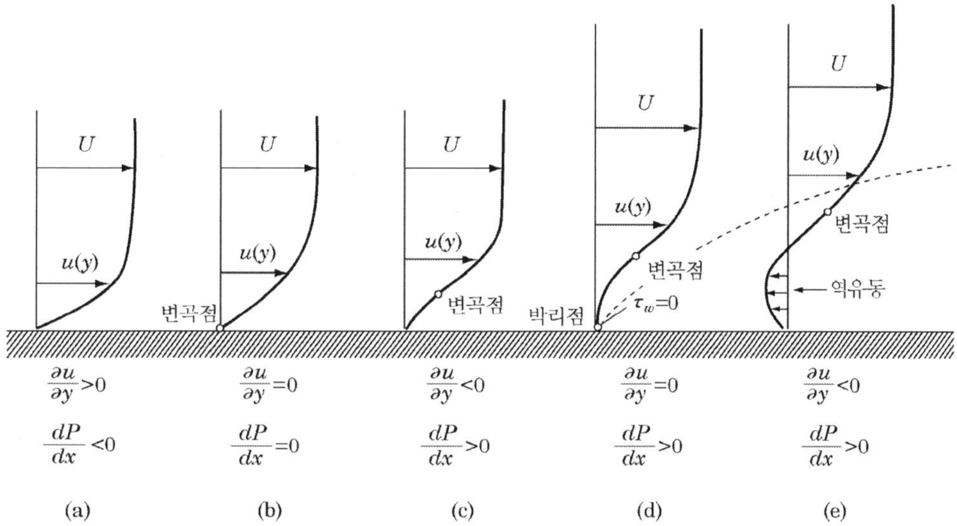

그림 2-40 경계층 형상에 따른 압력구배 효과

경계층 내에서는 흐름의 관성력이 압력 기울기에 의한 힘 및 점성에 의한 힘과 평형상태에 있다. 점성에 의한 힘은 언제나 흐름과 역방향으로 작용하기 때문에 흐름을 감속시킨다. 압력구배는 자유흐름의 상태에 따라 정(+) 또는 부(−)가 되고 경계층의 속도분포를 바꾼다. **〈그림 2-40(a)〉**처럼 $du/dy>0$이고 압력구배가 $dP/dx<0$이면 순구배 압력이라 하며, 경계층 박리는 일어나지 않으며 변곡점은 생기지 않는다. **〈그림 2-40(b)〉**와 같이 $du/dy=0$이고 압력구배가 $dP/dx=0$이면 경계층 박리는 일어나지 않으며 변곡점은 벽에 붙어 있게 된다. **〈그림 2-40(c)〉**와 같이 $du/dy<0$이고 역압력구배($dP/dx>0$)이면 경계층 박리는 일어나지 않지만 변곡점은 흐름속에 생기게 된다. **〈그림 2-40(d)〉**와 같이 벽면전단응력 $\tau_w=0$이 되는 흐름이 되면 경계층 내의 흐름은 압력에 의한 힘과 점성에 의한 힘에 거슬러 흐르기 때문에 물체 표면에 극히 가까워 속도가 작은 유체는 결국 운동에너지를 잃어 정지하고 상류층의 압력이 낮기 때문에 역류가 생겨 상류로부터의 경계층의 흐름은 물체표면에서 떨어져 나가기 시작한다. 이 현상을 경계층 박리(separation)라 하며 조건은 벽면전단응력이 $\tau_w=0$ 될 때이다. **〈그림 2-40(e)〉**와 같은 흐름에서는 경계층 박리가 일어나며 변곡점 또한 흐름에 계속 머무르게 된다. **〈그림 2-41〉**은 역구배압력에서 경계층이 생길 수 있는 다른 예를 나타내고 있다. 블레이드에서는 받음각에 따라 박리점이 다르게 위치하며, 공기 흡입구 형상에서도 경계층 박리가 일어날 수 있다.

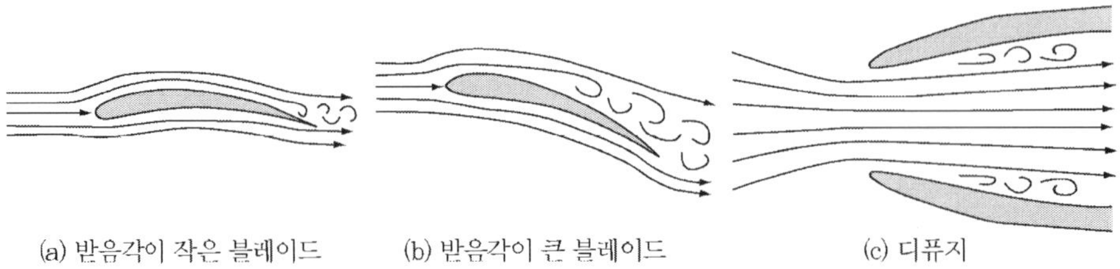

그림 2-41 경계층 박리의 예

경계층이 층류인지 난류인지 성격을 구분하기 위해 레이놀즈수를 사용하게 된다.

$$\text{평판(외부유동)}\ Re = \frac{\rho U x}{\mu}$$

$$\text{파이프(외부유동)}\ Re = \frac{\rho U D}{\mu}$$

표면이 매끄러운 평판 유동에서 레이놀즈수가 10^5이하면 층류로 구별되고 그 이상이면 난류로 구분된다. 파이프 유동에서는 레이놀즈 수가 2300 이하이면 층류이고, 그 이상이면 난류가 된다. **〈그림 2-42〉**는 평판 유동에서 층류와 난류를 보여주고 있으며 층류에서 난류로 넘어가면서 천이영역도 존재하게 된다. 완만한 형상의 물체에 따른 흐름의 경우 전연에서 층류 경계층이 형성되고 하류로 감에 따라 발달해 간다. 층류 경계층이 두터워지고 레이놀즈수가 임계치에 달하면 경계층 가운데 불규칙한 속도변동이 나타나기 시작하고 천이영역을 거쳐서 난류 경계층이 된다. 이때 레이놀즈수의 임계치를 임계레이놀즈수, 또는 천이 레이놀즈수라고 한다. 천이가 시작하면 간헐적으로 흐트러짐이 나타나기 시작하고, 천이영역의 하류 끝에서 내층부가 완전난류가 되며, 또 속도분포는 층류의 형태에서 난류의 형태로 바뀌게 된다. 흐트러짐이 적은 자유흐름에 평행인 활면평판의 경우 층류경계층은 하류로 흘러가면 어느 위치에서 불안정해지고, 미소한 교란은 증폭되어 유속의 진동이 나타나고, 결국에는 붕괴해서 난류가 간헐적으로 나타나며, 더욱 하류에서는 완전히 난류 경계층이 된다. 천이현상은 자유흐름의 압력기울기, 자유흐름의 흐트러짐, 표면의 곡률, 표면의 거칠음, 자유흐름과 물체표면의 온도차, 경계층 흡입, 자유흐름의 마하수 등의 영향을 받는다. 층류 경계층이 박리한 경우 일단 박리한 흐름이 난류로 천이하고, 물체표면에 재부착해서 그 하류에서는 난류 경계층이 형성되는 수가 있다. 이 경우 층류 박리점에서 형성되는 수가 있다. 이 경우 층류 박리점에서 재부착점 사이에 생기는 국소적인 박리역을 박리기포(separation bubble)라고 한다. 또 역압력구배에서는 층류 경계층이 불안정 해지고 쉽고, 층류는 박리가 생기기 전에 난류로 천이하고 실제로는 박리가 생기지 않는 수가 있다.

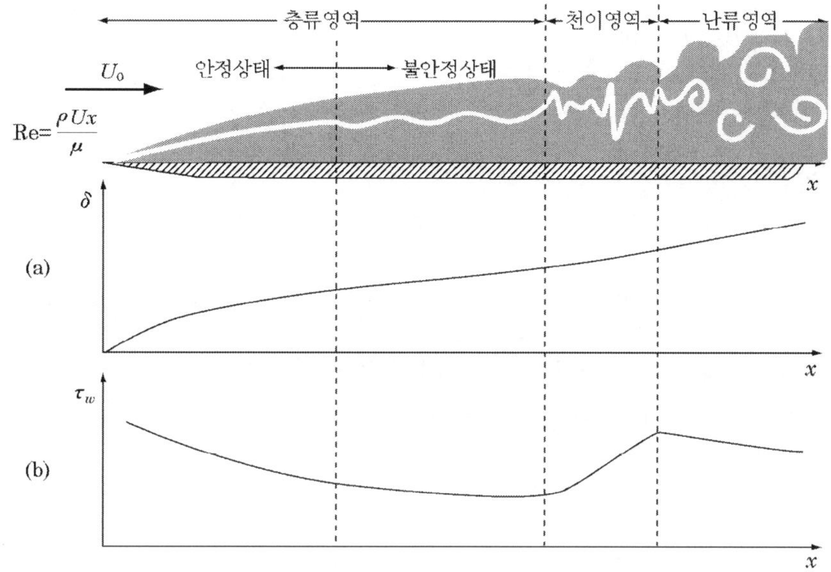

그림 2-42 층류와 난류에서의 경계층 두께와 물체표면에서의 전단력

경계층에서는 경계층을 수직으로 가로지르는 y방향의 압력은 거의 균일하기 때문에 일반적으로 $\frac{\partial P}{\partial y} \cong 0$이라 가정한다. 곡율이 있는 일반적인 판에서 x방향의 경계층 방정식은 다음과 같다[9].

$$\frac{\partial u}{\partial x} + \frac{\partial v}{\partial y} = 0$$

$$u\frac{\partial u}{\partial x} + v\frac{\partial u}{\partial y} = U\frac{dU}{dx} + \nu\frac{\partial^2 u}{\partial y^2}$$

압축기 블레이드에서는 $\frac{dU}{dx} \neq 0$이며, 평판에서는 $\frac{dU}{dx} = 0$가 된다. 벽면에서는 No slip 조건에서 $u = v = 0$이므로 $\nu\left(\frac{\partial^2 u}{\partial y^2}\right) = -U\frac{dU}{dx}$가 되며 점성이 없는 외부유동에서는 베르누이정리에 의해 $-U\frac{dU}{dx} = \frac{1}{\rho}\frac{dP}{dx}$가 된다. 따라서 벽면에서는 $\frac{\partial^2 u}{\partial y^2} = \frac{1}{\mu}\frac{dP}{dx}$이고 벽면전단응력 $\tau_w = \mu\left(\frac{\partial u}{\partial y}\right)_{y=0}$이므로 다음과 같이 나타낼 수 있다.

$$\frac{\partial \tau_w}{\partial y} = \mu\frac{\partial^2 u}{\partial y^2}\Bigg)_{y=0} = \frac{dP}{dx} \qquad (2.228)$$

순구배압력 조건($\frac{dP}{dx} < 0$)에서는 $\frac{dU}{dx} > 0$이 되고 $\frac{\partial^2 u}{\partial y^2}\Big)_{y=0} < 0$이 되며, 역구배압력조건

($\frac{dP}{dx} > 0$)에서는 $\frac{dU}{dx} < 0$이 되고 $\left.\frac{\partial^2 u}{\partial y^2}\right)_{y=0} > 0$이 된다.

층류 경계층에 대한 해석적인 연구는 블라시우스(Blasius) 등에 의해 이루어졌다. 먼저 속도분포와 경계층 두께를 무차원하면 다음과 같이 정의 할 수 있다.

$$f(\eta) = \frac{u}{U},\ \eta = \frac{y}{\delta} = y\sqrt{\frac{U}{\nu x}} \tag{2.229}$$

여기서 u는 경계층 내에서의 속도이고, U는 자유흐름의 속도이다. 또 y는 경계층 내에서의 두께이며 δ는 경계층의 두께이다. 그리고 x는 흐름방향의 길이를 나타내고 ν는 동점성 계수이다.

평판의 정상적인 층류 경계층 방정식은 비회전한다고 가정하면 다음과 같다.

$$u\frac{\partial u}{\partial x} + v\frac{\partial u}{\partial y} = \nu\frac{\partial^2 u}{\partial y^2}$$

$$\frac{\partial u}{\partial x} + \frac{\partial v}{\partial y} = 0$$

여기서 경계 조건은 $y = 0$일 때 $u = v = 0$이고 $y = \infty$일 때 $u = v = const$이다.

유량함수 $u = \partial\Psi/\partial y$, $v = -\partial\Psi/\partial x$를 위 식에 적용하면

$$\frac{\partial\Psi}{\partial y}\frac{\partial^2\Psi}{\partial x\partial y} - \frac{\partial\Psi}{\partial x}\frac{\partial^2\Psi}{\partial y^2} = \nu\frac{\partial^3\Psi}{\partial y^3}$$

이 식이 연속의 방정식을 만족하기 위해 무차원하면 다음과 같다.

$$\Psi = \sqrt{\nu x U}\, f(\eta) \tag{2.230}$$

이 식을 바탕으로 경계층 방정식을 다음과 같이 표기한다.

$$ff' + 2f''' = 0 \tag{2.231}$$

여기서 경계조건은 $\eta = 0$일 때 $f = f' = 0$이고 $\eta = \infty$일 때 $f' = 1$이다.

이 식을 수치계산에 의해 풀면 **〈그림 2-43〉**과 같이 속도분포 계산값이 실험과 잘 일치하고 임의의 x(즉 다양한 레이놀즈수)에 있어서 속도 분포는 서로 비슷하다. 이를 바탕으로 경계층의 두께와 벽면 전단 응력을 다음과 같이 표기 할 수 있다.

$$\delta = 5.0\sqrt{\nu x/U} \text{ 또는 } \delta/x = 5.0/\sqrt{Re_x} \tag{2.232}$$

$$\delta^* = 1.72\sqrt{\nu x/U} \text{ 또는 } \delta^*/x = 1.72/\sqrt{Re_x} \tag{2.233}$$

$$\theta = 0.664\sqrt{\nu x/U} \text{ 또는 } \theta/x = 0.664/\sqrt{Re_x} \tag{2.234}$$

$$\tau_w = 0.332\mu U\sqrt{U/\nu x} \tag{2.235}$$

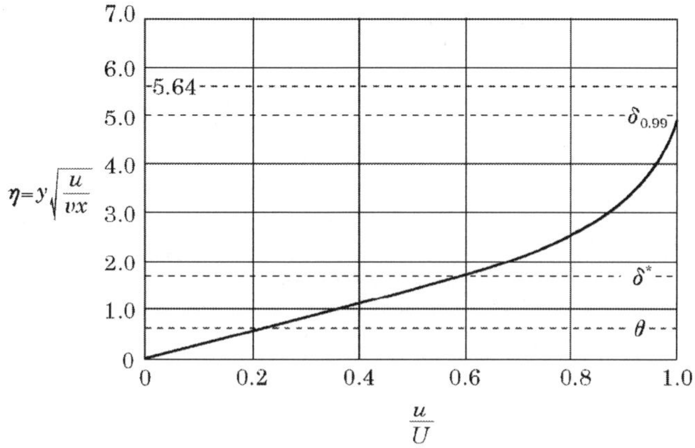

그림 2-43 평판 층류경계층의 속도분포

난류 경계층의 해석은 그리 쉽지 않다. 따라서 난류 경계층의 해법은 난류의 성질에서 순이론에 따를 수가 없고, 계산의 과정에 실험식을 받아들이고 있다. 사용하는 방정식, 보조방정식, 실험식의 종류와 차이 등에 의해 여러 가지 다양한 해법이 있다. 운동방정식이나 경계층 방정식 등의 적분방정식 해를 구하는 적분적 해법과 경계층 방정식을 차분 방정식으로 변환해서 푸는 미분적 해법이 있다. 이런 실험식을 바탕으로 층류에서 난류까지를 평판의 항력계수로 표현하면 다음과 같이 근사적으로 표현할 수 있고 **〈그림 2-44〉**와 같이 된다. 또한 **〈그림 2-45〉**는 층류와 난류의 속도분포를 보여주고 있다.

$$\text{층류영역} : C_D = 1.328/\sqrt{Re_l} \tag{2.236}$$

$$\text{천이영역} : C_D = 0.455/(\ln Re_l)^{2.58} - 1700/Re_l \tag{2.237}$$

$$\text{난류영역} : C_D = 0.455/(\ln Re_l)^{2.58} \tag{2.238}$$

$$\text{완전난류} : C_D = [1.89 - 1.62\ln(L/\epsilon)]^{-2.5} \tag{2.239}$$

여기서 Re_l은 길이방향 즉 x방향에서의 레이놀즈수이고 L은 평판의 길이이며 ϵ는 표면거칠기를 나타내는 척도로서 표면의 높이를 말한다.

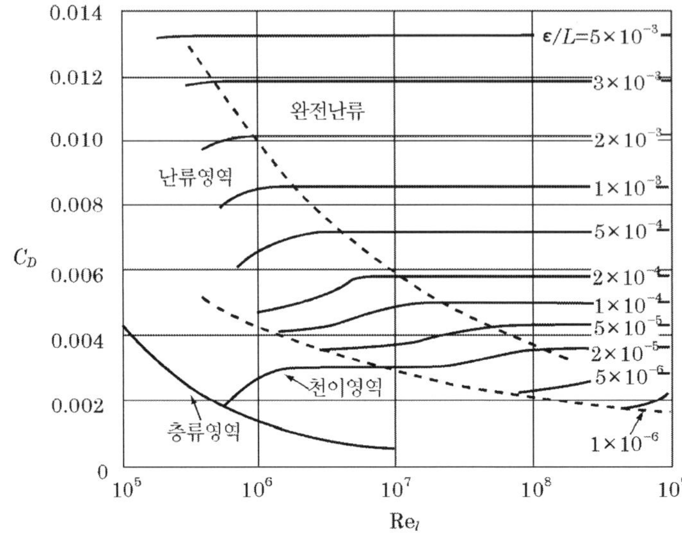

그림 2-44 레이놀즈수에 따른 평판의 항력계수

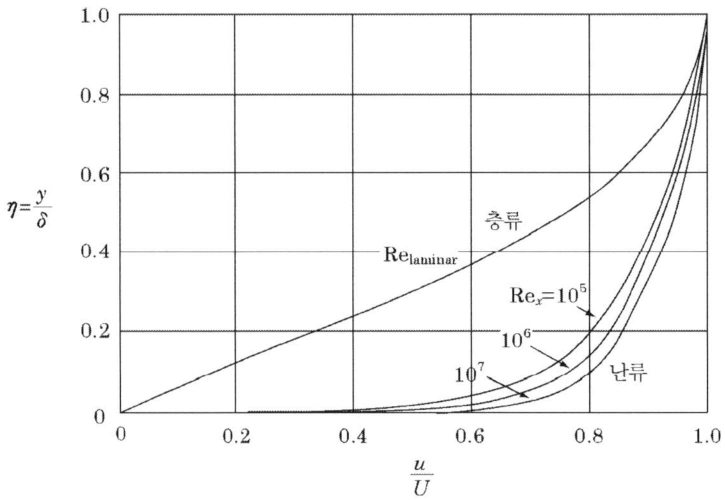

그림 2-45 층류와 난류의 속도분포

이런 경계층의 해석을 바탕으로 〈**그림 2-46**〉의 수축-확산 덕트에서 어떻게 경계층 박리가 일어나는지를 대략적으로 보여주고 있다. 노즐 수축부분에서는 압력과 면적이 작아지면서 속도가 증가하고 압력구배는 순조롭다. 유동이 목부분에서는 순간적으로 압력과 면적이 일정해지고 속도도 일정하게 되며 압력구배는 전혀 없다. 노즐 확산부분에서는 압력과 면적이 증가하여 속도는 감소하게 되고 역압력구배가 발생하며 경계층 박리가 일어날 수도 있다.

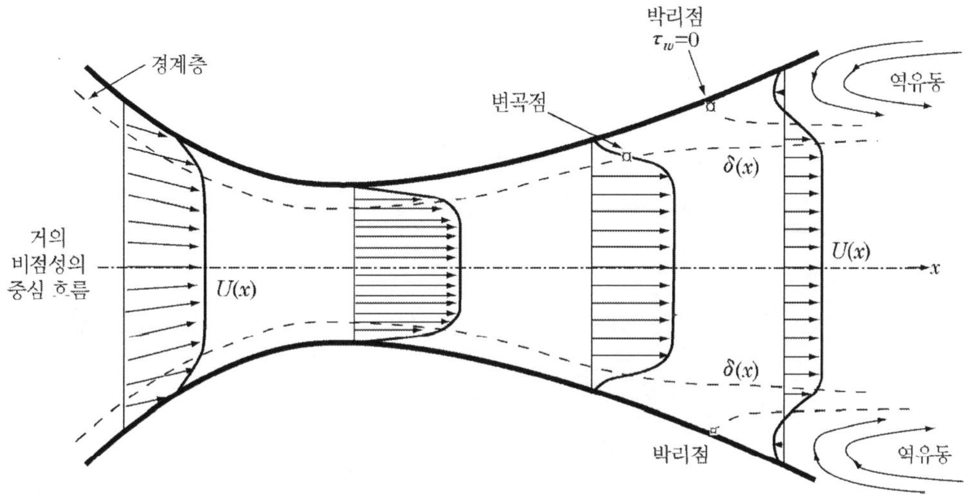

그림 2-46 수축-확산 덕트에서의 경계층 박리

2.4 엔진 관련 열전달

2.4.1 엔진 열전달 특성

엔진 설계시는 각 파트의 성능, 연소실의 안정성과 함께 고려해야할 주요 관심사가 열적문제나 냉각문제이다. 연소실 연소가스로 인해 터빈 입구 온도는 약 1500~2000K 정도로 상당히 높기 때문에 연소실이나 노즐을 설계할 때 벽면재료가 견딜 수 있도록 충분히 냉각되어야 한다.

엔진에서는 연소실 및 터빈 주위와 노즐의 전체 벽면이 고온의 연소가스에 노출되지만, 상대적으로 저온인 압축기 블리드 공기가 관을 통해 터빈주변 벽면을 감겨져 돌면서 냉각을 하고 터빈 블레이드 내부는 필름냉각을 하기도 하여 배기가스 유동이 터빈 블레이드와 외부 벽면사이로 새지 않도록 한다. 이는 터빈냉각으로 터빈의 효율은 3% 정도까지 저하하지만 사이클 전체의 열효율로 볼 때 효율적이다. 연소 작동시간이 길기 때문에 연소가스에 접촉하는 연소실 벽면을 직접 냉각하거나 연소실 내부 같은 경우에는 연소에 직접 관여하는 1차 유동과 냉각을 위한 2차 유동을 분리시켜 냉각하고 후기연소기나 노즐은 벽면에 배기가스가 직접 닿지 않도록 냉각유동을 흐르게 하기도 하여 작동 종료시까지 열파괴 한계 안에서 온도를 억제할 수 있게 설계 한다.

2.4.2 엔진 열전달의 기초

1. 전도 열전달

물질에 온도차가 있으면 고온부의 좀 더 활동적인 입자로부터 저온부의 덜 활동적인 입자로 에너지가 전달되어 열이 이동하는 현상을 열전도(heat conduction)라고 한다. 정지물질 내 임의의 위치에서 단위면적을 통해 단위시간에 고온부에서 저온부로 향해 흐르는 열유속 $\vec{q}''$은 Fourier 법칙에 의해 다음과 같이 주어진다.

$$\vec{q}'' = -k\nabla T\,[W/m^2] \tag{2.240}$$

q''는 온도구배에 비례하며 비례상수 k[W/m · k]는 열전도율(thermal conductivity)라고 부르며, 물질에 따른 물성치이나, 일반적으로 온도의 함수이다. 음의 부호는 열흐름이 dT/dx의 양(+)의 방향과 반대로 흐르기 때문이다.

직교좌표계 3차원 열전도 방정식은 다음과 같다.

$$\rho c\frac{\partial T}{\partial t} = k\left(\frac{\partial^2 T}{\partial x^2} + \frac{\partial^2 T}{\partial y^2} + \frac{\partial^2 T}{\partial z^2}\right) \tag{2.241}$$

$$\frac{\partial T}{\partial t} = \alpha\left(\frac{\partial^2 T}{\partial x^2} + \frac{\partial^2 T}{\partial y^2} + \frac{\partial^2 T}{\partial z^2}\right) \tag{2.242}$$

여기서, $\alpha = k/\rho c$는 열확산계수(thermal diffusivity, m^2/s)이다.

2. 대류 열전달

유체의 유동에 의한 열전달은 대류열전달(convective heat transfer)이라고 한다. **〈그림 2-47〉**은 벽면 근처에서 대류열전달에 관련된 속도경계층과 열경계층을 나타내고 있다. 벽면 근방의 온도가 주유동의 온도와 다른 영역을 열경계층(thermal boundary layer)라고 한다. 벽면의 온도가 유체의 온도보다 낮은 경우에는 유체로부터 벽면에 열이 가해져 벽면 근방의 유체온도가 저하된다. 벽면 근방에는 그림 중 파선으로 표시하고 있는 속도경계층도 형성되어 있다. $\mathrm{Pr}=1$인 유체의 경우에는 속도경계층과 온도경계층의 두께는 같게 되나, $\mathrm{Pr}>1$의 경우에는 속도경계층 두껍게 되고, $\mathrm{Pr}<1$의 경우에는 온도경계층 두껍게 된다.

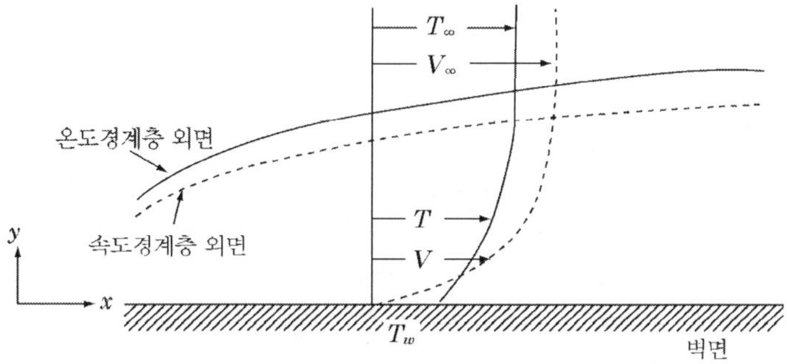

그림 2-47 벽면근처에서의 속도경계층 및 열경계층

대류 열전달에 의한 유체로부터 단위 면적당 단위시간에 주어지는 열량을 q''는 다음과 같이 주어진다.

$$q'' = h(T_\infty - T_w) \tag{2.243}$$

여기서 h는 대류 열전달 계수이다.

대류 열전달 계수는 실제의 열전달 계산에서도 사용되는 양이다. 강제대류의 경우에는 h는 유체의 물성치 및 유속의 함수이나, 자연대류에서 h는 유체와 벽면의 온도차의 함수이다. h는 유체의 물성뿐 아니라 유동장, 온도장의 조건에 따라 변한다. 열전도율은 국소열전달율과 평균열전달율로 구별되며, 전자는 어느 국소부분에 대한 값, 후자는 벽면 전체에 대한 평균값으로, 벽면-유체간의 평균 온도차와 벽면에서의 평균 열유속과의 관계를 고려한 것이다.

열전달 상사법칙에서는 대류 열전달 계수를 무차원화한 나셀수(Nusselt number) 등과 같은 무차원량이 도입된다.

$$Nu = \frac{hl}{k} \tag{2.244}$$

$$Re = V_\infty \frac{l}{\nu} \tag{2.245}$$

$$Gr = \frac{g\beta l^3 (T_\infty - T_w)}{\nu^2} \tag{2.246}$$

비압축성유체의 정상 강제대류인 경우 Nu는 Re와 Pr의 함수이며, 자연대류인 경우 Nu는 Gr과 Pr의 함수이다. 열전달에 관한 이론 및 실험결과는 여러 가지 관계식을 이용하여 Nu 또는 h를 구하면 식 (2.243)의 q''를 구할 수 있다.

열전달율 h의 무차원수로 Nu 대신 다음의 St(stanton number)을 사용하기도 한다.

$$St = \frac{Nu}{Re\,Pr} = \frac{h}{c_p \rho V_\infty} \tag{2.247}$$

속도경계층 및 온도경계층 내의 운동량 교환 및 열교환 메커니즘의 유사성을 토대로 유도되는 레이놀즈 상사는 열전달과 마찰저항에 관한 다음의 관계식으로 주어진다.

$$St = \frac{1}{2} c_f \tag{2.248}$$

여기서 c_f는 $c_f/2 = \mu(\partial V/\partial y)_w / \rho V_\infty^2$ 로 정의되는 벽면에서의 마찰계수이다.

3. 복사 열전달

모든 물체는 그 온도에 해당하는 복사에너지를 발하며 복사에너지는 매질이 필요 없이 전자기파에 의해 전달된다. 엔진의 터빈과 노즐, 그리고 연소실 벽면은 고온 연소가스의 대류 열전달뿐만 아니라 복사 열전달도 받게 되며, 복사에 의한 열전달 양이 큰 경우에는 벽면에서의 총 열전달 양의 25% 정도까지 된다. 일반적으로 벽면에서의 복사열전달은 연소가스 온도의 상승, 압력의 증가, 또는 연소실의 대형화와 더불어 증가한다.

온도 T_s인 표면에서 이상적으로 단위면적당 방출되는 표면 방사력 E_b는 Stefan -Boltsman 법칙에 따라 다음과 같이 주어진다.

$$E_b = \sigma T_s^4 \tag{2.249}$$

여기서 T_s는 표면의 절대온도(K)이고 σ는 Stefan-Boltsman 상수로 5.67×10^{-8} $W/m^2 \cdot k^4$의 값을 갖는다. 실제 표면은 재질과 표면상태를 나타내는 방사율 ϵ를 도입하여 다음과 같이 나타낸다.

$$E = \epsilon \sigma T_s^4 \tag{2.250}$$

ϵ는 흑체에 비하여 얼마나 효과적으로 복사에너지를 방사하는가를 나타내는 표면의 방사율이며 $0 \leq \epsilon \leq 1$ 범위의 값을 갖는다. 복사에너지는 주위로부터 표면에 입사 될 수도 있으며 이상적으로 단위표면적당 흡수되는 복사에너지율을 조사 G라 하며 실제 표면에서는 다음과 같이 주어진다.

$$G_{abs} = \alpha G = \alpha \sigma T_{sur}^4 \tag{2.251}$$

여기서 α는 흡수율이고 $0 \leq \alpha \leq 1$의 값을 갖으며, $\alpha < 1$이고 표면이 불투명하다면 조사된 에너지의 나머지는 반사된다. 표면이 반투명할 때 조사의 일부는 투과될 수도 있다. 작은 표면 T_s가 매우 큰 주위 T_{sur}에 둘러싸여 있고 표면이 흑체라 가정하면 $\alpha = \epsilon$이므로 표면으로부터의 정미

복사 열전달되는 열유속은 다음과 같다.

$$q''_{rad} = \epsilon E_b(T_s) - \alpha G(T_{sur}) = \epsilon\alpha(T_s^4 - T_{sur}^4) \tag{2.252}$$

엔진 터빈, 노즐, 연소실 내에서는 표면을 벽면 주위를 연소가스로 잡으면 벽에 입사되는 열유속은 다음과 같다.

$$q''_{rad} = \epsilon\sigma(T_g^4 - T_w^4) \tag{2.253}$$

연소실 내의 연소가스로 부터의 에너지복사는 가스의 열복사(thermal radiation), 화학발광과 관련한 복사(chemiluminescence), 연소가스에 함유된 soot, 알루미늄, 금속산화물 등 고체입자의 열복사로 나뉜다.

연소가스 온도는 3000K 이상 되지는 않으며 가스에 의한 복사는 회전스펙트럼 회전-진동스펙트럼으로 띠 스펙트럼의 형태를 한 적외선 영역에서 나타난다. 전자파의 파장이 적외선영역(0.8μm〈λ〈1mm)에 존재하는 복사는 열복사라고 부른다. 이러한 열복사에 관여하는 분자는 CO_2, H_2O, CO, NO, OH, HF 등의 다원자분자 또는 이극 2원자분자이며, N_2, O_2, H_2, F_2 등과 같은 동극 2원자분자는 적외선 및 가시영역의 복사를 거의 방출하지 않는다. 특히 실제의 연소기에서 문제가 되는 것은 연소가스 중에 다량으로 존재하는 CO_2, H_2O이다.

화염의 반응대에서는 일시적으로 많은 중간생성물(C_2, CH, OH 등)이 형성되며, 그 중 몇 개는 전자적으로 여기되어 있다. 이와 같은 전자 여기된 분자, 원자, 래디칼 등은 가시 파장대에서 자외선 영역에 걸쳐 띠 스펙트럼을 내며, 이를 화학발광이라 한다. 화학발광의 복사에너지는 가스 열복사에너지에 비해 매우 적으므로, 열전달 측면에서 문제가 되지 않는다.

연소가스 중에 그을음 및 산화물 입자가 존재할 경우, 이 고체입자는 연속 스펙트럼을 갖는 복사를 발생하고, 연소가스는 황적색으로 빛나게 되는 화염이며 강력한 열복사를 낸다.

대류 열전달과 복사 열전달이 공존하는 경우, 물리적인 근거는 없으나, 편리를 위해 복사에 의한 열전달을 복사 열전달율 h_r을 이용하여 나타내기도 한다. 이때 고온가스와 벽면 간의 복사 열전달은 다음과 같이 표현된다.

$$q''_{rad} = h_r(T_g - T_w) \tag{2.254}$$

복사열전달은 복사율, 흡수율뿐만 아니라 T_g, T_w에 의해서도 변화된다.

4. 고속 기체유동의 열전달

기체유동의 마하수가 0.6정도 이상이 되면 경계층 내의 마찰과 압축에 의해 속도에너지가 열에너지로 변한다. 이 현상에 의해 표면온도가 올라가는 현상을 공력가열(aerodynamic heating)이라 한다. **〈그림 2-48〉**과 같은 평판유동에서 벽을 통한 열전달은 온도차인($T_{aw} - T_w$)에 의해 결정되며 다음의 관계식에 의해 계산된다.

$$q'' = h(T_{aw} - T_w) \tag{2.255}$$

여기서 T_{aw}는 단열벽 온도이며, 하첨자 0는 정체상태를 나타낸다. 자유흐름속도에 해당하는 온도에너지가 전부 온도로 변환되지 않고 일부만 회복되기 때문에 냉각벽의 경우 $T_w < T_{aw} < T_{0\infty}$이다. 또 온도회복계수는 다음과 같이 나타낸다.

$$r = \frac{T_{aw} - T_\infty}{\dfrac{V_\infty^2}{2c_p}} \tag{2.256}$$

$$T_{aw} = T_\infty + r\frac{V_\infty^2}{2c_p} = T_\infty\left(1 + r\frac{\gamma - 1}{2}M_\infty^2\right) \tag{2.257}$$

여기서 T_∞는 자유 흐름의 정온도이다.

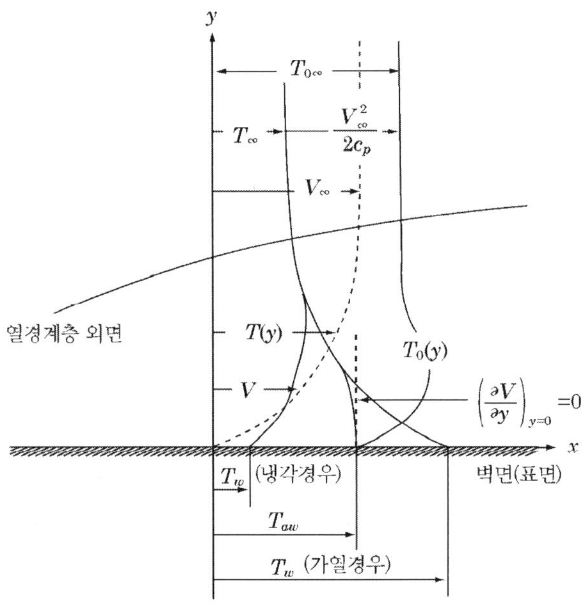

그림 2-48 단열벽면을 따르는 경계층 내의 속도 및 온도분포

온도회복계수의 값은 이론해석 및 시험결과에 의해 평판을 따라 흐르는 난류 경계층 유동의 경우는 $r = \mathrm{Pr}^{1/2}$이고 층류 경계층의 경우는 $r = \mathrm{Pr}^{1/3}$이다.

유속이 더욱 증가되어 마하수가 1을 넘게 되면, 가스의 압축성과 물성치 온도에 의한 변화도 고려해야 한다. 이 경우 열전달 계산에서는 저속유동에서 사용되는 h를 사용하되, 압축성 및 물성치의 온도 변화의 영향을 고려하며 유동조건에 따른 관계식은 다음과 같다.

$$\begin{aligned} &\text{난류영역}(Re^* \ge 10^6) : N^* = 0.0126 Re^{*\,0.861} \mathrm{Pr}^{*\,1/3} \\ &\text{천이영역}(10^5 < Re^* < 10^6) : N^* = 5.85 \times 10^{-5} Re^{*\,1/8} \mathrm{Pr}^{*\,1/3} \\ &\text{층류영역}(Re^* \le 10^5) : N^* = 0.332 Re^{*\,1/2} \mathrm{Pr}^{*\,1/3} \end{aligned} \tag{2.258}$$

물성치를 구하는 기준온도 T^*는 다음과 같은 식이 사용된다.

$$T^* = 0.5(T_\infty + T_w) + 0.22\, r \frac{V_\infty^2}{2c_p} \tag{2.259}$$

즉 초음속유동의 경우에는 식 (2.259)의 T^*에서의 물성치를 구하고 식 (2.258)에서 h를 결정하며, 온도포텐셜 $T_{aw} - T_w$을 이용한 식 (2.255)를 사용하여 열유속을 구한다.

연습문제

01_ 그림 1과 같이 수문이 닫힌 채 상류와 하류에서 유동이 없는 상태로 유지되고 있다. 하지만 어느 순간 댐의 수문이 열리면서 초당 Q 톤의 물이 방류되기 시작했다. 이 두 가지 경우에 대해 댐에 작용하는 반력의 차이를 비교해 보라. 단, 방류가 시작된 이후 댐의 상류와 하류에서 깊이에 상관없이 균일한 유동이 형성된다고 가정하라.

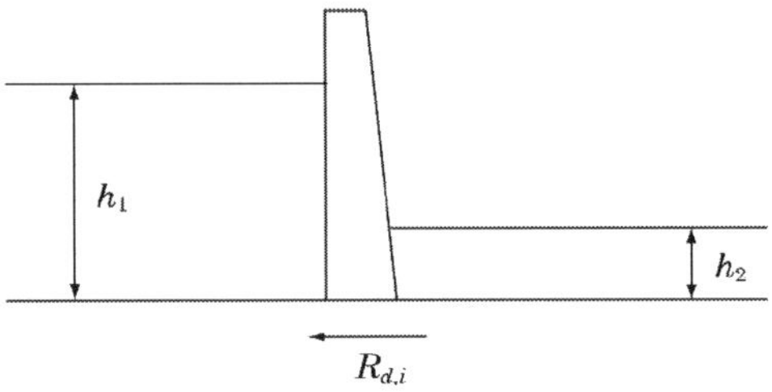

그림 1 초기 댐의 수문이 닫혀있는 상태

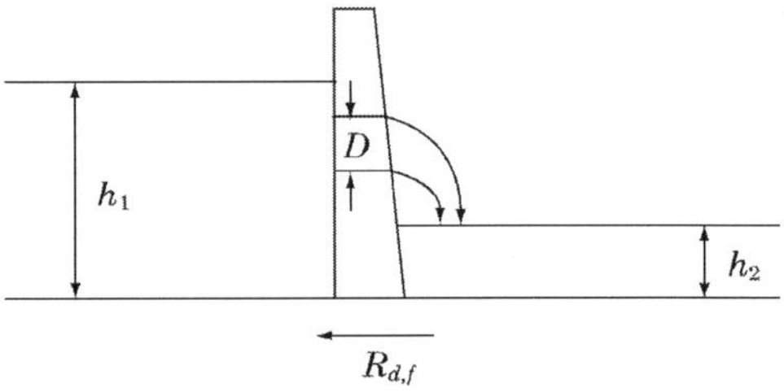

그림 2 수문이 열리고 물이 방류되는 상태

02_ 아래 그림과 같이 거꾸로 매달려 있는 헤어드라이기가 있다. 정지 상태에서 왼쪽과 같이 줄이 수직인 상태로 유지되다 이 상태로 작동을 시작하면 오른쪽 그림과 같이 각 θ를 가지고 평형상태를 이루게 된다. 이 때 헤어드라이기 출구에서의 공기 밀도는 $\rho = 1.12\,kg/m^3$, $V = 10\,m/s$, 단면적이 $A_e = 8\,cm^2$ 라 한다면 이 때 θ를 구하라. 단 헤어드라이기의 질량은 450 g이다.

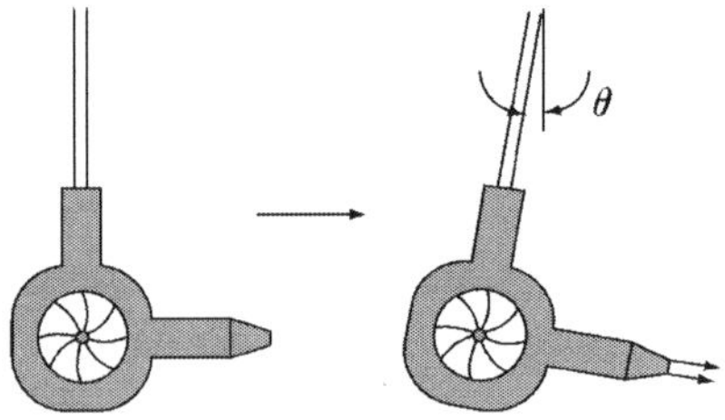

03_ 다음 그림과 같이 잘 단열이 된 압축기가 있다. 이 압축기가 항공기에 장착되어 이륙을 하기 위해 최대 출력으로 작동하고 있다. 압축기의 압력비는 30이다. 외부 상태가 표준대기상태라 하면 이 때 압축기에 공급되어야 하는 일은 얼마인가? 또 압축기 출구에서의 온도를 구하라. 압축기 유동은 정상상태로 작동되고 등엔트로피 유동이라 가정하라.

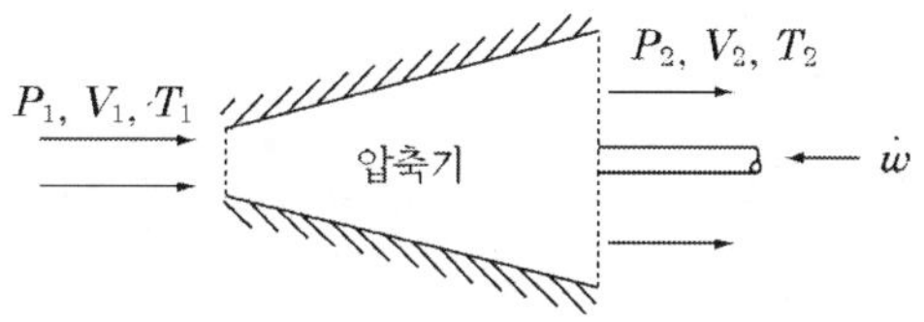

만약 위의 압축기가 등엔트로피 과정이 아니고, 압축기 효율이 90%라면 그 때 출구의 조건과 엔트로피 변화를 구하라.

04_ 문제 3)과 같은 조건으로 압축기를 작동시키기 위한 터빈 조건을 구하고자 한다. 터빈 입구에서의 온도는 1500K일 때 터빈 출구온도를 구하라.

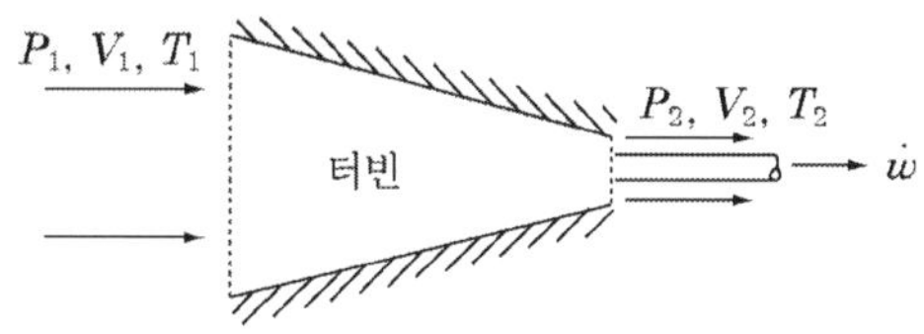

05_ 다음 그림은 피토 튜브를 나타내고 있다. 유동의 온도는 260 K이며 정체압력이 101.325 kPa로 측정되고 정압력이 12.947 kPa로 측정되었다. 이 때 이 피토튜브가 설치된 유동의 속도를 구하라. 비압축성과 압축성으로 가정하여 각각의 경우 속도를 계산하여 보고 비교해 보라. 그리고 압축성 유동의 경우 마하수를 구하라.

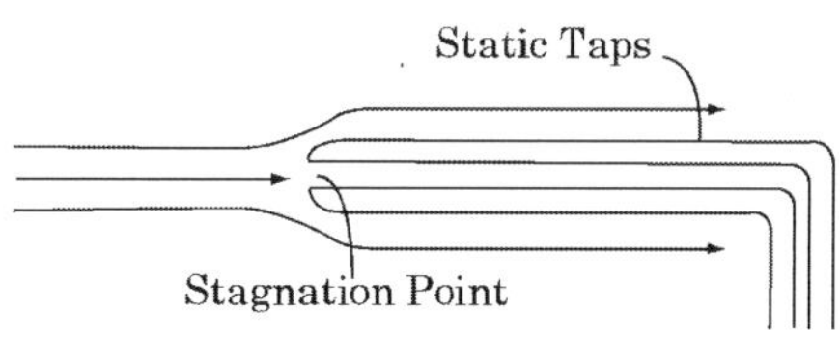

06_ 정체압력900kPa, 정체온도400K인 공기가 무시할 수 있는 속도로 수축 노즐로 들어간다. 노즐목 면적은 10cm^{2}이다. 등엔트로피유동으로 가정하고 배압(back pressure)이 (a)700kPa, (b)300kPa일 때, 노즐 출구에서의 압력, 온도, 속도, 밀도, 질량유량을 각각 구하라. 단, 공기의 정압비열 $c_p = 1.005\,kJ/kg\cdot K$이고, 기체상수는 $0.287\,kJ/kg\cdot K$이다.

07_ 다음 그림과 같은 3단 초음속 디퓨저가 있다. 3단의 경사 충격파와 수직 충격파를 이용하여 압축 및 감속한 후 연소실로 흘러 들어간다면 이 때 연소실 입구에서의 조건을 구하라. 단 외부 공기의 압력은 $5.929\,kPa$ 이며 온도는 $255\,K$이고 마하수 $M=2.5$로 비행중이다.

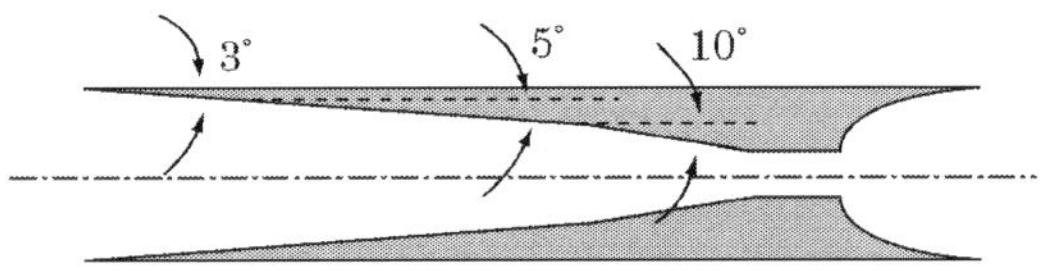

08_ 어떤 연소기의 입구온도가 $420K$이다. 저위 발열량 $43100kJ/kg$인 연료를 사용하여 연소기 출구온도를 $1120K$로 올리고자 할 때 연소기의 연료–공기비 f를 구하라. 연소효율은 98%라 가정하라. 연소가스의 정압비열은 $1.156kJ/kg\,K$라 가정하라.

09_ 다음과 같이 완전히 단열된 수축 노즐이 있다. 입구에서의 조건이 표준대기 상태이며 입구 단면적이 $A_i = 0.015\,m^2$이다. 그리고 입구에서 마하수 0.25의 속도로 유입되고 있다. 이 때 이 노즐을 지나는 유동이 초킹되기 위해서는 출구에서의 단면적 및 압력, 온도, 속도, 마하수를 구하라.

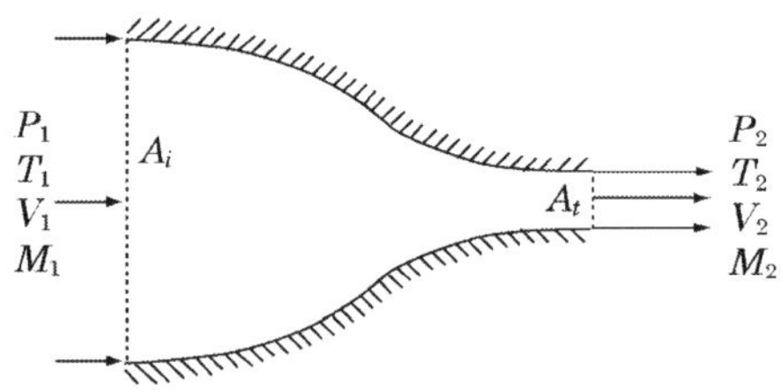

10_ 위 문제의 노즐에서 입구와 출구의 단면적이 각각 $A_i = 0.02\,m^2$, $A_t = 0.0095\,m^2$이다. 이러한 노즐을 지나는 유동이 초킹되었다고 할 때 입구에서의 조건을 구하라. 단, 출구에서의 압력은 $85.3\,kPa$이며 온도는 $265\,K$이다.

11_ 아래 그림과 같은 수축–확산 노즐이 있다. 입구의 압력이 $P1 = 400\,kPa$, 온도가 $T_1 = 350\,K$, 그리고 단면적이 $A_i = 0.15\,m^2$이다. 이 때 입구에서는 마하수 0.2의 속도로 유입되고 있다. 이 때 다음 질문에 답하라. (a) 위 노즐을 지나는 유동의 출구에서의 속도가 M=2 라 한다면 출구의 면적을 구하라. (b) 또한 그 때 배압을 구하라. (c) 만약 위와 같은 조건에서 배압을 약간 증가시키거나 감소시킨다면 어떠한 현상이 일어나겠는가? (d) 위와 같은 조건에서 초킹이 일어나기 위해서는 배압이 얼마 이하인지를 구하라. (e) 위와 같은 조건에서 출구에 수직 충격파가 발생하기 위한 배압을 구하라.

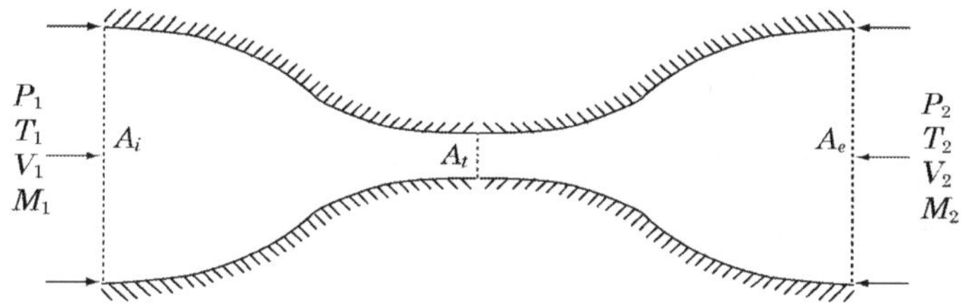

12_ 아래 그림과 같이 공기가 지나는 파이프 둘레로 히터가 설치되어 공기에 열을 제공하고 있다. 파이프 입구에서 표준상태의 대기가 $100\,m/s$ 의 속도로 유입되고 있다. 파이프 내부의 마찰은 무시할 수 있으며 출구에서 유동의 온도가 $358\,K$ 라면 출구에서의 마하수를 구하라. 또 출구에서의 압력과 엔트로피 증가를 구하라.

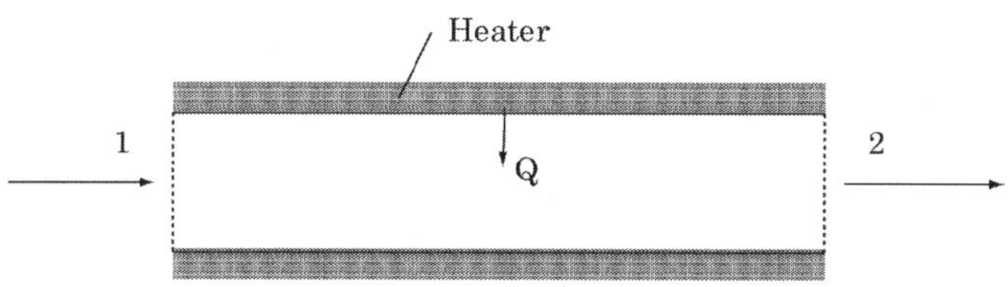

13_ 다음 그림과 같이 수축-확산 노즐을 통과한 유동은 다시 히터가 설치된 파이프를 통과해 밖으로 배출된다. 노즐 입구에서 표준 대기상태의 공기가 마하 0.3의 속도로 유입되고 있으며 입구의 면적은 $A_i = 0.15\,m^2$ 이며 출구의 단면적은 $A_e = 0.105\,m^2$이다. 히터를 통해 단위 길이당 $1.5\,kJ$ 의 열이 유입되고 있으며 이 때 파이프의 길이는 $10\,m$이다. 파이프 후방의 유동 조건을 결정하라. 단, 파이프의 단면적은 일정하며 마찰은 없으며 유동은 초킹되었다고 가정하라. 그리고 그 과정을 T-s 선도에 나타내라.

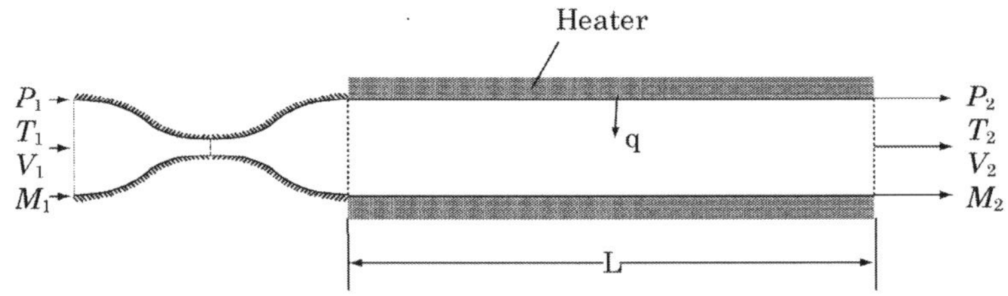

14_ 다음 그림과 같이 마찰이 있는 덕트를 지나는 유동이 있다. 입구에서 공기는 표준대기상태이며 유입 속도가 $120\,m/s$ 라 하자. 이 때 출구에서의 마하수가 0.8이라면 덕트의 길이 L을 구하라. 단, 덕트입구 지름은 $D = 0.38\,m$ 이며 내부의 마찰계수는 $f = 0.025$ 라 하자. 위와 같은 조건에서 길이 L 이 $20\,m$일 때 덕트 출구에서의 상태량을 결정하라.

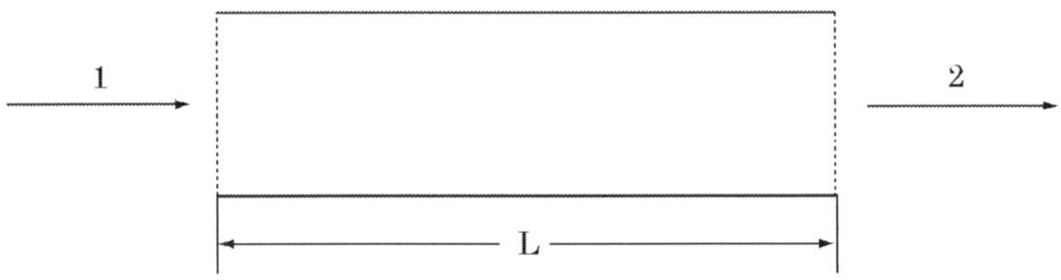

15_ 마찰과 열전달이 모두 존재하는 유동이 형성된 덕트 내부에 수직 충격파가 발생하였다. 충격파 전방에서 $M = 2.5$, $T = 258\,K$, $P = 28.85\,kPa$ 라 할 때 충격파 후방의 온도, 압력, 전온도, 전압력, 그리고 충격파 전후의 엔트로피 변화량을 결정하라.

참고문헌

[1] Y.A Cengel, *Fluid Mechanics*, Mcgraw-Hill, 2006
[2] S.Farokhi, *Aircraft Propulsion,* Wiley, 2008
[3] P.Hill and C.Peterson, *Mechanics and Thermodynamics of Propulsion*, 2nd ed. Addison Wesley, 1992
[4] H. Saravanamuttoo, C Rogers, and H Cohen, *Gas Turbine Theory*, Prentice Hall, 2001
[5] R.Flack, *Fundamentals of Jet Propulsion with Applications*, Cambridge, 2005
[6] J.John and T.Keith, *Gas Dynamics*, Pearson Education, 2006
[7] M.Aksel and O.Eralp, *Gas Dynamics,* Prentice Hall, 1994
[8] P.Oosthuizen and W.Carscallen, *Compressible Fluid Flow*, McGraw-Hill, 1997
[9] 노오현, *점성유동이론*, 박영사, 2006
[10] S.R. Turns, An Introduction to combustion, McGraw-Hill, 2000

제 3 장 공기흡입식 추진엔진 성능

항공기용 가스터빈 엔진에서는 많은 양의 공기가 흡입구, 팬, 압축기, 연소기, 터빈, 노즐 등으로 이루어진 도관(duct)을 지나 흐르게 된다. 흡입구로 흡입된 공기는 압축 가열됨으로써 에너지와 모멘텀이 주어지고, 공기가 추진노즐을 지나면서 가속된 후 분출될 때 반작용이 비행체에 작용하여 추력이 생기게 된다. 대형 여객기용 터보팬 엔진으로 유입되는 총 공기 유량은 항공기가 이륙하는 동안 초당 수 톤에 이르며 엔진의 공기유량은 연료 유량의 약 50배 정도가 된다. 필요한 공기를 외부에서 흡입하는 엔진을 공기흡입식 엔진(air breathing engine)이라 부르기도 한다. 본 장에서는 공기 흡입식 제트 추진엔진에 열 · 유체의 기본법칙을 적용함으로써 엔진의 성능과 특성을 알아보고자 한다. 보통 엔진의 최고 성능은 주요 설계 변수의 함수, 즉 최대 허용 엔진 온도나 압력비, 비행 속도 그리고 주변 상태의 함수로부터 평가할 수 있다. 또한 각 부품의 성능해석을 통해 압축기, 터빈, 노즐 등 엔진의 주요부품의 효율을 계산할 수 있다. 고바이패스비 터보팬이나 후기 연소기를 장착한 터보제트(after burning turbojet) 엔진 등과 같은 특별한 종류의 엔진 개발을 위한 이론적 토대를 마련할 수 있다. 또 성능해석을 통해 터빈 입구 온도(TIT : Turbine Inlet Temperature), 각 부품의 효율 향상 방안을 평가할 수 있고 압축기와 터빈 등 주요 엔진 구성 요소를 어떻게 각각의 설계 조건과 운용 조건에 맞게 설계할 수 있는지 알 수 있다. 시스템 해석을 통해 항공기와 엔진의 필수적인 성능 측정이 비행체 전체의 성능을 얻는데 어떻게 고려되어야 하는지를 알 수 있다.

3.1 엔진의 위치표시 및 엔진내부유동

공기흡입식 추진엔진의 성능해석에 앞서 엔진 부품의 특정위치를 식별할 수 있게 숫자에 의해 위치표시(station number)를 사용하면 온도나 압력 등의 내부유동 상태를 쉽게 알 수 있다. 위치표시는 엔진 부품을 전방에서 후방으로 표시하며 **〈그림 3-1〉**과 같이 나타낸다.

외부상태는 a, 공기 흡입구 입구는 1, 압축기 입구는 2, 연소기 입구는 3, 터빈 입구는 4, 터빈

콘 입구는 5, 후기연소기 입구는 6, 노즐 입구는 7로 표시하며, 각 부품의 출구는 후방에 위치한 부품의 입구번호와 같다. 즉, 공기 흡입구 출구는 2, 연소기 출구는 4, 터빈 출구는 5, 터빈콘 출구는 6, 후기연소기 출구는 7, 노즐 출구는 9로 표시한다.

엔진 공기 흡입구를 통하여 공기가 엔진 내부를 통과하여 배기노즐 후방에서 분출되기까지, 엔진도관 내부 유동의 온도, 압력, 속도는 변화한다. **〈그림 3-2〉**는 추진엔진 내부 각 부품을 지나는 공기유동의 압력, 온도, 속도 변화를 나타내고 있다. 추진 엔진 내부를 지나 흐르는 유동(공기)의 압력은 공기 흡입구와 압축기에서 가압되어 압축기 출구에서 최고가 되며, 연소기에서는 약간의 압력손실이 있으며, 터빈을 통과하면서 팽창되기 때문에 압력이 급격히 낮아지고, 노즐을 통과하면서도 압력이 낮아진다.

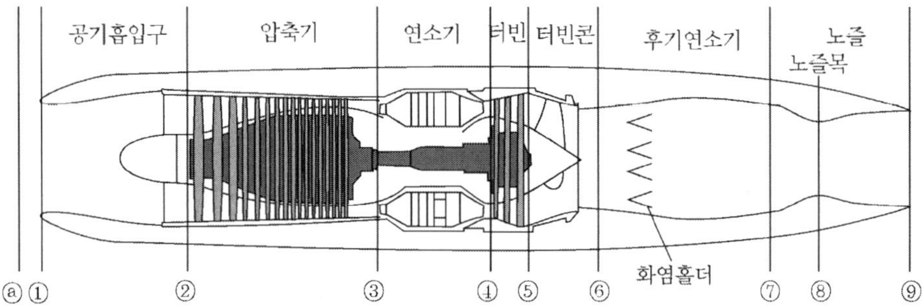

그림 3-1 엔진의 위치표시

추진엔진 내부를 지나흐르는 유동(공기)의 온도는 압축기를 통과할 때는 압력상승에 의해 온도가 올라가며 연소기 1차 영역에서 화염온도는 최고에 도달하지만 연소실 구성부품은 냉각공기로 보호되고 있으므로 엔진 부품 가운데 가장 고온에 노출되는 것은 터빈 입구 부분이다. 터빈을 지나면서 작동가스 온도는 약간 감소하지만, 후기 연소기가 있으면 작동가스 온도는 다시 한 번 급격히 상승하게 된다. 추진엔진 내부를 지나흐르는 유동(공기)의 속도는 압축기 출구를 지나 연소기 입구에 있는 디퓨져까지 감소하며, 연소기에서 약간 상승하다가 감소한 후 터빈 노즐부를 통과할 때 속도는 증가하며, 터빈콘부에서는 감소한 후 배기 노즐부에서 급격히 속도가 증가하게 된다. 가스터빈엔진의 성능해석에서 일반적으로 전압력비는 π로 나타내며, 전온도비는 τ로 나타낸다. 어떤 장치 k의 입구와 출구의 전압력비는 π_k이며, 전온도비는 τ_k이다.

주위 정적(static)상태에 대한 주위 전(total)상태의 비를 램(ram)비라하며 램온도비는 $\tau_r \equiv \dfrac{T_{0a}}{T_a} = 1 + \dfrac{\gamma - 1}{2} M_a^2$이고, 램압력비는 $\pi_r \equiv \dfrac{P_{0a}}{P_a} = \left(1 + \dfrac{\gamma - 1}{2} {M_a}^2\right)^{\frac{\gamma}{\gamma - 1}}$이다.

또 가스터빈은 터빈입구온도(TIT)가 설계 제한사항이 되므로 h_{04}/h_a의 비를 터빈입구 열제한 온도비(τ_λ)라 하고 다음과 같이 나타낸다.

$$\tau_\lambda \equiv \frac{h_{04}}{h_a} = \frac{c_{pg}T_{04}}{c_{pa}T_a} \cong \frac{T_{04}}{T_a}$$

후기연소기가 있는 경우 후기 연소기 출구, 즉 노즐입구 열제한 온도비($\tau_{\lambda AB}$)는 다음과 같이 나타낸다.

$$\tau_{\lambda AB} \equiv \frac{h_{07}}{h_a} = \frac{c_{pAB}T_{07}}{c_{pa}T_a} \cong \frac{c_{pg}T_{07}}{c_{pa}T_a} \cong \frac{T_{07}}{T_a}$$

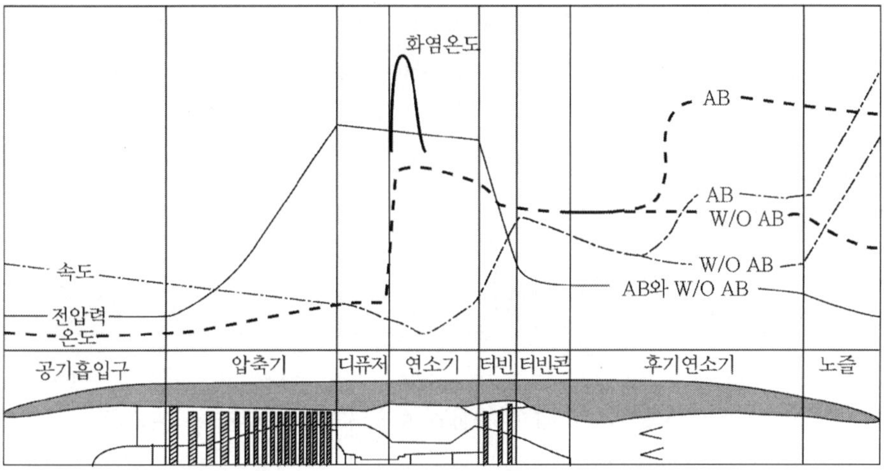

그림 3-2 추진엔진내부 각 부품을 지나는 유동(공기)의 전압력, 온도, 속도의 변화(AB : 후기연소기)

3.2 추진 엔진의 이상 사이클

3.2.1 가스터빈 엔진의 이상 사이클

브레이튼(Brayton) 사이클은 가스터빈 엔진의 이상 사이클이며 정압과정에서 에너지가 유입된다. **〈그림 3-3〉**은 단순 가스터빈 엔진을 도식화하였고 **〈그림 3-4〉**는 브레이튼 사이클의 P-v선도, T-s 선도, T-v선도를 표시한 것으로서 이상사이클에서 압축과 팽창은 가역 단열변화이고 가열과 방열은 정압에서 이루어진다. 브레이튼 사이클 P-v선도에서는 흡입상태에서 2는 주위 a와 동일하며, 배기상태에서 5는 주위 9과 동일하다고 가정한다. 공기는 압축기에서 가역 단열압축한 후 연소실로 보내진다. 연소실에서 정압으로 연소하여 온도상승과 더불어 체적팽창을 한 다음 터빈으로 보내지고 터빈에서 가역 단열팽창을 한다. 항공 추진용 가스터빈인 공기흡입식 추진 엔진에서는 압축기 앞부분에 공기 흡입구인 디퓨저가 있고 터빈 뒷부분에는 배기노즐이 있다.

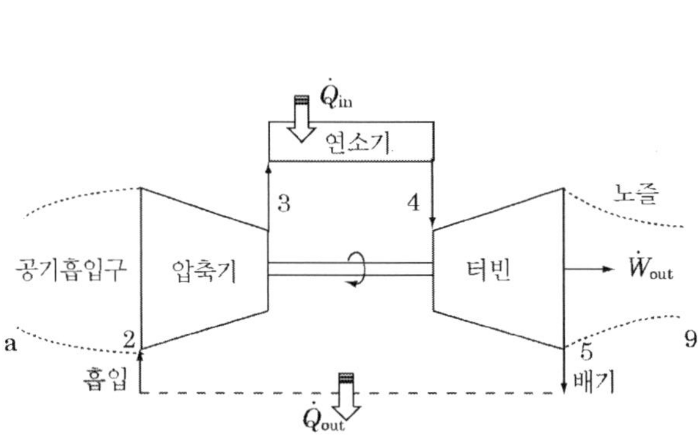

그림 3-3 단순 가스터빈 엔진

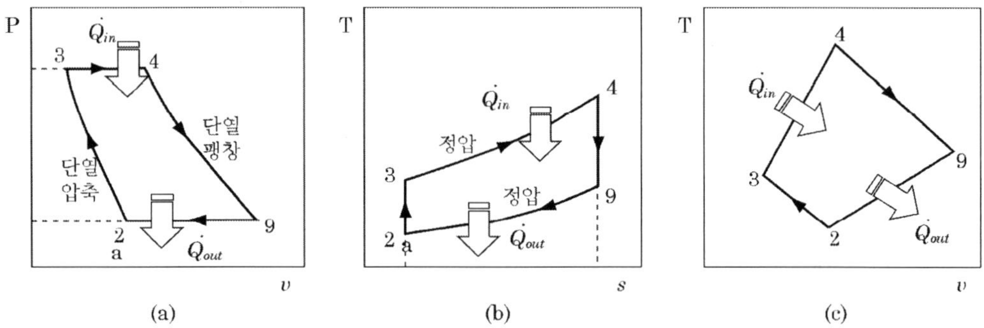

그림 3-4 브레이튼 사이클의 P-v 선도, T-s 선도, T-v 선도

산업용 가스터빈의 이상공기 사이클인 브레이튼 사이클에서 열과 일의 출입을 생각해보면 다음과 같다.

$$\dot{Q}_{in} = \dot{m}c_p(T_4 - T_3),\ \ \dot{Q}_{out} = \dot{m}c_p(T_9 - T_2) \tag{3.1a}$$

$$\dot{W}_c = \dot{m}c_p(T_3 - T_2),\ \ \dot{W}_t = \dot{m}c_p(T_4 - T_9) \tag{3.1b}$$

외부에 순수하게 일해준 일률을 $(\dot{W}_{out})_{net}$라고하며 다음과 같이 나타낼 수 있다.

$$(\dot{W}_{out})_{net} = \dot{W}_t - \dot{W}_c = \dot{m}c_p[T_4 - T_9 - (T_3 - T_2)] \tag{3.2}$$

따라서 열효율을 다음과 같이 구할 수 있다.

$$\eta_{th} = \frac{\dot{W}_{net}}{\dot{W}_{in}} = \frac{\dot{Q}_{in} - \dot{Q}_{out}}{\dot{Q}_{in}} = 1 - \frac{\dot{Q}_{out}}{\dot{Q}_{in}} = 1 - \frac{c_p(T_9 - T_2)}{c_p(T_4 - T_3)} = 1 - \frac{T_2(T_9/T_2 - 1)}{T_3(T_4/T_3 - 1)}$$

그런데 등엔트로피 과정에서는 $\frac{T_3}{T_2} = \left(\frac{P_3}{P_2}\right)^{\frac{\gamma-1}{\gamma}} = \left(\frac{P_4}{P_9}\right)^{\frac{\gamma-1}{\gamma}} = \frac{T_4}{T_9}$ 이므로

$$\eta_{th} = 1 - \frac{T_2}{T_3} = 1 - \frac{T_a}{T_3} = 1 - \frac{1}{\Psi} \tag{3.3a}$$

여기서 $\Psi = \dfrac{T_3}{T_2} = \dfrac{T_3}{T_a}$ 이다.

브레이튼 사이클에서 열효율은 가해진 열의 함수가 아니라 사이클 정온도비 Ψ의 함수이다. Ψ가 무한대로 증가하면 η_{th}는 1로 감을 알 수 있다.

2와 3은 가역 단열과정이므로 열효율은 다음과 같이 나타낼 수 있다.

$$\eta_{th} = 1 - \left(\frac{P_2}{P_3}\right)^{\frac{\gamma-1}{\gamma}} = 1 - \left(\frac{1}{r_p}\right)^{\frac{\gamma-1}{\gamma}} \tag{3.3b}$$

여기서 $r_p = \dfrac{P_3}{P_2} = \dfrac{P_4}{P_9}$ 이고 사이클의 압력비이다.

브레이튼 사이클의 열효율은 압력비와 비열비만의 함수임을 알 수 있다. 브레이튼 사이클의 열효율은 T_4의 변화와는 상관없다. T_4가 더 증가하더라도 그만큼 연료가 더 들어가므로 열효율은 변하지 않는다. 압력비와 비열비가 증가할수록 열효율이 증가함을 알 수 있으며 **〈그림 3-5(a)〉**에 나타나 있다. 그러나 실제 가스터빈에서는 터빈입구온도(TIT)인 T_4의 제한 때문에 사용될 수 있는 압력비도 제한된다. 무차원 단위순일은

$$\begin{aligned}\frac{W_{out}}{c_p T_2} &= \frac{T_4}{T_2}\left(1 - \frac{T_a}{T_4}\right) - \left(\frac{T_3}{T_2} - 1\right) \\ &= \frac{T_4}{T_2}\left\{\left[1 - \left(\frac{1}{\gamma_p}\right)^{\frac{\gamma-1}{\gamma}}\right] - \left[(\gamma_p)^{\frac{\gamma-1}{\gamma}} - 1\right]\right\}\end{aligned}$$

무차원 단위순일은 압력비뿐만 아니라 최고온도 T_4에 따라서도 달라지며 **〈그림 3-5(b)〉**에 나타나 있다. 압축기 입구 온도 T_2와 터빈입구온도 T_4가 주어질 때 최대 순일을 줄 수 있는 온도비와 압력비를 구해보자.

온도비를 τ, 압력비를 π라 하면 $\tau_{23} = (\pi_{23})^{\gamma-1/\gamma} = (\pi_{94})^{\gamma-1/\gamma} = \tau_{94}$이기 때문에 순일은 다음과 같다.

$$\begin{aligned}(\dot{W}_{out})_{net} &= Q_{in} - Q_{out} = \dot{m}c_p[(T_4 - T_3) - (T_9 - T_2)] \\ &= \dot{m}c_p[(T_4 - T_9) - (T_3 - T_2)] = \dot{m}c_p\left[T_4\left(1 - \frac{T_9}{T_4}\right) - T_2\left(\frac{T_3}{T_2} - 1\right)\right] \\ &= \dot{m}c_p\left[T_4\left(1 - \tau_{94}^{-1}\right) - T_2(\tau_{23} - 1)\right] = \dot{m}c_p[T_4(1 - \tau^{-1}) - T_2(\tau - 1)]\end{aligned} \tag{3.4}$$

여기서 τ는 $T_3/T_2 = T_4/T_9$이다.

단위연료당 순일은 $W_{out} = \dfrac{(\dot{W}_{out})_{net}}{\dot{m}}$이며, T_2는 압축기 입구의 온도이며 대기압온도와 동일하다고 생각하면

$$\frac{W_{out}}{c_p T_2} = \frac{T_4}{T_2}(1-\tau^{-1}) - (\tau - 1) \tag{3.5}$$

주위 온도에 대한 터빈 입구온도를 2~7까지 변화시키고 압력비를 30까지 변화시킬 때의 무차원 단위순일이 **〈그림 3-5〉**에 나타나 있다.

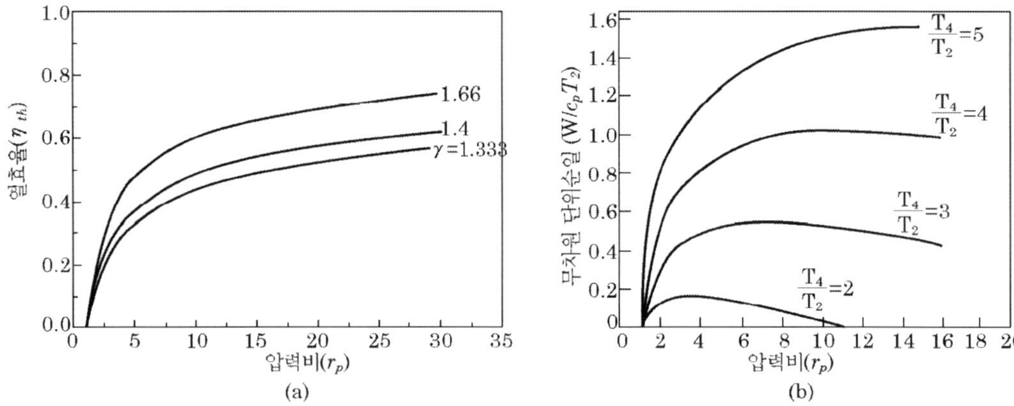

그림 3-5 단순 브레이튼 사이클의 압력비 변화에 따른 효율(a)과 무차원 단위순일(b)

그런데 최대 순일을 구하기 위해서 온도비 τ에 대해 미분한 후 0으로 두면 극한 값을 구할 수 있다. $\dfrac{\partial\left[(\dot{W}_{out})_{net}\right]}{\partial\tau} = \dot{m}c_p\left(\dfrac{T_4}{\tau^2} - T_2\right) = 0$에서

$$\tau_{\max work} = \left(\frac{T_3}{T_2}\right)_{\max work} = \sqrt{\frac{T_4}{T_2}} \tag{3.6a}$$

$$\pi_{\max work} = \left(\frac{T_4}{T_2}\right)^{\frac{\gamma}{2(\gamma-1)}} \tag{3.6b}$$

이에 대응하는 최대 순일은 다음과 같다.

$$\left[(\dot{W}_{out})_{net}\right]_{\max} = \dot{m}c_p T_2\left(\sqrt{\frac{T_4}{T_2}} - 1\right)^2 \tag{3.6c}$$

항공용 가스터빈엔진에서는 산업용 가스터빈엔진과는 달리 가스터빈도관을 지나는 기체가 속도에너지를 가지고 있기 때문에 각 부위 에너지를 정(static)상태로 나타내지 않고 전(total)상태로 나타내며, 배기노즐에서 나가는 속도에너지는 손실이 아니고 추진력을 내는데 사용되므로 다음과 같이 나타낼 수 있다.

$$\eta_{th} = \frac{\dot{W}_{out}}{\dot{W}_{in}} = \frac{\dot{Q}_{in} - \dot{Q}_{out}}{\dot{Q}_{in}} = \frac{(h_{04} - h_{03}) - (h_9 - h_a)}{h_{04} - h_{03}} = 1 - \frac{T_a\left(\dfrac{T_9}{T_a} - 1\right)}{T_{03}\left(\dfrac{T_{04}}{T_{03}} - 1\right)}$$

$\left(\dfrac{T_{03}}{T_a}\right)^{\frac{\gamma}{\gamma-1}} = \left(\dfrac{P_{03}}{P_a}\right) = \left(\dfrac{P_{04}}{P_a}\right) = \dfrac{P_{04}}{P_9} = \left(\dfrac{T_{04}}{T_9}\right)^{\frac{\gamma}{\gamma-1}}$ 인 관계에서 $\dfrac{T_9}{T_a} = \dfrac{T_{04}}{T_{03}}$ 이므로 열효율은 다음과 같이 된다.

$$\eta_{th} = 1 - \frac{T_a}{T_{03}} \tag{3.7a}$$

항공용 브레이튼 사이클의 열효율식을 뒤에서 설명될 압축기 압력비(π_c)와 램온도비(τ_r), 비행마하수(M_a)의 항으로 나타내면 열효율은 다음과 같다.

$$\eta_{th} = 1 - \frac{T_a}{T_{03}} = 1 - \frac{1}{T_3/T_a} = 1 - \frac{1}{(T_{03}/T_{02})(T_{02}/T_0)}$$

$$= 1 - \frac{1}{\tau_c \tau_r} = 1 - \frac{1}{\pi_c^{\frac{\gamma-1}{\gamma}}\left(1 + \dfrac{\gamma-1}{2}M_a^2\right)} \tag{3.7b}$$

여기서 $\tau_c = T_{03}/T_{02}$, $\tau_r = T_{0a}/T_a = T_{02}/T_a = 1 + \dfrac{\gamma-1}{2}M_a^2$이다.

마하수가 증가할수록 램온도비(τ_r)가 증가하고, 식 (3.7b)의 열효율식으로부터 마하수가 증가할수록 열효율은 증가하게 되며, 압력비가 증가할수록 열효율이 증가함을 알 수 있다.

3.2.2 펄스데토네이션 엔진의 이상 사이클

펄스데토네이션 엔진의 작동원리 및 사이클은 **〈그림 4-40〉**에 나타나 있다.

펄스데토네이션 엔진을 나타내는 이상사이클은 정적과정에서 열유입이 되고, 정압과정에서 열방출이 되는 사이클이며, 이를 험프리 사이클(Humphrey cycle)이라 한다.

먼저 브레이튼 사이클과 비교하기 위하여, 브레이튼 사이클의 무차원 T-s 선도를 나타내면 **〈그림 3-6〉**과 같으며, 브레이튼 사이클의 열효율은 식 (3.3a)와 같다.

$$\eta_{th} = 1 - (1/\psi) \tag{3.3a}$$

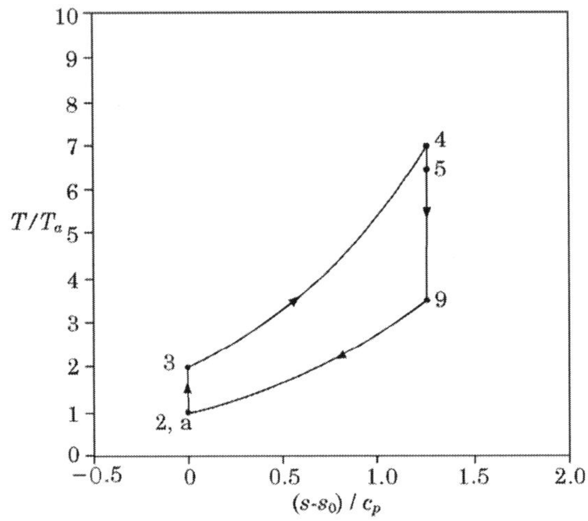

그림 3-6 브레이튼 사이클의 T-s 선도 ($\psi = 2$ and $\tilde{q} = 5$)

험프리 사이클은 **〈그림 3-7〉**에서 보는 바와 같이 2-3-4-9-2의 과정을 거친다.

험프리 사이클은 정적 열공급 과정으로 이루어지고, 정압 열방출과정으로 이루어진다. 험프리 사이클의 P-v선도와 T-s선도는 **〈그림 3-7〉**과 같다.

$$\eta_{th} = \frac{\dot{W}_{out}}{\dot{W}_{in}} = \frac{\dot{Q}_{in} - \dot{Q}_{out}}{\dot{Q}_{in}} = 1 - \frac{\dot{Q}_{out}}{\dot{Q}_{in}} = 1 - \frac{c_p(T_9 - T_2)}{c_v(T_4 - T_3)}$$

$$= 1 - \gamma \frac{T_9 - T_2}{T_4 - T_3} = 1 - \gamma \left(\frac{T_2}{T_3} \right) \left(\frac{\frac{T_9}{T_2} - 1}{\frac{T_4}{T_3} - 1} \right)$$

동일한 열량을 공급하였을 때 **〈그림 3-7〉**의 브레이튼 사이클의 정압비열에 의한 온도상승비보다 험프리 사이클의 정적비열에 의한 온도상승이 γ배 더 온도 상승비가 크다.

즉 $\left(\frac{T_4}{T_3}\right) = \left(\frac{T_9}{T_2}\right)^{\gamma}$인 관계가 있으므로 이상 험프리 사이클의 열효율은 다음 식으로 주어진다.

$$\eta_{th} = 1 - \gamma \frac{T_2}{T_3} \left[\frac{\left(\frac{T_4}{T_3}\right)^{\frac{1}{\gamma}} - 1}{\frac{T_4}{T_3} - 1} \right] \tag{3.8a}$$

한편, $T_2 = T_a$, $\Psi = \dfrac{T_3}{T_2}$, $q = c_v(T_4 - T_3) = \dfrac{c_p}{\gamma}(T_4 - T_3)$이므로

$$\eta_{th} = 1 - (1/\tilde{q})[(1 + \gamma\,\tilde{q}/\psi)^{1/\gamma} - 1] \tag{3.8b}$$

여기서 $\tilde{q}$는 무차원 열유입으로 $q/c_p T_2$이다. $\tilde{q} = \dfrac{q}{c_p T_2} = \dfrac{f h_{PR}}{c_p T_2}$이다.

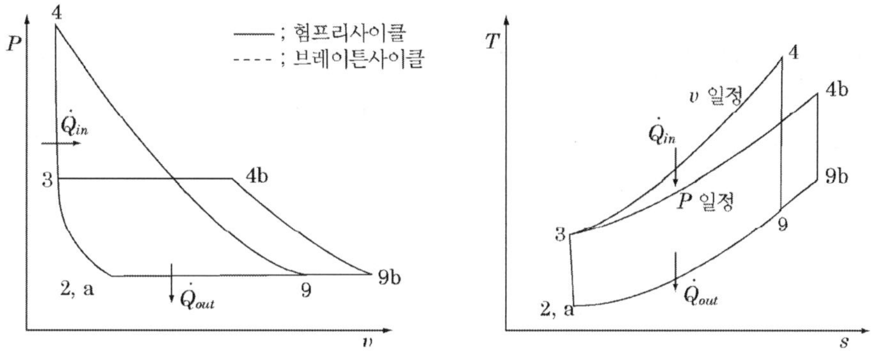

그림 3-7 험프리 사이클과 브레이튼 사이클(점선)의 P-V 선도와 T-s선도

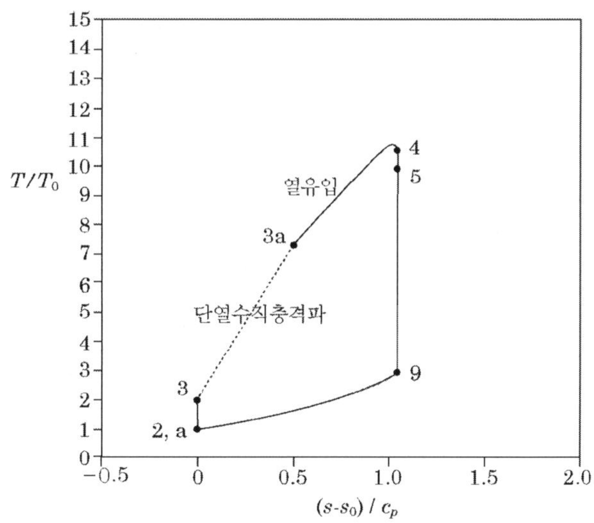

그림 3-8 이상 펄스 데토네이션 엔진의 T-s 선도 ($\psi = 2, \tilde{q} = 5$)

제2장의 ZND 1-D 모델에서 수직충격파가 존재한 후 화학반응으로부터의 에너지 방출은 약간 후에 일어난다.

이상 펄스데토네이션 엔진에서는 데토네이션파가 혼합기를 압축하고 정적과정에서 열이 유입된

다. 이상 펄스데토네이션 엔진의 무차원 T-s선도는 **〈그림 3-8〉**과 같다. 과정 3-3a는 단열수직 충격파과정으로 충격파 압축에 의한 엔트로피 증가과정이고, 과정 3a와 4는 일정면적에서 열공급이 이루어지는 Rayleigh 유동이다.

$$M_{CJ}^2 = (\gamma+1)(\tilde{q}/\psi)+1+\sqrt{[(\gamma+1)(\tilde{q}/\psi)+1]^2-1}$$

$$\frac{s_4-s_3}{c_p} = -\ell n\left(M_{CJ}^2\left(\frac{\gamma+1}{1+\gamma M_{CJ}^2}\right)^{(\gamma+1)/\gamma}\right)$$

정압 과정에서 열은 방출되고 이상 펄스데토네이션 사이클 열효율은 아래 다음 식과 같이 표현된다[9].

$$q_{in} = c_p T_2 \tilde{q} = c_p T_a \tilde{q}$$

$$q_{out} = h_9 - h_a = c_p(T_9 - T_a) = c_p T_a\left(\exp\left(\frac{s_9-s_a}{c_p}\right)-1\right)$$

$$= c_p T_a\left(\exp\left(\frac{s_4-s_3}{c_p}\right)-1\right)$$

$$= c_p T_a\left(\frac{1}{M_{CJ}^2}\left(\frac{1+\gamma M_{CJ}^2}{\gamma+1}\right)^{(\gamma+1)/\gamma}-1\right)$$

$$\eta_{th} = 1-\frac{q_{out}}{q_{in}}$$

$$= 1-\left(\frac{1}{M_{CJ}^2}\left(\frac{1+\gamma M_{CJ}^2}{\gamma+1}\right)^{(\gamma+1)/\gamma}-1\right)\Bigg/\tilde{q} \qquad (3.9)$$

이상 험프리 사이클의 $T-s$ 선도는 펄스 디토네이션 엔진과 브레이튼 사이클의 선도와 함께 **〈그림 3-9〉**에 비교하여 나타나 있다. 브레이튼사이클은 정압과정에서 열방출이 일어나고, 험프리사이클은 정적과정에서 열방출이 일어나며, PDE사이클은 데토네이션과정에서 열방출이 일어난다. 각 사이클의 열효율은 식 (3.3a), 식 (3.8b), 식 (3.9)에 있다.

각 사이클의 효율은 $\eta_{th} = \dfrac{\frac{1}{2}(V_9 - {V_a}^2)}{q}$ 이므로 $V_9 = \sqrt{{V_a}^2 + 2\eta_{th}q}$ 가 된다.

따라서 추력과 연료중량유량당 추력인 비추력은 다음과 같다.

$$F = \dot{m}_a(V_9 - V_a) = \dot{m}_a\left(\sqrt{{V_a}^2+2\eta_{th}q} - V_a\right)$$

$$I_{sp} = \frac{F}{\dot{w}_p} = \frac{F}{g_0\dot{m}_f} = \frac{\sqrt{{V_a}^2+2\eta_{th}q}-V_a}{fg_0}$$

여기서 g_0는 중력가속도이다.

$$TSFC \equiv \frac{\dot{m}f}{F} = \frac{f}{F/\dot{m}a}$$

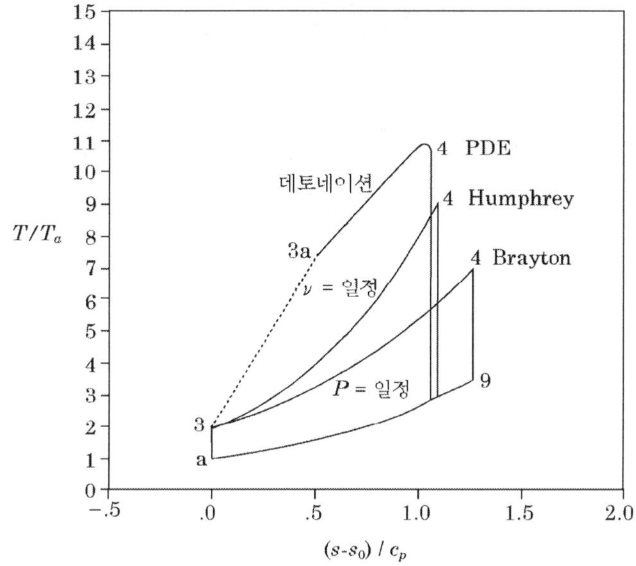

그림 3-9 이상 펄스데토네이션, 브레이튼, 험프리 사이클의 T-s 선도($\psi=2$, $\tilde{q}=5$)

3.3 추력과 효율

3.3.1 엔진의 추력

비행속도 V_a로 비행하는 〈그림 3-10〉과 같은 정상상태의 터보 제트형 공기흡입식 비행체의 추력을 구해보자. 외부유동은 가역적이라 가정한다. 2장에서는 정지추력을 구하였지만 여기서는 비행속도 V_a임을 유의하자.

먼저 엔진 코어로 지나는 유동에 대하여 생각해보자. 비행속도 때문에 상부 ①의 뒤편 공기흡입구에서 V_a로 유입되는 공기의 질량유량 $\dot{m}_a = \rho V_a A_i$이며 출구 ②에서 유출되는 공기와 연료의 혼합기 질량유량 $\dot{m}_e = \rho_e V_e A_e$가 되며, $\dot{m}_e = \dot{m}_a + \dot{m}_f$가 된다.

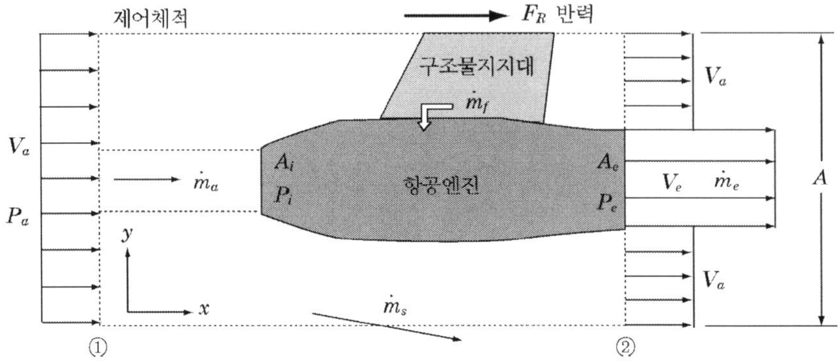

그림 3-10 비행속도 V_a로 비행하는 비행체의 추력

이를 다음과 같이 다르게 표현할 수 있다.

$$\dot{m}_f = \dot{m}_e - \dot{m}_a = \rho_e V_e A_e - \rho V_a A_i \tag{3.10}$$

<그림 3-10>의 제어체적 전체를 생각할 때 제어체적 측면으로 빠져나가는 질량유량 $\dot{m}_s$를 고려하여 연속의 식을 적용하면 다음과 같이 된다.

$$\rho_e V_e A_e + \rho V_a (A - A_e) + \dot{m}_s - \dot{m}_f - \rho V_a A = 0 \tag{3.11}$$

다시 정리하면

$$\dot{m}_s = \dot{m}_f + \rho V_a A_e - \rho_e V_e A_e \tag{3.12}$$

식 (3.10)을 식 (3.12)에 대입하면

$$\dot{m}_s = \rho V_a (A_e - A_i) \tag{3.13}$$

모멘텀식 (2.14)의 좌변항은

$$\sum \overrightarrow{F}_x = F_R + A_e (P_a - P_e) \tag{3.14}$$

모멘텀식 (2.14)의 우변항을 적용하여 보자. 제어체적이 충분히 클 때 측면으로 빠지는 질량유량의 y방향 속도가 아주 작다고 가정하여 y방향 모멘텀을 무시하면 $\dot{m}_s$에 의한 모멘텀은 $\dot{m}_s V_a$이다.

$$\int_{CS} \rho V_x (\overrightarrow{V} \cdot \overrightarrow{n}) d\overrightarrow{A} = \dot{m}_e V_e + \dot{m}_s V_a + \rho V_a (A - A_e) V_a - \dot{m}_a V_a - \rho V_a (A - A_i) V_a \tag{3.15}$$

식 (3.13)을 식 (3.15)에 대입하면

$$\int_{CS} \rho V_x (\vec{V} \cdot \vec{n}) d\vec{A} = \dot{m}_e V_e - \dot{m}_a V_a \tag{3.16}$$

식 (3.14)와 식 (3.16)를 식 (2.14)에 대입하면

$$A_e(P_a - P_e) + F_R = \dot{m}_e V_e - \dot{m}_a V_a$$

$$F = F_R = \dot{m}_e V_e - \dot{m}_a V_a + A_e(P_e - P_a) \tag{3.17}$$

연료-공기비를 f라 하면 $f = \dot{m}_f / \dot{m}_a$가 되며 식 (3.17)은 다음과 같이 된다.

$$F = \dot{m}_a[(1+f)V_e - V_a] + A_e(P_e - P_a) = F_m + F_p \tag{3.18}$$

위 식을 터보제트형 비행체의 추력식이라 하며 첫 번째 항을 모멘텀 추력(F_m), 두 번째 항을 압력추력(F_p)이라 하며 압력추력은 모멘텀 추력에 비해 아주 작다. 추력은 SI 단위계에서는 N이며, 미터 공학단위계에서는 kg_f이고, 영국계 공학단위계에서는 lb_f이다. 미터 공학단위나 영국계 공학단위를 사용할 경우에는 단위를 잘 맞추어 추력식을 적용하여야 한다. 노즐제트가 주위 압력으로 팽창되도록 최적설계 되면 $P_e = P_a$가 된다. 배기 제트가 초음속이고 노즐이 배기 제트를 주위 공기 압력으로 확산시키지 않는다면 우변의 두 번째 항은 $P_e - P_a \neq 0$이 된다. 실제 운행에 있어서는 점성 유동에서 경계층으로 인한 박리가 발생하므로 실제 추력은 계산된 값보다 작아진다. 노즐이 최적 팽창하지 않을 때, 유효배기속도 V_{eff}를 사용하면 〈식 3.18〉은 다음과 같이 나타낼 수 있다.

$$F = \dot{m}_a[(1+f)V_{eff} - V_a]$$

$$\text{여기서} \quad V_{eff} = V_e + \frac{A_e(P_e - P_a)}{\dot{m}_a}$$

추력식에서 $\dot{m}_a V_a$항을 램항력(ram drag)이라고 하며, 총추력에서 램항력을 제외한 추력을 순추력이라 한다. 즉, 순추력(F_N)=총추력(F_G)−램항력(D_{ram})이다. 또 $\dot{m}V = \gamma PAM^2$이므로 추력식 식 (3.18)을 마하항으로 나타내면 다음과 같다.

$$F = (1+f)\gamma P_e A_e M_e^2 - \gamma P_a A_a M_a^2 + A_e(P_e - P_a) \tag{3.19}$$

각 부품의 입구와 출구 단면에 2장에서 설명한 유체 임펄스 개념을 도입하여 추력을 구할 수 있다. $F = I_{in} - I_{exit}$ 값이 (−)부호이면 전진힘(forward force)을 받고 (+)부호이면 후진힘(rearward force)을 받는다. **〈그림 3-11〉**처럼 공기 흡입구, 압축기, 연소기 그리고 후기연소기 등은 앞으로 향하는 전진힘을 받으며 터빈과 노즐은 엔진의 뒤쪽을 향하는 후진힘을 받음을 알

수 있다. 여기서 전진힘은 엔진이 지나가는 유체에 힘을 작용할 때 반력으로써 추력 성분이 된다. 특히 압축기에서 전압력은 증가하게 되며 공기 흡입구에서는 속도에너지로부터 압력에너지로의 변환이 일어나게 된다. 또한 후진힘은 터빈과 노즐에서처럼 지나가는 유체가 엔진에 힘을 작용할 때의 반력을 의미한다. 그림에서 가스터빈의 각 부품 하나하나에 모멘텀 식을 적용하여 각 부품의 추력을 계산 할 수 있고 각 부품 추력의 합은 전체에 적용한 추력의 합과 같음을 알 수 있다.

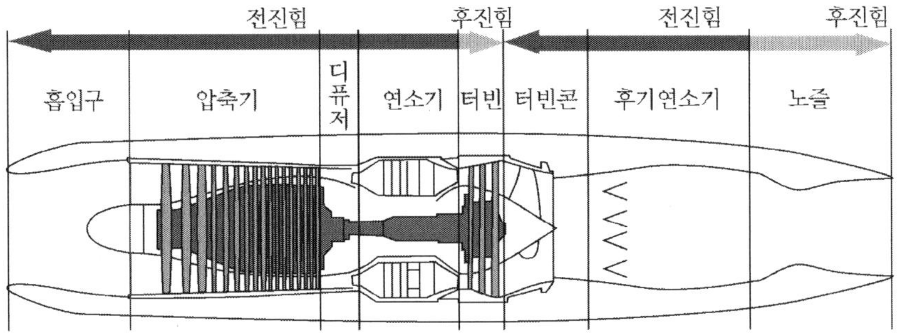

그림 3-11 터보제트 엔진의 추력흐름

이상에서 터보제트 엔진에서 추력을 구하는 식과 실제 문제에 적용하여 추력 계산을 해보았다. 터보제트 엔진에서는 배기가스가 한 가지 종류만 존재하였으나 터보팬엔진에서는 엔진의 압축기, 연소기, 터빈을 통과하는 중심부 유동(core stream or primary, hot stream)과 팬을 지나는 팬유동(fan stream or secondary, cold stream)으로 나눌 수 있다. 배기노즐이 최적 설계된 분리형 터보팬 엔진의 추력식은 식 (3.17)을 다음과 같이 수정해서 사용하면 된다.

$$F = (\dot{m}_{aC} + \dot{m}_f) V_{eC} - \dot{m}_{aC} V_a + \dot{m}_{aF}(V_{eF} - V_a)$$

여기서 하첨자 C는 Core stream으로서 중심부 유동을 의미하며 하첨자 F는 Fan stream으로서 팬유동을 의미한다.

또한 위 식을 연공비(air-fuel ratio)를 이용하여 표현하면 다음과 같이 나타낼 수 있다.

$$F = \dot{m}_{aC}[(1+f) V_{eC} - V_a] + \dot{m}_{aF}(V_{eF} - V_a) \tag{3.20}$$

터보팬 엔진에서 중심부유동에 대한 팬 유동의 질량비를 바이패스비(bypass ratio)라 하며 다음과 같이 나타낸다.

$$\beta = \dot{m}_{aF} / \dot{m}_{aC} \tag{3.21}$$

바이패스 비는 상업용 엔진에서 약 5~10 범위의 값을 가지며 군용에서는 0.4~1.0 정도의 낮은 바이패스 비를 가진다. 보통의 군용에서 쓰이는 엔진은 초음속 비행을 하는 경우가 많기 때문에 엔진의 전면면적을 크게 할 수 없기 때문에 팬의 크기가 제한적이고 그로 인해 바이패스비가 작아질 수밖에 없다. 상업용 터보팬과 같은 고 바이패스비 엔진에서는 팬에서 팬유동에 의해 전체 추력의 약 50~80%의 추력이 발생한다.

비추력(specific thrust)은 공기흡입식 엔진에서 유입되는 공기의 질량 유량에 대한 추력을 나타내는 지표로서 항공기의 성능을 비교하거나 평가할 때 유용하게 사용된다. 공기흡입식추진 엔진의 단위유입 공기질량유량당 추력을 나타내는 비추력(I_s)은 다음과 같이 정의된다.

$$I_s = \frac{F}{\dot{m}_a} = [(1+f)V_e - V_a] \tag{3.22}$$

비추력은 단위를 가지며 SI단위계에서는 $N \cdot s/kg$, 영국 단위계에서는 $lbf \cdot s/lbm$이다.

참고로 로켓의 비추력은 추진제 단위중량당 총임펄스를 말하며, 추력이 시간에 대하여 일정한 경우 로켓의 비추력은 $I_{sp} = F/\dot{w}_p = F/\dot{m}_p g_0 = V_e/g_0$이고 단위는 sec이다. 또 **〈그림 1-5(c)〉**의 비추력도 단위 추진제 중량당 총임펄스이다.

3.3.2 엔진의 이륙추력(take-off thrust)

이륙추력이란 가스터빈 엔진이 장착된 항공기에서 가장 중요한 특징 중 하나로서 항공기가 스스로의 동력원으로 이륙하기 위해 정지 상태와 저속에서의 추력을 지속적으로 제공하는 능력을 말한다. 출구에서의 압력과 주위 압력의 차이가 없다면 추력식은 다음과 같이 나타낼 수 있다.

$$F = \dot{m}_a[(1+f)V_e - V_a] \tag{3.23}$$

여기서도 마찬가지로 공기유량에 비해 연료유량은 매우 작다고 가정하면, f는 무시할 수 있고, 이륙 시에는 속도가 작아 $V_a \cong 0$이라 가정하면 $F_{takeoff} = \dot{m}_a V_e$이며, 위 식은 다음과 같이 나타낼 수 있다.

$$\frac{F_{takeoff}}{\dot{m}_a} = V_e \tag{3.24}$$

위 식은 공기의 단위질량 유량에 대한 정지 추력(static thrust)의 비이다.

이를 적용하여 식 (3.49(a))에서 이륙시 열효율을 구해보자. 이륙시는 $V_a \cong 0$이므로 식 (3.49(a))은 다음과 같이 쓸 수 있다.

$$\eta_{th} = \frac{\dot{m}_a(1+f)\cdot \frac{V_e^2}{2}}{\dot{m}_f \cdot Q_R} = \frac{\dot{m}_a(1+f)\cdot V_e^2}{2\dot{m}_f \cdot Q_R} \tag{3.25}$$

따라서 식 (3.25)에서 양 변에 $\dot{m}_a(1+f)V_e$를 구하여 이를 이륙추력식에 대입하면 다음과 같은 이륙추력을 얻을 수 있다.

$$F_{takeoff} = \dot{m}_a V_e = \frac{2\eta_{th}\dot{m}_f Q_R}{V_e} \tag{3.26}$$

위 식에서 보듯이 주어진 열효율과 연료소비율에서 이륙추력은 노즐의 출구 속도에 반비례 한다. 즉,

$$F_{takeoff} \propto \frac{1}{V_e} \tag{3.27}$$

그러나 일반적으로 추력은 $F \simeq \dot{m}_a V_e$이다. 즉 주어진 연료 소비율에서 많은 양의 공기를 보다 적은 속도로 가속함으로써 이륙추력을 증대시킬 수 있다. 보통 주어진 추력 요구 조건에서 대략적인 엔진의 크기는 단위 연료 소비율에 대한 추력 $F/\dot{m}_f$을 통하여 알 수 있다. 고성능 터빈 엔진에서는 최대 온도 한계(peak temperature limit)와 연공비(fuel-air ratio)가 대략적으로 비슷하기 때문에 연료 질량이 커지면 엔진코어로 들어가는 고온 공기 질량 유량도 커지게 된다. 가스터빈엔진의 크기는 코어를 지나는 고온 공기 질량 유량에 비례하여 크기가 결정된다. 즉 $\dot{m}_f$가 커지면 $\dot{m}_a$가 커져서 엔진 크기도 커진다. 바꿔 말하면 주어진 추력요구조건에서 $F/\dot{m}_f$가 작아지면 $\dot{m}_f$가 커지게 되어 엔진크기가 커지게 됨을 알 수 있다.

〈그림 3-12〉는 가스터빈 엔진의 정지 추력과 유입공기 속도에 따른 상대적인 추력 곡선을 비교하여 도시한 것이다. 그림에서 터보프롭의 경우 프로펠러 팁의 실속으로 속도한계가 있으며 각 엔진의 이륙추력은 일반적으로 정지 추력보다 약간 높다.

터보제트 엔진과는 달리 터보프롭 엔진의 경우 약 80~90%의 추력이 프로펠러에서 발생한다. 또한 터보프롭의 경우 성능을 평가하는 변수로서 추력(thrust)보다 엔진으로부터 얻을 수 있는 추력동력(thrust power)을 사용한다.

$$\text{추력동력}(TP) = \text{프러펠러축동력}(PSHP) \times \eta_{\mathrm{Pr}} + FV_a \tag{3.28}$$

여기서 η_{pr}는 프로펠러 효율(propeller efficiency)이며 대략 80%정도이다. 프로펠러 효율은 축 동력에 대한 추진 동력의 비로서 정의된다.

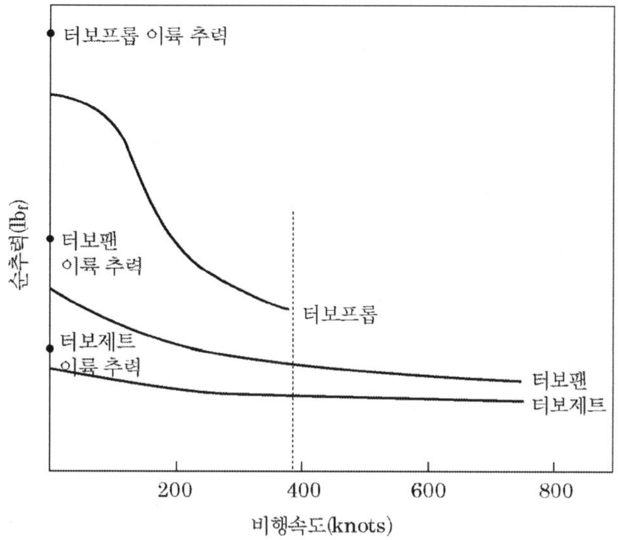

그림 3-12 비행속도에 따른 상대적인 순추력 곡선[11]

많은 경우에 있어서 터보프롭 엔진은 터빈을 통과하는 고온 배기가스로부터 10~20% 정도의 추력을 얻는데 이러한 추력을 마력으로 환산하며 프로펠러축동력에 더한 값을 등가 축마력(EPSHP : Equivalent Propeller Shaft Horsepower) 또는 상당 축마력이라 한다. 즉 등가 축마력은 프로펠러 축동력에 노즐에서 발생하는 추력 F_N을 마력으로 환산하여 더한 값이며 다음과 같이 쓸 수 있다.

$$EPSHP \equiv \frac{TP}{\eta_{pr}} = PSHP + \frac{\text{노즐추력}(F_N) \times \text{비행속도}(V_a)}{\eta_{Pr}} \tag{3.29}$$

프로펠러 정지 시 노즐에서 발생하는 14.9N의 정지추력이 1kW의 축마력에 해당된다. 따라서 등가축마력은 다음과 같이 나타낼 수 있다.

$$EPSHP = PSHP + \frac{\text{정지추력}[N]}{14.9} \tag{3.30a}$$

또는

$$EPSHP = PSHP + \frac{\text{정지추력}[lb_f]}{2.5} \tag{3.30b}$$

$$EPSHP = PSHP + \frac{\text{정지추력}[kg_f]}{1.14} \tag{3.30c}$$

여기서 위 세 식은 같은 식이나 단위가 다르다. 이를 바탕으로 등가 제동 연료소비율(EBSFC : equivalent brake specific fuel consumption)은 다음과 같이 나타낼 수 있다.

$$EBSFC = \frac{\dot{m}_f}{EPSHP} \tag{3.31}$$

예제 3-1 다음과 같은 조건에서의 제트엔진의 출구 속도와 이륙 추력을 구하여라. 열효율은 40%이며, 유입공기 질량 유량은 72.58 kg/s이고 연소기로 분사되는 연료 질량 유량은 0.73kg/s이다. (단, 연료의 저위 발열량 $Q_R = 43,100\ kJ/kg$)

풀이 식 (3.25)로부터

$$\eta_{th} = \frac{\dot{m}_a(1+f)\cdot\dfrac{V_e^2}{2}}{\dot{m}_f\cdot Q_R} = \frac{\dot{m}_a(1+f)\cdot V_e^2}{2\dot{m}_f\cdot Q_R} \quad \Rightarrow \quad V_e = \left(\frac{\eta_{th}\cdot 2\dot{m}_f\cdot Q_R}{\dot{m}_a(1+f)}\right)^{\frac{1}{2}}$$

$$V_e = \left(\frac{0.4\times 2\times 0.73kg/s\times 43,100\times 1000J/kg}{72.58kg/s\left(1+\dfrac{0.73}{72.58}\right)}\right)^{\frac{1}{2}} = 586.0\ m/s$$

식 (3.26)으로 부터

$$F_{takeoff} = \dot{m}_a(1+f)\,V_e = 72.58kg/s\times 1.01\times 586.0m/s$$

$$= \frac{2\eta_{th}\dot{m}_f Q_R}{V_e} = \frac{2\times 0.4\times 0.73kg/s\times 43100\times 10^3 J/kg}{586.0m/s}$$

$$\simeq 42,953N$$

3.3.3 추력당 연료소모율(TSFC)

추력당 연료소모율(TSFC : thrust specific fuel consumption)은 엔진의 질을 평가하는 성능 변수 중 하나이며 터보제트엔진의 TSFC는 다음과 같이 정의된다.

$$TSFC = \frac{\dot{m}_f}{F} = \frac{\dot{m}_f/\dot{m}_a}{F/\dot{m}_a} = \frac{f}{F/\dot{m}_a} \tag{3.32a}$$

후기연소기가 있는 터보제트엔진의 TSFC는 다음과 같다.

$$TSFC_{AB} = \frac{f+f_{AB}}{F/\dot{m}_a} \tag{3.32b}$$

터보제트 엔진의 경우, 압력항이 무시될 수 있을 정도로 작다면 식 (3.16)으로부터 TSFC는 다음과 같이 나타낼 수 있다.

$$TSFC = \frac{\dot{m}_f}{\dot{m}_a[(1+f)V_e - V_a]} \tag{3.33}$$

터보팬 엔진의 경우 위 식에서 노즐 출구 속도 V_e 대신 고온 공기와 저온 공기 배기 속도의 질량 평균배기속도(mass average exhaust velocity) $\overline{V}_e$를 사용하여 나타내면 터보제트식 3.33을 적용할 수 있다. $\overline{V}_e$는 다음과 같이 정의할 수 있다.

$$\overline{V_e} = \frac{(\dot{m}_{aC} + \dot{m}_f)V_{eC} + \dot{m}_{aF}V_{eF}}{(\dot{m}_{aC} + \dot{m}_f) + \dot{m}_{aF}} = \frac{\dot{m}_{aC}(1+f)V_{eC} + \dot{m}_{aF}V_{eF}}{\dot{m}_{aC}(1+f) + \dot{m}_{aF}} \tag{3.34}$$

이는 추력평균 배기속도 또는 질량 평균 속도라 불리며 여기서 f는 연공비(fuel-air ratio)이다. 따라서 위 식을 식 (3.33)에 적용하면 다음과 같은 결과를 얻을 수 있다.

$$TSFC_{turbofan} = \frac{\dot{m}_f}{\dot{m}_a[(1+f)\overline{V_e} - V_a]} \tag{3.35}$$

식 (3.33)이나 (3.35)에서 보듯이 어떠한 엔진의 TSFC는 비행속도 V_a에 크게 의존한다. 현재 사용중인 일반적인 터보제트 엔진의 TSFC는 정지 상태에서 약 0.75~1.1 $lb/lb_f \cdot hr$ (0.075~0.11 $kg/N \cdot hr$)정도이고 터보팬 엔진의 경우에는 약 0.3~0.5 $lb/lb_f \cdot hr$ (0.03~0.05 $kg/N \cdot hr$)이며 램제트 엔진인 경우에는 M 2에서 1.7~2.6 $lb/lb_f \cdot hr$ (0.17~0.26 $kg/N \cdot hr$)이다. 이 값들은 **〈그림 1-5(b)〉**에서도 나타나 있다.

축동력을 제공하는 터빈엔진, 즉 터보프롭이나 터보샤프트 엔진에서는 TSFC 보다는 제동연료 소모율(BSFC : brake specific fuel consumption)을 사용하며 다음과 같이 정의하여 사용한다.

$$BSFC = \frac{\dot{m}_f}{PSHP} \tag{3.36}$$

여기서 $PSHP$는 제동축동력을 의미한다. 특히 터보프롭 엔진에 있어서는 고온 가스에 의한 추력성분도 고려해야 하므로 등가 제동 연료소모율(EBSFC : equivalent brake specific fuel consumption)을 다음과 같이 정의하여 사용한다.

$$EBSFC = \frac{\dot{m}_f}{PSHP + \frac{F_N \times V_a}{\eta_{pr}}} \tag{3.37}$$

성능이 좋은 터보프롭 엔진은 성능이 좋은 왕복엔진 만큼이나 효율이 높다. 또한 터보프롭 엔진은 같은 동력을 내는데 왕복 엔진보다 더 가볍고 전면 면적이 더 작다. 이러한 이유로 큰 마력을 내는 왕복엔진들은 대부분 터보프롭 엔진으로 교체 되었으며 소형왕복엔진만이 경비행기 등에 사용되고 있다.

3.3.4 추력에 영향을 미치는 요소

항공기는 다양한 비행속도와 다른 고도에서 운행하게 되므로 엔진으로 흡입되는 유입공기의 상태량은 다르며, 주위대기상태도 다르다. 주위 대기상태와, 비행속도, 고도가 미치는 영향을 알아보자. 앞서 알 수 있었던 추력식을 다시 보도록 하자.

$$F = \dot{m}_a[(1+f)V_e - V_a] + A_e(P_e - P_a) \tag{3.38}$$

추력식에서 비행속도가 커지면 램 항력이 커져 추력은 감소하게 된다. 그러나 비행속도가 커짐에 따라 속도에너지가 압력에너지로 변하는 램효과에 의해 흡입구에서 압력이 상승하므로 전체 추력은 M 0.4까지는 아주 작게 감소하다가 그 후로는 증가하게 된다. 비행속도에 따른 추력의 변화는 **〈그림 3-13(a)〉**에 나타나 있다. 비행속도가 증가할수록 비추력은 감소하며, 전효율은 증가하고, 추력당 연료소모율도 감소하게 된다. **〈그림 3-13(b)〉**는 비행고도에 따른 추력의 변화를 보여주고 있다. 비행고도가 변하면 압력과 밀도, 온도가 복합적으로 작용하여 추력에 영향을 준다. 대기 상태의 변화에 따라 주위 온도가 변화하면 유입공기의 밀도가 변하고 $\dot{m}_a$값이 변하게 된다. 보통 대기 온도가 상승하면 대기 밀도는 감소하게 되어 $\dot{m}_a$가 비례적으로 감소하게 되며 추력 또한 비례적으로 감소하게 된다. 또 추력식에서 대기압력(P_a)가 낮아지면 비례적으로 추력이 감소하게 된다. 대류권은 대기권의 제일 아래층으로 대기 전체의 약 75%가 이 범위에 있으며 비바람, 구름, 눈 등의 기상현상이 일어난다. 실제 대류권은 지구가 공전과 자전하고 태양열을 받는 위치에 따라 대기의 상태는 끊임없이 변화하며 같은 고도라 할지라도 장소와 시간에 따라 대기는 변화한다. 대류권계면 높이는 고위도지방에서는 낮고(극지방; 8km), 저위도 지방에서는 강한 열에너지를 공급 받아 대류가 활발하게 일어나서 즉, 공기의 상승작용이 활발해져 높다.(적도; 18km) 중위도 지방에서는 여름이 겨울에 비하여 강한 열에너지를 받고 공기 상승작용이 크므로 대류권계면이 높다. 대류권계면의 평균 높이는 11km이다. 표준대기에서 보통 고도가 높아짐에 따라 약 11,000m(36,000ft)까지는 1km에 6.5℃씩 온도가 낮아진다. 압력이 낮아져 밀도가 감소하는데 한편으로는 고도가 높아짐에 따라 온도가 낮아져 밀도가 증가한다. 그러나 압력이 낮아짐에 따라 밀도가 감소하는 영향이 온도가 낮아져 밀도가 증가하는 영향보다 훨씬 크므로 전체적으로는 밀도가 낮아지는 경향을 보이고 추력 또한 감소하게 된다. 36,000ft 이상의 고도에서는 대기압은 계속 떨어지지만 대기온도는 일정하기 때문에 추력감소율이 더 커진다.

고압과 저압의 2개의 압축기는 동일한 회전수로 회전하지 않고 각각 최적 속도로 회전한다. 연료 추력증강을 위해 연료를 더 공급하면 고압 압축기가 빠르게 회전하고 저압 압축기는 이에 추종하여 회전수가 빨라진다. 또 고압압축기가 일정하게 회전하더라도 저압압축기는 압축기 입구 온도에 따라 회전속도가 달라진다.

고도가 높아지게 되면 주위 온도가 낮아지고 압축기 입구로 들어가는 공기의 온도가 낮아지게 된다. 압축기 유입공기 온도가 낮아지면 유입공기 밀도가 높아지므로 공기를 목표 압력으로 압축하는데 요구되는 동력이 작아지게 된다. 저압압축기 요구동력이 작아지게 되면 저압압축기와 연결된

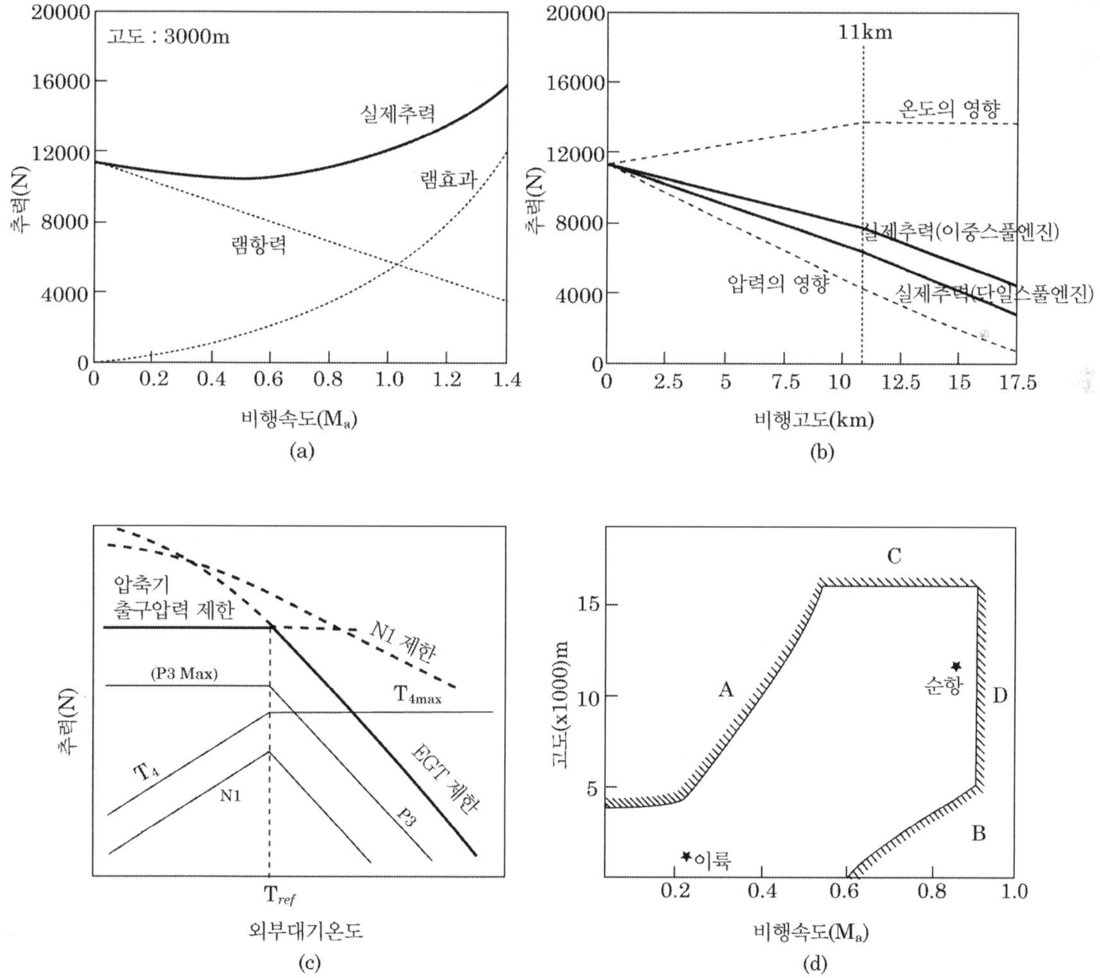

그림 3-13 아음속항공기의 비행속도, 고도, 외부대기온도에 따른 추력의 변화 및 비행한계

저압 터빈회전 속도가 빨라지게 되고 저압스풀 회전속도가 빨라지게 되므로 저압압축기 회전속도는 자체적으로 빨라진다. 이 때문에 고도증가에 따른 추력 감소는 〈그림 3-13(b)〉에서 보는 바와 같이 이중스풀을 사용하는 경우가 단일 스풀을 사용하는 경우보다 덜 감소함을 알 수 있다.

〈그림 3-13(c)〉는 외부 대기온도 변화에 따른 추력변화와 제한곡선($T < T_{ref}$)을 나타내고 있다. 외부대기온도가 감소하면 밀도가 증가하여 흡입공기질량유량이 증가하고 추력이 증가하지만 어느 온도 이하에서는 너무 큰 추력은 주어진 엔진에 해로우므로 최대추력을 제한한다. 즉 어느 온도이하에서는 온도가 변화하더라도 추력이 일정하게 유지되도록 제한한다. 이와 같은 특성을 편평한 일정정격(Flat rating)이라 한다. 어떤 기준온도 이상에서는($T > T_{ref}$) EGT가 일정하도록 유지하며 이에 따라 외부대기온도가 증가할수록 추력이 감소한다.

항공기의 비행속도와 고도에 따라 엔진의 운전 한계가 있다. 〈그림3-13(d)〉는 아음속 항공기의 비행마하수와 고도 변화에 따른 비행영역을 나타낸다. 〈그림 3-13(d)〉에서 A선은 수정회전수 $\frac{N}{\sqrt{\theta_i}}$에 의하여 제한된다. 여기서 $\theta_i = \frac{T_i}{T_{ref}}$이다. 이 선 왼쪽보다 높은 고도에서는 고도가 높아질수록 엔진입구 온도가 낮아지므로 T_i가 낮아지고, 또 θ_i가 낮아지며, 따라서 수정회전속도가 높아지게 된다. 수정회전속도가 높아지게 되면 압축기 블레이드로 들어가는 공기 유동의 받음각이 커지게 되어 실속이나 스톨이 일어나게 되고 결국 서지가 일어나게 된다. 따라서 어느 고도 이상에서는 비행이 제한된다. 그런데 비행속도가 빨라지면 축방향 유입공기속도가 빨라져 받음각을 낮추는 효과가 있으므로 받음각이 커지는 효과는 약간 상쇄되어 비행 마하수가 커질수록 한계고도는 올라가게 되어 〈그림3-13(d)〉의 A와 같은 기울기를 가지게 된다.

〈그림 3-13(d)〉에서 B선은 기계적 강도상의 제한이다. 비행기 속도가 빠르게 되면 공력가열에 의해 온도가 높아지고 또 엔진에 유입되는 공기의 밀도나 온도가 높아지게 되므로, 압축기 등 구조재의 온도 또는 응력이 허용값을 초과하므로 어느 고도 이하에서는 사용이 제한된다.

〈그림 3-13(d)〉의 C선은 터보팬엔진의 운용고도 제한이다. 즉 약 17,000m 정도가 제한고도이다.

〈그림 3-13(d)〉의 D선은 터보팬엔진의 비행마하수 제한이다. 천음속이하 즉 약 M 0.9가 제한이다. 〈그림 3-13(d)〉에는 아음속 항공기의 대표적인 순항속도와 고도가 표시되어 있다.

순항고도는 목적지까지의 거리나 기상조건, 기류의 상태에 의해 달라지지만, 일반적으로는 상업용항공기의 순항고도는 약 36,000피트(약 11km)로 되어 있다. 고도 11km라고 하면 기압은 지상의 약 1/4, 기온은 섭씨 영하 56도의 환경이 된다.

고도가 높아질수록 공기의 밀도가 낮아지고 저항도 작아져서 적은 엔진출력으로도 속도를 낼 수 있다. 즉 낮은 고도를 비행하는 것보다 공기의 저항이 낮은 높은 고도를 비행하는 것이 연비도 좋아지고 기류도 안정되어 있다. 표준 대기의 대류권계면 평균 높이를 11km라 생각하자. 대류권계면 높이가 실제로는 8~18km로 변화하지만 순항고도 약 11km보다 훨씬 더 높은 고도를 비행하면 공기저항은 더 낮아지더라도 너무 높은 고도까지 올라가게 되면 공기의 밀도가 너무 낮아지게 되고 공기 중 산소도 희박해져서 공기를 압축하여 연료를 연소시키도록 만들어져 있는 제트엔진의 효율이 떨어지게 되고 그로 인해 속도가 떨어져 심한 경우 비행기가 실속에 빠지는 사태가 발생할 수도 있다. 약 45,000ft(13,700m) 이상의 고고도에서는 레이놀즈수 감소로 실속이 일어날 수 있다. 자세한 내용은 § 5.3에 설명되어 있다. 공기의 저항이 적당히 낮고 엔진에 적당량의 산소를 공급할 수 있어서 연료 소비량 대비 경제적이고 안정적인 속도를 확보할 수 있고 실속발생가능성이 적은 고도가 바로 11km정도의 상공이다. 실제 대류권에서는 대류권계면 높이가 11km(36,000ft)가 아니고 변화하고, 항공기 사정이나 기상사정으로 인해 더 높거나 낮게 순항할 때도 있다. 항공기의 순항고도는 국내선의 경우는 보통 9km정도이고, 국제선의 경우는 11~14km 범위이다. 비행속도가 빨라지면 비행고도가 더 높아질 수 있다. **〈그림 1-5(a)〉**에 각종 항공기의 비행마하수에 따른 비행고도영역이 나타나 있다.

3.3.5 제트 엔진의 성능변수, 성능 곡선과 엔진 계기

1. 실제 엔진의 성능변수

엔진 출력의 설정, 측정, 운전상태의 판단 또는 다른 엔진과의 성능비교시 사용되는 엔진 제원을 엔진 성능 변수라 한다. 제트 엔진의 기본적인 성능 변수는 **〈그림 3-14〉**에 나타나 있다. 지상엔진 시험장(test cell)과 항공기 조종실(cockpit)별로 약간 다른 엔진 변수가 사용될 수도 있다. 지상 엔진 시험장에서는 추력(F), 엔진회전수(N 또는 N_1 및 N_2), 터빈 출구에서의 배기가스 온도(EGT), 추력당 연료소모율($TSFC$)을 주요 성능변수로 취급한다. 여기서 N은 압축기 로터 회전수이며 2축 로터 엔진에서는 저압로터를 N_1, 고압로터를 N_2라 한다. 항공기 조종실에서는 추력의 측정이 곤란하므로 압축기 입구의 전압과 터빈 출구의 전압과의 비인 엔진압력비(EPR; engine pressure ratio)로 나타낸다. 엔진압력비는 동일 조건하에서는 추력과 선형적으로 비례한다. 또 지상 시험장과는 달리 항공기 조종실에서는 설계 최고회전수를 100%로 한 계기에 의해서 %로 표시되는 엔진 회전수의 비율로 나타낸다. 또 조종실에서는 엔진으로 분사되는 연료 질량유량과 터빈 출구에서의 배기가스온도(EGT)도 알 수 있으며 그 이외에도 운전상태를 관찰하기 위하여 오일압력, 오일온도, 오일용량, 연료압력 및 엔진 진동 등을 알 수 있다.

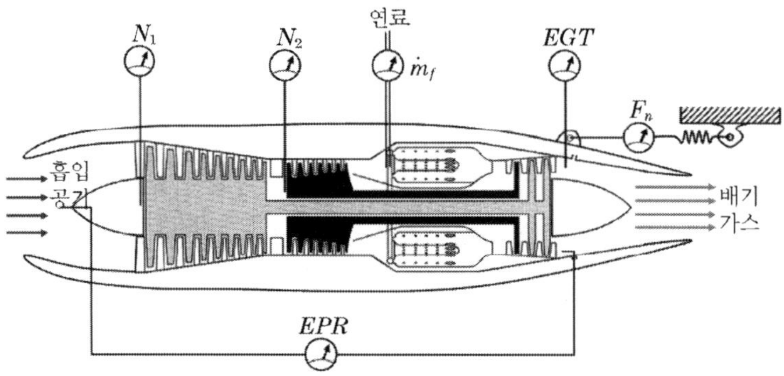

그림 3-14 가스터빈엔진의 성능 변수

2. 실제 엔진의 정격

엔진을 운용할 때는 안전하게 설계된 추력을 내도록 하여야 한다. 각 운용상태에 따라 최대 회전속도, 허용 최대가스속도, 허용 최대 윤활유온도 등으로 인한 구조상의 문제점 때문에 제한된다.

엔진 정격은 정해진 조건에서 엔진을 운전할 경우 보증되고 있는 성능 특성값으로 보통 다음과 같은 종류가 있다.

1) 이륙정격

지상 또는 이륙비행 상태에서 엔진을 약 5분 정도의 정해진 시간에 엔진이 낼 수 있는 최대 추력을 이륙정격(takeoff rating)이라 한다. 이륙시에는 엔진 회전수와 배기가스 온도가 운용 제한한계에 거의 가깝게 운용되는 가혹한 상태이므로 이륙추력을 초과하지 않도록 하여야 한다. 물분사를 사용했을 때의 정격을 습식 이륙정격(wet takeoff rating), 사용하지 않을 때의 정격을 건식 이륙정격(dry takeoff rating)이라 하고 구별하고 있다. **〈그림 3-15(a)〉**는 해면상에서 건식 이륙정격과 습식 이륙정격을 나타내고 있다. 터보팬엔진보다는 터보제트 엔진에서 물분사에 의한 압축기 입구 냉각효과가 큰 것을 알 수 있다.

2) 최대연속정격

지상 또는 비행 상태에서 시간제한 없이 연속하여 내는 것이 보증되고 있는 엔진의 최대 성능 특성값을 최대 연속정격(maximum continuous rating)이라 한다. 이륙 정격의 90% 전후의 출력으로 주로 긴급시에 사용된다. **〈그림 3-15(b)〉**에 외부 대기온도변화에 따른 정격추력변화가 나타나 있다.

3) 최대상승정격

상승시에 보증되고 있는 엔진의 최대 성능 특성값을 최대 상승 정격(maximum climb rating)이라 하며 최대 연속 정격과 동일 정격이 많다.

4) 최대순항정격

순항시에 보증되고 있는 엔진의 최대 성능 특성값을 최대 순항 정격(maximum cruise rating)이라 하며 보통 이륙 정격의 70~80% 전후의 출력이다.

5) 아이들 정격

지상 또는 비행 상태에서 기관의 정해진 운전 가능한 최소의 출력 상태를 아이들 정격(idle rating)이라 하며 이때 출력레버를 아이들 위치에 놓아야 한다. 지상에서의 아이들을 지상 아이들(ground idle), 비행 상태에서의 아이들을 비행 아이들(flight idle)이라 한다. 아이들은 이륙 정격의 5~8% 정도의 출력인 경우가 많고 엔진 정격은 아니다.

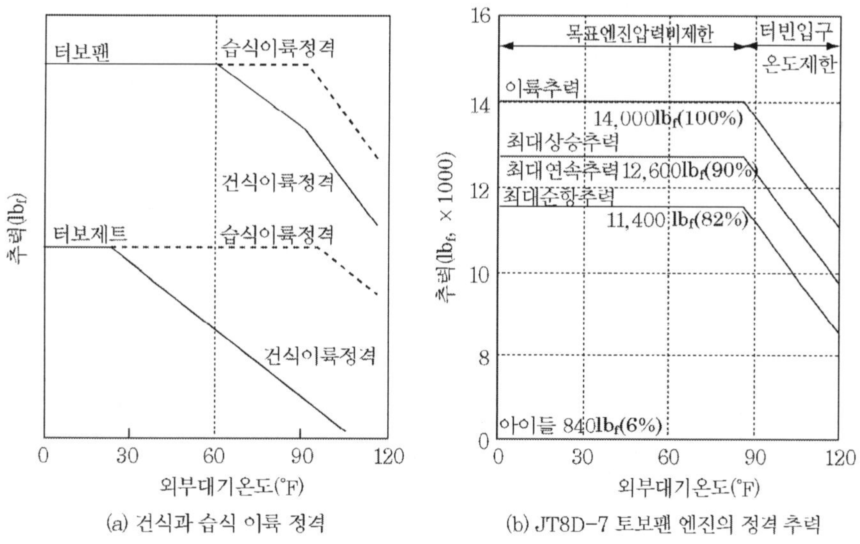

그림 3-15 가스터빈 엔진의 정격 출력 예(출처 :[5, 6])

〈그림 3-15(b)〉는 해면상에서 JT8D-7 터보팬 엔진 정격의 실례를 보여주고 있다. 그림에서 엔진의 추력, 흡입 대기 공기 온도의 변화에 따라 압축기 입구온도가 변하며 이에 따라 추력 정격이 영향을 받다. 고온시에는 터빈 입구 온도를 일정하게 유지하기 위해 추력이 제한되고 저온시에는 목표 엔진 압력비(target EPR) 설정 때문에 추력이 일정하게 유지됨을 알 수 있다. 최대 이륙

추력시 회전수(rpm)를 100%라 할 경우, 최대연속 추력이나 최대 상승 추력시 회전수는 96-98% 정도이고, 최대순항 추력시 회전수는 94-96%정도이다.

3. 엔진 성능 수정 파라미터

엔진의 성능은 대기상황에 따라 변하기 때문에 각기 다른 대기상태하에서 얻어진 성능을 그대로 비교할 수는 없다. 대기상태가 달라지면 엔진성능이 달라지게 된다. 각기 다른 고도와 대기상태에서의 성능을 비교 할 경우에는 이를 지상표준대기상태의 성능으로 수정해서 행한다. 임의의 대기상태의 성능이나 고공성능을 지상표준상태의 성능으로 수정하는 수정식을 구해보자. 대기조건이 변하여도 압축기나 터빈의 속도선도와 속도선도상의 마하수는 표준상태와 동일하다고 가정한다. 또 각 구성부품들의 효율도 일정하다고 가정한다.

먼저 압력과 온도를 표준상태의 압력과 온도로 무차원하자. 임의의 i에서의 전압력과 표준대기 전압력의 비를 나타내는 압력비를 δ라 하며, 임의의 i에서의 전온도와 표준대기 전온도와의 비를 나타내는 온도비를 θ라 하며 각각 다음과 같이 나타낸다.

$$\delta_i = P_{0i}/P_{0c} = P_{0i}/P_{0ref} \tag{3.39}$$

여기서 P_{0i}는 임의의 i에서의 전압력이며, P_{0c}는 지상표준상태의 압력으로 P_{0ref}가 되고, P_{ref}는 표준대기압력(760 $mmHg$ 또는 29.92 $inHg$)이다.

$$\theta_i = T_{0i}/T_{0c} = T_{0i}/T_{0ref} \tag{3.40}$$

여기서 T_{0i}는 임의의 i에서의 전온도이며 T_{0ref}는 표준 대기온도(288 K 또는 518.7R)이다.

엔진의 배기분출 후 하류조건은 엔진성능에 영향을 주지만 유동이 초킹될 때는 그 영향이 미비하므로 엔진의 성능에 영향을 주는 것은 상부조건이다. 엔진성능에 영향을 주는 인자는 $\dot{m}_f$, P_a, T_a, V_a 등이 있다. 그런데 어떤 엔진에서 압축기 입구 전온도에 대한 터빈입구 전온도비 T_{04}/T_{02}가 주어지면 각종 압력비, 무차원 연료유량, 무차원 속도 등은 정해진다. 또는 P_{03}/P_{02}와 같은 압력비나 무차원 회전수가 주어지면 엔진운전 조건이 정해진다. 엔진을 지나는 질량유량은 엔진입구조건에 의한 P_{02}, T_{02}와 엔진회전수 N에 따라 달라진다.

$$즉,\ \dot{m}_a = f(N, P_{02}, T_{02}) \qquad \text{(i)}$$

또는 $\dot{m}_a$는 P_{02}, T_{02}와 T_{04}에 따라 달라진다.

$$즉,\ \dot{m}_a = f(T_{04}, P_{02}, T_{02}) \qquad \text{(ii)}$$

또는 $\dot{m}_a$는 P_{02}, T_{02}와 $\dot{m}_f$에 따라 달라진다.

$$\text{즉, } \dot{m}_a = f(\dot{m}_f, P_{02}, T_{02}) \qquad \text{(iii)}$$

그런데 질량유량함수 MFP는

$MFP(M,\gamma) = \dfrac{\dot{m}_a\sqrt{T_0}}{AP_{02}} = M_a\sqrt{\dfrac{\gamma}{R}}\left(\dfrac{1}{1+\dfrac{\gamma-1}{2}M_a^2}\right)^{\frac{\gamma+1}{2(\gamma-1)}}$ 이므로 엔진의 특성길이를 D라 하면 A는 D^2과 같은 값이 된다. 식(i)을 질량유량함수로 나타내면 다음과 같다.

$$\frac{\dot{m}_a\sqrt{T_{02}}}{D^2P_{02}} = f\left(\frac{ND}{\sqrt{\gamma RT_{02}}}\right) \qquad \text{(iv)}$$

여기서 $ND/\sqrt{\gamma RT_{02}}$ 는 로터 팁속도를 압축기 입구 전온도로 무차원화한 값이다. 식 (ii)을 질량유량함수로 나타내면 다음과 같다.

$$\frac{\dot{m}_a\sqrt{T_{02}}}{D^2P_{02}} = f\left(\frac{T_{04}}{T_{02}}\right) \qquad \text{(v)}$$

경우 (iii)을 질량유량함수로 나타내 보자.

연료의 에너지 발생율은 $\dot{m}_fQ_R$이며, 힘과 속도를 곱한 값도 동력(단위시간당 에너지율) 차원을 갖는다. $P_{02}D^2$는 힘이고, 속도는 음속을 고려하면 $\sqrt{\gamma RT_{02}}$ 이고 $c_p = \dfrac{\gamma}{\gamma-1}R$이므로 속도는 $\sqrt{c_pT_{02}}$ 라 생각해도 되므로 단위시간당 에너지는 $P_{02}D^2\sqrt{c_pT_{02}}$ 에 비례한다고 생각할 수 있다. 따라서 식 (iii)을 질량유량함수로 나타내면 다음과 같다.

$$\frac{\dot{m}_a\sqrt{T_{02}}}{D^2P_{02}} = f\left(\frac{\dot{m}_fQ_R}{\sqrt{c_pT_{02}}\,D^2P_{02}}\right) \qquad \text{(vi)}$$

식 (iv), (v), (vi)에서

$$\frac{T_{04}}{T_{02}} = f\left(\frac{\dot{m}_fQ_R}{\sqrt{T}\,D^2P_{02}}\right) \qquad \text{(vii)}$$

$$\frac{ND}{\sqrt{\gamma RT_{02}}} = f\left(\frac{\dot{m}_fQ_R}{\sqrt{T_{02}}\,D^2P_{02}}\right) \qquad \text{(viii)}$$

추력은 $F = \dot{m}_a[(1+f)V_e - V_a] + A_e(P_e - P_a)$이고, 추력을 무차원화하면 $\dfrac{F}{D^2P_{02}}$가 되고 이

것은 식 (iv), (v), (vi)을 참고하면 다음과 같이 나타낼 수 있다.

$$\frac{F}{D^2 P_{02}} = f\left(\frac{ND}{\sqrt{\gamma R T_{02}}}\right) \text{ 또는 } f\left(\frac{\dot{m}_f Q_R}{\sqrt{c_p T_{02}}\, D^2 P_{02}}\right) \text{ 또는 } f\left(\frac{T_{04}}{T_{02}}\right) \qquad \text{(ix)}$$

주어진 엔진에서는 c_p와 D^2이 일정하고 연료가 정해지면 Q_R도 일정하므로 식 vi은 다음과 같이 나타낼 수 있다.

$$\frac{\dot{m}_a \sqrt{T_{02}}}{P_{02}} = f\left(\frac{\dot{m}_f}{\sqrt{T_{02}}\, P_{02}}\right)$$

이를 무차원화하고 일반화하면 다음과 같이 나타낼 수 있다.

$$\frac{\dot{m}_a \sqrt{\theta}}{\delta} = f\left(\frac{\dot{m}_f}{\delta \sqrt{\theta}}\right) \qquad \text{(x)}$$

같은 방법으로 식 (v)를 다음과 같이 나타낼 수 있다.

$$\frac{\dot{m}_a \sqrt{T_{02}}}{P_{02}} = f\left(\frac{N}{\sqrt{T_{02}}}\right)$$

이를 무차원화하고 일반화하면 다음과 같이 나타낼 수 있다.

$$\frac{\dot{m}_a \sqrt{\theta}}{\delta} = f\left(\frac{N}{\sqrt{\theta}}\right) \qquad \text{(xi)}$$

같은 방법으로 식 (ix)는 다음과 같이 나타낼 수 있다.

$$\frac{F}{P_{02}} = f\left(\frac{N}{\sqrt{T_{02}}}\right) \text{ 또는 } f\left(\frac{\dot{m}}{\sqrt{T_{02}}\, P_{02}}\right)$$

이를 무차원화하고 일반화하면 다음과 같다.

$$\frac{F}{\delta} = f\left(\frac{N}{\sqrt{\theta}}\right) \text{ 또는 } f\left(\frac{\dot{m}_f}{\delta \sqrt{\theta}}\right) \qquad \text{(xii)}$$

임의의 고공상태 i를 지상표준상태로 수정할 때 다음과 같이 질량유량매개변수(MFP)를 같게 한다.

$$\frac{\dot{m}_{c,i} \sqrt{T_{0c}}}{A P_{0c}} = \frac{\dot{m}_i \sqrt{T_{0i}}}{A P_{0i}}$$

따라서 $\dot{m}_{c,i} = \dot{m}_i \dfrac{P_{0c}}{P_{0i}} \sqrt{\dfrac{T_{0i}}{T_{0c}}} = \dot{m}_i \dfrac{\sqrt{\theta_i}}{\delta_i}$ 즉 $\dot{m}_c = \dfrac{\dot{m}\sqrt{\theta}}{\delta}$ 가 된다.

압축기 일은

$$w_c = \frac{c_{pa}T_{02}}{\eta_c}[(\frac{P_{03}}{P_{02}})^{\frac{\gamma-1}{\gamma}} - 1]$$

터빈 일은

$$w_t = \eta_t c_{pg} T_{03}[1 - (\frac{P_{05}}{P_{04}})^{\frac{\gamma-1}{\gamma}}]$$

이다.

대기상태가 변하여도 해당 마하수는 변하지 않는다고 가정하면 $\dfrac{P_{03}}{P_{02}}$ 와 $\dfrac{P_{05}}{P_{04}}$ 는 각각 크게 변하지 않으므로 대기조건이 변할 때 압축기일 w_c는 T_{02}에 비례하고 터빈일 w_t는 T_{04}에 비례하게 된다.

$$\frac{w_t}{w_c} \propto \frac{T_{04}}{T_{02}}$$

$(\dfrac{T_{04}}{T_{02}})_i = (\dfrac{T_{04}}{T_{02}})_c$에서 $T_{04c} = \dfrac{T_{02c}}{T_{02i}} T_{04i} = \dfrac{1}{\theta_{2i}} T_{04i}$ 즉, $T_{04c} = \dfrac{T_{04}}{\theta}$ 이며,

수정배기가스온도도 $EGT_c = \dfrac{EGT}{\theta}$ 로 표기한다. 수정온도는 $T_c = \dfrac{T}{\theta}$ 로 나타내며, 수정압력은 $P_c = \dfrac{P}{\delta}$ 이다.

엔진 회전수는 블레이드 마하수에 크게 영향을 미치므로 다음과 같이 상대회전마하수를 같게 한다. $\dfrac{N_{ci}}{\sqrt{T_{0c}}} = \dfrac{N_i}{\sqrt{T_{0i}}}$ 에서 $N_{ci} = N_i \sqrt{\dfrac{T_{0c}}{T_{0i}}} = \dfrac{N_i}{\sqrt{\theta_i}}$, 즉 $N_c = \dfrac{N}{\sqrt{\theta}}$ 가 된다.

w_t는 앞에서 설명한 바와 같이 T_{04}에 비례하고 $T_{04c} = \dfrac{T_{04}}{\theta}$ 인 관계가 있게 된다. 또 축마력 SHP는 $\dot{m}_a \times w_t$에 비례하므로 $SHP_c = \dfrac{\dot{m}\sqrt{\theta}}{\delta}\dfrac{w_t}{\theta} = SHP\dfrac{1}{\delta\sqrt{\theta}}$ 이 된다. 추력 F는 $\dot{m}_a V_e$에 비례한다. V는 N에 비례하고 $N_c = \dfrac{N}{\sqrt{\theta}}$ 이므로 $V_c = \dfrac{V}{\sqrt{\theta}}$ 이다. 따라서 $F_c = \dfrac{\dot{m}\sqrt{\theta}}{\delta}\dfrac{V}{\sqrt{\theta}} = \dfrac{\dot{m}V}{\delta} = \dfrac{F}{\delta}$

다른 항목들의 수정식들도 같은 방법으로 나타낼 수 있다. 임의의 고공성능을 지상표준상태성능으로 수정하는 수정식을 정리하면 다음과 같다.

$$\text{수정 흡입공기 유량, } \dot{m}_{ac} = \frac{\dot{m}_a \sqrt{\theta}}{\delta} \tag{3.41}$$

$$\text{수정 회전수, } N_c = \frac{N}{\sqrt{\theta}} \tag{3.42}$$

$$\text{수정 추력, } F_c = \frac{F}{\delta} \ : \tag{3.43}$$

$$\text{수정 축마력, } SHP_c = \frac{SHP}{\delta \sqrt{\theta}} \tag{3.44}$$

$$\text{수정 터빈입구온도 } T_{04c} = \frac{T_{04}}{\theta} \tag{3.45a}$$

$$\text{수정 배기가스온도, } EGT_c = \frac{EGT}{\theta} \ : \tag{3.45b}$$

$$\text{수정 연료유량, } \dot{m}_{fc} = \frac{\dot{m}_f}{\delta \sqrt{\theta}} \tag{3.46}$$

$$\text{수정 추력당연료소모율, } TSFC_c = \frac{TSFC}{\sqrt{\theta}} = \frac{\dot{m}_f}{F_n \sqrt{\theta}} \tag{3.47}$$

4. 실제엔진의 성능곡선

엔진성능은 일반적으로 엔진성능곡선에 의해 표시된다. 대표적인 성능곡선에는 지상 성능곡선과 고공성능곡선이 있다.

1) 지상 성능 곡선

지상의 엔진 시험장에서 시운전하여 얻어진 수정 성능 곡선을 엔진 지상 성능 곡선(engine ground performance curve)이라 한다. 이 지상 성능 곡선은 해면상에서 정지시의 표준 대기상태에 있어서 엔진 성능을 나타내는 것이므로, 해면상 정지 성능 곡선(sea level static performance curve)이라고도 하며 엔진의 성능 시험이나 다른 엔진과의 성능 비교에는 거의 이 성능 곡선이 사용된다. **〈그림 3-16(a)〉**는 JT8D-7 터보팬 엔진의 지상 성능 곡선의 실례를 보여주고 있다.

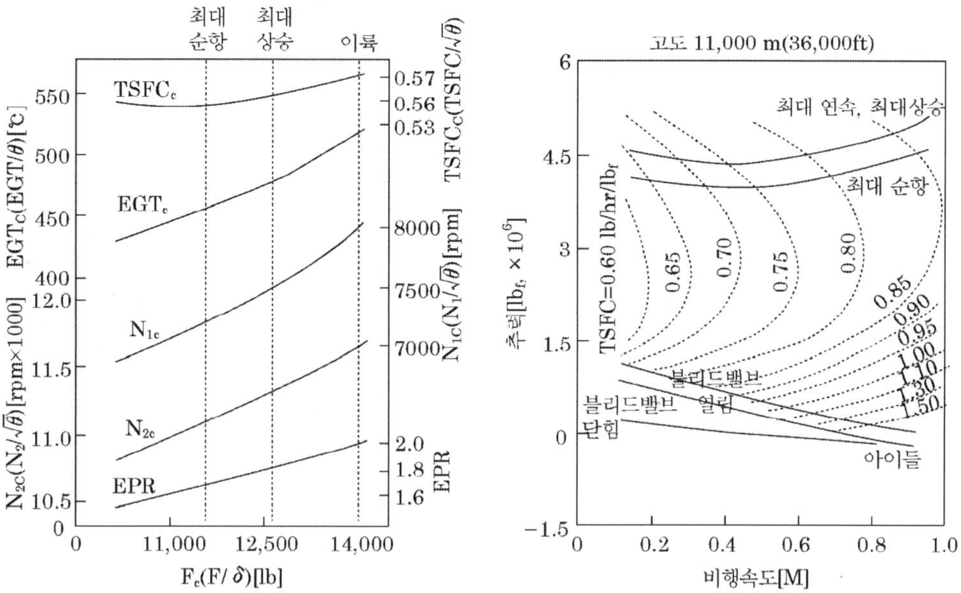

(a) 지상 성능 곡선 (b) 고공 성능 곡선

그림 3-16 터보팬 엔진의 지상성능과 고공성능 예(JT8D)(출처 : [5, 6])

2) 고공 성능 곡선

항공기에 장착되어 고고도를 고속으로 비행하는 엔진 성능을 표시한 것이 엔진 고공 성능 곡선(engine high altitude performance curve)이다. **〈그림 3-16(b)〉**는 JT8D-7 터보팬 엔진의 고공 성능 곡선을 보여주고 있다. 이 곡선에서 비행 고도는 일정하고 비행 속도에 의해 기관의 추력과 TSFC가 어떻게 변화하는지를 알 수 있다. 이 종류의 곡선은 비행 가능한 모든 고도에 대해 작성되어 진다.

5. 제트엔진 계기

제트 엔진에서 계기를 사용하는 목적은 비행상황에 최적인 엔진의 추력을 설정하는 것과 또 비행 중 엔진 상태를 인지하는 것이다. **〈그림 3-17〉**과 **〈그림 3-18〉**은 제트엔진의 계기의 예를 나타내고 있다. 제트 엔진 계기는 엔진압력비(EPR), N_1 rpm, N_2 rpm, EGT, 진동계기, 연료유량계, 연료압력, 오일압력, 오일온도 등의 계기로 구성되어 있다.

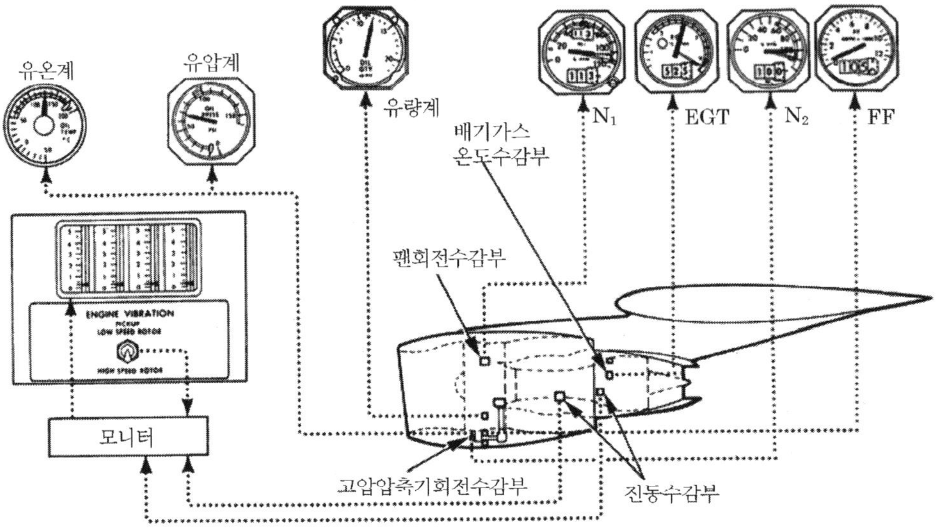

그림 3-17 엔진계기의 예(보잉 747)(출처 : [17])

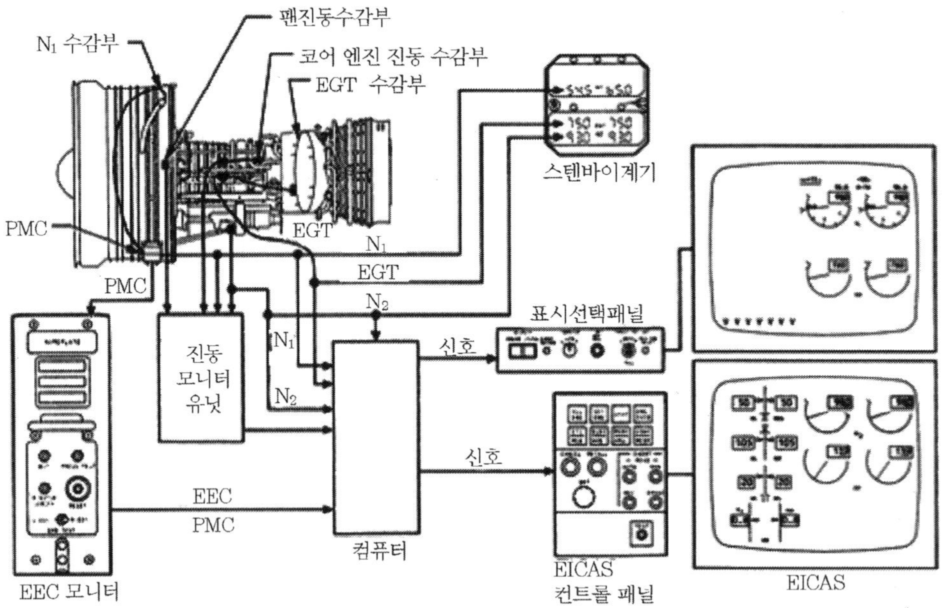

그림 3-18 엔진계기의 예(보잉 767)(출처 : [17])

1) 엔진압력비(EPR) 계기

지상에서의 추력은 스프링등과 같은 탄성장치로 쉽게 측정할 수 있지만 비행중인 항공기 엔진의 실제 추력을 측정하기는 매우 어렵다. 항공기가 운항중일 때는 동일한 추력레버라고 해도 같은 추력을 얻을 수 있는 것이 아니고 고도, 온도 등에 따라 추력이 달라진다. 따라서 운항중일 때는 추력에 비례하는 변수를 이용하여 간접적으로 추력을 알아낸다. 추력을 나타내는 대표적인 계기가 엔진 압력비(EPR)와 저압스풀 회전수(N_1)가 있다. JT9D, RB211엔진은 EPR을 이용하나 CF6 엔진은 N_1을 이용한다.

먼저 엔진 압력비(Engine Pressure Ratio; EPR)는 보통 P_{02}(압축기 입구의 전압)와 P_{07}(터빈 출구의 전압)의 비를 이용한다.

$$EPR = \frac{P_{07}}{P_{02}} \tag{3.48a}$$

엔진압력비는 엔진의 코어를 지나는 공기유량의 척도가 될 수 있으며 추력은 이에 따라 변한다.

엔진 추력은 조종석에 있는 추력레버 조작에 의해 EPR 계기의 변화에 따라 제어되며, 아이들에서 이륙까지 범위에서 전환할 수 있다. PW 4000의 경우, 아이들 위치의 EPR은 1.007이고, 이때의 추력은 2,100 lbf이다. 이륙할 때의 최대 EPR은 1.57이고, 추력은 56,000 lbf이다. 고도 35,000ft에서 마하 0.8로 순항할 때의 EPR은 1.30이고, 이 때의 추력은 49,000 lbf이다.

터보제트나 바이패스비가 낮은 터보팬 엔진의 경우는 추력이 EPR과 비례하지만, 바이패스 비가 높은 터보 팬 경우는 팬에서의 추력이 전체추력의 70% 이상 차지하기 때문에 중심부유동에서의 EPR과 전체 추력은 직선적으로 비례하지 않는다. 따라서 이를 보정하는 방법이 필요하며, 이것이 통합엔진압력비(Integrated Engine Pressure Ratio; IEPR)개념이며 **〈그림 3-19〉**에 나타나 있다. IEPR에서는 코어유동의 압력만 사용하는 것이 아니라 팬유동의 압력도 고려한다.

$$IEPR = \frac{P_{013} + P_{07}}{P_{02}} \tag{3.48b}$$

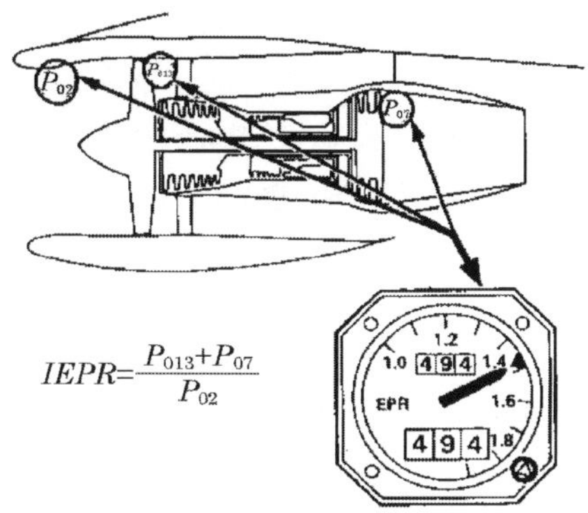

그림 3-19 IEPR의 예(RB211)(출처 : [17])

2) 저압스풀회전수(N_1)와 고압스풀회전수(N_2)

최근 바이패스비가 높은 엔진의 경우 추력측정은 EPR 대신 N_1을 이용하기도 한다. 수정 N_1 회전수($N_1/\sqrt{T_2}$)가 높을 수록 팬을 통한 유입공기질량이 많아져 추력이 커지게 된다. 유입공기량은 고도와 온도에 따른 공기 밀도를 고려한 유입공기질량을 의미한다.

바이패스에 의한 추력이 전체 추력의 75% 이상인 경우 추력은 EPR보다 N_1에 더 비례관계가 있다. EPR은 고압압축기에 관계되는 매개변수이어서 바이패스비가 작은 엔진에 적절하고, 바이패스비가 큰 경우는 N_1이 추력측정에 더 적절하다. 그러나 EPR은 복잡한 수정이 필요없지만, N_1은 고도 및 온도에 의한 수정이 필요하며 수정회전수 $N_1/\sqrt{T_2}$를 사용한다. 또 N_1은 EPR을 사용하는 엔진에서도 EPR이 작동하지 않을 때의 백업으로 사용하기도 한다. 엔진에 이물질 유입으로 인하여 회전수가 불규칙하거나 진동이 발생할 때도 N_1으로 추력을 알 수 있다. GE사는 추력측정으로 $N_1/\sqrt{T_2}$ 방법을 사용하고 PW사는 EPR의 백업으로 $N_1/\sqrt{T_2}$를 사용하고 있다.

N_2는 엔진 시동시나 엔진 상태를 모니터링하는 기본 계기이다. N_1이 정상 작동하지 않을 경우에는 대신 N_2를 사용하여 N_1을 유추할 수도 있다.

최대회전속도는 EGT의 허용온도에 의해 제한되지만 EGT의 제한값을 초과하지 않는 경우에도 최대 회전속도는 블레이드의 비산 등을 고려하거나, 베어링 응력 등 역학적 응력에 의해 제한된다.

N_1과 N_2를 어떻게 측정하는지 알아보자.

가스터빈 기관의 경우 팬 블레이드는 개수를 쉽게 알 수 있기 때문에 N_1 측정에 이를 이용한다. N_1의 경우에는 회전축이 내부의 축이므로 보통 전자식 회전계를 이용한다. N_1을 계산하는 방법은 아래와 같다. 예를 들어 팬 블레이드 개수가 48개인 엔진의 경우를 생각하자. 1초간 측정한 블레이드의 수를 M이라 하면 N_1은 다음과 같다.

$$N_1 = (M/48)*60 \ (\mathrm{rpm})$$

1초간의 회전수에 해당하는 펄스(pulse)를 직류전압으로 교환하여 정규치의 %로 표시한다. 고압압축기와 고압 터빈이 결합된 축(N_2축)에서는 보기 구동을 위한 회전축이 마련되어 있어 회전계 발전기를 쉽게 장착할 수 있다.

이 방식의 회전계는 예를 들면 펌프 구동 축의 끝에 영구자석을 장착하고, 그 주위에 자석의 극수에 따른 단상 권선의 스테이터(stator)를 만들어 스테이터 권수에 N_2(고압압축기 회전수)에 비례하는 주파수의 교류 전압을 발생하게 된다. 이 교류 전압의 주파수를 세어서 N_2를 구한다. 구하는 방법은 아래와 같다. 오일 펌프는 N_2의 1/12의 속도로 구동되고 회전계 발전기의 자극수는 6극인 엔진의 경우를 생각하자.

발생된 교류전압의 주파수는 매초 150이라고 할 때 N_2를 구해보자. 먼저 오일 펌프의 구동축의 회전속도를 구하면

$$N = 2\{2*(1초간\ 주파수)\}/자극수$$

$$= 2 \times 150/6 = 50\ (rps)$$

따라서 고압스풀회전수 $N_2 = 50*12 = 600(rps) = 36,000\ (rpm)$

이때에도 1초간의 회전수에 해당하는 펄스를 직류전압으로 교환하여 %로 표시한다.

아이들 상태에서 PW4000의 N_1은 19.2%이며 707rpm이고, N_2는 57.4%이며 6,000rpm이다. 이륙시 N_1은 97.5%이며 3,506rpm이고, N_2는 99%이며 9,800rpm이다. 35,000ft에서 마하 0.8로 순항 때의 N_1은 86%이며 3,100rpm이고, N_2는 88%이고 8,700이다.

3) 배기 가스 온도계

가스터빈 엔진의 연소가스 온도는 측정위치에 따라 터빈입구온도(TIT)와 터빈출구 배기가스 온도(EGT)로 나눌 수 있다. TIT는 엔진의 추력성능 및 엔진 설계 제한에 밀접한 관련이 있어 관찰이 요구되는 온도이지만 TIT를 측정하는 것은 쉽지 않다. TIT를 측정하는 것은 온도가 매우 높아 센서의 내연성 문제와 파손시 터빈에 심각한 타격을 주게 되므로 사실상 힘들다. TIT를 직접 측정하는 것이 아니고 고압터빈과 저압터빈 사이의 온도를 측정하여 계산에 의해 TIT를 구할 수 있다. EGT는 엔진의 연소실에서의 작동상태를 판정하는데 사용된다. 특히 엔진 시동과 작동중에는 자세히 관찰하여 과열로 인한 엔진의 손상을 막아야 한다. 가스터빈 기관의 연소 가스의 흐름 단면은 도너츠형이 되어 있으므로, 한 곳에서 연소 가스의 온도를 측정한 것만으로는 전체의 온도를 아는 것은 힘들다. 그 때문에 기관이 큰 경우에는 여러 곳의 온도를 측정하여 각 측정 위치의 평균값을 연소배기 가스의 온도로 사용하고 있다. 연소 가스의 흐름 단면에 원형으로 배치된 다수의 열전대(서모커플)를 이용한다.

EGT가 제한 값을 초과하면 제트엔진의 주흐름에서는 뜨거운 공기가 과도하게 흐르므로 열소손이나 크립(creep)이 일어나게 되어 엔진에 치명적인 손상을 주게 되고 수명을 단축시킨다. 제트엔진에서 크립이란 터빈블레이드 등이 열응력에 의해 연속적으로 변형되어, 열응력 제거후에도 원상으로 회복되지 않고 변형이 생기는 현상을 말한다. CF6-50 엔진의 시동과 운동한계는 매뉴얼에 나와 있으며, 시동시는 1.5분 동안 590℃, 가속시에는 2분간 950℃, 이륙시에는 5분간 935℃, 최대연속 추력시는 875℃, 최대상승 및 순항시에는 845℃로 제한하고 있다[5].

PW4000의 경우 엔진을 지상에서 시동할 경우의 EGT 허용한계는 5분간 535℃이고, 비행 중에 재시동할 경우에는 654℃이다. 이륙시의 EGT 허용한계는 5분간 654℃까지 이며, 최대연속출력

일 때는 629℃까지 허용된다. 만일 EGT가 정해진 한계를 넘은 경우에는 엔진이 과열상태로 간주된다. 도달된 온도수준, 경과시간 그리고 그 때의 엔진 작동상태에 따라 적절한 조치를 취해야 한다. 특히, 서지 발생이 아닌 다른 상태에서 EGT가 초과되었을 때에는, 추가적인 엔진손상이 없는 한은 엔진을 즉시 정지하지 말고, 5분 동안 냉각시켜야 한다. 엔진을 어떻게 정지하느냐에 상관없이, 로터의 정상적인 회전과 과열에 대한 적절한 검사가 없는 상태에서는 재시동을 하지 말아야 한다. 또한 과열 상태가 서지의 결과로 발생했을 때는 비상정지절차에 따라 즉시 정지시켜야 한다.

4) 외부공기 전온도

외기 온도를 측정하는 이유로는 기관의 출력설정, 결빙 방지, 연료 내의 수분 동결 방지, 항법 진대기 속도 측정하기 위함으로써, B-767의 경우, 전기 저항식 온도계의 수감부를 항공기의 외부에 두고 다른 정보(대기 속도, 고도)와 구성하여 단열 압축에 의한 온도 상승을 수정하여 외기 온도(진대기 온도)를 구한다. B-767에서는 고온계의 수감부에 충돌한 공기가 단열 압축되어 온도가 상승하므로, 수감부는 정적대기온도보다 높은 온도를 감지하게 된다. 이를 공기의 전온도(Total Air Temperature; TAT)라고 한다. 이것에 반하여 대기의 실제 온도를 정적대기 온도(Static Air Temperature)라고 한다.

5) 연료 유량계

항공기에 이용되고 있는 유량계는 기관에 유입되는 연료의 유량을 측정하고 조정실에 장치되어 있는 연료 유량계 지시기로 표시하고 있다. 항공기 유량계의 연료 유량은 흔히 시간당 파운드(lb/h) 또는 시간당 갤런(gal/h)으로 표시된다.

연소실에 공급되는 연료유량은 항공기와 엔진의 센서에서 받는 대기압력, 연소실 압력, 대기온도, 엔진 회전수 그리고 추력레버의 움직임 등의 상태를 엔진제어장치(EEC)가 신호를 연료측정장치로 보내어 적절한 양의 연료를 연소실에 공급한다. 연소실에 공급되는 연료량은 엔진 rpm을 결정해 주며, 일정한 속도로 회전되고 있을 때 연료유량이 증가되면 새로운 평형 rpm에 도달될 때까지는 계속 증가한다. 연료 유량은 적절한 공연비를 갖도록 공급되어야 하며, 연소정지가 발생하지 않도록 해야 한다. 엔진의 경제성과 효율성을 나타내는 수단으로서 사용되는 추력당연료소비율(TSFC)가 사용되는데 TSFC가 낮을수록 엔진의 효율이 높고 경제성이 좋다는 것을 의미한다. 연료유량은 엔진에서 생산되는 추력에 TSFC를 곱한 값으로 나타내며, 즉 1시간 동안에 사용된 연료량을 의미한다.

PW4000에서 아이들 출력일 때 연료유량은 1,090pph(lb/hr)이고, 이륙출력에서는 19,500pph가 소모된다. 또한 고도 35,000ft에서 마하 0.8로 순항상태에서는 5,300pph의 연료가 소모된다.

항공기용으로 흔히 이용되고 있는 연료유량계는 차압식 유량계, 면적식 유량계, 질량유량계 등이 있다. 면적식과 질량 유량계는 대형기관에 이용되고 있고, 차압식유량계는 주로 소형왕복기관에 이용된다.

6) 진동감지

엔진 축의 진동감지는 팬과 터빈에서 측정되는데 가스터빈 기관의 경우 왕복기관에 비해 진동이 작다. 갸스터빈기관에서 진동은 축의 회전에 따라 비대칭적인 질량에 따른 원형운동에 의해서 발생되는 현상으로써, 엔진에서 압축기에 진동이 있다고 하더라도 터빈부분까지 영향을 줄 수 있다. 질량의 불균형은 일정한 속도에 이르면 속도와 관계없이 일정하기 때문에 일정속도 이상에서의 진동은 회전수의 증감에 따라 선형관계로 나타나지 않는다.

N_1에 의한 진동은 낮은 주파수이고 N_2에 의한 진동은 높은 주파수이다.

7) 오일 압력계

항공기의 기관은 회전 부분을 원활하게 하기 위해 펌프로 가압한 오일을 강제적으로 보내주고 있다. 오일을 보내주는 압력이 낮거나 없는 경우에는 회전부의 윤활이 불량해지고 기관에 탄 흔적이 생기며 비행이 불가능해진다. 오일압력계는 오일이 기관에 보내진 압력을 측정하여 오일이 정상적으로 보내지는지 여부를 감시하기 위해 장치되어 있다.

3.3.6 엔진의 효율

제트 엔진의 효율이 높을수록 연료소비율이 적어지고, 같은 적재연료로 항속거리를 길게 할 수 있다. 또 필요 적재연료량의 감소분 만큼 승객이나 화물과 같은 유상하중의 증가가 가능하다. 엔진 효율을 향상시킴에 따라 항공기의 비행성능 및 경제성을 개선할 수 있으며 엔진의 효율은 열효율, 추진효율, 전효율 등으로 나타낼 수 있다. 또 터보프롭에서는 프로펠러 효율도 고려하여야 한다.

1) 열효율(thermal efficiency)

연료에 의해 공급되는 단위시간당 에너지(동력)중 연소기에서 방출된 단위시간당 에너지(동력), 즉 추진을 위한 유용한 단위시간당 에너지(동력)의 비율, 즉 단위시간당 연료공급에너지(동력) 중에서 엔진도관을 지나가는 질량유량에 부가된 단위시간당 에너지(동력)의 비율을 나타낸다. 공기흡입식 엔진인 램제트, 터보제트, 터보팬 엔진에 있어서 열효율은 총 에너지 흡수량 $\dot{m}_f Q_R$ 중에서

추력성분에 추가된 단위시간당 운동 에너지의 비($\Delta \dot{KE}$)로서 정의된다. **〈그림 3-20〉**은 추진가스 도관을 통과하면서 유동의 운동에너지 변화를 보여주고 있다. 여기서 Q_R은 연료의 연소로부터 발생되는 발열량이며 $|\Delta h_c|$와 같은 값을 갖는다. 따라서 터보제트엔진의 열효율은 다음과 같이 쓸 수 있다.

$$\eta_{th} = \frac{\dot{W}_{out}}{\dot{Q}_{in}} = \frac{\Delta \dot{KE}}{\dot{Q}_{in}} = \frac{\dot{m}_a\left[(1+f)\frac{V_e^2}{2} - \frac{V_a^2}{2}\right]}{\dot{m}_f Q_R} = \frac{\dot{m}_a\left[(1+f)\frac{V_e^2}{2} - \frac{V_a^2}{2}\right]}{\dot{m}_f\,|\Delta h_c|} \qquad (3.49\text{a})$$

후기연소기(after burner : AB)가 부착된 터보제트엔진의 열효율은 다음과 같다.

$$\eta_{th,AB} = \frac{\dot{m}_a\left[(1+f+f_{AB})\frac{V_e^2}{2} - \frac{V_a^2}{2}\right]}{\dot{m}_f Q_R + \dot{m}_{f,AB}\, Q_R} \qquad (3.49\text{b})$$

분리형 배기흐름 터보팬 엔진의 열효율은 팬 유동과 중심부 유동을 따로 분리하여 생각해야 하므로 다음과 같다.

$$\eta_{th\ turbofan} = \frac{\Delta \dot{KE}}{\dot{Q}_{in}} = \frac{\dot{m}_{aC}\left[(1+f)\frac{V_{eC}^2}{2} - \frac{V_a^2}{2}\right] + \beta \dot{m}_{aC}\left[\frac{V_{eF}^2}{2} - \frac{V_a^2}{2}\right]}{\dot{m}_f Q_R} \qquad (3.49\text{c})$$

여기서 f는 연공비로서 앞서서도 정의한 바와 같이 $f = \dot{m}_f/\dot{m}_a$로 정의되고, Q_R은 발열량 중에서 저위 발열량(LHV : low heating value)으로서 $Q_R = Q_{LHV} = |\Delta h_c|$이다.

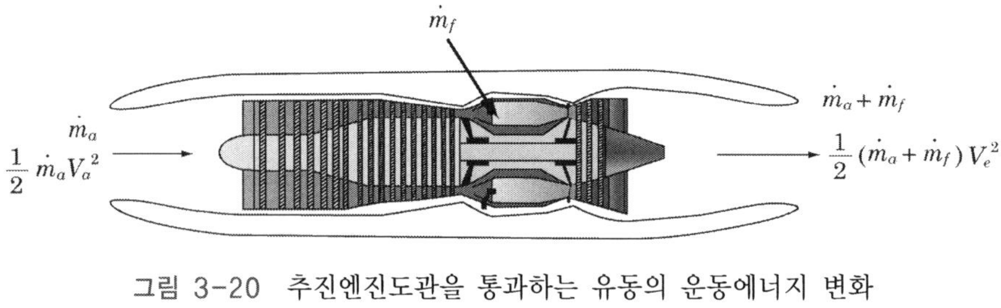

그림 3-20 추진엔진도관을 통과하는 유동의 운동에너지 변화

터보프롭엔진은 추진을 위한 유용한 에너지가 프로펠러와 배기노즐을 통해 모두 얻어지므로 열효율은 다음과 같이 나타낼 수 있다. 이에 대한 자세한 식은 식(3.249)에 나타나 있다.

$$\eta_{th,\,Turboprop} = \frac{P_{shaft} + \Delta \dot{KE}}{\dot{m}_f Q_R} \qquad (3.49\text{d})$$

가스터빈의 열효율을 향상시키기 위해서는 식 (3.3(b))로부터 압력비를 높여야 함을 알 수 있지만 가스터빈에서 압력비는 터빈입구 온도의 제한 때문에 일정값으로 제한 될 수밖에 없다. 〈그림 3-21(a)〉는 압축기와 터빈의 효율을 일정하게 하고, 여러 가지 터빈입구 온도에서 압력비 변화에 따른 열효율을 나타내고 있다. 터빈입구 온도에 따른 최적 압력비가 존재함을 알 수 있고 〈그림 3-21(a)〉에서 점선은 최적 압력비를 연결한 선이다. 실제 열효율을 향상시키기 위한 방법으로는 압축기, 터빈 등의 각 부품의 효율을 높여 엔진의 내부손실을 감소시키는 것이다. 〈그림 3-21(b)〉는 터빈입구 온도를 일정하게 하고, 여러 가지 압축기와 터빈의 효율에서 압력비를 변화시킬 때 열효율을 나타낸다. 압축기와 터빈의 효율에 대응하는 최적 압력비가 있음을 알 수 있다.

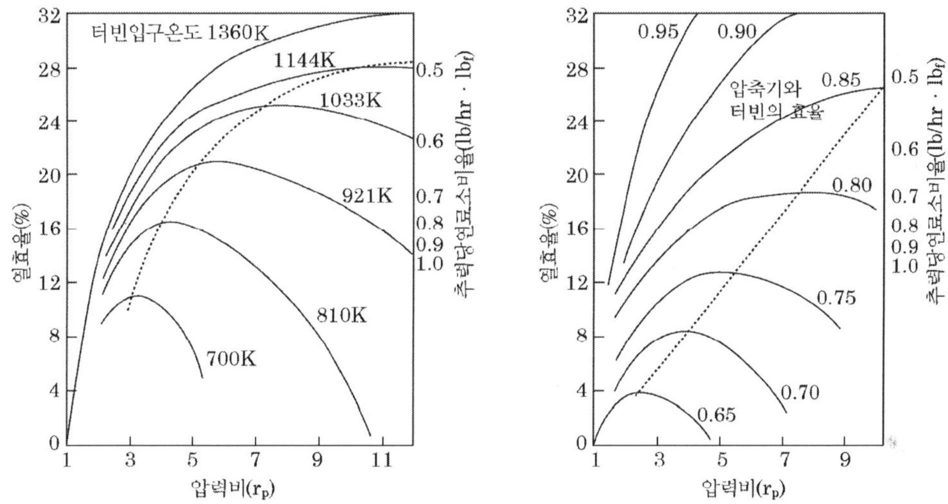

(a) 실제 가스터빈의 여러가지 터빈입구 온도에서 압력비 변화에 따른 열효율

(b) 실제 가스터빈의 여러가지 압축기 및 터빈효율에서 압력비 변화에 따른 열효율

그림 3-21 실제 가스터빈의 열효율[7]

2) 추진효율(propulsion efficiency)

추진효율은 연소기에서 방출된 단위시간당 에너지(동력) 즉, 엔진 도관을 지나는 질량유량에 부가된 단위시간당 에너지(동력) 중 비행체 추진에 유용한 단위시간당 추진 에너지(동력)의 비율을 의미한다. 추진 동력(thrust power)은 보통 추력과 비행 속도의 곱으로 나타 낼 수 있다. 엔진도관을 지나는 질량유량에 부가된 단위시간당 에너지(동력)는 가속된 유체의 단위시간당 운동 에너지(동력)로 나타낼 수 있다. 터보제트엔진과 같은 단일 추진 유동에 대한 추진효율 η_p는 다음과 같이 나타낼 수 있다.

$$\eta_p = \frac{FV_a}{\dot{W}_{out}} = \frac{FV_a}{\triangle \dot{KE}} = \frac{FV_a}{\dot{m}_a\left[(1+f)\frac{V_e^2}{2} - \frac{V_a^2}{2}\right]} \tag{3.50a}$$

후기연소기가 부착된 터보제트의 추진효율은 다음과 같다.

$$\eta_{p,AB} = \frac{FV_a}{\dot{m}_a\left[(1+f+f_{AB})\frac{V_e^2}{2} - \frac{V_a^2}{2}\right]} \tag{3.50b}$$

분리형 배기흐름 터보팬 엔진의 추진효율은 다음과 같다.

$$\eta_{p,turbofan} = \frac{FV_a}{\dot{m}_{aC}\left[(1+f)\frac{V_{ec}^2}{2} - \frac{V_a^2}{2}\right] + \beta\dot{m}_{aC}\left(\frac{V_{eF}^2}{2} - \frac{V_a^2}{2}\right)} \tag{3.50c}$$

공기 흡입식 엔진에서 일반적으로 연공비는 공기 질량 유량에 비해 매우 작으므로($f \ll 1$) 식 (3.18)에서 연공비는 무시할 수 있다. 또한 압력에 의한 추력 성분은 다른 성분에 비해 작으므로 무시할 수도 있다. 따라서 터보제트의 추진효율을 나타내는 식 (3.50(a))는 다음과 같이 다시 쓸 수 있다.

$$\eta_p = \frac{FV_a}{\dot{m}_a\left[\frac{V_e^2}{2} - \frac{V_a^2}{2}\right]} = \frac{\dot{m}_a(V_e - V_a)V_a}{\frac{\dot{m}_a}{2}(V_e + V_a)(V_e - V_a)}$$

$$= \frac{2V_a}{V_e + V_a} = \frac{2}{1+\frac{V_e}{V_a}} = \frac{2\frac{V_a}{V_e}}{1+\frac{V_a}{V_e}} \tag{3.51}$$

$F/\dot{m}_a V_a = \frac{V_e}{V_a} - 1$이 되므로 η_p와 $F/\dot{m}_a V_a$는 서로 상충하고 있음을 알 수 있다.

식 (3.51)을 이용하면 31,000ft에서 M0.85로 비행하는 RB211엔진의 배기제트속도가 390m/s일 때 추진 효율은 79.4%이고, 주위상태 216.7K, 11.0kPa인 곳에서 M2.0으로 비행하며 배기제트속도가 1,009m/s인 올림푸스 593엔진의 추진효율은 73.8%임을 알 수 있다.

추진효율식을 더욱 간략화해 보자.

$\dot{m}_a(V_e - V_a) = \dot{m}_a V_a (V_e/V_a - 1)$를 식 (3.51)에 대입하면 추진효율은 다음과 같이 더욱 근사적으로 나타낼 수 있다.

$$\eta_p \approx \frac{2}{2+\frac{F}{\dot{m}_a V_a}} \tag{3.52}$$

식 (3.52)는 **〈그림 3-23(b)〉**에 나타나 있다. 추진효율(η_p)은 유입공기 모멘텀율당 추력($F/\dot{m}_a V_a$)에 반비례함을 알 수 있다. 예를 들어 $F/\dot{m}_a V_a = 5$이면 $\eta_p = 28.6\%$이고 이때 $V_e/V_a = 6$이 됨을 알 수 있다.

추진효율을 달리 표현하면 다음과 같이 나타낼 수 있다.

$$\eta_p = \frac{\text{비행체 동력}}{\text{비행체 동력} + \text{배기로 빠져 나가는 잔류운동 제트동력}} \tag{3.53}$$

비행체의 동력은 FV_a이고, 배기로 빠져 나가는 잔류운동 제트동력은 $\frac{1}{2}\dot{m}_a(V_e - V_a)^2$이다. 항공 가스터빈의 경우 $F = \dot{m}_a(V_e - V_a)$이므로 이 값을 식 (3.53)에 대입하면 다음과 같이 된다.

$$\eta_p = \frac{FV_a}{FV_a + \frac{1}{2}\dot{m}_a(V_e - V_a)^2} = \frac{\dot{m}_a(V_e - V_a)V_a}{\dot{m}_a(V_e - V_a)V_a + \frac{1}{2}\dot{m}_a(V_e - V_a)^2}$$

$$= \frac{2V_a}{V_e + V_a} = \frac{2\dfrac{V_a}{V_e}}{1 + \dfrac{V_a}{V_e}} \tag{3.54}$$

식 (3.54)는 식 (3.51)과 동일한 식이 됨을 알 수 있다. 참고로 로켓엔진에서는 램항력이 없으므로 추력식은 $F = \dot{m}_a V_e$로 주어지고, 로켓의 추진효율은 다음과 같이 된다.

$$(\eta_p)_{rocket} = \frac{FV_a}{FV_a + \frac{1}{2}\dot{m}_a(V_e - V_a)^2} = \frac{\dot{m}_a V_e V_a}{\dot{m}_a V_e V_a + \frac{1}{2}\dot{m}_a(V_e - V_a)^2}$$

$$= \frac{2V_a V_e}{V_e^2 + V_a^2} = \frac{2\dfrac{V_a}{V_e}}{1 + \left(\dfrac{V_a}{V_e}\right)^2} \tag{3.55}$$

식 (3.51) 또는 (3.54)와 식 (3.55)를 그래프로 나타내면 **〈그림 3-22〉**와 같이 나타낼 수 있다.

추진효율 100%는 $V_e = V_a$일 때 얻어질 수 있지만 유입공기가 가속되지 않고 같은 속도로 빠져나간다는 것은 추진엔진에서는 현실적으로 불가능하다. 또 이것은 추진효율이 높으려면 많은 양의 공기가 적은 속도로 가속됨을 의미한다.

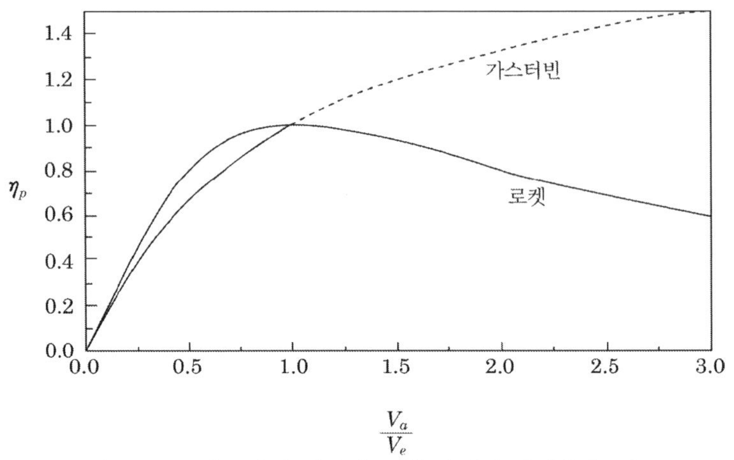

그림 3-22 가스터빈 엔진과 로켓 엔진의 추진효율 비교

비행체 추진을 위해서는 가스터빈 엔진의 추력은 $F = \dot{m}_a(V_e - V_a) > 0$이어야 하므로 $V_e > V_a$이다. 배기가스 배출속도는 비행속도보다 커야 한다. 즉 비행속도는 배기가스 배출속도보다 작아야 한다. 그러나 로켓엔진은 $F = \dot{m}_a V_e > 0$이므로 비행속도의 제한이 없이 아주 빠르게 비행할 수 있다. V_a / V_e가 1보다 작을 때 로켓의 추진효율이 가스터빈의 추진효율보다 높으나, 실제 운용면에서 로켓의 비행속도는 아주 빠르므로 로켓의 추진효율이 가스터빈의 추진효율보다는 낮다.

배기속도가 빠져나가는 제트운동에너지는 $\frac{1}{2}\dot{m} V_e^2$이기 때문에 연료소모율은 V_e^2에 비례한다. 반면에 추력은 식 (3.18)에서 보듯이 V_e에 비례한다. 따라서 배기제트속도 V_e가 커질수록 추력은 비례적으로 증가하지만 연료소모율은 제곱승으로 증가하기 때문에 V_e가 1000m/s를 넘는 터보제트엔진은 연료소모율이 크게 된다.

또 식 (3.51)에서 보면 배기가스 속도 V_e가 느릴수록 추진효율이 향상됨을 알 수 있다. 그러나 V_e가 느리면 비행체의 추력 자체는 감소하게 된다. 또 공기흡입식 항공기가 추진력을 가지려면 배기 분출속도 V_e는 비행속도 V_a보다 커야 한다. 배기속도 V_e가 느릴수록 배기소음은 감소된다. 또 식 (3.52)에서 $\dot{m}_a$가 클수록 추진효율이 커짐을 알 수 있다. **〈그림 3-23(a)〉**는 비행속도에 따른 추진효율을 나타내고 있다. 흡입공기 질량유량($\dot{m}_a$)이 크고 배기속도(V_e)가 작은 터보프롭이 추진효율이 가장 좋음을 알 수 있다. 터보프롭에서는 어느 속도 이상이 되면 프로펠러 팁실속으로 인해 추진효율이 떨어진다. 일정속도에서 고바이패스비 터보팬, 저바이패스비 터보팬, 터보제트 순으로 추진효율이 낮아진다. 추력의 근사식에서 $F/\dot{m}_a = V_e(1 - V_a / V_e)$이므로 V_a / V_e값을 작게 하여 1에 가까워질수록 추진효율은 커지나 단위 질량 유량당 추력은 거의 0에 가까워지며 어떠한 추력을 내기 위한 엔진의 크기는 무한정 커지게 된다. 반대로 V_a/V_e를 증가시키면 추진 효율 η_p이 감소하게 된다. 따라서 제트 엔진에 있어서 추진 효율을 최대화하려는 노력은 현실적이지 못하며 성능을 평가하기 위한 다른 변수들을 함께 고려하여야 한다. 식 (3.52)를 나타낸 것이 **〈그림 3-23(b)〉**이다. **〈그림 3-23(b)〉**는 유입공기 모멘텀율($\dot{m}_a V_m$)당 추력변화에 따른 추진효율을 나타낸 도표로서 $\dot{m}_a V_m$를 증가시키면 $F/\dot{m}_a V_a$는 감소하고 η_p가 증가함을 알 수 있다. 그러나 $\dot{m}_a V_m$를 증가시키기 위해서는 엔진의 전면면적이 커지게 되어 항력이 증가하고 필요동력도 증가하게 되므로 한계가 있게 된다. 군용에서는 보통 추진효율보다는 추력을 크게 하는데 주안점을 두고 있으며, 상업용에서는 추진효율을 향상시키는데 주안점을 두고 있다.

또 식 (3.51)에서 보면 η_p를 증가시키기 위해서는 V_e를 감소시켜야 한다. V_e를 감소시키면서 $\dot{m}_a$가 일정하면 추력이 감소하게 되므로 추력을 증가시키기 위해서는 $\dot{m}_a$를 증가시켜야 한다.

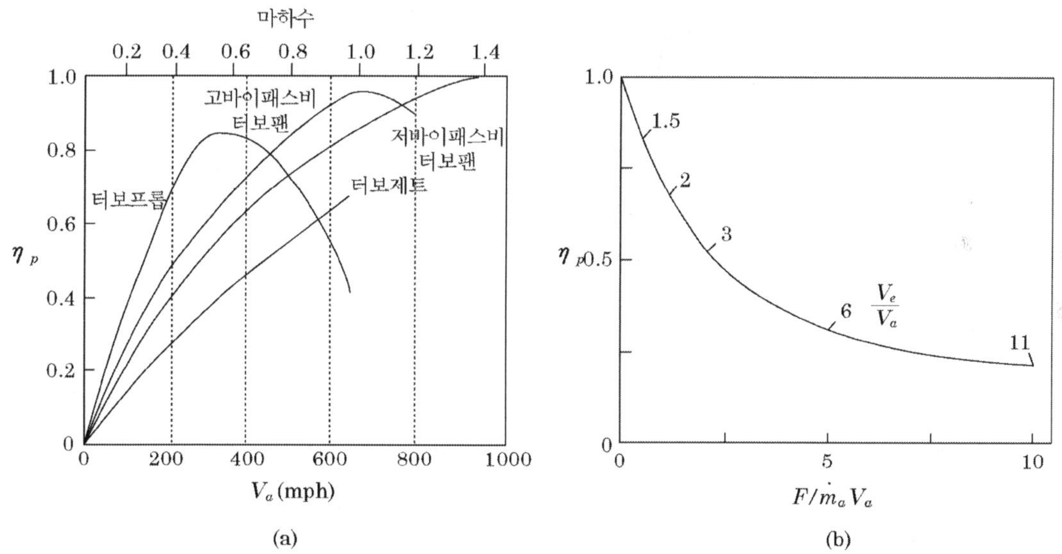

그림 3-23 비행속도(V_a)와 유입공기 모멘텀율당 추력($F/\dot{m}_a V_a$)변화에 따른 추진효율(출처 : [8])

상업용 항공기에서는 $\dot{m}_a$를 증가시키기 위해서 엔진 전면면적을 크게 하려는 시도로 큰 프로펠러를 사용함으로써 터보프롭이 출현하게 되었다. 그러나 터보프롭은 프로펠러의 팁실속 우려가 있어 감속기어를 사용하게 되고, 감속기어 사용으로 인해 엔진무게가 증가하는 단점과 신뢰성에도 문제점이 있다. 프로펠러를 지나는 공기를 제어하기 위한 팬 주위에 덕트를 만든 것이 터보팬 엔진이다. 이렇게 하면 팬으로 공기가 유입되기 전에 비행속도에 관계없이 덕트 설계에 따라 공기를 확산할 수 있는 제어를 할 수 있다. 배기가스 속도를 느리게 하면 추진효율은 향상되나 추력이 감소하므로 최근 들어 상업용 항공기에서는 터보팬 엔진에서는 코어를 지나는 중심흐름을 줄이는 대신 팬을 지나는 공기질량유량을 증가시킴으로써, 즉 바이패스비를 증가시킴으로써 평균 배기속도를 줄이는 대신 공기질량유량은 크게 하여 추력도 높이고 추진효율도 향상시키는 고바이패스비 터보팬 엔진을 채택하고 있다. 질량평균배기속도 (식 3.34)를 사용하면 터보팬 엔진의 추진 효율은 식(3.51)로부터 다음과 같이 나타낼 수 있다.

$$\eta_p = \frac{2V_a}{\overline{V_e} + V_a} \tag{3.56}$$

3) 전효율(overall efficiency)

전효율은 연료에 의해 공급되는 단위시간당 에너지(동력) 중 단위시간당 추진에너지(동력)의 비율을 의미한다. 이는 추진효율과 열효율의 곱으로 표현되며 터보제트 엔진의 전효율은 다음과 같이 나타낼 수 있다.

$$\eta_o = \eta_p \cdot \eta_{th} = \frac{FV_a}{\dot{Q}_{in}} = \frac{\dot{W}_{out}}{\dot{Q}_{in}} \cdot \frac{FV_a}{\dot{W}_{out}} = \eta_{th} \cdot \left(\frac{2\frac{V_a}{V_e}}{1 + \frac{V_a}{V_e}} \right) \tag{3.57}$$

또는

$$\eta_o = \eta_p \cdot \eta_{th} = \frac{FV_a}{\dot{m}_f Q_R} = \frac{\dot{m}_a[(1+f)V_e - V_a]V_a}{\dot{m}_f Q_R} = \frac{1}{f} \cdot \frac{[(1+f)V_e - V_a]V_a}{Q_R} \tag{3.58}$$

4) 프로펠러 효율(propeller efficiency)

터보프롭과 터보샤프트 엔진에서 프로펠러 축에 전달되는 단위시간당 에너지(동력) 중 프로펠러가 추진에 사용하는 단위시간당 에너지(동력)의 비율을 의미한다. 축동력은 항공기를 추진하는데 필요한 추진 동력으로 전환되는데 이 때 추진 동력에 대한 축동력의 비가 프로펠러 효율이 된다. 즉,

$$\eta_{\mathrm{Pr}} = \frac{F_{\mathrm{Pr}} V_a}{PSHP} \tag{3.59}$$

여기서 $F_{\mathrm{Pr}} V_a$는 프로펠러에 의한 추진 동력(thrust power), $PSHP$는 축동력(propeller shaft power)이며, P_{prop}으로 표기하기도 한다.

예제 3-2 출구의 단면적이 0.2827 m^2이고 단위시간당 67.66 kg 의 공기가 유입되는 터보제트 엔진이 있다. 이 엔진의 노즐 출구조건은 고도 10,000m에서 주위상태까지 완전 팽창하도록 설계되어 있다. 연료-공기비 $f=0.02$인 상태에서 출구 유동 속도가 592 m/s 라면 다음과 같은 조건하에서 추력 및 비추력, 추력당 연료소모율을 구하고 서로 비교하라. 노즐출구에서 외부로의 유동 손실은 없다고 가정한다. 해면상에서의 엔진작동시 $P_e/P_a=0.8$이라 가정한다.

① 고도 0 m, 정지상태 ② 고도 10,000 m, 마하수 0.8

풀이 ① 해면상태(고도 0m)에서 해면에서 $P_e=0.8\times101.3kPa=81.04kPa$ 해면에서 $P_a=101.3\ kPa,\ \ T_a=288\ K$

추력식으로부터

$$F=\dot{m}_a[(1+f)V_e-V_a]+A_e(P_e-P_a)$$

이 경우 노즐에서 완전히 팽창되므로 압력에 의한 항은 고려하지 않도록 한다. 또한 비행속도는 0이므로 추력은

$$F=67.66\,kg/s\times1.02\times592\ m/s+0.2827(81040-101300)=35128\ N$$

따라서 비추력은

$$\frac{F}{\dot{m}_a}=519.2\ N/kg/s$$

그리고 추력당 연료소모율은 다음과 같다.

$$TSFC=\frac{f}{F/\dot{m}_a}=\frac{0.02}{519.2}=3.85\times10^{-5}kg/Ns$$

② 고도 10,000m에서 $P_a=26.45\ kPa,\ \ T_a=223\ K,\ \ c=299.3\ m/s$

추력: $F=67.66\ kg/s\times(1.02\times592\,m/s-239.5\ m/s)=24651\ N$

비추력 : $F/\dot{m}_a=364.3\ N/kg/s$

추력당 연료소모율 : $TSFC=5.49\times10^{-5}\ kg/Ns$

같은 운행 조건이라 하더라도 고도와 속도에 따라 추력, 비추력 및 추력당 연료소모율 모두가 달라진다.

3.4 가스터빈 엔진을 장착한 항공기의 비행성능

등속도 수평비행을 하는 항공기에서 추력은 항력과 같고, 양력은 무게와 같게 되며 **〈그림 3-24〉**에 이를 나타내었고 관계식은 다음과 같다.

$$T = D, \ L = W \tag{3.60}$$

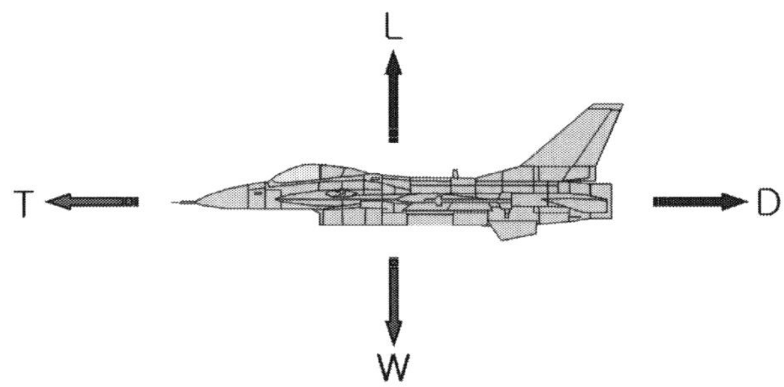

그림 3-24 등속도 수평비행을 하고 있는 항공기의 힘의 균형

$W = L = D\left(\frac{L}{D}\right) = T\left(\frac{L}{D}\right)$에서 등속도 수평비행에 필요한 추력은 다음과 같다.

$$T = \frac{W}{L/D} \tag{3.61}$$

가속(운동에너지 상승)이나 상승(위치에너지 상승) 비행시에는 항력을 극복하는 데 필요한 추력보다 더 큰 추가적인 추력이 필요하게 된다.

3.4.1 항속거리

많은 경우에 주어진 연료량으로 비행할 수 있는 거리나 범위는 어떠한 항공기와 엔진 조합의 성능을 평가하는 중요한 요소이다. 상승 비행과 하강 비행을 무시하고 순항하는 동안 모든 항공기와 엔진의 특성은 일정하다고 가정한다면 쉽게 항속거리를 계산할 수 있다.

등속도 수평비행조건을 생각해 보자.

$$T = D, \ L = W, \ W = L = D\left(\frac{L}{D}\right) = T\left(\frac{L}{D}\right) \tag{3.62}$$

추력은 항력과 같으므로

$$T = D = L\left(\frac{D}{L}\right) \tag{3.63}$$

그런데 dt시간 동안 감소하는 비행기의 무게는 소비된 연료량의 무게와 같으며 dW는 다음과 같이 나타낼 수 있다.

$$\frac{dW}{dt} = -c_t \times g \times T \tag{3.64}$$

여기서 c_t(TSFC)는 연료소모율이다.

그런데 $ds = V \cdot dt$이므로 위식을 대입하면 다음과 같다.

$$ds = V \cdot dt = -\frac{VdW}{gc_t T} \tag{3.65}$$

수평비행시 $V = \sqrt{(2W)/\rho C_L S}$이고 또 식 (3.63)의 추력을 식 (3.65)에 대입하여 적분하면

$$R = \int_{W_f}^{W_i} \frac{VdW}{gc_t T} = \int_{W_f}^{W_i} \sqrt{2} \frac{C_L^{1/2}}{C_D} \frac{1}{gc_t \sqrt{\rho S}} \frac{dW}{W^{1/2}}$$

$$= \frac{2\sqrt{2}}{gc_t \sqrt{\rho S}} \frac{C_L^{1/2}}{C_D} \left(\sqrt{W_i} - \sqrt{W_f} \right) \tag{3.66}$$

이 식을 제트 엔진의 항속거리 Brequet식이라 부른다. TSFC를 $lb/lb_f \cdot hr$ 단위를 사용하고 R을 $mile$로 표기하면 식 (3.66)는 다음과 같이 된다.

$$R = \frac{1.929}{gc_t \sqrt{\rho S}} \frac{C_L^{1/2}}{C_D} \left(\sqrt{W_i} - \sqrt{W_f} \right) \tag{3.67}$$

이 식을 nautical mile로 표기하면 다음과 같다.

$$R = \frac{1.676}{gc_t \sqrt{\rho S}} \frac{C_L^{1/2}}{C_D} \left(\sqrt{W_i} - \sqrt{W_f} \right) \tag{3.68}$$

이 식에서 알 수 있듯이 항속거리를 최대로 하기 위해서는 $C_L^{1/2}/C_D$값이 최대가 되어야 하며 ρ가 작아야 하기 때문에 고도를 최대한 높이는 것이 중요하다. 또한 추력당 연료소모율 TSFC가 작아야 항속거리가 커진다. 프로펠러기에서는 프로펠러의 효율과 추력당 연료소모율 대신 마력당 연료소모율이 영향을 미치기 때문에 양항비 C_L/C_D의 값이 최대가 되어야 항속거리가 최대가 된다. 또한 프로펠러기와 다르게 밀도가 낮은 곳 즉, 고고도에서 비행 할수록 항속거리가 커지게 된다.

지금까지 구한 것은 항공기 전체적인 측면에서 바라본 것인데 엔진의 측면에서 바라보면 조금 다르게 생각해 보아야 한다.

전효율에 대해 생각하면

$$\eta_o = \eta_p \eta_{th} = \frac{F V_a}{\dot{m}_f Q_R} = \frac{(F/\dot{m}_a) V_a}{f Q_R} = \frac{V_a}{Q_R TSFC} \tag{3.69}$$

여기서 V_a는 비행속도이고 Q_R은 연료의 저위 발열량이다. 식 (3.61)과 (3.69)를 조합하여 연료소비율에 대해 정리하면

$$\dot{m}_f = \frac{m g V_a}{\eta_o Q_R (L/D)} \tag{3.70}$$

항공기의 무게는 연료가 소비되면서 줄어들게 되므로

$$\dot{m}_f = -\frac{dm}{dt} = -V_a \frac{dm}{ds} \tag{3.71}$$

여기서 m은 항공기 전체질량으로서 항공기 질량과 연료무게를 합한 값과 같다. 그리고 $V_a = ds/dt$이다. 이 식을 식 (3.70)에 적용하면 다음과 같다.

$$-V_a \frac{dm}{ds} = \frac{m g V_a}{\eta_o Q_R (L/D)}$$

$$\frac{dm}{ds} = -\frac{mg}{\eta_o Q_R (L/D)} \tag{3.72}$$

여기서 $\eta_o Q_R (L/D)$가 일정하다고 가정하고 위 식을 적분하면 항속거리는 다음과 같이 나타낼 수 있다.

$$S = \eta_o \frac{L}{D} \frac{Q_R}{g} \ln \frac{m_i}{m_f} \tag{3.73}$$

여기서 m_i과 m_f는 처음과 마지막의 항공기 질량이며 그 차이는 연료 소비량이 된다. 따라서 항속거리는 전효율 η_o에 정비례 하게 된다. 터보제트 엔진에서 연공비는 1보다 매우 작으며 전효율은 앞에서 언급한 바와 같이 다음과 같다.

$$\eta_o = \frac{(V_e - V_a) V_a}{f Q_R} \tag{3.74}$$

따라서 주어진 배기속도 V_e에서 $\eta_{o\ max}$는 $V_a = V_e/2$일 때 일어난다. 터보팬에서는 이전에 언급한 바와 같이 V_e대신 식 (3.58)의 $\overline{V_e}$를 사용한다. 또한 연공비도 대체되어야 한다. 즉, 터보팬에서는 연공비가 $f \equiv \dot{m}_f / \dot{m}_{aC}$이다. 이와 같이 연공비를 정의하면 연공비는 다시 다음과 같이 쓸 수 있다.

$$f_{turbofan} = \frac{\text{연료}}{\text{공기}} = \frac{\dot{m}_f}{\dot{m}_{aC} + \dot{m}_{aF}} = \frac{\dot{m}_f / \dot{m}_{aC}}{1 + \dot{m}_{aF}/\dot{m}_{aC}} \tag{3.75}$$

따라서 터보제트의 f는 터보팬에서 다음과 같이 대치된다.

$$f_{turbofan} = \frac{f}{1 + \dot{m}_{aF}/\dot{m}_{aC}} = \frac{f}{1+\beta} \tag{3.76}$$

이를 이용하여 전효율을 다시 쓰면 다음과 같다.

$$\eta_o = \left(1 + \frac{\dot{m}_{aF}}{\dot{m}_{aC}}\right) \frac{(\overline{V_e} - V_a)V_a}{fQ_R} = (1+\beta)\frac{(\overline{V_e} - V_a)V_a}{fQ_R} \tag{3.77}$$

만약 저온 공기 흐름과 고온 공기 흐름의 비 $\dot{m}_{aF}/\dot{m}_{aC}$가 주어졌다면, η_o는 $V_a = \overline{V_e}/2$에서 최대이다. 또한 식 (3.73)에서 보듯이 항속거리는 전효율과 양항비의 곱인 $\eta_o \frac{L}{D}$에 직접 비례한다. 비행 마하수에 따른 전효율과 양항비의 변화를 **〈그림 3-25〉**에 나타내었다. **〈그림 3-25(c)〉**에서 보듯이 항속거리가 최대가 되는 마하수는 $M \fallingdotseq 0.85$이다. 실제로 많은 경우의 상업용 항공기는 $M = 0.8 \sim 0.85$에서 운용된다. 예를 들어 항공기가 비행속도 920 km/h(255 m/s)정도로 순항 중일때 그때 고도에 따른 주위 온도가 −58℃라면 음속이 $a = \sqrt{1.4 \times 287 \times 223} = 300 m/s$ 이기 때문에 마하수는 $M = V_a/a = 255/300 = 0.85$이다. 경제성이 중요한 초음속 비행을 하는 경우 **〈그림 3-25〉**에서 보듯이 마하수가 증가할수록 전효율이나 전효율과 양항비의 곱은 증가함을 볼 수 있다.

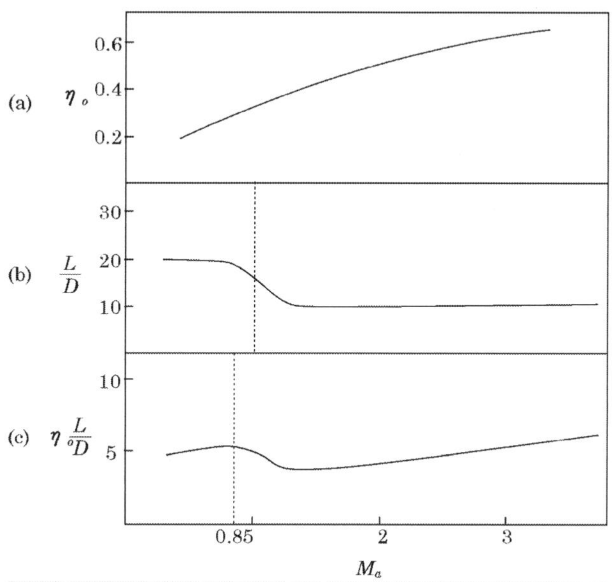

그림 3-25 비행마하수에 따른 전효율과 양항비

하지만 $\eta_o L/D$값을 최대화 한다고 해서 모든 문제가 해결되는 것은 아니다. 더 높은 마하수로 비행하기 위해서는 전온도가 일정하다고 보았을 때 항공기 속도가 급격히 증가하면 표면에서는 공기의 유동이 없기 때문에 온도가 급격히 증가하게 된다. 따라서 항공기 속도가 급격히 증가하면 항공기가 더 높은 표면 온도를 견뎌야 하며 따라서 구조적으로 안전하기 위해 기체가 더욱 무거워져야 한다. 그리고 처음과 마지막의 질량비 m_i/m_f 또한 가장 경제적인 초음속 비행을 위해 함께 고려되어야 한다.

전효율의 정의 $\eta_o = FV_0/\dot{m}_f Q_R$를 이용하여 식 (3.73)은 다음과 같이 쓸 수 있다.

$$S = \frac{L}{D}\left(\frac{F}{\dot{m}_f}\right)\frac{V_a}{g}\ln\frac{m_i}{m_f} = \frac{L}{D}\left(\frac{1}{\dot{m}_f/F}\right)\frac{V_a}{g}\ln\frac{m_i}{m_f} \tag{3.78}$$

위 식에서 보면 양항비가 일정하고 비행 속도가 주어졌을 때 항속 거리는 추력당 연료소모율에 반비례하게 된다. 즉,

$$S \propto \frac{1}{TSFC} \tag{3.79}$$

따라서 항공기가 최대한 멀리 비행하기 위해서는 최소의 TSFC를 찾는 것이 관건이다.

3.4.2 항속시간

항속거리와 같이 등속도 수평비행조건에서 식 (3.64)를 시간에 대해 정리하면 다음과 같다.

$$dt = \frac{-dW}{gc_t \times T} \tag{3.80}$$

그런데 $T = W\dfrac{C_D}{C_L}$이므로 이를 위 식에 대입하고 적분하면 다음과 같은 결과를 이끌어 낼 수 있다.

$$E = -\int_{W_f}^{W_i}\frac{dW}{gc_t T} = -\int_{W_f}^{W_i}\frac{C_D}{C_L}\frac{W}{gc_t}dW = -\frac{1}{gc_t}\frac{C_L}{C_D}\ln\frac{W_i}{W_f} \tag{3.81}$$

이 식을 제트 엔진의 항속시간 Brequet식이라 부른다. 이 식에서 알 수 있듯이 항속시간을 최대로 하기 위해서는 C_L/C_D값이 최대가 되어야 하며 TSFC가 작아야 항속거리가 커진다. 위 식에서 밀도에 대한 항은 없지만 고도가 높을수록 TSFC가 작아지므로 항속시간은 고도가 높아짐에 따라 길어진다. 가스터빈은 추력을 발생시키지만, 추력과 비행속도가 곱하여 지연 추진동력(THP)의 항으로 표기 할 수 있다.

$$THP = \frac{FV_a(ft/\sec)}{550} = \frac{FV_a(mph)}{375} = \frac{FV_a(knots)}{325} \tag{3.82}$$

각 단위에 대한 분모의 값이 다른 이유는 다음과 같다.

$$THP = 550\frac{ft}{\sec}\cdot lb_f = 375\frac{mile}{hr}\cdot lb_f = 325\frac{nautical\,mile}{fr}\cdot lb_f \tag{3.83}$$

〈그림 3-26〉은 가스터빈 엔진을 장착한 항공기의 필요 추진마력에 따른 이용마력의 관계를 보여주는 것으로서 이용마력에 따라 최대 항속시간을 갖는 비행속도와 최대 항속거리를 갖는 비행속도가 다르다는 것을 알 수 있다.

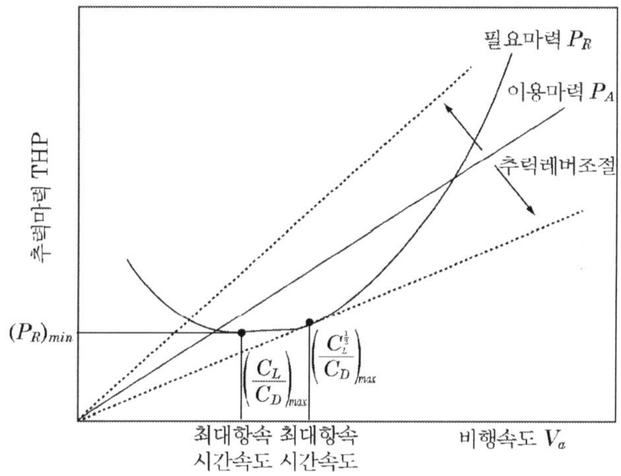

그림 3-26 항공기 속도와 추력마력과의 관계

예제 3-3 롤스로이스의 트렌트 1000 엔진은 바이패스 비가 11인 터보팬 엔진이다. 이 엔진을 2대 장착한 B787기가 고도 10,000 m에서 마하수 0.83으로 순항중일 때 이 비행기가 받는 항력이 81,680 N 이라면 이 항공기가 일정속도로 순항하기 위한 엔진 운용 조건(고온부와 저온부의 출구에서의 속도)을 결정하고 열효율 및 추진효율을 구하라. 단, 엔진을 흐르는 공기 질량유량은 624.0 kg/s 연공비는 $f = 0.02$ 이며 연료의 발열량은 $Q_R = 45{,}000kJ/kg$이고 고온부와 저온부의 유동 속도비는 4라 하자.

풀이 고도 10,000m에서 $P_a = 26.5kPa,\ \ T_a = 223.1K$이다.

$\beta = 11\ \ M_a = 0.83,\ \ D = 81{,}680N\ \ \dot{m}_a = 624.0kg/s,\ \ f = 0.02$

$$Q_R = 45{,}000kJ/kg \quad V_{eC}/V_{eF} = 5$$

바이패스비 11과 엔진을 통과하는 공기의 질량 유량 624.0kg/s로부터

$$\dot{m}_{aC} = 52.0kg/s,\ \dot{m}_{aF} = 572.0kg/s$$

$$V_a = M_a\sqrt{(\gamma-1)c_p T_a} = 0.83\sqrt{(1.4-1)1004\times 223.1} = 248.4m/s$$

$$F = \dot{m}_{aC}\{(1+f)V_{eC} - V_a\} + \dot{m}_{aF}(V_{eF} - V_a) = \frac{D}{2}$$

주어진 조건에서 $V_{eC} = 4V_{eF}$이고, 값들을 윗식에 대입하여 풀면

$$V_{eF} = 249.7m/s,\ V_{eC} = 999.0m/s$$

또 $f = \dot{m}_f/\dot{m}_{aC}$

$$\eta_{th} = \frac{\dot{m}_{aC}\left[(1+f)\frac{V_{eC}^2}{2} - \frac{V_a^2}{2}\right] + \beta\dot{m}_{aC}\left[\frac{V_{eF}^2}{2} - \frac{V_a^2}{2}\right]}{\dot{m}_f Q_R} = 0.53 = 53.6\%$$

$$\overline{V_e} = \frac{\dot{m}_{aC}(1+f)V_{eC} + \dot{m}_{aF}V_{eF}}{\dot{m}_{aC}(1+f) + \dot{m}_{aF}} = 419.9m/s \text{이고}$$

$$\eta_p = \frac{2V_a}{\overline{V_e} + V_a} = 0.743 \text{ or } 74.3\%$$

3.5 제트엔진의 성능 해석

3.5.1 램제트 엔진 성능해석

공기 흡입식 엔진 중 가장 간단한 엔진이 바로 램제트(ramjet) 엔진이다. **〈그림 3-27〉**은 가장 일반적인 램제트 엔진의 개략도와 열물성치 변화를 나타내고 있다. 공기흡입구(디퓨저), 연소기 그리고 노즐만으로 이루어져 있다. 또 **〈그림 3-27〉**에는 램제트 도관내에서 압력, 온도, 속도, 밀도 변화를 알 수 있다. 램제트 엔진이 초음속에 작동시에는 공기흡입구에서 속도에너지를 압력에너지로 바꾸어 충분한 압력을 생성할 수 있기 때문에 압축기가 필요 없고 압축기를 회전시키기 위한 터빈 또한 필요하지 않다. 공기는 공기 흡입구로 들어가면서 압축되고 연료와 섞이면서 연소기 내부로 유입되어 연소된다. 연소된 고온의 가스는 수축-확산 노즐을 통해 초음속으로 방출된다. 램제트 엔진이 아음속에서 작동은 하지만 압력 증가는 고속에서 효과적이므로 램제트는 실제로 M3 정도의 초음속 비행에 가장 적합하다.

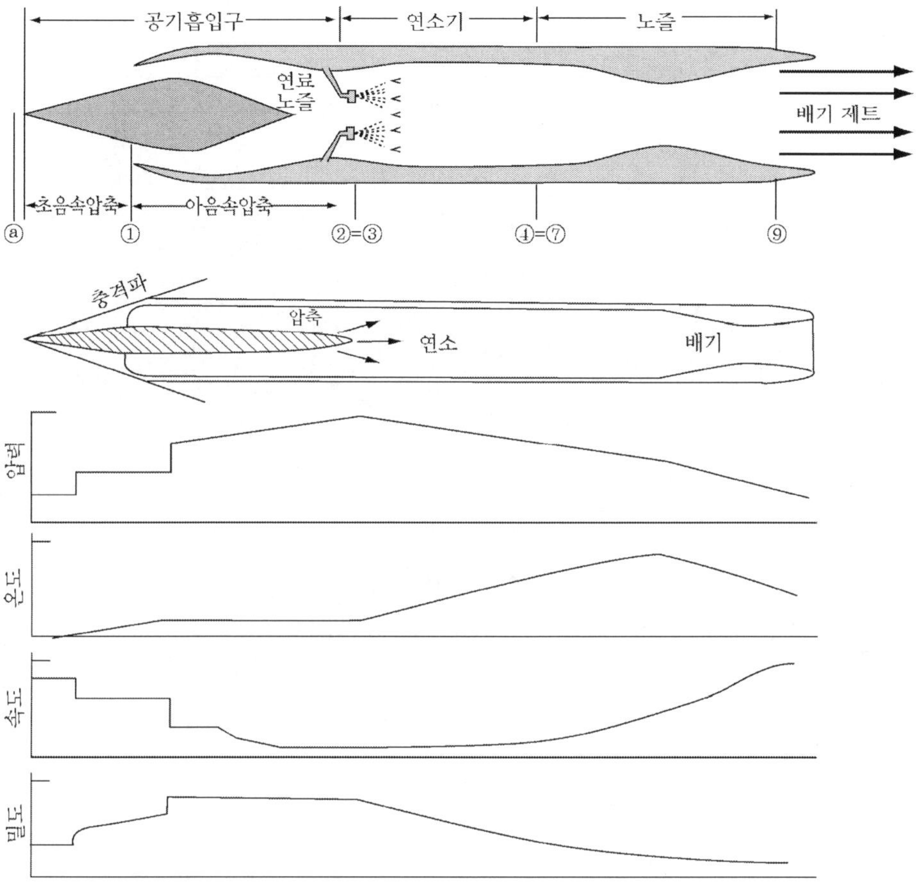

그림 3-27 램제트 엔진 개략도와 내부유동 열물성치변화

1) 이상 램제트 엔진

램제트의 성능을 이해하기 위해서 단순화한 모델의 열역학적 해석을 수행하는 것이 매우 효과적이다. 이상 램제트 엔진(ideal ramjet engine)의 성능해석을 해보자. 이상 램제트 엔진 사이클에서는 압축과 팽창은 가역단열과정이며 연소는 정압과정에서 일어난다고 가정한다. **〈그림 3-28〉**은 이상램제트 엔진의 T-s선도를 나타낸다.

$\dot{m}_f \ll \dot{m}_a$라 가정하여 이상 램제트 엔진의 열효율을 구하면 다음과 같다.

$$\eta_{th} = \frac{\text{운동에너지 변화}}{\text{부가된 에너지}} = \frac{\frac{1}{2}\left(V_9^2 - V_a^2\right)}{h_{04} - h_{02}} = \frac{h_{09} - h_9 - (h_{02} - h_a)}{h_{04} - h_{02}} \tag{3.84}$$

$$\eta_{th} = \frac{h_{04} - h_9 - (h_{02} - h_a)}{h_{04} - h_{02}} = 1 - \frac{h_9 - h_a}{h_{04} - h_{02}} = 1 - \frac{T_a\left(\frac{T_9}{T_a} - 1\right)}{T_{02}\left(\frac{T_{04}}{T_{02}} - 1\right)} \tag{3.85}$$

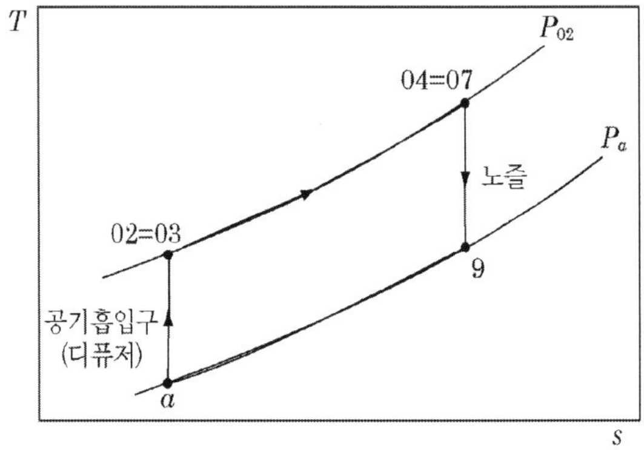

그림 3-28 이상 램제트 엔진의 사이클

그런데 이상 램제트 엔진의 공기 흡입구와 노즐은 열이나 일의 출입이 없으므로 입구와 출구 사이의 전온도는 일정하며($T_{0a} = T_{02}$, $T_{04} = T_{09}$) 이상 사이클에서는 마찰이 없으므로 전압력이 일정하다.($P_{0a} = P_{02,}$ $P_{04} = P_{09}$)

또, $\frac{T_{02}}{T_a} = \left(\frac{P_{02}}{P_a}\right)^{\frac{\gamma-1}{\gamma}} = \left(\frac{P_{04}}{P_a}\right)^{\frac{\gamma-1}{\gamma}} = \left(\frac{P_{04}}{P_9}\right)^{\frac{\gamma-1}{\gamma}} = \frac{T_{04}}{T_9}$ 이므로 $\frac{T_{04}}{T_9} = \frac{T_{02}}{T_a}$ 가 되고 $\frac{T_9}{T_a} = \frac{T_{04}}{T_{02}}$ 이다. 따라서

$$\eta_{th} = 1 - \frac{T_a}{T_{02}} = 1 - \frac{1}{\tau_r} \tag{3.86a}$$

속도 에너지가 압력 에너지로 바뀌는 램과정에서 $\frac{T_{0a}}{T_a}$ 를 램온도비 τ_r 이라 하며, $\frac{P_{0a}}{P_a}$ 를 램압력비 π_r 이라고 한다.

이상 램제트의 추진 효율은 다음과 같이 구할 수 있다.

$$\eta_p = \frac{\text{추력동력}}{\text{운동에너지 변화}} = \frac{(V_9 - V_a)V_a}{\frac{1}{2}\left(V_9^2 - V_a^2\right)} = \frac{2}{1 + \frac{V_9}{V_a}}$$

그런데 식 (3.94)에서 $M_a = M_9$, $T_9/T_a = T_{04}/T_{02}$를 적용하면, $\frac{V_9}{V_a} = \frac{M_9}{M_a}\sqrt{\frac{T_9}{T_a}}$,

$\dfrac{V_9}{V_a} = \sqrt{\dfrac{T_{04}}{T_{02}}} = \sqrt{\dfrac{\tau_\lambda}{\tau_r}}$ 이므로

$$\eta_p = \frac{2}{\sqrt{\tau_\lambda / \tau_r} + 1} \tag{3.86b}$$

또 전효율은 다음과 같이 된다.

$$\eta_0 = \eta_{th}\eta_p = \frac{2(\tau_r - 1)}{\sqrt{\tau_\lambda \tau_r} + \tau_r} \tag{3.86c}$$

제트 엔진의 추력식으로부터,

$$F = \dot{m}_a[(1+f)V_e - V_a] + (P_e - P_a)A_e \tag{3.87}$$

여기서 출구에서의 압력과 주위 압력이 같다면 다음과 같이 간단히 나타낼 수 있다.

$$F = \dot{m}_a[(1+f)V_e - V_a] \tag{3.88}$$

압축과 팽창과정은 등엔트로피 과정이고 노즐을 최적으로 설계하면 저속에서 정압 비열과 질량을 추가로 고려하여 전압력은 전체 엔진을 지나더라도 일정해야 한다. 따라서 다음과 같은 관계식이 성립한다.

$$P_{0a} = P_{09},\ P_a = P_9 \tag{3.89}$$

등엔트로피 관계식은 다음과 같다.

$$\frac{T_0}{T} = 1 + \frac{\gamma - 1}{2}M^2 \tag{3.90}$$

$$\frac{P_0}{P} = \left(1 + \frac{\gamma - 1}{2}M^2\right)^{\frac{\gamma}{\gamma - 1}} \tag{3.91}$$

$$\frac{\rho_0}{\rho} = \left(1 + \frac{\gamma - 1}{2}M^2\right)^{\frac{1}{\gamma - 1}} \tag{3.92}$$

이상적인 과정에서 엔진 전체에서 유체 특성치 R, γ의 변화를 무시한다고 하면

$$\frac{P_{0a}}{P_a} = \left(1 + \frac{\gamma - 1}{2}M_a^2\right)^{\frac{\gamma}{\gamma - 1}},\ \frac{P_{09}}{P_e} = \frac{P_{0e}}{P_a} = \left(1 + \frac{\gamma - 1}{2}M_e^2\right)^{\frac{\gamma}{\gamma - 1}} \tag{3.93}$$

여기서 M_a은 비행 마하수이며 M_e는 배기가스의 유동 마하수이다. $P_e = P_a$이므로 다시 다음과 같은 관계식을 얻을 수 있다.

$$\frac{P_{0a}}{P_a} = \frac{P_{09}}{P_e}, \quad M_e = M_a \tag{3.94}$$

따라서 배기가스의 속도는 다음과 같이 얻을 수 있다.

$$V_e = \frac{a_e}{a_a} V_a \tag{3.95}$$

여기서 a는 음속을 의미한다. 음속은 $a = \sqrt{\gamma RT}$로 정의되므로 $a_e/a_a = \sqrt{T_e/T_a}$ 임을 알 수 있다. 그러나 $\frac{T_{0a}}{T_a} = (1 + \frac{\gamma - 1}{2} M_a^2)$, $\frac{T_{0e}}{T_e} = (1 + \frac{\gamma - 1}{2} M_e^2)$에서 $M_e = M_a$가 되므로 $T_e/T_a = T_{09}/T_{0a}$가 된다. $T_{04} = T_{09}$이므로 배기가스의 속도는 다음과 같다.

$$V_9 = V_e = \sqrt{\frac{T_{04}}{T_{0a}}}\, V_a \tag{3.96}$$

연소기 전후의 에너지 평형을 생각해보면 먼저 열역학 제 1법칙으로부터

$$\dot{Q} - \dot{W} + \dot{m}_i\left(h_i + \frac{V_i^2}{2}\right) - \dot{m}_e\left(h_e + \frac{V_e^2}{2}\right) = \frac{d\dot{E}_{sys}}{dt} \tag{3.97}$$

여기서 유동이 하는 일은 없으며($\dot{W} = 0$) 정상 상태($d\dot{E}_{sys}/dt = 0$)이므로 좌변의 두 번째 항과 우변은 소거된다. 또 정체 엔탈피는 $h_0 \equiv h + V^2/2$이므로 다시 정리하면

$$\dot{Q} + \dot{m}_i h_{oi} - \dot{m}_e h_{oe} = 0 \tag{3.98}$$

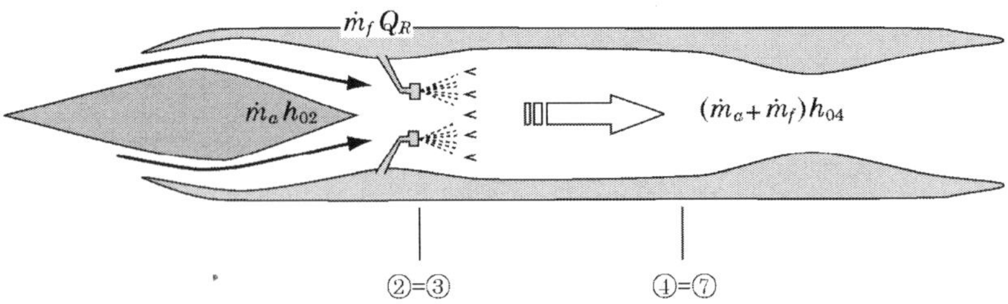

그림 3-29 이상 램제트 엔진 연소기 전후의 에너지 평형

식 (3.98)을 램제트 엔진에 적용하면 **〈그림 3-29〉**와 같고, 다음과 같이 나타낼 수 있다.

$$\dot{m}_f Q_R + \dot{m}_a h_{02} = (\dot{m}_a + \dot{m}_f) h_{04} \tag{3.99}$$

양변을 $\dot{m}_a$으로 나누면

$$h_{02} + fQ_R = (1+f)h_{04} \tag{3.100}$$

여기서 f는 연공비로서 $f = \dot{m}_f/\dot{m}_a$로 정의된다. 또 Q_R은 연료의 발열량이다. 위 식을 f에 관해서 정리해서 다시 쓰자.

$$f = \frac{h_{04} - h_{02}}{Q_R - h_{04}} \tag{3.101}$$

여기서 $h_{02} = h_{0a}$이므로 위 식을 다시 쓰면

$$f = \frac{h_{04} - h_{0a}}{Q_R - h_{04}} \tag{3.102}$$

또 $h_{04} = c_{p4} T_{04}$, $h_{0a} = c_{pa} T_{0a}$를 적용하면 위 식은

$$f = \frac{c_{pg} T_{04} - c_{pa} T_{0a}}{Q_R - c_{pg} T_{04}} \tag{3.103}$$

출구에서의 속도 식 $V_e = \sqrt{T_{04}/T_{0a}}\, V_a$를 추력식에 대입하면 다음과 같다.

$$F = \dot{m}_a[(1+f)V_e - V_a] = \dot{m}_a\left[(1+f)\sqrt{\frac{T_{04}}{T_{0a}}}\, V_a - V_a\right] \tag{3.104}$$

여기서 양 변에 $\dot{m}_a$를 나누어 주면 단위 공기 질량 유량당 추력을 다음과 같이 구할 수 있다.

$$\frac{F}{\dot{m}_a} = V_a\left[(1+f)\sqrt{\frac{T_{04}}{T_a}}\sqrt{\frac{T_a}{T_{0a}}} - 1\right] \tag{3.105}$$

여기서 $V_a = M_a\sqrt{\gamma R T_a}$를 적용하면 위 식은 다시 다음과 같이 정리할 수 있다.

$$\frac{F}{\dot{m}_a} = M_a\sqrt{\gamma R T_a}\left[(1+f)\sqrt{\frac{T_{04}}{T_a}}\sqrt{\frac{1}{1+\frac{\gamma-1}{2}M_a^2}} - 1\right] \tag{3.106}$$

또 추력당 연료소모율(TSFC; thrust specific fuel consumption)식은 다음과 같다.

$$TSFC = \frac{\dot{m}_f}{F} = \frac{f}{F/\dot{m}_a} \tag{3.107}$$

요약하면 먼저 추력식 $F = \dot{m}_a[(1+f)V_e - V_a]$에서 출구에서의 속도 V_e를 알아야 추력 F를 알 수 있다. 또 T_{04}가 주어지면 연공비 f는 연소기의 에너지 평형에서 구하며 비추력은 식 (3.106)과 같이 정의되어 사용된다. 추력당 연료소모율은 식 (3.107)에서 구한다.

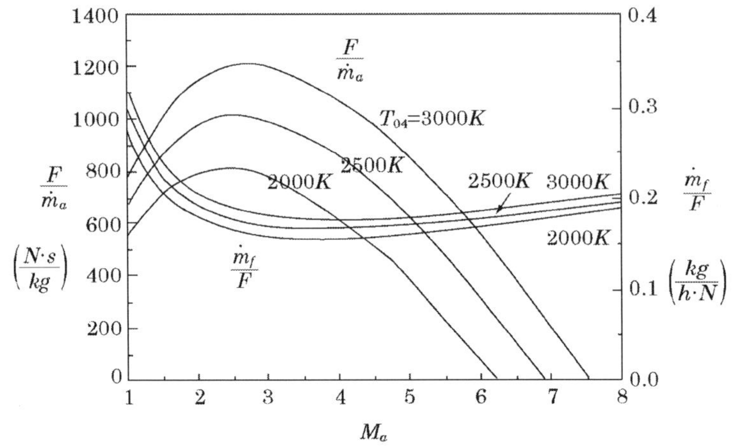

그림 3-30 이상 램제트 엔진의 비행 마하수 변화에 따른 비추력과 추력당 연료소모율의 변화

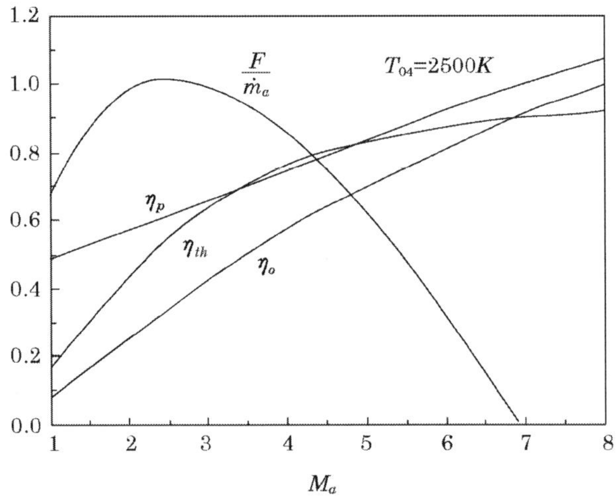

그림 3-31 $T_{04} = 2500K$에서 이상 램제트 엔진의 비행 마하수 변화에 따른 비추력과 각종 효율의 변화

〈그림 3-30〉에서는 이상적인 램제트 엔진에 대해서 마하수와 연소기 출구의 온도변화에 따른 비추력과 추력당 연료소모율의 변화를 나타내고 있다. 물론 여기서는 온도에 따른 비열은 무시되었고 마찰이나 충격파에 의한 손실도 고려되지 않았다. 또한 연소에 있어서 열해리에 의한 영향도 무시하였다. 이렇게 근사적으로 계산된 결과이지만 **〈그림 3-30〉**의 결과는 실제 램제트 엔진의 거동이 비추력과 추력당 연료소모율이 낮기 위해서 초음속으로 비행해야 한다는 사실과 어느 정도 잘 들어맞는다. 여기서 초기 주어진 값은 $Q_R = 43,100\ kJ/kg$, $T_a = 216.7K$, $c_{pa} = 1.005\ kJ/kg \cdot K$, $\gamma_a = 1.4$를 기초로 하여 계산하였다. **〈그림 3-30〉**에서 비추력은 약 M 2.5 근처에서 가장 높지만 M 3~M 4에서 TSFC가 낮음을 알 수 있다. 일반적으로 램제트 엔진은 M 2~4의 범위에서 운용되

는 것이 가장 효과적이다. **〈그림 3-31〉**은 마하수가 증가함에 따라 전효율은 급격히 증가하는 반면에 비추력은 M 2.5에서 최대값이고 그 이후 마하수가 증가함에 따라 급격하게 감소한다는 것을 알 수 있다. 이는 최소 연료소모율 조건은 엔진의 비추력이 최대가 되는 조건과는 다르다는 것을 알 수 있다. 이 조건에서 비추력을 고려하면 M2~M4에서 운용되는 것이 최적임을 알 수 있다.

예제 3-4 마하 3.0으로 비행하는 이상 램제트 엔진의 비추력, 추력당 연료소모율 및 추진효율, 열효율, 전효율을 구하라. 단. $Q_R = 43400kJ/kg$이고 $f = 0.04$이며, 대기 온도는 $T_a = 220K$, $T_{\max} = 2500K$로 가정하라. 연소효율은 100%로 가정한다.

풀이 가정사항 $R = 287J/kg \cdot K$, $T_a = 220K$, $\gamma = 1.4$, $Q_R = 45000kJ/kg$,

$f = 0.04$, $T_{04} = 2500K$

i) 비추력

$$\frac{F}{\dot{m}_a} = M_a\sqrt{\gamma R T_a}\left[(1+f)\sqrt{\frac{T_{04}}{T_a}}\sqrt{\frac{1}{1+\frac{\gamma-1}{2}M_a^2}} - 1\right]$$

$$= 3\times\sqrt{1.4\times 287J/kg \cdot K\times 220K}\times\left[(1+0.04)\times\sqrt{\frac{2500K}{220K}}\times\sqrt{\frac{1}{1+\frac{1.4-1}{2}\times 3^2}} - 1\right]$$

$$= 976.8\left[\frac{N\cdot s}{kg}\right]$$

ii) 추력당 연료소모율

$$TSFC = \frac{\dot{m}_f}{F} = \frac{f}{F/\dot{m}_a}$$

$$= \frac{0.04}{976.8} = 0.000040949\left[\frac{kg}{N\cdot s}\right]$$

iii) 추진효율

$$\eta_p = \frac{FV_a}{\dot{W}_{out}} = \frac{FV_a}{\dot{m}_a\left[(1+f)\frac{V_e^2}{2} - \frac{V_a^2}{2}\right]}$$

$$= \frac{F}{\dot{m}_a}\times\frac{V_a}{\left[(1+f)\frac{V_e^2}{2} - \frac{V_a^2}{2}\right]}$$

여기서 $V_e = \sqrt{\dfrac{T_{04}}{T_{0a}}}\, V_a$, $T_{0a} = T_a\left(1 + \dfrac{\gamma - 1}{2} M_a^2\right)$

$$V_a = 891.9\ m/s$$

$$V_e = 1796.9\ m/s$$

$$= \frac{F}{\dot{m}_a} \times \frac{2}{V_a\left[(1+f)\left(\dfrac{T_{04}}{T_{0a}}\right) - 1\right]}$$

$$\eta_p = \frac{F}{\dot{m}_a} \times \frac{2}{M_a\sqrt{\gamma R T_a}} \times \frac{1}{\left[(1+f)\left(\dfrac{T_{04}}{T_a}\right)\left(1 + \dfrac{\gamma-1}{2}M_a^2\right)^{-1} - 1\right]}$$

$$= 976.8 \times \frac{2}{3 \times \sqrt{1.4 \times 287 J/kg \cdot K \times 220K}} \times \frac{1}{\left[(1+0.04) \times \left(\dfrac{2500K}{616K}\right) \times \left(1 + \dfrac{1.4-1}{2} \times 3^2\right)^{-1} - 1\right]}$$

$$= 0.680$$

iv) 열효율

$$\eta_{th} = \frac{\dot{W}_{out}}{\dot{Q}_{in}} = \frac{\dot{m}_a\left[(1+f)\dfrac{V_e^2}{2} - \dfrac{V_a^2}{2}\right]}{\dot{m}_f Q_R} = \frac{(1+f)\dfrac{V_e^2}{2} - \dfrac{V_a^2}{2}}{f Q_R}$$

$$= \frac{1}{Q_R} \times \frac{\dot{m}_a}{F} \times \frac{1}{TSFC} \times \frac{1}{2} V_a^2\left[(1+f)\frac{T_{04}}{T_{0a}} - 1\right]$$

$$= \frac{1}{Q_R} \times \frac{\dot{m}_a}{F} \times \frac{1}{TSFC} \times \frac{1}{2} M_a^2(\gamma R T_a)\left[(1+f)\frac{T_{04}}{T_{0a}} - 1\right] = 0.78(78\%)$$

v) 전효율

$$\begin{aligned}\eta_o &= \eta_p \times \eta_{th} \\ &= 0.680 \times 0.78 \\ &= 0.53(53\%)\end{aligned}$$

예제 3-5 이상 램제트 엔진이 15,000 m 상공에서 마하 2의 속도로 운용 중에 있다. 이 때 다음과 같은 조건에서 램제트의 성능을 비교해 보라.
$(c_{pa} = 1.004 kJ/kg \cdot K,\ c_{pg} = 1.156 kJ/kg \cdot K)$

① $f = 0.02$, $Q_R = 43{,}400\ kJ/kg$, 완전 팽창

② $f = 0.06$, $Q_R = 43{,}400\ kJ/kg$, 완전 팽창

③ $T_{04} = 2000\ K$, $Q_R = 43{,}400\ kJ/kg$완전 팽창

④ $T_{04} = 2500\ K$, $Q_R = 43{,}400\ kJ/kg$, 완전 팽창

⑤ $T_{04} = 2500\ K$, $Q_R = 128{,}000\ kJ/kg$, 완전 팽창

풀이 고도 15000m에서 $P_a = 12.05\ kPa$, $T_a = 216.5\ K$, $a = 294.9\ m/s$,
비행 속도 : $V_a = 589.9\ m/s$, $c_{pa} = 1.004 kJ/kg \bullet K$

① 공기 흡입구 출구에서 온도와 압력

$$T_{02} = T_{0a} = T_a + \frac{V_a^2}{2c_{pa}} = T_a + \frac{M_a^2 \gamma R T_a}{2c_{pa}} = 389.6\ K$$

$$P_{02} = P_a \times \left(\frac{T_{02}}{T_a}\right)^{\frac{\gamma}{\gamma-1}} = 94.28\ kPa$$

연료공기비 f가 주어졌으므로 T_{04}를 구할 수 있다.

$$T_{04} = \frac{f Q_R + c_{pa} T_{02}}{(1+f)c_{pg}} = 1067.9K$$

이상 램제트 엔진은 연소기에서 전압력 손실이 없으므로

$$P_{04} = P_{02} = 94.28kPa$$

노즐 출구에서의 속도 $V_e = \sqrt{\frac{T_{04}}{T_{0a}}}\, V_a = 976.6m/s$

램제트 엔진의 비추력 $\frac{F}{\dot{m}_a} = (1+f)V_e - V_a = 406.2\ N/kg/s$

추력당 연료소모율 $TSFC = \frac{f}{F/\dot{m}_a} = 4.924 \times 10^{-5}\ kg/Ns$

열효율 $\eta_{th} = 1 - \frac{T_a}{T_{02}} = 0.444\ \ or\ \ 44.4\%$

② ①의 경우와 f가 다르므로 T_{04}가 달라진다.

$$T_{04} = 2444\ K$$

출구에서의 속도 $V_e = \sqrt{\frac{T_{04}}{T_{0a}}}\ V_a = 2.50\,V_a = 1477\ m/s$

램제트 엔진의 비추력 $\frac{F}{\dot{m}_a} = (1+f)\,V_e - V_a = 976\ N/kg/s$

추력당연료소모율 $TSFC = \frac{f}{F/\dot{m}_a} = 6.148 \times 10^{-5}\ kg/Ns$

열효율 $\eta_{th} = 1 - \frac{T_a}{T_{0a}} = 0.444\ \ or\ \ 44.4\%$

③ 최고온도 T_{04}가 주어졌으므로 f를 구할 수 있다.

$$T_{04} = 2000\ K$$

$$f = \frac{c_{pg}T_{04} - c_{pa}T_{02}}{Q_R - c_{pg}T_{04}} = 0.04675$$

출구에서의 속도 $V_e = \sqrt{\frac{T_{04}}{T_{0a}}}\ V_a = 2.265\,V_a = 1336\ m/s$

램제트 엔진의 비추력 $\frac{F}{\dot{m}_a} = (1+f)\,V_e - V_a = 808.56\ N/kg/s$

추련당 연료소모율 $TSFC = \frac{f}{F/\dot{m}_a} = 5.782 \times 10^{-5}\ kg/Ns$

열효율 $\eta_{th} = 1 - \frac{T_a}{T_{0a}} = 0.444\ \ or\ \ 44.4\%$

④ ③의 과정과 동일하고 T_{04} 만 다르다.

$$T_{04} = 2500\ K$$

$$f = \frac{c_{pg}T_{04} - c_{pa}T_{02}}{Q_R - c_{pg}T_{04}} = 0.06168$$

출구에서의 속도 $V_e = \sqrt{\frac{T_{04}}{T_{0a}}}\ V_a = 2.533\,V_a = 1494\ m/s$

램제트 엔진의 비추력 $\frac{F}{\dot{m}_a} = (1+f)\,V_e - V_a = 996.25\ N/kg/s$

추력당연료소모율 $TSFC = \frac{f}{F/\dot{m}_a} = 6.191 \times 10^{-5}\ kg/Ns$

열효율 $\eta_{th} = 1 - \dfrac{T_a}{T_{0a}} = 0.444 \ \ or \ \ 44.4\%$

⑤ ④와 동일하나 연료의 발열량 Q_R이 다르다. 앞 예제에서는 탄화수소 연료였으나 본 예제는 수소연료를 사용한다.

$$T_{04} = 2500\ K$$

$$f = \frac{c_{pg}T_{04} - c_{pa}T_{02}}{Q_R - c_{pg}T_{04}} = 0.01997$$

출구에서의 속도 $V_e = \sqrt{\dfrac{T_{04}}{T_{0a}}}\ V_a = 2.533\,V_a = 1494\ m/s$

램제트 엔진의 비추력 $\dfrac{F}{\dot{m}_a} = (1+f)\,V_e - V_a = 933.94\ N/kg/s$

추력당연료소모율 $TSFC = \dfrac{f}{F/\dot{m}_a} = 2.138 \times 10^{-5}\ kg/Ns$

열효율 $\eta_{th} = 1 - \dfrac{T_a}{T_{0a}} = 0.444 \ \ or \ \ 44.4\%$

처음 네 가지 경우에서 보듯이 연소기 후방의 조건에 따라 출구에서의 조건이 달라짐을 알 수 있다. ①과 ② 경우 연공비가 증가함에 따라 연소기 후방에서의 온도를 비롯하여 출구에서의 유동속도, 비추력이 증가하지만 연료소비율도 함께 증가하였다. ③과 ④의 경우도 마찬가지로 연소기 출구의 온도가 증가함에 따라 출구의 속도, 비추력 및 연료소모율이 증가함을 알 수 있다. 하지만 네 경우 모두 열효율은 변화가 없다. 이는 브레이튼 사이클의 열효율은 압축과정의 온도상승비만의 함수, 즉 $\eta_{th} = 1 - \dfrac{1}{\psi}$ 이와 같이 쓸 수 있기 때문이다. 여기서 ψ는 압축과정, 즉 공기 흡입구에서의 온도상승비로 $\psi = T_{02}/T_a$를 의미한다.

2) 실제 램제트 엔진

실제 램제트 엔진에서는 압축, 연소, 팽창 과정이 가역과정이 아니므로 손실을 고려하여야 한다. 그러나 실제 사이클 해석시에도 공기 흡입구와 노즐은 단열되어 있다고 가정한다. 실제 램제트 엔진의 T-s선도는 **〈그림 3-32〉**에 나타나 있다. 먼저 사이클을 해석하는데 있어서 2가지의 방법이 있다. 하나는 각 부품의 전압력비를 고려하여 손실을 생각하여 계산하는 방법이 있고, 또 하나는 각 부품의 입구와 출구에서의 엔탈피 손실을 고려한 부품의 효율을 정의하여 계산하는 방법이 있다. 우선 첫 번째 방법으로 해석하기 위해 각 부품의 전압력비를 구해보자. 공기흡입구와 연소기, 그리고 노즐에서의 전압력비는 각각 다음과 같다.

$$\pi_i = \frac{P_{02}}{P_{0a}} \tag{3.108}$$

$$\pi_b = \frac{P_{04}}{P_{02}} \tag{3.109}$$

$$\pi_n = \frac{P_{09}}{P_{04}} \tag{3.110}$$

따라서 전체 전압력비는 다음과 같다.

$$\frac{P_{09}}{P_{0a}} = \frac{P_{02}}{P_{0a}} \cdot \frac{P_{04}}{P_{02}} \cdot \frac{P_{09}}{P_{04}} = \pi_i \, \pi_b \, \pi_n \tag{3.111}$$

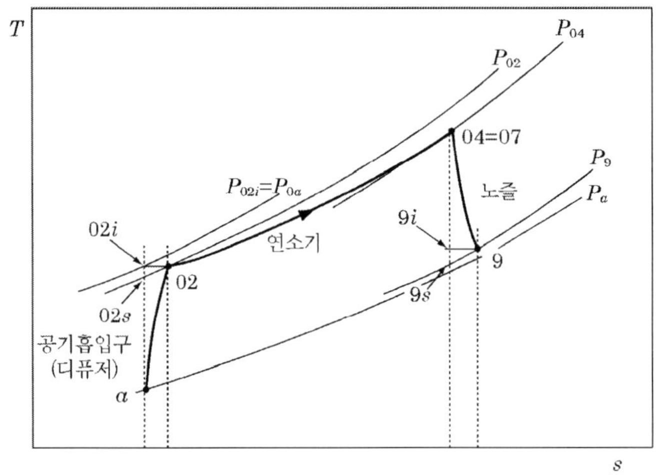

그림 3-32 실제 램제트 엔진의 사이클

실제 배기가스의 압력 $P_e(P_9)$는 주위 압력 P_a와 다를 수도 있다. 램압력비는 다음과 같다.

$$\frac{P_{0a}}{P_a} = \left(1 + \frac{\gamma - 1}{2} M_a^2\right)^{\frac{\gamma}{\gamma - 1}} \tag{3.112}$$

출구에서 압력비를 생각해보면 다음과 같다.

$$\frac{P_{09}}{P_9} = \frac{P_{09}}{P_e} = \left(1 + \frac{\gamma - 1}{2} M_e^2\right)^{\frac{\gamma}{\gamma - 1}} \tag{3.113}$$

식(3.113)을 이용하여 출구에서의 마하수(M_e)는 다음과 같이 표현할 수 있다.

$$M_e^2 = \frac{2}{\gamma-1}\left[\left(\frac{P_{09}}{P_e}\right)^{\frac{\gamma-1}{\gamma}} - 1\right]$$

$$= \frac{2}{\gamma-1}\left[\left(\frac{P_{09}}{P_{0a}} \cdot \frac{P_{0a}}{P_a} \cdot \frac{P_a}{P_e}\right)^{\frac{\gamma-1}{\gamma}} - 1\right]$$

$$= \frac{2}{\gamma-1}\left[\left\{(\pi_i\pi_b\pi_n)\left(1+\frac{\gamma-1}{2}M_a^2\right)^{\frac{\gamma}{\gamma-1}}\left(\frac{P_a}{P_e}\right)\right\}^{\frac{\gamma-1}{\gamma}} - 1\right]$$

$$= \frac{2}{\gamma-1}\left[\left(1+\frac{\gamma-1}{2}M_a^2\right)\left(\pi_i\pi_b\pi_n\frac{P_a}{P_e}\right)^{\frac{\gamma-1}{\gamma}} - 1\right] \tag{3.114}$$

식 (3.114)에서 M_e를 알면 V_e를 구할 수 있다.

연소실 전후에서 에너지 평형식을 세우면 다음과 같으며 **〈그림 3-33〉**에 나타나 있다.

$$\dot{m}_a h_{02} + \eta_b \dot{m}_f Q_R = (\dot{m}_a + \dot{m}_f) h_{04} \tag{3.115}$$

여기서 η_b는 연소 효율이며 $\eta_b Q_R$은 단위 질량의 연료당 실제 방출되는 열량을 의미한다.

앞의 이상 램제트 엔진에서처럼 T_{04}가 주어지면 연공비(f)를 다음과 같이 계산할 수 있다.

$$f = \frac{c_{pg}T_{04} - c_{pa}T_{0a}}{\eta_b Q_R - c_{pg}T_{04}} \tag{3.116}$$

어떤 경우에는 f가 주어지면 T_{04}를 다음과 같이 나타낼 수 있다.

$$T_{04} = \frac{\eta_b f Q_R + c_{pa}T_{02}}{(1+f)c_{pg}}$$

연소실의 출구 이후에서는 비가역이라도 에너지 출입이 없으므로 $T_{04} = T_{07} = T_{0e}$이기 때문에 출구에서의 유동 속도는 다음과 같다.

$$V_9 = V_e = M_e\sqrt{\gamma R_g T_e} = M_e\sqrt{\gamma R_g\left(\frac{T_{0e}}{1+\frac{\gamma-1}{2}M_e^2}\right)} = M_e\sqrt{\gamma R_g\left(\frac{T_{04}}{1+\frac{\gamma-1}{2}M_e^2}\right)} \tag{3.117}$$

여기서 M_e는 식(3.114)에서 구한 값을 사용한다.

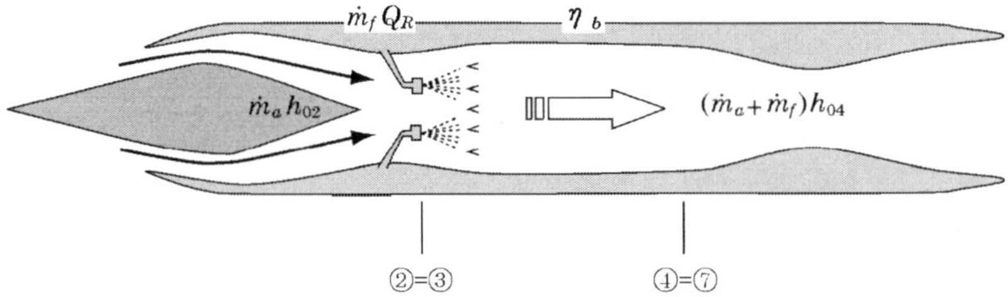

그림 3-33 실제 램제트 연소기 전후의 에너지 평형

단위 공기 질량유량당 추력, 즉 비추력을 구해보면 다음과 같다.

$$\frac{F}{\dot{m}_a} = [(1+f)V_e - V_a] + \frac{1}{\dot{m}_a} A_e (P_e - P_a) \tag{3.118}$$

여기서 P_e와 P_a는 항상 같지 않으므로 엔진 전후방의 압력에 의한 추력은 무시될 수 없다. 그런데 앞에서 구한 배기가스의 속도식 식 (3.117)를 대입하면 다음과 같다.

$$\frac{F}{\dot{m}_a} = \left[(1+f)M_e\sqrt{\gamma R T_{04}/\left(1+\frac{\gamma-1}{2}M_e^2\right)} - M_a\sqrt{\gamma R T_a}\right] + \frac{1}{\dot{m}_a}A_e P_e\left(1-\frac{P_a}{P_e}\right) \tag{3.119}$$

(식 3.114)에서 $m_m \equiv \left(1+\frac{\gamma-1}{2}M_a^2\right)\left(\pi_i \pi_b \pi_n \frac{P_e}{P_a}\right)^{\frac{\gamma-1}{\gamma}}$ 라 하면 출구에서의 마하수는 다음과 같이 쓸 수 있다.

$$M_e^2 = \frac{2}{\gamma-1}(m_m - 1)$$

이를 식 (3.119)에 대입하고 다시 정리하면 비추력은 다음과 같이 쓸 수 있다.

$$\frac{F}{\dot{m}_a} = (1+f)\sqrt{\frac{2\gamma R_g T_{04}(m_m-1)}{(\gamma-1)m_m}} - M_a\sqrt{\gamma_a R_a T_a} + \frac{P_e A_e}{\dot{m}_a}\left(1-\frac{P_a}{P_e}\right) \tag{3.120}$$

식(3.120)의 $\dot{m}_a$는 f, V_e, T_e, A_e가 주어지면 다음과 같이 구할 수 있다.

$$\dot{m}_a = \frac{\dot{m}_e}{1+f} = \frac{\rho_e A_e V_e}{1+f} = \frac{P_e A_e V_e}{R T_e (1+f)}$$

이를 식 (3.120)에 대입하면 비추력은 다음과 같다.

$$\frac{F}{\dot{m}_a} = (1+f)\sqrt{\frac{2\gamma R_g T_{04}(m_m-1)}{(\gamma-1)m_m}} - M_a\sqrt{\gamma_a R_a T_a} + \frac{R_9 T_9(1+f)}{V_a}\left(1-\frac{P_a}{P_9}\right) \tag{3.121}$$

또 연료소모율은 다음과 같다.

$$TSFC = \frac{f}{F/\dot{m}_a} \tag{3.122}$$

실제 램제트의 관계식을 이용하여 $\pi_i = 0.82$, $\pi_b = 0.97$, $\pi_n = 0.98$, $\Delta P_b / P_{03} = 0.05$, $Q_R = 43{,}400\,kJ/kg$, $c_{pa} = 1.005\,kJ/kg\cdot K$, $c_{pg} = 1.148\,kJ/kg\cdot K$, $\gamma_a = 1.4$, $\gamma_g = 1.333$, $T_a = 216.7K$, $P_a = 22.8kPa(35{,}000ft)$인 성능을 계산하여 보자. 노즐은 최적 설계되어 있다고 가정하라. 그 결과는 **〈그림 3-34〉**, **〈그림 3-35〉**, **〈그림 3-36〉**의 그림과 같이 나타낼 수 있다.

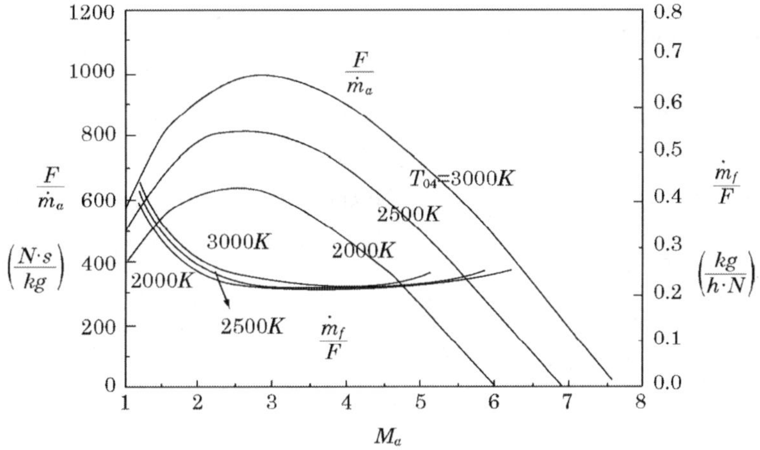

그림 3-34 실제 램제트 엔진의 비행 마하수 변화에 따른 비추력과 추력당 연료소모율의 변화

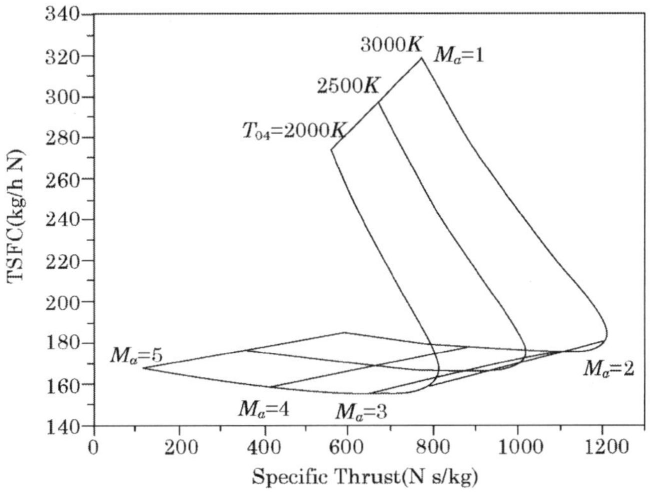

그림 3-35 실제 램제트 엔진의 비행 마하수 변화에 따른 비추력과 연료소모율

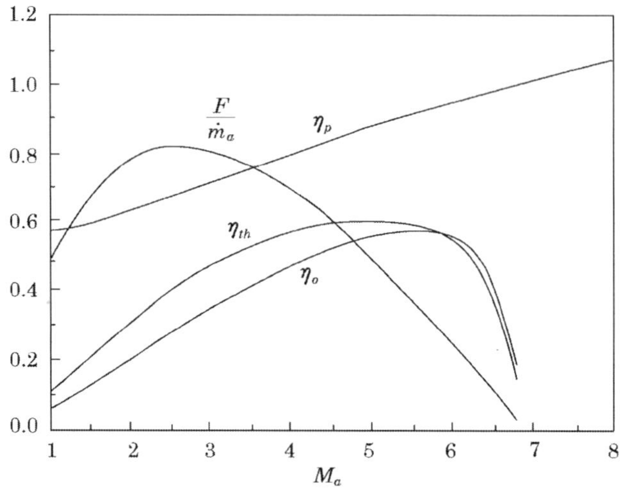

그림 3-36 실제 램제트 엔진의 비행 마하수 변화에 따른 비추력과 각종 효율의 변화

실제 램제트 엔진과 이상 램제트 엔진의 성능 곡선을 비교해 보면 실제 램제트 엔진은 비추력이 약간 감소하는 경향을 보이며 추력당 연료소모율은 약간 증가함을 알 수 있다. 또한 실제 램제트 엔진의 추력당 연료소모율을 보면 약 M 2까지는 상대적으로 크기 때문에 비추력의 측면에서나 추력당 연료소모율의 측면에서나 M 3정도에서 운용하는 것이 가장 효율적인 비행을 할 수 있다는 것을 알 수 있다. 또한 제트엔진과는 다르게 터빈이 없기 때문에 $T_{04}(TIT)$가 2500K정도로 크게 할 수 있다. 이 점은 **〈그림 3-34〉**와 **〈그림 3-35〉**에서 보듯이 비추력을 상당히 증가시킬 수 있으며 추력당 연료소모율이 급격히 증가하는 속도한계를 증가시킬 수 있다. **〈그림 3-36〉**을 보면 비추력은 M 2.5~3 정도에서 최대값을 갖지만 추진효율은 램효과 때문에 마하수가 커질수록 계속적으로 증가하는 경향을 보인다. 하지만 열효율은 M 6을 지나면서 급격히 감소하여 전효율이 급격히 감소하게 된다. 이런 면에서 램제트 엔진은 M 2~4에서 운용하는 것이 가장 효과적이라 할 수 있다. 마하수가 그 이상이 되면 새로운 개념의 엔진인 스크램제트(SCRamjet) 엔진이 효과적이라 할 수 있다.

예제 3-6 15,000m에서 M2로 비행하는 항공기의 공기 흡입구가 85%의 효율을 가지고 있다. 공기 흡입구 출구에서의 전온도와 전압력을 구하라.

풀이 고도 15,000m에서 $P_a = 12.05\ kPa,\ \ T_a = 216.5\ K,\ \ a = 294.9\ m/s$이다.

100%효율을 가지는 공기흡입구 출구전 압력은 〈예제 3-5〉에서 $P_{02} = 94.28kPa$이다. 아래 그림에서, 공기 흡입구 효율의 정의로부터 비열이 일정한 경우

$$\eta_i = \frac{h_{02s} - h_a}{h_{02} - h_a} \simeq \frac{T_{02s} - T_a}{T_{02} - T_a}$$ 이와 같이 쓸 수 있다.

여기서 점 02S는 P_{02} 압력선이 점 a와 등엔트로피 선상에서 만나는 점이다. 즉 $P_{02} = P_{02s}$이다.

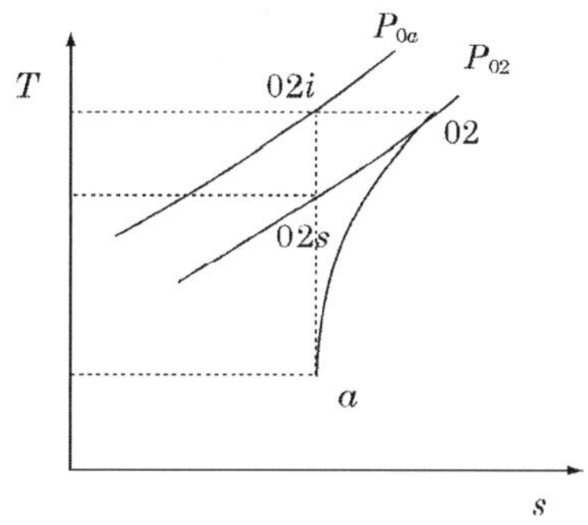

여기서 T_{02i}는 a 상태에서 이상과정으로 압축되었을 때 도달 가능한 정체온도이므로

$$T_{02i} = T_a\left(1 + \frac{\gamma - 1}{2} M_a^2\right) = 389.7\ K$$

$$T_{02} = T_{02i} = 389.7K$$

가 된다. 이를 위 효율 정의식에 대입하고 T_{02s}에 대해 정리하면 다음과 같이 구할 수 있다.

$$T_{02s} = \eta_i(T_{02i} - T_a) + T_a = 363.7$$

따라서 P_{02}는

$$P_{02} = P_a \times \left(\frac{T_{02s}}{T_a}\right)^{\frac{\gamma}{\gamma - 1}} = 74.04\ kPa$$

이 결과는 이상 공기흡입구와 비교하였을 때 전압력은 94.28kPa에서 74.04kPa로 감소하여 약 21% 정도의 압력 손실을 나타낸다.

예제 3-7 실제 램제트 엔진 장착 비행체가 고도 15,000m에서 속도 M=3.0으로 비행하고 있다. 배기노즐은 최적설계되어 배기유동은 완전팽창하며, 노즐출구의 배기가스속도는 1400m/s 이라 가정한다. 실제 램제트엔진의 각종 효율과 물성치는 다음과 같다. 이 때 비추력, 추력당연료 소모율, 열효율, 추진효율, 전효율을 구하라.

$\pi_i = 0.90$, $\pi_b = 0.98$, $\pi_n = 0.98$, $Q_R = 43{,}400\text{kJ/kg}$,
$\gamma_a = 1.4$, $\gamma_g = 1.33$, $\eta_b = 0.96$, $c_{pa} = 1.004\text{kJ/kg} \cdot \text{k}$, $c_{pg} = 1.148\text{kJ/kg} \cdot \text{K}$,
$T_{04} = 2{,}000\text{K}$

풀이 노즐이 최적으로 설계되어 있으며, 배기유동이 완전팽창하므로 $P_9 = P_a$이다. 고도 15,000m에서 $P_a = 12.05\text{kPa}$, $T_a = 216.5\text{K}$ 이다.

$$a = a_a = \sqrt{(\gamma_a - 1)c_p T_a} = \sqrt{(1.4-1)1004 \times 216.5} = 294.9\,\text{m/s}$$

$$V_a = M_a a_a = M_a\sqrt{(\gamma_a - 1)c_p T_a} = 3\sqrt{(1.4-1)1004 \times 216.5} = 884.6\,\text{m/s}$$

$$P_{0a} = P_a\left(1 + \frac{\gamma_a - 1}{2}M_a^2\right)^{\frac{\gamma_a}{\gamma_a - 1}} = 12.05\left(1 + \frac{1.4-1}{2} \times 3^2\right)^{\frac{1.4}{1.4-1}} = 442.63\text{kPa}$$

램압력비 $\pi_r = P_{0a}/P_a = 36.73$

$$T_{0a} = T_a\left(1 + \frac{\gamma_a - 1}{2}M_a^2\right) = 216.5\left(1 + \frac{1.4-1}{2} \times 3^2\right) = 606.2\text{K}$$

램온도비 $\tau_r = T_{0a}/T_a = 2.8$

$$P_{02} = \pi_i \times P_{0a} = 0.90 \times 442.63 = 398.39\text{kPa}$$

$$P_{04} = \pi_b \times P_{02} = 0.98 \times 398.39 = 390.40\text{kPa}$$

$$P_{09} = \pi_n \times P_{04} = 0.98 \times 390.40 = 382.59\text{kPa}$$

$$\frac{P_{09}}{P_{0a}} = \pi_i \pi_b \pi_n = 0.90 \cdot 0.98 \cdot 0.98 = 0.86436$$

$$\frac{P_{09}}{P_a} = \frac{P_{09}}{P_9} = \frac{P_{09}}{P_e} = \left(1 + \frac{\gamma_g - 1}{2}M_e^2\right)^{\frac{\gamma_g}{\gamma_g - 1}} \text{에서}$$

$$M_9^2 = M_e^2 = \frac{2}{\gamma_g - 1}\left[\left(\frac{P_{09}}{P_a}\right)^{\frac{\gamma_g - 1}{\gamma_g}} - 1\right] = \frac{2}{1.33 - 1}\left[(36.73)^{\frac{1.33-1}{1.33}} - 1\right] = 8.758$$

$$M_9 = M_e = 2.96$$

램제트엔진에서 $T_{04} = T_{07} = T_{09} = 2{,}000\text{K}$로 주어진 값이다.

$$\frac{T_{0e}}{T_e} = \frac{T_{09}}{T_9} = (1 + \frac{\gamma_g - 1}{2}M_9^2) = (1 + \frac{1.33 - 1}{2}2.96^2) = 2.446$$

$$T_9 = T_{09} \times \frac{1}{(1 + \frac{\gamma_g - 1}{2}M_9^2)} = 2000 \times \frac{1}{2.446} = 817.6\text{K}$$

$$a_9 = \frac{V_9}{M_9} = \frac{1400}{2.96} = 473.0\,\text{m/s}$$

$$f = \frac{c_{pg}T_{04} - c_{pa}T_{0a}}{\eta_b Q_R - c_{pg}T_{04}} = \frac{1.148 \times 2000 - 1.004 \times 606.2}{0.96 \times 43400 - 1.148 \times 2000} = 0.04286$$

$$\frac{F}{\dot{m}_a} = [(1 + f)V_e - V_a] = [(1 + 0.04286)1400 - 884.6] = 575.4\,\text{Ns/kg}$$

$$\text{TSFC} = \frac{f}{F/\dot{m}_a} = \frac{0.04286}{575.4} = 7.448 \times 10^{-5}\text{kg/Ns}$$

$$\eta_p = \frac{(F/\dot{m}_a)V_a}{(1 + f)V_e^2/2 - V_a^2/2} = \frac{(575.4)884.6}{(1 + 0.04286)1400^2/2 - 884.6^2/2} = 0.807 = 80.7\%$$

$$\eta_{th} = \frac{(1 + f)V_e^2/2 - V_a^2/2}{fQ_R\eta_b} = \frac{(1 + 0.04286)1400^2/2 - 884.6^2/2}{(0.04286)43400(0.96) \times 1000} = 0.35 = 35\%$$

$$\eta_0 = \eta_p \times \eta_{th} = 0.807 \times 0.35 = 0.282 = 28.2\%$$

3.5.2 터보제트 엔진 성능해석

터보제트 엔진은 공기 흡입구(디퓨저)를 통해 고속 공기를 흡입하면서 속도에너지를 압력에너지로 서로 바꾸어 압력을 상승시킨 후 압축기를 통해 이로부터 압축된 고압의 공기를 연소기 앞에 있는 공기 흡입구를 거쳐 속도를 낮추어 연소실로 보내고, 연료를 연소시키는 연소실, 그리고 연소된 고온 고압의 유동으로부터 축을 회전시켜 압축기를 구동하는 터빈, 또 압력에너지를 속도에너지로 바꾸어 유동을 가속시켜 모멘텀을 만들어내는 배기노즐로 구성되어 있다. 고속의 배기가스는 최적화 설계된 노즐을 지나면서 최대의 추력을 만들어내게 된다. 추력의 크기는 엔진을 지나는 공기의 모멘텀 증가에 직접적으로 비례하게 된다. 터보제트 엔진에는 터빈을 지난 공기를 이용하여 연료를 연소시켜 추가적인 추력을 얻을 수 있는 후기연소기(afterburner)를 장착하기도 한다.

〈그림 3-37〉은 터보제트 엔진의 개략도이다. 후기 연소기 미장착 터보제트엔진의 배기노즐은 보통 수축노즐이 사용되고, 후기연소기 장착 터보제트엔진의 배기노즐은 수축-확산의 초음속 노즐이다.

실제 터보제트 사이클 〈그림 3-38〉과 같은 과정으로 작동하는 터보제트 엔진을 고려하여 보자. 실제 터보제트 사이클에서도 공기흡입구와 노즐은 단열되어 있다고 가정한다.

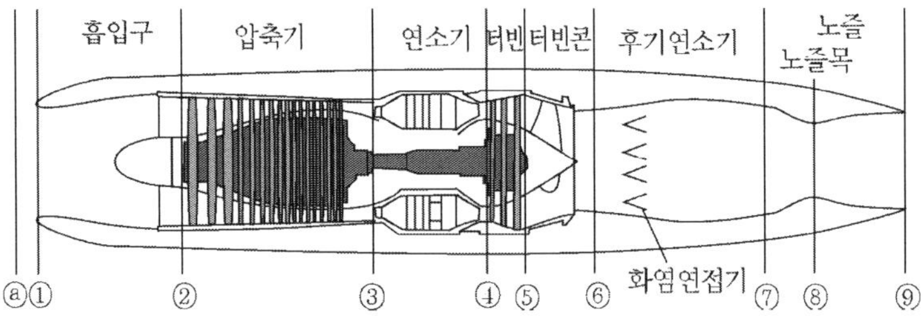

그림 3-37 일반적인 터보제트 엔진의 개략도

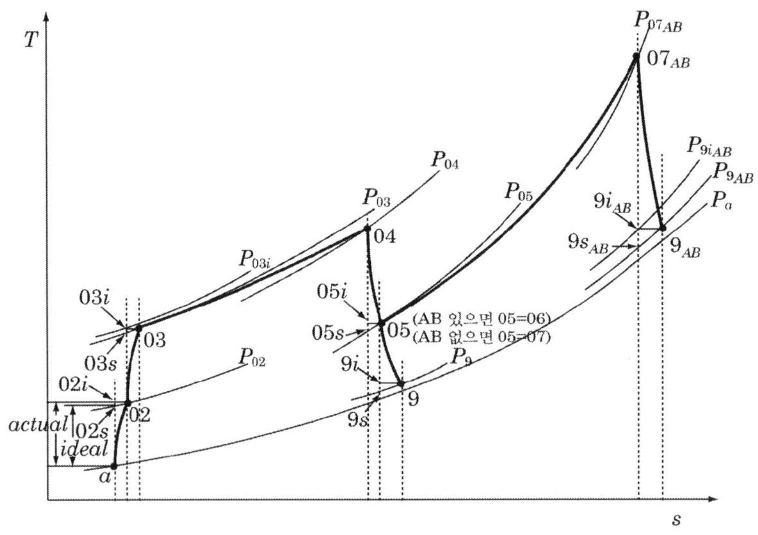

그림 3-38 터보제트 엔진의 실제 사이클의 T-s 선도(부족팽창 $P_9 > P_a$인 경우)

실제 사이클을 해석할 경우에는 각 부품의 압력 손실을 고려한 전압력비를 고려하여 해석할 수 도 있고, 각 부품의 입구와 출구에서의 엔탈피 손실을 고려한 부품의 효율을 정의하여 해석할 수도 있다. 각 부품의 전압력비를 고려하여 해석하는 방법은 $\pi_i = \dfrac{P_{02}}{P_{0a}}$, $\pi_c = \dfrac{P_{03}}{P_{02}}$, $\pi_b = \dfrac{P_{04}}{P_{03}}$, $\pi_t = \dfrac{P_{05}}{P_{04}}$, $\pi_n = \dfrac{P_{09}}{P_{07}}$을 사용하여 해석한다.

우선 터보엔진의 각 부품에 대한 효율을 구하는 방법을 하여보자. 터보제트 엔진의 가장 앞부분에는 공기를 빨아들여 압축기까지 속도를 감속시키며 압력을 증가시키기 위한 공기흡입구(디퓨저)가 있는데 이 때 공기흡입구(디퓨저)의 효율은 식 (4.4)에 나타낸 바와 같이 다음과 같이 정의된다.

$$\eta_i \equiv \frac{h_{02s}-h_a}{h_{02}-h_a} = \frac{\dfrac{T_{02s}}{T_a}-1}{\dfrac{T_{02}}{T_a}-1} = \frac{\left(\dfrac{P_{02}}{P_a}\right)^{\frac{\gamma-1}{\gamma}}-1}{\dfrac{\gamma-1}{2}M_a^2} \tag{3.123}$$

공기 흡입구에서는 전온도가 일정하여 $T_{0a}=T_{02}$이지만 전압력 손실이 있기 때문에 $P_{02}<P_{0a}$임에 유의해야 한다.

일반적으로 공기 흡입구의 효율은 0.7~0.9 정도를 가지는데 이는 전적으로 비행 마하수에 따라 값이 거의 정해진다. 효율이 그렇게 높지 않은 이유는 역압력구배가 형성되어 경계층 박리의 위험성이 있으므로 낮은 효율을 가지며 압축비도 그리 높지 않다. 공기흡입구 뒤에는 압축기가 위치한다. 압축기에 열역학 제 1법칙을 적용하자.

$$\dot{Q}-\dot{W}+\dot{m}_i h_{0i}-\dot{m}_e h_{0e}=0 \tag{3.124}$$

이 때 단열과정의 압축기라면 좌변의 첫째 항은 소거될 수 있다. 양 변을 $\dot{m}_i=\dot{m}_e=\dot{m}$로 나누어 정리해 주면

$$-w=h_{0e}-h_{0i} \tag{3.125}$$

여기서 (−)의 일은 압축기를 지나는 유동이 외부(압축기)로부터 일을 받음을 의미한다. 따라서 압축기의 효율은 다음과 같다.

$$\eta_c \equiv \frac{(w_{2-3})_{ideal}}{(w_{2-3})_{act}} = \frac{h_{03s}-h_{02}}{h_{03}-h_{02}} = \frac{\dfrac{T_{03s}}{T_{02}}-1}{\dfrac{T_{03}}{T_{02}}-1} = \frac{\pi_c^{\frac{\gamma-1}{\gamma}}-1}{\tau_c-1} \tag{3.126}$$

압축기의 효율은 일반적으로 0.85~0.9 정도이다. 압축기 또한 경계층 박리로 인한 실속의 우려가 있기 때문에 효율이 그리 높지 않다. 압축기를 지난 고압의 공기는 연소실로 유입되는데 이 연소기는 보통 $\eta_b=0.97\sim0.99$의 효율을 가진다. 연소기를 지난 고온고압의 공기는 터빈으로 유입되며 이 때 효율은 다음과 같다.

$$\eta_t = \frac{(w_{4-5})_{act}}{(w_{4-5})_{ideal}} = \frac{h_{04}-h_{05}}{h_{04}-h_{05s}} = \frac{1-\dfrac{T_{05}}{T_{04}}}{1-\dfrac{T_{05s}}{T_{04}}} = \frac{1-\tau_t}{1-\pi_t^{\frac{\gamma-1}{\gamma}}} \tag{3.127}$$

터빈의 효율은 일반적으로 0.9~0.95 정도이다. 터빈은 경계층 박리에 의한 실속의 우려가 거의 없기 때문에 효율이 높은 편이며 단수도 압축기보다 많지 않다.

마지막으로 유동이 지나는 노즐의 입구에서 정체 엔탈피는 다음과 같다.

$$h_{07} = h_7 + \frac{V_7^2}{2} \tag{3.128}$$

노즐에서는 에너지 출입이 없으므로 h_0는 일정하므로 이 값은 출구에서 정체 엔탈피와 같다.

$$h_{07} = h_{09} = h_9 + \frac{V_9^2}{2} \tag{3.129a}$$

$$h_{07} = h_{09s} = h_{9s} + \frac{V_{9s}^2}{2} \tag{3.129b}$$

위 식을 운동 에너지에 관한 식으로 정리하면 다음과 같이 쓸 수 있다.

$$\frac{V_9^2}{2} = h_{07} - h_9 \quad \text{그리고} \quad \frac{V_{9s}^2}{2} = h_{07} - h_{9s} \tag{3.130}$$

노즐효율은 다음과 같이 나타낼 수 있다. 노즐에서는 $h_{07} = h_{09}$이다.

$$\eta_n \equiv \frac{KE|_{actual}}{KE|_{ideal}} = \frac{\left(\frac{V^2}{2}\right)_9}{\left(\frac{V^2}{2}\right)_{9s}} = \frac{h_{07} - h_9}{h_{07} - h_{9s}} = \frac{1 - \left(\frac{P_9}{P_{09}}\right)^{\frac{\gamma-1}{\gamma}}}{1 - \left(\frac{P_9}{P_{07}}\right)^{\frac{\gamma-1}{\gamma}}} \tag{3.131}$$

보통 노즐에서는 약 0.95~0.98 정도의 효율을 가진다.

이제 각 부품의 효율이 주어질 때 각 부품에서의 온도, 압력, 속도 등을 구하여 성능을 계산해 보자.

공기흡입구 출구는 다음과 같이 나타낼 수 있다. 공기흡입구에서 에너지의 출입이 없다면, 즉 T_0가 일정($T_{0a} = T_{02}$)하다고 가정할 수 있고 T_{02}를 M_a의 항으로 나타낼 수 있다.

$$\frac{T_{02}}{T_a} = \frac{T_{0a}}{T_a} = \left(1 + \frac{\gamma-1}{2} M_a^2\right) \tag{3.132}$$

비행마하수와 공기흡입구 효율을 알면 공기흡입구 전압력비 π_i는 다음과 같이 나타낼 수 있다.

$$\pi_i \equiv \frac{P_{02}}{P_{0a}} = \frac{P_{02}/P_a}{P_{0a}/P_a} = \frac{\left(1 + \eta_i \frac{\gamma-1}{2} M_a^2\right)^{\frac{\gamma}{\gamma-1}}}{\left(1 + \frac{\gamma-1}{2} M_a^2\right)^{\frac{\gamma}{\gamma-1}}} \tag{3.133}$$

공기흡입구의 효율로부터

$$\eta_i = \frac{h_{02s} - h_a}{h_{02} - h_a} = \frac{T_{02s} - T_a}{T_{02} - T_a} = \frac{T_{02s}/T_a - 1}{T_{02}/T_a - 1} \tag{3.123}$$

위 두 식을 다시 정리하면 공기 흡입구 출구에서의 온도와 주변 온도의 비는 다음과 같다.

$$\frac{T_{02s}}{T_a} = 1 + \eta_i\left(\frac{T_{02}}{T_a} - 1\right) \tag{3.134}$$

그런데 **〈그림 3-38〉**로부터 $P_{02s} = P_{02}$이므로 다음과 같은 관계식이 성립한다.

$$\frac{T_{02s}}{T_a} = \left(\frac{P_{02s}}{P_a}\right)^{\frac{\gamma-1}{\gamma}} = \left(\frac{P_{02}}{P_a}\right)^{\frac{\gamma-1}{\gamma}} \tag{3.135}$$

따라서 공기 흡입구 출구(압축기 입구)에서의 압력과 주위 공기의 비는 다음과 같다.

$$\frac{P_{02}}{P_a} = \left(\frac{T_{02s}}{T_a}\right)^{\frac{\gamma}{\gamma-1}} = \left[1 + \eta_i\left(\frac{T_{02}}{T_a} - 1\right)\right]^{\frac{\gamma}{\gamma-1}} \tag{3.136a}$$

식 (3.132)를 이용하면 다음과 같이 나타낼 수 있다.

$$\frac{P_{02}}{P_a} = \left(1 + \eta_i \frac{\gamma-1}{2} M_a^2\right)^{\frac{\gamma}{\gamma-1}} \tag{3.136b}$$

압축기를 지나는 유동은 압축기가 제공하는 압력비 만큼의 압력상승을 동반할 것이다. 즉, 압축기 출구에서의 전압력은 다음과 같다.

$$P_{03} = P_{02} \times \pi_c \tag{3.137}$$

여기서 π_c는 압축기의 전압력비를 의미하며 다음과 같이 정의된다.

$$\pi_c \equiv \frac{P_{03}}{P_{02}} \tag{3.138}$$

과정 02에서 03까지의 변화는 등엔트로피 과정이 아니고 실제과정이므로 다음과 같이 등엔트로피 관계식은 성립하지 않는다.

$$\frac{T_{03}}{T_{02}} \neq \left(\frac{P_{03s}}{P_{02}}\right)^{\frac{\gamma-1}{\gamma}} = \left(\frac{P_{03}}{P_{02}}\right)^{\frac{\gamma-1}{\gamma}}, \text{ 즉 } \tau_c \neq \pi_c^{\frac{\gamma-1}{\gamma}}$$

그러나 τ_c와 π_c 사이에 5장 (식 5.47)에서 설명할 미소단 효율인 압축기 폴리트로픽 효율을 도입하면 다음 식이 성립한다.

$$\tau_c = \pi_c^{\frac{\gamma-1}{\gamma}\cdot\frac{1}{\eta_{pc}}} \tag{5.47}$$

〈그림 3-38〉에서 02와 03s는 등엔트로피 상태이고 $P_{03} = P_{03s}$이므로 다음 식이 성립한다.

$$\left(\frac{T_{03s}}{T_{02}}\right) = \left(\frac{P_{03s}}{P_{02}}\right)^{\frac{\gamma-1}{\gamma}} = \left(\frac{P_{03}}{P_{02}}\right)^{\frac{\gamma-1}{\gamma}}$$

압축기의 효율로부터

$$\eta_c = \frac{h_{03s}-h_{02}}{h_{03}-h_{02}} = \frac{T_{03s}/T_{02}-1}{T_{03}/T_{02}-1} = \frac{\pi_c^{\frac{\gamma-1}{\gamma}}-1}{\tau_c-1} \tag{3.139a}$$

또 폴리트로픽 효율을 도입하여 압축기 효율은 다음과 같이 나타낼 수 있다.

$$\eta_c = \frac{\pi_c^{\frac{\gamma-1}{\gamma}}-1}{\tau_c-1} = \frac{\pi_c^{\frac{\gamma-1}{\gamma}}-1}{\pi_c^{\frac{\gamma-1}{\gamma\eta_{pc}}}-1} \tag{3.139b}$$

이를 이용하여 압축기 전후의 전온도비를 구하면

$$\frac{T_{03}}{T_{02}} = 1+\frac{1}{\eta_c}\left(\frac{T_{03s}}{T_{02}}-1\right) = 1+\frac{1}{\eta_c}\left[\left(\frac{P_{03}}{P_{02}}\right)^{\frac{\gamma-1}{\gamma}}-1\right] \tag{3.140}$$

따라서 압축기 출구에서의 전온도는

$$T_{03} = T_{02}\left[1+\frac{1}{\eta_c}\left\{\pi_c^{\frac{\gamma-1}{\gamma}}-1\right\}\right] \tag{3.141}$$

이상연소기에서 연소기 입구와 출구사이의 압력강하는 없지만, 아음속 실제 연소기에서 압력강하는 다음과 같이 주어진다[1,2].

$$\pi_b \approx 1-\epsilon\frac{\gamma}{2}M_b^2$$

보통 ϵ는 1과 2사이 값이다. 연소기의 평균 마하수를 0.2라 하고 비열비 1.33, $\epsilon = 2$를 대입하면 $\pi_b = 0.95$가 된다.

연소기에서의 에너지 평형식을 세우면 다음과 같고, 〈그림 3-39〉에 나타나 있다.

$$\dot{m}_a h_{03} + \eta_b \dot{m}_f Q_R = (\dot{m}_a + \dot{m}_f)h_{04} = \dot{m}_a(1+f)h_{04} \tag{3.142}$$

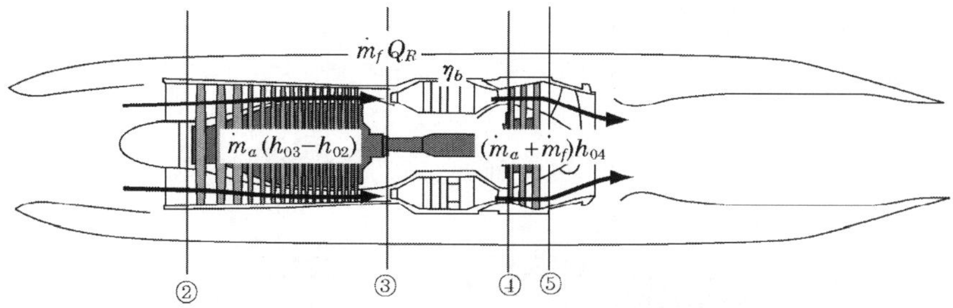

그림 3-39 터보제트 엔진 연소기 전후의 에너지 평형

이를 이용하여 연공비에 대한 식으로 정리하면 $f=\dot{m}_f/\dot{m}_a$는 다음과 같이 나타낼 수 있다.

$$f=\frac{\dot{m}_f}{\dot{m}_a}=\frac{h_{04}-h_{03}}{\eta_b Q_R-h_{04}}=\frac{c_{pg}T_{04}-c_{pa}T_{03}}{\eta_b Q_R-c_{pg}T_{04}} \tag{3.143a}$$

$$\text{또는 } f=\frac{\dot{m}_f}{\dot{m}_a}=\frac{h_{04}-h_{03}}{\eta_b Q_R-h_{04}}=\frac{h_{04}/h_a-h_{03}/h_a}{\eta_b Q_R/h_a-h_{04}/h_a}=\frac{\tau_\lambda-\tau_r\tau_c}{\eta_b Q_R/h_a-\tau_\lambda} \tag{3.143b}$$

여기서 τ_λ는 엔진 설계 제한 변수로서 $\dfrac{h_{04}}{h_a}$이며, 즉 $\tau_\lambda \equiv \dfrac{c_{pg}T_{04}}{c_{pa}T_a}$로 설정하기도 한다. τ_r은 램온도비이고 $\tau_r=\dfrac{T_{0a}}{T_a}$이며, τ_c는 압축기 전온도비이고 $\tau_c=\dfrac{T_{03}}{T_{02}}$이다.

f가 주어지면 T_{04}는 다음과 같이 구할 수 있다.

$$T_{04}=\frac{\eta_b f Q_R+c_{pa}T_{03}}{(1+f)c_{pg}}$$

이 때 T_{04}는 터빈 입구온도(TIT)로서 설계 제한사항 중 하나이다. 그 이유는 터빈 입구의 온도가 대략적으로 1700K 정도인데 여기에 터빈은 빠른 회전운동으로 높은 열응력과 큰 원심응력이 작용하여 1700K 이상을 견뎌낼 수 있는 재질이 많지 않기 때문이다. 이 TIT는 터빈재질이나 냉각방법에 따라 달라진다. 터빈재질에 TBC를 하거나 터빈냉각을 개선하면 TIT를 더 높일 수 있다.

연소기를 지나는 연소가스는 약간의 압력강하가 발생하게 되는데 이 때 연소실의 압력강하는 다음과 같이 정의한다.

$$\Delta P_b=P_{03}-P_{04} \tag{3.144}$$

이를 이용하여 연소기 출구 또는 터빈의 입구에서의 압력을 구해보면

$$P_{04}=P_{03}\left(\frac{P_{04}}{P_{03}}\right)=P_{03}\left(\frac{P_{03}-\Delta P_b}{P_{03}}\right)=P_{03}\left(1-\frac{\Delta P_b}{P_{03}}\right) \tag{3.145}$$

터빈의 출구에서 상태량을 결정하기 위해서 먼저 단일스풀 압축기와 터빈 사이의 동력 평형을 고려하자. 〈그림 3-40〉은 압축기와 터빈사이에서의 동력 평형을 나타내고, 다음과 같이 쓸 수 있다.

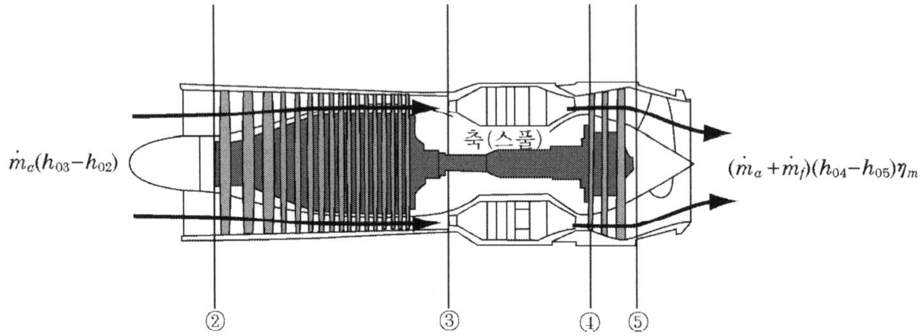

그림 3-40 압축기와 터빈사이에서의 동력 평형

$$\dot{m}_c(h_{03}-h_{02}) = \eta_m \dot{m}_t(h_{04}-h_{05})$$

$$\dot{m}_a(h_{03}-h_{02}) = \eta_m \dot{m}_a(1+f)(h_{04}-h_{05})$$

$$\tau_r(\tau_c-1) = \eta_m(1+f)\tau_\lambda(1-\tau_t)$$

따라서 터빈 온도비는 다음과 같이 나타낼 수 있다.

$$\tau_t = \frac{T_{05}}{T_{04}} = 1 - \frac{\tau_r(\tau_c-1)}{\eta_m(1+f)\tau_\lambda} \tag{3.146}$$

여기서 η_m은 터빈과 압축기를 연결하는 축에서의 기계효율이다.

위 내용을 온도의 항으로 나타내어 표기하면

$$\dot{m}_a c_{pa}(T_{03}-T_{02}) = \dot{m}_a \eta_m (1+f) c_{pg}(T_{04}-T_{05}) \tag{3.147}$$

$$T_{05} = T_{04} - \frac{c_{pa}(T_{03}-T_{02})}{c_{pg}\eta_m(1+f)} \tag{3.148}$$

여기서 압축기를 지나는 공기의 정압비열 c_{pa}는 약 $1.005\ kJ/kg\cdot K$이며 터빈을 지나는 연소가스의 정압비열 c_{pg}는 약 $1.148\ kJ/kg\cdot K$의 값을 가진다.

〈그림 3-38〉의 터빈 유동과정 04와 05사이는 등엔트로피 유동이 아니고 실제과정이므로 등엔트로피식은 성립하지 않는다.

$$\frac{T_{05}}{T_{04}} \neq \left(\frac{P_{05}}{P_{04}}\right)^{\frac{\gamma_t-1}{\gamma_t}} \quad \text{즉,}\ \tau_t \neq (\pi_t)^{\frac{\gamma_t-1}{\gamma_t}}$$

τ_t와 π_t사이에는 6장에서 설명할 미소단효율인 터빈 폴리트로픽 효율을 도입하면 다음 식이 성립한다.

$$\tau_t = \pi_t^{\frac{\gamma_t - 1}{\gamma_t}\eta_{pt}}, \text{ 또는 } \pi_t = \tau_t^{\frac{\gamma_t}{(\gamma_t - 1)\eta_{pt}}} \tag{6.51}$$

그러나 **〈그림 3-38〉**에서 04와 05s는 등엔트로피 상태이고 $P_{05} = P_{05s}$이므로 다음 식이 성립한다.

$$\left(\frac{T_{05s}}{T_{04}}\right) = \left(\frac{P_{05s}}{P_{04}}\right)^{\frac{\gamma_t - 1}{\gamma_t}} = \left(\frac{P_{05}}{P_{04}}\right)^{\frac{\gamma_t - 1}{\gamma_t}}$$

또 터빈에서 효율의 정의로부터

$$\eta_t = \frac{h_{04} - h_{05}}{h_{04} - h_{05s}} = \frac{T_{04} - T_{05}}{T_{04} - T_{05s}} = \frac{1 - \dfrac{T_{05}}{T_{04}}}{1 - \dfrac{T_{05s}}{T_{04}}} = \frac{1 - \dfrac{T_{05}}{T_{04}}}{1 - \left(\dfrac{P_{05s}}{P_{04}}\right)^{\frac{\gamma_t - 1}{\gamma_t}}}$$

$$= \frac{1 - \dfrac{T_{05}}{T_{04}}}{1 - \left(\dfrac{P_{05}}{P_{04}}\right)^{\frac{\gamma_t - 1}{\gamma_t}}} = \frac{1 - \tau_t}{1 - \pi_t^{\frac{\gamma_t - 1}{\gamma_t}}} = \frac{1 - \tau_t}{1 - \tau_t^{\frac{1}{\eta_{pt}}}} \tag{3.149}$$

이를 정리하여 다음과 같이 터빈 입출구에서의 전압비를 구할 수 있다.

$$\frac{P_{05}}{P_{04}} = \left[1 - \frac{1}{\eta_t}\left(1 - \frac{T_{05}}{T_{04}}\right)\right]^{\frac{\gamma_t}{\gamma_t - 1}} \tag{3.150}$$

여기서 연소가스의 비열비는 $\gamma_t = 1.333$ 정도이다.

따라서 터빈 출구에서의 전압은 다음과 같다.

$$P_{05} = P_{04}\left[1 - \frac{1}{\eta_t}\left(1 - \frac{T_{05}}{T_{04}}\right)\right]^{\frac{\gamma_t}{\gamma_t - 1}} \tag{3.151}$$

터빈을 지난 유동은 두 가지 상황에 대해서 고려해 볼 수 있는데 후기 연소기가 있는 경우와 없는 경우가 바로 그것이다. 후기 연소기가 없는 경우 터빈의 출구(05) 조건은 바로 노즐의 입구(07) 조건이 된다.

$$T_{07} = T_{05}, \quad P_{07} = P_{05}$$

그러나 후기 연소기가 있는 경우 터빈 출구(05)는 후기연소기 입구(06)이 된다. 즉

$T_{06} = T_{05},\ P_{06} = P_{05}$가 된다. 후기연소기 전후(6과 7사이)의 에너지 평형식으로부터 $T_{07_{AB}}$를 구하여 노즐 입구의 조건으로 사용한다. **〈그림 3-41〉**은 후기연소기 있는 터보제트엔진 에너지 평형을 나타낸다.

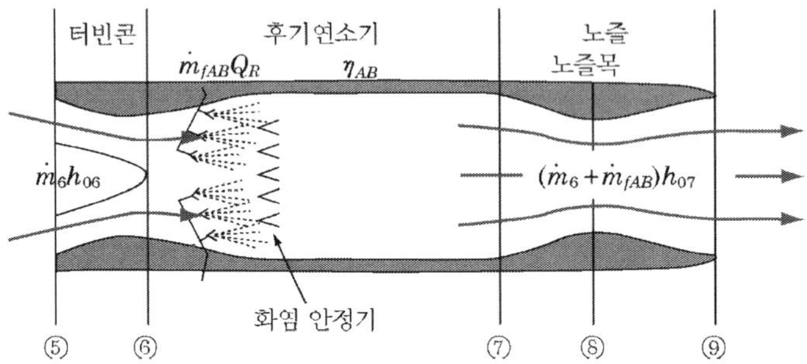

그림 3-41 터보 제트 후기 연소기가 있는 터보제트 배기노즐형상과 연소기 전후의 에너지 평형

$$(\dot{m}_a+\dot{m}_f)h_{06}+\eta_{AB}\dot{m}_{f_{AB}}Q_R=(\dot{m}_a+\dot{m}_f+\dot{m}_{f_{AB}})h_{07} \tag{3.152}$$

이를 이용하여 후기연소기 연공비에 대한 식으로 정리하면 $f_{AB}=\dot{m}_{f_{AB}}/\dot{m}_a$이므로

$$f_{AB}=\frac{\dot{m}_{f_{AB}}}{\dot{m}_a}=\frac{(1+f)(h_{07}-h_{06})}{\eta_{AB}Q_R-h_{07}}=\frac{(1+f)\tau_{\lambda AB}-\tau_\lambda\tau_t}{\eta_{AB}Q_R/h_a-\tau_{\lambda AB}}\cong\frac{(1+f)(T_{07}/T_{06}-1)}{\eta_{AB}Q_R/(c_{pg}T_{06})-T_{07}/T_{06}} \tag{3.153}$$

여기서 $\tau_{\lambda AB}$는 h_{07}/h_a이다.

이 때 T_{07}는 터빈 입구온도($T_{04}=TIT$)와는 다르게 터빈과 같은 빠른 회전운동을 하는 부품이 없기 때문에 2000K~2500K 정도의 온도로 증가시킬 수 있다.

후기연소기를 지나는 연소가스는 약간의 압력강하가 발생하게 되는데 이 때 후기연소실의 압력강하와 비슷한 값을 가진다.

$$\Delta P_{AB}=P_{06}-P_{07} \tag{3.154}$$

이를 이용하여 후기연소기 출구 또는 노즐의 입구에서의 압력을 구해보면

$$P_{07_{AB}}=P_{06}\left(\frac{P_{07_{AB}}}{P_{06}}\right)=P_{06}\left(\frac{P_{06}-\Delta P_{AB}}{P_{06}}\right)=P_{06}\left(1-\frac{\Delta P_{AB}}{P_{06}}\right) \tag{3.155}$$

후기연소기 출구에서의 전압력 P_{07}은 다음과 같이 구한다.

$$P_{07}=\pi_{AB}P_{06}$$

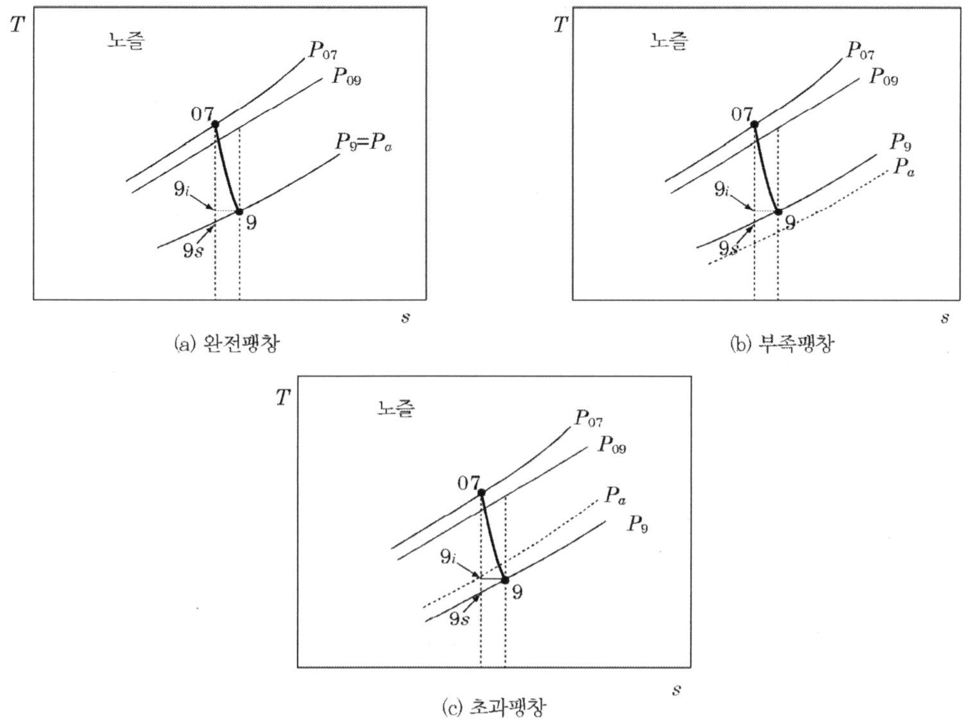

그림 3-42 노즐에서의 T-s 선도

〈그림 3-42〉로부터 노즐의 입구와 출구에서의 관계식은 다음과 같다.

$$\frac{T_{9s}}{T_{07}}=\left(\frac{P_{9s}}{P_{07}}\right)^{\frac{\gamma-1}{\gamma}}=\left(\frac{P_9}{P_{07}}\right)^{\frac{\gamma-1}{\gamma}} \tag{3.156}$$

배기노즐에서 초킹여부는 노즐입구 압력비의 크기에 따라 달라지며 노즐입구 압력비는 다음과 같이 정의한다.

$$\pi_\Omega = \frac{P_{07}}{P_a} \tag{3.157}$$

배기노즐에서는 전온도는 일정하지만($T_{07}=T_{09}$), 전압력은 손실이 있으므로 $P_{09}<P_{07}$이다. 배기 노즐을 해석하기 앞서 배기노즐에 적용되는 몇 가지 일반적인 사항을 먼저 알아보자. 첫째, 아음속 노즐은 수축 노즐로 되어 있으며 $M_9<1$, $P_e=P_a$이다. 둘째, 완전 팽창(또는 최적 팽창) 노즐의 경우 $P_e=P_a$이다. 실제 노즐에서는 전압력이 감소하며, 후기연소기가 있는 수축-확산 노즐의 경우 P_e는 A_9/A_t의 함수이다. 초킹조건은 P_{07}/P_a의 비인 노즐 입구압력비(π_Ω)로 나타낼 수 있는데 $\pi_\Omega \geq \pi_{\Omega cr}$이면 노즐목에서는 음속이 되고($M_8=1.0$) 노즐은 초킹 된다.

일반적으로 노즐목 압력이 노즐입구 전압력의 $\frac{1}{2}$이 되면, 즉 $P_t \approx \frac{1}{2}P_{07}$이 되면 노즐은 초킹이 된다. 배압을 주위압력이라 하면 노즐입구압력비가 2 이상이면, 즉 $\frac{P_{07}}{P_a} \geq 2$이면 노즐은 초킹된다고 가정한다.

노즐효율식으로부터

$$\eta_n = \frac{\left(\frac{V_9^2}{2}\right)_{actual}}{\left(\frac{V_9^2}{2}\right)_{ideal}} = \frac{h_{07} - h_9}{h_{07} - h_{9s}} \tag{3.158}$$

여기서 입구에서 정체 엔탈피는 $h_{07} = h_7 + V_7^2/2$이며 출구에서의 정체 엔탈피는 $h_{09} = h_{07} = h_9 + V_9^2/2 = h_{9s} + V_{9s}^2/2$이므로 노즐의 효율은 다시 정리하면 다음과 같다.

$$\eta_n = \frac{\frac{V_9^2}{2}}{\frac{V_{9s}^2}{2}} = \frac{h_{07} - h_9}{h_{07} - h_{9s}} = \frac{1 - \left(\frac{P_9}{P_{09}}\right)^{\frac{\gamma-1}{\gamma}}}{1 - \left(\frac{P_9}{P_{07}}\right)^{\frac{\gamma-1}{\gamma}}} \tag{3.159a}$$

분모, 분자에 $\left(\frac{P_{07}}{P_9}\right)^{\frac{\gamma-1}{\gamma}}$를 곱하면 다음 식이 된다.

$$\eta_n = \frac{\left(\frac{P_{07}}{P_9}\right)^{\frac{\gamma-1}{\gamma}} - \pi_n^{-\left(\frac{\gamma-1}{\gamma}\right)}}{\left(\frac{P_{07}}{P_9}\right)^{\frac{\gamma-1}{\gamma}} - 1} \tag{3.159b}$$

여기서 $\pi_n \equiv \frac{P_{09}}{P_{07}}$이다.

π_n에 대하여 바꾸어 쓰면

$$\pi_n = \left[\left(\frac{P_{07}}{P_9}\right)^{\frac{\gamma-1}{\gamma}} - \eta_n\left\{\left(\frac{P_{07}}{P_9}\right)^{\frac{\gamma-1}{\gamma}} - 1\right\}\right]^{\frac{-\gamma}{\gamma-1}}$$

여기서 $\frac{P_{07}}{P_9} = \frac{P_a}{P_9}\frac{P_{0a}}{P_a}\frac{P_{02}}{P_{0a}}\frac{P_{03}}{P_{02}}\frac{P_{04}}{P_{03}}\frac{P_{05}}{P_{04}}\frac{P_{07}}{P_{05}}$

$$= \frac{P_a}{P_9}\pi_r\pi_i\pi_c\pi_b\pi_t\pi_{AB}$$

그런데 $\frac{P_{07}}{P_9} = \frac{P_{07}}{P_a}\frac{P_a}{P_9} = \pi_\Omega\left(\frac{P_a}{P_9}\right)$이므로 (식 3.159b)는 다음과 같다.

$$\eta_n = \frac{\left[\pi_\Omega\left(\frac{P_a}{P_9}\right)\right]^{\frac{\gamma-1}{\gamma}} - \pi_n^{-\left(\frac{\gamma-1}{\gamma}\right)}}{\left[\pi_\Omega\left(\frac{P_a}{P_9}\right)\right]^{\frac{\gamma-1}{\gamma}} - 1} \tag{3.159c}$$

완전 팽창노즐에서는 $P_a = P_9$이며, $P_9 > P_a$이면 부족팽창, $P_9 < P_a$이면 초과팽창이라고 한다. 완전팽창노즐에서 노즐 효율은 다음과 같이 된다.

$$\eta_n = \frac{\pi_\Omega^{\frac{\gamma-1}{\gamma}} - \pi_n^{-\left(\frac{\gamma-1}{\gamma}\right)}}{\pi_\Omega^{\frac{\gamma-1}{\gamma}} - 1} \tag{3.159d}$$

식(3.158)에서 노즐 출구에서의 유동 속도는 다음과 같다.

$$V_9 = V_e = \sqrt{2\eta_n c_p (T_{07} - T_{9s})} = \sqrt{2\eta_n c_p T_{07}\left(1 - \frac{T_{9s}}{T_{07}}\right)}$$

$$= \sqrt{2\eta_n c_p T_{07}\left[1 - \left(\frac{P_9}{P_{07}}\right)^{\frac{\gamma_n - 1}{\gamma_n}}\right]} \tag{3.160a}$$

여기서 $c_p = \frac{\gamma_n}{\gamma_n - 1}R$이다.

〈식 3.160a〉을 적용할 때는 초킹여부에 따라 P_9의 값이 달라지게 된다. 초킹이 되지 않을 경우, P_9은 P_a와 같게 되고 V_9은 다음과 같이 나타낼 수 있다.

$$V_9 = V_e = \sqrt{2\eta_n\left(\frac{\gamma_n R}{\gamma_n - 1}\right)T_{07}\left[1 - \left(\frac{P_a}{P_{07}}\right)^{\frac{\gamma_n - 1}{\gamma_n}}\right]} \tag{3.160b}$$

초킹이 될 경우, **〈그림 3-43(b)〉**에 나타난 바와 같이 P_9은 P_c와 같게 되고 V_9은 다음과 같이 나타낼 수 있다.

$$V_9 = V_e = \sqrt{2\eta_n\left(\frac{\gamma_n R}{\gamma_n - 1}\right)T_{07}\left[1 - \left(\frac{P_c}{P_{07}}\right)^{\frac{\gamma_n - 1}{\gamma_n}}\right]} \tag{3.160c}$$

여기서 γ_n은 노즐을 통과하는 가스의 비열비이며 단순하게 가정하면 $\gamma_n = \gamma_g$를 사용한다.

식 (3.160b)는 노즐 출구에서 노즐유동이 출구에서의 임계압력보다 높은 경우($P_a > P_c$) 성립할 수 있는 속도식이다.

수축 노즐의 경우 **〈그림 3-43(a)〉**처럼 노즐 출구에서 초킹현상이 일어나지 않을 때 $P_{07}/P_a < P_{07}/P_c$(즉 $P_a > P_c$)가 된다. 따라서 이 때 출구에서의 압력은 주위의 압력과 같아진다.

$$P_9 = P_a \tag{3.161}$$

또한 출구에서의 온도는 다음과 같다.

$$T_9 = T_{07} - \eta_n (T_{07} - T_{9s}) = T_{07}\left[1 - \eta_n\left\{1 - \frac{T_{9s}}{T_{07}}\right\}\right] \tag{3.162}$$

$$= T_{07}\left[1 - \eta_n\left\{1 - \left(\frac{P_a}{P_{07}}\right)^{\frac{\gamma-1}{\gamma}}\right\}\right]$$

배기제트의 마하수는 위의 출구 온도를 기준으로 하기 때문에 다음과 같이 구할 수 있다.

$$M_9 = \frac{V_9}{\sqrt{\gamma_9 R T_9}} = \frac{V_9}{\sqrt{(\gamma_9 - 1) c_{pg} T_9}} \tag{3.163a}$$

출구의 전온도 T_{09}, 출구 마하수 M_9을 알 때 출구의 온도 T_9은

$$T_9 = \frac{T_{09}}{1 + \frac{\gamma - 1}{2} M_9^2} \text{이고 } \frac{T_{09}}{T_9} = \left(\frac{P_{09}}{P_9}\right)^{\frac{\gamma_n - 1}{\gamma_n}} = 1 + \frac{\gamma_n - 1}{2} {M_9}^2 \text{이므로}$$

$$M_9 = \sqrt{\frac{2}{\gamma_n - 1}\left\{\left(\frac{P_{09}}{P_9}\right)^{\frac{\gamma_n - 1}{\gamma_n}} - 1\right\}} \tag{3.163b}$$

여기서 $\frac{P_{09}}{P_9} = \frac{P_a}{P_9}\frac{P_{0a}}{P_a}\frac{P_{02}}{P_{0a}}\frac{P_{03}}{P_{02}}\frac{P_{04}}{P_{03}}\frac{P_{06}}{P_{04}}\frac{P_{07}}{P_{06}}\frac{P_{09}}{P_{07}}$

$$= \pi_r \pi_i \pi_c \pi_b \pi_t \pi_{AB} \pi_n \frac{P_a}{P_9}$$

배기가스의 유동속도를 구하는 방법 중에 또 하나의 방법은 식 (3.163(a))와 식 (3.163(b))를 이용하여 구할 수 있다.

$$V_9 = M_9\sqrt{\gamma_9 R T_9} = M_9\sqrt{\gamma_9 R T_{07}\left[1 - \eta_n\left\{1 - \left(\frac{P_a}{P_{07}}\right)^{\frac{\gamma-1}{\gamma}}\right\}\right]} \tag{3.164a}$$

$$V_9 = a_9 M_9 = a_a M_9 \frac{a_9}{a_a} = a_a M_9 \sqrt{\frac{\tau_\lambda \tau_t}{\left(1 + \frac{\gamma_9 - 1}{2} M_9^2\right)}} \tag{3.164b}$$

여기서 $M_9 = \sqrt{\frac{2}{\gamma_n - 1}\left[\left\{\pi_n \pi_{AB} \pi_t \pi_b \pi_c \pi_i \pi_\gamma \frac{P_a}{P_9}\right\}^{\frac{\gamma_n - 1}{\gamma_n}} - 1\right]}$ 이다.

식 (3.160b)와 식 (3.164)에서 구한 배기가스의 유동속도는 같은 값을 가지며 단순 수축 노즐이 아닌 수축-확산 노즐을 사용할 때에 M 1을 넘어가는 배기유동이 만들어질 수 있다.

수축노즐의 출구에서 유동이 초킹 된다면($P_{07}/P_a > P_{07}/P_c$) T-s 선도는 **〈그림 3-43(b)〉**와 같이 되며 출구에서의 압력은 임계압력이 되며 이 때 주위의 압력은 임계압력보다 낮다($P_a < P_c$). 또 이 경우 $P_9 > P_a$가 된다. 즉 $P_a < P_c$이고 $P_9 > P_a$이면 수축 노즐은 부족팽창 노즐이고 유동은 초킹되며 수축노즐 출구는 다음과 같이 된다.

$$M_9 = 1.0, \ P_9 = P_c \tag{3.165}$$

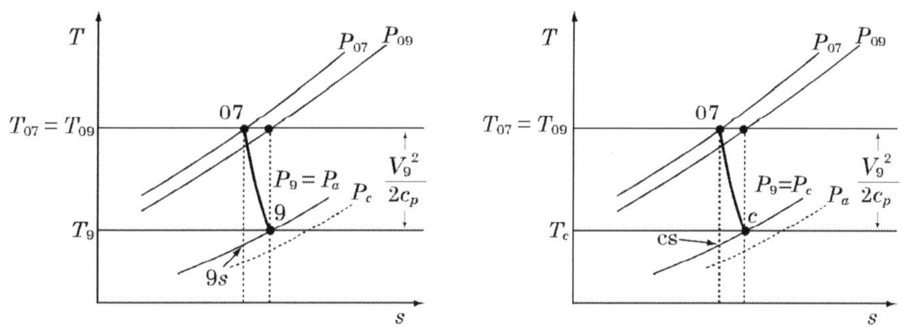

(a) 초킹이 일어나지 않는 경우 $\left(\frac{P_{07}}{P_a} < \frac{P_{07}}{P_c}\right)$

(b) 초킹이 일어날 경우 $\left(\frac{P_{07}}{P_a} > \frac{P_{07}}{P_c}\right)$

그림 3-43 노즐유동이 초킹 되지 않을 때와 초킹될 때 T-s 선도 비교

이 때 출구에서의 유동은 음속($M_9 = 1$)인 유동이 되므로 속도는 배기제트의 마하수가 T_9를 기준으로 하여 다음과 같다.

$$V_9 = M_9 a_9 = \sqrt{\gamma_9 R T_9} = \sqrt{(\gamma_9 - 1) c_{pg} T_9} \tag{3.166}$$

초킹되는 노즐의 입구와 출구에서 전압력은 감소하지만 전온도의 변화는 없다. 일반적으로 전압력과 전온도 관계식은 $\frac{P^*}{P_0} = \frac{P_c}{P_0} = \left(\frac{2}{\gamma+1}\right)^{\frac{\gamma}{\gamma-1}}$, $\frac{T^*}{T_0} = \frac{T_c}{T_0} = \frac{2}{\gamma+1}$ 이므로 다음과 같은 관계식이 성립한다.

$$\frac{P^*}{P_{07}} = \frac{P_c}{P_{07}} = \left(\frac{2}{\gamma+1}\right)^{\frac{\gamma}{\gamma-1}} \tag{3.167}$$

$$\frac{T^*}{T_{07}} = \frac{T_c}{T_{07}} = \frac{2}{\gamma+1} \tag{3.168}$$

여기서 $T_{07} = T_{09}$이므로 다시 다음과 같이 정리된다.

$$\frac{T_{09}}{T_9} = \frac{T_{07}}{T_c} = 1 + \frac{\gamma-1}{2}M_9^2 = 1 + \frac{\gamma-1}{2} = \frac{\gamma+1}{2} \tag{3.169}$$

여기서 임계 온도 T_c을 구하면

$$T_c = T_{07}\left(\frac{2}{\gamma+1}\right) \tag{3.170}$$

노즐의 효율이 100%가 아닐 때 임계압력을 구하는 방법을 알아보자.

노즐에서의 효율로부터

$$\eta_n = \frac{h_{07} - h_9}{h_{07} - h_{9s}} = \frac{T_{07} - T_c}{T_{07} - T_{cs}} \tag{3.171}$$

이때 c_p가 일정하고 $T_9 = T_c$이므로

$$T_{cs} = T_{07} - \frac{1}{\eta_n}(T_{07} - T_c) \tag{3.172}$$

또 온도비와 압력비의 관계식 $\frac{T_{cs}}{T_{07}} = \left(\frac{P_{cs}}{P_{07}}\right)^{\frac{\gamma-1}{\gamma}} = \left(\frac{P_c}{P_{07}}\right)^{\frac{\gamma-1}{\gamma}}$에서 다음과 같은 임계 압력에 관한 식을 얻을 수 있다.

$$P_c = P_{07}\left(\frac{T_{cs}}{T_{07}}\right)^{\frac{\gamma}{\gamma-1}}$$

여기에 식 (3.172)를 대입하고 정리하면 다음과 같이 임계 압력을 구할 수 있다.

$$P_c = P_{07}\left[1 - \frac{1}{\eta_n}\left(1 - \frac{T_c}{T_{07}}\right)\right]^{\frac{\gamma}{\gamma-1}} \tag{3.173}$$

또한 여기에 식 (3.170)을 대입하고 정리하면 다음과 같은 식을 얻을 수 있다.

$$P_c = P_{07}\left[1 - \frac{1}{\eta_n}\left(\frac{\gamma_n - 1}{\gamma_n + 1}\right)\right]^{\frac{\gamma_n}{\gamma_n - 1}} \text{ 혹은 } \pi_{\Omega cr} = \frac{P_{07}}{P_c} = \frac{1}{\left[1 - \frac{1}{\eta_n}\left(\frac{\gamma_n - 1}{\gamma_n + 1}\right)\right]^{\frac{\gamma_n}{\gamma_n - 1}}} \tag{3.174}$$

식 (3.174)는 노즐효율이 100%일 때 식 (3.167)이 됨을 알 수 있다.

지금까지 구한 온도, 압력, 속도를 추력식에 대입하여 비추력과 추력당 연료소모율을 구해보자. 다음과 같은 기본적인 추력식에서

$$F = \dot{m}_a[(1+f)V_e - V_a] + A_e(P_e - P_a)$$

비추력과 추력당 연료소모율, 전효율은 다음과 같이 구한다.

$$\frac{F}{\dot{m}_a} = (1+f)V_e - V_a + \frac{(P_e - P_a)A_e}{\dot{m}_a} = (1+f)V_9 - V_a + \frac{(P_9 - P_a)A_9}{\dot{m}_a} \tag{3.175a}$$

그런데 $\dot{m}_a = \frac{\dot{m}_9}{1+f} = \frac{\rho_9 A_9 V_9}{1+f} = \frac{P_9 A_9 V_9}{RT_9(1+f)}$ 이므로 단위유입 공기질량유량당 비추력은 다음과 같이 나타낼 수 있다.

$$\frac{F}{\dot{m}_a} = (1+f)V_9 - V_a + \frac{R_9 T_9(1+f)}{V_9}\left(1 - \frac{P_a}{P_9}\right) \tag{3.175b}$$

$$= (1+f)V_9\left[1 + \frac{1}{\gamma M_9^2}\left(1 - \frac{P_a}{P_9}\right)\right] - V_a \tag{3.175c}$$

$$TSFC = \frac{\dot{m}_f}{F} = \frac{f}{F/\dot{m}_a} = \frac{f}{(1+f)V_9 - V_a} \tag{3.176}$$

$$\eta_p = \frac{(F/\dot{m}_a)V_a}{(1+f)\frac{{V_9}^2}{2} - \frac{{V_a}^2}{2}} \tag{3.177a}$$

$$\eta_{th} = \frac{(1+f)\frac{{V_9}^2}{2} - \frac{{V_a}^2}{2}}{fQ_R} \tag{3.177b}$$

$$\eta_0 = \frac{(F/\dot{m}_a)V_a}{fQ_R} = \frac{V_a}{Q_R TSFC} \tag{3.177c}$$

만약 후기연소기에서는 가스온도가 올라가면 밀도가 낮아지고 따라서 동일 질량유량을 배출하기 위해서는 목면적이 커져야 한다. 가변 목면적에 관한 관계식은 식(4.34)에 나타나 있다. 후기 연소기 터보제트 엔진의 성능 요약은 다음과 같다.

$$\frac{F}{\dot{m}_a} = (1+f+f_{AB})V_e - V_a + \frac{A_9(P_9 - P_a)}{\dot{m}_a}$$

$$= (1+f+f_{AB})V_9 - V_a + \frac{(1+f+f_{AB})R_9T_9\left(1-\frac{P_a}{P_9}\right)}{V_9} \tag{3.178a}$$

다시 쓰면 $$\frac{F}{\dot{m}_a} = (1+f+f_{AB})V_9\left(1+\frac{1-\frac{P_a}{P_9}}{\gamma M_9^2}\right) - V_a \tag{3.178b}$$

$$TSFC = \frac{\dot{m}_f}{F} = \frac{f+f_{AB}}{F/\dot{m}_a} \tag{3.179}$$

$$\eta_{th} = \frac{\Delta \dot{KE}}{\dot{Q}_{in}} = \frac{(\dot{m}_a + \dot{m}_f + \dot{m}_{f,AB})\frac{V_e^2}{2} - \dot{m}_a\frac{V_a^2}{2}}{\dot{m}_f Q_R + \dot{m}_{f,AB}Q_R} = \frac{(1+f+f_{AB})\frac{V_9^2}{2} - \frac{V_a^2}{2}}{(f+f_{AB})Q_R} \tag{3.180}$$

$$\eta_p = \frac{FV_a}{\dot{W}_{out}} = \frac{(F/\dot{m}_a)V_a}{(1+f+f_{AB})\frac{V_9^2}{2} - \frac{V_a^2}{2}} \tag{3.181}$$

$$\eta_0 = \eta_p \eta_{th}$$

후기연소기에 의한 연료의 공급으로 T_{07}이 2,000~2,500K 정도로 상승하는 점을 유념하면 어느 정도 후기연소기의 성능해석이 가능하다. 후기연소기 장착 터보제트엔진의 노즐은 일반적으로 수축-확대 형상을 가진 초음속 노즐을 사용한다.

일반적으로 노즐 끝을 초킹시키도록 단순 수축노즐로 사용하지만, 속도를 더욱 더 증가시키기 위해서는 수축-확산노즐로 만드는 경향이 많다. 이 때문에 노즐 끝에서 $P_e = P_a$가 되도록 잘 설계하여 압력차에 의한 추력이 무시된다. 최적노즐을 가진 터보제트엔진의 단위 공기유량 당 추력(비추력)과 단위 추력당 연료소모량(추력당 연료소모율), 그리고 각종 효율을 알아보자.

〈그림 3-44(a)〉는 정지상태(M=0), M 0.8, M 2, M 3의 속도로 비행중일 때 압축기 압력비(로그 좌표)와 TIT에 따른 비추력과 추력당 연료소모율의 성능곡선을 보여주고 있다. 이 그래프의 매개변수는 **〈표 3-1〉**과 같다. 노즐은 최적설계되어 있다고 가정한다.

표 3-1 터보제트 엔진 성능곡선의 매개변수

부품	효율	비열비
공기 흡입구	0.97	1.40
압축기	0.85	1.37
연소기	1.00	1.35
터빈	0.90	1.33
노즐	0.98	1.36
Q_R=43400kJ/kg $\triangle P_b/P_{03}=0.05$		

고도(순항 마하수)	대기압(kPa)	대기온도(K)
해면(M=0)	101.30	288.2
12000m(M=0.8)	19.33	216.7
18000m(M=2.0)	7.51	216.7
24000m(M=3.0)	2.097	216.7

〈그림 3-44(a)〉을 보면 비추력을 최대로 하는 압력비와 추력당 연료소모율을 최소로 하는 압력비는 서로 다르다는 것을 알 수 있다. 비행속도가 커질수록 비추력은 전체적으로 감소한다. 이는 마하수에 따라 성능이 달라지므로 엔진을 장착하고자 하는 항공기의 임무에 따라 압축비를 적절히 선정하도록 해야함을 나타낸다. 또한 TIT가 증가하게 되면 비추력도 증가하는데 TIT는 재질이나 터빈의 냉각 기술에 따라 달라지게 된다. 최소 연료소모율을 가지게 되는 압력비는 아음속보다 초음속인 경우 훨씬 낮다. 또 M 3인 경우 압력비 1에서 비추력이 최대가 된다. 이 때 압력비 1이라는 것은 압축기가 없음을 의미하며 램제트 엔진이 이에 해당한다고 할 수 있다.

엔진효율이 높을수록 연료소비율이 작아지고 같은 적재 연료로 항속거리를 길게 할 수 있다. 이러한 엔진효율을 높이기 위해서는 기본적으로 엔진의 각 구성 요소 특히 압축기와 터빈의 효율을 향상시켜야 한다. 즉 **〈그림 3-44(b)〉**처럼 압력비와 터빈 입구 온도를 높여서 엔진효율을 높이는 것이다. 그러나 압력비가 커지면 효율이나 압력비는 증가하나 반면에 터빈 입구 온도가 높아지기 때문에 압력비를 증가시키는 것은 제한을 받게 된다. 따라서 터빈 입구 온도를 높이는 데는 그 온도에 견딜 수 있는 내열 합금 재료의 발달과 터빈 블레이드의 냉각 기술의 향상이 필요하고 결국 이것이 압력비를 결정하게 되는 것이다. 또한 냉각에는 제한이 있기 때문에 효율을 향상시키기 위한 가장 근본적인 방법은 압축기 및 터빈의 단열효율을 높여 엔진의 내부 손실을 줄이고 압축기 같은 경우에 고압의 압력이 새지 않도록 각 단마다 밀폐율을 높이는 것이 선행되어야 하겠다.

〈그림 3-44(d)〉, **〈그림 3-44(e)〉**는 마하수, 압축기 압력비, 터빈입구온도(TIT)에 따른 비추력과

TSFC를 나타낸다. TIT가 높을수록 비추력과 연료소모율이 크고 TIT가 낮을수록 비추력과 연료소모율이 작다. 주어진 압력비와 터빈입구온도에서 TSFC는 증가하는데 이는 입구 운동량 항력의 증가와 더불어 입구온도가 상승하기 때문이다. 또, 고도가 높아질수록 비추력이 낮아지고 연료소모율이 커지는 것을 알 수 있다. 이는 고도 상승에 따라 온도가 감소하고 이로 인해 압축기 일이 감소하기 때문이다.

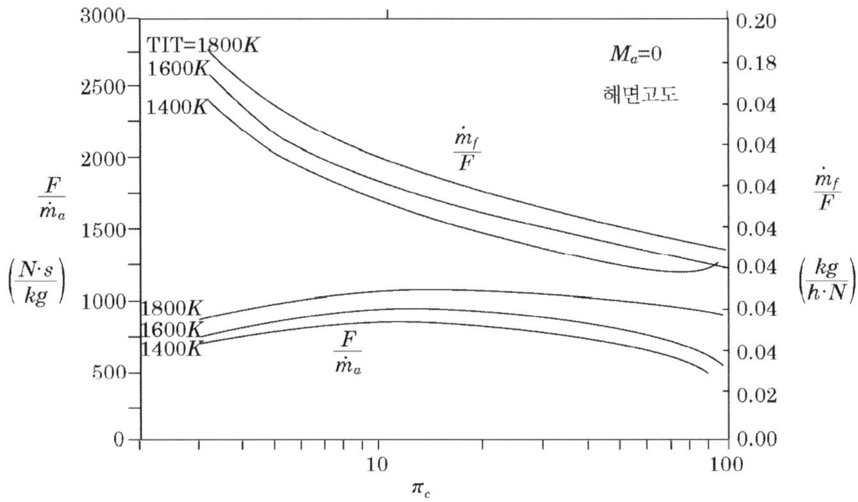

그림 3-44(a) $M_a = 0$ 일 때 터보제트의 성능곡선

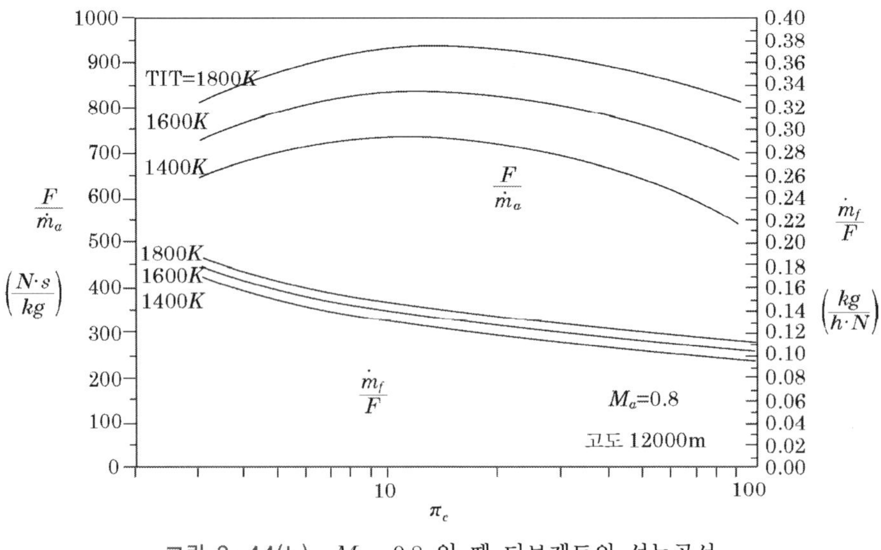

그림 3-44(b) $M_a = 0.8$ 일 때 터보제트의 성능곡선

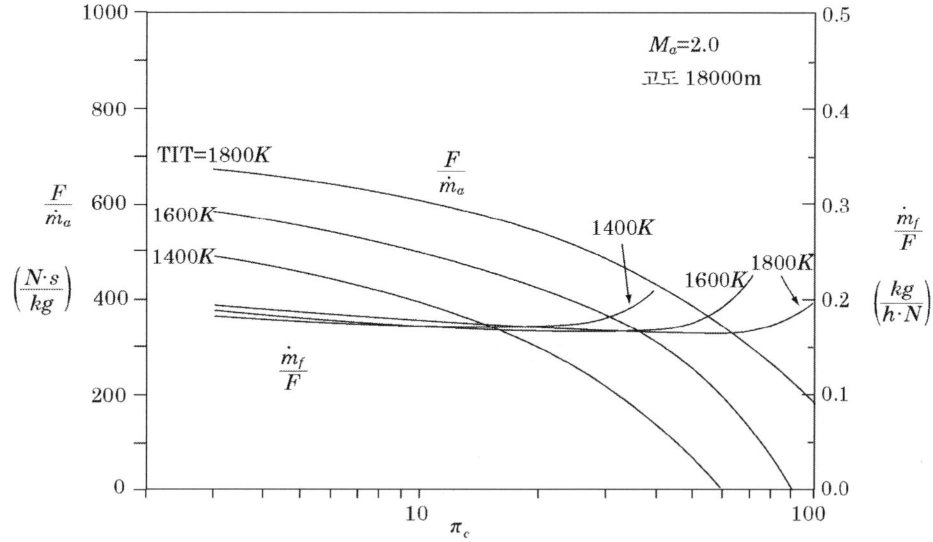

그림 3-44(c) $M_a = 2.0$ 일 때 터보제트의 성능곡선

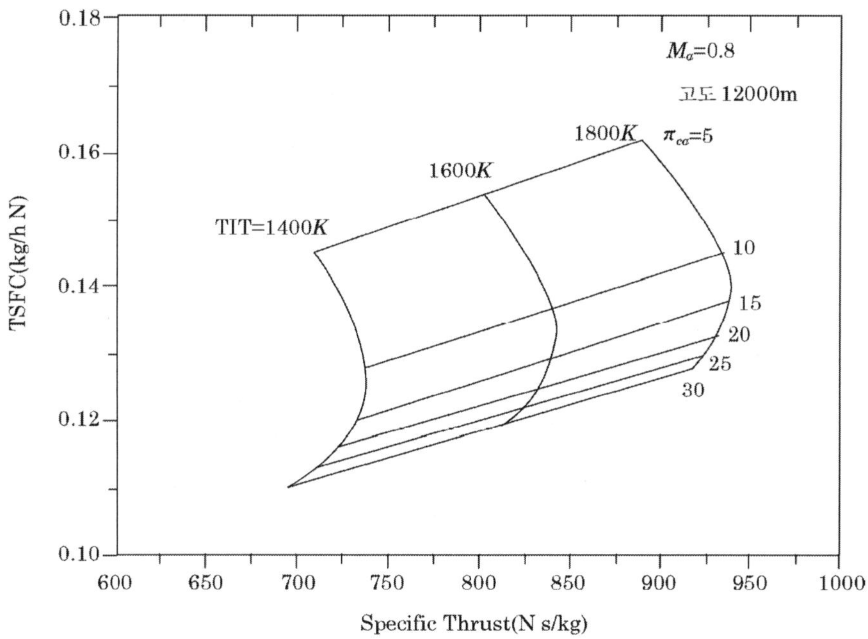

그림 3-44(d) 압력비 변화에 따른 비추력과 연료소모율

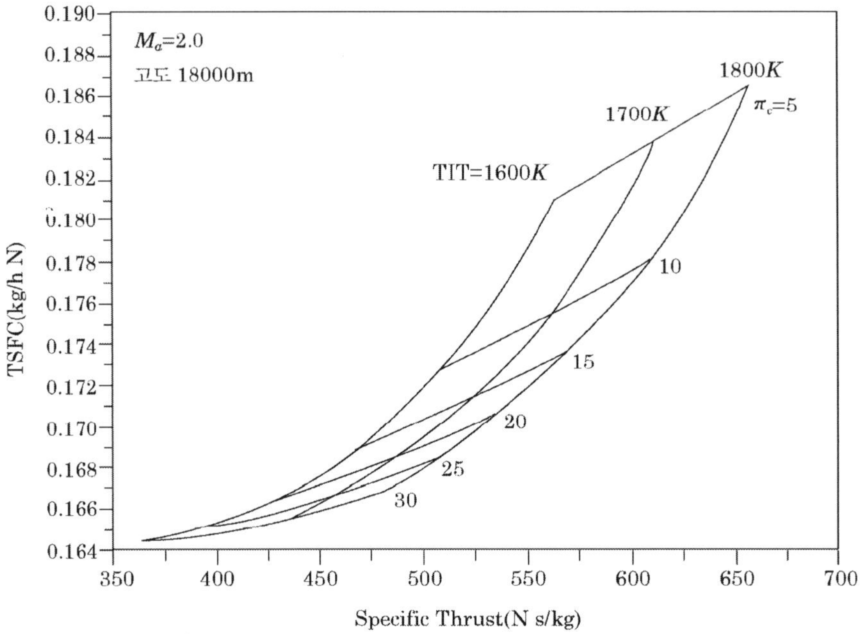

그림 3-44(e) 압력비 변화에 따른 비추력과 연료소모율

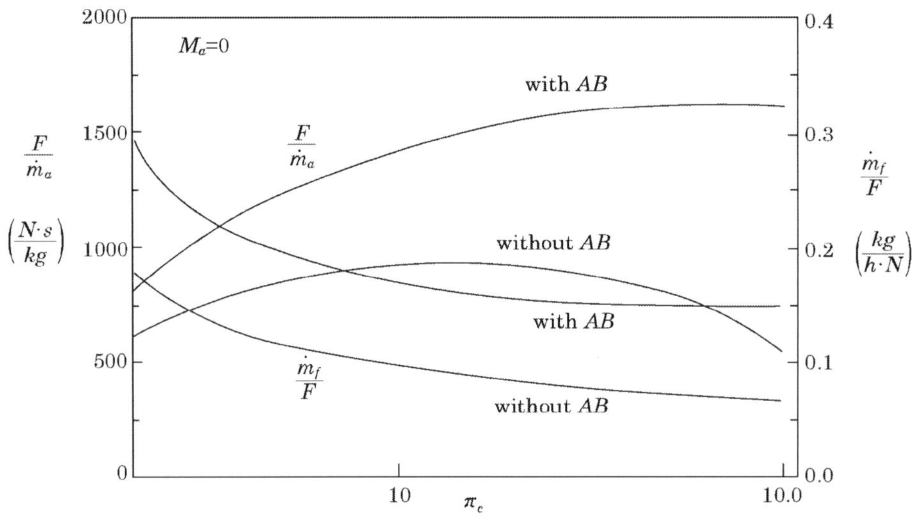

그림 3-45(a) M=0일 때 터보제트 후기연소기의 성능곡선

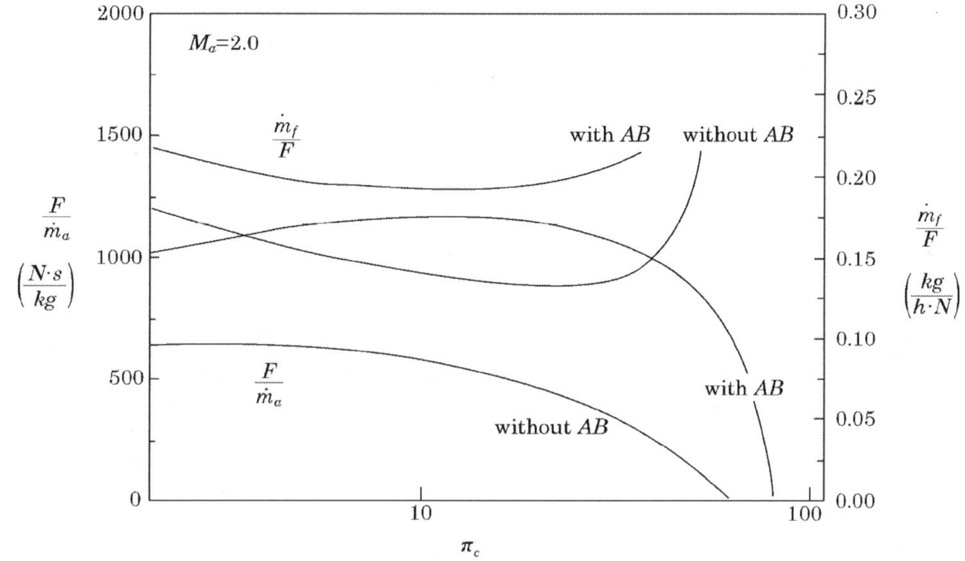

그림 3-45(b) M=2일 때 터보제트 후기연소기의 성능곡선

〈그림 3-45〉는 이륙시(M=0)와 M 2로 순항할 때 후기연소기를 사용하는 것과 사용하지 않은 것의 성능곡선을 나타낸 것이다. 이때 기준 값은 M=2 일 때 이며 **〈그림 3-46〉**과 같고 기준고도는 18000m로 $T_a = 216.7K$, $P_a = 7.51kPa$이며 $TIT = 1600K$, $T_{07} = 2500K$, $\Delta P_{AB}/P_{06} = 0.05$이다. 그림을 보면 이륙시에는 후기연소기를 사용하면 추력당 연료소모율이 약 2배정도이며 M 2로 순항 중일 때는 약 1.5배정도이다. 이에 비해 비추력은 이륙시에는 후기연소를 사용하면 약 1.8배 정도이며 M 2로 순항중일 때는 약 3배 정도이다. 이는 연료소모율이 높기 때문에 단시간 가속시에는 효율적이나 장시간 사용한다면 연료소모율이 크기 때문에 비효율적일 수 있다.

〈그림 3-46〉은 $TIT = 1600K$일 때를 기준으로 M 0, 0.8, 2, 3 일 때 터보제트 엔진의 각종효율을 나타낸 것이다. **〈그림 3-46(a)〉**에서 추진효율이 0(zero)인 것은 비행속도가 0(zero)이기 때문이다. 여기서 보면 비행속도가 증가할수록 효율은 증가하는 경향을 보인다. 특히 추진효율은 램효과 때문에 비행속도가 증가할수록 커진다. 하지만 비행속도가 커질수록 효율이 최대값을 가지는 압력비는 감소한다. 즉 가장 비행시간이 많은 순항중일 때의 압력비는 효율이 가장 최대가 될 때 정하도록 하면 된다. 보통의 경우 **〈그림 3-46(b)〉**처럼 M 0.8 정도일 때 순항하는 경우가 많으므로 가장 적정인 압력비는 60정도이다.

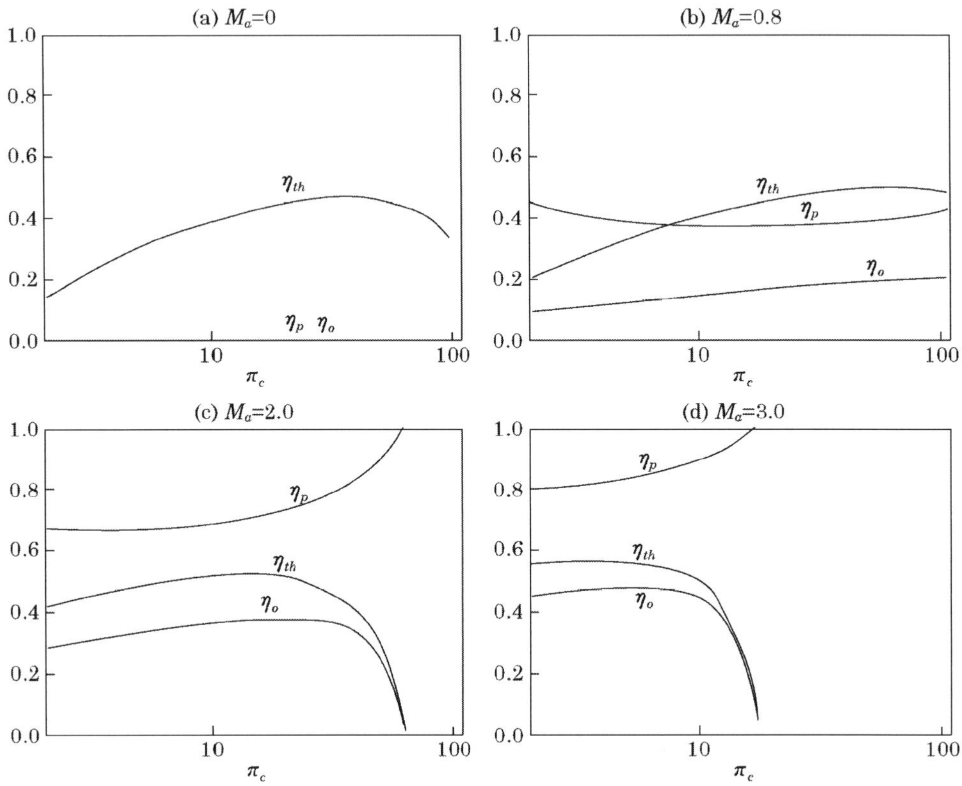

그림 3-46 여러 가지 비행속도에서 압력비에 따른 터보제트 엔진의 각종효율

예제 3-8 후기연소기 부착 터보제트 엔진이 고도 15,000 m에서 마하 2.0의 속도로 순항한다. 압축기 입구로 유입되는 유동은 마하 0.5로 조절한다. 이를 위해 공기 흡입구에 램프를 설치하여 마하 2.0의 유동을 0.5까지 약 80%의 효율로 감속시킨다. 이후 압축기 입구까지 등엔트로피 과정으로 감속한다 가정하자. 터빈 입구에서의 온도가 1800 K로 제한되어 있으며 후기연소기의 연소 온도가 2000 K라 할 때 이 엔진의 성능을 계산하라. 단 압축기, 연소기, 터빈, 후기연소기 및 노즐의 효율과 압력 하강비율, 압축기의 압력비, 연료의 발열량은 다음과 같다.

$$\eta_c = 0.90,\ \eta_b = 0.98,\ \eta_t = 0.95,\ \eta_{AB} = 0.98,\ \eta_n = 0.97,\ \pi_c = 10$$

$$\Delta P_b/P_{03} = \Delta P_{AB}/P_{06} = 0.05,\ Q_R = 43,200\ kJ/kg,\ \eta_m = 0.98$$

연소기 이전 $\gamma_a = 1.4$, 연소기 이후 $\gamma_g = 1.33$, $c_{pa} = 1.005\ kJ/kg\cdot K$, $c_{pg} = 1.148 kJ/kg\cdot K$, $R = 0.287 kJ/kg\cdot K$ 단, 노즐은 완전 팽창이라 가정하라.

풀이 $P_a = 12.05\ kPa,\ \ T_a = 216.5\ K,\ \ c = 294.9\ m/s$

i) 공기 흡입구

공기 흡입구 효율의 정의로부터

$$\eta_i = \frac{T_{02s} - T_a}{T_{02} - T_a} = \frac{T_{02s}/T_a - 1}{T_{02}/T_a - 1}$$

이므로 위 식을 T_{02s}/T_a에 대한 식으로 정리하면,

$$\frac{T_{02s}}{T_a} = \eta_i\left(\frac{T_{02}}{T_a} - 1\right) + 1$$

이 된다. 여기서 T_{02}/T_a는 등엔트로피 관계식으로부터

$$\frac{T_{02}}{T_a} = 1 + \frac{\gamma - 1}{2}M_a^2$$

이므로 이를 이용하여 위 식을 정리하면 다음과 같이 쓸 수 있다.

$$\frac{T_{02s}}{T_a} = \frac{\gamma - 1}{2}M_a^2\eta_i + 1$$

따라서 이 경우 압력 상승비는

$$\frac{P_{02}}{P_a} = \left(\frac{T_{02s}}{T_a}\right)^{\frac{\gamma}{\gamma-1}} = \left(\frac{\gamma - 1}{2}M_a^2\eta_i + 1\right)^{\frac{\gamma}{\gamma-1}}$$

이와 같이 구할 수 있다. 이와 같은 과정으로 초음속 공기 흡입구를 지난 유동의 압력 P_2는 위 식을 이용하여 다음과 같이 구할 수 있다.

$$P_2 = P_a\frac{P_{02}}{P_a}\frac{P_2}{P_{02}} = P_a \times \left(\frac{\frac{\gamma-1}{2}M_a^2\eta_i + 1}{\frac{\gamma-1}{2}M_2^2 + 1}\right)^{\frac{\gamma}{\gamma-1}} = 57.38\ kPa$$

또한 온도 T_2는

$$T_2 = T_a\frac{T_{02}}{T_a}\frac{T_2}{T_{02}} = T_a \times \left(\frac{1 + \frac{\gamma-1}{2}M_a^2}{1 + \frac{\gamma-1}{2}M_2^2}\right) = 371.1\ K\text{가 된다.}$$

이후 등엔트로피 과정으로 마하 0.5 까지 감속하므로 압축기 입구에서의 압력과 온도는

$$T_{02} = T_2 \times \left(1 + \frac{\gamma - 1}{2} M_2^2\right) = 389.7\ K$$

$$P_{02} = P_2 \times \left(\frac{T_{02}}{T_2}\right)^{\frac{\gamma}{\gamma - 1}} = 68.1\ kPa$$

ii) 압축기

압축기 출구에서의 온도와 압력

$$T_{03} = T_{02}\left[1 + \frac{1}{\eta_c}\left(\pi_c^{\frac{\gamma - 1}{\gamma}} - 1\right)\right] = 792.7K$$

$$P_{03} = P_{02} \times \pi_c = 681\,kPa$$

iii) 연소기

연소기 출구에서의 온도 및 압력

$$P_{04} = P_{03} \times \left(1 - \frac{\Delta P_b}{P_{03}}\right) = 647\ kPa$$
$$T_{04} = TIT = 1800\ K$$

연공비

$$f = \frac{c_{pg} T_{04} - c_{pa} T_{03}}{\eta_b Q_R - c_{pg} T_{04}} = 0.03135$$

iv) 터빈

터빈 출구에서의 온도 및 압력

$$T_{05} = T_{04} - \frac{c_{pa}(T_{03} - T_{02})}{c_{pg}\eta_m (1 + f)} = 1451\ K$$

$$P_{05} = P_{04} \times \left[1 - \frac{1}{\eta_t}\left(1 - \frac{T_{05}}{T_{04}}\right)\right]^{\frac{\gamma_t}{\gamma_t - 1}} = 257.8kPa$$

v). 후기 연소기

후기 연소기 입구에서의 온도 $T_{06} = T_{05}$ 와 압력 $P_{06} = P_{05}$

후기 연소기 출구에서의 온도 $T_{07} = 2000\ K$

후기 연소기의 연공비

$$f_{AB} = \frac{(1 + f)(T_{07}/T_{06} - 1)}{\eta_{AB} Q_R/(c_{pg} T_{06}) - T_{07}/T_{06}} = 0.01625$$

후기 연소기 출구의 압력

$$P_{07} = P_{06} \times \left(1 - \frac{\Delta P_{AB}}{P_{06}}\right) = 244.9\,kPa$$

vi) 출구 조건

완전히 팽창된다고 가정하였을 때 출구에서의 속도

$$V_e = V_9 = \sqrt{2\eta_n\left(\frac{\gamma_n R}{\gamma_n - 1}\right)T_{07}\left[1 - \left(\frac{P_a}{P_{07}}\right)^{\frac{\gamma_n - 1}{\gamma_n}}\right]} = 1537.0m/s$$

단위유입공기질량유량당 비추력

$$\frac{F}{\dot{m}_a} = (1 + f + f_{AB})V_9 - V_a = 1315.5\ N/kg/s$$

추력당 연료소모율

$$TSFC = \frac{f + f_{AB}}{F/\dot{m}_a} = 3.625 \times 10^{-5}\ kg/Ns$$

예제 3-9 [예제 3-8]에서 노즐에서 완전 팽창으로 가정하였다. 실제로 이 노즐이 완전히 팽창되는지 아니면 초킹되는지 판단하고 그 때의 조건은 어떻게 바뀌는지 설명하라.

풀 이 초킹여부를 판단하기 위해서는 노즐 출구에서의 임계압력을 구해야 한다. 임계압력은 출구의 유동 마하수가 1인 경우의 압력, 즉 P^*를 구하여야 하는데 이는 식(3.175)를 이용하여 구할 수 있다.

$$P_c = P_{07}\left[1 - \frac{1}{\eta_n}\left(\frac{\gamma_n - 1}{\gamma_n + 1}\right)\right]^{\frac{\gamma_n}{\gamma_n - 1}} = 265.67\ kPa$$

이 된다. 고도 15,000m에서 압력은 12.05 kPa로 임계압력보다 낮다. 따라서 초킹되고 노즐의 유동은 임계압력까지만 팽창할 수 있다. 이 때 출구의 마하수는 1이므로 다음과 같이 노즐 출구에서의 속도를 구할 수 있다.

$$V_e = V_c = \sqrt{\gamma_n R T_9} = \sqrt{(\gamma_n - 1)c_{pn}T_9}$$

여기서 출구의 온도는 노즐 임계 온도로서 다음과 같다.

$$T_9 = T_c = T_{07}\left(\frac{2}{\gamma+1}\right) = 1716\ K$$

따라서 출구에서의 속도는

$$V_e = 809.5\ m/s$$

또한 비추력을 구할 때 엔진의 전방과 후방의 압력이 다르므로 압력에 의한 영향을 고려해야 한다. 초킹되었을 때 엔진의 단위유입공기질량유량당 비추력은 식 (3.178a)를 이용하여 구할 수 있다.

$$\frac{F}{\dot{m}_a} = [(1+f+f_{AB})V_9 - V_a] + \frac{(1+f+f_{AB})R_9 T_9}{P_9 V_9}(P_9 - P_a) = 866.59\ N/kg/s$$

이 때 연료소모율은

$$\frac{\dot{m}_f}{F} = \frac{f+f_{AB}}{F/\dot{m}_a} = 5.488 \times 10^{-5}\ kg/s/N$$

이상에서 보듯이 노즐에서 완전히 팽창되지 못하고 초킹이 일어나게 되면 비추력의 손실이 발생하며 같은 추력을 내기위해 필요한 연료의 양(비 연료소모율)이 증가하게 된다. 하지만 이러한 초킹 조건은 수축 노즐을 사용한 경우이며 이를 보완하기 위해서 수축-팽창 노즐을 사용한다면 임계 압력은 더 감소하게 되며 잘 설계된 노즐은 배압까지 완전히 팽창시킬 수 있다. 이렇게 배압보다 높은 출구 압력을 가지는 팽창을 부족 팽창(under expansion)이라 한다.

예제 3-10 [예제 3-9]의 경우 수축 노즐이 아니라 수축 팽창 노즐을 사용하였다고 하자. 만약 노즐출구 압력이 10 kPa이라면 배기노즐 출구유동속도, 마하수, 엔진의 성능을 구하라.

풀이 먼저 출구에서의 속도를 구해야 한다. 노즐의 효율 정의로부터

$$\eta_n = \frac{T_{07} - T_9}{T_{07} - T_{9s}}$$

이며, 여기서 P_9와 P_{07}을 알고 있으므로 이로부터 T_{9s}를 다음과 같이 구할 수 있다.

$$\frac{T_{9s}}{T_{07}} = \left(\frac{P_9}{P_{07}}\right)^{\frac{\gamma-1}{\gamma}} = \left(\frac{10}{501.9}\right)^{0.33/1.33} = 0.3785 \text{ 또는 } T_{9s} = 756.96K$$

이를 효율의 정의식에 대입하고 정리하면 다음과 같이 출구에서의 온도를 구할 수 있다.

$$T_9 = T_{07} - \eta_n(T_{07} - T_{9s}) = 794.25\ K$$

이로부터 구해진 출구에서의 온도를 이용하여 출구의 마하수를 다음과 같이 구할 수 있다.

$$M_9 = \sqrt{\frac{2}{\gamma-1}\left(\frac{T_{07}}{T_9}-1\right)} = 3.033$$

따라서 출구에서의 속도는

$V_9 = M_9\sqrt{\gamma_n R_n T_9} = 1670.1m/s$ 이와 같이 구할 수 있다.

단위유입공기질량유량당 비추력은 식(3.178a)를 사용하여 구한다. 즉

$$\frac{F}{\dot{m}_a} = [(1+f+f_{AB})V_9 - V_a] + \frac{(1+f+f_{AB})R_9 T_9}{P_9 V_9}(P_9 - P_a) = 1130.4\,N/kg/s$$

또한 이 경우 연료소모율은

$$TSFC = \frac{f+f_{AB}}{F/\dot{m}_a} = 4.207\times 10^{-5}\,kg/s/N$$

예제 3-11 후기연소기(After Burner : AB)장착 터보제트엔진이 고도 15,000m에서 마하수 2.0으로 비행하고 있다. 주위공기의 비열비는 1.4이며 정압비열은 1.004kJ/kg・K이다. 연소기를 지난 가스의 비열비는 1.33이며, 정압비열은 1.156kJ/kg・K이다. 후기연소기를 지난 배기가스의 비열비는 1.3이며 정압비열은 1.243kJ/kg・K이다. 제트연료의 발열량은 Q_R =42,000kJ/kg・K이다. 배기노즐은 최적으로 설계되어 유동은 완전팽창한다고 가정하라. 이 터보제트엔진의 각 부품의 주요사양은 다음과 같다.

공기흡입구 압력비 π_i=0.88, 압축기 압력비 π_c=12, 압축기 온도비 τ_c=2.201, 연소기효율 η_b =0.98, 연소기 압력비 π_b=0.95, TIT(T_{04})=1584.2K, 터빈과 압축기 연결축의 기계적효율 η_m =0.995, 터빈압력(강하)비 π_t=0.2197, 후기연소기 압력비 π_{AB}=0.93, 후기연소기 출구온도 2025.8K, 배기노즐압력비 π_n=0.93, η_n=0.9811, 후기연소기 효율 η_{AB}=0.98

1) 주위공기의 전압력(P_{01}), 전온도(T_{01})를 구하라.
2) 압축기입구에서의 전압력(P_{o2}), 전온도(T_{o2})를 구하라.
3) 압축기출구에서의 전압력(P_{o3}), 전온도(T_{o3})를 구하라.
4) 연소기출구에서의 전압력(P_{o4})를 구하라.
5) 연소기에서의 연료-공기비(f)를 구하라.
6) 터빈출구에서의 전압력(P_{o5}), 전온도(T_{o5})를 구하라.

7) 후기연소기 출구에서의 전압력(P_{o7})을 구하라.

8) 후기연소기 출구에서의 연료-공기비(f_{AB})를 구하라.

9) 배기노즐 출구에서의 전압력(P_{o9}), 전온도(T_{o9})를 구하라.

10) 노즐 출구에서의 배기가스속도, 배기가스온도, 배기가스의 마하수를 구하라.

11) 단위유입공기당 추력($F/\dot{m}_a$)을 구하라.

12) TSFC를 구하라.

13) 열효율을 구하라.

14) 추진효율을 구하라.

풀이 1) 고도 15000m에서는 $P_a = 12.108$kPa, $T_a = 216.7K$이다.

$$a_a = \sqrt{\gamma R T_a} = \sqrt{(\gamma - 1)c_p T_a} = \sqrt{(0.4)(1004)(216.7)} = 295m/s$$

$$V_a = M_a a_a = 2(295) = 590m/s$$

$$P_{oa} = P_a\left(1 + \frac{\gamma - 1}{2}M_a^2\right)^{\frac{\gamma}{\gamma - 1}} = 12.108(1.8)^{3.5} = 94.7384\text{kPa}$$

$$T_{oa} = T_a\left(1 + \frac{\gamma - 1}{2}M_a^2\right) = 216.7(1.8) = 390.06K$$

2) 공기흡입구에서는 단열과정이므로 $T_{oa} = T_{o2} = 390.06K$

$$\pi_i = \frac{P_{o2}}{P_{oa}} = 0.88\text{로 부터 } P_{o2} = 0.88P_{oa} = (0.88)(94.7384) = 83.3698\text{kPa}$$

3) $\pi_c = \dfrac{P_{o3}}{P_{o2}} = 12$에서 $P_{o3} = (12)P_{o2} = 12 \times 83.3698 = 1000.44$kPa

$$\tau_c = \frac{T_{o3}}{T_{o2}} = 2.201\text{에서 } T_{o3} = (2.201)(390.06) = 858.52K$$

4) $\pi_b = \dfrac{P_{o4}}{P_{o3}}$에서 $P_{o4} = \pi_b P_{o3} = 0.95(1000.4375) = 950.4156$kPa

$$T_{o4} = 1584.2K\ (given)$$

5) $c_{pc}T_{o3} + fQ_R\eta_b = (1+f)c_{pt}T_{o4}$

$$\dot{m}_a h_{o3} + \dot{m}_f Q_R \eta_b = (\dot{m}_a + \dot{m}_f)h_{o3}$$

$$f=\frac{c_{pt}T_{o4}-c_{pc}T_{o3}}{\eta_b Q_R-c_{pt}T_{o4}}=\frac{1156(1584.2)-(1004)(858.52)}{(0.98)(42000)(1000)-1156(1584.2)}=0.0246$$

6) 압축기와 터빈의 동력균형에서 $c_{pc}(T_{o3}-T_{o2})=\eta_m(1+f)c_{pt}(T_{o4}-T_{o5})$에서

$$T_{o5}=T_{o4}-\frac{c_{pc}(T_{03}-T_{02})}{c_{pt}\eta_m(1+f)}=1584.2-\frac{1004(858.52-390.06)}{1156(0.995)(1+0.0246)}=1185.1K$$

$\pi_t=\dfrac{P_{o5}}{P_{o4}}$에서 $P_{o5}=\pi_t P_{o4}=(0.2197)(950.4156)=208.8063$㎪

7) $P_{o7}=P_{o5}\pi_{AB}=(208.8063)(0.93)=194.1899$㎪

$T_{o7}=2025.8K\,(given)$

8) $f_{AB}=\dfrac{(1+f)(h_{o7}-h_{o5})}{\eta_{AB}Q_R-h_{o7}}=\dfrac{(1+0.0246)[1243(2025.8)-1156(1185.1)]}{(0.98)(42000)(1000)-1243(2025.8)}=0.0304$

9) $\pi_n=\dfrac{P_{o9}}{P_{o7}}$에서 $P_{o9}=\pi_n P_{o7}=(0.93)(194.19)=180.5966$㎪

노즐이 단열되었다고 가정하면 $T_{o9}=T_{o7}=2025.8K$

10) $V_9=V_e=\sqrt{2\eta_n c_p T_{o7}[1-(\frac{P_a}{P_{o7}})^{\frac{\gamma_n-1}{\gamma_n}}]}$

$$=\sqrt{2(0.9811)(1243)(2025.8)[1-(\frac{12.108}{194.1899})^{\frac{1.3-1}{1.3}}]}=1528.6m/s$$

$$T_9=T_{o7}\left[1-\eta_n\left\{1-\left(\frac{P_a}{P_{o7}}\right)^{\frac{\gamma-1}{\gamma}}\right\}\right]=2025.8\left[1-(0.9811)\left\{1-\left(\frac{12.108}{194.1899}\right)^{\frac{1.3-1}{1.3}}\right\}\right]=1085.9\,K$$

$$M_9=\frac{V_9}{a_9}=\frac{V_9}{\sqrt{(\gamma-1)c_pT_9}}=\frac{1528.6}{\sqrt{(1.3-1)(1243)(1085.9)}}=2.402$$

11) $\dfrac{F}{\dot{m}_a}=(1+f+f_{AB})V_e-V_a=(1+0.0246+0.0304)1528.6-590$

$$=1022.67\,\frac{Ns}{\text{kg}}$$

12) $TSFC=\dfrac{\dot{m}_f}{F}=\dfrac{f+f_{AB}}{F/\dot{m}_a}=\dfrac{0.0246+0.0304}{1022.67}=5.378\times10^{-5}\,\dfrac{\text{kg}}{Ns}$

13) $\eta_{th}=\dfrac{(\dot{m}_a+\dot{m}_f+\dot{m}_{f,AB})\dfrac{V_e^2}{2}-\dot{m}_a\dfrac{V_a^2}{2}}{\dot{m}_fQ_R+\dot{m}_{f,AB}Q_R}=\dfrac{(1+f+f_{AB})\dfrac{V_e^2}{2}-\dfrac{V_a^2}{2}}{(f+f_{AB})Q_R}$

$=\dfrac{(1+0.0246+0.0304)\dfrac{1528.6^2}{2}-\dfrac{590^2}{2}}{(0.0246+0.0304)(42000)(1000)}=0.458=45.8\%$

14) $\eta_p=\dfrac{FV_a}{\dot{m}_a(1+f+f_{AB})\dfrac{V_e^2}{2}-\dfrac{V_a^2}{2}}=\dfrac{(1022.7)(590)}{(1+0.0246+0.0304)\dfrac{(1528.6)^2}{2}-\dfrac{(590)^2}{2}}$

$=0.57=57.0\%$

3.5.3 터보팬 엔진 성능해석

터보제트 엔진은 터보팬 엔진에 비해 상대적으로 적은 양의 공기를 크게 가속시킴으로써 추력을 얻는 엔진이고 또 터보프롭 엔진의 경우는 많은 양의 공기를 적게 가속시켜 추력을 얻는 엔진이다. 그러나 터보팬 엔진은 많은 양의 공기를 비교적 고속으로 가속시켜 배출 하여 추력을 얻는 엔진이다.

터빈이 팬을 돌려서 내는 추력은 $F_F=\dot{m}_{aF}V_{aF}\propto\dot{m}_{aF}\sqrt{\Delta h_{FN}}$ 이고 팬을 구동하는 동력 $HP_F\propto\dot{m}_{aF}\Delta h_{FN}$이다. 여기서 Δh_{FN}는 팬노즐의 전후 엔탈피 차이이다. 추력을 2배로 증가시키기 위해서는 $\dot{m}_{aF}$를 2배로 하거나 배기속도를 증가시켜 Δh_{FN} 을 4배로 해야 한다. 그러나 팬구동에 필요한 동력은, $\dot{m}_{aF}$를 2배 하려면 2배의 동력이 필요하고 Δh_{FN}를 4배 하려면 4배의 동력이 필요하므로 배기속도를 증가시켜 Δh_{FN}을 4배로 하기보다는 $\dot{m}_{aF}$ 2배가 더 효과적이다. 즉, 같은 동력으로 팬을 돌릴 경우 팬노즐 출구 속도를 증가시키는 것보다 팬을 지나는 질량유량을 증가시키는 것이 추력증대에 더 효과적임을 알 수 있다. 바이패스비를 증가시키면 추력이 증가하고 연료 소비율이 감소한다. 또, 터보팬 엔진은 배기속도의 감소로 인해 터보 제트엔진 보다 배기 소음이 낮다.

터보제트 엔진은 추력을 발생시키는 터빈엔진의 가장 기본적인 형식의 엔진으로써 처음 제트추진엔진이 발명되고 난 후 수십 년간 운행되었으나 터보팬이 개발된 이후 터보제트엔진은 터보팬 엔진에 비해 추진효율이 낮고, 소음 수준이 높고, 연료소모율이 커서 상업용으로는 거의 사용되지 않는다. **〈그림 3-47〉**은 분리형 배기유동 터보팬 엔진의 개략도와 위치표시 번호를 나타낸다. 코어 유동은 터보제트와 동일하며 팬유동은 2, 13, 17, 18, 19와 같이 위치표시번호를 붙인다. 터보팬 엔진의 바이패스비를 증가시킬수록 좋은 추진효율이 얻어질 수 있지만 전방 단면적이 증가하여 공기저항이 증가한다. 상업용 아음속 항공기에는 고 바이패스비 터보팬 엔진이 사용되고 군용 전투기에는 저 바이패스비 터보팬 엔진이 사용되고 있다.

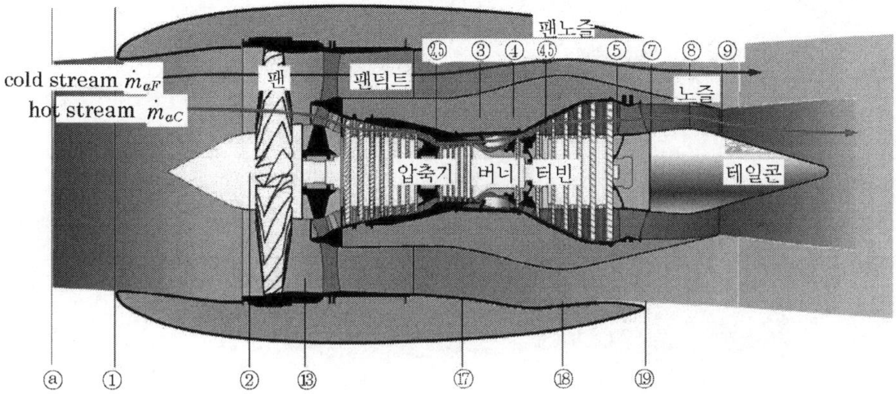

그림 3-47 분리형 배기유동 터보팬 엔진의 개략도 및 부품 번호

터보팬 엔진이 추력을 만들어내는 방법은 터보제트와 터보프롭 엔진이 추력을 만들어 내는 방법을 합쳐놓은 것과 비슷하다. 터보팬 엔진은 또 바이패스(bypass) 엔진이라고도 불린다. 팬은 엔진 압축기의 첫 단이나 저압 압축기 블레이드의 길이를 증가시킨 형태로 압축기 전방에 위치하게 된다. 팬을 지난 공기의 일부는 압축기로 들어가서 중심부(core)를 지나기도 하여 중심부 유동이 되기도 하지만 대부분의 팬을 지난 공기는 엔진 중심부 주위로 우회(bypass)하게 되어 그대로 대기로 분출하면서 추력을 발생한다. 대기로 직접 분출되는 공기를 바이패스공기라 한다. 팬을 지나는 바이패스 유동으로부터 얻어지는 추력은 총 추력의 30%에서 75% 정도이며 이는 바이패스비에 따라 달라진다.

바이패스비(bypass ratio)란 엔진의 중심(core)으로 들어가는 공기 질량에 대한 팬을 통해지나가는 공기의 질량비로 정의된다. 저 바이패스비 엔진은 1:1 이하의 낮은 비율로 작동하며 Rolls-Royce사의 Trent 1000 엔진 같은 경우 11:1 정도의 고 바이패스비를 가지기도 한다. 각종 터보팬 엔진의 바이패스비는 **〈표 1-4〉**에 나와 있다. 바이패스비는 보통 β로 표시하며 다음과 같이 정의된다.

$$\beta = \frac{\dot{m}_{fan}}{\dot{m}_{core}} = \frac{\dot{m}_{aF}}{\dot{m}_{aC}} \tag{3.182}$$

터보팬 엔진에서 엔진 전체 공기 질량유량은 팬공기 질량유량과 중심부 공기유량의 합이며 다음과 같이 나타낸다.

$$\dot{m}_a = \dot{m}_{aF} + \dot{m}_{aC} = \dot{m}_{aC}(1+\beta) = \frac{\beta+1}{\beta}\dot{m}_{aF} \tag{3.183}$$

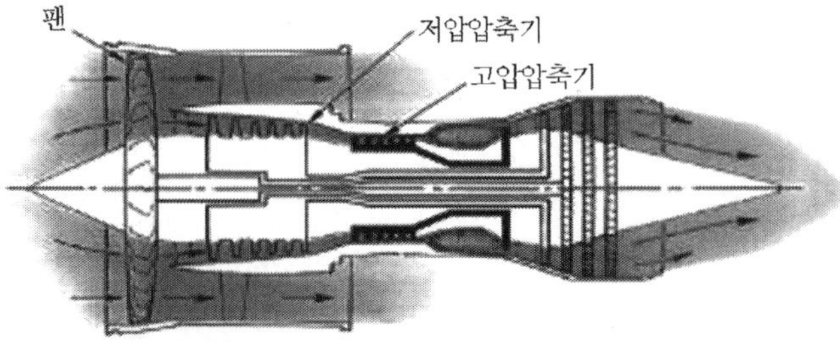

(a) 분리형 배기 유동 터보팬 엔진 (중 또는 고바이패스비)

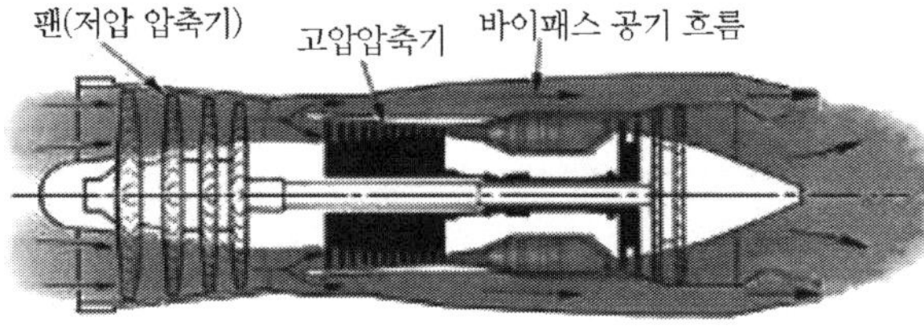

(b) 긴 바이패스 유동의 분리형 배기 유동 터보팬 엔진 (저바이패스비)

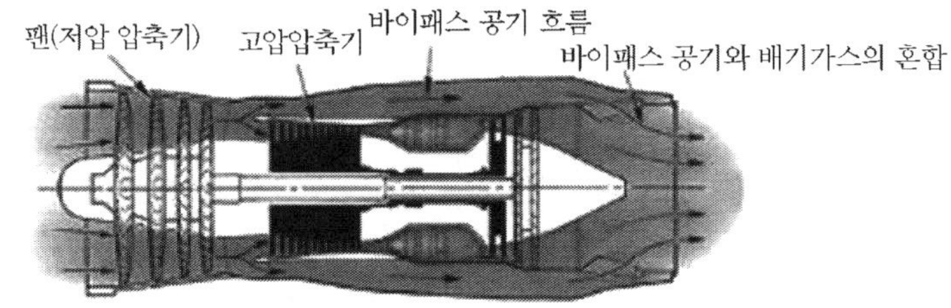

(c) 혼합형 배기 유동 터보팬 엔진

그림 3-48 터보팬 엔진의 팬유동에 따른 분류

터보팬 엔진의 배기흐름은 **〈그림 3-48〉**처럼 분리형 배기 유동 터보팬 엔진(separated exhaust stream turbofan)과 혼합형 배기 유동 터보팬(mixed exhaust stream turbofan)으로 나눌 수 있다. 분리형 배기유동 터보팬 엔진에서 짧은 팬유동의 바이패스 유동은 **〈그림 3-48(a)〉**와 같이 바로 대기로 분출되기도 하지만 **〈그림 3-48(b)〉**와 같이 대기로 바로 분출되지 않고 엔진을 둘러 싼 긴 환형 덕트를 통해서 배기노즐 하류 위치까지 이동하면서 엔진의 각 부분을 냉각시킨 후 노즐 끝단에서 중심(core)유동과는 별도로 분리되어 분출되기도 한다.

긴 바이패스 유동의 분리배기 유동의 경우는 바이패스 유동이 중심유동의 고온 고속 배기제트 주위를 저온 저속의 유동으로 감싸주는 역할을 하므로 소음 감소 효과도 얻을 수 있다. **〈그림 3-40(a)〉**와 같은 짧은 팬유동의 분리형 배기흐름 터보팬 엔진은 바이패스비가 비교적 높으며 적용 엔진으로는 JT9D, PW4000, Trent900 등이 있다. 긴 바이패스 유동의 분리형 배기흐름 터보팬 엔진은 바이패스비가 낮으며 적용엔진으로는 B737 및 DC-9에 장착되는 JT8D계열의 엔진이 있다. **〈그림 3-48(c)〉**는 팬유동과 코어유동이 터빈 후단의 혼합장치에서 혼합된 후 노즐에서 배기가스가 분출되는 혼합형 배기흐름 터보팬 엔진이다. 혼합형 배기흐름 터보팬 엔진은 분리형 배기흐름 터보팬 엔진에 비해 팬유동가속에 의한 추력 손실이 작고, 표면에서의 항력이 작고, 또 배기 소음이 낮다. 혼합형 배기 흐름 터보팬 엔진은 F-100, F-111, TF-40과 같은 군용 전투기 엔진을 예로 들 수 있다. 먼저 분리형 배기 유동 터보팬에 대하여 해석하여 보자.

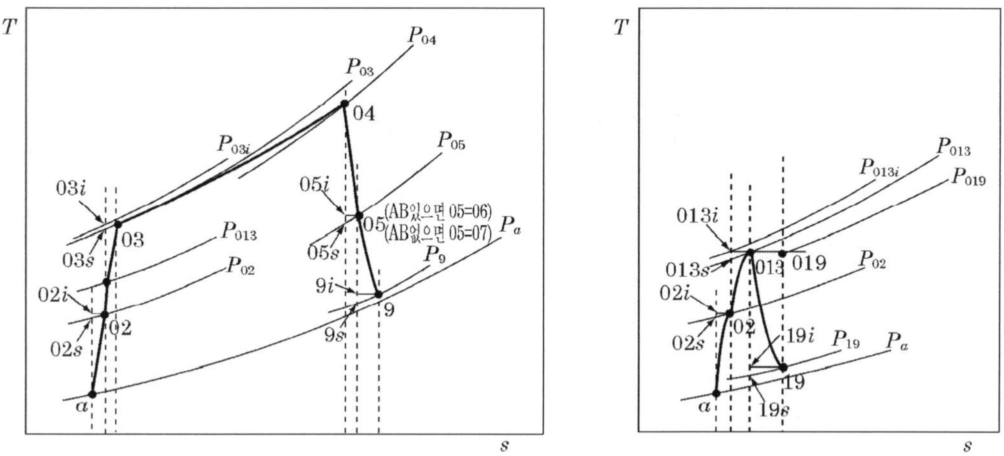

(a) 중심부 유동 (b) 팬유동

그림 3-49 분리형 배기흐름 터보팬 엔진의 T-s선도

〈그림 3-49〉는 분리형 배기흐름 터보팬 엔진의 중심부 유동과 팬유동의 T-s선도를 나타내고 있다. 분리형 배기유동 터보팬 엔진에서 터빈 앞쪽의 중심부 유동 해석은 터보제트와 동일하다. 여기서는 팬과 터빈 출구 조건을 고려해보도록 하자. 먼저 팬의 입구조건에서 팬과 중심부 유동은 공기 흡입구로부터 같은 공기를 제공 받으므로 팬 입구 조건 P_{02}, T_{02}는 P_a, T_a, M, η_i로부터 결정된다. 공기 흡입구가 가역과정이라면 팬 입구에서의 전온도와 전압력은 다음과 같다.

$$T_{02} = T_a\left(1 + \frac{\gamma - 1}{2} M^2\right) \tag{3.184}$$

$$P_{02} = P_a\left[1 + \eta_i\left(\frac{T_{02}}{T_a} - 1\right)\right]^{\frac{\gamma}{\gamma - 1}} \tag{3.185}$$

또한 팬을 지나는 공기는 팬의 압력비 만큼의 압력이 상승하는데 이 때 팬의 압력비를 π_F 라 하며 팬 출구에서의 전압력과 팬 입구에서의 전압력의 비로 정의되고 수식으로 다음과 같이 표현할 수 있다.

$$\pi_F = \frac{P_{013}}{P_{02}} \tag{3.186}$$

팬효율은 다음과 같이 나타낸다.

$$\eta_F = \frac{h_{013s} - h_{02}}{h_{013} - h_{02}} = \frac{T_{013s}/T_{02} - 1}{T_{013}/T_{02} - 1} = \frac{\pi_F^{\frac{\gamma-1}{\gamma}} - 1}{\tau_F - 1} \tag{3.187}$$

중심부 흐름의 압축기 출구 온도 T_{03}을 구하는 방식과 같은 방법으로 팬 출구에서의 온도 T_{013}을 구하면 다음과 같다.

$$T_{013} = T_{02}\left[1 + \frac{1}{\eta_F}\left(\pi_F^{\frac{\gamma-1}{\gamma}} - 1\right)\right] \tag{3.188}$$

팬을 지난 공기의 속도를 증가시키기 위해 팬 노즐을 설치하기도 하는데 이 노즐을 지난 유동의 속도는 중심부 흐름에서 노즐 출구의 속도를 구하는 방법과 같은 방법으로 구할 수 있다. 팬출구와 팬노즐 입구 사이가 동일 지점이라고 가정하면 $P_{013} = P_{017}$, $T_{013} = T_{017}$이다.

팬노즐도 초킹되는지 여부를 확인해야 하는데 다음의 팬노즐에 대한 임계압력비를 구하면 알 수 있다.

$$\frac{P_{017}}{P_c} = \frac{1}{\left[1 - \frac{1}{\eta_{Fn}}\left(\frac{\gamma_{Fn} - 1}{\gamma_{Fn} + 1}\right)\right]^{\frac{\gamma_{Fn}}{\gamma_{Fn} - 1}}} \tag{3.189}$$

여기서 만약 $P_{017}/P_c > P_{017}/P_a$이면 초킹되지 않는다. 이때 팬 노즐의 출구속도는 다음과 같이 쓸 수 있다.

$$V_{19} = V_{eF} = \sqrt{2\eta_{Fn}\left(\frac{\gamma_{Fn} R}{\gamma_{Fn} - 1}\right) T_{017}\left[1 - \left(\frac{P_a}{P_{017}}\right)^{\frac{\gamma_{Fn} - 1}{\gamma_{Fn}}}\right]} \tag{3.190a}$$

여기서 η_{Fn}는 팬 노즐의 효율을 의미한다.

식 (3.164b)와 같은 방법으로 V_{19}을 구하면

$$V_{19} = a_{19} M_{19} \sqrt{\frac{\tau_F \tau_r}{\left(1 + \frac{\gamma_{Fn} - 1}{2} M_{19}^2\right)}} \tag{3.190b}$$

여기서 $M_{19} = \sqrt{\frac{2}{\gamma_{Fn} - 1}\left[\left\{\pi_{Fn}\pi_F\pi_i\pi_r \frac{P_9}{P_{19}}\right\}^{\frac{\gamma_{fn} - 1}{\gamma_{Fn}}} - 1\right]}$

팬유동의 추력은 기본 추력식에서 다음과 같다.

$$F_F = \dot{m}_{a_F}(V_{19} - V_a) + A_{19}(P_{19} - P_a)$$

팬유동의 질량유량은 $\dot{m}_{a_F} = \beta \dot{m}_{aC}$이므로 대입하면 추력은 다음과 같다.

$$F_F = \dot{m}_{aF}(V_{19} - V_a) + A_{19}(P_{19} - P_a) = \beta \dot{m}_{aC}(V_{19} - V_a) + A_{19}(P_{19} - P_a) \quad (3.191)$$

한편 노즐유동이 $P_{017}/P_c < P_{017}/P_a$이 되면 초킹된다. 이때 노즐에서의 임계온도와 압력, 속도는 다음과 같다.

$$T_{19} = T_c = T_{017}\left(\frac{2}{\gamma_{Fn} + 1}\right) \quad (3.192)$$

$$P_{19} = P_c = P_{017}\left[1 - \frac{1}{\eta_{Fn}}\left(\frac{\gamma_{Fn} - 1}{\gamma_{Fn} + 1}\right)\right]^{\frac{\gamma_{Fn}}{\gamma_{Fn} - 1}} \quad (3.193)$$

$$V_{19} = V_{eF} = \sqrt{\gamma R T_{19}} \quad (3.194)$$

바이패스 비를 이용해서 팬노즐 출구면적을 구해보면 다음과 같다.

$$A_{19} = \frac{\dot{m}_{aF}}{\rho_{19} V_{19}} = \frac{\beta \dot{m}_a R_{19} T_{19}}{(1+\beta) P_{19} V_{19}} \quad (3.195)$$

여기서 $\dot{m}_a$는 터보팬으로 들어가는 전체 공기 질량유량이다.

따라서 팬유동 추력은

$$F_F = \dot{m}_a \frac{\beta}{1+\beta}(V_{19} - V_a) + A_{19}(P_{19} - P_a)$$

$$= \dot{m}_a \frac{\beta}{1+\beta}(V_{19} - V_a) + \frac{\beta \dot{m}_a R_{19} T_{19}}{(1+\beta) P_{19} V_{19}}(P_{19} - P_a) \quad (3.196)$$

터보팬 엔진에서 압축기 앞에 있는 팬은 일종의 저압 압축기 역할을 한다. 이제 팬을 지난 중심부 유동을 생각해 보자. 중심부 유동에서 팬 출구 조건이 압축기 입구 조건이 된다. 팬을 지난 중심부 유동은 팬 압축비만큼의 압력상승을 동반할 것이다. 터보제트와 같은 형식으로 전압력과 전온도를 구하면 다음과 같다.

$$P_{03} = P_{013} \times \pi_c \quad (3.197a)$$

$$T_{03} = T_{013}\left[1 + \frac{1}{\eta_c}\left\{\pi_c^{\frac{\gamma - 1}{\gamma}} - 1\right\}\right] \quad (3.197b)$$

연료-공기비(f)는 터보제트와 같으므로 다음과 같다.

$$f = \frac{\dot{m}_f}{\dot{m}_{aC}} = \frac{h_{04} - h_{03}}{\eta_b Q_R - h_{04}} = \frac{\tau_\lambda - \tau_r \tau_c}{\eta_b Q_R / h_a - \tau_\lambda} = \frac{c_{pg} T_{04} - c_{pa} T_{03}}{\eta_b Q_R - c_{pg} T_{04}} \tag{3.198}$$

또 연소기 출구 또는 터빈의 입구에서의 압력을 구해보면 다음과 같다.

$$P_{04} = P_{03}\left(\frac{P_{04}}{P_{03}}\right) = P_{03}\left(\frac{P_{03} - \Delta P_b}{P_{03}}\right) = P_{03}\left(1 - \frac{\Delta P_b}{P_{03}}\right) \tag{3.199}$$

이제 터빈의 출구 조건을 구해보자. 압축기는 저압, 고압 구분이 없는 단일압축이며, 터빈은 저압, 고압 구분이 되어 있다. **〈그림 3-50(a)〉**와 같을 경우, 저압터빈이 팬을 구동하고, 고압터빈이 압축기를 구동하는 2중 스풀로 되어 있을 때, 팬은 일종의 저압 압축기이며, 팬은 저압터빈(LPT)과 연결되어 있고, 압축기는 고압터빈과 연결되어 있다.

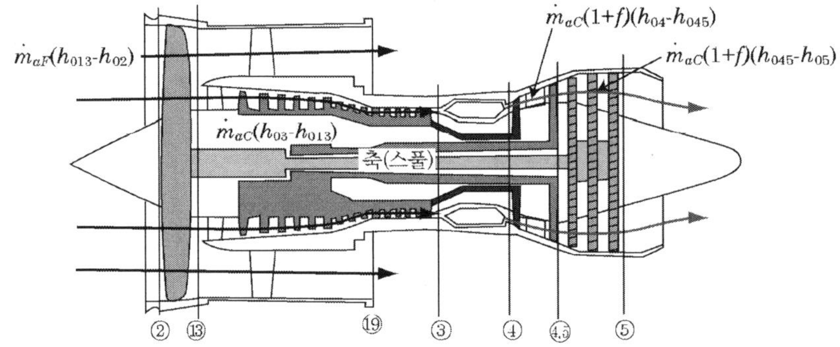

(a)

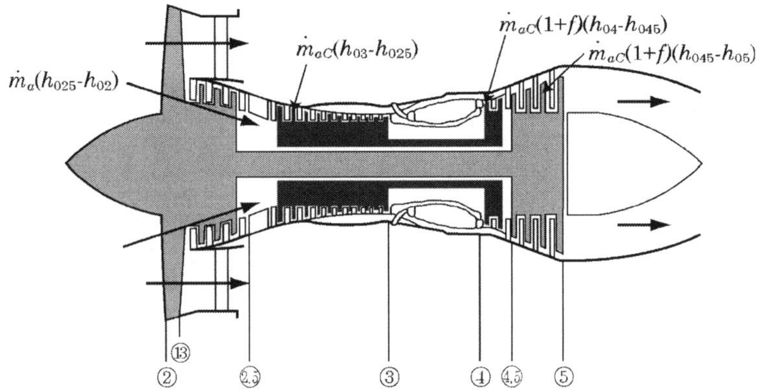

(b)

그림 3-50 터빈과 압축기, 팬 사이의 에너지 평형 (a) 저압터빈이 팬 구동, 고압터빈이 압축기구동, (b) 저압터빈이 팬과 저압 압축기구동, 고압터빈이 고압 압축기구동

압축기와 고압 터빈 동력 평형식은 터보제트와 동일하며, 다음과 같은 방법으로 구한다. 중심부

유동에서는 팬출구 조건이 압축기 입구 조건이 된다(고압스풀).

$$\eta_m \dot{m}_{aC}(1+f)(h_{04}-h_{045}) = \dot{m}_{aC}(h_{03}-h_{013}) \tag{3.200}$$

$$T_{04}-T_{045} = \frac{c_{pa}}{\eta_m(1+f)c_{pg}}(T_{03}-T_{013})$$

$$T_{045} = T_{04}-\frac{c_{pa}}{\eta_m(1+f)c_{pg}}(T_{03}-T_{013}) \tag{3.201}$$

팬을 구동하는 저압터빈에 대해서는 다음과 같이 계산한다(저압스풀).

$$\eta_m \dot{m}_{aC}(1+f)(h_{045}-h_{05}) = \dot{m}_a(h_{013}-h_{02}) \tag{3.202}$$

$$\eta_m \dot{m}_{aC}(1+f)c_{pg}(T_{045}-T_{05}) = \dot{m}_a c_{pa}(T_{013}-T_{02})$$

$\dot{m}_a = \dot{m}_{aC}(1+\beta)$를 대입하면,

$$T_{05} = T_{045}-(\beta+1)\frac{c_{pa}}{\eta_m(1+f)c_{pg}}(T_{013}-T_{02}) \tag{3.203}$$

여기서 사용된 f는 연료 유량대 중심부 유동의 공기 유량을 기준으로 한 값임에 유의하라. 즉, $f = \frac{\dot{m}_f}{\dot{m}_{aC}}$이다.

다른 경우로 **〈그림 3-50(b)〉**와 같이 저압터빈이 팬과 저압압축기를 구동하고 고압터빈이 고압압축기를 구동하는 2중 스풀로 되어 있을 때는 팬과 저압압축기를 하나의 저압압축기를 간주할 수 있으며 저압압축기 전체의 압력비 π_{cLPC}가 주어져 있을 경우 해석은 다음과 같이 한다.

$$P_{025} = P_{02}\times\pi_{cLPC}$$

$$T_{025} = T_{02}\left[1+\frac{1}{\eta_{cLPC}}\left\{\pi_{cLPC}^{\frac{\gamma-1}{\gamma}}-1\right\}\right]$$

$$P_{03} = P_{025}\times\pi_{cHPC}$$

$$T_{03} = T_{025}\left[1+\frac{1}{\eta_{cHPC}}\left\{\pi_{cHPC}^{\frac{\gamma-1}{\gamma}}-1\right\}\right]$$

고압압축기와 고압터빈 동력평형식은 다음과 같다.

$$\eta_m \dot{m}_{aC}(1+f)(h_{04}-h_{045}) = \dot{m}_{aC}(h_{03}-h_{025})$$

$$T_{045} = T_{04} - \frac{c_{pa}}{\eta_m (1+f) c_{pg}} (T_{03} - T_{025})$$

팬과 저압압축기를 구동하는 저압터빈에 대한 동력평형식은 다음과 같다.

$$\eta_m \dot{m}_{aC}(1+f)(h_{045} - h_{05}) = \dot{m}_{aC}(h_{025} - h_{013}) + \dot{m}_{aF}(h_{013} - h_{02})$$

$\dot{m}_{aF} = \dot{m}_{aC}\,\beta$를 대입하면

$$T_{05} = T_{045} - \frac{c_{pa}[(T_{025} - T_{013}) + \beta(T_{013} - T_{02})]}{\eta_m (1+f) c_{pg}}$$

또 다른 경우로, 단일 터빈이 팬과 압축기를 구동할 때는 단일 터빈과 압축기, 팬 사이의 동력평형식을 구해보면 다음과 같다. 단일 터빈이 팬과 압축기를 구동할 때는 중심부 유동에서는 팬과 압축기를 합쳐서 하나의 큰 압축기라고 생각하고 해석한다.

$$\eta_m \dot{m}_{aC}(1+f)(h_{04} - h_{05}) = \dot{m}_{aC}(h_{03} - h_{02}) + \beta \dot{m}_{aC}(h_{013} - h_{02}) \tag{3.204}$$

양변을 h_a로 나누고 무차원항으로 나타내면 다음 식이 된다.

$$\eta_m (1+f) \frac{h_{04}}{h_a}(1 - \tau_t) = \frac{h_{02}}{h_a}[(\tau_c - 1) + \beta(\tau_F - 1)]$$

또, $\dfrac{h_{04}}{h_a} = \tau_\lambda$이고, $\dfrac{h_{02}}{h_a} = \dfrac{h_{0a}}{h_a} = \tau_r$이므로 위의 식은 다음과 같이 된다.

$$\eta_m (1+f) \tau_\lambda (1 - \tau_t) = \tau_r [(\tau_c - 1) + \beta(\tau_F - 1)]$$

따라서, 터빈 온도비는 다음과 같이 나타낼 수 있다.

$$\tau_t = \frac{T_{05}}{T_{04}} = 1 - \frac{\tau_r[(\tau_c - 1) + \beta(\tau_F - 1)]}{\eta_m (1+f) \tau_\lambda} \tag{3.205}$$

식 (3.204)를 온도의 항으로 나타내어 다시 표기하면

$$\eta_m \dot{m}_{aC}(1+f) c_{pg}(T_{04} - T_{05}) = \dot{m}_{aC} c_{pa}(T_{03} - T_{02}) + \beta \dot{m}_{aC} c_{pa}(T_{013} - T_{02})$$

$$T_{05} = T_{04} - \frac{c_{pa}(T_{03} - T_{02}) + c_{pa}\beta(T_{013} - T_{02})}{\eta_m (1+f) c_{pg}} \tag{3.206}$$

다시 한번 더 강조하면, 여기서 사용된 f는 $f \equiv \dfrac{\dot{m}_f}{\dot{m}_{aC}}$ 임을 유의하라.

또 터빈의 단열 효율식으로부터 터빈 출구 전압력을 구해보면 다음과 같다.

$$P_{05} = P_{04}\left[1 - \frac{1}{\eta_t}\left(1 - \frac{T_{05}}{T_{04}}\right)\right]^{\frac{\gamma_t}{\gamma_t - 1}} \tag{3.207}$$

터보제트 엔진과 마찬가지로 터빈을 지난 유동은 노즐을 통해 배출되는데 이 때 후기 연소기의 유무를 확인해야 한다. 후기연소기에 대한 과정은 터보제트에서와 같다. 만약 후기 연소기가 없다면 노즐 입구 조건은 터빈 출구 조건과 같을 것이다.

$$T_{07} = T_{05},\ P_{07} = P_{05}$$

중심부 유동도 팬 유동처럼 임계압력비로 초킹되는지를 판단해야 한다.

$$\frac{P_{07}}{P_c} = \frac{1}{\left[1 - \frac{1}{\eta_n}\left(\frac{\gamma_n - 1}{\gamma_n + 1}\right)\right]^{\frac{\gamma_n}{\gamma_n - 1}}} \tag{3.208}$$

여기서 만약 $P_{07}/P_c > P_{07}/P_a$이면 초킹되지 않는다. 이때 노즐의 출구속도는 다음과 같이 쓸 수 있다.

$$V_9 = V_{eC} = \sqrt{2\eta_n\left(\frac{\gamma_n R}{\gamma_n - 1}\right)T_{07}\left[1 - \left(\frac{P_a}{P_{07}}\right)^{\frac{\gamma_n - 1}{\gamma_n}}\right]} \tag{3.209}$$

중심부(Core) 유동의 추력은 기본 추력식에서 다음과 같다.

$$F_C = \dot{m}_{aC}[(1+f)V_9 - V_a] + A_9(P_9 - P_a)$$

한편 노즐유동이 $P_{07}/P_c < P_{07}/P_a$이 되면 초킹 된다. 이때 노즐에서의 임계온도와 압력, 속도는 다음과 같다.

$$T_9 = T_c = T_{07}\left(\frac{2}{\gamma_n + 1}\right) \tag{3.210}$$

$$P_9 = P_c = P_{07}\left[1 - \frac{1}{\eta_n}\left(\frac{\gamma_n - 1}{\gamma_n + 1}\right)\right]^{\frac{\gamma_n}{\gamma_n - 1}} \tag{3.211}$$

$$V_9 = V_c = \sqrt{\gamma R T_9} \tag{3.212}$$

노즐 출구면적을 구해보면 다음과 같다.

$$A_9 = (1+f)\frac{\dot{m}_{aC}}{\rho_9 V_9} = (1+f)\frac{\dot{m}_{aC} R_9 T_9}{P_9 V_9} \tag{3.213}$$

따라서 중심부 유동 추력은 다음과 같다.

$$F_C = \dot{m}_{aC}[(1+f)V_9 - V_a] + A_9(P_9 - P_a)$$

$$= \dot{m}_{aC}[(1+f)V_9 - V_a] + (1+f)\frac{\dot{m}_{aC}R_9T_9}{V_9}\left(1 - \frac{P_a}{P_9}\right) \tag{3.214}$$

지금까지 구한 팬 유동의 추력과 중심부 유동의 추력을 더하여 단위유입공기질량유량당 비추력과 추력당 연료소모율을 구하면 다음과 같다. 단위유입공기질량유량당 비추력을 구할 때는 전체 추력을 터보팬 전체를 지나는 공기유량으로 나눔에 유의하라.

$$\frac{F}{\dot{m}_a} = \frac{F_F + F_C}{\dot{m}_a} = \frac{F_F + F_C}{(1+\beta)\dot{m}_{aC}}$$

$$= \frac{(1+f)V_9 + \beta V_{19}}{(1+\beta)} - V_a + \frac{A_9(P_9 - P_a)}{(1+\beta)\dot{m}_{aC}} + \frac{A_{19}(P_{19} - P_a)}{(1+\beta)\dot{m}_{aC}} \tag{3.215}$$

$$TSFC = \frac{\dot{m}_f}{F} = \frac{f}{F/\dot{m}_{aC}} = \frac{f}{\left(\dfrac{\dot{m}_a}{\dot{m}_{aC}}\right)\left(\dfrac{F}{\dot{m}_a}\right)} = \frac{f}{(1+\beta)\left(\dfrac{F}{\dot{m}_a}\right)} \tag{3.216}$$

터보팬 엔진의 열효율은 식(3.49c)에, 추진효율은 식(3.50c)에 나와 있으며 변형하면 다음과 같다.

$$\eta_{th\ turbofan} = \frac{\Delta \dot{KE}}{\dot{Q}_{in}} = \frac{\dot{m}_{aC}\left[(1+f)\dfrac{V_{eC}^2}{2} - \dfrac{V_a^2}{2}\right] + \beta\dot{m}_{aC}\left[\dfrac{V_{eF}^2}{2} - \dfrac{V_a^2}{2}\right]}{\dot{m}_f Q_R} \tag{3.49c}$$

$$\eta_{th\ turbofan} = \frac{\left[(1+f)\dfrac{V_9^2}{2} - \dfrac{V_a^2}{2}\right] + \beta\left[\dfrac{V_{19}^2}{2} - \dfrac{V_a^2}{2}\right]}{f Q_R} \tag{3.49d}$$

$$\eta_{p,turbofan} = \frac{F V_a}{\dot{m}_{aC}\left[(1+f)\dfrac{V_{eC}^2}{2} - \dfrac{V_a^2}{2}\right] + \beta\dot{m}_{aC}\left(\dfrac{V_{eF}^2}{2} - \dfrac{V_a^2}{2}\right)} \tag{3.50c}$$

$$\eta_{p,turbofan} = \frac{f}{TSFC}\left\{\frac{V_a}{\left[(1+f)\dfrac{V_9^2}{2} - \dfrac{V_a^2}{2}\right] + \beta\left[\dfrac{V_{19}^2}{2} - \dfrac{V_a^2}{2}\right]}\right\} \tag{3.50d}$$

경우에 따라서 터보제트 엔진과 터보팬 엔진을 비교할 경우에는 단위유입공기질량유량당 비추력을 구하는 기준유입공기를 $\dot{m}_a$대신 $\dot{m}_{aC}$를 사용할 수도 있다. 이 경우 비추력을 중심부 유동기준 $(\dot{m}_{aC})$ 비추력이라 부른다.

위와 같은 터보팬의 해석을 이용하여 실제 엔진을 이용, 압력비와 터빈 입구 온도와 비행 마하수에 따른 비추력과 추력당 연료소모율의 변화를 살펴보도록 하자. 여기서 성능 계산을 위하여 중심부 유동의 각 부분의 효율과 비열비 등은 **〈표 3-1〉**에서 가정한 값을 바탕으로 하자. 그 외의 팬유동 값은 **〈표 3-2〉**에 나타내었다. 문제를 단순화하기 위해 배기노즐은 최적설계되어 있다고 가정하라. 각 경우에 대하여 계산된 결과가 **〈그림 3-51〉**에 터보제트 엔진과 비교하기 위하여 공기유동을 무차원할 때는 중심부 유동 $\dot{m}_{aC}$로 나눈 것에 유의하라. 추가로 터보팬 엔진에 대하여서는 유입공기 총질량 유량기준($\dot{m}_a$)으로 다시 그려놓았으니 비교하기 바란다. 이륙시 $\beta = 6$인 터보팬 엔진이 $\beta = 0$인 터보제트 엔진보다 비추력은 약 2배 증가하며 추력당 연료소모율도 감소하여 $\beta = 6$인 경우가 $\beta = 0$인 경우보다 유리하다. 즉 터보팬이 터보제트보다 훨씬 효율적이라고 할 수 있다. **〈그림 3-52〉**는 바이패스비 변화에 따른 비추력과 추력당 연료소모율을 나타낸 것이다. 기준 비행 마하수는 $M_a = 0.8$이다. 여기서 보면 바이패스비가 10 정도인 고바이패스비 엔진에서는 바이패스비가 0인 터보제트 엔진보다 비추력이 2배 정도 증가함을 알 수 있다. 또한 추력당 연료소모율이 절반이하로 줄어드는 경향을 보이게 된다. 또한 10 이상의 초고바이패스비 엔진이 되기 위해서는 터빈 입구 온도를 증가시켜야 하는 연구가 선행되어야 함을 알 수 있다. 효율측면에서는 바이패스비의 증가에 따라 열효율은 거의 변함이 없지만 추진효율이 증가함에 따라 전효율이 증가함을 알 수 있다. **〈그림 3-53〉**은 터보제트와 터보팬의 효율을 비교한 것이다. 기준이 되는 비행 마하수는 $M_a = 0.8$이다. 여기서 전효율 η_o는 터보팬의 경우가 터보제트보다 크다. 여기서도 마찬가지로 열효율의 변화는 거의 없지만 추진효율의 차이로 전효율이 터보팬에서 터보제트보다 크다는 것을 알 수 있다. **〈그림 3-54〉**는 TIT와 압축비 변화에 따른 비추력, 추력당 연료소모율 변화 맵을 나타내고 있다.

표 3-2 터보팬 엔진 팬성능 파라미터

부품	효율	비열비
공기 흡입구	η_i=0.97	γ_i=1.4
팬	η_F=0.90	γ_F=1.4
팬 노즐	η_{Fn}=0.90	γ_{Fn}=1.4
팬 압력비	π_F=1.6	
바이패스비	β=6	

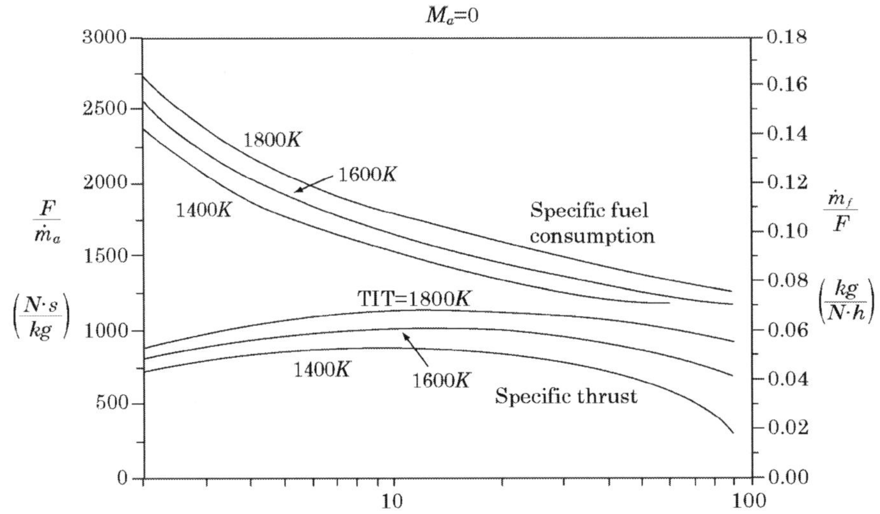

그림 3-51(a) M_a=0일 때 터보제트의 성능곡선

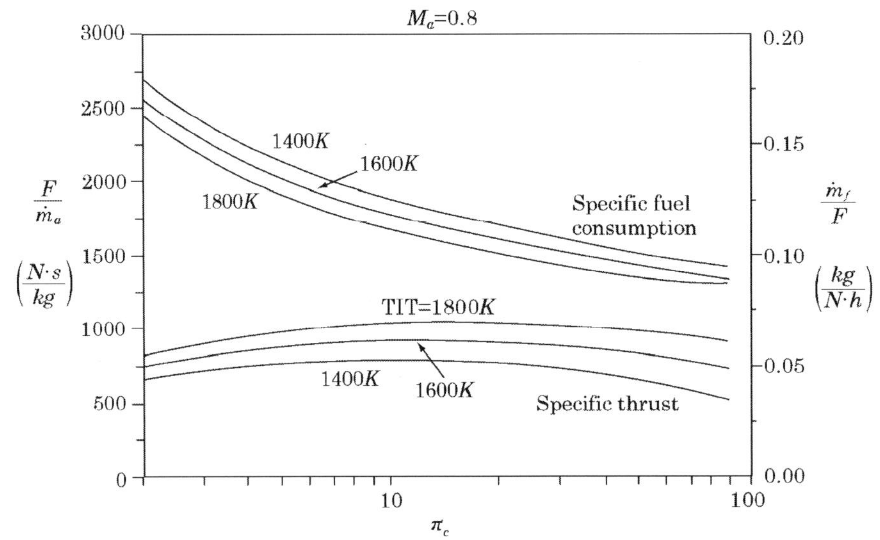

그림 3-51(b) M_a=0.8일 때 터보제트의 성능곡선

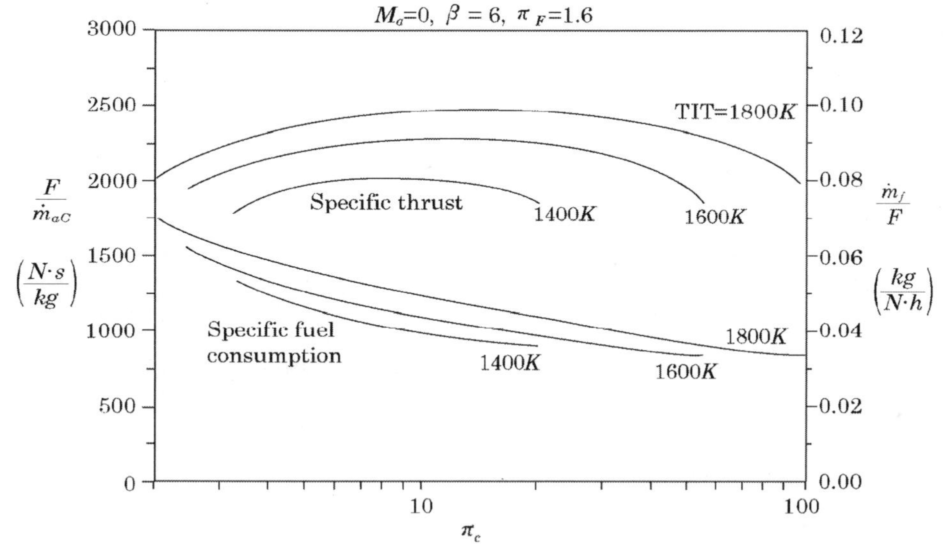

그림 3-51(c) M_a=0일 때 중심부 유동기준($\dot{m}_{aC}$) 터보팬의 성능곡선

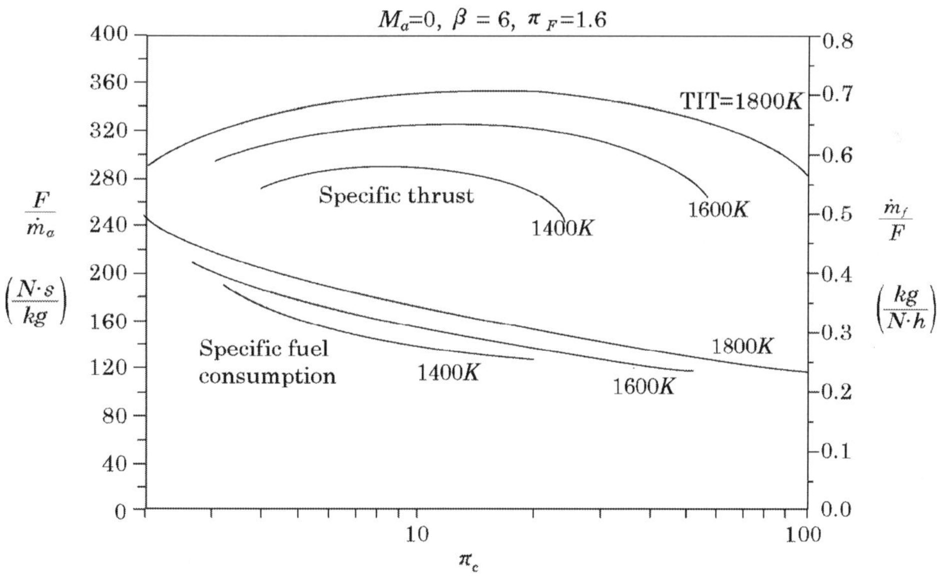

그림 3-51(d) M_a=0일 때 터보팬의 전체 유동기준($\dot{m}_a$) 성능곡선

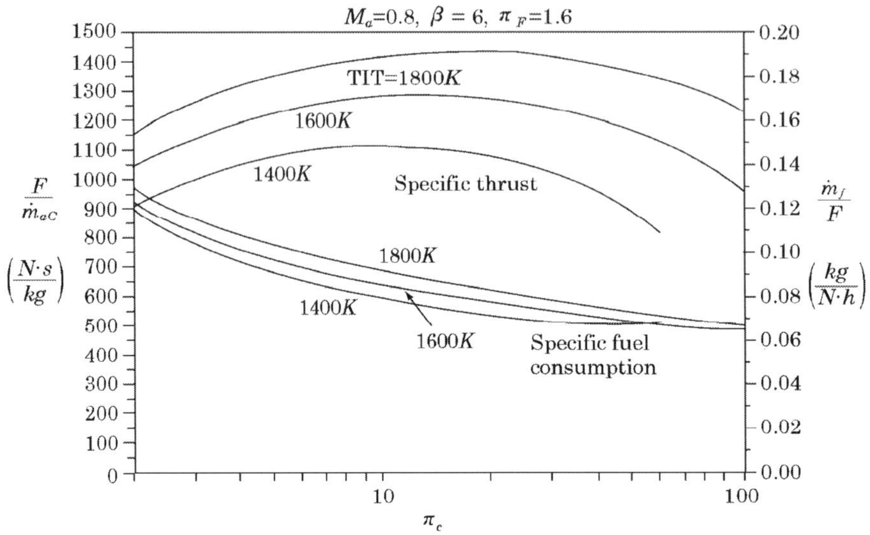

그림 3-51(e) M_a=0.8일 때 터보팬의 중심부 유동기준($\dot{m}_{aC}$) 성능곡선

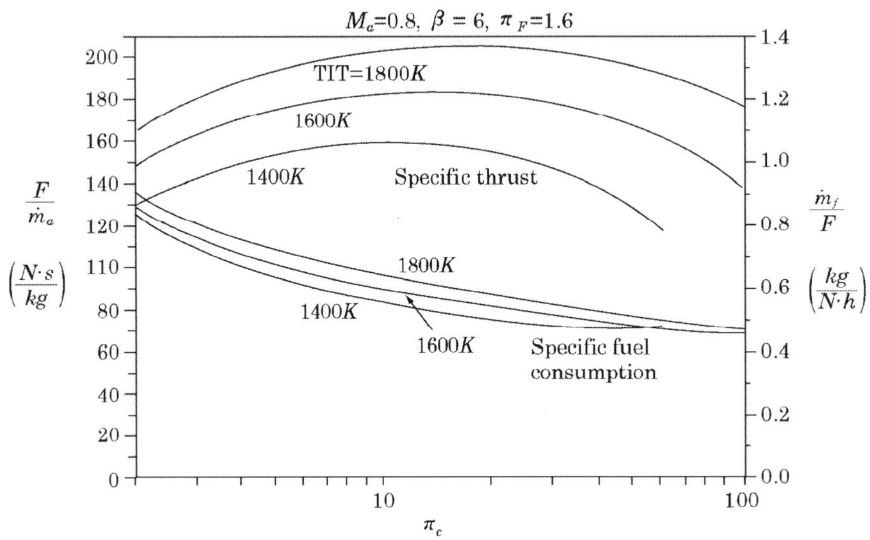

그림 3-51(f) M_a=0.8일 때 터보팬의 전체 유동기준($\dot{m}_a$) 성능곡선

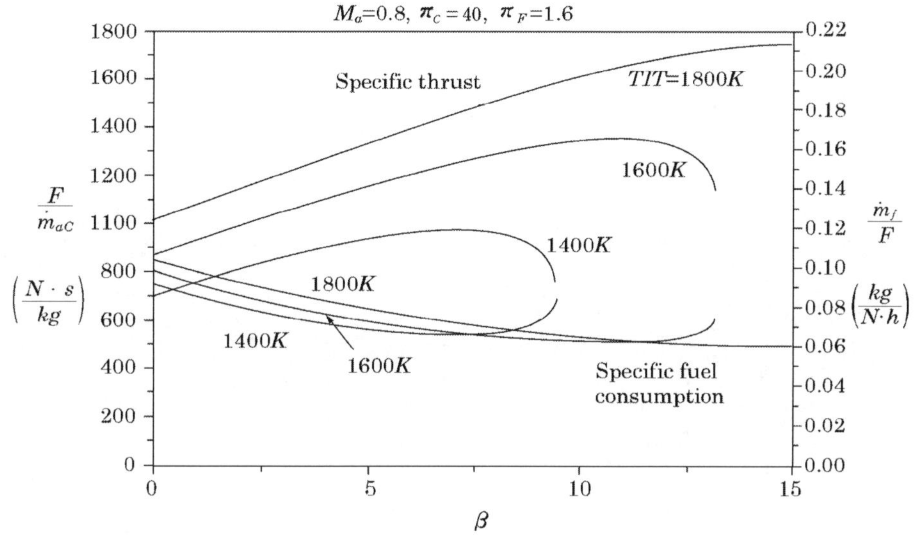

그림 3-52(a) 바이패스비에 따른 중심부 유동기준($\dot{m}_{aC}$) 비추력과 추력당 연료소모율

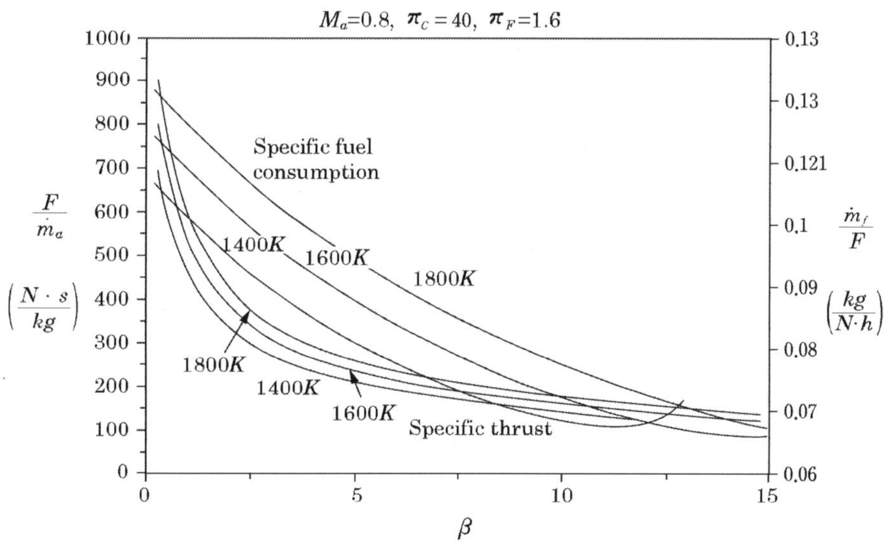

그림 3-52(b) 바이패스비에 따른 전체 유동기준($\dot{m}_a$) 비추력과 추력당 연료소모율

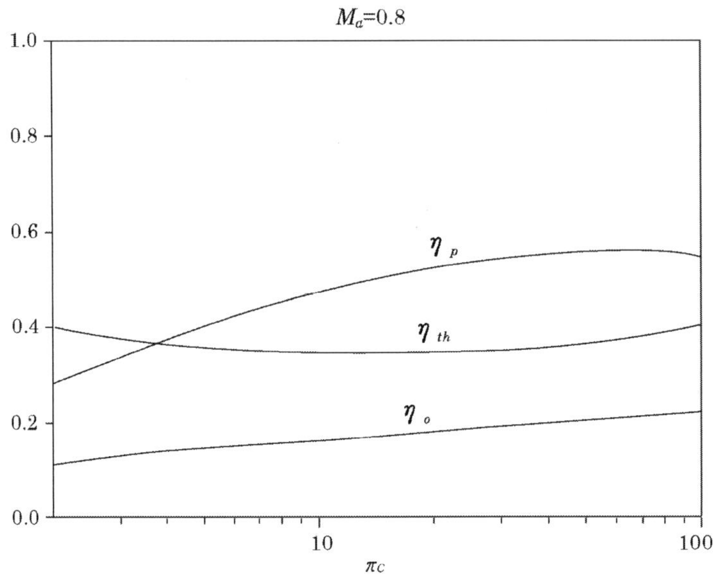

그림 3-53(a) $M_a = 0.8$일 때 터보제트의 각종효율

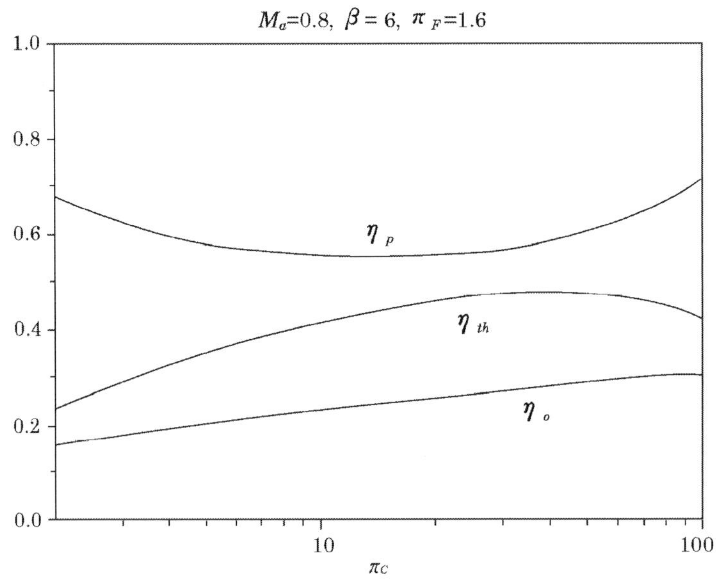

그림 3-53(b) $M_a = 0.8$일 때 터보팬의 각종효율

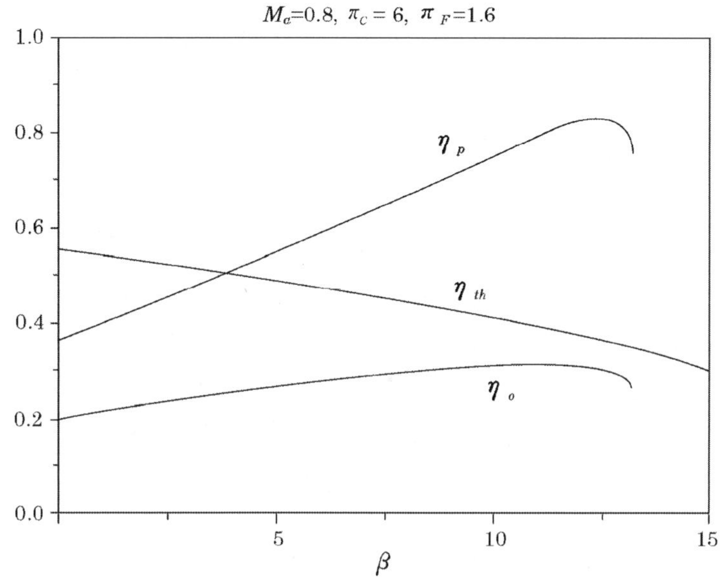

그림 3-53(c) 바이패스비에 따른 터보팬의 각종효율

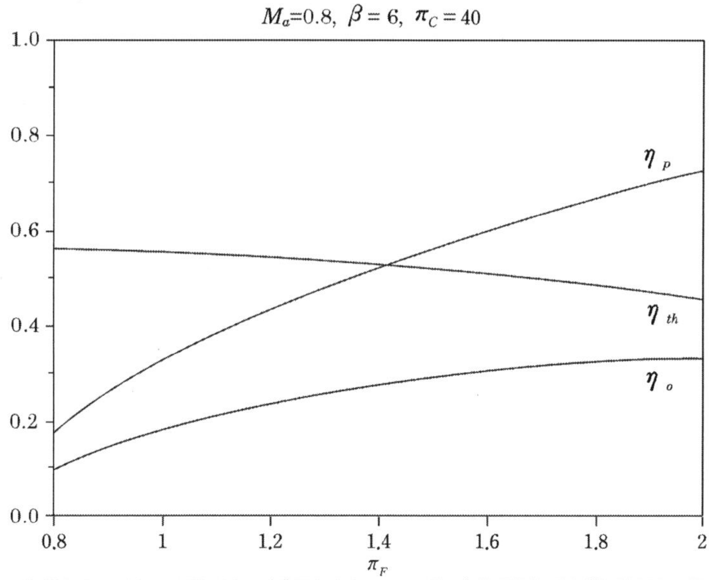

그림 3-53(d) 팬압력비에 따른 터보팬의 각종효율

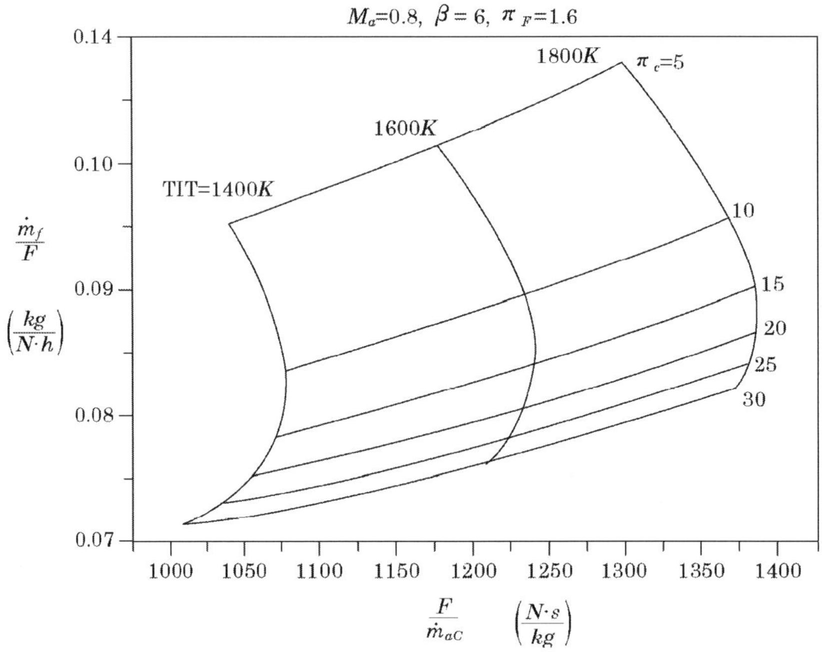

그림 3-54(a) 압력비 변화에 따른 중심부 유동기준($\dot{m}_{aC}$) 비추력과 연료소모율

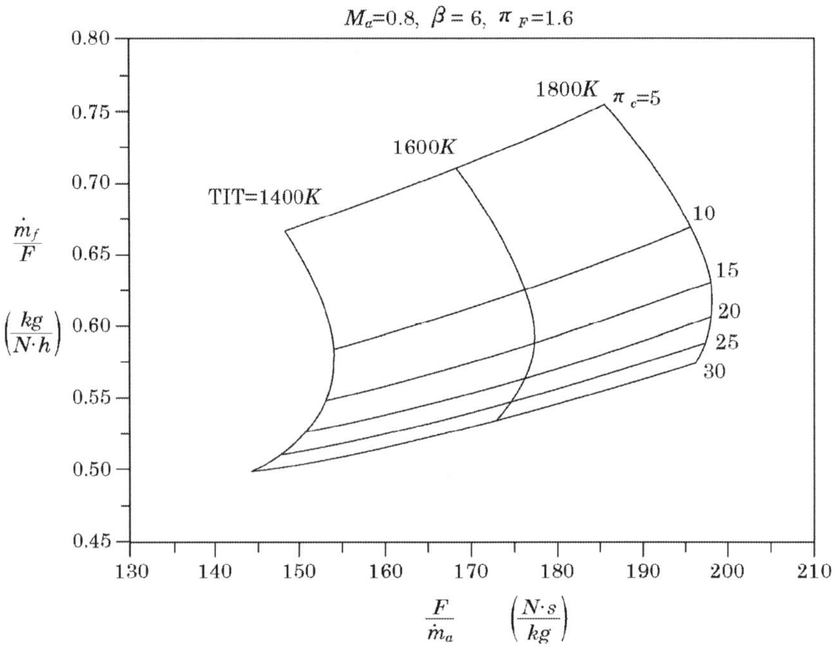

그림 3-54(b) 압력비 변화에 따른 전체 유동기준($\dot{m}_a$) 비추력과 연료소모율

예제 3-12 분리형 배기흐름 터보팬 엔진이 고도 10,000m에서 마하수 0.83으로 비행하고 있다. 이 엔진의 바이패스비는 8.7이며 팬 직경은 3 m이고 초당 1.2톤의 공기를 흡입한다. 비추력, 연료소모율 및 열효율을 계산하라.

TIT = 1600K, $\pi_c = 30$, $\Delta P_b/P_{03} = 0.05$, $\pi_F = 1.4$, $\eta_F = 0.9$, $c_{pg} = 1.148 kJ/kg \cdot K$
$c_{pa} = 1.005\ kJ/kg \cdot K$, $\gamma_a = 1.4$, $\gamma_g = 1.33$

풀이 터보팬 엔진의 경우 코어(중심부)로 흘러들어가는 유동과 팬을 지나 주변으로 흘러 나가는(바이패스) 유동으로 나누어 생각할 수 있다. 여기서 중심부를 지나는 유동의 해석은 터보제트엔진과 동일하다.

여기서 엔진의 조건 및 상수는 바이패스비를 제외하고는 **〈표 3-1〉**, **〈표 3-2〉**에 나와 있는 조건을 사용하도록 한다. 고도 10,000 m의 주위 조건은 $P_a = 26.45\ kPa$, $T_a = 223\ K$, $c = 299.3 m/s$이다. 먼저 공기 흡입구에서의 온도 상승은

$$\frac{T_{02}}{T_a} = 1 + \frac{\gamma - 1}{2} M_a^2 = 1.138$$

또 압력상승은, $$\frac{P_{02}}{P_a} = \left(\frac{T_{02}}{T_a}\right)^{\frac{\gamma}{\gamma-1}} = 1.572$$

팬에서의 압력상승비는 $\pi_F = 1.4$ 이며 팬의 효율은 $\eta_F = 0.9$ 이므로 팬 출구에서의 조건은,

$$\frac{P_{013}}{P_{02}} = 1.4 \quad \text{and} \quad \frac{T_{013}}{T_{02}} = 1 + \frac{1}{\eta_F}\left(\pi_F^{\frac{\gamma-1}{\gamma}} - 1\right) = 1.112$$

먼저 중심부 유동을 해석해보면, 팬을 지난 유동은 압축기로 들어가므로 압축기 출구에서의 조건은 다음과 같이 구할 수 있다.

$$\frac{P_{03}}{P_{013}} = \pi_c = 30 \quad \text{and} \quad \frac{T_{03}}{T_{013}} = 1 + \frac{1}{\eta_c}\left(\pi_c^{\frac{\gamma-1}{\gamma}} - 1\right) = 2.771$$

압축기를 지난 유동은 연소기로 유입되며 주어진 조건으로부터

$$T_{04} = TIT = 1600\ K \quad \text{and} \quad \frac{P_{04}}{P_{03}} = 0.95$$

또, $\frac{T_{04}}{T_{03}} = \frac{TIT}{T_a}\frac{T_{013}}{T_{03}}\frac{T_{02}}{T_{013}}\frac{T_a}{T_{02}} = 2.046 \quad \text{and} \quad T_{03} = 781.97K$

이로부터 연료-공기비를 구하면 다음과 같다.

$$f = \frac{c_{pg}T_{04} - c_{pa}T_{03}}{\eta_b Q_R - c_{pg}T_{04}} = 0.02528$$

터빈 입구에서의 온도와 압력비는 다음과 같다.

$$T_{05} = T_{04} - \frac{c_{pa}(T_{03} - T_{02}) + c_{pa}\beta(T_{013} - T_{02})}{\eta_m(1+f)c_{pg}} = 937.9K,$$

$$\frac{P_{05}}{P_{04}} = \left[1 - \frac{1}{\eta_t}\left(1 - \frac{T_{05}}{T_{04}}\right)\right]^{\frac{\gamma_t}{\gamma_t - 1}} = 0.0836$$

노즐을 지나는 유동의 경우, 노즐이 완전히 팽창된다면 압력비는

$$\frac{P_9}{P_{05}} = \frac{P_a}{P_{05}} = \frac{P_a}{P_{02}}\frac{P_{02}}{P_{013}}\frac{P_{013}}{P_{03}}\frac{P_{03}}{P_{04}}\frac{P_{04}}{P_{05}} = 0.1907$$

또, 이 때 등엔트로피 팽창 온도비는

$$\frac{T_{9s}}{T_{05}} = \left(\frac{P_9}{P_{05}}\right)^{\frac{\gamma_t - 1}{\gamma_t}} = 0.6629$$

따라서 출구에서의 속도는

$$V_{e,C} = \sqrt{2\eta_n c_p T_{05}\left[1 - \left(\frac{T_{9s}}{T_{05}}\right)\right]} = 843.45\, m/s$$

이로부터 중심부유동의 비추력을 구해보면,

$$\frac{F_C}{\dot{m}_a} = \frac{1}{1+\beta}\left[(1+f)V_{e,C} - V_a\right] = 63.54\, N/kg/s$$

바이패스 유동에 대해서 해석해보면, 팬 출구에서의 상태량은 결정되었으므로 팬 노즐 출구에서

의 상태를 결정하여야 한다.

$$\frac{P_{017}}{P_a} = \frac{P_{013}}{P_{02}}\frac{P_{02}}{P_a} = 2.201$$

덕트의 노즐을 잘 설계하여 완전히 팽창한다고 가정하면,

$$T_{017} = T_{013} = \frac{T_{013}}{T_{02}}\frac{T_{02}}{T_a}T_a = 282.2K$$

$$V_{eF} = \sqrt{2\eta_{Fn}\left(\frac{\gamma_{Fn}R}{\gamma_{Fn}-1}\right)T_{017}\left[1-\left(\frac{P_a}{P_{017}}\right)^{\frac{\gamma_{Fn}-1}{\gamma_{Fn}}}\right]} = 320.9m/s$$

따라서 팬을 통과하는 유동의 비추력은 다음과 같다.

$$\frac{F}{\dot{m}_a} = \frac{\beta}{1+\beta}(V_{eF} - V_a) = 65.01\,N/kg/s$$

따라서 총 비추력은 다음과 같다.

$$\frac{F}{\dot{m}_a} = \left.\frac{F}{\dot{m}_a}\right)_{core} + \left.\frac{F}{\dot{m}_a}\right)_{fan} = 128.55\,N/kg/s$$

이 때 추력당연료소모율은 다음과 같다.

$$TSFC = \frac{\dot{m}_f}{F} = \frac{f}{1+\beta}\frac{1}{(F/\dot{m}_a)} = 1.604\times10^{-5}\,kg/s/N$$

예제 3-13 팬은 저압 터빈에서 구동되고 압축기는 고압터빈에서 구동되는 2중 스풀 터보팬 엔진이 배기노즐은 분리형으로 되어있다. 이 엔진을 장착한 항공기는 고도 8000m에서 마하수 0.9로 비행하고 있다. 고도 8000m에서 주위 압력은 0.3565bar이고 주위 온도는 236.2k이고 음속은 308.1m/s이다. 이 터보팬 엔진의 전 압력비는 25.0이고 팬 압력비는 1.65이고 바이패스비는 5.0이다. 바이패스(냉간)유동의 공기 유량은 179.2kg/s이고 팬을 통해 바이패스되는 냉간유량은 초크되고 출구 온도는 268.2k, 압력은 0.5068bar, 밀도는 0.6584kg/m^3, 음속은 328.3m/s이다.

터보팬의 주흐름(고온유동)을 지나는 공기유량은 35.83kg/s이다. 주흐름의 배기노즐 입구의 전온도는 909.1K이고 전압은 1.202bar이다. 추진노즐 효율은 95%이다. 연소가스의 밀도는 0.2802kg/m^3이고, 비열비는 1.333이다. 일반기체상수는 8.314kJ/kmol.K이고 배기가스 분

자량은 28.9로 간주한다.

1) 바이패스 유동에 의한 추력을 구하라.
2) 주흐름 배기노즐의 초크 여부를 판단하라.
3) 주흐름 노즐 출구의 온도 및 압력을 구하라.
4) 주흐름 노즐 출구에서의 배기가스 음속을 구하라.
5) 주흐름 노즐 출구 면적을 구하라.
6) 주흐름의 추력을 구하라.
7) 엔진전체 추력 중 바이패스추력이 차지하는 비율을 구하라.
8) 연료 질량 유량이 3193.8kg/h일 때 이 엔진 전체의 TSFC를 구하라.

풀이 1) 팬노즐이 초킹되므로 $V_{19} = a_{19}$, 비행속도 $M_a = 0.9$이므로

$V_a = 308.1 \times 0.9 = 277.3 \text{ m/s}$이다. 또 $A_{19} = \dfrac{\dot{m}_{aF}}{\rho_{19} V_{19}} = \dfrac{179.2}{0.6584 \times 328.3} = 0.829m^3$이다.

$$F_F = \dot{m}_{aF}(V_{19} - V_a) + A_{19}(P_{19} - P_a)$$

$$= 179.2(328.3 - 277.3) + 0.829(0.5068 - 0.3565) \times 10^5$$

$$= 21599N$$

2) $\dfrac{P_{07}}{P_a} = 3.372$, $\dfrac{P_{07}}{P_c} = \dfrac{1}{\left[1 - \dfrac{1}{0.95}\left(\dfrac{0.333}{2.333}\right)\right]^4} = 1.918$

$\dfrac{P_{07}}{P_c} < \dfrac{P_{07}}{P_a}$이므로 초킹된다.

3) T_{07}=909.1K, P_{07}=1.202bar는 주어진 값이다.

$$T_9 = T_c = \left(\frac{2}{\gamma+1}\right)T_{07} = \frac{2 \times 909.1}{2.333} = 779.3K$$

$$P_9 = P_c = P_{07}\left(\frac{1}{P_{07}/P_c}\right) = \frac{1.202}{1.918} = 0.627\text{bar}$$

4) $V_9 = \sqrt{(\gamma R T_c)} = \sqrt{1.333 \times 0.287 \times 1000 \times 779.3} = 546m/s$

5) $A_9 = \dfrac{\dot{m}_{aC}}{\rho_9 V_9} = \dfrac{35.83}{0.2802 \times 546} = 0.2342m^2$

6) $F_C = 35.83(546 - 277.3) + 0.2342(0.627 - 0.3565) \times 10^5 = 15976N$

7) $F_{total} = F_F + F_C = 21599 + 15976 = 37575N$, 따라서 $\dfrac{F_F}{F_{total}} = \dfrac{21599}{37575} = 57.5\%$

8) $\dot{m}_f = 3193.5\,kg/h$

$$TSFC = \frac{\dot{m}_f}{F} = \frac{3193.8}{37575} = 0.085kg/hN$$

후기연소기 장착 터보팬엔진에서 혼합배기유동 터보팬 엔진은 분리 배기 유동 터보팬 엔진에 비해 배기 노즐이 하나이므로 가변 배기 노즐을 만들기 쉽고, 후기 연소기를 장착하여 추력 증강을 쉽게 할 수 있고 차가운 바이패스 유동을 후기연소기 라이너로 흘려 라이너 냉각을 쉽게 할 수 있다.

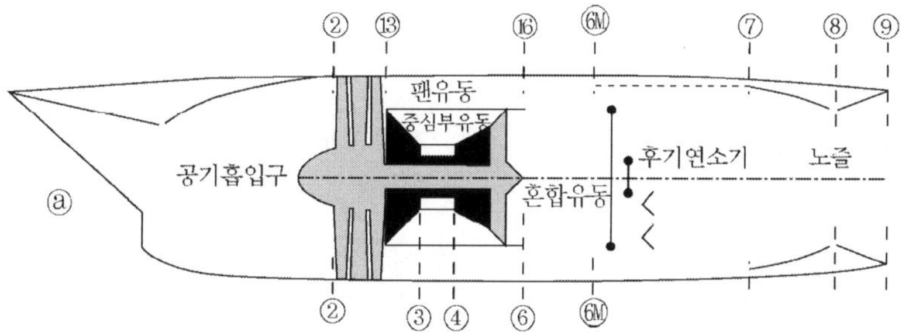

그림 3-55 후기연소기 장착 혼합 배기 유동 단일축 터보팬 엔진의 개략도

후기 연소기 장착 혼합 배기유동 터보팬 엔진은 최신 전투기용에서 자주 사용된다. 후기 연소기가 작동할 경우에는 고추력을 얻을 수 있고 후기 연소기가 작동하지 않을 때는 TSFC를 얻을 수 있기 때문에 F-15, F-16 전투기에 사용되는 F-100-PW-229엔진은 바이패스비가 0.4인 터보팬 엔진이다.

〈그림 3-55〉는 후기연소기 장착 혼합배기 유동 터보팬엔진의 개략도를 나타내고 있다. 이 그림에서 팬유동은 16에서 들어오고 중심부(코어) 유동은 6에서 들어와 혼합영역에서 혼합된 후 균일한 성질의 가스로 후기 연소기에 들어간다. 입구와 출구의 면적이 같은 혼합영역을 생각하여 나타낸 것이 **〈그림 3-56〉**이다.

〈그림 3-56〉에서 혼합장치 입구에서는 유동이 점프되지 않도록 정압 P_6와 P_{16}은 같다고 가정한다. 바이패스 유동에서는 공기의 비열 및 상태량(하첨자a)을, 중심부 유동에서는 배기가스 비열 및 상태량(하첨자g)를 사용한다.

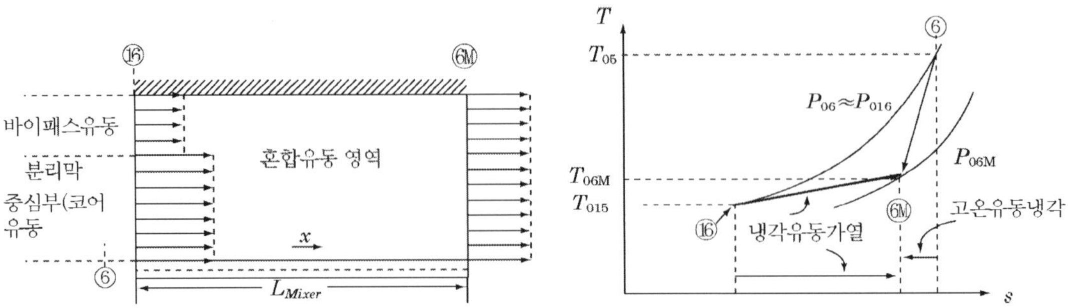

그림 3-56 바이패스유동과 중심부(코어)유동의 혼합기 개념도와 T-s선도

혼합영역 출구에서의 질량평균정압 비열은

$$c_{p6M} = \frac{\dot{m}_6 c_{pg} + \dot{m}_{16} c_{pa}}{\dot{m}_6 + \dot{m}_{16}} \tag{3.217}$$

혼합영역 출구에서 기체 상수는

$$R_{6M} = \frac{\dot{m}_a R_g + \dot{m}_{16} R_a}{\dot{m}_6 + \dot{m}_{16}}$$

혼합영역 출구에서의 비열비는

$$\gamma_{6M} = \frac{c_{P6M}}{c_{v6M}} = \frac{\dot{m}_6 c_{pg} + \dot{m}_{16} c_{pa}}{\dot{m}_6 c_{vg} + \dot{m}_{16} c_{va}} = \frac{\dot{m}_6 c_{pg} + \dot{m}_{16} c_{pa}}{\dot{m}_6 \left(\dfrac{c_{pg}}{\gamma_g} \right) + \dot{m}_{16} \left(\dfrac{c_{pa}}{\gamma_a} \right)} \tag{3.218}$$

혼합영역에서 연속의 식을 적용하면 $\dot{m}_6 + \dot{m}_{16} = \dot{m}_{6M}$ (i)

혼합영역에서 에너지 평형식을 적용하면

$$\dot{m}_6 h_{06} + \dot{m}_{16} h_{16} = \dot{m}_{6M} h_{06M} \qquad \text{(ii)}$$

$$h_{06M} = \frac{(1+f)h_{06} + \beta h_{016}}{1+\beta+f} = h_a \frac{(1+f)\tau_t \tau_\lambda + \beta \tau_r \tau_F}{1+\beta+f} \qquad \text{(iii)}$$

바이패스비 β는 $\dfrac{\dot{m}_{16}}{\dot{m}_C}$이고 $f = \dfrac{\dot{m}_f}{\dot{m}_C}$이다.

혼합영역에서 운동량 식을 적용하면

$$(P_6 A_6 + \dot{m}_6 V_6) + (P_{16} A_{16} + \dot{m}_{16} V_{16}) = P_{6M} A_{6M} + \dot{m}_{6M} V_{6M} \qquad \text{(iv)}$$

유체의 임펄스는 $I \equiv \dot{m} V + PV$로 정의되며 식을 변형하면 마하수로 다음과 같이 나타낼 수 있다.

$$I \equiv \dot{m}V + PV = A(\rho V^2 + P) = AP\left(\frac{\rho V^2}{P} + 1\right) = AP(1 + \gamma M)$$

따라서, 식(iv)는 $I_6 + I_{16} = I_{6M}$이고

$$P_{6M}A_{6M}(1 + \gamma_{6M}M_{6M}^2) - P_6A_6(1 + \gamma_g M_6^2) - P_{16}A_{16}(1 + \gamma_a M_{16}^2) = 0$$

일정면적 관계식에서 $A_6 + A_{16} = A_{6M}$ (v)

팬 출구 압력과 온도는 다음과 같다.

$$P_{013} = \pi_F P_{02}$$

$$T_{013} = T_{02}\pi_F^{\frac{\gamma - 1}{\gamma\eta_{PF}}}$$

팬덕트를 지나 팬 유동에서 나온 혼합영역 입구 16에서는 다음과 같은 팬덕트 압력비를 갖는다.

$$\pi_{Fd} = \frac{P_{016}}{P_{013}}$$

중심부 유동에서 나온 혼합 영역 입구 6에서는 동력 평형(power balance)을 취하면

$$(h_{03} - h_{02}) + \beta(h_{013} - h_{02}) = \eta_m(1 + f)(h_{04} - h_{05})$$

다시 쓰면,

$$\tau_r(\tau_c - 1) + \beta\tau_r(\tau_F - 1) = \eta_m(1 + f)\tau_\lambda(1 - \tau_t)$$

여기서 $\tau_r = \frac{T_{0a}}{T_a}$, $\tau_F = \frac{T_{013}}{T_{02}}$, $\tau_t = \frac{T_{05}}{T_{04}}$이다.

$P_{05} = P_{06}$이며 P_{06}와 P_{016}은 거의 같다고 가정한다.

$$\frac{P_{06}}{P_{02}} = \frac{P_{06}}{P_{04}}\frac{P_{04}}{P_{03}}\frac{P_{03}}{P_{02}} = \pi_t\pi_b\pi_c$$

그런데 P_{06}와 P_{016}는 같다고 가정하였으므로

$$\frac{P_{06}}{P_{02}} = \frac{P_{016}}{P_{02}} = \frac{P_{016}}{P_{013}}\frac{P_{013}}{P_{02}} = \pi_{Fd}\pi_F$$

위 두식에서 $\pi_t = \frac{\pi_{Fd}\pi_F}{\pi_b\pi_c}$임을 알 수 있다.

또, $\tau_t = \pi_t^{\frac{\gamma_g - 1}{\gamma_g}\eta_{pt}}$이므로 $\tau_t = \left(\frac{\pi_{Fd}\pi_F}{\pi_b\pi_c}\right)^{\frac{\gamma_g - 1}{\gamma_g}\eta_{pt}}$이고 동력 평형식에서

$$\beta = \frac{\eta_m(1+f)\tau_\lambda(1-\tau_t) - \tau_r(\tau_c - 1)}{\tau_r(\tau_F - 1)}$$

(ii)식에서 $(\dot{m}_C + \dot{m}_f)h_{06} + \dot{m}_{16}h_{16} = \dot{m}_{6M}h_{06M}$이고 $\dot{m}_C$로 나누고 정리하면

$$h_{06M} = \frac{(1+f)h_{06} + \beta h_{16}}{1+f+\beta} = h_6 \frac{(1+f)\tau_t\tau_\lambda + \beta\tau_r\tau_F}{1+\beta+f} \tag{3.219}$$

그런데 $P_{016} = P_{16}\left(1 + \frac{\gamma_a - 1}{2}M_{16}^2\right)^{\frac{\gamma_a}{\gamma_a - 1}} = P_{06} = P_6\left(1 + \frac{\gamma_g - 1}{2}M_6^2\right)^{\frac{\gamma_g}{\gamma_g - 1}}$

$$M_{16}^2 = \frac{2}{\gamma_a - 1}\left\{\left[\left(1 + \frac{\gamma_g - 1}{2}M_{16}^2\right)^{\frac{\gamma_g}{\gamma_g - 1}}\right]^{\frac{\gamma_a - 1}{\gamma_a}} - 1\right\}$$

또, $\dot{m}_{16} = \rho_{16}A_{16}V_{16} = \gamma_a P_{16}A_{16}\left(\frac{M_{16}}{a_{16}}\right) = \beta\dot{m}_C$

$$\dot{m}_6 = \rho_6 A_6 V_6 = \gamma_a P_6 A_6\left(\frac{M_6}{a_6}\right) = (1+f)\dot{m}_C$$

위 두식에서 $$\frac{A_{16}}{A_6} = \frac{\beta}{1+f}\left(\frac{\gamma_g}{\gamma_a}\right)\frac{a_{16}}{a_6}\frac{M_6}{M_{16}} \tag{3.220}$$

운동량식에서

$$I \equiv \dot{m}V + PA = A(\rho V^2 + P) = AP\left(\frac{\rho V^2}{P} + 1\right) = AP(1 + \gamma M^2)$$

따라서 (iv)식은

$$P_{6M}A_{6M}(1 + \gamma_{6M}M_{6M}^2) - P_6A_6(1 + \gamma_g M_6^2) - P_{16}A_{16}(1 + \gamma_a M_{16}^2) = 0$$

위 식을 A_6로 나누면

$$P_{6M}(1 + \gamma_{6M}M_{6M}^2)\left(1 + \frac{A_{16}}{A_6}\right) - P_6\left[(1 + \gamma_g M_6^2) + \left(\frac{A_{16}}{A_6}\right)(1 + \gamma_a M_{16}^2)\right] = 0 \tag{3.221}$$

연속의 식에서

$$\dot{m} = \rho AV = \frac{AVP}{RT} = \frac{\gamma PAM}{\sqrt{\gamma RT}} = \frac{\gamma PAM}{\sqrt{\gamma RT_0}}\sqrt{1 + \frac{\gamma - 1}{2}M^2}$$

따라서 (i)식은

$$\frac{P_{6M}M_{6M}\sqrt{1+(\gamma_{6M}-1)M_{6M}^2/2}}{\sqrt{\gamma_{6M}R_{6M}T_{6M}}}\left(1+\frac{A_{16}}{A_6}\right)=\frac{P_6M_6\sqrt{1+(\gamma_g-1)M_6^2/2}}{\sqrt{\gamma_gR_gT_{06}}}+\frac{P_{16}M_{16}\sqrt{1+(\gamma_a-1)M_{16}^2/2}}{\sqrt{\gamma_aR_aT_{016}}}\left(\frac{A_{16}}{A_6}\right) \tag{3.222}$$

식 (3.221)과 (3.222)은 두 개의 식과 두 개의 미지수 P_{6M}과 M_{6M}을 포함하고 있으므로 미지수를 구할 수 있다. 아래 사항은 P_{6M}과 M_{6M}을 구하는 한 가지 방법을 소개한다[1,2].

$$\frac{P_{6M}}{P_6}\left(1+\gamma_{6M}M_{6M}^2\right)=\left[\left(1+\gamma_gM_6^2\right)+\left(A_{16}/A_6\right)\left(1+\gamma_aM_{16}^2\right)\right]/\left(1+A_{16}/A_6\right)=C_1 \tag{3.223}$$

이 식의 우변항의 값은 알 수 있는 값이다.

$$\frac{P_{6M}}{P_6}\left(M_{6M}\sqrt{1+(\gamma_{6M}-1)M_{6M}^2/2}\right) \tag{3.224}$$

$$=\left[\left(\frac{\gamma_g}{\gamma_{6M}}\right)\frac{M_6}{a_6}+\left(\frac{\gamma_a}{\gamma_{6M}}\right)\frac{M_{16}(A_{16}/A_6)}{a_{16}}\right]\frac{\sqrt{(\gamma_{6M}-1)c_{p6M}T_{06M}}}{(1+A_{16}/A_6)}=C_2$$

또 이 식의 우변항의 값도 알 수 있는 값이다.

위 앞식에서 뒷식을 나누어서 변형하면

$$\frac{1+\gamma_{6M}M_{6M}^2}{M_{6M}\sqrt{1+(\gamma_{6M}-1)M_{6M}^2/2}}=\frac{C_1}{C_2}=\sqrt{C} \tag{3.225}$$

또, 위 식으로부터 M_{6M}^2을 구하면

$$M_{6M}^2=\frac{C-2\gamma_{6M}-\sqrt{(C-2\gamma_{6M})^2-4\left[\gamma_{6M}^2-C(\gamma_{6M}-1)/2\right]}}{2\gamma_{6M}^2-C(\gamma_{6M}-1)} \tag{3.226}$$

여기서 C값은 (식 3.225)에서 구한 값이다. (식 3. 223)으로 부터

$$\frac{P_{6M}}{P_6}=\frac{C_1}{1+\gamma_{6M}M_{6M}^2} \tag{3.227}$$

혼합영역을 통과하는 이상상태(ideal)의 전압력비는 P_{06M}/P_{06}이고 이를 식 (3.227)의 항으로 나타내면

$$\pi_{M,i}\equiv\frac{P_{06M}}{P_{06}}=\frac{P_{6M}}{P_6}\frac{\left[1+(\gamma_{6M}-1)M_{6M}^2/2\right]^{\frac{\gamma_{6M}}{\gamma_{6M}-1}}}{\left[1+(\gamma_g-1)M_6^2/2\right]^{\frac{\gamma_g}{\gamma_g-1}}} \tag{3.228}$$

실제 상태에서의 혼합영역을 통한 압력비 π_M은 혼합영역 벽면 마찰 손실을 고려하면 다음과 같이 구할 수 있다.

$$\pi_M = \pi_{M,i} X(1 - f_M)$$

여기서 f_M은 마찰손실율이다.

$\dfrac{P_{6M}}{P_6}$은 (식 3.227)에서 알 수 있고 M_{6M}^2은 (식3.226)에서 구할수 있으므로 π_M을 구할 수 있다.

혼합형 배기유동 터보팬엔진에서 후기연소기는 혼합영역 이후에 놓이게 되며 후기 연소기에 대한 에너지 방정식으로부터

$$(\dot{m}_{6M} + \dot{m}_{fAB})h_{07} - \dot{m}_{6M} h_{06M} = \dot{m}_{fAB} Q_R \eta_{AB}$$

따라서, $$f_{AB} \equiv \frac{\dot{m}_{fAB}}{\dot{m}_{6M}} = \frac{h_{07} - h_{06M}}{Q_R \eta_{AB} - h_{07}} = \frac{\tau_{\lambda AB} - h_{06M}/h_a}{\dfrac{Q_R \eta_{AB}}{h_a} - \tau_{\lambda AB}} \tag{3.229}$$

후기연소기 출구에서 전압력은

$$P_{07} = P_{06M} \cdot \pi_{AB} \tag{3.230}$$

후기연소기를 작동시킬 때와 작동시키지 않을 때 전압력비는 다르며 이를 각각π_{AB-on}, π_{AB-off}로 구분하여 표기한다.

노즐 유동을 단열이라 가정하면

$$T_{09} = T_{07}$$

노즐 출구의 전압력은 $P_{09} = P_{07}\pi_n$

노즐 출구 마하수는 다음과 같이 구할 수 있다.

$$M_9^2 = \frac{2}{\gamma_{AB} - 1}\left[\left(\frac{P_{09}}{P_9}\right)^{\frac{\gamma_{AB}-1}{\gamma_{AB}}} - 1\right] \tag{3.231}$$

여기서 $\dfrac{P_{09}}{P_9} = \dfrac{P_a}{P_9}\pi_r \pi_i \pi_c \pi_b \pi_t \pi_m \pi_{AB} \pi_n$이다.

노즐 출구 음속은

$$a_9^2 = \frac{\gamma_{AB} R_{AB} T_{09}}{1 + \dfrac{\gamma_{AB} - 1}{2} M_9^2}$$

따라서 노즐출구 배기가스속도는 다음과 같이 구할 수 있다.

$$V_9 = M_9 a_9$$

예제 3-14 단일 터빈이 팬과 압축기를 구동하는 후기연소기 부착, 혼합배기형 터보팬 엔진이 어느 고도에서 비행마하수 2.0으로 비행하고 있다. 이 고도에서 주위온도는 223K, 주위압력은 10.0kPa이다. 중심부 노즐과 팬 노즐은 수축노즐이고 완전 팽창한다고 가정한다.
주위공기의 비열비는 1.4이며 정압비열은 $1.004 kJ/kg \cdot K$이고, 공기의 기체상수는 $0.287 kJ/kg \cdot K$이다. 연소기를 통과한 후 터빈과 노즐을 지나가는 가스의 비열비는 1.33이며, 정압비열은 $1.152 kJ/kg \cdot K$이다. 후기연소기를 지나가는 가스의 비열비는 1.30이며, 정압비열은 $1.241 kJ/kg \cdot K$이다. 제트연료의 발열량은 $Q_R = 42{,}000 kJ/kg$이다. 각 부품의 주요사양은 다음과 같다.

$\pi_i = 0.9$, $\beta = 0.5707$, $\pi_{Fi} = 0.99$, $\pi_F = 1.9$, $\pi_c = 6.84$,
$\tau_c = 1.841$, $\eta_{pc} = 0.90$, $T_{04} = 1600\text{K}$, 터빈입구설계제한온도비 $\tau_\lambda = 8.2325$, $\pi_b = 0.95$
$\eta_b = 0.98$, $\eta_{pt} = 0.80$, $\eta_m = 0.95$, $M_6 = 0.5$, 혼합장치의 마찰손실율 2%,
$T_{07} = 2000\text{K}$, $\pi_{AB-on} = 0.92$, 후기연소기효율 $\eta_{b,AB} = 0.98$, $\pi_n = 0.95$

1) 팬출구 전압과 전온도를 구하라.
2) 압축기출구 전압과 전온도를 구하라.
3) 연소기출구 전압력과 전온도를 구하라.
4) 주연소기 연료-공기비(f)를 구하라.
5) 혼합배기형 혼합장치 출구의 전압은 128.6kPa이고, 전엔탈피는 $991.423 KJ/kg$이라고 가정할 때 후기연소기출구(7번)에서의 전압과 전엔탈피를 구하라.
6) 후기연소기 연료-공기(f_{AB})를 구하라.
7) 노즐 출구에서의 전압, 정압, 마하수, 음속, 속도를 구하라.
8) 비추력을 구하라.
9) TSFC를 구하라.
10) 열효율, 추진효율, 전효율을 구하라.

풀이 1) $P_{0a} = P_a\left(1 + \frac{\gamma_{a-1}}{2} M_a^{\,2}\right)^{\frac{\gamma_a}{\gamma_a - 1}} = 10\left(1 + \frac{0.4}{2} 2^2\right)^{\frac{1.4}{0.4}} = 78.24 kPa$

$$T_{0a} = T_a(1+\frac{\gamma_{a-1}}{2}M_a{}^2) = 223(1+\frac{0.4}{2}2^2) = 401.4K$$

$$\begin{pmatrix} T_{02} = T_{0a} = 401.4K \\ P_{02} = P_{0a}\pi_i = 78.24 \times 0.9 = 70.42kPa \end{pmatrix}$$

$$\pi_r = \frac{P_{0a}}{P_a} = 7.824,\ \tau_r = \frac{T_{0a}}{T_a} = 1.8$$

$$a = \sqrt{(\gamma_a - 1)c_{pa}T_a} \cong 299.3m/s$$

$$V_a = aM_a = 2 \times 299.3 = 598.5m/s$$

$$P_{013} = P_{02}\pi_F = 70.42 \times 1.9 = 133.8kPa$$

$$T_{013} = T_{02}\pi_F^{\frac{\gamma-1}{\gamma\eta_{PF}}} = (401.4)(1.9)^{\frac{0.4}{1.4\times0.9}} = 492.12K$$

2) $P_{03} = \pi_c P_{013} = 6.84 \times 133.8 = 915.2kPa$

$T_{03} = \tau_c T_{013} = 1.841 \times 492.12 = 906K$

3) $P_{04} = \pi_b P_{03} = 0.95 \times 915.2 = 869.4kPa$

$T_{04} = 1600K(\text{given})$

〈또는 $\tau_\lambda = \frac{c_{pg}T_{04}}{c_{pg}T_a}$ 에서 T_{04}구할 수 있다〉

4) $f = \frac{c_{pg}T_{04} - c_{pa}T_{03}}{\eta_b Q_R - c_{pg}T_{04}} = \frac{1.152 \times 1600 - 1.004 \times 906}{0.98 \times 42000 - 1.152 \times 1600} = 0.02374$

5) $\begin{pmatrix} P_{06M} = 128.6kPa \\ h_{06M} = 991.423KJ/kg \end{pmatrix}$

$P_{07} = \pi_{AB}P_{06M} = 0.92 \times 128.6 = 118.3kPa$

$h_{07} = c_{pgAB}T_{07} = 1.241 \times 2000 = 2482kJ/kg$

6) $f_{AB} = \frac{h_{07} - h_{06M}}{\eta_{AB}Q_R - h_{07}} = \frac{2482 - 991.423}{0.98 \times 42000 - 2482} = \frac{1490.577}{38678} = 0.03854$

7) $P_{09} = \pi_n P_{07} = 0.95 \times 118.3 = 112.39kPa$

완전팽창노즐이므로 $P_9 = P_a = 10kPa$

$$M_9 = \sqrt{\frac{2}{\gamma_{AB}-1}\left[\left(\frac{P_{09}}{P_9}\right)^{\frac{\gamma_{AB}-1}{\gamma_{AB}}} - 1\right]} = \sqrt{\frac{2}{0.3}\left[\left(\frac{112.39}{10}\right)^{\frac{0.3}{1.3}} - 1\right]} = 2.233$$

$$a_9 = \sqrt{\gamma_q R_9 T_9} = \sqrt{\gamma_q R_9 \left(\frac{T_{09}}{1 + \frac{\gamma_9 - 1}{2} M_9{}^2} \right)}$$

$$= \sqrt{1.3 \times 287 \times 2000 / (1 + \frac{0.3}{2} \times 2.233^2)}$$

$$V_9 = M_9 a_9 = 2.233 \times 653.4 = \frac{1459 m/s}{1456}$$

8) $F = (\dot{m}_a + \dot{m}_f + \dot{m}_{fAB}) V_9 - \dot{m}_a V_a$

$$\frac{F}{\dot{m}_a} = (1 + \frac{\dot{m}_f}{\dot{m}_a} + \frac{\dot{m}_{fAB}}{\dot{m}_a}) V_9 - V_a$$

그런데 $\dot{m}_a = \dot{m}_{aF} + \dot{m}_{aC} = \dot{m}_{aC}(1+\beta)$

주 연소기 $f \equiv \frac{\dot{m}_f}{\dot{m}_{aC}}$ 에서 $\dot{m}_f = f \dot{m}_{aC} = f \frac{\dot{m} f}{1+\beta} \Rightarrow \frac{\dot{m}_f}{\dot{m}_a} = \frac{f}{1+\beta}$

혼합형 터보팬 $f_{AB} = \frac{\dot{m}_{fAB}}{\dot{m}_a + \dot{m}_f}$ 이 식에서 분모 $\dot{m}_f$는 $\dot{m}_a$에 비해 무시할 수 있다.

$$\dot{m}_{fAB} = f_{AB} \dot{m}_a + f_{AB} \dot{m} f \Rightarrow \frac{\dot{m}_{fAB}}{\dot{m}_a} = f_{AB} + f_{AB} \frac{\dot{m}_f}{\dot{m}_a} = f_{AB}(1 + \frac{\dot{m}_f}{\dot{m}_a}) = f_{AB}(1 + \frac{f}{1+\beta})$$

주 연소기연료는 배기가스를 공기에 포함된다고 가정한다.

$$\frac{F}{\dot{m}_a} = \left[1 + \frac{f}{1+\beta} + f_{AB}(1 + \frac{f}{1+\beta}) \right] V_9 - V_a$$

$$= \left[1 + \frac{0.02374}{1+0.5707} + 0.03854(1 + \frac{0.02374}{1+0.5707}) \right] 1459 - 5981$$

$$= 938.8 N \cdot s/kg$$

9) $TSFC = \dot{m}_f + \frac{\dot{m}_{fAB}}{F} = \frac{\frac{\dot{m}_f + \dot{m}_{fAB}}{\dot{m}_a}}{F/\dot{m}_a}$

$$\cong \frac{\frac{f}{1+\beta} + f_{AB}}{(1 + \frac{f}{1+\beta} + f_{AB}) V_9 - V_a} = \frac{\frac{0.02374}{1+0.5708} + 0.0}{938.8} = 5.715 \times 10^{-5} kg$$

10) 열효율, 추진효율, 전효율

$$\eta_{th} = \frac{(\dot{m}_a + \dot{m}_f + \dot{m}_{fAB})\frac{V_9^2}{2} - \frac{V_a^2}{2}}{\dot{m}_f Q_R + \dot{m}_{fAB} Q_R} \cong \frac{(1 + \frac{f}{1+\beta} + f_{AB}) V_9^2 - 1}{2Q_R\left\{\frac{f}{1+\beta} + f_{AB}\right\}}$$

$$= 0.414 = 41.4\%$$

$$\eta_p = \frac{F \cdot V_a}{\left\{(\dot{m}_a + \dot{m}_f + \dot{m}_{fAB})\frac{V_9^2}{2} - \frac{V_a^2}{2}\right\}} = \frac{2F/\dot{m}_a V_a}{(1 + \frac{f}{1+\beta} + f_{AB}) V_9^2 - V_a^2}$$

$$= 0.596 = 59.6\%$$

$$\eta_0 = \eta_{th} \times \eta_p = 24.7\%$$

3.5.4 터보프롭 엔진 성능해석

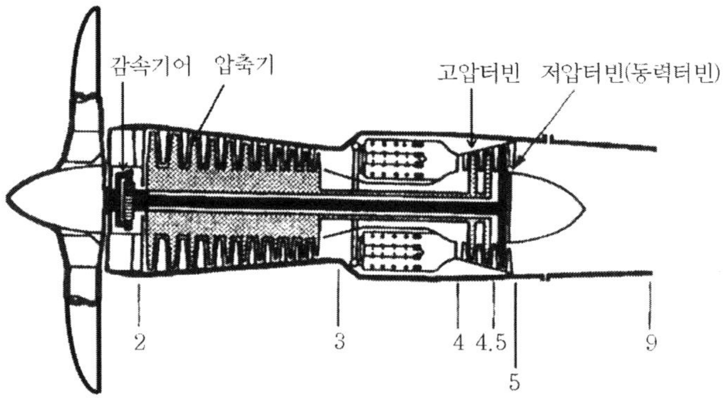

그림 3-57 일반적인 터보프롭 엔진의 개략도

터보프롭 엔진은 프로펠러의 의해 약 80～90 %의 추진력을 얻고, 배기 노즐은 통한 작동가스에 의해 약 10～20 %의 추진력을 얻는다. 〈그림 3-57〉은 터보프롭엔진의 개략도이다. 터보프롭의 프로펠러는 기계적으로 가스 발전 회전자(gas generator rotor element)와는 독립적인 동력 터빈(power turbine) 또는 자유터빈(free turbine)으로부터 동력을 받게 된다. 큰 직경의 프로펠러 끝단에 걸리는 응력 제한 때문에 프로펠러는 동력 터빈보다 훨씬 낮은 속도로 회전해야 하므로 감속 기어가 필요하게 되며 이는 무게를 증가시키는 요인이 된다. 이 때 속도 감속비는 약 15:1 정도이다. 터보샤프트 엔진에서는 이보다 훨씬 큰 약 100:1 정도의 감속비가 사용되기도 한다. 터보샤프트 엔진에서는 진동수 등의 문제로 블레이드 로터의 회전수를 일정하게 만들어야 하기 때문에 감속기어나 정속기 무게가 상당하다.

터보프롭엔진에서 고압터빈(HPT)은 압축기를 구동하고 저압터빈(LPT)은 동력터빈(자유터빈)으로 프로펠러를 구동한다. **〈그림 3-58〉**은 터보프롭엔진의 T-s선도를 나타낸다.

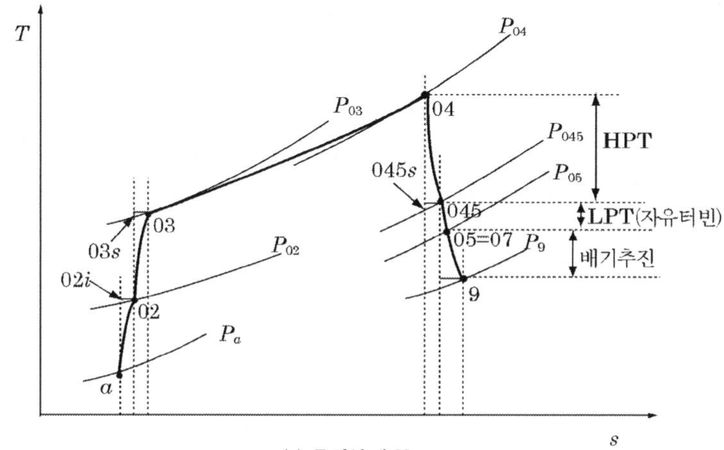

(a) 중심부 유동

그림 3-58 터보프롭엔진의 T-s 선도

주위온도 T_a, 주위 압력 P_a에서 마하수 M_a로 비행하는 터보프롭을 생각하자. 터빈 이전까지의 해석은 터보제트엔진 해석과 유사하다.

터보프롭의 추력은 프로펠러에 의한 추력과 배기노즐을 통한 추력으로 나누어지며 다음과 같이 나타낼 수 있다.

$$F = F_{prop} + F_{Nozzle}$$

터보프롭에서 저압터빈입구부터 노즐출구까지 T-s선도를 그리면 **〈그림3-59〉**와 같다.

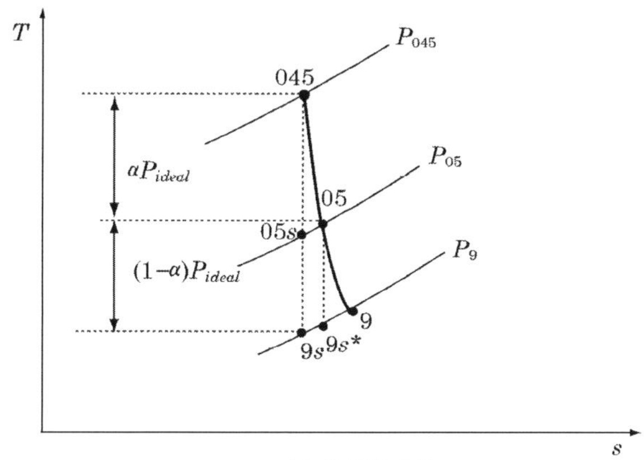

(a) 중심부 유동

그림 3-59 터보프롭엔진의 저압터빈입구와 노즐출구 사이에서의 T-s 선도

터보프롭엔진 전체의 이상(ideal) 동력 중 프로펠러를 구동하는 자유터빈에 의한 동력분할 분율을 α라 하고, 배기노즐에 의한 동력분할 분율을 $(1-\alpha)$로 구분한다. 배기노즐을 통과하는 흐름은 터보제트 해석과 비슷하다. 주위 대기로부터 연소기까지의 해석은 터보제트의 해석과 동일하다. 고압터빈이 압축기를 구동하므로 이 사이의 동력평형식은 다음과 같다.

$$\eta_{mHPT}(1+f)(h_{04}-h_{045})=h_{03}-h_{02}$$

여기서 η_{mHPT}는 고압터빈 터보축의 기계적 효율이다.

$$h_{045}=h_{04}-\frac{h_{03}-h_{02}}{\eta_{mHPT}(1+f)} \tag{3.232}$$

저압터빈 입구온도(T_{045}) 및 압력(P_{045})은 다음 식을 사용하여 구할 수 있다.

$$\tau_{HPT}=\frac{T_{045}}{T_{04}}=1-\frac{c_{pa}(T_{03}-T_{02})}{c_{pg}\eta_{mHPT}(1+f)T_{04}} \tag{3.233}$$

$$\pi_{HPT}=\frac{P_{045}}{P_{04}}=\left(\frac{T_{045}}{T_{04}}\right)^{\frac{\gamma_g}{(\gamma_g-1)\eta_{pHPT}}}=\tau_{HPT}^{\frac{\gamma_g}{(\gamma_g-1)\eta_{pHPT}}} \tag{3.234}$$

여기서 η_{pHPT}는 HPT의 폴리트로픽 효율이다.

저압터빈은 프로펠러를 구동하며 저압터빈의 효율은 다음과 같다.

$$\eta_{LPT}=\frac{h_{045}-h_{05}}{h_{045}-h_{05s}}=\frac{1-\tau_{LPT}}{1-\pi_{LPT}^{\frac{\gamma_g-1}{\gamma_g}}} \tag{3.235}$$

배기노즐해석은 **〈그림 3-59〉**에서 05와 $9s^*$사이를 고려해야 하지만 $(h_{05}-h_{9s^*})\cong(h_{05s}-h_{9s})$라고 가정하면 배기노즐의 효율은 다음과 같이 구할 수 있다.

$$\eta_n=\frac{\left(\frac{V^2}{2}\right)_9}{\left(\frac{V^2}{2}\right)_{9s}}=\frac{h_{05}-h_9}{h_{05}-h_{9s^*}}=\frac{h_{05}-h_9}{h_{05}-h_{9s}}=\frac{h_{05}-h_9}{h_{05s}-h_{9s}} \tag{3.236}$$

저압터빈입구(045)에서 노즐출구(9) 사이의 유동에서 발생할 수 있는 단위질량유량당 이상동력(ideal power)은 다음과 같다.

$$\frac{P_{ideal}}{\dot{m}_a(1+f)}=h_{045}-h_{9s}=h_{045}\left[1-\left(\frac{P_9}{P_{045}}\right)^{\frac{\gamma_g-1}{\gamma_g}}\right] \tag{3.237}$$

전체 이상동력 중 프로펠러를 구동할 수 있는 저압터빈 동력분할분율은 α이므로

$$\alpha \equiv \frac{h_{045}-h_{05s}}{h_{045}-h_{9s}} = \frac{\dfrac{P_{LPT}/\dot{m}_a(1+f)}{\eta_{LPT}}}{P_{ideal}/\dot{m}_a(1+f)} \tag{3.238}$$

따라서 프로펠러를 구동하는 저압터빈동력은 다음과 같다.

$$P_{LPT} = \dot{m}_a(1+f)\eta_{LPT}\alpha h_{LPT}\left[1-\left(\frac{P_9}{P_{045}}\right)^{\frac{\gamma_g-1}{\gamma_g}}\right] \tag{3.239}$$

$$P_{LPT} = \dot{m}_a(1+f)\eta_{LPT}\alpha h_{LPT}[1-(\frac{P_9}{P_{045}})^{\frac{\gamma_g-1}{\gamma_g}}]$$
$$= \dot{m}_a(1+f)\eta_{LPT}\alpha c_{pg}T_{045}[1-(\frac{P_9}{P_{045}})^{\frac{\gamma_g-1}{\gamma_g}}]$$

T_{05}를 구하는 방법을 알아보자.

식(3.239)에서 $P_{LPT} = \dot{m}_a(1+f)(h_{045}-h_{05}) = \dot{m}_a(1+f)c_{pg}(T_{045}-T_{05})$ 이므로

$$T_{05} = T_{045} - \frac{P_{LPT}}{\dot{m}_a(1+f)c_{pg}}$$

터빈에 대하여 온도비와 등엔트로피 효율을 알면 폴리트로픽 효율을 다음과 같이 구할 수 있다.

$\eta_t = \dfrac{1-\tau_t}{1-\tau_t^{1/\eta_{pt}}}$ 관계식에서 저압터빈의 폴리트로픽 효율을 구하는 식은 다음과 같다.

$$\eta_{pLPT} = \frac{\ln(\tau_{LPT})}{\ln[1-(1-\tau_{LPT})/\eta_{LPT}]}$$

$\pi_{LPT} = (\tau_{LPT})^{\frac{\gamma_g}{(\gamma_g-1)\eta_{pLPT}}}$ 관계식에서 P_{05}를 구할 수 있다.

저압터빈동력은 기어박스를 통해 프로펠러를 구동하는데 추력을 발생하기까지 연결축의 기계적 효율, 기어박스 효율, 프로펠러 효율 등이 고려되어야 한다.

$\eta_{prop} \equiv \dfrac{F_{prop}V_a}{P_{prop}}$이고 $P_{prop} = \eta_{gb}\eta_{mLPT}P_{LPT}$ 이므로 프로펠러에 의한 추진동력은 다음과 같다.

$$F_{prop}V_a = \eta_{prop}P_{prop} = \eta_{prop}\eta_{gb}\eta_{mLPT}P_{LPT}$$
$$= \alpha\eta_{prop}\eta_{gb}\eta_{mLPT}\dot{m}_a(1+f)h_{045}\left[1-\left(\frac{P_9}{P_{045}}\right)^{\frac{\gamma_g-1}{\gamma_g}}\right] \tag{3.240}$$

터보프롭 배기 마하수는 보통 $M_9 < 1$이 될 때는 $P_9 = P_a$라 가정할 수 있다.

따라서 프로펠러에 의한 추력은

$$F_{pr} = \frac{1}{V_a}\alpha\eta_{prop}\eta_{gb}\eta_{mLPT}\dot{m}_a(1+f)h_{045}\left[1-\left(\frac{P_9}{P_{045}}\right)^{\frac{\gamma_g}{\gamma_g-1}}\right] \tag{3.241}$$

배기노즐을 통한 추력은 전체 이상 동력 중 동력분할에 의해 $(1-\alpha)$의 분율을 가지고 있다. 따라서 단위 질량당 노즐 동력은

$$\eta_n(1-\alpha) = h_{045}\left[1-\left(\frac{P_9}{P_{045}}\right)^{\frac{\gamma_g-1}{\gamma_g}}\right] \tag{3.242}$$

여기서 배기노즐 효율식으로부터 단위 질량유량당 운동에너지는

$$h_{045} - h_9 = \frac{V_9^2}{2} \cong \eta_n(h_{045s} - h_{9s}) \tag{3.243}$$

식 (3.242)와 (3.243)으로부터

$$V_9 \approx \sqrt{2(1-\alpha)\eta_n h_{045}\left[1-\left(\frac{P_9}{P_{045}}\right)^{\frac{\gamma_g-1}{\gamma_g}}\right]} \tag{3.244}$$

여기서 $$\frac{P_9}{P_{045}} = \frac{P_9}{P_0}\frac{P_0}{P_{0a}}\frac{P_{0a}}{P_{02}}\frac{P_{02}}{P_{03}}\frac{P_{03}}{P_{04}}\frac{P_{04}}{P_{045}} = \frac{P_9}{P_0}\left(\frac{1}{\pi_r\pi_i\pi_c\pi_b\pi_{HPT}}\right) \tag{3.245}$$

또, $$h_{045} = \frac{h_{045}}{h_{04}}\frac{h_{04}}{h_a}h_a = \tau_{HPT}\tau_\lambda h_a \tag{3.246}$$

V_9에 대한 더 정확한 값은 식(2.236)에서 $V_9 = \sqrt{2\eta_n(h_{05} - h_{9s*})}$로 부터 구하면 되는데 h_{9s*}는 05와 9s*사이에 등엔트로피 관계식을 사용하면 된다. 따라서 최적 설계된 배기노즐을 통한 추력은

$F_N = \dot{m}_a(1+f)(V_9 - V_a)$이고 터보프롭의 총 추력은 $F = F_{pr} + F_N$이고 비추력은 $\frac{F}{\dot{m}_a}$이므로

$$\frac{F}{\dot{m}_a} = (1+f)V_9 - V_a + \frac{1}{V_a}\alpha\eta_{pr}\eta_{gb}\eta_{mLPT}\dot{m}_a(1+f)h_{045}\left[1-\left(\frac{P_9}{P_{045}}\right)^{\frac{\gamma_g}{\gamma_g-1}}\right] \tag{3.245}$$

터보프롭의 등가연료소모율은 $EBSFC = \frac{\dot{m}_f}{EPSHP}$로 정의된다.

$$EBSFC = \frac{\dot{m}_f}{EPSHP} = \frac{\dot{m}_f}{P_{prop} + P_{Nozzle}} \tag{3.246}$$

여기서 $P_{prop} = \eta_{gb}\eta_{m\,LPT}P_{LPT} = \dot{m}_a(1+f)\alpha\eta_{gb}\eta_{m\,LPT}\eta_{LPT}h_{045}\left[1-\left(\frac{P_9}{P_{045}}\right)^{\frac{\gamma_g-1}{\gamma_g}}\right]$ (3.247)

최적팽창노즐의 경우

$$P_{Nozzle} = \frac{\dot{m}_a}{2}\left[(1+f)V_9^2 - V_a^2\right] \tag{3.248}$$

터보프롭의 열효율은

$$\eta_{th} = \frac{P_{prop} + P_{nozzle}}{\dot{m}_f Q_R} = \frac{\left(\frac{P_{prop}}{\dot{m}_a} + \frac{P_{nozzle}}{\dot{m}_a}\right)}{fQ_R} \tag{3.249}$$

터보프롭의 추진효율은

$$\eta_p = \frac{FV_a}{P_{prop} + P_{nozzle}} \tag{3.250}$$

예제 3-15 터보프롭 엔진이 주위압력 30kPa, 주위온도 258K인 곳에서 마하수 0.82로 비행하고 있다. 주위공기의 비열비는 1.4이며 정압비열은 1.004kJ/kg • K이다. 터빈과 노즐을 지나가는 가스의 비열비는 1.33이며, 정압비열은 1.152kJ/kg • K이다. 흡입구를 통해 엔진으로 유입되는 공기질량유량 $\dot{m}_a$=50kg/s이다. 배기노즐은 수축노즐이라 가정한다. 또 배기출구압력은 대기압과 같다고 가정한다. 제트연료의 발열량은 Q_R=42MJ/kg이다. 이 터보프롭엔진의 각 부품의 주요사양은 다음과 같다.

> 프로펠러효율η_{prop}=0.85, 공기흡입구 압력비 π_i=0.99,
> 압축기 압력비π_c=35, 압축기폴리트로픽효율η_{pc}=0.92, 연소기효율η_b=0.98,
> 연소기 압력비π_b=0.96, TIT(T_{04})=1650K, 고압터빈폴리트로픽효율η_{pHPT}=0.80, 고압터빈기계적효율$\eta_{m\,HPT}$=0.99, 저압터빈과 노즐사이의 이상 동력분할 비율$\alpha = 0.75$,
> 저압터빈기계적효율$\eta_{m\,LPT}$=0.99, 저압터빈효율η_{LPT}=0.88,
> 감속기어박스효율η_{gb}=0.995, η_n=0.95

1) 주위공기의 전압력(P_{0a}), 전온도(T_{0a}), 비행속도(V_a)를 구하라.

2) 압축기입구에서의 전압력(P_{02}), 전온도(T_{02})를 구하라.

3) 압축기출구에서의 전압력(P_{03}), 전온도(T_{03})를 구하라.

4) 연소기에서의 연료-공기비(f)와 연소기출구에서의 전압력(P_{04})을 구하라.

5) 고압터빈출구에서의 전온도(T_{045}), 전압력(P_{045})을 구하라.

6) 저압터빈의 동력 (P_{LPT})과 프로펠러 동력 (P_{prop})을 구하라.

7) 저압터빈출구에서의 전온도(T_{05}), 전압력(P_{05})을 구하라.

8) 노즐출구에서의 온도(T_9)을 구하라.

9) 노즐출구에서의 배기속도(V_9), 마하수(M_9), 전압력(P_{09})을 구하라.

10) 프로펠러에의한 추력 (F_{prop})을 구하라.

11) 노즐에 의한 추력 (F_{nozzle})을 구하라.

12) 단위유입공기당 터보프롭엔진의 총추력($\frac{F}{\dot{m}_a}$)을 구하라.

13) 추력당연료소모율(TSFC)과 등가연료소모율(EBSFC)을 구하라.

14) 열효율, 추진효율, 전효율을 구하라.

풀이 1) T_a=258K, P_a=30kPa

$$\tau_r = \frac{T_{0a}}{T_a} = 1 + \frac{\gamma-1}{2}Ma^2 = 1 + \frac{1.4-1}{2}0.82^2 = 1.13448 \cong 1.1345$$

$$\pi_r = \frac{P_{0a}}{P_a} = \left(1 + \frac{\gamma-1}{2}M_a^2\right)^{\frac{\gamma}{\gamma-1}} = \left(1 + \frac{1.4-1}{2}0.82^2\right)^{\frac{1.4}{1.4-1}} = (1.1345)^{3.5} = 1.5553$$

$$T_{0a} = (1.1345)(258) = 292.7K$$

$$P_{0a} = (1.5553(30)) = 46.66kPa$$

(또는 $\pi_r = \frac{P_{0a}}{P_a} = (\frac{T_{0a}}{T_a})^{\frac{\gamma}{\gamma-1}}$ 에서 $P_{0a} = P_a(\frac{T_{0a}}{T_a})^{\frac{\gamma}{\gamma-1}} = 30(1.1345)^{\frac{1.4}{1.4-1}} = 46.66kPa$)

$$V_a = Ma\sqrt{\gamma RT_a} = 0.82\sqrt{1.4(287)(258)} = 264m/s$$

2) $T_{02} = T_{0a} = 292.7K$

$$(\frac{P_{02i}}{P_a}) = (\frac{T_{02}}{T_a})^{\frac{\gamma}{\gamma-1}}, \ \pi_i = 0.99$$

$$(\frac{P_{02}}{P_a}) = \pi_i(\frac{P_{02i}}{P_a}) = \pi_i(\frac{T_{02i}}{T_a})^{\frac{\gamma}{\gamma-1}} = 0.99(1.1345)^{\frac{1.4}{1.4-1}} = 1.539$$

$P_{02} = (P_a)(1.539) = 46.19kPa$

3) $\pi_c = \dfrac{P_{03}}{P_{02}}$에서 $P_{03} = \pi_c P_{02} = 35(46.19) = 1616.7kPa$

$\tau_c = \pi_c^{\frac{\gamma-1}{\gamma}\frac{1}{\eta_{pc}}} = 35^{\frac{0.4}{1.4}\frac{1}{0.92}} = 3.016$

〈압축기의 등엔트로피 효율이 주어져 있지 않고 폴리트로픽효율이 주어져 있음에 유의〉

$$T_{03} = \tau_c T_{02} = (3.016)(292.7) = 882.78K$$

4) $T_{04} = 1650K$

$P_{04} = \pi_b(P_{03}) = 0.96(1616.7) = 1552kPa$

$f = \dfrac{c_{pg}T_{04} - c_{pa}T_{03}}{\eta_b Q_R - c_{pg}T_{04}} = \dfrac{1.152(1650) - (1.004)(882.78)}{0.99(42000) - 1.152(1650)} = 0.0256$

5) $\tau_{HPT} = \dfrac{T_{045}}{T_{04}} = 1 - \dfrac{c_{pa}(T_{03} - T_{02})}{c_{pg}\eta_{m\,HPT}(1+f)T_{04}} = 1 - \dfrac{1.004(882.78 - 292.7)}{(1.152)(0.99)(1+0.0256)(1650)} = 0.693$

$T_{045} = 0.693\,T_{04} = (0.693)(1650) = 1143.4K$

$\pi_{HPT} = \dfrac{P_{045}}{P_{04}} = \left(\dfrac{T_{045}}{T_{04}}\right)^{\frac{\gamma_g}{(\gamma_g - 1)\eta_{pHPT}}} = \tau_{HPT}^{\frac{\gamma_g}{(\gamma_g - 1)\eta_{pHPT}}} = (0.693)^{\frac{1.33}{(1.33-1)(0.8)}} = 0.1575$

$P_{045} = (0.1575)P_{04} = (0.1575)(1552) = 244.4kPa$

6) $P_9 = P_a$라 가정한다.

$$\begin{aligned}
P_{LPT} &= \dot{m}_a(1+f)\eta_{LPT}\alpha h_{LPT}\left[1 - \left(\frac{P_9}{P_{045}}\right)^{\frac{\gamma_g - 1}{\gamma_g}}\right] \\
&= \dot{m}_a(1+f)\eta_{LPT}\alpha c_{pg}T_{045}\left[1 - \left(\frac{P_9}{P_{045}}\right)^{\frac{\gamma_g - 1}{\gamma_g}}\right] \\
&= 50(1+0.0256)(0.88)(0.75)(1.152\times10^3)(1143.4)\left[1 - \left(\frac{30}{244.4}\right)^{\frac{0.33}{1.33}}\right] \\
&= 18.099\times10^6\,W = 18.099MW
\end{aligned}$$

$P_{prop} = \eta_{gb}\eta_{m\,LPT}P_{LPT} = 0.995(0.99)(18.099) = 17.83MW$

7) $P_{LPT} = \dot{m}_a(1+f)(h_{045} - h_{05}) = \dot{m}_a(1+f)c_{pg}(T_{045} - T_{05})$ 따라서

$T_{05} = T_{045} - \dfrac{P_{LPT}}{\dot{m}_a(1+f)c_{pg}} = 1143.4 - \dfrac{18.099\times10^6}{50(1+0.0256)(1.152\times10^3)} = 837K$

$\eta_{LPT} = \dfrac{1 - \tau_{LPT}}{1 - \tau_{LPT}^{1/\eta_{pLPT}}}$에서 $\eta_{pLPT} = \dfrac{\ln(\tau_{LPT})}{\ln[1 - (1 - \tau_{LPT})/\eta_{LPT}]}$

$$\tau_{LPT} = \frac{T_{05}}{T_{045}} = \frac{837}{1143.4} = 0.732$$

$$\eta_{pLPT} = \frac{\ln(0.732)}{\ln[1 - \frac{(1-0.732)}{0.88}]} = 0.859$$

$$\pi_{LPT} = \frac{P_{05}}{P_{045}} = (\tau_{LPT})^{\frac{\gamma_g}{(\gamma_g - 1)\eta_{pLPT}}} = (0.732)^{\frac{1.33}{0.33 \times 0.859}} = 0.23137$$

$$P_{05} = (0.23137)(244.4) = 56.63kPa$$

8) 노즐 효율식에서

$$\eta_n = \frac{h_{05} - h_9}{h_{05} - h_{9s^*}} = \frac{T_{05} - T_9}{T_{05} - T_{9s^*}}$$

$$T_9 = T_{05} - \eta_n (T_{05} - T_{9s^*}) = T_{05} - \eta_n T_{05} (1 - \frac{T_{9s^*}}{T_{05}})$$

$$= T_{05}\left[1 - \eta_n (1 - (\frac{P_9}{P_{05}})^{\frac{\gamma_g - 1}{\gamma_g}})\right] = 8371 - 0.95[1 - (\frac{30}{56.63})^{\frac{1.3-1}{1.3}}] = 721K$$

9) $h_{05} - h_9 = \frac{V_9^2}{2}$ 에서

$$V_9 = \sqrt{2c_{pg}(T_{05} - T_{9)}} = \sqrt{2 \times 1.152 \times 10^3 (837 - 721)} = 516m/s$$

$$a_9 = \sqrt{\gamma R T_9} = \sqrt{1.33 \times 287 \times 721} = 524m/s$$

$$M_9 = \frac{V_9}{a_9} = \frac{516}{524} = 0.985$$

10) $F_{prop} V_a = \eta_{prop} \eta_{gb} \eta_{mLPT} P_{LPT} = \eta_{prop} P_{prop}$

$$F_{prop} = \frac{\eta_{prop} P_{prop}}{V_a} = \frac{0.85 \times 17.83 \times 10^6}{264} = 57407N = 57.4kN$$

11) $F_{nozzle} = \dot{m}_a[(1+f)V_9 - V_a] = 50(1 + 0.0256)(516 - 264) = 12922N = 12.922kN$

12) $F = F_{prop} + F_{nozzle} = 70329N = 70.3kN$

$$\frac{F}{\dot{m}_a} = \frac{70.3}{50} = 1.41[\frac{kN \cdot s}{kg}]$$

13) $f = \frac{\dot{m}_f}{\dot{m}_a}$ 에서 $\dot{m}_f = f\dot{m}_a = 0.0256 \times 50 = 1.28kg/s$

$$TSFC = \frac{\dot{m}_f}{F} = \frac{1.28}{70.3} = 1.82 \times 10^{-5} kg/N \cdot s$$

$$EBSFC = \frac{\dot{m}_f}{P_{prop} + P_{Nozzle}} = \frac{1.28}{17.83 \times 10^6 + 5.084 \times 10^6} = 5.58 \times 10^{-8} kg/s \cdot W$$

14) $P_{Nozzle} = \frac{\dot{m}_a}{2}\left[(1+f)V_9^2 - V_a^2\right] = \frac{50}{2}[(1+0.0256)516^2 - 264^2] = 5.084 \times 10^6 W$

$$\eta_{th} = \frac{P_{prop} + P_{nozzle}}{\dot{m}_f Q_R} = \frac{17.83 \times 10^6 + 5.084 \times 10^6}{1.28 \times 42 \times 10^6} = 0.426 = 42.6\%$$

$$\eta_p = \frac{FV_a}{P_{prop} + P_{nozzle}} = \frac{70.3 \times 10^3 \times 264}{(17.83 + 5.08)10^6} = 0.81 = 81\%$$

$$\eta_o = \eta_{th}\eta_p = 0.426 \times 0.81 = 0.345 = 34.5\%$$

3.5.5 터보샤프트 엔진의 성능해석

터보샤프트 엔진은 헬리콥터의 로터를 회전시켜 추진력을 발생시킨다. 터보프롭엔진은 10~20%정도의 배기제트에 의해 추력을 얻고 80~90%는 프로펠러에 의해 추력을 얻지만, 터보샤프트 엔진은 100% 전부 프로펠러를 구동하는 동력 터빈에 의해 추력을 얻는다. 따라서 터보샤프트 엔진해석은 배기제트에 의한 출력이 없을 때의 터보프롭엔진 해석과 같은 방법으로 수행한다. **〈그림 3-60〉**은 터보샤프트 엔진의 개략도를 나타내고 있다.

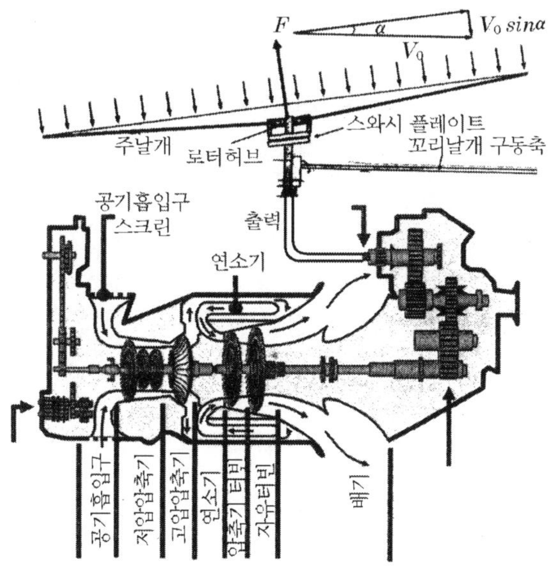

그림 3-60 터보샤프트 엔진의 개략도

연습문제

01_ 식(3.8b), 식(3.9), 식(3.164b)와 식(3.190b)를 유도하라.

02_ 25℃에서 550℃로 단열 압축되며, 열 유입 후 최고온도는 유입되는 열량에 따라 1300℃에서 2200℃로 변화되는 브레이튼 사이클과 험프리 사이클의 열효율 곡선을 나타내고 비교하라.

03_ 다음 조건에서 작동되는 브레이튼사이클, 험프리사이클, PDE사이클의 효율을 구하고 각 사이클로 작동되는 이상 추진엔진의 추력과 비추력, 추력당연료소율을 각각 구하라.

$M_a = 2.1$, $\dot{m}_a = 1\text{kg/s}$, $V_a = 640\text{m/s}$, $T_a = 228\text{K}$
$q = 3.52 \times 10^6 \text{J/kg}$(단위질량공기당), $\gamma = 1.25$, 분자량 22kg/kmol
$\psi = 1.87$, $f = 0.05$

04_ 고도 31,000ft에서 M0.85로 비행하는 항공기 엔진의 추력당 연료소모율은 0.60kg/h/kgf이고 배기제트속도는 390m/s이다. 사용연료의 발열량은 43MJ/kg이다. 이 엔진의 열효율, 추진효율, 전효율을 구하라.

05_ 유입공기 질량유량이 100kg/s, 유입연료 질량유량 2kg/s인 터보제트엔진이 이륙상태에서 배기가스속도 900m/s를 가지고 있다. 연료의 발열량은 42MJ/kg이라 가정하라. 이 터보제트엔진의 이륙시 열효율과 추력을 구하라.

06_ [예제 3-2]의 경우 터보제트엔진이 저위 발열량이 $Q_R = 43,400kJ/kg$ 인 연료를 사용하고 있다. ① 고도 0m, M0 ② 고도 10,000m, M0.8의 두 가지 경우에 대해 열효율을 구하라.

07_ 비행마하수가 0~10까지 변화할 때 이상램제트 엔진의 비추력, 연료소모율 및 추진효율, 열효율, 전효율을 도시하라.
단, $Q_R = 43,400kJ/kg$ 이고 $f = 0.03$, 0.04, 0.05 인 경우에 대하여 비교하라.

08_ 실제램제트 엔진 장착 비행체가 고도 15,000m에서 속도 M=3.0으로 비행하고 있다. 배기노즐은 최적설계되어 배기유동은 완전팽창하며, 노즐출구의 배기가스속도는 1400m/s이라 가정한다. 실제 램제트엔진의 각종 효율과 물성치는 다음과 같다. 이 때 비추력, 추력당연료소모율, 열효율, 추진효율, 전효율을 구하라.

$\pi_i = 0.90$, $\pi_b = 0.98$, $\pi_n = 0.98$, $Q_R = 43,400kJ/kg$,
$\gamma_a = 1.4$, $\gamma_g = 1.33$, $\eta_b = 0.96$, $c_{pa} = 1.004kJ/kg \cdot k$, $c_{pg} = 1.148kJ/kg \cdot K$,
$T_{o4} = 2,000K$

09_ 후기연소기가 있는 터보제트 엔진이 다음과 같은 조건에서 비행하고 있다.

$M_a = 2.0$, $P_a = 11kPa$, $T_a = 230K$, $\gamma_a = 1.4$, $c_{pa} = 1.004kJ/kg \cdot K$, $\pi_i = 0.90$
$\pi_c = 15$, $\eta_{pc} = 0.90$, $\tau_\lambda = 8.0$, $Q_R = 43,400kJ/kg$, $\eta_b = 0.98$, $\pi_b = 0.95$, $\pi_{AB} = 0.93$
$c_{pg} = 1.156kJ/kg \cdot K$, $\eta_{pt} = 0.82$, $\eta_m = 0.99$, $\tau_{\lambda AB} = 12$, $\eta_{AB} = 0.98$,
$\gamma_{AB} = 1.30$, $c_{pAB} = 1.243kJ/kg \cdot K$, $\pi_n = 0.98$, 최적노즐로 가정하라.

1) 연료공기비 f와 f_{AB}를 구하라.
2) 비추력을 구하라.
3) 추력당 연료소모율(TSFC)을 구하라.
4) 열효율, 추진효율, 전효율을 구하라.
5) 계산을 간단히 하기 위해서는 후기연소기에서의 물성치를 $\gamma_{AB} = \gamma_g$, $c_{pAB} = c_{pg}$로 가정하여, 다시 계산해보라.

10_ 단일 터빈이 팬과 압축기를 구동하는 분리배기형 터보팬엔진이 고도 37,000ft에서 비행마하수 0.8로 비행하고 있다. 고도 37,000ft(11,277m)에서 주위온도는 −56℃, 주위압력은 21.97kPa이다. 중심부 노즐과 팬 노즐은 수축노즐이다.

$\pi_i = 0.995$, $\pi_c = 40$, $\eta_{pc} = 0.9$, $\beta = 6$, $\pi_F = 1.6$, $\eta_{pF} = 0.9$, $\pi_{Fn} = 0.98$

$\tau_\lambda = 7.0$, $Q_R = 43{,}400kJ/kg$, $\pi_b = 0.95$, $\eta_b = 0.98$, $\eta_{pt} = 0.90$, $\eta_m = 0.98$, $\pi_n = 0.98$

$\gamma_a = 1.4$, $c_{pa} = 1.004kJ/kg \cdot K$

$\gamma_g = 1.33$, $c_{pg} = 1.156kJ/kg \cdot K$

1) 터빈동력 중 팬과 압축기를 구동하는 동력의 비율을 구하라.
2) 연료공기비(f)를 구하라.
3) $\dfrac{V_{19}}{V_9}$을 구하라.
4) 총비추력을 구하라. 또 중심부유동추력에 대한 팬추력의 비를 구하라.
5) TSFC를 구하라.
6) 열효율과 추진효율을 구하라.

11_ 분리형배기흐름 고바이패스비 터보팬 엔진이 다음과 같은 조건에서 순항 비행하고 있다. 노즐은 수축노즐이다.

$M_a = 0.88$, $P_a = 15kPa$, $T_a = 235K$, $\gamma_a = 1.4$, $c_{pa} = 1.004kJ/kg \cdot K$, $\pi_i = 0.99$

$\pi_F = 1.6$, $\eta_{pt} = 0.90$, $\beta = 8.0$, $\pi_c = 40$, $\eta_{pc} = 0.85$, $\tau_\lambda = 9.0$, $c_{pg} = 1.150kJ/kg \cdot K$

$\gamma_g = 1.33$, $Q_R = 43{,}400kJ/kg$, $\pi_b = 0.95$, $\eta_b = 0.99$, $\eta_m = 0.95$, $\eta_{pt} = 0.85$, $\pi_n = 0.98$

$P_9 = P_a$

1) 연료공기비(f)를 구하라.
2) 비추력을 구하라.
3) 추력당 연료소모율(TSFC)을 구하라.
4) 열효율, 추진효율, 전효율을 구하라.

12_ 단일 터빈이 팬과 압축기를 구동하는 후기연소기 부착, 혼합배기형 터보팬엔진이 어느 고도에서 비행마하수 2.0으로 비행하고 있다. 이 고도에서 주위온도는 223K, 주위압력은 10.0kPa이다. 중심부 노즐과 팬 노즐은 수축노즐이고 완전 팽창한다고 가정한다.

주위공기의 비열비는 1.4이며 정압비열은 1.004kJ/kg · K이고, 공기의 기체상수는 0.287kJ/kg · K이다. 연소기를 통과한 후 터빈과 노즐을 지나가는 가스의 비열비는 1.33이며, 정압비열은 1.152kJ/kg · K이다. 후기연소기를 지나가는 가스의 비열비는 1.30이며, 정압비열은 1.241kJ/kg · K이다. 제트연료의 발열량은 Q_R=42,000kJ/kg이다. 각 부품의 주요사양은 다음과 같다. 본 문제에서 압축기 압력비는 팬과 압축기를 포함한 전체의 압력비이다(즉 $\pi_c = \dfrac{P_{03}}{P_{02}}$).

$\pi_i = 0.9$, $\pi_{Fi} = 0.99$, $\eta_{pF} = 0.90$, $\pi_F = 1.9$, $\pi_c = 13$, $\tau_c = 2.2575$, $\eta_{pc} = 0.90$, $T_{04} = 1600K$, $\pi_b = 0.95$, $\eta_b = 0.98$, $\eta_{pt} = 0.80$, $\eta_m = 0.95$, $M_6 = 0.95$, 혼합장치의 마찰손실율 2%, $T_{07} = 2000K$, $\pi_{AB-on} = 0.92$, 후기연소기효율 $\eta_{b,AB} = 0.98$, $\pi_n = 0.95$, $\eta_n = 0.97$

1) 팬출구 전압과 전온도를 구하라.
2) 압축기출구 전압과 전온도를 구하라.
3) 연소기출구 전압력과 전온도를 구하라.
4) 주연소기 연료-공기기(f)를 구하라.
5) 혼합배기형 혼합장치 출구의 전압, 전엔탈피, 후기연소기출구(위치7번)에서의 전압과 전엔탈피를 구하라.
6) 후기연소기 연료-공기기(f_{AB})를 구하라.
7) 노즐 출구에서의 전압, 정압, 마하수, 속도, 음속을 구하라.
8) 비추력을 구하라.
9) TSFC를 구하라.
10) 열효율, 추진효율, 전효율을 구하라.

13_ 단일 터빈이 팬과 압축기를 구동하는 혼합배기형 터보팬엔진(후기연소기 미부착)이 어느 고도에서 비행마하수 2.2으로 비행하고 있다. 이 고도에서 주위온도는 −50℃, 주위압력은 10kPa이다. 주위공기의 비열비는 1.4이며 정압비열은 1.004kJ/kg · K이고, 공기의 기체상수는 0.287kJ/kg · K이다. 흡입구로 들어가는 전체 공기 질량유량은 $\dot{m}_a$=25kg/s이다.

문제는 단순화하기 위하여 연소가스의 비열비, 비열과 같은 상태량도 공기와 같다고 가정하라. 더 정확한 계산을 할 때의 가정은 연소기 이후의 가스 상태량은 2.2.10절에 있는 값을 사용한다. 본 문제에서 압축기 전압력비 $\tau_c \equiv \dfrac{P_{03}}{P_{02}}$를 사용한다.

> $\pi_i = 0.85$, $\pi_c = 15$, $\eta_{pc} = 0.90$, $\pi_F = 1.5$, $\eta_{pF} = 0.90$, $\pi_b = 0.95$, $\eta_b = 0.98$,
> $Q_R = 42{,}800 kJ/kg$, $T_{04} = 1400℃$, $\eta_{pt} = 0.92$, $\eta_m = 0.95$, $M_6 = 0.5$, $\pi_{M,F} = 0.98$,
> $\pi_n = 0.90$, $P_9/P_a = 1.0$, $\pi_{Fd} = 1$, γ(비열비)와 c_p(정압비열)은 일정하다.

1) 팬출구 전압과 전온도를 구하라.
2) 압축기출구 전압과 전온도를 구하라.
3) 연소기출구 전압력과 전온도를 구하라.
4) 주연소기 연료-공기비(f)를 구하라.
5) 노즐 출구에서의 전압, 정압, 마하수, 속도, 음속을 구하라.
6) 비추력을 구하라.
7) TSFC를 구하라.
8) 열효율, 추진효율, 전효율을 구하라.

14_ 터보프롭엔진이 다음과 같은 조건에서 비행하고 있다.

$M_a = 0.82$, $T_a = 230K$, $\eta_{prop} = 0.85$, $\dot{m}_a = 30kg/s$, $\pi_i = 0.98$, $\pi_c = 35$, $\eta_{pc} = 0.95$
$T_{04} = 1700K$, $Q_R = 43500kJ/kg$, $\eta_b = 0.98$, $\pi_b = 0.90$, $\eta_n = 0.95$
HPT의 폴리트로픽 효율은 $\eta_{pt,\,HPT} = 0.83$, 기계적 효율은 $\eta_{m,\,HPT} = 0.99$이다.
LPT의 단열효율은 $\eta_{LPT} = 0.88$이고, 기어박스의 효율은 $\eta_{gb} = 0.90$이다.
$\gamma_a = 1.4$, $\gamma_g = 1.33$, $c_{pa} = 1.004kJ/kg \cdot K$, $c_{pg} = 1.152kJ/kg \cdot K$

1) 엔진 각 부분에서의 전압력과 전온도를 구하라.
2) 엔진의 총 추력을 구하라.
3) 추력당 연료소모율(TSFC)을 구하라.
4) 엔진의 열효율, 추진효율, 전효율을 구하라.

설계문제 1

고도 15km에서 M3.0으로 순항비행하며 25kN의 추력을 내는 실제 램제트엔진을 설계하고자 한다. 이 램제트엔진의 각종 제원은 아래와 같으며, 몸체직경은 60cm이고, 연소실로 유입되는 공기는 마하수 0.2를 넘지 않도록 해야 한다. 설계점에서 램제트 엔진의 제원을 결정하고 각종 성능을 구하라.

공기흡입구 전압력비 : 82%
연료노즐 배플 및 혼합에 의한 압력손실 : 8%
연소실 압력손실 : 5%
연소기 최고온도 : 2200K
연소효율 : 90%
연료발열량 : 45,000kJ/kg
$c_{pa} = 1.004kJ/kg\ K,\ \gamma_a = 1.4,\ c_{pg} = 1.243kJ/kg \cdot K,\ \gamma_g = 1.3$

설계문제 2

다음과 같은 목표성능과 제원을 갖는 저바이패스비 터보팬엔진을 역설계하고 설계점 성능을 구하라. 또 F119-PW-100엔진에 채용된 신기술에 대하여 설명하라.

Pratt &Whitney F119-PW-100 Augmented Turbofan 제원

엔진형식: 저바이패스비 터보팬엔진, 이중스풀, 후기연소기있음
바이패스비 : 0.45:1
팬압력비 3.5
팬직경 : 45 인치
길이 : 189 인치
저압압축기 : 3단
고압압축기 : 6단
연소기: 환형
터빈: 이중스풀, 서로반대로회전
배기시스템: 수축후기제트파이프, 가변확산노즐

추력: 35,000 lb_f(155.7kN) 후기연소기 미사용
40,000 lb_f 후기연소기 사용
무게: 3,000 lb(1360 kg).
중량당추력: 10.5:1
공기질량유량: 200 lb/sec
압축기 전체압력비: 35:1
터빈입구온도: 2,800 F
TSFC: 0.70 lb/lb_f/hr (후기연소기 미사용), 2.0 lb/lb_f/hr (후기연소기 사용)

설계문제 3

A380에 사용되는 GP7200 엔진이나 Trent 900엔진에 대하여 목표성능과 제원을 조사한 후, 이를 역설계하고, 설계점에서의 성능을 평가하라.

설계문제 4

터보프롭엔진이 전체 이상 추력 중 배기노즐을 통해 17.5%, 프로펠러를 통해 82.5%의 추력을 내도록(동력분할분율 $\alpha = 0.825$) 다음과 같은 조건에서 터보프롭엔진을 설계하고, 설계점 성능을 구하라.

비행 마하수(M_a): 0.8, 대기 온도(T_a): 277.8K, 대기압(P_a): 96.5kPa
압축기 압력비(π_c): 7, 압축기효율(η_c): 0.85, TIT: 1222.2K
터빈효율: 0.9, 기계적 효율: 0.95, 노즐효율(η_N): 0.98, 프로펠러효율(η_p): 0.8
연소기효율(η_b): 0.98, 연소기 전압력 손실률(π_b): 0.97
공기흡입구 전압력회수율(η_R): 0.98, Q_R=42,800kJ/kg
$c_{pa} = 1.004 kJ/kg\,K$, $c_{pg} = 1.172 kJ/kg\,K$, γ_a=1.4, $\gamma_g = 1.324$

참고 문헌

[1] S.Farokhi, *Aircraft Propulsion,* Wiley, 2008
[2] H. Saravanamuttoo, C Rogers, and H Cohen, *Gas Turbine Theory*, Prentice Hall, 2001
[3] J. D.Mattingly, *Element of Gas Turbine Propulsion*, McGrewHill, 1996
[4] P.Hill and C.Peterson, *Mechanics and Thermodynamics of Propulsion*, 2nd ed. Addison Wesley, 1992
[5] 川端清一, 터빈발동기(일어), 일본항공기술협회, 1981
[6] 제트엔진(구조), 일본항공기술협회, 2003
[7] 제트엔진(운용편), 일본항공기술협회, 1985
[8] The aircraft Gas Turbine Engine and its Operation, United Technologies Pratt & Whitney, 1988
[9] W.H. Heiser and D.T. Pratt, "Thermodynamic Cycle Analysis of Pulse Detonation Engines," Journal og Propulsion and Power, Vol.18, NO.1, pp.68-76, 2002.
[10] J.H. Lee, *The Detonation Phenomenon*, Cambridge University Press, 2008.
[11] The Aircraft Gas Turbine Engine and Its Operation, Pratt and Whitney, 1988.

제 4 장 항공기 제트엔진의 공기흡입구, 연소기 및 배기노즐

제3장에서 열역학 및 유체역학의 법칙을 이용하여 제트 엔진의 작동원리 및 성능을 설명하였다. 제트 엔진 전체의 성능은 각 부품의 성능에 의해 결정되어지며 이 장에서는 항공기 전체 부품 중에서 공기 흡입구와 연소기, 배기노즐에 대한 성능과 구조를 공부하고자 한다.

공기흡입구(inlet)는 공기가 엔진으로 통하는 덕트를 지나기 위해 들어가는 입구통로이며 흡입구를 통해 비행속도에 관계없이 압축기 입구에 적절한 속도의 공기유동이 되게 한다. 비행속도로 인해 엔진으로 들어오는 공기는 충분한 운동에너지를 갖고 있고 공기 흡입구에서는 속도에너지가 압력에너지로 변환되는 램효과가 있으며 압력상승이 이루어지며 디퓨저(diffuser)라 부르기도 한다. 공기흡입구 형상은 비행속도가 아음속인지 초음속인지에 따라 달라진다. 아음속 공기흡입구는 확산형 디퓨저이고 초음속 공기흡입구는 수축-확산형 디퓨저 형태를 갖는다. 흡입구는 엔진으로 들어오는 공기의 흐름을 간섭하지 않으면서 압력손실을 최소로 하면서 압축기 입구부근의 공기속도가 $M = 0.5$ 부근이 되도록 유입공기를 확산하여야 한다. 초음속흡입구는 넓은 범위의 비행마하수에 대해 안정적으로 유입공기가 확산되어야 한다.

공기흡입구와 같은 역 압력구배 조건에서는 경계층에서 박리(separation)가 일어나기 때문에 효율적인 작동을 위한 흡입구의 설계가 노즐의 설계보다 더 어렵다.

연소기는 소형 경량화하기 위해 연소부하가 높아야 하고, 연소효율이 높아야 하며, 압력손실이 작아야 한다. 또 고공이나 희박 혼합기 상태나 가감속시에도 연소의 안정성이 유지되고 화염이 꺼지는 일이 없어야 하며, 만약 화염이 꺼지더라도 재점화가 용이하여야 한다. 연소기 출구는 터빈 입구 조건을 결정지으므로 연소기 출구 온도 분포가 균일하여야 한다. 연소기는 또 내구성이 우수하여야 하고 유해물질 배출이 적어야 한다.

배기노즐은 터빈후방의 가스를 고속제트가 되도록 팽창시키면 속도를 증가시킨다. 터보제트 엔진에서는 터빈후방이 단일 노즐로 되어 있지만 터보팬 엔진은 고온 흐름과 저온 흐름이 각각 2개의 노즐을 통해 분리 팽창하는 비혼합 노즐 방식과 고온 흐름과 저온 흐름이 혼합된 후 하나의 노즐을 통해 배출되는 혼합 노즐 방식이 있다.

4.1 항공기 제트엔진의 흡입구

4.1.1 아음속 흡입구의 구조와 공기역학

항공기의 엔진은 흡입구를 통해 공기를 흡입하게 되는데 일반적으로 압축기와 팬으로 들어가는 공기는 블레이드 끝단에서 실속을 방지하기 위해 비행속도에 관계없이 블레이드 팁 기준으로 $0.4 < M < 0.7$ 정도로 들어가게 된다. 일반적으로 대략 아음속 블레이드는 $M = 0.4$ 이하가 적절하고, 천음속 블레이드는 $M = 0.7$ 이하의 속도로 들어가는 것이 적절하다.

일반적인 상용 항공기의 순항속도는 대략 $M = 0.8 \sim 0.85$ 정도이다. 그리고 초음속 항공기는 $M = 2 \sim 2.5$ 정도이다. 압축기 입구에서 유동속도를 적절하게 감속시키기 위해서 흡입구는 디퓨저 역할을 하도록 설계한다. 예를 들어 어떤 아음속 항공기가 $M = 0.85$의 속도로 비행중이더라도 흡입구를 통해 압축기로 들어가는 공기는 대략 $M = 0.5$ 정도로 감속하면서 압력상승이 이루어지도록 설계하여야 한다. 또한 흡입구는 항공기의 세로축이 상류 공기의 유동방향에서 벗어나 있더라도 박리가 일어나지 않도록 설계하여야 한다. 즉 항공기의 상하 운동(pitch)과 좌우 운동(yaw)에 민감하지 않도록 설계하여야 한다. 엔진에 있어서 전압력 손실을 최소화 하는 것은 매우 중요하다. 이와 함께 흡입구 출구에서의 유동 형상을 균일하게 하도록 설계하는 것 또한 매우 중요한데 이는 만약 속도분포와 압력분포의 형상이 압축기 입구에서 균일하지 않거나 왜곡(distortion)되어 있으면 압축기의 공력 특성을 심각하게 흩트리게 되고 서지라인이 이동하게되어 서지현상이 일어나기 쉽게되고 결국 진동에 의한 압축기 블레이드의 파손으로 이어질 수 있기 때문이다[1]. 흡입공기 왜곡(inlet distortion)지수는 $(P_{0\max} - P_{0\min})/P_{0av}$로 나타내고 보통 흡입공기 왜곡지수가 1% 이상 심해지면 압축기 실속의 원인이 된다. 3발 항공기인 B727이나 L-11기는 엔진 1개가 후방동체 중앙에 S자형으로 굽어진 덕트를 지난 곳에 엔진이 장착되기 때문에 흡입공기 왜곡이 일어나기 쉽다. DC-10과 MD-11기는 동체 위에 있는 수직꼬리 날개에 엔진이 장착되며 직선형 덕트 흡입구로 되어 흡입공기 왜곡현상을 피하고 있다. 이 문제를 해결하기 위해 중앙엔진을 그냥 그대로 직선형으로 만들어서 동체위에 올려놓은 기종이 DC-10과 MD-11이다. 동체 위에 엔진이 장착될 경우는 엔진 위치가 매우 높기 때문에 엔진 정비 작업이 불편하다. 이 때문에 현재는 3발 항공기는 거의 없고 2발이나 4발 항공기가 보편적이며 엔진을 주날개 아래에 위치시키고 덕트 길이도 짧게 만든다. 반면 산업용 터빈의 경우는 램(ram)압력 효과가 없으므로 종 모양의 입구(bell mouth inlet) 형태로 설계하는 것이 보통이다.

흡입구에는 압축기로 유입하는 공기가 최적의 유입 각도를 갖도록 하기 위해 **〈그림 4-1(a)〉**에서 보는 바와 같이 흡입 가이드 베인(inlet guide vane)을 두기도 한다. 어떤 엔진에서는 고정식 가이드 베인 대신에 흡입 공기의 유입 속도(엔진 회전수)에 맞게 장착각이 변화하는 가변식(variable guide vane)이 사용되기도 한다. 공기 흡입구가 착빙되면 흡입구로 들어오는 공기의 유동을 교란시키기 때문에 일반적으로 압축기에서 고온의 블리드 공기로 흡입 가이드 베인과 전방돔(nose dome) 내부로 흘러가게 함으로써 착빙을 방지하기도 한다. 터보프롭 같은 경우는 **〈그림 4-1(b)〉**처럼 전방 카울(nose cowl) 앞부분을 전기열선으로 온도를 높여 착빙을 방지하기도 하며 흡입구 지지대를 축을 회전하고 나온 고온의 윤활유로 온도를 높이기도 한다. 또한 흡입 가이드 베인은 공기 흡입구 케이스 내부에 메인 베어링을 두고 있어 압축기 로터축의 전단 부분을 지지하는 역할도 한다. 보통의 경우 이러한 흡입 가이드 베인은 지지력을 높이기 위해 티타늄 합금으로 만들게 된다. 그러나 최신의 고바이패스비 터보팬 기관의 경우 기관 흡기 소음의 감소와 기관의 중량의 경감을 위해 흡입 가이드 베인이 없는 구조로 제작하는 추세이다.

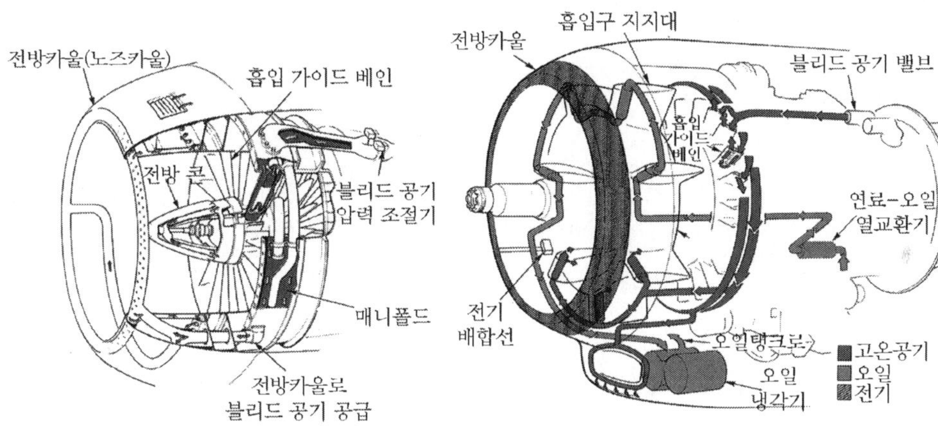

(a) 터보제트와 터보팬 엔진의 흡입구 (b) 터보프롭 엔진의 흡입구

그림 4-1 아음속 엔진의 흡입구 구조와 착빙 방지장치 (출처 : [1])

엔진 작동 중에 공기 흡입구로 새나 돌맹이, 화산재, 얼음조각 등의 이물질이 빨려들어가 기관 압축기를 손상시키는 경우가 있는데 이것을 이물질손상(FOD; foreign object damage)라 한다. FOD를 방지하기 위해 초기 제트 엔진에서는 흡입구 앞에 철망으로 된 공기흡입구 스크린(inlet screen)을 설치하였다. 철망 스크린은 착빙을 일으키기 쉽다는 문제가 있어 최근의 중·대형 엔진에서는 거의 사용하지 않고 있다. 다만, 사막지대나 FOD 우려가 큰 지역에서는 종종 사용하기도 하며 저속의 헬리콥터용 터보샤프트 엔진과 벨마우스 공기 흡입구를 사용하는 산업용이나 테스트용에서는 스크린을 활용하고 있다. **〈그림 4-2〉**는 엔진 흡입구에 스크린을 장착한 모습이다. 이물질이 들어가기 쉬운 곳에 사용되는 소형 터보프롭 장착 항공기나 헬리콥터에서는 **〈그림 4-2(c)〉**와 같이 흡입공기에 급격한 선회를 주어, 이로 인해 생긴 원심력을 이용하여 이물질이나

입자를 분리하는 입자 분리기를 거친 후 엔진으로 공기가 공급된다. 이 경우에도 스크린을 같이 사용한다.

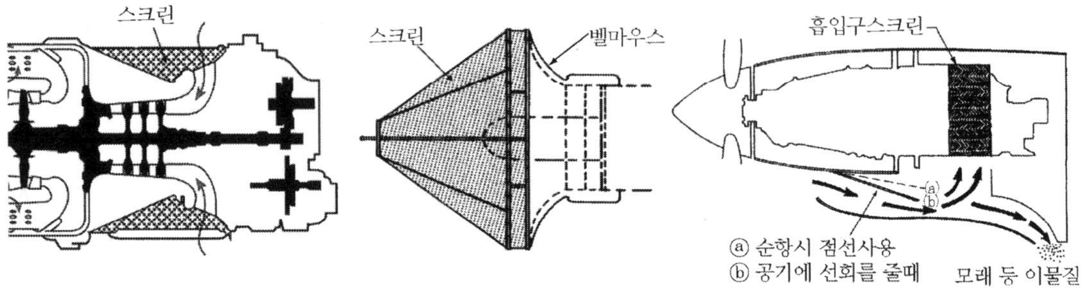

(a) 터보샤프트 엔진의 흡입구 (b) 벨마우스 흡입구 (c) 입자분리기 장착 공기 흡입구

그림 4-2 엔진 흡입구의 스크린

1. 아음속 흡입구의 유동 형태

비행 속도와 엔진이 필요로 하는 공기 유량에 따라 흡입구로 들어가는 유입 공기의 형태는 달라진다. **〈그림 4-3〉**는 비행속도 변화에 따른 아음속 흡입구의 유동형태를 나타내고 있다. **〈그림 4-4〉**는 순항 비행시 아음속 공기흡입구 유동형상과 각 곳에서의 유동마하수, 압력 변화를 나타내고 있다. **〈그림 4-5〉**는 아음속 흡입구의 비행상태에 따른 유입공기 유선 형태와 T-s선도를 나타내고 있다. **〈그림 4-3(a)〉** 또는 **〈그림 4-5(a)〉**는 정지 또는 이륙할 때 엔진으로 들어가는 공기의 유동을 나타내고 있다. 이때에는 속도는 느리지만 높은 출력이 요구되며 따라서 많은 공기량이 필요하다. 이에 따라 흡입구 근처에서 외부 가속 되도록 유동이 형성되며 유선은 수축형태를 이룬다. 따라서 압력은 흡입구 입구에서 주위 공기보다 감소하며 디퓨저에서 압력은 상승하게 된다. 외부 가속은 외부 감속 경우보다 흡입구 입구에서의 압력이 상대적으로 낮으므로 압력 상승 부하가 높고 경계층 박리가 일어날 가능성이 높으므로 이륙할 때에는 외부 가속이 최소가 되도록 하여야 한다. **〈그림 4-3(b)〉**는 설계속도조건에서 순항하고 있을 때 유동 형태이다. 흡입되는 공기 상류에서 들어오는 면적과 흡입구의 입구 면적이 같음을 알 수 있는데 이러한 조건이 바로 설계 조건이 된다. 또 **〈그림 4-3(c)〉** 또는 **〈그림 4-5(b)〉**는 고속으로 순항할 때의 형태인데 이 경우 엔진은 많은 공기를 필요로 하지 않으며 비행속도는 비교적 높은 상태이다. 공기는 비행 속도보다 입구 속도가 감소하게 되며 압력은 주위보다 입구에서 증가하게 된다. 또한 유동은 흡입구로 들어오면서 확산 형태를 이루게 되며 흡입구 면적에 해당하는 유동면적 중 일부 유동은 흡입구로 들어가지 못하고 곁길로 새나가는 유량이 생기게 된다. 이를 흘러 넘치는 누설유동(spilled over flow)이라고 한다.

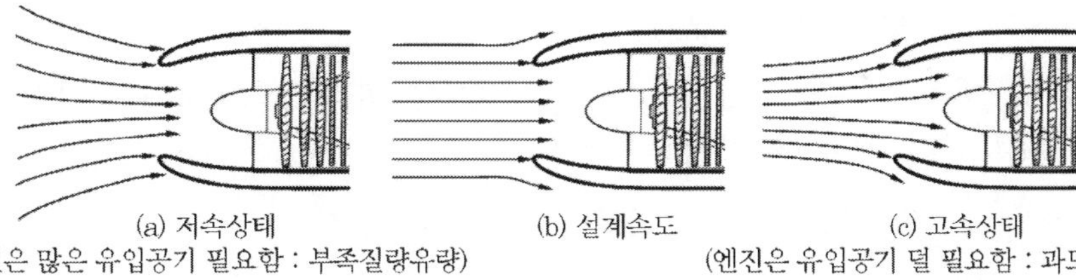

그림 4-3 아음속 흡입구의 비행속도에 따른 유동형태

흡입구 면적 A_1이 공기 처리량에 비해 너무 작다면 공기흡입량이 부족하게 되어 효율이 감소하게 되며, A_1이 너무 클 경우에는 흘러넘치는 유량 때문에 과도한 항력을 유발하게 된다. 공기흡입구의 유입공기량을 나타내기 위해 최대 유입공기 질량유량 중 실제 유입공기 질량유량이 얼마인가를 나타내는 질량유량비(MFR; mass flow ratio)를 다음과 같이 정의한다.

$$MFR = \frac{\dot{m}_1}{(\dot{m}_a)_{\max}} = \frac{\rho_1 V_1 A_1}{\rho_a V_a A_{1c}} \tag{4.1}$$

여기서 A_1은 공기 흡입구 입구 단면적이고, A_{1c}는 카울의 외부 선단이 외부에 투영된 면적을 나타낸다. **〈그림 4-5〉**를 참조하기 바란다. 그런데 엔진으로 들어가는 공기유량은 $\dot{m}_a = \rho_a V_a A_a = \dot{m}_1 = \rho_1 V_1 A_1$이므로 윗식은 다음과 같이 된다.

$$MFR = \frac{\rho_1 V_1 A_1}{\rho_a V_a A_{1c}} = \frac{\rho_a V_a A_a}{\rho_a V_a A_{1c}} = \frac{A_a}{A_{1c}} \tag{4.2}$$

여기서 A_a는 카울과 만나는 외부유동의 유선의 면적이며, A_a는 비행조건과 작동상태에 따라 달라지므로 A_a를 결정하는 것은 쉽지 않다. **〈그림 4-3(b)〉**와 같은 아음속 설계유동에서는 A_c는 A_1과 같게 된다. **〈그림 4-5(a)〉**의 경우 MFR은 1보다 크며 **〈그림 4-5(b)〉**의 경우 MFR은 1보다 작다.

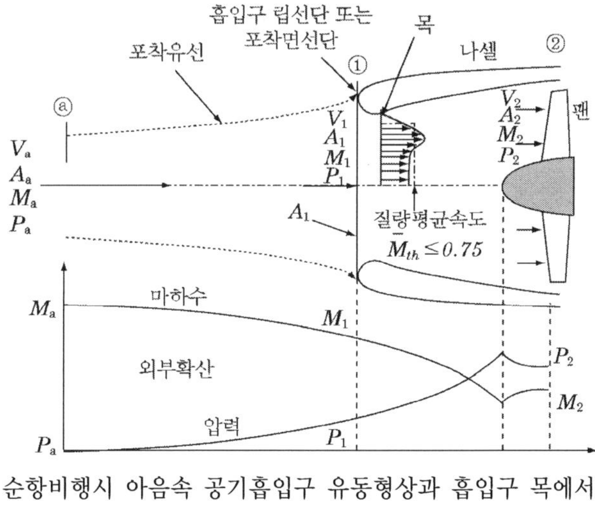

그림 4-4 순항비행시 아음속 공기흡입구 유동형상과 흡입구 목에서의 속도형상

〈그림 4-4〉는 순항시 아음속공기흡입구의 유동형상과 흡입구목에서의 속도형상을 나타내고 있다. 유입공기는 외부상태 a 지점에서 흡입구 립(lip)선단지점까지는 외부확산이 되어서 마하수는 감소하고 압력이 증가한다. 또 흡입구선단 1 지점에서 팬 부착 콘선단 까지는 내부적으로 확산이 계속되어서 마하수는 감소하고 압력이 증가하지만, 콘선단으로부터 팬입구 2 지점까지는 면적이 감소하므로 마하수가 약간 증가하고 압력이 약간 감소한다. 흡입구 내부형상은 약간 둥글게 되어 있어서 면적이 최소인 목 부분이 있게 되고 이곳에서의 단면 속도형상을 보면 **〈그림 4-4〉**에서 보는 바와 같이 균일하지 않고 최대인 곳이 있게 된다. 목에서의 단면속도형상이 일정하지 않더라도 목 평균마하수 $\overline{M_{th}}$를 사용하여 표기하면 편리하다. $\overline{M_{th}}$가 0.75보다 크게 되면 목에서의 최대마하수인 $M_{\max}$가 1 보다 크게 되어 팬블레이드에 문제가 생긴다. 팬블레이드를 고려하면 $M_{\max} < 1$ 이어야 하며, 이렇게 될려면 $\overline{M_{th}} \le 0.75$가 적절하다[5]. 물론 이때 비행 마하수는 $\overline{M_{th}}$보다는 클 것이며 상용항공기에서는 보통 M_a를 0.8~0.85정도로 한다.

유동의 상태에 따라 흡입구에는 항력이 발생하게 된다. 흡입구 항력은 외부유동 면적 A_a와 흡입구 면적 A_1과의 차이로 인한 누설유량 때문에 외부 유동튜브에 작용하는 압력에 의한 부가항력(addictive drag, preentry drag)과 외부 나셀(nacelle) 전방부에 작용하는 압력에 의한 나셀항력(nacelle drag)이 있다. 가스터빈 후미 형상항력(aft-end drag)등을 고려하지 않을 때 항력은 근사적으로 부가항력과 나셀항력의 합이며 다음과 같이 나타낸다. 다양한 비행조건(마하수, 엔진스로틀상태)에서 항력을 알기 위해서는 CFD해석이나 풍동실험을 통해 구할 수 있다.

$$D = D_{add} + D_{nac}$$

$$D_{add} = \int_{A_a}^{A_1} (P - P_a) dA_n$$

$$D_{nac} = \int_{A_1}^{A_a} (P - P_a) dA_n$$

여기서 dA_n는 축방향에 수직한 미소 포착유관(captured stream tube)면적이다. 가스터빈 엔진에 의해 발생하는 장착추력(installed thrust)은 3장에서 모멘텀 이론에 의해 구한 비장착 추력에서 항력을 빼주어야 하며, 다음과 같이 나타낸다.

$$F_{install} = F_{uninstall} - D$$

2. 아음속 흡입구의 성능

여기서 엔진 주위의 대기 유동은 아래첨자 a를 붙여 표시하며 흡입구의 입구를 1, 출구를 2라 하자. 흡입구에서 a-1의 과정은 마찰과 열 교환이 없기 때문에 등엔트로피 유동이며, 1-2의 과정은 마찰에 의한 압력 강하는 있으나 열 및 일전달이 없으므로 정체온도 T_0는 일정하게 유지된다.

우선 공기흡입구(디퓨저) 전압력비(stagnation pressure ratio)를 다음과 같이 정의하도록 한다.

$$\pi_i = \frac{P_{02}}{P_{0a}} \tag{4.3}$$

이 공기흡입구 전압력비를 공기흡입구 전압력회복지수(inlet total pressure recovery)라 부르기도 하며 전압력비는 디퓨저 성능 측정용으로 널리 사용된다. 공기 흡입구를 해석할 때에는 주위의 공기까지 포함하여 해석한다. 흡입구의 내부 마찰로 인해 전압력이 약간 감소하기 때문에 P_{02}는 P_{0a}보다 작게 된다.

설계조건이 되는 고속 순항일때 **〈그림 4-5(b)〉** 공기흡입구와 같은 디퓨저의 등엔트로피 효율을 구해보자. 공기 흡입구의 등엔트로피효율은 주어진 전압력비에서 실제 엔탈피 상승값에 대한 이상적인 엔탈피 상승의 비를 나타낸다. **〈그림 4-5(b)〉**에서 점 a와 점 1 사이에서는 마찰이 없는 등엔트로피 과정이고 점 1과 점2 사이는 열출입은 없으나 마찰이 있으므로 P_{0a}에서 P_{02}로 떨어진다.

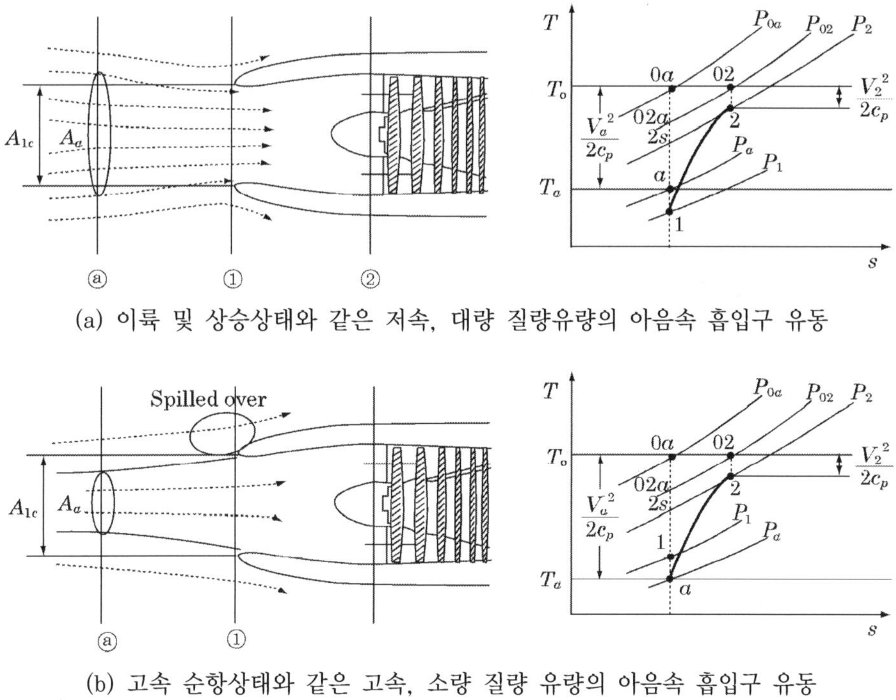

(a) 이륙 및 상승상태와 같은 저속, 대량 질량유량의 아음속 흡입구 유동

(b) 고속 순항상태와 같은 고속, 소량 질량 유량의 아음속 흡입구 유동

그림 4-5 항공기 속도에 따른 아음속 흡입구 유동

공기흡입구는 속도에너지가 압력에너지로 바뀌는 과정이므로 식 (4.8)의 램효율을 생각하고, 노즐효율정의와 같은 방법을 고려하면 공기흡입구의 등엔트로피 효율은 다음과 같이 쓸 수 있다.

$$\eta_i = \frac{h_{02s} - h_a}{h_{02} - h_a} = \frac{h_{02s} - h_a}{h_{0a} - h_a} \simeq \frac{T_{02s} - T_a}{T_{0a} - T_a} = \frac{\dfrac{T_{02s}}{T_a} - 1}{\dfrac{T_{0a}}{T_a} - 1} \tag{4.4}$$

먼저 2장에서 다루었듯이 등엔트로피 관계식을 생각해보자.

$$\frac{T_{02s}}{T_a} = \left(\frac{P_{02s}}{P_a}\right)^{\frac{\gamma-1}{\gamma}} = \left(\frac{P_{02}}{P_a}\right)^{\frac{\gamma-1}{\gamma}}$$

$$\frac{T_{02}}{T_a} = \frac{T_{0a}}{T_a} = 1 + \frac{\gamma-1}{2}M^2, \quad \frac{P_{0a}}{P_a} = \left(1 + \frac{\gamma-1}{2}M^2\right)^{\frac{\gamma}{\gamma-1}} \tag{4.5}$$

위식을 식 (4.4)에 대입하면 공기흡입구의 등엔트로피 효율은 다음과 같이 쓸 수 있다.

$$\eta_i = \frac{\left(\dfrac{P_{02}}{P_a}\right)^{\frac{\gamma-1}{\gamma}} - 1}{\dfrac{\gamma-1}{2}M_a^2} \tag{4.6}$$

등엔트로피 효율에 나타나는 P_{02}/P_a를 구해보자.

$$\frac{P_{02}}{P_a} = \frac{P_{02}}{P_{0a}} \cdot \frac{P_{0a}}{P_a} = \frac{P_{02}}{P_{0a}}\left(1 + \frac{\gamma-1}{2}M_a^2\right)^{\frac{\gamma}{\gamma-1}} = \pi_i\left(1 + \frac{\gamma-1}{2}M_a^2\right)^{\frac{\gamma}{\gamma-1}}$$

따라서 고속 순항시의 등엔트로피 효율은

$$\eta_i = \frac{\left(1 + \dfrac{\gamma-1}{2}M_a^2\right)\pi_i^{\frac{\gamma-1}{\gamma}} - 1}{\left(\dfrac{\gamma-1}{2}\right)M_a^2} \tag{4.7}$$

공기흡입구 효율은 주로 내부 감속에 의한 확산에 의해 영향을 받지만 위 식에서 살펴볼 때 공기흡입구 전체의 전압력비와 비행마하수항으로 나타나 있다. 내부 감속과 전체 감속의 관계는 비행마하수 뿐만 아니라 엔진을 통과하는 질량유량에도 관계되지만 **〈그림 4-6〉**에서는 비행마하수 변화에 따른 전형적인 전압력비를 나타내었고 등엔트로피 효율은 공기흡입구 압력비 π_i와 비행마하수 M_a으로부터 구하였으며 마하수가 증가할수록 공기흡입구 등엔트로피 효율이 감소함을 알 수 있다.

공기흡입구의 등엔트로피 효율 이외에도 램효율이라는 것이 있는데, 램효율은 공기흡입구의 동적수두에 대한 램 압력 상승비로서 정의되며, 다음 식으로 나타낼 수 있다.

$$\eta_r = \frac{P_{02} - P_a}{P_{0a} - P_a} \tag{4.8}$$

램효율과 등엔트로피 효율은 거의 같은 값을 나타내며, 실험적으로는 램효율을 측정하기가 더 용이하다. 이륙시와 같은 저속 비행시에는 큰 추력이 필요하지만 저속상태에서 충분한 공기량을 엔진으로 공급하는 방법의 하나로 B-707과 초기 B-747모델의 터보팬엔진에서는 블로우인 도어(blow in doors)를 설치하기도 하였다. 블로우 인 도어를 설치하면 흡입면적을 증가시키는 효과와 함께 부가 항력을 감소시키는 효과가 있으며 또 유동박리를 줄이는 효과도 있다. 그러나 불균일 유동과 소음유발을 초래하기 때문에 지금은 블로우인 도어를 사용하지 않는다. **〈그림 4-7〉**은 아음속과 천음속에서의 흡입구 형상과 블로우인 도어를 보여주고 있다. 그림에서 이륙시 및 낮은 아음속비행시 분리유관의 각이 큰 것을 **〈그림 4-7(c)〉**에서 알 수 있으며, 이 경우 흡입구가 날카로우면 이 분리유관과 흡입구 내부유동 사이에는 박리가 일어나기 쉬우므로 카울 선단을 다소 둥글게 만든다. 카울 선단이 뭉뚝하면 내부유동은 흡입유동 각에 덜 민감하다. 높은 아음속 및 천음속은 낮은 아음속에 비해 상대적으로 고속이기 때문에 충격파 발생을 지연시키기 위해 카울선단을 다소 얇게 만든다.

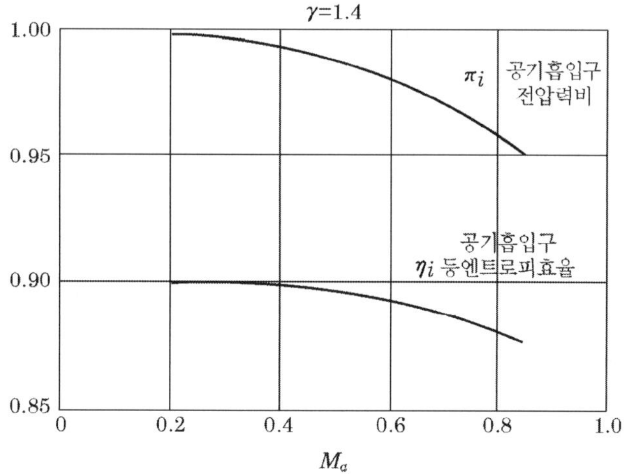

그림 4-6 비행 마하수에 따른 공기흡입구 전압력비와 등엔트로피 효율의 변화

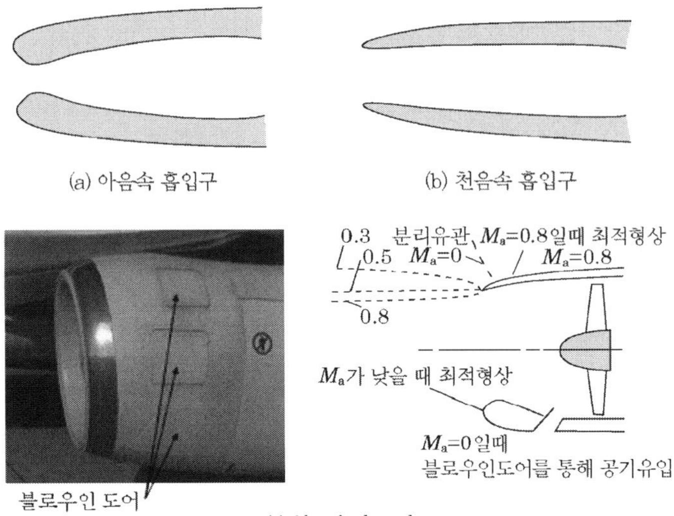

(c) 블로우인 도어

그림 4-7 아음속과 천음속에서 흡입구 형상 및 블로우인 도어

예제 4-1 마하 0.83의 속도로 공기흡입구로 들어가는 유동이 있다. 입구의 압력이 50.66 kPa이며 지름이 1 m라면 공기흡입구 출구에서의 마하수와 단면적을 구하라. 또 공기흡입구의 효율을 구하라. 단 유동은 등엔트로피과정이며 압력계수는 0.6이라 가정한다. 공기흡입구 전압력비는 0.95이다.

풀이 등엔트로피 유동이므로 등엔트로피 관계식으로부터 정압과 전압의 비는

$$\frac{P_{0a}}{P_a} = \left(1 + \frac{\gamma - 1}{2} M_a^2\right)^{\frac{\gamma}{\gamma - 1}} = 1.571$$

가 된다. 따라서 이 디퓨저의 정체압력은

$$P_{0a} = 50.66 \times 1.571 = 79.59\ kPa$$

이 된다. 여기서 압력 계수가 0.6이라 하였으므로 압력 계수의 정의로부터

$$C_p = \frac{P_2 - P_1}{\frac{1}{2}\rho_1 V_1^2}$$

이며 마하수는

$$M_1^2 = \frac{V_1^2}{a_1^2} = \frac{\rho_1 {V_1}^2}{\gamma P_1}$$

이와 같이 정의되므로 위 두 식으로부터 다음과 같은 압력비 관계식을 유도할 수 있다.

$$\frac{P_2}{P_1} = 1 + \frac{1}{2}\gamma C_p M_1^2$$

따라서 디퓨저의 입구와 출구에서의 압력 상승 관계는 다음과 같다.

$$\frac{P_2}{P_a} = 1 + \frac{1}{2}\gamma C_p M_a^2 = 1.289$$

즉, 디퓨저 출구에서의 압력은

$$P_2 = 1.289 \times P_a = 65.30\ kPa$$

$$P_{02} = \pi_i \times P_{0a} = 0.95 \times 79.59 = 75.61\ kPa$$

이 된다. 따라서 등엔트로피 관계식으로부터 출구의 마하수를 구해보면

$$M_2 = \sqrt{\frac{2}{\gamma - 1}\left[\left(\frac{P_{02}}{P_2}\right)^{\frac{\gamma-1}{\gamma}} - 1\right]} = 0.4624$$

또한 면적비 관계식으로부터 출구의 단면적을 구해보면 다음과 같다.

$$A_2 = A_1 \times \frac{M_1^2}{M_2^2}\left(\frac{1 + \frac{\gamma-1}{2}M_2^2}{1 + \frac{\gamma-1}{2}M_1^2}\right)^{\frac{\gamma+1}{\gamma-1}} = 1.08\ m^2$$

$$\eta_i = \frac{(1 + \frac{\gamma-1}{2}M_a^{\ 2})\pi_i^{\frac{\gamma-1}{\gamma}} - 1}{(\frac{\gamma-1}{2})M_a^{\ 2}} = 0.88(88\%)$$

4.1.2 초음속 흡입구의 구조와 공기역학

초음속 터보제트 엔진의 초음속 흡입구는 엔진 입구의 초음속 유동을 아음속으로 전환시켜 압축기 입구에 제공하는 역할을 한다. 이러한 초음속 흡입구에서는 초음속 비행시 흡입구 전단의 전압력을 충격파를 거치면서 최소한의 손실만을 발생시켜 압축기 전방에서 최대의 정압력을 얻고자 하는 것이 목적이다. 초음속 유입공기를 확산시켜 속도를 줄이는 방법은 **〈그림 2-12(a)〉**와 같이 공기흡입구 형상을 수축-확산시키는 초음속 디퓨저를 사용하는 방법과 충격파를 이용하는 방법이 있으며 보통 이 두가지를 조합하여 사용한다.

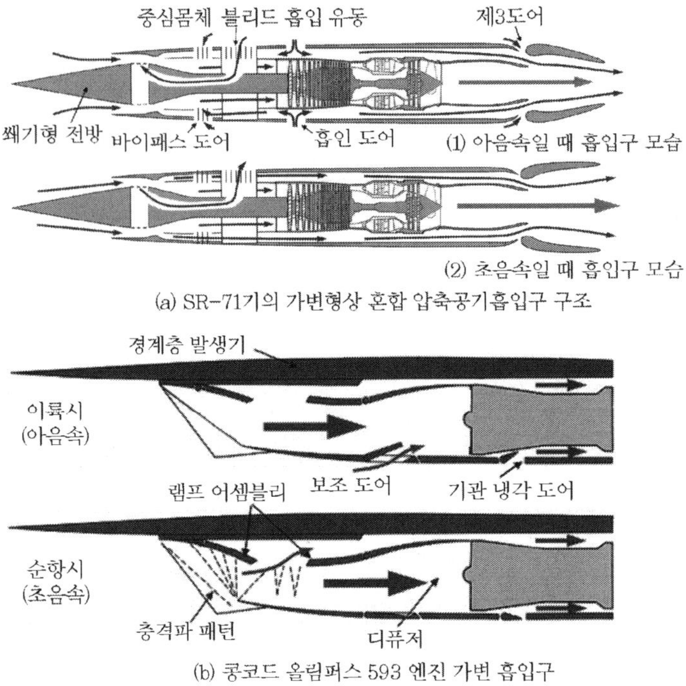

그림 4-8 초음속 가변공기흡입구

초음속 터보제트 엔진에 사용되는 압축기는 주로 다단의 축류형을 사용하나 최근에는 고압력비의 압축기를 사용하는 엔진도 개발되고 있다. 고압력비를 얻어야 하는 특성상 1단 블레이드 팁에서의 상대 마하수는 초음속 영역에 있다. 따라서 흡입구와 압축기의 설계시에는 초음속 유동의 아음속 전화시의 압력회복을 최대화하고 효율이 높은 초음속 블레이드기술의 개발도 요구되고 있다.

초음속 흡입구는 초음속 전후의 급격한 압력손실을 줄이기 위해 수직 충격파보다는 여러개의 경사 충격파를 이용하여 단계적으로 높은 초음속을 낮은 초음속으로 낮춘후 수직 충격파를 통해 초음속을 아음속으로 만들고 또 확산형 디퓨저를 거쳐서 압축기 입구에 적절한 속도가 되는 $0.4 < M < 0.7$ 정도의 유동속도가 되게 만든다. 즉 초음속 흡입구는 수축-확산형 디퓨저 형태를 갖는다. 충격파는 경계층에 충돌할 때에 발생하는 급격한 압력상승 때문에 경계층박리 현상이 일어나서 복잡한 유동장을 형성할 뿐 아니라 손실을 증가시키도 한다. 초음속 항공기의 경우 이륙시에는 아음속 비행, 순항일때는 초음속 비행을 하는 등 여러 가지 속도에서 작동하게 된다. 초음속항공기는 유동 특성이 서로 다른 속도 영역에서 작동해야 하기 때문에 고정 흡입구는 효율이 크지 못하며, 이 때문에 가변흡입구를 사용한다. **〈그림 4-8〉**은 SR-71에 사용되는 흡입구의 구조를 보여주고 있다. 아음속 공기흡입구에서는 흡입면적이 크지 못하기 때문에 바이패스(by-pass) 도어나 흡인(suck-in) 도어, 그리고 쐐기형 중심몸체와 연결되어 있는 블리드 도어를 통해서 외부 유동을 흡입시킨다. 그리고 초음속일때는 램효과에 의해 충분한 압력비를 생성하므로 이런 도어들

을 닫고 블리드 도어를 통해 유동을 밖으로 배출하기도 한다. 〈그림 4-8(b)〉는 콩코드 올림퍼스 593 엔진에 채택된 가변 형상공기흡입구이다. 이륙시와 같은 아음속비행일 때는 확산형상으로 아음속 디퓨저가 되도록하고, 초음속 비행일 경우에는 수축-확산 형상의 디퓨져이면서 충격파를 이용하고 있다. 초음속 비행 중에 공기흡입구 내의 공기가 불안정하면 맥동상태가 되어 진동을 일으킨다. 이런 현상을 버즈(buzz)라 하며, 구조물에 악영향을 줄 수 있다.

초음속 흡입구 종류의 하나로 초음속 유동을 아음속 유동으로 바꾸는 역 노즐 디퓨저(reverse nozzle diffuser)에 대하여 자세히 알아보자. 〈그림 4-9〉는 수축-확대 노즐(C-D 노즐)을 거꾸로 한 이상적인 C-D 디퓨저이다. 〈그림 4-9(a)〉와 같이 등엔트로피 감속을 위해 C-D 노즐을 거꾸로 작용하면 가능할 것 같으나, 실제는 내부 충격파와 경계층 상호 작용 등 유동 불안정성 같은 문제가 생긴다. 초음속유동에서 아음속유동으로 만드는데 손실을 가장 적게 하는 방법은 충격파를 목(throat)에 위치시키는 것이다.

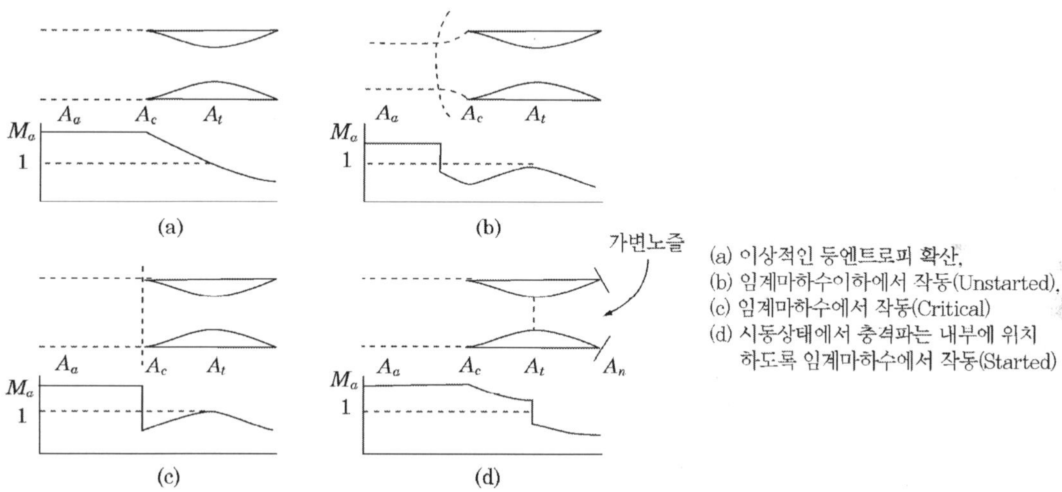

그림 4-9 수축-확산 내부압축 흡입구 도식도

〈그림 4-9(b)〉는 임계마하수 이하의 초음속 비행상태에서 궁형충격파가 흡입구 선단에 생기고 내부로 유입되는 포착 유동의 면적이 작아지고 누설유동이 있음을 알 수 있다. 고정 C-D 디퓨저에서는 마하수를 설계마하수까지 증가시켜도 궁형충격파 때문에 설계유량이 노즐로 흐르지 않는다. 그러나 흡입공기 마하수를 설계마하수보다 과도하게 증가시키거나, 형상을 변화시키면 설계유량을 C-D 내부로 보낼 수 있게 된다. 이것이 〈그림 4-9(c)〉에 나타난 임계마하수 작동이며 포착유로의 면적은 작아지지 않으면서 충격파가 흡입구 선단에 위치하게 된다. 〈그림 4-9(d)〉는 가변노즐을 사용하여 시동상태에서 충격파를 C-D 디퓨저 목에 위치시킨 것이며, 충격파 이후에 마하수는 아음속이 된다. 이 방법이 손실을 가장 적게하면서 초음속 유동($M > 1$)을 아음속 유동($M < 1$)으로

만드는 방법이다. 충격파가 목에 위치하므로 목까지의 유동은 등엔트로피유동이다. 비행속도가 약간 감소하거나 배압이 약간 증가하면 충격파는 다시 앞으로 가서 불안정한 상태가 된다. 안정적으로 하기 위해서는 목에서 마하수를 1 보다 약간 크게 하며 목 후방 확산부에 충격파를 만드는 방법이다. 목면적을 설계마하수에서의 초킹면적보다 크게 설계하고, 비행시에 내부압력상승을 이용하여 충격파를 디퓨저 확산부에 위치시킨다. 이러한 흡입구를 Kantrowitz-Donaldson 흡입구라 한다[4].

비행조건에 따른 초음속 흡입구의 작동모드에 대하여 알아보자. 우선 초음속 흡입구 유동의 질량유량비를 나타내기 위하여 초음속 유동의 질량유량비를 나타내는 인자 A_a, A_{1c}, A_1를 **〈그림 4-10〉**에 나타내었다.

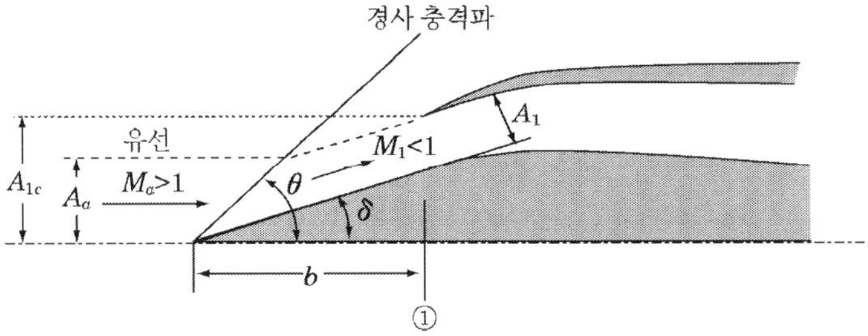

그림 4-10 초음속 유동 질량유량비를 나타내는 인자

$$MFR = \frac{\dot{m}_1}{\left(\dot{m}_a\right)_{\max}} = \frac{\rho_1 V_1 A_1}{\rho_a V_a A_{1c}} = \frac{A_a}{A_{1c}} \tag{4.9}$$

초음속 디퓨저의 성능은 작동방식에 따라 변하기도 한다. 대표적인 세 가지 기본 작동방식은 아임계작동(subcritical operation), 임계작동(critical operation) 및 초임계작동(supercritical operation)이다. 원추형 초음속 흡입구에 대한 세 가지 작동방식을 **〈그림 4-11〉**에 나타내었다. **〈그림 4-11(a)〉**는 수직충격파가 카울 외부에 위치하고 카울에서 아음속현상이 일어나고 있는 아임계작동상태를 나타내고 있다. 이러한 상태에서 질량유량비(MFR)는 1보다 적으며 외부로 흘러넘치는 누설현상(spillage)이 일어난다. 입구는 공기를 최대용량으로 흡입하지 못하며, 공기의 일부가 수직충격파를 통과하기 때문에 효율은 낮다. 강한 충격으로 인하여 입구항력이 크다. 작동상태는 일반적으로 불안정하며 수직충격파가 비교적 높은 주파수로 입구 내외로 이동을 계속하는 버즈(buzz)라고 하는 상태에 들어가게 된다. 공기흡입량 설계 값까지 증가시키면 충격파는 **〈그림 4-11(b)〉**와 같이 카울립(cowl lip)에 위치하게 된다. 이 상태를 임계작동상태라 한다. 수직충격파가 **〈그림 4-11(a)〉**의 위치로부터 **〈그림 4-11(b)〉**의 위치로 이동함에 따라 충격파를 지난 공기량 중 더 많은 부분이 흡입구로 통과할 수 있기 때문에 효율은 증가하게 된다. 임계작동에 있어서는 설계마하수에 대해서 최대유량 및 최대효율을 얻을 수 있다. 이와 같이 임계상태는 최적의 작동성능을 나타낸다. 그러나 이 상태를 실제 적용하는데 있어서는 한계적인 면에서 불안정하다는 단점을 갖고 있다. 왜냐하면 받음각이나 빗놀이가 약간 변하거나 또는 경계층박리 현상이 일어나면 임계작동상태가 아임계영역으로 돌변하기가 쉽기 때문이다. 결과적으로 실제작동에 있어서는 입구를 더욱 안정된 상태 즉, **〈그림 4-11(c)〉**와 같은 초임계영역으로 작동하는 것이 좋다. 이 경우에 질량유량비는 1이며 수직충격파는 목부분의 하류 쪽에서 일어나고 있다. 충격파가 목부분 하류에 위치하면 안정적인 작동을 할 수 있으나 하류 쪽으로 너무 멀리 위치해 있으면 충격파 이후의 박리로 유입공기가 왜곡되고, 효율이 설계점 이하로 내려가므로 피해야 한다.

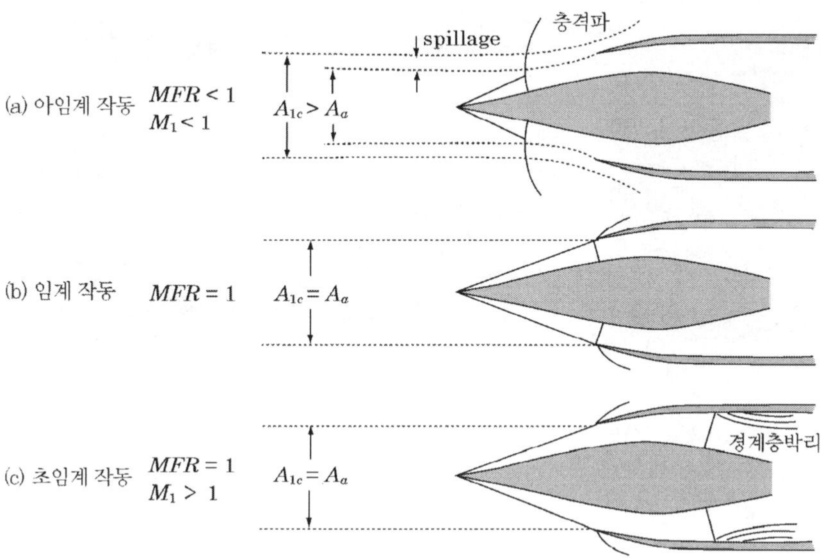

그림 4-11 원추형 초음속 흡입구의 3가지 작동 모드

1. 초음속 흡입구의 유동 형태

초음속 흡입구는 크게 램프형(ramp type)과 축대칭 스파이크 모양의 원추형(center body type)으로 나눌 수 있으며 각각 **〈그림 4-12〉**와 **〈그림 4-13〉**에 나타나 있다.

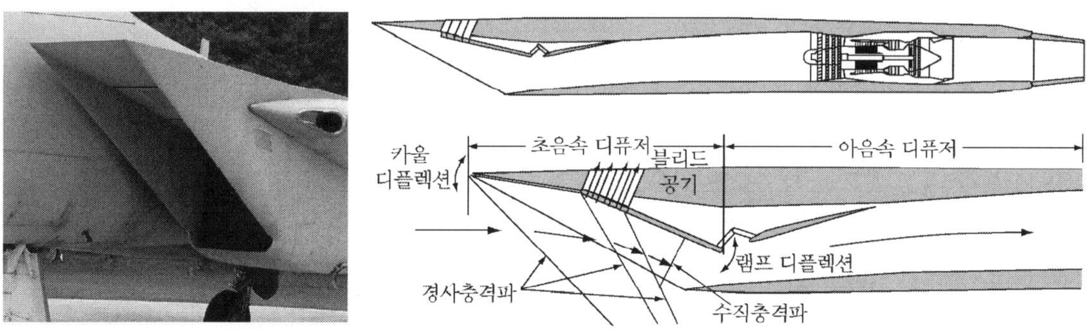

그림 4-12 F-15의 램프형 초음속 흡입구 구조와 유동형태

수직 충격파는 초음속 유동을 아음속으로 감소시키는 데에는 매우 효과적이지만 압력손실이 크다. 따라서 여러개의 경사충격파를 이용하게 되는데 **〈그림 4-12〉**은 이러한 경사충격파를 이용한 F-15기의 흡입구 형태를 보여주고 있다. 경사 충격파를 이용하여 어느 정도 낮아진 초음속의 유동은 수직 충격파를 이용하여 초음속을 아음속으로 낮추게 된다. 아음속이 된 유동은 확산을 이용하여 M 0.6~0.8의 흐름을 M 0.5 정도로 다시 낮추어 준다.

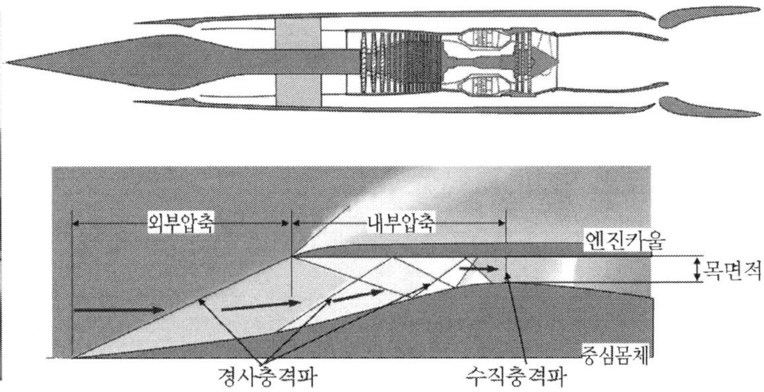

그림 4-13 SR-71의 원추형 초음속 흡입구 구조와 유동형태

충격파는 초음속에서 아음속으로 감속시켜 주지만 전압력손실을 수반한다. 또한 충격파가 경계층에 충돌할 때 발생하는 급격한 압력상승은 경계층 박리를 일으켜서 전압력 손실을 증가시키게 된다. 수직 충격파는 초음속을 아음속으로 일시에 변환시켜 주기 때문에 흡입구의 길이가 짧아지나 전압력손실이 너무 크기 때문에 여러 개의 경사충격파를 이용하는 것이 효율적이다. 그래서 초음속 흡입구는 긴 덕트 형태를 가지게 된다. **〈그림 4-13〉**은 SR-71기에 사용된 흡입구를 보여주고 있다. F-15의 흡입구보다 많은 경사충격파를 이용하게 되며 흡입 전면면적이 훨씬 작다. 또한 F-15에서는 흡입구 외부에서만 충격파가 발생하는 외부 압축 흡입구이지만 SR-71은 외부와 내부 모두에서 충격파가 발생하는 혼합 압축 흡입구이다. 즉 비행 마하수에 따라 초음속 흡입구의 형태를 다르게 한다. 초음속 흡입구의 형태는 **〈그림 4-14〉**처럼 보통 수직충격파 흡입구, 외부 압축 흡입구, 혼합 압축 흡입구로 분류 될 수 있다. **〈그림 4-14(a)〉**는 항공기가 초음속으로 비행할 때 공기 흡입구 앞쪽 외부에 생기는 수직충격파를 나타내고 있으며 수직충격파 전후의 관계식은 식 (2.201)~(2.207)에서 구할 수 있다. **〈그림 4-14(b),(c)〉**는 각각 외부 압축흡입구와 혼합 압축흡입구를 나타내며 외부 압축흡입구 및 혼합 압축흡입구에 나타나는 경사충격파 전후 관계식은 식 (2.212)~(2.218)을 사용하여 구할 수 있다. **〈그림 4-15〉**은 마하수 변화에 따른 각 압축 흡입구에 따른 전압력비 또는 압력회복계수를 나타내고 있다. 비행속도 $M_a < 1.6$에서는 수직충격파 압축흡입구를 사용하고, $1.6 < M_a < 2.5$사이의 비행속도에서는 외부 압축흡입구를 사용하며, $M_a > 2.5$

에서는 혼합 압축흡입구를 사용한다.

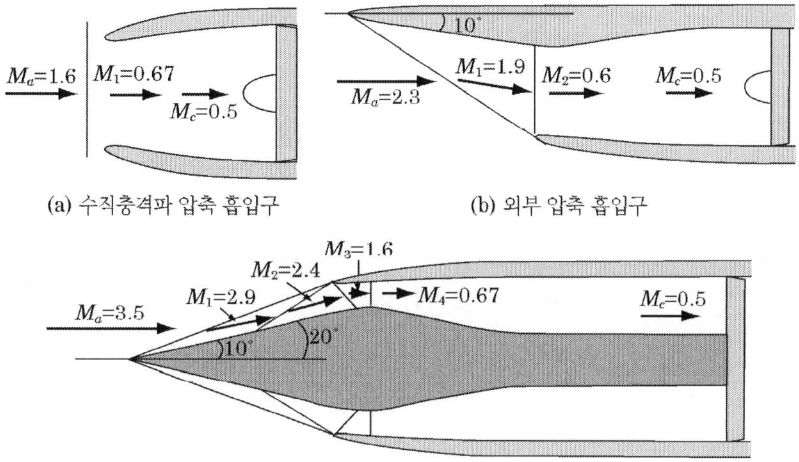

(a) 수직충격파 압축 흡입구 (b) 외부 압축 흡입구

(c) 혼합 압축 흡입구

그림 4-14 초음속 흡입구의 종류

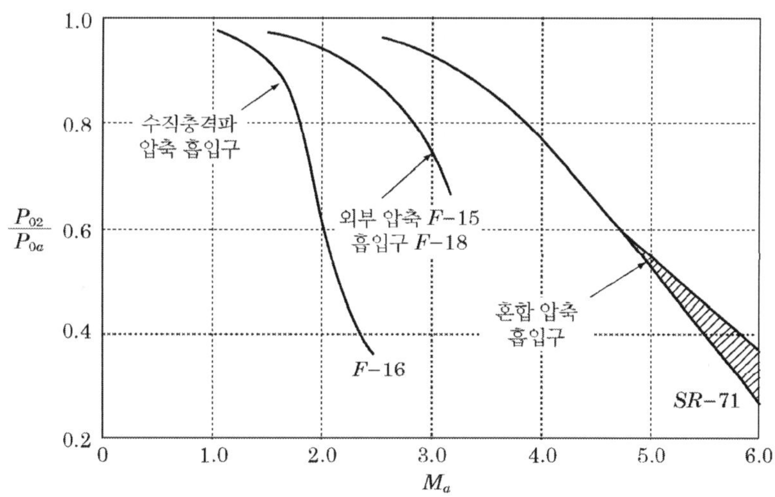

그림 4-15 각종 초음속 흡입구의 비행 마하수에 따른 전압력비(또는 램압력 회복율)

2. 초음속 흡입구의 성능

초음속 비행에서는 충격파에 의해 전압력손실이 일어난다. 충격파 때문에 램압력의 일부만이 회수되며 이 비율은 램압력 회복율(total pressure recovery factor)이라 한다. 램효율을 더 간단하게 나타낸 것이 램압력 회복율(η_R)이다. 램압력 회복율은 공기흡입구 입구에 대한 공기흡입구 출구의 전압력비가 된다.

$$\eta_R = \frac{P_{02}/P_a}{P_{0a}/P_a} = \frac{P_{02}}{P_{0a}} \tag{4.10}$$

초음속 흡입구의 램압력 회복율은 설계와 작동방식 그리고 마하수에 따라 다르며 다음과 같이 나타내어 진다. 미국항공산업협회(AIA)와 미국방성표준식(MIL-E-5000)에서는 다음과 같은 식을 사용한다[5].

$$\eta_R = 1.0 - 0.1(M_a - 1.0)^{1.5} \tag{4.11}$$

$$\eta_R = \begin{cases} 1.0 & (M_a < 1.0) \\ 1.0 - 0.075(M_a - 1)^{1.35} & (1.0 < M_a < 5.0) \\ \dfrac{800}{M_a^4 + 935} & (5.0 < M_a) \end{cases} \tag{4.12}$$

식에서 알 수 있듯이 초음속 흡입구에서는 충격파가 생기면 경계층 박리가 생기는데 이 박리는 또 충격파에 영향을 주어서 마하수가 커질수록 램압력 회복율이 떨어지게 된다.

예제 4-2 $M_a = 3.0$으로 비행하는 **〈그림 4-16〉**과 같은 초음속 흡입구를 가진 항공기에서 수직충격파 하나만 사용하였을 때와 2개의 경사충격파와 1개의 수직충격파를 사용하였을 때 전압력비를 비교하라.

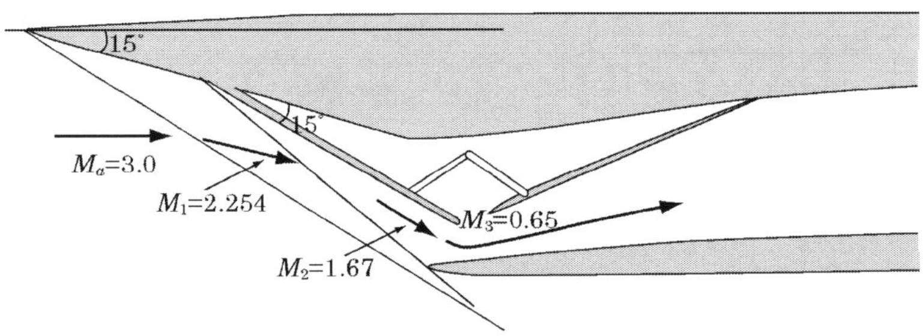

그림 4-16 2개의 경사충격파와 1 개의 수직충격파를 이용한 외부 압축 흡입구

풀이 실제로 사용되는 초음속 흡입구의 속도에 따른 전압력 회수율이 얼마만큼 되는지 알아보자. **〈그림 4-16〉**과 같이 M 3으로 비행하는 항공기의 외부 압축 흡입구가 있다고 가정해 보자. 앞서 2장에서 다루었듯이 쐐기의 꺾임각 δ과 유입 마하수를 알면 경사충격파의 경사각 θ을 알 수 있고 전압력비도 알 수 있다. 그리고 경사충격파의 수평성분 마하수는 변하지 않는 사실과 수직인 성분의 마하수를 통해 충격파를 지난 유동의 마하수도 함께 알 수 있다. 이 과정을 거쳐 계산하면 각 충격파에 따라 **〈표 4-1〉**과 같은 값들을 얻을 수 있다.

표 4-1 충격파 전후의 유동특성

구분	상류 마하수	쐐기 꺾임각	충격파 경사각	하류 마하수	전압력비 (P_{0f}/P_{0i})	비 고
$a \rightarrow 3$	$M_a = 3$	$\delta = 0^\circ$	$\theta = 90^\circ$	$M_3 = 0.475$	0.328	수직 충격파
$a \rightarrow 1$	$M_a = 3$	$\delta = 15^\circ$	$\theta = 32.221^\circ$	$M_1 = 2.254$	0.894	경사 충격파
$1 \rightarrow 2$	$M_1 = 2.254$	$\delta = 15^\circ$	$\theta = 40.337^\circ$	$M_2 = 1.67$	0.941	경사 충격파
$2 \rightarrow 3$	$M_2 = 1.67$	$\delta = 0^\circ$	$\theta = 90^\circ$	$M_3 = 0.65$	0.868	수직 충격파
총 전압력비					0.730	

〈표 4-1〉에서 알 수 있듯이 여러 개의 경사충격파를 이용하면 수직충격파 하나를 이용하는 것보다 전압력의 손실이 2배 이상 감소하는 것을 알 수 있다. 이 때문에 비행 마하수에 따라 초음속 흡입구 형상을 달리 하며 마하수가 클수록 경사 충격파를 많이 이용하게 된다. 그러나 극초음속 이상에서 운용되는 로켓이나 우주 왕복선에서는 앞부분을 오히려 쐐기모양이 아닌 뭉툭한 둥근 모양으로 만든다. 그 이유는 너무 빠른 속도로 날아가기 때문에 앞부분에서는 운동에너지가 정지하면서 전온도 상승으로 이어져 재질이 견딜 수 없는 온도까지 올라가는 공기학적 특성이 나타나기 때문이다.

예제 4-3 다음 그림은 마하 3 이상의 고속으로 비행이 가능한 SR-71 블랙버드이다.

그림에서와 같이 항공기의 엔진의 공기흡입구는 가운데 콘이 설치된 초음속 공기흡입구이다. 이 초음속 공기흡입구에서 콘의 회전각이 20° 라고 한다. 이 엔진이 고도 15,000 m 상공에서 마하 3으로 비행중이라면 공기흡입구 출구에서의 마하수 및 압력, 온도를 구하라. 또 전압력 손실을 구하라.

풀이 먼저 주위 조건은 압력이 $P_a = 12.05\,kPa$이고 온도가 $216K$이다. 또 음속은 $294.6\,m/s$이므로 비행속도는 $883.8\,m/s$가 된다. 또, 이 경우 정체점의 조건은 $P_0 = 442.6\,kPa$, $T_0 = 604.8\,K$이다.

아래 그림에서 먼저 θ 값을 구해야 한다. 이는 식 2.208을 반복법을 이용하여 구할 수 있다. 여기서는 뉴턴 방법을 이용하여 구하였다. 1에서의 유동은 $M_1 = 3.0$이고 회전각이 20° 이므로 θ는 37.8°가 된다.따라서 2 영역에서의 압력, 온도 및 전압은 각각 $P_2 = 45.52\,kPa$, $T_2 = 337\,K$, $P_{02} = 352.0\,kPa$이 된다.

즉, 압력과 온도는 각각 3.778배와 1.561배가 되며 전압력은 20.5% 감소한다. 후방에서 마하수를 구하는데 있어서 주의해야 할 점은 경사 충격파와 평행한 성분의 마하수가 일정한 것이 아니라 속도가 일정한 것이다. 따라서 속도를 고려하여 2 영역에서의 마하수를 다시 계산해 주어야 한다.

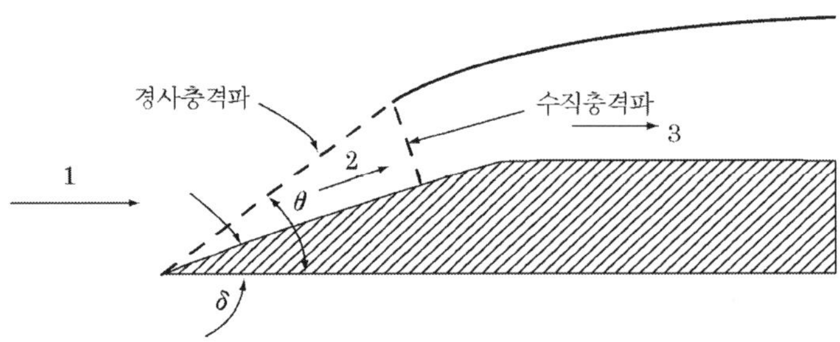

〈그림 2-32〉에서 $V_1 = 883.8\,m/s$ 이며 이 때 $V_{1n} = 541.7\,m/s$, $V_{1t} = 698.3\,m/s$가 된다. 여기서 V_{1t}는 일정하며 V_{1n}만이 수직 충격파를 지나는 성분이 된다. 이 때 2 영역에서 경사 충격파에 수직한 성분의 마하수는 0.6078이다. 2 영역의 음속이 $368.0\,m/s$ 이므로 이 영역에서 충격파와 접선 방향의 마하수는 1.8976이 된다. 따라서 2 영역에서의 마하수는 1.993가 된다.

마지막으로 2에서 3 영역으로 유입되는 유동은 수직 충격파에 의해 아음속 유동이 되므로 이 경우 유동의 상태 변화는 마찬가지 방법으로 구할 수 있다. 다만 수직 충격파이므로 회전각이 없다. 이 경우 3 영역에서의 압력, 온도 및 전압은 다음과 같다.

$$P_3 = 214.3\,kPa$$
$$T_3 = 563.0\,K$$
$$P_{03} = 257.0\,kPa$$

이 때 2 영역에서 3영역으로 갈 때 압력은 4.71배, 온도는 1.67배가 되며 전압력은 27.0%의 손실이 발생한다. 전체적으로는 총 41.9%의 전압 손실이 발생한다. 이 때 3 영역의 마하수는 0.613이 된다.

만약 마하 3에서 수직 충격파 하나만을 이용하여 감속한다면 67.2%의 전압손실이 발생하며 후방의 마하수는 0.475가 된다. 이상에서 보듯이 디퓨저에서 경사 충격파를 하나만 발생시키더라도 기존의 67.2%보다 약 60%인 41.9%까지 압력 손실을 예방할 수 있다.

4.2 연소기

4.2.1 소개

가스터빈엔진 연소기는 가압된 공기의 통로, 안쪽에 형성된 화염부 및 이들 사이에 위치한 공기유입이 가능한 통으로 구성되어 있으며, 연소기는 거의 일정 압력하에서 연료를 연소시켜 연료가 가지고 있는 화학적 에너지를 열에너지로 변환시킨다. 가스터빈 중심부(코어)를 지나는 가스는 연소기에서의 연소과정에 의해 열에너지를 받아 모멘텀이 증가하게 된다. 연소기에서 연소화학 반응이 일어나기 전에 액체 상태의 연료는 공기 유동에 분사되면서 미립화되며 증발하여 공기와 혼합됨으로써 가연성 혼합기가 만들어지고 연소가 일어나게 된다. 압축기 출구에서의 유동속도는 약 100~150m/s 정도로 빠르기 때문에 연소기 앞부분에는 디퓨저가 있어 연소기 입구에서의 유동속도를 약 30~60m/s 정도로 낮추어 준다. 연소기 입구에서 온도는 350~650℃ 정도이고, 압력은 10~30 기압 정도이다. 연소기 입구 디퓨저를 통해 공기 유동속도를 낮추더라도 연소기로 유입되는 공기속도는 화염전파 속도보다 커서 화염이 꺼질 염려가 있으므로 스월유동을 통해 재순환영역을 만들어 화염안전성을 도모하고 있다. 연소온도는 높을수록 효율이 향상되지만 터빈입구 온도가 제한되기 때문에 적절한 값이 되도록 연소기를 설계하여야 한다. 연소기는 소형 경량화하기 위해 연소부하가 높아야 하고, 연소효율이 높아야 하며, 압력손실이 작아야 한다. 또 고공이나 희박 혼합기 상태나 가감속시에도 연소의 안정성이 유지되고 화염이 꺼지는 일이 없어야 하며, 만약 화염이 꺼지더라도 재점화가 용이하여야 한다. 연소기 출구는 터빈입구 조건을 결정지으므로 연소기 출구 온도 분포가 균일하여야 한다. 연소기는 또 내구성이 우수하여야 하고 유해물질 배출이 적어야 한다.

가스터빈 연소기에서 연소가 효율적으로 일어나기 위해서는 연소되는 적절한 공간과 시간이 필요하다. 항공기에 있어서 공간이라는 요소는 매우 중요하다. 연소실 크기를 크게 하면 엔진 전면면적도 커지고 부피도 커지기 때문에 연소실 크기는 제한을 받는다. 또 연소실 크기가 제한되면 빠른 시간 내에 연소가 일어나야 하는 시간적 제한도 받게 된다. 즉, 연료의 완전한 연소를 위해 충분한 공간과 체류시간이 제공되어야 한다. 충분한 체류시간을 위해서는 연소기내에서의 평균공기속도는 약 M0.1 정도가 되도록 설계한다. 엔진의 크기를 작게 유지하면서 필요한 추진력을 더하기 위해서는 연소 강도가 가능한 커야 한다. 항공용 가스 터빈의 경우 연소기 입구의 밀도가 대기압의 약 10배에 다다르기 때문에 연소 강도는 산업용보다 약 50~100배 정도 크다. 가스터빈 연소기에서는 연료가 분사되어 미립화되는 분사기술과 난류 강도에 의해 연소 강도가 증가한다. 연료의 분사각도 또한 중요한 변수로 작용한다. 연료의 분사각도가 너무 커서 연료노즐 가까이에서 연소되면 연소기 앞부분의 열전달 문제가 발생하고 연료의 분사각도가 너무 작아서 연료노즐 멀리에서 연소되면 연소기 뒷부분 즉 터빈입구 부분의 열전달 문제가 발생한다. 따라서 비행상황에 맞는 연료 분사각도가 중요하다. 난류 강도가 클수록, 기화된 연료와 공기가 혼합이 더욱 잘되며 혼합기에서의 화염 전파속도는 더욱 빨라진다. 이러한 시간, 온도, 난류를 3T(time, temperature, turbulence)라 하며 이들을 적절히 조절해야 최적인 연소가 이루어지며 이러한 값들을 잘 활용하기 위해 컴퓨터를 이용한 수치해석적인 연구의 도움을 받아 연소기 개발 기술이 날로 발전하고 있다. 이렇듯 연소실 설계는 매우 복잡하고 까다롭다. 그래서 아직까지 과학이라기보다 예술적 기술이라 말할 수 있다. 연소기 설계에는 수많은 설계 자유도가 있지만 배기가스 규제강화 때문에 설계 자유도는 줄어들게 되고 고난이도의 기술발전이 요구되고 있다.

가스터빈의 열역학적 관점에서 가스터빈의 효율을 높이려면 사이클의 온도를 높이고 각 부품의 효율을 높여야한다. 연소기의 효율이 높다는 것은 연소효율이 높고 압력손실이 작다는 것을 의미한다. 연소효율은 보통 99%정도이고 압력손실은 보통 압축기 공급압력의 2~8%정도이다. 비록 연소기에서의 이러한 손실이 사이클 효율과 비출력에 미치는 영향이 있더라도 압축기와 터빈과 같은 터보기계의 비효율성이 사이클 효율과 비추력에 미치는 영향만큼 크지는 않지만, 연소기는 고온하에서 안정성 있게 작동해야 하며, 터빈입구의 온도분포가 균일하여야 하고, 작동시간 동안 공해물질을 가능한 한 적게 배출해야하기 때문에 연소기는 잘 설계하지 않으면 안 되는 중요한 부품이다.

항공기는 임무를 수행하기 위해서 필요한 양의 연료를 적재하여야 하기 때문에 보통 액체연료를 사용한다. 항공용 가스터빈 엔진은 비행마하수와 비행고도에 따라 엔진의 입구 압력 및 온도가 크게 변하면서 작동한다. 해면에서 주위 압력은 1.013 bar이며 주위온도는 288.15K임에 비하여 11,000m상공에서는 0.227bar, 주위온도는 216.8K이다. 따라서 이 고도(11,000m)에서 연소기는 크게 줄어든 공기 밀도와 질량유량에서도 잘 작동되어야 하며 적절한 터빈 입구온도를 유지하기 위해서 이 고도에서도 연소기는 해면고도에서의 공연비와 거의 같은 값을 유지해야 한다. 항공기가 상승과 하강할 때에는 대기의 조건은 급격히 변화하므로 연소기에서 연료유량은 화염이 꺼지지 않도록 해야 하며 또한 온도한계를 초과하지 않으면서 연속적으로 변할 수 있어야 한다. 예를 들어 고성능 전투기는 2분 안에 해면고도로부터 11,000m 상공까지 올라가기도 한다. 비행 중에 화염이 꺼지면 연소기는 어떤 비행조건에서도 즉시 재점화 할 수 있는 능력이 있어야 한다. 초음속 항공기는 매우 다른 조건에서 작동된다. 고고도에서 높은 마하수로 비행하는 초음속 항공기는 램효과 때문에 압축기 입구압력은 해면고도에서의 정지압력과 거의 같으나 입구온도는 훨씬 높다. 초음속 항공기는 아음속 항공기보다 더 넓은 범위에서 비행하며 고고도에서 비행하는 미래의 초음속 항공기는 NOx의 배출량을 상당히 저감시켜야 한다.

산업용 가스터빈 엔진은 다양한 연료를 쓸 수 있도록 설계되어야 한다. 산업용 가스터빈 엔진도 사용고도에 따라 영향을 받는다. 예를 들면 남미지역에서는 거의 해발고도 4,000m에서 작동되지만 서부 캐나다에서는 많은 엔진들이 1,000m 고도에서 작동된다. 발전 동력용 또는 열병합 발전용 가스터빈의 연료로는 천연가스가 선호되고 있다. 천연가스가 없을 때는 보통 증류액화연료가 사용된다. 정상운전에서는 천연가스를 사용하고 짧은 시간동안 최대부하가 걸릴 때는 액체연료를 사용하는 이중 연료사용 가스터빈도 있다. 이러한 가스터빈의 연소시스템은 한가지 이상의 연료가 각각 또는 동시에 사용되도록 설계된다. 또한 가스터빈은 함정이나 큰 배에도 사용될 수 있으며 이때에는 해상디젤연료가 사용되기도 한다.

4.2.2 연소기의 구조와 기능 및 종류

1. 연소기의 구조와 기능

연소기는 기본적으로 화염통 외부에 있는 케이스, 냉각공기 구멍이 많이 뚫려 있는 화염통과 라이너, 연료분사 시스템, 시동시에 주로 사용되는 점화시스템으로 구성되어 있다. 연소기의 주요 기능이 압축기를 통과한 공기흐름에 열에너지를 가해 공기를 팽창, 가속시켜 터빈으로 보내는 것이기 때문에 이러한 성능을 잘 발휘할 수 있도록 공기역학적으로나 열역학적으로나 높은 효율을 갖도록 잘 설계되어야 한다. **〈그림 4-17〉**은 기본적인 연소기를 보여주고 있는 것이다. 연료는 1차 연소영역으로 분사되고, 3차 희석영역으로 유입되는 공기는 적절한 터빈입구에서의 온도분포가 되도록 연소가스를 냉각시켜준다.

〈그림 4-17〉에서 연료 분사 노즐 주위에는 스월 베인(swirl vane)과 1차 공기 유입구멍들이 있다. 압축기를 지난 공기유동은 연소기 입구앞에 있는 디퓨저를 거쳐 어느 정도 속도가 감소하게 되며 점화하여 연속적인 연소를 한다. 안정적인 화염을 유지하기 위해서는 유입 공기 속도보다 화염전파 속도가 빠르도록 되어야 한다. 스월 베인의 기능은 이러한 공기유동을 만들어주기 위해 1차 공기의 일부분을 재순환 영역으로 만들어 유동 속도를 낮춰주는 역할을 한다. 1차 공기 유입 구멍들은 연소기 내부로 공기들이 균일하면서 연소가 잘 되도록 어느정도 와류로 만들어준다. 연료 분사 노즐은 고압의 연료압력으로 액체연료를 분사시킴으로써

연료의 미립화를 시키고 적절한 연료분사각을 만들어서 연소가 잘 일어나도록 한다. 연소기에서 한번 점화로 계속적으로 연소가 일어나므로 캔형이나 캔 에뉼러형에서는 다른 통(can)으로 연소를 전파해 주기 위해 화염전파 내부통로가 있다. 그리고 화염이 일어나는 화염통(flame tube) 또는 라이너(liner)가 있고 그 주위를 냉각공기가 지나가도록 감싸고 있는 외부 케이스가 있다. 화염통 내부에는 많은 구멍이 있는데 이 구멍들을 공기 희석 구멍(dilution holes)이라 한다. 이 공기 희석 구멍들은 1차 영역에서 높은 온도로 연소한 연소가스와 희석하여 연소기를 보호하고 궁극적으로는 터빈을 열응력으로부터 보호하기 위해 냉각공기를 연소실로 유입시키는 기능을 한다. 공기 희석 구멍은 과학적으로 해석하여 뚫기에는 아주 힘든 과정이어서 전문적으로 노하우를 가진 기술자들이 뚫지만 최근에는 전산유체역학의 도움으로 연소기 내부 및 라이너의 열유동 해석을 통해 어느 정도 기술을 정립하고 있다.

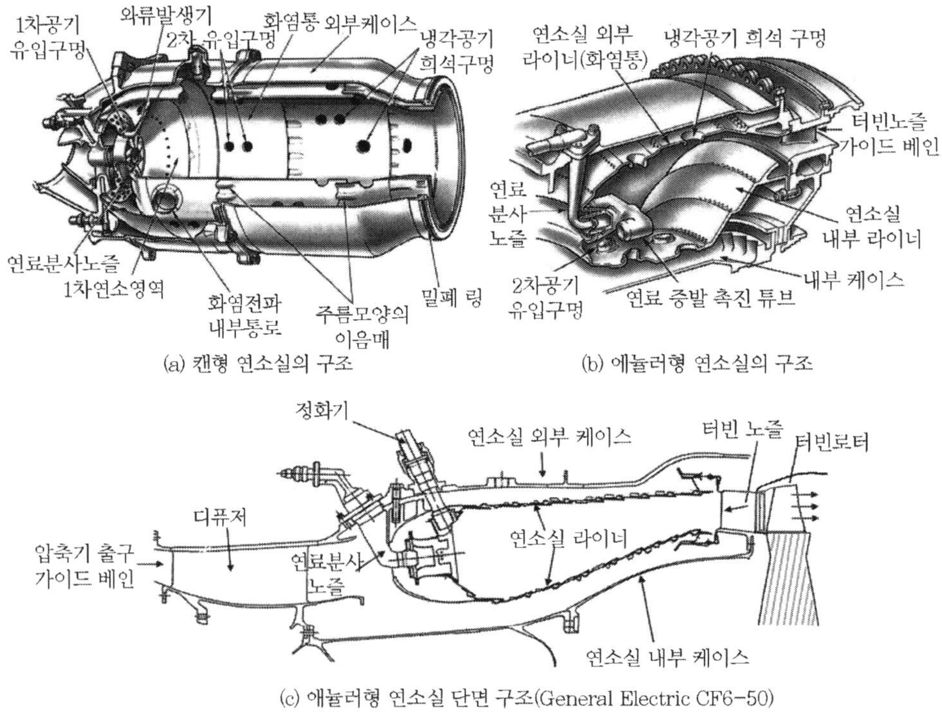

그림 4-17 직류형 연소기 (출처 : [1])

2. 연소기의 종류

연소기의 분류는 가스의 흐름 방향에 따른 분류와 구조에 의한 분류로 크게 나뉜다. 연소기를 통과하는 가스의 유동 방향에 따라 연소기는 직류형 연소기(straight flow combustion chamber)와 역류형 연소기(reverse flow combustion chamber)로 나눌 수가 있다. 직류형 연소기는 연소기로 들어오는 공기와 나가는 가스 유동 방향이 같기 때문에 연소속도가 비교적 빠르고 연소강도가 큰 고속 중 · 대형의 터보제트나 터보팬 엔진, 그리고 산업용 중 · 대형 엔진에 많이 사용된다. 직류형 연소기는 **〈그림 4-17〉**에 나타나 있다. 역류형 연소기는 연소기로 들어오는 공기와 터빈으로 나가는 가스 유동 방향이 180°로 두 번 꺾여 나가기 때문에 전압력 손실은 조금 더 있게 되지만 압축기와 터빈을 가까이 둘 수 있게 배치 할 수 있어 압축기와 터빈사이의 축길이를 짧게 할 수 있고 축진동 문제를 해결 할 수 있는 장점이 있으나 엔진 단면 면적이 커지게 된다. 역류형 연소기는 엔진길이를 짧게 하고 싶은 비교적 소형인 터보프롭이나 터보샤프트 엔진, 그리고 산업용 소형 엔진에 많이 사용된다. **〈그림 4-18〉**은 역류형 연소기를 보여주고 있다.

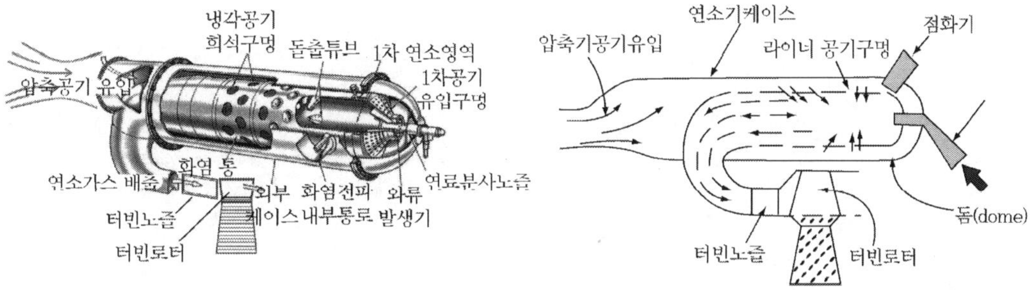

그림 4-18 역류형 연소기 (출처 : [1],[8])

연소기를 구조에 따라 분류하면 캔(can)형, 에뉼러(annular)형, 캔-에뉼러(can-annular)형의 3가지로 나눌 수 있다. **〈그림 4-19〉**은 구조에 따른 연소기의 종류를 보여주고 있다. 캔 형 연소기의 각 화염통은 독립적으로 작동하는 연소기로도 작동할 수 있지만 다중 캔형 연소기에는 연결관(inter-connector)으로 연결되어 있어서 연소기 압력은 같게 유지할 수 있다. 이 연결관은 시동시에 화염이 각 연소기로 전파하는 통로로도 사용된다. 캔 형 연소기는 구조가 단순하고 직경이 작으므로 구조강도가 높다. 또 연소기형상이 연료분무에 적합하여 연료분사노즐과의 매칭이 쉽고, 연소기가 손상을 입었을 때 검사 및 교환이 쉽다. 그리고 시험시 적은 공기량이 필요한 장점이 있다. 반면에 압축기와 터빈과의 연결을 위한 덕트가 추가로 필요하고 같은 공기량에 비해 길이가 길어지며 각각의 캔은 공간 이용 효율이 좋지 못하다. 캔형연소기는 무거우며 에뉼러형이나 캔-에뉼러형보다 압력손실이 크다. 또 터빈입구 온도(TIT)의 변화가 쉽고 2차 공기 희석 할 때 혼합이 좋지 않으면 국부적으로 뜨거워지는 열점(hot spot)이 생기는 단점이 있다. 더욱이 고공에서 기압이 낮아지면 연소가 불안정하게 되어 연소정지(flame out) 현상이 발생하기 쉽고 기관 시동시에 문제를 일으키기 쉬워 초기에는 많이 사용하였으나 최근에는 거의 사용하지 않는다. 보조

동력장치(APU)와 같은 소형 가스터빈 엔진에서는 캔형 연소기 1개만 사용되기도 한다.

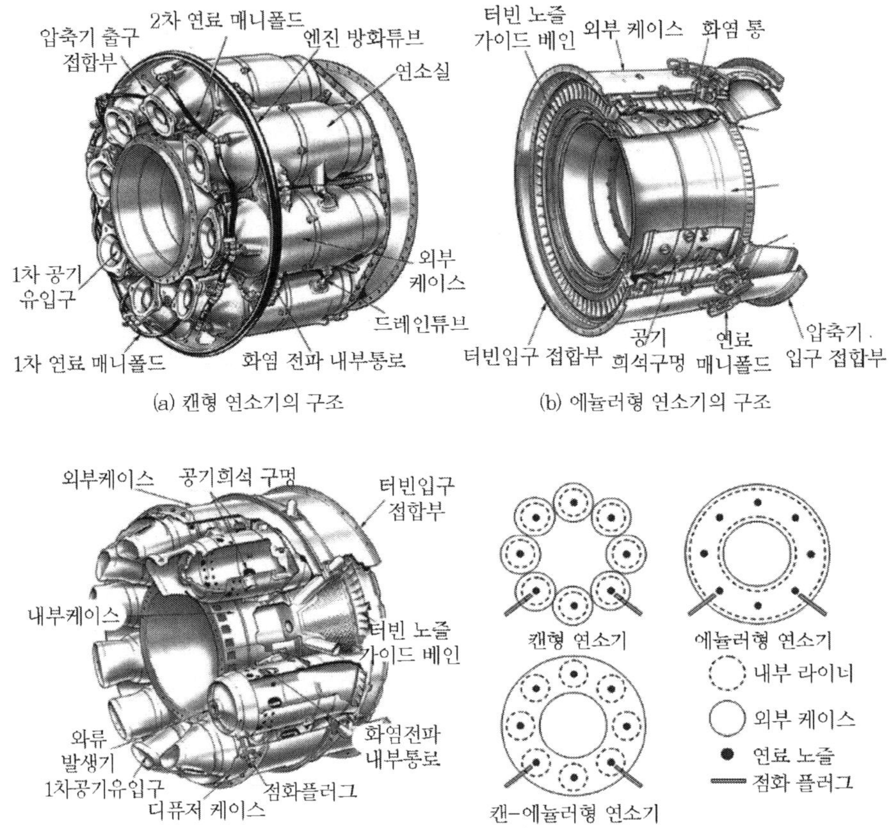

(a) 캔형 연소기의 구조 (b) 에뉼러형 연소기의 구조

(c) 캔-에뉼러형 연소기의 구조 (d) 각 연소기의 단면구조

그림 4-19 구조에 따른 연소기의 분류 (출처 : [1])

에뉼러형 연소기는 환상형 공간 내부와 외부에 각각 내부 케이스, 외부 케이스가 있으며 외부 케이스 안에는 화염통인 라이너가 있다. 에뉼러형 연소기는 축류 압축기와 축류 터빈사이의 공간을 최대로 활용할 수 있기 때문에 압력손실이 적고 또 전면면적을 작게 할 수 있고, 구조가 비교적 간단하다. 또 연소정지 현상이 없고 출구 온도 분포가 비교적 균일하고 유해 배출가스도 적어 최근의 엔진들은 거의 대부분 에뉼러형 연소실을 사용하고 있다. 축류 압축기에서 출구 유동은 환상으로 배치되어 있는 압축기 블레이드에 해당하는 환상형상에서 나오므로 압축기나 터빈연결용 덕트가 불필요하다. 그러나 에뉼러형 연소기에는 여러 개의 연료분사노즐이 있으며 이 연료분사노즐들은 서로 공간적으로 열려 있기 때문에 상호작용으로 인한 연소불안정성을 일으킬 수도 있다. 여러 개의 연료분사노즐을 사용하므로 설계가 정확하지 않으면 연료-공기 분포가 불균일하고 출구 온도 분포가 불균일할 수 있기 때문에 설계시 세심한 주의가 필요하다. 엔진을 완전히 떼지 않고 연소기

를 분리할 수 없으며 구조적으로도 취약하여 좌굴되기 쉬우며, 엔진 시험, 개발 시 많은 공기량과 전체 엔진이 필요한 단점이 있다.

캔-에뉼러형은 캔과 에뉼러형의 장점을 취한 연소기이다. 캔형 연소기는 각각의 화염통이 각자의 외부 케이스를 갖고 있어 독자적으로 공기를 공급 하는데 비해, 캔-에뉼러형 연소기는 모든 화염통이 하나의 환상 케이스에서 공기를 공급 받는다. 각 화염통은 화염전파 연결통로를 통해 서로 연결되어 있다. 캔-에뉼러형 연소기는 엔진을 완전히 떼지 않고도 캔 연소실을 점검 수리할 수 있으며 에뉼러형 연소기보다 구조적으로 안정하며 캔형 연소기보다 공간 이용율이 크다. 단점으로는 각 캔 사이의 화염전파를 위한 화염전파 연결통로 등 제작이 복잡하고, 많은 수의 연료노즐의 매칭이 필요하다. 초기 캔형 연소기를 사용하다가 나중에 많이 사용하게 되었는데 최근에는 거의 사용하지 않는다.

4.2.3 연소과정과 연소기 설계에 영향을 미치는 인자

1. 연소기 설계에 영향을 미치는 인자

최근 가스터빈 연소시스템 설계에서 새로운 요구조건이 있기는 하지만 기본적인 요구사항은 수십년 동안 변하지 않고 있다. 중요한 요구조건은 다음과 같다.

① 연소가스온도가 높으면 열효율이 증가하지만, 응력을 크게 받는 터빈의 재질에 적합하도록 연소가스 온도는 허용범위 내에 있어야 한다. 재질의 발전과 블레이드 냉각방식의 발전으로 인해 항공기용 가스터빈의 경우 연소기출구 허용온도를 1,600K에서 1,800K까지 증가시킬 수 있었다.

② 터빈 블레이드가 국부적으로 과열을 방지하기 위해서는 연소실 끝단의 온도분포를 알아야 한다. 실제적으로 터빈 블레이드는 익단(root)에서 팁(tip)으로 갈수록 원심응력이 감소하므로 연소실 끝단의 온도분포는 균일할 필요는 없고 반경방향으로 온도를 증가시키는 것이 바람직하다.

③ 압축기 출구에서 공기의 속도는 약 150m/s정도가 되며 연소에는 이 공기 속도가 너무 빠르기 때문에 연소실 입구에서 공기를 확산시켜 공기속도를 줄이고 정압을 상승시키는 일종의 디퓨저를 압축기 출구와 연소기 입구사이에 설치한다. 연소기를 통과하는 가스속도가 너무 느리면 열발생강도가 너무 낮아 연소기 크기가 커지지 때문에 적절한 속도는 30~60m/s이다. 보통의 공기연료 혼합기에서 제트연료의 연소속도는 난류라 할지라도 약 5~10m/s정도이므로 약 30~60m/s 속도에서는 화염이 꺼지므로 와류발생기 등을 이용한 재순환영역을 형성하여 축류속도를 낮추어 줄 필요가 있다.

④ 전부하에서 아이들 조건까지 넓은 공연비 범위에서 연소는 안정적으로 진행되어야한다. 단순

사이클 가스터빈 엔진에서 엔진전체의 공연비는 60:1에서 120:1까지 변화한다. 제트연료의 이론 공연비가 15:1정도이므로 효율적인 연소를 위해서는 1차 연소영역에서 일부의 공기만 유입하여 연소를 하고 연소실 라이너의 공기구멍을 통하여 많은 희석공기를 유입하여 터빈 허용응력 이하로 연소가스온도를 낮추어야 한다. 연소기내 점화 이그나이더 부근의 연소 가스온도는 약 2000℃ 정도이지만 연소기출구에서의 가스온도는 약 1000℃ 정도이다.

⑤ 단단하고 취성이 있는 코킹(coking)과 같은 탄소퇴적물의 생성이 없어야 한다. 빠르게 유입되는 가스흐름 속에 탄소퇴적물 같은 작은 입자가 있으면 터빈을 침식시킬 뿐만 아니라 냉각류 통로를 막기도 한다. 탄소퇴적물이 연소실의 공기역학적 진동에 의해 더 작은 입자로 쪼개지면 터빈에 큰 손상을 입힐 수도 있다.

⑥ 항공용 가스터빈 엔진에서 비행고도와 속도에 따라 변화하는 넓은 범위의 압력변화에서도 안정적인 연소가 이루어져야한다. 또한 고고도에서 화염이 꺼질 때 재점화가 가능해야 한다.

⑦ 가스터빈은 배기매연이 적게 나와야한다. 초기의 제트 엔진에서는 많은 양의 배기가스가 배출되어 많은 항공기가 동시에 운항될 때 공항에서 문제가 되기도 하였으며 군용 엔진에서는 배기매연 때문에 위치노출이 될 우려가 있었다. 산업용 가스터빈은 도심지역과 심지어 주거지역에 설치되기도 하기 때문에 배기매연이 적게 나와야한다.

⑧ 가스터빈 연소기가 아주 높은 고효율로 작동될지라도 일산화탄소(CO), 질소산화물(NOx), 미연탄화수소(UHC)등이 배출되며 이러한 유해배출가스를 적게 배출하도록 설계해야한다. 오랫동안 가스터빈의 성능향상은 압력비상승과 터빈입구온도(TIT)의 상승을 위주로 많은 발전을 이루었으나, 이 때문에 오히려 NOx의 배출량은 증가하였다. 더욱 강화되는 배기가스규제를 만족시키기 위해서 가스터빈설계도 많이 변화하고 있다.

초기의 가스터빈 배기물 규제는 주로 CO와 매연등과 관련된 것이었다. CO와 매연은 엔진 아이들링과 같은 저출력일 때 최고가 되고 최대출력조건일 때 최저가 된다. 성능향상을 위해 화염온도를 상승시키면 CO와 매연은 저감하지만 NOx는 온도에 지수함수적으로 비례하여 생성된다. 1970년대 이후 가스터빈연소기 설계방향은 CO, UHC, 매연등 다른 배출물의 양을 작게 유지하면서 NOx배출을 저감시키는 방향으로 진행되고 있다.

압축기에서 연소실로 들어가는 공기의 밀도와 질량유량은 넓은 작동범위에서 꽤 일정하다는 사실 때문에 연소기 설계 시 어려움은 한층 덜어진다. 항공용 가스터빈의 경우 연소기는 작은 공간에 장착되어야하고 중량이 가벼워야하는 제한사항이 있지만, 연소기 수명이 짧기 때문에 설계 시 어려움이 그만큼 감쇄될 수 있다.

항공용 가스터빈 연소실은 두께 약 0.8mm 정도의 얇은 내열성 합금판으로 만들어지며 예상 수명시간은 약 10,000시간 정도이다. 산업용 가스터빈의 연소실은 보다 튼튼한 재료로 만들어지며 예상수명시간은 약 100,000시간 정도이다. 대형 산업용 가스터빈 연소실에서는 때때로 내화라이닝이 사용되기도 한다. 전체효율은 가스터빈 엔진 각 부품의 효율과 밀접한 관계가 있으므로 위에서 언급한 요구조건은 연소효율의 저하를 가져오지 않는 범위 내에서 이루어져야 한다. 즉, 모든 작동범위에서 분사된 연료는 완전히 연소되고 완전한 열량을 얻을 수 있어야 한다. 연소기내의 압력손실은 연료소모율을 증가시킬 뿐만 아니라 비추력의 감소를 초래하므로 압력손실을 최소화하여야한다. 연소실이 작을수록 연소할 수 있는 반응시간은 짧게 되므로 연소효율을 만족시키면서 낮은 압력손실로 고효율 연소를 실현하는 것은 더욱 어려워진다. 산업용 가스터빈 엔진설계는 크기의 제한이 크지 않으므로 산업용 가스터빈의 설계가 항공용 가스터빈설계보다 쉬운 편이다.

2. 연소과정

액체연료가 연소되기 위해서는 먼저 액체연료를 인젝터를 통해 연소실로 분사하고 작은 액적의 분무가 만들어져야 하며, 이 분무액적은 주위공기와 혼합되어 증발된다. 이때 중탄화수소는 경탄화수소로 분해되고 분해된 탄화수소분자는 산소와 혼합되어 화학반응이 일어나서 연소가 된다. 유동이 있는 작은 공간에서 이러한 연소의 모든 과정이 빨리, 완전하게 일어나려면 높은 온도가 필요하며 이와 같은 높은 온도는 이론공연비 혼합기 부근의 연소에서 낼 수 있다.

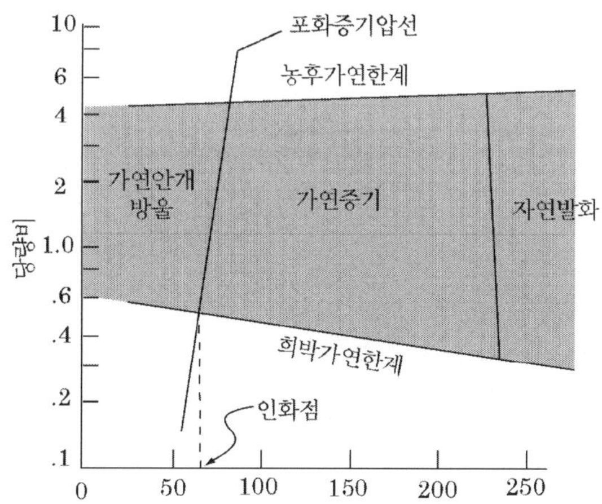

그림 4-20 대기압에서 케로신연료의 온도 및 당량비 변화에 따른 가연한계[10]

〈그림 4-20〉은 케로신연료의 대기압에서 온도 및 당량비 변화에 따른 가연한계를 나타내고 있다. 혼합기가 너무 농후하거나 희박하여도 연소되지 않으며 케로신은 약 225℃정도가 되면 자연점화하는 것을 알 수 있다.

가스연료를 사용할 때는 미립화과정이 필요 없어 연소과정이 액체연료보다 간단하다. 제트연료 중의 하나인 케로신의 이론공연비는 약 15:1인데 비해 가스터빈 연소기전체의 공연비는 약 40~120:1까지 이른다. 이론 공연비의 약 6배인 80:1의 공연비가 사용된다.

터보제트 엔진의 연소실 전후에서 에너지 보존식을 생각해 보자. 통상적으로 연소실 전체를 생각하면 **〈그림 4-21〉**처럼 연소실 입구에서의 상태를 3이라하고 연소실 출구를 4라고 하자. **〈그림 4-21〉**에서 연소기 효율을 100%라 가정하고 들어가는 에너지와 나오는 에너지의 보존식을 세우면 다음과 같이 쓸 수 있다.

$$\dot{m}_a h_{03} + \dot{m}_f Q_R = (\dot{m}_a + \dot{m}_f) h_{04} \tag{4.13}$$

여기서 $f \equiv \dot{m}_f / \dot{m}_a$이고 Q_R 은 연료의 발열량이며, $f \ll 1$이라 하면 f는 다시 다음과 같이 나타낼 수 있다.

$$f = \frac{h_{04} - h_{03}}{Q_R - h_{04}} = \frac{c_{pg} T_{04} - c_{pa} T_{03}}{Q_R - c_{pg} T_{04}} \tag{4.14}$$

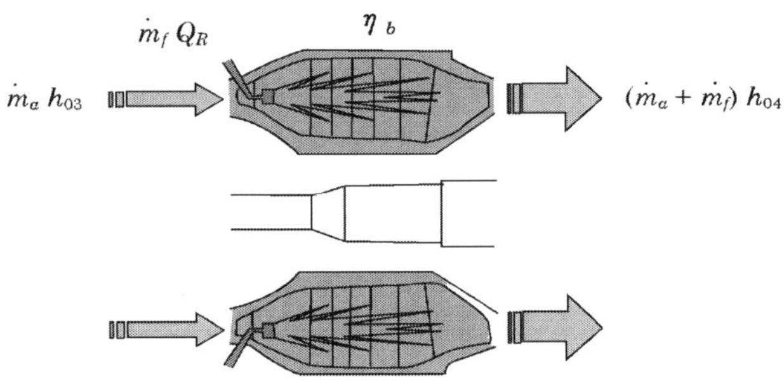

그림 4-21 연소기 전후의 에너지 평형

예를 들어 어떠한 터보제트 연소실과 연료가 다음과 같은 조건을 가진다면

$T_{03} = 600\,K$, $T_{04} = 1600\,K$, $\pi_c = 30$, $\eta_c = 0.85$, $c_{pa} = 1.008\,kJ/kg \cdot k$, $c_{pg} = 1.148\,kJ/kg \cdot k$, $Q_R = 43{,}400\,kJ/kg$

식 (4.14)에서 연공비 f와 당량비 ϕ는 다음과 같다.

$$f = \frac{1.148(1600) - 1.008(600)}{43{,}400 - 1.148(1600)} = 0.0296, \quad \phi = \frac{f_{actual}}{f_{stoich}} = \frac{0.029}{0.067} = 0.442$$

이 예제에서 연소기 전체의 공기-연료 혼합비는 아주 희박함을 알 수 있다. 주연소기 영역은 이론 공연비 부근이지만 냉각공기 희석 구멍을 통해 냉각공기가 들어가서 연소기 전체의 혼합기는 희박한 상태가 된다. 터빈입구온도(TIT)를 낮추기 위해 Φ를 0.4~0.5 정도가 되게 한다. 연소기 설계에서 가장 중요한 요인은 연소실 금속 내벽이 뜨거운 연소 가스와 직접 접촉하는 것을 방지하는 것이다. 연소 가스가 내벽에 직접 접촉하면 휘거나 좌굴 또는 녹는 등의 문제가 발생할 수 있다. 이에 대한 대책으로 연소실 주위에 냉각 공기를 흐르게 하여 희석(dilute)시킨다.

〈그림 4-22〉에서 볼 수 있듯이 스월 베인 부근의 주연소 영역에서는 당량비가 $\phi \approx 1$이다. 재순환이 있는 주연소 영역은 당량비가 1이 되게 하여 연소 효율을 높이고 화염안정성을 기한다. 탄화수소 연료는 당량비가 0.5 이하에서는 연소가 힘들다. 연소실 전체의 당량비가 0.4~0.5 정도에서는 점화가 어렵기 때문에 이론 당량비 부근에서 점화시킨 후 터빈으로 들어가는 TIT를 낮추기 위해서 희석시킨다. 연소실 전체를 생각하면 완전연소에 필요한 공기량보다 3~5배 더 많은 공기량이 들어간다.

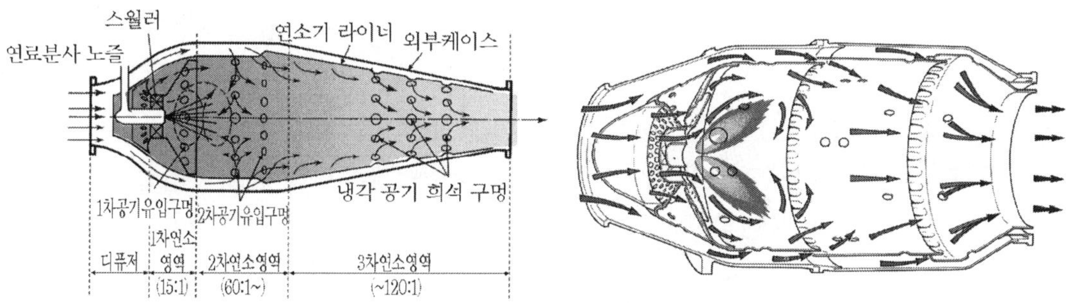

그림 4-22 연소기의 주요부품과 공기 유동 형태 (출처 : [1])

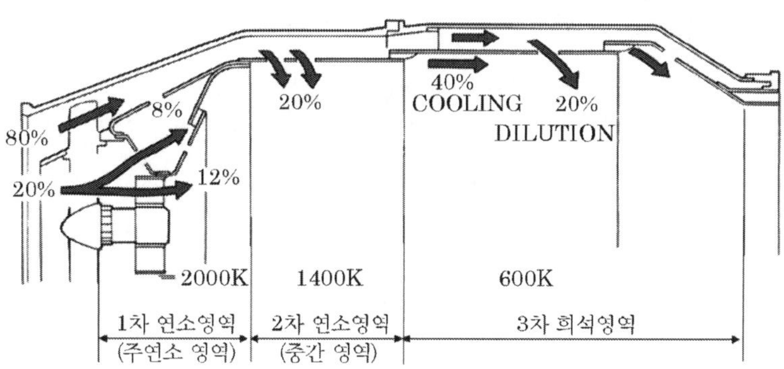

그림 4-23 공기 유동 배분 (출처 : [1])

공기는 크게 3단계로 연소실로 유입되기 때문에 가스터빈 연소실은 **〈그림 4-22〉** 및 **〈그림 4-23〉**처럼 연소가 이루어지는 주연소영역 또는 1차 연소영역(primary zone) 및 중간영역 또는 2차 연소영역(intermediate zone 또는 secondary zone) 그리고 연소가스 온도를 더 낮추기 위해 희석시키는 3차 영역(또는 희석영역, tertiaty zone: dilution zone)으로 나눌 수 있다.

제트연료의 급속연소에 필요한 고온상태를 만들기 위해 연료분사노즐 주위의 와류 발생기와 1차 공기 유입 구멍(flare holes)을 통해 약 20~25%의 공기가 1차 연소영역으로 유입되는데 이것을 1차공기라 한다. 전체공기의 약 20% 정도는 1차 영역의 연소를 마무리하고 안정화하기 위해서 화염튜브의 홀을 통해 2차 연소영역으로 유입되는데 이것을 2차공기라 한다. 높은 연소효율을 위해서는 2차공기 유입으로 인한 국부적인 화염온도 강하와 반응율 감소가 되지 않도록 2차 공기는 적합한 위치에서 정확히 유입되어야 한다. 나머지 공기는 3차영역(희석영역)으로 유입되어 연소가스온도를 터빈입구 허용한계온도 이하로 식혀주기 위해 연소생성물과 혼합된다. 터빈을 손상 시킬 수 있는 고온유선이 없도록 고온유동과 저온유동을 완전히 혼합하여, 원하는 온도분포를 이루기 위해서는 충분한 난류상태가 되어야한다. 압축기에서 연소실로 유입되는 공기속도는 화염전파속도보다 빠르므로 화염이 안정적으로 유지되지 못한다. 그래서 1차 영역 안에서 연소중인 혼합물의 일부를 분사노즐장치방향으로 다시 유동시켜 축방향 유속을 낮추는 재순환유동방식이 사용된다. 연료는 공기유동과 같은 방향으로 분사되고 1차 공기는 와류 발생기와 1차 공기 유입 구멍을 통해 유입된다. 이 결과 와류운동이 생기고 연소실의 축을 따라 저압영역이 형성된다. 이와 같은 와류운동은 때때로 **〈그림 4-22〉**와 **〈그림 4-23〉**에서 보이는 평평한 구멍대신에 짧은 접선방향의 홈을 통해 2차 공기를 분사할 때 증대되기도 한다. 연소가스는 저압의 영역으로 흐르려 하며 연소가스 중 일부는 연료노즐 제트쪽으로 재순환된다. 재순환방식 이외에도 화염을 안정화시키는 여러 가지 방법들이 있을 수 있다.

연소과정에서 불완전연소와 압력손실이 어떻게 일어나는지를 알아보자. 단순히 연료 인젝터의 설계 잘못으로 인해 연료액적들이 화염튜브 벽을 따라 분사되지 않는데도, 2차 공기 입구에서 화염의 국부적인 온도저하로 인해 불완전연소가 일어날 수 있다. 이 때문에 연료분해 생성물들은 완전히 타지 않을 정도로 반응율이 감소하고 연소실 하류 끝 부분에서의 온도는 이 연료분해 생성물의 연소 시 예상되는 온도보다 낮은 온도가 된다. 연료가 분해되어 생성되는 경탄화수소물들은 원래의 연료보다 점화온도가 높아 온도저하를 방지하기가 어렵다. 특히, 공간이 제한되고 2차공기가 점진적으로 충분히 유입되지 못하는 경우에는 더욱 그렇다. 큰 규모의 난류를 증가시킬 수 있고 연소중인 가스전체에 2차 공기를 균일하게 분포시켜 줄 수 있는 장치를 사용하면 연소효율은 증가시킬 수 있으나 연소실의 압력손실을 수반하게 된다. 따라서 연소효율과 연소기 압력손실의 최적점을 찾아야 한다.

연소실의 전압력손실은 첫 번째 이유로 연료와 공기의 혼합손실을 포함하여 경계층에서의 마찰손실이 있다. 마찰에 의한 압력손실율은 3~7% 정도이다. 연소실 전압력손실의 두 번째 이유로는 기본손실이라고도 불리는 열발생문제에 의한 손실인데, 온도가 증가하면 밀도가 감소하여 유동의 속도와 운동량이 증가하여 압력손실이 생긴다. 이 압력손실율은 0.5~1.0% 정도이다. 일정단면적의 도관에서 유동이 마찰이 없이 흐를 때 가열에 의한 전압력손실은 2장에서 다루었듯이 Rayleigh 선도를 이용해서 구할 수 있다. 속도가 느리고 비압축성유동인 경우 기본손실에 의한 압력강하는 다음과 같은 간단한 식으로 표현될 수 있다.

마찰이 없는 일정단면적을 흐르는 유동의 1차원 운동량식은 다음과 같다.

$$A(P_4 - P_3) + \dot{m}(V_4 - V_3) = 0 \tag{4.15}$$

여기서 하첨자 3은 연소기 입구, 4는 연소기 출구를 나타낸다.

비압축성유동에서 전압력 P_0는 $P + \rho V^2/2$이므로

$$P_{04} - P_{03} = (P_4 - P_3) + \frac{1}{2}(\rho_4 V_4^2 - \rho_3 V_3^2) \tag{4.16}$$

식 (4.15)에 $\dot{m} = \rho_3 A_3 V_3 = \rho_4 A_4 V_4$를 적용한 후 식 (4.16)과 조합하면 다음 식을 얻는다.

$$P_{04} - P_{03} = -(\rho_4 V_4^2 - \rho_3 V_3^2) + \frac{1}{2}(\rho_4 V_4^2 - \rho_3 V_3^2) = -\frac{1}{2}(\rho_4 V_4^2 - \rho_3 V_3^2) \tag{4.17}$$

입구 동적수두의 항을 기준으로 전압력손실을 표시하면 다음과 같다.

$$\frac{P_{03} - P_{04}}{\rho_3 V_3^2/2} = \left(\frac{\rho_4 V_4^2}{\rho_3 V_3^2} - 1\right) = \left(\frac{\rho_3}{\rho_4} - 1\right) \tag{4.18}$$

비압축성 유동에서 밀도 ρ는 압력 P에 무관하며 온도만의 함수라 가정하면 $\rho \propto 1/\mathrm{T}$이 되고 다음과 같이 다시 쓸 수 있다.

$$\frac{P_{03} - P_{04}}{\rho_3 V_3^2/2} = \left(\frac{T_4}{T_3} - 1\right) \tag{4.19 a}$$

이 식은 2장에서 설명한 압축성 유동의 압력손실식 식 (2.197)에서 입구마하수가 0(zero)이 될 때의 값인 $\dfrac{P_{03} - P_{04}}{P_{03} - P_3}$과 동일하며 이때 $\dfrac{T_4}{T_3} = \dfrac{T_{04}}{T_{03}}$이 되므로 다음과 같이 쓸 수 있다.

$$\frac{P_{03} - P_{04}}{\rho V_3^2/2} = \left(\frac{T_{04}}{T_{03}} - 1\right) \tag{4.19 b}$$

가스터빈 연소실 유동은 비압축성이고 일정단면 유동이라고 가정하는 것은 실제와 상당히 다르지만, 이런 가정으로 구한 값으로부터 열 발생에 의한 기본손실이 얼마정도 될 것인가 하는 추정값을 알 수 있다. 연소실 출구의 온도가 입구온도의 2~3배 정도일 때 기본손실은 입구동적수두(inlet dynamic head)의 1~2배 정도가 된다. 그러나 마찰에 의한 압력손실은 입구동적수두의 약 10~20 배정도로 열 발생에 의한 기본손실보다 아주 크다. 연소가 없을 때 측정한 압력손실을

냉간 압력손실이라 한다. 화염을 안정시키기 위해 와류 발생기와 같은 장치를 사용하면 큰 규모의 난류가 생성되며 이 때문에 마찰손실이 아주 크게 된다. 2차 공기에 의한 과도한 국부적인 온도 감소를 방지하기 위해서는 연소가스와 2차공기의 혼합이 중요하며 또 터빈에서 고온유선이 생기는 것을 방지하기 위해서는 희석공기를 잘 혼합하는 것이 중요하지만 이와 같은 2차공기와 희석공기의 제트 때문에 증가된 난류로 인해 압력손실이 증대한다. 일반적으로 혼합이 많을수록 연소기출구 온도분포는 균일하게 되지만 압력손실이 커지기 때문에 혼합에 의한 연소기 출구의 온도분포와 압력손실사이에는 최적화가 필요하다. 화염튜브의 구멍을 통해 고온가스로 분사되는 2차 공기는 온도가 낮아 밀도가 높기 때문에 연소실 안까지 충분히 침투되어 혼합되며 압력손실은 혼합전과 혼합 후의 가스유동의 운동량 변화 때문에 생긴다. 항공용 가스터빈에서 연소실출구와 터빈입구사이의 확산부 덕트는 매우 짧으며 터빈입구의 온도분포와 확산부 압력손실을 최적값으로 하기 위해서는 보통 온도분포의 비균일성이 평균온도 10 %정도 일 때로 하면 된다. 산업용 가스터빈 엔진의 확산부 덕트는 길이의 제한을 덜 받으며 길이가 길어질수록 표면마찰항력은 증가하지만 터빈 입구 온도분포는 균일하게 된다.

예제 4-4 균일한 단면적을 가지는 연소기가 있다. 이 연소기에 압력과 온도가 50.00 kPa와 700 K로 압축된 공기가 마하 0.3의 속도로 유입되고 있다. 이 공기를 연소기에서 1600 K까지 가열한다고 할 때 연소기 출구에서의 유동 마하수, 전온도, 전압력을 구하라. 단 연소기 내부에 마찰이 없으며 비열비는 1.30으로 가정하라.

풀이 마찰이 없는 균일 단면 유동에서 열의 출입만 있는 유동으로 Rayleigh 유동이 된다. 이 때 입구에서의 전온도와 전압력은 각각 다음과 같다.

$$T_{0i} = 709.5\ K \qquad P_{0i} = 52.99\ kPa$$

먼저 출구에서의 마하수를 구해야 하는데, 이는 〈식 2.166〉를 다음과 같이 적절히 변형하여 출구에서의 마하수에 대해 구할 수 있다. 즉,

$$\frac{T_e}{T_i} = \left[\left(\frac{M_e}{M_i}\right)\left(\frac{1+\gamma M_i^2}{1+\gamma M_e^2}\right)\right]^2$$

여기서 T_e, T_i 및 M_i는 주어진 값이므로 M_e에 대해 풀어보면 출구에서의 마하수는 $M_e = 0.5895$가 된다. 따라서 출구에서의 압력은 〈식 2.167〉로부터

$$P_e = P_i \times \frac{1+\gamma M_i^2}{1+\gamma M_e^2} = 38.47\ kPa$$

가 되며 전온도와 전압력은 각각

$$T_{0e} = 1684\ K \qquad P_{0e} = 47.95\ kPa$$

즉, 전온도는 2.37배가 되었으며 전압력은 9.5%의 손실이 발생되었다.

4.2.4 연소기 성능

연소기의 효율을 결정하는 중요한 요소는 압력손실, 연소효율, 패턴인자, 안정성 한계, 연소강도, 라이너의 열전달이다.

1. 압력손실

연소기 입구에서 출구까지 연소가스가 흐를때 벽면의 마찰, 와류, 연소에 의한 가열 팽창에 의하여 압력손실이 있게 된다. 레이놀즈수가 높을 때 난류파이프 유동의 압력손실은 동적수두로 무차원화하여 표현할 수 있으며 연소시스템이 작동하는 범위에서는 크게 변하지 않는다. 실험에 의하면 연소기의 전압력손실인자(pressure loss factor)는 다음 식으로 표현될 수 있다.

$$\text{압력손실인자}(PLF) = \frac{\Delta P_0}{\rho_3 V_3^2/2} = \frac{\Delta P_0}{\dot{m}_a^2/2\rho_3 A_m^2} \tag{4.20}$$

여기서 하첨자 3은 연소기 입구를 나타내며 A_m은 연소기 단면적이며 캔형 연소기 경우보다 에늘러 연소기에서는 $\dot{m}/A_m$이 커진다. 연소기 전체압력손실은 마찰손실과 열 발생에 의한 기본손실로 이루어져 있고, 식 (4.20)은 다음과 같이 표현 될 수 있다.

$$PLF = K_1 + K_2\left(\frac{T_{04}}{T_{03}} - 1\right) \tag{4.21}$$

식 (4.20)에서 K_1과 K_2는 냉간 유동실험과 고온 유동실험으로부터 구해질 수 있다. 캔형 연소실, 에뉼러형 연소실, 캔-에뉼러형 연소실의 압력손실인자는 각각 약 35, 18, 25 정도이다. 연소기 형태뿐만 아니라 연소기 앞 부분의 디퓨저 길이와 형상에 따라 PLF도 달라지게 된다.

압력손실을 나타내는 다른 방법은 연소기 입구와 출구의 압력손실을 압축기 공급압력 P_{03}로 무차원 표현하여 다음과 같이 표시하기도 한다.

$$\frac{\Delta P_0}{P_{03}} = \frac{\Delta P_0}{\dot{m}_a^2/2\rho_3 A_m^2} \times \frac{\dot{m}_a^2/2\rho_3 A_m^2}{P_{03}} = PLF \times \frac{R}{2}\left(\dot{m}_a \frac{\sqrt{T_{03}}}{A_m P_{03}}\right)^2 \tag{4.22}$$

여기서 연소기를 지나는 유동속도는 낮기 때문에 ρ_3과 ρ_{03}은 차이가 없는 것으로 간주한다. 식(4.22)에서 $\Delta P_0/P_{03}$은 연소기 입구에서의 무차원 질량유량의 함수로 표현되며 설계점 이외의 조건에서 압력손실을 나타낼 때 편리하게 사용될 수 있다. $\frac{\Delta P_0}{P_{03}}$가 비슷한 값 일 때 PLF가 주어지면 애뉼러 형상 설계가 단위질량유량당 단면적인 $A_m/\dot{m}_a$을 작게 할 수 있다. 중량과 공간의 제약을 받는 항공용 가스터빈의 연소기에서 $A/\dot{m}_a$는 $\Delta P_0/P_{03}$의 약 4~7 %이며 산업용 가스터빈의 연소기에서 $A/\dot{m}_a$는 $\Delta P_0/P_{03}$의 약 2 % 정도이다.

2. 연소효율

연소생성물을 분석하면 연소과정에서 일어나는 연소효율을 알 수 있다. 연소에 실제 사용된 공기량과 연료량을 알면 연소시 이론적으로 이용 가능한 에너지량을 알 수 있고, 연소생성물 중 불완전연소물의 비율을 알면 실제 에너지 발생량을 알 수 있으므로 연소효율을 구할 수 있다. 연소효율은 식(2.86)으로부터 다음과 같이 나타낼 수 있다.

$$\text{연소효율} = \frac{\text{연소를 통해 실제 발생한 열량(엔탈피량)}}{\text{이론적으로 이용 가능한 열량(엔탈피량)}}$$

$$\eta_b = \frac{(m_a + m_f)c_{pg}(T_{04} - 298) - m_a c_{pa}(T_{03} - 298) - m_f c_{pg}(T_f - 298)}{\dot{m}_f Q_R}$$

$$= \frac{\dot{m}_a(1+f)(c_{pg}T_{04} - c_{pa}T_{03})}{\dot{m}_f Q_R} = \frac{(1+f)(c_{pg}T_{04} - c_{pa}T_{03})}{f\,Q_R} \tag{4.23}$$

이 값은 식 (3.143a)에서 η_b를 가한 값과 동일한 결과가 됨을 알 수 있다.

여기서 f는 연료-공기비이고, Q_R은 연료의 발열량, c_{pg}는 연소가스의 정압비열, c_{pa}는 공기의 정압비열이다. 연소효율은 유입공기의 압력과 온도가 높을수록 높아지고 유입속도 및 공연비가 희박할수록 떨어진다. 제트엔진의 지상 이륙 출력시 연소효율은 98% 이상 거의 100%에 가깝지만, 부분 출력시나 고공에서는 연소효율이 떨어진다. 그러나 실제 가스터빈 연소기에서 연소효율을 구하기 위해서는 매우 빠른 속도의 유동상태에서 연소가스를 샘플링하여 화학적 분석을 해야 하는데 이것이 쉽지 않고, 또한 가스터빈 연소기의 공연비는 아주 크기 때문에 표본 중 불완전연소물이 차지하는 비율이 아주 적기 때문에 불완전 연소물 측정에 대한 오차가 클 수 있다. 통상의 Orsat

과 같은 가스분석기는 가스터빈 연소가스 중 불완전연소물 측정에 적합하지 않고 더 정교한 장치가 필요하다. 연소과정을 조사하는 것이 아니라 만약 연소기 전체의 효율을 생각하면 다음과 같이 연소효율을 정의 할 수도 있다.

$$\text{연소효율} = \frac{\text{실제 연소실 온도}\Delta T\text{를 증가시키기 위해 필요한 이론연료}-\text{공기비}}{\text{실제 연소실 온도}\Delta T\text{를 증가시키기 위해 필요한 실제연료}-\text{공기비}} \tag{4.24}$$

위 식에서 필요한 값은 연소기 입구와 출구의 질량 평균 전온도와 연료-공기비(f)이다. 연소기를 여러 개의 부분으로 나누어 임의의 곳 i에서의 전온도를 알고 있다면 질량평균 전온도는 다음과 같이 정의할 수 있다.

$$T_{0m} = \sum m_i T_{0i} \Big/ \sum m_i = \sum m_i T_{0i} \Big/ m \tag{4.25}$$

그런데 $m_i = \rho_i A_i \sqrt{2\Delta P_i / \rho_i}$ 이다. 여기서 ΔP_i는 동적헤드 $\rho V^2/2$과 동일한 값이다. 또 ρ_i는 온도와 반비례하므로 $m_i \propto A_i \sqrt{\Delta P_i / T_i}$ 이다. 따라서 질량평균 전온도는 다음과 같이 나타낼 수 있다.

$$T_{0m} = \sum A_i T_{0i} \sqrt{\frac{\Delta P_i}{T_i}} \Big/ \sum A_i \sqrt{\frac{\Delta P_i}{T_i}} \tag{4.26}$$

$T_0 = T + V^2/2c_p$이므로 비열비 1.33이고 $c_p = 1.148\ kJ/kg\cdot K$인 연소가스가 $100\ m/s$로 흐르는 유동에서는 $T_0 - T \approx 4.4\,K$ 정도이므로 $T_{0i} \approx T_i$라 할 수 있다. 따라서 질량평균 전온도는 동적헤드 ΔP_i와 전온도 T_{0i}의 항으로 나타낼 수 있다.

연소실 온도 ΔT를 증가시키는데 필요한 이론공연비는 2장의 **〈그림 2-7〉**에서 구할 수 있다. 가스터빈 엔진에서는 연소기 출구의 온도 즉 터빈입구온도(TIT)는 직접 측정하지 않고 배기가스 온도 등을 측정하여 계산에 의해 구한다. 연소기 출구온도나 TIT를 구하기 위해 열전대를 터빈입구에 두었을 경우 열전대를 지지하는 기구가 망가질 경우에는 터빈의 손실이 있을 수도 있기 때문에 연소기 출구온도를 직접 측정하지 않는다. 그 대신에 대부분의 경우 터빈 출구의 온도를 측정한다. 단순한 제트 엔진에서는 터빈출구의 온도를 제트파이프온도(JPT)라고 부르나 대부분 산업용 가스터빈 엔진에서는 배기가스온도(EGT)라고도 부른다. 이중스풀 또는 자유터빈을 사용할 경우 중간터빈온도(ITT)라 불리는 고압터빈의 출구에서 온도를 측정한다. 연소실 출구의 온도 즉 터빈입구 온도(TIT)는 측정한 EGT나 ITT값으로부터 계산하여 구할 수 있다.

$$\Delta T_{045} = T_{04} - T_{05} \text{ 또는 } T_{04} = T_{05} + \Delta T_{045} \tag{4.27}$$

$\frac{\Delta T_{045}}{T_{04}} = \eta_t \left[1 - \left(\frac{1}{P_{04}/P_{05}} \right)^{\frac{\gamma-1}{\gamma}} \right]$ 이므로 윗 식에 대입하면

$$T_{04} = \frac{T_{05}}{1 - \eta_t \left[1 - \left(\frac{1}{P_{04}/P_{05}} \right)^{\frac{\gamma-1}{\gamma}} \right]} \tag{4.28}$$

즉 터빈입구온도(TIT)는 터빈 출구 온도, 터빈 입구 및 출구의 압력, 터빈효율을 알면 식(4.28)로 부터 구할 수 있다.

3. 패턴인자와 형상인자

가스터빈 연소실 출구단에서 온도분포는 엔진출력과 터빈블레이드, 노즐가이드 베인의 수명, 내구성에 영향을 미치는 중요한 인자이다. 연소기내에서의 온도분포는 연소와 열전달, 혼합과정에 의해서 변화되며 온도분포를 나타내는 인자로서 패턴인자(pattern factor)와 형상인자(profile factor)가 있다. 패턴인자는 어느 연소기 내에서 일어날 수 있는 최고온도의 고온부위(hot spot)나 고온유선(hot streak)이 터빈에 미칠 수 있는 열충격을 나타내기 때문에 정점 온도인자(peak temperature factor)라고 하며 다음과 같이 정의된다.

$$\text{패턴인자}(PF) = \frac{T_{04\max} - T_{04avg}}{T_{04avg} - T_{03avg}} \tag{4.29}$$

여기서 $T_{04\max}$는 연소기 출구의 여러 위치에서 측정된 온도 중 최고 전온도이고, T_{04avg}는 연소기 출구에서의 평균 전온도이며, T_{03avg}는 연소기 입구에서의 평균 전온도를 나타낸다.

보통 일시적으로 사용하는 연소기의 경우 패턴인자는 0.25~0.45의 범위를 갖고 내구성을 갖는 연소기의 경우 패턴인자는 0.15~0.25 범위의 값을 갖는다.

형상인자(profile factor)는 주연소기 평균 출구온도 형상을 나타내며 다음과 같이 정의된다.

$$\text{형상인자}(P_f) = \frac{T_{04avg\max} - T_{03avg}}{T_{04avg} - T_{03avg}} \tag{4.30}$$

여기서 $T_{04avg\max}$는 원주상 평균 온도중 최고온도이며, 주연소기 출구의 형상인자는 1.04~1.08의 범위를 갖고 있으며 보통 1.06을 설계목표로 한다. 첫 번째 터빈 고정 블레이드를 떠난 연소가스가 부딪히는 회전 블레이드 설계시에는 형상인자를 고려하여야 한다.

패턴인자와 형상인자를 터빈에 미치는 열적 영향을 나타내고, 주연소기와 터빈 매칭시 주요 인자이기 때문에 연소기 설계시 고려되어야 하는 주요 변수이다. 연소기가 패턴인자나 형상인자 요구

조건을 벗어나면 터빈의 수명을 단축시킨다. **〈그림 4-24〉**는 주연소기 출구에서 블레이드 뿌리(root)에서 끝단(tip)까지 반경방향으로 측정된 원주상의 평균 형상인자와 국부적으로 측정된 최고 온도분포를 나타내고 있다. 또 **〈그림 4-24〉**에는 허용 가능한 형상인자와 PF=0.22일 때의 허용최대 온도를 나타내고 있다. **〈그림 4-24〉**의 오른쪽 선도는 패턴인자[$(T_{04} - T_{04avg})/(T_{04avg} - T_{03avg})$가 아니고 $(T_{04} - T_{03avg})/(T_{04avg} - T_{03avg})$임을 유의하라.

터빈 블레이드의 뿌리(root)에는 원심력 및 굽힘응력이 끝단(tip)보다 크게 되고 또 뿌리에 걸리는 열응력 부담이 선단보다 커지게 되므로 연소실 출구에서 반경방향 온도분포는 끝단쪽보다 뿌리쪽이 열응력 부담을 작게 하는 것이 좋다. 따라서 **〈그림 4-24〉**에서 원주상 최대 허용평균온도는 반경방향으로 갈수록 커짐을 알 수 있다. 원주방향 온도분포도 터빈 스테이터의 부분적인 과열을 방지하기 위해서는 가능한 한 균일하여야 한다. 원주방향 온도분포는 캔형보다 애뉼러형이 더 균일하다.

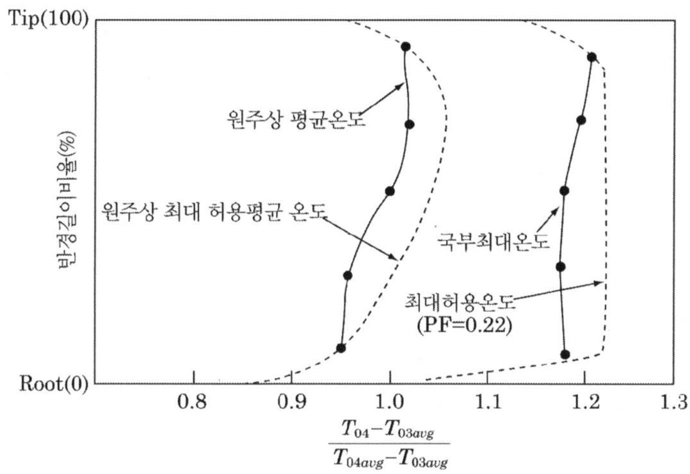

그림 4-24 주연소기 출구에서 반경방향으로 원주상 평균온도분포와 국부 최대 온도 분포(PF=0.22인 경우)

4. 연소 안정성 한계

엔진의 기본 추력식은 다음과 같다.

$$F = \dot{m}_a(V_e - V_a) + A_e(P_e - P_a) \text{ 또는 } F \propto \dot{m}_a V_e \tag{4.31}$$

압축기 출구에서 나오는 공기의 속도는 100 ~ 200 m/s 정도이므로 약 150 m/s라 생각할 수 있다. 그런데 탄화수소의 층류 화염전파속도는 약 0.5 ~ 1 m/s 정도이고 난류 화염전파속도(약

$5 \sim 8\,m/s$)이므로 $10\,m/s$정도를 넘지 못한다. 즉 연소기를 지나는 공기 유동속도가 $10\,m/s$를 넘으면 화염이 꺼지게 된다.

연소기 입구 유동속도를 줄이기 위해서 연소기 입구에 디퓨저를 두어 압축기 출구에서 나오는 공기속도를 약 $30\,m/s$까지 줄인다. 디퓨저에서 출구 속도를 너무 줄이게 되면 연소기의 단면적이 커지게 되므로 주의하여야 한다. 공기속도를 $30\,m/s$ 정도 줄이더라도 화염 전파속도보다 크므로 화염이 꺼지기 쉬우므로 유입공기를 선회(swirl)시켜 재순환영역을 만들어 준다. 선회류에서 제트 각운동량을 축방향 제트속도와 제트직경의 곱한 값으로 나눈 것이 0.5보다 크면 선회류로 인한 재순환 영역이 안정적으로 유지된다. 1차 공기유입구멍을 통해 들어온 반경방향 공기는 서로 충돌하여 일부는 1차 영역으로 향하여 재순환에 도움을 준다. 가스터빈의 주 연소기 화염안정성은 선회유동에 의한 재순환 영역으로 이루어지고, 후기연소기에서는 화염유지 안정기(flame holder)를 이용하고 램제트는 V모양의 홈을 이용하여 화염을 안정시킨다.

주어진 연소기에서 연료-공기비가 어느 정도 이상이 되거나 이하가 되면 화염이 꺼지는 농후한계와 희박한계가 있다. 화염이 꺼질 때를 화염한계라 부르며, 화염한계 이전에 화염의 불안정성이 먼저 나타난다. 화염이 불안정해지면 연소가 나빠지고, 연소실 수명을 줄이고 블레이드 진동문제를 일으키는 공력진동이 나타나 엔진운전이 거칠어진다. 주어진 연소기에서 공기유량을 증가시키면 유동속도가 증가하게 된다. **〈그림 4-25〉**는 질량유량 및 압력, 연소기 체적에 따른 연소기의 화염안정성 범위를 나타내고 있다. 이 그림은 완전혼합반응기(perfectly stirred reactor)에 의해 얻어진 실험 데이터에 근거하여 만들어졌다[9]. 질량유량, 압력, 연소기 체적이 연소 안정성에 미치는 영향을 나타내는 인자로 연소 부하 매개변수(CLP; combustion loading parameter)라 하며 다음과 같이 정의된다.

$$연소부하변수(CLP) = \frac{\dot{m}}{VP^n} \tag{4.32}$$

여기서 V는 연소기 체적이며 n은 보통 1.8이다. **〈그림 4-25〉**에서 당량비 $\phi = 1.0$일 경우 연소부하 변수는 $90\,lb_m/\text{sec}\cdot atm^{1.8}\cdot ft^3$이다[9]. 연소실에서 단위시간 및 단위 체적당 발열량을 연소부하율(CLF; combustion load factor)라 하며, 연소부하율이 클수록 소형 경량 연소기를 만들 수 있다. 캔형 연소기는 연소부하율이 작고 애뉼러형 연소기는 캔형 연소기보다 연소부하율이 크다.

공기 유동속도가 빠를수록, 즉 공기질량유량이 커질수록 농후한계와 희박한계가 줄어들며 공기질량유량이 어느 한계 이상으로 증가하면 어떠한 연료-공기비에서도 연소를 시킬 수 없게 된다. 연소실 설계시 요구되어지는 공기 질량유량과 연료-공기비 범위에서 화염이 안정적으로 유지되도록 작동범위는 안정영역 내에 있어야 한다. 만약 엔진이 가속이나 감속시에는 연소 안정성 범위가 줄어든다. 예를 들어 엔진을 가속하기 위해 연료공급량을 증가시키면 압축기 등 가스발생기의 회전 관성 때문에 회전속도는 약간 시간차를 두고 증가하므로 공기량은 순간적으로 증가하지 못하여 연소기에서는 일시적으로 아주 높은 연료-공기비가 되어 안정영역 밖으로 나갈 수도 있게 된다. 이와 같은 현상을 농후 화염정지(rich flame out)라 한다. 고고도에서 낮은 RPM으로 작동하면 연료 압력이 낮아 화염이 꺼지는데 이를 희박 화염정지(lean flame out)이라 한다.

대부분의 가스터빈 제어시스템에서는 농후 화염정지를 방지하고 터빈의 과도한 고온을 방지하기 위해서 최대 연료공급량을 제한하고 있다. 연소안정한계는 연소실압력의 함수이기도하다. 연소실 압력이 떨어지면 연소실내의 반응율도 떨어져서 안정한계의 폭이 줄게 되는 것이다. 연소반응에서 반응속도계수 $k_f = P^n f(T) e^{-Ea/RT}$로 주어지며 탄화수소연료의 경우 $n \simeq 2$이다. 고도가 높아질수록 즉, 압력이 낮아질수록 반응이 느려지고 반응시간은 오래 걸린다. **〈그림 4-26〉**은 연료-공기비 및 압력(고도)에 따른 안정성범위를 나타내고 있다. 고도가 증가하여 압력이 낮아지면 점화가능 범위가 줄어든다.

엔진을 지나는 질량 유량은 식(2.140)에서 $P_a/\sqrt{T_a}$에 비례한다. 고공에서 고도 변화에 따라 T_a는 많이 변화하지 않지만 고도가 높아질수록 압력이 낮아지므로 P_a는 고도에 따라 크게 변한다. 연소기를 통과하는 질량유량은 P에 비례한다. 고도변화에 따른 압력의 반응율은 $P^{1.8}$에 비례한다. 예를 들어 고도 50,000ft에서 압력은 대기압의 0.1145배이기 때문에 전체적인 화학 반응율은 해면상태의 $(0.1145)^{1.8}$, 즉 2%가 된다. 고도 50,000ft에서 연소기를 통과하는 질량은 해면상태의 0.1145배가 되며 연료공급량도 0.1145배가 된다. 따라서 공급되는 연료 중 화학반응율은 $1-0.02/0.1145 = 0.825\ (82.5\%)$로 감소한다.

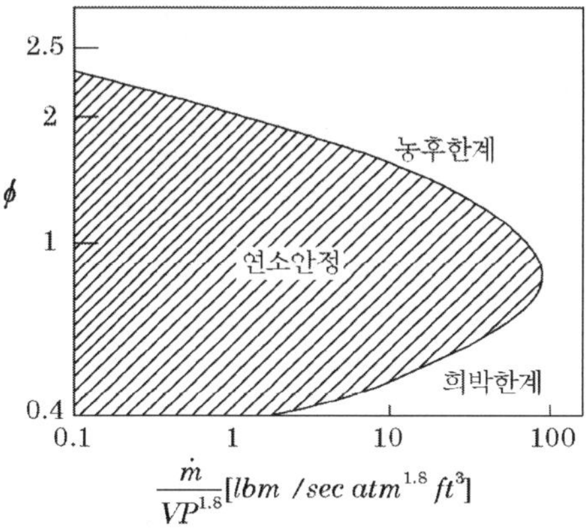

그림 4-25 연소부하 변수변화에 따른 연소 안정성 범위(출처 :[9])

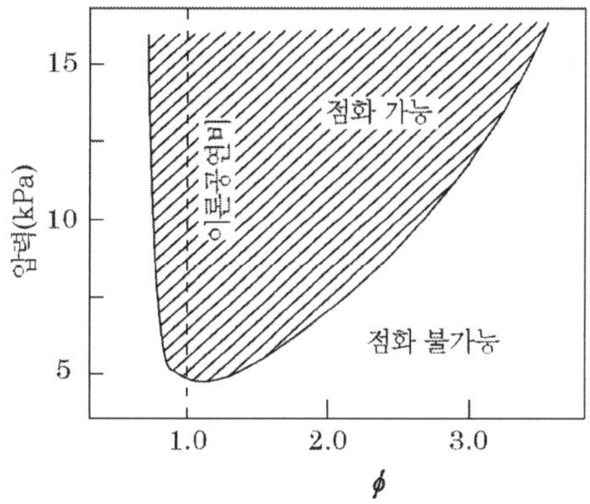

그림 4-26 당량비 및 주위 압력에 따른 점화영역

일반적으로 해면상에서 화학반응율은 연료 증발 및 연료와 공기의 혼합율보다 상당히 빠르기 때문에 화학반응보다는 연료 증발 및 연료-공기 혼합이 연소기 성능에 미치는 영향이 크며 제한요소가 될 수 있다. 그러나 고도가 높아짐에 따라 화학반응율이 급격히 감소하므로 고공에서는 화학반응이 연소기 성능에 미치는 영향이 커지고 제한요소가 될 수 있다. 고도가 높아질수록 압력이 낮아지고 압력이 낮아질수록 반응시간이 길어지고 화염이 꺼질 가능성이 커진다. 어떤 고도 이상에서는 연소효율도 해면보다 급격히 떨어지게 된다. **〈그림 4-27〉**는 공연비에 따른 해면과 고공에서의 연소효율과 고도에 따른 연소효율 변화를 나타내고 있다.

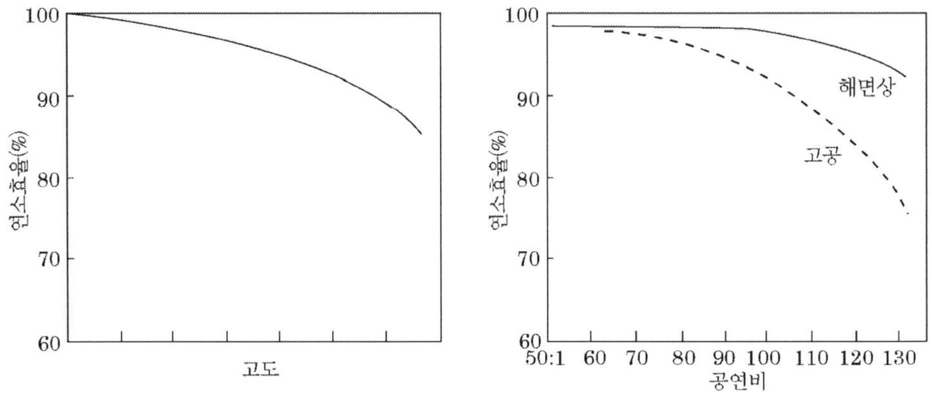

(a) 고도 변화에 따른 연소효율 (b) 공연비에 따른 연소효율

그림 4-27 고도 변화 및 공연비 변화에 따른 연소효율

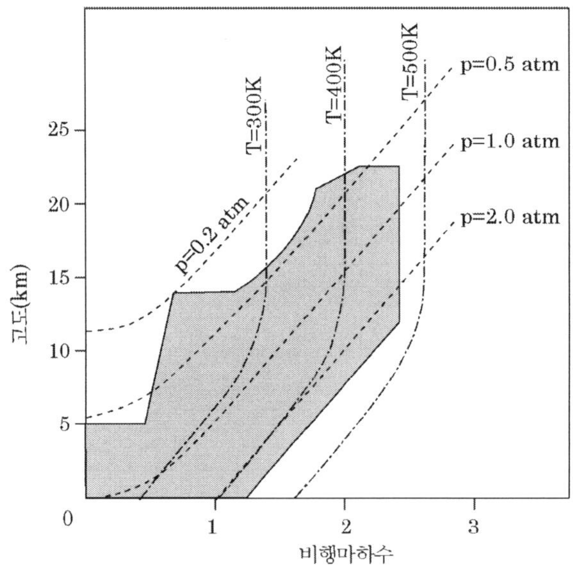

그림 4-28 비행 마하수 및 고도에 따른 재점화 범위(출처 : [2])

항공용 가스터빈에서는 고공에서 압축기가 공급하는 압력상태에서 넓은 범위의 연소안정한계를 가지는 것이 중요하다. 압력비가 높은 가스터빈이 낮은 압력비의 가스터빈보다 연소실 설계시 문제가 덜 발생한다. 만약 안정한계가 너무 좁을 때는 1차 영역의 재순환형태가 개선되도록 설계변경을 할 필요가 있다. 지상시에는 시동시 안정적인 점화가 이루어져야 하고 고공 비행중 엔진 정지(IFSD; Inflight Shut Down)시에도 재점화가 쉽게 이루어져야 한다. 주연소기입구 온도, 압력, 연공비, 연료에너지를 증가 시킬수록 점화가 잘 이루어진다. 유동속도를 증가시키거나, 연료의 미립화가 잘 되지 않거나 휘발성이 낮은 연료는 점화가 잘 이루어지지 않는다. **〈그림 4-28〉**은 비행속도 및 비행고도변화에 따른 재점화 가능영역을 나타내고 있다. 비행고도가 높아질수록 연소기 입구의 공기압력과 온도가 떨어져 반응속도 상수가 낮아지고 연소안정범위가 좁아지게 되어 비행중 엔진이 정지 할 때 재점화성이 나빠지게 된다. **〈그림 4-28〉**에서 보는 바와 같이 또 압력이 0.2 기압 이하에서는 점화가 이루어지지 않음을 알 수 있다. 어느 특정비행속도에서 어느 고도 이상에서는 재점화가 불가능해지게 된다.

5. 연소강도

연소실의 크기는 주로 요구되는 열방출량으로부터 결정된다. 열방출량은 $\dot{m}_a f Q_R$로 나타낼 수 있다. 여기서 $\dot{m}_a$은 공기질량유량, f는 연료-공기비이고 Q_R은 연료의 발열량이다. 연소실이 클수록 압력손실이 적고 출구온도분포를 균일하게 할 수 있고 연소안정성이 커진다. 연소실로 유입되는 공기의 온도와 압력이 증가할수록 설계 시 어려움이 적어진다. 그 이유는 첫째로 온도와 압력이 증가하면 연료액적의 증발이 증가하고 연료와 공기의 혼합이 증가하므로 연소과정 그 자체에 사용할 수 있는 시간을 늘릴 수 있기 때문이다. 압축기 출구의 온도는 출구압력의 함수이므로 보통 압력만 측정하여도 양쪽을 모두 알 수 있다. 둘째로, 안정한계에서 보았듯이 연소실 압력은 반응률에 영향을 미치는 중요한 인자이기 때문이다. 분자충돌이론에 의하면 2분자의 경우 화학반응률은 압력의 제곱에 비례하고 온도에 따라 달라지므로 반응율은 $r \propto P^2 f(T)$에 비례하게 된다. 여기서 1차 영역에서는 혼합기가 거의 이론공연비이므로 T는 높은 온도로 유지되며 P는 비행고도에 따라 많이 변한다. 탄화수소 연료가 연소할 때 반응률은 압력의 제곱에 비례하는 것이 아니고 실제 실험에 의하면 이론 공연비 상태에서 압력의 1.8승에 비례한다. 따라서 압력의 1.8승에 비례해서 연소실설계의 어려움이 그 만큼 적어진다. 설계 작동조건에서 화학반응은 혼합보다 빠르므로 반응률은 실제 연소실설계의 제한조건이 아니고 혼합이 더 중요한 역할을 한다. 이 경우 반응률은 압력에 선형적으로 비례한다고 표현하는 것이 더 현실적이다. 그러나 항공용 가스터빈은 고공에서 반응률이 $P^{1.8}$에 따라 감소하므로 연소반응률이 중요한 역할을 한다. 위에서 설명한 효과를 고려하여 연소강도를 다음과 같은 식으로 나타낼 수 있다.

$$\text{연소강도} = \frac{\text{열발생률}}{\text{연소실체적} \times \text{압력}} [kW/m^3 atm] \tag{4.33}$$

고공에서 $P^{1.9}$을 적용하면 연소강도의 단위는 $kW/m^3 atm^{1.9}$이 된다. 연소강도가 낮을수록 연소시스템 설계 시 디자인 조건을 만족시키기가 더 쉽게 된다. 작동상황에 따라 연소강도가 많이 변하는 경우 연소실의 효율, 압력손실들을 대상으로 다른 연소시스템과 비교하는 것은 적절하지 못하다. 항공용 가스터빈에서 연소강도는 $2 \sim 5 \times 10^4 kW/m^3 atm$ 정도이고 산업용 가스터빈 엔진은 연소실공간이 크므로 항공용보다 연소강도가 낮다.

6. 라이너의 열전달

캔형 연소기는 외부라이너가 연소통을 이루며, 에뉼러형 연소기는 외부라이너와 내부라이너 사이가 연소통을 이룬다. 주연소영역은 2500K정도까지 올라가지만 라이너는 1200K 이하로 유지하는 것이 바람직하기 때문에 라이너 냉각이 필요하다. 연소기 라이너로의 열전달은 대류와 복사에 의해 이루어진다. 복사열전달의 대부분은 연소기의 농후부분에서 생성된 작은 매연입자에 의해 이루어지며 이 입자들은 크기가 1μm보다 작으며 거의 흑체처럼 방사한다. 매연입자들은 아주 작기 때문에 입자온도는 연소국부가스의 온도에 가깝다. 연소에 의해 생성된 매연의 양은 20atm까지는 압력증가에 따라 급격히 증가한다. 압력을 5atm에서 15atm으로 증가시키면 복사열유속은 약 4배 정도 증가한다. 공연비를 증가시키면 매연농도가 감소하고 온도도 감소하여 복사열유속은 크게 감소한다. 공연비를 2배 증가시킬 때 복사열유속은 3배 감소한다. 복사열유속은 인젝터로부터 5~10cm에서 최대를 나타내며 인젝터로부터의 거리의 함수이다. 복사열유속이 최대가 된 후 하방으로 갈수록 감소하는 이유는 온도감소와 매연의 산화 때문이다.

복사열에 의한 열전달량은 전체 열전달의 50%가 될 정도로 높기 때문에 복사열전달을 예측하는 것이 중요하다. 그러나 현재까지 매연생성, 산화율은 분무혼합, 화학반응 등에 의존하기 때문에 이들 특성이 지금까지는 잘 묘사되어질 수 없으므로 복사열전달은 정확하게 예측할 수 없다. 복사열전달은 라이너 직경에 따라 달라지며 열유속은 매우 높기 때문에 라이너의 냉각이 필요하다. 압력, 입구온도를 증가시키면 열유속을 증가시키고 라이너의 냉각부분과 연소실부분의 대류열전달계수가 모두 증가하지만 냉각부분이 더 크게 증가하므로 라이너의 온도는 내려간다.

라이너의 온도가 가장 높은 곳은 주 연소영역이며 이론공연비보다 10 %정도 농후할 때 가장 온도가 높다. 연소기 설계에서는 라이너의 공기가 흐르는 부분뿐만 아니라 연소 일어나는 쪽도 냉각이 필요하므로 라이너에 스롯을 만들어 라이너의 내벽을 따라 제트가 흐르는 필름냉각을 시키는 방법을 사용하기도 한다. <그림 4-29>는 여러 가지 라이너 냉각방법을 나타내고 있다.

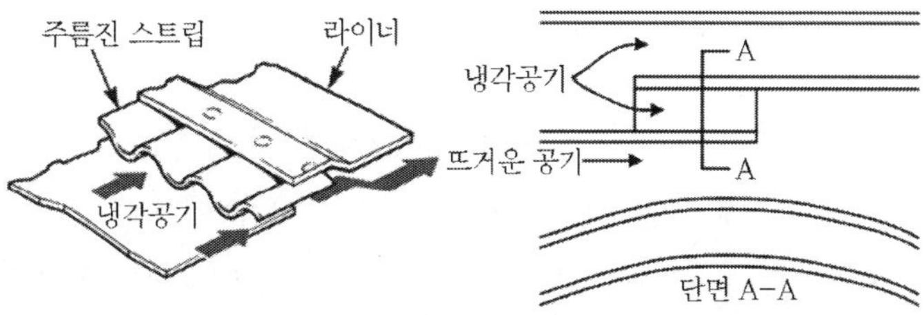

(a) 주름진 스트립을 이용한 냉각방법(대류/필름냉각)

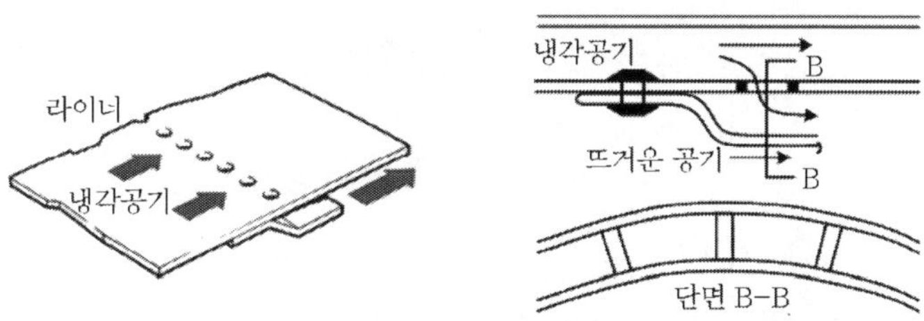

(b) 스플래쉬 스트립을 이용한 냉각방법(대류/필름냉각)

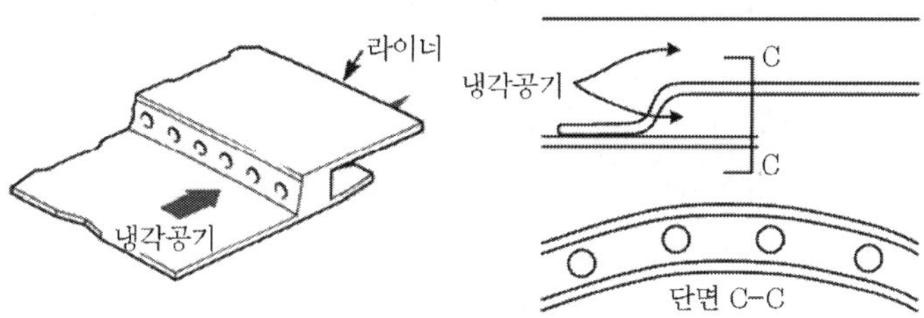

(c) 스택링을 이용한 냉각방법(필름냉각)

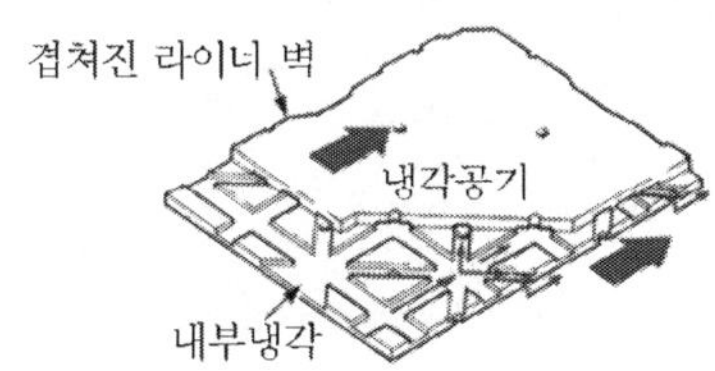

(d) 라이너 내부에 공기를 확산시키는 냉각방법

그림 4-29 라이너의 여러 가지 냉각방법 (출처 : [2])

대류열전달 냉각방법에서는 뜨거운 라이너 벽면온도로부터 냉각공기로 열이 전달되므로 열전달 계수를 가능한 크게 하는 것이 좋다. 필름냉각방법에서는 뜨거운 고온가스와 라이너 벽면사이에 냉각경계층을 만들어 라이너 벽을 보호하여야 하므로 냉각공기 열전달 계수를 가능한 작게 하는 것이 좋다. 필름냉각공기는 여러 개의 작은 냉각공기 구멍들에서 유동방향으로 분사된다.

4.2.5 후기 연소기

1. 후기 연소기의 구조와 원리

후기연소기(afterburner)는 엔진추력의 보강방법으로 항공기의 이륙, 상승, 군용기의 전투성능 향상을 목적으로 사용된다. 대형 엔진을 사용하면 큰 추력을 얻을 수 있지만 중량, 전면 면적 및 연료 소비량이 증가하므로 단기간의 추력증강방법으로는 후기연소가 가장 적절하다. **〈그림 4-30〉**은 기본적인 후기연소기의 구성을 나타내는 그림이다.

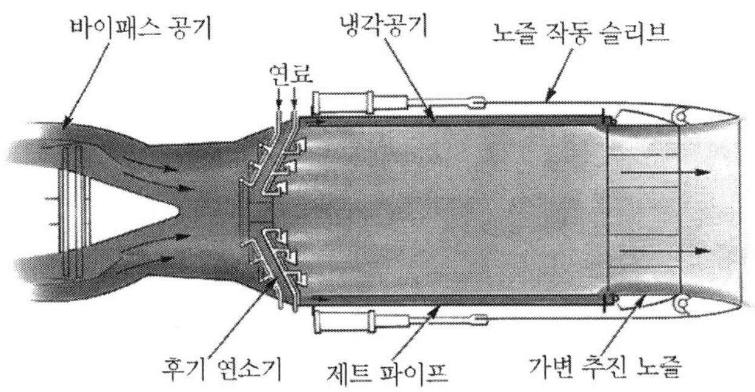

그림 4-30 후기연소기의 개략도 (출처 : [1])

가스터빈 엔진에서 터빈을 지난 배기가스에는 산소농도가 약 12~17%정도로 미연소 산소가 많이 남아 있으므로 터빈과 제트 추진노즐 사이에 연료를 분사시키면 배기가스온도를 상승시킬 수 있고 궁극적으로 추진노즐에서 분출되는 제트의 속도를 높여 엔진추력을 증가시킨다. 후기연소기 입구 가스온도는 650~1050℃정도이고, 압력은 0.5~6기압이고, 유속은 150~250m/s 정도이다[11]. 후기연소기 화염의 온도는 1700K를 초과하는 2000~2500K의 고온의 화염이 제트파이프의 중심축 주위로 집중되도록 연소기를 배열하고, 냉각 공기나 연료의 일부가 제트파이프의 내벽을 따라 흐르도록 하는 막냉각(film cooling)을 통하여 내벽을 화염으로부터 보존시켜서 벽의 온도를 안전한 값으로 유지시키기도 한다. 후기연소기 부착 엔진에서 후기연소기 작동시 제트파이프의 면적은 식(4.34)에 의해 동일 엔진에서 후기 연소기 미 작동시 엔진의 제트파이프 면적보다 넓다. 또한 후기연소기 장착 엔진의 노즐은 2단식 혹은 가변면적 추진노즐로 되어있다. 후기연소기가 작동되지 않을 때 가변노즐은 닫힘 위치에 있으나 후기연소기가 작동할 때는 배기가스온도가 올라가고 체적유량이 증가하여 제트파이프 입구 압력이 올라가서 본체 엔진에 영향을 미칠 수 있는데 가변노즐을 열림 위치에 두어 제트파이프 입구압력이 원래대로 복원 될 때까지 가변노즐면적을 증가시킨다. 이렇게 가변면적 노즐을 사용하면 엔진의 작동에 영향을 줄 수 있는 제트파이프 내

압력증가를 방지할 수 있어 광범위한 엔진속도에서 후기연소기를 사용할 수 있다. 후기연소기 부착 엔진에서는 제트파이프 내 배기가스유동이 더 제한되기 때문에 후기연소기 미사용시에는 동형의 후기연소기 미부착 엔진의 추력에 비해 다소 떨어진다. 또 출력장치의 전체 중량도 더욱 무거워진 제트파이프 및 후기연소장비 때문에 증가한다.

저바이패스비 터보팬 엔진에서는 후기연소기 연료분사 전에 바이패스 유동과 터빈유동을 혼합시키며 혼합배기가스 유동 내에서 연소가 일어나도록 화염안정시스템이 사용된다. 다른 방법으로는 바이패스 유동과 터빈유동의 각각에 별도로 연료를 분사하고 화염을 안정시켜 최종 노즐 출구에서 온도가 같아지도록 하는 방법이다. 이 방법에서 연료는 각 유동에 따로 분사되고 연소되는데 차가운 바이패스 공기에서의 연소과정을 돕기 위해 냉, 온 두 유동의 화염안정기(flame holder) 사이는 서로 연결되어 있다.

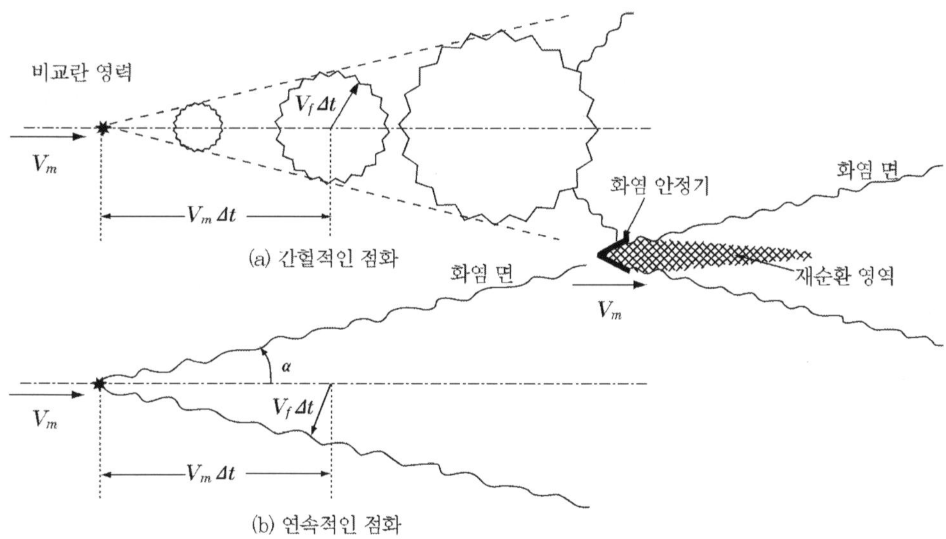

그림 4-31 화염 안정기의 원리

엔진의 터빈에서 나온 유동이 제트파이프로 유입되는 속도는 230~360 m/sec이다. 그러나 이 속도는 안정된 화염을 유지하기에는 너무 빠르므로 유동이 후기연소기 연소영역으로 들어가기 전에 유동을 확산시켜 속도를 감소시키는데 이때 유동압력은 증가한다. 그러나 통상 혼합비의 케로신 연소속도는 수십 cm/s 정도로 확산된 공기유동속도 보다도 느리기 때문에 점화된 연료는 꺼지게 된다. 후기연소기 하류에 화염안정기(증기 거터)를 만들어 두면 난류 에디(eddy)가 생성되어 연소가 촉진되며 가스의 국부속도는 상당히 감소되어 화염이 안정화되고, 연소가 보장된다. **〈그림 4-31〉**은 화염 안정기의 원리를 보여주는 그림이다. 점화플러그에서 시작한 화염면이 화염안정기를 만나면 화염은 이곳을 시작으로 다시 부착하고 화염안정기 뒤쪽은 재순환 영역을 만들고 안정적인 화염이 유지된다.

미립화된 연료분무는 화염영역에 연료가 골고루 분포되도록 여러 개의 버너를 통해 제트파이프 내로 공급된다. 후기연소기 화염점화 방법으로는 연료-공기 혼합기를 플라티늄 점화기에 분사하여 화학반응에 의해 화염을 생성시키는 촉매점화법이 있고, 다른 방법은 연소기 주위에 있는 점화 플러그에 의한 방법이 있을 수 있고, 또 다른 방법은 엔진 연소실에서 한 줄기의 뜨거운 화염을 생성시켜 후기연소기 분사장치까지 흐르게 하여 혼합기를 점화시키는 고온가스 점화방법이 있다.

일단 점화가 시작되면 가스온도는 증가하고 팽창된 가스는 단면적이 증대된 추진노즐을 통해 가속되므로 추가적인 추력을 얻을 수 있다. 터빈으로부터 제트파이프로 유입되는 가스는 고온이기 때문에 혼합가스가 자연 점화할 것이라고 생각되지만 실제로는 그렇지 않다. 그 이유는 냉염(cool flame)은 대개 700℃정도에서도 형성되자만 연소는 800℃이하에서는 일어나지 않기 때문이다. 또 해면고도에서 점화가 가능하다고 해도 기압이 낮은 고고도에서는 점화가 일어나지 않을 수도 있다. 따라서 어떤 고도에서라도 연소가 시작될 수 있도록 점화장치로서의 스파크나 화염은 강력한 것이어야 한다. 후기연소기 시스템이 원활히 작동되기 위해서는 혼합기의 강도와 가스유동이 넓게 변하여도 화염이 안정되고 효율적으로 연소되어야 하며, 또 혼합기는 모든 비행상태에서 쉽게 점화되어야 되고 연소시 압력손실이 최소로 유지되어야 한다.

후기연소기 버너시스템은 제트파이프 내에서 지주에 의해 지지되는 여러 개의 환상 동심 원형 연료 매니폴드로 구성되어 있다. 연료는 지주내의 공급파이프를 통해 매니폴드로 공급되며, 매니폴드의 하류 끝에 있는 구멍을 통해 화염안정기 사이의 화염영역으로 분사된다. 화염안정기는 연료 버너하류에 위치한 끝이 뭉뚝한 V형 모양의 원형링이다. 다른 방법으로는 **〈그림 4-32〉**와 같이 화염안정기 내부에 연료 매니폴드가 장착된 버너시스템도 있다.

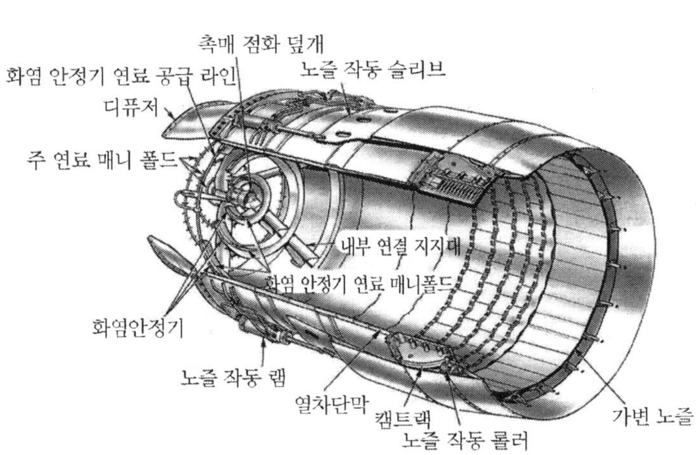

그림 4-32 후기 연소기 제트파이프 (출처 : [1])

후기연소 제트파이프는 내열 니켈합금으로 제작되어 있으며 항공기 구조에 연소열이 전달되는 것을 방지하기 위해 통상 제트파이프 보다 더 단열되어야 한다. 제트파이프는 비행부하를 담당하는 외측 표피와 열응력을 담당하는 내부표피로 된 이중구조로 되어있고 외측표피와 내측표피 사이에 냉각공기가 유입되어 흐르기도 한다. 또한 설계에서 제트파이프의 수축과 팽창이 고려되어 제트파이프 연결부에서의 가스의 누출을 방지해야 한다. 후기연소기 후반부의 냉각효과를 향상시킬 목적으로 제트파이프 내벽에 제트파이프와 비슷한 재료로 만들어진 환상의 열차단막(heat shield)이 장착되기도 한다. 열차단막은 몇 개의 밴드모양으로 제작되어 주름상으로 연결되어 한 개의 표피를 형성한다. 열차단막의 후반부에서 연속된 여러 겹의 타일은 주위표피에 리벳으로 고정되어 있다. 소음과 진동이 과도하면 후기연소기의 급격한 물리적 열화의 원인이 될 수도 있는데, 열차단막은 연소불안정으로 인해 생기는 소음과 진동을 억제하기도 한다.

추진노즐은 제트파이프와 비슷한 재질과 구조로 되어있으며 제트파이프에 취부되어 있다. 2단식 추진노즐은 열림과 닫힘 위치로 움직이는 2개의 가동식 아이리드(eye lid)가 있다. 가변면적 추진노즐은 플랩이 서로 겹쳐 원형링을 이루며 외측 케이싱에 힌지로 연결되어 있고 바깥쪽은 쉬라우드(shroud)로 덮여있다. 플랩이 닫힐 때는 펌프에 의해 동력이 제공되는 램에 의해 구동되며, 중간위치나 열릴 때는 가스부하에 의해 작동된다. **〈그림 4-33〉**은 후기연소기에 사용되는 2단식 노즐 및 가변면적 노즐을 보여주고 있다.

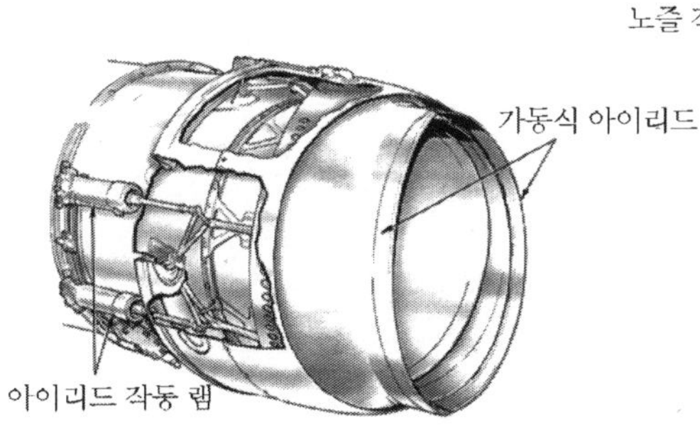

(a) 2단식 노즐

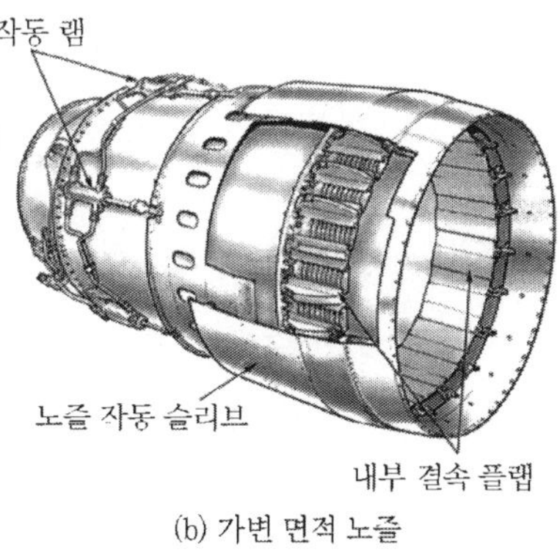

(b) 가변 면적 노즐

그림 4-33 후기연소기에 사용되는 가변 노즐 (출처 : [1])

후기연소기 시스템이 잘 작동되려면 연료유량과 추진노즐의 면적은 서로 잘 결합(matching)되어야 한다. 추진노즐의 면적은 후기연소기에 분사되는 연료유량, 즉 후기연소온도에 따라 변한다. 노즐목이 초크될 때 연료유량에 따른 가변면적 A_t는 다음과 같이 된다.

$$A_t = \frac{\dot{m}\sqrt{RT_{07}}}{P_{07}\sqrt{\gamma}\left(\frac{2}{\gamma+1}\right)^{\frac{\gamma+1}{2(\gamma-1)}}} \tag{4.34}$$

조종사가 연료유량을 결정하면 압축기출구와 제트파이프 압력(또는 터빈 출구압력)을 감지하는 압력비제어장치(pressure ratio control unit)에 의해 가변노즐의 면적은 제어된다. 후기연소기의 연료유량이 증가할 때 노즐면적은 증가하고 반대로 연료유량이 감소하면 노즐면적도 감소한다. 압력비 제어장치는 압축기출구와 터빈입구의 압력비가 변하지 않도록 후기연소기 연료유량에 따라 노즐면적을 가변으로 제어하기 때문에 가스터빈 엔진 본체는 후기연소기의작동에 따라 영향을 받지 않는다. 후기연소에는 많은 양의 연료가 필요하므로 추가적인 연료펌프가 사용된다. 연료펌프는 일반적으로 원심식 펌프 또는 기어식이며 후기연소모드가 선택되면 자동적으로 작동된다. 시스템은 전부 자동으로 작동하며 후기연소기 고장 시 안전하게 작동이 멈추도록 되어있다. 후기연소기 제어레버를 움직이면 그 정도에 따라 연료제어장치로 신호가 보내지고 연료제어장치는 펌프의 총연료 송출량은 결정하고 버너로 보내지는 연료유량분배를 제어한다. 버너에서 나온 연료가 점화되어 연소하면 제트파이프의 압력이 상승하고 압축기출구와 터빈출구의 압력비는 변화 감소되지만 동시에 제트파이프 노즐면적은 압력비가 정규압력비로 복원될 때까지 자동적으로 증가한다. 후기연소를 더 증가시켜도 노즐면적은 압력비가 다시 정규값으로 복원될 때까지 다시 증가한다.

배기가스유동의 큰 저항에 맞서 가변노즐을 작동시키기 위해서는 펌프와 유압식(또는 공기압식) 램이 제어시스템에서 사용된다. 유압매체로 오일을 사용하지만 어떤 시스템은 연료를 사용하기도 한다. 가변노즐면적은 오일펌프에 의해 가압되는 유압 작동램에 의해 작동되며 오일펌프의 출력은 압력제어장치로부터의 링크기구에 의해 제어된다. 후기연소기의 작동을 증가시키면 후기연소기 연료제어장치는 연료펌프출력을 증가시킨다. 제트파이프내의 압력이 증가하여 압축기출구와 터빈출구의 압력비가 변화하면 압력비 제어장치는 오일펌프출력을 변화시켜 가변면적노즐을 열림 위치로 이동시키면 노즐출구면적이 증가한다. 노즐출구면적은 압축기출구와 터빈출구의 압력비가 원래대로 복원될 때까지 증가된다.

후기연소기를 작동할 때 추력의 증가는 제트파이프 내에서 추가로 분사되는 연료가 연소하기 전과 후의 절대 온도비에 따라 다르다. 예를 들어 후기연소기 장비에 의한 작은 손실과 가스유동 모멘텀 변화를 무시할 때 추력은 다음과 같이 계산할 수 있다. 후기연소기 작동 전에 가스온도가 640℃이고, 후기연소기 작동 시 가스온도가 1,269℃라 가정한다면 절대온도비는 1.69이다. 제트유동의 속도는 온도비의 제곱근에 비례하여 증가하므로 제트속도는 1.3이 된다. 즉 제트유동속도는 30%가 증가하고, 이 경우에 추력은 30% 증가한다. 후기연소기를 장착한 저 바이패스비 터보팬 엔진에서는 추력을 70%까지 증가시킬 수 있고 고속비행시 몇 배의 추력증강이 가능하다.

저 바이패스비 터보팬 엔진에서는 배기가스에 다량의 산소가 포함되어 있고 초기온도가 낮기 때문에 고출력의 추력증강이 가능하다. 제트파이프는 아주 높은 고온에 견디지 못하기 때문에 사용 가능한 산소를 다 사용할 만큼 제트파이프에 연료량을 분사하여 완전 연소시키는 것은 불가능하다.

후기연소기를 사용하면 연료소모율이 증가하므로 단기간의 추력 증강법으로만 사용된다. 추력을 증가시키기 위해 배기가스온도를 높여야 하고 이를 위해 추가연료를 배기가스 흐름에 공급하여 연소시킨다. 후기연소기에서는 연소가 될 때 압력이 높은 상태가 아니기 때문에 엔진 연소실에서와 같이 연료는 효율적으로 연소되지 못하며 연료를 많이 소비한다. 예를 들어 후기연소기를 사용하지 않을 때 해면고도에서 M 0.9 비행일 때 연료소모율은 $32.5g/kN{\cdot}s$이 된다. 같은 비행조건하에서 후기연소로 70%의 추력을 증가시키면 연료소비는 대략적으로 $71.6g/kN{\cdot}s$로 증가한다. 약 10,000m로 상승하면 엔진입구온도 감소 때문에 연료소비는 $66.2g/kN{\cdot}s$로 약간 저하한다. 후기연소기를 사용하면 이와 같이 연료소비가 크게 증가하지만 이륙 및 상승시간이 단축되므로 총 연료소비는 그리 많이 증가하지 않는다. 하지만 전적으로 단기간의 추력 증강법으로만 사용되는 군용 전투기에 사용되는 방법이다. 이를 사용한 상업용 항공기인 콩코드에서는 실패 요인이 되기도 하였다. 콩코드는 초음속 순항 비행을 하기 위해 후기 연소기를 사용하였고 단기간이 아닌 장기간 동안 많은 연료를 후기연소기에 사용하였기 때문에 연료소모가 상당히 컸다. 이로 인해 상업용 여객기로서의 실패를 겪게 되었다.

2. 후기 연소기의 성능 및 압력손실

흡입구를 통해 엔진에 유입된 공기 중 약 25%만이 연소에 사용되고 나머지 공기는 미연소 공기로 빠져나가므로 연소실을 빠져나가는 가스의 산소는 충분하다. 따라서 여기에 추가 연료를 공급하게 되면 추가적인 추력을 생산할 수 있다. 후기 연소기에 공급되는 연료는 주연소기 연료의 약 3배가량 된다. 따라서 효율적인 연소를 위해서는 연소통의 용적이 커야한다. 후기 연소기가 점화되면 카스 온도가 높아지므로 전압력 변화 없이 같은 가스 유량을 통과시키려면 목의 면적이 커야하며 가변면적 노즐(variable area nozzle)을 사용하여 노즐 출구의 면적을 조절한다. 주연소기는 효율이 약 95~99%인데 반해 후기 연소기는 이보다 낮은 약 85~90% 정도의 효율을 갖는다.

후기 연소기는 연소실보다도 허용온도가 높은데 내벽을 통해 공기를 공급함으로써 약 2000~2500K까지 올릴 수 있으며 운동부품이 없기 때문에 터빈처럼 원심응력이 없기 때문이다. 후기연소기를 사용할 때 추진노즐을 지나는 가스의 온도는 증가하고 밀도는 감소하기 때문에 유량은 증가하게 된다. 동일가스 질량유량을 통과시키려면 노즐의 면적이 후기연소기 사용 시 증가하여야 하기 때문에 후기연소기가 장착된 엔진은 가변면적 추진노즐을 사용한다. 후기연소기 사용 시 압력추력도 확장된 노즐면적의 증가로 인해 증가하게 된다.

후기연소기는 상당한 압력손실이 있다. 연소압력손실은 압력유체마찰손실과 열의 유입에서 오는 운동량변화에 기인한다. 연소실에서는 유체마찰손실이 더 크지만 후기연소기에서는 운동량변화로 인한 손실이 더 크게 작용한다. 온도상승은 터빈출구온도, 후연소기에서의 연공비에 의해 결정되어지며 운동량 변화로 인한 압력손실은 Rayleigh 유동과 제 2장에서 설명한 방법에 의해 구할 수 있다. 이러한 압력손실은 후기연소기를 지나는 온도비와 도관입구에서의 마하수의 함수이다. 만일 입구마하수가 너무 높을 때 열 방출 때문에 하류 마하수는 1.0에 이르게 되며 이때가 허용열 방출의 상한선이 되며, 이러한 현상을 열초크라 한다. 후기연소기 입구 마하수는 상당히 낮아야 된다. 보통제트 엔진의 터빈출구 마하수는 0.5정도가 되며 후기연소기 연료가 공급되기 전에 마하수를 약 0.25~0.30정도로 감소시키기 위해서 터빈과 후연소기 사이에 디퓨저를 도입하여 가스속도를 감소시켜야 한다.

후기연소기는 비록 사용되어지지 않을 때라도 연소기와 화염안정장치의 존재로 인한 압력손실이 있다. 후기연소기의 또 다른 단점은 제트속도 때문에 소음이 증가한다. 콩코드에 사용되는 후기연소기장착 올림퍼스 엔진은 이륙 추력을 15~20% 증가시킬 수 있고 이때 배기가스온도는 약 1400K에 이른다. 올림퍼스 엔진에서 후기연소기 때문에 증가된 소음 수준은 심각하지만 군용항공기의 소음에 비하면 상당히 작은 정도이다. 향후 초음속여객기에서 주요한 요구사항의 하나는 이륙시 소음수준을 현재의 아음속기 정도로 유지하여야하기 때문에 상업용 항공기에는 상단기간 동안 후기연소기가 사용되지는 않을 것이다.

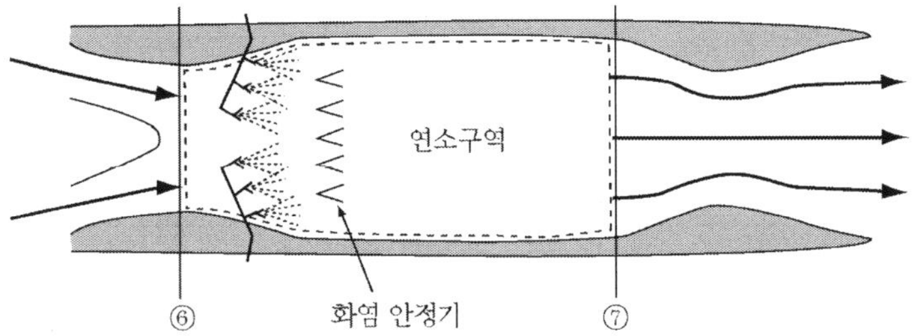

그림 4-34 후기 연소기 연소실

〈그림 4-34〉은 후기 연소기 또는 램제트 엔진에서의 연소실 형태를 보여주고 있다. 연소실 입구 쪽에는 화염 안정기(flame holder)가 있어서 화염을 유지할 수 있도록 하며 연소실에서 연소과정이 진행되는 동안 정체압력 손실이 발생된다. 여기서 연소실로 들어가는 입구를 6이라 하고 출구를 7이라 하자. 추력식에 의하여 다음과 같은 식을 쓸 수 있다.

$$(P_6 - P_7)A - D = \dot{m}_7 V_7 - \dot{m}_6 V_6 \tag{4.35}$$

여기서 D는 화염안정기 때문에 유동에 생기는 항력이다. 위 식에서 양변에 단면적을 나눠주면 다음과 같다.

$$(P_6 - P_7) - \frac{D}{A} = \frac{\dot{m}_7 V_7 - \dot{m}_6 V_6}{A} \tag{4.36}$$

좌변의 D/A항을 오른쪽으로 넘기고 정리하면 다음과 같다.

$$P_6 - P_7 = \frac{\dot{m}_7 V_7 - \dot{m}_6 V_6}{A} + \frac{D}{A} \tag{4.37}$$

여기서 $\dot{m} = \rho A V$ 이므로, 이를 적용하고 정리하면 다음과 같다.

$$P_6 - P_7 = \rho_7 V_7^2 - \rho_6 {V_6}^2 + \frac{D}{A} \tag{4.38}$$

항력 계수를 다음과 같이 정의하자.

$$K = \frac{\text{마찰로 인한 압력강하}}{\text{상류 동압}} = \frac{\Delta P_{friction}}{\frac{1}{2}\rho_6 V_6^2} \tag{4.39}$$

여기서 $\Delta P_{friction}$은 압력차에 생기는 값인 D/A와 같으므로 이에 대해 정리하면 다음과 같다.

$$\frac{D}{A} = \Delta P_{friction} = K\frac{1}{2}\rho_6 V_6^2 \tag{4.40}$$

즉, $D = A \triangle P_{friction} = KA\frac{1}{2}\rho_6 V_6^2$

화염안정기형상이 V거터 경우 K는 1.0, 실린더 형상일 경우 K는 1.2, 평판일 경우는 2.0 정도이다.

이를 식 (4.38)에 대입하면 다음과 같이 쓸 수 있다.

$$P_6 - P_7 = \rho_7 {V_7}^2 - \rho_6 {V_6}^2 + K\left(\frac{1}{2}\rho_6 {V_6}^2\right) \tag{4.41}$$

음속의 정의 $M^2 = V^2/(\gamma P/\rho)$를 이용하고 근사적으로 $\gamma_6 = \gamma_7 = \gamma$이라 할 때 후기연소기 전후 압력비에 대해 정리하면 다음과 같다.

$$\frac{P_6}{P_7} = 1 + \gamma {M_7}^2 - \frac{P_6}{P_7}\gamma {M_6}^2 + K\left(\frac{\gamma M_6^2}{2}\frac{P_6}{P_7}\right) = \frac{1 + \gamma {M_7}^2}{1 + \gamma {M_6}^2\left(1 - \frac{K}{2}\right)} \tag{4.42}$$

또 $\frac{P_0}{P} = \left(1 + \frac{\gamma - 1}{2}M^2\right)^{\frac{\gamma}{\gamma - 1}}$의 관계식을 사용하면 다음과 같다.

$$\frac{P_{07}}{P_{06}}=\frac{1+\gamma M_6^{\,2}\left(1-\dfrac{K}{2}\right)}{1+\gamma M_7^{\,2}}\left[\frac{1+\dfrac{\gamma-1}{2}M_7^2}{1+\dfrac{\gamma-1}{2}M_6^2}\right]^{\frac{\gamma}{\gamma-1}} \tag{4.43}$$

그런데 $\dot{m}_f \ll \dot{m}_6$이므로 $\dot{m}_6 \approx \dot{m}_7$이라 할 수 있으므로 $\rho_6 V_6=\rho_7 V_7$가 되고 $P=\rho RT$를 적용하면 후기연소기 전후 압력비는 다음과 같이도 쓸 수 있다.

$$\frac{P_6}{P_7}=\frac{V_7}{V_6}\frac{T_6}{T_7}=\frac{M_7}{M_6}\sqrt{\frac{T_6}{T_7}} \tag{4.44}$$

여기서 $\dfrac{T_6}{T_7}=\dfrac{T_{06}}{T_{07}}\left[\dfrac{1+\dfrac{\gamma-1}{2}M_7^2}{1+\dfrac{\gamma-1}{2}M_6^2}\right]$가 되므로 윗 식은 다시 다음과 같이 쓸 수 있다.

$$\frac{P_6}{P_7}=\frac{M_7}{M_6}\sqrt{\frac{T_{06}}{T_{07}}\left[\frac{1+\dfrac{\gamma-1}{2}M_7^2}{1+\dfrac{\gamma-1}{2}M_6^2}\right]} \tag{4.45}$$

이제 식 (4.42)와 식 (4.45)를 정리하고 전온도비에 대해 정리하면 다음과 같다.

$$\frac{T_{07}}{T_{06}}=\frac{M_7^2}{M_6^2}\left[\frac{1+\dfrac{\gamma-1}{2}M_7^2}{1+\dfrac{\gamma-1}{2}M_6^2}\right]\left[\frac{1+\gamma M_6^{\,2}\left(1-\dfrac{K}{2}\right)}{1+\gamma M_7^{\,2}}\right]^2 \tag{4.46}$$

2장에서 마찰(K>0)과 열 발생(T_{07}/T_{06})있으면 출구 마하수M_7은 궁극적으로 1로 간다는 것을 안다.

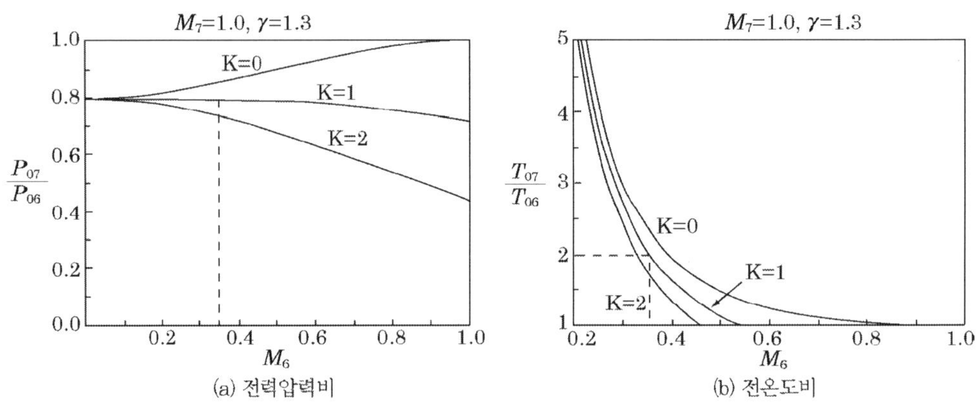

(a) 전력압력비 (b) 전온도비

그림 4-35 후기연소기 입구 마하수에 따른 전압력비와 전온도비

비열비 $\gamma = 1.3$일 때 다양한 K값에 대해 $M_7 = 1.0$으로 될 때 전압력비와 전온도비를 도식하면 **〈그림 4-35〉**와 같은 그림을 얻을 수 있다.

예를 들어 터보제트엔진 후기연소기에서 (K=1), 후기연소기에서 전온도비가 2배가 된다면 입구 마하수 M_6은 0.3531이 될 것이고 이 때 전압력 손실은 20.5%가 된다. 후기 연소기에서 전압력 손실은 마찰만에 의한 것이라기보다는 가열에 의한 것도 있다. 마찰과 온도 증가에 의한 전압력의 변화는 다음 식을 이용하여 구할 수 있다.

$$\frac{dP_0}{P_0} = -\frac{\gamma M^2}{2}\frac{dT_0}{T_0} - \frac{dM^2}{2} - \frac{\gamma M^2}{2}\left(4c_f\frac{dx}{D}\right) \tag{4.47}$$

4.2.6 초음속 연소기

1. 램 제트 및 스크램제트 연소기

추진기관에는 저속에서 운용되는 왕복엔진부터 시작해서 우주에서 운용되는 로켓이나 우주왕복선까지 다양한 종류가 있다. 앞서 다루었던 제트엔진들은 아음속을 지나 초음속까지는 어느 정도 효율이 높아 운용하기에 나쁘지 않다. 추진기관이 발명된 이래 지금까지 또는 앞으로 화석연료가 고갈됨에 따라 추진기관의 발전방향이 크게 두 가지로 나뉘게 되었다. 하나는 어떻게 하면 연료소모율을 낮추어서 효율적인 비행을 할 것인지에 대한 방안을 찾는 것과 다른 하나는 어떻게 하면 빠른 속도로 비행을 할 수 있는지에 대한 방안을 찾으면서 발전하고 있는 추세이다. 첫 번째 방안으로는 고 바이패스비의 터보팬, 첨단 터보프롭 등이 등장하여 발전하고 있다. 그리고 두 번째 방안으로는 램제트나 스크램제트, 펄스 데토네이션(PDE) 엔진 등이 등장하여 발전하고 있다. 초음속 비행에서 쓰이는 일반 제트 엔진은 초음속으로 유입되는 공기를 기계적 압축기로 감속시켜서 아음속의 공기를 연소기에 공급한다. 연소 과정을 거친 공기는 압축기에 연결되어 동력을 전달하는 터빈을 구동시키고 노즐에서 추력을 발생시킨다. 이러한 엔진은 비행 속도가 M 3까지는 사용할 수 있으나 그 이상이 되면 램제트 엔진이 더 효율적이다. **〈그림 1-5〉**나 **〈그림 4-36〉**에서 본 것처럼 비행 속도가 커질수록 터보제트나 터보팬엔진보다 램제트나 스크램제트 엔진의 효율이 훨씬 더 좋음을 알 수 있다. 즉 비행 속도에 따라 가장 효율적인 엔진이 무엇인지 어느 정도 선택됨을 알 수 있다. 램제트나 스크램제트(Supersonic Combustion Ramjet) 그리고 펄스디토네이션 엔진의 경우 덕트 엔진으로서 회전부품이 없는 엔진이기 때문에 연소기의 효율이 아주 중요하며 그에 따른 연구와 개발이 진행되고 있다.

램제트 엔진의 비행 속도가 M3~M5 사이에서는 효율적으로 작동하지만 M5 이상에서는 효율이 떨어진다. 마하수 5 이상인 극초음속 영역에서 가장 효율적인 엔진으로 알려진 스크램 제트(SCRamjet) 엔진은 연구 개발 단계에 있으며, 이 엔진이 성공적으로 개발되면 극초음속 영역을 저렴한 비용으로 비행할 수 있어 극초음속 비행이 보편화 될 수 있을 것으로 기대 된다.

스크램 제트 엔진의 연소실에 유입되는 공기의 속도는 마하수 2~3에 해당하는 초음속이며 초음속상태에서 연소가 이루어진다. 이러한 고속의 공기유동이 연소실 내를 통과하는 시간은 수 ms 정도에 지나지 않는다. 이 과정동안 분사되는 연료와 급속한 혼합이 이루어져야만 효과적인 연소가 가능하다. 그러므로 초음속 연소의 주요 연구 과제는 크게 화염의 안정성(flame stabilization), 연료-공기 혼합(fuel-air mixing), 배기가스 및 소음 저감 등이 될 수 있다.

램제트 엔진은 기계적 압축기와 터빈이 필요 없는 간단한 구조로 초음속의 공기가 공기 흡입구(inlet)를 통과하면서 램 압축에 의해 아음속으로 감속되고 아음속 연소 과정을 거쳐서 노즐에서 팽창하여 추력을 발생시킨다. 램제트 엔진에서 초음속으로 유입되는 공기는 흡입구에서 충격파를 거쳐 연소기에서 아음속이 되며 연소는 아음속에서 일어난다. 공기 입구에서 유동은 초음속에서 아음속으로 변환되며 이 과정 중 과도한 압력손실이 일어나고, 운동에너지가 열에너지로 바뀌어 온도상승을 유발시킨다. 비행속도가 M5 이상이 되면 유동속도 에너지가 과도하게 열에너지로 변환되고, 유동 온도가 상승하면 벽면재료가 견딜 수 있는 상한선을 벗어날 수도 있으며, 2000K 이상으로의 온도상승은 또 N_2와 O_2의 열해리 문제를 유발시켜 발생된 열을 흡수하므로 이용가능한 에너지가 낮아지므로 열효율이 낮아진다.

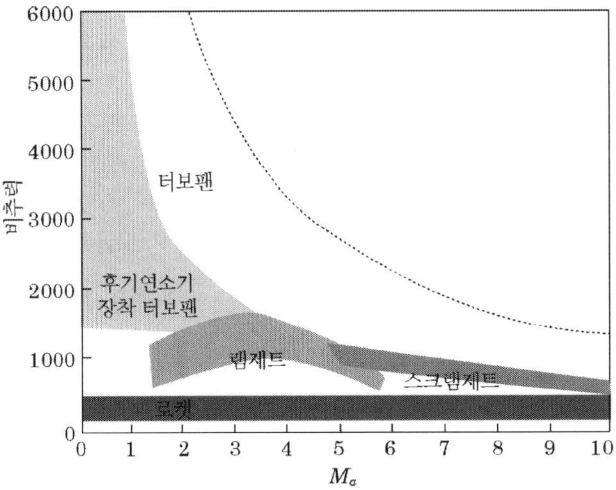

그림 4-36 비행속도에 따른 추진기관별 비추력

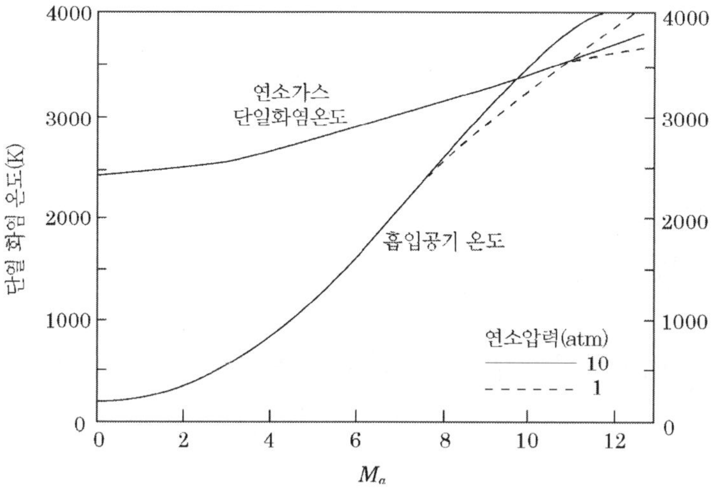

그림 4-37 램제트 엔진의 비행마하수 변화에 따른 흡입공기 온도와 단열 화염변화

극초음속영역인 M 5 이상에서는 램제트 엔진의 효율이 급격히 떨어진다. M 5 이상의 램제트 엔진 연소기 입구에서는 지나친 감속으로 인해 과도한 압력손실을 초래하고, 공력 저항으로 인해 과도한 온도상승을 일으켜 벽면 재료나 냉각방법의 한계를 초과하게 된다. 또 연소기입구 온도가 과도하면 연소기의 온도가 과도하게 높아져서 흡열반응인 열해리 현상도 생기게 된다. 열해리 현상은 연소 과정을 통해서 얻은 화학 에너지의 일부를 소모하여 노즐에서의 추력손실을 일으킨다. **〈그림 4-37〉**은 고공 주위조건인 220K에서 케로신 연료를 사용하는 램제트 엔진의 연소실 압력이 1 atm과 10 atm인 경우에 비행 마하수 변화에 따른 단열 감속으로 인한 흡입 공기온도와 연소생성물의 단열 화염 온도를 나타내고 있다.

비행마하수가 증가함에 따라 흡입공기 온도와 단열 화염 온도가 모두 증가하고 있다. 니켈-크롬 합금의 녹는 온도는 약 1650K인데 비행마하수가 M 6 이상이면 흡입공기온도는 이 한계를 넘게 되어 벽면재료에 문제를 일으킬 가능성을 보게 된다. 고속비행 마하수, 예를 들어 M 10이 되면 연소가스 온도가 흡입 공기 온도보다 높지 않음을 알 수 있다. 이 경우 연소실에서는 평형 조성에 도달할 만큼의 충분한 체류시간이 있어, 공기와 연료는 열해리 생성물로 변한다. 연소가스의 팽창이 이루어지는 노즐에서는 그 과정이 너무 빠르게 일어나서 평형조성이 이루어지지는 않고 각각의 온도와 압력에 따른 새로운 평형조성이 된다. 노즐에서의 팽창과정이 아주 빠르면 혼합기는 초기상태의 고온상태의 조성상태 그대로 동결(frozen)된다. 이와 같은 동결과정에서는(예를 들어 M 10) 추력을 내는데 필요한 연소생성물의 가속을 위한 연료의 연소에너지는 거의 얻을 수 없다. 노즐에서의 재결합과정의 화학반응은 추력이나 추진효율에 큰 영향을 미친다.

고속 램제트 엔진의 이러한 문제를 해결하기 위해 제시된 것이 스크램제트(SCRam jet) 엔진이다. 스크램제트 엔진은 M 5 이상으로 들어온 공기를 비행속도의 약 1/3로 감속시켜 연소기에 공급해주고 초음속 상태에서 연소과정을 진행하고 노즐을 통해 추력을 발생시킨다. 따라서 초음속 상태에서 연소가 이루어지므로 램제트 엔진에서와 같은 과도한 감속으로 인한 추력 손실은 나타나지 않는다. 또한 초음속으로 연소시키면 작동 유체의 온도상승은 아음속 연소의 경우보다 낮아지고 열해리를 감소시킬 수 있다. 그러나 벽면 열전달은 전온도에 의존하므로 스크램 제트와 같은 초음속 연소를 하더라도 벽면 냉각문제는 해결되지 않는다. 벽면 냉각은 벽면을 따라서 액체연료를 흘려 보냄으로써 즉 필름냉각으로 해결할 수도 있다.

램제트 엔진과 스크램제트 엔진의 배기 노즐 형태를 비교하여 보면 **〈그림 4-38〉**에 나타난 바와 같이 램제트 엔진에서는 아음속 연소 과정이 진행되므로 연소기 이후의 배기노즐은 노즐목(throat)을 갖는 수축-확산형 노즐이 사용되지만 스크램제트 엔진에서는 초음속 연소과정이 진행되므로 연소기 이후의 배기노즐은 확장형 노즐이 사용된다. **〈그림 4-38〉**에서 보면 램제트나 스크램제트 엔진은 압축기 사용없이 경사충격파에 의한 램 압축만으로 충분한 압축을 할 수 있다. 그리고 공기흡입 추진기관으로 유효 탑재량이 크다. 하지만 이륙시나 순항을 위한 고속비행 전까지는 효율이 매우 낮기 때문에 터보제트나 로켓과 결합하여 초기 발사 능력 보완해야 한다. 예로써 터빈기반 복합사이클(TBCC)나 로켓기반 복합사이클(RBCC)에 대한 것은 1장에서 설명하였다. Lockheed사의 SR-71 blackbird는 램제트 엔진에 Pratt & whiney J58 터보제트 엔진을 채택하여 사용하고 있다. SR-71은 1964년에 제조되었으며 순항속도가 M 3으로 제작되었다. 길이는 32.74 m이고 스팬은 16.94 m이며 최대 이륙중량이 78,000 kg이다.

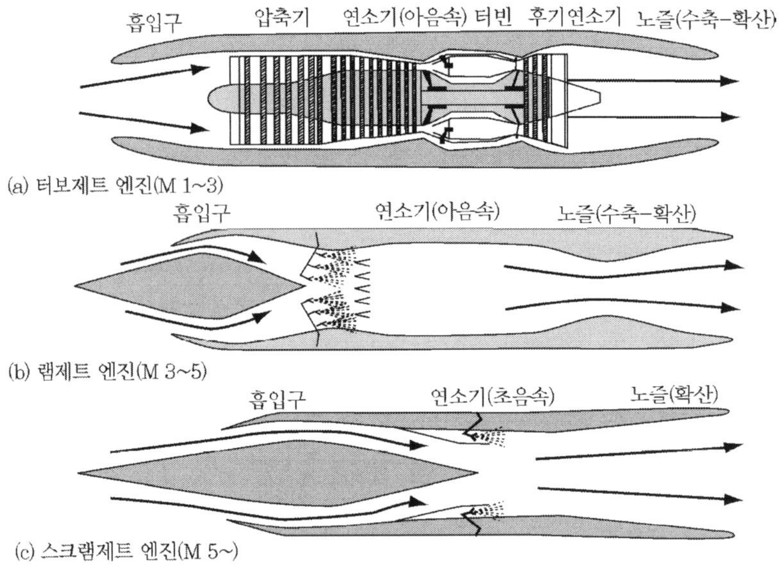

그림 4-38 초음속 비행에 사용되는 엔진의 비교

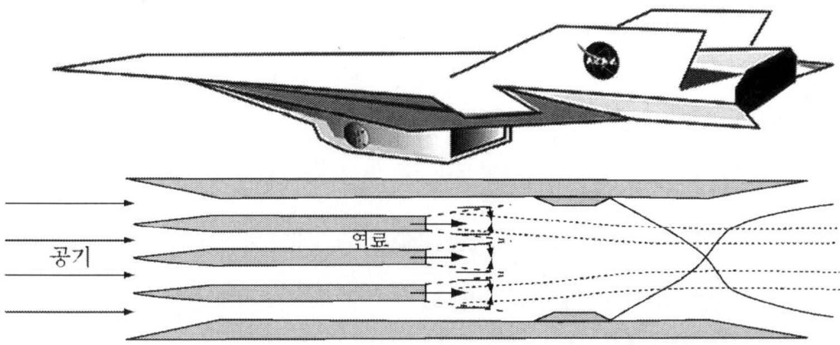

그림 4-39 다중 스트럿 방식 엔진을 장착한 Hyper-X(출처 : [3])

스크램제트 엔진의 초음속 확산화염에서의 주요 연구 방향은 화염 안정성, 연소기 구조, 화염의 길이, 연료-공기의 혼합 효율 등의 주요 측면에서 진행되고 있다. 초음속 화염은 화염 소멸로 인한 급격한 추력 손실과 연소 불안정성에 기인한 비정상 추력을 막기 위해 화염 안정성은 매우 중요하다. 이와 관련하여 재순환 영역에서 화염이 안정화되는 과정은 화염의 성장 및 소멸과 관계되므로 어떻게 연소기 구조를 설계할 것인가도 관건이다. 그리고 화염 길이는 스크램제트 엔진의 연소실 길이보다 작아야 한다. 이는 연료/공기의 혼합을 나타내는 하나의 척도로 사용되기도 한다. 더불어 연료-공기 혼합 효율은 압축성의 영향 때문에 초음속 유동에서 낮아지므로 혼합을 증대시키기 위한 기술의 개발이 절실하다. **〈그림 4-39〉**는 NASA에서 개발중인 Hyper-X 프로그램 중 X-43기의 개념도이다. X-43기는 좀더 빠르고 경제적인 비행을 위해 개발되고 있으며 순항속도가 M 7~10 정도로 시험비행하였다. X-43의 후속연구로 M 6에서 300초간 비행할 수 있는 에틸렌과 JP-7의 혼합연료인 탄화수소를 연료를 사용하는 스크램제트엔진 비행체인 X-51이 연구되고 있다. 2010년 5월 26일에는 X-51을 50,000~70,000ft 사이 고도에서, M 5의 비행속도로 M 6에서 200초간 시험비행하는데 성공하였다. 종래의 X-43은 연소시간이 12초임에 반하여 X-51에서는 연소시간이 200초 정도로 긴 시간이었다[14].

2. 펄스데토네이션 엔진

〈그림 4-40〉은 펄스데토네이션 엔진(PDE)의 작동원리를 나타내고 있다. 펄스데토네이션 엔진(PDE)은 간헐적으로 연소를 하게 되는데 연소기 앞의 셔틀 밸브가 열림과 닫힘을 반복하면서 연소기 내에서 연소가 충분히 일어나도록 시간적인 여유를 제공해주는 장치이다. 흡입과정은 배기과정에서 빠져나간 전면에서 반사된 데토네이션파에 의해 팽창파가 생겨 앞으로 전진하면 셔틀 밸브가 적절한 시간에 열림으로써 이 사이에 도관의 압력이 낮아져 전방의 공기가 흡입할 수 있도록 유도하게 된다. 연소과정은 앞 쪽의 공기가 엔진 내부로 밀려들어오게 되고 연료가 분사되며 이 때 내부에 남아있던 열에 의해서 자연 발화되고 또 다시 폭발이 일어나며 이러한 과정이 반복적으로

일어나는 것이다. 가속과정은 연소가 일어나면 폭발적인 압력 상승으로 데토네이션이 발생하게 되고 이 초음속 연소파는 제트 파이프를 지나면서 Reyleigh 유동의 과정을 거치면서 전방에서 반사되는 반사파에 의해 더욱 가속되게 된다. 배기과정에서는 이 연소파가 가속됨으로써 충격파가 만들어지는 시점에서 음속의 속도를 갖는 유동이 확산노즐을 지나게 되고 초음속 유동을 만들게 된다. 이때 확산 노즐을 지나게 되는 배기 유동은 초음속으로 외부로 배기되기 때문에 펄스데토네이션 엔진은 초음속 비행이 가능하게 된다. 데토네이션파가 외부로 배출되면 연소실내부는 압력이 낮아지고 다시 공기가 유입되는 반복과정을 거치게 된다.

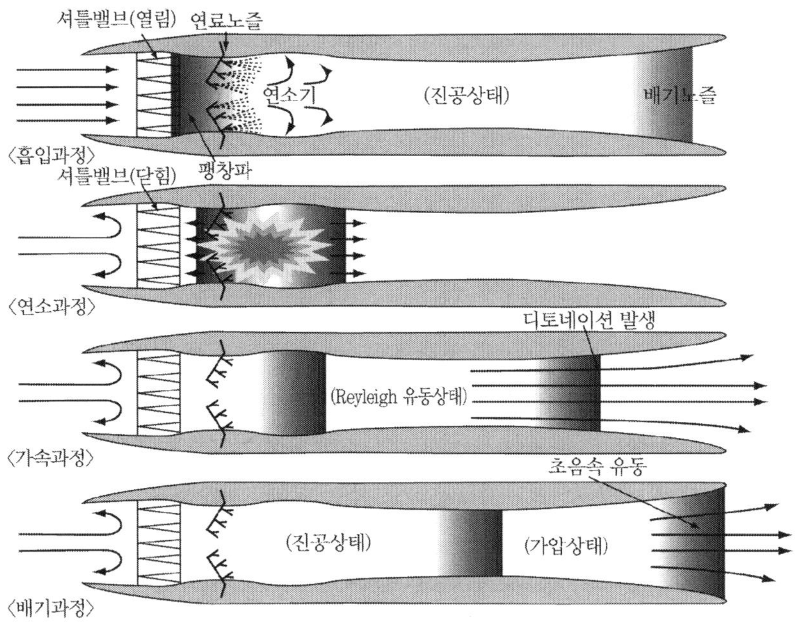

그림 4-40 펄스데토네이션 엔진의 작동 원리

이러한 펄스데토네이션 엔진의 장점은 정지속도에서부터 아음속을 거쳐 초음속까지 다양한 비행속도에서 사용될 수 있으며 이론상으로 제트엔진보다 효율이 높다. 또한 구조가 매우 간단하기 때문에 무게도 상당히 가볍다. 펄스제트 엔진은 단순히 연소를 이용한 것이지만 펄스데토네이션 엔진은 폭발을 이용한 것으로서 화염속도가 몇십배가 빨라 짧은 시간안에 미연가스 없이 거의 모두 연소시킴으로써 효율이 높다. 하지만 펄스데토네이션 엔진은 폭발이라는 소음이 발생하기 때문에 이착륙시 많은 문제점을 가질 수 있다. 또한 데토네이션파가 발생하도록 충분한 길이의 도관이 필요하기 때문에 아직까지는 그 길이가 10m 정도로 매우 길다. 그 이유는 워낙에 빠른 속도로 연소하기 때문에 이를 조절하기 위한 셔틀 밸브의 여닫이 시간, 연료분사 시간 등의 한계가 있기 때문이다. 그리고 데토네이션 엔진은 혼합기유입, 데토네이션파 발생 및 진행, 배기의 과정이 반복되는 간헐 연소이므로 높은 진동이 발생하여 이를 해결할 수 있는 재료의 연구도 함께 수행해야 한다.

4.2.7 저공해 연소기

1. 개요

전 세계적으로 대기오염에 대한 관심이 집중되면서 엔진의 배기가스를 저감하기 위한 노력이 활발히 진행되고 있는데 특히 성층권을 비행하는 항공기의 특성상 배출되는 NOx는 오존층에 매우 치명적이기 때문에 국제민항항공기구(ICAO)는 환경규제위원회(CAEP)를 통하여 NOx와 CO, 그리고 HC(탄화수소)에 대한 규제를 적용하고 있다. 그로 인하여 수많은 항공용 연소기가 개발되어지고 있는데 수많은 연소기들이 다양한 방법을 통해 주로 연소실의 국부적 온도를 조절하여 NOx의 발생과 CO의 발생을 조절하며 대게 공기나 연료의 유량을 조절하거나 혹은 기하학적 형상 변화를 통하여 온도를 조절하고 있다.

2. 기존 연소시스템

기존 연소시스템은 연료가 가압된 공기의 유동 속에 직접 분사되어 연료와 공기의 혼합과 연소 반응이 동시에 일어나는 확산화염이며, 연소시스템의 종류와 여러 특성은 4.2.2 절에서 자세하게 설명하였고 **〈그림4-17〉**에 나타나 있다. 연소는 압축기로부터 반응영역으로 공급되는 공기와 연소기로 분사되는 연료 사이에 형성된 화염부에서 화학반응에 의해서 이루어진다. 기존형 연소기내의 고온 가스의 온도는 원주방향, 반경방향, 축방향으로 상당한 온도 구배를 가지며 대부분의 화학반응은 주 연소영역에서 일어난다. 주연소영역의 고온가스는 2차 공기구멍을 통해 유입되는 공기로 인하여 완전연소가 일어나게 된다. 연소기 출구의 온도분포는 희석영역에 설치되어 있는 희석공기 구멍으로 유입되는 희석공기에 의하여 균일하게 된다. 따라서 희석공기구멍 및 희석영역의 길이는 출구온도 분포가 균일할 수 있도록 결정되어져야 한다. 기존 연소기에서 배기 특성에 영향을 주는 주요인자인, ⅰ) 주연소 영역의 온도 및 당량비, ⅱ) 주연소 영역에서 연소 현상의 균일도, ⅲ) 주연소 영역의 연소가스 체류시간, ⅳ) 라이너 벽의 냉각특성, ⅴ) 액체연료의 분무특성을 조절함으로서 배기물질 발생을 줄일 수 있다.

3. 가변형상

가변면적 스월러를 사용하여 연소영역으로 유입되는 공기의 양을 조절한다. 엔진 최대출력이나 고출력 조건에서는 주연소 영역에 많은 공기를 공급하여 주연소 영역의 온도를 낮추고 저출력 조건에서는 주연소 영역에 공급되는 공기량을 줄여 주연소 영역의 온도를 높이는 방식으로 화염온도를 제어하며, 주연소영역의 온도를 항상 1670K이상의 고온으로 유지시킬 수 있어 연소기 크기와 무게를 감소시킬 수 있다. 가변형상은 넓은 안정성 한계와 향상된 고도 성능을 가진다. 반면에 가변형상 제어기구가 복잡하고 비용과 무게가 증가하고 신뢰성이 떨어지는 단점이 있다.

4. 농후연소/급냉각/희박 연소기(Rich-burn/Quick-quench/Lean-burn:RQL)

당량비 1.2~1.6의 농후한 주연소영역에서 연소된 가스를 공기 제트를 이용하여 급냉각한 후 희박영역으로 보내는 방식으로, 고온영역을 거치지 않으므로 NOx배출이 적다. **〈그림 4-41〉**은 RQL의 저 NOx생성 기구를 도식적으로 나타낸다. **〈그림 4-42〉**는 RQL연소기의 예를 나타낸다.

RQL 연소기는 이론당량비 근처에서 연소가 이루어 질 경우 **〈그림 4-44〉**에 나타난 것처럼 많은 NOx를 배출하게 된다. 그러나 이론당량비에서 먼 지점인 농후하거나 희박한 당량비는 NOx를 많이 배출하지 않으므로 이러한 특성을 이용하여 NOx의 저감을 꾀하는 방법이다. RQL연소기는 크게 3가지 영역으로 나뉘는데 첫 번째는 주 농후 연소영역으로써 농후한 연소를 진행하는 영역이며 두 번째는 급속혼합구간(급랭영역)으로 빠르게 공기가 유입되어 이론 당량비를 거치게 되는 시간을 최대한 최소화하며 희박연소를 유도하는 구간이다. 마지막 영역인 희박연소 구간은 급속혼합구간에서 유입된 다량의 공기로 인하여 희박연소를 진행하는 구간이다. 첫 번째 영역의 경우 당량비 1.2에서 1.6사이의 과농한 연소를 진행하므로 NOx의 생성량은 낮지만 CO와 UHCs등 다량의 미연가스들이 쉽게 발생한다. 이 영역에서는 농후한 혼합기로 인하여 국부적으로 이론 당량비에 가깝거나 매우 높은 온도로 연소하는 경우가 발생할 수 있으므로 균일한 재순환 영역이 매우 중요하다. 두 번째 영역인 급속혼합구간에서는 다량의 공기가 유입되어야 하므로 앞서 서술했던 희박연소를 기본으로 하는 연소기와는 다르게 많은 양의 공기가 이 구간에서 유입된다. 이후 희박 연소구간으로 혼합기가 유입이 되면 당량비는 0.5에서 0.7정도로 낮아지게 되며 계속 낮은 NOx 발생량을 유지하되 남아있는 미연가스인 CO와 UHCs등을 완전히 연소할 수 있도록 충분히 높은 온도를 유지해야한다. RQL 연소방식에서는 자연발화나 역화의 문제가 없으므로 농후한 혼합기가 연소하는 구간에선 매우 안정적인 연소가 가능하다. 주연소 영역의 라이너 벽 냉각을 위하여 막냉각 방식을 사용하는 경우에는 국부적으로 이론 공연비가 되는 부분이 존재하고 이 부분에서는 NOx의 생성이 많아지므로 막냉각을 사용하지 않고 주 연소 영역에 공급될 공기를 이용하여 라이너 외벽을 냉각하는 대류 열전달 방식이 사용되기도 한다. RQL연소기의 단점은 주연소 영역에서의 매연생성이 과도하여 화염으로부터의 복사 열전달이 증가하고 매연 배기량이 증가하는 것이다. RQL 연소기는 보통 농후연소기(rich burn combustor)라고 불리며 NOx 규제가 매우 강해지기 이전에는 그 성능이 검증되어 1970년부터 사용되어 왔다. 대표적으로는 CFM56 엔진의 연소기이며 현재까지도 개량과 여러 수정 및 보완을 통해 지금까지도 사용되고 있다. 이 연소기의 경우 주연소영역으로 25%의 공기가 유입되며 급속 냉각 영역으로 30%의 공기가 유입되고 나머지 희박

연소 영역(희석)으로는 45%의 공기가 유입된다.

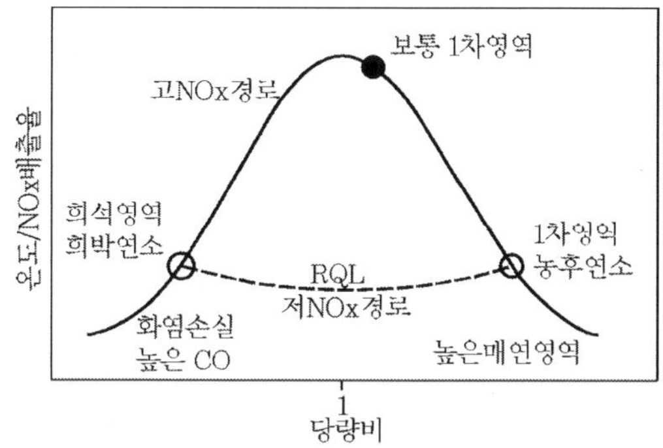

그림 4-41 RQL의 저NOx생성 접근방법

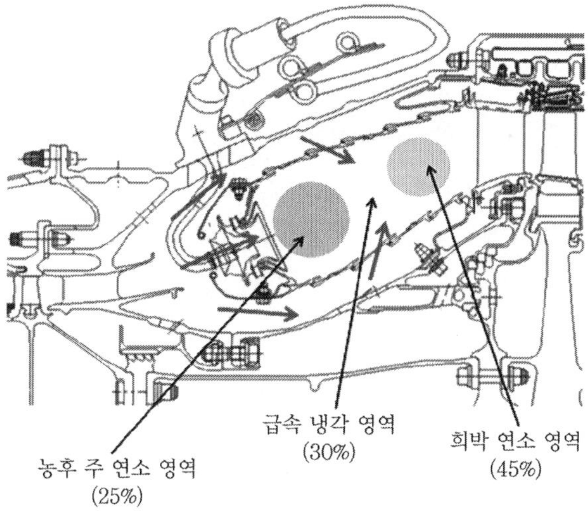

그림 4-42 RQL 연소기[21]

5. 다단연소기(Staged combustion)

가변형상 연소기가 공기의 배분을 조절하는 방식인 반면, 다단연소기는 연료의 배분을 조절함으로써 화염온도를 제어하는 방식이다. 엔진의 아이들 조건, 고출력, 재점화 등 조건에 따라 선택적으로 연료분사를 한다. 저출력 조건에서는 일부의 노즐만이 작동하고 고출력 조건에서는 모든 연료 노즐이 작동한다. 저출력 조건에서는 높은 연소효율과 낮은 CO, UHC의 배기가스가 생성되도록 당량비 약 0.8근처에서 작동한다. 고출력조건에서는 NOx와 매연을 최소화하기 위하여 당량비는 약 0.6정도로 낮게 유지된다. 다단연소기는 단을 어떻게 배열시키느냐에 따라 반경방향 다단연소기와 축방향 다단연소기로 분류할 수 있다. 〈그림 4-43(a)〉는 각각 GE의 이중환형연소기와 P & W의 축방향 다단연소기를 나타낸다. 앞서 언급하였던 CFM56 엔진의 2중 다단 연소기가 대표적 다단 연소기에 포함된다.

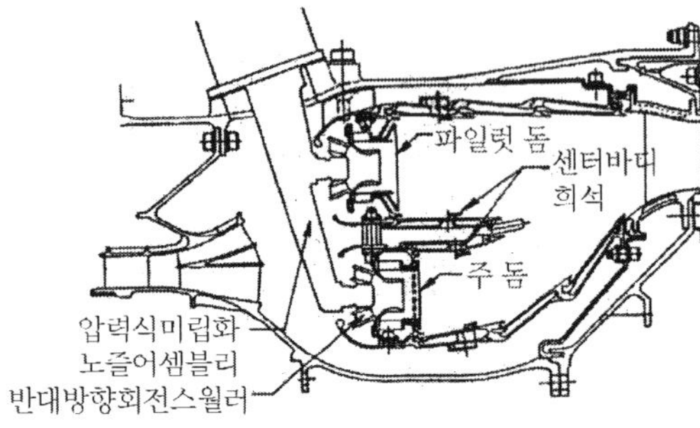

(a) 반경방향 다단연소기

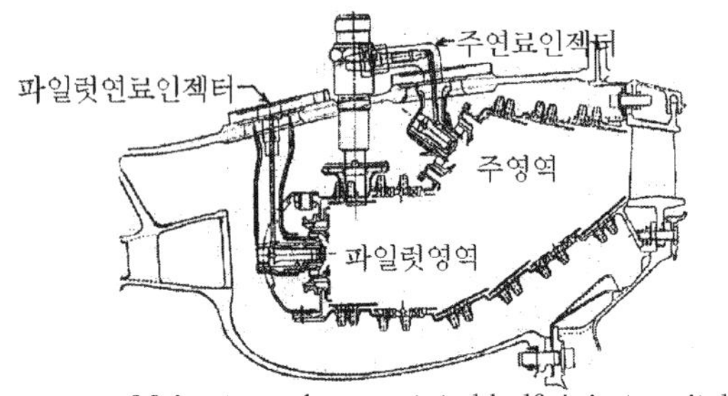

(b) 축방향 다단연소기

그림 4-43(a) 다단연소기

반경방향 다단연소기에서는 내부와 외부의 다단 연소기들이 방사선상에 반경방향으로 거의 일렬로 위치해 있으며 기존의 연소기 전체 길이 정도에서 저배기를 포함하는 모든 연소성능의 목적을 달성할 수 있다. 연소기가 반경방향으로 거의 일렬로 배치되어 있으므로 주분사기와 파일럿 분사기에 공급되는 연료를 공통 공급라인으로 만들 수 있고, 주 분사기는 파일럿 분사기 연료에 의해 냉각된다. 주 연료분사기에 연료가 분사되지 않을 때에도 파일럿 분사기 연료로 주 연료분사기를 냉각 할 수 있어 주연료 분사기의 코킹을 방지할 수 있게 설계되어 있다. 단점으로는 각 단의 연소기에 동일한 압축기 출구온도의 공기가 공급됨으로써 동일한 정도의 비교적 좋지 않은 희박 가연성능을 갖는다. 또 라이너 벽 면적이 증가됨으로써 냉각에 요구되는 공기량이 증가하며 이 때문에 연소기 출구온도분포에 좋지 않은 영향을 주게 된다. 또 연료배분이 바뀌면 연소기 출구의 온도분포가 바뀌게 되고 이에 따라 터빈작동에도 악영향을 미칠 수 있다. 축방향 다단연소기는 주연소기가 파일럿 연소기의 하류지점에 위치함에 따라 주 연소기의 점화가 신속하고 확실하게 이루어지며, 주 연소기의 연소효율이 높다. 보조 연소기의 연소 영역부터 주 연소영역에 이르는 고온가스는 주 연소영역에 낮은 당량비에서도 높은 연소효율을 확보하게 한다. 연소기 출구 온도분포는 기존의 희석 방식을 이용하여 만족스러운 수준으로 유지할 수 있으며, 연료의 배분이 바뀌어도 연소기 출구온도 분포가 크게 변하지 않는다. 단점으로는 연소기 길이증가와 냉각이 필요한 라이너표면적 증가로 인한 냉각공기의 증가를 들 수 있다. 다단연소기는 적용범위가 매우 넓어 엔진 출력 조건에 따라 다른 연소기와 함께 적용되어 사용되어질 수 있으며 이때 다단연소기가 가지는 단점들을 보완할 수 있다. 반경 방향 및 축 방향 다단연소기의 경우 주 연소기와 보조 연소기가 분리되어 있지만 추후 더욱 많은 NOx를 줄이기 위한 희박연소에서 연소안정성을 추구하기 위하여 이 두 개의 연소기를 일체형으로 연결한 다단 연소기가 개발되었으며 대표적인 TAPS(Twin Annular Premixing Swirler) 연소기가 대표적인 예다.

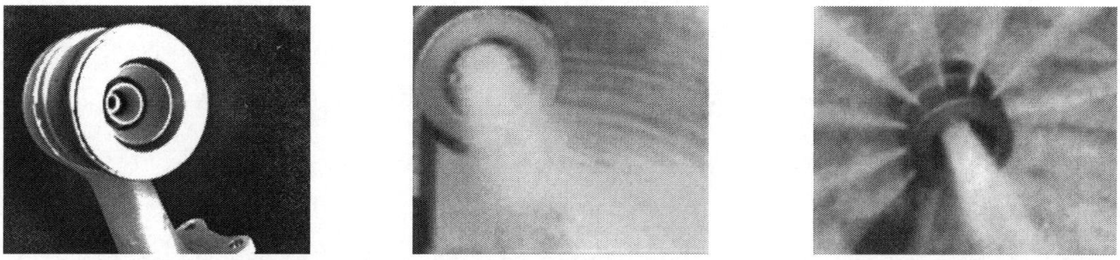

TAPS 인젝터 보조 인젝터 작동 주+보조 인젝터 작동

그림 4-43(b) 일체형 다단 연소기인 TAPS 인젝터의 작동 형태

6. 희박/예혼합/예증발 연소기(Lean-premixed prevaporized combustor:LPP)

기존의 연소기는 연료를 주연소 영역에 직접 분사하는 방식이기 때문에 국부적으로 이론공연비 근처에서 연소가 발생하며, 국부연소온도가 높다. 그 결과 NOx 생성율이 높아진다. **〈그림 4-44(a)〉**에서 보는 바와 같이 LPP 연소시스템은 연소가 일어나기 전에 연료와 공기의 균일한 혼합을 만들고, 액체연료의 경우에는 완전한 기화를 위해 연료가 공기흐름 속으로 분사되어 연료와 공기의 예혼합기를 만들어 균일한 혼합기를 연소시키는 시스템이다. 설계점에서 이 영역의 연료/공기비는 이론당량비보다 상당히 낮으며 희박가연한계에 가까운 연료공기혼합기로 유지된다. LPP연소기는 주로 세가지의 영역으로 구별되며 예혼합과 예증발에 필요한 시간동안 공기와 연료가 혼합되는 연소영역 이전의 첫 번째 영역, 예혼합/예증발된 혼합기체가 연소하며 재순환 영역을 형성하는 이때 공기유량의 분배는 주 연소영역으로 화염고정 및 희박연소를 위한 재순환영역이 존재하게 되는 두 번째 영역, 마지막으로 주 연소영역에서 연소하지 못한 미연의 혼합기가 마저 연소하게 되며 라이너를 통해 다량의 공기가 유입되어 온도가 급속히 낮아지는 희석영역으로 크게 나눌 수 있다. LPP연소기의 경우 예혼합과 희박연소를 위한 첫 번째 영역이 인젝터 내에서 이루어지므로 다른 연소기들과 비교하였을 때 인젝터의 구조가 복잡하며 이에 반하여 상대적으로 연소실의 크기는 작게 제작될 수 있다. 이때 희박/예혼합 연소를 위해 연소기내로 들어가게 되는 전체 공기의 유량 중 60%에서 최대 80%의 공기가 인젝터 내로 유입이 되며 나머지는 라이너의 냉각과 라이너의 구멍을 통해 세 번째 영역인 희석영역으로 들어가게 된다. 주연소 영역의 당량비는 0.6 정도로 매우 낮으며 마지막 영역인 희석영역에서는 라이너 내로 유입된 공기로 인하여 0.4 정도로 더 낮게 떨어지게 된다. 덕분에 주연소영역의 온도는 매우 낮아지며 이는 다른 일반적인 연소기에 비하여 온도를 크게 낮추고 균일한 온도분포를 가지게 되므로 NOx 발생을 크게 줄일 수 있다. 이러한 연소는 혼합을 위한 스월(swirl)

유동으로 인하여 연소기 내 체류시간(residence time)을 증가시키는데 이는 CO와 미연소 탄화수소물(unburned hydrocarbon)의 배출량을 크게 감소시키게 되며 화염에서 방출되는 복사열 또한 크게 감소하므로 라이너 냉각에 크게 유리하다. 또한 연소기 내 체류시간이 증가하게 되면 NOx의 발생이 증가하게 되지만 이는 앞서 설명했던 균일 예혼합화염과 낮은 당량비로 인한 낮은 연소 온도로 인하여 상충되며 또한 당량비가 낮으면 낮을수록 NOx의 생성은 체류시간으로부터 점점 독립적인 변수로 작용하므로 결국 NOx의 발생률은 궁극적으로 줄어들게 되고 전반적으로 모든 공해물질의 배출량을 감소시키게 된다.

그러나 이는 희박가연연소영역이므로 화염이 유지되지 못하고 꺼질 수 있는 가능성이 매우 커지게 되며 따라서 부분 부하 작동 구간이나, 무부하 작동 구간 동안에 화염이 꺼지는 것을 막기 위하여 주연소 영역의 연료/공기비 조절이 매우 정확하게 이루어져야 한다. 또한 LPP 연소기는 예혼합/예증발에 요구되는 시간이 길어 입구 공기온도가 높은 경우 예혼합 영역에서 자연발화 및 역화가 발생할 수 있다. 이 문제를 해결하기 위해서는 다공액체연료 분사시스템을 가진 스월러를 장착하여 연료의 자연발화 이전에 급격한 혼합과 연소가 이루어지도록 하는 방안과 적절한 스월수를 가진 스월러를 사용하여 주 연소영역에 화염을 확실하게 고정시키는 방법등이 연구되고 있다[20]. 또한 구조적으로 연소실의 전체적인 길이가 짧아지므로 고주파의 연소 불안정성 등이 문제가 될 수 있으며 더욱 높은 연소기내 체류시간을 위하여 예혼합실이나 인젝터의 크기가 커지게 되면 오히려 엔진의 무게가 증가할 수 있다.

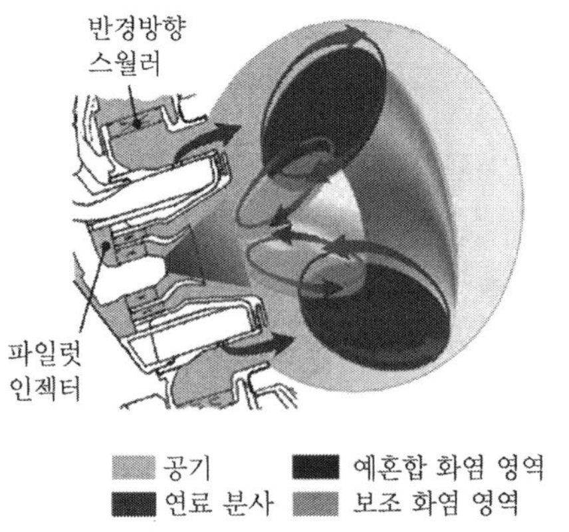

(a) TAPS 연료 분사 개념

(b) TAPS 연소기의 위치에 따른 연공비

그림 4-44(a) 저공해 연소기중 하나인 GE사의 TAPS(Twin Annular Premixing Swirler)연소기와 위치에 따른 연공비[21]

LPP 연소기는 강해지는 NOx 감소 추세에 따라 현재 매우 활발하게 연구 및 개선되고 있으며 서술한 바와 같이 매우 어려운 기술을 요구한다. 이를 정리해 〈표 4-2〉에 도시하였다. 대표적인 LPP 연소기로는 GE사의 TAPS 연소기가 있으며 2008년부터 보잉 787기 747-8등에 적용되어 사용된 GEnx(next generation)엔진이 대표적이다. NOx 저감에 매우 효과적인 인젝터로 더욱 개량을 통해 2015년 TAPS II(second generation Twin Annular PreMixing Swirler Combustor) 연소기로 개선되었으며 이는 CMF의 LEAP(Leading Edge Aviation Propulsion)엔진에 적용되었다. 일본의 경우 LPP기술을 도입한 LSF(Lean-Staged Fuel nozzle) 연소기를 연구하고 있으며 실험을 통해 NOx의 배출량을 현저히 감소시키는 것에 성공하였다. 우리나라에서도 25kN급의 추력을 갖는 소형 항공기 엔진에 LPP 기술을 적용시킨 CHAsER 연소기를 개발 중에 있으며 낮은 추력조건에서 NOx의 배출량을 규제를 통과할 수 있도록 상당히 감소시키는데 성공하였으나 낮은 연소온도와 낮은 체류시간으로 인하여 CO의 배출량이 급증하거나 화염이 꺼지는 문제를 발견하여 이를 해결하기 위해 기술적 문제를 수정하고 보완하는 단계에 있다.

표 4-2 LPP연소기에 요구되는 기술과 그 특징 및 해결 방법

요구 기술	특징 및 해결 방법
연료 공기 예혼합	적절한 혼합길이 내에서 예혼합을 달성하기 위해서는 다지점 연료분사가 필수적이며, 연료노즐의 탄소 침착 방지를 위한 열보고 기술이 필요함. 또한 적절한 혼합을 위해 연소기 내부로 유입되는 공기를 통해 미립화를 촉진시켜야함
예증발	미증발된 연료액적은 국부적으로 빠른 온도 상승과 NOx 생성을 유도하는 이론 공연비 영역을 형성하므로, NOx 발생을 최소화 하기 위해서는 완전히 예증발되어야 함
자발점화/역화	강한 예혼합 조건은 자발점화를 유도할 수 있으며 연소기에 손상을 줄 수 있음. 연소기 내부 연소가스 체류시간이 연료의 자발점화 지연시간을 초과하지 않도록 설계 되어야 함
희박 안정성	고출력 조건에서는 스월러를 통한 주/보조 재순환 영역을 통해 연소가스의 체류시간을 증가시켜 화염이 꺼지지 않도록 하며 엔진이 감속함에 따라 고출력 조건을 위해 설계된 조건은 희박가연한계를 벗어남. 그로인해 저출력 조건에서는 보조 연소기만 작동 이때 연료가 집약되어 상대적으로 농후한 연소를 하게 되며 화염이 꺼지는 것을 방지
연소 안정성	연료와 공기의 혼합이 개선됨에 따라 화염의 운동성이 증가하여 NOx 최소화와 화염 안정성간의 균형을 맞추어야함

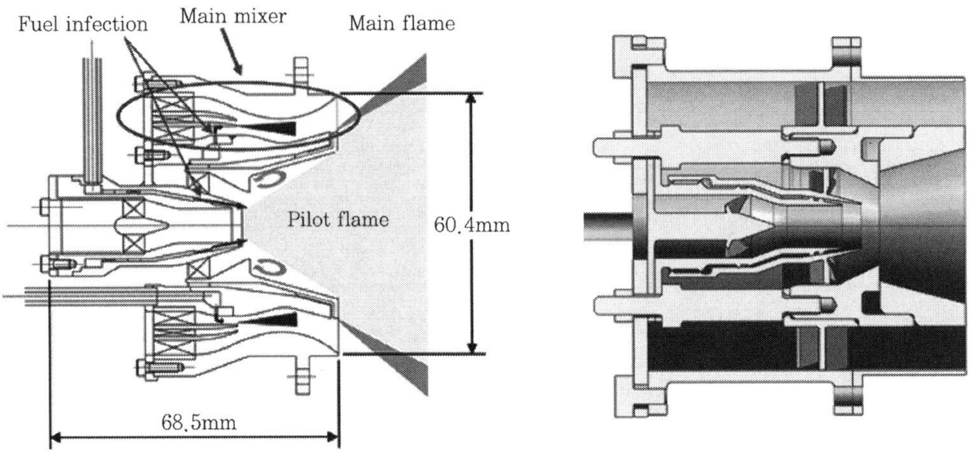

(a) LSF 인젝터 개략도 (b) CHAsER 인젝터

그림 4-44(b) 희박 연소를 기본으로 하는 가스터빈 연소기(출처 : [23])

7. 희박직접분사 연소기(Lean direct injection : LDI)

LDI연소기는 희박연소로 화염온도를 낮추어 NOx를 감소시킨다는 것이 LPP개념과 유사하나 예혼합실이 없는 방법이며 연료가 직접 화염영역으로 분사된다. 앞서 서술하였듯 균일한 희박 연소와 낮은 화염체류시간을 가질 때 NOx의 양은 크게 줄어들게 된다. 화염영역으로 직접 분사된 연료는 균일하지 못한 연소를 만들고 국부적으로 특정 지점이 온도가 높은 구역을 생성하게 된다. 이는 NOx 생성을 촉진하므로 LDI연소기에서는 연소가 일어나기전에 최대한 짧은 시간 안에 공기와 연료가 균일하게 섞인 혼합기를 만들어야한다. 이때 LDI 연소기는 스월러를 통해 매우 강한 스월 유동을 만들어줌으로서 직접 분사되는 연료와 재빠르게 혼합되게 하고 공기와 연료사이의 속도차이에 의한 전단력을 통해 연료의 액적의 크기를 최대한 작게 만들어야만 한다. 〈그림 4-50〉는 LDI연소기의 한계를 나타내고 있다. LDI연소기에서는 대표적으로 단계연료방식을 사용하거나, 여러개의 분사기를 이용하여 직접 연소실로 연료를 분사하여 최대한 짧은 시간 내에 빠르고 균일한 혼합기를 만든다[12]. 예혼합실이 없기 때문에 LDI연소기에서는 LPP연소기의 단점인 자연발화나 역화의 가능성이 거의 없어지게 된다. 그러므로 LDI연소기에서는 공기의 유동과 액적의 미립화 정도 그리고 스월러의 설계가 매우 중요한 설계 인자가 된다[13]. 또한 인젝터의 위치, 즉 분사위치는 미립화의 정도 화염의 위치에 영향을 미치므로 이를 잘 고려해야 한다. 가장 최근에 많이 주목 받는 LDI연소기는 MPLDI(Multi-Point Lean Direct Injection)연소기로 여러 개의 다공분사를 하면 순환영역이 작아지므로 연소기 내 체류시간을 감소시킬 수 있어 NOx생성을 감소시키며 여러개의 인젝터가 운용되므로 여러개의 재순환 영역을 통해 국부적으로 뜨거운 지점을

최소화 할 수 있다. 또한 MPLDI는 라이너 냉각에 쓰이는 공기를 제외하고는 전부 연소기 내부로 유입되므로 온도를 낮추기 위한 희석영역이 존재하지 않아도 되므로 연소실의 길이가 짧아질 수 있다. 짧은 연소실을 체류시간을 감소시키므로 NOx의 저감이 도움이 된다. MPLDI의 인젝터는 독립적으로 작동되어야하며 국부적으로 뜨거운 위LPP연소기와 마찬가지로 희박연소에서는 연소 안정성이 문제가 될 수 있으며 항공용 LDI연소기에서는 희박화염연소실의 정적화염안정성, 작은 연소실 크기로 인한 동적 열-음향 안정성 등이 문제가 될 수 있다. LDI 연소기는 현재 NASA에서 연구 중에 있으며 여러 개 분사 장치를 이용한 multi point 방식을 연구중에 있다. **〈그림 4-45(a)〉**의 (a)는 LPP 연소기인 GE사의 TAPS 연소기이며 (b)는 NASA의 MPLDI 연소기를 도시하여 차이를 비교하였다.

(a) GE의 TAPS 연소기　　(b) NASA의 MPLDI 연소기

그림 4-45(a) TAPS연소기와 NASA의 LDI 연소기의 차이(출처 : [24])

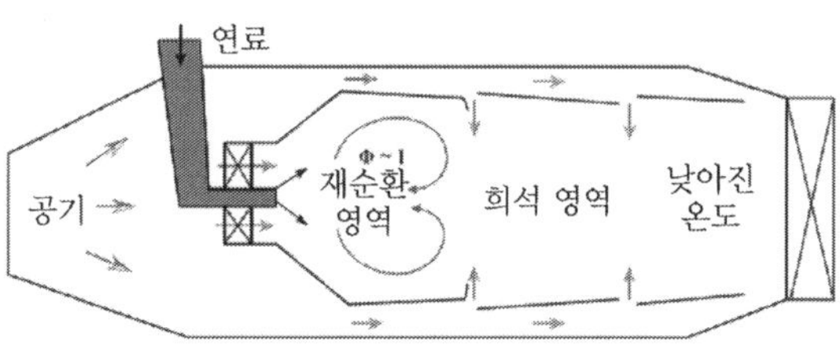

(a) 일반적인 가스터빈 연소기 개략도

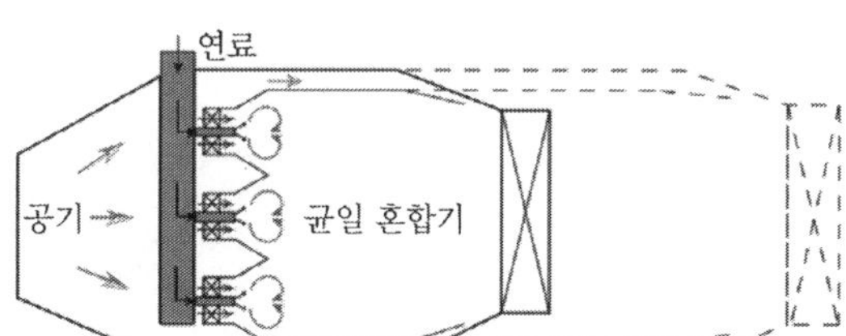

(b) MPLDI 연소기의 개략도

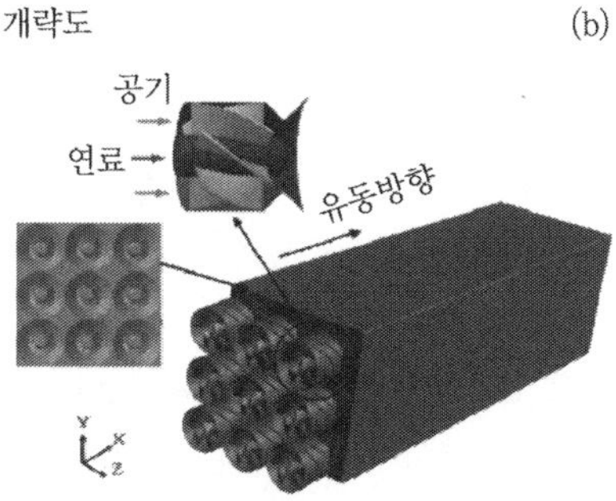

(C) MPLDI 연소기의 투시도

그림 4-45(b) LDI 연소기(출처 : [22])

8. 촉매 연소기(Catalytic Combustor)

촉매연소는 연료와 공기의 혼합물이 일반적인 희박가연 한계보다 더 희박한 영역에서 연료의 산화가 발생하도록 하기 위해 연료-공기 혼합기를 촉매반응기에서 산화시키는 방식으로 촉매반응기 하류에 열반응 영역을 두기도 한다. 촉매의 사용은 화염의 최대온도를 낮추고, 이렇게 낮아진 온도는 열적 질소산화물(thermal NOx)의 발생량을 상당부분 감소시킬 수 있다. **〈그림 4-46〉**에서 촉매 연소기의 개략도를 나타내고 있다. 연료는 기화되기 위하여 반응기의 상류에서 분사되며 공기와 혼합된다. 촉매연소기에 사용되는 연료분사기는 촉매반응기로 들어가기 전에 단면전체에 균일한 액적크기와 액적의 분포를 제공하여야 한다. 연료와 공기의 혼합물은 촉매베드(catalyst bed)나 반응기로 들어간다. 입구에서는 잦은 온도에서 활동적인 촉매를 사용하는 것이 바람직하며 그 이후 부분은 좋은 산화 재료가 선택 되어 져야 한다. 촉매베드의 하류인 열적 반응영역은 촉매로 시작된 반응이 지속적으로 이루어지도록 돕는다. 이러한 반응은 연소기의 총 온도가 20%정도 상승되는 효과를 제공한다. 촉매연소기의 단점으로는 촉매반응기의 수명이 짧고 작동시간이 길어짐에 따라 효율이 떨어지고, 또 안정적인 연소온도범위가 좁다. 촉매연소기는 산업용엔진으로 고려될 수 있다.

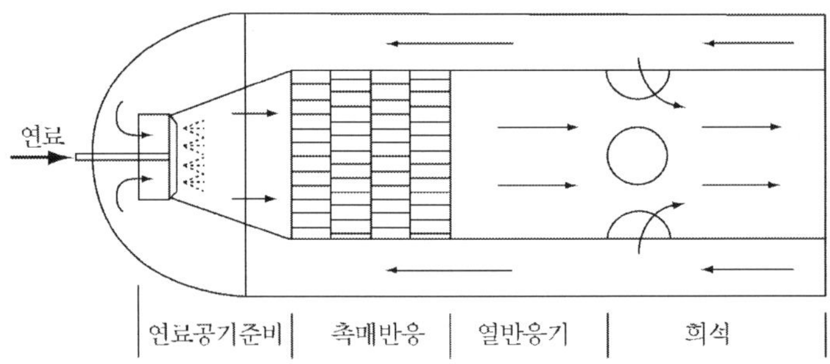

그림 4-46 촉매 연소기(출처 : [18])

4.2.8 연료시스템 및 연료분사노즐

1. 연료시스템

조종사가 조작하는 파워레버(power lever)에 의해 연료의 흐름량이 변하고 가스터빈엔진의 출력이 조절된다. 연료량 조절은 여러 가지 조건들을 감지하여 자동 조절 장치에 의하여 엔진 작동 조건에 알맞게 공급한다.

연료 시스템은 크게 기체 연료 시스템과 엔진 연료 시스템으로 나뉜다. 기체 연료 시스템의 연료는 연료 탱크의 밑부분에 있는 부스터 펌프(booster pump)에 의하여 가압되어 선택 및 차단

밸브를 거쳐 연료 튜브(tube) 또는 호스에 의해 엔진연료 시스템으로 공급된다.

기본적인 엔진의 연료 시스템은 **〈그림 4-47〉**에 나타난 바와 같이 주연료 펌프 → 연료가열기 → 연료 여과기 → 연료 펌프 → 연료 조절 장치(fuel control unit) →연료유량트랜스미터 → 오일냉각기 → 가압 및 펌프 밸브(P & D valve) → 연료 매니폴드 → 연료 노즐 → 연소실로 구성된다.

연료시스템에는 이외에도 오일 냉각을 위한 연료 – 오일 냉각기와 연료의 방빙을 위한 연료 히터, 연료 흐름량 트랜스미터(fuel flow transmitter; FFT) 등이 있다.

엔진연료 시스템의 감지를 위해 조종실 기관 계기판에는 각 기관별 연료량 계기와 저연료 압력 경고등이 장착되어 있다. 또한, 연료 압력계와 연료 온도계를 갖춘 시스템도 있다. **〈그림 4-47〉**은 가스터빈 엔진 연료 시스템의 예를 나타내고 있다.

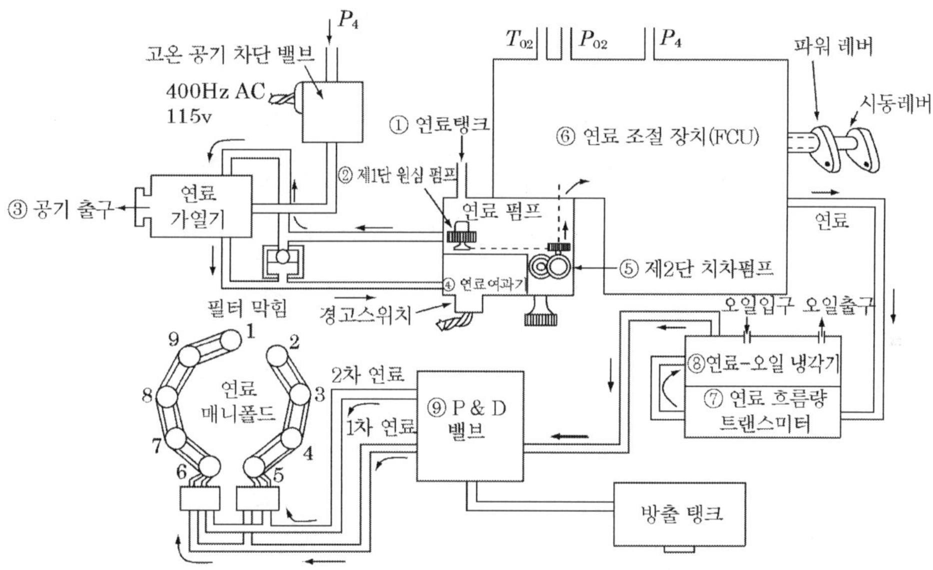

그림 4-47 가스터빈엔진 연료시스템 예(JT8D)(출처 : [15,16])

연료가열기(fuel heater)는 연료 중에 포함된 수분이 빙결하여 연료 여과기를 막는 것을 방지하기 위하여 연료 여과기 전에 연료를 가열하는 장치이다.

연료조절장치(Fuel Control Unit; FCU)는 파워 레버의 작동이나 위치에 따라 엔진에 공급되는 연료량을 적절히 조절하는 장치이며, 이 조절에 따라 코어 엔진의 회전수 N_2가 변화된다. 출력 레버 위치가 일단 설정되면 대기 상태 변화에 따른 압축기 입구 온도변화에 관계없이 자동적으로 연료량을 조절하고 파워레버 위치에 상당하는 터빈 입구 온도 또는 회전수를 일정하게 유지하는 기능도 함께 구비하고 있다. 또 연료조절 장치는 연료공급을 정지하는 기능도 가지고 있다.

시동시나 엔진을 가속하기 위해 급격히 파워 레버를 진행시키면, 연료량은 급격히 증가하더라도 압축기는 로터의 관성력에 의하여 회전수가 즉시 증가하지 않기 때문에 공기공급은 이에 상응하여 순간적으로 공급되지 않는다. 이 때문에 연료와 공기의 혼합기는 너무 농후하게 되고 연료-공기비가 너무 지나치게 농후하면 화염이 소실되며, 이를 농후화염정지(농후화염소실) 현상이라 한다. 또 터빈 입구 온도의 과도한 상승이나 압축기 실속을 초래할 수도 있다. 이와 관련된 내용은 **〈그림 7-8〉**에 나타나 있고 설명되어 있다.

고고도에서 급격히 하강할 때 급격히 감속시에는 반대로 연료 흐름량이 급격히 지나치게 감소하여 혼합기가 지나치게 희박하여 희박화염 소실을 일으킬 수도 있다. 화염이 소실되면 비행중 엔진정지현상(IFDS: In Flight Shut Down)이 일어날 수도 있으며 ETOPS 180(Extended -range Twin-engine Operational Performance Standards-180 minutes: 쌍발기 운항경로 제한규정-180분)을 적용받는 항공기는 10만 비행시간 중 2번까지의 엔진정지현상이 허용된다.

〈그림 4-48〉은 시동-가속-감속시의 연료분사스케줄과 작동선을 타나내고 있다.

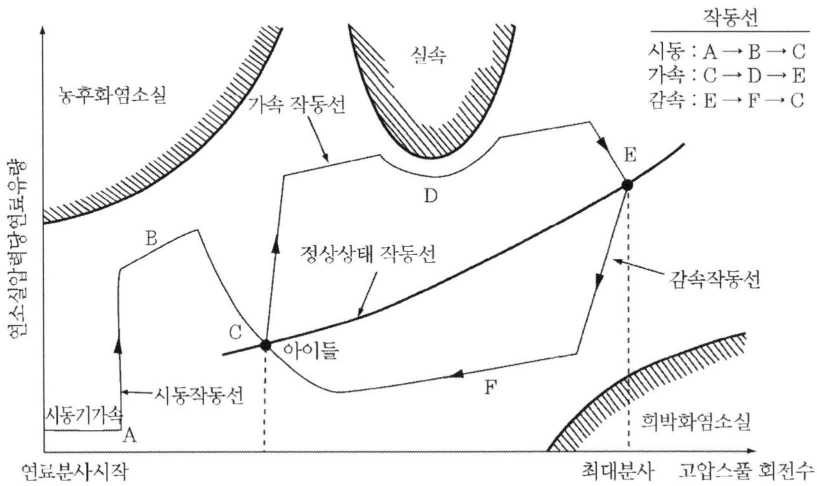

그림 4-48 연료분사스케줄과 작동라인

연료조절장치는 농후 화염소실, 희박 화염소실, 압축기 실속의 각 영역을 피하면서, 동시에 가장 좋은 가감속 성능을 발휘하도록 연료 흐름량을 최적으로 조절하는 성능을 담당하고 있다.

연료조절장치는 일반적으로 센싱부(감지부), 컴퓨팅부(연산부) 및 미터링부(계량부)의 3개의 기본 요소로 구성되어 있다. 연료조절장치의 기본 입력 신호로서는 파워 레버 위치, 엔진 회전수, 압축기 입구 온도, 대기압력, 압축기 출구 압력(혹은 연소실압력) 등이 이용되고 있다.

연료조절장치에는 크게 구별하여 유압-기계식과 전자식이 있지만 거의 비슷한 원리로 작동된다.

유압-기계식 연료조절장치의 센싱부는 출력 레버 각도, 플라이 웨이트, 액체가 밀봉된 봉입 벨로우즈, 공기압 벨로즈 등에서 입력 신호를 감지하고 컴퓨팅부는 유압 서보 피스톤, 입체 캠, 레버 등 각종 메카니즘의 조립으로 필요 연료량을 계산하고 그 결과를 미터링부의 연료 미터링 밸브에 전하여 연료량을 미터링하는 일종의 유압-기계식 컴퓨터라고 말할 수 있는 극히 정밀하고 복잡한 장치이다. 전자식 연료조절장치는 FCU의 센싱부와 컴퓨팅부를 전자화하고 미터링부는 토크 모터 등을 사용해서 미터링하도록 한 장치로 아나로그 전자식과 디지털 전자식이 있다. 아나로그 전자식 연료조절장치는 주로 일부의 소형 기관과 APU 등에 사용되고 있다. 디지털 전자식은 FADEC에 사용되고 있다.

최근의 디지털 전자 기술의 발달에 따라 지금까지의 유압-기계식 연료조절장치와 아나로그 전자식 연료조절장치 대신하여 완전통합 전자제어장치(Full Authority Digital Electronic Control; FADEC)가 고성능 엔진에 사용되고 있다. FADEC은 일종의 고성능 소형 컴퓨터인 전자엔진제어기(EEC) 내로 엔진 변수들의 정보를 공급하는 전자적인 신호를 이용하고 최적 연료량을 결정하여 연료조절밸브로 명령을 전송한다. FADEC은 비행상태에 최적인 엔진 조절을 행하기 때문에 다수의 입력 신호(기관 상태량 외에 비행 상태량을 포함)를 전산 처리하고 출력은 엔진 연료 유량만이 아니라 압축기 가변 스테이터 각도, 실속 방지용 압축기 브리드 밸브, 능동간격조절장치(ACCS) 등의 기관 특성을 종합적으로 일괄 조절하고 있다. 또한 FADEC 장착 엔진의 경우 엔진 연료 유량의 미터링은 토크 모터 등의 미터링부 기능만을 갖춘 단순한 FCU에 의해 실시되고 있다.

FADEC는 유압-기계식 FCU와 아날로그 전자식 FCU와 비교해서 조절 정밀도가 높고 연료비의 개선과 기관 안정운전(기관 실속, 초과 회전수 및 터빈 입구 온도 초과 등의 이상 현상 방지)에 뛰어나기 때문에 PW-4000, CF6-6002, CFM-56, GE-90, Trent 등 최신의 고성능 기관에 사용되고 있다. FADEC 시스템에서는 종래의 연료조절장치(FCU)가 갖고 있는 센싱부와 컴퓨팅 기능을 합한 전자 엔진 제어기(EEC(또는 ECU))와 미터링부의 기능을 갖는 연료계량기(FMU)의 2가지 주요기기로 나누어지고, 이 이외에 다수의 센서류와 액츄에이터류, 각종 배선 등으로 이루어져 있다. **〈그림 4-49〉**는 FADEC의 예를 나타내고 있다.

전자엔진제어기(Electronic Engine Control; EEC, 혹은 Electronic Cintrol Unit: ECU)는 일종의 마이크로 컴퓨터이며 비행상태에 최적인 엔진 제어를 하기 위하여 다수의 엔진의 상태량뿐만 아니라 비행상태까지를 포함하는 다수의 입력신호를 전산처리하고, 출력으로써 전기신호에 의해 엔진 연료유량, 압축기가변정익각도, 실속 방지용압축기 추출공기밸브, 능동간격제어시스템(ACCS), 윤활유 온도 등의 엔진 특성을 총합적으로 일괄제어하고 있다.

특히 엔진 내부 냉각시스템 추출공기 밸브제어나 엔진의 자동시동 기능을 겸비하고 있다. 또 전자제어기는 시스템의 신뢰성을 높이기 위해 전원을 포함한 완전 독립된 2중 시스템 채널로 구성되어 고장시에는 자기 진단기능에 의해 자동적으로 정상인 채널로 변환된다. 통상 전자제어기는 엔진에서 가장 저온인 팬 케이스부에 장착된다. 이와 같은 전자제어기를 PW 4000 시리즈에서는 EEC라 부르며, CF6-80C2나 GE90에서는 ECU라 부른다.

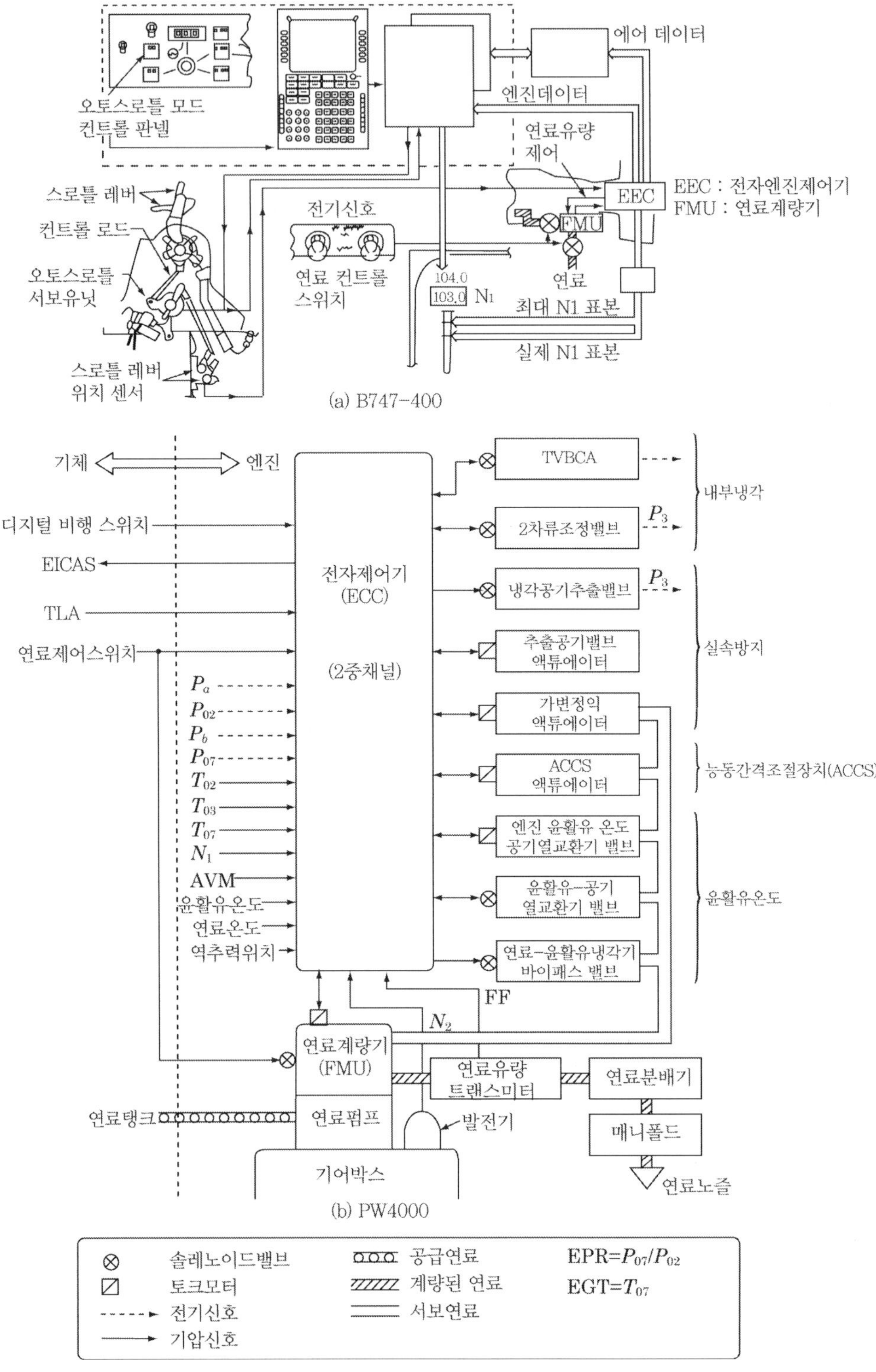

그림 4-49 FADEC 시스템의 예(출처 : [17])

연료계량기(Fuel Metering Unit : FMU)는 미터링부의 기능을 겸비한 일종의 단순한 유압-기계식 연료조절장치이며 토크모터, 연료계량밸브, 연료정지밸브, 연료압력조정밸브 등으로 구성되어 있다. 전자제어기로부터의 전기 지령신호로 제어된다. 이 장치는 엔진 연료유량을 계량조절할 뿐만 아니라 엔진 연료의 정지기능까지 갖고 있으며, 특히 가변정익, 실속방지용 압축기 추출공기 밸브, 윤활유온도제어시스템 등의 액튜에이터류로의 작동용 연료압력을 공급하는 기능도 갖고 있다. PW 4000시리즈에서는 FMU라 부르며, CF6-80C2나 GE90에서는 HMU(Hydro Mechanical Unit)라 부른다.

가압 및 덤프 밸브(Pressurizing and dump valres; P&D Valve)는 FCU와 연료 매니폴드와 중간에 놓여진 장치로 연료 매니폴드로 가는 파일럿 연료(1차 연료)와 주연료(2차 연료)를 분배하는 역할을 갖고 있다.

기관의 시동 및 아이들 작동시는 필요 연료량이 최대 출력시의 10분의 1정도로 적고 압력도 낮기 때문에 주 연료의 가압 밸브는 스프링의 힘으로 닫혀있고 파일럿 연료만이 흐른다. 출력과 연료량이 증가하여 연료 압력이 일정값 이상에 달하면 가압 밸브가 열리고 주 연료가 흐르게 된다.

기관이 정지한 후 매니폴드 내에 연료가 남아 있으면 탄화를 발생시키기도 하고 이것이 연소실 내에 남아서 연소 위험의 이유로 덤프 밸브(dump valve)가 열려 매니폴드 안에 파일럿 연료를 방출 탱크 안으로 빼내고 이것을 이륙중에 대기중으로 방출시킨다. 이런 연료의 방출이 광화학 스모그의 원인 물질의 하나로 고려되므로 최근 기관에는 대기 오염 방지 대책의 일환으로서 덤프 밸브의 방출구를 막아서 사용하지 않는다.

2. 연료분사노즐

연료분사노즐은 연소를 효율적이고 확실하게 구현하기 위하여 액체연료를 미립화 시키고 증발시키는 역할을 한다. 초기에는 접선방향으로 구멍이나 홈이 뚫린 스월실(swirl chamber)로 연료를 통과시켜 연료의 압력에너지를 운동에너지로 바꾸어 연료를 미립화하였다. 스월이 있는 연료가 노즐을 통과할 때 스월운동은 사라지고 연료는 미립화되어 콘(cone) 모양의 분무가 형성된다. 연료분사 노즐에서 스월율과 연료압력은 미립화 정도에 영향을 미치는 중요한 요소이다. 최근에는 미립화 원동력으로 고속 연료 흐름 대신에 고속공기를 사용하는 방법을 사용하는 연료노즐을 사용하고 있다. 공기 분무식 노즐에서는 충분한 공기만 있다면 작은 연료 압력에서도 미립화를 잘 시킬 수 있어 연료 펌프를 경량화 시킬 수 있는 장점이 있다. 미립화 분무 노즐은 단일노즐(simplex nozzle), 가변포트노즐, 이중노즐(duplex nozzle), 스필노즐(spill nozzle)등이 개발되어 사용되어 왔다. **〈그림 4-50〉**은 여러 가지 가스터빈노즐의 개략도를 나타내고 있다.

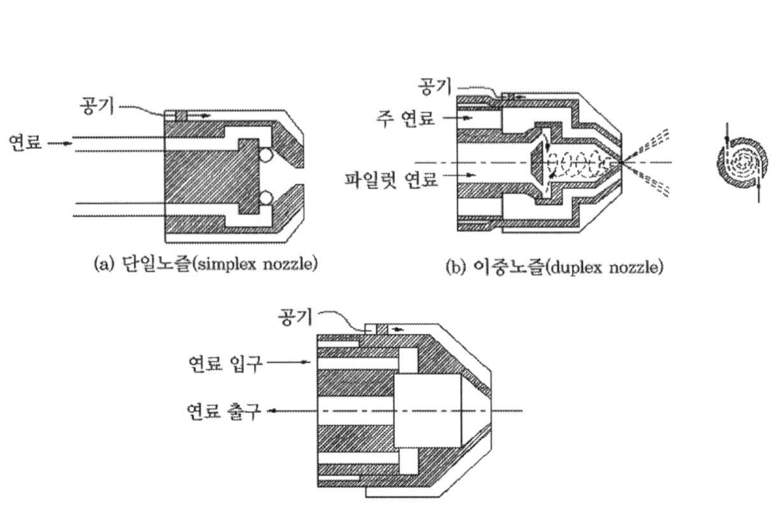

(a) 단일노즐(simplex nozzle) (b) 이중노즐(duplex nozzle)

(c) 스필노즐(spill nozzle)

그림 4-50 가스터빈의 여러 가지 노즐

단일노즐은 초기제트엔진에 사용되었다. 단일노즐은 연료에 스월을 유발하는 스월실과 고정면적 오리피스가 있다. 단일노즐은 고압연료의 고속유동에서는 미립화가 잘 되지만 엔진속도가 느려 연료압력이 낮을 때 특히 고고도에서는 연료의 미립화가 잘 되지 않는다. 노즐을 통과하는 연료유량은 노즐전후 압력차의 제곱근에 비례하는데 이 원리에 의하면 연료유량 범위가 10:1일 때 압력차는 100:1이 되어야 한다. 전부하에서 미립화가 잘 되도록 설계된 단일노즐은 저부하에서는 미립화가 적절하지 않을 수 있으며 저부하에서 미립화가 잘 되도록 설계된 노즐은 전부하에서 미립화가 잘 되지 않을 수도 있다. 단일 노즐은 구조가 간단한 장점이 있으나 대형기관에서는 큰 연료 압력과 공기흐름의 변화에 따라 충분하게 분사시켜 주지 못하므로 현재는 거의 사용하지 않는다. 또한 초기 제트 엔진 개발 당시의 연료펌프는 최대 유량시의 고압을 처리할 수가 없었다. 이러한 문제점을 해결하기 위해 가변 포트 분사 노즐이 개발되었다.

넓은 범위의 연료유량에서 양호한 미립화를 이루기 위해, 스월식 입구 포트 면적이 스프링힘과 피스톤에 작용하는 유입 연료압력에 의한 힘의 균형에 따라 제어되는 가변포트 분사 노즐이 개발되었는데, 연료압력이 낮을 때는 피스톤이 스프링쪽으로 덜 움직여 포트가 부분적으로 열리지만 연료압력이 높을 때는 피스톤이 많이 이동하여 포트는 완전히 열리게 된다. 가변포트 분사 노즐을 채용하면 넓은 범위의 연료유량에서 양호한 미립화를 이룰 수 있는 장점이 있지만 분사 노즐 부품 사이의 적합성의 어려움, 이물질로 인한 피스톤의 고착 등의 문제점으로 인해 이중노즐로 바뀌었다.

이중노즐은 파이럿 연료공급통로와 주연료 연료공급통로가 있으며 각각의 연료통로에 독립적인 파이럿 오리피스와 주 오리피스가 있다. 중앙에 있는 작은 파이럿 오리피스는 연료유량이 적을 때 사용되고(1차 연료흐름), 중앙의 작은 오리피스를 둘러싸고 있는 환형의 큰 주 오리피스는 연료압력이 증가하여 연료유량이 클 때 사용되며(2차 연료흐름), 연료를 분배하기 위해 가압 및 덤프밸브(P

& D Valve)가 사용되기도 한다. 연료유량과 압력이 증가하면 가압밸브가 열려 주 연료관과 주 오리피스에도 점차 연료가 공급된다. 가압밸브가 열리면 파이럿 연료관 및 주 연료관 모두에 연료가 공급된다. 이중 노즐은 같은 최대 연료압력에서 단일노즐에 비해 광범위한 연료유량범위에서 효율적으로 연료를 미립화시킬 수 있는 장점을 가지고 있다. 또한 고고도에서 요구되는 저 연료유량 상황에서도 연료를 효과적으로 미립화시켜 양호한 분무를 얻을 수 있다. 가속 및 속도제어 시스템에서는 연료분사 노즐로 공급되는 연료유량은 연료흐름 조절기에 의해 제어된다. 오리피스에 탄소가 퇴적되는 것을 방지하기 위해 주연료 오리피스 둘레를 따라서 환상의 공기를 공급하기도 한다.

이중 노즐은 현재 가스 터빈 기관에서 많이 사용되는 것으로 **〈그림 4-51〉**, **〈그림 4-52〉**와 같이 파이럿 연료(1차 연료)가 노즐의 중심에 작은 구멍을 통해 분사되고, 주연료(2차 연료)는 가장자리의 큰 구멍을 통해 분사된다.

파이럿연료(1차 연료)는 시동할 때 이그나이터에 가깝게 넓은 각도로 연료를 분무하여 점화가 쉽게 이루어지도록 하며, 아이들 회전 속도 이상에서도 계속 분사된다.

주연료(2차 연료)는 고속 회전 작동시 비교적 좁은 각도로 멀리 분사되며, 연소실 벽에 직접 연료가 닿지 않도록 분사된다.

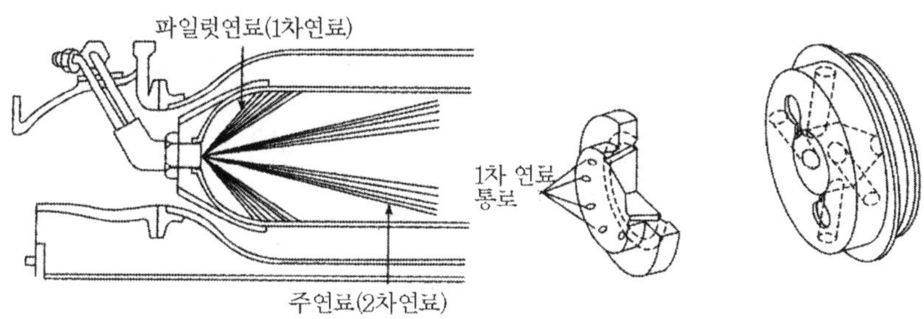

그림 4-51 연소실내에서 이중 연료 노즐의 연료 분사 예

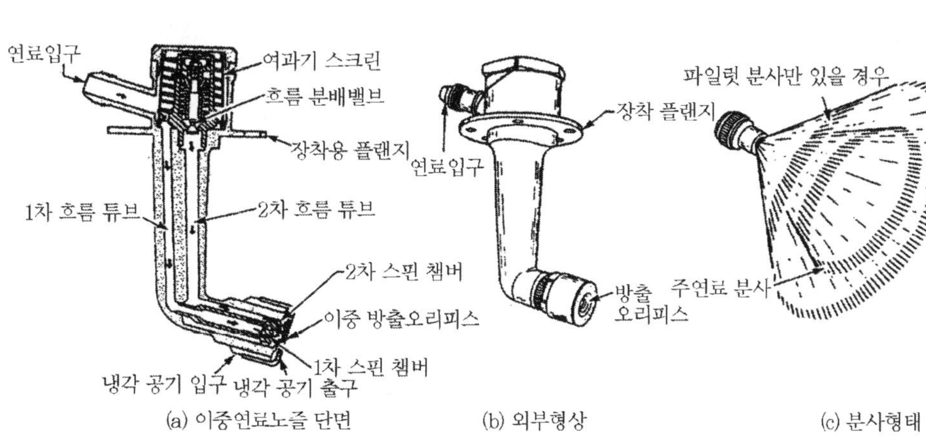

그림 4-52 이중 연료 노즐의 노즐 및 분무형상[15]

스필식 연료분사 노즐은 기본적으로는 단일노즐과 같지만 스월실에는 과잉연료가 다른 곳으로 유출될 수 있는 통로가 있어 스월실에 항상 고압의 연료를 공급할 수 있다. 고고도나 저속시에 요구연료유량이 감소하면 여분의 연료는 스월실에서 유출되고, 오리피스로는 연료유량이 적게 공급된다. 고고도와 같은 저연료유량시에도 고압연료를 오리피스로 공급할 수 있어, 연료 미립화를 향상시킬 수 있다. 최근의 스필 연료분사 시스템에서는 엔진의 여러 작동상태에 따라 스필 유량을 제어할 수 있는 방안이 채용되고 있다. 스필연료 노즐의 단점은 대량의 연료가 펌프 입구로 재순환될 때 열이 발생되어 연료는 열을 받고 결국은 연료의 질이 저하될 수 있다.

4.2.9 제트연료

항공기 가스터빈 엔진에 사용되는 제트연료는 지상과 공중의 여러 가지 작동조건에서 최적의 수명, 안전, 경제성 및 성능에 직접적으로 영향을 주기 때문에 엄격한 구비조건에 부합하여야 한다. 일반적으로 제트연료가 구비해야 할 필요조건은 다음과 같다.

① 모든 작동상태에서 점성이 적절하여 연료흐름이 양호하고 동결되지 않아야 한다. 성층권과 같은 고공에서 주위 대기 온도가 −56.5℃가 되어도 얼지 않아야 하므로 연료의 어는 점이 낮아야 한다.

② 모든 지상상태에서 시동이 용이하고 비행시 재점화 특성이 우수하여야 한다.

③ 항공기는 고도 변화나 상승률이 크고 고공에서는 대기압이 낮기 때문에 증기폐쇄의 가능성이 있으므로 휘발성이 너무 높지 않아야 하며 즉 연료의 증기압이 낮아야 하며, 한랭시 동성이나 고공에서의 재착화성을 고려하면 연료의 휘발성이 너무 낮지 않아야 한다.

④ 사고등에 따른 화재 발생 위험성을 방지하기 위하여 연료의 인화점이 높아야 한다.

⑤ 모든 상태에서 효율적인 연소가 가능하여야 하고, 열적 안정성이 좋아야 한다. 열적 안정성이 좋지 않을 경우 고온에서 연료중의 분해생성물이 생길 수도 있다.

⑥ 단위 중량당 한 발열량이 높아야 한다.

⑦ 연소시스템이나 터빈 블레이드에 유해영향을 적게 주어야 한다.

⑧ 연료시스템에 부식 영향을 적게 주어야 한다. 연료 중에 포함되어 있는 수분, 산소, 유황화합물이 연료계통 부식에 영향을 미친다.

⑨ 연료시스템의 운동 부품에 적절한 윤활 작용을 할 수 있어야 한다.

연료의 펌핑성은 점성에 따라 달라지며 연료온도가 떨어지면 점성이 증가한다. 연료는 −50℃에서도 펌핑성이 양호해야 한다. 연료의 온도가 저하되면 동결하여 연료시스템의 연료필터나 오리피스가 막히게 되므로 이를 방지하기 위해 연료를 가열하거나 방빙 첨가제를 사용한다. 엔진 회전속도가 충분할 때 엔진 시동성은 연료분사노즐에서 미립화된 분무의 점화성에 따라 달라지며, 점화성은 연료의 휘발성과 미립화정도에 따라 달라지고, 미립화정도는 연료의 점성, 연료압력 미립화 장치에 따라 달라진다.

액체연료의 기화성은 끓는점이 낮을수록 기화가 잘 되며, 평균 탄소 분자수가 많은 비중이 큰 연료가 끓는점이 높아진다. 항공용 제트연료는 수많은 탄화수소화합물이 섞여있는 액체이므로 온도에 따라 각 성분의 끓는점이 달라 증류되는 물질도 달라지게 된다. 인화점이란 휘발성 물질의 증기가 다른 작은 점화원(불꽃)에 대해 발화하는 최저온도를 말하고, 자연 발화점이란 외부 점화원 없이 스스로 불이 붙는 최소온도를 말한다.

연료의 발열량은 단위체적 또는 단위질량당 연료가 연소과정에서 발생하는 열이나 에너지로서 항속거리에 영향을 미친다. 항공기 연료탱크의 용량은 한정되어 있으므로 연료체적당 발열량이 높으면 높을수록 그만큼 항속거리는 길어진다. 유용유효하중에도 한도가 있으므로 최소연료중량에서 보다 많은 에너지를 얻기 위해서는 단위중량당 발열량도 가능한 한 높아야 한다. 단위 체적당 또는 단위중량당 발열량은 항공기 종류, 비행시간, 연료중량과 유효하중 사이에서의 균형을 고려하여 선택하여야 한다.

연료에 포함된 유황이나 물 때문에 연료는 연료 및 연소시스템 부품을 부식시킬 수 있다. 유황이 공기중에서 연소되면 이산화황이 생성되며 물과 섞이면 부식성이 강한 아황산으로 변하고 특히 구리나 납에 대해서는 아주 유해하다. 유황을 완전히 제거하는 것은 불가능하기 때문에 연료에 유황이 최소로 포함되도록 하는 것은 중요하다. 연료 중에 수분이 포함되지 않도록 주의하여야 한다. 연료에 용해된 수분은 완전히 제거될 수 없으며 통기공이나 탱크에 고인 수분은 재차 연료에 흡수된다. 특히, 모든 제트연료는 잠재적으로 위험성이 있으므로 취급과 보관에 특별히 주의를 요한다.

제트연료는 등유가 주성분인 케로신계 연료와 등유와 저증기압 가솔린이 주성분인 와이드컷(wide-cut)계(또는 나프타계연료)의 두 종류가 있다. 케로신계는 등류성분이 주성분이며 와이드컷계는 등류성분과 나프타(가솔린)성분이 거의 같은 비율로 혼합되어 있다.

케로신계 연료는 Jet A, Jet A-1, JP-5, JP-8 등이 있고, 와이드컷계 연료로는 Jet B, JP-4 등이 있으며, Jet A-1은 JP-8과 비슷하고, Jet B는 JP-4와 비슷하며 단지 Jet B가 JP-4보다 어는 점이 약간 높다. Jet A-1은 어는 점을 제외하고는 Jet A와 비슷하다. Jet A의 어는 점은 -50℃(-58℉)이하이고 Jet A-1과 JP-8의 어는 점은 -40℃(-40℉)이하이다. 케로신계와 와이드컷계 가솔린의 물리적 차이점은 휘발성이며, 휘발성이 너무 낮게 되면 저온 시동성이나 고공에서 재 착화 특성이 나빠진다. 와이드계 연료에서는 휘발성이 높기 때문에 증기폐쇄 및 비등현상의 문제가 증가한다. 케로신계 연료의 휘발성은 와이드컷계의 휘발성보다 낮다. 케로신계 연료의 휘발성은 증류와 인화점에 의해 조절되지만 와이드계 연료는 리드(reid) 증기압 시험에 의해 조절된다. 리드 증기압시험에서 연료의 절대압력은 특수장치에 의해 연료온도가 37.8℃에서의 압력값이다. 케로신계 연료는 증기압이 낮기 때문에 아주 높은 고도에서나 고온에서 비등하는 반면 와이드계 연료는 훨씬 낮은 온도에서 비등한다. 원유를 정제하면 가솔린 약 40%, 케로신 약 6%, 경유 약 17%, 벙커유 약 24%, 윤활유 약 3%, 기타 10%가 나온다. **〈그림 4-53〉**은 대표적인 항공유(Avgas) 및 제트연료의 증류곡선을 나타내고 있다.

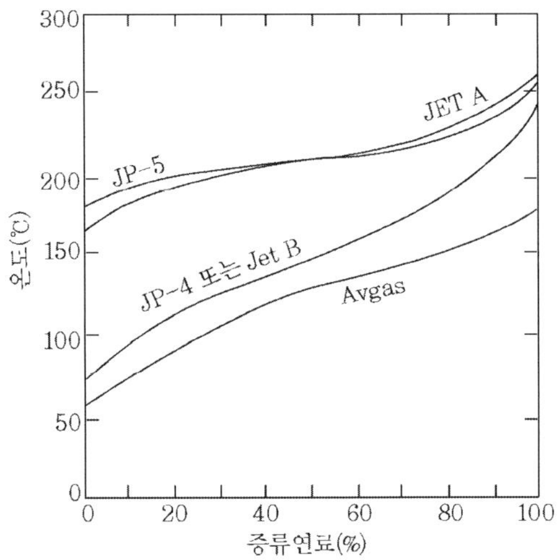

그림 4-53 항공유 및 제트연료의 증류곡선[14]

제트 엔진이 처음 개발되었을 때는 케로신을 주성분으로 하는 항공용 가솔린에 비해 높은 인화점을 가지고 -60℃의 어는점을 가진 JP-1이 사용되었으나, 제트 엔진수가 증가함에 따라 JP-1 연료의 공급이 어려워지게 되었다. 또 JP-1은 냉시동성이 좋지 않고 고고도에서 화염이 꺼지기 쉬운 단점도 가지고 있어서 더 이상 사용되지 않고 JP-3가 개발되었다. JP-3는 가솔린을 주성분으로 하여 케로신, 경유를 혼합하여 만든 연료로 원유 중 약 50%까지 생산할 수 있다. JP-3의 증기압을 낮추기 위해 개발한 연료가 JP-4이며, JP-4는 케로신과 저증기압 가솔린과의 합성물로서 와이드컷 계열의 연료이다. JP-4는 휘발성이 높으며 예를 들어 38℃(100℉)에서 약 0.18atm으로 증기압이 매우 높다. JP-5는 항공모함의 벙커탱크내에 저장하기 위하여 개발한 휘발성이 낮고 인화점(60℃)이 높은 케로신계 연료이다. JP-5의 증기압은 38℃에서 약 0.003atm이다. 종래의 제트연료는 M2.6 이상의 고속비행과 관련된 고온에는 적합하지 않았다. 온도가 약 250℃보다 높으면 연료가 열분해하고 코크를 만들어 찌꺼기를 만들기도 하고 연료라인이나 인젝터가 막힐 수도 있다.

현대의 초음속 항공기에서는 고속 비행시에 표면 공기의 마찰 및 압축성 효과 때문에 비행속도에너지가 열에너지로 바뀌는 공력가열 현상으로 비행체 표면온도는 높아지게 된다. 이와 같이 높아지는 높은 온도에 적응하기 위해 JP-5 대신 개발된 것으로 JP-6 연료가 있다. JP-6는 낮은 증기압 및 JP-4 보다 높은 인화점을 가지며, JP-5보다 더 낮은 어는 점을 가지고 있다. JP-4 대신에 JP-8이라는 열적 안정성이 더 우수하고 인화점이 높은 연료가 1996년부터 전투기용으로 사용되기 시작하였다. JP-4는 인화점이 -18℃인데 반하여 JP-8은 인화점이 38℃이다. 마하수가 증가하면 램 가열온도가 급격히 증가하므로 열적 안정성이 우수한 연료가 필요하다. JP-8은 민간항공용제트연료인 Jet A-1과 비슷하며, 여기에 내부식성, 방법용 첨가제가 추가되어 있다. JP-8보다 열적 안정성이 더 우수한 JP-7은 인화점이 60℃이며 Lockheed SR-71 Blackbird에 사용된다. JP-7은 정제도가 매우 높고, 원유에서 얻을 수 있는 획득율도 제한되기 때문에 가격이 비싸다. JP-7은 M3정도의 SR-71에 사용될 때는 전화하기 어렵기 때문에 테트라 에틸포름과 같은 점화촉진제를 첨가하기도 한다. 민간용 가스터빈연료로는 ASTM의 Jet A-1과 Jet B가 있다. Jet A-1은 케로신계로서 비중이 0.7753-0.8398, 휘발성이 낮고 인화점이 높은 연료로서 많이 사용되고 있다. Jet B는 와이드컷계로서 비중이 0.7507-0.8017 이고, 케로신계보다 가벼우며 저온 및 고공에서 착화성이 우수하지만 Jet A-1보다 불이 붙기 쉽기 때문에 다루기가 더 위험하다. 〈표 4-2〉는 전형적인 제트연료의 물성치를 나타내고 있다.

표 4-2 전형적인 제트연료의 물성치[19]

물성치	Avgas	JP-4	JP-5	JP-7	JP-8(Jet A/A-1)	RP-1
근사식	C_7H_{15}	$C_{8.5}H_{17}$	$C_{12}H_{22}$	$C_{12}H_{25}$	$C_{11}H_{21}$	$C_{12}H_{23}$
H/C 비	2.09	2.00	1.92	2.07	1.91	1.95
끓는점, ℃	46-145	60-240	180-260	190-250	165-265	175-275
어는점, ℃		-62	-49	-44	JP-8/Jet A-1: -51; Jet A: -45	-48
플래쉬점, ℃		-23	64	60	53	57
발열량, Btu/lb(kJ/kg)		43,490	43,025	43,895	43,140	43,370
비중, 16℃	0.72	0.76	0.81	0.79	0.81	0.81
임계온도, ℃		325	400	400	410	410
임계압력, atm		30.5	19.5	20.5	23	21.5

비행 중 연료의 온도는 비행고도, 상승률, 순항시간, 비행속도에 의한 동적 가열 등에 의해 달라진다. 연료가 비등하면, 특히 와이드컷계 연료의 경우 증발손실이 크기 때문에 증기폐쇄 현상이 생기며 엔진연료시스템과 연료계량장치에 손상을 야기시킨다. 연료가 비등하는 것을 방지하기 위

해 연료탱크를 일정압력으로 가압시키는 방법이 있다. 즉 연료압력을 어느 특정한 온도에서의 증기압도다 더 높은 절대압력으로 유지해 주는 것이다. 가압은 불활성 가스를 사용하거나 제어환기시스템에 의한 연료의 증기압을 이용하고 있다. 초음속 비행의 경우 가열효과를 줄이기 위해 저휘발성 연료를 사용하는 경우에도 동적가열을 받는 탱크의 단열이 필요하다.

연료등급을 변경시키면 비중과 열용량이 변화한다. 가스터빈 엔진에 사용되는 모든 연료에서 동일 질량당 열용량은 실질적으로 거의 비슷하므로 체적당 열용량은 연료의 비중을 비교하면 알 수 있다. 비중이 증가하면 조속기 다이어프램에 작용하는 원심압력이 커지기 때문에 비중의 변화는 원심압력식 엔진 조속기에 영향을 미친다. 비중이 커지면 조속기가 제어하는 속도가 감소되므로 조속기는 재설정되어야 한다. 비중이 감소하면 다이어프램에 작용하는 원심압력이 작아지고 조속기가 제어하는 속도가 증가한다. 따라서 조종사는 조속기가 재설정될 때까지 엔진이 과속하는 것을 방지하기 위해 스로틀을 수동으로 작동하여 최대 회전수를 제어하여야 한다. 유압기계식 조속기는 비중의 변화에 대해 원심식 조속기보다 덜 민감하므로 많은 연료시스템에 사용된다. 가속 및 속도 제어장치에 있는 압력강하 조속기는 비중보정이 되어 있어 연료는 체적유량보다 질량유량으로 측정된다. 낮은 등급의 연료를 사용하면 탄소생성이 촉진되고 더 큰 화염이 생기고 연소기 재질온도가 상승하여 연소기와 터빈의 수명이 단축된다.

연료는 계획적인 보존과 정기적인 탱크 배수 점검을 하면 좋은 상태로 유지시킬 수 있다. 적절한 필터를 사용하고 물/연료를 분리하고 적당량의 첨가제를 투여하면 오염수준을 최소화시킬 수 있다 연료에 용해된 물이 없으면 결빙문제를 방지할 수 있고 미생물 성장이나 부식을 최소화할 수 있다. 찌꺼기들은 연료펌프의 마모를 야기시키고 부식 및 연료시스템을 막히게 할 가능성이 있으므로 찌꺼기 발생을 최소화해야 한다.

4.2.10 가스터빈 시동 및 점화

1. 시동

가스터빈 엔진의 시동에는 두 개의 독립적인 시스템이 필요하다. 하나는 시동시 연소실에서 분사된 연료와 잘 혼합되고 연소될 수 있도록 충분한 공기를 공급할 수 있을 만큼 압축기 및 터빈의 회전속도를 상승시킬 수 있는 장치가 필요하다. 다른 하나는 연소실의 연료공기 혼합기를 점화시킬 수 있는 장치가 필요하다. 엔진 시동시 두 시스템은 동시에 작동되지만 정비시에는 점화없이 엔진만을 구동하거나 비행중에는 재점화시스템만 작동될 수 있어야 한다. 시동 사이클동안 두 시스템은 동시에 작동되고 사이클 개시 후 작동은 전기회로에 의해 자동으로 제어된다. 가스터빈 엔진은 일반적으로 시동기 파워 출력을 메인 보기류 기어 박스에 전달하고 이것으로 압축기를 회전시킨다.

시동기에 의해 압축기가 회전하면 연소에 충분한 공기가 공급되어 가스터빈 자체 가속이 될 속도를 거친 후 아이들 속도에 도달하게 된다. 단일축 터보제트 엔진의 전형적인 시동순서는 **〈그림 4-54(a)〉**에 나타나 있다. 시동기가 압축기를 가속시켜서 엔진을 통과하는 공기의 유량이 충분하게 되면 점화장치가 작동되고 곧이어 연료가 분사되고 연소되어 압축기가 자체 가속속도에 도달하면 점화와 시동기는 차단된다. 약간의 시간 후에 엔진은 아이들 회전속도에 도달하게 되어 정상시동이 완료하게 된다. 만약 엔진 회전수가 정상적인 아이들 rpm까지 도달하지 못하고 낮은 회전수에 머물고 있는 상태를 결핍시동(hung start)이라 하며 이 때는 엔진을 정지하고 문제점을 조사하여야 한다. 결핍시동시에 EGT는 계속 올라간다. 결핍시동은 블리드 공기압력부족, 불충분한 시동 동력원이나 연료 조절 작동 불량으로 인한 연료부족 때문에 생기며 때때로 결핍시동을 시동불량(false start)이라 부른다. 시동시 연료과농이나 불충분한 터빈회전속도로 인하여 배기가스온도(EGT)가 한계를 넘으면 이를 과열시동(hot start)라 한다.

2축식 스풀을 가진 압축기에서 시동기는 고압압축기와 고압터빈이 연결된 N_2축을 회전시킨다. 저압압축기를 N_1이라하고, 고압압축기를 N_2라 한다. **〈그림 4-54(b)〉**는 2축압축기를 가진 가스터빈엔진의 시동과정을 나타내고 있다.

시동사이클에서 2축 압축기의 N_1과 N_2 속도 관계를 살펴보자. 시동에는 엔진블리드 공기가 N_2를 먼저 구동한다. N_2 압축기는 직접 시동기에서 파워를 받기 때문에 시동기가 연결 된 바로 후부터 회전을 시작하지만, N_1 팬 속도는 기관에 공기 압력이 형성되어 N_1을 회전시킬 때까지 시간이 걸린다. N_2가 규정회전수에 달하면 시동레버를 아이들에 두고 점화한 후 연료를 연소실에 공급한다. 연료 공급후 EGT가 급격히 올라가고 EGT는 약 650℃ 이하가 되게 하여야 한다. 약 50% N_2에서 시동 스위치를 끈다. 이후 아이들 회전속도까지 자력가속된다. 이 곡선은 고바이패스비 터보팬엔진의 예이다. 시동기는 대략 4800rpm에서 차단되는데, 이때 N_2 속도는 약 48%이다.

기관은 연료조절장치 가버너 플라이웨이트가 연료 스케줄을 시작하면서 약간 오버부스트(overboost)된 후 N_2 속도 약 58%(5,800rpm)에서 안정된다.

아이들에서 N_1 압축기와 팬은 N_1 약 24% 속도이고 N_2 속도가 안정되면 N_1 속도 곡선도 안정된다.모든 제트 엔진의 시동순서는 기본적으로 동일하지만 시동방법은 여러 가지가 있다. 시동기의 종류 및 동력원은 엔진과 항공기 요구조건에 따라 다르다.

시동기의 종류는 동력원에 따라 분류하면 공기시동기, 전기시동기, 카트리지시동기, 연소시동기, 가스터빈시동기, 유압시동기 등이 있으며 각각의 장점이 있다. 군용기에서는 외부장비와 완전히 독립적이고 짧은 시간에 시동할 수 있는 시동기가 필요하며 민간항공기에서는 엔진이 시동하는 동안 승객들에게 불편함이 없도록 하고 경제적이어야 한다. 어떤 시동기이던지 중요한 것은 시동을 확실히 해 줄 수 있는 신뢰성이 있어야 한다. 시동기는 엔진터빈이 자체적으로 압축기를 회전할 수 있을 때까지 회전체를 부드럽게 가속하고 충분히 높은 토크를 발생할 수 있어야 한다.

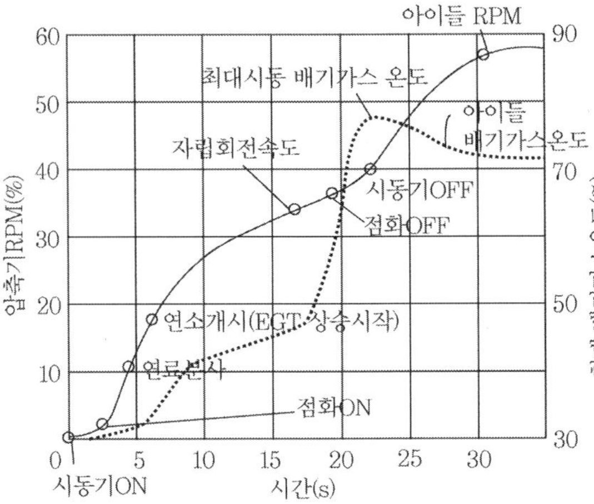

(a) 단일축 가스터빈 시동절차

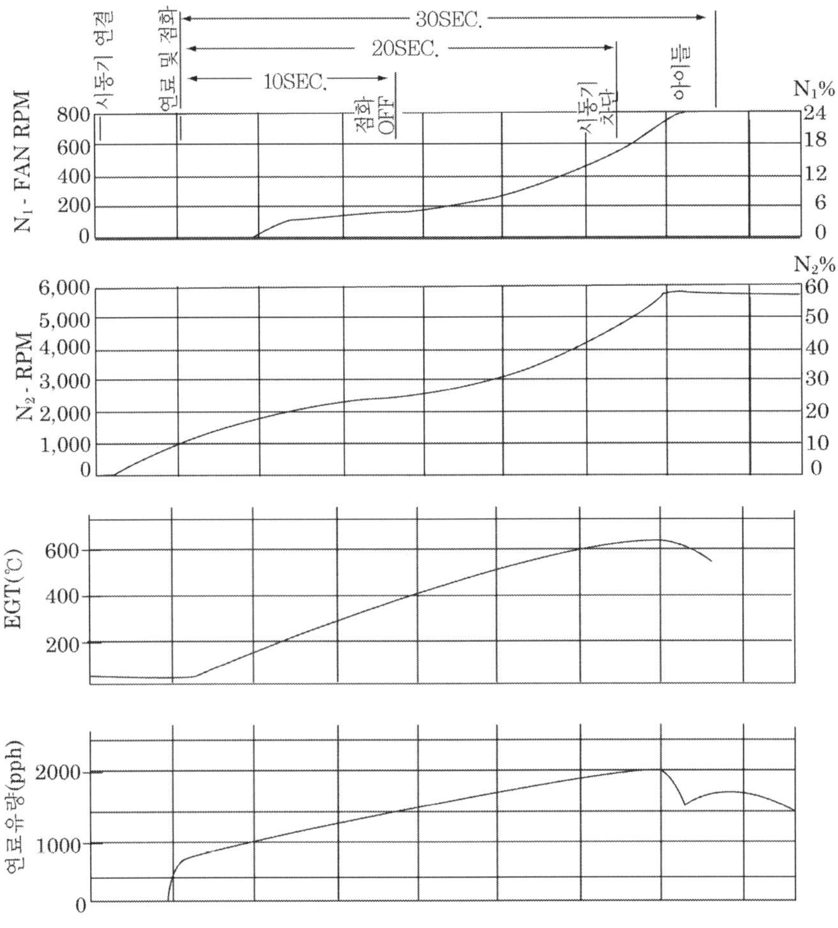

(b) 2축 가스터빈 시동과정

그림 4-54 가스터빈 시동과정

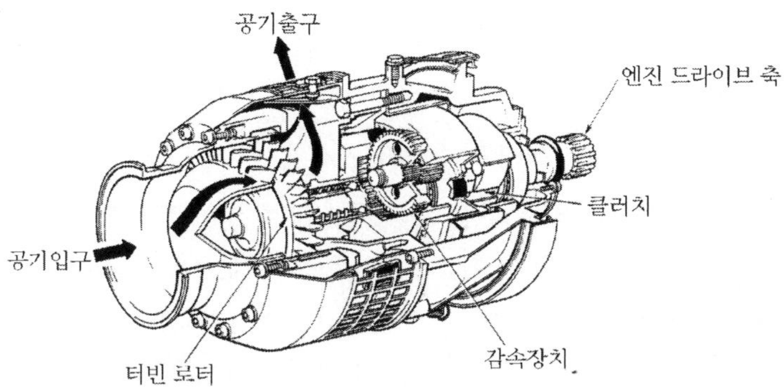

그림 4-55 공기시동기

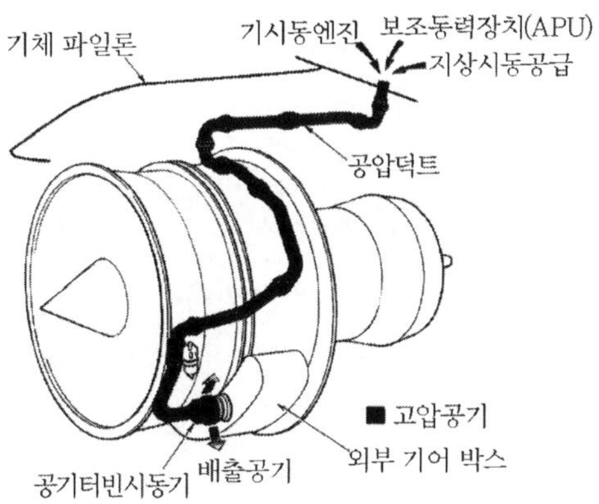

그림 4-56 공기시동기 시스템 개략도

공기시동기는 공기터빈시동기(Air turbine starter:ATS)이며 APU와 주엔진 ATS 사이의 동력전달시스템은 주로 공압전달방식이나 축동력전달방식이 사용되고 대부분의 민간항공기와 일부 군용항공기의 대형 가스터빈에서는 공압전달방식이 널리 사용된다. 공압전달방식에서 APU는 주엔진과 기어박스와는 별개로 장착되며, 공압덕트를 통해 공기터빈시동장치에 APU에서 압축된 블리딩공기를 공급한다. **〈그림 4-55〉**는 공기시동기를 나타내고 있다. 공기식 시동기는 다른 시동기에 비해 구조가 간단하고 경량이며 경제적인 장점을 가지고 있다. 공기시동기 모터의 출력은 감속기어와 클러치를 통해 엔진구동축에 연결된 시동기 출력축에 전달된다. 시동기의 터빈은 **〈그림 4-56〉**과 같이 외부 지상장비, 혹은 보조동력장치(auxiliary power unit : APU), 또는 작동중인 다른 엔진으로부터 공급되는 공기에 의해 회전된다. 시동기로 공급되는 공기는 전기적 작동제어장치와 감압밸브에 의해 제어된다. 감압밸브는 엔진 시동시에 열리며 시동기 속도가 설정값 이상이 되면 자동적으로 닫힌다. 엔진이 아이들 속도에 도달하면 클러치는 자동적으로 분리되어 시동기의 작동이 멈추게 된다. 공기시동기에서 외부로부터의 공기공급이 충분치 못할 경우 더 많은 동력공급을 위해 경우에 따라서는 공기 시동기와 함께 연소시동기가 엔진에 장착되기도 한다. 연소시동기는 그 자체에 조그만 연소실이 있으며 항공기 축압장치로부터 고압공기를 공급받고 연료계통으로부터 연료를 공급받는다. 시동장치의 연소실에서 생성된 연소가스가 시동기 터빈을 회전시킨다. 시동사이클을 끝낼 때는 전기회로 장치에 의해 공기 및 연료공급이 차단된다. 어떤 터보제트 엔진은 시동기 모터가 없고 엔진을 회전시키는 방법으로 터빈 블레이드에 바로 공기를 충돌시키기도 한다. 공기는 동작중인 엔진이나 다른 외부에서 얻어지고 체크밸브, 노즐을 지나 터빈 블레이드를 통과한다.

전기시동기는 감속기어 및 클러치를 통해 엔진과 연결되는 보통 직류전기모터이며, 엔진이 자체유지속도에 도달하면 자동적으로 차단된다. 공급전원은 고전압이나 저전압이며 시동기 속도가 증가할 때 속도에 따라 전원은 릴레이 및 저항을 통해 공급된다. 이 전원은 점화시스템의 공급전원으로 사용된다. 전원공급은 엔진이 완전히 시동이 된 후 시동부하가 감소되거나 시동사이클이 끝나면 자동적으로 차단된다.

카트리지시동기는 군용항공기에 주로 사용되며 신속하게 엔진을 시동시킬 수 있는 독립적인 시동기이다. 시동기 모터는 기본적으로 작은 충동식 터빈으로 카트리지의 추진제가 연소하면서 나오는 고속가스에 의해 구동된다. 카트리지 터빈의 출력은 감속기어와 자동분리 기계장치를 통하여 엔진을 구동한다. 카트리지에 충전된 추진제의 연소는 전기적으로 점화된 뇌관에 의해 시작된다. 충전재로는 코다이트(cordite)화약이 사용되며 충전실 크기가 제한되므로 카트리지식 시동기의 사용도 제한될 수 밖에 없다.

연소시동기는 출력이 높으며 급격시동이 가능한 시동기로 이 시동기에는 감속기어를 통해 엔진에 구동력을 전달해주는 터빈이 있으며 터빈은 이소프로필 질산의 연소에 의해 생성된 고압가스로 구동된다. 연료는 시동기 내의 연소실로 분사되고 고에너지의 점화 시스템에 의해 전기적으로 점화된다. 연료펌프는 연료탱크로부터 연료를 연소실로 공급하며 공기펌프는 각 시동전마다 연소실내에 잔류가스를 소기시킨다. 연료 및 공기펌프의 작동, 점화시스템 사이클 최소작동은 릴레이 및 타임스위치에 의해 전기적으로 제어된다.

가스터빈 시동기는 자체가 소형 가스터빈 엔진으로 원심 압축기, 역류연소실, 기계적으로 독립된 프리파워터빈으로 구성되어 있다. 프리파워터빈은 이단 감속기어, 자동 클러치 및 출력축을 통해 주 엔진과 연결된다. 시동사이클의 초기에 가스터빈 시동기는 자체 시동기 모터에 의해 구동되며, 자체유지속도에 도달하면 시동기 자체의 시동 및 점화 계통은 자동적으로 차단된다. 가스터빈 시동은 약 6000 rpm의 제어속도까지 가속된다. 동시에 가스터빈 시동기 엔진이 가속됨에 따라 배기가스가 노즐깃을 통해 프리파워터빈으로 보내지며 프리파워터빈은 주 엔진을 구동한다. 주 엔진이 자체유지속도에 달하면 차단스위치가 작동하여 가스터빈 시동기를 정지시킨다. 시동기가 정지되면 클러치에 의해 출력축과 분리되고 주 엔진은 자체동력으로 아이들 rpm까지 가속된다.

유압 시동기는 소형 제트 엔진에 사용된다. 어떤 것들은 독립 유압모터를 사용하는 반면 대부분의 경우 펌프/시동기로 알려진, 엔진에 연결된 유압펌프를 사용한다. 엔진에 토크를 전달하는 방법은 다르지만 전형적인 시스템에는 감속기어와 클러치기구가 있다. 펌프/시동기를 회전시키기 위한 동력은 지상공급장치로부터의 유압에서 얻고 감속기어와 클러치를 통해 엔진으로 전달된다. 시동 시스템은 전기회로에 의해 제어되며 시동사이클, 완료후에 펌프/시동기를 보통의 유압펌프로 작동하게 하는 유압 밸브가 있다.

2. 점화

점화 시스템은 항공기의 저전압을 고전압으로 변환시켜 주는 여자기(exciter), 여자기와 점화플러그를 연결하는 고압전선인 하이텐션리드(high tension lead), 점화플러그로 구성되어 있다. 모든 제트엔진 시동 시에는 고에너지 점화가 사용되며 점화는 이중 시스템으로 되어 있다. 각 시스템은 자체 점화플러그에 연결된 점화장치를 가지고 있으며 두 개의 플러그는 연소실에서 서로 다른 곳에 설치된다. 각각의 고에너지 점화장치는 항공기 전기 시스템으로부터, 저전압을 받으며 시스템의 전기회로에 의해 제어된다. 전기에너지는 정해진 값으로 저장되어 있다가 점화 플러그를 통해 고압과 고전류로 방전된다.

점화장치의 출력은 엔진의 요구조건에 따라 다르며, 점화장치의 용량은 주울(Joules)로 평가된다. 고고도에서 재점화시키거나 시동시에는 약 12J의 고출력이 필요하다. 결빙상태, 호우나 눈속에서 이륙시에는 엔진의 화염이 꺼져도 자동적인 재점화가 되도록 점화 시스템은 연속적으로 작동되어야 한다. 이와같은 연속작동 점화가 필요할 때는 점화 플러그와 점화장치의 수명연장을 위해 보통 3-6 J 정도의 저출력의 점화장치가 사용된다. 따라서 모든 엔진 작동조건에 맞게 고출력 및 저출력을 모두 갖춘 복합 점화시스템을 사용하는 것이 바람직하다. 복합점화시스템의 한쪽 점화플러그에는 고출력을 내고 다른 점화플러그에는 저출력을 내도록 장치가 구성된다. 그러나 어떤 점화시스템에서는 양쪽 점화플러그에서 모두 고출력이나 저출력을 내도록 할 수도 있으며 그 값은 필요에 따라 미리 선정된다. 점화시스템의 전원으로는 항공기 밧데리의 직류 28V나 교류 115V, 400Hz가 사용되고 있다. 직류를 공급받는 점화장치는 트렌지스터초퍼 회로 또는 진동자 기구에 의해 작동되고 교류를 공급받는 경우는 변압기로 작동된다.

직류진동자 점화장치에서 유도코일은 진동자기구에 의해 작동되며 고전압 정류기(rectifier)를 통하여 콘덴서를 충전시킨다. 콘덴서의 전압이 밀봉된 방전간극(discharge gap)의 간극을 없앨 수 있는 값이 되면 에너지는 점화기 플러그표면을 통해 방전된다. 방전시간을 연장하기 위하여 초크(choke)를 설치하고 방전저항기는 점화시스템의 스위치를 끈 후 1분 이내에 콘덴서에 잔류하는 에너지를 소비시킬 목적으로 부착된다. 안전저항기(safety resistor)는 하이텐션리드가 끊어져 분리되었을 경우에도 이 장치가 안전하게 작동되도록 하기 위해 방전저항기를 부착한다.

트랜지스터 점화장치의 작동은 진동자 장치가 트랜지스터 초퍼회로로 대체된 것을 제외하고는 직류진동자점화장치의 작동과 비슷하다. 트랜지스터장치는 운동부품이 없기 때문에 진동자장치에 비해 많은 장점이 있으며 작동수명이 길다. 트랜지스터장치는 진동자장치에 비해 소형 경량이다. 교류점화장치는 교류를 받아 변압기와 정류기를 통해 콘덴서를 충전시킨다. 콘덴서의 전압이 밀봉된 방전간극의 간극을 없앨 수 있는 값이되면 콘덴서는 점화기 플러그표면을 통해 에너지를 방전한다. 직류진동자점화장치와 같이 안전저항기 및 방전저항기가 부착되어 있다.

점화 플러그는 공기간극식(air gaptype)과 표면방전식(surface dischange type)이 있다. 공기간극식 점화플러그는 왕복 엔진의 점화플러그와 작동이 비슷하지만 스파크가 생기는 전봉(electrode)과 몸체(body)사이의 공기간극이 넓고 훨씬 더 높은 강도의 스파크에 견딜 수 있게 설계되어 있다. 스파크가 생기기 전에 간극의 공기 또는 연료-공기의 혼합기를 이온화시키는데 약 25,000V의 전압이 필요하므로 이 플러그는 회로 전체를 잘 절연 시켜야 한다. 표면방전 점화플러그의 절연체 끝단은 중앙 고압전봉으로부터 몸체로 전기누설이 허용될 수 있는 반도체 펠리트(semi conductor pellet)로 되어있다. 펠리트의 표면은 이온화되고 콘덴서에 저장된 에너지가 통하도록 저저항통로를 마련한다. 방전은 전극으로부터 몸체로 고강도 섬광모양으로 일어나며 약 2000V 전압만으로도 충분하다.

점화시스템의 정상적인 스파크횟수는 1분간에 60~80회이다. 방전으로 인해 점화플러의 전봉이 점진적으로 부식이 되므로 정기적으로 점화플러그를 교환해 줄 필요가 있다. 점화플러그 선단은 화염튜브 안으로 약 5.1mm 돌출 되어 있고 플러그 작동시 불꽃은 다시 약 19.1 mm 더 침투한다. 연료-공기 혼합기는 상대적으로 안정된 경계층에서 점화되어 연소실로 화염이 전파된다.

비행 중 연소 시스템에서 화염이 꺼졌을 경우 제트 엔진은 재점화를 위한 장치가 필요하다. 엔진의 재점화가능성은 항공기의 고도비행속도에 따라 변화한다. **〈그림 4-28〉**은 비행 중 엔진이 재점화할 수 있는 속도와 고도의 범위를 나타내고 있다. 비행조건이 빗금친 범위 내에 있다면 엔진을 통과하는 공기유동은 재점화에 적당한 속도로 압축기를 회전시킨다. 연료공급이 적정하면 나머지 필요한 것은 점화시스템의 작동이다. 점화시스템만의 작동은 별도의 스위치에 의해 이루어진다.

4.3 배기노즐

터빈을 통과한 배기가스의 고온 및 고압의 에너지(엔탈피)를 노즐을 통해서 추력을 얻기 위해 속도에너지 또는 운동에너지로 변환하게 된다. 배기노즐을 통과하면서 배기가스의 압력과 온도는 감소하고 속도는 증가한다. 배기가스 분출속도에 따라 추력이 달라지게 된다.

배기가스 분출 속도는 노즐의 형상과 단면적이 중요한 변수가 된다. 그리고 배기가스의 분출 방향을 조절하여 역추력을 만들기도 하며 방향을 제어함으로써 비행자세도 제어할 수 있다. 또한 중력의 방향으로 분출하여 수직힘을 만들 수도 있다.

4.3.1 배기노즐의 구조와 종류

배기노즐은 터빈을 지난 배기가스가 일정하고 안정된 흐름을 가지기 위해서 배기노즐 내부에 테일콘(tail cone)이 있으며 배기가스는 더 안정되어 제트파이프를 지나게 된다.

아음속 항공기용의 터보팬 엔진이나 터보프롭 엔진에서는 노즐 끝이 단순 수축 노즐을 사용한다. 이때 노즐의 출구가 노즐의 목이 되도록 설계한다. 비록 아음속이지만 대부분의 경우에 노즐의 압력비는 임계압력보다 크고 노즐은 초킹이 된다. 제3장에서 설명한 노즐입구 압력비 $\pi_{\Omega} = \left(\dfrac{P_{07}}{P_a}\right)$가 임계노즐입구 압력비($\pi_{\Omega cr}$)보다 크게 되면 노즐 유동은 초크된다. 이 때 노즐의 출구 압력이 대기압보다 높기 때문에 추력의 압력항이 무시되지 않고 노즐의 출구면적만큼 압력차에 의해 추력이 발생하게 된다. 배기유동이 초킹될 때 출구에서 마하수는 1이 된다. 보통의 경우 단순 수축 노즐은 **〈그림 4-57(a)〉**처럼 고정면적 노즐이며 구조가 간단하고 길이를 작게 할 수 있어 아음속에서 사용하는 터보팬 엔진에서 팬노즐과 중심 노즐로 많이 사용하며 터보프롭에서도 많이 사용한다.

단순수축 노즐은 초음속에 필요한 노즐의 확산부가 없기 때문에 배기가스의 가속으로 생기는 추가 운동에너지를 효율적으로 활용하지 못하고 수축확산노즐보다 손실이 더 발생하지만 길이가 짧고 중량이 가볍게 된다.

초음속 유동을 만들어 내기 위해서는 **〈그림 4-52(b)〉**처럼 노즐 목 이후에 확산부를 둠으로써 $M=1$인 노즐목의 유동을 팽창시켜 초음속 유동을 만드는 것이 수축-확산(C-D) 노즐이다. C-D 노즐 설계가 최적화 되어 있으면 유동은 수축부를 거치면서 노즐 목에서 $M=1$의 유동이 되고 확산부를 거치면서 초음속의 유동이 되어 노즐 끝에서는 압력이 대기압과 같게 된다. 설계 마하수보다 더 빠른 속도로 항공기가 비행한다면 램압력이 커져서 엔진 부품 전체적으로 압력이 높아져

노즐 출구압력이 대기압보다 높아지게 되고 배기노즐은 부족팽창이 된다. 이 때 팽창파와 압축파가 교차하면서 혼란상태가 되어 손실이 동반된다. 또한 비행기가 설계 마하수보다 낮은 속도로 비행할 때에는 노즐 출구압력이 대기압보다 낮아져서 유동이 초과팽창(과대팽창) 노즐이 된다. 이때 노즐 출구압력이 더 낮아지면 초과팽창 된 유동이 더 큰 압력상승을 거치면서 경계층 박리가 생겨 손실을 증가시킨다.

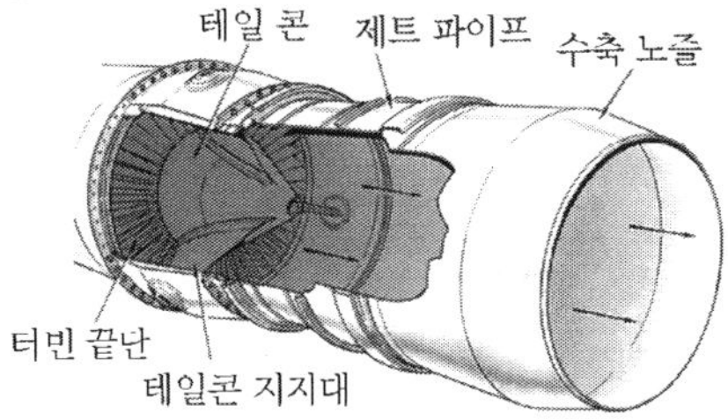

(a) 고정 면적 노즐

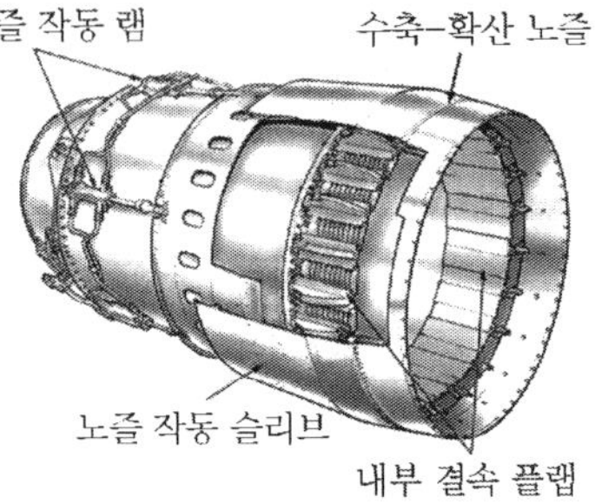

(b) 가변 면적 노즐

그림 4-57 노즐의 종류 (출처 : [1])

수축노즐에서 주위압력 P_a가 P_c보다 큰 경우에 배기제트는 **〈그림 4-58〉**에서 보는 바와 같이 거의 평행직선을 형성하면서 나간다.

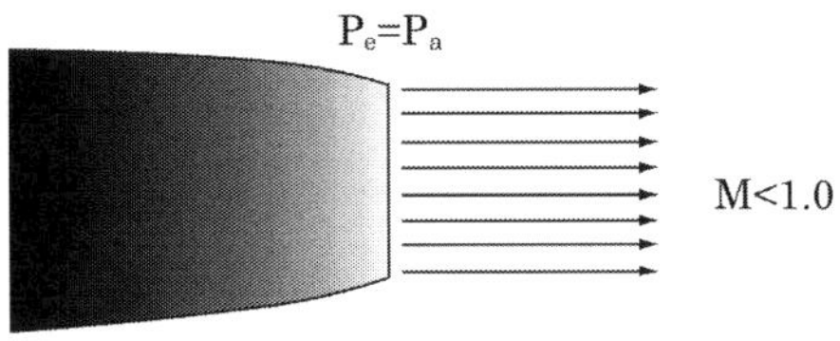

그림 4-58 $P_a > P_c$인 경우 완전팽창 수축노즐유동

배기제트는 주위의 대기와 혼합되며 이 대기에 의해서 기체가 후방으로 이동함에 따라 제트속도는 감소하게 된다. 제트속도를 감소시키는 요소로는 다음 두 가지가 있다. 그 하나는 제트내에서의 마찰 및 제트와 주위대기간의 마찰로 인한 유체마찰이고, 다른 하나는 대기와의 혼합으로 야기되는 운동량 변화이다.

보통 제트의 최소 유동면적부분은 노즐출구부분에 존재하는 것이 아니고 노즐출구로부터 하류쪽으로 약간 떨어진 곳에 발생한다. 이 제트최소면적부분을 Vena contracta 라고 부르며 Vena Contracta 면적과 노즐출구부분면적과의 비를 수축계수(Contraction Coefficient)라 부른다. **〈그림 4-58〉**의 제트는 유선형 유동이므로 동력을 추출하는 터빈노즐과 같은 일정한 방향의 운동에너지를 얻는데는 효율적으로 사용될 수 있다.

수축노즐에서 주위압력P_a가 노즐임계압력P_c보다 낮은 경우에는 유동은 부족팽창이 되고 배기제트는 유선형유동특성이 아니고 노즐출구밖에서 팽창파에 의해 배압이 수정된다. 배기노즐의 부족팽창유동특성은 **〈그림 4-59〉**에 나타내었다. 부족팽창유동에서 유동은 초크되며 출구마하수는 $M_9 = 1$이 되고, $P_e = P_c$가 된다. 노즐출구후 배기제트의 팽창파는 배가가스가 노즐을 떠날 때 기체의 급격한 압력감소에 기인한다.

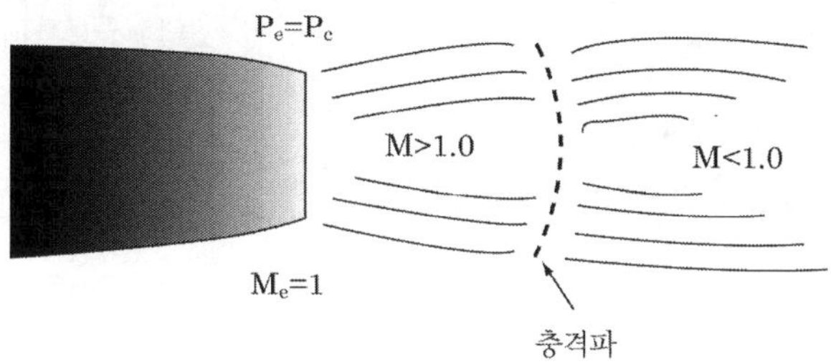

그림 4-59 $P_a < P_c$이고 $P_e > P_a$인 경우 수축노즐유동(부족팽창)

〈그림 4-59〉에 예시한 부족팽창유동은 동력을 추출하는 터빈노즐에 거의 사용되지 않는다. 왜냐하면 유체가 일정하게 방향을 유지될 수 없고, 에너지손실이 많기 때문이다. 그러나 이와 같은 유형의 팽창은 적당한 배기압력비를 가질 때 엔진성능은 자유유동제트의 상태에 별로 영향을 받지 않기 때문에 비교적 저속터보제트엔진의 배기노즐에는 사용될 수 있다.

수축-확산(C-D)노즐은 배기속도를 효과적으로 증대시킬 수 있지만 무게가 증가하고 구조가 복잡하다. 부족팽창의 단순수축노즐에서 나오는 총 추력과 완전 팽창된 수축-확산(C-D)노즐의 등엔트로피 유동에 의한 총 추력을 비교하여 보자. 완전 팽창된 C-D노즐의 추력식은 다음과 같다.

$$F_{G,C-D} = A_9 P_a \frac{2\gamma}{\gamma-1}\left[\left(\frac{P_{09}}{P_a}\right)^{\frac{\gamma-1}{\gamma}} - 1\right]$$

부족팽창의 단순수축노즐의 추력계산에서는 $P_9 \neq P_a$이므로 모멘텀 추력뿐만 아니라 압력추력도 고려하여야 한다. 단순수축노즐에서는 목이 출구이고 8번, 9번이 동일하다 $f \ll 1$이라 가정하자. $P_9 > P_a$이고, $P_9 \neq P_a$이므로 수축노즐은 초킹되며, 끝단(출구)에서는 음속이다.

$$\begin{aligned} F_{G,conv} &= \dot{m}_9 V_9 + A_9(P_9 - P_a) = \gamma P_9 A_9 + A_9^*(P_9 - P_a) \\ &= A_9^*\left[P_{09}(\gamma+1)\left(\frac{2}{\gamma+1}\right)^{\frac{\gamma}{\gamma-1}} - P_a\right] = A_9^* P_a\left[\frac{P_{09}}{P_a}(\gamma+1)\left(\frac{2}{\gamma+1}\right)^{\frac{\gamma}{\gamma-1}} - 1\right] \end{aligned}$$

또, $\dfrac{A_9}{A_9^*}=\dfrac{\left(\dfrac{2}{\gamma+1}\right)^{\frac{1}{\gamma-1}}}{\left(\dfrac{P_a}{P_{09}}\right)^{\frac{1}{\gamma}}\sqrt{\left(\dfrac{\gamma+1}{\gamma-1}\right)\left[1-\left(\dfrac{P_a}{P_{09}}\right)^{\frac{\gamma-1}{\gamma}}\right]}}$ 이며, 따라서,

$$\frac{F_{G,C-D}}{F_{G,conv}}=\frac{\dfrac{2\gamma}{\gamma-1}\left\{\left(\dfrac{P_{09}}{P_a}\right)^{\frac{\gamma-1}{\gamma}}-1\right\}}{\left[(\gamma+1)\left(\dfrac{2}{\gamma+1}\right)^{\frac{\gamma}{\gamma-1}}\left(\dfrac{P_{09}}{P_a}\right)-1\right]}\,\frac{\left(\dfrac{2}{\gamma+1}\right)^{\frac{1}{\gamma-1}}}{\left(\dfrac{P_a}{P_{09}}\right)^{\frac{1}{\gamma}}\left\{\left(\dfrac{\gamma+1}{\gamma-1}\right)\left[1-\left(\dfrac{P_a}{P_{09}}\right)^{\frac{\gamma-1}{\gamma}}\right]\right\}^{\frac{1}{2}}}$$

노즐 입,출구는 등엔트로피 유동이므로 $P_{07}=P_{08}=P_{09}$ 이므로 $\dfrac{P_{09}}{P_a}=\dfrac{P_{07}}{P_a}$ 가 되고 이 값은 노즐입구압력비인 π_Ω로 표기할 수 있고 위 식은 다음과 같이 나타낼 수 있다. (식 3.157)에서 표기한 바와 같이 노즐입구압력비는 $\pi_\Omega=\dfrac{P_{07}}{P_a}$ 이다.

$$\frac{F_{G,C-D}}{F_{G,conv}}=\frac{\dfrac{2\gamma}{\gamma-1}\left\{\pi_\Omega^{\frac{\gamma-1}{\gamma}}-1\right\}\left(\dfrac{2}{\gamma+1}\right)^{\frac{1}{\gamma-1}}}{\left[(\gamma+1)\left(\dfrac{2}{\gamma+1}\right)^{\frac{\gamma}{\gamma-1}}\pi_\Omega-1\right]\left(\dfrac{1}{\pi_\Omega}\right)^{\frac{1}{\gamma}}\left\{\left(\dfrac{\gamma+1}{\gamma-1}\right)\left[1-\left(\dfrac{1}{\pi_\Omega}\right)^{\frac{\gamma-1}{\gamma}}\right]\right\}^{\frac{1}{2}}} \tag{4.48}$$

$F_{G,C-D}/F_{G,conv}$는 π_Ω와 γ의 함수이다. 여러 가지 비열비 즉, $\gamma=1.3, 1.33, 1.4$인 경우 π_Ω변화에 따라 $F_{G,C-D}/F_{G,conv}$가 변화하는 그래프가 **〈그림 4-60〉**이다.

〈그림 4-60〉으로부터, 노즐입구압력비 6이하에서는 수축노즐을 사용하는데서 오는 추력손실은 5%미만이며, 노즐입구압력비 6이상에서는 수축-확산 노즐이 더 유리하다는 것을 알 수 있다.

노즐 출구제트를 직선분사제트가 되도록 설계할 수 있으나 반드시 직선제트를 유지시킬 수만은 없으므로 **〈그림 4-61〉**과 같이 출구제트 쪽으로 약간 확산시켜 설계하고 있다. 확산각 α는 대부분의 경우 $15°$ 미만이다. 더 자세한 설명은 **〈그림 2-17〉**에 나타나 있다.

항공기가 착륙시 착륙거리를 짧게 하기 위해 역추력 장치를 사용하게 된다. 역추력 장치는 엔진 배기가스의 분출 방향을 역방향으로 변경하여 기체의 제동력을 얻는 장치로 일반적으로 착륙 후의 제동에 사용되고 있고 특히 접지 후의 항공기 속도가 빠를 때에 효과가 있다. 그러나 항공기 속도가 늦어질 때까지 사용하면 배기가스가 엔진에 재흡입되어 재흡입 실속(reingestion stall)을 일으키는 경우도 있다. 배기가스가 엔진에 재흡입되면 유입공기속도를 감소시키고 흡기온도가 불균일하게 되고 흡입공기분포가 왜곡되어 실속을 일으킬 수 있다.

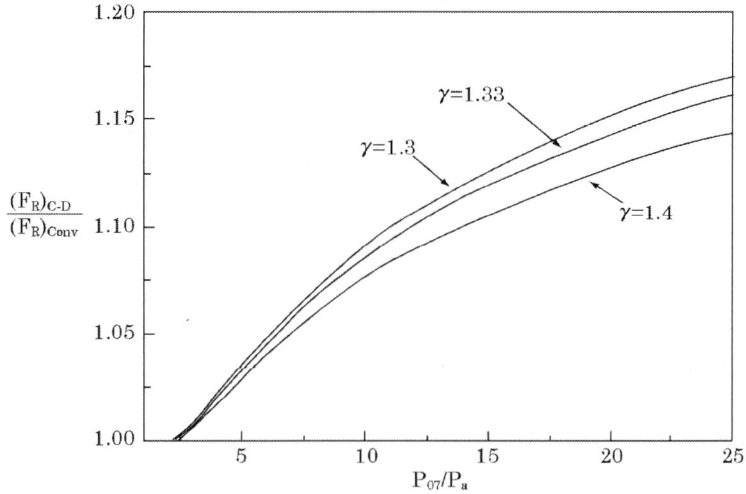

그림 4-60 수축노즐에 대한 수축-확대노즐의 추력비

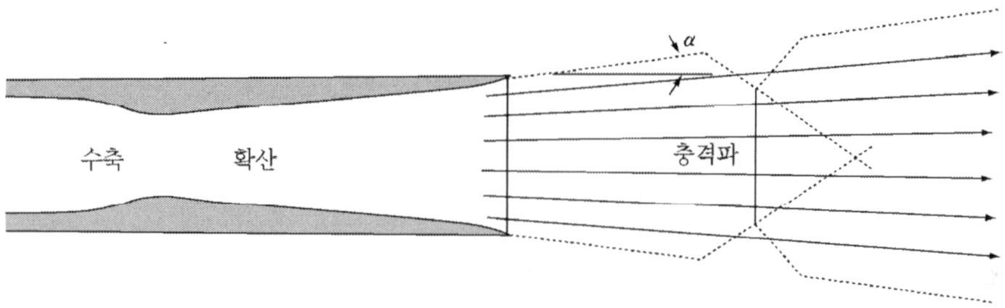

그림 4-61 출구압력보다 낮은 배기압력으로 작동하고 있는 수축-확산노즐

따라서 보통의 비행에는 접지 후 곧 역추력 장치를 작동시켜 항공기 속도가 80~60knots(150~110km/hr) 정도까지 감속하고 역추력을 원상태로 돌린 후 착륙장치 브레이크를 사용하는 조작이 이루어지고 있다. 또한 이 역추력 장치를 비행중의 스피드 브레이크로서도 사용할 수 있도록 설계된 항공기(DC-8, DC-9)도 있다. **〈그림 4-62〉**는 역추력 장치가 작동중일 때의 모습을 보여주고 있다.

배기제트의 분사방향을 노즐의 변형이나 회전을 통해 추력을 원하는 방향으로 조절할 수 있는 방법이 있다. 이렇게 하면 기체자세의 제어도 가능하고 각종 기동비행에 유리하여 군용비행기 위주로 개발되고 있다. 현재 실용화되고 있는 것은 영국의 Harrier기, 구 소련의 Yak-26 정도이고 미국에서는 F-35기가 있다. 이러한 벡터제어를 통해서 각종 기동비행 뿐만 아니라 수직이착륙까지 가능하다. **〈그림 4-63〉**은 백터 제어로 수직이착륙이 가능한 Harrier기의 수직이착륙시 엔진의 모습이다.

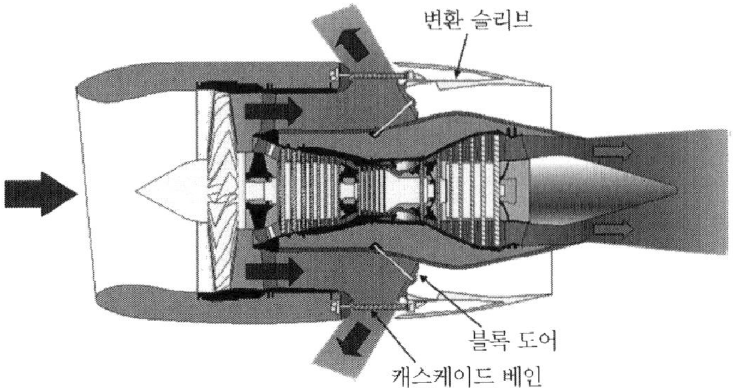

그림 4-62 역추력 장치

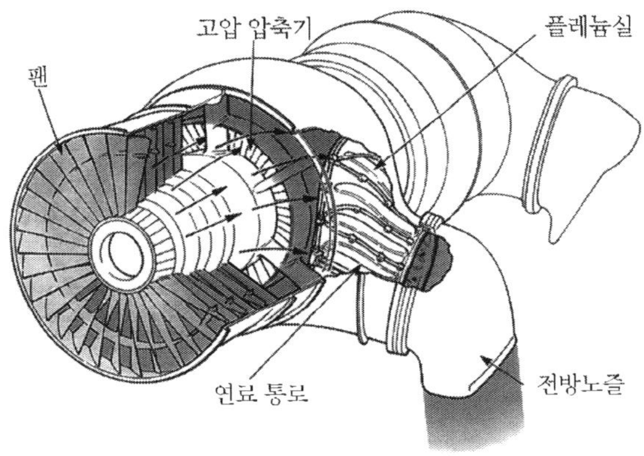

그림 4-63 Harrier기 벡터 제어 장치 (출처 : [1])

4.3.2 노즐의 성능

노즐은 일반적으로 다른 부품에 비해서 압력구배가 순조롭기 때문에 설계하기가 상대적으로 쉽다. 그래서 효율도 비교적 높은 편이다. 그러나 수축-확산 노즐에서 초과팽창에 의한 유동박리를 유의하여야 한다.

〈그림 4-64〉는 노즐의 T-s선도이며, 노즐의 효율은 식(3.158)에서 나타낸 바와 같이 다음과 같이 정의된다.

$$\eta_n = \frac{h_{07} - h_9}{h_{07} - h_{9s}} \tag{4.49}$$

여기서 아래첨자 7은 노즐 입구, 9는 노즐 출구에서의 상태를 말한다. 그림에서 보듯이 $h_{07} = h_{09}$이 된다. 또한 $h_{09} = h_9 + V_9^2/2$가 되므로 출구에서의 속도는 다음과 같다.

$$V_9 = \sqrt{2(h_{07} - h_9)} = \sqrt{2(h_{07} - h_{9s})\eta_n} \tag{4.50}$$

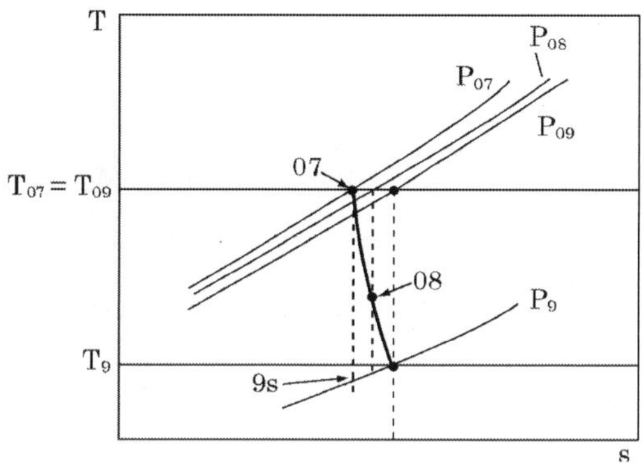

그림 4-64 노즐에서의 T-s 선도

그리고 출구에서의 마하수는 다음과 같다.

$$M_9 = V_9/\sqrt{\gamma R T_9} \tag{4.51}$$

따라서 마하수와 전압력비와의 관계는 다음과 같이 쓸 수 있다.

$$M_9^2 = \frac{2}{\gamma - 1}\left\{\frac{\eta_n\left[1 - (P_9/P_{07})^{\frac{\gamma-1}{\gamma}}\right]}{1 - \eta_n\left[1 - (P_9/P_{07})^{\frac{\gamma-1}{\gamma}}\right]}\right\} \tag{4.52}$$

이미 2장에서 다루었듯이 목에서와 노즐 입구에서의 관계식은 다음과 같이 쓸 수 있다.

$$\frac{A_t}{A_7} = \frac{M_7\left[1 + (\gamma - 1)/2M_t^2\right]^{\frac{(\gamma+1)}{2(\gamma-1)}}}{M_t\left[1 + (\gamma - 1)/2M_7^2\right]^{\frac{(\gamma+1)}{2(\gamma-1)}}} \tag{4.53}$$

목에서 초킹이 일어난다면 $M_t = 1$이므로 위 식은 다음과 같이 나타낼 수 있다.

$$\frac{A_t}{A_7} = \frac{M_7[1 + (\gamma - 1)/2]^{\frac{(\gamma+1)}{2(\gamma-1)}}}{\left[1 + (\gamma - 1)/2M_7^2\right]^{\frac{(\gamma+1)}{2(\gamma-1)}}} \tag{4.54}$$

따라서 초킹된 목을 지나는 배기가스의 질량 유량은 다음과 같다.

$$\dot{m} = \frac{A_t P_{07}}{\sqrt{RT_{07}}} \sqrt{\gamma} \left(\frac{2}{\gamma + 1} \right)^{\frac{(\gamma + 1)}{2(\gamma - 1)}} \tag{4.55}$$

따라서 노즐목 면적은 다음과 같다.

$$A_t = \frac{\dot{m} \sqrt{RT_{07}}}{P_{07} \sqrt{\gamma} \left(\frac{2}{\gamma + 1} \right)^{\frac{\gamma + 1}{2(\gamma - 1)}}} \tag{4.56}$$

이렇게 노즐목의 면적을 구함으로써 수축노즐을 설계 할 수 있다. 그러나 후기연소기가 장착된 엔진의 배기노즐에서는 질량 유량이 변하고 전온도와 전압력이 크게 변하므로 가변 노즐(수축-확산 노즐)을 사용하여야 한다. 수축-확산 노즐에서 이러한 과정이 이상적으로 팽창한다면 출구와 입구에서의 단면적비는 다음과 같다.

$$\frac{A_9}{A_7} = \frac{P_{07}}{P_{09}} \frac{M_7}{M_9} \left[\frac{1 + \{(\gamma - 1)/2\} M_9^2}{1 + \{(\gamma - 1)/2\} M_7^2} \right]^{\frac{\gamma + 1}{2(\gamma - 1)}} \tag{4.57}$$

그리고 $T_{07} = T_{09}$로부터 노즐효율은 다음과 같이 정리된다.

$$\eta_n = \frac{1 - (T_9 / T_{07})}{1 - (T_{9s} / T_{07})} = \frac{1 - (T_9 / T_{09})}{1 - (T_{9s} / T_{09})} \tag{4.58}$$

그런데 $\frac{T_9}{T_{09}} = \frac{T_9}{T_{07}} = \left(\frac{P_9}{P_{09}} \right)^{\frac{\gamma - 1}{\gamma}}$, $\frac{T_{9s}}{T_{07}} = \frac{T_{9s}}{T_{09}} = \left(\frac{P_9}{P_{07}} \right)^{\frac{\gamma - 1}{\gamma}}$ 이므로 입구와 출구에서의 전압력비를 다시 정리하면 다음과 같이 쓸 수 있다.

$$\frac{P_{07}}{P_{09}} = \frac{P_{07}}{P_9} \left[1 - \eta_n \left\{ 1 - \left(\frac{P_9}{P_{07}} \right)^{\frac{\gamma - 1}{\gamma}} \right\} \right]^{\frac{\gamma}{\gamma - 1}} \tag{4.59}$$

식 (4.59)를 식 (4.57)에 대입하면 수축-확산 노즐에서 노즐 입구와 노즐 출구의 면적비를 알 수 있다. 후기연소기 시스템이 잘 작동되려면 연료유량과 추진노즐의 면적은 서로 잘 조화되어야 한다. 추진노즐의 면적은 후기연소기에 분사되는 연료유량, 즉 후기연소 온도에 따라 변하지만 노즐면적이 너무 크게 되면 외부항력과 구조적인 문제가 있으므로 실제적으로는 A_9는 A_7과 거의 같은 범위 내에 있어야 한다.

연습문제

01_ 식 (4.34)를 유도하라.

02_ [예제 4-1]과 같은 조건의 유동을 고려해보자. 이 공기흡입구의 경우 내부에 마찰이 있다고 가정한다. 디퓨저의 길이가 1 m이고 마찰 계수가 $f = 0.025$라면 공기흡입구 전후의 전압비 차이를 구하라.

03_ [예제 4-2]에서 흡입구 조건을 $M_a = 2.8,\ \delta_1 = 10^\circ,\ \delta_2 = 15^\circ$으로 변경하여 전 압력비를 구하라.

04_ 가스터빈 연소실로 온도가 330K인 액체연료와 450K인 공기가 공급된다. 연료의 분자식은 C_8H_{18} 이고 공급되는 공기는 이론연소에 필요한 량의 5배이다. 이 때의 화학반응식과 공기-연료비를 구하라. 또 연소과정 중 열손실이 없다고 가정하고 이 연료의 이론연소반응과 주어진 조건에서의 생성물의 온도를 각각 구하라. 액체연료의 평균 정압비열은 1.945 $kJ/kg\,K$이다.

05_ 연소실의 전압력손실은 다음 식에 의해 결정된다.

$$\frac{\Delta P_o}{\dot{m}_a^2/2\rho_3 A_m^2} = K_1 + K_2\left(\frac{T_{04}}{T_{03}} - 1\right)$$

입구면적 $0.04m^2$, 최대단면적(A_m) $0.0975m^2$인 연소실을 냉간유동 실험하여 얻은 상수 K_1은

19.0이다. 설계점에서 실험할 때 다음의 조건을 이용하였다. (공기유량 $\dot{m}_a$=9.0kg/s, 연소실입구 전온도T_{03}=475K, 연소실출구 전온도T_{04}=1000K, 연소실 입구압력P_3=4.47bar, 전압력손실ΔP_0=0.27bar, 공기는 이상기체로 가정한다.)

1) 연소실을 통과하는 공기유량이 7.40 kg/s, 연소실입구 전온도는 440K, 연소실출구 전온도는 900K, 연소실입구 정압 3.52atm인 부분부하 운전조건에서 압력손실을 구하라.
2) 설계점과 1)의 부분부하운전조건에서 연소실입구 유동속도를 각각 구하라.
3) 설계점과 1)의 부분부하운전조건에서 연소실입구 전압력(압축기 공급압력)에서 압력손실이 차지하는 비율을 각각 구하라.

06_ 압축기에서 연소기로 공급되는 공기유동의 온도는 400K 이고 유량은 22.7kg/s이다. 이 공기흐름에 수소비율이 13.92%, 탄소비율이 86.08%인 가상연료를 25℃에서 주입하여 연소시켰더니 배기가스의 온도가 1550K로 상승하였다. 이때 연소효율을 구하라. 가상 연료의 발열량=43,400kJ/kg이고, 연료-공기비는 0.068이며, 공기정압비열은 1.005kJ/kg · K이고, 연소가스정압비열은 1.148kJ/kg · K이다.

07_ 연소실의 지름이 일정한 램제트 엔진에서 노즐 목의 직경이 연소실의 0.94배인 수축노즐을 갖는다. 공기는 연소실로 전온도 1100K, 마하수 0.3의 상태로 들어온다. 노즐 목에서 초크된다고 할 때, 연소실의 입구조건을 변화시키지 않을 때 연소실의 온도를 구하라. 단순화하기 위해, 연소실과 노즐의 마찰 손실은 무시하고 작동유체의 비열비는 1.33이라 가정한다.

참고문헌

[1] Rolls-Royce, The Jet Engine, Rolls-Royce plc, England, 2005.
[2] J. D.Mattingly, *Element of Gas Turbine Propulsion*, McGrewHill, 1996
[3] NASA's Web site : http://www.nasa.gov
[4] J.L. Kerrebrock, Aircraft Engines and Gas Turbines, 2nd Ed
[5] A. Kantrowitz and C. Donaldson, "Preliminary Investigation of supersonic diffusers," NACA CAR L5020, 1945
[6] MIL-E-5008B, "Military Specifications - Engines, Aircraft, Turbojet, Model Specifications", 1959
[7] NASA CP 2054, YF-12 Experiments Symposium, 1978
[8] S.Farokhi, *Aircraft Propulsion,* Wiley, 2008
[9] D.B. Spalding, Combustions and Mass Transfer, Pergamon Press, 1979
[10] Blezowski, W. S. Fundamentals of Combustion, AIAA Education Series, 1985
[11] J.A. Lovett, T.P. Brogan, and D.S. Philippona, "Development Needs for Advanced Afterburner Designs, "AIAA 2004-4192.
[12] Y. Fu, and S-M. Jeng, "Experimental Investigation of Swirling Air Flows in a Multipoint LDI Combustor," AIAA 2007-5685
[13] R. Tacina, "Low LOx Porential of Gas Turbine Engines," AIAA 90-0550
[14] W.Graham, "First X-51A Hypersonic Flight Deemed Success," Aviation Week, 26 May 2010.
[15] 川端清一, 터빈발동기(일어), 일본항공기술협회, 1981
[16] 제트엔진(구조), 일본항공기술협회, 2003
[17] 제트엔진(운용편), 일본항공기술협회, 1985
[18] 김한석, 안국영, 조주형, "가스터빈 연소기 연구동향 및 연소기 기본설계," 유체기계 저널 제 11권 3호, pp.74-80, 2008.
[19] T. Ewards, "Liquid Fuels and Propellants for Aerospace Propulsion," Journal of Propulsion and Power, Vol 19, No.6, 2003
[20] R. J. Roby, M. S. Klassen, L. D. Eskin, M. Ramotowski, and G. Gaines, "Development of a System for Lean, Prevaporized, Premixed Combustion," Proceedings of the 36 Turbomachinery Symposium, pp 50-60, 2007
[21] TAPS II Combustor Final Report, 2014
[22] Dewanji, Dipanjay, et al. "Simulation of reacting spray in a multi-point lean direct injection combustor." 48th AIAA/ASME/SAE/ASEE Joint Propulsion Conference & Exhibit. 2012.
[23] Matsuura, Kazuaki, et al. "Visualization of pilot flame of an optically-accessible coaxially-staged aero-engine lean-burn fuel injector." Ilass Europe. 28th european conference on Liquid Atomization and Spray Systems. Editorial Universitat Politècnica de València, 2017.
[24] Hicks, Yolanda R., et al. "Combustion Temperature Measurement by Spontaneous Raman Scattering in a Jet-A Fueled Gas Turbine Combustor Sector." 2002.

제 5 장 항공기 제트엔진의 압축기

5.1 개요

압축기는 흡입구를 지난 공기유동에 모멘텀 에너지를 주어 압력을 높이는 일종의 동적 기계이다. 압축기의 압축 과정에서 압력의 변화를 주기 위해서는 압축기 내에서 유체의 모멘텀 변화가 일어나며, 이 때문에 압축기의 작동 원리를 이해하기 위해서는 유체역학의 기본지식을 이해하여야 한다. 공기가 압축기를 지날 때는 압력상승이 이루어지며 역구배 압력 환경하에서 블레이드 내부 경계층이 발달한다. 압축기 블레이드 통로는 일종의 디퓨저 역할을 한다. 압축기 블레이드 내부 통로에서의 압력상승이 너무 과도하게 이루어지면 경계층 박리(boundary layer separation)로 인한 실속(stall)과 회전실속 현상이 일어나서 블레이드가 진동하면서 압축효율을 떨어뜨리게 된다. 압축기 실속이 일어나면 압축기, 연소기, 터빈으로 구성된 엔진 도관에서 공력불안정성인 서지현상이 일어날 수도 있다.

압축기 블레이드 내부 통로의 경계층 박리나 실속현상 때문에 압축기의 단당 압력비가 제한된다. 압축기 블레이드 내부 통로를 지나는 공기유동은 3차원 비정상 흐름이고, 또 난류이면서 점성효과를 고려하여야 하는 아주 어려운 작업이지만 CFD해석과 실험적 연구가 설계에 많은 도움을 주고 있다.

아음속 비행에서 최적의 압력비는 약 30:1~40:1 정도 또는 그 이상이 될 수도 있다. 일반적으로 축류식 압축기의 단당 압력비는 약 1.35:1 이하이며 원심식 압축기의 경우는 단당 압력비는 약 4:1 정도이다. 따라서 축류 압축기는 많은 단(stage)을 가지게 되며, 압축기 전체의 중량도 상당히 커지게 된다.

유동을 어떻게 압축하고 가속시키는가에 따라 원심식 압축기와 축류식 압축기로 크게 나뉘게 된다. 원심식 압축기는 보통 임펠러, 디퓨저, 매니폴드로 구성되어 있고 축류식 압축기는 로터뭉치와 스테이터 케이싱으로 구성되어 있다. 원심식 압축기에서 흡입공기는 임펠러의 고속회전에 의해 원심력으로 바깥 방향으로 가속 방출되면서 가압이 되고, 이 가압공기는 디퓨져에 의해 속도에너지가 압력에너지로 변환되어 매니폴드를 통해 연소실로 보내진다. 축류식 압축기는 공기에 모멘텀을 주어 공기를 가속시키는 로터와 공기를 확산시켜 추가적인 압력상승을 이루기 위한 스테이터로 이루어져 있으며 필요한 압력상승이 얻어질 때까지 로터와 스테이터가 교대로 번갈아 있는 다단 장치로 구성되어 있다.

두 형식을 비교해 보면 원심식 압축기는 축류식 압축기에 비해 단당 압력비가 높고 안전 작동 범위가 넓고, 견고하여 개발과 제작이 용이하지만 고압력을 얻는 경우에 다단화와 구조의 복잡성 때문에 2단 이상이 곤란하고 전면면적이 커져 대량의 공기를 처리할 수 없다. 축류식 압축기는 동일 전면면적의 경우 원심식 압축기에 비해 2~3배 많은 양의 공기를 통과시킬 수 있고 고압력비를 얻을 수 있다. 공기유량이 추력의 크기를 결정하는 중요한 요소이므로 축류압축기는 동일한 전면면적에서 더 큰 추력을 얻을 수 있으며 단수를 증가시키면 압력비를 더 증가시킬 수 있다. 따라서 대형 항공기용 엔진에서는 축류식 압축기가 많이 채택되고 있다. 단위추력당 연료소비율(TSFC)을 개선하기 위해서는 고압력비가 필요하며 또 다단 축류식 압축기는 원심압축기에 비해 효율이 4~5% 높기 때문에 대형 항공기 엔진에서는 축류식 압축기 채용이 선호되기도 한다. 그러나 아직까지 원심식 압축기는 견고하고 구조가 간단하므로 소형엔진에 많이 사용되고 있다. 엔진의 효율을 증가시키기 위해서 엔진의 중량은 가능한 한 가벼워야 하므로 압축기가 차지하는 중량을 가능한 한 가볍게 하여야 한다.

이장에서는 항공기 엔진용으로 주로 사용되는 축류식 압축기를 먼저 설명하고 보조동력장치(APU)나 산업용 또는 로켓의 연료 이송 공급장치에 사용되는 원심식 압축기에 대해서도 설명한다. 압축기 입구 마하수는 0.4~0.6 정도이며 압축기 출구의 속도는 약 100~200m/s 정도이고, 온도는 400~600 ° C 정도이다. 압축기는 고회전 부품이고, 중량이 가벼워야 하므로 기계적 설계의 어려움이 있고, 또 블레이드 내부 공기 유동이 역구배 압력으로 경계층 박리나 실속현상 가능성 때문에 공기역학적으로도 최적으로 설계되어야 한다.

5.2 압축기의 형상과 형식 및 재질

5.2.1 축류식 압축기 형식 및 형상

축류 압축기는 공기의 흐름 방향이 회전축 방향과 평행하며, 축의 수에 따라 단축, 2축, 3축으로 구별된다. 개발 초기에는 단축 압축기가 사용되었고, 3축 압축기의 사용도 극히 일부에서 사용되고 있다. 현재는 2축 압축기가 가장 많이 널리 사용되고 있으며, 전방에 저압 압축기(LPC)와 후방에 고압 압축기(HPC)로 구성되어 있다.

축류 압축기는 압력비가 높아지면 압축기의 작동이 불안정해지는 단점이 갖고 있기 때문에 2축이나 3축으로 분리하여 작동시킴으로써 고압력비, 급가속과 서지 조절 등 작동 유연성을 좋게 한다. 순항 중일 때 고압 압축기의 회전속도는 일정하게 유지되어야 하지만, 저압 압축기는 대기 변화와 비행자세로 인한 엔진 흡입구의 상태 변화에 따라 회전속도가 변해야 한다. 즉, 저압 압축기는 고압 압축기의 출력 설정에 맞는 최적의 공기를 공급해야 한다. 대기 온도가 올라가면 공기의 분자운동은 빨라지고 저압 압축기는 같은 질량의 공기를 유입하기 위해 베인의 각도를 변화시키거나 속도를 다르게 해야 한다. 고도가 상승하면, 저압 압축기는 기압밀도가 낮아져 대기가 희박해지기 때문에 속도가 빨라지게 된다. 또한 항공기가 하강하면, 공기밀도가 커져 압축이 쉬워지므로 저압 압축기의 속도는 감소하게 된다. 압축공기는 1차적으로 연소에 필요한 공기로 공급될 뿐만 아니라 엔진 내부의 냉각 및 방빙 계통과 항공기 객석의 여압과 그 밖의 공압계통 등의 용도로 사용된다.

축류식 압축기는 로터 뭉치와 스테이터 케이싱으로 이루어져 있다. 로터 뭉치는 에어포일 단면 모양의 블레이드들이 원형디스크에 부착되어 있는 회전부품이며, 단축식 압축기 또는 다축식 압축기인가에 따라 로터뭉치는 한 개 또는 여러개 있을 수 있다. 로터는 스테이터 베인이 부착된 케이싱 안의 베어링에 의해 지지되고 있다. 각 단에서의 압력 상승이 작으므로 축류식 압축기는 다단 압축을 하는 다단장치이다. 압축기의 각 단은 회전하는 블레이드열과 뒤이은 스테이터 베인열로 이루어져 있다. 한 축을 사용하면서 직렬로 여러단의 압축이 이루어질 때 압축기를 설계조건 이하의 속도에서도 효과적으로 작동시키기 위해 스테이터 베인각을 변화시킬 필요가 있다. 압력비가 증가되면 가변 스테이터 베인은 다음단의 로터 블레이드열로 적절한 각도로 공기가 유입되도록 유도한다.

〈그림 5-1(a)〉처럼 축류식 압축기는 전방에서 후방으로 갈수록 즉, 저압부에서 고압부로 갈수록 로터 축과 스테이터 케이싱 사이의 환형유로 면적은 점차 줄어든다. 동일한 질량유량이 통과하면서 압축기에서 길이방향으로 갈수록 밀도가 증가하므로 공기의 축방향 속도를 거의 일정하게 유지하기 위해서는 유로 단면적이 감소해야 한다. 환형 공기유로 면적을 감소시키기 위한 방법은 로터나 케이스에 경사를 줌으로써 가능하다. 로터나 케이스에 모두 경사를 주는 두가지의 혼합도 가능하지만 다른 기계설계적인 요소나 제조상의 문제점을 고려하여 적절한 경사방법을 정해야 한다.

단축식 압축기는 한 개의 로터 뭉치로 이루어져 있고, 요구되는 압력비를 얻기 위해 다단의 스테이터로 구성되어 있으며 공기는 흡입부로부터 압축기로 유입된다. 다축식 압축기는 **〈그림 5-1(b),(c)〉**처럼 두 개 이상의 로터 뭉치가 있으며 각 로터는 서로 다른 축으로 터빈에 연결되어 구동된다. 각 로터의 회전속도는 압력비와 작동 유연성이 최대로 되는 조건에서 설정된다. 2축식 압축기는 순수 제트 엔진에도 사용될 수 있지만 고압 압축기와 보다 많은 공기를 처리하도록 설계된 저압 압축기가 있는 바이패스형 엔진에 더 적합하다. 공기 중 일부만이 저압 압축기로부터 고압

압축기로 유입되어 흐르는 중심부 유동이 되고 나머지 공기는 고압 압축기 둘레의 덕트로 바이패스 유동이 흐른다. 중심부 유동과 바이패스 유동은 분리 배기노즐로 배출될 수도 있고 추진노즐을 통과하기 전에 배기계통에서 서로 혼합될 수도 있다. 2축 엔진에서 팬은 압축단의 전면에 저압 터빈과 한축으로 연결되거나 3축 엔진에서는 자체 터빈에 의해 별도로 구동되기도 한다.

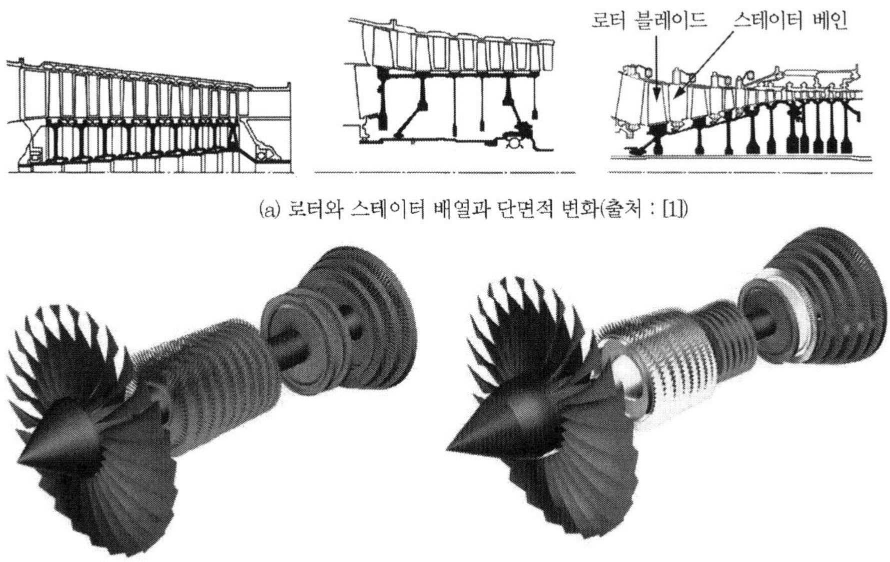

(a) 로터와 스테이터 배열과 단면적 변화(출처 : [1])

(b) 2축식 압축기

(c) 3축식 압축기

그림 5-1 축류식 압축기의 종류

가스터빈 엔진 운전중 로터는 터빈에 의해 고속으로 회전하며 흡입공기는 연속적으로 압축기로 유입된다. **〈그림 5-2〉**처럼 압축기로 유입된 공기는 회전하는 블레이드에 의하여 가속된 후 바로 뒤에 있는 스테이터 베인열로 흐른다. 로터는 공기의 속도를 증가시키고 공기에 모멘텀 에너지를 부여하여 압력을 상승시킨다. 공기가 바로 뒤에 스테이터를 지날 때 공기속도는 감소(확산)되고 운동 에너지는 압력으로 변환된다. 또 스테이터 블레이드는 공기흐름이 다음 단의 로터 블레이드에 알맞은 각도로 유입이 되도록 공기흐름 각도를 조절한다. 일반적으로 마지막 단의 스테이터 블레이드열은 연소실에 들어가기 전의 공기흐름에서 스월을 제거시켜 축방향 속도가 균일한 공기가 연소실로 유입되도록 조절한다. **〈그림 5-2〉**는 압축기를 통과하는 공기흐름에서의 압력과 속도의 변화를 보여준다. 압력이 상승함에 따라 온도도 점차로 상승한다.

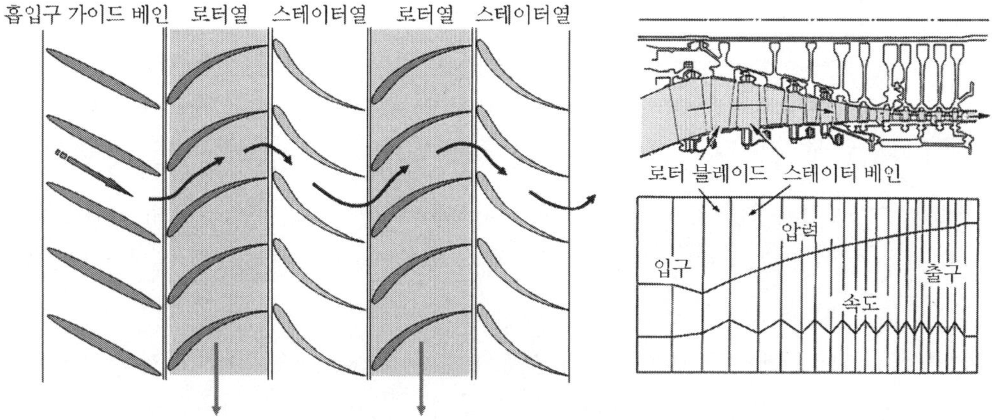

그림 5-2 축류식 압축기의 작동원리 (출처 : [1])

각 단의 흡입공기 대 유출공기의 전압력비는 1.35:1 정도로 작은데 그 이유는 공기가 블레이드에서 박리와 실속을 발생하지 않도록 확산율과 블레이드 휨각도를 제한하기 때문이다. 각 단에서의 압력비가 적을지라도 각 단은 전 단의 출구압력을 상승시키므로 통과하는 동안 충분한 압력상승이 이루어진다. 압축기의 첫단은 대략 20~28kPa의 압력을 상승시키지만 30단을 가진 압축기에서 압축기 출구의 최종압력은 550kPa까지 상승한다. 원심식 압축기에 비하여 유속이 제어되고 일자형 흐름이 있는 다단 압축기는 손실이 최소화 되어 효율 상승과 연료소비 절감을 이룰 수 있다. 압축기의 압력비가 높아질수록 전속도 영역에서 모두 엔진을 효율적으로 운용하기 어렵게 된다. 그 이유는 고속영역에서는 압축기 회전속도가 증가함에 따라 흡입구 면적이 출구면적에 비해 필요 이상으로 넓어지므로 압력비가 감소하게 되고 압축기 전단부에서의 흡입공기의 축방향 속도는 블레이드 속도에 비해 작아져서 블레이드에 입사하는 공기 입사각이 너무 커져서 유동이 박리되고 흐트러지게 된다.

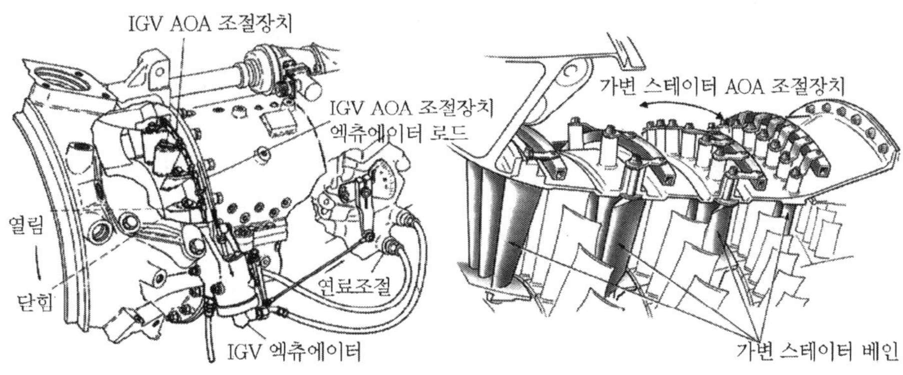

(a) 가변 흡입구 가이드 베인(IGV)　(b) 가변 스테이터 베인

그림 5-3 가변 흡입구 가이드 베인과 가변 스테이터 베인 (출처 : [1])

압축기 부하 및 회전속도 차이가 큰 경우에는 **〈그림 5-3(a)〉**처럼 압축기 회전속도에 따라 가변 흡입구 가이드 베인을 사용하거나 다축식 압축기에서 고압력비가 요구될 경우에는 **〈그림 5-3(b)〉** 처럼 시스템 전단부의 스테이터 베인을 가변화함으로써 로터 블레이드로 들어가는 공기의 입사각을 적절하게 변경시킬 수 있고 유동의 박리를 일으키지 않게 할 수 있다. 또 다른 방법으로는 압축기 중단에서 유입공기의 일부를 추출하여 바이패스 흐름으로 방출하는 중단유출(intersatage bleed)이라는 방법이 있으나, 이 방법은 전단의 에너지를 버림으로써 축방향 속도를 변경시키므로 가변 베인 방법이 더 선호되고 있다.

고바이패스비 터보팬 엔진의 팬은 축류식 압축기 사이클의 요구조건을 최적으로 만족하는 일종의 압축기 블레이드와 같으나 팬의 익단지름은 상당히 크지만 내부의 가스흐름은 원리상 중심부 압축기의 가스흐름과 비슷하다. 바이패스비가 5인 터보팬 엔진에서 팬을 통과하는 공기유량은 중심부에서 필요한 양의 5배정도가 되며 1/6은 중심부를 통해 흐르고 나머지 5/6는 바이패스 통로를 통해 흐른다. 바이패스 통로로 흐르는 공기는 자체의 동축 노즐에서 별도로 분리 팽창되거나 배기 출구에서 중심부 흐름과 혼합되어 공통노즐에서 팽창된다. 최적 사이클 효율을 얻을 수 있는 바이패스 유동의 출구 압력은 흡입압력보다 약 1.6배 정도 높으며 팬 익단속도는 457m/s정도의 매우 높은 속도가 된다. 블레이드의 바이패스 부분을 통과하는 흡입공기 속도는 익단에서 마하 1.5정도의 초음속이 될 수도 있다.

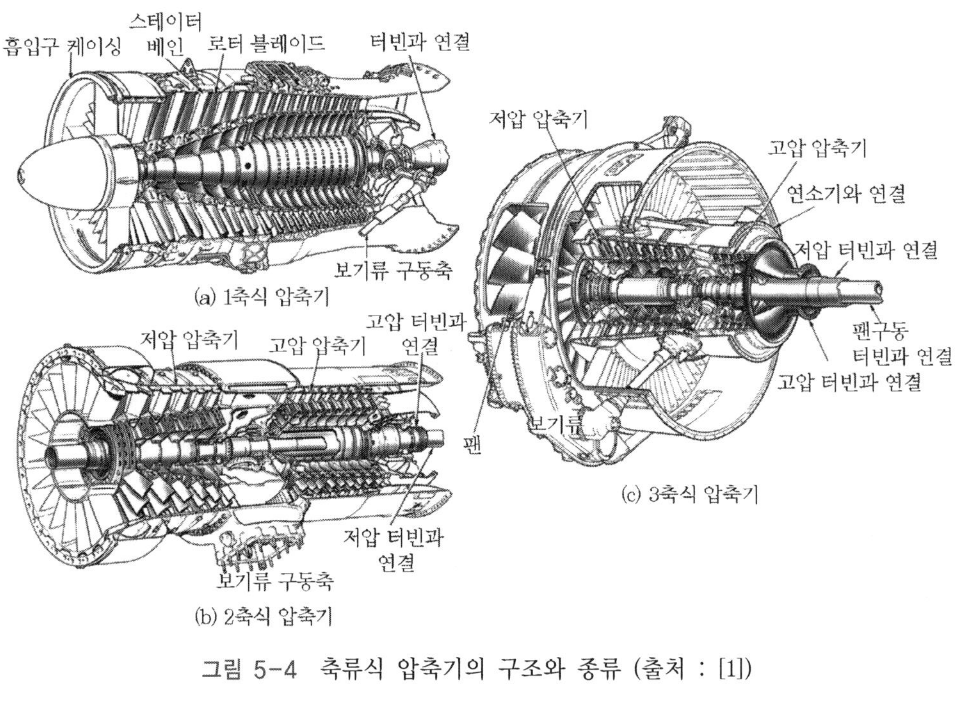

그림 5-4 축류식 압축기의 구조와 종류 (출처 : [1])

압축기는 회전하는 로터뭉치와 스테이터가 주위를 덮는 케이싱으로 구성되어 있다. **〈그림 5-4〉**는 여러 가지 축류식 압축기의 구조와 종류를 나타내고 있다. 압축기 축은 볼, 롤러 베어링에 의해 지지되며 터빈 축과 커플링으로 연결되며 로터를 조립한 후 그 주위로 케이싱이 조합되도록 하기 위해서는 원통형 케이싱은 각 단마다 볼트로 결합되어 있거나 반원통형 두 개로 나뉘어져 축방향으로 볼트 결합되어 있다. 로터에는 압축기 운전 시 블레이드의 원심 부하에 견딜 수 있는 디스크가 있다. 여러 개의 디스크는 기계적으로 결합되어 하나의 로터를 구성하기도 하지만 일반적으로 디스크의 가장자리가 연결 용접되어 드럼모양의 로터를 구성한다. 로터 블레이드를 디스크에 장착하는 전형적인 방법으로 **〈그림 5-5〉**와 같이 단에서의 요구에 부합하도록 원주방향이나 축방향으로 블레이드를 장착한다. 디스크에 블레이드를 장착시키는 기계적 장치는 디스크에 걸리는 힘이 최소화되어 디스크 중량이 최소화 되도록 설계한다. 대부분의 압축기는 생산성과 정비성을 고려하며 블레이드를 **〈그림 5-6(a)〉**와 같이 디스크와 분리하여 설계하지만 소형 엔진일수록 블레이드를 디스크에 장착하는 방법이 어렵게 된다. 그래서 **〈그림 5-6(b)〉**와 같이 발전한 것이 블레이드와 일체화된 디스크를 제작함으로써 이 문제를 해결 할 수 있고 이전보다 무게가 30% 정도 줄일 수 있는 블리스크(blisk; bladed disk)를 사용한다. 또한 최근에 개발된 엔진에는 이보다 더 진보하여 **〈그림 5-6(c)〉**처럼 티타늄 금속기지 복합재료(metal matrix composite: MMC)를 사용하고 중량을 70%까지 줄일 수 있는 블링(bling; bladed ring)을 사용한다.

블링은 블리스크와 같이 블레이드와 디스크가 일체화되어 있을 뿐만 아니라 가운데가 비어 있다. 즉, 중공디스크와 블레이드가 일체화되어 있다.

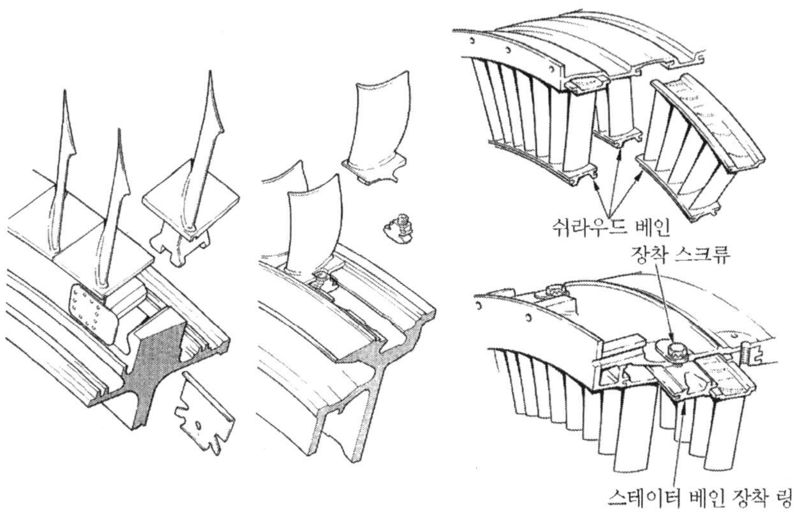

(a) 로터 블레이드 (b) 스테이터 베인

그림 5-5 로터 블레이드와 스테이터 베인 장착 방법 (출처 : [1])

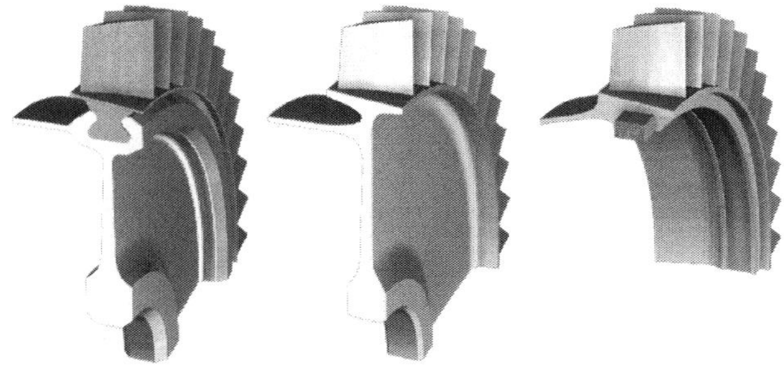

(a) 전형적인 디스크와 블레이드 (b) 블리스크(blisk) (c) 블링(bling)

그림 5-6 스테이터 베인과 로터 블레이드 장착 방법

로터 블레이드의 단면은 **〈그림 5-7〉**과 같이 에어포일 형상이다. 블레이드를 지나는 공기의 축방향 속도가 거의 균일하도록 블레이드의 길이방향으로 압력구배를 주어 설계한다. 끝단으로 갈수록 로터의 원심력에 의한 공기흐름은 빨라지는데 이를 상쇄하기 위해 뿌리로 갈수록 압력을 높도록 설계한다. 이와 같이 하기 위해서는 뿌리(root)에서 끝단(tip)까지의 각 위치에서 정확한 입사각을 주도록 블레이드를 비틀어 제작할 필요가 있다. 압축기를 통과하여 흐르는 공기는 내측 및 외측 벽의 정체공기에 대한 두 개의 저속 경계층을 만든다. 경계층에서의 저속 공기를 보상하기 위해서 끝단과 뿌리 모두에서 블레이드의 캠버를 국부적으로 증가시킨다. 블레이드의 뿌리와 끝단에서 블레이드 끝은 구부러진 형상이며 이를 끝단 굽힘(end-bend)이라고 한다.

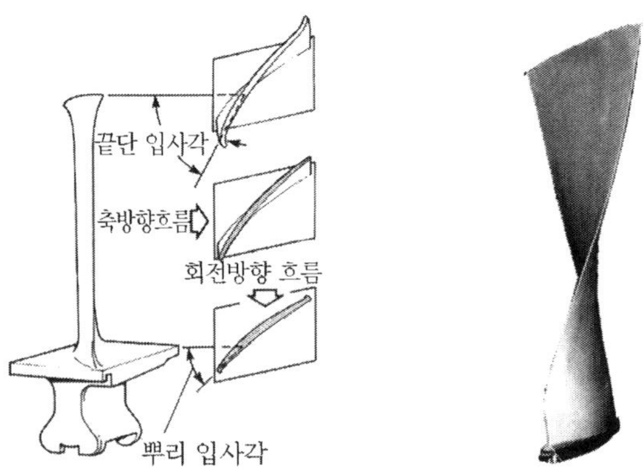

그림 5-7 로터 블레이드의 비틀림 (출처 : [1])

스테이터 베인은 **〈그림 5-5(b)〉**에서 보는바와 같이 압축기 케이싱에 장착되거나 케이싱에 장착되어 있는 베인 부착링에 고정된다. 스테이터 베인의 단면도 에어포일 형상이다. 베인부는 미리 몇 개의 베인이 통째로 제작된 부품들이 보통 결합되며 긴 베인부에서는 유입공기에서 일어나는 진동을 감소시키기 위해 베인 내측을 슈라우드로 고정시키기도 한다. 베인은 케이싱 내에서 회전하지 않게 조립할 필요가 있다.

5.2.2 원심식 압축기 형식 및 형상

터보 프롭이나 터보 샤프트 엔진의 동력은 보통 10,000 마력 이하이고 필요한 최적 압력비는 약 15:1~25:1 정도이다. 이와 같은 소형 동력엔진에서 높은 압력비를 내기 위해 축류식 압축기를 사용하면 끝단에서의 블레이드 높이가 너무 작아 팁 유출(tip leakage)이 생겨서 효율이 떨어지게 된다. 그러나 동일 유량과 출구 밀도에서 원심식 압축기를 사용하면 원심식 압축기는 단당 압력비가 높아 몇 개의 단으로 이를 해결 할 수가 있다.

원심식 압축기는 임펠러의 단면에서 공기를 흡입하는 단면 흡입식과 양면으로부터 흡입하는 양면 흡입식이 있고 때때로 2단식 단면 임펠러가 사용되기도 한다. **〈그림 5-8〉**은 단면 흡입식과 양면 흡입식의 임펠러와 단면구조를 보여주고 있다. 임펠러는 케이싱에 의해 지지되며, 케이싱에는 디퓨저 베인링(diffuser vane ring)도 부착되어 있다. 양면 흡입 임펠러(double entry impeller)를 사용하는 경우 뒷면의 공기 흐름은 방향이 역전되며 공기실(plenum chamber)이 필요하다.

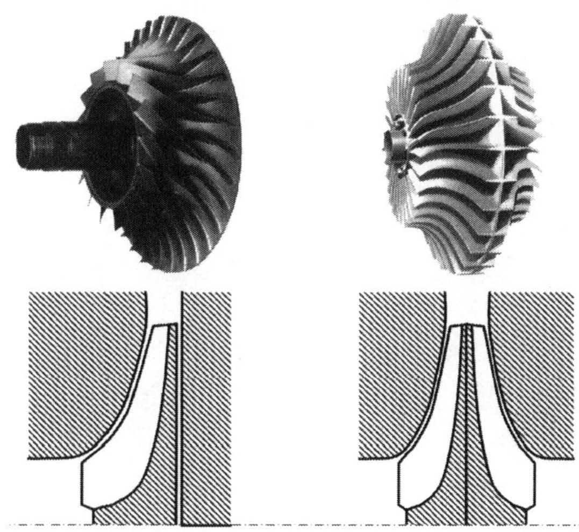

(a) 단면 흡입식　　(b) 양면 흡입식

그림 5-8 원심식 압축기의 종류 (출처 : [1])

압축기의 작동원리를 간단하게 살펴보면 **〈그림 5-9〉**처럼 임펠러는 터빈에 의해 고속으로 회전하며 공기는 임펠러 중앙부로 계속 유입된다. 유입된 공기는 원심작용 때문에 바깥 반경방향으로 임펠러 선단까지 흐르며 이때 공기는 가속되고 압력상승이 일어난다. 엔진 흡입덕트에는 압축기로 유입되는 공기에 초기 스월(swirl)을 주기 위해 베인이 부착되어 있을 수 있다. 임펠러를 통과한 공기는 확산형 노즐형태인 디퓨저부를 통과한다.

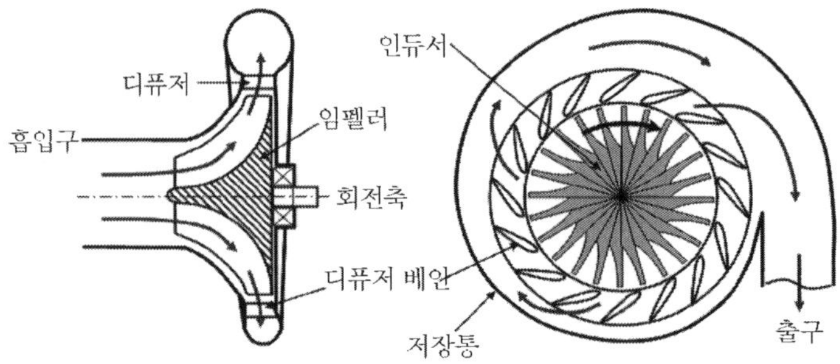

그림 5-9 원심식 압축기의 작동원리

공기가 디퓨저를 통과하면서 운동에너지의 대부분은 압력 에너지로 변환된다. 실제 경우 압력 상승의 절반은 임펠러에서 일어나고 나머지 절반은 디퓨저에서 일어나도록 압축기를 설계하는 것이 보통이다. 압축기를 통과하는 공기유량과 압력 상승을 최대로 하기 위해서 임펠러는 고속으로 회전하여야 하는데 이때 임펠러의 익단부 속도는 490m/s가 되기도 한다. 이렇게 임펠러 익단에서의 공기속도를 높이는 것은 더욱 많은 에너지가 압력으로 변환될 수 있도록 하기 위해서이다. 압축기의 효율을 유지하기 위해서는 임펠러와 케이싱 사이에서 이들 사이의 간격을 가능한 최소로 유지하여 과도하게 공기가 누설되지 않도록 해야 한다.

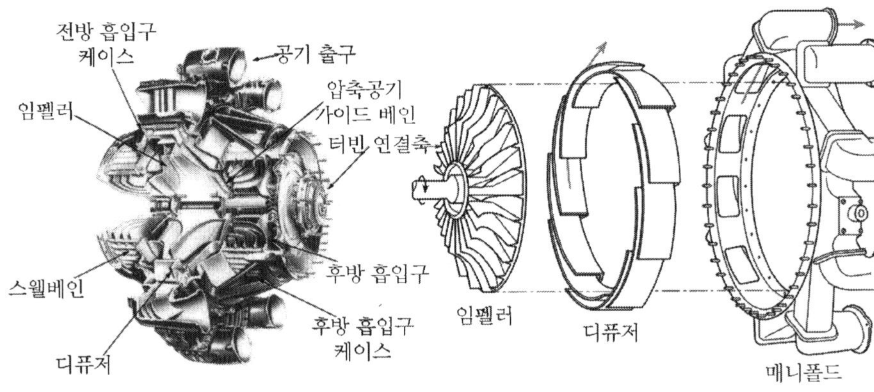

(a) 양면 흡입식(출처 : [1]) (b) 단면 흡입식

그림 5-10 원심식 압축기의 구조

압축기의 구조를 살펴보면 〈**그림 5-10**〉처럼 압축기 중심축 주위에는 임펠러, 디퓨저와 공기 흡입 시스템이 배치되어 있다. 임펠러축은 볼이나 롤러베어링으로 지지되어 회전하며 터빈축과 일체형으로 되어 있거나 장탈이 용이하도록 커플링으로 연결되어 있다. 임펠러는 일체형이며 반경방향으로 배열된 베인이 단면 또는 양면에 있는 단조디스크로 이루어져 있고 압축기 케이싱과 함께 수축형 통로를 형성한다. 베인은 굽어져 있을 수도 있으나 제작을 쉽게 하기 위해 보통 직선

방사형 베인이 사용된다. 흡입덕트의 축방향 흐름 공기를 회전하는 임펠러로 쉽게 보내기위해 임펠러 중심부의 베인은 회전방향으로 휘어져 있다. 휘어진 부분은 방사형 베인과 일체형으로 되어 있거나 쉽게 제조하고 정밀도를 높이기 위해 별도로 만들어 질 수도 있다. 원심식 압축기 디퓨저는 압축기 케이싱과 일체구조이거나 별도구조로 제작되어 케이싱에 부착되며, 디퓨저 내부에는 임펠러와 접선방향을 이루는 많은 베인이 설치되어 있다. 베인 통로는 속도에너지를 압력에너지로 바꾸기 위해 확산형으로 되어 있고, 베인의 안쪽 끝부분은 임펠러에서 나오는 공기흐름의 합성방향과 같은 방향을 이룬다. 임펠러와 디퓨저 사이의 간격은 설계시 신중하게 결정하여야 할 요소이며 간격이 너무 좁으면 공기역학적으로 난기류가 충돌하며 그 충력이 다시 임펠러에 전달되며 불안정한 공기흐름과 진동을 초래한다.

5.2.3 압축기 재질

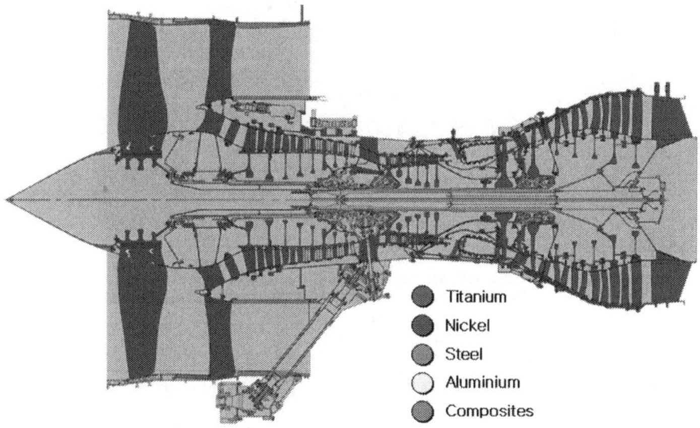

그림 5-11 엔진에 사용되는 금속재료의 주요성분 (출처 : [2])

압축기 각 부품의 재질을 선정하는데 재질원가도 중요하지만 항공기 엔진에서는 작동부하와 온도에 충분히 결딜 수 있고 가장 경량인 재료를 선정한다. 압축기 케이싱은 가장 높은 효율을 얻기 위하여 블레이드 익단 간극(blade tip clearance)이 정확하게 유지될 수 있도록 견고한 구조물로 설계 제작하여야 하며 특히 무게가 경량이어야 한다.

압축기 케이싱의 전단부는 알루미늄이 사용되고 고온이 되는 후단부에 갈수록 합금강이 사용된다. 압축기 마지막 부근 단 고압부에서의 온도는 강이 견딜 수 있는 온도보다 높으므로 고온에 견딜 수 있는 니켈-크롬강과 같은 니켈 합금으로 제작한다. 최근에서는 **〈그림 5-11〉**처럼 알루미늄이나 강을 대신하여 티타늄의 사용이 보편화 되고 있다. 특히 중량당 강성이 요구되는 군용기에서 티타늄을 사용하면 경량화를 이룰 수 있다. 티타늄 재질 가격 자체는 비싸지만 제작기술의 발달로 부품가격은 적정한 수준이 되고 있다. 압축기 스테이터 베인은 외부 흡입물질로 인한 손상에 견딜 수 있는 고피로강도를 가져야 하며 보통 강 또는 니켈 합금으로 만들어진다. 초기설계에서 스테이터 베인은 알루미늄 합금으로 제작되었는데 외부 흡입물질로 인한 손상에 견딜 수 없는 취약점 때문에 지금은 알루미늄 합금이 거의 사용되지 않고 있다. 티타늄 합금은 저압부 스테이터 베인에는 사용될 수도 있지만, 고온 고압의 압축기 후반부의 작은 스테이터 베인에는 적합하지 않다. 그 이유는 만일 어떤 기계적 결함으로 로터와 스테이터가 서로 마찰하게 되면 열이 발생하여 티타늄이 열에 의해 타거나 변형될 수 있고 이렇게 되면 수리비용이 많이 들고 항공기 안전운항에 위험을 주기 때문이다.

압축기 로터의 디스크, 드럼 및 블레이드는 원심력이 크기 때문에 중량당 강도가 가장 높은 금속으로 제작해야 한다. 티타늄은 초기 원가가 많이 드는 단점이 있지만 엔진 구조물에 걸리는 하중은 경감 할 수 있는 경량 로터를 제작할 수 있고 나아가 중량을 줄일 수 있기 때문에 과거 설계에서 선호되던 강합금의 로터 부품은 티타늄으로 교체 사용되고 있다. 고온 티타늄합금이 개발 제작됨에 따라 압축기 후반부에 사용되던 니켈 합금이 점진적으로 고온 티타늄합금으로 대체되고 있다.

고바이패스비 엔진의 팬 블레이드는 니켈합금 단조물을 기계 가공하여 제작되었지만 최근에는 경량인 티타늄합금으로 제작한다. 팬 블레이드의 결함 시 발생 할 수 있는 비평형 힘에 대하여 엔진 전방부 구조가 충분히 견딜 수 있어야 하기 때문에 팬 블레이드를 경량을 제작하여야 한다. **〈그림 5-12〉**는 팬 블레이드의 중간 스팬 지지기능을 가진 전형적인 팬 블레이드와 중간 스팬 지지기능이 없는 넓은 익현을 가진 팬 블레이드를 나타내고 있다. 티타늄 재료를 사용하더라도 견고하고 가벼운 팬 블레이드를 제작하려면 블레이드의 익현 길이가 짧아야 한다. 익현 설계에서는 공력학적 불안정성을 방지하기 위해 스누버(snuber), 클래퍼(clapper)와 같은 중간 스팬을 지지하는 기능이 필요하다. 그러나 스누버의 설계는 초음속에서 압력손실이 크고 효율과 공기흐름을 감소시키는 단점이 있기 때문에 넓은 익현 팬 블레이드를 설계하여 이 결점을 극복하고 있다. 이렇게 함으로써 4% 정도의 효율 상승을 가져올 수 있다. 익현을 넓히면 스누버를 사용하지 않고도 공력 안정성이 유지된다. 팬 블레이드의 내부구조를 벌집구조로 제작하고 표피를 티타늄으로 제작하면 무게를 최대로 감소시킬 수 있다. 최근에는 구조강도도 높게 하고 무게도 경감시킬 수 있는 **〈그림 5-13〉**과 같은 벌집구조가 아닌 일체형 초소성/환산접합(super-plastic forming) 구조로 된 블레이드가 사용되고 있다.

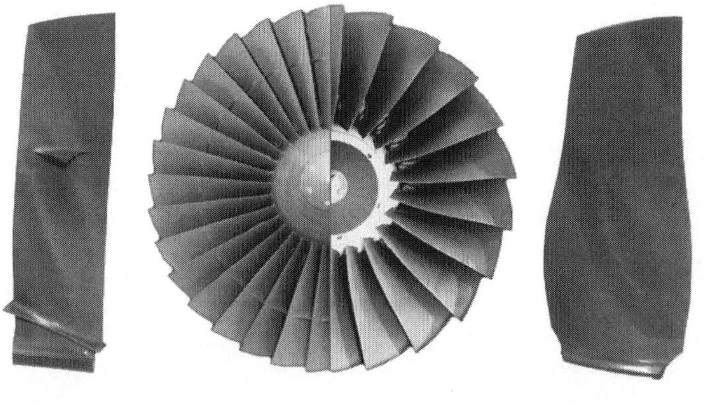

(a) 전형적인 팬 블레이드 (b) 넓은 익현을 가진 팬 블레이드

그림 5-12 팬 블레이드의 발전 (출처 : [1])

원심식 압축기의 임펠러 재질의 요구조건은 축류식 압축기 회전자의 요구조건과 거의 흡사하다. 적절한 흡입력 및 낮은 온도의 대형 저압력비 원심식 압축기의 임펠러 재질은 아직도 알루미늄이 사용되지만 원심압축기 임펠러 재질로는 티타늄이 보통 사용된다.

압축기의 제조과정에서 임펠러나 로터의 평형을 맞추는 일은 아주 중요하다. 압축기가 고속으로 회전하고 있는 동안 어떤 회전부품이 비평형을 이루고 있다면 회전체 베어링 및 엔진의 작동에 치명적인 영향을 준다. 압축기를 평형시키는데는 특수한 평형장비가 필요하다. 보통 제작뿐만 아니라 정비 오버홀시에 로터를 평형시키기 위해 로터 끝단이 조금 더 긴 것을 장착하고 회전시키면서 그 끝을 평형에 맞게 갈아낸다. 정적평형을 맞추기 위해 로터 블레이드 하나를 바꾸게 되면 정반대의 다른 한쪽도 똑같이 교체하며 동적 평형을 맞추기 위해 로터를 회전시키면서 진동을 감지하여 평형을 맞춰준다.

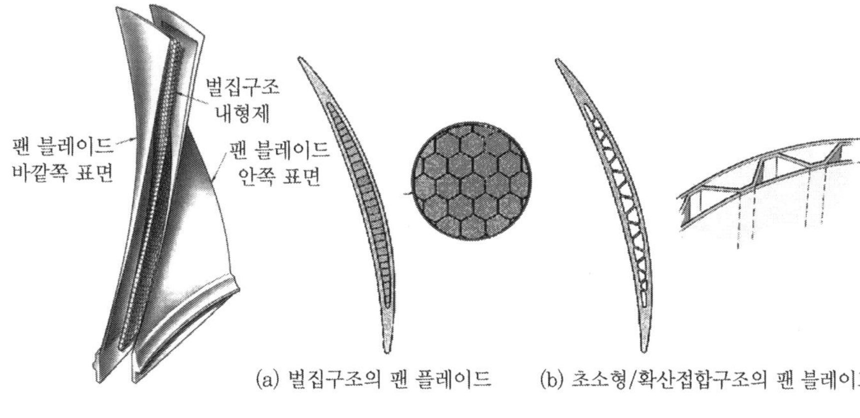

(a) 벌집구조의 팬 플레이드 (b) 초소형/확산접합구조의 팬 블레이드

그림 5-13 팬 블레이드의 내부구조

5.3 압축기의 성능

5.3.1 축류식 압축기

1. 압축기의 일과 압축

축류식 압축기는 여러 개의 에어포일(airfoil) 모양의 블레이드가 원형 디스크에 부착되어 회전을 하며 공기를 밀어서 가속시킨다. 회전하면서 공기에 운동에너지를 전달하여 속도를 높여주는 부분이 로터(rotor)이고, 로터를 거쳐 나온 공기의 운동에너지를 압력으로 전환시키는 정지부분이 스테이터(stator)이다. 축류식 압축기의 블레이드는 블레이드 각 단에서 블레이드 각이 비슷하려면 블레이드에 대한 축방향 속도성분(C_z)이 비슷하거나 일정해야 한다. 압축기에서는 냉각공기로 사용되는 것을 제외한다면 질량유량은 일정하다고 가정할 수 있다. $\dot{m}=\rho A C_z$이므로 $\rho_{front} A_f C_{zF}=\rho_{rear} A_r C_{zR}$이다. 여기서 하첨자 F는 front(전방), R은 rear(후방)을 나타낸다. 입구와 출구에서의 축방향 속도가 같다면($C_{zF}= C_{zR}$) 하류로 갈수록 밀도는 높아지므로($\rho_R > \rho_F$) 공기가 지나는 통로단면적은 하류로 갈수록 점점 작아져야($A_R < A_F$) 한다.

압축기와 같은 회전기계를 해석할 때의 좌표계는 **〈그림 2-3〉**과 같이 원통좌표계를 주로 사용하며, **〈그림 2-4〉**는 회전기계의 실린더 환형제어체적을 나타내며 토크와 동력에 관한 기초 관계식은 2.2.3.절에서 자세하게 설명하였다.

터보 기계 내부에서의 관찰은 시험대나 항공기 기체등과 같은 기계의 기체에 고정되어 있는 절대 좌표계와 기계의 로터의 관점에서 관찰하는 상대 좌표계의 두 가지 관점을 고려해 볼 수 있다. 절대 좌표계에서 관찰된 유동속도를 $\vec{C}$ 라고 쓰며 이를 절대속도라 한다. 상대 좌표계에서 관찰된 속도를 $\vec{W}$ 라 쓰며 이를 상대속도라 한다. 어떠한 점에서 이 두 벡터의 차는 그 점에서의 블레이드의 접선방향 속도이며 $\vec{U}$ 라 나타낸다. 이들의 관계는 식 (5.1)과 같다. 또 이 벡터 방정식을 속도 삼각형의 그림을 이용하여 각 위치에서 속도 성분을 구할 수 있다.

$$\vec{C}=\vec{U}+\vec{W} \tag{5.1}$$

축방향은 하첨자 z, 접선방향은 하첨자 θ를 붙여 나타낸다. 접선방향의 +방향은 $\vec{U}$의 속도 방향인 접선속도 방향이다. 로터 유동각 β_1과 β_2의 +방향각은 로터회전방향 $\vec{U}$와 같은 방향인 시계방향이고, 로터회전과 반대 방향인 반시계방향은 −각으로 취한다.

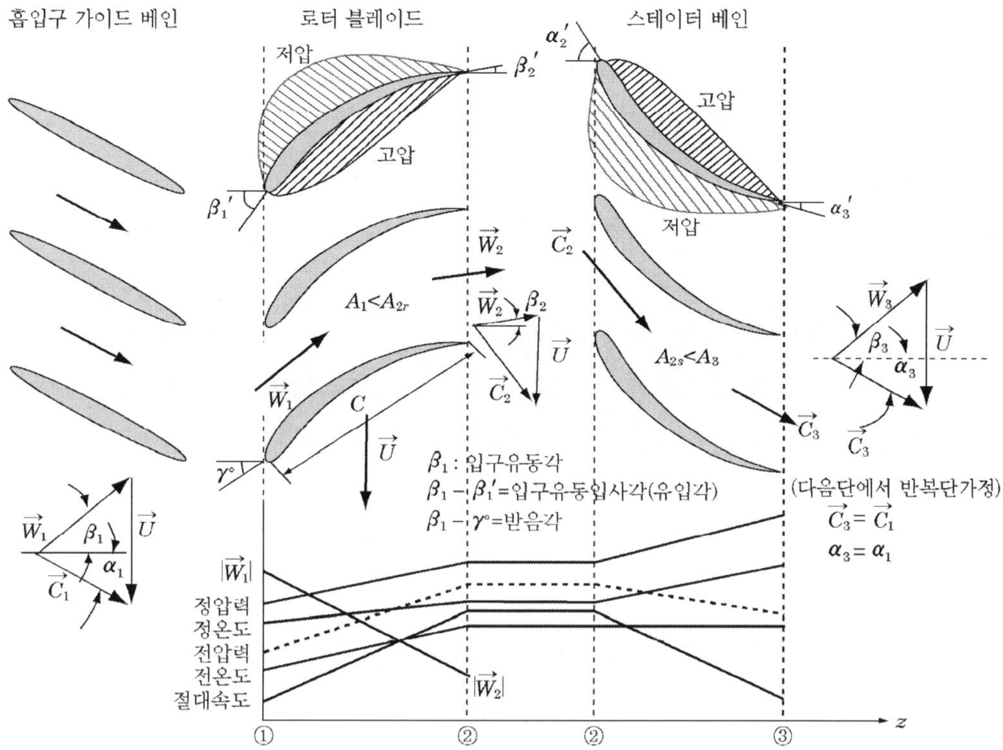

그림 5-14 압축기의 블레이드 평균 반지름 위치에서의 단면도 및 압력, 온도, 속도 변화

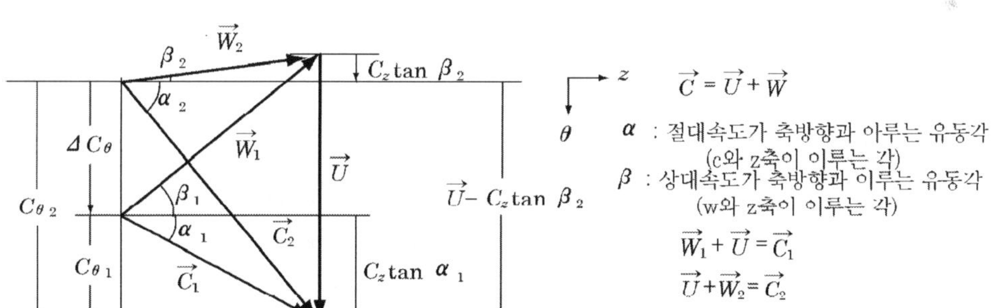

그림 5-15 압축기 블레이드 평균 반지름 위치에서의 속도삼각형

〈그림 5-14〉는 평균 반지름 위치에서 한 개 단의 로터 블레이드와 스테이터 베인 단면을 나타내고 있다. 위치 1은 로터 입구를 나타내고 2는 로터 출구 또는 스테이터 입구를 나타내며, 3은 스테이터 출구를 나타낸다. 로터블레이드의 앞전(leading edge)과 뒷전(trailing edge)의 축방향과 각각 이루는 각을 블레이드 입구 시위각(blade inlet angle) β_1', 블레이드 출구 시위각(blade exit angle) β_2'라 하며, β_1'와 β_2'의 차이를 캠버각(camber angle)라 한다. 로터 입구와 출구

에서 상대속도 $\overrightarrow{W}$가 축방향과 이루는 각을 로터 유동각(flow angle)이라 하며, β_1은 입구유동각(flow inlet angle)이고, β_2는 출구유동각(flow exit angle)이다. 앞전에서 상대속도와 시위선이 이루는 각 즉, β_1와 β_1'의 차이각을 입구유동입사각(유입각, inlet flow incidence angle)이라 하며, 뒷전에서 β_2와 β_2'의 차이각을 출구 이탈각(exit deviation angle)이라 한다.

블레이드 시위선이 축방향과 이루는 각을 엇갈림각(stagger angle, γ^o)이라 하고, 로터 입구유동각(β_1)과 엇갈림각(γ^o)의 차이각, 즉 $\beta_1-\gamma^o$를 받음각(angle of attack)이라 한다. 입구유동각β_1이 커지면 블레이드 유입각이나 받음각이 커지게 되고, 블레이드 표면의 유동 경계층이 박리될 가능성이 커지고, 박리가 계속 일어나면 실속이 일어난다. 압축기 블레이드 사이를 지나는 유동은 역구배 압력 유동이기 때문에 경계층 박리에 유의하여야 하며, 압축기 실속을 방지 하기 위해서는 블레이드 유입각을 너무 크지 않게 적절하게 유지하여야 한다. 로터 블레이드로 유입하는 상대속도 $\overrightarrow{W_1}$과 $\overrightarrow{W_2}$가 이루는 각 즉, $\beta_2-\beta_1$을 로터 유동회전각(rotor flow turning angle) 또는 편향각(deflection)이라 하며, δ_{12}로 나타내기도 한다.

축류압축기에서 단수는 여러 단이기 때문에 각 단은 동일 블레이드 형상이 반복된다고 가정할 수 있다. 따라서 $\overrightarrow{C_3}=\overrightarrow{C_1}$이고 $\alpha_3=\alpha_1$이라 가정한다. **〈그림 5-14〉**에서 볼록한 부분(convex)은 상대적으로 압력이 낮으며 이를 흡입면(suction side)이라 하고 상대적으로 압력이 높은 오목한 부분(concave)은 압력면(pressure side)이라 한다. 로터가 회전하면서 공기에 모멘텀을 주므로 로터에서 절대 속도는 증가하고 전온도는 증가한다. 로터는 공기에 모멘텀을 주어 접선방향 속도를 ΔC_θ만큼 증가시킨다. 로터와 스테이터 사이의 면적은 출구로 가면서 넓어지며, 이것은 일종의 작은 디퓨저 형상이다. 로터와 스테이터를 지나는 동안 각 블레이드 사이의 상대 속도는 감소하고 따라서 각 블레이드에서의 압력은 증가한다. **〈그림 5-14〉**에서 로터에서는 상대속도 $\overrightarrow{W}$의 감소를 알 수 있고, 스테이터에서는 $\overrightarrow{U}=0$이므로 상대속도는 없으며 확산통로이므로 $\overrightarrow{C}$는 감소하고 있다. 축방향으로 가면 블레이드의 중심선 반경이 커지므로 반경 방향으로의 속도성분이 조금 있으나 무시할 수 있다. 즉 블레이드 입구 ①과 블레이드 출구 ② 사이를 지날 때 $r_2 \neq r_1$이므로 위치 ①과 ②에서 평균 반지름 위치에서의 블레이드 접선 속도는 약간 차이가 날 수 있으므로 $U_2 \neq U_1$이다. 그러나 $r_2 - r_1 \ll r_1$이므로 $U_2 \simeq U_1 = U$라 가정 할 수 있다.

축방향 속도가 일정하다고 가정하면 **〈그림 5-15〉**의 압축기 블레이드 속도 삼각형에서 $C_{z1}=C_{z2}=C_z$가 된다. 이는 평균 반경에서의 설계 조건이 되는데 실제로는 반경에 따라 C_z가 다르고 탈설계 작동점에서는 압축기 각 위치에서의 C_z는 다르게 된다. 다단 축류 압축기에서 각 단은 반복되고, 같은 블레이드 형상을 가진다고 생각하면 $\overrightarrow{C_3}=\overrightarrow{C_1}$가 되고 $\alpha_3=\alpha_1$가 됨을 다시 한번 유의하라.

축대칭 비압축성 유동에 대한 연속의 식, 반경방향 모멘텀 식, 접선방향 모멘텀 식, 축방향 모멘텀 식은 다음과 같다.

연속의 식: $\dfrac{\partial}{\partial r}(\rho r C_r) + \dfrac{\partial}{\partial z}(\rho z C_z) = 0$

반경방향 모멘텀 식: $\dfrac{\partial C_r}{\partial t} + C_r \dfrac{\partial C_r}{\partial r} + C_z \dfrac{\partial C_r}{\partial z} - \dfrac{C_\theta^2}{r} = -\dfrac{1}{\rho}\dfrac{\partial P}{\partial r}$

접선방향 모멘텀 식: $\dfrac{\partial C_\theta}{\partial t} + C_r \dfrac{\partial C_\theta}{\partial r} + C_z \dfrac{\partial C_\theta}{\partial z} + \dfrac{C_\theta C_r}{r} = 0$

축방향 모멘텀 식: $\dfrac{\partial C_z}{\partial t} + C_r \dfrac{\partial C_z}{\partial r} + C_z \dfrac{\partial C_z}{\partial z} = -\dfrac{1}{\rho}\dfrac{\partial P}{\partial z}$

식 (2.32)를 참조하면 로터 내에서 유체(공기)에 작동하는 토크는 다음과 같다.

$$\tau = \dot{m}[(rC_\theta)_2 - (rC_\theta)_1] \tag{5.2}$$

또한 식 (2.34)를 참조하면 로터를 구동하기 위해 필요한 동력은 다음과 같다.

$$P_s = \tau\Omega = \dot{m}[(rC_\theta)_2 - (rC_\theta)_1]\Omega \tag{5.3}$$

여기서 $r\Omega = U$이므로 위 식은 다시 다음처럼 나타낼 수 있다.

$$P_s = \dot{m}[U_2 C_{\theta 2} - U_1 C_{\theta 1}] \tag{5.4a}$$

$U_1 = U_2 = U$ 라고 가정하면,

$$P_s = \dot{m}U[(C_\theta)_2 - (C_\theta)_1] \tag{5.4b}$$

양변을 질량 유량 $\dot{m}$으로 나누면 다음과 같이 정리 될 수 있다.

$$\frac{P_s}{\dot{m}} = w_c = U(C_{\theta 2} - C_{\theta 1}) \text{ 또는 } w_c = U\Delta C_\theta \tag{5.5}$$

여기서 w_c는 로터가 유체에 가한 단위 질량당 일을 의미한다.

스테이터에서는 $\Delta C_\theta \neq 0$라 하더라도 $U = 0$이기 때문에 스테이터에 의해 유체가 받는 일은 0이 된다. 그러나 유체에 의해 스테이터에 가해지는 토크는 유체에 가해지는 토크와 반대 방향이며 다음과 같다.

$$\tau = \dot{m}[(rC_\theta)_3 - (rC_\theta)_2] \tag{5.6}$$

〈그림 5-16〉은 압축기 한단에서의 T-s 선도를 나타내며 열역학적 해석을 해보자. ①, ②, ③ 사이 중 압축기의 끝단 온도는 증가하지만 공기로부터의 열전달은 일 전달에 비해 매우 작으므로

단열과정이라 가정한다.

스테이터에서는 일과 열의 출입이 없으므로, $h_{02} = h_{03}$이다. 로터에서 상대 전엔탈피는 일정하며, $h_{01,rel} = h_{02rel}$이다. 즉 $h_1 + \frac{W_1^2}{2} = h_2 + \frac{W_2^2}{2}$이다.

열역학 제 1법칙을 적용해 보자.

$$\dot{Q} - \dot{W} + \dot{m}_i h_{0i} - \dot{m}_e h_{0e} = \frac{d}{dt}(E_{sys}) \tag{5.7}$$

하지만 여기서 단열과정이라 가정하였으므로 좌변의 첫째항인 $\dot{Q}$는 무시할 수 있고 정상과정이라 가정하고 이를 다시 쓰면 다음과 같다.

$$-\dot{W} = \dot{m}_e h_{0e} - \dot{m}_i h_{0i} \tag{5.8}$$

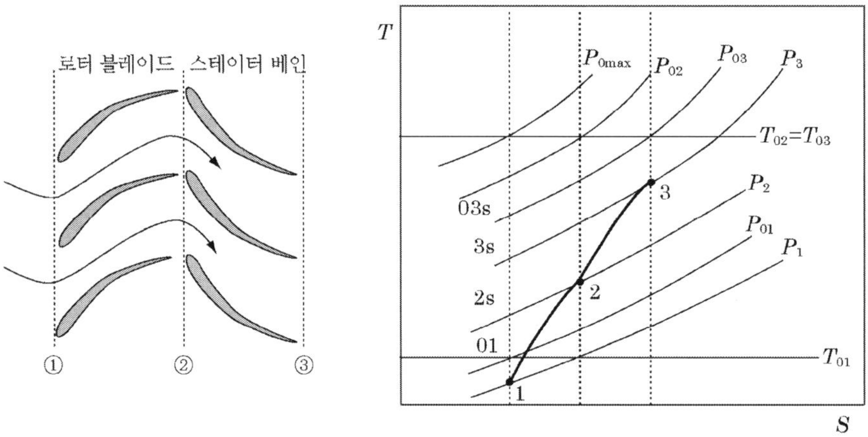

그림 5-16 압축기 한 단에서의 T-s 선도

여기서 $-\dot{W}$는 공기(유체)가 압축기에 의해 받은 일률을 의미한다. 압축기 전체에서 질량 유량은 일정하므로 $\dot{m}_e = \dot{m}_i = \dot{m}$이 되며 따라서 위 식은 다음과 같이 나타낼 수 있다.

$$-\dot{W} = \dot{m}(h_{02} - h_{01}) \tag{5.9}$$

다시 양변을 질량유량으로 나누어주면 다음과 같이 쓸 수 있다.

$$-\frac{\dot{W}}{\dot{m}} = -w = h_{02} - h_{01} \tag{5.10}$$

여기서 $-w = -\dot{W}/\dot{m}$은 단위질량당 공기가 압축기에 의해 받은 일을 의미하며 이는 압축기가 공기에 한 일과 같다. 즉 $-w=w_c$의 관계가 성립한다. 식 (5.5)와 식 (5.10)을 이용하여 정리하면 다음과 같은 식을 쓸 수 있다.

$$(h_{02}-h_{01})=U(C_{\theta 2}-C_{\theta 1}) \text{ 또는 } \Delta h_0 = U\Delta C_\theta \tag{5.11}$$

이 식에 양변을 $c_p T_{01}$으로 나누면 다음과 같다.

$$\frac{T_{02}-T_{01}}{T_{01}}=\frac{U\Delta C_\theta}{c_p T_{01}} \tag{5.12a}$$

$$\frac{T_{02}}{T_{01}}=1+\frac{U\Delta C_\theta}{c_p T_{01}} \tag{5.12b}$$

여기서 T_{01} 값은 $T_{01}=T_1(1+\frac{\gamma-1}{2}M_1^2)$에서 구하며, $M_1=\frac{C_1}{a_1}$이다. 또는 $T_{01}=T_1+\frac{C_1^2}{2c_p}$에서도 구할 수 있다.

식(5.12a)는 로터를 통한 무차원 정체 온도의 상승을 나타낸다.

또 P_{01}은 $P_{01}=P_1(\frac{T_{01}}{T_1})^{\frac{\gamma}{\gamma-1}}$에서 구하며, 식 (5.17)을 유도한 바와 같은 방법으로 P_{02}는 $\frac{P_{02}}{P_{01}}=(1+\eta_{12}\frac{U\Delta C_\theta}{c_p T_{01}})^{\frac{\gamma}{\gamma-1}}$에서 구할 수 있다.

T_2는 $T_2=T_{02}-\frac{C_2^2}{2c_p}$에서 구할 수 있으므로, $a_2=\sqrt{\gamma RT}$에서 로터 출구의 음속과 M_2를 구할 수 있다. P_2는 $\frac{P_{02}}{P_2}=(1+\frac{\gamma-1}{2}M_2^2)^{\frac{\gamma}{\gamma-1}}$에서 구할 수 있다. 또 스테이터를 지날 때 단열과정이며 일의 출입은 없으므로 $T_{02}=T_{03}$의 관계가 성립하므로 위 식은 다시 다음과 같이 나타낼 수 있다.

$$\frac{T_{03}-T_{01}}{T_{01}}=\frac{U\Delta C_\theta}{c_p T_{01}} \tag{5.13a}$$

$$\frac{T_{03}}{T_{01}}=1+\frac{U\Delta C_\theta}{c_p T_{01}} \tag{5.13b}$$

T_3는 $T_3=T_{03}-\frac{C_3^2}{2c_p}$에서 구할 수 있으므로, a_3와 M_3를 구할 수 있다.

위 식은 스테이터와 로터로 구성되어진 한 단을 지나는 공기의 전온도 상승을 나타낸다. 스테이터의 입구와 출구에서의 전온도의 증가는 없다 하더라도 전압력의 손실은 존재하며 따라서 전압력은 스테이터 입구보다 출구에서 더 낮다. 즉 $P_{03}<P_{02}<P_{0max}$의 관계를 가지며 〈그림 5-16〉에 이를 나타나 있다.

압축기 폴리트로픽 효율η_{pc}를 알고 있을 때, 압축기 한단에서의 전온도 상승비 $\dfrac{T_{03}}{T_{01}}$을 알면 전압력 상승비 $\dfrac{P_{03}}{P_{01}}$는 다음 관계식에서 알 수 있다.

$$\frac{P_{03}}{P_{01}} = \left(\frac{T_{03}}{T_{01}}\right)^{\frac{\gamma\,\eta_{pc}}{\gamma-1}} = \left(1+\frac{U\Delta C_\theta}{c_p T_{01}}\right)^{\frac{\gamma\,\eta_{pc}}{\gamma-1}} \tag{5.14}$$

압축기 한단에서의 등엔트로피 효율 η_{st}를 알 때, 전압력상승비를 구하는 방법을 알아보자. 압축기 한 단에서의 효율은 다음과 같이 정의된다.

$$\eta_{st} = \frac{h_{03s}-h_{01}}{h_{03}-h_{01}} = \frac{\dfrac{T_{03s}}{T_{01}}-1}{\dfrac{T_{03}-T_{01}}{T_{01}}} = \frac{\dfrac{T_{03s}}{T_{01}}-1}{\dfrac{\Delta T_0}{T_{01}}} \tag{5.15}$$

비열이 일정하다고 가정 할 때 한 단에서의 정체온도비를 다음과 같이 구할 수 있다.

$$\frac{T_{03s}}{T_{01}} = 1+\eta_{st}\frac{\Delta T_0}{T_{01}} = 1+\eta_{st}\frac{\Delta h_0}{c_p T_{01}} = 1+\eta_{st}\frac{U\Delta C_\theta}{c_p T_{01}} \tag{5.15}$$

여기서 ΔT_0는 $T_{02}=T_{03}$이므로 $\Delta T_0 = T_{03}-T_{01} = T_{02}-T_{01}$이다.

등엔트로피 과정에서 압력과 온도의 관계는 다음과 같다.

$$\frac{T_{03s}}{T_{01}} = \left(\frac{P_{03s}}{P_{01}}\right)^{\frac{\gamma-1}{\gamma}} = \left(\frac{P_{03}}{P_{01}}\right)^{\frac{\gamma-1}{\gamma}} \tag{5.16}$$

압축기 단을 통한 전압력 상승을 구하기 위해서 식 (5.15)와 식 (5.16)을 사용하면 다음과 같이 나타낼 수 있다.

$$\frac{P_{03}}{P_{01}} = \left(\frac{T_{03s}}{T_{01}}\right)^{\frac{\gamma}{\gamma-1}} = \left(1+\eta_{st}\frac{\Delta T_0}{T_{01}}\right)^{\frac{\gamma}{\gamma-1}} \tag{5.17}$$

P_3는 $\dfrac{P_{03}}{P_3} = \left(1+\dfrac{\gamma-1}{2}M_3^2\right)^{\frac{\gamma}{\gamma-1}}$에서 구할 수 있다.

식 (5.13a)을 이용하여 위 식을 다시 나타내면

$$\frac{P_{03}}{P_{01}} = \left(1+\eta_{st}\frac{U\Delta C_\theta}{c_p T_{01}}\right)^{\frac{\gamma}{\gamma-1}} \tag{5.18a}$$

$$= \left(1 + \eta_{st} \frac{U^2}{c_p T_{01}} \frac{\Delta C_\theta}{U}\right)^{\frac{\gamma}{\gamma-1}}$$

$$= \left[1 + \eta_{st} (\gamma - 1) \left(\frac{U}{\sqrt{\gamma R T_{01}}}\right)^2 \frac{\Delta C_\theta}{U}\right]^{\frac{\gamma}{\gamma-1}} \tag{5.18b}$$

식 (5.18(b))에서 한 단에서의 전압력 상승비를 구하기 위해서는 $\frac{\Delta C_\theta}{U}$, η_{st}, $U/\sqrt{\gamma R T_{01}}$을 알아야 함을 알 수 있다. 여기서 $U/\sqrt{\gamma R T_{01}}$는 입구정체 온도를 기준한 블레이드 속도 마하수라 부른다. 식 (5.18)에서 볼 수 있듯이 로터 블레이드의 회전 속도 U와 접선방향 속도 성분인 ΔC_θ가 클수록 한 단에서의 전압력 상승은 커지지만 전압력 상승은 블레이드 표면의 경계층이나 블레이드 통로 끝단에서 경계층의 이상거동 때문에 제한된다. 압축기 한 단에서 압력상승은 높은 단효율을 가지고 주어진 접선방향 속도 ΔC_θ가 공급되는 동안만 가능하다. 만약 이보다 압력상승이 과도하게 높게 된다면 경계층의 이상거동이 블레이드 표면이나 블레이드 통로의 끝단에서 발생하며 압축기 한 단에서 더 이상의 압력비 증가를 발생시키지 못하게 된다.

예제 5-1 101.3kPa, 290K의 공기가 축류식 압축기 제 3단의 로터에 절대 속도 200m/s 크기로 30° 로 들어오고 있다. 로터 팁의 반지름 66cm이고 허브의 반지름은 44cm이다. 그리고 로터는 6000rpm으로 회전하고 있다. 로터 출구의 유동각은 12°이다. 공기의 비열비는 1.4이며 기체상수는 0.288kJ/kg · K, 정압비열은 1.0kJ/kg-K이다.

1) 속도 삼각형을 그려라.
2) 블레이드의 속도를 구하라.
3) 로터 입구에서의 상대속도를 구하라.
4) 로터 출구에서의 상대속도를 구하라.
5) 로터 출구에서의 절대속도를 구하라.
6) 이 단의 입구와 출구에서의 무차원 전온도 상승비를 구하라.
7) 이 단에서의 전압력 상승비를 구하라.

풀이 1)

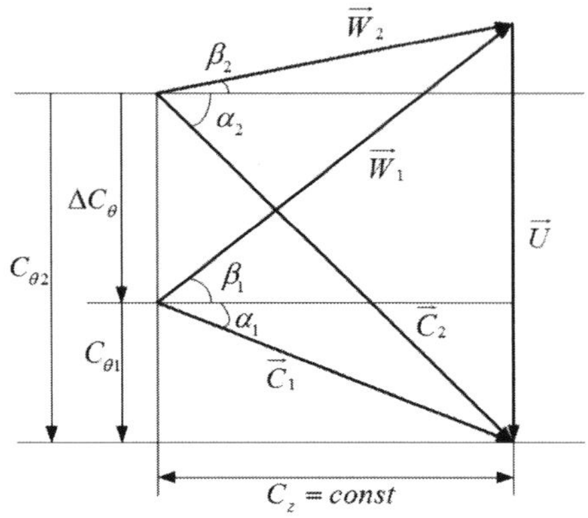

2) 평균 반지름 : $r_m = \dfrac{r_t + r_h}{2} = \dfrac{66+44}{2} = 55\ cm$

블레이드 속도 : $\vec{U} = r_m \Omega = \dfrac{r_m 2\pi N}{60}$

$$= (0.55m) \times \left(\frac{6000\,rev}{1\min}\right) \times \left(\frac{2\pi\ rad}{1\ rev}\right) \times \left(\frac{1\min}{60\sec}\right)$$

$$= 345.58\ m/\sec$$

3) 축방향 속도 : $C_z = C_1 \cos\alpha_1 = 200\cos 30^\circ = 173.21\ m/s$

로터 입구 상대속도의 유동각 :

$$\beta_1 = \tan^{-1}\frac{U - C_{\theta 1}}{C_z} = \tan^{-1}\frac{345.58 - 100}{173.21} = 54.80^\circ$$

로터 입구 상대속도 : $W_1 = \dfrac{C_z}{\cos\beta_1} = \dfrac{173.21}{\cos 54.80^\circ} = 300.49\ m/s$

4) 로터 출구에서의 상대속도 : $W_2 = \dfrac{C_z}{\cos\beta_2} = \dfrac{173.21}{\cos 12^\circ} = 177.08\ m/s$

5) 로터 출구에서의 절대속도의 유동각 :

$$\alpha_2 = \tan^{-1}\frac{U - W_{\theta 2}}{C_z} = \tan^{-1}\frac{345.58 - 177.08\sin 12^\circ}{173.21} = 60.71^\circ$$

로터 출구 절대속도 : $C_2 = \dfrac{C_z}{\cos\alpha_2} = \dfrac{173.21}{\cos 60.71^\circ} = 354.05\ m/s$

6) 접선방향 속도의 차 :

$$\Delta C_\theta = C_{\theta 2} - C_{\theta 1} = C_2 \sin\alpha_2 - C_1 \sin\alpha_1 = 208.78\ m/s$$
$$= C_z (\tan\alpha_2 - \tan\alpha_1)$$

무차원 전온도 상승률 :

$$T_{01} = T_1\left[1 + \frac{\gamma - 1}{2}\left(\frac{C_1}{\sqrt{\gamma R T_1}}\right)^2\right] = (290)\left[1 + \frac{1.4 - 1}{2}\left(\frac{200}{\sqrt{(1.4)(288)(290)}}\right)^2\right]$$

$$= 309.84\ K$$

$$\frac{T_{03} - T_{01}}{T_{01}} = \frac{U \Delta C_\theta}{c_p T_{01}} = \frac{(345.58)(208.78)}{(1.0 \times 10^3)(309.4)} = 0.233$$

7) 전압력 상승률 :

$$\frac{P_{03}}{P_{01}} = \left(1 + \eta_{st}\frac{U \Delta C_\theta}{c_p T_{01}}\right)^{\frac{\gamma}{\gamma - 1}} = \left(1 + \frac{(345.58)(208.78)}{(1 \times 10^3)(309.84)}\right)^{\frac{1.4}{1.4 - 1}} = 2.08$$

2. 한 단에서의 압축기 성능 특성

압축기가 설계점에서 벗어나 운전될 때 한 단에서의 성능은 어떻게 바뀔 것인지 생각해 보자. **〈그림 5-15〉**에서 $C_{\theta 2} = U - C_z \tan\beta_2$이고 $C_{\theta 1} = C_z \tan\alpha_1$이므로 식 (5.11)은 다음과 같이 다시 쓸 수 있다.

$$h_{02} - h_{01} = U[U - C_z(\tan\alpha_1 + \tan\beta_2)] \tag{5.20}$$

양 변을 U^2으로 나누어 정리하면 다음과 같다.

$$\frac{h_{02} - h_{01}}{U^2} = \frac{\Delta h_0}{U^2} = \frac{\Delta C_\theta}{U} = 1 - \frac{C_z}{U}(\tan\alpha_1 + \tan\beta_2) \tag{5.21a}$$

즉,

$$\psi = 1 - \phi(\tan\alpha_1 + \tan\beta_2) \tag{5.21b}$$

여기서 C_z / U를 유동계수(flow coefficient)라 하며 ϕ라 나타내고 $\Delta h_0 / U^2$를 블레이드 부하계수(blade loading coefficient)라 하며 ψ로 나타낸다. 블레이드 부하계수는 블레이드 회전이 이상상태에서 할 수 있는 최대 일 중 실제 한 일의 비율을 나타내기 때문에 블레이드 일률(blade work ratio)이라고도 한다.

유량이 설계점에서 벗어나게 되면 축방향 속도성분 C_z가 변하게 된다. 또 축회전 속도가 설계점에서 벗어나면 블레이드 회전 속도 U가 변하게 된다. 이들 중 어느 하나라도 달라지면 로터로 유입되는 유동각 β_1 또는 스테이터로 유입되는 유동각 α_2를 변화시키게 된다.

설계점에서 약간 벗어나 운용할 때의 현상을 이해하기 위해 β_2는 변하지 않은 체 β_1만 약간 달라졌다고 가정해 보자. 실제로 압축기의 블레이드는 매우 단단하여 블레이드의 유로를 확실하게 형성해 주므로 작은 유동각(β_1) 변화에도 불구하고 출구에서의 각 β_2는 변하지 않는다고 생각 할 수 있다. 또 α_1은 로터의 입구에서 절대속도 유동각이지만 뒷단의 입장에서는 앞단의 스테이터 출구에서의 각이 되며 출구각은 크게 변하지 않는다고 생각하면 $\tan\alpha_1 + \tan\beta_2$는 일정하다고 할 수 있다. 식 (5.21)은 $\psi = 1 - \phi(\tan\alpha_1 + \tan\beta_2)$로 표현되고 $\tan\alpha_1 + \tan\beta_2$가 일정할 때 이것을 그림으로 나타내면 **〈그림 5-17〉**의 점선에 나타낸 이상적인 경우가 될 것이다.

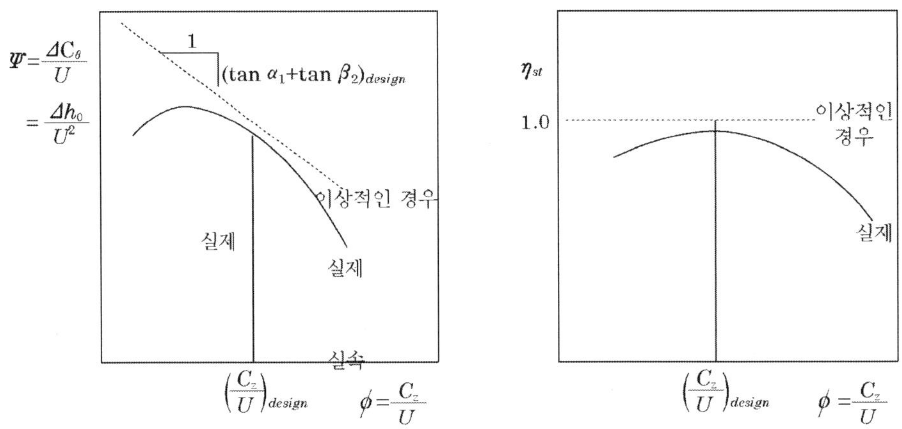

(a) 유동계수에 따른 블레이드 부하계수 (b) 유동계수에 따른 블레이드 한 단의 효율

그림 5-17 압축기 한 단에서의 이상적인 상태와 실제 상태의 성능 특성 곡선

〈그림 5-17(a)〉는 식 (5.21)에 나와 있는 한 단에서의 성능 특성의 이상적인 곡선(점선으로 표시)과 실제 곡선(실선으로 표시)을 나타내고 있으며 그 차이는 주로 경계층의 박리 때문에 생긴다. 주어진 로터회전수 U에서 유동계수 ϕ가 변화하면 축방향 유동속도 C_z가 변화함을 의미하며, C_z가 변화하면 블레이드 유동각이 변화한다. 블레이드 형상은 설계조건에서의 유동각에 맞추어져서 설계되어 있다. 입구 유동각의 변화는 유동 입사각이나 받음각이 변화됨을 의미하며, 입구 유동의 입사각이나 받음각이 커지면 경계층박리가 일어나면서 α_1과 β_2는 더 이상 일정한 값을 유지하지 않게 되고 $\tan\alpha_1 + \tan\beta_2$값이 이상적인 값에서 벗어나 떨어지게 된다. **〈그림 5-17〉**에서 유동계수 C_z/U 값이 설계점 근방에서는 실제 곡선과 이상적인 곡선이 큰 차이가 없음을 알 수 있다. 유동계수가 설계점보다 감소하면 실제 블레이드 부하계수는 증가하다가 실속 영역에 들어서면 손실이 크게 발생하여 오히려 감소하게 됨을 알 수 있다. C_z/U이 설계점 으로부터 멀리 떨어질수록 이상 곡선과

실제 곡선 사이의 차이는 커지게 되고 블레이드 부하계수가 떨어지게 된다. 로터 유동각인 β_1은 C_z/U에 의해 유일하게 정해지게 되므로 U를 일정하게 하고 C_z를 변화시켜도 유동계수는 변하게 되고 이상곡선과 실제곡선은 차이가 있게 된다. **<그림 5-18>**은 일정한 블레이드 회전 속도 U와 일정한 스테이터 출구 유동각 α_1에서 축방향 속도 C_z가 변할 때 속도 삼각형과 블레이드에서의 유동상태를 보여주고 있다. C_z가 일정하고 U가 변하면서 유동계수가 변해도 그 결과는 동일할 것이다. **<그림5-17(a)>**에서 유동계수 ϕ가 설계값보다 감소하면 실제 블레이드 부하계수 ψ를 증가하다가 실속영역으로 들어서면서 손실이 크게 발생하여 오히려 감소한다. 전압력비는 식 (5.18)에서 일정한 U에서 ΔC_θ에 비례함을 알 수 있다. C_z가 감소하여 질량유량이 감소하면서 ΔC_θ는 증가하다가 감소하며, 따라서 P_{03}/P_{01}도 증가하다가 다시 감소하는 특성을 나타낸다. 즉 설계점에서 멀리 떨어져서 작동한다면 경계층 박리가 일어날 것이고, 경계층 박리가 일어나면 더 이상 유동을 제어할 수 없게 되며 $\Delta C_\theta/U$는 이상 상태 이하로 급격하게 떨어지게 된다. 유동에 박리가 생기면 점성 혼합의 손실이 증가하게 되어 한 단 효율은 설계치 이하로 급격히 떨어지게 되며, **<그림 5-17(b)>**에 나타나있다. 또, 이것은 유동계수 ϕ가 설계값보다 증가하면 **<그림 5-17(a)>**에서 보는 바와 같이 블레이드 부하계수 ψ가 직선적으로 감소한다. ϕ의 증가가 이상적인 경우에도 설계값에서 멀리 떨어지면, **<그림 5-18(c)>**와 같은 음(−) 로터 유입각 유동박리 현상이 일어나 ψ의 값은 이상값에서 더 떨어지게 되고, 효율도 급격히 떨어지게 된다. 이와 같이 블레이드에서 양(+)의 유동박리와 음(−)의 유동박리가 일어나 블레이드의 역할을 할 수 없는 현상을 실속이라 한다. 실속이란 날개 시위선(chord line)과 상대 유입공기 속도와의 이루는 각인 받음각이 과도하게 커지게 되어 공기의 흐름이 날개 표면에서 박리하여 블레이드가 더 이상 역할을 못하는 현상을 말한다. 받음각 $\beta_1-\gamma^o$과 입구유동입사각(유입각)$\beta_1-\beta_1^{'}$은 입구유동각 β_1이 커짐에 따라 커짐을 알 수 있다.

축류압축기에서 실속을 일으키는 직접적인 원인으로는 비행자세의 급격한 변화에 따른 엔진 유입공기 유동의 변화, 측풍과 돌풍 등을 생각할 수 있다. 또, 압축기의 고압력비와 고효율화를 위한 압축기의 고성능화를 시도하면 압축기 단수를 늘려야하고 점차로 안정작동범위가 좁아져 시동성과 가속성이 떨어지고, 마침내는 실속이 자주 일어나게 된다. 실속이 발생하면 엔진은 큰 폭발음과 진동을 수반한 순간적인 출력감소를 일으킬 수 있다. 심한 경우에는 실속이 이상 연소를 일으키게 하고 이에 따른 터빈로터와 노즐의 열손상, 압축기 로터의 파손들을 일으킬 수 있는 서징현상으로 발전할 수도 있다.

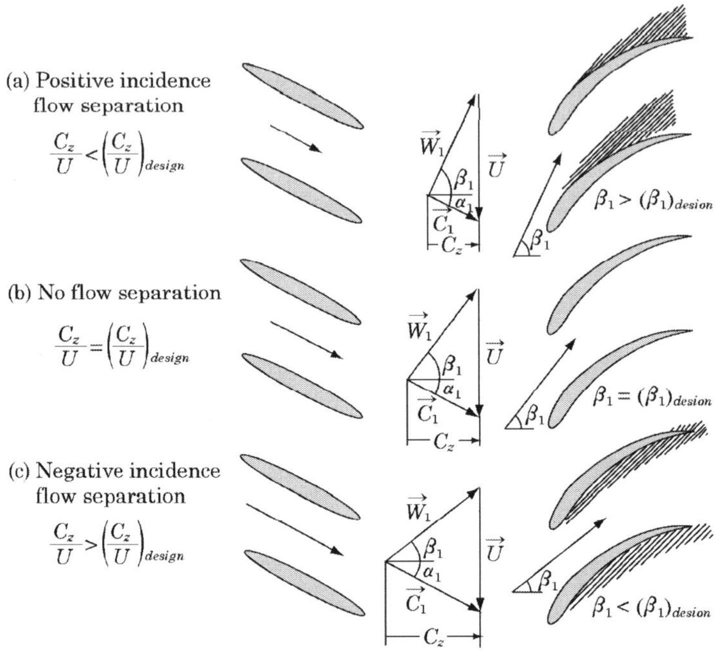

그림 5-18 축류식 압축기 한 단에서 축방향속도(C_z) 변화에 따른 축류식 로터 입구 유동각(β_1)의 변화 및 설계 조건과 실속 조건

〈그림 5-18〉은 축방향 속도C_z변화에 따른 로터 입구 유동각변화를 나타내고 있으며, **그림 5-18(b)**는 유동박리가 없는 설계점 상태를 나타내고 있다. **〈그림 5-18(a)〉**는 C_z/U변화에 따라 블레이드의 저압면에서 박리가 일어나는 양(+) 유입각 유동박리를 나타내고, **〈그림 5-18(c)〉**는 블레이드의 고압면에서 박리가 일어나는 음(−) 유입각 유동박리현상을 나타내고 있다. 다단 축류식 압축기에서, 첫 단부터 설계점에서 벗어나 작동하게 되면 후류로 갈수록 벗어나는 정도는 더 커지게 된다. 이를 이해하기 위해 먼저 **〈그림 5-17(b)〉**에 나타나 있는 성능 곡선을 가진 단일 단들로 이루어진 다단 축류식 압축기를 고려해 보자. 문제를 단순하게 하기 위해서 모든 단에서 같은 C_z/U값의 설계점을 갖는다고 하자. 만약 일정한 속도에서 압축기로 유입되는 유량이 약간 줄어든다면, 이는 C_z/U값은 약간 감소하게 되고 첫 단에서 블레이드 부하계수 ψ가 약간 증가하게 될 것이다. 두 번째 단의 입구에서는 질량 유량의 감소와 첫 단에서 설계점보다 블레이드 일률이 커서 첫 단에서 빠져나오는 공기의 추가적인 밀도 증가가 이루어지며 이로 인해 C_z/U값은 더욱 떨어지게 된다. 2단은 1단보다 탈설계성이 증가하며 이러한 탈설계성의 증가는 두 번째 단에서의 더 많은 일과 밀도 증가를 유발하며 세 번째 단의 입구에서 두 번째 단 입구보다 더욱 낮은 C_z/U값을 갖게 되며 단수가 증가할수록 이러한 탈설계성 현상은 계속 증가할 것이다.

다단 압축기의 첫째 단에서 C_z/U값이 설계점에서 약간만 감소해도 압축기 마지막 단에서는 양

(+)의 유입각 유동 박리(positive-incidence flow separation)를 야기시킨다. 마찬가지 방법으로 첫 단에서 C_z/U값이 약간 증가한다면 마지막 단에서는 음(–)의 유입각 유동 박리(negative-incidence flow separation)를 야기 시킨다. 압축기 앞부분이 정상적으로 작동하더라도 압축기 마지막 부분은 압축기 단으로 작동하기보다는 흐름을 방해하는 목처럼 작동하여 음의 압력 상승을 발생 시키는 높은 C_z/U값을 만들 가능성도 있다.

다단 축류식 압축기 입구단과 출구단에서 유동상태가 일치되지 않으며 시동 시에는 압력비가 높은 압축기에서는 큰 문제를 일으킬 수도 있다. 압축기가 시동될 때, 즉 압축기가 정상적으로 작동하기 이전까지는 압축이 충분하지 않아 공기밀도비는 낮으며, 압축기 앞단(Front), 뒷단(Rear)을 포함한 모든 곳에서의 밀도비는 일정하다. 즉 압축기 형상이 $A_F > A_R$이고 시동 시에는 $\rho_F = \rho_R$이므로 일정 질량유량에서는 $C_{zR} > C_{zF}$가 된다. 하첨자 F는 앞단을, R은 뒷단을 나타낸다. 시동 시 첫 단에서의 축방향 유동속도(C_z)가 매우 낮다 하더라도 끝단에서는 흐름이 초크 될 정도로 아주 빨라질 수 있다. 이러한 시동시의 앞쪽 단과 뒤쪽 단의 속도 삼각형 차이를 **〈그림 5-19〉**에 나타내고 있다.

시동 시 앞쪽 단에서 축방향 속도 C_z는 설계점의 값보다 줄어들며 α_1과 β_2는 일정하므로 α_2와 β_1이 증가하게 되어 고받음각 상태가 된다. α_2와 β_1이 설계점 값보다 증가하면 로터와 스테이터의 블레이드에 걸리는 부하가 증가하게 된다. 이러한 앞쪽 단에서의 부하 증가는 실속의 원인이 될 수 있으며 적절한 압축을 방해하게 된다. 뒤쪽 단에서 앞쪽 단과는 반대 현상을 볼 수 있다. C_z는 설계점 값보다 커지게 되며, α_1과 β_2는 일정하므로 α_2와 β_1이 감소하게 되며 저 받음각 상태가 된다. 이는 스테이터와 로터의 블레이드에 부하를 감소시키며 유동이 뒤쪽 단 블레이드를 구동시키는 풍차현상(windmill)이 발생하며 이로 인하여 공기가 블레이드에 에너지를 공급하게 되고 후방의 압력을 증가시킨다. 풍차현상이 일어나면 입구에서 유입되는 속도가 느려지며 앞단의 블레이드에서 실속이 발생된다.

높은 압력비를 가진 다단 압축기의 시동 시 문제점을 해결하기 위해서 여러 가지 방법이 사용되고 있는데 그 중에서 시동을 돕는 가장 간단한 장치로 분출 밸브(bleed valve 또는 blow off valve)가 있다. 이는 유입되는 일부 공기를 압축기 주변으로 흘려보내게 된다. 이러한 장치는 **〈그림 5-20〉**의 분출구(bleed port)와 같이 설치된다. 이러한 방법으로 앞쪽 단에서의 하류방향으로의 방출 공기량 증가만큼 저항을 줄여 축방향 속도 C_z를 증가시키는 동시에 중간에서 공기 방출로 인해 뒤쪽 단에서의 축방향 속도 C_z를 감소시키며 더 많은 일을 할 수 있도록 한다.

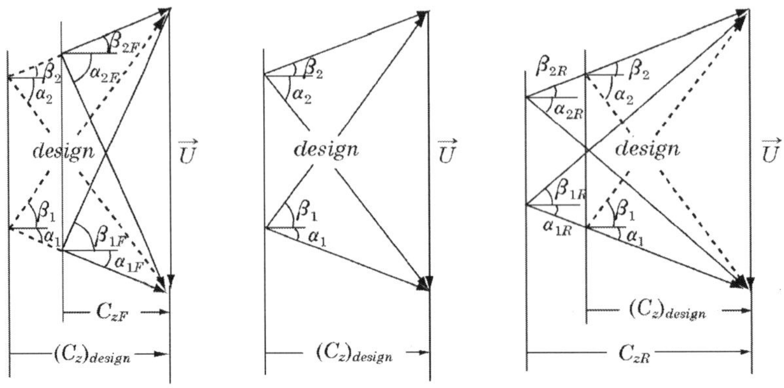

(a) 앞쪽 단(첫단) (b) 중간 단 (c) 뒤쪽 단(끝단)

그림 5-19 시동 시 압축기 각 단에서의 대표적인 속도 삼각형

실제로 이러한 방법은 일시적으로 서로 다른 질량유량을 가진 두 개의 연속된 저압 압축기를 만들게 된다. 이러한 가변장치는 온-오프 타입(on-off type)의 제어기에 의해 작동하는데 이는 시동 목적으로는 적합하지만 비행 시 사용하기 위한 기구로는 부적절하다. 비행 시의 조건은 시동 시와 같이 탈설계 조건 하에서의 운행도 포함해야 하므로 분출 밸브의 경우 다른 연속 가변 기기와 함께 보조 기구로밖에 사용될 수 없다.

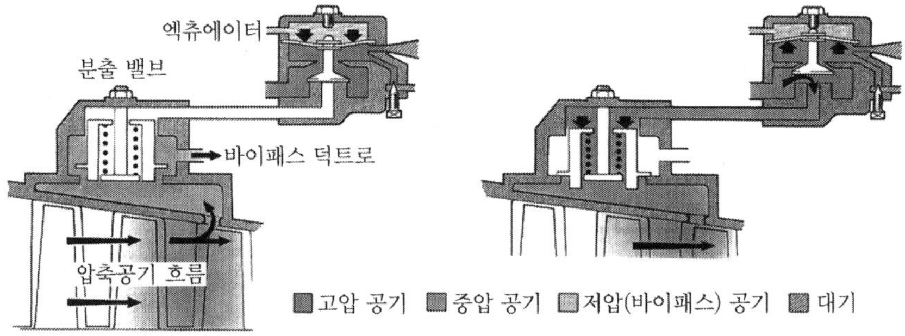

(a) 분출 밸브가 열릴 때 (b) 분출 밸브가 닫힐 때

그림 5-20 분출 밸브의 개략도 (출처 : [1])

또 다른 방법으로 위치에 따라 요구되는 블레이드 속도에 맞추어 회전할 수 있는 2축 또는 다축 압축기(multi spool)를 사용하는 것이다. 2축 또는 다축 압축기 예는 **〈그림 5-4〉**에 나와 있다. 압축기가 기계적으로 독립된 두 개의 단위(unit)로 나뉠 수 있다면 앞 쪽의 저압 압축기는 뒤쪽의 저압 터빈에 의해 구동되며, 뒤 쪽의 고압 압축기는 앞쪽의 고온 터빈에 의해 구동된다. 2축 압축기에서 시동 시 더 많은 부하를 받는 저압단은 저속으로 회전하고 적은 부하를 받는 고압단은 빠르게 회전할 것이다. 즉, 저속으로 회전하는 저압단은 U가 작아져서 받음각 β_{1F}도 작아져 설계값 β_1에

가까워 질 것이고 고속으로 회전하는 고압단은 U가 커져서 받음각 β_{1R}도 커져서 설계값 β_1에 가까워지게 되어 시동 시 문제점이 해결된다.

또 다른 방법은 블레이드의 각을 변화시킬 수 있는 가변 흡입구 가이드 베인(VIGV)이나 가변 스테이터 베인(VSV)을 사용하는 것이다. 시동 시 첫 단에서는 부하가 커서 블레이드의 받음각이 커지게 되는데 VIGV이나 VSV를 사용하면 로터 블레이드의 받음각을 설계 값으로 회복시킬 수 있다. 물론 모든 블레이드의 각을 변화시키는게 좋겠지만 기계적으로는 스테이터 베인의 각을 변화시키는 것이 가장 적합하다.

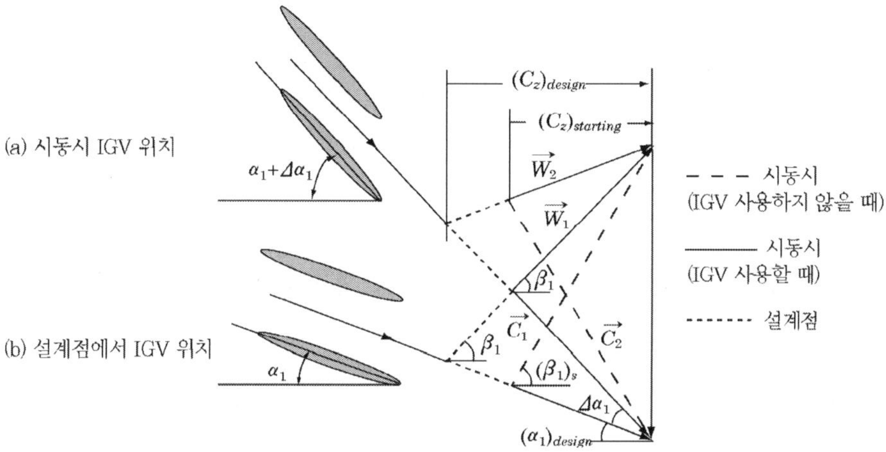

그림 5-21 가변 흡입 가이드 베인의 각 변화에 따른 속도 삼각형의 변화

〈그림 5-21〉에서 보는바와 같이 시동 시에 로터로 들어가는 상대속도 입구 유동각은 $(\beta_1)_s$이며 설계점 β_1보다 증가되어 있다. 주어진 (C_z/U)starting에서는 로터 입구 유동각이 $(\beta_1)_s$이 되어 양(+) 로터 유입각 유동박리가 일어날 가능성이 있기 때문에 가변흡입구 가이드 베인을 사용하여 $\vec{C_1}$이 축방향과 이루는 각인 $(\alpha_1)_{design}$을 $\Delta\alpha_1$만큼 증가시키면 로터 상대속도 입구유동각은 $(\beta_1)_s$에서 β_1으로 복원될 수 있다. 이 때 α_2는 변화되지 않는다. 앞쪽 단들에서 가변 스테이터 베인(VSV)을 사용할 때는 α_2는 변화되지 않기 때문에 이후의 스테이터에서는 앞단에서와 같은 방법으로 변화시킨다면 후방의 스테이터에서의 받음각은 그만큼 감소시킬 수 있을 것이다.

첫 단부터 끝 단까지의 모든 단을 통해서 부하 설계점 즉 블레이드 상대속도 입구 유동각 β_1을 다르게 하면 시동 시에 유리하다. 첫 단에서는 시동 시에 부하가 많이 걸리므로 이를 완화시키기 위해 설계점 β_1을 작게 설정하고 반대로 끝단에서의 부하가 작으므로 β_1을 크게 설정하는 것이 바람직하다. **〈그림 5-22〉**는 첫 단과 끝 단의 부하 설계점을 나타내고 있다. 모든 부하점은 양(+) 실속과 음(−) 실속과는 어느 정도 여유를 가지고 이들 범위내에 있어야 한다.

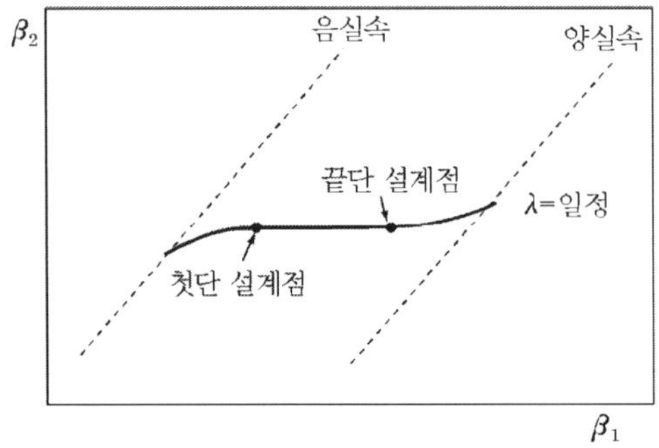

그림 5-22 각 단의 부하 설계점의 변화

예제 5-2 예제 5-1 의 조건으로 유동계수 ϕ와 부하계수 ψ를 구하라.

풀이 유동계수 $\phi = \dfrac{173.21}{345.58} = 0.501$

부하계수 $\psi = \dfrac{\Delta C_\theta}{U} = 1 - \dfrac{C_z}{U}(\tan\alpha_1 + \tan\beta_2) = 0.604$

3. 압축기의 실속과 회전실속

경계층 박리는 효율과 압력 상승에도 영향을 미칠 뿐만 아니라 압축기를 손상시키는 유동 불안정성인 회전 실속이나 서지의 원인이 된다. 최적성능의 압축기를 달성하기 위해서는 블레이드의 끝 벽(end wall)과 압축기 블레이드에서의 경계층 박리의 방지를 위한 대책을 세워야 한다. 경계층에 미치는 레이놀즈수와 마하수의 영향을 고려하여야 하고 또 아음속 및 천음속 단에서의 압력상승에 미치는 경계층의 거동도 고려해야 한다. 또 경계층에서의 거동과 단 효율과의 관계도 생각해 보아야 한다. 블레이드 끝 벽(end-wall)에서의 경계층의 영향을 생각해 보자. 우선 각 블레이드 열이 형성하는 유로는 출구면적이 입구면적보다 커지는 디퓨져로 간주할 수 있으며 압력 상승은 경계층 박리에 의해 제한된다고 생각하자.

로터블레이드 유로에서 유동은 감속되고 압력은 상승할 것이므로 역구배 압력에 의해 경계층 박리의 위험이 있다. 스테이터의 베인에서도 $|\vec{C_3}| < |\vec{C_2}|$이므로 마찬가지로 유동의 감속과 압력의 상승으로 인한 역구배 압력 때문에 경계층 박리의 위험성을 가지고 있다. **〈그림 5-23〉**은 블레이드 끝 벽 형상과 유로를 나타내고 있다. 블레이드의 바깥 끝 쪽이나 허브 안쪽의 블레이드 끝 벽에서의 경계층은 정상상태도 아니고 2차원 비압축성 경계층 유동이 아닌 더 복잡한 유동이다. 그러나 여기서는 경계층에 의한 끝 벽에서의 압력 상승의 제한만을 살펴보고 다른 복잡한 변수들은 무시하도록 한다.

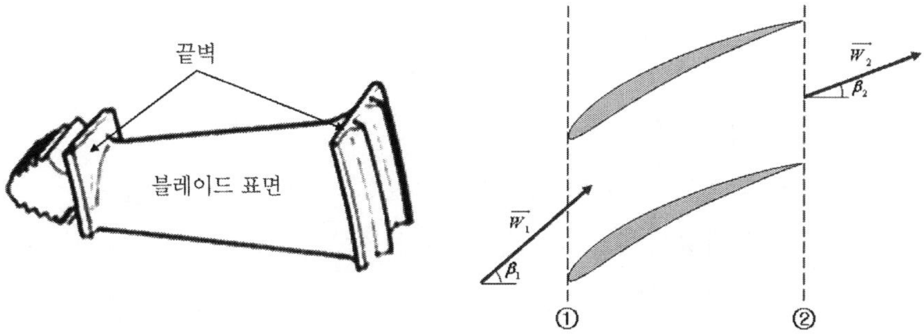

그림 5-23 블레이드의 끝벽 형상과 블레이드가 형성하는 유로를 흐르는 유동

평면상에서 2차원 난류 경계층일 경우 압력계수 c_p가 일정한 값을 넘게 되면 박리가 발생하게 된다. 여기서 압력계수는 다음과 같이 정의된다.

$$c_p \equiv \frac{\Delta P}{\frac{1}{2}\rho W_1^2} \tag{5.22}$$

여기서 W_1는 경계층이 생기기 시작하는 점에서의 자유흐름 속도이다. 또 ΔP는 점 1에서부터 c_p를 계산하고자 하는 점까지의 정압력의 증가를 의미한다. 블레이드 곡률이 심하지 않는 디퓨져 형상의 블레이드 유로에서 유동이 잘 들어올 때는 박리가 일어나지 않으려면 c_p는 0.6 이하이어야 한다.

벽면 곡률이 심하거나 유동이 왜곡되어 있으면 c_p 값이 이보다 작은 0.2~0.4 정도가 되어도 박리가 일어날 수 있다. 난류인 경우 c_p가 0.4~0.8이면 박리가 시작되는데 이는 경계층의 초기조건과 ΔP의 기울기에 따라 달라진다.

로터에서 압력계수는 다음과 같이 나타낼 수 있다.

$$c_p = \frac{P_2 - P_1}{\frac{1}{2}\rho W_1^2} \tag{5.23a}$$

한 단의 로터 내에서 밀도변화가 작다고 가정하고 블레이드가 형성하는 유로를 따라 흐르는 유동의 유선을 따라 베르누이 방정식을 사용하면

$P_2 - P_1 = \frac{1}{2}\rho W_1^2 - \frac{1}{2}\rho W_2^2$ 이 되므로 압력계수 C_p는 다음과 같이 나타낼 수 있다.

$$c_p = 1 - \left(\frac{W_2}{W_1}\right)^2 \tag{5.23b}$$

마찬가지로 스테이터에서의 압력계수는 다음과 같이 나타낼 수 있다.

$$c_p = 1 - \left(\frac{C_3}{C_2}\right)^2 \tag{5.24}$$

경계층 박리를 일으키지 않는 범위 내로 c_p를 제한하는 것은 곧 한 단에서 상대 속도를 제한하는 것임을 알 수 있다. 2차원 비압축성 유동인 경우 블레이드 하나를 지나는 유동의 밀도 변화는 매우 작고 축방향 속도가 일정하다고 가정하면 $C_{z1} = C_{z2}$이므로 $W_1 \cos\beta_1 = W_2 \cos\beta_2$의 관계식이 성립한다. 여기서 하첨자 1은 블레이드 로터 입구, 2는 블레이드 로터 출구를 나타낸다. 따라서 압력계수는 다음과 같이 표현 할 수 있다.

$$c_p = 1 - \frac{\cos^2\beta_1}{\cos^2\beta_2} \tag{5.25}$$

β_1과 β_2 즉 블레이드의 설계 형상에 따라서 압력계수 c_p가 달라짐을 알 수 있다. 축류식 압축기에서 경계층 박리는 블레이드 열(blade row)의 압력 계수를 제한함으로써 방지할 수 있다. 그러나 블레이드 끝 벽에서는 이것만이 한 단에서의 최대 압력비를 결정짓는 변수는 아니다.

블레이드로 유입하는 공기의 상대 마하수를 다음과 같이 정의한다.

$$M_{1rel} = \frac{W_1}{\sqrt{\gamma R T_1}} = \frac{W_1}{\sqrt{\gamma P_1/\rho_1}} \tag{5.26}$$

식(5.26)와 식(5.23a)를 이용하여 로터에서 정압력비를 다음과 같이 쓸 수 있다.

$$\frac{P_2}{P_1} = 1 + \frac{c_p \gamma M_{1rel}^2}{2} \tag{5.27}$$

만약 스테이터에서도 같은 값의 압력계수와 입구에서의 상대 마하수를 가진다면 한 단에서 전체 정압비는 다음과 같이 된다.

$$\frac{P_3}{P_1} = \left[1 + \frac{c_p \gamma M_{1rel}^2}{2}\right]^2 \tag{5.28}$$

이 식을 그림으로 나타낸 것이 **〈그림 5-24〉**이며 상대 마하수 및 c_p 압력계수에 따라 압력상승비가 달라짐을 알 수 있다.

높은 마하수에서 작동하는 압축기는 효율이 잘 유지 될 수 있는 범위 내에서는 한 단의 압력비가 높고 단위 질량당 질량 유량이 많다는 장점이 있다. 그러나 아음속 압축기의 경우 블레이드의 형상에 따라 다르지만 블레이드 팁에서 상대 마하수가 약 0.75~0.8에서 제한되어 작동하는데 이 이상에서는 충격파와 경계층이 서로 작용하여 박리가 발생하기 때문이다. **〈그림 5-24〉**에서 상대 마하수가 0.75이고 압력계수가 0.4로 제한될 때 한 단에서의 허용되는 압력비는 1.35가 됨을 알 수 있다. 따라서 보통의 아음속 압축기의 최대 압력 상승비는 보통 1.35 정도임을 알 수 있다.

많은 아음속 압축기 역구배 압력으로 인한 경계층 박리손실 때문에 이러한 압력비보다 낮은 압력비에서 작동한다. 반면에 터빈에서는 역구배 압력이 아니므로 경계층 손실 없이 약 3정도의 높은 압력비로 작동한다. 실제로 압축기에서 로터와 스테이터를 지나는 압축비는 1.35보다 작을 수도 있다. 이는 예상치 못한 유동과 속도에서 작용하는 압축기에 문제가 생길 수 있기 때문이다. 또 단과 단 사이의 상호작용과 누적손실의 효과 때문에 압력 상승비는 더 제한 될 수 있다. 다단 압축기에서 한 단에서는 적당한 효율을 가진다 하더라도 출구 유동은 상당히 불균일할 수 있으며 이 경우 이후 단에서는 왜곡된 속도 때문에 전체 효율이 저하될 수 있다.

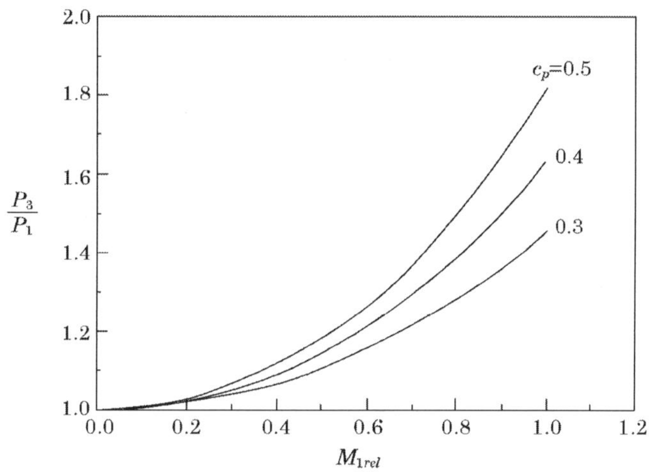

그림 5-24 한 단에서 상대 마하수에 따른 압력비의 변화

아음속 압축기에서 흡입구 가이드 베인(IGV)을 사용하면 제 1 단 블레이드로 들어가는 상대 마하수를 낮출 수 있다. 흡입구 가이드 베인은 들어오는 공기에 블레이드 속도 방향에서 접선방향 속도가 생기게 한다. 로터 출구에서 속도가 같다면 IGV의 사용은 한 단에서의 일을 줄여주며, 주어진 상대 마하수 제한 조건에서 압축기가 가능한 질량 유량보다 더 많은 유량을 다룰 수 있도록 한다. 또 IGV는 유동이 유로에서 가속이 되기 때문에 디퓨져처럼 작동하기 보다는 노즐처럼 작동하므로 IGV 블레이드의 유로에서는 경계층에 의한 문제는 생기지 않는다.

천음속 압축기의 한 단에서 허용 상대 마하수 $M_{1\,rel}$는 약 1.65정도까지 가능하며, 이러한 경우에는 스테이터와 로터는 일반적으로 다른 값의 상대 마하수와 압력계수를 가진다.

블레이드 표면의 경계층에 대하여 생각하여 보자. 블레이드에서 볼록한 부분을 흡입면(suction surface)이라하고 가속되기 때문에 압력이 상대적으로 낮다. 블레이드의 오목한 부분을 압력면(pressure surface)라 하고 볼록면에 비해 상대적으로 압력이 높다. 볼록면에서는 공기가 앞전부터 가속되어 어느 위치에서 압력이 최저로 떨어지며, 이 최적 압력점부터 뒷전까지는 압력 상승이 일어나므로 이 사이에서 유동박리가 일어날 수 있다. 유동박리는 블레이드의 형상, 유동 마하수, 레이놀즈수에 따라 달라지며 블레이드 표면에서의 유동박리에 관련된 주요사항은 다음과 같다. 압축기 블레이드는 블레이드의 시위(chord)를 기준으로 한 레이놀즈수로 평가하면 이 값은 너무 적어서 최저압력점과 뒷전사이의 경계층이 난류에서 층류로 되돌아가게 된다. 층류 경계층 박리는 난류보다 훨씬 쉽게 일어나므로 판단에 오류가 생길 수 있다. 또 압축기 블레이드 흡입면에서의 박리는 회전각(turning angle)이 너무 클 때 발생한다. 이 때 최저압력과 뒷전에서의 압력 사이에 과도한 압력계수가 존재하게 되며 주어진 회전각에서는 블레이드 사이의 공간을 줄임으로써 박리 가능성을 줄일 수 있다. 이때에는 최저압력과 뒷전에서의 압력 사이의 압력차가 줄어들게 된다. 충격파로 인한 경계층 박리를 예방하기 위해서 일반적인 에어포일 형상에서 상대 마하수를 블레이드의 형상에 따라 0.65~0.85의 아음속으로 제한하는 것이 필요하지만 특수하게 설계된 에어포일이나 블레이드 사이의 공간이 좁은 경우, 그리고 천음속 단에서 입구의 유동이 균일한 경우 충격파가 있다 하더라도 충격파에 의한 경계층 박리가 발생하지 않을 수 있으며 적절히 블레이드를 설치한다면 상대 마하수가 최대 1.5 또는 1.6에서 단 효율을 최대 85%까지 올릴 수 있다.

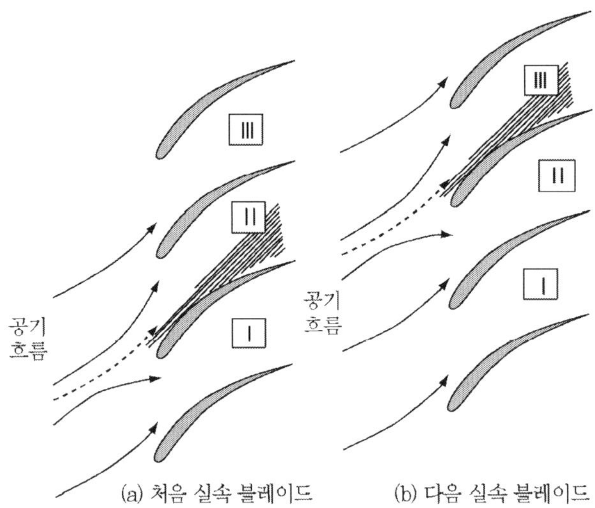

그림 5-25 회전 실속

회전 실속(rotating stall)이란 정상 작동 상태에서 어떠한 이유로 어떤 블레이드의 공기 유동이 유로에 균일하지 않게 되면, 즉 $\beta_1 > \beta_{1,design}$이 되면 한 블레이드의 유로가 실속되며 이것이 주위를 돌아가며 실속이 전파되는 현상이며 **〈그림 5-25〉**에 나타나 있다. 처음 실속이 일어난 블레이드(예를 들면 Ⅱ) 공기 흐름의 일부가 벗어나서 블레이드 사이로 들어가서 Ⅲ의 받음각을 증가시키고 Ⅱ의 받음각은 감소시킨다. 그 결과 받음각이 커진 Ⅲ 영역은 경계층 박리가 일어나게 되고 이 흐름은 다시 Ⅲ, Ⅳ로 회전하면서 이동하게 된다. Ⅲ 영역에서 실속이 일어나게 되면 처음 경계층 박리가 일어났던 Ⅱ 영역은 입사각이 작아지면서 경계층 박리가 없어지고 오히려 정상적인 유동이 된다. 실속이 일어나는 이동방향은 블레이드의 회전방향과는 반대 방향이며 실속은 계속 이동한다. 회전 실속은 서징이 발생하기 전의 안정된 작동조건에서 발생할 수 있으나 압축 성능은 크게 나빠지며 주기적인 부하의 변화로 진동과 함께 온도 상승을 유발하고 압축기의 수명을 단축시킨다. 외부에서 봤을 때 회전 실속의 발생여부는 추가로 연료를 공급하였음에도 불구하고 엔진이 가속되지 않거나 고온부가 과열되었을 때 또는 반복되는 진동으로 인한 피로 파괴가 있을 경우는 회전 실속이 일어났음을 알 수 있다. 회전 실속은 원인을 제거하여도 회복되지 않는다. 시동하는 동안 압축기 속도가 증가할 때 분출 밸브를 사용하여 이 문제를 해결하기도 한다.

4. 압축기의 성능곡선

〈그림 5-17〉에서 축류식 압축기 블레이드 성능 및 거동을 유동계수인 C_z/U와 블레이드 부하계수인 $\Delta C_\theta/U$로 나타내었으나 이들은 압축기 시험 중 측정하기 어려운 항목이므로 다른 방법으로 압축기 성능을 나타낸다. 압축기 출구에서의 전압력 P_{03}과 압축기 단열효율 η_c는 다음과 같이 여러 가지 물리적 함수로 나타낼 수 있다.

$$P_{03},\ \eta_c = f_1(\dot{m},\ P_{02},\ T_{02},\ \Omega,\ \gamma,\ R,\ \nu,\ design,\ D) \tag{5.29}$$

여기서 T_{02}은 압축기 입구 전온도, P_{02}은 압축기 입구 전압력, Ω는 로터의 속도, R은 기체상수, D는 특성 크기, $design$은 D를 기준으로 한 압축기의 기하학적 특징 및 제원을 나타낸다. 축류식 압축기에서 D는 첫 단 로터 직경이다.

$$\frac{P_{03}}{P_{02}},\ \eta_c = f_2\left(\frac{\dot{m}\sqrt{RT_{02}}}{P_{02}D^2},\ \frac{\Omega D}{\sqrt{RT_{02}}},\ \frac{\Omega D^2}{\nu}\right) \tag{5.30}$$

추진엔진에서 Re는 매우 높으므로 Re가 변한다 하더라도 성능에 영향을 주지 않는다. 점성효과가 중요하지 않은 것은 아니지만 Re 변화에 민감하지 않으므로 식(5.29)는 다음과 같이 쓸 수 있다.

$$\frac{P_{03}}{P_{02}},\ \eta_c = f_3\left(\frac{\dot{m}\sqrt{RT_0}}{P_{02}D^2},\ \frac{\Omega D}{\sqrt{RT_{02}}}\right) \tag{5.31}$$

또한 한 압축기에서 D와 R은 고정된 값이므로 이를 간단히 하고 온도와 압력비를 이용해 위 식을 표현하면 최종적으로 다음과 같은 식을 얻을 수 있다.

$$\frac{P_{03}}{P_{02}},\ \eta_c = f_3\left(\frac{\dot{m}\sqrt{\theta}}{\delta},\ \frac{N}{\sqrt{\theta}}\right) \tag{5.32}$$

여기서 $\theta = \dfrac{T_{01}}{T_{01standard}}$, $\delta = \dfrac{P_{01}}{P_{01standard}}$이고, N은 회전수이며, $(T_{01})_{standard}$은 $288.15K$, $(P_{01})_{standard}$은 $101.325kPa$이다.

식(5.32)는 압축기 성능을 나타내는 관계식이며 이러한 변수를 나타낸 전형적인 성능 곡선이 **〈그림 5-26〉**에 나타나 있다. 가로축은 압축기입구 수정질량유량, 세로축은 압력비를 나타내며 각 곡선은 일정 회전수 및 효율일정상태를 나타내고 있다. 압축기 입구 전압력과 전온도가 변화함에 따라서 성능이 어떻게 변화하는지를 나타내고 있다.

압축기작동선(operation line)은 일정한 회전수의 공기 흐름량과 압력비가 안정된 상태점을 연결한 선이다. 또한 작동선 상에서 압축기 효율이 최고가 되는 구역을 설계점이라 부르며, 상용 회전수(순항 출력)가 설계점에 오도록 선정한다. 고도가 증가함에 따라 서지(surge) 한계선은 내려가고, 작동선은 다소 올라간다. 비행중에는 연료조절장치(FCU)나 엔진제어장치(EEC)가 압력비, 연료흐름량, 엔진 회전수 등에 대한 정보를 이용하여 압축기가 항상 안전한 작동상태를 유지하도록 한다.

공기질량유량이 감소하면 압축기의 압력비는 증대하지만 어느 한계점에서는 불안전성이 되고 이 영역을 서지점이라 한다. 이 성능 곡선도에는 회전수와 유량이 변하면 이에 대응하여, 효율이 최대로 되어 작동하는 하나의 점이 있게 된다. 이 작동점을 연결한 선(예 ABC)을 작동선이라 한다. 압축기 단열효율은 작동선에서 최대가 된다. 질량 유량이 증가할수록 회전수 증가에 따라 압축비가 급격히 저하하는 것을 볼 수 있다. 어느 회전수 이상에서는 압축비와 유량의 관계가 거의 수직임을 알 수 있다.

설계점(예를 들어 **〈그림5-26〉**의 B점)보다 유량을 증가시키면 그림에서 알 수 있듯이 압축기 효율이 급격히 떨어진다. 일정 회전수상태(U=일정)에서 유량을 증가시키면 C_z가 커지게 되고 **〈그림 5-18(c)〉**와 같이 음(−)의 유입각 박리가 일어난다. 이 경우에는 $\triangle C_\theta$가 작게되어 블레이드 압력비가 감소한다. 이 상태가 심하게 될 경우에는 유동이 초킹되고 엔진의 화염은 꺼지게 된다.

유량을 감소시키면 **〈그림 5-26〉** 성능 곡선에서도 알 수 있듯이 압력이 약간 올라가지만 서지상태에 들어가기 쉽다. 유량을 감소시키는 것은 C_z가 작다는 것을 의미한다. **〈그림 5-18(a)〉**는 설계점보다 C_z가 작은 경우로 $\beta_1 > \beta_{1,design}$이 되고 양(+)의 유입각 박리가 일어나는 상태를 나타내고 있다. 유량이 감소할때는 C_z가 작아지고 $\triangle C_\theta$가 커지게 되어 블레이드의 압력비는 커지게 된다. 축류압축기 가스터빈엔진에서 엔진을 가속(C_z를 증가)하거나 감속(C_z를 감소)한다는 것은 연료유량 스로틀레버에 의해 작동시킴으로 가능하다. 급격한 유량의 증감은 엔진작동점이 서지영역이나 초킹 영역에 들어갈 위험이 있다. <그림 7-8>에서 이 사실을 다시 확인할 수 있다.

급가속중 연료유량이 너무 많을 때에는 연소실내에 고온, 고압 현상을 일으켜 공기흐름에 대해 과도한 저항을 유발시키며 공기속도가 감소한다. 따라서 공기유량의 증가가 터보기계의 회전체 rpm의 증가에 따르지 못하는 결과 즉 공기속도가 감소하여 받음각이 증가하게 만든다. <그림 5-18(a)>와 같은 양(+)의 유입각 유동박리가 일어나 실속을 초래하게 된다.

과도한 블레이드 받음각의 증가는 블레이드 실속을 일으킨다. 블레이드 실속이 압축기 전체로 확대하면 압축기 실속을 일으킨다. 반대로 급격한 감속은 연소실의 압력을 감소시켜 공기흐름을 과도하게 증가시키고 <그림 5-18(c)>와 같은 음(−)의 유입각 유동박리가 일어나 실속을 초래한다. 엔진 가속에 기인한 압축기 실속은 가장 보편적인 실속현상이며, 이와 같은 현상의 원인을 최소로 줄이기 위해서는 엔진 스로틀이 갑자기 전진할 때 연료유량증가율이 비교적 완만하게 되도록 엔진 연료조정이 자동적으로 이루어지게끔 하여야 한다.

압축기 실속을 유발하는 요소는 이 외에도 여러 가지가 있다. 고고도 비행은 주위공기 밀도가 점성계수에 비해 상대적으로 더 감소하므로 압축기 입구의 레이놀즈수를 감소시킨다. 주어진 비행속도에 대해서 성층권에서의 작동 레이놀즈수는 해면 값의 약40% 정도이다. 레이놀즈수가 감소하면 공기가 박리하기 쉬운 상태가 되고 압축기 블레이드 효율이 감소하는데 이를 레이놀즈수 영향이라 한다. 45,000ft 이상의 고고도 비행에서는 레이놀즈수 감소에 따른 압축기 블레이드 효율 감소가 심하며, 이로 인한 실속이 발생할 수 있다. 고고도에서 레이놀즈수 효과로 인한 실속이 발생하면 비행고도를 낮추면 회복할 수 있다. 예를 들어 고도 39,000ft에서 35,000ft로 감소시키면 서지마진의 값이 약 0.5% 정도 유리하다. 또 고고도에서는 최대양력계수를 어느 정도 감소시킨다. 이와 같은 감소는 정량의 공기류 및 압축기효율을 감소시킨다. 대기 중에 수분이 있게 되면 수분의 증발에 의해 연소실로부터 압축기로의 역압력이 생겨 압축기내 압력균형이 깨어지고 서지마진이 감소한다.

압축기 입구유동의 왜곡현상(distortion)은 그 정도가 심하지 않더라도 실속상태를 유발시킨다. 블레이드 유입공기 왜곡현상은 기동운항뿐만 아니라 유입공기에 이물질(FOD)이 있을 때에도 일어날 수 있다. 특히 레이놀즈수의 영향과 같은 해로운 상태가 나타날 때 더욱 그러하다. 압축기 입구유동에 왜곡현상이 일어나면 입구 단면에서의 압력 변화율은 대칭이 아니고, 반경방향이나 원주방향에서 국부적으로 압력이 높은 곳과 낮은 곳이 나타나게 된다. 압축기 유동 왜곡현상이 일어나면 입구단면에서의 온도분포도 고르지 못하게 된다. 높은 전압력을 나타내는 영역에서, 입구 속도가 높다. 압력이 높고 낮은 두 영역간의 공기유동변화가 허용한계를 벗어날 경우에는, 이들 면적 사이에서 움직이는 압축기 블레이드는 계속적인 실속을 초래시킬 수 있는 속도로 실속을 유발시키기 시작한다. 실속은 엔진의 급격한 가감속 시에도 일어날 수 있다. 엔진을 급격하게 가속하면 일시에 다량의 연료가 연소실로 보내지고 연소실의 압력이 급격히 올라가서 엔진도관 흐름의 배압이 높아진 것과 같이 된다. 이로 인해 압축기내의 공기유속이 늦어져서 실속이 생길 수도 있다.

가속시 실속의 원인으로는 연료조절장치(FCU) 혹은 가변정익과 실속방지 공기추출밸브 등의 실속방지 제어 시스템이 잘 작동하지 않기 때문이다. 때때로 엔진 아이들 상태에서 가속 중에도 실속이 생기는데 이를 탈아이들실속(off-idle stall)이라 하며 이것은 그리 위험하지 않다. 2축 엔진을 사용하는 엔진에서 급격히 감속시에는 질량이 작은 고압로터는 빠르게 감속하지만 질량이 큰 저압로터는 관성 때문에 감속이 느리게 된다. 이 감속의 차이로 공기흐름이 막히어 압축기내 공기유속이 늦어져서 실속이 생길 수도 있다.

감속시의 실속원인으로는 가변정익과 실속방지 공기추출밸브 등의 실속방지제어시스템 혹은 연료조절장치가 잘 작동하기 않기 때문이다. 2축엔진에서는 고압압축기와 저압압축기의 결합(matching)이 잘 되지 않아 실속이 일어날 수도 있다.

실제엔진에서 고장탐구시 실속의 원인을 찾을 수 없는 경우에는 이들 조합을 점검하여 해결할 수도 있다. 동축엔진에서도 고압압축기과 저압압축기의 축간오차가 달라지면 비슷한 종류의 실속이 일어날 수 있다. 또 다른 실속의 원인으로는 역추력시 배기가스가 엔진에 재흡입되면 이로 인해 흡입공기 불균일과 공기분포왜곡으로 인하여 생길 수도 있다. 축류 압축기 실속현상은 **〈그림 5-26〉**에서 보듯이 회전수를 일정하게 하고 공기 유동을 감소시켜도 압력비가 최대인 곳에서 실속을 일으키는 것을 알 수 있다. 몇 군데의 실속 영역은 비교적 낮은 주파수로 원주주위를 회전 이동하여 회전실속(rotating stall)을 일으키는 원인이 되기도 한다.

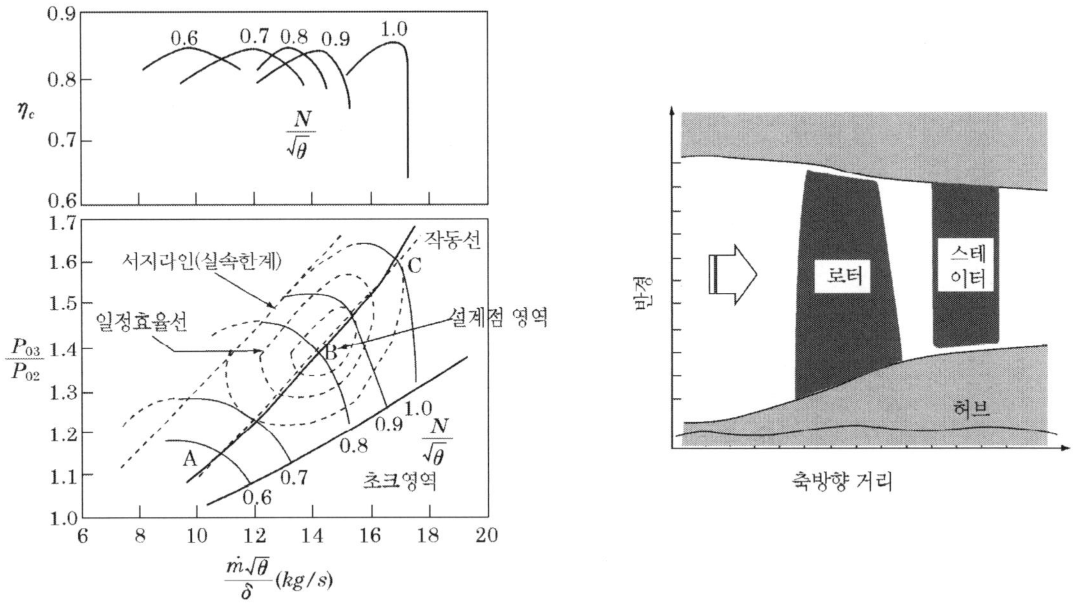

그림 5-26 축류식 압축기의 성능곡선과 단면도

압축기 실속이 발생하면 압축기는 역압력을 밀고 나갈만한 충분한 압축공기를 배출하지 못하고 공기흐름 속도는 느려진다. 블레이드로의 유입속도가 낮을수록 회전속도가 높을수록 입구유동각이 커지고 따라서 받음각이 커진다. 실속이 일어나면 EGT가 상승하며, 엔진 회전수가 떨어지고 회전수 변동이 심하고 엔진의 진동이 일어나 심한 경우에는 로터 블레이드가 휘거나 떨어져 나가기도 한다. 압축기 실속은 잠시 일어난 후 회복되는 과도적일 수도 있고, 어떤 경우는 정상 상태로 심하게 일어나기도 한다. 일시 과도적인 실속이 일어나면 뱅(Bang)하는 소리를 내거나 유동이 일시적으로 거꾸로 흐를 수 있다. 정상 상태의 실속이 일어나면 더 큰 소리가 나며 유동이 연속적으로 역전된다. 실속이 일어나면 엔진추력을 줄이고 받음각을 줄이고 비행속도를 빠르게 하여 유동을 회복시켜야 한다.

가스터빈에 있어서 압축기는 이후 부품에 공기의 흐름을 계속 유지하게 하는 부품이지만 연소기와 터빈은 이러한 유동에 대한 저항이 되는 부품이다. 압축기에서 공기유동을 하류로 보낼 때 연소기는 압축기 출구에서 나간 유동의 저장통 역할을 하고 제1단 터빈노즐은 스로틀 역할을 한다고 생각할 수 있다. 이를 도식적으로 나타내면 **〈그림 5-27〉**과 같이 압축시스템 모델로 나타낼 수 있다.

유동의 저항이 너무 크면 과도한 압력상승이 요구되고 압축기가 공급할 수 있는 압력보다 커질 때는 공기 유동은 감소하게 되고 전달되는 압력은 떨어지며 압축기 실속이 일어난다.

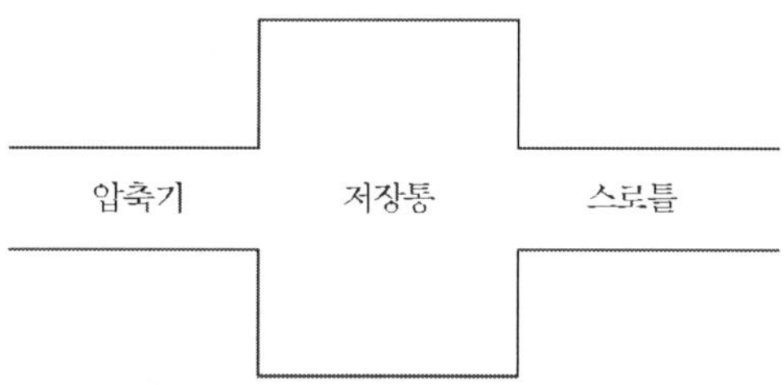

그림 5-27 압축시스템 모델

〈그림 5-28〉은 일정 회전속도에서 압축기 특성 곡선과 스로틀 특성 곡선을 나타내며 서징현상을 설명할 수 있다. 실선 또는 굵은 점선으로 되어 있는 곡선은 압축기 특성(stage characteristics) 곡선으로서 일정 $N/\sqrt{\theta}$ 에서 유동계수인 C_z/U에 따른 압축기 압력상승을 나타내고 있다. 이 압축기 특성 곡선은 **〈그림 5-17〉**의 유동계수에 따른 블레이드 부하계수의 실제 곡선 형태에서도 알 수 있다. **〈그림 5-17〉**에서 유동계수가 감소하면 실제 블레이드 하중계수는 증가하다가 실속영역에 들어서면 손실이 발생하여 감소한다. 또 식(5.18a)에서 압축기 압력비는 단효율과 블레이드 하중계수의 곱의 항으로 나타난다. 따라서 일정회전속도에서 유동계수에 따른 압력비변화는 **〈그림 5-17〉**의 형태로 나타난다. 즉, 일정회전 속도에서 유량이 감소하면 압력비가 증가하다가 감소하는 특성을 나타내고 있다. 이 특징은 유량이 감소하면서 압력비가 감소하는 서징(surging)이라는 불안정한

작동을 유발한다. 여러 개의 가는 점선은 스로틀 특성(throttle characteristics) 곡선으로서 압축기 출구에 연소기와 터빈 등 이후 시스템의 유동 방해 및 조절특성을 대표하여 스로틀(throttle)이 있다고 생각할 때 동일 질량을 스로틀 밸브를 통해 통과시키기 위해 필요한 압력, 즉 스로틀 밸브 개폐정도에 따른 유량과 압력 차이와의 관계를 나타낸다.

압축기 출구에서의 압력(스로틀 밸브 압력)은 스로틀 밸브의 개폐정도로서 조절할 수 있다. 다른 점선들은 스로틀의 개도, 즉 유동저항이 다른 상태를 나타내고 있다. 특정한 밸브 개폐 조건하에서 밸브에서의 압력강하는 보통 유량의 제곱에 비례하여 증가하며 스로틀 특성곡선이 이것을 나타내고 있다. 유량이 증가하면 밸브입구 압력을 증가시키고 유량이 감소하면 밸브입구 압력을 감소시킨다. 어떤 특정한 조건하에서는 압축기에서 증가되는 압력과 스로틀에서 떨어지는 압력이 같아야 압축기가 정상적으로 작동된다. 즉 점선과 실선이 만나는 점이 압축기와 스로틀의 정상 작동점이 된다. 유량이 증가할 때 압축기 단에서는 압력이 감소하는 A와 S사이의 영역에서는 압축기가 안정적으로 작동한다. 이 구간에서는 교란이 가해지더라도 항상 원 위치로 돌아가는 특성이 있다. 즉 스로틀 특성 곡선의 기울기가 압축기 특성 곡선의 기울기보다 크면 작동점은 안정하며, 정적상태에서의 안정영역은 E까지 계속되며 E점을 중립점이라 한다. D와 E영역에서 압축기 특성곡선은 양의 기울기를 가지고 있으므로 어떤 동적인 상태에서는 안정한 영역이 아니다. 따라서 동적인 상황을 고려하면 S점보다 유동계수가 큰 영역을 안정영역이라 하며 S점보다 유동계수가 작은 영역을 불안정영역 또는 서징영역이라 하고 S점을 서징점이라 한다.

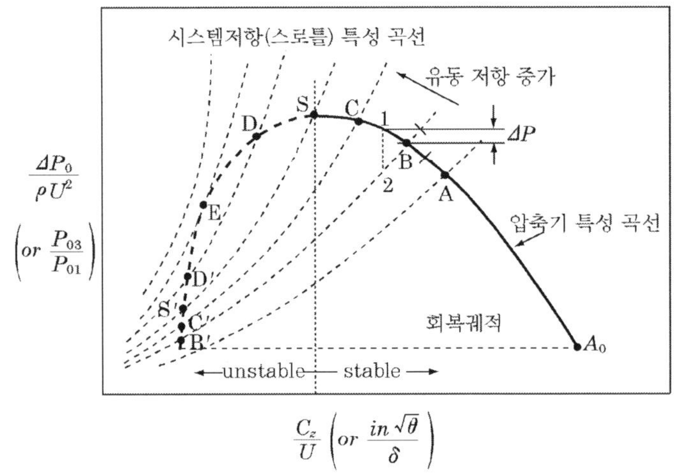

그림 5-28 압축기 특성곡선 및 스로틀 특성곡선

〈그림 5-28〉의 B점에서 스로틀 열림 정도는 변화시키지 않고 질량 유량만을 약간 감소시키면 압축기의 ΔP는 증가하여 1점으로 이동한다. 하지만 스로틀 특성곡선에서는 질량 유량 $\dot{m}$이 감소

하면 요구되는 압력은 2점으로 이동하게 된다. 따라서 압축기가 제공하는 압력이 스로틀이 요구하는 압력보다 크므로 압축기가 제공하는 압력 P_1이 스로틀이 요구하는 압력 P_2보다 크므로 질량 유량 $\dot{m}$은 증가하게 되어 1점은 다시 B점으로 돌아오게 되어 안정한 상태가 된다. 예를 들어 B에서 정상적으로 작동되고 있는 경우 교란에 의해 압축기 출구의 압력이 조금 증가한 경우가 발생하면 압축기에서 공급되는 유량은 감소하고 스로틀 밸브를 지나 빠져나가는 유량은 증가한다. 이와 같이 공급되는 유량에 비해 빠져나가는 유량이 많아지면 압축기 출구의 압력은 감소하여 다시 B 작동점으로 되돌아간다. 반면에 B 작동점에서 교란이 발생하여 압축기 출구의 압력이 감소한 경우가 발생하면 압축기에서 공급되는 유량은 증가하고 스로틀 밸브를 지나 빠져나가는 유량은 감소한다. 이와 같이, 공급되는 유량에 비해 빠져나가는 유량이 작아지면 압축기 출구의 압력은 증가하여 다시 B 작동점으로 되돌아간다.

이와는 달리 유량이 증가하면서 압축기 특성곡선에서 압력이 증가하는 S와 B'사이의 영역은 압축기가 불안정하게 작동하는 영역이다. 예를 들어 D에서 정상적으로 작동되고 있는 경우, 교란에 의해 압축기 출구의 압력이 조금 증가하면 압축기에서 공급되는 유량과 밸브를 지나 빠져나가는 유량 모두 증가한다. 그러나 압축기에서 공급되는 유량의 증가량에 비해 빠져나가는 유량의 증가량이 적으므로 압축기 출구의 압력은 더 증가하여 S 작동점 쪽으로 이동하게 된다. 반대로 D 작동점에서 교란이 발생하여 압축기 출구의 압력이 감소하면 압축기에서 공급되는 유량의 감소량에 비해 빠져나가는 유량의 감소량이 적으므로 압축기 출구의 압력은 더 감소하여 E와 B' 작동점 쪽으로 이동하게 된다. 이 경우 압축기에서 공급되는 유량은 계속 감소하며, 심할 경우 역류가 발생하기도 한다. 공급유량이 없어지거나 역류가 발생하면 압축기 출구의 압력이 낮아지므로 압축기는 다시 유량을 공급하기 시작하여 A_0 작동점으로 이동한다. 유량의 공급과 함께 압력이 증가하면 B와 S쪽으로 이동하므로 결국 A_0-A-B-C-S-D-E-C'-B'-A_0 작동점을 주기적으로 반복하면서 작동하게 된다. 이와 같은 주기적인 작동을 서징현상이라고 한다.

실속은 부분적인 현상임에 반하여 서징현상은 압축기 전체에 걸쳐서 발생한다.

〈그림 5-29〉는 압축기 서징 사이클 곡선을 나타내고 있다. 일정한 회전속도에서 유량이 감소하면서 압력비가 증가하다가 감소하는 주기적인 압력변동(ΔP)과 유동의 진동이 있음을 알 수 있고, 실선을 정적상태 운동에서의 데이터이고 심볼은 동적상태의 실험 데이터를 나타내고 있다. A-B-C-S 구간을 안정영역이며, S-D-E-C'-B' 구간은 불안정한 서징영역으로 실속이 일어나며 B'에서 A과정은 다시 불안정에서 안정영역으로 회복되는 과정이다. S작동점을 서징점이라고 한다.

이와 같이 압축기의 실속과 회복이 반복되면서 주기적인 작동을 하는 것이 서징현상을 일으킨다. 가스터빈에서 서징현상은 압축기만 관계되는 것이 아니라, 압축기 상류인 도관(duct), 압축기 하류인 연소실, 터빈노즐을 포함하는 일련의 시스템에서 일어나는 공력불안정 현상이다. 서지 현상

(surge)이란 경계층 박리의 결과 또는 실속 현상의 결과로 압축기 내에서 실속과 회복을 반복하는 비정상 유동상태가 되어 불안정 유동이 되는 현상으로 실속한계를 뜻한다. 서지가 발생하면 압력 교란이 격렬하게 일어나고 압축기의 블레이드를 파손시키게 된다. 서징이 일어나면 보통 진동과 소음이 심각해지고 온도가 증가하면서 블레이드가 파손되기도 한다. 정상적인 작동이 불가능한 S–B' 영역은 서징영역이다. 서지는 이륙시와 같은 저속 비행속도에서 강한 바람을 만날 때 일어날 수도 있고, 엔진의 급가속이나 급감속시에도 일어날 수 있다. 또 유입공기에 과도한 이물질(FOD)이 있을 때에도 일어날 수 있다.

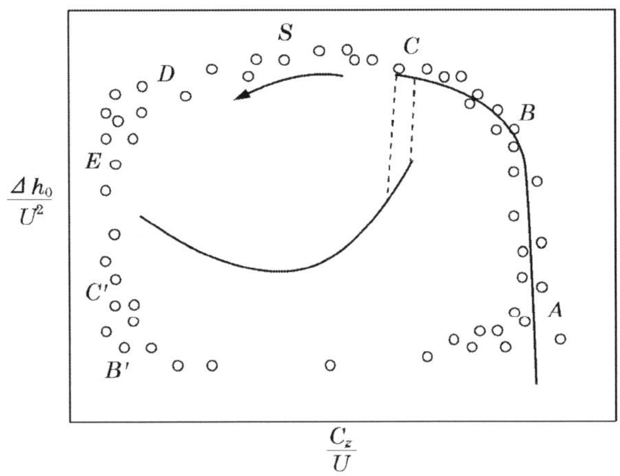

그림 5-29 압축기 서징 사이클 곡선

압축기 실속이 일어나면 배기가스 온도가 상승하며 엔진 rpm이 떨어지고 엔진의 진동이 일어나게 된다. 때때로 압력이 가해진 연소 공기는 압축기 쪽으로 역류하게 되고 갑작스런 압력의 방출(pressure release)은 폭발음을 유발한다. 압축기의 압력이 충분히 방출되면 압축기는 회복(recovery)이 되고 압력이 증가하게 되며 이러한 과정이 반복되는데 이와 같이 압축기에서 실속과 회복을 반복하면서 압축기를 포함하는 일련의 시스템의 공력불안정성을 서지(surge)라 한다.

서지 현상이 발생하면 엔진에 기계적인 손상을 주게 되는데 정지 상태로 운용되는 산업용 가스터빈 엔진에서는 설계점에서만 엔진이 작동한다면 서지는 일어나지 않는다. 그러나 너무 빠르게 가속되거나 압축기에 이물질이 끼거나 오염이 발생한 경우 또는 침전에 의해 터빈이 막히게 되는 경우 탈설계점에서 작동하게 되며 서지가 일어나게 된다. 항공용 가스터빈 엔진에서 흡입구에서의 유동의 교란이 있으면 회전 실속(rotating stall)이나 서지가 일어날 수 있다. 심한 역풍을 만나는 경우나 군용 항공기에서 격렬한 운행을 할 때 이러한 현상이 발생할 수 있다.

5. 압축기의 날개열

날개열(cascade)의 항공역학에 대하여 알아보자. 〈그림 5-30〉과 같이 정지되어 있는 블레이드의 열을 날개열이라 하며 날개열은 축류식 압축기에 사용되는 블레이드의 성능 측정을 위해 만들어지는데 날개 열에서는 흡입이 있어 경계층이 제거되기 때문에 날개열 블레이드 사이의 유동은 거의 2차원 흐름이 된다. 날개열의 설치 목적은 유체 회전각과 블레이드의 외형과의 연관성을 규명하고 마찰로 인한 정체압력의 측정에 있다. 날개열의 기하학적 형상(geometry)을 결정짓는 인자에는 블레이드의 시위선(C)과 블레이드의 두께가 있다. 강률(solidity)이 있는데 이는 C/S로 엇갈림각 λ도 날개열의 기하학적 형상을 결정짓는 인자중의 하나이다.

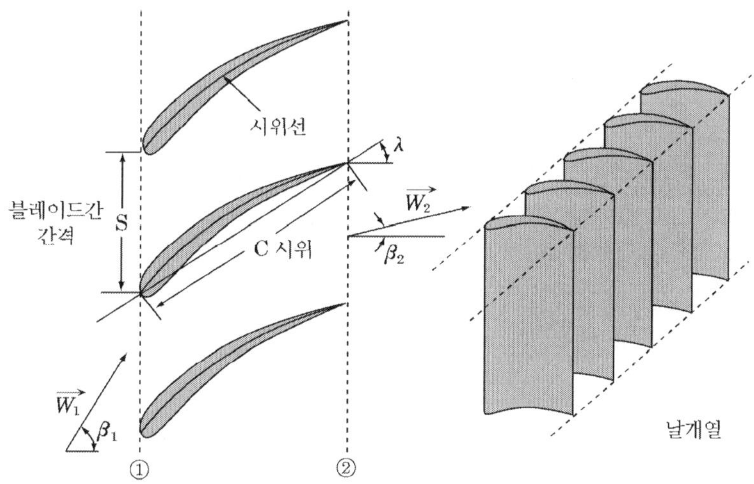

그림 5-30 한 단에서 일열로 펼쳐놓은 날개열의 형상

날개열을 통한 시험 결과 얻을 수 있는 정보를 어떻게 다룰 것인지 고려하기 위하여 우선 출구에서의 각 β_2와 질량 평균 정체압력 손실 $\varDelta P_0$를 다음과 같이 몇 개의 물리적 변수의 함수로써 나타낼 수 있다.

$$\beta_2, \triangle P_0 = f(W_1, \beta_1, S, C, \lambda, \nu, T_1, P_1, \gamma, R, \text{블레이드 형상}) \tag{5.33}$$

여기서 W_1는 입구에서의 상대속도이며 β_1은 로터 입구에서의 유동각, S는 블레이드와 블레이드 사이의 거리, C는 블레이드의 현의 길이, 그리고 λ는 엇갈림각(stagger angle)을 의미한다. 위 우변은 11개의 변수의 함수로 구성되어 있지만 4개의 적절한 주요 변수로 묶어낼 수 있다. 바로 질량, 길이, 시간 그리고 온도에 관한 변수이다. 이들을 이용하여 우변을 다음과 같이 7개의 무차원 변수로 줄여 나타낼 수 있다.

$$\beta_2, \frac{\Delta P_0}{\frac{1}{2}\rho_1 W_1^2} = f\left(\beta_1, \frac{W_1 C}{\nu}, \frac{W_1}{\sqrt{\gamma R T_1}}, \frac{C}{S}, \lambda, \gamma, \text{블레이드 형상}\right) \tag{5.34}$$

여기서 $\rho_1 = P_1/RT_1$이며 좌변의 압력 손실 역시 무차원화 시켰다. 7개의 무차원 변수로 간단히 하였다고는 하나 여전히 연립하여 문제를 해결하기에는 변수가 너무 많다. 따라서 우선 γ와 블레이드의 형상은 상수이며 레이놀즈수와 마하수는 출구각에 큰 영향을 미치지 않는다고 가정하며 위 식을 다시 정리하면 다음과 같이 나타낼 수 있다.

$$\beta_2, \frac{\Delta P_0}{\frac{1}{2}\rho_1 W_1^2} = f\left(\beta_1, \frac{C}{S}, \lambda\right) \tag{5.35}$$

여기서 C/S를 보통 날개열의 강률(solidity)이라고 부르는데 그 이유는 이 비율이 높으면 높을수록 블레이드가 더욱 조밀하게 모여 있기 때문이다. 날개열에서 정체압력 손실율은 일반적으로 다음과 같이 표현될 수 있다.

$$\xi = \frac{\Delta P_0}{\frac{1}{2}\rho_1 W_1^2} \tag{5.36}$$

한 블레이드의 열을 살펴보면 블레이드의 수가 많을수록 마찰 손실이 크기 때문에 블레이드와 블레이드 사이의 공간이 넓으면, 즉 강률이 낮으면 마찰손실이 적어 좋을것 같아 보인다. 하지만 주어진 유체의 회전각(turning angle)에서는 강률이 낮을수록 양력이 증가하며 양력이 증가하면 흡입면을 따라서 압력 구배의 증가가 야기되므로 박리가 되기 쉽다. 조밀한 블레이드의 배열, 즉 강률이 높으면 주어진 블레이드로 박리가 없이 흡입 유동을 더욱 넓게 변화시킬 수 있어 다단 축류식 압축기에서는 유리하고 한 블레이드의 열에서 나가는 유동각이 블레이드 유로에서 덜 변화하게 된다. 따라서 강률에는 최적 강률이 존재하게 되는데 예를 들어 유입각 β_1, 유출각 β_2, 비틀림각 λ가 주어지면 상황에 맞는 최적인 강률이 존재한다.

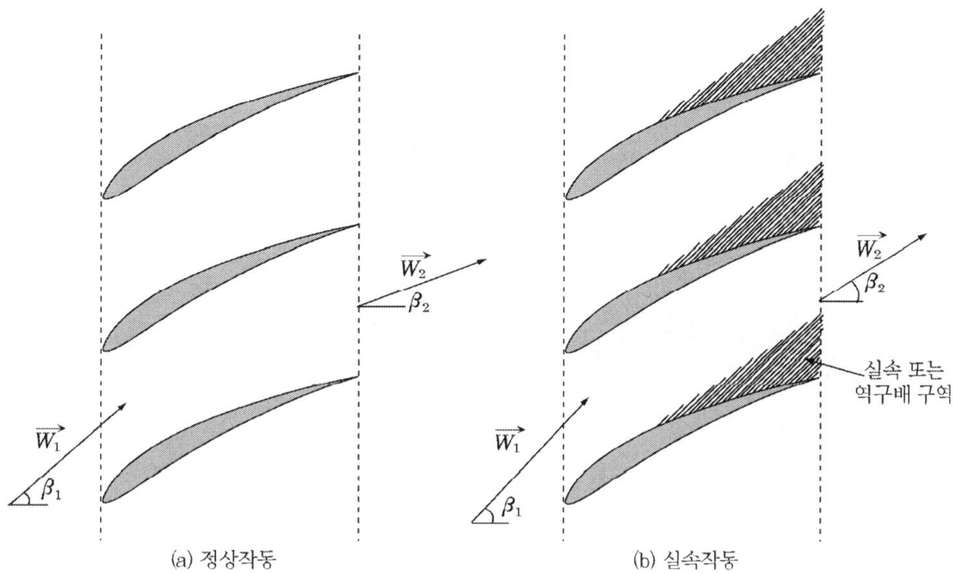

그림 5-31 날개열의 실속

〈그림 5-31〉처럼 정상작동에서는 β_1이 조금 증가하여도 β_2는 실질적으로 변하지 않는다. 그러나 블레이드의 흡입면에서 역구배 압력이 증가하게 되고 β_1가 크면 경계층 박리가 일어나 박리 영역이 존재하게 된다. 이로 인해 난류 혼합이 일어나고 정체압력의 손실을 초래하게 된다. 유선이 블레이드의 볼록면을 따라갈 수 없을 때 β_2는 증가하게 된다. 즉 β_1이 적으면 β_2는 불변이고 β_1이 크면 β_2는 변하게 된다. 또 β_1이 증가하면 양의 박리가 발생하며 β_1이 감소하면 음의 박리가 발생한다.

블레이드의 표면에서 유동의 박리를 예방하는 방법에 대해서 알아보자. 1953년 Lieblein은 경험적인 무차원수를 제시하였는데 이것이 바로 확산 인자(diffusion factor) D이다. 확산인자는 여러 가지 형상의 블레이드 표면에서 경계층 박리의 가능성을 가늠하는 요소이며 아음속 압축기에서 수년간 널리 사용되어 오고 있다. Lieblein의 확산인자 D는 다음과 같이 정의된다.

$$D = 1 - \frac{W_2}{W_1} + \frac{W_{\theta 1} - W_{\theta 2}}{2(C/S)W_2} \tag{5.37}$$

일반적으로 D가 0.5보다 큰 **〈그림 5-32(b)〉**에서 보인 바와 같이 손실 변수가 급격히 증가하며 박리가 일어날 가능성이 크다. 박리는 에어포일의 흡입면에서의 감속과 관련이 있다. 즉 **〈그림 5-32(a)〉**처럼 볼록한 면을 따라 흐르는 유동에서 최대 속도 W_{max}에서 뒷전에서의 속도 W_2로 감속되는데 상대적인 감속이 클수록 박리의 위험 또한 커진다.

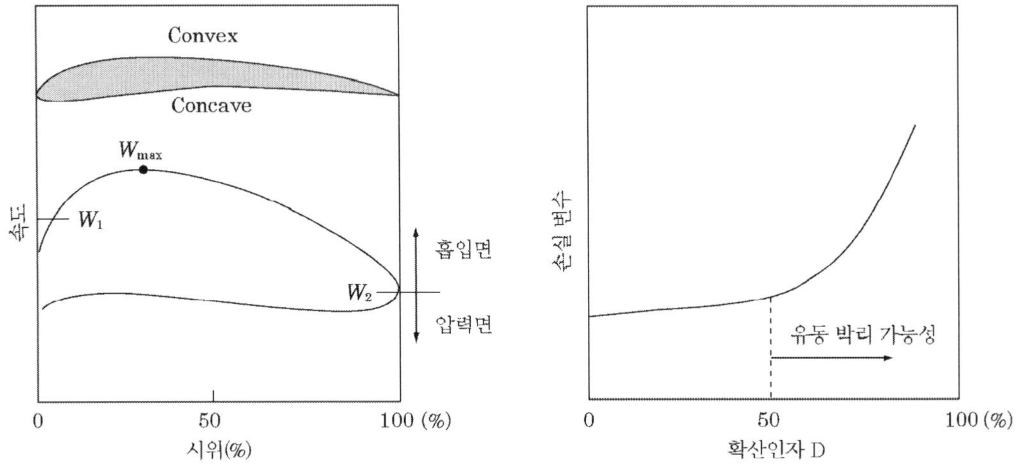

(a) 블레이드의 볼록면과 오목면에서의 속도 형상 (b) 확산인자에 따른 손실 변수

그림 5-32 블레이드의 형상에 따른 속도 형상과 확산인자와 손실변수의 관계

6. 압축기의 효율

압축기 압력 상승을 주기 위해 필요한 실제 일에 대한 이상 상태에서의 일의 비율을 효율이라 하며 압축기 효율은 단효율, 등엔트로피 효율(단열효율), 폴리트로픽 효율의 3가지가 사용되고 있다. 단효율(stage efficiency)은 단일 단에서 어느 압력 상승비를 주기 위해 필요한 단열과정의 일에 대한 이론 일과 실제 일의 비로 정의되며 η_{st}로 표기 된다. 단열 효율(adiabatic efficiency)은 압축기 전체에서 어느 압력 상승비를 주기 위해 필요한 단열과정 일에 대한 이론 일과 실제 일의 비로 정의되며 등엔트로피 효율이라고도 부르며 η_c로 표기되고, 압축기 단열효율은 입구와 출구의 압력비 및 온도비에 따라 달라지므로 각 단의 단열효율은 전체 단열 효율과 다르다. 압축기의 효율은 보통 85~90% 정도이며, 압축기의 효율은 식(5.39)에서 보는 바와 같이 온도 상승τ_c가 작고, 압력 상승π_c가 클수록 크게 되기 때문에 압축기 효율은 최소 온도 상승으로 최대 압축할 수 있는 것에 좌우된다. 폴리트로픽 효율은 미소단효율(small stage efficiency)이다. 폴리트로픽 효율은 각각의 단은 같은 효율을 가지며, 각 단의 폴리트로픽 효율은 전압축기의 폴리트로픽 효율과 같다고 생각하는 효율이다.

폴리트로픽 압축기 효율(polytropic compressor efficiency)은 압축기 과정에서 미소 압력 상승 변화량을 주기 위해 필요한 단열과정 일에 대한 실제 일의 비로 정의되며 η_{pc}로 표기 된다. 여러 개의 단으로 이루어진 축류식 압축기에서 단효율은 폴리프로픽 효율과 거의 비슷할 수 있다. 만약 η_{pc}가 전체 압축기 과정에서 상수로 취급될 수 있다면 η_{pc}과 압축기 전체의 단열효율 η_c사이에는 단순한 대수 관계식을 세울 수 있다. 이러한 관계는 같은 단효율 η_{st}로 구성된 여러 개의 단을 합함으로써 압축기 전체 단열 효율 η_c를 구하는 데 사용될 수 있다.

압축기 전체의 단열효율 η_c의 정의를 다음과 같이 수식으로 쓸 수 있다.

$$\eta_c = \frac{\text{압축기 전체 압력상승 } \pi_c \text{를 주기 위한 이론과정에서의 일}}{\text{압축기 전체 압력상승 } \pi_c \text{를 주기 위한 실제과정에서의 일}} \tag{5.38}$$

또한 이 정의에 따라 압축기 전체 단열 효율 η_c은 다음과 같이 나타낼 수 있다.

$$\eta_c = \frac{h_{03s} - h_{02}}{h_{03} - h_{02}} = \frac{\dfrac{T_{03s}}{T_{02}} - 1}{\dfrac{T_{03}}{T_{02}} - 1} = \frac{\dfrac{P_{03}}{P_{02}}^{\frac{\gamma-1}{\gamma}} - 1}{\dfrac{T_{03}}{T_{02}} - 1} = \frac{\pi_c^{\frac{\gamma-1}{\gamma}} - 1}{\tau_c - 1} \tag{5.39}$$

압축기 전체를 n개 영역으로 구분할 때, 이 중 대표적인 영역(x부터 y라 하자)을 통한 압력비를 구하면

$$\frac{P_{oy}}{P_{ox}} = [1 + \eta_c(\frac{T_{oy}}{T_{ox}} - 1)]^{\frac{\gamma-1}{\gamma}}$$

n개 영역을 가진 전압축기에서는 $\dfrac{P_{03}}{P_{02}} = \left(\dfrac{P_{oy}}{P_{ox}}\right)^n$, $\dfrac{T_{03}}{T_{02}} = \left(\dfrac{T_{oy}}{T_{ox}}\right)^n$ 이므로 $\dfrac{T_{oy}}{T_{ox}} = \left(\dfrac{T_{03}}{T_{02}}\right)^{\frac{1}{n}}$ 이고

이를 식(5.39)에 대입한 후 $\dfrac{P_{03}}{P_{02}}$를 구하면 다음과 같다.

$$\frac{P_{03}}{P_{02}} = \left[1 + \eta_c\left\{\left(\frac{T_{03}}{T_{02}}\right)^{\frac{1}{n}} - 1\right\}\right]^{\frac{n\gamma}{\gamma-1}}$$

n개로 나눈 임의의 구간에서의 단열효율 $\eta_{c,\,n} = \dfrac{(\dfrac{P_{03}}{P_{02}})^{\frac{\gamma-1}{n\gamma}} - 1}{(\dfrac{T_{03}}{T_{02}})^{\frac{1}{n}} - 1}$는 영역의 개수, n에 따라 달라진다.

전압력비 $\dfrac{P_{03}}{P_{02}} = 10$, 전온도비 $\dfrac{T_{03}}{T_{02}} = 2.035$로 고정할 때, 영역의 개수에 따라 $\eta_{c,\,n}$가 달라진다. 예를 들어 1개 영역일 때 $\eta_{c,\,n} = 0.9$, 8개 영역일 때는 $\eta_{c,\,n} = 0.925$, 100개 영역일 때는 $\eta_{c,\,n} = 0.926$이 된다. 영역의 개수 n을 무한대로 하면, $\eta_{c,\,n}$가 미소단열효율인 폴리트로픽 효율 η_{pc}가 된다.

즉 n→∞일 때, $\lim_{n\to\infty}\eta_c=\eta_{pc}$가 된다.

n개로 나눈 임의 구간에서의 단열효율 $\eta_{c,\,n}$를 $y^x = e^{x\ln y}$의 성질을 이용하여 다시 나타내면 다음과 같다.

$$\eta_{c,\,n}=\frac{\left(\frac{P_{03}}{P_{02}}\right)^{\frac{\gamma-1}{n\gamma}}-1}{\left(\frac{T_{03}}{T_{02}}\right)^{\frac{1}{n}}-1}=\frac{e^{\frac{\gamma-1}{n\gamma}\ln\left(\frac{P_{03}}{P_{02}}\right)}-1}{e^{\frac{1}{n}\ln\left(\frac{T_{03}}{T_{02}}\right)}-1}$$

n→∞일때 $\lim_{n\to\infty}\eta_{c,\,n}$는 $\frac{0}{0}$으로 부정형이 되므로 로피탈의 정리를 적용하면 극한값을 다음과 같이 구할 수 있다. 또 $[e^{f(x)}]'=f'(x)e^{f(x)}$임을 이용하자.

$$\eta_{pc}=\lim_{n\to\infty}\eta_{c,\,n}=\lim_{n\to\infty}\frac{e^{\frac{\gamma-1}{n\gamma}\ln\left(\frac{P_{03}}{P_{02}}\right)}-1}{e^{\frac{1}{n}\ln\left(\frac{T_{03}}{T_{02}}\right)}-1}=\lim_{n\to\infty}\frac{\left[e^{\frac{\gamma-1}{n\gamma}\ln\left(\frac{P_{03}}{P_{02}}\right)}-1\right]'}{\left[e^{\frac{1}{n}\ln\left(\frac{T_{03}}{T_{02}}\right)}-1\right]'}$$

$$=\lim_{n\to\infty}\frac{\frac{\gamma-1}{\gamma}\ln\left(\frac{P_{03}}{P_{02}}\right)\left(-\frac{1}{n^2}\right)e^{\frac{1}{n}\frac{\gamma-1}{\gamma}\ln\frac{P_{03}}{P_{02}}}}{\ln\left(\frac{T_{03}}{T_{02}}\right)\left(-\frac{1}{n^2}\right)e^{\frac{1}{n}\ln\left(\frac{T_{03}}{T_{02}}\right)}}$$

$$=\lim_{n\to\infty}\frac{\frac{\gamma-1}{\gamma}\ln\left(\frac{P_{03}}{P_{02}}\right)}{\ln\left(\frac{T_{03}}{T_{02}}\right)}$$

따라서 $\frac{P_{03}}{P_{02}}=\left(\frac{T_{03}}{T_{02}}\right)^{\frac{\gamma\,\eta_{pc}}{\gamma-1}}$ 또는 $\frac{T_{03}}{T_{02}}=\left(\frac{P_{03}}{P_{02}}\right)^{\frac{1}{\eta_{pc}}\frac{\gamma-1}{\gamma}}$ 이다.

이 식은 식 (5.46)과 동일하다.

폴리트로픽 효율을 구하는 다른 방법을 생각해 보자.

또한 폴리트로픽 효율 η_{pc}은 다음과 같이 나타낼 수 있다.

$$\eta_{pc}=\frac{\text{미소 압력 변화를 주기 위한 이론과정에서의 일}}{\text{미소 압력 변화를 주기 위한 실제과정에서의 일}}=\frac{dh_{0s}}{dh_0}=\frac{dT_{0s}}{dT_0} \tag{5.40}$$

〈그림 5-33〉처럼 등엔트로피 과정에서의 전압과 전온도의 관계식을 이용하면 미소변위에서 다음과 같이 쓸 수 있다.

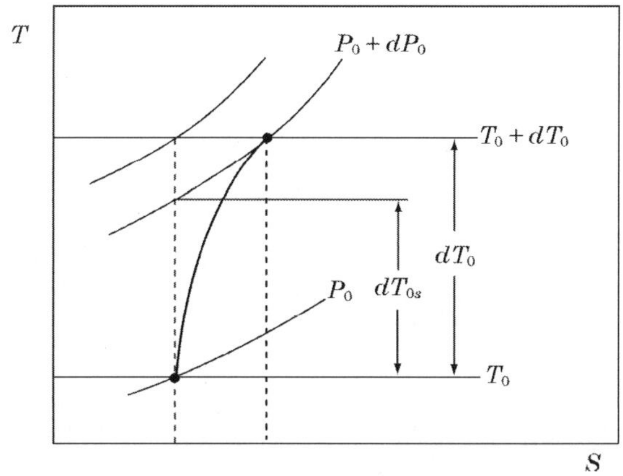

그림 5-33 이상 기체의 미소변위의 T-s 선도

$$\frac{T_0 + dT_{0s}}{T_0} = \left(\frac{P_0 + dP_0}{P_0}\right)^{\frac{\gamma-1}{\gamma}} \tag{5.41}$$

따라서 미소 전온도 변화량에 대하여 정리하면 다음과 같이 나타낼 수 있다.

$$dT_{0s} = T_0\left[\left(\frac{P_0 + dP_0}{P_0}\right)^{\frac{\gamma-1}{\gamma}} - 1\right] \tag{5.42}$$

여기서 dP_0는 매우 작은 값이므로 $dP_0 \ll P_0$ 또는 $dP_0/P_0 \ll 1$이라 할 수 있다. 위 식에서 우변의 압력항을 다시 정리하고 이항전개하면 다음과 같이 된다.

$$\left(1 + \frac{dP_0}{P_0}\right)^{\frac{\gamma-1}{\gamma}} \simeq 1 + \frac{\gamma-1}{\gamma}\frac{dP_0}{P_0} \tag{5.43}$$

따라서 등엔트로피 과정에서의 폴리트로픽 효율은 다음과 같이 쓸 수 있다.

$$\eta_{pc} = \frac{dT_{0s}}{dT_0} = \frac{T_0\left(\dfrac{\gamma-1}{\gamma}\dfrac{dP_0}{P_0}\right)}{dT_0} = \frac{\gamma-1}{\gamma}\frac{dP_0/P_0}{dT_0/T_0} \tag{5.44}$$

미소영역에서 η_{pc}는 상수라 가정하고 압축기 전체를 고려하여 입구에서 출구까지 적분하면 다음과 같이 쓸 수 있다.

$$\ln\left(\frac{T_{03}}{T_{02}}\right) = \frac{\gamma-1}{\gamma}\frac{1}{\eta_{pc}}\ln\left(\frac{P_{03}}{P_{02}}\right) = \ln\left(\frac{P_{03}}{P_{02}}\right)^{\frac{\gamma-1}{\gamma}\frac{1}{\eta_{pc}}} \tag{5.45}$$

여기서 하첨자 2는 압축기 입구를 나타내며, 3은 압축기 출구를 나타낸다. 위 식에서 양변의 로그를 떼어내면 폴리트로픽 압축에 대한 다음의 관계식을 얻을 수 있다.

$$\frac{T_{03}}{T_{02}} = \left(\frac{P_{03}}{P_{02}}\right)^{\frac{\gamma-1}{\gamma}\frac{1}{\eta_{pc}}} \tag{5.46}$$

또는

$$\eta_{pc} = \frac{\gamma-1}{\gamma}\frac{\ln(P_{03}/P_{02})}{\ln(T_{03}/T_{02})}$$

폴리트로픽 압축관계식을 나타내는 식(5.46)은 등엔트로피 관계식 식(2.70)과 지수에서 $\frac{1}{\eta_{pc}}$ 만큼 상이함에 유의하기 바란다.

위 식은 다시 다음과 같이 쓸 수 있다.

$$\tau_c = \pi_c^{\frac{\gamma-1}{\gamma}\frac{1}{\eta_{pc}}} \tag{5.47}$$

여기서 τ_c는 압축기 전체의 전온도비를 나타내며 π_c는 압축기 전체의 전압력비를 나타낸다. 또 압축기 전체의 단열효율은 다음과 같다.

$$\eta_c = \frac{\pi_c^{\frac{\gamma-1}{\gamma}} - 1}{\tau_c - 1} \tag{5.48a}$$

따라서 전온도비와 전압력비의 관계식을 이용하면 압축기 전체의 단열효율은 다음과 같이 나타낼 수 있다.

$$\eta_c = \frac{\left(\frac{P_{03}}{P_{02}}\right)^{\frac{\gamma-1}{\gamma}} - 1}{\left(\frac{T_{03}}{T_{02}}\right) - 1} = \frac{\left(\frac{P_{03}}{P_{02}}\right)^{\frac{\gamma-1}{\gamma}} - 1}{\left(\frac{P_{03}}{P_{02}}\right)^{\frac{\gamma-1}{\gamma}\frac{1}{\eta_{pc}}} - 1} = \frac{\pi_c^{\frac{\gamma-1}{\gamma}} - 1}{\pi_c^{\frac{\gamma-1}{\gamma}\frac{1}{\eta_{pc}}} - 1} \tag{5.48b}$$

π_c와 η_c가 주어지면, η_{pc}는 다음과 같이 구할 수 있다.

$$\eta_{pc} = \left(\frac{\gamma-1}{\gamma}\right)\frac{\ln\pi_c}{\ln\left(1 + \frac{\pi_c^{\frac{\gamma-1}{\gamma}} - 1}{\eta_c}\right)} \tag{5.49}$$

〈그림 5-34〉에서는 여러 가지 압축기 폴리트로픽 효율에서(예를 들어 블레이드 형상설계를 달리할 때) 압력비에 따른 압축기 전체 등엔트로피 효율(단열효율)의 변화를 나타내고 있다. **〈그림**

5-34〉에서 η_c가 η_{pc}보다 작으며 그 차이는 압력비가 증가할수록 차이가 커진다는 것을 알 수 있다. 미소영역을 나누어 생각할 때는 미소영역에서 마찰에 기이한 온도증가 때문에 다음 미소 영역에서는 더 많은 일이 요구되기 때문에 압축기 전체의 등엔트로피 효율이 미소영역의 등엔트로피 효율인 압축기 폴리트로픽 효율보다 낮게 된다. 미소영역을 크게 잡으면 압축기의 한 단(stage)을 전체 압축기 중에서의 미소영역으로 생각할 수 있다. 또 압력비가 한 단의 압력비 만큼 작다면 η_c는 한단의 효율 η_{st}와 같으며 이는 폴리트로픽 효율 η_{pc}와 거의 같다는 것도 알 수 있다. 따라서 폴리트로픽 효율과 단효율은 거의 같다. 그러나 압력비가 아주 큰 경우, 예를 들어 30인 경우 폴리트로픽 효율이 0.9로 일정할 때 압축기 전체의 단열효율은 0.845로 작아짐을 알 수 있다.

또 **〈그림 5-34〉**에서 동일형상의 블레이드로 단수를 달리하는 패밀리 압축기(family compressor)를 만들 때 단수변화에 따른 전체 등엔트로피가 어떻게 변하는지를 알 수 있다.

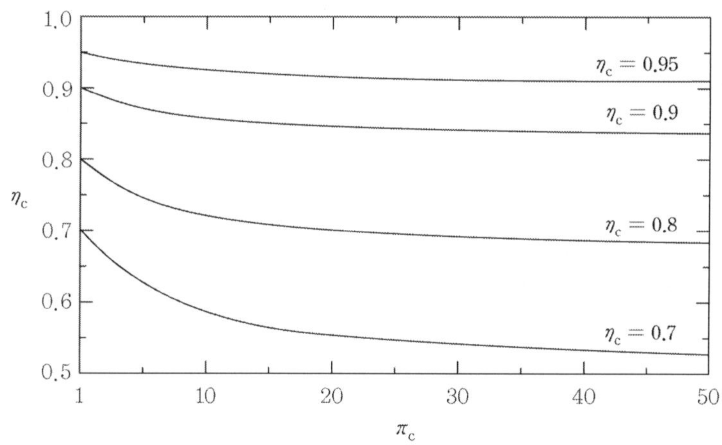

그림 5-34 축류압축기 압력비에 따른 폴리트로픽 효율과 전효율

이제 단효율(stage efficiency)을 고려해 보자. 한 단에서의 효율은 유동과 유로 사이에서 발생되는 마찰과 각 블레이드 열의 하류방향 점성 혼합에 의하여 항상 1보다 작은 값을 가진다. 이를 고려하기 위해서 압축기 1단을 고려하여 입구 로터입구를 1, 스테이터 출구를 3으로 하자. 압축기 1단 출구의 실제인 값 03과 등엔트로피 과정상의 값 03s사이의 엔트로피 변화를 고려해 보자. Gibbs의 방정식으로부터

$$ds = c_p \frac{dT_0}{T_0} - R\frac{dP_0}{P_0} \tag{5.50}$$

여기서 03과 03s사이에는 전압 변화는 없으므로 $dP_0 = 0$가 된다. 따라서 위 식은 다시 적분하고 정리하면 다음과 같이 쓸 수 있다.

$$\Delta s = c_p \ln \frac{T_{03}}{T_{03s}} \tag{5.51}$$

이를 다르게 표현하면 다음과 같다.

$$\frac{T_{03}}{T_{03s}} = e^{\frac{\Delta s}{c_p}} \tag{5.52}$$

양변을 T_{01}으로 나누고 정리하면 위 식은 다시 다음과 같이 쓸 수 있다.

$$\frac{T_{03}}{T_{01}} = \frac{T_{03s}}{T_{01}} e^{\frac{\Delta s}{c_p}} \tag{5.53}$$

따라서 한 단에서의 효율은

$$\eta_{st} = \frac{h_{03s} - h_{01}}{h_{03} - h_{01}} = \frac{\dfrac{T_{03s}}{T_{01}} - 1}{\dfrac{T_{03}}{T_{01}} - 1} = \frac{\left(\dfrac{T_{03}}{T_{01}}\right) e^{-\frac{\Delta s}{c_p}} - 1}{\left(\dfrac{T_{03}}{T_{01}}\right) - 1} = \frac{\left(\dfrac{P_{03}}{P_{01}}\right)^{\frac{\gamma - 1}{\gamma}} - 1}{\left(\dfrac{P_{03}}{P_{01}} e^{\frac{\Delta s}{c_p}}\right)^{\frac{\gamma - 1}{\gamma}} - 1} \tag{5.54}$$

위 식에서 Δs와 T_{03}/T_{01} 또는 P_{03}/P_{01}을 알면 단효율 η_{st}을 계산할 수 있다. 만약 전체가 N개의 단으로 구성된 압축기라면 j번째 단에서의 효율은 다음과 같이 된다.

$$\eta_{cj} = \frac{(\pi_{cj})^{\frac{\gamma_c - 1}{\gamma_c}} - 1}{\tau_{cj} - 1} \tag{5.55}$$

또한 이 j번째 단에서의 온도 변화는 다음과 같이 된다.

$$\tau_{cj} = \left(\frac{T_{0j}}{T_{0(j-1)}}\right) = 1 + \frac{1}{\eta_{cj}}\left[\pi_{cj}^{\frac{\gamma_c - 1}{\gamma_c}} - 1\right] \tag{5.56}$$

압축기 전체에서의 온도변화는 다음과 같이 쓸 수 있다.

$$\tau_c = \prod_{j=1}^{N} \tau_{cj} = \prod_{j=1}^{N}\left[1 + \frac{1}{\eta_{cj}}\left\{(\pi_{cj})^{\frac{\gamma_c - 1}{\gamma_c}} - 1\right\}\right] \tag{5.57}$$

따라서 압축기 전체 효율은 다시 다음과 같이 나타낼 수 있다.

$$\eta_c = \frac{(\pi_c)^{\frac{\gamma_c - 1}{\gamma_c}} - 1}{\tau_c - 1} = \frac{(\pi_c)^{\frac{\gamma_c - 1}{\gamma_c}} - 1}{\prod_{j=1}^{N}\left[1 + \frac{1}{\eta_{cj}}\left\{(\pi_{cj})^{\frac{\gamma_c - 1}{\gamma_c}} - 1\right\}\right] - 1} \tag{5.58}$$

모든 단효율이 η_{cs}로 일정하고, 모든 단압력이 π_{cs}로 일정할 때 다음과 같이 나타낼 수 있다.

$$\eta_c = \frac{(\pi_c)^{\frac{\gamma_c - 1}{\gamma_c}} - 1}{\prod_{j=1}^{N}\left[1 + \frac{1}{\eta_{cs}}\left\{(\pi_{cs})^{\left(\frac{\gamma_c - 1}{\gamma_c}\right)^N} - 1\right\}^N\right] - 1}$$

7. 블레이드의 반동도

축류 압축기의 각단은 로터와 스테이터로 구성되어 있으며 **〈그림 5-14〉**에서 공기가 로터와 스테이터를 지날 때 속도가 어떻게 변화하는지를 나타내고 있다. 로터에서는 상대속도 감소로 인하여, 즉 환산에 의해 압력상승이 이루어지고, 스테이터는 움직이지 않으므로 절대속도와 상대속도는 크기가 같고 속도는 감소하고 확산에 의해 압력상승이 이루어진다. 압력상승이 이루어질 때는 엔탈피 상승이 일어나며, 일반적으로 터보기계 중 로터에서 반동도(degree of reaction) R은 압축기 단의 엔탈피 변화중 로터에서의 엔탈피 변화의 비율로 정의하며 이 값은 비압축성이고 등엔트로피 유동인 경우, 근사적으로 단전체의 정압력 증가 중에서 로터에서의 정압력증가의 비율이 된다.

$$R = \frac{\text{로터의 엔탈피변화}}{\text{압축기 단에서 엔탈피변화}} = \frac{h_2 - h_1}{h_3 - h_1} = \frac{h_2 - h_1}{W_c} \tag{5.59a}$$

다단압축기에서 C_z는 일정하고 각 단은 반복된다는 사실을 기억하면, $C_1 = C_3$으로 가정할 수 있다. 그런데 $h_3 - h_1 = h_{03} - h_{01} - (\frac{C_3^2 - C_1^2}{2})$로 나타낼 수 있고, $C_1 = C_3$이므로, $h_3 - h_1 = h_{03} - h_{01}$이 된다.

따라서 반동도는 단의 전엔탈피 변화 중 로터에서의 엔탈피 변화의 비율로 다음과 같이 나타낼 수도 있다.

$$R = \frac{\text{로터의 엔탈피변화}}{\text{압축기 단에서 전엔탈피변화}} = \frac{h_2 - h_1}{h_{03} - h_{01}} = \frac{h_2 - h_1}{w_c} \tag{5.59b}$$

축류식 압축기에서 밀도 변화는 적으므로 로터에서 유동은 등엔트로피 과정으로 가정할 수 있다면 다음과 같이 나타낼 수 있다.

$$Tds = 0 = dh - \frac{dP}{\rho} \tag{5.60}$$

엔탈피에 대해서 정리하면 다음과 같이 된다.

$$dh \simeq \frac{1}{\rho} dP \tag{5.61}$$

이를 로터 입구 1에서 출구 2사이와 한 단의 입구 01에서 출구 03사이를 각각 적분하면

$$h_2 - h_1 \simeq \frac{1}{\rho}(P_2 - P_1) \tag{5.62}$$

$$h_{03} - h_{01} \simeq \frac{1}{\rho}(P_{03} - P_{01}) \tag{5.63}$$

따라서 반동도 R은 다음과 같이 다시 나타낼 수 있다.

$$R = \frac{h_2 - h_1}{h_{03} - h_{01}} = \frac{P_2 - P_1}{P_{03} - P_{01}} \tag{5.64}$$

그런데 전엔탈피는 다음과 같이 풀어 쓸 수 있다.

스테이터에서 $h_{03} = h_{02}$ 이므로

$$h_{03} - h_{01} = h_{02} - h_{01} = \left(h_2 + \frac{C_2^{\ 2}}{2}\right) - \left(h_1 + \frac{C_1^{\ 2}}{2}\right) \tag{5.65}$$

식(5.11)을 사용하면 $h_{03} - h_{01}$은 다음과 같이도 나타낼 수 있다.

$$h_{03} - h_{01} = h_{02} - h_{01} = \Delta h_0 = U(C_{\theta 2} - C_{\theta 1}) \tag{5.66}$$

로터에서 블레이드에 좌표계를 고정하면 W_1에서 W_2로 단열 감속하게 된다. 이러한 좌표계에서는 블레이드가 정지된 상태이므로 상대 정체 엔탈피는 일정하다. 따라서 블레이드와 같이 움직이는 좌표계에서 정상 유동의 에너지식은 다음과 같이 나타낼 수 있다.

$$h_{01,\ \mathrm{rel}} = h_{02,\ \mathrm{rel}}$$

$$h_2 - h_1 = \frac{W_1^{\ 2}}{2} - \frac{W_2^{\ 2}}{2} \tag{5.67}$$

따라서 반동도 R은 다음과 같이 쓸 수 있다.

$$R = \frac{h_2 - h_1}{h_{03} - h_{01}} = \frac{h_2 - h_1}{h_{02} - h_{01}} = \frac{1}{1 + \left[\dfrac{C_2^2 - C_1^2}{W_1^2 - W_2^2}\right]} = \frac{W_1^2 - W_2^2}{2U(C_{\theta 2} - C_{\theta 1})} \tag{5.68}$$

만약 축방향 속도가 일정하다면 $W_1^2 - W_2^2 = W_{\theta 1}^2 - W_{\theta 2}^2$ 이며

$W_{\theta 1} - W_{\theta 2} = C_{\theta 1} - C_{\theta 2}$ 이므로 반동도는 다시 다음과 같이 정리할 수 있다.

$$R = \frac{W_1^2 - W_2^2}{2U(C_{\theta 2} - C_{\theta 1})} = \frac{W_{\theta 1}^2 - W_{\theta 2}^2}{2U(C_{\theta 2} - C_{\theta 1})} = \frac{-(W_{\theta 1} + W_{\theta 2})(W_{\theta 2} - W_{\theta 1})}{2U(C_{\theta 2} - C_{\theta 1})}$$

$$= -\frac{C_z}{U}\left(\frac{\tan\beta_1 + \tan\beta_2}{2}\right) = \frac{1}{2} - \frac{C_z}{U}\left(\frac{\tan\alpha_1 + \tan\beta_2}{2}\right) \tag{5.69a}$$

$$= 1 - \frac{C_z}{2U}(\tan\alpha_1 + \tan\alpha_2) \tag{5.69b}$$

만약 반동도 $R = 0.5$ 이고 C_z 가 일정하다면 속도 삼각형은 대칭이 된다. 이때 $\beta_2 = -\alpha_1$ 이 된다. $R = 0.5$ 이면 엔탈피 상승의 50%는 스테이터, 나머지 50%는 로터에서 일어난다. 반동도가 0.5보다 크면 로터에서 압력상승이 더 많이 발생하고, 0.5보다 작으면 스테이터에서 압력 상승이 더 많이 발생하여, 압력상승이 높은 곳에서는 경계층 박리가 일어날 가능성이 높기 때문에 반동도 $R = 0.5$ 일 때 최대 효율을 가지게 된다.

예제 5-3 예제 5-1의 조건으로 반동도 R을 구하라.

풀이 $R = \dfrac{1}{2} - \dfrac{C_z}{U}\left(\dfrac{\tan\alpha_1 + \tan\beta_2}{2}\right) = \dfrac{1}{2} - \dfrac{173.21}{345.58}\left(\dfrac{\tan 30° + \tan(-12°)}{2}\right) = 0.409$

8. 블레이드의 반경방향 평형

이제까지 압축기의 성능을 나타내는 식들을 유도하는데 있어 반경의 변화는 무시한 채 평균 반경에 대해서만 생각하였으나 압축기를 더 잘 설계하기 위해서는 반경 방향에 따라 블레이드의 속도 $U = \Omega r$, 축방향 속도 C_z, 접선방향 속도 C_θ, 정압력 등의 변화를 고려하여야 한다.

다축식 축류 압축기의 입구에서 축방향 속도는 반지름 방향으로는 아주 균일한 유동이지만 두세단 정도 지나면서 유동은 상당히 변하게 된다. 반경방향 위치에 따른 접선방향 속도는 반경에 따른 블레이드 각 변화에 따라 달라진다. 반경 방향 압력 구배는 유동의 접선방향 속도의 절대값에 직접적으로 좌우된다.

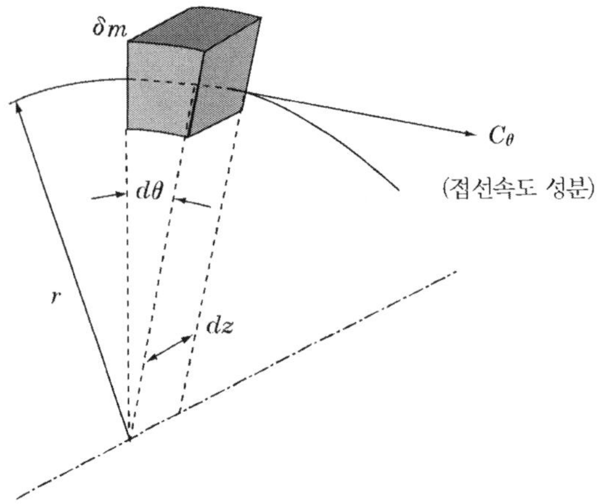

그림 5-35 미소질량의 접선방향 속도 성분

〈그림 5-35〉와 같이 접선 속도C_θ를 가진 유동의 미소질량 δm을 생각하자. 이 미소질량은 축방향으로 $-C_\theta^2/r$의 구심가속도를 가지고 있다. 만약 반경 방향 속도가 반경에 따라 변하지 않는다면, 즉 $\partial C_r/\partial r \approx 0$이라면 구심가속도는 유동의 반경방향 총 가속도가 되며 반경 방향 압력힘은 다음과 같이 된다.

$$F_r = -\delta m \frac{C_\theta^{\,2}}{r} \tag{5.70}$$

또 각 면에 작용하는 압력에 의한 힘은 다음과 같이 된다.

$$F_r = P(r\,d\theta\,dz) - (P + \frac{\partial P}{\partial r}dr)(r + dr)d\theta\,dz + 2(P\,dr\,dz)\frac{d\theta}{2}$$

$$F_r \cong -\frac{\partial P}{\partial r}dr(rd\theta dz) \tag{5.71}$$

또 $\delta m = \rho r dr\,d\theta\,dz$이므로 위 두식을 같게 두고 정리하면 다음과 같이 반경 평형 방정식을 얻을 수 있게 된다.

$$\frac{\partial P}{\partial r} = \rho \frac{C_\theta^2}{r} \tag{5.72}$$

또는 이 식을 반경방향모멘텀 식에서 바로 구할 수 있다. 각 블레이드 열의 입구와 출구에서 실제 속도 분포는 이 관계식을 만족해야만 한다.

속도장을 이용하여 반경 평형 조건을 표현하기 위해서 우선 상태 방정식을 고려해 보자.

$$Tds = dh - \frac{dP}{\rho} \tag{5.73}$$

여기서 양변을 dr로 나누어주면

$$T\frac{ds}{dr}=\frac{dh}{dr}-\frac{1}{\rho}\frac{dp}{dr} \tag{5.74}$$

또 정체 엔탈피는 다음과 같이 쓸 수 있다.

$$h_0=h+\frac{C^2}{2}=h+\frac{C_\theta{}^2+C_z{}^2+C_r{}^2}{2} \tag{5.75}$$

여기서 $C_r{}^2 \ll C_z{}^2$이므로 C_r^2을 무시하면

$$h_0=h+\frac{C_\theta{}^2+C_z{}^2}{2} \tag{5.76}$$

이를 이용하여 식 (5.74)를 다시 쓰면

$$T\frac{ds}{dr}=\frac{dh_0}{dr}-\frac{d}{dr}\left(\frac{C_\theta{}^2+C_z{}^2}{2}\right)-\frac{1}{\rho}\frac{dP}{dr} \tag{5.77}$$

식 (5.72)를 이용하여 다시 정리하면 다음과 같이 나타낼 수 있다.

$$T\frac{ds}{dr}=\frac{dh_0}{dr}-\frac{d}{dr}\left(\frac{C_\theta^2+C_z^2}{2}\right)-\frac{C_\theta^2}{r} \tag{5.78}$$

블레이드의 유동이 충격파에 의한 손실이 일어나는 경우를 제외하고는 반지름 방향의 손실이 없다고 가정하여 반경방향으로의 엔트로피 변화량이 거의 없다고 가정할 수 있으므로 $\frac{ds}{dr}=0$으로 가정한다. 이 경우 윗 식을 다음과 같이 나타 낼 수 있다.

$$\frac{dh_0}{dr}=\frac{d}{dr}\left(\frac{C_\theta^2+C_z^2}{2}\right)+\frac{C_\theta^2}{r}$$

이 식은 압축기나 터빈 유동에서의 반경방향 유동의 평형을 나타내는 식이다.

보통 압축기 입구에서는 전엔탈피가 반경방향에 따라 변하지 않고 일정하다. 반경에 관계없이 균일하게 동력이 가해져 전엔탈피를 증가 시키면 $\frac{dh_0}{dr}=0$이 된다. 반경 방향으로 균일한 입력동력과 효율이 같은 경우 어느 반경지점에서나 전압력의 증가도 일정하다는 것을 의미한다. 이 경우 윗 식은 다음과 같이 된다.

$$\frac{d}{dr}\left(\frac{C_\theta{}^2+C_z{}^2}{2}\right)+\frac{C_\theta{}^2}{r}=0 \tag{5.79}$$

$$C_\theta \frac{dC_\theta}{dr} + \frac{C_z\, dC_z}{dr} + \frac{C_\theta^2}{r} = 0$$

다시 정리하면 다음과 같이 쓸 수 있다.

$$\frac{d}{dr}\left(C_z^2\right) = -\frac{1}{r^2}\frac{d}{dr}\left(rC_\theta\right)^2 \tag{5.80}$$

축방향 속도 C_z가 일정한 경우, rC_θ는 일정한 상수값을 갖는다. 'rC_θ = 일정'인 경우를 자유 와류 조건(free vortex condition)이라 한다. 이것은 반경방향 유동평형을 나타낸다.

압축기 출구에서 균일 유동을 가지기 위해서는 로터의 반경 길이를 따라 균일한 일의 유입(uniform work input) 즉 블레이드 부하계수를 일정하게 유지하는 것이 바람직하다. 어느 한 단의 유선을 따라 $\Delta h_0 = U\Delta C_\theta$이므로 반경 길이를 따라 부하계수를 일정하게 하기 위해서는 다음 조건을 만족하여야 한다.

$$\frac{d}{dr}(\Delta h_0) = \frac{d}{dr}(U\Delta C_\theta) = \Omega\frac{d}{dr}(r\Delta C_\theta) \tag{5.81}$$

반경방향으로 정체 엔탈피 Δh_0가 일정하기 위해서는 반경방향 $r\Delta C_\theta$가 일정하여야 한다. 즉 **〈그림 5-36〉**처럼 반경이 커질수록 ΔC_θ가 작아져야 하므로 블레이드 뿌리에서 끝단(팁)으로 갈수록 입구시위각과 엇갈림각이 커지게 된다. 또 반경 평형 조건식 (5.72)와 균일한 부하계수 조건식 (5.81) 모두를 만족시키는 것은 자유 와류 설계 조건이며 이때 각 블레이드의 출구에서 rC_θ는 일정하게 된다.

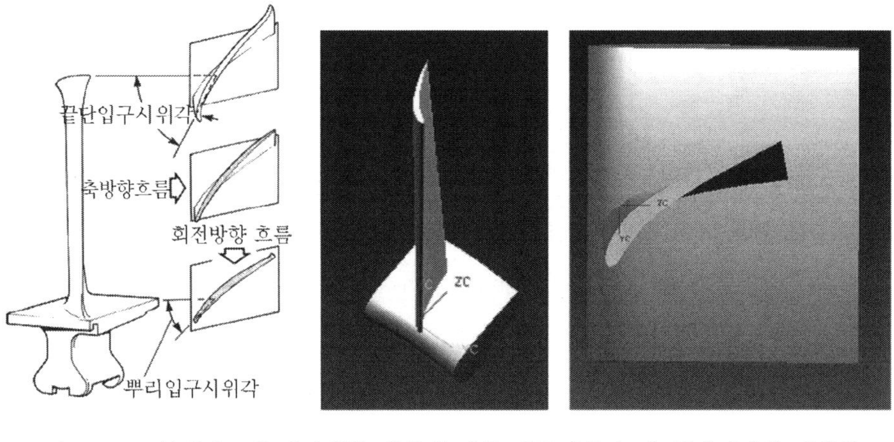

그림 5-36 블레이드의 반경방향 위치에 따른 입구시위각 및 엇갈림각의 변화와 블레이드의 단면 형상 (출처 : [1])

자유 와류 조건(rC_θ = 일정)에서는 블레이드가 반경방향 위치에 따라 **〈그림 5-37〉**에 나타난 바와 같이 너무 많이 비틀려 있다. 즉, 로터 뿌리 쪽의 절대속도와 회전각이 크고 로터에서 상대적으로 확산이 적어 스테이터에서 압력 상승이 크게 된다. 이 대신 균일한 블레이드 부하계수 조건($r\Delta C_\theta$ = 일정)을 사용하면 반경 평형은 만족하지 않지만 근사적으로 블레이드 열의 상류와 하류에서 반경 평형 조건을 만족하고 블레이드 열 내에서 유동이 무리 없이 잘 거동한다. **〈그림 5-38〉**은 균일한 부하계수 조건에서 블레이드 반경방향 높이에 따라 뿌리, 중간, 끝단 각 위치에서의 속도 삼각형을 나타내고 있으며 자유 와류 조건 블레이드처럼 아주 많이 뒤틀려 있지 않음을 알 수 있다.

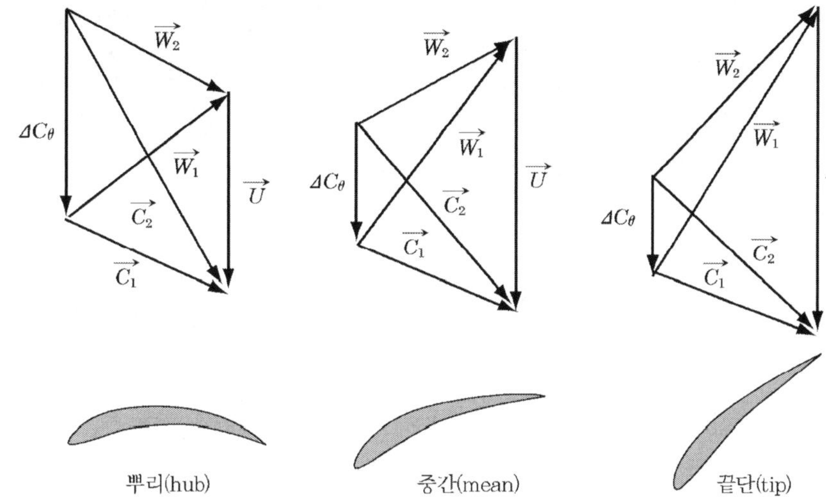

그림 5-37 자유 와류 조건(rC_θ = 일정)일 때 반경방향의 각 위치에 따른 블레이드 뒤틀림과 속도 삼각형의 변화

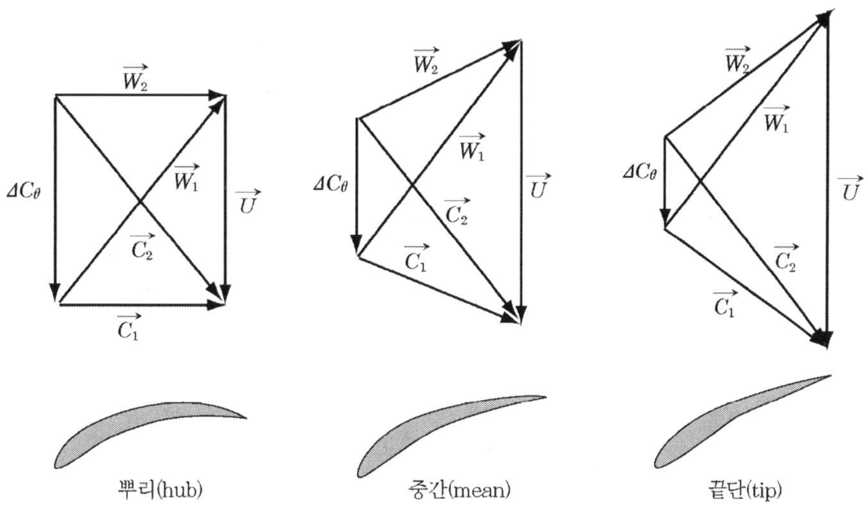

그림 5-38 균일한 부하계수 조건($r\Delta C_\theta$ = 일정)일때 반경방향의 각위치에 따른 블레이드 뒤틀림과 속도 삼각형의 변화

5.3.2 원심식 압축기

1. 압축기의 일과 압축

임펠러는 터빈에 의해 고속으로 회전하며 공기는 임펠러 중앙부인 임펠러 아이로 계속 유입된다. 유입된 공기는 원심력 때문에 인듀서 베인을 따라 바깥 반경방향으로 임펠러 선단까지 흐르며 이때 공기는 가속되고 압력상승이 일어난다. 엔진 흡입 덕트에는 압축기로 유입되는 공기에 초기 스월을 주기위해 디퓨저 베인이 부착되어 있을 수 있다. 임펠러를 통과한 공기는 확산형 노즐 형태인 디퓨저부로 통과한다. 공기가 디퓨저를 통과하면서 운동에너지의 대부분은 압력에너지로 변환된다. 실제 경우 압력상승의 절반은 임펠러에서 일어나고 나머지 절반은 디퓨저에서 일어나도록 압축기를 설계하는 것이 보통이다. **〈그림 5-39〉**은 공기가 임펠러 아이로부터 팁, 그리고 디퓨저를 통과할 때 공기의 압력과 속도변화를 나타내고 있다. 공기가 임펠러와 디퓨저를 지나면서 압력은 상승하고 있으며, 마찰 등과 같은 비가역성으로 인하여 전압력은 엔트로피가 증가하면서, 즉 손실을 수반하면 임펠러 입구에서 출구로 증가하고 있음을 알 수 있다. 디퓨저를 통과할 때 전온도는 일정하지만 전압력은 감소함을 알 수 있다. 압축기를 통과하는 공기유량과 압력상승을 최대로 하기 위해 임펠러는 고속으로 회전하여야 하는데 이 때 임펠러의 팁 속도는 480 m/s까지 되기도 한다. 이렇게 임펠러 팁에서 공기속도를 높이는 것은 더욱 많은 에너지가 압력으로 변환될 수 있도록 하기 위해서이다. 압축기의 효율을 유지하기 위해서는 임펠러와 케이싱 사이의 간격을 가능한 최소로 유지하여 과도하게 공기가 누설되지 않도록 해야 한다.

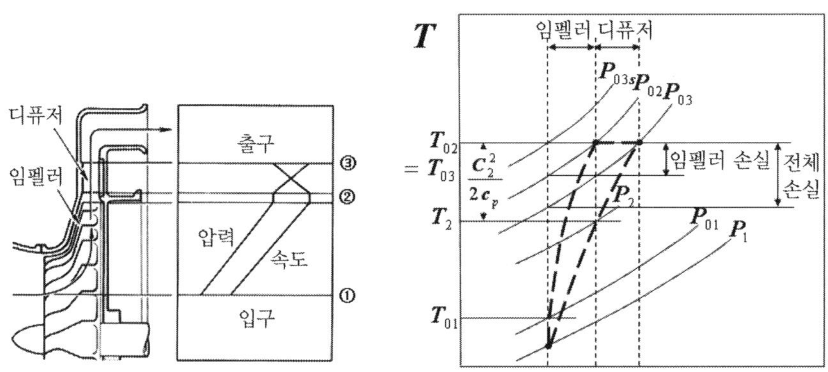

그림 5-39 원심압축기 내에서의 압력과 속도 변화 (출처 : [1])

원심압축기 디퓨저는 압축기 케이싱과 일체구조이거나 별도 구조로 제작되어 케이싱에 부착되며, 디퓨저 내부에는 임펠러와 접선 방향을 이루는 베인이 설치되어 있다. 베인 통로는 속도 에너지를 압력에너지로 바꾸기 위해 확산형으로 되어있고 베인의 안쪽 끝부분은 임펠러에서 나오는 공기흐름의 합성 방향과 같은 방향을 이룬다. 임펠러 출구와 디퓨저 베인 입구 사이에 공간(간극)을 마련해 주면 마찰 손실이 없는 자유와류(free vortex) 상태를 유지할 수 있어 감속승압 효과를 효과적으로 얻을 수 있다. 베인이 없는 간극이나 소용돌이 저장통에서의 유동은 각 운동량 rC_θ가 일정하도록 하여 소용돌이 저장통에서는 로그선회 통로를 갖도록 설계한다. 임펠러와 디퓨저 사이의 간격은 설계 시 신중하게 결정하여야 할 요소이며 간격이 너무 좁으면 공기역학적으로 난기류가 충동하여 그 충격이 다시 임펠러에 전달되며, 불안정한 공기흐름과 진동을 초래한다. 임펠러 출구에서 베인(또는 블레이드)형상은 **〈그림 5-40〉**과 같이 임펠러 베인이 회전방향으로 향하는 즉 β_2가 (−)인 전향 베인(forward facing vane), $\beta_2 = 0$인 직선 방사형 베인(strait radial vane), β_2가 (+)인 후향 베인(backward facing vane)의 3가지로 나눌 수 있다. 여기서 β_2는 베인이 반경방향에서 반시계방향으로 휘어진 각이 (+)각이다. **〈그림 5-40〉**에서 임펠러 출구 접선속도 $\overrightarrow{U_2}$는 모두 같은 크기이고 임펠러 출구에서 상대속도의 반경 방향속도인 $\overrightarrow{W_r}$도 모두 같은 크기이다. U는 접선 방향속도이므로 $\overrightarrow{W_r} = \overrightarrow{C_r}$인 관계가 있다.

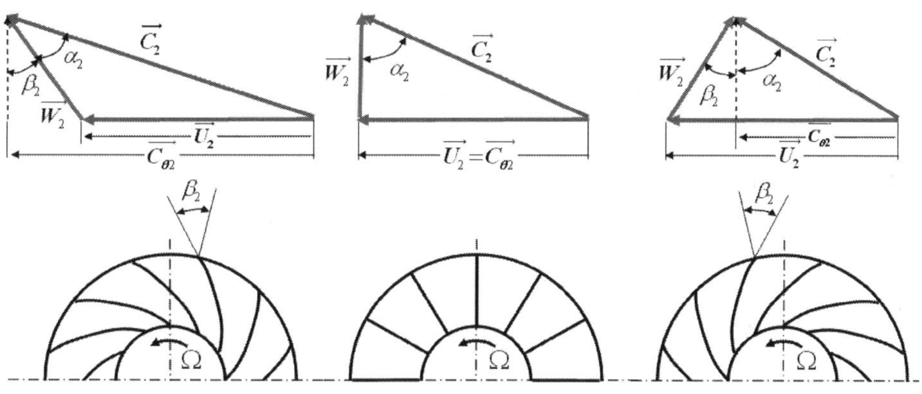

그림 5-40 원심압축기 베인 형상 및 속도 삼각형

동일 질량유량(즉 동일반경 속도)에서 후향 베인은 임펠러 유출속도 $\overrightarrow{C_2}$와 베인 부하계수가 작아서 임펠러 성능은 떨어지지만, 임펠러 유출속도가 비교적 작기 때문에 디퓨저에서 조금만 감속해도 되므로 압축기 전체 성능은 좋아지게 된다. 또 후향 베인을 사용하면 주어진 회전 속도에서 넓은 공기유동의 범위에서 안정적으로 작동할 수 있어 터빈과의 매칭에도 유리하다. 전향 베인은 임펠러 유출속도와 베인 부하계수가 커져서 임펠러 성능은 향상되지만 임펠러 유출속도가 비교적 크기 때문에 디퓨저에서 효과적인 감속이 어렵고 손실이 커져서 압축기 전체 성능은 나빠지게 된다. 보통은 가공 상의 어려움 때문에 직선 베인을 많이 사용하고 있다.

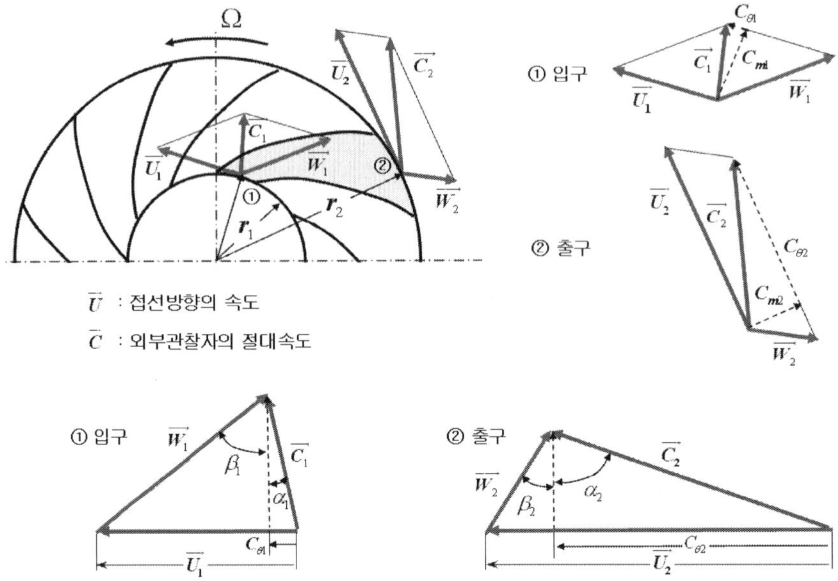

그림 5-41 후향 베인을 갖는 임펠러와 입출구에서의 속도 삼각형

〈그림 5-41〉은 후향 베인을 갖는 원심식 압축기의 임펠러 입구와 출구에서의 임펠러 베인과 속도 삼각형을 나타내고 있다. 1은 임펠러 입구, 2는 출구를 나타낸다. $\overrightarrow{C}$는 절대 속도, $\overrightarrow{U}$는 회전 접선방향, $\overrightarrow{W}$는 상대속도를 나타내고 다음 관계가 성립한다.

$$\overrightarrow{C} = \overrightarrow{U} + \overrightarrow{W} \tag{5.82}$$

$\overrightarrow{C}$와 반경방향이 이루는 각은 α, $\overrightarrow{W}$와 반경방향이 이루는 각은 β이다. 하첨자 r은 반경방향, 하첨자 θ는 $\overrightarrow{U}$의 접선 방향을 나타내고, z는 축방향을 나타낸다.

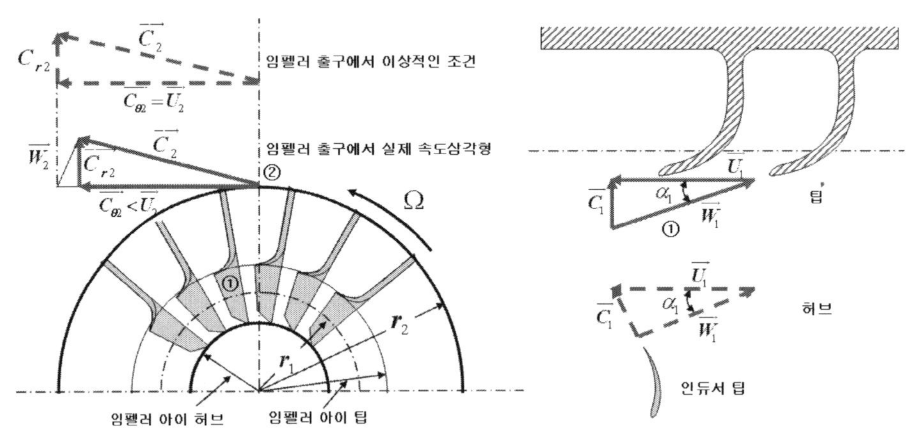

그림 5-42 인듀서(임펠러 아이) 임펠러와 입출구에서의 속도 삼각형

〈그림 5-42〉은 임펠러 입구의 인듀서(임펠러 아이)와 임펠러 출구에서의 형상 및 속도 삼각형을 나타낸다. 인듀서 입구에서 유동은 축방향 속도 $\overrightarrow{C_z}$를 가지고 유입되며 반경방향 속도로 바뀐다. 허브와 팁에서의 접선 방향속도가 다르며 인듀서 중간 반경을 임펠러 입구 반경으로 간주한다. 인듀서 입구에 안내 베인이 있을 때 속도 삼각형은 접선으로 나타내었으며 상대 흡입속도를 줄일 수 있어 팁 마하수를 줄일 수 있는 장점이 있다.

임펠러 입구의 인듀셔(임펠러 아이)에 가이드 베인이 없을 때 유체는 축방향으로 유입되며 $\alpha_1 = 90°$ 이고 $C_{\theta 1} = 0$가 된다. 또 임펠러 출구에서 미끄럼(slip)이 없는 이상적인 경우 $C_{\theta 2}$는 U_2와 같이 된다. 실제 경우에는 유동의 접선 방향속도는 미끄럼 현상 때문에 임펠러의 회전속도 U_2보다 약간 작게 된다. 이를 나타내기 위해 미끄럼 계수 δ_s를 정의하면 $\delta_s = \dfrac{C_{\theta 2}}{U_2}$가 되고 보통 경험식으로 $\delta_s = 1 - \dfrac{0.63\pi}{k}$를 사용한다.

여기서 k는 임펠러 베인의 개수이며, 임펠러 개수가 많을수록 미끄럼 현상이 작아진다. 베인 개수가 너무 커지면 임펠러 강률(solidity)이 커져서 유량의 유료면적이 줄어들고 마찰이 커진다. 따라서 적절한 임펠러 개수가 요구된다. 예를 들어 베인 개수가 20개 정도이면 δ_s는 0.9정도가 된다.

원심식 압축기에서 일과 온도 및 압력변화를 알아보자. 디퓨져에서는 공기에 가해지는 일이 없기 때문에 압축기로부터 공기에 전달되는 에너지는 임펠러 입구와 출구의 공기 상태를 알면 알 수 있다. 2장에서 다루었듯이 토크는 다음과 같이 쓸 수 있다.

$$\sum \tau = \dot{m}[rC_{\theta 2} - rC_{\theta 1}] \tag{5.83}$$

따라서 압축기를 구동하는데 필요한 단위 질량당의 일(단위 질량당 공기가 압축기에 의해 받은 일)은 다음과 같다.

$$w_c = \frac{\sum \tau \Omega}{\dot{m}} = \Omega r_2 C_{\theta_2} - \Omega r_1 C_{\theta_1} = U_2 C_{\theta 2} - U_1 C_{\theta 1} \tag{5.84}$$

여기서 $U = r\Omega$이고 Ω는 회전각속도이다. 공기와 케이싱 사이의 마찰효과를 고려하면 실제 압축기에서 필요한 일은 식 (5.84)에서 구한 값보다 약간 더 크며 이 비율을 실제 동력 입력비라 하며 약 5% 정도이다. 정상상태에서 에너지 보존식을 적용하면 다음과 같다.

$$w_c = h_{02} - h_{01} = h_2 - h_1 + \frac{C_2^2}{C_1^2} \tag{5.85}$$

따라서 식 (5.84)과 식 (5.85)를 조합하여 엔탈피에 대해 정리하면

$$h_2 - h_1 = U_2 C_{\theta 2} - U_1 C_{\theta 1} - \frac{C_2^2}{2} + \frac{C_1^2}{2} \tag{5.86}$$

그런데 속도 삼각형에서 $\vec{C_\theta} = \vec{U} + \vec{W_\theta}$, $\vec{C_r} = \vec{W_r}$, $\vec{C_z} = \vec{W_z}$, $C^2 = C_r^2 + C_\theta^2 + C_z^2$, $W^2 = W_r^2 + W_\theta^2 + W_z^2$의 관계식이 성립하므로 식 (5.86)는 다음과 같이 나타낼 수 있다.

$$h_2 - h_1 = \frac{U_2^2}{2} + \frac{U_1^2}{2} - \left(\frac{W_2^2}{2} + \frac{W_1^2}{2}\right) \tag{5.87}$$

식 (5.87)을 유선을 따라 미소 변화량으로 다르게 표현하면

$$dh = d\left(\frac{U^2}{2}\right) - d\left(\frac{W^2}{2}\right) \tag{5.88}$$

상태방정식에서 $Tds = dh - \dfrac{dP}{\rho}$이므로

$$\frac{dP}{\rho} = d\left(\frac{U^2}{2}\right) - d\left(\frac{W^2}{2}\right) - Tds \tag{5.89}$$

등엔트로피 과정($ds = 0$)이라면 다음 식이 된다.

$$\frac{dP}{\rho} = d\left(\frac{U^2}{2}\right) - d\left(\frac{W^2}{2}\right) = d\left(\frac{r^2\Omega^2}{2}\right) - d\left(\frac{W^2}{2}\right) \tag{5.90}$$

축류식 압축기에서는 $dr \approx 0$이므로 압력상승은 $\dfrac{dP}{\rho} \simeq - d\left(\dfrac{W^2}{2}\right)$으로 표현가능하며 로터와 스테이터 사이의 통로에서는 디퓨저처럼 감속에 의해 압력상승이 일어남을 알 수 있다. 그러나 원심식 압축기에서는 $d\left(\dfrac{r^2\Omega^2}{2}\right)$이 더 이상 무시할 수 없으므로 식 (5.90)와 같다. 상대 속도 W가 없더라도 다른 반경에서 접선속도의 변화에 의해서도 압력상승이 일어남을 알 수 있다.

식 (5.84)과 (5.85)에서 $w_c = h_{02} - h_{01} = c_p(T_{02} - T_{01}) = U_2 C_{\theta 2} - U_1 C_{\theta 1}$이므로

$$\frac{T_{02} - T_{01}}{T_{01}} = (\gamma - 1)\left(\frac{U_2}{a_{01}}\right)^2 \left[\frac{C_{\theta 2}}{U_2} - \frac{U_1 C_{\theta 1}}{U_2^2}\right] \tag{5.91}$$

여기서 $a_{01} = \sqrt{\gamma R T_{01}}$로 입구 전온도를 기준으로 한 음속이다.

가이드 베인이 없이 임펠러 입구에서 유체가 축방향으로 유입되면 $C_{\theta 1} \cong 0$이므로 식 (5.91)은

$$\frac{T_{02} - T_{01}}{T_{01}} = (\gamma - 1)\left(\frac{U_2}{a_{01}}\right)^2 \left(\frac{C_{\theta 2}}{U_2}\right) \tag{5.92}$$

그런데 $C_{\theta 2}$는 속도 삼각형에서 $C_{\theta 2} = U_2 - W_{re}\tan\beta_2$이고 임펠러 출구에서 나온 유동이 디퓨저를 지나는 동안에 전온도 변화가 없으므로 $T_{02} = T_{03}$이다.

따라서

$$\frac{T_{03} - T_{01}}{T_{01}} = (\gamma - 1)\left(\frac{U_2}{a_{01}}\right)^2 \left[1 - \frac{W_{r2}}{U_2}\tan\beta_2\right] \tag{5.93}$$

압축기 임펠러에서 출구 $\dfrac{\Delta h_0}{U_2^2}$를 베인부하계수라 하며 ψ로 나타낸다. 따라서 이를 표현하면

$$\psi = \frac{\Delta h_0}{U_2^2} = \frac{c_p T_{01}}{U_2^2}\left(\frac{T_{02} - T_{01}}{T_{01}}\right) = \frac{c_p T_{01}}{U_2^2}(\gamma - 1)\left(\frac{U_2}{a_{01}}\right)^2 \left[1 - \frac{W_{r2}}{U_2}\tan\beta_2\right] \tag{5.94}$$

그런데 $c_p = \dfrac{\gamma}{\gamma - 1}R$ 이고 $a_{01} = \sqrt{\gamma R T_{01}}$ 이므로

$$\psi = \left(1 - \frac{W_{r2}}{U_2}\tan\beta_2\right) = (1 - \Phi\tan\beta_2) \tag{5.95}$$

여기서 $\phi = \dfrac{W_{r2}}{U_2}$를 원심식 압축기의 유동계수라 한다. 유량이 좌우되므로 $\dfrac{W_{r2}}{U_2}$를 유량계수로 잡는다.

절대속도와 상대속도의 반경방향성분은 같다. 원심압축기를 지나는 질량유량은 $\dot{m} = \rho_2 (2\pi r_2 b) W_{r2}$인 관계가 있으므로 임펠러의 출구에서의 상대속도의 반경방향성분 W_{r2}는 다음과 같이 구할 수 있다.

$$W_{r2} = C_{r2} = \frac{\dot{m}}{2\pi r_2 b \rho_2} \tag{5.96}$$

여기서 b는 베인의 폭이다.

식 (5.93)에서 상대속도 변화에 따른 베인 출구 온도를 조사하면 상대적인 온도는 $\dfrac{W_{r2}}{U_2}$의 함수인 것을 알 수 있고, 전향 베인에서는 출구 전온도가 올라가고, 직선 방사형 베인에서는 출구전온도 변화가 없고, 후향 베인에서는 출구 전온도가 감소한다.

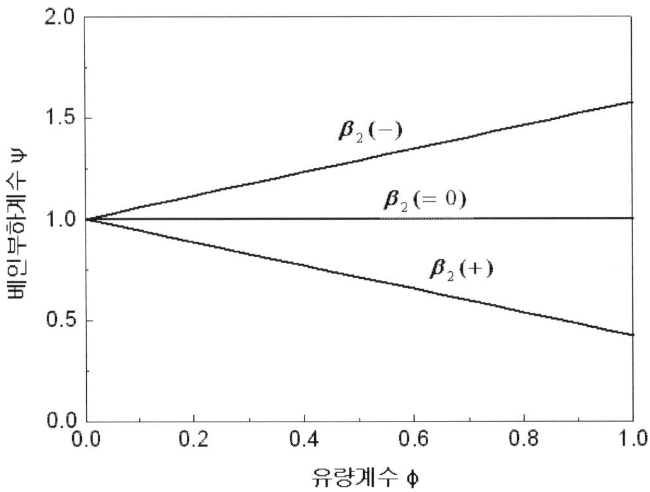

그림 5-43 유량계수 변화에 따른 베인부하계수 특성

식 (5.95)에서 베인부하계수 ψ와 유량계수 ϕ와의 관계를 나타내면 **〈그림 5-43〉**과 같이 β_2가 (−)인 전향 베인에서는 ϕ가 증가함에 따라 블레이드부하계수 ψ가 증가 한다. $\beta_2 = 0$ 인 직선방사형 베인에서는 ψ는 ϕ에 의해 변하지 않으며, β_2가 (+)인 후향 베인에서는 ϕ가 증가하면 ψ가 감소함을 알 수 있다.

임펠러 입구 (1)부터 디퓨저 출구 (3)까지의 압력변화는 다음과 같이 주어진다.

$$\frac{P_{03}}{P_{01}} = \left[1 + \eta_c\left(\frac{T_{03} - T_{01}}{T_{01}}\right)^{\frac{\gamma}{\gamma-1}}\right] = \left[1 + \eta_c(\gamma - 1)\left(\frac{U_2}{a_{01}}\right)^2\left(1 - \frac{W_{r2}}{U_2}tan\beta_2\right)\right]^{\frac{\gamma}{\gamma-1}} \tag{5.97}$$

속도 삼각형에서 $C^2 = (U_2 - W_{r2}\tan\beta_2)^2 + W_{r2}^2$ 이고 임펠러 출구 절대 마하수 $M_2 = \dfrac{C_2}{a_2}$ 이므로 임펠러 출구에서의 음속은 다음과 같다.

$$a_2^2 = \gamma R T_2 = \gamma R T_{01}\frac{T_2}{T_{01}} \tag{5.98}$$

$$= \gamma R T_{01}\frac{T_{02}/\left(1 + \frac{\gamma-1}{2}M_2^2\right)}{T_{01}} = a_{01}^2\frac{T_{02}}{T_{01}\left(1 + \frac{\gamma-1}{2}M_2^2\right)}$$

그런데 식 (5.92)을 적용하면 다음과 같다.

$$\frac{T_{02}}{T_{01}} = 1 - (\gamma - 1)\left(\frac{U_2}{a_{01}}\right)^2\left[1 - \frac{W_{r2}}{U_2}\tan\beta_2\right] \tag{5.99}$$

위의 식에서 효율이 크게 떨어지지 않는 전제조건에서 압력비를 증가시키려면 베인 회전속도를 증가시켜야 함을 알 수 있다. 원심응력 때문에 U_2는 약 $460m/s$로 제한되며 U_2가 약 $460m/s$ 정도가 되면 압력상승비는 약 4:1이 된다.

식 (5.96)과 식 (5.99)을 조합하면 임펠러 출구 마하수 M_2를 구할 수 있다.

$$M_2 = \sqrt{\frac{A}{1 + \frac{\gamma - 1}{2}A}} \tag{5.100}$$

여기서 $A = \left(\frac{U_2}{a_{01}}\right)^2 \frac{\left[\left(1 - \frac{W_{r2}}{U_2}\tan\beta_2\right)^2 + \left(\frac{W_{r2}}{U_2}\right)^2\right]}{\left[1 + (\gamma - 1)\left(\frac{U_2}{a_0}\right)^2\left(1 - \frac{W_{r2}}{U_2\tan - \beta_2}\right)\right]}$ 이다.

2. 압축기의 성능곡선

압축기의 전압력 상승과 효율은 차원해석에 의해 다음과 같이 주어진다.

$$\frac{P_{03}}{P_{01}} = \eta_c = f\left(\frac{\dot{m}\sqrt{\theta}}{\delta}, \frac{N}{\sqrt{\theta}}\right) \tag{5.101}$$

여기서 N은 축의 회전수(rpm), $\delta = \frac{P}{P_{ref}}$, $\theta = \frac{T}{T_{ref}}$ 이며 $P_{ref} = 1$기압, $T_{ref} = 15℃$, $\frac{\dot{m}\sqrt{\theta}}{\delta}$를 수정 질량유량(convected mass flow rate), $\frac{n}{\sqrt{\theta}}$를 수정 회전수(convected engine speed)라 부른다. **〈그림 5-43〉**은 전형적인 원심압축기의 성능곡선을 나타낸다.

원심압축기에서 경계층박리 등의 문제로 성능이 제한되므로 4이하로 제한한다. 압력비 4이상이 필요하면 추가 단을 설치하여야 한다. 즉 다단압축기가 필요하다. 질량 유량이 작을 때 축류식 압축기는 블레이드 높이가 작아 팁유출이 커서 효율이 떨어지므로 수정 질량 유량 10 kg/s 이하인 소형 압축기에서 원심식 압축기가 사용하기에 적합하다. 즉, 소형 용량에서는 원심식 압축기가 축류식 압축기보다 성능이 더 좋고 효율적이다. 그러나 수정 질량 유량이 10 kg/s 이상인 경우에는 원심압축기 앞에 다단 원심압축기를 사용하거나 축류압축기를 두기도 한다.

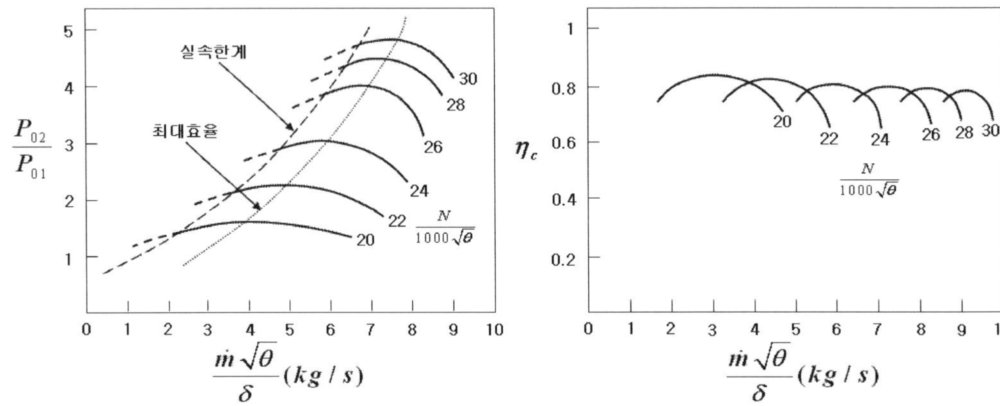

그림 5-44 원심압축기의 성능곡선

예제 5-4 임펠러 출구 직경이 0.43m이고 인듀서 허브 직경이 0.12m, 인듀서 팁 직경이 0.24m인 원심 압축기가 18000rpm으로 회전하고 있다. 압축기의 임펠러 개수는 20개이며 등엔트로피 효율은 80%이다. 임펠러 인듀서 앞에는 안내 베인이 없으며 입구로 들어가기 직전 공기는 0.101MPa, 15℃이며 축방향 속도는 123m/s이다.

(a) 압축기를 통과하는 질량유량, 임펠러 출구에서의 온도와 압력을 구하라. 임펠러 출구에서 반경 방향 속도 크기 C_{r2}는 임펠러 인듀서 유입권의 축방향속도 크기와 같다고 가정하고 압축기 전체 손실 중 임펠러에서 50%, 디퓨져에서 50%의 손실이 있다고 가정하라.

(b) 임펠러출구채널에서의 폭을 구하라.

(c) 임펠러 입구와 출구에서의 속도 삼각형을 그리고 유동반경이 이루는 각을 구하라.

풀이 (a) 임펠러로 들어가기 전 공기의 밀도는

$\rho_1 = \dfrac{\rho_1}{RT_1} = 1.22kg/m^3$, 임펠러의 환형 면적 $A = \dfrac{\pi(0.24^2 - 0.12^2)}{4} = 0.0339m^2$

원심 압축기를 통과하는 질량 유량 $\dot{m} = \rho A V_{\in} = 5.09kg/s$

임펠러 인듀서 팁속도 $U = r\Omega = \dfrac{\pi DN}{60} = \dfrac{\pi \times 0.24 \times 18000}{60} = 226.2m/s$

임펠러 인듀서 허브속도 $U = \dfrac{\pi \times 0.12 \times 18000}{60} = 113.1m/s$

임펠러 출구 속도 $U = \dfrac{\pi \times 0.43 \times 18000}{60} = 405.3m/s$

임펠러 입구의 전온도와 전압력을 구하면

$$T_{01} = T_1 + \frac{C_{rz}^2}{2C_p} = 295.5K$$

$$\left(\frac{T_{01}}{T_1}\right) = \left(\frac{P_{01}}{P_1}\right)^{\frac{\gamma-1}{\gamma}} \text{에서 } P_{01} = P_1\left(\frac{T_{01}}{T_1}\right)^{\frac{\gamma}{\gamma-1}} = 0.11MPa$$

$$\sigma_s = 1 - \frac{0.63\pi}{K} = 1 - \frac{0.63\pi}{20} = 0.9,\ C_{\theta 2} = \sigma_s U_2 = 344.6m/s,\ a_{01} = \sqrt{\gamma R T_{01}} = 344.6m/s$$

$$T_{02} - T_{01} = T_{01}(\gamma-1)\left(\frac{U_2}{a_{01}}\right)^2\left(\frac{C_{\theta 2}}{U_2}\right) = 295.5(1.4-1)\left(\frac{405.3}{344.6}\right)^2(0.9)^2 = 147.2K$$

$T_{03} = T_{02}$이므로 $T_{03} - T_{01} = 147.2K$

$$\frac{P_{03}}{P_{01}} = \left[1 + \eta_c\left(\frac{T_{03} - T_{01}}{T_{01}}\right)\right]^{\frac{\gamma}{\gamma-1}} = 3.23$$

임펠러 출구에서의 온도 $T_2 = T_{02} - \frac{C_2}{2c_p}$

임펠러 출구에서의 반경방향속도 C_{r2}는 C_{1z}로 가정하였으므로 $C_{r2} = C_{1z} = 123.0m/s$

$$C_2 = \sqrt{C_{r2}^2 + C_{\theta 2}^2} = \sqrt{123^2 + 364.8^2} = 384.9m/s$$

$$T_{02} = T_{03} = 147.2 + 295.5 = 442.7K,\ T_2 = T_{02} - \frac{C_2^2}{2c_p} = 369.0K$$

전체 등엔트로피 효율이 80%이므로 손실은 20%이고 임펠러 자체의 효율은 90%라고 생각할 수 있다.

$$\frac{P_{02}}{P_{01}} = \left[1 + 0.9\left(\frac{147.2}{295.5}\right)\right]^{\frac{1.4}{1.4-1}} = 3.66,\ P_{02} = 3.66P_{01} = 0.40MPa$$

또, $\left(\frac{T_2}{T_{02}}\right) = \left(\frac{P_2}{P_{02}}\right)^{\frac{\gamma-1}{\gamma}}$ 에서 $\frac{P_2}{P_{02}} = \left(\frac{T_2}{T_{02}}\right)^{\frac{\gamma}{\gamma-1}} = 0.528$

$$P_2 = 0.528P_{02} = 0.213MPa$$

(b) $\rho_2 = \frac{P_2}{RT_2} = \frac{0.213 \times 10^6}{287 \times 369} = 2.011kg/m^3$

$$A = \frac{\dot{m}}{\rho_2 C_{r2}} = \frac{5.09}{2.011 \times 123} = 0.0206m^2$$

따라서 임펠러 출구 채널의 폭은

$$\frac{0.0206}{\pi \times 0.43} = 0.0152m = 1.52cm$$

(c) 임펠러 입구를 인듀서의 중간 부분이라 가정하면

임펠러 입구에서 접선 속도 $U_1 = \frac{\pi DN}{60} = 169.6m/s$

축방향 속도가 반경방향 속도와 같다고 가정하면 $C_{1r} = C_{1z} = 123m/s$

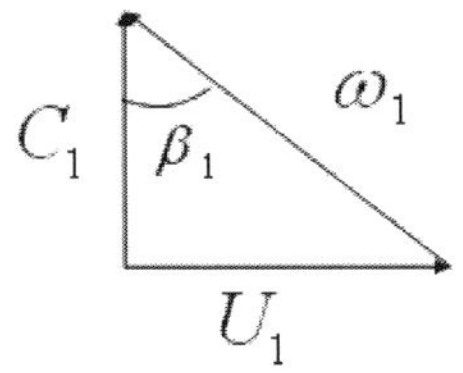

$\tan\beta_1 = \frac{\omega_{1\theta}}{C_{r1}} = \frac{U_1}{C_1} = \frac{123}{169}$에서 $\beta_1 = 36^\circ$

임펠러 출구에서 $C_{r2} = 123m/s$, $C_{\theta 2} = 364.8m/s$, $C_2 = 384.9m/s$, $U_2 = 405.3m/s$

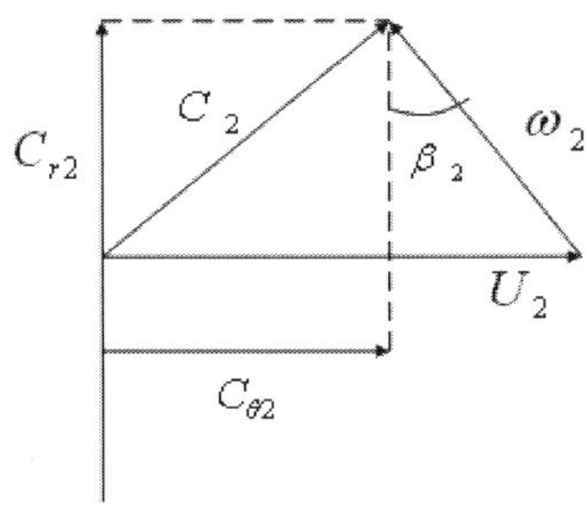

$\omega_{2\theta} = U_2 - C_{\theta 2} = 40.5m/s$, $\tan\beta_2 = \frac{\omega_{2\theta}}{C_{r2}} = \frac{40.5}{123}$에서 $\beta = 18.2^\circ$

예제 5-5 위의 예제와 동일한 조건에서 작동되는 원심 압축기에서 임펠러 출구를 나온 공기는 디퓨져 입구로 들어가기 전에 임펠러 출구로부터 반경방향으로 4cm구간에는 베인없는 간극이 있으며 이 간극 다음에 디퓨져 베인을 통해 디퓨져로 공기가 들어간다. 디퓨져 입구에서 디퓨져 폭은 1.5cm이다. 디퓨져 입구에서는 유입되는 공기의 접선 방향 속도, 반경방향속도, 디퓨져 베인의 입구각을 구하라. 임펠러 풀구에서 디퓨져 베인 입구 사이에는 손실이 없다고 가정한다.

풀이 디퓨져 베인 입구 반경은 임펠러 출구 반경 보다 4cm 더 크다. 베인없는 간극 출구 즉, 디퓨져 입구를 하첨자 2.5로 두면 $r_{2.5} = \frac{0.43}{2} + 0.04 = 0.255m$

베인이 없는 간극에서는 각운동량 rC_θ를 일정하게 하므로

$$r_2 C_{\theta 2} = r_{2.5} C_{\theta 2.5} \text{에서 } C_{\theta 2.5} = \frac{r_2}{r_{2.5}} C_{\theta 2} = \frac{0.43/2}{0.235} \times 364.8 = 307.6 m/s$$

디퓨져 입구에서 반경방향 속도는 $\dot{m} = \rho_{2.5} A_{2.5} C_{r2.5}$에서 $\rho_{2.5}$를 $\rho_{2.0}$보다 약 10% 높다고 가정하고 $C_{r2.5}$를 가정한 후 $\dot{m}$이 맞을 때까지 반복법으로 교정해 가며 구한다.

디퓨져 입구에서 반경방향 유동이 통과하는 면적은

$$A_{2.5} = 2\pi \times 0.255 \times 0.015 = 0.024 m^2$$

$\rho_{2.5} = 2.2 kg/m^3$으로 가정하면 $C_{r2.5} = \dfrac{5.09}{2.2 \times 0.024} = 96.4 m/s$

우선 $C_{r2.5}$를 96.4m/s로 가정하면

$$C_{2.5} = \sqrt{C_{r2.5}^2 + C_{\theta 2.5}^2} = 322.4 m/s,$$

$$T_{2.5} = T_{02.5} - \frac{C_{2.5}^2}{2c_p} = 442.7 - \frac{322.4^2}{2 \times 1.005 \times 1000} = 391.0 K$$

$P_{02.5} = P_{02}$로 가정했으므로

$$\frac{P_{02.5}}{P_{01}} = \frac{P_{02}}{P_{01}} = 3.66 \text{에서 } P_{02.5} = 3.66 P_{01} = 0.40 MPa, \quad P_{2.5} = P_{02.5}\left(\frac{T_{2.5}}{T_{02}}\right)^{\frac{\gamma}{\gamma-1}} = 0.256 MPa$$

이 값으로부터 $\rho_{2.5}$를 다시 구하면 $\rho_{2.5} = \dfrac{P_{2.5}}{RT_{2.5}} = 2.28 kg/m^3$

다시 $\rho_{2.5} = 2.3 kg/m^3$으로 수정하여 다시 구하면

$$C_{r2.5} = \frac{5.09}{2.3 \times 0.024} = 92.2 m/s, \; C_{2.5} = \sqrt{92.2^2 + 307.6^2} = 321.1 m/s$$

$$T_{2.5} = 442.7 - \frac{321.1^2}{2 \times 1.005 \times 1000} = 391.4 K, \; P_{02.5} = 0.4 MPa$$

$$P_{2.5} = P_{02.5}\left(\frac{T_{2.5}}{T_{02}}\right)^{\frac{\gamma}{\gamma-1}} = 0.26 MPa, \; \rho_{2.5} = \frac{P_{2.5}}{RT_{2.5}} = 2.31 kg/m^3$$

이 값은 수렴했다고 가정할 수 있으므로 디퓨져 입구에서의 접선방향속도는 $C_{\theta 2.5} = 307.6 m/s$, 반경방향속도 $C_{r2.5} = 92.2 m/s$,

디퓨져 베인 입구각은 $\tan^{-1}\dfrac{C_{r2}}{C_{\theta 2}} = \tan^{-1}\dfrac{92.2}{307.6} = 16.7^\circ$

연습문제

01_ 식(5.69b)를 유도하라.

02_ 다단축류압축기의 공기질량유량은 50kg/s이고, 압력비는 35이며, 폴리트로픽 효율은 0.9이다. 압축기 입구전온도는 288K, 전압력은 100kPa이다. 압축기를 지나는 공기의 비열비는 1.4, 정압비열은 $1.004 kJ/kg$이라 가정하고 압축기유동은 단열유동이라 가정하라. 압축기의 출구전온도, 압축기의 단열효율(등엔트로피효율), 압축기 요구축동력을 구하라.

03_ 어떤 축류압축기에서 깃 평균 반지름에서의 깃 회전 속도가 300m/s이다. 이 압축기는 전온도 상승이 20℃, 축방향 유동속도가 200m/s 그리고 반동도는 0.5로 설계되었다. 유동은 경계층 박리가 발생하지 않고 이상적으로 압축된다고 생각하여 효율은100%로 가정한다. 이 압축기가 설계된 조건보다 더 많은 유량조건, 즉 축방향 속도가 250m/s에서 작동된다면 압력비는 설계조건에서 보다 증가하는지 감소하는지 판단하고 그 양을 계산하고 설명하라.
단, $c_p = 1.005 kJ/kg \cdot K$, $\gamma = 1.4$이다.

04_ 로터 입구에서 절대속도 입구유동각 $\alpha_1 = 10°$, 로터출구에서 절대속도 입구유동각 $\alpha_2 = 30°$를 가지는 어떤 다단 축류압축기는 평균반지름($r_m = 50cm$)에서의 깃 형상 로터와 스테이터가 반복된다. 이 압축기의 축방향 속도는 200m/s로 전단을 통해 일정하며, 압축기의 반동도는 50%이고 각 단 및 전체 전효율은 0.95이다. 이 압축기가 표준대기 상태에서 작동할 때 압력비 10을 얻기 위해서는 압축기는 몇 단으로 구성되어야 하는가? 이 조건에서 로터의 회전수를 구하라.

05_ $102kPa$, $290K$상태의 공기가 축류압축기 제 2단의 로터블레이드에 유입하는 절대속도는 크기가 196.3m/s이고 로터블레이드에 축방향과 15°각도로 진입하고 있다. 로터 팁(rotor tip)의 지름은 66cm, 로터뿌리(root) 또는 허브(hub)의 지름은 44cm이고 9310rpm으로 회전하고 있다. 로터블레이드를 지날 때 공기는 13° 회전(turn)되도록 블레이드 형상이 설계되어 있다. 로터 출구에서의 상대속도가 입구 상대속도보다 13°회전되어 있다($\beta_2 = \beta_1 - 13°$). 제 2단의 단(stage)효율은 88%이다. 공기의 분자량은 28.9이고 비열비는 1.4이며 정압비열은 1.005 kJ/kg · K이다. 단, 각속도 $\Omega = 2\pi n/60$이다. 제 2단에 대하여 다음을 답하라. 속도삼각형에서 이루는 각은 U와 같은 방향을 +각으로, 반대 방향을 −각으로 한다.

1) 로터 입구에서 속도 삼각형을 작성하고, 로터 입구에서 공기의 상대속도 크기와 각도를 구하라.
2) 로터 출구에서 속도 삼각형을 작성하고, 로터 출구를 나가는 공기의 절대속도 크기와 각도를 구하라.
3) 이 단(stage)을 지나는 공기의 질량유량(mass flow rate)을 구하라.
4) 단위 질량당 소요 동력(power)을 구하라.
5) 로터 입구에서의 마하수와 정체온도, 로터 출구에서의 정체온도(T_{02})와 온도(T_2)를 구하라.
6) 이 단의입구와 출구에서의 전압력비(P_{03}/P_{01})를 구하라.
7) 블레이드 부하계수를 구하라.
8) 시동 시 공기의 축방향속도가 60m/s라면 실속을 방지하기 위해 가변 스테이터를 사용하고자 한다. 이 때 로터 블레이드로 들어가는 절대속도의 방향을 얼마나 변경 시켜야 하나? 변경 각도를 구하라.

06_ 어떤 원심압축기에서 임펠러 입구의 전온도는 300K, 전압력은 0.103MPa이다. 이 원심 압축기의 임펠러는 지름이 0.7m인 30개의 직선베인을 가지고 12000rpm으로 회전하고 있다. 이 원심 압축기의 등엔트로피 효율이 0.85일 때 압축기 출구의 전온도와 전압력을 구하라.

참고문헌

[1] Rolls-Royce, The Jet Engine, Rolls-Royce plc, England, 2005.
[2] R.C.Hendricks, R.E.Chupp, S.B.Lattine, and B.M.Steratz, "Turbomachine Interface Lealings"
[3] M. Cervenka, "The Ross-Trent Engine", www.scribd.com/doc/AircragtEngine-Rolls-Aoyce. 2010.
[4] N. Campsty, Compressor Aerodynamics, Combridge University, 1997

제 6 장 항공기 제트엔진의 터빈

6.1 개요

터빈의 역할은 압축기 및 보기류를 구동하는 것이며, 제트만으로 100% 추력을 얻지 않는 터보프롭 엔진에서는 프로펠러를 구동하며, 터보팬 엔진에서는 팬을 구동하는 역할을 한다. 이 구동력은 연소실에서 나온 고온가스에서 에너지를 추출하고 고온가스를 저온 저압으로 팽창시켜 얻어진다. 이 과정에서 블레이드는 높은 응력을 받으며, 블레이드 끝단의 속도는 1,500 m/s이상이 되기도 한다. 터빈 입구에서 연소가스 온도는 850～1700 ℃정도가 되며, 터빈 내 최대 가스유속은 약 760m/s에 달하기도 한다.

구동토크를 발생시키기 위해 터빈은 여러 단으로 구성되어 있으며 각 단은 일렬의 고정된 노즐 베인과 일렬의 회전하는 블레이드 로터로 구성되어 있다. 터빈에서 고정된 노즐 베인은 압축기와는 달리 블레이드 앞에 위치하여 유동 진행방향으로 단면적이 감소하는 노즐로써 작용해 가스속도를 증가시키고 압력을 감소시킨다. 터빈 단수는 필요한 동력, 터빈 회전속도, 터빈의 직경에 의해 결정된다.

터빈의 축수는 엔진 형식에 따라 다르다. 고압축비 엔진에서는 보통 고압, 저압 압축기를 구동하기 위해 2축식 구조를 이루고 있다. 중간 압력 시스템(intermediate pressure system)을 채용하는 고바이패스비 엔진에서는 고압 터빈과 저압 터빈 사이에 터빈이 하나 더 있어 3축식 구조를 이룬다. 어떤 엔진에서는 구동토크를 얻기 위해 프리파워 터빈(free power turbine)을 사용하는데 구동 계통이 다른 터빈이나 압축기로부터 독립되어 있으므로 최적속도로 회전이 가능하다.

주어진 단 출력에서 최대 효율은 터빈의 블레이드 평균 속도에 크게 영향을 받는다. 주어진 출력에서 가스속도 편향에 의한 손실 블레이드 평균속도가 빠를수록 속도의 제곱에 비례하여 감소한다. 터빈 디스크에 걸리는 응력은 속도의 제곱에 따라 증가하므로 빠른 속도시 같은 정도의 응력을 유지하려면 단면 두께 즉 중량이 불균형적으로 증가되어야 한다. 이런 이유 때문에 최종설계 단계에서는 효율과 중량을 모두 고려한 최적화가 필요하다. 터빈 입구온도가 고온으로 작동될수록 엔진의 열효율은 높고 중량당 추력비도 높다. 터보팬 엔진은 추진효율이 높으므로 동일추력에서 터보제트엔진보다 작은 터빈을 사용할 수 있다.

6.2 터빈의 형상과 형식 및 재질

6.2.1 축류식 터빈의 형식 및 형상

축류압축기와 축류터빈은 둘 다 회전부인 로터와 정지해 있는 스테이터로 이루어져 있지만 여러 가지 면에서 서로 상반된다. 압축기 블레이드 사이의 유로면적은 증가하여 디퓨저 역할을 하여 압력이 상승하고 유동속도가 감소한다. 반면에 터빈 블레이드 사이의 유로 면적은 감소하여 노즐의 역할을 하여 압력이 감소하고 유동속도가 증가한다. 압축기 유동통로는 역구배 압력으로 경계층 박리가 일어나기 쉬우며 단당 압력상승비는 약 1.35정도로 제한되며, 터빈 유동통로는 순구배압력으로 압축기에 비하여 경계층 박리의 염려가 덜하기 때문에 단당 압력강하비는 약 4:1 정도도 가능하다. 단, 입구와 출구의 면적비는 터빈이 압축기보다 크며 유동의 회전각(ΔC_θ)도 터빈이 압축기보다 크다. 각 단당 압력비가 터빈이 압축기보다 크기 때문에 단수는 터빈이 압축기보다 작으며 터빈의 단수는 보통 2～6이다. 터빈의 공기온도가 압축기보다 높으며 밀도는 터빈 쪽이 압축기보다 낮기 때문에 동일 유량을 보내기 위해서는 유로 면적은 터빈 쪽이 압축기보다 크며 블레이드의 반경도 터빈이 압축기보다 크다. 터빈은 압축기보다 입구/출구 면적비가 크고 냉각공기가 필요하기 때문에 블레이드 두께가 압축기보다 더 두껍다. 터빈 블레이드는 압축기 블레이드보다 두껍고 길지만 강률(solidity)은 거의 동일하다. 따라서 터빈 블레이드 간격이 압축기 블레이드 간격보다 넓다. 터빈은 순압력구배이기 때문에 경계층 박리 염려가 적어 이 측면에서는 압축기보다 효율이 더 높으나, 냉각공기의 유입과 유출로 인한 손실이 있어 효율이 감소한다. 그러나 전체효율은 터빈효율이 압축기효율보다 약간 높다. 터빈 블레이드 팁 외부 직경 주위에는 슈라우드(shroud)가 있다.

노즐 베인과 터빈 블레이드의 가스 유로는 공기역학적 관점으로 설계되어야 하고 최적효율을 위해서는 통로가 압축기 및 연소실 설계와 잘 매칭되어야 한다. 터빈은 연소가스에서 에너지를 전달 받아 작동한다. 에너지 전달과정에서 기계적 손실 및 열역학적 손실이 있으므로 100%의 효율을 얻을 수 없다. 가스는 연소과정에 의하여 팽창되어 터빈의 노즐로 유입되는데 노즐 베인은 수축형상이므로 가스는 가속되어 속도는 약 760 m/s 정도가 되며 가스의 국부 온도를 기준으로 가스속도는 거의 음속이 된다. 이때 가스의 흐름은 노즐 베인에 의해 터빈 블레이드의 회전방향으로 분출된다. **〈그림 6-1〉**처럼 고속 가스흐름이 블레이드에 부딪히며 생기는 반동력에 의해 에너지는 흡수되어 터빈은 고속으로 회전하고 터빈축과 압축기를 구동한다.

노즐 베인이나 터빈 블레이드의 단면은 기본적인 에어포일 형상으로 되어 있다. 터빈은 **〈그림 6-2〉**처럼 충동식, 반동식, 이들의 조합형인 충동반동식 3가지 종류로 구분된다. 반동터빈에서 노즐 베인 사이의 가스유로는 수축형태이므로 압력감소는 각 단의 노즐 베인을 통과할 때 일어나며 압력감소 동안에 속도는 증가된다. 가스는 노즐로부터 블레이드에 충돌하도록 분출되며 블레이드는 가스의 충돌에 의해 충격력을 받는다. 충돌터빈에서 로터 블레이드는 정압력은 변화하지 않고 가스흐름을 바꾸도록 설계되어 있다. 수축형태의 노즐베인 통로를 가스가 지날 때는 팽창과 가속이 된다. 보통 가스터빈 엔진은 순수 충동터빈이나 순수 반동식 터빈을 사용하지 않고 그 조합형인 충동반동식 터빈을 사용한다.

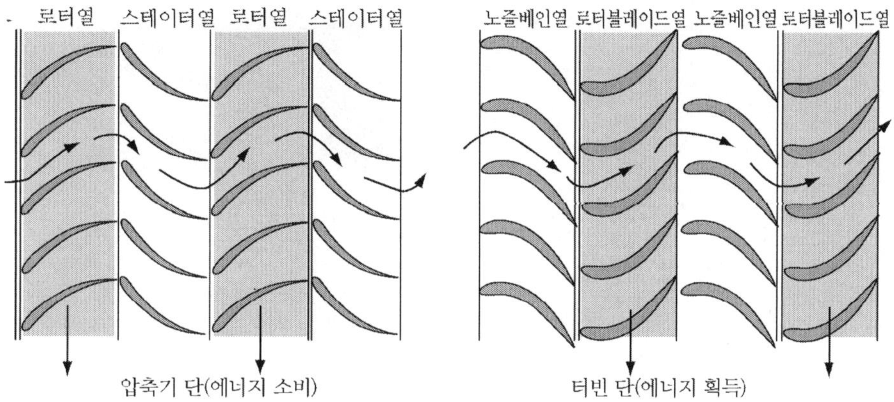

그림 6-1 압축기와 터빈의 관계 및 작동 원리

터빈이 사용되는 상황 및 엔진의 형식에 따라 터빈 설계는 다르지만 보통은 50%는 충동과 50%는 반동을 사용하는 충동반동식 터빈이 사용된다. 그리고 충동 터빈은 카트리지나 공기 시동기에도 쓰인다. 반동도(degree of freedom)는 뿌리에서 끝단으로 갈수록 커지도록 설계되며 중간의 평균 단면은 50%의 반동도를 가진다.

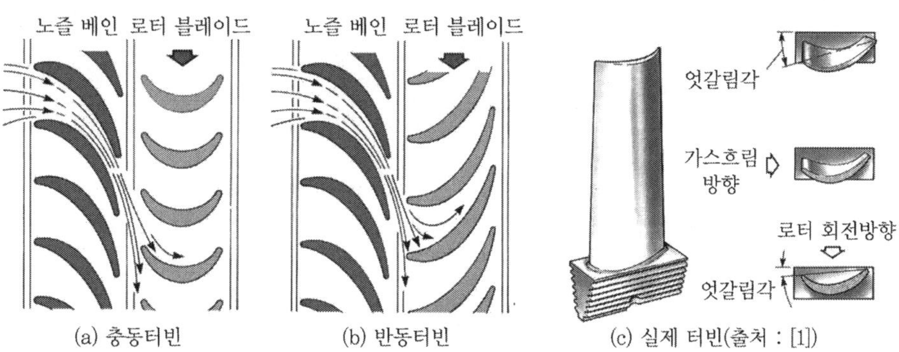

그림 6-2 터빈의 종류와 실제 터빈 형상

〈그림 6-2〉처럼 터빈 블레이드와 터빈 노즐은 비틀려 설계되어 있으며 블레이드의 엇갈림각

(stagger angle)은 뿌리(blade root)보다 끝단(blade tip)이 더 크게 되어 있다. 블레이드를 비틀어 설계하는 이유는 연소기에서 나오는 가스의 흐름이 블레이드의 반경 길이를 따라 같은 양의 일을 할 수 있도록 하고, 배기시스템으로 유입되는 가스가 일정한 축방향 속도를 갖도록 하기 위함이다. 비틀림 블레이드를 통과한 가스의 속도 압력분포는 **〈그림 6-3〉**에 나타나 있다.

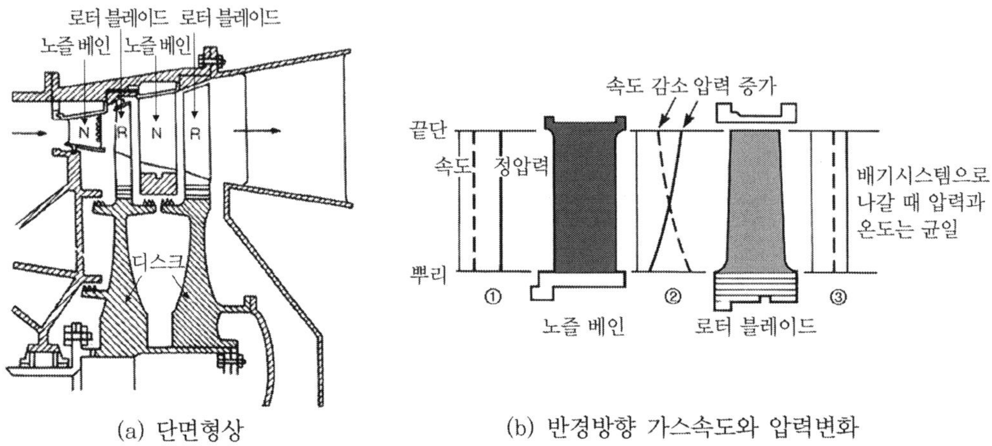

그림 6-3 축류터빈에서의 단면 형상과 터빈에서의 가스 속도와 압력 변화

터빈에 작용하는 토크나 회전력은 터빈 블레이드 입구와 출구 사이의 가스 유동율 및 에너지 변화율에 의해 결정된다. 터빈 출구에서의 가스흐름은 축방향 유동이 되어 배기시스템으로 바로 유입되도록 하기 위해 터빈 원주방향 유속이 흡수 · 제거 되도록 설계된다. 터빈 출구 이후에서 과도한 잔류 원주방향 유속은 배기시스템의 효율을 감소시키고 제트 파이프를 진동시키므로 배기 콘 지지 구조물을 손상시킨다.

터빈의 효율을 저하시키는 여러 손실들은 몇가지 이유에 기인한다. 전형적인 비냉각 3단 터빈은 터빈 블레이드에서의 공력적 손실로 인해 약 3.5%의 손실이 생긴다. 또 노즐 베인에서의 공력적 손실, 터빈 블레이드 끝단 및 배기시스템에서의 가스누출 손실은 대략 같은 비율이며 합해서 추가로 약 4.5%의 손실이 발생한다. 총손실은 약 8%정도이며 전효율은 약 92%정도가 된다.

터빈부의 기본적인 구성품은 연소 유출 노즐, 노즐 베인, 터빈 디스크 및 로터 블레이드로 되어 있다. **〈그림 6-3〉**에 축류터빈의 단면형상이 나타나 있다. 회전체는 터빈 케이스 안에 장착되어 있는 베어링으로 지지되며 터빈축은 압축기 축과 직접 연결된 축이거나 중심조절 커플링에 의해 연결되어 있다. **〈그림 6-4〉**는 축류식 터빈의 구조와 종류를 보여주고 있다.

터빈 주위로 흐르는 냉각공기 흐름도는 **〈그림 6-24(b)〉**에 더 자세히 나타나 있으며, 이 단면도에서 터빈의 노즐 베인, 터빈 디스크, 로터의 구조를 알 수 있다.

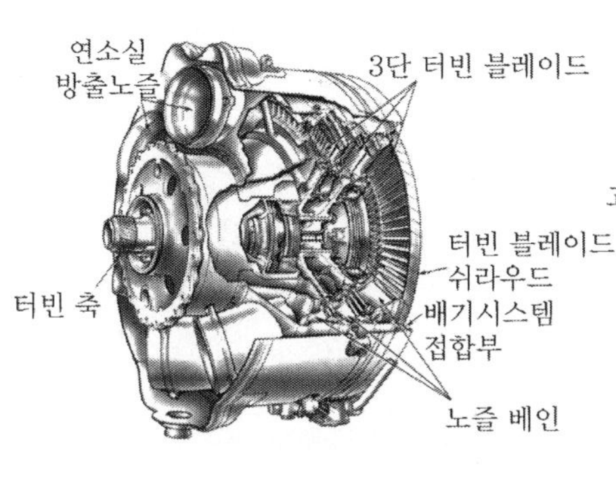

(a) 1축 3단 터빈

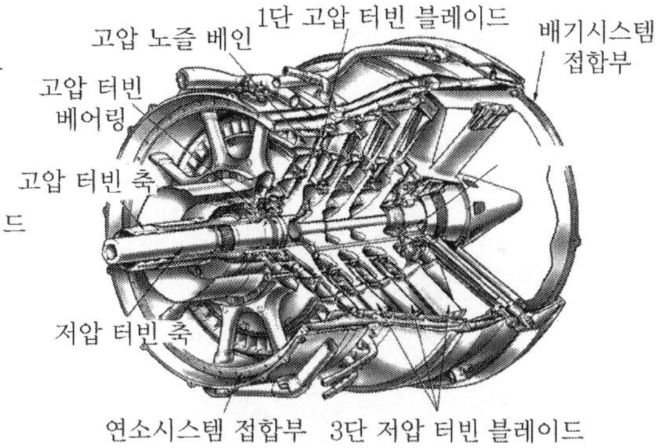

(b) 2축 4단 터빈

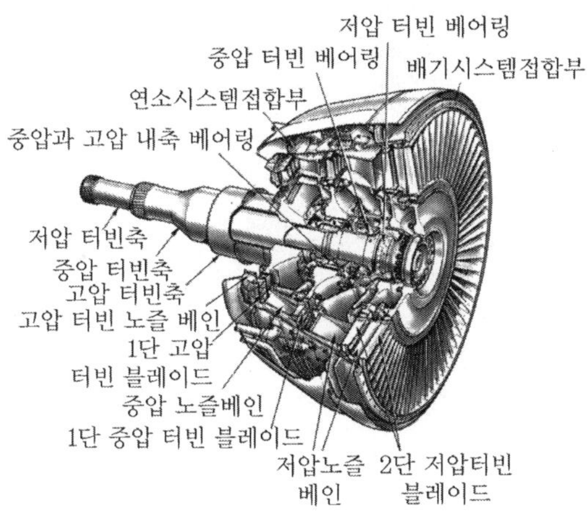

(c) 2축 3단 터빈

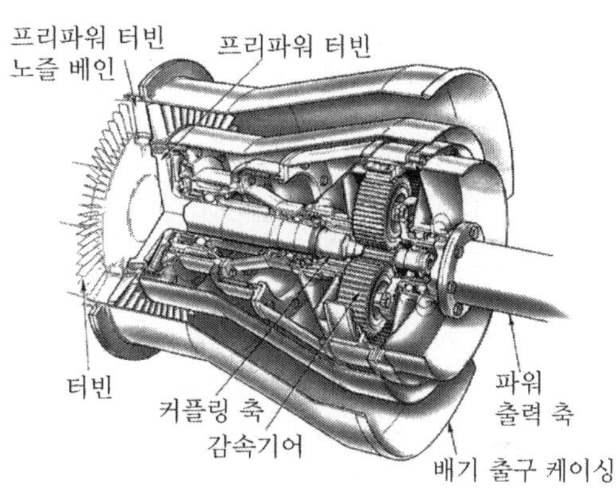

(d) 2축 자유터빈

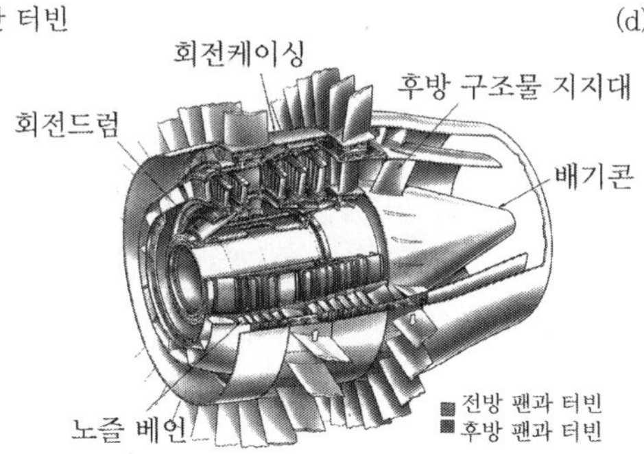

(e) 역회전 자유 터빈

그림 6-4 축류식 터빈의 구조와 종류 (출처 : [1])

〈그림 6-4(e)〉는 터보프롭팬 엔진에서 사용하는 역회전 후방 팬을 구동시키는 12단계의 역회전 자유동력 터빈을 나타내고 있다. 역회전 터빈에서는 한 열의 노즐 베인만 고정되어 있고 나머지 노즐 베인은 회전드럼과는 반대방향으로 회전하는 회전 케이싱에 부착된 사실상의 터빈 블레이드이다. 역회전 터빈은 한 열을 제외한 모든 에어포일에서 가스의 에너지를 추출하기 때문에 통상

터빈에 비해 보다 높은 단당 부하에서 작동될 수 있으며 역회전 터빈은 대형 엔진에는 많이 사용되지 않고 직접 구동을 하는 운용에 적합하고 터보샤프트 엔진에 가끔 사용되기도 한다.

노즐 베인 단면은 에어포일 형상을 가지고 있으며 인접한 베인 사이는 수축형 통로를 만든다. 노즐 베인은 가스가 팽창되도록 케이싱에 장착되어 있다. 노즐 베인은 보통 중공 구조로 되어있으며, 가스의 열부하 및 응력을 감소시키기 위해 압축기에서 축출한 냉각용 공기를 노즐 내의 중공에 통과시켜 냉각을 하기도 한다.

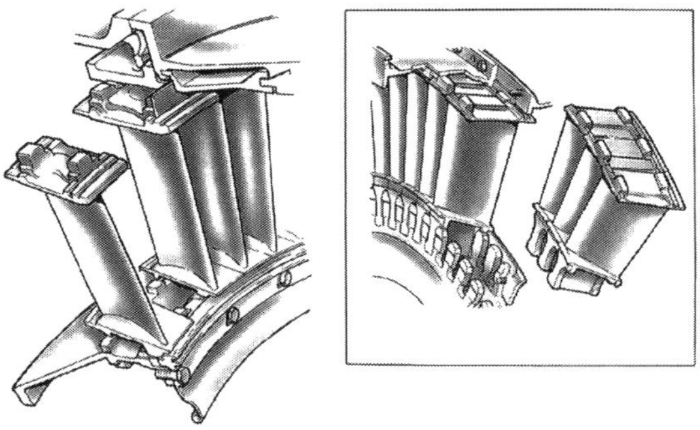

(a) 노즐 베인 장착방법

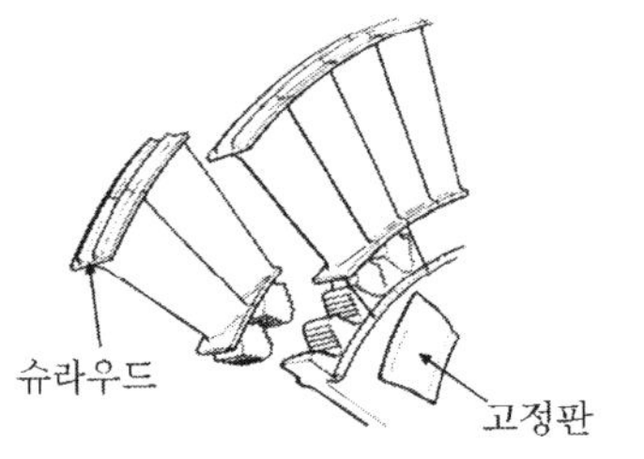

(1) 고정판을 가진 fir tree root 취부법

(2) 고정뭉치를 가진 fir tree root 취부법

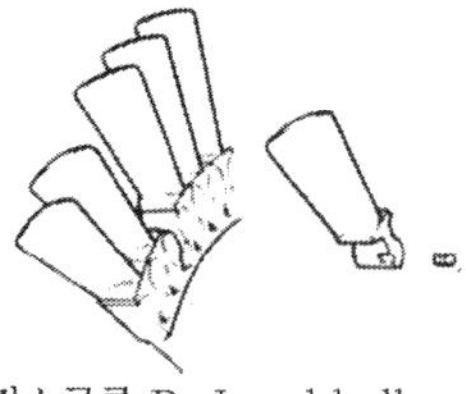

(3) 고정스큐류 De Laval bulb root 취부법

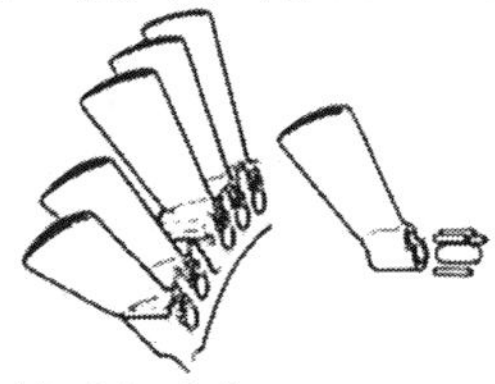

(4) 핀을 가진 BMW holloe blade 취부법

(b) 로터블레이드 부착방법

그림 6-5 노즐베인과 로터블레이드의 장착방법(출처 : [1])

〈그림 6-5(a)〉는 일반적인 노즐 베인의 형상과 장착방법을 보여주고 있다.

터빈 디스크는 축과 일체형 또는 축을 볼트로 고정할 수 있는 플랜지형으로 기계가공 단조로 제작된다. 또한 디스크 원주 가장자리에는 터빈 블레이드가 장착되어 있다. 블레이드에서 디스크로의 열전도를 억제하기 위해서 냉각용 공기가 디스크의 양면을 통과하고 있다.

터빈 블레이드 단면은 에어포일 형상이고 인접 블레이드끼리 수축형 유로를 형성하고 있으며 가스 유동은 면적이 최소가 되는 목부분까지 일정하게 가속되어 터빈 출구에서는 필요한 반동도를 얻을 수 있는 속도에 도달한다. 각 블레이드의 실제 단면적은 사용 재질의 허용응력과 냉각용 구멍 크기에 의해 결정된다. 높은 효율을 얻으려면 뒷전 두께가 얇아야 하지만 엔진 작동중 온도변화에 의한 블레이드 균열을 방지할 수 있을 정도의 두께는 필요하다.

블레이드 장착부위 디스크의 응력과 블레이드 뿌리의 응력이 디스크의 회전속도를 제한하는 중요한 요인이기 때문에 블레이드를 터빈 디스크에 취부하는 방법이 상당히 중요하다. 초기 Whittle 엔진의 터빈 블레이드는 De Laval bulb root 방법으로 취부하였으나 이 설계는 곧 바로 현재 사용되고 있는 fir tree 취부방법으로 바뀌었다. 이 형식의 취부 방법에서는 부하가 모든 톱니에 골고루 분배되도록 정밀하게 기계가공 하여야 한다. 블레이드는 터빈이 정지시에 응력을 받지 않고 회전시에 원심력에 의해 블레이드 뿌리에 응력이 집중된다. **〈그림 6-5(b)〉**는 여러 가지 블레이드 부착방법을 나타낸다. BMW hollow blade와 De Laval bulb root 취부법은 가스터빈에서 거의 사용되지 않는다.

블레이드 끝단(tip)과 케이싱 사이에는 간격이 있으며 열팽창율과 수축율이 각 단에서 다르므로 각 단에서의 간격은 다르다. **〈그림 6-5(b)〉**처럼 블레이드 끝단에서 가스의 누설로 인한 효율의 감소를 줄이기 위해서 슈라우드(shroud)를 부착하기도 한다. 슈라우드는 각 블레이드의 끝단에 있는 부채꼴 형상의 조각으로 모두 연결되면 끝단 주위에서 환상링을 이루어 과중한 가스하중에 의한 블레이드의 뒤틀림이나 펴짐을 막아주는 역할을 한다.

회전력에서 생기는 블레이드 끝단하중 때문에 고속도 터빈에서는 쉬라우드가 없는 개방끝단 블레이드가 사용된다. 가스누설을 방지하기 위해 케이싱 내부에 마모성 라이닝이 사용되기도 한다. 터빈케이스 내측의 에어실(air seal)과 터빈블레이드 끝단의 간격이 너무 작으면 접촉하여 실의 마모나 손상이 발생하고 간격이 너무 크면 가스누설로 인하여 터빈효율이 떨어진다. 터빈 끝단(tip) 간격은 보통 이륙 시와 같은 최대 출력시에 최소가 되도록 설계되어 있으므로 상승 후 순항비행으로 옮겨지면 터빈 케이스의 열팽창에 비해서 터빈 블레이드의 열팽창이 작기 때문에 터빈 끝단 간격이 커져서 터빈 효율이 떨어지게 된다. 이를 방지하는 대책의 하나로 터빈 케이스 외부에 공기 매니폴드를 장치하고 이 매니폴드로부터 순항 비행 시에 냉각공기를 터빈 케이스 외부표면에 분출해 케이스를 냉각 수축시켜 터빈 블레이드 끝단(선단) 간격을 최적으로 유지하도록 하는 방법을 채택하며 이를 능동간격제어시스템(ACCS; active clearance control system) 또는 터빈케이스 냉각시스템(TCCS; Turbine Case Cooling System)이라고 한다. **〈그림 6-6〉**은 능동간격제어시스템의 예를 나타내고 있다. 능동간격제어시스템은 냉각공기량을 조절해서 터빈케이스를 냉각시켜 열팽창을 막음으로써 전 비행동안 끝단 간격을 최소로 유지시킬 수 있으므로 터빈효율이 향상되어 연비도 개선할 수 있는 방법이다. 냉각공기는 외부온도가 아니라 압축기에서 취출한 공기가 터빈 케이스 냉각에 사용되며 이 방법으로 보다 높은 온도와 속도에서 슈라우드가 없는 터빈 블레이드를 사용가능하게 해준다. 초기의 ACCS는 고압터빈에 주로 적용되었지만, 지금은 고압터빈과 저압터빈 모두에 적용되고 있으며, 고압압축기까지 확대 적용되고 있다.

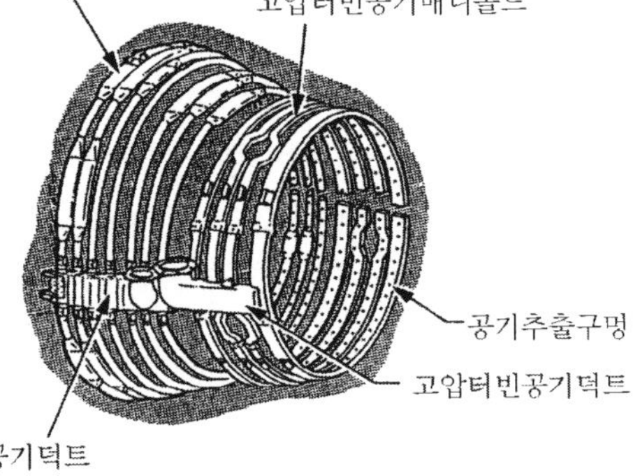

(a) ACCS공기매니폴드(PW 4000)

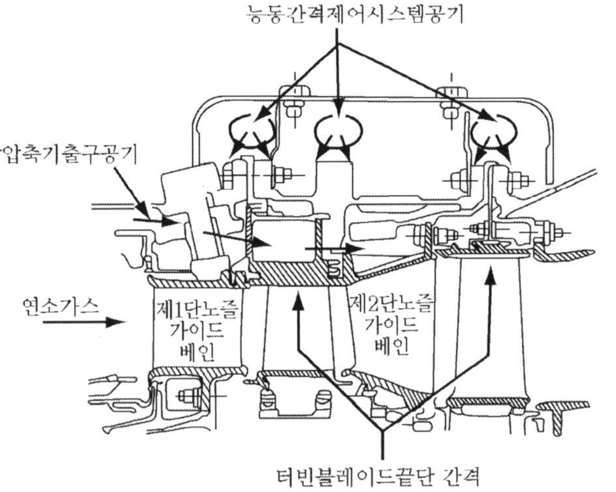

(b) 고압터빈에 장착된 ACCS 설명도(CF6)

그림 6-6 능동간격제어시스템(ACCS) (출처 : [6])

일률이 매우 높은 터빈 블레이드의 뿌리에는 아주 큰 응력이 걸리므로 종래의 블레이드 취부법은 사용 될 수 없고 주조 터빈 블레이드 링이 디스크에 접합되어 있는 이중 합금 디스크 또는 블리스크(blisk)가 사용된다. 이중 합금 디스크 방법은 고출력 헬리콥터 엔진에 적당하다. <그림 6-7>은 로터 조합방식을 비교한 것이다. 블리스크 방식과 블링방식은 5.2절에서 설명되어 있다.

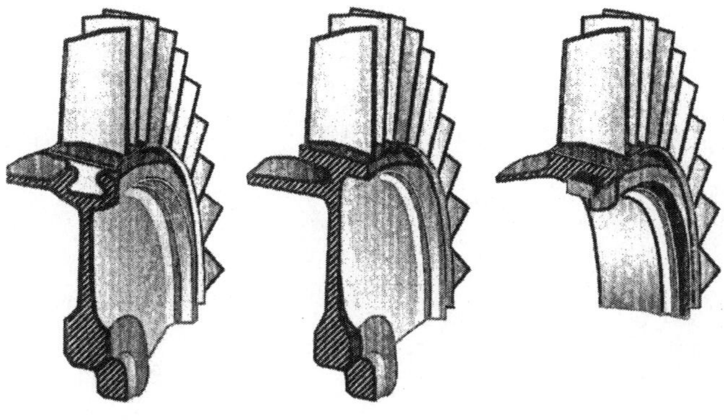

(a) 종래방식 (b) 블리스크 방식 (c) 블링방식

그림 6-7 로터조합방식비교(출처 : [1])

가스터빈 엔진의 효율과 성능을 최대로 하기 위해서는 압축기와 터빈의 유동 특성이 주의깊게 잘 결합(matching)되어야 한다. 예를 들면 노즐 베인을 통과하는 최대유량을 너무 적게 한다면 서징으로 인한 압축기 진동의 원인이 되는 배압이 높아지며, 유량을 너무 크게 하면 압축기에 초크 현상을 일으켜서 효율이 급격히 떨어진다.

6.2.2 터빈 형식 및 형상

반경방향 터빈은 가스를 팽창 가속시키면서 원주방향으로 유동을 전환시키는 노즐과 이 유동을 받아서 팽창하면서 일을 발생하는 로터가 기본 구성요소이며, 가스를 노즐로 적절하게 유동하는 입구실과 로터 출구의 가스를 감속시켜 운동에너지를 회수하기 위하여 디퓨저 형태의 배기구를 마련해 주어야 한다.

반경방향 터빈의 단당 압력비는 통상 4정도까지이며, 이 범위에서 효율은 0.8~0.9가 된다. 반경방향 터빈은 그 형태상 원심식 압축기와 서로 등을 맞댄 모양으로 결합시키면 엔진의 길이가 크게 단축된다는 장점이 있다. 〈그림 6-8〉은 반경 터빈과 원심식 압축기를 결합한 형태를 보여주고 있다.

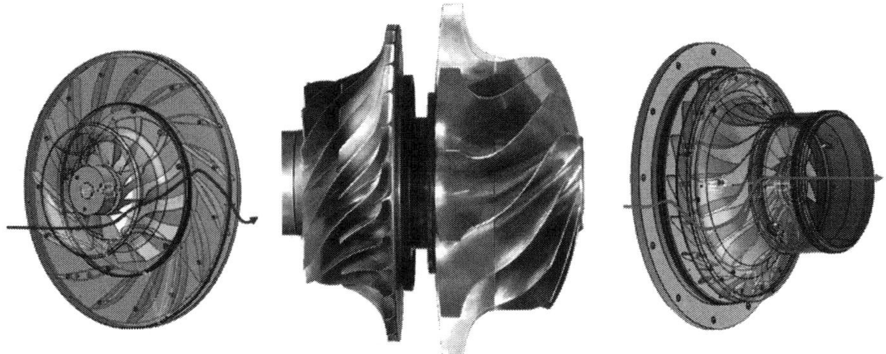

그림 6-8 원심식 압축기에 연결된 반경방향 터빈

6.2.3 터빈 재질

터빈 입구온도를 높이는데 주요 장애요인은 고온 때문에 생기는 노즐 베인과 터빈 블레이드의 열응력이다. 고속 회전시의 터빈 디스크와 블레이드에서의 원심인장응력도 터빈 입구온도를 더 높이지 못하게 하는 제한요인이 된다. 노즐 베인은 정지하고 있으므로 블레이드와 같은 회전원심응력은 받지 않는다. 터빈재질에서 가장 요구되는 것은 내열 특성이다. 내열특성을 가진 재료로 터빈에 많이 사용되는 재료는 니켈합금 및 코발트 합금이다. 고온용 터빈 재질을 채택할 뿐만 아니라 이와 함께 터빈 냉각을 함으로써 터빈입구 온도를 보다 높게 할 수 있다. 티타늄은 고온에서 견디는 능력이 니켈보다 뛰어나지만 고온연소에서 폭발할 가능성이 있어 압축기 부품이나 팬 부품에 주로 쓰인다. 이에 대한 내용은 **〈그림 5-11〉**에 나타나 있다. 또한 세라믹 코팅을 했을 때는 내열성이 증가하고 냉각용 공기를 감소시킬 수 있어 엔진 효율을 상승시킬 수 있다.

터빈 디스크는 비교적 저온에서 고속회전하기 때문에 큰 회전원심응력을 받는다. 디스크 수명에 영향을 미치는 인자는 피로 균열에 견디는 성질이다. 엔진을 사용하여 최대출력을 낼 때 디스크의 안쪽은 차갑지만 바깥쪽은 작동가스에 의해 급격히 뜨거워지므로 디스크 안과 바깥사이에는 팽창되어 인장응력이 발생한다. 엔진이 계속 작동 중일 때는 디스크 안과 밖 온도차이가 없어져 인장응력은 없어진다. 엔진이 정지하면 디스크 밖은 외부공기에 의해 급속히 냉각수축 하지만 안쪽은 쉽게 냉각되지 않으므로 디스크 안과 밖 사이에는 압축응력이 생긴다. 이와 같이 엔진시동부터 이륙, 상승, 순항, 강하, 착륙, 정지까지 사이에는 최소 20분 정도에서 최대 14시간 정도 걸리고 온도차이에 의한 인장응력과 압축응력 주기가 1회 발생한다. 이와 같은 저주기의 응력이 반복되면 디스크는 피로파괴 될 수 있으며 이를 저주기피로(low cycle fatigue)라 한다. 디스크 재료는 수만 사이클 또는 수만 시간(예 : 15,000 cycle, 20,000 hr)의 피로 사용한계를 설정하고 있다. 사이클이나 시간 사용한계 중 먼저 어느 것이 한계에 도달하면 외관상 결함이 없더라도 사용하지 않고 교환하여 폐기한다. 초기의 디스크 재료는 페라이드계나 오스테 나이트계의 강이 사용되었으나 현재는 니켈을 기본으로 하는 합금이 사용되고 있다. 니켈에 첨가하는 합금 원소의 수를 증가하면 피로 저항이 증가하고 디스크 수명이 연장된다. 이 합금의 대용으로 고가 분말야금을 디스크 재질로 사용하면 추가로 약 10%의 강도를 증가시킬 수 있고 고속회전을 실현할 수 있다.

터빈블레이드를 설계할 때 가장 중요한 것은 재료의 선택이다. 블레이드는 빨갛게 달아 고온이 될 뿐만 아니라 고속회전으로 인한 원심하중까지 받는다. 30g 정도의 블레이드라도 최고 회전시에는 2톤 이상의 원심력을 받으며 에너지 전달과정에서 고온 연소가스로부터 받는 굽힘하중에도 블레이드는 견뎌야 한다. 또 가스상태가 격심하게 변화하는 상태에서도 블레이드는 손상되지 않도록 내열충격성과 내피로성에 뛰어나야 하며, 내부식성 및 내산화성이 우수해야 한다. 블레이드 재료는 이러한 조건을 만족시키는 동시에 정밀하게 성형되고 가공될 수 있는 재질이어야 한다.

터빈블레이드 재질 및 허용수명의 관점에서 최대 터빈 입구온도 및 엔진의 최대 출력이 결정된다. 재료 기술자나 설계자는 항상 우수한 터빈 블레이드 재료의 연구 및 냉각법의 개량을 수행하고 있다. 터빈로터는 작동 중에 고속회전에 따른 원심력이 가해져 고압연소가스에 의한 고온을 받기 때문에 크립(creep)현상이 생긴다. 엔진 작동 중 블레이드는 크립(creep)현상에 의해 서서히 늘어나며 사용제한수명이 규정되어 있다. 크립현상이란 직접적으로 변형을 일으킬 만큼의 큰 하중이 아닌 소성한계 내의 일정한 하중을 받고 있는 재료의 변형이 시간에 따라 서서히 증가하는 현상이다. 터빈 블레이드에서는 신장점검을 하여 블레이드의 신장이 일정한 한계값을 넘으면 어떤 결함이 없더라도 블레이드를 사용하지 않는다. 초기의 블레이드 재질은 고온강을 단조한 것을 사용했으나 즉시 내크립, 내피로성이 우수한 니켈합금의 주조품으로 대용되었다.

통상 터빈 블레이드를 자세히 살펴보면 무수한 결정체가 모든 방향으로 널려 있다. 일반적인 정밀 주조에 의한 다결정체에서는 응력에 수직방향인 결정입계에서는 파단 가능성이 크다. **〈그림 6-9〉**는 터빈 블레이드에 사용될 수 있는 여러 가지 재질의 개발년대와 블레이드 가능 온도를 나타내고 또 터빈 블레이드의 여러 가지 합금 결정구조를 보여주고 있다. 최근에는 내열합금보다 더욱 높은 사용온도와 더욱 높은 크립강도를 유지할 수 있는 초내열합금이 개발 사용되고 있다. 초내열합금 중에는 터빈블레이드에 사용되는 일방향성 주조와 단결정주조가 있다. 블레이드 길이방향으로 결정체를 기둥모양으로 배열하는 것을 일방향응고(directional solidification)라 하며 방향응고는 블레이드 수명을 증가시킨다. 일방향 응고된 초내열합금은 유도 가열된 노(furnace)에서 주입된 용융금속과 주형을 서서히 인출함으로써 응고된 주물이 방향성 입자구조를 갖는다. 이러한 일방향 결정구조는 균열 발생이 없이 고온 기계적 성질이 향상된다. P&W사 JT9D엔진에 적용되었으며, 보통 주조 블레이드 보다 약 30℃ 정도 더 높은 온도에서 사용할 수 있다. 이것을 발전시켜 단결정(single crystal)으로 블레이드를 만들 수 있다. 단결정 구조의 블레이드는 블레이드의 크립 수명을 연장 할 수 있다. 특히 단결정 구조의 블레이드는 엔진 작동온도를 대폭 올릴 수 있다. 단결정 주조는 주형의 밑부분에 단결정 선정부를 설치해 단하나의 결정만이 지속적으로 성장하도록 하면서 방향응고를 수행하여 단결정조직을 갖도록 한 초내열 합금이다. 단결정 블레이드는 크립 강도나 인성이 향상되고 열피로 저항성이 개선되었으며, 일방향 주조 블레이드보다 약 30℃이상의 사용온도를 높일 수 있다[5]. 비금속 블레이드의 재료로는 강화 세라믹이 있다. 강화세라믹 블레이드는 높은 터빈 입구 온도를 갖는 소형 고속 터빈에 사용될 수 있다.

열차폐코팅(thermal barrier coating; TBC)을 하면 터빈 유입가스온도를 더 높일 수 있어 엔진 효율을 높일 수 있다. 이와 더불어 막냉각까지 한다면 허용 터빈 유입가스온도를 더욱 높일 수 있다.

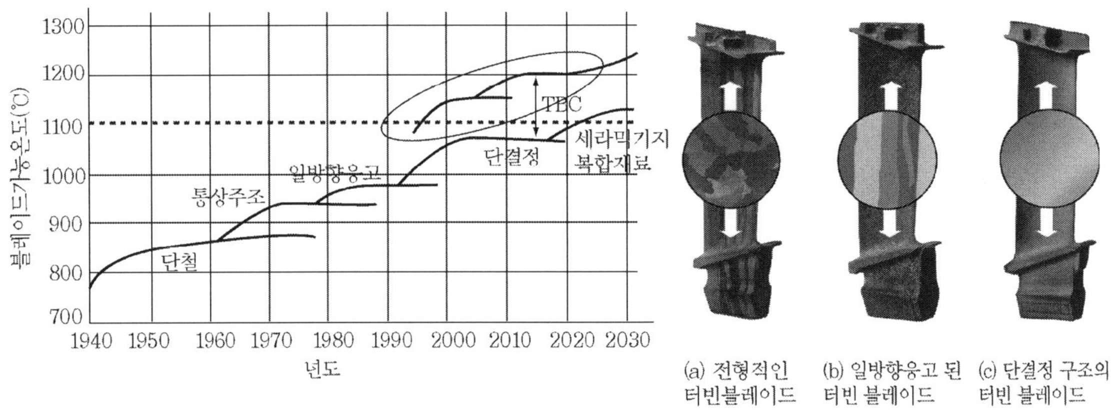

그림 6-9 터빈 블레이드의 여러 가지 재질에 따른 블레이드 작동 가능 온도 및 터빈 블레이드의 합금 결정구조(출처 :[1])

터빈의 조립공정에서 평형을 잡는 것은 아주 중요하다. 터빈 로터의 고속회전 및 재료질량의 편중에서 발생하는 비평형은 회전체 베어링과 엔진작동에 중대한 영향을 미친다. 평형작업은 특수 평형 특정기를 사용하여 행한다.

6.3 터빈의 성능

6.3.1 축류식 터빈

1. 터빈의 일과 블레이드 부하계수 및 반동도

압축기와 마찬가지로 터빈도 반경류 터빈, 축류형 터빈 그리고 혼합 유동 기계로 분류할 수 있다. 축류터빈에서 유동은 로터를 통해 축방향으로 흘러 나간다. 방사형 터빈에서는 반경방향으로 유체가 흘러 나가게 된다. 또 혼합 유동 기계에서는 유동이 로터에 상대적으로 축류형과 방사형 유동이 혼합된 형태로 흐르게 된다. 터빈 형태의 선택은 항상 어떠한 형태가 최적이라는 것이 명확하지는 않지만 적용하고자 하는 기기에 따라 달라진다.

같은 반지름을 갖는 축류형과 반경류 터빈을 비교해보면 압축기에서와 같이 축류형 터빈이 더 많은 질량 유량을 다루는데 적합하다. 반경류 터빈은 한 단당 축류보다 더 높은 압력비 강하를 다룰 때 더 적합한 구조이다. 그러나 다단형태 터빈에서는 축류형 터빈을 제작하는 것이 훨씬 쉬우므로 축류압축기로도 높은 압력비강하를 얻는 것이 어렵지는 않다.

터보제트 엔진에서 엔진 나셀 항력을 최소화 하고 엔진의 추력당 무게 비를 최소화하기 위해서는 단위 단면적당 공기의 질량 유량이 가능한 한 커야 한다. 터보제트 엔진에서 질량유량의 제한은 우선적으로 압축기로 들어가는 유동의 허용 마하수에 달려있다. 일반적으로는 압축기에 원심 압축기가 달려있는 엔진이라 하더라도 허용 마하수는 축류 터빈이 감당할 수 있는 질량 유량을 필요로 할만큼 충분히 크다.

축류터빈의 한 단은 노즐 또는 스테이터(stator)라 불리는 정지된 깃 열과 터빈 로터(rotor)로 이루어져 있다. 스테이터는 노즐 또는 노즐 유도 날개라 부르며 가스의 팽창, 압력강하 이외에도 유출가스가 터빈 로터에 최적의 각도로 충돌하도록 흐름 방향을 부여한다. 노즐의 면적이 너무 작으면 최대 출력 시 흐름이 막혀 압축기 실속을 일으키기 쉽고 너무 크면 터빈 효율이 떨어진다.

터빈의 평균 반지름 위치에서의 유동해석을 해보자. 2장에서 다루었듯이 유동의 접선방향 운동량 변화에 대한 반응이 터빈 로터 운동방향으로 터빈 로터에 주는 토크이다.

$$\Sigma \tau = \dot{m}[(rC_\theta)_2 - (rC_\theta)_3] \tag{6.1}$$

여기서 위치 2는 로터 입구이고, 3은 로터 출구이다. 위 식을 적용하면 터빈의 출력 동력은 다음과 같다.

$$P_t = \dot{m}[U_2 C_{\theta 2} - U_3 C_{\theta 3}] = \tau \Omega \tag{6.2}$$

축류 터빈에서는 로터의 입구와 출구에서 로터의 회전방향(접선방향) 속도 성분은 로터의 속도와 같으므로, 즉 $U_2 \simeq U_3 = U$ 이므로 압력의 변화 ΔP는 거의 없다. 따라서 터빈의 단위 질량당 일은 다음과 같다.

$$w_t = \frac{P_t}{\dot{m}} = U(C_{\theta 2} - C_{\theta 3}) = U \Delta C_\theta \quad \text{여기서 } \Delta C_\theta = C_{\theta 2} - C_{\theta 3} \tag{6.3}$$

에너지 방정식을 적용해보자.

$$\dot{Q} - \dot{W} + \dot{m}_i h_{0i} - \dot{m}_e h_{0e} = \frac{d}{dt}(E_{sys}) \tag{6.4}$$

이 때 단열 정상 유동이라 가정하면 좌변의 $\dot{Q}$항과 우변은 소거되므로 터빈의 단위시간당 일은 다음과 같게 된다.

$$\dot{W}_t = \dot{m}_i h_{0i} - \dot{m}_e h_{0e} \quad \text{또는} \quad \dot{W}_t = \dot{m} c_p (T_{02} - T_{03}) \tag{6.5}$$

따라서 양변을 $\dot{m}$로 나누어주면 단위질량당 터빈의 일은 다음과 같이 나타낼 수 있다.

$$w_t = \frac{\dot{W}_t}{\dot{m}} = h_{02} - h_{03} = c_p (T_{02} - T_{03}) \tag{6.6}$$

터빈의 전온도의 차를 다음과 같이 정의하자.

$$\Delta T_0 = T_{02} - T_{03} = T_{01} - T_{03} \tag{6.7}$$

여기서 1과 2는 노즐 베인의 입구와 출구로서 이 때 전온도의 차는 없으므로 $T_{01} = T_{02}$가 된다. 따라서 식 (6.2)와 식 (6.6)을 결합하여 정리하면 다음과 같다.

$$w_t = U(C_{\theta 2} - C_{\theta 3}) = h_{01} - h_{03} = c_p (T_{02} - T_{03}) \tag{6.8}$$

양 변을 $c_p T_{01}$로 나누어 터빈 단에서의 무차원 일의 비(work ratio)를 다음과 같이 얻을 수 있다.

$$\frac{w_t}{c_p T_{01}} = \frac{\Delta T_0}{T_{01}} = \frac{U(C_{\theta 2} - C_{\theta 3})}{c_p T_{01}} \tag{6.9}$$

실제로 터빈의 일을 최대화 하는 데에는 제한사항이 따르는데 이는 다음 두 가지를 들 수 있다.

우선 압력비가 제한되며 식 (6.41)에서 보는 바와 같이 압력비가 제한되면 $\Delta T_0 / T_{01}$도 제한된다. 단위질량당 터빈의 일은 전온도 하락과 비례하고, 이 경우 최대일은 T_{01}에 정비례하게 된다.

두 번째로 압력비가 충분히 크다 하더라도 일이 유동의 유효 깃 속도 U 와 유효 회전각 ΔC_θ에 의해 제한될 수 있다. 로터 블레이드 속도는 작동 온도에서 허용 회전 응력에 의해 제한되며 회전각은 고효율을 유지하기 위해서 제한되어야 한다. 터빈은 압축기에 비해 순구배 압력이기 때문에 경계층 박리가 일어날 가능성이 적다. 터빈 블레이드 유로의 입구와 출구의 면적비인 $\left(\frac{A_{inlet}}{A_{exit}}\right)_{turbine}$ 은 압축기 블레이드 유로의 입구와 출구의 면적비 $\left(\frac{A_{inlet}}{A_{exit}}\right)_{compressor}$ 보다 크며, 이 때문에 터빈의 단에서 허용 회전각은 압축기 단에서보다 훨씬 크다. 그러나 높은 효율을 유지하기 위해서는 터빈 로터 블레이드의 회전각이 너무 커서는 안 된다.

터빈을 통해서는 압력이 상승하지 않으므로 경계층에 그리 민감하지 않다. 따라서 설계자는 노즐 사이의 전체 단에서의 압력을 더 자유롭게 분포시킬 수 있다. 그러나 터빈 블레이드 열의 손실은 압력 하강(속도 증가)에 영향을 받는다. 즉 터빈 블레이드 열손실은 압력이 하강할수록 커지게 된다. **〈그림 6-10〉**처럼 $W_i/W_{ii} > 1$(감속)이면 터빈 블레이드 열의 손실은 급격히 상승하고, $W_i/W_{ii} = 1$이면 터빈 블레이드 열의 손실은 크지 않고 $W_i/W_{ii} < 1$(가속)이면 터빈 블레이드 열의 손실은 낮다. 즉 터빈 블레이드 열의 손실은 $W_i/W_{ii} = 1$에서 급격히 증가한다. 여기서 W_i는 터빈 블레이드 입구 상대 속도이고 W_{ii}는 터빈 블레이드 출구 상대 속도이다.

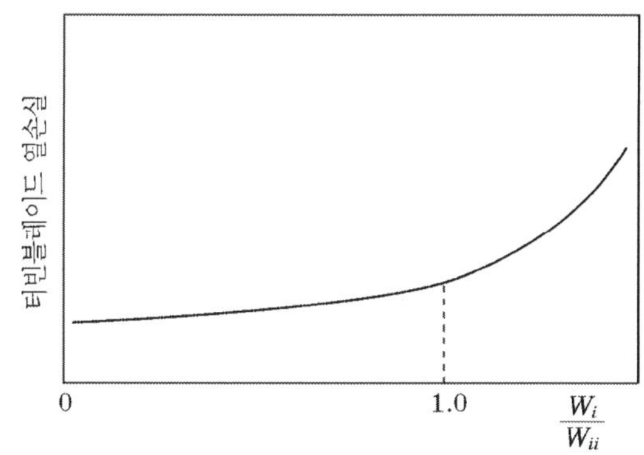

그림 6-10 블레이드 전/후 속도비에 따른 터빈 블레이드 열손실

블레이드 부하계수(blade loading coefficient)란 터빈에서 회전 입력 에너지당 얻을 수 있는 출력 에너지 비율을 의미한다. 단위 질량당 터빈에서의 일은 $w_t = h_{01} - h_{03} = \Delta h_0$ 또는 $w_t = U(C_{\theta 2} - C_{\theta 3})$ 이므로 양 변을 U^2으로 나누면 다음과 같이 블레이드 부하계수 ψ를 얻을 수 있다.

$$\psi = \frac{w_t}{U^2} = \frac{\Delta h_0}{U^2} = \frac{C_{\theta 2} - C_{\theta 3}}{U} = \frac{\Delta C_\theta}{U} \tag{6.10}$$

또 유동 계수(flow coefficient) ϕ는 블레이드 회전 속도에 대한 축방향 유동 속도의 비로 정의되며 같은 회전 속도에서 통과 유량의 많고 적음을 나타내는 척도로써 사용된다. 수식적으로 다음과 같이 정의된다.

$$\phi = \frac{C_z}{U} \tag{6.11}$$

축류터빈의 반동도는 터빈 단의 전엔탈피 변화중 로터에서의 엔탈피 변화의 비율로 나타낸다.

$$R = \frac{\text{로터에서의 엔탈피변화}}{\text{단에서 엔탈피변화}} = \frac{h_2 - h_3}{h_1 - h_3} = \frac{T_2 - T_3}{T_1 - T_3} \tag{6.12}$$

축방향 속도 C_z는 일정하고, 다단 터빈에서 각 단은 반복된다는 사실에서 $C_1 = C_3$라 가정할 수 있다.

$$T_1 - T_3 = [(T_1 + \frac{C_1^2}{2}) - (T_3 + \frac{C_3^2}{2})] = T_{01} - T_{03}$$

즉 $h_1 - h_3 = h_{01} - h_{03}$가 됨을 알 수 있다.

따라서 축류 터빈의 반동도는 다음과 같이 다르게 나타낼 수 있다.

$$R = \frac{h_2 - h_3}{h_{01} - h_{03}} = \frac{h_2 - h_3}{w_t} \tag{6.13}$$

터빈 로터에서 상대 정체 엔탈피는 일정하게 유지된다.

즉, $h_{02},rel = h_{03},rel$ 이며

$$h_2 - h_3 = \frac{W_3^2}{2} - \frac{W_2^2}{2} \tag{6.14}$$

만약 축방향 속도가 터빈 로터의 상류와 하류에서 일정하다면 위 엔탈피 변화식은 다음과 같이 나타낼 수 있다.

$$h_2 - h_3 = \frac{1}{2}\left[(W_{\theta 3})^2 - (W_{\theta 2})^2\right] = \frac{1}{2}(W_{\theta 3} - W_{\theta 2})(W_{\theta 3} + W_{\theta 2}) \tag{6.15}$$

그런데 $h_{01} - h_{03} = U(C_{\theta 2} - C_{\theta 3})$이기 때문에 위 식과 이를 이용하면 반동도는 다음과 같이 나타낼 수 있다.

$$R = \frac{(W_{\theta 3} - W_{\theta 2})(W_{\theta 3} + W_{\theta 2})}{2U(C_{\theta 2} - C_{\theta 3})} \tag{6.16}$$

그러나 여기서 $(W_{\theta 3} - W_{\theta 2}) = -(C_{\theta 3} - C_{\theta 2})$ 이기 때문에 위 식을 다음과 같이 간단히 할 수 있다.

$$R = -\frac{W_{\theta 3} + W_{\theta 2}}{2U} \tag{6.17}$$

축방향 속도가 일정한 경우 $W_{\theta 3} = C_z \tan\ \beta_3$이고 $W_{\theta 2} = C_z \tan\ \alpha_2 - U$이므로 반동도를 다시 정리하면 다음과 같다.

$$\begin{aligned} R &= \frac{1}{2}\left[1 - \frac{C_z}{U}(\tan\alpha_2 + \tan\beta_3)\right] \\ &= \frac{1}{2}\left[1 - \phi(\tan\alpha_2 + \tan\beta_3)\right] = -\frac{\phi}{2}(\tan\alpha_2 + \tan\beta_3) \end{aligned} \tag{6.18}$$

여기서도 α_2는 (+)각 β_3는 (−)각을 나타내고 있음에 유의해야 한다.

2. 충동 터빈과 반동 터빈

충동 터빈에서는 가스의 팽창이 모두 노즐에서 이루어지며 터빈 로터에서는 가스 팽창이 전혀 이루어지지 않는 터빈으로 반동도는 0이 된다. 터빈 로터의 유로 단면적은 일정하고 터빈 로터에서 속도, 압력, 온도 변화는 없다. 단지 유동변화가 터빈 로터를 움직이게 한다. 증기 터빈과 로켓의 시동기에서는 주로 충동터빈이 사용되며 충동터빈은 만들기 쉽고 단위 무게 당 출력이 높다.

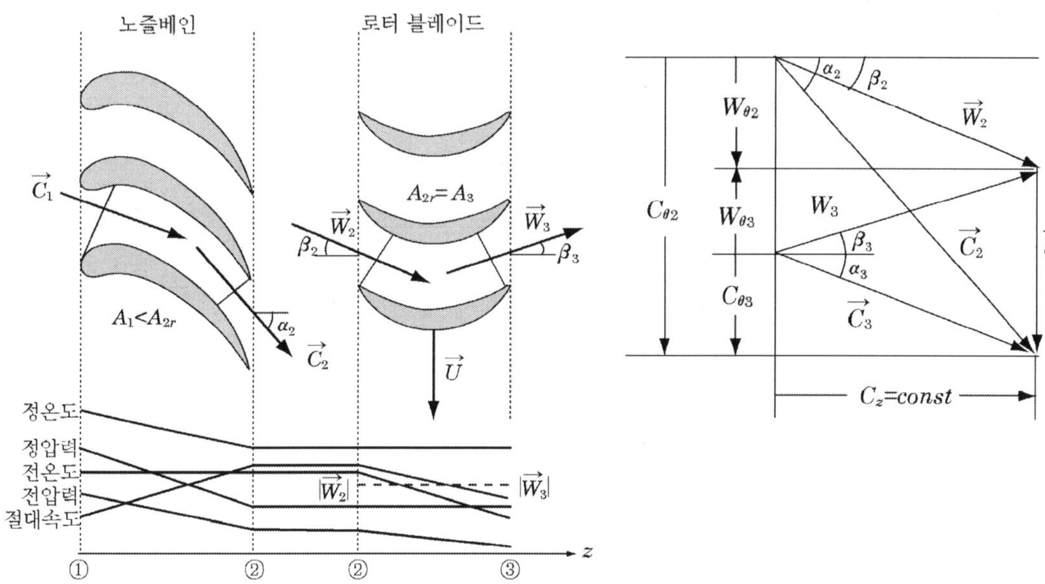

그림 6-11 블레이드 평균 반지름 위치에서의 충동터빈 단면도

〈그림 6-11〉은 블레이드 평균 반지름 상에서 충동터빈의 형상과 유동이 노즐베인과 로터 블레이드를 지나갈 때의 압력 및 속도변화를 나타내고 있으며 이에 따른 속도 삼각형도 나타내고 있다. 하첨자 1은 노즐 베인 입구, 2는 노즐 베인 출구 또는 로터 블레이드 입구, 3은 로터 블레이드 출구를 나타낸다. 로터 입구 상대 속도 유입각 β_2와 절대속도 유입각 α_2는 로터 회전속도 방향이므로 (+)각이며, 상대 속도 유출각 β_3는 로터 회전속도와 반대 방향이므로 (−)각이고 절대속도 유출각 α_3는 로터 회전속도 방향이므로 (+)각이다.

충동터빈에서 터빈 로터의 입구와 출구에서의 상대속도의 절대값은 같으므로 $|\overrightarrow{W_2}| = |\overrightarrow{W_3}|$가 되며 따라서 $\beta_3 = -\beta_2$가 성립하게 된다. 〈그림 6-11〉의 속도 삼각형에서 다음을 알 수 있다.

$$W_{\theta 3} = -W_{\theta 2} \tag{6.19}$$

그리고

$$C_{\theta 2} - C_{\theta 3} = 2W_{\theta 2} = 2(C_{\theta 2} - U) = 2U\left(\frac{C_{\theta 2}}{U} - 1\right) = 2U\left(\frac{C_z}{U}tan\,\alpha_2 - 1\right) \tag{6.20}$$

위 두식을 식 (6.10)에 대입하여 블레이드 부하계수를 구해보면 다음과 같다.

$$\psi = \frac{w_t}{U^2} = \frac{\Delta h_0}{U^2} = \frac{C_{\theta 2} - C_{\theta 3}}{U} = \frac{1}{U}\left[2U\left(\frac{C_z}{U}tan\,\alpha_2 - 1\right)\right] = 2\left(\frac{C_z}{U}tan\,\alpha_2 - 1\right)$$
(6.21)

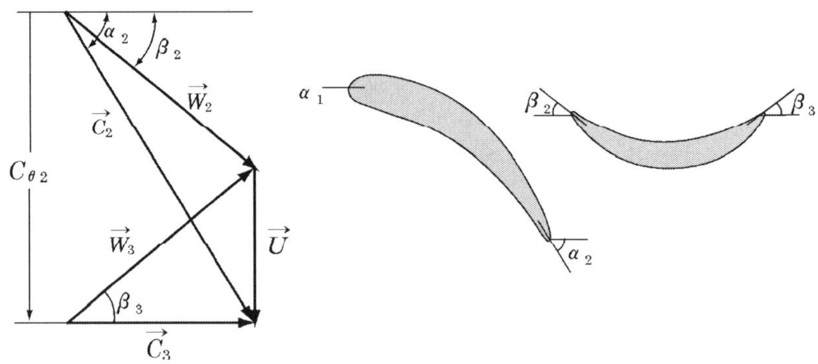

그림 6-12 블레이드 부하계수가 2인 충동 터빈에서의 속도 삼각형

터빈 출력을 크게 하기 위해서 노즐 각 α_2가 가능한 한 클수록 좋다. 그러나 α_2를 크게 하는 데는 2가지 제한 사항이 있는데 하나는 적절한 축방향 속도(단위 전면 면적당 적절한 유동)에서 α_2가 크면 C_2와 W_2가 커지고 이 속도와 관련된 손실이 있다. 특히 W_2가 초음속이 되면 충격파에 의한 손실이 야기된다. 실제적으로 α_2가 약 70° 에서 손실이 최소가 된다. 둘째로는 큰 α_2 ($\tan\alpha_2 > 2U/C_z$)에서 절대 배기속도는 U의 반대 방향으로 소용돌이치게 된다. 터보제트에서 축

방향 배기 속도가 크면 추력성분이 되지만 접선방향 운동은 손실이 된다. 만약 축방향 절대 속도 C_z가 일정하고 $C_{\theta 3}=0$, $C_{\theta 2}=2U$이면 **〈그림 6-12〉**와 같은 속도삼각형을 그릴 수 있으며 블레이드 부하계수는 $\psi=\dfrac{w_t}{U^2}=\dfrac{\Delta h_0}{U^2}=\dfrac{2U-0}{U}=2$가 된다.

주어진 동력 및 터빈 로터 속도와 최대 온도에서 식 (6.21)을 이용하면 단당 충동터빈의 평균 블레이드 속도를 결정할 수 있고, 따라서 블레이드의 평균지름도 구할 수 있다. 블레이드 속도가 너무 크면 응력을 많이 받게 되어 블레이드 속도는 어느 정도 이하로 제한되며 블레이드 평균 직경이 다른 부품에 비해 너무 크면 또 기하학적 형상이 제한되므로 한단에서 큰 팽창일을 하는 것보다는 다단으로 하는 것이 필요하다.

반동터빈은 터빈 로터 블레이드가 노즐 역할도 하며 유동을 가속하고 온도 및 압력의 저하가 수반된다. 반동터빈의 형상 및 속도삼각형은 **〈그림 6-13〉**에 나타나 있다. 로터 입구 상대속도 유입각 β_2와 절대속도 유입각 α_2는 시계방향, 즉 (+)각이며, 상대속도 유출각 β_3와 절대속도 유출각 α_3는 반시계 방향, 즉 (−)각이다. 다단 터빈에서는 각 단은 반복되고 같은 블레이드 형상을 가진다고 생각하면 $C_1=C_3$가 되고, $\alpha_1=\alpha_3$가 된다. 축방향이 일정한 터빈 유동($C_{z1}=C_{z2}=C_{z3}$)과 임의의 반동도 x%인 터빈에서 단위질량당 터빈일은 다음과 같다.

$$w_t=h_{01}-h_{03}=\Delta h_0=h_{02}-h_{03}=c_p(T_{02}-T_{03})=c_p\Delta T_0 \tag{6.22}$$

또 $w_t=U\Delta C_\theta=U(C_{\theta 2}-C_{\theta 3})$, $U=r\Omega$이면

$$w_t=r\Omega(C_{\theta 2}-C_{\theta 3}) \tag{6.23}$$

터빈 단의 블레이드 부하계수는 다음과 같다.

$$\psi=\frac{w_t}{U^2}=\frac{c_p\Delta T_0}{U^2} \tag{6.24}$$

또한 터빈 로터 유동계수는 다음과 같다.

$$\phi=\frac{C_{z2}}{U}=\frac{C_{z2}}{r\Omega} \tag{6.25}$$

식 (6.22), (6.23), (6.24), (6.25)를 정리하면 다음과 같다.

$$\psi=\frac{c_p\Delta T_0}{U^2}=\frac{C_{\theta 2}-C_{\theta 3}}{U}=\frac{C_{z2}}{U}(\tan\alpha_2-\tan\alpha_3)=\phi(\tan\alpha_2-\tan\alpha_3) \tag{6.26}$$

또는

$$\psi = \frac{C_{\theta 2} - C_{\theta 3}}{U} = \phi(\tan\beta_2 - \tan\beta_3) \tag{6.27}$$

노즐베인과 로터 블레이드의 효율은 식 (3.158)의 관계식을 사용하여 다음과 같이 나타낼 수 있다.

$$\eta_N = \frac{\left(\frac{C_2^2}{2}\right)_{actual}}{\left(\frac{C_2^2}{2}\right)_{ideal}} = \frac{h_{01} - h_2}{h_{01} - h_{2s}} \text{(절대속도사용)}$$

$$\eta_R = \frac{\left(\frac{W_3^2}{2}\right)_{actual}}{\left(\frac{W_3^2}{2}\right)_{ideal}} = \frac{h_{02} - h_{03}}{h_{02} - h_{03s}} \text{(상대속도사용)}$$

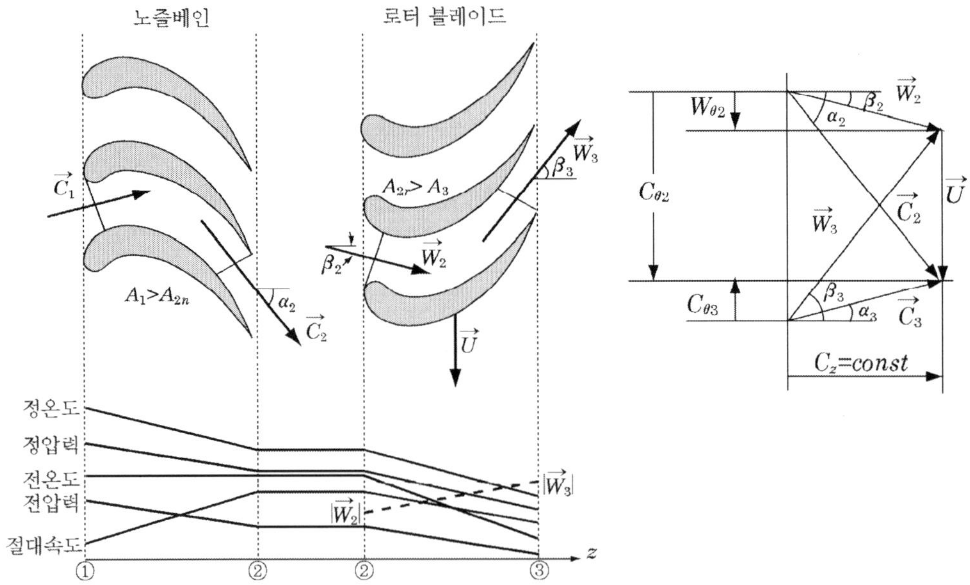

그림 6-13 반동터빈 블레이드 평균 반지름 위치에서의 단면도 및 압력, 온도, 속도변화

출구속도에 스월이 없는 경우에는 $\alpha_3 = 0$이므로 $\psi = \phi\tan\alpha_2$이다.

일반적으로는 50% 반동도가 사용되는데 50% 반동도 터빈은 50% 반동도 압축기와 마찬가지로 속도 삼각형이 대칭이 된다. 따라서 $|C_{\theta 3}| = |W_{\theta 2}|$가 되며 $C_{\theta 3}$는 다음과 같이 나타낼 수 있다.

$$C_{\theta 3} = -W_{\theta 2} = -(C_z \tan\alpha_2 - U) \tag{6.28}$$

위 표현을 이용하여 블레이드 부하계수를 구해보면 다음과 같다.

$$\psi = \frac{w_t}{U^2} = \frac{\Delta h_0}{U^2} = \frac{C_{\theta 2} - C_{\theta 3}}{U} = \frac{C_z \tan \alpha_2 - [-(C_z \tan \alpha_2 - U)]}{U} = 2\frac{C_z}{U}\tan\alpha_2 - 1 \quad (6.29)$$

실제적인 이유 때문에 노즐 출구 유동각 α_2의 최대값은 약 70° 정도로 제한된다. 그렇지 않으면 손실이 너무 과도하게 된다. 또 축방향 속도 C_z가 일정하고 $\alpha_3 = 0$, $\beta_2 = 0$인 경우 **〈그림 6-14〉**와 같은 속도삼각형을 얻을 수 있으며 이 때 $C_{\theta 3} = 0$가 된다. 또 이 때 블레이드 부하계수는 다음과 같다.

$$\psi = \frac{w_t}{U^2} = \frac{\Delta h_0}{U^2} = \frac{C_{\theta 2} - C_{\theta 3}}{U} = 1 \quad (6.30)$$

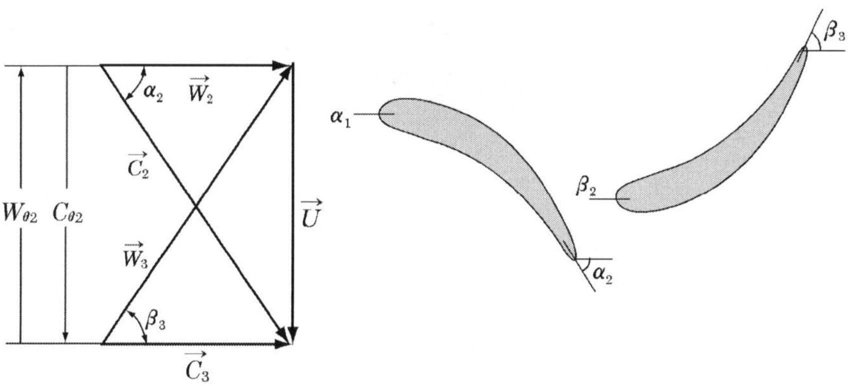

그림 6-14 C_z 일정, $\alpha_3 = 0$, $\beta_2 = 0$이면서 50% 반동 터빈에서의 속도 삼각형

충동터빈에서 블레이드 부하계수는 $\psi = w_t/U^2 = 2$이며 50% 반동 터빈에서는 $\psi = w_t/U^2 = 1$이 된다. 즉, 같은 블레이드 속도, 축방향 속도에서 충동 터빈의 한 단의 일이 50% 반동도 터빈의 한 단에서의 일의 2배이다. 충동터빈은 한 단에서 평균 유속이 크고 터빈 로터 블레이드의 흡입면 쪽 경계층이 두꺼워 박리되기 때문에 손실이 크다. 그렇다고 50% 반동도 터빈이 반드시 좋은 것은 아니다. 50% 반동터빈이 바람직할 것 같으나 로터 블레이드는 회전하므로 경계층이 노즐보다 더 안정적이어서 로터가 노즐보다 높은 압력상승을 담당하는 것이 바람직하다. 따라서 실제적으로는 약 60%의 반동도가 50%의 반동도보다 더 최적이다. 로터 출구에서 소용돌이가 없는 $C_{\theta 3} = 0$(또는 $\alpha_3 = 0$)인 조건에서 임의의 반동도를 가지는 터빈의 경우 단위질량당 터빈의 일은 다음과 같다.

$$w_t = \Delta h_0 = UC_{\theta 2} = UC_z \tan \alpha_2 \quad (6.31)$$

$C_{\theta 3} = 0$이면서 50% 반동도 터빈에서는 $w_t = \Delta h_0 = UC_z \tan\alpha_2 = U^2$이다.

이 때 블레이드 부하계수는 $\psi = \frac{w_t}{U^2} = \phi \tan\alpha_2$이다.

〈그림 6-15〉는 로터 출구유동이 축방향과 같은 경우 여러 가지 반동도와 노즐 출구각에서 유동

계수 변화에 따른 블레이드 부하계수를 나타내고 있다.

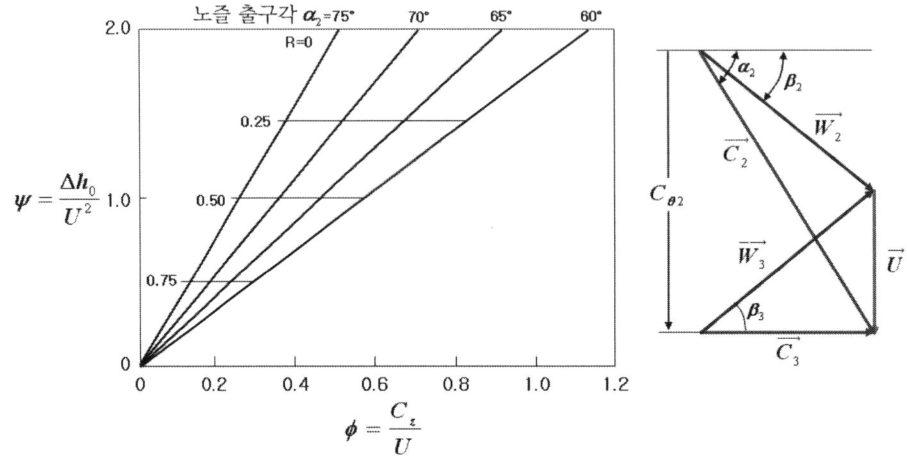

그림 6-15 출구속도 $C_{\theta 3}=0$(또는 $\alpha_3=0$) 조건에서 블레이드 부하계수와 반동도의 관계

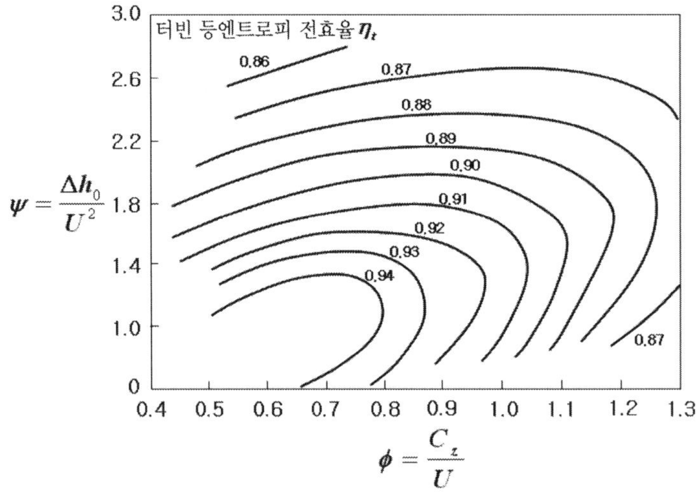

그림 6-16 팁누설이 없는 경우의 ϕ와 ψ에 따른 터빈 전효율 곡선(출처 : [4])

잘 설계된 터빈의 효율은 유동계수, 블레이드 부하계수에 의해 크게 좌우된다. **〈그림 6-16〉**은 팁 누설이 없을 경우에 유동계수 ϕ와 블레이드 부하계수 ψ의 변화에 따른 터빈 등엔트로피 단효율 η_t를 나타내고 있다.

〈그림 6-16〉에서 블레이드 부하계수 ψ가 낮게만 유지된다면 축류식 터빈 전체효율은 92~

93% 정도 높게 얻을 수 있다. 터빈효율을 최대로 하기 위해서는 블레이드 부하계수 ψ가 1보다 아주 크지 않게 하여야 하고(예를 들어 ψ 1.4이하), 유동계수 ϕ를 0.6~0.7 정도로 하여야 함을 알 수 있다. ψ가 1보다 아주 크지 않게 하고 ϕ가 0.6~0.7 범위에서 반동도는 약 0.5정도이고 노즐출구각(α_2)은 약 70° 정도 이하임을 **〈그림 6-15〉**에서 알 수 있다. α_2가 70°보다 크면 유동손실이 과도하게 커진다. 항공기 가스터빈 엔진에서는 단수를 줄이고 터빈 무게를 줄이기 위해 블레이드 부하계수를 1보다 크게 취하므로 터빈효율은 최대값보다는 상당히 낮게 된다. 예를 들어 3단 터빈에서 터빈 전압력비가 3.76이고, 블레이드 하중계수가 2.47, 유동계수가 0.64정도이면 터빈 단효율은 약 80% 정도가 된다.

예제 6-1 어떤 축류터빈의 제 3단 노즐입구로 들어가는 연소가스의 정체온도는 1300K이고, 정체압력은 180kPa이다. 터빈의 반동도는 0.5이며 로터 입구의 절대속도는 70°로 400m/s이다. 축방향 속도는 일정하다. 터빈 노즐 출구에서 공기의 상대속도는 축방향이며($\beta_2=0$) 또 터빈 로터 출구에서 공기의 절대속도도 축방향이다($\alpha_3=0$).

1) 속도 삼각형을 그려라.
2) 단위 질량당 터빈 일을 구하라.
3) 유동계수와 부하계수를 구하라.
4) 반동도가 0.5임을 확인하라.

풀이 1)

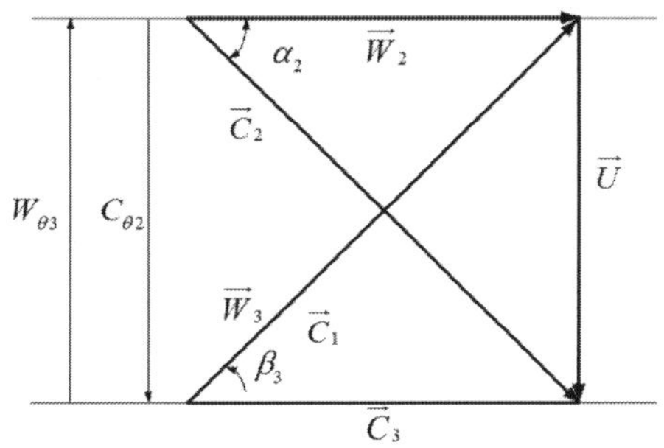

2) $R=0.5$ 이므로 $C_2 = W_3$, $W_2 = C_3$, $\alpha_2 = \beta_3$, $\beta_2 = \alpha_3$ 이다.

$$C_{\theta 2} = C_2 \sin\alpha_2 = 400 \sin 70^\circ = 375.88\, m/s = W_{\theta 3} = U$$

$$w_t = U(C_{\theta 2} - C_{\theta 3}) = 141.285\, kJ/kg$$

3) $C_z = C_2 \cos\alpha_2 = 136.81\, m/s$

유동계수 : $\phi = \dfrac{C_z}{U} = \dfrac{136.81}{375.88} = 0.364$

부하계수 : $\psi = \dfrac{w_t}{U^2} = \dfrac{C_{\theta 2} - C_{\theta 3}}{U} = 2\dfrac{C_z}{U}\tan\alpha_2 - 1 = 1$

4) 반동도 : $R = \dfrac{1}{2}\left[1 - \phi(\tan\alpha_2 + \tan\beta_3)\right]$

$= \dfrac{1}{2}\left[1 - 0.364\{\tan(70^\circ) + \tan(-70^\circ)\}\right] = 0.5$

예제 6-2 다단 축류터빈에서 그림과 같은 유동을 갖는 중간 단이 있다. 각 단 터빈효율은 90%이다. 어느 중간 단에서 노즐입구로 들어가는 연소가스의 정체온도는 1200K, 연소가스의 비열비는 1.333이며, 정압비열은 1.187 kJ/kgK이다. 평균반경위치에서 로터 블레이드의 속도 U는 360m/s이다. 위치 1, 2, 3은 각각 노즐입구, 로터입구, 로터출구를 나타낸다.

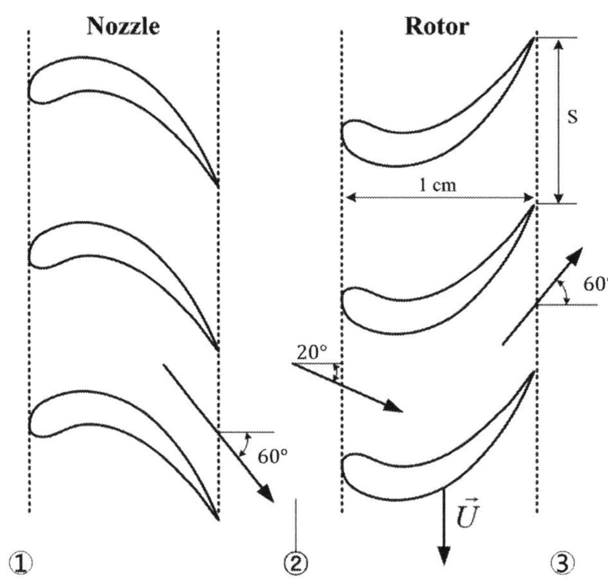

1) 로터에 대한 속도삼각형을 그려라.

2) $C_z, C_2, C_3, C_{\theta 2}, C_{\theta 3}, W_2, W_3, W_{\theta 2}, W_{\theta 3}$를 각각 구하라.

3) 블레이드 유동계수(ϕ), 블레이드 부하계수(ψ)를 구하라,

4) 터빈의 온도 상승(ΔT)을 구하라.

5) 터빈의 단위 질량당 일 w_t를 구하라.

6) 터빈의 반동도(R)를 구하라.

7) 터빈 단의 전 압력비(P_{03}/P_{01})와 단의 팽창비를 구하라.

풀이 1)

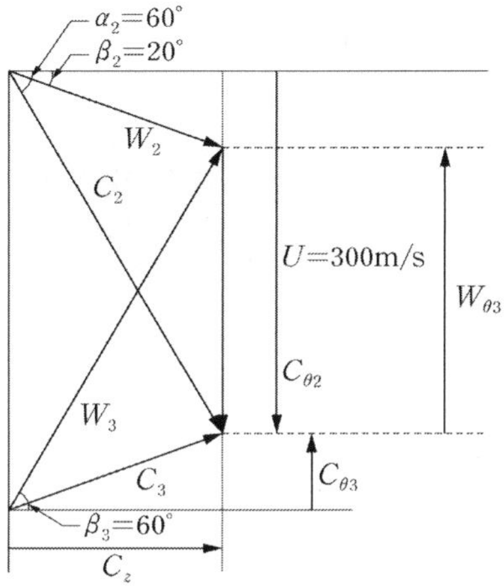

2) $U = C_z \tan\alpha_2 - C_z \tan\beta_2 = C_z(\tan\alpha_2 - \tan\beta_2)$에서

$$C_z = \frac{U}{\tan\alpha_2 - \tan\beta_2} = \frac{300}{\tan 60° - \tan 20°} = 219.29\,m/s$$

$C_2 = 438.58$, $C_3 = 233.36$, $C_{\theta2} = 379.82$

$C_{\theta3} = 79.81$, $W_2 = 233.36$, $W_3 = 438.58$, $W_{\theta2} = 79.81$, $W_{\theta3} = 379.82$

3) $\phi = \dfrac{C_z}{U} = \dfrac{219.29}{300} = 0.731$

$$\psi = \frac{\Delta h_0}{U^2} = \frac{\Delta C_\theta}{U} = \frac{C_{\theta2} - C_{\theta3}}{300} = \frac{379.82 - (-79.81)}{300} = 1.532$$

4) $\Delta T_0 = \dfrac{\Delta h_0}{c_p} = \dfrac{U^2}{c_p}\left(\dfrac{\Delta h_0}{U^2}\right) = \dfrac{360^2}{1187}(1.532) = 167.3K$

5) $w_t = U\Delta C_\theta = U(C_{\theta2} - C_{\theta3}) = c_p(T_{01} - T_{03}) = 300(379.82 - (-79.81)) = 137{,}889\,kJ/kg$

6) $R = -\dfrac{1}{2}\dfrac{C_z}{U}(\tan\beta_2 + \tan\beta_3) = -\dfrac{1}{2}(0.731)[\tan 20° + \tan(-68°)] = 0.5$

7) $\dfrac{P_{03}}{P_{01}} = \left[1 - \dfrac{1}{\eta_t}\dfrac{\Delta T_0}{T_{01}}\right]^{\frac{\gamma}{\gamma-1}} = \left[1 - \dfrac{1}{0.9}\dfrac{167.3}{1200}\right]^4 = 0.510$, 단의 팽창비 $\pi_t = \dfrac{1}{0.510} = 1.96$

3. 터빈의 효율

일반적으로 터빈에는 두 가지 등엔트로피 효율이 정의되어 사용되는데 이는 어떠한 터빈이 사용되는 엔진인가에 따라 달라진다. 보통 동력 터빈이나 산업용 터빈의 경우 터빈의 출력은 축동력의 형태로 표현되며 출구에서의 유동의 운동 에너지 $C_3^2/2$는 손실로 간주된다. 이 경우에는 출구 유동의 운동 에너지가 없는 상황에서의 가상적인 터빈을 이상적인 터빈으로 간주 할 수 있다. **〈그림 6-17〉**은 터빈 출구에서의 T-s 선도를 나타내고 있다. 하첨자 1은 노즐 입구, 2는 노즐 출구 또는 로터 입구, 3은 로터 출구를 나타낸다. 이상적인 터빈일에 비하여 실제 터빈일의 비율을 단의 정효율(total-to-static turbine efficiency)이라 부르며 다음과 같이 정의한다.

$$\eta_{ts} = \frac{\text{터빈 전체 압력강하 } \pi_t \text{에서 실제 팽창일}}{\text{터빈 전체 압력강하 } \pi_t \text{에서 이론 팽창일}}$$

〈그림(6-17)〉과 같이 동력 터빈의 한 단에서의 효율은 다음과 같이 주어진다.

$$\eta_{ts} = \frac{T_{01} - T_{03}}{T_{01} - T_{3s}} = \frac{T_{01} - T_{03}}{T_{01}\left[1 - \left(\frac{P_3}{P_{01}}\right)^{\frac{\gamma-1}{\gamma}}\right]} = \frac{1 - \left(\frac{T_{03}}{T_{01}}\right)}{1 - \left(\frac{P_3}{P_{01}}\right)^{\frac{\gamma-1}{\gamma}}} \qquad (6.32)$$

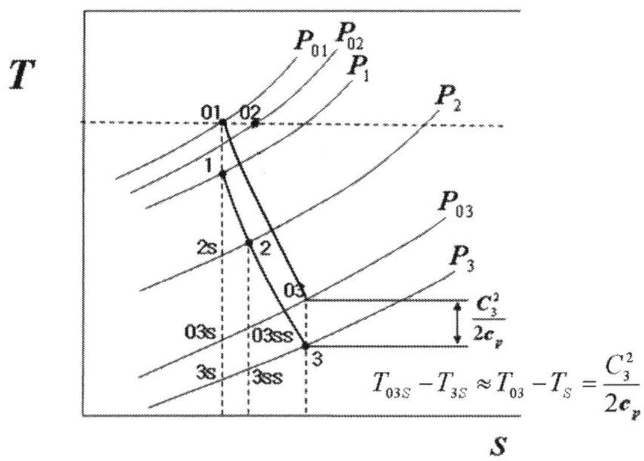

그림 6-17 동력 터빈 한 단에서의 T-s 선도

항공용 터보제트 엔진과 같이 터빈 출구 유동이 배기노즐에서 다시 팽창되어 추진동력으로 사용되는 경우에는 운동에너지는 손실로 생각되지 않는다. 따라서 이 경우에 이상적인 일은 $c_p(T_{01} - T_{03s})$가 된다. 단의 정효율과는 또 다른 효율이 정의되어 사용되는데 이 효율을 단의 전효율(total-to-total turbine efficiency)이라 하며 다음과 같이 정의한다. 본 책에서는 특별한 언급이 없이 터빈의 단의 전 효율 말할 때에도 η_{tt}를 η_t로 표기하기로 한다.

$$\eta_{tt} = \eta_t = \frac{h_{01} - h_{03}}{h_{01} - h_{03s}} = \frac{T_{01} - T_{03}}{T_{01} - T_{03s}} = \frac{1 - \dfrac{T_{03}}{T_{01}}}{1 - \left(\dfrac{P_{03}}{P_{01}}\right)^{\frac{\gamma - 1}{\gamma}}} \tag{6.33}$$

항공용 엔진에서는 단의 전효율을 터빈 단의 등엔트로피 효율 또는 단열효율이라 한다. 터빈의 노즐의 입구 1과 출구 2에는 $T_{01} = T_{02}$ 그리고 $h_{01} = h_{02}$이므로 단위질량당 터빈의 일은 다음과 같다.

$$w_t = h_{01} - h_{03} = \Delta h_0 = h_{02} - h_{03} = c_p(T_{02} - T_{03}) \tag{6.34}$$

또한 $w_t = U(C_{\theta 2} - C_{\theta 3})$이므로 위 두 식을 연립하면 다음과 같은 식을 얻을 수 있다.

$$T_{02} - T_{03} = \frac{U(C_{\theta 2} - C_{\theta 3})}{c_p} \tag{6.35}$$

위 식을 다시 정리하면 터빈 로터 출구에서의 전온도에 관한 식을 다음과 같이 나타 낼 수 있다.

$$T_{03} = T_{02} - \frac{U(C_{\theta 2} - C_{\theta 3})}{c_p} \tag{6.36}$$

전온도의 차를 다음과 같이 정의 하였으므로

$$\Delta T_0 = T_{01} - T_{03} = T_{02} - T_{03} \tag{6.37}$$

위 식의 양변을 T_{01}로 나누어주고 정리하면

$$\frac{\Delta T}{T_{01}} = \frac{U(C_{\theta 2} - C_{\theta 3})}{c_p T_{01}} \tag{6.38}$$

따라서 이를 이용하여 전효율을 다시 쓰면

$$\eta_t = \eta_{tt} = \frac{h_{01} - h_{03}}{h_{01} - h_{03s}} = \frac{\dfrac{T_{01} - T_{03}}{T_{01}}}{1 - \dfrac{T_{03s}}{T_{01}}} = \frac{\dfrac{\Delta T_0}{T_{01}}}{1 - \dfrac{T_{03s}}{T_{01}}} \tag{6.39}$$

따라서 등엔트로피 팽창이 일어나는 터빈의 한 단에서 입구와 출구에서의 전온도비는 다음과 같다.

$$\frac{T_{03s}}{T_{01}} = 1 - \frac{1}{\eta_t}\frac{\Delta T_0}{T_{01}} \tag{6.40}$$

온도비와 압력비의 관계로부터 $\dfrac{T_{03s}}{T_{01}} = \left(\dfrac{P_{03s}}{P_{01}}\right)^{\frac{\gamma-1}{\gamma}} = \left(\dfrac{P_{03}}{P_{01}}\right)^{\frac{\gamma-1}{\gamma}}$ 가 성립하므로 이를 이용하면 식 (6.33)이 되고 또 터빈 한 단의 입구와 출구에서 전압력비는 다음과 같다.

$$\frac{P_{03}}{P_{01}}=\left[1-\frac{1}{\eta_t}\left(\frac{\Delta T_0}{T_{01}}\right)\right]^{\frac{\gamma}{\gamma-1}}=\left[1-\frac{1}{\eta_t}\left\{\frac{U(C_{\theta 2}-C_{\theta 3})}{C_p T_{01}}\right\}\right]^{\frac{\gamma}{\gamma-1}} \tag{6.41}$$

윗 식에서 주어진 터빈의 노즐 입구와 로터 출구의 전압력비에서 단의 노즐 입구와 로터 출구의 전온도 차이는 다음과 같다.

$$\Delta T_0 = T_{01}-T_{03}=T_{02}-T_{03}=\eta_t T_{01}\left[1-\left(\frac{P_{03}}{P_{01}}\right)^{\frac{\gamma-1}{\gamma}}\right] \tag{6.42}$$

일반적으로 터빈에서의 비열비는 $\gamma_t = 1.33$이다. **〈그림 6-17〉**에서 다음과 같은 근사를 가정할 수 있다.

$$T_{03s}-T_{3s}\simeq T_{03}-T_3=\frac{C_3^2}{2c_p} \tag{6.43}$$

윗 관계식을 이용하면 식 (6.32)와 식 (6.33)에서 다음과 같은 관계식을 유도할 수 있다.

$$\eta_t=\eta_{tt}=\frac{\eta_{ts}}{1-C_3^2[2c_p(T_{01}-T_{03})]} \tag{6.44}$$

위 식에서 T_{01}은 T_{03}보다 항상 크므로 $\eta_{tt}>\eta_{ts}$의 관계가 성립함을 알 수 있다. 이러한 정의에 관계없이 터빈 배기가스의 접선방향 성분은 배기 노즐에서 축방향 운동량으로 전환될 수 없기 때문에 손실이 된다. 단에서의 효율 정의는 다단 터빈에도 그대로 적용이 된다. 만약 4와 5를 터빈 전체의 입구와 출구라 하고 η_{tt}를 항공용 터빈에서의 터빈 전체의 등엔트로피 전효율, η_{ts}를 동력 터빈에서의 터빈 전체의 등엔트로피 정효율이라 하면 실제 터빈 전체의 일은 다음과 같이 나타낼 수 있다.

$$w_t=h_{04}-h_{05}=\eta_t c_p T_{04}\left[1-\left(\frac{P_{05}}{P_{04}}\right)^{\frac{\gamma-1}{\gamma}}\right] \tag{6.45}$$

산업용 동력터번에서는

$$w_t=h_{04}-h_{05}=\eta_{ts} c_p T_{04}\left[1-\left(\frac{P_5}{P_{04}}\right)^{\frac{\gamma-1}{\gamma}}\right] \tag{6.46}$$

터빈 전체에 대하여 전압력 강하비는 다음 식과 같이 나타낼 수 있다.

$$\frac{P_{04}}{P_{05}}=\frac{1}{\left[1-\dfrac{w_t}{\eta_t c_p T_{04}}\right]^{\frac{\gamma}{\gamma-1}}}=\frac{1}{\left[1-\dfrac{(\gamma-1)}{\eta_t}\left(\dfrac{U_t}{a_0}\right)^2\left(\dfrac{\Delta C_\theta}{U}\right)_t\right]^{\frac{\gamma}{\gamma-1}}} \tag{6.47}$$

여기서 η_t는 터빈의 등엔트로피 효율, $a_0 = \sqrt{\gamma R T_{04}}$이고 $\Delta C_\theta = C_{\theta 2} - C_{\theta 3}$이다. 또 식(6.45)를 이용하여 주어진 터빈 효율과 전압력 강하비에서 터빈 전체의 전온도 변화는 다음과 같이 된다.

$$T_{04} - T_{05} = \eta_t T_{04}\left[1 - \left(\frac{P_{05}}{P_{04}}\right)^{\frac{\gamma-1}{\gamma}}\right] \tag{6.48}$$

폴리트로픽 터빈 효율(polytropic turbine efficiency)은 압축기에서 처럼 터빈 과정에서 미소 압력상승 변화량을 주기 위해 필요한 단열과정 일에 대한 실제 일의 비로 정의되며 η_{pt}로 표기 된다. 여러개의 단으로 이루어진 축류식 터빈에서 단효율은 폴리프로픽 효율과 거의 비슷할 수 있다. 폴리트로픽 터빈 효율은 다음과 같이 정의하고 나타낼 수 있다.

$$\eta_{pt} = \frac{\text{미소 팽창과정에서 실제일}}{\text{미소 팽창과정에서 이상적인(이론적인) 일}}$$

$$= \frac{dh}{dh_{0s}} = \frac{c_p dT_0}{\dfrac{1}{\rho_0} dP_0} = \frac{\gamma}{\gamma - 1}\frac{dT_0/T_0}{dP_0/P_0} \tag{6.48}$$

따라서 다음과 같이 정리할 수 있다.

$$\frac{dT}{T_0} = \frac{\gamma-1}{\gamma}\eta_{pt}\frac{dP_0}{P_0} \tag{6.49}$$

만약 각 단에서 η_{pt}가 일정하다면 터빈전체를 생각하여 터빈 입구와 출구에서 식(6.49)를 적분하면 다음과 같이 된다.

$$\ln\frac{T_{05}}{T_{04}} = \frac{\gamma-1}{\gamma}\eta_{pt}\ln\frac{P_{05}}{P_{04}} = \ln\left(\frac{P_{05}}{P_{04}}\right)^{\frac{\gamma-1}{\gamma}\eta_{pt}}$$

위 식에서 양변의 로그를 떼어내면 폴리트로픽 팽창에 대한 다음의 관계식을 얻을 수 있다.

$$\frac{T_{05}}{T_{04}} = \left(\frac{P_{05}}{P_{04}}\right)^{\frac{\gamma-1}{\gamma}\eta_{pt}} \tag{6.50}$$

$$\text{또는 } \eta_{pt} = \frac{\gamma-1}{\gamma}\frac{\ln(T_{05}/T_{04})}{\ln(P_{05}/P_{04})}$$

폴리트로픽 팽창을 나타내는 식(6.50)은 등엔트로피 관계식 식(2.70)과 지수에서 η_{pt}만큼 상이함을 유의하라. 위 식은 다시 다음과 같이 쓸 수 있다.

$$\tau_t = \pi_t^{\frac{\gamma-1}{\gamma}\eta_{pt}} \tag{6.51}$$

여기서 τ_t는 터빈 전체의 전온도비를 나타내며 π_t는 터빈 전체의 전압력비를 나타낸다.

터빈입구를 4, 터빈출구를 5라 하고 식 (6.33)과 같은 방법으로 터빈효율을 구하기 위해 위 식을 대입하고 정리하면 다음과 같다.

$$\eta_t = \frac{1-\left(\dfrac{P_{05}}{P_{04}}\right)^{\frac{\gamma-1}{\gamma}\eta_{pt}}}{1-\left(\dfrac{P_{05}}{P_{04}}\right)^{\frac{\gamma-1}{\gamma}}} = \frac{1-\left(\dfrac{T_{05}}{T_{04}}\right)}{1-\left(\dfrac{P_{05}}{P_{04}}\right)^{\frac{\gamma-1}{\gamma}}} = \frac{1-\tau_t}{1-\tau_t^{\frac{1}{\eta_{pt}}}} \tag{6.52}$$

τ_t와 η_t가 주어지면 η_{pt}는 다음과 같이 구할 수 있다.

$$\eta_{pt} = \frac{\ln(\tau_t)}{\ln[1-\dfrac{(1-\tau_t)}{\eta_t}]} \tag{6.53}$$

〈그림 6-18〉에서 터빈의 폴리트로픽 효율이 달라질 때 터빈 팽창비($1/\pi_t$)에 따른 터빈 전체 등엔트로피 변화를 나타내고 있다. 그림에서 η_t는 η_{pt}보다 크며 그 차이는 터빈 팽창비가 커질수록 커짐을 알 수 있다. 미소영역인 단에서 비효율적인 것 때문에 다 추출되지 않은 에너지가 부분적으로 남아 다음 단에서 이용될 수 있기 때문에 팽창비가 증가하여 단이 증가할수록 등엔트로피 효율이 증가한다.

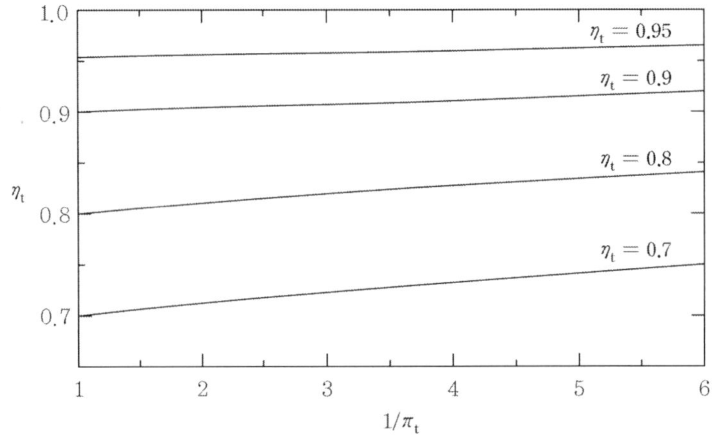

그림 6-18 반경 터빈 팽창비($1/\pi_t$)에 따른 폴리트로픽 효율과 등엔트로피 효율

만약 전체가 N개의 단으로 구성된 터빈이라면 j번째 단에서의 효율은 다음과 같이 된다.

$$\eta_{tj} = \frac{1-\tau_{tj}}{1-(\pi_{tj})^{\frac{\gamma_t - 1}{\gamma_t}}} \tag{6.54}$$

또한 이 j번째 단에서의 온도 변화는 다음과 같이 된다.

$$\tau_{tj} = \left(\frac{T_{0j}}{T_{0(j-1)}}\right) = 1-\eta_{tj}\left[1-(\pi_t)^{\frac{\gamma_t - 1}{\gamma_t}}\right] \tag{6.55}$$

압축기 전체에서의 온도변화는 다음과 같이 쓸 수 있다.

$$\tau_t = \prod_{j=1}^{N} \tau_{tj}$$

$$\eta_t = \frac{1-\prod_{j=1}^{N}\left[1-\eta_{tj}\left\{1-(\pi_{tj})^{\frac{\gamma_t - 1}{\gamma_t}}\right\}\right]}{1-(\pi_t)^{\frac{\gamma_t - 1}{\gamma_t}}} \tag{6.56}$$

따라서 모든 단효율이 η_{ts}로 일정하고 모든 단 압력이 π_{ts}로 일정할 때 터빈 전체 효율은 다시 다음과 같이 나타낼 수 있다.

$$\eta_t = \frac{1-\left[1-\eta_{ts}\left\{1-(\pi_{ts})^{\frac{\gamma_t - 1}{\gamma_t}N}\right\}\right]^N}{1-(\pi_t)^{\frac{\gamma_t - 1}{\gamma_t}}} \tag{6.57}$$

예제 6-3 예제 6-1에서 연소 가스의 비열비는 1.33이며, 정압 비열은 1.414 $kJ/kg \cdot K$이다. 로터 출구압력은 100 kPa이다.

1) 로터 출구에서의 전온도(T_{03})와 정온도(T_3)를 구하라.

2) 로터 출구에서의 전압력(P_{03})를 구하라.

3) 터빈 단의 등엔트로피 효율(η_t)을 구하라.

풀이 1) $T_{03} = T_{02} - \dfrac{U(C_{\theta 2} - C_{\theta 3})}{c_p} = 1300 - \dfrac{375.88^2}{1.414 \times 10^3} = 1200\ K$

$$T_3 = T_{03} - \frac{C_3^{\ 2}}{2c_p} = 1193\ K$$

2) $P_{03} = P_3\left(\frac{T_{03}}{T_3}\right)^{\frac{\gamma}{\gamma-1}} = (100)\left(\frac{1200}{1193}\right)^{\frac{1.33}{1.33-1}} = 102.4\,kPa$

3) $\eta_t = \dfrac{1-\dfrac{T_{03}}{T_{01}}}{1-\left(\dfrac{P_{03}}{P_{01}}\right)^{\frac{\gamma-1}{\gamma}}} = \dfrac{1-\dfrac{1200}{1300}}{1-\left(\dfrac{102.4}{180}\right)^{\frac{1.33-1}{1.33}}} = 0.59$

4. 터빈의 날개열

〈그림 6-19〉은 터빈의 로터 블레이드의 코드길이(C), 축방향 길이(b_z)와 블레이드 간격(S)을 나타내고 있다.

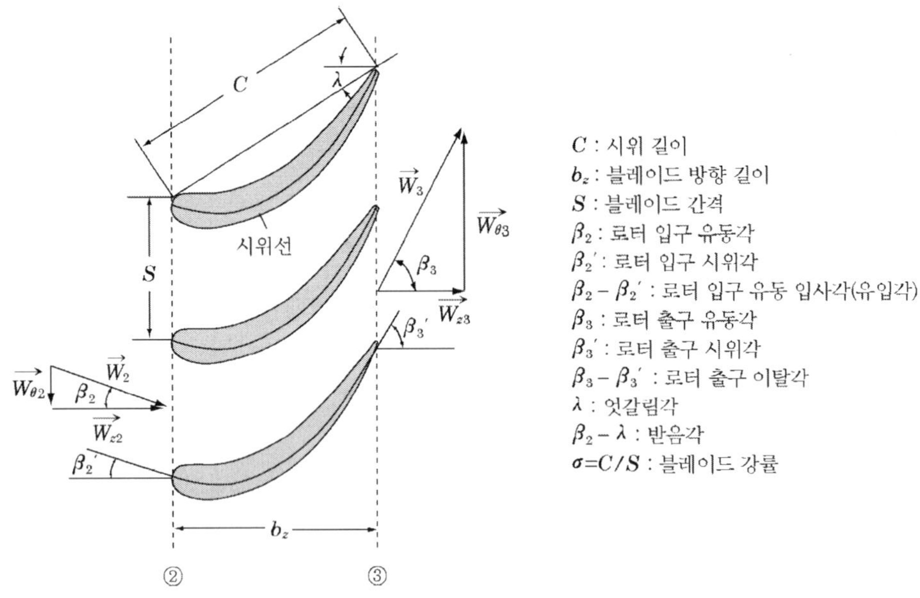

그림 6-19 터빈 로터 블레이드 형상 및 기호

〈그림 6-20〉는 터빈 로터 블레이드의 압력면과 흡입면에 작용하는 압력분포를 나타내고 있다. 유동이 터빈을 지날 때 접선방향으로 힘을 작용하고 있는데 이는 로터 블레이드의 압력면과 흡입면의 압력차이로 발생하는 힘과 같다. 이 힘의 반작용힘이 로터블레이드가 유동에 접선방향으로 작용하는 힘이 된다. 압력면에서는 시위의 길이 60%정도까지 입구 전압력과 비슷하고 그 이후는 유동

이 가속되면서 압력이 감소한다. 흡입면에서는 블레이드 입구로부터 유동이 가속되고 압력이 감소하며 시위길이의 60%정도가 되면 최소압력점이 나타나고, 그 이후에는 유동이 감속되고 압력이 올라가는 역구배 압력영역이 나타난다. 역구배 압력영역에서는 경계층의 박리가 일어나기 쉽다.

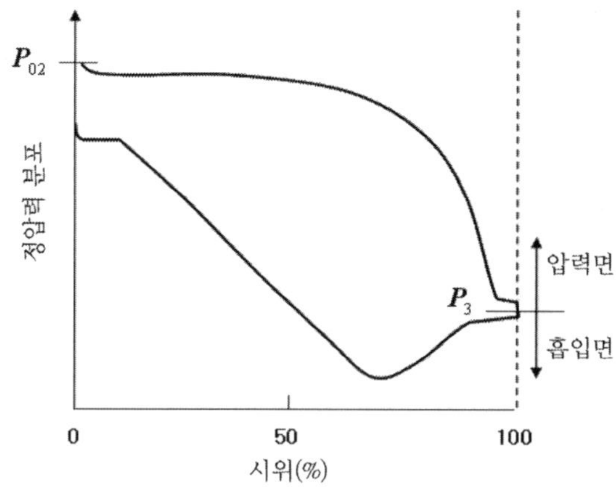

그림 6-20 터빈 날개열 로터 블레이드에 작용하는 압력분포

고성능 터빈을 설계할 때에 터빈 블레이드의 길이와 간격을 최적으로 설정하여야 한다. 블레이드 간격이 너무 조밀하면 경계층을 만들 수 있는 블레이드 표면이 넓어져서 경계층에서의 점성소산이 많아지고 또 블레이드 하류 혼합영역에서 반류(wake)가 많아지게 되어 점성소산이 많아지게 되어 유동손실이 많아지게 된다. 블레이드가 넓어지게 배치된다면 경계층과 블레이드 하류 반류가 적어지게 되어 유동손실이 줄어들게 되겠지만 주어진 총 토크를 내기 위해서는 유동에 작용하는 각 블레이드의 총 힘이 커지게 된다.

각 블레이드에 작용하는 힘이 커진다는 것은 블레이드 압력면과 흡입면 사이의 압력차가 커지게 됨을 의미하고, 이렇게 되면 역구배 압력이 될 영역(흡입면에서 최소압력점과 후단사이의 영역)이 커지게 되어 유동박리점까지의 경계층 성장이 빨라지게 되고 점성손실이 생기게 된다. 따라서 블레이드 간격에는 최적점이 존재하게 됨을 알 수 있다.

블레이드 간격 S를 가진 블레이드 열에서 터빈 로터 블레이드 단위 길이당 접선 방향으로 작용하는 힘 F_θ는 다음과 같이 주어진다.

$$F_\theta = \rho C_{z2} S(\tan\beta_2 - \frac{C_{z3}}{C_{z2}}\tan\beta_3) \tag{6.58}$$

만약 압력면 압력이 로터 입구에서 로터 출구까지 입구조건에서의 전압력으로 유지되다가 출구에서 떨어지고, 또 흡입면 압력은 로터 입구에서 최저 압력으로 떨어져 출구까지 유지된다면 터빈 로터 블레이드 단 길이당 접선방향으로 작용하는 힘을 최대힘 $F_{\theta,\max}$가 되며 다음과 같은 값을 갖는다.

$$F_{\theta,\max} = \frac{\rho C_{z2} S}{2\cos^2\beta_3} \tag{6.59}$$

Zweifel은 로터 블레이드 접선방향 힘 계수 Z를 다음과 같이 정의하였다[4].

$$Z = \frac{F_\theta}{F_{\theta,\max}} = \frac{2S}{C}(\cos^2\beta_3)\left(\tan\beta_2 - \frac{C_{z3}}{C_{z2}}\tan\beta_3\right)\left(\frac{C_{z2}}{C_{z3}}\right)^2 \tag{6.60}$$

만약 축방향 속도가 일정하다면 $C_{z2} = C_{z3}$이고 윗 식은 다음과 같이 된다.

$$Z = \frac{2S}{C}(\cos^2\beta_3)(\tan\beta_2 - \tan\beta_3) \tag{6.61}$$

여기서 β_2는 (+)값이며, β_3는 (−)값을 갖고 있다. 윗 식을 다시 쓰면 다음 식과 같이 되며 $\frac{ZC}{S}$를 일정한 값으로 나타낼 수 있다.

$$\frac{ZC}{S} = 2(\cos^2\beta_3)(\tan\beta_2 - \tan\beta_3) \tag{6.62}$$

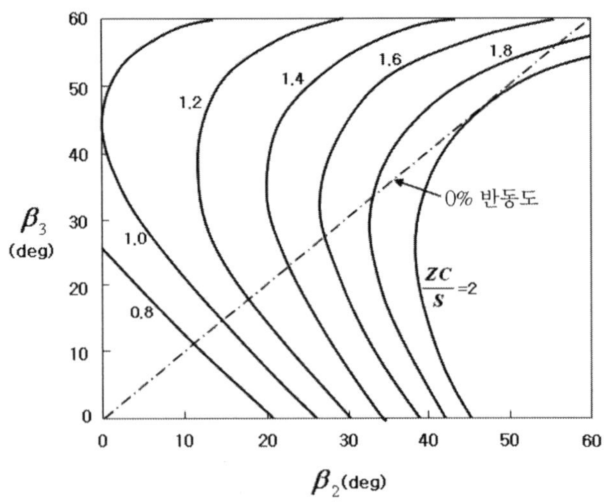

그림 6-21 로터 입구 상대속도각 β_2와 로터 출구 상대속도각 β_3 변화에 따른 $\frac{ZC}{S}$값(출처 : [4])

〈그림 6-21〉은 터빈 로터에서 β_2와 β_3를 변화시킬 때 $\frac{ZC}{S}$가 0.8, 1.0, 1.2, 1.4, 1.6, 1.8, 2.0인 값에 대하여 연결한 선을 나타내고 있다. β_2값이 크고 0% 반동도에서는 $\frac{ZC}{S}$값이 큰 것을

알 수 있고 이 경우는 블레이드 부하계수 ψ가 큰 경우이며 강률 $\sigma = \dfrac{C}{S}$이 커야 한다. β_2가 크고 강률이 크면 전압력 손실이 커진다.

로터 출구에서 스월이 없고 50% 반동도인 경우는 블레이드 부하 계수 ψ는 1.0이며, 이 경우 β_2는 0이 되며 이 때 **〈그림 6-21〉**에서 강률은 낮은 값임을 알 수 있고, 이 경우 전압력 손실은 작아진다. 따라서 항공기 제트 엔진 로터 설계에서 Z를 적절히 선정하며 보통 최적 값은 $Z = 0.8$ 정도가 되도록 b와 S를 선정한다.

5. 터빈 냉각

터빈입구 온도가 증가하면 연료소모율이 감소하는 반면 비추력이 증가하므로, 성능면에서만 보면 터빈입구 온도는 가능한 한 높게 유지하여야 한다. 그러나 터빈은 고속으로 회전하고 있으며 큰 토크를 받고 있으므로, 온도가 높아지면 구조적으로 안전하지 못하게 된다. 그러므로 터빈입구 온도는 크게 제한이 될 수밖에 없다. 대형 터빈에서 냉각은 입구가이드 베인과 제 1단 또는 제 1단과 2단에서의 블레이드에서 행한다. 이 단들에서 냉각이 잘 이루어지면 많은 에너지가 이 단을 통과하면서 추출되므로 다음 단들에서는 더 이상 냉각하지 않아도 된다.

가스터빈에서는 터빈 입구온도를 높일수록 압축기 압력비를 높일 수 있고 이에 수반하여 엔진 열효율이 향상되므로 터빈입구 온도를 상승시키기 위한 노력은 두 가지 방향으로 이루어지고 있다. 그 중 하나는 새로운 내열재료의 개발이다. 새로운 재료가 끊임없이 개발되면서 허용된 터빈입구 온도는 계속 증가하고 있지만, 현재 JT9D, CF-6, RB-211등의 엔진에서는 최대 출력시 그 온도는 1550K 정도로 제한되고 있으며 순항시에는 이보다 낮은 온도로 작동되고 있다. 물론, 세라믹은 1700K 이상까지 견딜 수가 있지만 깨지기 쉬운 특성 때문에 아직은 실용화되지 못하고 있다.

두 번째는 블레이드 냉각기술의 향상으로, 주어진 재료에 대해 허용되는 터빈입구 온도를 높이는 것이다. **〈그림 6-22〉**은 터빈블레이드 냉각으로 관심을 끌고 있는 방법들을 나타내고 있다. 이 중 액체를 이용한 냉각기술은 유동통로 구성의 문제, 기밀유지, 부식 등의 문제로 실용화되지 못하고, 대부분 공기냉각 방법을 적용하고 있다. 공기냉각 방법은 압축기(주로 고압 압축기)에서 추출된 공기를 이용하며 내부유동에 의한 방법과 외부유동에 의한 방법으로 구분한다. 이중 내부유동에 의한 냉각방법으로는 대류냉각(convection cooling), 충돌냉각(impingement cooling), 내부공기 냉각과 열차단막(thermal barrier)을 조합하여 냉각하는 방법을 들 수 있으며, 이 방법들은 보통 터빈입구 유동의 온도가 1600K 이하에서 주로 사용된다. 반면에 터빈입구 유동의 온도가 1600K 이상에서는 주로 외부유동에 의한 냉각방법을 사용하는데, 이 방법에는 부분적인 또는 전체적인 막냉각(film cooling)과 누출냉각(transpiration cooling) 등이 있다.

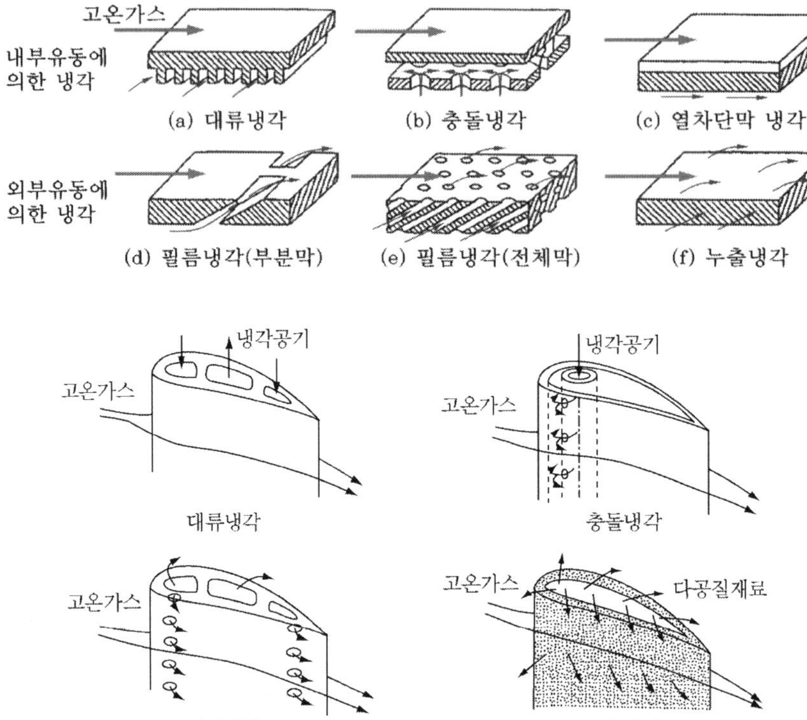

그림 6-22 여러 가지 터빈 냉각 방법

대류냉각 방법은 가장 단순하고 오래된 방법이지만, 현재 터빈에서 가장 널리 사용되고 있는 방법이기도 하다. 이 방법에서는 허브에서 팁쪽으로 향하는 다수의 내부 유동경로를 따라 흐르는 냉각공기에 의해 블레이드 내부표면은 냉각된다. 대류냉각에서 열전달계수는 가능한 커야 한다. 충돌냉각은 냉각 공기를 빠른 속도로 분출시켜 블레이드내부 표면에 충돌시키면서 냉각특성을 향상시킨 방법이다. 이 방법은 블레이드의 앞전 내부와 같은 국부적인 냉각에 사용된다. 그리고 막냉각은 블레이드 표면과 일정한 각도를 이루는 구멍 또는 슬릿(slit)을 통해 냉각공기를 블레이드외부로 분출시켜 블레이드외부 표면에 공기막을 형성하면서 뜨거운 가스로부터 블레이드 표면으로의 열전달을 차단하여 블레이드를 보호하게 된다. 막냉각에서는 열전달계수가 가능한 작아야 한다. 막냉각에 사용되는 구멍의 크기는 0.05~0.1cm정도 이며 구멍의 간격은 구멍의 몇 배정도이다. 누출냉각은 인공적으로 만든 아주 미세한 다공성 구멍(10~100μm) 또는 소경성 블레이드의 재질 자체를 다공질로 만들어 냉각공기를 블레이드 표면으로 일정하게 누출시켜 막냉각과 같은 효과를 발생시키며 뜨거운 가스로부터 블레이드 표면으로의 열전달을 차단하여 블레이드를 보호한다. 누출냉각의 구멍 직경과 간격은 막냉각의 경우보다 아주 작다.

이러한 냉각방법들은 개별적으로 적용되는 수도 있으나, 최근에는 이러한 방법들이 복합적으로 조합되어 사용되는 경우가 많다. 이러한 냉각기술은 1950년대에 터빈에 적용되기 시작한 이래 발전을 거듭하고 있으며, 그 경향은 **〈그림 6-23〉**과 같다. 개발초기에는 단순한 대류냉각 기술을 적용하여 터빈입구의 허용온도를 200K 정도 증가시킬 수 있었다. 최근에는 복합적인 냉각기술을 적용하여 터빈입구의 허용온도를 600K 정도 증가시킬 수 있으며, 그 값은 앞으로도 계속 증가할 것으로 보인다.

현재 대형여객기에 사용되는 엔진(PW4000, GE 90)에서는 **〈그림 6-24〉**와 같은 터빈 냉각기술의 발달로 터빈의 최대 작동온도가 약 1700K 정도이고, 군용항공기에서는 이보다 훨씬 높은 온도에서 터빈이 운용되고 있다.

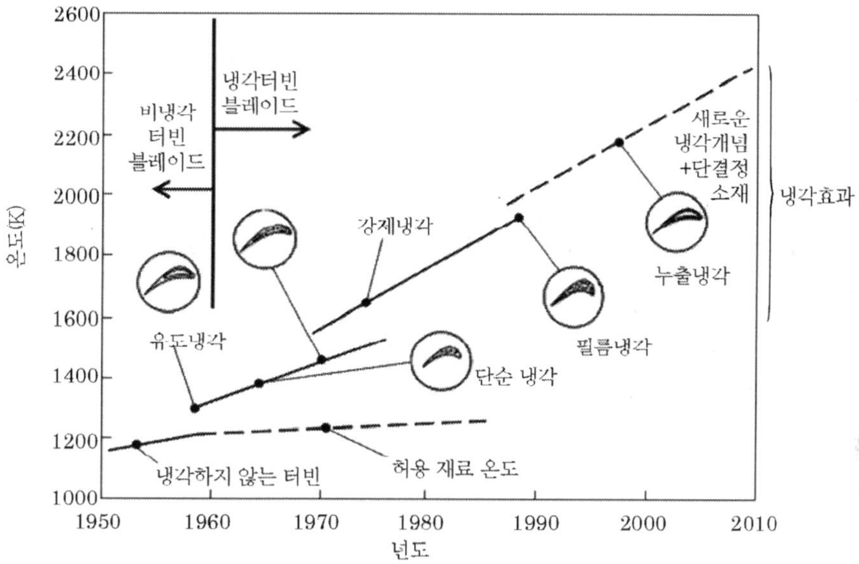

그림 6-23 터빈 입구 온도의 변화 추세(출처:[3], [7])

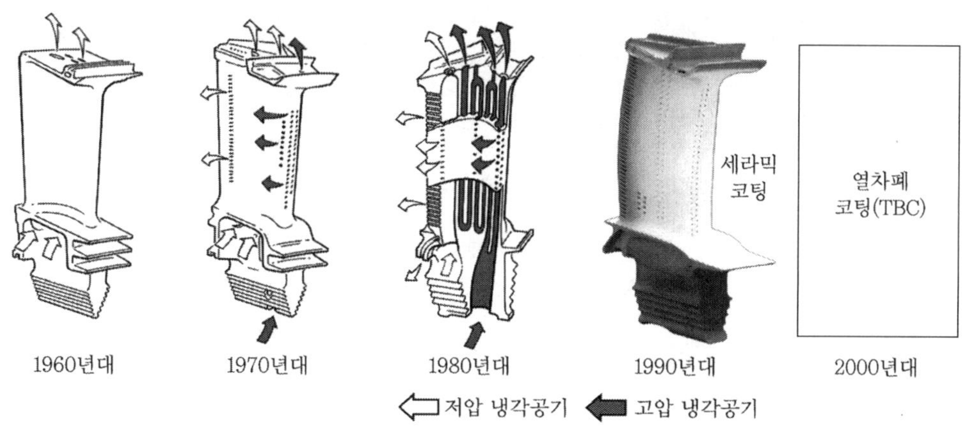

그림 6-24 터빈 냉각 기술의 진보 (출처 : [1])

터빈 냉각용 공기는 압축기에서 뽑아 쓰는 것이 일반적이다. 이는 압축공기의 유출과 터빈냉각에 따른 손실을 동반하지만, 터빈입구 온도의 상승에 의한 성능향상으로 충분히 보상되고도 남는다.

〈그림 6-25〉는 현재 널리 통용되고 있는 터빈의 냉각개념도를 보여주고 있다. 저압 압축기와 고압 압축기에서 뽑아낸 공기를 터빈냉각에 이용하게 된다. 이 냉각공기도 200℃이상의 상당한 고온이지만 터빈 냉각을 위해서는 충분히 낮은 온도이기 때문에 사용하는 것이다. 첫 번째 노즐 베인이나 로터 블레이드의 냉각은 상당히 중요하다. 왜냐하면 연소실에서 발생한 고온의 연소가스가 직접 닿기 때문이다. 따라서 필름냉각으로 블레이드를 냉각공기로 거의 덮어버려 연소가스가 블레이드에 직접 닿지 않게 한다. 또한 연소실 벽면처럼 세라믹 코팅을 하여 고온에 견딜 수 있게 만든다. 첫 단을 지나 그 다음 단에서는 냉각방법이 외부냉각이 아닌 내부냉각법이 많이 사용된다. 그만큼 첫 단만큼 냉각이 중요하지 않고 압축공기를 너무 많이 소비하지 않기 때문이다. 또한 압축공기가 냉각이 아닌 다른 곳으로 누출되지 않도록 실링에 많은 신경을 써야 한다. 더욱이 엔진이 작동하게 되면 최대 5 inch정도 엔진 크기가 늘어날 수 있기 때문에 실링을 위한 간격 또한 염두해 두어야 한다.

〈그림 6-26〉는 연소가스가 제일 먼저 닿게 되는 터빈의 첫 단인 노즐 베인의 냉각공기 흐름을 보여주고 있다. 거의 모든 부분을 필름냉각으로 냉각을 하여 연소가스가 블레이드에 직접 닿지 않게 만든다. 또한 세라믹 코팅을 하여 고온의 연소가스에 견디도록 만든다. 이러한 냉각공기가 흐르는 구멍들은 레이저를 통해서 뚫고 있으며 제조기술 또한 고도의 기술을 요하며 매우 고가의 제품이다.

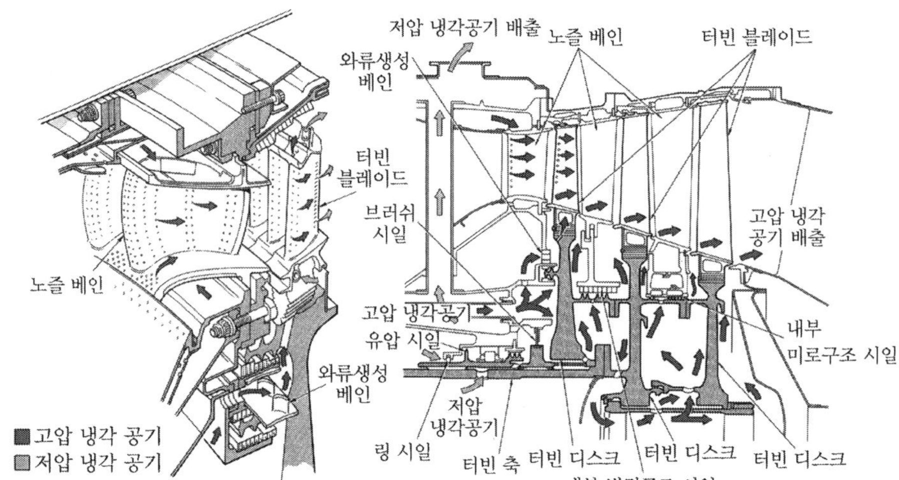

(a) 노즐 베인과 터빈 블레이드의 냉각　　(b) 터빈 냉각과 실링 개략도

그림 6-25　터빈 주위로 흐르는 냉각공기의 흐름 (출처 : [1])

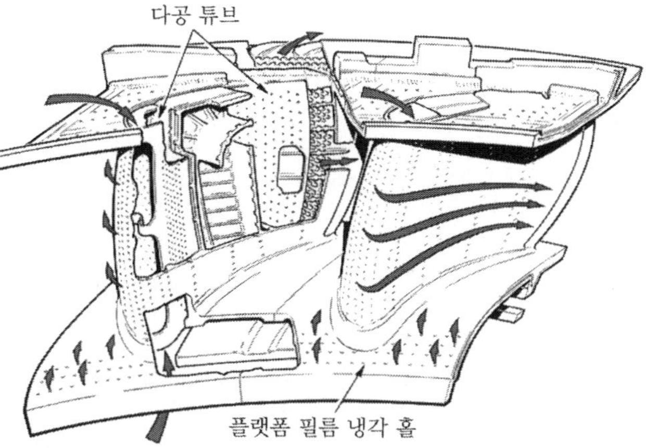

그림 6-26 터빈의 첫 노즐 베인에서 냉각공기 흐름(출처 : [1])

〈그림 6-27〉은 터빈의 첫 로터 블레이드에서 냉각공기 흐름을 보여주고 있다. 첫 단의 노즐 베인과 마찬가지로 냉각이 아주 중요한 부분이다. 더욱이 노즐 베인과 달리 로터 블레이드는 회전을 하기 때문에 열응력과 함께 회전응력을 받게 되므로 열응력에 강한 니켈합금으로 만들며 필름냉각도 하게 된다.

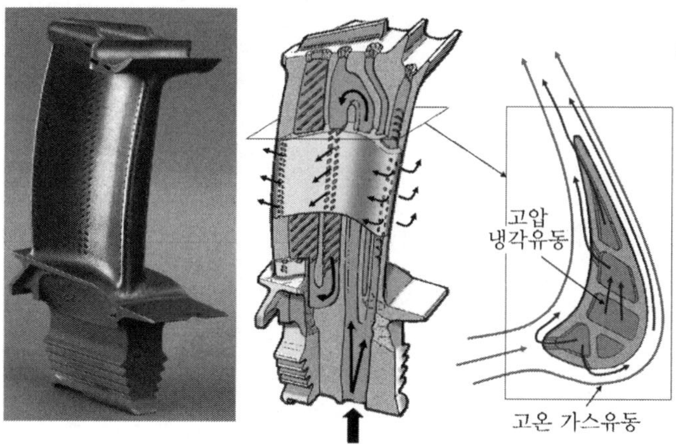

그림 6-27 터빈의 첫 로터 블레이드에서 냉각공기 흐름(출처:[1])

블레이드에서 최대 블레이드 응력은 블레이드의 뿌리에서 발생한다. 블레이드 냉각이 없으며 블레이드의 뿌리로부터 터빈 회전판으로 열전달이 없을 경우에는 블레이드의 온도는 고온 가스의 전온도와 거의 같다. 터빈노즐이나 케이싱에서 가스의 절대온도는 절대좌표계에서 생각하며 다음과 같이 나타낸다.

$$T_o = T_g + \frac{C^2}{2c_p}$$

로터 블레이드에서 가스의 절대온도는 상대좌표계에서 생각하며 다음과 같이 나타낸다.

$$T_o = T_g + \frac{W^2}{2c_p}$$

전체 엔진을 생각할 때 터빈입구에서 온도는 다음과 같이 나타낼 수 있다.

$$T_4 = T_{04} - \frac{C^2}{2c_p} = T_{04} - \frac{\gamma - 1}{2\gamma R}((C_{\theta h})^2 + (C_{zh})^2) \tag{6.63}$$

여기서 T_{04}는 TIT이고 하첨자 h는 hub, 즉 뿌리를 나타낸다.

로터 블레이드와 같이 움직이는 상대좌표계에 대한 전온도는

$$T_{0,rel} = T_2 + \frac{(W_{2h})^2}{2c_p} \tag{6.64}$$

여기서 하첨자 2는 터빈 로터의 입구를 의미한다. 제2장에서 설명한 고속기체유동의 열전달을 기억하고 식(2.257)을 적용하자. 회전판으로의 열전달 또는 블레이드의 냉각이 없다면 블레이드는 다음에 정의되는 표면온도보다 다소 낮을 것이다.

$$T_s = T_2 + r_f \frac{(W_{2h})^2}{2c_p} \tag{6.65}$$

여기서 T_s는 표면에서의 온도를 의미하며 위 식은 공력 가열(aerodynamic heating)을 의미하는데 이는 속도 에너지가 열에너지로 변환되는 효과를 의미한다. 자세한 설명은 2장의 고속기체 열전달을 참고한다.

또 우변의 둘째 항에서 r_f는 온도회복계수로서 감속하는 경우에서는 완전 단열이 아니며 회복 효과를 나타내게 된다. 일반적으로 회복계수는 0.9~0.95 정도의 값을 가진다. 로터 블레이드 뿌리에서의 온도(T_b)는 다음과 같이 구할 수 있다.

$$T_b = T_{0rel} = T_2 + r_f \frac{(W_{2h})^2}{2c_p} = \left(T_{02} - \frac{C_2^2}{2c_p}\right) + r_f \frac{(W_{2h})^2}{2c_p} \tag{6.66}$$

터빈입구에 있는 로터 블레이드를 생각할 때에는 T_{02}은 터빈 입구 온도 TIT이다.

6. 터빈 성능

터빈의 입구를 4, 터빈의 출구를 5라 할 때 터빈을 지나는 유동의 압력 하강 비(또는 터빈 팽창

비)는 다음과 같은 함수 관계식으로 나타낼 수 있다.

$$\frac{1}{\pi_t} = \frac{P_{04}}{P_{05}} = f\left(\frac{\dot{m}\sqrt{RT_{04}}}{P_{04}D^2}, \frac{\Omega D}{\sqrt{\gamma RT_{04}}}\right) \tag{6.67}$$

여기서 터빈의 지름 D와 기체 상수 R이 주어진다면 다음과 같다.

$$\frac{P_{04}}{P_{05}}, \eta_t = f\left(\frac{\dot{m}\sqrt{T_{04}}}{P_{04}}, \frac{N}{\sqrt{T_{04}}}\right) \tag{6.68}$$

여기서 N은 터빈의 축 회전 속도를 의미한다. 이 식을 온도비 δ와 압력비 θ를 이용해 수정식으로 나타내면

$$\frac{P_{04}}{P_{05}}, \eta_t = f\left(\frac{\dot{m}\sqrt{\theta}}{\delta}, \frac{N}{\sqrt{\theta}}\right) = f\left(\dot{m}_c, N_c\right) \tag{6.69}$$

이를 도표화 한 그래프가 **〈그림 6-28〉**에 나타나 있다. 터빈노즐(스테이터)은 수축노즐 역할을 하므로 2장의 수축노즐 관계식을 사용하면 된다. 터빈에서는 유동 속도가 매우 높은데 이 속도가 M 1보다 크면 초킹(choking)이 일어난다. 2장에서 노즐입구압력비가 2 이상이면 초킹이 일어남을 알 수 있었다. **〈그림 6-28〉**에서 보면 $\frac{P_{04}}{P_{05}}$가 약 2 이상이면 초킹이 일어남을 알 수 있다. 초킹 영역에서의 그래프를 명확하게 구별하기 위하여 $\dot{m}\sqrt{\theta_4}/\delta_4$에 연결 속도 $N/\sqrt{\theta_4}$를 곱하여 터빈의 특성을 **〈그림 6-29〉**처럼 표현하기도 한다. 화살표 방향으로 값이 커짐을 의미한다.

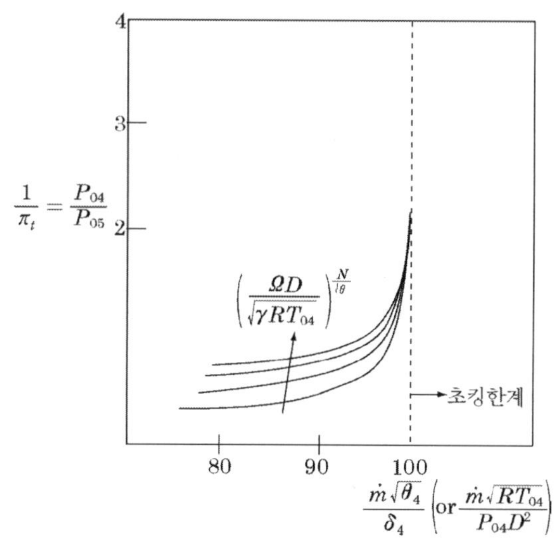

그림 6-28 수정질량유량에 따른 전압력비의 변화

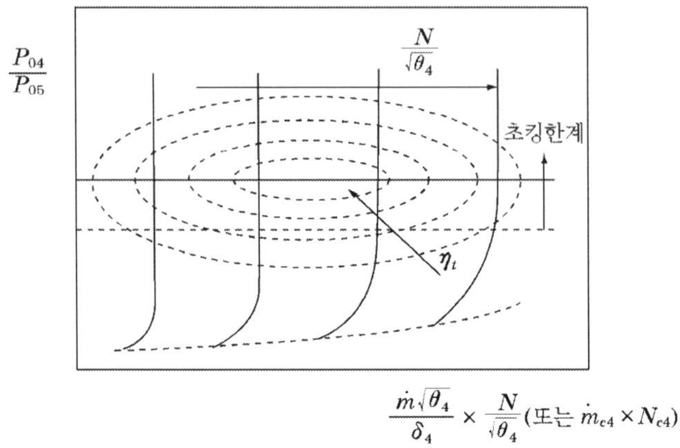

그림 6-29 수정 질량유량과 회전속도에 따른 압력비의 변화

6.3.2 반경방향 터빈의 성능

〈그림 6-30〉는 반경방향 터빈을 지나는 유동을 나타내고 있으며 직선베인을 갖는 반경방향 터빈 구조와 속도 삼각형을 나타내고 있다. 유동은 노즐을 통해 유동이 가속 되면서 접선방향속도가 증가되어 로터로 유동이 로터를 돌리면서 접선 방향속도는 감소되고 로터 출구에서는 약간의 접선속도 성분이 남아 있지만 대부분의 유동은 축방향으로 나간다. 로터 출구 다음에는 배기 속도를 줄이기 위해 보통 디퓨저가 설치되어있다.

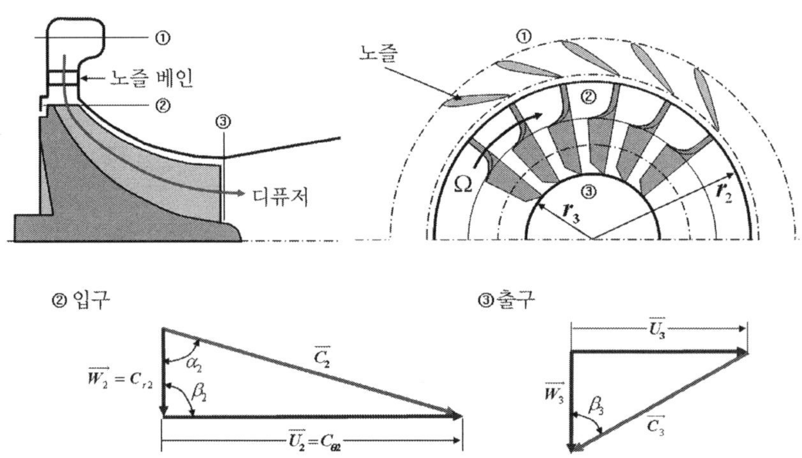

그림 6-30 직선 베인을 갖는 반경방향 터빈 구조와 속도 삼각형

노즐사이에서는 전압력이 보존 된다고 가정하면 $T_{01} = T_{02}$이고 $h_{01} = h_{02}$ 가 된다. 유동이 터빈로터를 지날 때의 일은 다음과 같다.

$$w_t = h_{02} - h_{03} = c_p(T_{02} - T_{03}) = U_2 C_{\theta 2} - U_3 C_{\theta 3} \tag{6.70}$$

그런데 로터 출구에서는 유동이 축방향으로 나가므로 $C_{\theta 3} = 0$이고 따라서 다음과 같이 나타낼 수 있다.

$$w_t = h_{02} - h_{03} = c_p(T_{02} - T_{03}) = U_2 C_{\theta 2} \tag{6.71}$$

노즐로 유동이 반경 방향으로 유입되면 $C_{\theta 2}$는 U_2와 같게 되고 또 $h_{01} = h_{02}$, $T_{01} - T_{03} = \dfrac{U_2^2}{c_p}$ 이므로 다음과 같이 정리된다.

$$w_t = h_{02} - h_{03} = c_p(T_{01} - T_{03}) = U_2^2 \tag{6.72}$$

등엔트로피 터빈 효율을 η_t라 하면 전압력 강하비는 다음과 같다.

$$\frac{P_{03}}{P_{01}} = \left[1 - \frac{1}{\eta_t}\left(\frac{T_{01} - T_{03}}{T_{01}}\right)\right]^{\frac{\gamma}{\gamma - 1}} = \left[1 - \frac{1}{\eta_t}\left(\frac{U_2^2}{c_p T_{01}}\right)\right]^{\frac{\gamma}{\gamma - 1}} \tag{6.73}$$

터빈의 노즐 입구로부터 로터를 거쳐 디퓨저 출구 까지 T-s 선도를 나타내면 **〈그림 6-31〉**과 같다. 디퓨저가 없으면 P_3가 대기압이 되고 디퓨저가 있으면 P_4가 대기압이 되도록 팽창한다.

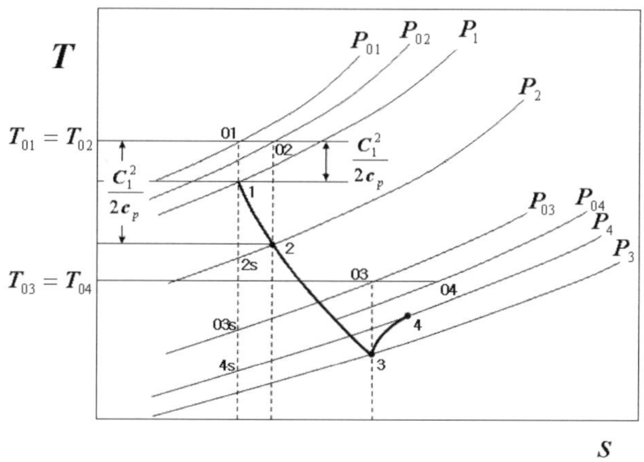

그림 6-31 반경방향 터빈 내에서의 압력과 속도 변화

터빈의 등엔트로피 효율을 나타낼 때는 분모에 두가지 온도가 사용된다.

$$\eta_{tt} = \frac{T_{01} - T_{03}}{T_{01} - T_{03s}} \tag{6.74}$$

$$\eta_{ts} = \frac{T_{01} - T_{03}}{T_{01} - T_{3s}} \tag{6.75}$$

다단 터빈에서 터빈을 지난 배기 에너지가 다음 단 터빈에 사용되거나, 항공용 가스 터빈의 배기 에너지는 속도에너지로 변환 되여 추진동력으로 사용 될 때는 배기 운동 에너지 $\frac{C_3^2}{2}$은 버려지는 것이 아니고 유용한 에너지로 간주되므로 식 (6.74)를 사용한다. 그러나 산업용가스터빈의 경우는 배기 운동 에너지가 소용돌이나 디퓨저에서 대기압 P_a까지 등엔트로피 팽창하여 T_{3s}에 도달한다고 가정하여 효율식으로 식 (6.75)를 사용한다.

노즐 입구에서 P_{01}, T_{01}상태로부터 반경방향 터빈을 지난 가스가 대기압까지 팽창 될 때 T-s선도에서 터빈 효율을 나타내면 다음과 같다.

$$\eta_t = \frac{T_{01} - T_{03}}{T_{01} - T_{3s}} \tag{6.76}$$

디퓨저를 가지고 있다면 다음 식이 사용된다.

$$\eta_t = \frac{T_{01} - T_{03}}{T_{01} - T_{4s}} \tag{6.77}$$

이때 이상적인 터빈 일은 다음과 같다.

$$w_t = h_{01} - h_a = c_p(T_{01} - T_{4s}) = c_p\, T_{01}\left[1 - \left(\frac{T_{4s}}{T_{01}}\right)\right]$$

$$= c_p\, T_{01}\left[1 - \left(\frac{P_4}{P_{01}}\right)^{\frac{\gamma-1}{\gamma}}\right] = c_p\, T_{01}\left[1 - \left(\frac{P_a}{P_{01}}\right)^{\frac{\gamma-1}{\gamma}}\right] \tag{6.78}$$

위 식에서 $T_{01} - T_{4s}$는 전 온도에서 정 온도를 뺀 값이므로 이를 등가속도 항으로 다음과 같이 나타낼 수 있다.

$$T_{01} - T_{4s} = \frac{C_0^2}{2c_p} \tag{6.79}$$

$$w_t = c_p(T_{01} - T_{4s}) = \frac{C_0^2}{2} \tag{6.80}$$

식 (6.72)와 식 (6.80)을 비교하면 $U_2^2 = \frac{C_0^2}{2}$임을 알 수 있다.

연습문제

01_ 어떤 터빈이 단열효율 88%를 가지고 있고 요구되는 동력은 45MW이며, 터빈입구 전온도는 1390K, 전압력은 1.92MPa이다. 터빈을 지나는 가스질량유량은 51kg/s이고, 비열비는 1.33, 정압비열은 1.156kJ/kg · K이다. 터빈 출구의 전온도, 터빈의 폴리트로픽 효율, 터빈출구의 전압력을 구하라.

02_ 반동도가 0인 축류 터빈에 전온도 1400K인 공기가 유입, 노즐을 지나면서 58° 로 방향이 전환되어 가속된다. M=1.2 터빈의 정효율을 높이기 위해 로터 출구의 절대속도가 축방향이 되도록 하였을 때, 모든 상대 절대속도를 구하고 속도삼각형을 그려라.

03_ 충동터빈과 반동도 0.5인 터빈이 각각 다른 회전속도로 회전하고 있다. 두 경우에 대하여 C_2는 400m/s로 동일하며 α_2는 70°로 같으며 터빈노즐입구 전온도 $T_{01}=1100K$로 동일하다. 이때 터빈블레이드는 무냉각이고 터빈 디스크는 잘 절연되어 있고 공력가열시 온도회복계수가 $r_f=0.9$라면 두 경우에 대하여 각각 속도 삼각형을 그리고 블레이드 뿌리 온도 T_b를 구하라. 정압비열은 $1.12kJ/kg \cdot K$이다.

04_ 축류터빈에서 입구와 출구에서의 흐름은 축방향이고. 축방향 속도는 일정하게 유지되고 있다. 유동계수 $(\phi = c_z/U)$가 1이고 노즐출구의 흐름은 축방향과 60도를 유지하면서 흐른다고 할 때, 반동도(R)와 블레이드 하중계수 $(\psi = \Delta h_0/U^2)$를 구하라.

05_ 축류압축기를 구동시키기 위하여 반동 축류터빈을 설계하고자 한다. 축류터빈의 효율은 100%로 간주하며, 터빈을 지나는 공기의 축방향속도는 터빈 전체를 통하여 일정하다고 가정한다. 공기의 비열비는 1.318이며, 정압비열은 1.182kJ/kg · K이고, 기체상수는 0.287kJ/kg · K이며, 설계데이터는 다음과 같다.

> 단위공기당 터빈 전체의 목표일량 237 kJ/kg
> 터빈 로터입구전온도 1400 K, 터빈 로터입구전압력 790 kPa, 로터의 회전속도 9000 rpm
> 평균 블레이드 직경 45.7 cm
> 공기는 축방향과 68.0 각도를 이르면서 터빈노즐을 396 m/sec로 빠져나와, 터빈로터로 들어간다.

〈문제 A〉 총 터빈 단수가 한 개인 1단 터빈에서,

1) 목표일 237 kJ/kg의 일을 하는 터빈블레이드의 속도삼각형을 그려라. 또 터빈노즐 출구에서 공기의 상대속도가 축방향과 이루는 각, 터빈로터 출구에서 공기의 절대속도와 상대속도가 축방향과 이루는 각을 각각 구하라.
2) 로터의 입구 및 출구에서의 절대 마하수와 상대 마하수를 구하라.
3) 1단 터빈만으로 위 목표일량을 달성할 수 있는지 여부를 판단하고 그 이유를 설명하라.

〈문제 B〉 로터에서의 공기의 절대출구속도가 축방향과 동일할 때,

4) 단위질량공기가 터빈 한 단에 할 수 있는 일의 양을 구하라. 만약 모든 단에서 블레이드 형상이 같다면 목표일 237 kJ/kg을 하기 위해 필요한 터빈 단수를 구하라.
5) 4)에서 구한 단수를 가진 터빈에서 최종단의 로터출구에서의 전압력과 전온도를 구하라.
6) 5)에서 구한 터빈 첫단의 반동도를 구하라.
7) 4)의 터빈블레이드에서 마지막 단에서의 허브와 팁의 반경비가 0.85라면 이 터빈을 지나는 최대질량유량을 구하라.

06_ 충동 축류터빈에 전온도가 1500K인 공기가 축방향으로 노즐로 유입되어 노즐을 지나는 동안 유동은 70° 방향이 전환되면서 가속되어 M 1.3으로 노즐을 나간다. 로터 출구의 절대속도가 축방향이 되도록 하였을 때 로터 입구와 출구에서의 절대속도와 상대속도, 그리고 블레이드회전속도(U)를 구하라. 단 연소가스의 비열비는 1.33이다.

설계문제

다음과 같은 설계변수가 요구되는 축류 반동터빈을 설계하고자 한다.

질량유량당 터빈 일 $W_t = 2.33\,kJ/kg$
가스질량유량 $\dot{m} = 3.37\,kg/s$
터빈노즐입구 전압력 $P_{01} = 0.55\,MPa$, 터빈노즐입구 전온도 1255K
노즐베인효율 $\eta_N = 0.94$, 로터블레이드 효율 $\eta_R = 0.90$
블레이드부하계수 $\psi = 1.5$, 유동계수 $\phi = 0.6$
반동도 0.4, 비열비 1.33, 정압비열 1.156 $kJ/kg \cdot K$
로터 회전수 N=36,000 rpm

터빈 평균반경, 노즐유동 단면적, 노즐 베인의 높이, 노즐베인의 허브/팁 반경비, 블레이드유동단면적, 로터블레이드의 높이, 로터블레이드의 허브/팁 반경비를 포함하는 노즐과 로터블레이드의 형태와 크기를 결정하라.

필요시에는 노즐 베인과 로터블레이드의 속도삼각형과 h-s 선도를 각각 나타내고 전압력비, 전온도비, 터빈의 효율을 구하라.

참고문헌

[1] Rolls-Royce, The Jet Engine, Rolls-Royce plc, England, 2005.
[2] Jack D. Mattingly, Elements of Gas Turbine Propulsion, McGraw-Hill, Inc., 1996.
[3] J-C Ham, S.Dutla, and S.Ekkad, Gas Turbine Heat Transfer and Cooling Technology, Taylor & Francis, 2000.
[4] P.Hill and C.Peterson, *Mechanics and Thermodynamics of Propulsion*, 2nd ed. Addison Wesley, 1992
[5] 김광배, 최원종, 이상율, 박경순, 항공기재료, 한국항공대학교 출판부, 2003.
[6] 제트엔진(운용편), 일본항공기술협회, 1985
[7] L.K. Bernard, "Gas Turbine Technology Evolution : A Designer's Perpective", Journal of Propulsion and Power, Vol. 20, No.4, pp.577-595, 2004

제 7 장 항공기 제트엔진 부품 결합과 탈설계점 성능해석

7.1 개요

항공기 추진엔진의 각 부품의 성능 해석은 앞장에서 공부하였으며, 공기 흡입구, 압축기, 연소기, 터빈, 노즐과 같은 부품들은 단독으로 작동하는 것이 아니고 서로 상호 연관되어 있으며, 특히 압축기와 터빈은 축으로 연결되어 작동된다.

엔진의 각 부품을 통과하는 질량 유량은 질량보존 법칙에 의해 결정되고, 각 부품에서의 에너지율 출입은 에너지 보존법칙, 모멘텀 변화는 모멘텀보존법칙, 각 부품을 연결하는 축에서의 동력평형은 동력평형 관계식에서 구할 수 있다. 이와 같이 각 부품의 상호연관을 고려하는 것을 결합(matching)이라 한다. 엔진 결합점(match point)에서는 정상상태 조건에서 압축기와 터빈의 동력, 회전속도, 질량유량이 균형을 이룬다. 엔진의 어떤 작동점에서는 각 부품의 작동성능은 각 성능 곡선을 따르지만 공기 질량유량, 로터회전수, 효율 등이 서로 상호 결합된다.

항공추진엔진의 설계목표로 하는 고도, 비행속도, 외기조건이나 추력 및 연료소비율 등의 설계요구조건이 주어지면 엔진의 기하학형상, 압축기의 전압력비, 터빈입구온도, 엔진을 통과하는 공기의 질량유량 등의 변수가 결정된다. 엔진 설계시 어떤 기준이 되는 점을 설계점(design point)라 하며, 이곳에서의 해석을 설계점 해석(on design analysis)이라 한다. 설계조건이외의 비행속도나 비행 조건 등에서의 해석을 탈설계점해석(off design analysis)이라 한다.

앞장에서 배운 사이클 해석에 사용되는 모든 변수는 설계점 변수이다. 압축기를 설계할 때는 엔진 전체의 압력비는 블레이드 각각의 설계 압력비가 있으며 이 값을 근거로 단의 개수가 결정되고 설계된다. 설계엔진이 정해지고, 제작된 후에는 단의 수는 바꾸지 못하지만, 설계된 속도보다 다르게 축 회전수를 변화시켜 압축기를 작동할 수 있고, 설계된 추력을 내지 않고 다른 추력을 내기 위한 스로틀 설정을 달리하여 엔진을 작동할 수 있다. 공기흡입식 제트 엔진에서 다음의 조건 변화는 탈설계 독립변수가 되며, 이와 같은 즉 비행조건이 바뀌게 될 때 엔진 성능은 설계점 성능과는 다르게 되므로 탈설계점 해석을 통하여 엔진 성능 변화를 알아보아야 한다[1~4].

1) 비행고도 변화나 북극비행이나 계절변화에 따른 주위 조건 변화

2) 이륙, 상승, 순항, 급가속, 접근, 착륙에 따른 비행 마하수 변화
3) 스로틀 세팅 변화에 따른 터빈 입구 온도 변화
4) 후기연소기 작동 여부에 따른 변화
5) 설계 추력 최적화를 위한 노즐 면적 비 변화
6) 냉각 공기 추출량 변화
7) 물분사 여부

탈 설계점 해석에서 각각의 부품 성능 특징은 제품이 있을 때는 각각의 실험데이터로부터 구하며, 제품이 없을 경우에는 작동조건을 함수로하여 각 부품 성능을 모델링하여 맵(map)을 만들어 사용한다.

7.2 제트엔진의 부품결합

엔진 결합(matching)에서는 질량보존, 모멘텀보존, 에너지보존법칙이 성립되어야 한다. 정상 상태 작동 시에 엔진의 한 구성품을 지나는 질량유량은 다음 구성 부품에 보존되면서 전달되어야 한다. 예를 들어 공기가 흡입구에서 팬으로 들어갈 때, 흡입구를 통해 들어온 공기의 질량유량은 반드시 팬의 질량유량과 동일해야 한다. 즉 질량보존 법칙이 만족되어야 한다.

서로 상응하는 부품에서 에너지 보존법칙도 적용되어야 한다. 동일한 축을 통해서는 동력평형이 성립되어야 한다. 예를 들어 저압 압축기/팬과 저압터빈에 연결된 저압스풀은, 동일 속도로 회전하고 동력이 평형되고 있다. 또 고압 압축기나 고압 터빈이 연결된 고압스풀도 동일 속도로 회전하고 동력이 평형되고 있다. 즉, 2축 스풀(two-spool)에서는 $N_{LPC} = N_{LPT}$이고 $N_{HPC} = N_{HPT}$이다.

7.2.1 엔진 성능 수정매개변수

3장에서 설명한 바와 같이 엔진 성능을 나타낼 때는 엔진성능 수정매개변수(engine corrected parameters)를 사용한다.

기준 압력과 온도는 각각 $P_{ref} = 101.33\,kPa$, $T_{ref} = 288.2\,K$이다. 임의의 어떤 상태 i에서의 압력비와 온도비를 각각 δ, θ라 하면 다음과 같이 나타낼 수 있다.

$$\delta_i \equiv p_{oi}/p_{ref} \tag{7.1}$$

$$\theta_i \equiv T_{oi}/T_{ref} \tag{7.2}$$

임의의 상태 i의 수정 질량유량은 기준 압력과 온도에서 임의 곳 i를 지나는 질량유량이다.

$$\dot{m}_{ci} \equiv \frac{\dot{m}_i\sqrt{\theta_i}}{\delta_i} = \sqrt{\frac{\gamma_i}{R_i}}\frac{P_{ref}}{\sqrt{T_{ref}}}A_iM_i\left(1+\frac{\gamma_i-1}{2}M_i^2\right)^{-\frac{\gamma_i+1}{2(\gamma_i-1)}} \tag{7.3a}$$

i상태에서의 수정 축 속도는

$$N_{ci} \equiv \frac{N}{\sqrt{\theta_i}} \tag{7.4}$$

i상태에서 수정 유량계수는 다음과 같다.

$$\dot{m}_{ci} = \frac{\dot{m}_i\sqrt{\theta i}}{\delta_i} \tag{7.3b}$$

또 $MFP(M_i) = \dfrac{\dot{m}_i\sqrt{T_{oi}}}{P_{oi}A_i}$이고 $\dot{m}_i = \dfrac{P_{oi}}{\sqrt{T_{oi}}}A_iMFP(M_i)$이므로

$$\dot{m}_{ci} = \frac{P_{ref}}{\sqrt{T_{ref}}}\frac{\dot{m}_i\sqrt{T_{oi}}}{P_{oi}} = \frac{P_{ref}}{\sqrt{T_{ref}}}MFP(M_i) \tag{7.3c}$$

또한 다음과 같이 수정 연료 유량을 다음과 같이 정의할 수 있다.

$$\dot{m}_{fc} \equiv \frac{\dot{m}_f}{\delta_2\sqrt{\theta_2}} \tag{7.5}$$

보정 추력과 수정 추력비연료소비율(TSFC)은

$$F_c \equiv F/\delta_i \tag{7.6}$$

$$TSFC_c \equiv \frac{TSFC}{\sqrt{\theta_i}} \tag{7.7a}$$

식(7.6)와 식(7.7a)으로부터, 위의 세 가지 수정 변수는 다음과 같이 연관지어 나타낼 수 있다.

$$TSFC_c \equiv \pi_i\frac{\dot{m}_{fc}}{F_c} \tag{7.7b}$$

7.2.2 공기 흡입구와 압축기의 결합

그림⟨7-1⟩은 공기 흡입구와 결합된 팬(또는 압축기)의 간단한 구조이다.

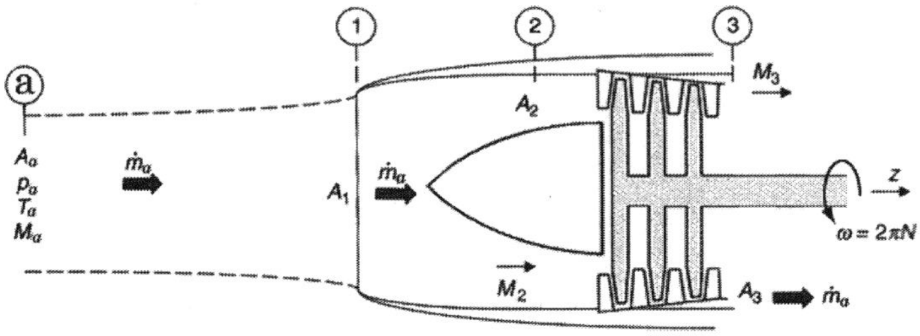

그림 7-1 공기흡입구와 압축기 결합도

흡입구 선단면적 A_1, 엔진 전면 면적 A_2, 압축기 출구 면적 A_3는 정해진 면적이지만, 유입공기의 자유흐름 포착면적 A_a는 이륙, 상승, 순항과 같은 비행조건에 따라 달라지며 이에 관한 사항은 4장에서 자세히 설명하였다.

대기 정압 P_a, 대기정온도 T_a와 비행마하수 M_a는 독립변수이다. 비행전압력 P_{0a}과 전온도 T_{0a}는 비행마하수와 정체 관계식을 이용하여 구할 수 있다.

임의 곳 i에서 단면 면적 A_i를 지나는 질량유량은 축 방향 유동 마하수 M_i, 임의 곳 i에서의 전압력 P_{oi}, 전온도 T_{oi}를 알면 다음 관계식에서 구할 수 있다.

$$\dot{m} = \sqrt{\frac{\gamma}{R}}\frac{P_{oi}}{\sqrt{T_{oi}}}\cdot A_i\cdot M_i\left(1+\frac{\gamma-1}{2}M_i^2\right)^{\frac{-(\gamma+1)}{2(\gamma-1)}} \tag{7.8}$$

$$= \frac{P_{oi}A_i}{\sqrt{T_i}}MFP(M_i)$$

여기서 $MFP(M_i)$는 질량 매개변수(mass flow parameter)이며 다음과 같다.

$$MFP(M_i) = \frac{\dot{m}_i\sqrt{T_{oi}}}{P_{oi}A_i} = M_i\sqrt{\frac{\gamma_i}{R_i}\left[\frac{1}{1+\frac{\gamma-1}{2}M_i^2}\right]^{\frac{\gamma+1}{\gamma-1}}}$$

엔진 전면에서의 (물리적인) 질량유량은

$$\dot{m}_2 = \sqrt{\frac{\gamma}{R}}\frac{P_{o2}}{\sqrt{T_{o2}}}\cdot A_2\cdot M_2\left(1+\frac{\gamma-1}{2}M_2^2\right)^{\frac{-(\gamma+1)}{2(\gamma-1)}} \tag{7.9}$$

$$= \frac{P_{o2}A_2}{\sqrt{T_{o2}}} MFP(M_2)$$

공기 흡입구 질량유량은

$$\dot{m}_a = \sqrt{\frac{\gamma}{R}} \frac{P_{0a}}{\sqrt{T_{0a}}} \cdot A_a \cdot M_a \left(1 + \frac{\gamma - 1}{2} M_a^2\right)^{\frac{-(\gamma+1)}{2(\gamma-1)}} \tag{7.10}$$

$$= \frac{P_{0a}A_a}{\sqrt{T_{0a}}} MFP(M_a)$$

공기 흡입구에서의 누설이 없다면 질량보존의 보존법칙에 따라 공기흡입구의 질량 유량과 엔진으로 들어가는 질량유량이 같아야 한다.

$$\sqrt{\frac{\gamma}{R}} \frac{P_{02}}{\sqrt{T_{02}}} \cdot A_2 \cdot M_2 \left(1 + \frac{\gamma - 1}{2} M_2^2\right)^{\frac{-(\gamma+1)}{2(\gamma-1)}}$$

$$= \sqrt{\frac{\gamma}{R}} \frac{P_{0a}}{\sqrt{T_{0a}}} \cdot A_a \cdot M_a \left(1 + \frac{\gamma - 1}{2} M_a^2\right)^{\frac{-(\gamma+1)}{2(\gamma-1)}} \tag{7.11}$$

$$즉 \quad \frac{P_{02}A_2}{\sqrt{T_{02}}} MFP(M_2) = \frac{P_{0a}A_a}{\sqrt{T_{0a}}} MFP(M_a)$$

공기 흡입구에서 단열유동이고, 정압 비열이 일정하다고 가정하면 전엔탈피나 전온도가 일정하고, 에너지 보존법칙이 성립한다. 따라서 식(7.11)에서 비행조건과 엔진전면에서 변하지 않는 부분을 소거하면 다음 관계식을 얻을 수 있다.

$$\frac{P_{02}}{P_{0a}} \frac{A_2}{A_a} = \frac{MFP(M_a)}{MFP(M_2)}$$

여기서 $\frac{P_{02}}{P_{0a}}$는 공기 흡입구 전압력이며 공기흡입구 전압력회복지수 또는 램 압력회복이라 부르기도 한다. 이에 대한 설명은 4장의 공기 흡입구에 설명되어 있다.

$$\pi_i \frac{A_2}{A_a} \cdot M_2 \left(1 + \frac{\gamma - 1}{2} M_2^2\right)^{\frac{-(\gamma+1)}{2(\gamma-1)}} = M_a \left(1 + \frac{\gamma - 1}{2} M_a^2\right)^{\frac{-(\gamma+1)}{2(\gamma-1)}} \tag{7.12}$$

비행 마하수 M_a가 주어지면 식(7.12)의 우변은 모두 알 수 있는 값이며 식(7.12)의 좌변은 (i) 흡입구 전압력 회복지수 π_i, (ii) 자유류 포착면적 A_a (또는 A_2/A_a의 비), (iii) 엔진전면에서의 축 방향 유동 마하수 M_2의 3가지 미지수를 포함하고 있다.

흡입구 전압력 회복 변수를 흡입구 작동선도에서 비행 마하수 M_a를 알면 구할 수 있다.

공기흡입구와 압축기 결합도에서 질량 및 에너지 평형은 비행마하수 M_a에서 두 미지수 A_a와 M_2의 함수로 나타낼 수 있다.

7.2.3 압축기와 연소기의 결합

연소기로 들어가는 질량유량은 압축기에서 나온 질량 유량과 연소기로 분사되는 연료유량의 합이다. 연소기 출구에서의 질량유량은 터빈으로 들어가며 질량 유량이 보존된다.

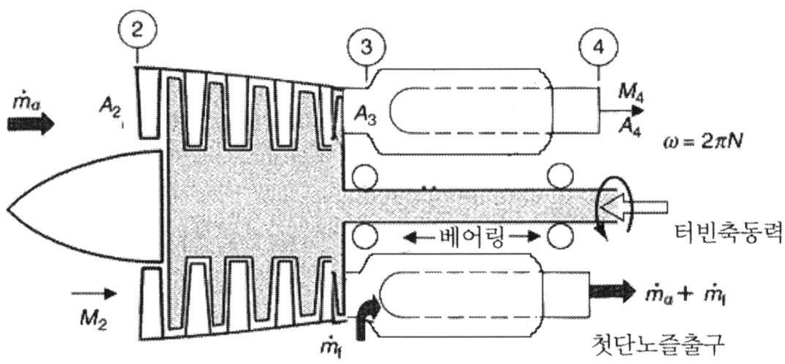

그림 7-2 압축기와 연소기 결합도

그림〈7-2〉는 압축기와 연소기의 결합도를 나타낸다.

연소기 출구 또는 터빈 입구에서 질량유량은 압축기 출구 질량유량에 연료유량을 더한 값과 같다.

$$\dot{m}_4 = \dot{m}_3 + \dot{m}_f = (1+f)\dot{m}_a = (1+f)\dot{m}_2 \tag{7.13}$$

여기서 $\dot{m}_2 = \dfrac{P_{02}A_2}{\sqrt{T_{02}}} MFP(M_2)$

식(7.13)의 우변에서 미지수는 연공비(f)와 엔진전면에서의 축 방향유동 마하수 M_2이다.

연공비는 독립변수로 스로틀에서 조절되기에, 탈설계점 작동조건에서는 스로틀의 조절(setting)을 신중히 하여야 한다. 또한 연소기 출구 즉 터빈 입구에서의 질량유량은 전압력 P_{04}와 전온도 T_{04}, 유량면적 A_4, 유동마하수 M_4의 함수로 나타낼 수 있다. 여기서 연소후 가스의 비열비는 γ_g, 기체상수는 R_g를 사용하여야 함에 유의하기 바란다.

$$\dot{m}_4 = \sqrt{\frac{\gamma_g}{R_g}}\frac{P_{04}}{\sqrt{T_{04}}}\cdot A_4 \cdot M_4\left(1+\frac{\gamma_g-1}{2}M_4^2\right)^{\frac{-(\gamma_g+1)}{2(\gamma_g-1)}}$$

$$= \frac{P_{04}A_4}{\sqrt{T_{04}}}MFP(M_4) \tag{7.14}$$

제6장의 **〈그림 6-27〉**에서 살펴본 바와 같이 압력강하가 2보다 크면 터빈에서의 유동은 초킹되기 쉽다. 실제 제트엔진의 터빈 팽창압력비는 2보다는 크게 되므로 대부분의 터빈 유동은 초킹된다.

터빈에서의 유동 초킹을 고려하여 식(7.14)에서 우변의 위치4를 연소기출구, 즉 터빈입구가 아닌, 터빈 첫 번째 단 노즐의 출구를 4 위치라 하자. 이렇게 4 위치를 잡으면 여러 작동조건에서 유동은 초킹되고 $M_4 = 1$이 된다.

연소기 전과 후 전압력비를 π_b 라 하고, 압축기 출구 전압력 P_{03}라 하면 연소기 출구 전압력 P_{04}는 다음과 같이 나타 낼 수 있다.

$$P_{04} = \pi_b P_{03} = \pi_b \pi_c P_{02} = \pi_i \pi_b \pi_c P_{0a} \tag{7.15}$$

연소기 출구 전온도 T_{04}는 스로틀 세팅에 따라 달라지기므로 이 값은 미지수가 아닌 주어진 값으로 간주할 수 있다.

따라서 윗 관계식을 고려하여 식(7.13)을 다시 쓰면 다음과 같이 나타낼 수 있다.

$$\sqrt{\frac{\gamma_g}{R_g}}\frac{\pi_b\pi_c}{\sqrt{T_{04}/T_{02}}}\cdot A_4\left(\frac{\gamma_g+1}{2}\right)^{\frac{-(\gamma_g+1)}{2(\gamma_g-1)}}$$

$$= (1+f)\sqrt{\frac{\gamma_a}{R_a}}A_2\cdot M_2\left(1+\frac{\gamma_a-1}{2}M_2^2\right)^{\frac{-(\gamma_a+1)}{2(\gamma_a-1)}} \tag{7.16}$$

식(7.16)의 오른쪽 항은 엔진전면에서 축류 마하수와 스로틀 세팅에 따라 결정되며, 식(7.3)의 수정질량 유량 관계식을 고려하면 식(7.16)의 오른쪽 항은 압축기 전면에서의 수정 질량유량에 비례함을 알 수 있다.

주어진 압축기 수정질량유량과 엔진 스로틀 설정(T_{04}), 그리고 T_{04}/T_{02}와 f에서 압축기 압력비 π_c를 알 수 있다.

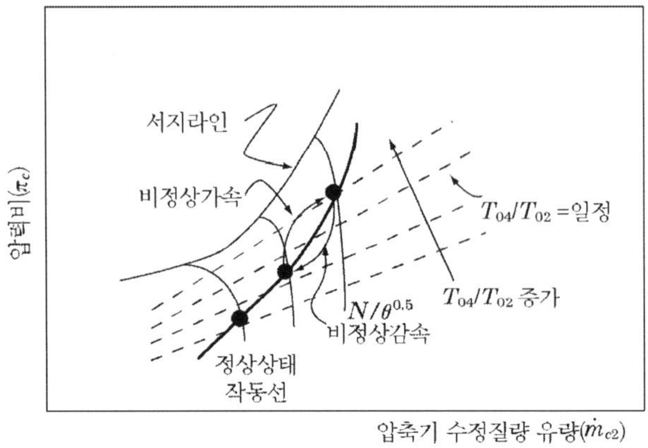

그림 7-3 수정질량유량 변화에 따른 압축기 작동 선도

〈그림 7-3〉의 압축기 성능곡선에는 일정 스로틀 작동선($T_{04}/T_{02}=$ 일정, 또는 정상 작동선이라 칭함)과 엔진 수정 속도 선 $N_c=\dfrac{N}{\sqrt{\theta}}$가 나타나 있다.

식(7.16)에서 살펴볼 때, 압축기 압력비와 스로틀 세팅이 주어지면 수정 압축기 질량 유량 $\dot{m}_{c2}$는 결정되고 이 값은 엔진으로 유입되는 축방향 공기 마하수 M_2의 함수임을 알 수 있다.

A_4/A_2를 계산하기 위해서는 π_b를 가정하고, 설계점에서의 π_c, M_2, T_{04}/T_{02}와 f값을 사용하고, 식(7.16)을 이용하면 된다. 고정 면적 터빈에서는 면적비 A_4/A_2가 일정하다.

3장에서 설명한 바와 같이 연소기에서 에너지 평형식을 이용하면 연료-공기비 f는 다음과 같이 구할 수 있다.

$$f=\frac{h_{04}-h_{03}}{\eta_b Q_R-h_{04}}=\frac{c_{pg}T_{04}-c_{pa}T_{03}}{\eta_b Q_R-c_{pg}T_{04}} \tag{7.17}$$

탈설계점에서 새로운 연공비 f를 계산하기 위한 방법을 알아보자. 탈설계점 조건에서 스로틀 세팅이 T_{04}를 만족할 경우, 식(7.17) 우변의 미지수는 h_{03}과 η_b이다. 탈설계점 작동에서 압축기 압력비를 알게 되면, h_{03}를 알 수 있다. 탈설계점 조건에서 연소기 효율을 수정하여 새로운 η_b을 사용하면 된다.

〈그림 7-3〉과 식(7.17)의 관계를 알아보자. 식(7.17)를 $c_{pa}T_{02}$로 양변을 나누고 정리하면 다음과 같은 연료 유동매개변수식을 얻을 수 있다.

$$fQ_R\eta_b/h_{02}\approx\frac{c_{pg}}{c_{pa}}\left(\frac{T_{04}}{T_{02}}\right)-\tau_c \tag{7.18}$$

즉 스로틀세팅(T_{04})과 일정 스로틀 곡선변수(T_{04}/T_{02})와 $fQ_R\eta_b/h_{02}$는 서로 연관됨을 알 수 있다.

7.2.4 압축기와 터빈의 결합

정상상태에서 연소기와 터빈 상호작용을 고려할 때는 위치4를 터빈 노즐 첫단이라 가정하고 유동은 초킹된다고 가정한다. 즉 $M_4 = 1$이다.

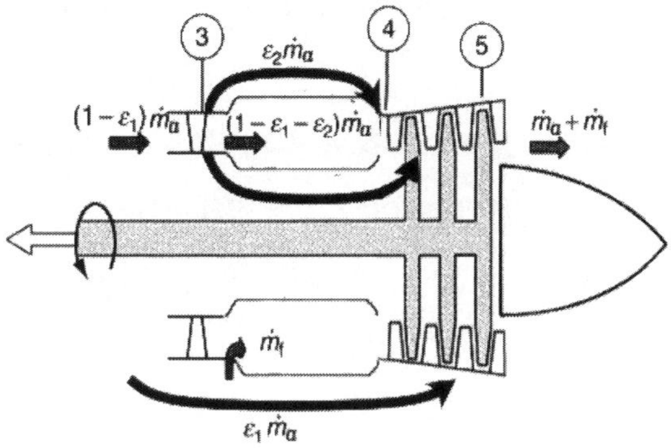

그림 7-4 냉각공기 유출을 고려한 압축기와 터빈의 결합도

〈그림7-4〉는 냉각공기 유출을 고려한 압축기와 터빈의 결합도의 개략도이다. **〈그림 7-4〉**의 ϵ_1과 ϵ_2은 각각 중간 압력점(intermediate pressure point)과 압축기 출구에서 압축기로 부터 유출된 냉각공기 질량분율을 나타낸다.

때로는 터빈의 공기역학적 냉각의 영향은, 낮은 단열 효율로 작동하는 냉각되지 않은 터빈처럼 모델링할 수 있다. 이때는 터빈 효율 η_t를 0.75~0.85 정도로 잡는다.

터빈이 냉각되지 않을 때는 $\epsilon_1 = \epsilon_2 = 0$이고 위치 4와 5에서의 질량 유량은 같다. 두 지점 4와 5에서 수정 질량유량을 나타내면 다음과 같다.

$$\dot{m}_{c4} = \dot{m}_4 \sqrt{\theta_4} / \delta_4 \tag{7.19a}$$

$$\dot{m}_{c5} = \dot{m}_5 \sqrt{\theta_5} / \delta_5 \tag{7.19b}$$

위 두 식의 비를 이용하면 터빈 입구와 출구에서의 수정 질량유량의 비를 구할 수 있다.

$$\frac{\dot{m}_{c4}}{\dot{m}_{c5}} = \frac{\pi_t}{\sqrt{\tau_t}} \tag{7.19c}$$

터빈을 지나는 질량유량을 조절하는 것을 터빈의 팽창함수라고 한다.

냉각공기 유출이 있는 경우에는 지점 4와 5에서 이를 고려하여야 하며 다음과 같이 나타낼 수 있다.

$$\dot{m}_4 = (1 + f - \epsilon_1 - \epsilon_2)\dot{m}_a \tag{7.20a}$$

$$\dot{m}_5 = (1 + f)\dot{m}_a \tag{7.20b}$$

냉각공기 유출이 있는 경우, 위치 4와 5에서의 수정질량 유량비는 다음과 같이 나타낼 수 있다.

$$\frac{\dot{m}_{c4}}{\dot{m}_{c5}} = \left(\frac{1 + f - \epsilon_1 - \epsilon_2}{1 + f}\right)\frac{\pi_t}{\sqrt{\tau_t}} = \left(1 - \frac{\epsilon_1 + \epsilon_2}{1 + f}\right)\frac{\pi_t}{\sqrt{\tau_t}} \tag{7.20c}$$

냉각공기유출이 있는 경우에는 고온가스유동에 분사되는 냉각유 때문에 T_{04}는 감소하게 되고 냉각공기유출 경우의 τ_t는 유출이 없는 터빈의 τ_t 에 비해 감소한다. 터빈 냉각이 있는 경우에는 고온 가스유동에 분사되는 냉각유동의 난류혼합 때문에 전압력비 감소가 있으며 π_t도 감소한다.

엔진의 어떤 작동점에서 압축기와 터빈의 성능곡선은 **〈그림 7-5〉**와 같은 각각의 성능곡선을 따르지만 공기질량유량, 로터 회전수는 서로 연관되어 있으며 결합되어야 한다.

압축기와 터빈은 연결되어 같은 속도로 회전한다. 압축기와 터빈의 수정회전속도는 각각 $N_{c2} = N/\sqrt{\theta_2}$, $N_{c4} = N/\sqrt{\theta_4}$ 이므로 수정회전 관계식은 다음과 같이 나타낼 수 있다.

$$N_{c2} = N_{c4}\sqrt{T_{04}/T_{02}} \tag{7.21}$$

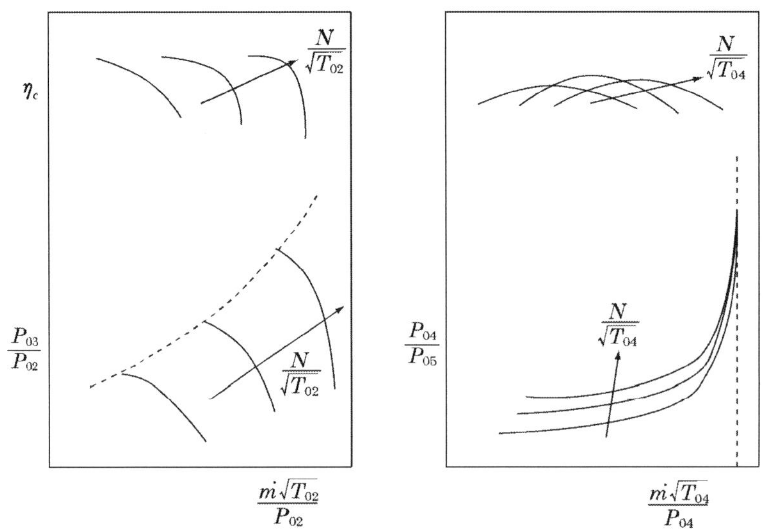

그림 7-5 압축기(왼쪽)와 터빈(오른쪽)의 성능 곡선

정상상태 엔진 성능에서 터빈과 압축기 사이에 유동의 연속 방정식 $\dot{m}_{turbine} = \dot{m}_{compressor} + \dot{m}_{fuel} + \dot{m}_{bleed}$과 동력 평형 $P_{turbine} = P_{compressor}$이 성립한다.

먼저 압축기와 터빈의 동력 평형식에서

$$\dot{m}_a(h_{03}-h_{02})=\eta_m(\dot{m}_a+\dot{m}_f)(h_{04}-h_{05})$$

여기서 η_m은 터보축의 기계적 효율이다.

윗 식을 다시 정리하여 나타내면

$$\tau_c = 1+\eta_m(1+f)\frac{c_{pg}}{c_{pa}}\frac{T_{04}}{T_{02}}(1-\tau_t) \tag{7.22a}$$

탈설계점 영역 등의 다양한 운전범위에서도 터빈팽창 매개변수 τ_t의 값은 크게 변하지 않고 일정한 값으로 간주할 수 있기 때문에 탈설계점 운전영역에서도 τ_c는 $\dfrac{T_{04}}{T_{02}}$에 비례함을 알 수 있다.

$$\pi_c = [1+\eta_c(\tau_c-1)]^{\frac{\gamma_a}{\gamma_{a-1}}} \text{ 이므로}$$

$$\pi_c = \left\{1+\frac{T_{04}}{T_{02}}\left[\frac{c_{pg}}{c_{pa}}\eta_c\eta_m(1+f)(1-\tau_t)\right]\right\}^{\frac{\gamma_a}{\gamma_{a-1}}} \tag{7.22b}$$

$$\tau_t = 1-\left(\frac{c_{pa}}{c_{pg}}\right)\frac{\tau_c-1}{\eta_m(1+f)(T_{04}/T_{02})} \tag{7.22c}$$

압축기와 터빈의 각 부품 성능 맵(map)을 알고 있을 때 이들 코어부품이 연결되어 작동하는 성능 특성을 가스발생기 펌핑특성이라 한다.

코어(압축기, 연소기. 터빈)를 지나는 질량유량에 대하여 나타내면 다음과 같다.

$$\dot{m}_2+\dot{m}_f=(1+f)\dot{m}_2=\dot{m}_4=\frac{P_{04}A_4}{\sqrt{T_{04}}}MFP(M_4) \tag{7.23}$$

이 식을 $\dot{m}_2$에 대하여 고쳐쓰면

$$\dot{m}_2=\frac{1}{1+f}\frac{P_{04}A_4}{\sqrt{T_{04}}}MFP(M_4) \tag{7.24a}$$

그런데 $\dot{m}_{ci}=\dfrac{\dot{m}_i\sqrt{\theta_i}}{\delta_i}$ 이므로 (7.24a)식을 이용하여 $\dot{m}_2$로부터 수정 질량유량 $\dot{m}_{c2}$를 나타내면 다음과 같다.

$$\dot{m}_{c2}=\sqrt{\frac{T_{02}}{T_{ref}}}\frac{P_{ref}}{P_{02}}\frac{P_{04}}{\sqrt{T_{04}}}\frac{A_4}{1+f}MFP(M_4) \tag{7.24b}$$

$$= \frac{\dot{m}_{c4}}{(1+f)} \frac{P_{04}}{P_{02}} \frac{\sqrt{T_{02}}}{\sqrt{T_{04}}} = \frac{\dot{m}_{c4}\pi_b\pi_c}{(1+f)\sqrt{T_{04}/T_{02}}} \tag{7.24c}$$

또는
$$\pi_c = \frac{(1+f)}{\pi_b} \frac{A_2}{A_4} \frac{\dot{m}_{c2}/A_2}{\dot{m}_{c4}/A_4} \sqrt{\frac{T_{04}}{T_{02}}} \tag{7.25}$$

식(7.3(a))에서 보면 $\frac{\dot{m}_{ci}}{A_i} = \sqrt{\frac{\gamma_i}{R_i}} \frac{P_{ref}}{\sqrt{T_{ref}}} M_i (1 + \frac{\gamma_i - 1}{2} M_i^2)^{-\frac{\gamma_i + 1}{2(\gamma_i - 1)}}$ 이므로 단위 면적당 수정질량 유량, 즉 수정 질량 유속은 M_i와 가스의 물성치의 함수이다.

터빈노즐유동은 설계점과 대부분의 경우에 초킹되므로 $M_4 = 1$이라 가정할 수 있다.

$$\frac{\dot{m}_{c4}}{A_4} = \sqrt{\frac{\gamma_g}{R_g}} \frac{P_{ref}}{\sqrt{T_{ref}}} \left(\frac{\gamma_g + 1}{2}\right)^{\frac{-(\gamma_g + 1)}{2(\gamma_g - 1)}} = f(\gamma_g, R_g) \tag{7.26}$$

터빈을 지나는 연소가스의 비열비 $\gamma_g = 1.33$이고 $R_g = 286.8 J/kg \cdot K$이라 가정하면 식(7.25)에 의해서 $\frac{\dot{m}_{c4}}{A_4} \cong 237(kg/s)/m^2$가 된다.

압축기 입구 유동의 단위 면적당 수정질량유량은 다음과 같다.

$$\frac{\dot{m}_{c2}}{A_2} = \sqrt{\frac{\gamma_a}{R_a}} \frac{P_{ref}}{\sqrt{T_{ref}}} M_2 \left(1 + \frac{\gamma_a - 1}{2} M_2^2\right)^{\frac{-(\gamma_a + 1)}{2(\gamma_a - 1)}} = f(M_2, \gamma_a, R_a) \tag{7.27}$$

압축기 입구 유동 마하수(M_2)가 증가할수록 $\frac{\dot{m}_{c2}}{A_2}$가 증가한다.

식(7.25)에서 $\frac{A_4}{A_2}$를 구하면 다음과 같다.

$$\frac{A_4}{A_2} = \frac{(1+f)}{\pi_b \dot{m}_{c4}/A_4} \frac{\dot{m}_{c2}/A_2}{\pi_c} \sqrt{\frac{T_{04}}{T_{02}}} \tag{7.28}$$

식(7.28)의 오른쪽항은 설계점에서는 모두 알 수 있는 값이다.

또, $P_{04} = \pi_c \pi_b P_{02}$이므로

$$\dot{m}_{c2} = \left(\frac{T_{02}}{T_{04}}\right)^{1/2} \pi_c \pi_b \frac{P_{ref}}{\sqrt{T_{ref}}} \frac{A_4}{1+f} MFP(M_4) \tag{7.29}$$

식(7.29)에서 $T_{04}/T_{02}, A_4, f, M_4$가 일정하면 π_c는 $\dot{m}_{c2}$와 비례관계가 있으며 다음 **〈그림 7-6〉**

과 같이 일직선으로 나타난다. 코어 펌핑 특성선도에서 하나의 주어진 T_{04}/T_{02}값(일정스로틀 작동선; 또는 정상작동선)에서는 하나의 $\dot{m}_{c2}$와 π_c가 정해진다. 주어진 T_{04}/T_{02}의 일정직선은 코어를 지나는 압축기 입구와 터빈 입구에서 유동의 질량보존을 만족한다.

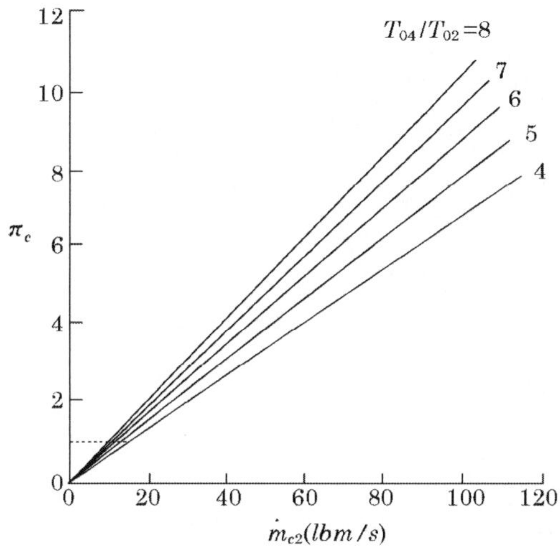

그림 7-6 일정스로틀 작동선에서 수정질량유량에 따른 압축비 변화를 나타내는 가스발생기 펌핑특성선도(출처 : [2])

〈그림 7-6〉을 압축기 작동선도라 한다. 이 그림에서 실제 압축기 작동선도는 다음 이유 때문에 낮은 $\dot{m}_{c2}$가 0 (압력비가 1) 인 값이거나 아주 낮은 값에서는 압축기 압력이 π_c는 1에서 시작한다. 실제로 터빈이 초킹되는 경우는 π_c가 2이상부터이며 압력비가 2이상인 경우 이 곡선은 거의 직선임을 알 수 있다.

가스 발생기 펌핑특성을 나타내는 압축기 입구와 터빈 출구의 온도비는 다음과 같다.

$$\frac{T_{05}}{T_{02}} = \tau_t \frac{T_{04}}{T_{02}} = \frac{T_{04}}{T_{02}} - \left(\frac{c_{pa}}{c_{pg}}\right)\frac{\tau_c - 1}{\eta_m(1+f)} \tag{7.30}$$

가스발생기 펌핑특성을 나타내는 압축기 입구와 터빈 출구의 압력비는 다음과 같다.

$$\frac{P_{05}}{P_{02}} = \pi_t \pi_b \pi_c = \pi_b \pi_c [1 - (1 - \tau_t)/\eta_t]^{\frac{\gamma_g}{\gamma_g - 1}} \tag{7.31}$$

주어진 마하수, 압력, 온도와 디퓨저와 노즐의 효율, 유동 면적에서 압축기와 터빈의 성능 곡선은 터빈이나 압축기가 이미 정해져 있기 때문에 D, R, γ는 곡선에 나타나 있지 않고 U는 $N(rpm)$으로 대치되어 표시되고 있다.

압축기와 터빈의 결합(matching)순서는 다음과 같다[5].

① 우선 작동 rpm을 선정한다.

② TIT(T_{04})를 가정한다.

③ π_c를 가정한다.

④ 단위 질량당 압축기 일을 계산한다.

⑤ 압축기를 돌리기 위해 필요한 일을 낼 수 있는 π_t를 계산한다.

⑥ 연속 방정식 $\dot{m}_{turbine} = (\dot{m}_{compressor} + \dot{m}_{fuel})$이 성립하는지 판단한다. 만약 성립하지 않는다면 ②번으로 돌아가 다시 ②, ③, ④, ⑤ 과정을 반복한다.

⑦ π_i, π_c, π_b, π_t 로부터 π_n을 계산한다.

⑧ π_n과 전온도 계산 값으로부터 터빈을 지나는 질량유량 $\dot{m}_{turbine}$이 통과하는 노즐 단면적 A_n을 계산한다. 여기서 계산된 단면적 $A_{n,\ calculated}$가 실제 단면적 $A_{n,\ actual}$과 같은지 판단한다. 만약 틀리다면 ②번으로 돌아가 새로운 TIT를 가정한 후 전체 과정을 다시 반복한다.

예제 7-1 터빈유동이 초킹되면서 다음 값을 가질 때 f와 A_4/A_2를 구하라. 압축기 입구 유동 마하수(M_{z2})는 0.5이다.

$$\pi_c = 25,\ \eta_{pc} = 0.90,\ \gamma_c = 1.4,\ c_{pa} = 1.004kJ/kg\cdot k,\ T_{04}/T_{02} = 6,\ \eta_b = 0.995$$
$$Q_R = 42{,}000kJ/kg,\ \gamma_g = 1.33,\ c_{pg} = 1.156kJ/kg\cdot k,\ \tau_b = 0.97$$

풀이 $\dfrac{\dot{m}_{c4}}{A_4} \cong 237(kg/s)/m^2$, $f = \dfrac{c_{pg}T_{04} - c_{pa}T_{03}}{Q_R\eta_b - c_{pg}T_{04}} = \dfrac{(c_{pg}/c_{pa})T_{04}/T_{02} - \tau_c}{Q_R\eta_b/c_{pa}T_{02} - (c_{pg}/c_{pa})T_{04}/T_{02}}$

$\cong 0.030$

식(7.27)에 의해

$$\frac{A_4}{A_2} = \frac{(1+f)}{\pi_b \dot{m}_{c4}/A_4}\frac{\dot{m}_{c2}/A_2}{\pi_c}\sqrt{\frac{T_{04}}{T_{02}}} \simeq 0.08$$

설계자는 압축기가 전 작동영역에서 최대 효율이 되도록 압축기 터빈과 압축기 결합 작업을 하여야 한다. 즉 **〈그림 7-7〉**에서 η_c가 일정한 등고선의 중앙을 지나는 선을 지나도록 결합을 해야 한다.

만약 작동곡선(operating line)이 서지곡선(surge line)에 너무 가까우면 단의 속도 삼각형을 압축기 최대효율 즉, η_c가 서지곡선에서 떨어지도록 하여야 한다.

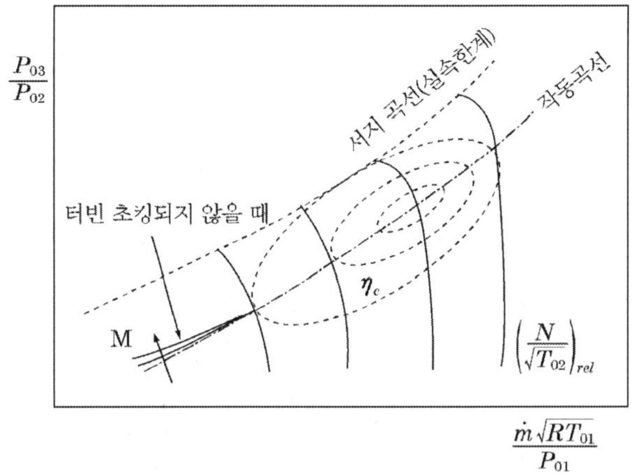

그림 7-7 압축기 성능곡선에서의 작동곡선

일정스로틀작동선(T_{04}/T_{02}가 일정한 선)을 생각해 보자. 앞에서 설명한 바와 같이 아주 낮은 질량유량 경우를 제외하고는 T_{04}/T_{02}는 거의 직선이다.

$$\frac{\dot{m}\sqrt{T_{02}}}{P_{02}} = \frac{\dot{m}\sqrt{T_{04}}}{P_{04}}\frac{P_{04}}{P_{03}}\frac{P_{03}}{P_{02}}\sqrt{\frac{T_{02}}{T_{04}}} \tag{7.32}$$

여기서 P_{04}/P_{03} 는 거의 1에 가까우므로 일정하다고 가정한다. 터빈과 노즐이 초킹되었다면 $\dot{m}\sqrt{T_{04}}/P_{04}$는 일정하다. 또 보통 터빈 노즐은 초킹된다.

따라서 $\frac{P_{03}}{P_{02}} \propto \sqrt{\frac{T_{04}}{T_{02}}}\ \frac{\dot{m}\sqrt{T_{02}}}{P_{02}}$의 관계가 성립한다.

위 관계를 나타낸 곡선이 **〈그림 7-8〉**에 나타나 있다.

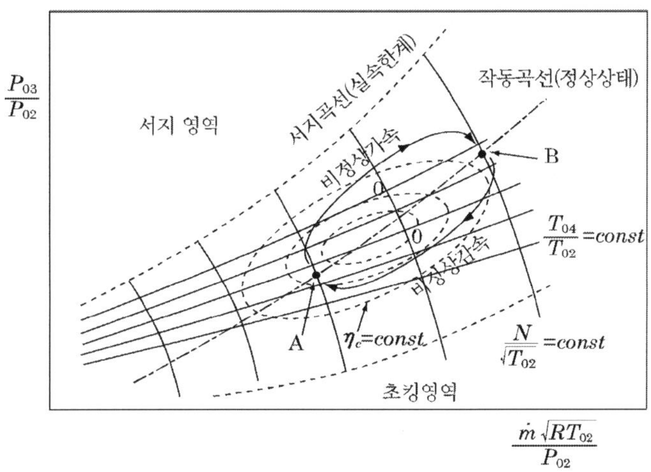

그림 7-8 압축기 성능곡선에서의 작동곡선

〈그림 7-8〉에서 작동곡선은 정상상태일때의 작동곡선이다.

〈그림 7-8〉에서 작동점 A에서 작동점 B로 가속을 하는 경우를 생각하자. 가스터빈엔진에서는 스로틀을 통해서 연소기로 공급되는 연료량을 조절하며, 일정 스로틀 곡선은 일정한 T_{04}/T_{02}를 의미한다. 가속을 위해 연료를 갑자기 증가시키면 T_{04}/T_{02}도 갑자기 증가할 것이다. 그러나 회전체인 압축기와 터빈의 로터는 가속하는데 시간이 더 소요되기 때문에 일시적으로는 회전수가 증가하지 않는다. 즉, 가속시 N이 증가하지 않으므로 $N/\sqrt{T_{02}}$이 일정한 값을 가지는 선을 따라서 T_{04}/T_{02}가 증가하게 되고 결국 서지 선으로 접근하게 된다. 〈그림7-8〉의 비정상가속이 이 경우를 나타내고 있다. 서지한계를 벗어나게 되면 압축기 서징이 일어나게 되고, 그 결과 연소기의 화염이 꺼지게 되는 원인이 될 수도 있다. 이와 같이 급가속시에는 연료유량이 공기유량에 비해 너무 빨리 증가하여 당량비가 과농하게 되어 과농화염소실(rich flame out)이 일어날 수 있다. 서지가 일어나면 압축기 블레이드의 공기역학적 부하에 격렬한 변동이 생기고 결국에는 엔진이 손상을 입게 된다. 이 현상을 피하려면 가속시에는 추가되는 연료 증가율이 제한되어야 하는데, 이렇게 하려면 가속을 너무 급격하게 하지 않아야 한다. 가변 스테이터가 있는 압축기를 가진 어떤 엔진은 아이들에서 이륙동력까지 가속하는데 약 6초 정도 걸리고, 착륙 시도로부터 약 3초정도 걸리므로 가속시 연료유량과 로터가속을 적절히 최적으로 제어해야 한다. 급감속시에는 급가속시와 반대 현상이 일어날 수 있으며 희박화염소실(lean flame out)현상이 일어날 수 있다.

예제 7-2 어느 터보제트엔진이 스로틀 작동상태 $T_{04}/T_{02}=6.0$에서 작동한다. 압축기수정 축회전수(N_{c2})는 12,000 rpm, 압축기의 압력비(π_c)는 4.36, 압축기를 지나는 수정질량유량($\dot{m}_{c2}$)은 13.4 kg/s, 압축기효율(η_c)은 0.83, $f \approx 0.03$, $\eta_m \approx 0.995$, 터빈효율(η_t)=0.88, $\pi_b \approx 0.95$, $\gamma_a = 1.4$, $\gamma_g = 1.33\, c_{pa} \approx 1004\, J/kg \cdot K$, $c_{pg} \approx 1156\, J/kg \cdot K$이다.
이 터보제트엔진의 압축기 온도비(τ_c), 터빈 온도비(τ_t), 터빈 압력비(π_c), 터빈을 지나는 수정 질량유량($\dot{m}_{c4}$), 압축기 입구와 터빈 출구의 온도비(T_{05}/T_{02}), 압축기 입구와 터빈 출구의 압력비(P_{05}/P_{02})를 구하라.

풀이

압축기 온도비(τ_c)

$$\tau_c = \frac{T_{03}}{T_{02}} = 1 + \frac{1}{\eta_c}\left[\pi_c^{(\gamma_a - 1)/\gamma_a} - 1\right]$$

$$\tau_c = 1 + \frac{1}{0.83}\left[(4.36)^{(1.4-1)/1.4} - 1\right] = 1.63$$

터빈 온도비(τ_t)

$$\tau_t = 1 - \left(\frac{c_{pa}}{c_{pg}}\right)\frac{\pi_c - 1}{\eta_m(1+f)(T_{04}/T_{02})}$$

$$= 1 - \left(\frac{1004}{1156}\right)\frac{1.63-1}{0.995(1+0.03)(6.0)}$$

$$= 0.911$$

터빈 압력비(π_c)

$$\pi_t = [1-(1-\tau_t)/\eta_t]^{\frac{\gamma_g}{\gamma_g - 1}}$$

$$= 1 - \left[\frac{(1-0.911)}{0.88}\right]^{\frac{1.33}{1.33-1}}$$

$$= 0.9999$$

수정 질량유량($\dot{m}_{c2}$)

$$\dot{m}_{c2} = \frac{\dot{m}_{c4}\pi_b\pi_c}{(1+f)\sqrt{T_{04}/T_{02}}}$$

$$\Rightarrow \dot{m}_{c4} = \frac{m_{c2}(\dot{1}+f)\sqrt{T_{04}/T_{02}}}{\pi_b\pi_c}$$

$$= \frac{13.4(1+0.03)\sqrt{6.0}}{(4.36)(0.95)} = 8.162$$

압축기 입구와 터빈 출구의 온도비(T_{05}/T_{02})

식(7.30)에 의해

$$\frac{T_{05}}{T_{02}} = \frac{T_{04}}{T_{02}} - \left(\frac{c_{pa}}{c_{pg}}\right)\frac{\tau_c - 1}{\eta_m(1+f)}$$

$$= 6 - \left(\frac{1004}{1156}\right)\frac{1.63-1}{0.995(1+0.03)} = 5.4661$$

압축기 입구와 터빈 출구의 압력비(P_{05}/P_{02})

식(7.31)에 의해

$$\frac{P_{05}}{P_{02}} = \pi_b \pi_c [1-(1-\tau_t)/\eta_t]^{\frac{\gamma_g}{\gamma_g - 1}}$$

$$= 0.95 \times 4.36 \times 0.9999 = 4.1416$$

7.2.5 터빈과 노즐과의 결합

군용 제트 엔진에서는 터빈 뒤에 후기연소기가 있을 수 있으며 이때는 가변 배기노즐이 사용된다. 후기연소기가 작동하지 않을 때를 Off 모드 또는 Dry 모드라 하며 이때는 후기 연소기를 도관으로 간주하면 된다.

후기연소기가 작동할 때를 On모드 또는 Wet 모드라 하며 후기 연소기의 가스밀도는 고온 때문에 감소하고 질량 보존 법칙에 의해 후기연소기로 분사되는 추가 연료분사량을 고려하여야 한다. 또 연소가 있을 경우에는 도관에 추가적인 압력손실이 있음을 2장에서 배운 것을 기억하기 바란다. 후기 연소기 작동시에는 노즐 면적은 식 (4.34)에 따라 변화하고 이때에도 배기 노즐은 초킹된다고 가정한다.

〈그림 7-9(a)〉는 윗 그림은 후기연소기가 작동하지 않을 때이며 **〈그림 7-9(b)〉**는 후기 연소기가 작동할 때의 배기노즐을 나타낸다. **〈그림 7-9〉**에 나타난 배기 노즐목은 후기연소기작동 경우나 작동하지 않는 경우 모두에서 초킹된 것으로 가정한다.

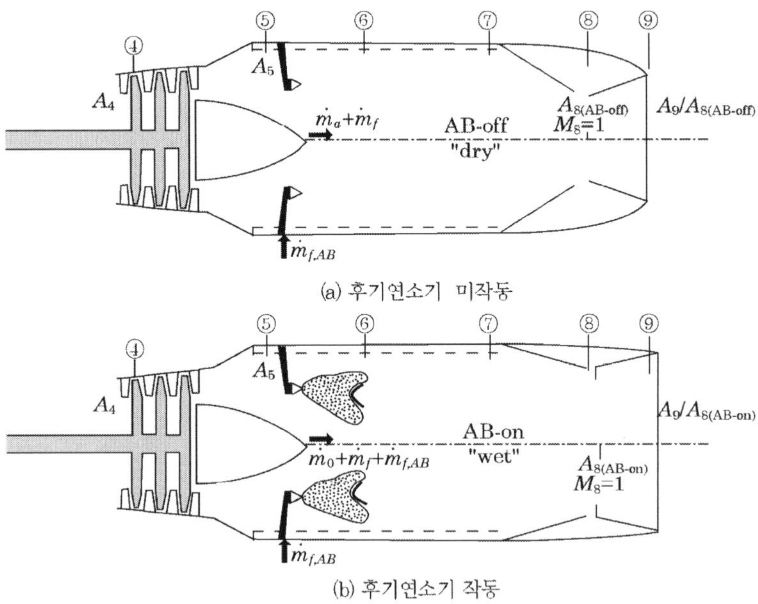

그림 7-9 후기연소기 장착 터보제트엔진의 터빈과 노즐 결합도

후기연소기 작동하지 않을 경우, 터빈 출구에서 전온도는 후기연소기 상당부분과 노즐에서 일정하다. 터빈 출구 이후 가스의 물성치는 모두 연소가스 물성치를 사용하면 되지만 후기 연소기에서도 구별하여 하첨자를 AB로 부쳐둔다. 그리고 위치 4와 8에서 질량보존 법칙을 적용하면 다음과 같이 나타낼 수 있다.

$$\dot{m}_4 = \sqrt{\frac{\gamma_g}{R_g}}\frac{P_{04}}{\sqrt{T_{04}}}\cdot A_4 \cdot M_4\left(1+\frac{\gamma_g-1}{2}M_4^2\right)^{\frac{-(\gamma_g+1)}{2(\gamma_g-1)}} = \dot{m}_8$$

$$\dot{m}_8 = \sqrt{\frac{\gamma_{AB}}{R_{AB}}}\frac{P_{08}}{\sqrt{T_{08}}}\cdot A_{8,Off} \cdot M_8\left(1+\frac{\gamma_{AB}-1}{2}M_8^2\right)^{\frac{-(\gamma_{AB}+1)}{2(\gamma_{AB}-1)}} \tag{7.33}$$

위치 4와 8은 모두 초킹된 상태이므로, $M_4 = M_8 = 1$이고 식(7.33)은 다음과 같이 다시 쓸 수 있다.

$$\frac{P_{08}/P_{04}}{\sqrt{T_{08}/T_{04}}} = \sqrt{\frac{\gamma_g/\gamma_{AB}}{R_g/R_{AB}}}\frac{A_4}{A_{8,\,Off}}\left(\frac{2}{\gamma_g+1}\right)^{\frac{\gamma_g+1}{2(\gamma_g-1)}} \Big/ \left(\frac{2}{\gamma_{AB}+1}\right)^{\frac{\gamma_{AB}+1}{2(\gamma_{AB}-1)}}$$

$$= f(\gamma_g, \gamma_{AB}, R_g/R_{AB}, A_4/A_{8,Off}) \tag{7.34}$$

$$\frac{\pi_t}{\sqrt{\tau_t}} = \frac{A_4}{A_{8,Off}}\frac{\sqrt{\gamma_g}\left(\frac{2}{\gamma_g+1}\right)^{\frac{\gamma_g+1}{2(\gamma_g-1)}} / \sqrt{R_g}}{MFP(M_8)} \tag{7.35}$$

여기서 $\pi_t = \left(1-\frac{1-\tau_t}{\eta_t}\right)^{\frac{\gamma_g}{\gamma_g-1}}$ 이다.

노즐목에서 정체압력은 $(P_{05})\pi_{AB-Off}$이고 $T_{08} = T_{05}$이므로 식(7.33)은

$$\frac{\pi_t}{\sqrt{\tau_t}} = f(\pi_{AB,Off}, \gamma_g, R_g, \gamma_{AB}, R_{AB}, A_4/A_{8,Off}) \tag{7.36}$$

식(7.36)의 우변은 엔진의 설계점/탈설계점 작동에서 거의 일정하며, 이 결과는 엔진의 탈설계점 해석에서 매우 중요하다.

$$\frac{\pi_t}{\sqrt{\tau_t}} \approx \text{일정}(AB, Off) \tag{7.37}$$

후기연소기가 작동할 때 초킹된 위치 4와 8에서의 연속방정식은

$$\frac{P_{08}/P_{04}}{\sqrt{T_{08}/T_{04}}} = \sqrt{\frac{\gamma_g/\gamma_{AB}}{R_g/R_{AB}}}\left(\frac{1+f}{1+f+f_{AB}}\right)\frac{A_4}{A_{8,On}}\left(\frac{2}{\gamma_g+1}\right)^{\frac{\gamma_g+1}{2(\gamma_g-1)}} \Big/ \left(\frac{2}{\gamma_{AB}+1}\right)^{\frac{\gamma_{AB}+1}{2(\gamma_{AB}-1)}}$$

$$= f(\gamma_g, \gamma_{AB}, R_g/R_{AB}, A_4/A_{8,On}) \tag{7.38}$$

$$\frac{\pi_{AB,On}}{\sqrt{\tau_{AB,On}}}\frac{\pi_t}{\sqrt{\tau_t}} \cong f(\gamma_g, R_g, \gamma_{AB}, R_{AB}, A_4/A_{8,On}, f_{AB}) \tag{7.39}$$

후기연소기가 작동할 때, 노즐목에서의 흐름은 터빈 배압의 영향을 받지 않는 음속상태로 후기연소기를 지나간다. 배기 노즐목은 단순한 밸브의 작동으로 간주하여도 된다. 따라서 $A_{8(AB,On)}$이 $\pi_{AB,On}$에 반비례하고 $\tau_{AB,Off}$의 제곱근에 비례하며, 또 후기연소기로 분사되는 추가연료 질량유량을 지나갈 수 있도록 목면적이 변화한다.

$$\frac{\pi_t}{\sqrt{\tau_t}} \approx 일정(AB, On) \tag{7.40}$$

식(7.27)과 식(7.40)의 두 상수는 후기연소기 작동 여부에 따라 달라지는 가스 물성치에 따라서 달라진다.

가스 발생기가 가변면적 노즐과 결합될 때, 터빈팽창은 설계점/탈설계점에서 모두 후기연소기의 작동여부에 영향을 받지 않는다.

이론상으로 노즐 출구 면적 A_9 변화는, 후기연소기가 작동할 때 설치추력(installed thrust)을 최적화하는 독립변수이다.

탈설계점 해석에서 노즐 면적비 A_9/A_8은 주어지는 값이거나 정해진 변수로 가정한다.

노즐 면적비 A_9/A_8 의 이상적인 값은 노즐 총 추력을 가장 크게 하는 $P_9 = P_a$인 완전 팽창에 상응하도록 하는 값이다.

일반적으로 A_8는 후기연소기 작동여부에 따라 결정되며 A_9은 엔진 후미 형상에 따라 결정된다.

고정 형상 수축 배기 노즐에서, 터빈은 더 이상 배기노즐과 분리되어 해석되지 않는다. 터빈 배압은 노즐부 질량 유량의 영향을 지속적으로 받으며 터빈과 압축기의 축동력을 결정하고 압축기의 압력비를 결정하게 된다. 압축기 압력비와 수정 질량유량은 축 회전 속도를 결정한다. 유일한 독립 변수는 연료유량(즉, 스로틀 세팅)이다.

위치 8과 2에서의 연속방정식으로부터 다음 관계식을 얻을 수 있다.

$$\frac{A_8}{A_2}=\frac{(1+f)}{\dot{m}_{c8}/A_8}\frac{\dot{m}_{c2}/A_2}{(p_{t5}/p_{02})}\sqrt{\frac{T_{05}}{T_{02}}} \tag{7.41}$$

식(7.41)은 가스 발생기 펌핑 특성을 내포하고 있다.

7.3 탈설계점 해석

7.3.1 터보제트 엔진의 탈설계점 해석

정상상태 제트 엔진 조절에서 각 부품 결합에서 배웠던 내용을 기반으로 제트를 해석해 보자. 가장 간단한 경우로 후기연소기가 없는 단순 터보제트 엔진을 해석해 보자. 정상상태 설계점 해석에서는 비행 조건(M_a, P_a, T_a), 압축기 압력비 설계(π_c), 연료의 열량(Q_R), 터빈 입구 온도(T_{04}), 부품 효율($\pi_i, e_c, \pi_b, \eta_b, e_t, \eta_m, \pi_n$), 노즐 출구 압력 또는 면적비($P_9/P_a$ or A_9/A_8), 기체 물성치($\gamma_c, c_a, \gamma_t, c_g$), 수정 질량유량($\dot{m}_{c2}$), 수정 축 속도($N_{c2}$), 압축기 입구 마하수($M_2$) 조건들을 결정된다고 가정한다.

터보제트엔진에서 비행 조건(M_a, P_a, T_a), 터빈 입구 온도(T_{04})가 변할 때 탈설계점 해석을 하여 보자.

부품 작동 선도나 경험적인 데이터에 기초하여 탈설계점에서 부품 효율의 특성을 명시 할 수도 있지만 대부분의 경우 설계점과 탈설계점의 부품효율은 같다고 가정한다. 탈설계점 조건에서 설정이 필요한 유일한 사이클 매개 변수는 압축기 압력비 π_c이며, 이에 따라 탈설계점 조건에서의 수정 질량유량과 수정축 회전속도로 정해진다.

탈설계점 해석과정을 간단히 하기 위해 터빈입구는 설계점과 탈설계점에서 모두 초킹되고 ($M_4=1.0$), 배기노즐도 설계점과 탈설계점에서 모두 초킹된다고($M_8=1.0$) 가정을 한다[1, 2].

터빈과 노즐의 결합에서 공부한 바와 같이 설계점과 탈설계점 조건 사이의 유동가스의 물성치가 같다고 가정하면,

$$\frac{\pi_t}{\sqrt{\tau_t}}\approx \text{일정} \tag{7.42}$$

그러나 터빈 폴리트로픽 효율 η_{pt} 에 의해 π_t와 τ_t가 관계되어 있다는 것을 상기하면,

$$\pi_t = \tau_t^{\frac{\gamma_t}{\eta_{pt}(\gamma_t - 1)}}$$

그러므로 설계점과 탈설계점에서의 터빈 폴리트로픽 효율이 일정하다고 가정하면, 터빈팽창매개변수 τ_t는 일정하다고 가정할 수 있다.

$$\tau_t \approx \text{일정}$$

압축기와 터빈 동력 평형식에서

$$\tau_c - 1 = \eta_m (1+f) \frac{c_{pg}}{c_{pa}} \frac{T_{04}}{T_{02}} (1 - \tau_t)$$

$$\tau_t = 1 - \frac{1}{(1+f)\eta_m} \frac{c_{pa}}{c_{pg}} \frac{T_{02}}{T_{04}} (\tau_c - 1) = 1 - \frac{1}{(1+f)\eta_m} \frac{c_{pa}}{c_{pg}} \frac{\tau_\gamma}{\tau_\lambda} (\tau_c - 1) \tag{7.43}$$

설계점과 탈설계점에서 유동가스 물성치와 τ_t는 일정하다고 가정하므로

$$\frac{\tau_c - 1}{\tau_{cR} - 1} \cong \frac{(T_{04}/T_{02})}{(T_{04}/T_{02})_R} = \frac{(\tau_\lambda/\tau_\gamma)}{(\tau_\lambda/\tau_\gamma)_R} \tag{7.44}$$

여기서 하첨자 R은 설계점을 의미하며 하첨자가 없는 것은 탈 설계점 상태를 의미한다.

$\pi_c = \tau_c \eta_{pc}^{\frac{\gamma_a}{\gamma_a - 1}}$ 을 사용하여 $\pi_c = \tau_{cR} \eta_{pc}^{\frac{\gamma_a}{\gamma_a - 1}}$ 에서 탈설계점 압축기 압력비를 구할 수 있다. 또는 $\pi_c = [1 + \eta_c(\tau_c - 1)]^{\frac{\gamma_a}{\gamma_a - 1}}$ 에서 탈설계점에서의 압축기 압력비를 구하면 다음과 같다.

$$\pi_c \cong \left[1 + \eta_c(\tau_{cR} - 1) \frac{(T_{04}/T_{02})}{(T_{04}/T_{02})_R}\right]^{\frac{\gamma_a}{\gamma_a - 1}} \tag{7.45}$$

식(7.24c)를 사용하면 탈설계점의 수정질량유량은 다음과 같다.

$$\frac{\dot{m}_{c2}}{\dot{m}_{c2R}} \cong \frac{\pi_c}{\pi_{cR}} \frac{\sqrt{(T_{04}/T_{02})_R}}{(T_{04}/T_{02})}$$

탈설계점의 수정 축회전속도는 다음과 같이 구한다.

$N_{c2} = N/\sqrt{\theta_2}$, $N_{c4} = N/\sqrt{\theta_4}$ 이므로 $N_{c2} = N_{c4}\sqrt{\dfrac{T_{04}}{T_{02}}}$

설계점과 탈설계점에서 τ_t는 일정하다고 가정하므로 N_{c4}도 일정하다고 가정할 수 있다.

따라서 $$\frac{N_{c2}}{N_{c2R}} \simeq \frac{\sqrt{(T_{04}/T_{02})}}{\sqrt{(T_{04}/T_{02})_R}} \tag{7.46}$$

수정질량유량은 $\dot{m}_{ci}=\dot{m}_i\sqrt{\theta_t}/\delta_i$이고, 터빈을 지나는 질량유량은 압축기 질량 유량이다. 연소기에서의 연료질량유량은 더한 값이므로 다음 관계식이 성립한다.

$$(1+f)\dot{m}_{c2}\delta_2/\sqrt{\theta_2}=\dot{m}_{c4}\delta_4/\sqrt{\theta_4} \tag{7.47}$$

정리하면

$$\dot{m}_{c2}=\frac{\dot{m}_{c4}}{(1+f)}\frac{P_{04}}{P_{02}}/\sqrt{\frac{T_{04}}{T_{02}}}=\frac{\dot{m}_{c4}\pi_b\pi_c}{(1+f)\sqrt{T_{04}/T_{02}}} \tag{7.48}$$

대부분의 작동조건에서 $\dot{m}_4$는 초킹되어 일정하다고 가정할 수 있으므로 수정질량유량을 다시 구할 수 있다.

$$\frac{\dot{m}_{c2}}{\dot{m}_{c2R}}\cong\frac{\pi_c}{\pi_{cR}}\frac{\sqrt{(T_{04}/T_{02})_R}}{\sqrt{(T_{04}/T_{02})}} \tag{7.49}$$

이상의 가정을 기본으로 하여 탈설계점에서 미지수인 압축기 압력비를 구하는 방법은 다음과 같이 요약할 수 있다.

첫째 설계점 작동에서의 τ_t를 구한다.

둘째 압축기와 주어진 터빈 팽창매개변수 τ_t 사이의 동력평형을 이용해 탈설계점 압축비를 구한다.

셋째 탈설계점에서의 새로운 수정 질량유량과 축회전 속도를 구한다.

예제 7-3 터보제트엔진을 지상정지 기준 상태에서 다음과 같은 변수로 작동 시험하여 성능을 구하였다.

지상 정지 기준 상태

$M_a=0$, $P_a=101.33\,kPa$, $T_a=288.2\,K$, $\pi_i=0.98$, $\pi_c=25$, $\eta_{pc}=0.90$,
$Q_R=42{,}800\,kJ/kg$, $\pi_b=0.95$, $\eta_b=0.98$, $\tau_\lambda=6.0$, $\eta_{pt}=0.85$, $\eta_m=0.98$,
$\pi_n=0.97$, $P_9=P_a$, $\dot{m}_{c2}=80kg/s$, $M_2=0.50$

다음 상태에서 순항 비행할 때의 압축기 압력비(π_c), 수정 축 회전속도 비(N_{c2}/N_{c2R}), 수정질량유량($\dot{m}_{c2}$), 엔진 전면에서의 축 마하수(M_2), 음속, 노즐출구에서의 온도, 배기제트 속도, 비추력, 추력당연료소모율(TSFC)을 구하라. 모든 기체의 물성치는 $\gamma=1.4$, $c_p=1004\,kJ/kg\cdot K$로 일정하다고 가정한다.

순항 상태

$M_a = 0.85$, $P_a = 20.0\,kPa$, $T_a = 258K$, $\tau_\lambda = 6.5$, $\eta_{pt} = 0.80$, $\eta_m = 0.98$, $\pi_n = 0.97$, $P_9 = P_a$

풀이 주어진 자료로부터 지상 정지 상태(기준 상태)의 성능을 구하면 다음과 같다.
$\tau_\gamma = 1.0$, $a = 340.2\,m/s$, $\tau_c = 2.7784$, $T_{04} = 1729.2K$, $f = 0.02318$, $\tau_t = 0.7044$, $M_9 = 1.7512$, $T_9 = 754.9K$, $a_9 = 550.6m/s$, $V_9 = 946.3\,m/s$, $F/\dot{m} = 986.6\,Ns/kg$, $TSFC = 23.498\,mg/s/N$
순항 비행조건에서 또 $\tau_\lambda = 6.5$ 이므로, $T_{04} = 1729.2K$가 된다.
$T_a = 258K$ 이므로, $T_{0a} = T_{02} = 295.3K$이다. 램 압력비는 $\tau_\gamma = 1.1445$이다.

1) 순항상태에서의 압축기 압력비(π_c)
순항상태에서 τ_t을 일정하게 유지하면, 압축기 압력비는 다음과 같이 계산할 수 있다.
식(7.44)에 의해

$$\tau_c \approx 1 + \frac{(\tau_r/\tau_\lambda)_R}{(\tau_r/\tau_\lambda)}(\tau_c - 1)_R$$

$$= 1 + \frac{(1/6)}{(1.1445/6.5)}(2.7784 - 1) \approx 2.6833$$

$$\pi_c = \tau_c^{\frac{\gamma \eta_{pc}}{\gamma - 1}}$$

$$= 2.6833^{\frac{1.4 \times 0.9}{1.4 - 1}} = 22.4$$

2) 수정 축 회전속도 비 (N_{c2}/N_{c2R})
식(7.46)에 의해

$$\frac{N_{c2}}{N_{c2R}} = \frac{\sqrt{(T_{04}/T_{02})}}{\sqrt{(T_{04}/T_{02})_R}} = \frac{\sqrt{1456.5/295.3}}{\sqrt{1729.2/288.2}} = 0.9067 \approx 0.9$$

3) 순항상태에서의 수정질량유량($\dot{m}_{c2}$)
식(7.49)에 의해

$$\frac{\dot{m}_{c2}}{\dot{m}_{c2R}} = \frac{\pi_c}{\pi_{cR}} \frac{\sqrt{(T_{04}/T_{02})}}{\sqrt{(T_{04}/T_{02})_R}} \approx \frac{22.4}{25}(0.9) \approx 0.8037$$

따라서 $\dot{m}_{c2} = 0.8137(80kg/s) = 64.3kg/s$

4) 순항상태에서 엔진 전면에서의 축 마하수(M_2)

수정질량유량과 기준점에서의 엔진 전면의 축 마하수로부터, 엔진 전면의 면적(A_2)을 구할 수 있다. 여기서 $P_{ref} = 101.33\,kPa$이고 $T_{ref} = 288.2\,K$이다.

$$\frac{\dot{m}_{c2R}}{A_2} = \sqrt{\frac{\gamma_a}{R_a}} \frac{P_{ref}}{\sqrt{T_{ref}}} M_{2R}\left(1 + \frac{\gamma_a - 1}{2} M_{2R}^2\right)^{\frac{-(\gamma_a+1)}{2(\gamma_a-1)}} = 180.06kg/s/m^2$$

압축기 전면의 유동 면적은

$$A_2 = \frac{\dot{m}_{c2R}}{180.06} = \frac{80}{180.06} = 0.4443m^2$$

위의 과정과 동일하게 순항상태에서의 수정질량유량과 엔진 전면의 면적(A_2)를 이용해,

$$\frac{\dot{m}_{c2}}{A_2} = \sqrt{\frac{\gamma_a}{R_a}} \frac{P_{ref}}{\sqrt{T_{ref}}} M_2\left(1 + \frac{\gamma_a - 1}{2} M_2^2\right)^{\frac{-(\gamma_a+1)}{2(\gamma_a-1)}}$$

여기서 $\frac{\dot{m}_{c2}}{A_2} = \frac{64.3}{0.4443} = 144.72kg/s/m^2$ 이므로, 위 식을 이용해 계산하면 $M_2 = 0.378$이다.

5) 순항상태에서의 노즐 출구에서의 음속, 온도, 배기제트속도, 비추력, TSFC는 다음과 같다.

$a_9 = 506\,m/s$, $T_9 = 671.2\,K$, $V_9 = 913.4\,m/s$, $F/\dot{m} = 660\,Ns/kg$, $TSFC = 33.43\,mg/s/N$

7.3.2 분리 배기가스 유동 2축 터보팬 엔진의 탈설계점 해석

분리 배기 유동 터보팬 엔진의 탈설계점 해석도 터보제트 문제와 같은 방법으로 접근하되 단지 유동만 중심부유동, 팬 유동으로 분리하면 된다. 이 해석에서 배기노즐은 **〈그림7-10〉**에 보인바와 같이 수축노즐이라 가정한다. 즉 8번 9번이 동일하며, 18번 19번이 동일하다. **〈그림 7-10〉**은 분리 배기가스 유동 2축 터보팬엔진의 개략도이다. 팬 유동출구 13번과 저압 압축기 출구 2.5번은 동일하다고 가정한다. 즉

$$\tau_F = \tau_{CL}, \quad \pi_F = \pi_{CL}$$

분리 배기가스 유동 2축 터보팬 엔진의 탈설계점 작동시에서는 1단과 2단 각각의 터빈 첫단 노즐이 초킹되고 중심부유동 배기노즐목과 팬유동 배기노즐목도 초킹된다고 가정한다[1~4]. 즉, $\dot{m}_{c4}$, $\dot{m}_{c4.5}$는 일정하며 $M_4 = M_{4.5} = 1.0$이고, $M_9 = M_{19} = 1.0$이라 가정한다.

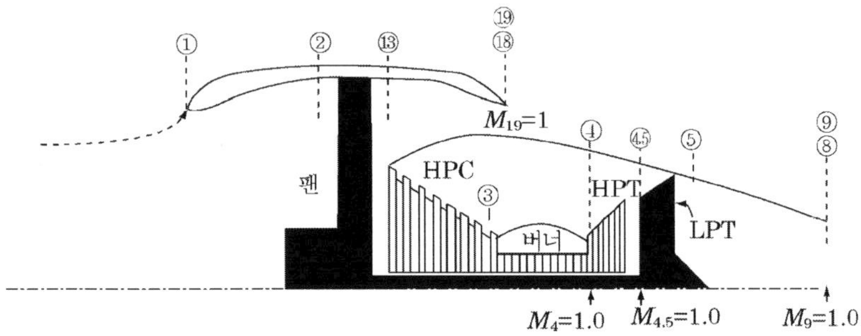

그림 7-10 수축노즐을 가진 분리배기가스유동 2중 스풀축 터보팬 엔진 개략도

터보팬 엔진의 설계점에서 비행 조건(M_a, p_a, T_a), 압축기와 팬 압력비(π_c, π_F), 바이패스비(β), 연료 열량(Q_R), 터빈 입구 온도(T_{04}), 부품 효율($\pi_i, e_c, e_F, \pi_b, \eta_b, e_t, \eta_m, \pi_n, \pi_{nF}, P_9/P_a, P_{19}/P_a$), 기체 물성치($\gamma_a, c_{pc}, \gamma_t, c_{pg}$), 초킹 상태($M_4 = M_{4.5} = M_9 = M_{19} = 1.0$)는 알 수 있다고 가정한다.

스로틀 세팅(T_{04})을 달리 하거나 다른 비행조건 즉 비행 고도나 마하수에서 비행할 때, 분리 배기가스유동 2축 터보팬 탈설계점 해석을 하여 보자.

탈설계점 해석에서 결정하여 할 매개변수는 압축기 압력비(π_c) 팬 압력비(π_F), 바이패스비(β)이다.

고압터빈 출구인 4.5점과 노즐목 9점 사이의 질량유량은 거의 같다.

$$\dot{m}_{4.5} = \sqrt{\frac{\gamma_g}{R_g}}\frac{P_{04.5}}{\sqrt{T_{04.5}}}A_{4.5}\left(\frac{2}{\gamma_g+1}\right)^{\frac{\gamma_g+1}{2(\gamma_g-1)}} \cong \dot{m}_9 = \sqrt{\frac{\gamma_g}{R_g}}\frac{P_{09}}{\sqrt{T_{09}}}A_9\left(\frac{2}{\gamma_g+1}\right)^{\frac{\gamma_g+1}{2(\gamma_g-1)}} \tag{7.50}$$

일정한 면적, 일정한 기체물성치 등등 터보제트에서의 방법과 같은 방법으로 생각하면 $\pi_{tL}/\sqrt{\tau_{tL}}$는 거의 일정하다고 할 수 있다.

$$\pi_{tL}/\sqrt{\tau_{tL}} \approx \text{일정} \tag{7.51}$$

즉,

$$\pi_{tL} = \pi_{tLR}\sqrt{\frac{\tau_{tL}}{\tau_{tLR}}} = \frac{MFP(M_{9R})}{MFP(M_9)} \tag{7.52}$$

여기서 하첨자 R은 설계 기준점이며 하첨자가 없는 것은 탈설계점을 나타낸다.

또한 터빈에서 압력과 온도비에 대해 같은 폴리트로픽 효율을 가정하면, 분리 배기가스유동 터보팬 엔진 작동의 첫 번째 상수는 다음과 같이 추론할 수 있다.

$$\tau_{tL} \approx \text{일정} \tag{7.53}$$

또 고압터빈입구 4점과 고압터빈출구 4.5점 사이의 질량유량을 생각해보면

$$\dot{m}_4 = \sqrt{\frac{\gamma_g}{R_g}}\frac{P_{04}}{\sqrt{T_{04}}}A_4\left(\frac{2}{\gamma_g+1}\right)^{\frac{\gamma_g+1}{2(\gamma_g-1)}} \tag{7.54}$$
$$\cong \dot{m}_{4.5} = \sqrt{\frac{\gamma_g}{R_g}}\frac{P_{04.5}}{\sqrt{T_{04.5}}}A_{4.5}\left(\frac{2}{\gamma_g+1}\right)^{\frac{\gamma_g+1}{2(\gamma_g-1)}}$$

고정면적 터빈에 대해서는 A_4와 $A_{4.5}$는 일정하며, 또 기체의 물성치는 설계점과 탈설계점에서 변화하지 않는다고 가정하면 $\pi_{tH}/\sqrt{\tau_{tH}}$는 거의 일정하다고 할 수 있다.

$$\pi_{tH}/\sqrt{\tau_{tH}} \approx \text{일정} \tag{7.55}$$

동일한 방법으로 설계점과 탈설계점사이의 η_{tH}가 일정하다고 가정하면

$$\tau_{tH} \approx \text{일정} \tag{7.56}$$

따라서 $\pi_{tH} \approx$ 일정 (7.57)

식(7.53)과 식(7.56)을 결합하면

$$\tau_t = \tau_{tH} \cdot \tau_{tL} \approx \text{일정} \tag{7.58}$$

팬 노즐이 설계점에서와 같이 탈설계점에서도 초킹된다고 가정하면, 질량유량은

$$\dot{m}_{18} = \sqrt{\frac{\gamma_a}{R_a}}\frac{P_{019}}{\sqrt{T_{019}}}A_{18}\left(\frac{2}{\gamma_a+1}\right)^{\frac{\gamma_a+1}{2(\gamma_a-1)}} = \beta \cdot \dot{m}_a \tag{7.59}$$

중심부 유동의 질량유량은

$$\dot{m}_8 = \sqrt{\frac{\gamma_g}{R_g}}\frac{P_{09}}{\sqrt{T_{09}}}A_8\left(\frac{2}{\gamma_g+1}\right)^{\frac{\gamma_g+1}{2(\gamma_g-1)}} = (1+f)\dot{m}_a \tag{7.60}$$

식(7.59)와 식(7.60)의 두 질량유량을 이용하고, 기체 물성치와 유동 노즐목 면적이 설계점과 탈설계점에서 변하지 않는다고 가정하면

$$\frac{\beta}{1+f}=C\frac{P_{018}/\sqrt{T_{019}}}{P_{08}/\sqrt{T_{09}}}=C\frac{P_{013}/\sqrt{T_{013}}}{P_{05}/\sqrt{T_{05}}}$$

여기서 C는 비례상수이다.

분모와 분자를 $P_{02}/(T_{02})^{1/2}$로 나누면

$$\beta\approx C\frac{\left(\dfrac{P_{013}}{P_{02}}\right)/\sqrt{\dfrac{T_{013}}{T_2}}}{\left(\dfrac{P_{05}}{P_{04}}\dfrac{P_{04}}{P_{03}}\cdot\dfrac{P_{03}}{P_{013}}\dfrac{P_{0t13}}{P_{02}}\right)/\sqrt{\dfrac{T_{05}}{T_{04}}\dfrac{T_{04}}{T_a}\dfrac{T_a}{T_{02}}}} \approx C\frac{\sqrt{\tau_\lambda/\tau_r\cdot\tau_f}}{\pi_{cH}} \tag{7.61}$$

즉, $$\beta=\beta_R\frac{\pi_{cHR}}{\pi_{cH}}\sqrt{\frac{\tau_\lambda/(\tau_\gamma\tau_F)}{[\tau_\lambda/(\tau_\gamma\tau_F)]_R}}\frac{MFP(M_{19})}{MFP(M_{19R})} \tag{7.62}$$

윗 식에서 터빈 압력비나 온도비와 같이 오른쪽항의 앞쪽에 있는 계수를 결합해 하나의 상수로 나타내고, 터빈 팽창매개변수 τ_t와 π_t가 탈설계점에서 일정할 때, 식(7.61)을 더 간단히 나타내면 다음과 같다.

$$\beta\pi_{cH}\sqrt{\frac{\tau_r\tau_F}{\tau_\lambda}}\approx \text{일정} \tag{7.63}$$

분리배기가스유동 2축 터보팬 엔진의 탈설계점 해석에서 팬과 압축기 압력비, 바이패스비를 구하기 위해서는 설계점과 탈설계점 사이에서 위에서 유도한 상수를 이용하면 편리하다.

탈설계점 해석

고압터빈과 고압압축기 사이에서의 동력 평형은

$$T_{013}(\tau_{cH}-1)=\eta_{mH}(1+f)T_{04}(1-\tau_{tH})$$

양변을 T_{02}로 나누면, 무차원식을 구할 수 있다.

$$\tau_F(\tau_{cH}-1)=\eta_{mH}(1+f)(1-\tau_{tH})\frac{\tau_\lambda}{\tau_r}\approx C\frac{\tau_\lambda}{\tau_r} \tag{7.64}$$

위 식은 탈설계점 해석에서 스로틀 세팅 즉 T_{04}또는 τ_λ를 지정하고, 비행마하수에서 τ_r을 알 수 있으므로 두 미지수τ_{cH}과 τ_F을 가지게 된다.

식(7.64)를 다시 쓰면

$$\frac{\tau_r \tau_F}{\tau_\lambda}(\tau_{cH} - 1) \approx \text{일정한 값} = C_1 \tag{7.65}$$

팬과 저압터빈 사이의 동력평형은

$$\begin{aligned}(1+\beta)T_{02}(\tau_F - 1) &= \eta_{mL}(1+f)T_{04.5}(1-\tau_{tL}) \\ &= \eta_{mL}(1+f)T_{04}\tau_{tH}(1-\tau_{tL})\end{aligned} \tag{7.66}$$

위 식의 오른쪽 항은 모두 알고 있는 값이다. 즉, 설계점 해석에서 τ_{tH}와 τ_{tL}를 알고, 탈설계점해석에서 스로틀 세팅 T_{04}를 지정하므로 오른쪽항은 모두 아는 값이다. 왼쪽항은 탈설계점 바이패스비와 탈설계점 팬 온도비의 두 미지수를 포함하고 있다.

식(7.66)을 간단히 하면,

즉 $\tau_F = 1 + \dfrac{1-\tau_{tL}}{(1-\tau_{tL})_R}\dfrac{\tau_A/\tau_r}{[\tau_\lambda/\tau_r]_R}\dfrac{1+\alpha_R}{1+\alpha}(\tau_{FR}-1)$

$$(1+\beta)(\tau_F - 1)\frac{\tau_r}{\tau_\lambda} \approx \text{일정한 값} = C_2 \tag{7.67}$$

식(7.63)에서 β, τ_F, π_{cH}의 미지수를 포함하는 세 번째 식을 다음과 같이 나타낸다.

$$\beta \cdot \pi_{cH}\sqrt{\frac{\tau_r \tau_F}{\tau_\lambda}} \approx \text{일정한 값} = C_3 \tag{7.68}$$

β, τ_F, π_{cH}의 3개의 미지수를 포함하는 3개의 식인 식(7.65), (7.67), (7.68)은 완전 독립식이 아니다.

$$\pi_{cH} = \tau_{cH}^{\frac{\gamma\eta_{cH}}{\gamma-1}} \tag{7.69}$$

즉 식(7.69)에 의하여 서로 결합되어 있는 식이므로 3가지 미지수가 3가지 식이 있음에도, 3가지 미지수를 바로 구할 수는 없다.

탈설계점에서 해를 구하는 방법

i) 설계점 해석으로부터, 세 상수 C_1, C_2, C_3를 계산할 수 있다.

ii) 식(7.65), (7.672), (7.68)을 풀고, 반복하면 미지수 β, τ_{cH}, τ_F를 구할 수 있다. 식(7.67), (7.68)에서 바이패스비를 소거해 간단히 하면

$$\left(\frac{\tau_r}{\tau_\lambda} + \frac{C_3}{\pi_{cH}}\sqrt{\frac{\tau_r}{\tau_\lambda \tau_F}}\right)(\tau_F - 1) = C_2 \tag{7.70}$$

식(7.65)으로부터 τ_F를 구하면,

$$\tau_F = \frac{C_1 \tau_\lambda}{\tau_r (\tau_{cH} - 1)} \tag{7.66}$$

iii) 식(7.70)에 (7.71)을 대입하고, 식(7.69)를 이용하여 압력비를 온도비로 대체하면 다음 식으로 표현할 수 있다.

$$\left(\frac{\tau_r}{\tau_\lambda} + \frac{C_3}{(\tau_{cH})^{\frac{\gamma \eta_{pH}}{\gamma - 1}}} \sqrt{\frac{\tau_r}{\tau_\lambda [\frac{C_1 \tau_\lambda}{\tau_r (\tau_{cH} - 1)}]}} \right) [\frac{C_1 \tau_\lambda}{\tau_r (\tau_{cH} - 1)} - 1] = C_2 \tag{7.72}$$

iv) 마지막으로 식(7.72)에서 η_{pH}를 따로 계산한다.

v) 그리고 식(7.71)에서 τ_F를 구하고, 이를 식(7.68)에 대입하면, 탈설계점에서의 바이패스비를 구할 수 있다. 바이패스유동량은 질량유량 매개함수(MFP)에 의해 결정되기 때문에 동일엔진에서도 저부하작동 조건에서는 바이패스비가 증가하고 고부하작동 조건에서는 바이패스비가 낮아진다.

예제 7-4 분리 배기가스 유동 2축 터보팬 엔진이 지상 정지 상태에서 다음과 같은 변수로 작동 시험하여 성능을 구하였다. 이 때, 팬과 중심부 유동 노즐은 초킹된다.

지상 정지 기준상태

$M_a = 0$, $P_a = 101.33\,kPa$, $T_a = 288.2K$, $\pi_i = 0.98$, $\pi_F = 1.8$, $\eta_{pF} = 0.90$, $\beta = 5.0$,
$\pi_{cH} = 14$, $\eta_{pcH} = 0.90$, $T_{04} = 1600℃$, $Q_R = 42{,}800\,kJ/kg$, $\eta_b = 0.99$, $\pi_b = 0.95$,
$\eta_{pH} = 0.85$, $\eta_{mH} = 0.995$, $\eta_{ptL} = 0.89$, $\eta_{mL} = 0.995$, $\pi_n = \pi_{nF} = 0.98$,
$P_8 = P_{18} = P_a$, $\gamma_a = 1.4$, $c_{pa} = 1004\,J/kg \cdot K$, $\gamma_g = 1.33$, $c_{pg} = 1146\,J/kg \cdot K$,
$M_4 = M_{4.5} = M_9 = M_{19} = 1.0$

다음 상태에서 순항 비행할 때, 팬 압력비(π_F), 고압 압축기의 압력비(π_{cH}), 바이패스비(β)를 구하라. 모든 부품의 효율은 일정하게 유지된다고 가정한다.

순항상태

$M_a = 0.90$, $P_a = 20\,kPa$, $T_a = 253K$, $T_{04} = 1573K$

풀이 먼저 지상 정지상태(기준상태)에서의 τ_r, τ_F, τ_{cH}, τ_λ을 구하면 다음과 같다.

$$\tau_{rR} = 1 + 0.2(0) = 1.0$$

$$\tau_{FR} = \pi_{FR}^{0.2857/0.90} = (1.8)^{0.31746} = 1.2051$$

$$\tau_{cHR} = \pi_{cHR}^{0.2857/0.90} = (14)^{0.31746} = 2.3113$$

$$\tau_{\lambda R} = \frac{c_{pg} T_{04}}{c_{pa} T_a} = \left(\frac{1146}{1004}\right)\left(\frac{1873}{288.2}\right) \cong 7.42$$

다음으로 첫 번째 상수 C_1을 계산한다.

$$C_1 = \frac{\tau_{rR}\tau_{FR}}{\tau_{\lambda R}}(\tau_{cHR} - 1) = \frac{1.2051}{7.42}(1.3113) \cong 0.2130$$

상수 C_2, C_3은

$$C_2 = (1+\beta)(\tau_{FR} - 1)\frac{\tau_{rR}}{\tau_{\lambda R}} = 6(0.2051)\frac{1}{7.42} \cong 0.1659$$

$$C_3 = \beta(\pi_{cHR})\sqrt{\frac{\tau_{rR}\tau_{FR}}{\tau_{\lambda R}}} = 5(14)\sqrt{\frac{1.2051}{7.42}} \cong 28.214$$

순항상태 작동 조건에서의 τ_r, τ_λ을 계산하면 다음과 같다.

$$\tau_r = 1 + 0.2(0.90)^2 = 1.162$$

$$\tau_\lambda = \frac{c_{pg} T_{04}}{c_{pa} T_a} = \left(\frac{1146}{1004}\right)\left(\frac{1300+273}{273-20}\right) \cong 7.097$$

$$\left(\frac{\tau_r}{\tau_\lambda} + \frac{C_3}{(\tau_{cH})^{\frac{\gamma\eta_{pcH}}{\gamma-1}}}\sqrt{\frac{\tau_r}{\tau_\lambda\left[\dfrac{C_1\tau_\lambda}{\tau_r(\tau_{cH}-1)}\right]}}\right)\left[\frac{C_1\tau_\lambda}{\tau_r(\tau_{cH}-1)} - 1\right] = C_2$$

$$\left(\frac{1.162}{7.097} + \frac{28.214}{\tau_{cH}^{3.15}}\sqrt{\frac{1.162}{7.097\left[\dfrac{0.213(7.097)}{1.162(\tau_{cH}-1)}\right]}}\right)\left[\frac{0.213(7.097)}{1.162(\tau_{cH}-1)} - 1\right] = 0.1659$$

위 식으로부터 고압압축기의 온도비를 구할 수있다.

$$\tau_{cH} \approx 2.135$$

따라서 순항상태에서의 고압압축기의 압력비는 다음과 같다.

$$\pi_{cH} = \tau_{cH}^{\gamma \eta_{pc}/(\gamma - 1)} = (2.135)^{3.15} \approx 10.90$$

순항상태에서의 팬 압력비는

$$\tau_F = \frac{C_1 \tau_\lambda}{\tau_r (\tau_{cH} - 1)} = 1.1463$$

$$\pi_F = \tau_F^{\gamma \eta_{pF}/(\gamma - 1)} = (1.1463)^{3.15} \approx 1.537$$

순항상태에서의 바이패스비는 다음과 같다.

$$\beta(\pi_{cH}) \sqrt{\frac{\tau_r \tau_F}{\tau_\lambda}} \approx \text{일정} = C_3$$

$$\beta \approx 5.972$$

이 예제로부터, 지상 정지 상태 비행에 비하여, 순항상태 비행에서는 바이패스비가 증가함을 알 수 있다.

연습문제

01_ 식(7.29), (7.30)을 유도하라.

02_ 어떤 터보제트엔진이 스로틀 작동상태 $T_{04}/T_{02}=6.0$에서 작동한다. 압축기수정회전수 13,000rpm일 때 압축기 압력비는 5.3, 압축기수정질량유량은 16.3(kg/s), 압축기효율은 0.84이다. 터빈의 효율은 0.9라 가정하라.
연료-공기비 $f=0.03$, 축연결에서 기계적 효율 $\eta_m=0.99$, 연소기압력비 $\pi_b=0.95$, $c_{pa}=1.004 kJ/kg \cdot K$, $c_{cg}=1.156 kJ/kg \cdot K$이다. 압축기온도비, 터빈온도비, 터빈의 수정회전수, 터빈의 수정질량유량, 터빈압력비, P_{05}/P_{02}, T_{05}/T_{02}를 구하라.

03_ 어느 터보제트 엔진의 설계점 상태는 고도 12km이며 마하수 2.0으로 비행한다. 설계점 상태에서 작동할 때, 다음과 같은 변수를 가지고 있다.

설계점 상태(고도 12km)

$T_a=216.7K$, $\gamma_a=1.4$, $c_{pa}=1.004\,kJ/kg \cdot K$, $\gamma_g=1.3$, $c_{pg}=1.239\,kJ/kg \cdot K$,
$T_{04}=1800\,K$, $M_a=2$, $\pi_c=10$, $\tau_c=2.0771$, $\eta_c=0.8641$, $\tau_t=0.8155$, $\pi_t=0.3746$,
$\pi_i=0.8788$, $\pi_b=0.94$, $\pi_n=0.96$, $\eta_b=0.98$, $\eta_m=0.99$, $P_a/P_9=0.5$, $Q_R=42{,}800\,kJ/kg$,
$P_{09}/P_9=11.62$, $TSFC=44.21\,mg/s$, $P_a=19.40\,kPa$, $\dot{m}_{c2}=50\,kg/s$, $N_{c2}=12{,}000\,rpm$
$M_2=0.3$

이 엔진이 고도 9km에서 마하 1.5로 비행할 때, 압축기압력비(π_c), 수정질량유량($\dot{m}_{c2}$), 수정축회전수 (N_{c2}), 엔진전면에서의 축마하수(M_2)를 구하라.
또 설계점 상태와 탈설계점 상태에서의 비추력, TSFC, 추진효율, 열효율을 구하고 각각 비교하

라. 이 때, 모든 부품의 효율은 운전 상태에 관계없이 일정하게 유지된다고 가정한다.

탈설계점 상태(고도 9km)

$T_a = 229.8K,\ P_a = 30.8\,kPa,\ M_a = 1.5,\ P_a/P_9 = 0.955,\ T_{04} = 1670K$

04_ 터보제트 엔진이 지상 정지상태(기준상태)에서 작동할 때, 다음과 같은 변수를 가지고 있다.

지상 정지 기준 상태

$M_a = 0,\ P_a = 0.1\,MPa,\ T_a = 288K,\ \pi_i = 0.98,\ \pi_c = 25,\ \eta_{pc} = 0.90,\ Q_R = 42{,}800\,kJ/kg,$
$\pi_b = 0.98,\ \eta_b = 0.99,\ T_{04} = 1500℃,\ \eta_{pt} = 0.85,\ \eta_m = 0.995,$ 압축기 수정질량유량
$\dot{m}_{c2} = 73kg/s,\ N_{c2} = 6000rpm,\ M_2 = 0.60,\ \pi_n = 0.97,\ P_9/P_a = 1.0$

순항상태비행에서 다음 조건으로 작동할 때, 압축기 압력비(π_c), 수정질량유량($\dot{m}_{c2}$), 수정 축 회전수 (N_{c2}), 엔진 전면에서의 축 마하수(M_2)를 구하라.
또 정지 기준 상태와 순항 상태에서의 비추력, TSFC, 추진효율, 열효율을 구하고 각각 비교하라. 이 때, π_i를 제외한 모든 부품의 효율은 운전상태에 관계없이 일정하게 유지된다고 가정한다. 기체 물성치는 $\gamma_a = \gamma_g = 1.4,\ c_{pa} = c_{pg} = 1004\,J/kg \cdot K$로 가정한다.

순항 상태

$M_a = 0.8,\ P_a = 33\,kPa,\ T_a = 258K,\ T_{04} = 1648K,\ \pi_i = 0.995,\ P_9/P_a = 1.0$

05_ 분리유동 터보팬 엔진이 지상 정지상태 (기준상태)에서 작동할 때, 다음과 같은 변수를 가지고 있다.

지상 정지 기준 상태

$M_a = 0$, $P_a = 0.1\,MPa$, $T_a = 288\,K$, $\pi_i = 0.98$, $\pi_f = 2.0$, $\eta_{pF} = 0.90$, $\beta = 6.0$, $\pi_{cH} = 15$, $\eta_{pcH} = 0.90$, $T_{04} = 1973K$, $Q_R = 42{,}800\,kJ/kg$, $\eta_b = 0.99$, $\pi_b = 0.95$, $\eta_{ptH} = 0.85$, $\eta_{mH} = 0.995$, $\eta_{ptL} = 0.89$, $\eta_{mL} = 0.995$, $\pi_n = \pi_{nf} = 0.98$, $P_8 = P_{18} = P_a$, $\gamma_a = 1.4$, $c_{pa} = 1004\,J/kg \cdot K$, $\gamma_g = 1.33$, $c_{pg} = 1146\,J/kg \cdot K$, $M_4 = M_{4.5} = M_9 = M_{19} = 1.0$

순항 상태 비행에서 다음 조건으로 작동할 때, 팬 압력비(π_F), 고압 압축기 압력비(π_{cH}), 바이패스비(β)를 구하라.

또 정지 기준 상태와 순항 상태에서의 비추력, TSFC, 추진효율, 열효율을 구하고 각각 비교하라. 이 때, π_i를 제외한 모든 부품의 효율과 기체 물성치는 일정하게 유지된다고 가정한다.

순항 상태

$M_a = 0.85$, $P_a = 10\,kPa$, $T_a = 258K$, $T_{04} = 1773K$, $\pi_i = 0.995$

참고문헌

[1] S.Farokhi, *Aircraft Propulsion,* Wiley, 2008

[2] P.Hill and C.Peterson, *Mechanics and Thermodynamics of Propulsion*, 2nd ed. Addison Wesley, 1992

[3] J. D.Mattingly, *Element of Gas Turbine Propulsion*, McGrewHill, 1996

[4] H. Saravanamuttoo, C Rogers, and H Cohen, *Gas Turbine Theory*, Prentice Hall, 2001

[5] W.Bathie, *Fundamentals of Gas Turbines*, 2nd Ed. John Wiley, 1995

제 8 장 환경보호

8.1 개요

지구 온난화와 1960년대 이후의 급격한 제트 항공기의 사용으로 인한 매연 배출은 오존층 파괴의 한 원인이 되고 있다. 항공기에 의한 대기 오염물질의 배출량은 자동차, 공장, 화력 발전소, 상업, 각 가정 등이 모든 오염원으로부터 총배출량의 불과 1% 이하이지만 공항 및 주변 지역에 한해서는 대기 오염원으로 무시할 수 없는 값에 달하고 있고, 고고도에서는 NOx가 오존층을 파괴하므로 사회적 관심이 고조되고 있다. 국제민간항공기구(International Civil Aviation Organization; ICAO)와 미국환경보호청(Environmental Protection Agency; EPA)에서는 항공기 연료에서 바로 증발 또는 방출되는 유해 배출가스, 매연, HC, CO, NOx와 같은 유해 배출가스를 규제하고 있다[1]. 미국은 세계에서 최초로 항공기의 배기가스 규제를 실시하였다. 미국환경보호국(Environmental Protection Agency; EPA)으로 1973년 7월에 현재의 ICAO 기준보다도 훨씬 엄격한 내용의 기준안을 제안하였다. 그러나 그 뒤, 오염 물질의 배출 감소 기술의 진행 정도와 대기 오염 상태를 종합적으로 판단하여 수차례에 걸쳐 기준안의 완화 개정이 행해져, 현재의 미국 기준은 거의 ICAO 기준과 동일 내용이 되었다. 가스 상태의 배출 물질에 대해서는 CO와 NOx의 규제를 철폐하고 있으며 HC만을 ICAO와 같은 값으로 규제하고 있다. ICAO의 국제 기준과 미국에서 항공기소음 및 배출물질 기준 및 규제는 다음과 같다. ICAO 제 16부속서(Annex 16)를 1972년 1월부터 적용하였다. ICAO는 1981년 5월에 ICAO 제 16 부속서(Annex 16)를 개정하여 제1권(volume 1)은 "항공기소음"기준, 제2권(volume 2)을 "항공 엔진 배출물질"을 설정했다. 또 1986년에는 ICAO에서 항공환경규제위원회(Comittee on Aviation Environmental Protection; CAEP)를 발족하여 3,000ft 이하의 공항근처에서의 CO, HC, NOx 매연에 대한 규제를 제안하였으며, 고공에서 배출되는 배기가스규제를 제안하고 있다. CAEP는 22개 회원국과 12개 각국을 대표하는 단체로 구성되어 있으며 약 3년 마다 회의가 개최되고 있다. CAEP/1은 1986년에 열렸으며, 소음인증절차, 소음 및 배기가스규제에 대한 논의를 하였고, CAEP/2는 1991년에 열렸으며 1981년 규제치 대비 NOx규제치를 20%

낮추어 강화하기로 합의하였다. CAEP/3는 1995년에 열렸으며 소음에 관한 합의는 도출 하지 못하였지만 NOx를 CAEP/2 대비 16% 낮추어 강화하기로 합의하였다. CAEP/4는 1998년에 개최되었고 소음규제가 개정되었다. CAEP/5는 2001년 개최되었고 소음규제를 CAEP/4대비 10dB 낮게 규정하였다. CAEP/6는 2004년 개최되었고 NOx 규제치를 CAEP/4 대비 12% 낮추어 강화하기로 합의하였다. CAEP/7는 2007년 개최되었으나 새로운 규제치는 추가되지 않았으며 CAEP/8은 2010년 개최되었고, NOx를 CAEP/6 대비 약 20% 감소하기로 하였다[2]. CAEP/8이 적용된 이후로 CAEP/6을 만족시키지 못하는 항공용 엔진은 더 이상 제작이 불가능하게 되었으며 2013년에는 CAEP/8을 기반으로 이산화탄소 기준치에 관한 사항을 승인하였고 이는 2016년에 전체 기준이 적용되었다.

8.2 유해 배출 물질

8.2.1 항공기 유해 배출물질 기준

ICAO 제 16부속서 제2권 내용은 생연료의 방출, 연기 및 가스 상태의 배출물질 3가지로 되어 있다.

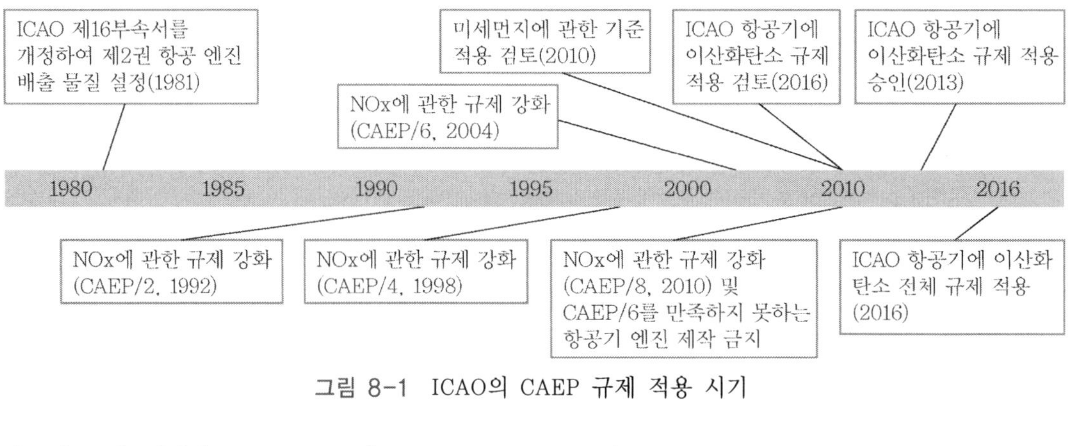

그림 8-1 ICAO의 CAEP 규제 적용 시기

1) 연료의 방출(fuel venting)

과거에는 가스터빈 엔진에서 엔진 정지시에 연료 노즐에나 연료 매니폴드내에 남은 연료가 잔류열에 의하여 탄화되어 통로를 막는 것을 방지하기 위해 이 연료를 엔진 외부의 드레인 탱크 내에 모아서 다음의 이륙중에 램압력을 이용하여 대기중에 방출하였으며 이 양은 엔진 1대당 1회에 1*l*

정도의 양이다. 생으로 방출되는 연료가 광화학 스모그의 원인물질 중 하나로 생각되어 1982년 2월 18일 이후 전면적으로 금지되었다.

2) 매연(smoke)

매연의 최대 농도를 엔진 형식 및 출력 등급별로 스모크 넘버(SN; smoke number)로 규제한 것으로서 1983년 1월 1일 이후로 제작한 엔진부터 적용되고 있다.

3) 가스 배출물질(gaseous emissions)

아음속 항공기 엔진 형식 및 출력 등급별로 HC, CO, NOx 3종류 유해 배출가스의 최대 총배출량을 규제한 것으로, 정격 출력이 26.7 kN(6,000 lb) 이상이고 1986년 1월 1일 이후에 제작된 엔진부터 적용되고 있다.

총 배출량의 측정은 엔진을 시험장(test cell)에서 정해진 표준 이착륙 작동 모드인(landing take-off; LTO) LTO 사이클에 의해 측정된다. LTO 사이클은 비행고도 3,000ft 이하에서 배출되는 엔진 배기가스의 공항 주변의 대기 오염에 영향을 준다는 생각에서 정해진 방법에 따라 3,000ft에서 진입, 표준의 착륙, 활주로 주행, 이륙을 하는 사이클로 이루어지며 〈그림 8-2〉에 나타나 있다. LTO 사이클에서 배출된 미연소 탄화수소(HC), 일산화탄소(CO), 질소산화물(NOx) 각각의 총 배출량이 기준값을 넘지 않도록 하여야 한다.

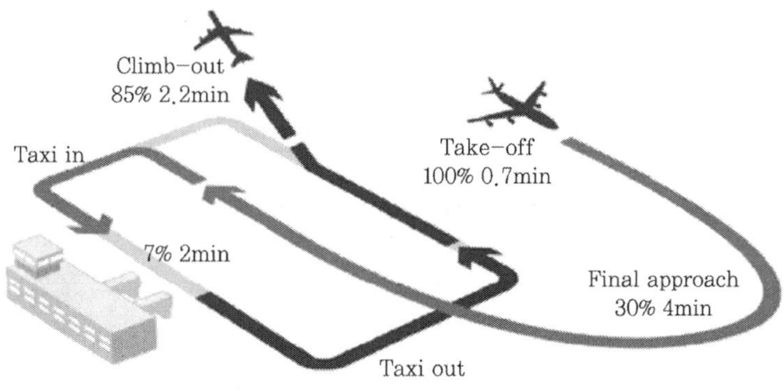

운항 모드	엔진 출력	운항 시간
이륙(take-off)	100%	0.7분
상승(climb)	85%	2.2분
착륙 진입(approach)	30%	4분
주행/아이들(taxi/idle)	7%	26.0분(도착 7.0분, 출발19.0분)

그림 8-2 표준 이착륙 사이클(LTO 사이클)[2]

CAEP의 기준이 되는 오염물질 배출량은 해면상 최대 정지추력[F_{00}] 대비 가스상 오염물질의 질량[D_p]으로 나타낸다. D_p의 경우 각 운항 모드에서 작동시간과 작동시간 내 소모되는 연료 질량 유량 그리고 오염 물질의 배출지수의 곱으로 나타낼 수 있다.

$$D_p = (\text{운항 모드 시간}) \times (\text{연료유량}) \times (\text{오염물질 배출 지수})$$

평균 오염물질 배출량은 $\overline{D_p/F_{00}}$와 같이 나타내며 이는 아래의 식 과같이 쓸 수 있다.

$$\overline{D_p/F_{00}} = \frac{\sum(\text{작동모드}) \times (\text{연료유량}) \times (\text{오염물질 배출지수})}{\text{해면상정지 최대추력}}$$

〈그림 8-3〉은 엔진 전압력비 변화에 따른 NOx 배출물 지수 D_p/F_{00}를 나타내고 있다.

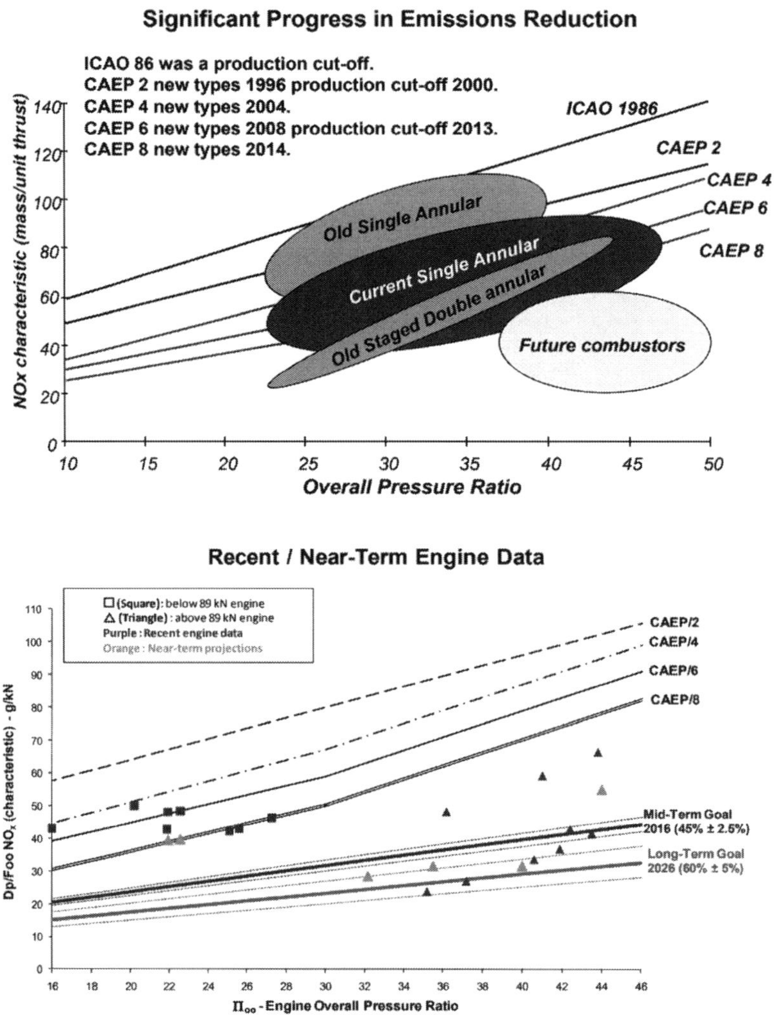

그림 8-3 엔진 전압력비에 따른 NOx 배출물 지수 및 CAEP기준(출처 : [4])

1983년 배출물 규제가 시작된 이후CAEP 규제는 강화되어 2016년에는 CAEP/6 기준의 45%까지 2026년에는 CAEP/6의 60%까지 적용될 계획에 있다. 현재 개발되고 있는 많은 항공기 엔진의 출력이 89kN 이상으로 큰 대형 엔진의 경우 이미 많은 경우가 NOx 기준치를 만족시키지만 출력이 89kN보다 작은 엔진은 CAEP/8의 기준을 만족하고 있으며 이에 따라 NOx를 저감하기 위한 연구가 활발히 이루어지고 있다.

초음속 항공기용 규제는 1982년 2월 18일 이후부터 적용하며 매연 기준치는 아음속과 같으면 HC는 $140(0.92)\pi_{\infty}$ 이고, CO는 $4550(\pi_{\infty})^{-1.03}$, NOx는 $36+2.42\pi_{\infty}$ 이다. 여기서 π_{∞}는 기준 압력비를 나타낸다.

ICAO 국제기준을 요약하면 **⟨표 8-1⟩**과 같다.

표 8-1 아음속 제트 항공기 엔진의 방출 기준 (ICAO 제 16 부속서)

<table>
<tr><th></th><th>적용</th><th colspan="2">기준치</th><th>단위</th></tr>
<tr><td>매연(smoke)</td><td>1983년 1월 1일 이후에 제작된 엔진</td><td colspan="2">Smoke number
$= 8.36(F_{\infty})^{-0.274}$</td><td>$SN$: 스모크 넘버
F_{∞} : 최대이륙추력
(정격출력)</td></tr>
<tr><td>미연탄화수소
(HC)</td><td rowspan="7">최대이륙추력이 26.7kN(6,000lb)이 상인 1986년 1월 1일 이후에 제작된 엔진</td><td colspan="2">19.6</td><td rowspan="7">LTO 사이클 중에 배출되는 총배출량을 단위 추력당으로 나타낸 것으로 단위는(g/kN)
π_{∞} : 엔진 압력비(EPR) (engine pressure ratio)</td></tr>
<tr><td>일산화탄소
(CO)</td><td colspan="2">118</td></tr>
<tr><td rowspan="5">질소산화물
(NOx)</td><td>ICAO 1986</td><td>$40+2\pi_{\infty}$</td></tr>
<tr><td>CAEP/2</td><td>$32+1.6\pi_{\infty}$</td></tr>
<tr><td>CAEP/4</td><td>$19+1.6\pi_{\infty}$</td></tr>
<tr><td>CAEP/6</td><td>$16.72+1.408\pi_{\infty}(<30\pi_{\infty})$
$-1.04+2\pi_{\infty}(>30\pi_{\infty})$</td></tr>
<tr><td>CAEP/8</td><td>$7.88+1.408\pi_{\infty}(<30\pi_{\infty})$
$-9.88+2\pi_{\infty}(>30\pi_{\infty})$</td></tr>
<tr><td>생연료의 방출</td><td>1982년 2월 18일 이후에 제작된 모든 터빈 엔진</td><td colspan="2">방출 금지</td><td></td></tr>
</table>

⟨표 8-2⟩는 최근 개발되어 사용되고 있는 두 가지 엔진에 대하여 유해 배출 물질 데이터의 예를 나타내고 있다. 제네럴 일렉트릭과 프랑스의 항공기업인 Safran Aircraft Engines의 합작투자회사인 CFM International의 CFM56-7B24/3엔진과 제네럴 일렉트릭의 차세대 GEnx-1B54/P2 두 엔진에 관하여 각 엔진의 연소기에 적용된 기술과 엔진 압력비 등을 나타내었다. 또한 LTO 사이클을 기준으로 각 CAEP 규제에 따른 유해 배출 물질의 비율을 퍼센트로 나타내었다. CFM56-7B24/3엔진의 경우 1974년에 제작되어 그 성능이 검증된 엔진인 CFM56

엔진을 강해지는 규제에 맞추어 성능을 더욱더 향상시킨 CFM56 - 7BE의 개량형 엔진이다. 이는 2011년부터 도입되었으며 CAEP/8의 NOx기준에 75%정도를 만족한다. GEnx-1B54/P2 엔진의 경우 보잉 787기의 개량형에 맞게 제작된 기존의 GEnx 엔진의 개량형이며 TAPS(Twin-Annular Premixing Swirler) 기술을 적용하고 있다. TAPS가 적용된 GEnx-1B54/P2 엔진은 CAEP/8의 47%의 NOx를 배출하고 있음을 보이고 있다. GEnx 엔진은 2006년에 처음 운행되었으며 NOx를 더욱 줄이기 위해 빠른 속도로 그 파생형들이 개발되고 있다.

표 8-2 두 엔진의 유해 배출 물질 데이터(ICAO Engine Exhaust Emissions Data Sheet)

Engine	CFM56-7B24/3			GEnx-1B54/P2		
Manufacturer	CFM International (Division of GE Aviation)			GE Aviation		
Combustor description	Tech Insertion (Double Annular Combustor)			TAPS		
Engine press ratio	25.6			35.5		
Mode (% thrust)	Emission Indices(g/kg)			Emission Indices(g/kg)		
	HC	CO	NOx	HC	CO	NOx
Take-off (100%)	0.02	0.18	18.93	0.02	0.32	17.22
Climb-out (85%)	0.03	0.15	15.60	0.02	1.73	11.54
approach (30%)	0.06	3.68	8.60	0.06	2.81	9.27
Taxi/idle (7%)	2.30	34.71	4.09	0.58	16.39	4.66
Total Emission (g)	377	5854	3995	197	5928	6374
Characteristics D_p/F_∞(g/kN)	4.09	58.8	39.3	1.19	28.48	28.94
	Characteristic as % CAEP Limits					
Original CAEP			39.3			26.07
CAEP/2 (-20%)			43.1			32.59
CAEP/4 (-16%)	20.9	49.8	53.9	6.07	24.14	37.10
CAEP/6 (-12%)			65.5			41.37
CAEP/8 (-15%)			74.5			47.35

또한 NOx 배출물 지표는 CAEP 규제가 강화되면서 점점 그 기준치가 강화되는 것을 볼 수 있으나 HC, CO의 배출물 한계는 첫 CAEP 규제가 제정된 이후로 유지되는 것을 알 수 있다.

8.2.2 유해 배출물질 생성원인과 대책

탄화수소 연소 생성물인 CO_2는 인체에 직접유해 하지는 않지만 온실가스효과 등 지구온난화에 영향을 미치므로 궁극적으로는 줄여야 하는 배출가스이며 연료 소모율이 줄어들면 CO_2는 줄어든다. **〈그림 8-4〉**는 연도별 엔진발달에 연료소비율의 감소 추세를 나타내고 있다.

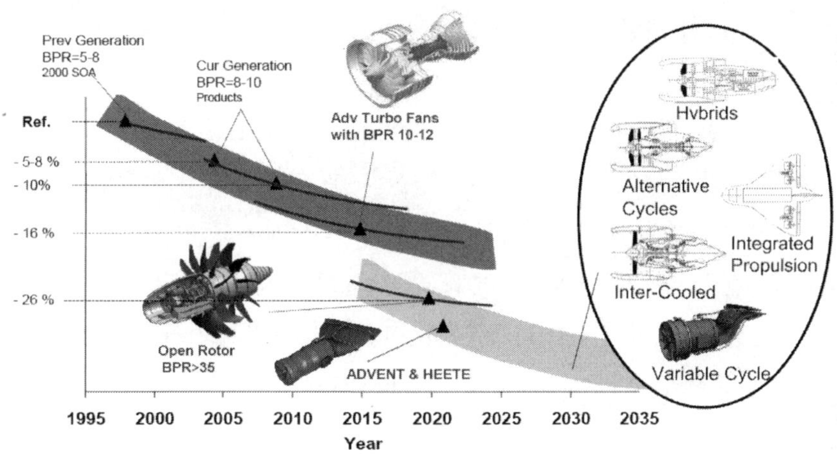

그림 8-4 연도별 엔진발달에 따른 연료소비율의 감소추세(출처 : [3])

유해 배기가스는 연소실에서 생성된다. 법적으로 규제되는 네 가지의 유해 배출물은 미연탄화수소, 일산화탄소, 질소산화물, 매연이다. 일산화탄소, 미연탄화수소, 질소산화물, 매연등은 가능한 적게 배출하여야 한다. 가스터빈 유해배출가스에 관계되는 주요인자는 주 연소영역온도 및 당량비, 주 연소영역의 혼합율, 체류시간, 연소기 라이너 퀜칭(quenching)특성 등이다.

이러한 유해 배기가스 중에 NOx의 경우에는 성층권에서 태양으로부터 자외선($< 3200 A^\circ$)을 보호하는 오존층을 파괴하는 주요 원인이 될 수 있다. **〈그림 8-5〉**처럼 초음속 비행을 하는 M 2.4~4.0의 비행체가 오존파괴 위험이 가장 크다. 오존층 파괴를 최소화하고 대기오염을 방지하기 위해 저공해 연소기가 필요 하는 것이다. 오존층 생성과 파괴하는 과정은 다음과 같다.

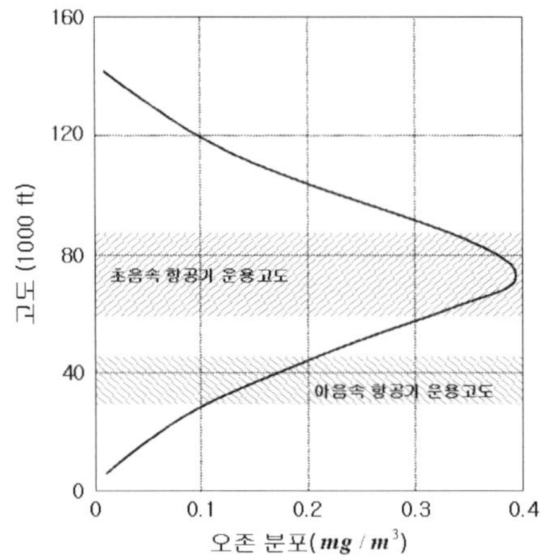

그림 8-5 고도에 따른 오존 분포도

〈생성과정〉

$O_3 + h\nu$(자외선광자) $\rightarrow O_2 + O$

$O + O_2 \rightarrow O_3$

오존층은 위 과정에 의해 무조건 생성되는 것이 아니라 다음 과정에 의해 오존의 생성이 제한되어 오존은 일정 수준을 유지한다.

$O + O \rightarrow O_2$

$O + O_3 \rightarrow 2O_2$

〈NO에 의한 파괴과정〉

$O_3 + NO \rightarrow NO_2 + O_2$

$NO_2 + h\nu \rightarrow NO + O$

$NO_2 + O \rightarrow NO + O_2$

매연은 연료의 불완전 연소의 결과로 생기는 것으로서 크기가 $0.01 \sim 0.1\mu$인 미연소의 탄소 미립자(그을음) 집합으로 검게 보이는 것이다. 이 "그을음"은 연소실 내부에서 연소 초기 단계에서 생기는 지나치게 농후한 혼합기가 원인이라고 생각되어진다. 매연의 감소 대책에는 가능한 한 완전연소가 되도록 연소실이나 연료 분사 노즐의 설계 개선을 하고 있다.

항공용 가스터빈 엔진도 자동차용 피스톤 엔진과 같이 유해 배기가스인 HC, CO 및 NOx를 배출한다. 가스터빈 엔진의 경우, HC, CO 및 NOx의 배출량은 엔진 출력에 따라 크게 변화한다. 즉, 아이들이나 주행과 같은 저출력 작동 중에는 HC와 CO의 배출량이 최대가 되지만 NOx는 거의 배출되지 않는다. 또 엔진 출력의 증가에 따라 HC와 CO의 배출량은 감소하지만, 그 대신 NOx의 배출량이 증가하기 시작하여 이륙 최대 출력 시에 최대가 된다. 〈그림 8-6〉은 엔진 출력상태에 따른 가스 상의 유해 배출물질 수준을 나타낸다.

일산화탄소와 매연은 일차영역의 농후연료의 탄화수소로부터 생성된다. 희석영역에서 신선한 희석공기는 일산화탄소와 매연을 무해 이산화탄소로 변화시킨다. 미연탄화수소도 희석영역에서 연소가 계속되면 감소될 수도 있다. 보통 주 연소영역의 당량비는 이론공연비 부근에서 약간 희박한 쪽이다. 약간 희박한 곳에서 CO수준이 오히려 높은 것은 낮은 산화율과 짧은 화염체류시간 때문이다. 이론공연비부근에서 CO수준은 가장 낮은데 그 이유는 온도가 높아서 반응이 빠르기 때문이다. 탄화수소는 연료분무의 불완전 증발에 기인한다. 일산화탄소와 미연탄화수소는 모두 잘 설계된 공기 충돌 노즐을 사용하는 등의 연료미립화를 개선함으로서 감소시킬 수 있다.

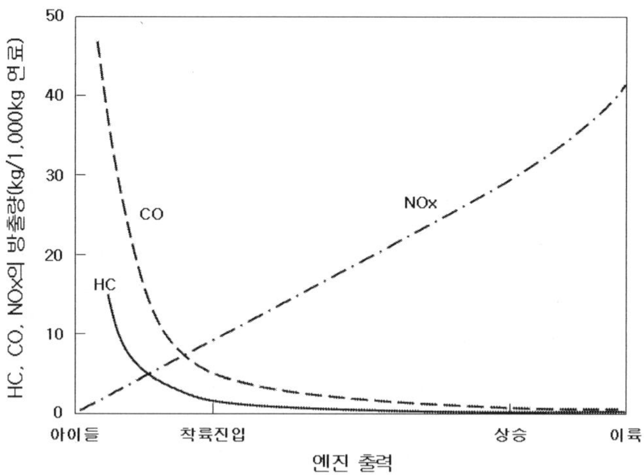

그림 8-6 일반적인 엔진 출력과 배기가스의 유해 배출 물질과의 관계(JT9D)

라이너를 통해서 중간 연소영역으로 공기를 유입시키면 벽을 냉각시킬 뿐만 아니라 HC와 CO의 완전연소를 도울 수 있으나, 이와 같은 혼합은 혼합과정이 불균일할 수도 있어 차가운 부분과 뜨거운 부분이 존재할 수 있다. 차가운 부분에서는 HC와 CO의 생성물이 타 없어지지 않고 뜨거운 부분에서는 NOx를 생성시킨다. 라이너의 냉각공기 감소는 HC와 CO배출을 줄일 수 있으나 NOx 배출을 증가시킨다.

질소산화물은 다른 유해 배출물 생성을 억제하는 조건에서 생성된다. 질소산화물 생성을 줄이려면 가능한 한 연소온도를 낮추고 연소실 체류시간을 줄여야 한다. NOx생성에 가장 중요한 인자는 온도이며 부하가 증가할수록 증가한다. NOx를 감소시키기 위해서는 라이너 공기의 혼합을 증대시켜 높은 온도에서의 체류시간을 줄인다.

유해 배기가스 감소의 근본 대책은 연소실의 설계 개선이다. HC와 CO의 생성은 저출력시 연료의 불완전 연소에 의한 것이므로, 연소실의 공기 흐름 개선이나 연료 분사 노즐의 개량이 실시되고 있다. 또 NOx의 발생은 고출력시에 연소실 내에서 연소 가스가 장시간 고온 온도에 노출되기 때문인데, 길이가 짧은 연소실이나 다단 연소기, 희박연소기, 과농/급속냉각/희박연소기, 직접분사식 연소기 등의 개발 연구가 진행되고 있다.

주 연소영역의 연료유량의 0.5～2배가량의 물을 분사시키면 NOx를 감소시키는데 상당히 효과적이지만 HC와 CO는 약간 증가된다. 배기가스 재순환은 효과적이지만 여분의 압축일이 필요하다. 연소기 배출가스 특성 중에서 NOx는 온도가 증가하면 증가하고 CO는 온도가 증가하면 감소하는 특성이 있는데 대부분의 CO는 1600K이하에서 생성되고 대부분의 NOx는 1730K보다 높은 곳에서 생성되므로 CO와 NOx를 동시에 줄이기 위해서는 주 연소영역을 1600K와 1730K가 되도록 하는 것이 좋다.

연소기에서 NOx를 감소시키기 위하여 종래에는 고온영역에 체류하는 시간을 감소시키는 방법을 사용했다. 그러나 이 방법은 연소효율을 현저히 저하시키고 CO를 증가시킨다. CO로부터 CO_2로 산화되는 연소속도와 NO의 생성속도가 화학 반응기구에 의해 제한될 때는 NOx가 감소한다는 것은 CO의 증가를 의미한다. 그러나 CO의 산화가 혼합속도에 의해 제한되는 경우는 혼합속도를 증가시키면 CO와 NOx를 모두 감소시킬 수 있다. 보다 빠른 혼합속도를 갖는 연소기를 설계하는 방법으로는 큰 1차 연소영역을 작은 여러 연소영역으로 나누어 연소기의 크기를 줄이고 선회류를 연소실로 도입하는 방법을 채택하고 있다. 또 다른 방법으로 단계적 연소기를 설계 개발하였으며 고바이패스 터보팬 엔진에 채택되고 있다. 이중 환상연소기에서 아이들이나 저출력시에는 파일럿 화염만 작동하며, 고출력시에는 주 화염과 파일럿 화염 모두 작동한다. 파일럿 화염은 안정적으로 설정되어 있으며 고출력시에는 화염의 파일럿 역할도 수행하므로 주 연소영역을 비교적 희박혼합기로 운전 할 수 있다. 파일럿 화염은 저출력시에 낮은 CO와 UHC가 배출되도록 최적화 되어 있고 주 화염은 고출력시에 낮은 NOx를 배출하도록 최적화 되어 있다. 축방향 단계적 연소기는 파일럿영역은 저출력 작동 시에 최적화 되어 있고 주 연소영역의 화염을 안정시키는 파일럿 역할도 수행한다. 주 연소영역에서 연료가 분사되는 곳 바로 하류에는 고강도 스월의 공기가 주입되므로 아주 빠른 혼합이 이루어져서 체류시간이 단축되어 NOx의 생성을 줄일 수 있다.

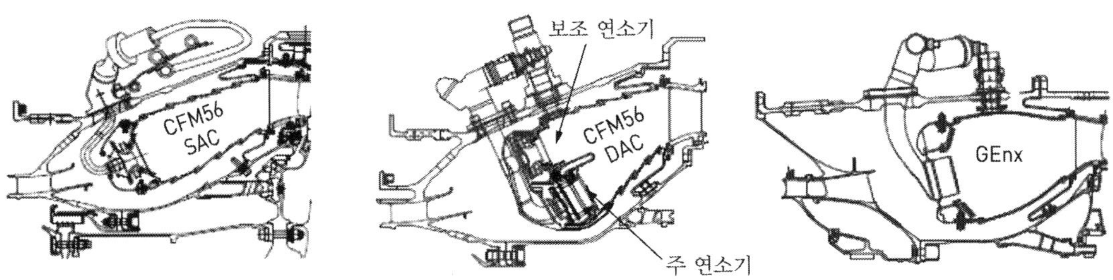

(a) 단일 에뉼러 연소기 (b) 2중 다단 연소기 (c) TAPS 연소기

그림 8-7 연소기의 발전 모습

〈그림 8-7〉은 연소기의 발전된 모습을 보여주고 있다. (a)는 단일 에뉼러 연소기(Single Annular Combustor)로 CFM56 엔진의 연소기를 보여준다. 단일 에뉼러 연소기는 가장 기본적인 가스터빈연소기로써 농후연소를 기본으로 하며 1970년대부터 보편적으로 사용되어 왔으며 그 성능이 검증되었다. 그러나 연료를 많이 소비하는 경향이 있으며 배기가스에 관한 이슈를 반영하지는 못하였다. 그리하여 CFM56 단일 에뉼러 연소기는 검증된 성능 덕분에 이후 강화되는 CAEP의 NOx 배출물 규제를 만족시키기 위하여 2004년 Tech Insertion 기술이 도입되어

CFM56의 엔진을 개선하였다. Tech Insertion은 연소기만 뿐만 아니라 압축기 블레이드 및 터빈 구성품의 재설계를 통하여 연료의 효율을 개선하였으며 Tech Insertion 기술이 적용된 단일 에늄러 연소기를 사용하는 CFM56 엔진의 연소기는 CAEP/6 NOx 기준치의 75%를 만족시킨다. 이후 4장에서 소개하였던 다단 연소기(Staged Combustor)가 개발되는데 이 또한 수많은 CFM56 엔진의 파생형 연소기에 적용되었다. (b)의 연소기는 CFM56 2중 다단 연소기(Double Annular Combustor, DAC)를 보여주고 있으며 1989년에 개발되기 시작했다. 다단 연소기는 엔진의 출력 조건에 따라 보조 연소기와 주 연소기의 작동범위가 다르다. 낮은 출력조건인 40%~50% 조건에서는 보조 연소기만 작동하게 되고 그 이상의 출력 조건에서는 보조 연소기와 주 연소기 모두가 작동하는 방식이다. 이러한 작동방식은 주 연소영역에 분사되는 연료가 고출력 조건에서 고루 분배되기 때문에 재순환 영역을 통한 완전 연소 및 미립화에 크게 유리하므로 고출력 조건에서 일반적인 단일 연소기보다 배기가스를 크게 저감시킬 수 있다. 2중 다단 연소기의 경우 기존의 농후한 연소를 기반으로 하는 RQL 연소에서 희박연소를 기반으로 NOx와 같은 배출물을 줄이는 개념을 채택하였다. 이후 거의 모든 연소기가 희박연소와 다단연소기를 기반으로 하며 희박연소의 고질적인 문제점들을 해결하기 위한 수많은 개념과 기술이 도입되었다. CFM56 연소기의 경우 2중 다단 연소기술이 적용된 경우 −5B/2 혹은 - 7B/2라는 접미사가 붙게 된다. 이 연소기도 단일 연소기와 마찬가지로 Tech Insertion 기술이 도입되어 더욱 그 성능이 증대 되었으며 CAEP/6 NOx 기준치의 65%를 달성한다. (c)는 GE사의 TAPS(Twin Annular Premixing Swirler)연소기를 나타낸다. TAPS연소기는 희박 예혼합 예증발 연소기의 개념을 도입하였으며 극한으로 희박한 혼합기체를 만들어 연소온도를 가연한계까지 낮추고 NOx의 생성을 줄이는 방식이다. 그러나 가연 한계까지 연소온도를 낮추게 되면 연소 불안정과 같은 문제가 고질적으로 발생하게 되어 화염이 꺼질 위험이 있다. 또한 낮은 연소 온도로 인하여 연소가 완전하게 하게 이루어지지 못하고 불완전연소가 일어나므로 CO와 같은 공해 물질이 비약적으로 상승하게 되며 엔진출력 또한 감소하여 희박연소를 기반으로 함에도 불구하고 연료소모율이 크게 늘어날 수 있다. 즉 주 연소영역에 공기를 많이 공급하면 NOx는 줄어들지만 CO와 HC는 증가하므로 유해 배출물 모두를 감소시키기 위한 조건은 서로 상충되는 고질적인 문제점이 발생하게 된다. 이를 해결하기 위하여 기존의 다단 연소기와는 다르게 하나의 연소기에 두 연소기를 결합하여 출력 조건에 따라 각각 작동하도록 한다. 이러한 구성을 통해 연소기 내부 여러 개의 스월러는 연료와 공기가 균일하게 섞이도록 도와주며 혼합기가 희박한 조건에서도 완전연소 할 수 있도록 재순환 영역을 형성하게 한다. 재순환 영역은 주 연소 영역에 형성되며 보조 연소기에 의한 재순환 영역과 주 연소기에 의한 재순환 영역으로 나뉘며 이 두 재순환 영역을 통해 희박 연소가 초래할 수 있는 많은 단점들을 보완한다. 그리하여 이후 차세대 연소기 개발은 주로 연소기 내부의 화염구조 및 혼합기와 연소가스의 유동에 초점을 두고 있다. **〈그림 8-8〉**은 4장에서 소개하였던 농후연소기인 RQL연소기와 GE사의 TAPS연소기의 LTO 사이클(엔진 추력)에 따른 NOx 배출량을 비교하고 있다. 고고도 순항시 보조 연소기와 주 연소기가 동시에 작동하며 이에 따라 NOx 발생량을 크게 낮추는 것을 볼 수 있다.

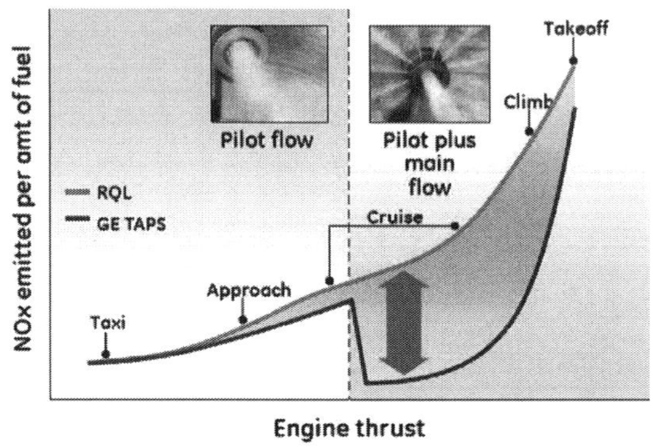

그림 8-8 RQL연소기와 TAPS 연소기의 엔진출력에 따른 NOx 생성량 비교(출처 : [7])

〈그림 8-9〉는 각 연소기의 공기 유입량을 도시한 그림이다. 기존의 농후 연소기는 압축기에서 들어온 25% 정도의 공기가 인젝터로 유입이 되고 30%는 연소기 벽면인 라이너를 통해 유입이 되어 연소기 벽면을 냉각시키고 남은 45%는 희석 유동으로 미연가스를 완전히 연소하고 희박하게 만드는데 사용되지만 TAPS연소기의 경우 희박연소를 위한 70%에 달하는 많은 공기가 인젝터로 유입이 되고 연소기의 온도가 낮아 냉각에 필요한 공기의 비율이 낮으므로 나머지 30%의 공기가 라이너를 통해 유입이 된다. 또한 연소기의 길이가 상대적으로 짧고 주, 보조 연소기가 결합되어 있으므로 내구성이 상대적으로 좋다. 이 TAPS연소기는 CAEP/6 NOx 배출물 제한의 약 50%까지 만족하고 있다.

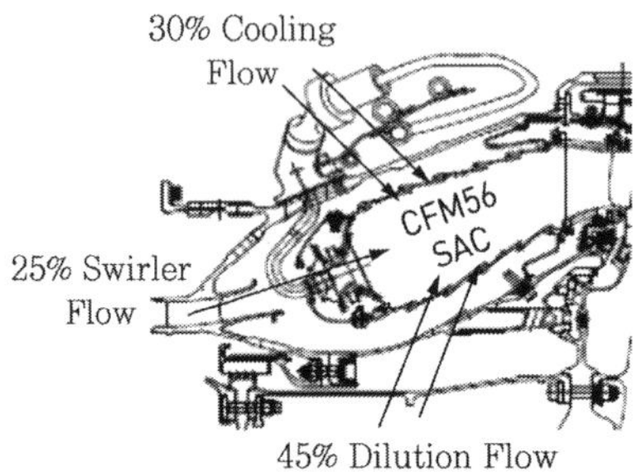

(a) 단일 에뉼러 연소기

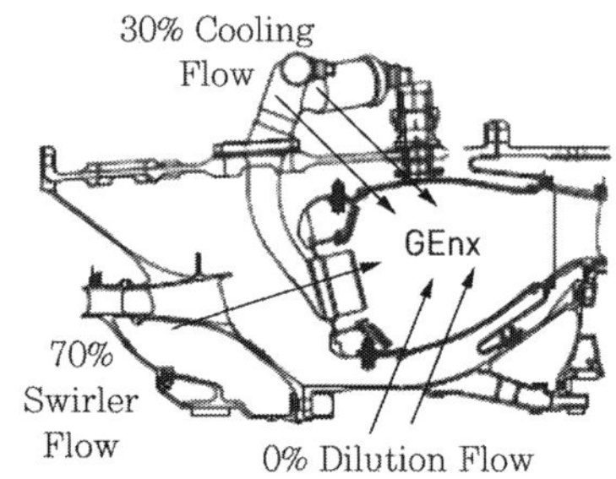

(b) TAPS 연소기

그림 8-9 단일 에뉼러 연소기와 TAPS 연소기의 공기 유입량

〈그림 8-10〉은 엔진의 압력비에 따른 NOx의 생성량과 연료소모율과의 관계를 나타낸다. NOx의 생성량을 감소시키면 연료소모율은 증가하게 되며 이에 따라 적절하게 상충하는 지점을 찾아야 최적의 엔진을 설계할 수 있다. 그러나 NOx의 생성을 감소시키는 것은 필수적인 사항이므로 계속적인 연소기 설계 개선 및 성능 개선을 통해 NOx를 생성하는 곡선을 오른쪽으로 옮겨 더 높은 엔진 압력비에서도 더욱 높은 효율 및 배기가스 공해를 줄이는 방안을 모색하여야한다. 이후 가장 최근 개발되고 도입되고 있는 엔진으로는 2016년에 첫 도입된 CFM사의 LEAP(Leading Edge Aviation Propulsion)엔진이 있으며 기존의 검증된 내구성과 신뢰성을 가지는 CFM56 엔진을 토대로 하고 연소기는 GE사의 TAPS II(second generation Twin Annular PreMixing Swirler Combustor)를 도입하였다. 이 엔진은 CAEP/6 NOx 제한 기준 약 40% 이하를 목표로 하고 있다.

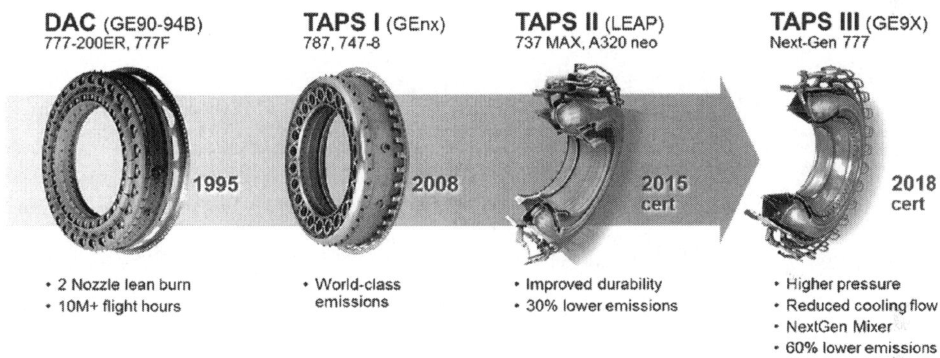

그림 8-10 GE사의 친환경 연소기 개발 동향

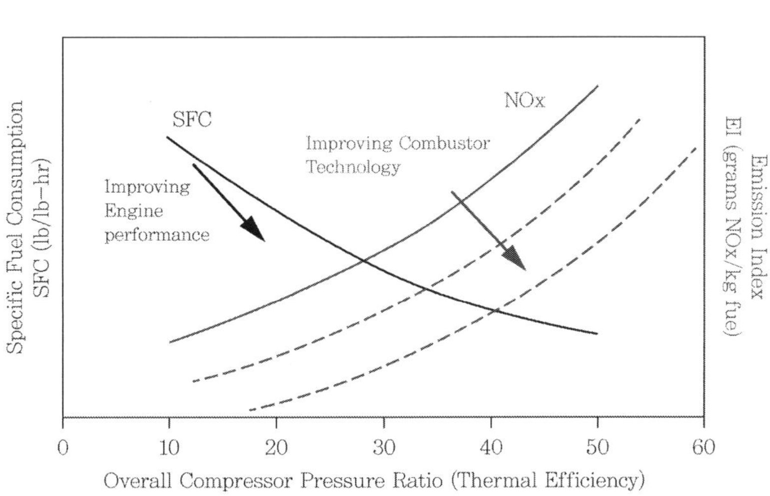

그림 8-11 압력비에 따른 NOx 배출물과 연료 소모율의 상관관계

8.3 항공기 소음

항공기가 사회적으로 수용되기 위해서는 그 최대의 문제점인 항공기에 의한 환경 파괴, 즉 공항 주변 지역의 소음 및 대기 오염의 영향을 가능한 한 줄일 필요가 있다.

1950년대 후반부터의 제트 운송기 출현에 의해 전세계적으로 공항 주변의 거주자에게 공항 소음이 커다란 사회문제로 발전하였다. 그러나 그 후 1960년대의 저바이패스비 터보팬 엔진 또는 1970년대 이후 고바이패스비 터보팬 엔진의 출현으로 기술 혁신이나 소음 감소 기술의 발달 및 소음 규제의 실시 등에 의해 최근의 공항 소음은 큰 폭으로 줄어들고 있다.

8.3.1 항공기 소음의 기초와 평가 방법

1) ICAO의 국제 기준

국제 연합의 하부조직적인 국제민간항공기구(ICAO)는 1971년 4월에 항공기 소음 규제에 관한 조항을 ICAO의 제16부속서(Annex 16) 제2권(volume2)을 채택하였다. 미국은 다른 국가에 앞서 1969년에 ICAO기준과 약간 다른 독자 기준인 연방항공규정(Federal Aviation Regulation; FAR)을 규정하였다. 그 뒤 소음 기준값을 보다 엄격히 규정한 새로운 규정이 1971년에 적용하였다.(제16부속서 2장) 1977년에는 부속서 제3장을 새로이 규정하였고, 2006년에는 부속서 제4장을 새로이 제정하였다.

〈그림8-12〉는 년도별, 제16부속서 2, 3, 4장에 따른 소음 규제치와 항공기 소음수준을 나타내고 있다. 일반적인 소음 평가에는 소리의 크기(loudness)를 기본으로 한 소음 평가를 하며 보정음압레벨인 dB로 나타낸다. 그러나 항공기 소음평가에서는 보정음압레벨을 사용할 경우 프로펠러기와 제트기의 소음을 비교할 수 없기 때문에 제트기의 고주파음에 가중치를 둔 시끄러움(noiseness)의 개념을 기초로 하는 'noy수'를 기본으로 하는 감각소음(Perceived Noise Level; PNL)을 사용한다. 1 noy는 등소음곡선으로 중심주파수 1kHz인 Pink 소음의 옥타브 밴드레벨 40dB의 소리이다. 10 noy의 소리는 1 noy의 소리보다 10배 시끄러운 느낌을 준다. 항공기의 소음증명과 소음평가에서는 항공기의 소음 중 사람에게 괴로움(annoyance)을 느끼게 하는 영향을 보정한 감각소음레벨인 유효감각소음레벨(Effective Perceived Noise Level; EPNL)을 사용한다.

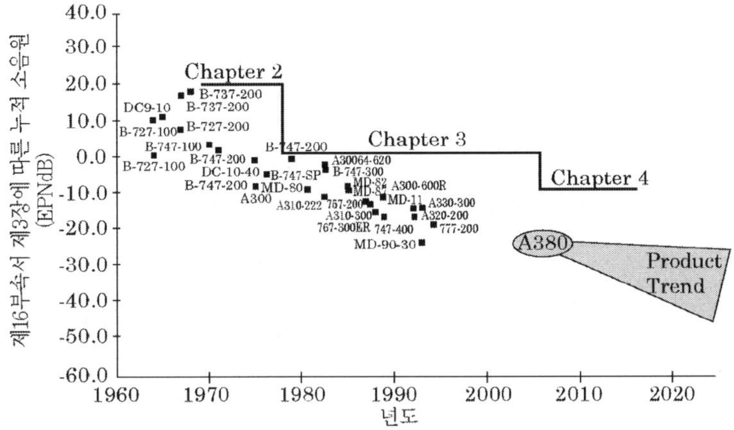

그림 8-12 소음 규제치와 항공기 소음수준(출처 : [4])

이 소음증명제도에서는 실제 항공기에 의한 소음 측정 시험에서 정해진 측정 지점에서의 최대 소음값이 기준값 이하인 것이 확인된다. 또 소정의 측정 지점은 측면(side line), 이륙(flyover) 및 진입(approach) 위치의 3지점이다. 또 소음 기준값은 대상 항공기의 최대 이륙 중량에 대한 유효감각소음레벨(EPNL)로 지시되어 이륙할 때에는 장착한 엔진수별로 쌍발기, 3발기 및 4발기의 기준값이 각각 규정되고 있다. EPNL은 감각소음레벨(PNL)에 소음의 지속시간과 제트기 특유의 둔탁한 음 성질에 특이음을 보정하여 가한 값이며 EPNL이 항공기 소음 기준단위로 쓰이고 있다. 등가평균감각소음(Equivalent Continuous PNL; ECPNL)은 공항주변의 토지 이용에 관한 지표로 사용하도록 ICAO에서 권고한 소음기준단위이다. 어느 시간 내의 소음에너지 전체 합을 대상으로 하는 시간 평균에 등가하는 양이다. 가중등가평균감각소음(Weighted ECPNL; WECPNL)은 여러 날(예를 들면 7일)의 하루중의 ECPNL을 같은 시간대마다 중복하여 평균한 값이다.

2) 미국의 기준

미국은 세계에서 최초로 1962년 12월에 연방항공규칙(federal aviation regulation : FAR)에 제 36부(part 36)를 추가 설정함으로서 「소음 증명 제도」를 독자적으로 발족시켰다. 그 뒤 1977년 10월에 ICAO 기준의 3장과 동일 내용인 기준을 제36부의 단계 3(stage 3)으로 신설(종전의 기준은 단계 2(stage 2)로서 존속)하였다.

다만 미국은 신형 항공기에는 단계 3의 적용을 ICAO 기준보다 2년 가까이 빨리 실시하였고 1985년 1월부터 단계 2에 적합하지 않은 항공기는 운항을 금지하는 등 전체적으로 기준 적용에 관해서 ICAO보다 엄격한 태도를 취하고 있다.

3) 소음 측정위치 및 소음

소음 측정은 이륙, 착륙 및 진입, 활주로 택싱시의 측면에서 측정하면 **〈그림 8-13(a)〉**는 미국 FAR 36 소음 측정 위치를 나타내고 있다. **〈그림 8-13(b)〉**는 ICAO의 항공기 이륙중량당 이륙, 착륙 및 진입 측면에서의 소음기준치를 나타내고 있다. 항공기 소음의 발생원을 규제하는 ICAO의 국제 기준, 미국의 기준에 대해서 소개한다.

〈표 8-3〉은 B747-400의 소음 분포를 나타낸다. 최신 항공기인 B747-400 FAR 단계 3 및 IACO 부속서 16의 3장의 한계를 모두 만족한다.

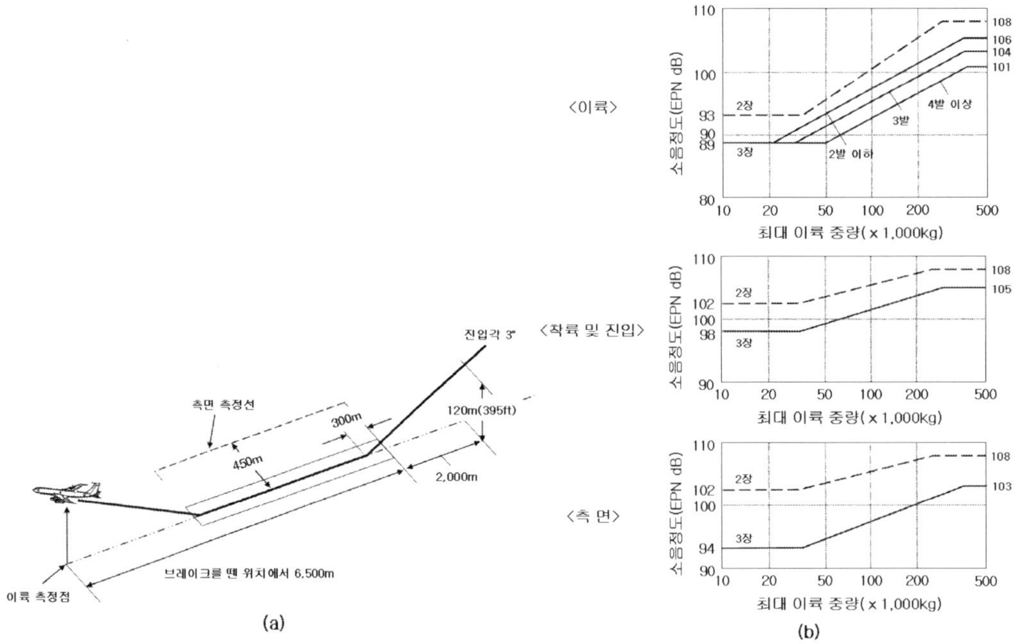

그림 8-13 아음속 제트 항공기의 소음 측정지점과 소음(FAR 36 소음 측정지점 기준)

표 8-3 B747-400의 소음 분포

구분	인증된 소음 수준(EPN dB)	ICAO/FAR 한계(EPN dB)
이 륙	101.2	106.0
측 면	99.6	102.9
착륙 및 진입	30° flap 104.3	105.0
	25° flap 102.4	105.0

① Max Brake Release Weight : 857,000 lb
② Max Taxi Weight : 860,000 lb
③ Max Landing Weight : 630,000 lb

8.3.2 항공기 소음 감소 대책

항공기 소음의 감소 대책에는 소음 발생원 대책과 공항 주변 대책이 있다. 발생원 대책으로는 항공기 소음 감소 설계와 소음 경감 운항 방식을 생각해 볼 수 있으며, 여기서는 특히 항공기의 소음 감소 설계에 주안점을 두고 설명한다. **〈표 8-3〉**은 B747-400의 이륙, 착륙 및 진입시 소음 수준을 나타내고 있다.

항공기가 발생하는 소음에는 엔진이 발생하는 엔진 소음과 날개의 플랩이나 바퀴에서 발생되는 기체 소음의 2가지로 나눌 수 있다. 항공기 소음원의 대부분은 엔진 소음이며 배기제트 소음이 비교적 작은 기체 소음은 엔진 소음에 가려져 두드러지지 않으며 고바이패스비 터보팬 엔진의 경우라도 소음의 주체는 역시 엔진 소음이다. 배기가스에 의해 발생되는 소음은 주로 저주파수를 갖는다. 이 저주파수 소음은 먼 거리까지 도달한다.

엔진 소음은 **〈그림 8-14〉**처럼 원칙별로 제트 소음, 팬 소음, 터빈 소음 및 코어 소음 등으로 분류된다.

1) 제트 소음(jet noise)

제트 엔진의 제트 소음은 배기 노즐에서 대기 중으로 고속으로 분출된 배기가스가 대기와 심하게 부딪혀 혼합될 때에 발생되는 전단층에서 주로 발생한다. 혼합영역의 난류규모가 작으면 고주파 소음을 발생시키고 난류규모가 크면 저주파 소음을 발생시킨다. 저주파소음이 발생하는 큰 난류에의 혼합영역은 제트직경의 약 10배 이상 거리에서 생긴다. **〈그림 8-14〉**는 배기제트 전단층 소음원을 나타내고 있다. 배기가스의 분출 에너지에 약 10,000분의 1이 제트 소음의 음향 에너지로 변하고, 또 이 음향 출력이 배기가스 속도의 6~8제곱에 비례하여 배기노즐의 제곱에 비례한다. 특히, 터보제트 엔진은 배기가스의 분출 속도가 터보팬 엔진이나 터보프롭 엔진에 비해 빠르기 때문에 제트 소음이 매우 크다. 배기가스에 의한 소음은 주로 저주파수에 기인하므로 소음 저감의 방법의 하나로 소음 주파수를 높이는 방안이 사용되기도 한다. 소음 주파수 변경은 배기흐름의 단면적을 넓힘으로써, 즉 찬공기와 고온의 배기가스가 서로 섞이는 영역을 넓게 함으로써 경계면에서 전단마찰을 일으키려는 경향을 감소시켜서 큰 난류 발생을 억제시킨다. 즉, 큰 와류의 난류를 미세한 와류의 난류로 바꾸어주어 소음 주파수를 높게 하여 대기 중에 쉽게 흡수 되도록 한다. 이러한 소음을 소음원에서 어느 정도 떨어진 거리에서는 소음이 감소된다.

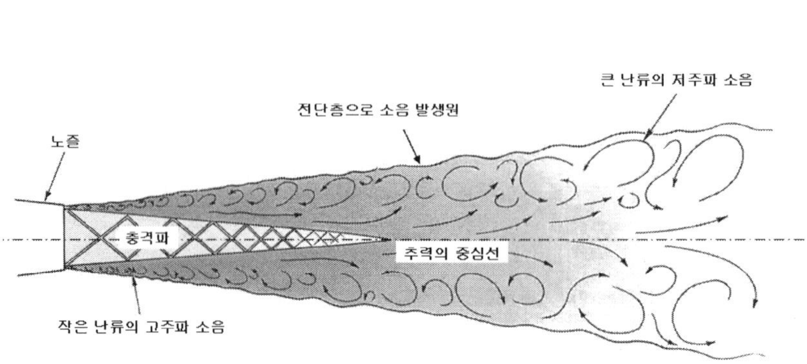

그림 8-14 배기제트 분출시 주위공기와의 전단층에 의한 소음원

〈그림 8-15〉는 터보팬 엔진의 소음 감소 설계 예를 나타내고 있다. 적절한 블레이드 수와 블레이드 축 사이의 최적거리, 팬블레이드 통과 주파수음의 흡입라이너, 광대역 팬소음 흡음라이너, 최적 터빈 블레이드 수와 속도 조절에 의한 터빈소음저감, 터빈소음용의 흡입라이너 등이 사용되고 있다. 즉, 각 곳에서 흡음재에 의하여 소음을 줄이고 있다.

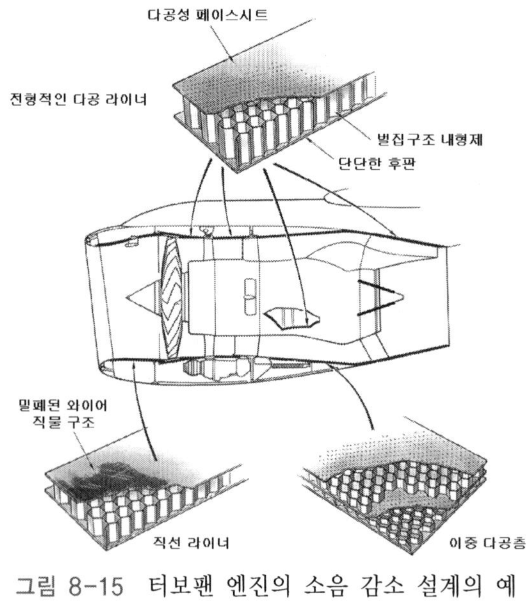

그림 8-15 터보팬 엔진의 소음 감소 설계의 예

〈그림 8-16〉은 바이패스비에 따른 터보팬 엔진의 소음원 비교를 나타내고 있다. 〈그림 8-17〉에서 저바이패스비보다 고바이패스 엔진이 제트소음이 작아짐을 알 수 있다. 터보팬 엔진에서 바이패스비를 증가하면 평균 배기가스 속도의 감소에 따라 제트 소음이 큰 폭으로 감소하게 된다. 최량의 제트 소음 감소 대책의 좋은 방법 중 하나는 고바이패스비 터보팬 엔진을 채용하는 것이다. 소음 저감을 위해 대형 뿐만이 아니라 중·소형 터보팬 엔진의 고바이패스비화가 적극적으로 진행되고 있다.

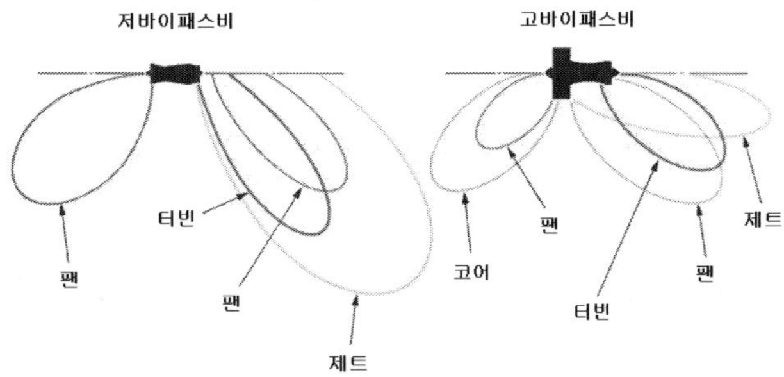

그림 8-16 바이패스비에 다른 터보팬 엔진의 소음원 비교

〈그림 8-17〉은 바이패스비에 따른 소음 저감효과를 나타내고 있다.

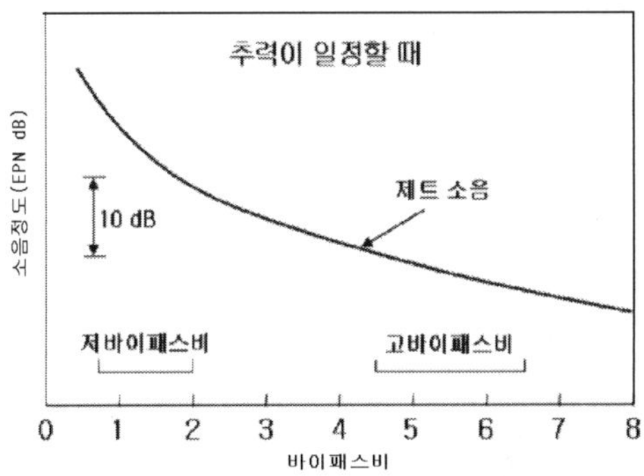

그림 8-17 터보팬 엔진의 바이패스비와 제트소음의 관계

〈그림 8-18〉은 고바이패스비 터보팬 엔진의 이륙시와 착륙시 엔진소음과 기체소음의 소음분포를 나타내고 있다. 이륙시에는 기체소음보다 엔진소음이 아주 크며, 착륙시라도 엔진소음이 기체소음보다 큼을 알 수 있다.

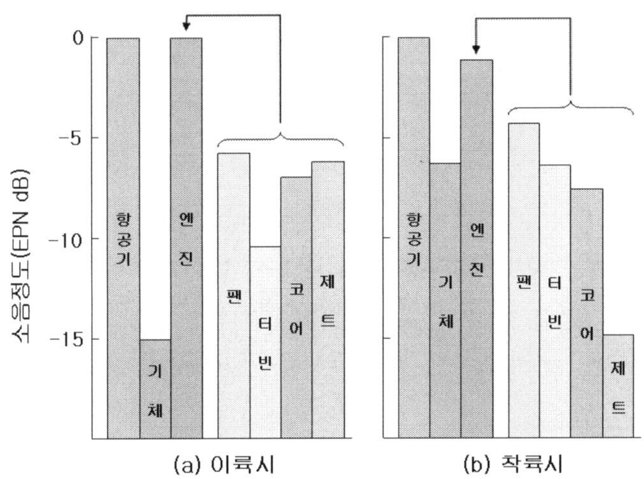

그림 8-18 고바이패스비 터보팬 항공기의 이륙시와 착륙시 소음(출처 : [5])

제트 소음은 저주파 영역을 주로 하는 광대역(broad band)의 음으로 되어 있으나, 저주파음은 고주파음에 비해 지면이나 대기에 의한 흡수, 감쇠의 정도가 작아서 넓은 범위에 소음 공해를 일으킨다. 고주파음은 배기노즐 가까이에서 발생하며 저주파음은 배기 노즐에서 멀리 떨어진 곳에서 발생한다. 따라서, 배기 소음 감소 장치는 배기 소음 중의 저주파음을 고주파음으로 변환시킴으로써 소음 감소 효과를 얻도록 한다.

a) 배기소음 장치

초기의 아음속 항공기에 사용된 터보제트 기관에서는 배기 노즐의 단면을 **〈그림 8-19(a)〉**와 같이 꽃잎형이나 **〈그림 8-19(b)〉**와 같이 내부 굴곡형 등의 구조 또한 배기 소음억제장치(exhaust noise suppressor)가 사용되었다. 이것은 방출되는 배기가스에 대한 대기의 상대속도를 줄이거나, 대기와 혼합되는 면적을 넓게 하여 배기 노즐 가까이에서 대기와 혼합되도록 함으로써 저주파음을 고주파음으로 변환시켜 제트 소음의 흡수와 감쇄를 도모하여 제트소음 크기를 감소시킨다. 따라서 배기노즐의 단면을 꽃모양이나 주름지게 하여 혼합되는 영역을 크게 만들어준다. 그러나 이 방식은 큰 출력 손실을 동반한다.

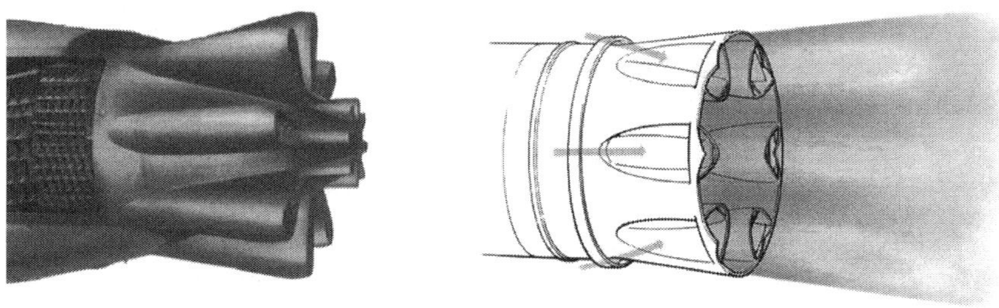

(a) 꽃잎형 노즐(Multiple tube type) (b) 내부 주름형 노즐(corrugated-perimeter)

그림 8-19 터보제트 엔진의 배기 소음 노즐의 예

b) 배기 혼합장치

최근 혼합 배기식의 터보팬 엔진 중에는 배기 혼합장치(exhaust mixer)를 사용해서 팬을 지나는 배출공기와 코어를 지나는 터빈배기를 서로 가로질러(cross) 지나가면서 혼합된 뒤 배기 노즐에서 배출하는 방식이 사용되고 있다. 배기혼합장치를 사용함으로서 큰폭의 제트 소음의 감소와 약간의 연료소비율의 개선 효과를 얻을 수 있다. **〈그림 8-20〉**은 배기 혼합장치의 예를 나타내고 있다. **〈그림 8-21〉**은 노즐 내부에 톱니모양형상을 가진 노즐과 로브코어 혼합장치를 나타내고 있다.

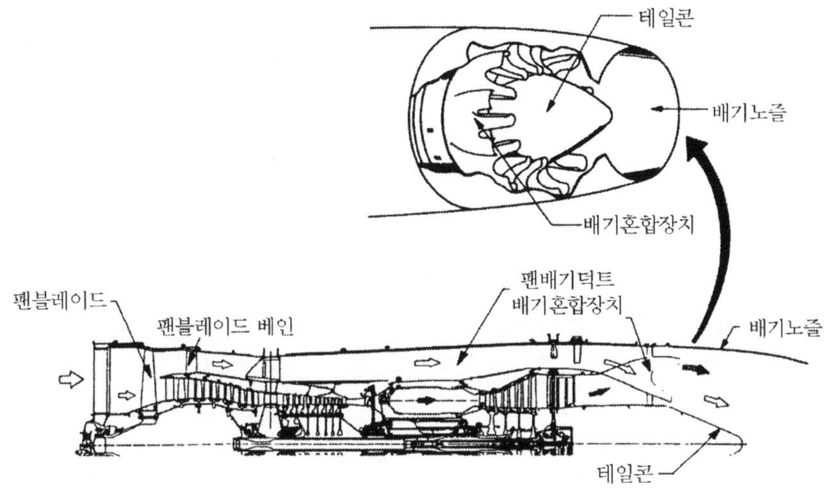

그림 8-20 배기혼합장치의 예(JT8D-209엔진)(출처 : [5])

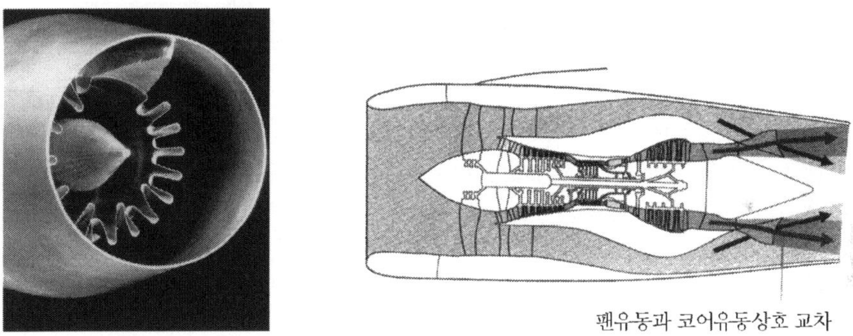

그림 8-21 톱니노즐형상과 로브코어혼합장치(출처 : [6])

2) 팬 소음

고바이패스비 터보팬 엔진의 출현으로 제트 소음이 큰 폭으로 감소된 결과 엔진 소음의 주체는 제트 소음에서 팬 소음으로 바뀌고 있다. 특히 착륙시의 엔진 소음원의 제일 큰 부분은 팬 소음에서 일어나고 있다. 팬 소음에는 팬 흡입 소음과 팬 배기 소음이 있다.

팬 소음은 팬의 회전에 기인하는 공기역학적 소임인 회전 소음과 공기흐름의 흐름에 기인하는 광대역 소음으로 나뉘어지는데 팬 소음 중 대부분은 회전 소음 때문에 생긴다. 팬 소음을 감소시키기 위해서는 팬 블레이드와 스테이터와의 공기 역학적인 간섭에 의해 발생하는 특이음(사이렌 현상)을 방지하여야 한다. 이와 같은 간섭 소음 감소를 위해 팬 입구 스테이터를 제거하거나 1단 팬을 사용하거나 팬 블레이드와 스테이터와의 최적 간격을 설정하고 적절한 팬 블레이드 수와 스테이터 수를 선정하여야 한다. 또 팬소음 감소의 다른 방법으로는 소음이 노스 카울에서 전방 외부로 방사되지 않게 노스 카울(nose cowl) 형상을 최적화한다. **〈그림 8-22〉**는 엔진흡입구 앞을 연장한 스카프(scarfed) 흡입구 장착엔진이며, 외부 선단하부가 상부보다 긴 립에 의해 팬소음이 지상으로부터 위로 반사되게 하는 방법을 타나내고 있다. 발생된 팬 소음을 저감시키는 방법으로는 노스 카울이나 팬 배기덕트의 전후의 다공질이나 벌집구조로 만들어진 소음 흡수판을 부착한다.

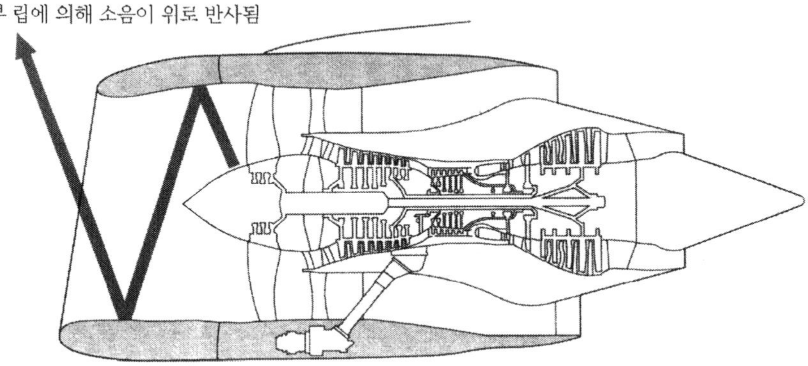

그림 8-22 스카프(scarfed)흡입구에 의한 팬소음 저감 방법(출처 : [6])

3) 터빈 소음

터빈 소음은 팬 소음과 마찬가지로 회전 소음과 광대역 소음으로 되어 있다. 고압터빈소음은 엔진코어 내부에서 일어나므로 엔진내부에 있게 되지만 저압터빈소음은 외부로 방출된다. 인간의 귀는 4kHz 이상의 소음에는 민감하지 않으므로 로터의 개수를 잘 선택하여 이를 피하기도 한다. 터빈 소음의 감소 대책에는 스테이터 열간격의 확대, 최적인 스테이터 수의 선택 및 소음 흡수판 등을 채용하고 있다.

4) 엔진 코어 소음

엔진의 주흐름인 코어에서 발생되는 소음의 대부분은 연소 불안정에 기인한 소음이며, 코어 소음 감소를 위해서는 소음 흡수판을 사용하고 있다.

참고문헌

[1] International Civil Aviation Organization(ICAO); www.icao.org
[2] M.R.Kirby P.A. Barros, and D.N. Mavris, "Enhancing the Environmental Policy Making Process with FAA's EDS Analysis Tool," AIAA 2009-1262
[3] D. Carlson, "A Propalsion Renaissance; "New Cycle, New Architectures and the Opportunity for Workforce Development," 19th ISABE Conference, Montreal, Sept. 9 2009.
[4] Airport Council International; http://www.aci-na.org/static/entransit/Oh.pdf,2010
[5] 제트엔진(구조), 일본항공기술협회, 2003
[6] Rolls-Royce, The Jet Engine, Rolls-Royce plc, England, 2005.
[7] K. McManus, "Low-Emissions Gas Turbine Combustion: Design Trends and Challenges," General Electric MACCCR Workshop, Oct. 27-30, 2014, Boulder, CO

부 록

표 A-1 : 고도변화에 따른 공기의 성질(SI 단위)

고도[m]	온도[℃]	압력[kPa]	중력 g[m/s^2]	음속 c[m/s]	밀도 ρ[kg/m^3]	점성계수 μ[kg/m · s]	열전도도 k[W/m · ℃]
0	15.00	101.33	9.807	340.3	1.225	1.789×10^{-5}	0.0253
200	13.70	98.95	9.806	339.5	1.202	1.783×10^{-5}	0.0252
400	12.40	96.61	9.805	338.8	1.179	1.777×10^{-5}	0.0252
600	11.10	94.32	9.805	338.0	1.156	1.771×10^{-5}	0.2510
800	9.80	92.08	9.804	337.2	1.134	1.764×10^{-5}	0.2500
1,000	8.50	89.88	9.804	336.4	1.112	1.758×10^{-5}	0.0249
1,200	7.20	87.72	9.803	335.7	1.090	1.752×10^{-5}	0.0248
1,400	5.90	85.60	9.802	334.9	1.069	1.745×10^{-5}	0.0247
1,600	4.60	83.53	9.802	334.1	1.048	1.739×10^{-5}	0.0245
1,800	3.30	81.49	9.801	333.3	1.027	1.732×10^{-5}	0.0244
2,000	2.00	79.50	9.800	332.5	1.007	1.726×10^{-5}	0.0243
2,200	0.70	77.55	9.800	331.7	0.987	1.720×10^{-5}	0.0242
2,400	−0.59	75.63	9.799	331.0	0.967	1.713×10^{-5}	0.0241
2,600	−1.89	73.76	9.799	330.2	0.947	1.707×10^{-5}	0.2400
2,800	−3.19	71.92	9.798	329.4	0.928	1.700×10^{-5}	0.0239
3,000	−4.49	70.12	9.797	328.6	0.909	1.694×10^{-5}	0.0238
3,200	−5.79	68.36	9.797	327.8	0.891	1.687×10^{-5}	0.0237
3,400	−7.09	66.63	9.796	327.0	0.872	1.681×10^{-5}	0.0236
3,600	−8.39	64.94	9.796	326.2	0.854	1.674×10^{-5}	0.0235
3,800	−9.69	63.28	9.795	325.4	0.837	1.668×10^{-5}	0.0234
4,000	−10.98	61.66	9.794	324.6	0.819	1.661×10^{-5}	0.0233
4,200	−12.30	60.07	9.794	323.8	0.802	1.655×10^{-5}	0.0232
4,400	−13.60	58.52	9.793	323.0	0.785	1.648×10^{-5}	0.0231
4,600	−14.90	57.00	9.793	322.2	0.769	1.642×10^{-5}	0.0230
4,800	−16.20	55.51	9.792	321.4	0.752	1.635×10^{-5}	0.0229
5,000	−17.50	54.05	9.791	320.5	0.736	1.628×10^{-5}	0.0228
5,200	−18.80	52.62	9.791	319.7	0.721	1.622×10^{-5}	0.0227
5,400	−20.10	51.23	9.790	318.9	0.705	1.615×10^{-5}	0.0226
5,600	−21.40	49.86	9.789	318.1	0.690	1.608×10^{-5}	0.0224
5,800	−22.70	48.52	9.785	317.3	0.675	1.602×10^{-5}	0.0223
6,000	−24.00	4.22	9.788	316.5	0.660	1.595×10^{-5}	0.0222
6,200	−25.30	45.94	9.788	315.6	0.646	1.588×10^{-5}	0.0221
6,400	−26.60	44.69	9.787	314.8	0.631	1.582×10^{-5}	0.0220
6,600	−27.90	43.47	9.786	314.0	0.617	1.575×10^{-5}	0.0219
6,800	−29.20	42.27	9.785	313.1	0.604	1.568×10^{-5}	0.0218
7,000	−30.50	41.10	9.785	312.3	0.590	1.561×10^{-5}	0.0217
8,000	−36.90	35.65	9.782	308.1	0.526	1.527×10^{-5}	0.0212
9,000	−43.40	30.80	9.779	303.8	0.467	1.493×10^{-5}	0.0206
10,000	−49.90	26.50	9.776	299.5	0.414	1.458×10^{-5}	0.0201
12,000	−56.50	19.40	9.770	295.1	0.312	1.422×10^{-5}	0.0195
14,000	−56.50	14.17	9.764	295.1	0.228	1.422×10^{-5}	0.0195
16,000	−56.50	10.53	9.758	295.1	0.166	1.422×10^{-5}	0.0195
18,000	−56.50	7.57	9.751	295.1	0.122	1.422×10^{-5}	0.0195

표 A-2 : 고도변화에 따른 공기의 성질(British 단위)

고도[ft]	온도[℉]	압력[psia]	음속 c[ft/s]	밀도 ρ[slug s/ft^3]	밀도 ρ[lbm/ft^3]	점성계수 μ[lbm/ft · s]	열전도도 k[Btu/h · ft]
0	59.00	14.70	1,116	0.002378	0.07647	1.202 × 10^{-5}	0.0146
500	57.22	14.40	1,115	0.002343	0.07536	1.199 × 10^{-5}	0.0146
1,000	55.43	14.20	1,113	0.002309	0.07426	1.196 × 10^{-5}	0.0146
1,500	53.65	13.90	1,111	0.002275	0.07317	1.093 × 10^{-5}	0.0145
2,000	51.87	13.70	1,109	0.002242	0.07210	1.190 × 10^{-5}	0.0145
2,500	50.09	13.40	1,107	0.002209	0.07104	1.186 × 10^{-5}	0.0144
3,000	48.30	13.20	1,105	0.002176	0.06998	1.183 × 10^{-5}	0.0144
3,500	46.52	12.90	1,103	0.002144	0.06985	1.180 × 10^{-5}	0.0143
4,000	44.74	12.70	1,101	0.002112	0.06792	1.177 × 10^{-5}	0.0143
4,500	42.96	12.50	1,099	0.002080	0.06690	1.173 × 10^{-5}	0.0142
5,000	41.17	12.20	1,097	0.002049	0.06590	1.170 × 10^{-5}	0.0142
5,500	39.39	12.00	1,095	0.002018	0.06491	1.167 × 10^{-5}	0.0141
6,000	37.61	11.80	1,093	0.001988	0.06393	1.164 × 10^{-5}	0.0141
6,500	35.83	11.60	1,091	0.001957	0.06296	1.160 × 10^{-5}	0.0141
7,000	34.05	11.30	1,089	0.001928	0.06200	1.157 × 10^{-5}	0.0140
7,500	32.26	11.10	1,087	0.001898	0.06105	1.154 × 10^{-5}	0.0140
8,000	30.48	10.90	1,085	0.001869	0.06012	1.150 × 10^{-5}	0.0139
8,500	28.70	10.70	1,083	0.001840	0.05919	1.147 × 10^{-5}	0.0139
9,000	26.92	10.50	1,081	0.001812	0.05828	1.144 × 10^{-5}	0.0138
9,500	25.14	10.30	1,079	0.001784	0.05738	1.140 × 10^{-5}	0.0138
10,000	23.36	10.10	1,077	0.001756	0.05648	1.137 × 10^{-5}	0.0137
11,000	19.79	9.72	1,073	0.001701	0.05473	1.130 × 10^{-5}	0.0136
12,000	16.23	9.43	1,069	0.001648	0.05302	1.124 × 10^{-5}	0.0136
13,000	12.67	8.99	1,065	0.001596	0.05135	1.117 × 10^{-5}	0.0135
14,000	9.12	8.63	1,061	0.001545	0.04973	1.110 × 10^{-5}	0.0134
15,000	5.55	8.29	1,057	0.001496	0.04814	1.104 × 10^{-5}	0.0133
16,000	1.99	7.97	1,053	0.001448	0.04659	1.097 × 10^{-5}	0.0132
17,000	−1.58	7.65	1,049	0.001401	0.04508	1.090 × 10^{-5}	0.0132
18,000	−5.14	7.34	1,045	0.001355	0.04361	1.083 × 10^{-5}	0.0130
19,000	−8.70	7.05	1,041	0.001310	0.04217	1.076 × 10^{-5}	0.0129
20,000	−12.20	6.76	1,037	0.001267	0.04077	1.070 × 10^{-5}	0.0128
22,000	−19.40	6.21	1,029	0.001183	0.03808	1.056 × 10^{-5}	0.0126
24,000	−26.50	5.70	1,020	0.001103	0.03553	1.042 × 10^{-5}	0.0124
26,000	−33.60	5.22	1,012	0.001028	0.03311	1.028 × 10^{-5}	0.0122
28,000	−40.70	4.78	1,003	0.000957	0.03082	1.014 × 10^{-5}	0.0121
30,000	−47.80	4.37	995	0.000889	0.02866	1.000 × 10^{-5}	0.0119
32,000	−54.90	3.99	987	0.000825	0.02661	0.986 × 10^{-5}	0.0117
34,000	−62.00	3.63	978	0.000765	0.02468	0.971 × 10^{-5}	0.0115
36,000	−69.20	3.30	969	0.000704	0.02285	0.956 × 10^{-5}	0.0113
38,000	−69.70	3.05	968	0.000640	0.02079	0.955 × 10^{-5}	0.0113
40,000	−69.70	2.73	968	0.000582	0.01890	0.955 × 10^{-5}	0.0113
45,000	−69.70	2.15	968	0.000458	0.01487	0.955 × 10^{-5}	0.0113
50,000	−69.70	1.69	968	0.000361	0.01171	0.955 × 10^{-5}	0.0113
55,000	−69.70	1.33	968	0.000284	0.00922	0.955 × 10^{-5}	0.0113
60,000	−69.70	1.05	968	0.000224	0.00726	0.955 × 10^{-5}	0.0113

표 B-1 : 공기의 물성치

Temperature		c_p [kJ/kg · K]	c_v [kJ/kg · K]	$\gamma = c_p/c_v$	Gas constant $R = c_p - c_v$ [kJ/kg · K]
K	℃				
273	0	1.004	0.717	1.40	0.287
298	25	1.005	0.718	1.40	0.287
300	27	1.005	0.718	1.40	0.287
500	227	1.029	0.742	1.39	0.287
850	577	1.108	0.821	1.35	0.287
1,000	727	1.140	0.853	1.34	0.287
1,500	1,227	1.210	0.923	1.31	0.287
2,000	1,727	1.249	0.962	1.30	0.287
2,500	2,227	1.274	0.987	1.29	0.287
3,000	2,727	1.291	1.004	1.29	0.287

Temperature		c_p [Btu/lb_m · °R]	c_v [ft · lb_f/lb_m · °R]	$\gamma = c_p/c_v$	Gas constant $R = c_p - c_v$	
°R	°F				[Btu/lb_m · °R]	[ft · lb_f/lb_m · °R]
492	32	0.240	0.171	1.40	0.069	53.33
537	77	0.240	0.171	1.40	0.069	53.33
1,000	540	0.249	0.180	1.38	0.069	53.33
1,500	1,040	0.264	0.195	1.35	0.069	53.33
2,000	1,540	0.277	0.208	1.33	0.069	53.33
2,500	2,040	0.287	0.218	1.32	0.069	53.33
3,000	2,540	0.293	0.224	1.31	0.069	53.33
3,500	3,040	0.298	0.229	1.30	0.069	53.33
4,000	3,540	0.302	0.233	1.30	0.069	53.33
4,500	4,040	0.305	0.236	1.29	0.069	53.33
5,000	4,540	0.307	0.238	1.29	0.069	53.33
5,500	5,040	0.309	0.240	1.29	0.069	53.33

표 B-2 : 온도변화에 따른 공기의 정적비열, 정압비열, 비열비

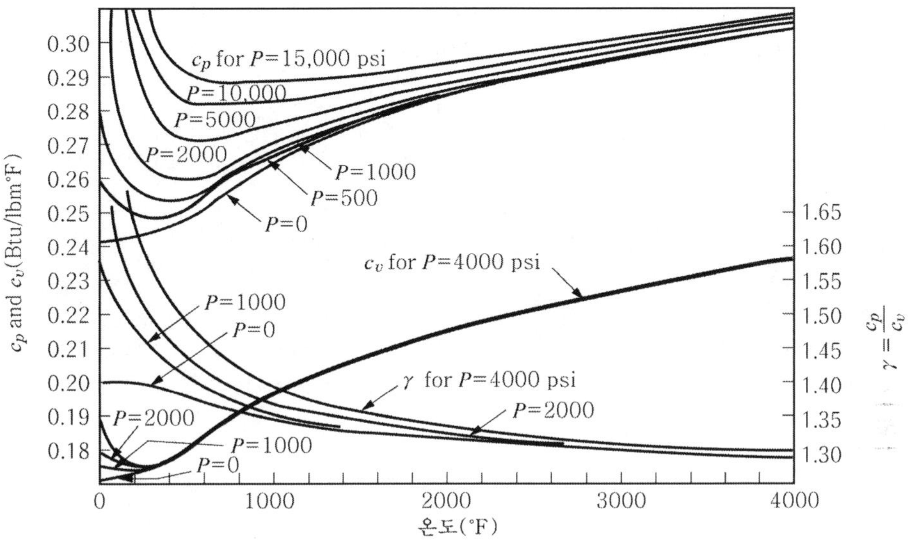

표 C-1 : 대기압 상태에서 온도에 따른 공기 성질

온도 T [K]	밀도 ρ [kg/m³]	정압비열 c_p		점성계수 $\mu \times 10^5$ [kg/m · s]	동점성계수 $\nu \times 10^6$ [m²/s]	열전도도 k		열확산율 $\alpha \times 10^4$ [m²/s]	프란틀수 Pr
		[kJ/kg · ℃]	[kcal/kg · ℃]			[W/m · ℃]	[kcal/m · h · ℃]		
100	3.6010	1.0266	0.2453	0.6924	1.923	0.009246	0.010750	0.02501	0.770
150	2.3675	1.0099	0.2413	1.0283	4.343	0.013735	0.015969	0.05745	0.753
200	1.7684	1.0061	0.2404	1.3289	7.490	0.018090	0.021032	0.10165	0.739
250	1.4128	1.0053	0.2402	1.5990	11.310	0.022270	0.025892	0.15675	0.722
300	1.1774	1.0057	0.2403	1.8462	15.690	0.026240	0.030508	0.22160	0.708
350	0.9980	1.0090	0.2411	2.0750	20.760	0.030030	0.034914	0.29830	0.697
400	0.8826	1.0140	0.2423	2.2860	25.900	0.033650	0.039123	0.37600	0.689
450	0.7833	1.0207	0.2439	2.4840	31.710	0.037070	0.043099	0.42220	0.683
500	0.7048	1.0295	0.2460	2.6710	37.900	0.040380	0.046947	0.55640	0.680
550	0.6423	1.0392	0.2483	2.8480	44.340	0.043600	0.050691	0.65320	0.680
600	0.5879	1.0551	0.2521	3.0180	51.340	0.046590	0.054167	0.75120	0.680
650	0.5430	1.0635	0.2541	3.1770	58.510	0.049530	0.057586	0.85780	0.682
700	0.5030	1.0752	0.2569	3.3320	66.250	0.052300	0.060806	0.96720	0.684
750	0.4709	1.0856	0.2594	3.4810	73.910	0.055090	0.064050	1.07740	0.684
800	0.4405	1.0978	0.2623	3.6250	82.290	0.057790	0.067189	1.19510	0.686
850	0.4149	1.1095	0.2651	3.7650	90.750	0.060280	0.070084	1.30970	0.689
900	0.3925	1.1212	0.2679	3.8990	99.300	0.062790	0.073002	1.42710	0.692
950	0.3716	1.1321	0.2705	4.0230	108.200	0.065250	0.075862	1.55100	0.696
1,000	0.3524	1.1417	0.2728	4.1520	117.800	0.067520	0.078501	1.67790	0.699
1,100	0.3204	1.1600	0.2771	4.4400	138.600	0.732000	0.851052	1.96900	0.702
1,200	0.2947	1.1790	0.2817	4.6900	159.100	0.078200	0.090918	2.25100	0.704
1,300	0.2707	1.1970	0.2860	4.9300	182.100	0.083700	0.097313	2.58300	0.707
1,400	0.2515	1.2140	0.2900	5.1700	205.500	0.089100	0.103591	2.92000	0.705
1,500	0.2355	1.2300	0.2939	5.4000	229.100	0.094600	0.109986	3.26200	0.705
1,600	0.2211	1.2480	0.2982	5.6300	254.500	0.100000	0.116264	3.60900	0.705
1,700	0.2082	1.2670	0.3027	5.8500	280.500	0.105000	0.122077	3.97700	0.705
1,800	0.1970	1.2870	0.3075	6.0700	308.100	0.111000	0.129053	4.37900	0.705
1,900	0.1858	1.3090	0.3127	6.2900	338.500	0.117000	0.136029	4.81100	0.704
2,000	0.1762	1.3380	0.3197	6.5000	369.000	0.124000	0.144167	5.26000	0.702
2,100	0.1682	1.3720	0.3278	6.7200	399.600	0.131000	0.152306	5.71500	0.700
2,200	0.1602	1.4190	0.3390	6.9300	432.600	0.139000	0.161607	6.12000	0.707
2,300	0.1538	1.4820	0.3541	7.1400	464.000	0.149000	0.173233	6.54000	0.710
2,400	0.1458	1.5740	0.3761	7.3500	504.000	0.161000	0.187185	7.02000	0.718
2,500	0.1394	1.6880	0.4033	7.5700	543.500	0.175000	0.203462	7.44100	0.730

주 : μ, k, C_p, Pr는 압력변화에 따라 크게 변하지 않는다.

표 D-1 : 단위 환산

Length	1 cm = 0.01 m = 10 mm = 0.394 in = 0.0328 ft 1 m = 100 cm = 1000 mm = 3.281 ft = 39.37 in 1 km = 0.6214 mile = 3281 ft 1 in = 0.0833 ft = 0.0254 m = 2.54 cm 12 in = 1 ft 1 ft = 0.3048 m 1 mile = 5280 ft = 1.6093 km 1 nautical mile = 1852 m
Area	1 cm^2 = 0.0001 m^2 = 0.155 in^2 1 m^2 = 10,000 cm^2 = 10.76 ft^2 = 1550 in^2 1 in^2 = 0.00694 ft^2 = 6.4516 cm^2 1 ft^2 = 144 in^2 = 0.092903 m^2 = 92.9 cm^2
Volume	1 cm^3 = 0.001 l = 0.061 in^3 1 l = 0.001 m^3 = 1000 cm^3 = 61.2 in^3 = 0.264 gal 1 m^3 = 1000 l = 35.32 ft^3 = 10^6 cm^3 1 in^3 = 0.000574 ft^3 = 16.39 cm^3 = 0.01639 l 1 ft^3 = 1728 in^3 = 7.481 gal = 28.32 l = 0.02832 m^3 1 gal = 0.1337 ft^3 = 231 in^3 = 3.785 l
Specific volume	1 m^3/kg = 16.018 ft^3/lb_m 1 ft^3/lb_m = 0.0624 m^3/kg
Density	1 kg/m^3 = 0.0624 lb_m/ft^3 1 lb_m/ft^3 = 16.02 kg/m^3
Mass	1 kg = 2.20462 lb_m = 0.06852 slug = 1.1023 × 10^{-3} U.S.ton = 10^{-3} ton = 9.8421 × 10^{04} *U.K.ton* 1 lb_m = 0.4536 kg 1 slug = 32.174 lb_m
Force	1 dyn = 2.248 × 10^{-6} lb_f 1 N = 10^5 dyn = 0.225 lb_f 1 lb_f = 4.448 N
Energy or Work	1 kJ = 0.948 Btu = 737.6 ft · lb_f 1 cal(15°C) = 4.1855 J 1 Btu = 778.16 ft · lb_f = 1.055 kJ = 252 cal 1 ft · lb_f = 0.00129 Btu = 0.00135582 kJ 1 PS · hr = 632.9 kcal
Power	1 kW = 1.341 HP = 3412 Btu/hr 1 HP = 2545 Btu/hr = 550 ft · lb_f/sec = 0.7457 *kW* 1 Btu/h = 0.293 W

표 D-2 : 단위 환산

Torque	$1N \cdot m = 0.738\ lb_f \cdot ft$ $1\ lb_f \cdot ft = 1.355\ N \cdot m$
Pressure	$1\ kPa = 0.145\ psia$ $1\ psia = 6.895\ kPa$ $1\ atm = 101.325\ kPa = 14.696\ psia = 2116\ lb_f/ft^2 = 1.033\ kg_f/cm^2$ $1\ atm = 76.0\ cmHg = 29.92\ inHg$ $1\ inHg = 70.73\ lb_f/ft^2$ $1\ lb_f/in^2 = 6894.76\ Pa$, $1 lb_f/ft^2 = 4.882 kg_f/m^2 = 47.88 N/m^2$
Velocity	$1\ m/sec = 3.60\ kf/hr = 3.281\ ft/sec = 2.237\ mph = 1.9438\ kmots$ $1\ km/hr = 0.2778\ m/sec = 0.6214\ mph$ $1\ ft/sec = 0.682\ mph = 0.3048\ m/sec = 1.097\ km/hr$ $1\ mph = 1.467\ ft/sec = 1.609\ km/hr$ 1 knot = nautical mile/hr = 0.514444 m/s = 1.852 km/h = 1.151 mph
Acceleration	$1\ m/sec^2 = 3.281\ ft/sec^2$ $1\ ft/sec^2 = 0.305\ m/sec^2$
Rotational speed	$1\ rpm = 0.0167\ rev/sec = 0.1047\ rad/sec$ $1\ rev/sec = 60\ rpm = 2\pi\ rad/sec$
Mass flow rate	$1\ kg/sec = 2.205\ lb_m/sec$ $1\ lb_m/sec = 0.4536\ kg/sec$
Specific energy or Heating value	$1\ kJ/kg = 4.299\ Btu/lb_m$ $1\ Btu/lb_m = 2.326\ kJ/kg$
Specific heat or Gas constant	$1\ kJ/kg \cdot K = 0.2388\ Btu/lb_m \cdot {}^\circ R = 185.8\ ft \cdot lb_f/lb_m \cdot {}^\circ R$ $1\ Btu/lb_m \cdot {}^\circ R = 778.2\ ft \cdot lb_f/lb_m \cdot {}^\circ R = 4.1868\ kJ/kg \cdot K$ $1\ ft \cdot lb_f/lb_m \cdot {}^\circ R = 0.001285\ Btu/lb_m \cdot {}^\circ R = 0.005382\ kJ/kg \cdot K$
Heat transfer coefficient	$1\ W/m^2 \cdot K = 0.1761\ Btu/hr \cdot ft^2 \cdot {}^\circ R$ $1\ Btu/hr \cdot ft^2 \cdot {}^\circ R = 5.6782\ W/m \cdot K$
Thermal conductivity	$1\ W/m \cdot K = 0.5778\ Btu/hr \cdot ft \cdot {}^\circ R = 0.8604\ kcal/m \cdot hr \cdot ℃$ $1\ Btu/hr \cdot ft \cdot {}^\circ R = 1.7307\ W/m \cdot K$ $1\ cal/s \cdot m \cdot {}^\circ C = 242\ Btu/h \cdot ft \cdot {}^\circ R$
Dynamic viscosity	$1\ kg/m \cdot sec = 0.672\ lb_m/ft \cdot sec$ $1\ lb_m/ft \cdot sec = 1.488\ kg/m \cdot sec$
Shear force	$1\ N/m^2 = 0.0209\ lb_f/ft^2$ $1\ lb_f/ft^2 = 47.84\ N/m^2$
Mass moment of inertia	$1\ kg \cdot m^2 = 23.74\ lb_m \cdot ft^2$ $1\ lb_m \cdot ft^2 = 0.0421\ kg \cdot m^2$
Angular momentum	$1\ kg \cdot m^2/sec = 23.74\ lb_m \cdot ft^2/sec$ $1\ lb_m \cdot ft^2/sec = 0.0421\ kg \cdot m^2/sec$

연습문제 해답

1장 연습문제

1. (설명문제)

2장 연습문제

1.

1) $R_{d,i} = \frac{1}{2}\rho g(h_1^2 - h_2^2)$

2) $R_{d,i} = \frac{1}{2}\rho g(h_1^2 - h_2^2) + \frac{Q^2}{\rho}(\frac{1}{h_2} - \frac{1}{h_1})$

방류 되지 않을 때 보다 반력이 증가한다.

2. $\theta = 1.163\,^{\circ}$

3.

1) $T_e = 761.074\,K$

$w = 475.439\,kJ/kg$

2) $T_e = 813.638\,K$

$\Delta S = 60.7\,J/kg$

4. $T_e = 1026.926\,K$

5.

1) $V = 1009\,m/s$

2) $V = 645.5\,m/s$

$M = 2.00$

6.

1) $P_e = 700kPa$

$T_e = 372.3K$

$V_e = 235.93m/s$

$\rho_e = 6.55\,kg/m^3$

$\dot{m} = 1.55\,kg/s$

2) $P_e = 475.47kPa$

$T_e = 333.32K$

$V_e = 365.96\,m/s$

$\rho_e = 4.97\,kg/m^3$

$\dot{m} = 1.819\,kg/s$

7. $P_4 = 11.19\,kPa$

$T_4 = 302.3\,K$

$P_{04} = 100.9\,kPa$

8. $f = 0.0168$

9. $A_e = 0.00624\,m^2$

$P_e = 55.89\,kPa$

$T_e = 243\,K$

$V_e = 312.5\,m/s$

$M_e = 1$

10. $M_i = 0.2889$

$T_i = 312.8\,K$

$P_i = 152.3\,kPa$

11.

1) $A_e = 0.08542\,m^2$

2) $P_e = 52.57\,kPa$

3) Increase : over-expansion

Decrease : under-expansion

4) $P_e = 373.8\,kPa$

5) $P_{e,2} = 246.6\,kPa$ where

$P_{e,1} = 52.57\,kPa$

12. $M_e = 0.3396$

$\triangle s = 350.9\,J/kg$

13. $M_2 = 1.609$

$T_2 = 203.0\,K$

$P_2 = 22.58\,kPa$

14. $L_2{}^* = 31.2787$

$M_2 = 0.4147$

$T_2 = 285.4\,K$

$P_2 = 85.79\,kPa$

15. $T_2 = 551.6\,K$

$T_{02} = 580.5\,K$

$P_2 = 205.6\,kPa$

$P_{02} = 246.0\,kPa$

$\triangle s = 199.5\,J/kg$

3장 연습문제

1. (증명문제)

2. (그래프)

3. $c_p = \dfrac{\gamma}{\gamma - 1}\dfrac{R_u}{MW} = 2.117 kJ/kg - K$

$\tilde{q} = \dfrac{q}{c_p T_a} = 7.302$

1) Brayton Cycle

$\eta_{th,Brayton} = 0.465$

$F = 1279N$
$I_{sp} = = 2607\sec$
$TSFC = 3.91 \times 10^{-5} kg/N \cdot s$

2) Humphrey Cycle

$\eta_{th,humphrey} = 0.572$

$F = 1466.3N$
$I_{sp} = 2989\sec$
$TSFC = 3.41 \times 10^{-5} kg/N \cdot s$

3) PDE Cycle

$\eta_{th,PDE} = 0.586$

$F = 1489.6N$
$I_{sp} = 3037\sec$
$TSFC = 3.356 \times 10^{-5} kg/N \cdot s$

4. $\eta_{th} = 0.439$
$\eta_p = 0.793$
$\eta_o = 0.348$

5. $\eta_{th} = 48.2\%$
$F_{take\,off} = 89973\,N$

6.

1) $\eta_{th} = 0.206$

2) $\eta_{th} = 0.189$

7. (그래프)

8. $\frac{F}{\dot{m}_a} = 575.4\, Ns/kg$

$TSFC = 7.45 \times 10^{-5}\, kg/Ns$

$\eta_{th} = 0.352$
$\eta_p = 0.806$
$\eta_o = 0.284$

9.

1) $f = 0.02127$

$f_{AB} = 0.03811$

2) $\frac{F}{\dot{m}} = 1149.6\, N \cdot s/kg$

3) $TSFC = 5.165 \times 10^{-5} kg/N \cdot s$

4) $\eta_{th} = 0.494$
$\eta_p = 0.549$
$\eta_o = 0.2711$

5) $\frac{F}{\dot{m}_a} = 1279.1 m/s$
$TSFC = 4.642 \times 10^{-5} kg/N \cdot s$
$\eta_{th} = 0.5804$
$\eta_p = 0.5198$
$\eta_o = 0.3017$

10.

1) $a = 0.74$ (압축기를 구동하는 동력의 비율)

$b = 0.2$ (팬을 구동하는 동력의 비율)

2) $f = 0.0147$

3) $\frac{V_{19}}{V_9} = 0.526$

4) $\frac{F}{\dot{m}_a} = 78.81 N \cdot s/kg$

중심부유동 추력에 대한 팬추력의 비

$= 0.838$

5) $TSFC = 2.66 \times 10^{-5} kg/N \cdot \sec$

6) $\eta_{th,fan} = 0.28$
$\eta_{p,fan} = 0.73$

11.

1) $f = 0.02522$

2) $\frac{F}{\dot{m}_a} = 158.31 N \cdot s/kg$

3) $TSFC = 1.7722 \times 10^{-5} kg/N \cdot s$

4) $\eta_{th} = 0.557$
$\eta_p = 0.63$
$\eta_o = 0.351$

12.

1) $P_{013} = 133.8 kPa$

$T_{013} = 492.12\, K$

2) $P_{03} = 915.46 kPa$

$T_{03} = 906.2 K$

3) $P_{04} = 869.69 kPa$

$T_{04} = 1600 K$

4) $f = 0.0237$

5) $T_{06} = 1101 K$

$h_{06M} = 991.423 kJ/kg$

$P_{06M} = 128.6 kPa$

$T_{07} = 2000 K$

$P_{07} = 118.32 kPa$

6) $f_{AB} = 0.03854$

7) $P_{09} = 112.4kPa$

$P_9 = 10kPa$

$M_9 = 2.26$

$a_9 = 649.3\,m/s$

$V_9 = 1467.42m/s$

8) $\dfrac{F_n}{\dot{m}_{ac}(1+\beta)a} = 3.097$

9) $TSFC = 42.75mg/s/N$

10) $\eta_{th} = 56.5\%$

$\eta_P = 85.2\%$

$\eta_0 = 63.2\%$

13.

1) $P_{013} = 136.33kPa$

$T_{013} = 499.12\,K$

2) $P_{03} = 1363.3\,kPa$

$T_{03} = 1036.6\,K$

3) $P_{04} = 1295.1\,kPa$

$T_{04} = 1021.1K$

4) $f = 0.01586$

5) $P_{09} = 138.83kPa$

$P_9 = 10kPa$

$M_9 = 2.37$

$a_9 = 368.22\,m/s$

$V_9 = 872.6814m/s$

6) $\dfrac{F_n}{\dot{m}_{ac}(1+\beta)a} = 0.731$

7) $TSFC = 23.9mg/s/N$

8) $\eta_{th} = 74.2\%$

$\eta_P = 0.852$

$\eta_o = 0.632$

14.

1) $T_{0a} = 260.9K$
$P_{0a} = 46.656kPa$
$T_{02} = 260.9K$
$P_{02} = 45.726kPa$
$T_{03} = 759.74K$

$P_{03} = 1600kPa$
$T_{04} = 1700K$
$P_{04} = 1440kPa$
$T_{045} = 1273K$
$P_{045} = 354kPa$
$T_{05} = 888K$
$P_{05} = 35.5kPa$

2) $F = 42.588kN$

3) $TSFC = 2.07 \times 10^{-5} kg/N \cdot s$

4) $\eta_{th} = 0.3946$
$\eta_p = 0.7012$
$\eta_o = 0.2767$

4장 연습문제

1. (유도문제)

2. $\dfrac{P_{02}}{P_{0a}} = 0.9888$

3. $\dfrac{P_{04}}{P_{01}} = 0.7618$

4.

1) $A/F = 75.14$

2) 이론연소일 경우 $T_{ad} = 2464K$

3) 주어진 조건의 경우 $T_{ad} = 872.39K$

5.

1) $\triangle P_0 = 21.23kPa$

2) 설계점 $V_d = 28.14m/s$

부분부하 $V = 26.91m/s$

3) 설계점 $\dfrac{\triangle P_0}{P_{03}} = 6.04\%$

부분부하 $\dfrac{\triangle P_0}{P_{03}} = 5.96\%$

6. $\eta_b = 0.4667$

7. $T_c = 1006K$

5장 연습문제

1. (유도문제)

2. $T_{03} = 890\,K$

$\eta_c = 0.84$

$-\dot{W} = 30.2\,MW$

3. $\left(\dfrac{p_{03}}{p_{01}}\right)_{design} = 1.253$

$\left(\dfrac{p_{03}}{p_{01}}\right)' = 1.03$

$C_z = 250m/s$로 증가시, 전압력 상승률이 감소한다.

4. $n = 17.57 \simeq 18$
$N = 2878.8\,rpm$

5.

1) $\beta_1 = 48.9^\circ$
$W_1 = 288.4m/s$

2) $\alpha_2 = 34.6^\circ$
$C_2 = 230.3\,m/s$

3) $\dot{m} = 44.2\,kg/s$

4) $P_s = 948\,kW$

5) $M_1 = 0.575$
$T_{01} = 309.2K$
$T_{02} = 330.8K$
$T_2 = 304.4K$

6) $\dfrac{P_{03}}{P_{01}} = 1.23$

7) $\dfrac{\triangle C}{U} = 0.299$

8) $\triangle\alpha = 58.25^\circ$

6장 연습문제

1. $P_{05} = 38kPa$

$T_{05} = 631.61K$
$\eta_{pt} = 0.82$

2. $C_2 = 793.03\,m/s$
$C_3 = 420.24\,m/s$
$W_2 = W_3 = 538.21\,m/s$

3.

1) 반동도 0인 경우,

$T_b = 1050.3K$

2) 반동도 0.5인 경우

$T_b = 1036.1K$

4. $R = 0.134$
$\psi = 1.732$

5.

1) $\beta_2 = 45.7°$
$\alpha_3 = 78.6°$
$\beta_3 = 81.1°$

2) 입구 상대 마하수 $M_2 = 0.3$
입구 절대 마하수 $M_2 = 0.56$
출구 상대 마하수 $M_3 = 1.6$
출구 절대 마하수 $M_3 = 1.24$

3) 로터 출구에서의 마하수가 1을 넘어 불가능하다.

4) $w_t = 78.9kJ/kg$

3단이면 목표일 $237\,kJ/kg$을 달성할 수 있다.

5) $T_{04} = 1333K$
$P_{04} = 644kPa$

6) $R = 0.139$

7) $\dot{m} = 9.6kg/s$

6. $U = 734.6m/s$
$C_3 = 534.9m/s$
$W_3 = 907.5m/s$
$C_2 = 1563.3m/s$
$W_2 = 909.17m/s$

7장 연습문제

1. (증명문제)

2. $\tau_c = 1.726$
$\tau_t = 0.897$
$N_{c4} = 5307rpm$
$\dot{m}_{c4} = 8.167kg/s$
$\pi_t = 0.9998$
$P_{05}/P_{02} = 5.034$
$T_{05}/T_{02} = 5.4634$

3. $\pi_c = 16.93$

$N_{c2} = 13044\,rpm$
$\dot{m}_{c2} = 92.0145kg/s$

$M_2 = 0.684$

1) 설계점

$$\frac{F}{\dot{m}} = (1+f)V_{9R} - V_a = 828.76\,N \cdot s/kg$$

$TSFC_R = 4.421 \times 10^{-5}kg/N \cdot s$
$\eta_{thR} = 0.522$
$\eta_{pR} = 0.613$

2) 탈설계점

$$\frac{F}{\dot{m}_a} = 797.33N \cdot s/kg$$

$TSFC = 4.327 \times 10^{-5}kg/N \cdot s$
$\eta_{th} = 0.445$
$\eta_p = 0.273$

4.

1) 정지상태

$$\frac{F}{\dot{m}} = 1084.4\,N \cdot s/kg$$

$TSFC_R = 2.85 \times 10^{-5}kg/N \cdot s$

$\eta_{thR} = 0.4312$

$\eta_{pR} = 0$

2) 순항상태

$\pi_c = 19.27$

$F/\dot{m}_a = 860.53N \cdot s/kg$
$TSFC = 3.3247 \times 10^{-5}kg/N \cdot s$
$\eta_{th} = 0.4692$

$$\eta_p = \frac{(F/\dot{m}_a)V_a}{(1+f)V_9^2 - V_a^2} = 0.1929$$

$N_{c2} = 5754rpm$
$\dot{m}_{c2} = 53.96kg/s$

$M_2 = 0.400$

5.

1) 지상 정지 기준 상태

$\frac{F_R}{\dot{m}_a} = 383.65\, N \cdot s/kg$

$TSFC_R = 1.389 \times 10^{-5}\, kg/N \cdot s$

$\eta_{thR} = 0.851$

$\eta_{pR} = 0$

2) 순항상태

$\pi_{CH} = 15.31$

$\pi_F = 1.145$

$\beta = 5.9130$

$\frac{F}{\dot{m}_a} = 374.18\, N \cdot s/kg$

$TSFC = 1.260 \times 10^{-5}\, kg/N \cdot s$

$\eta_{th} = 0.903$

$\eta_p = 0.5619$

찾아보기